AF856604

Œuvres choisies de Marc Krasner

Luc Bélair et Bruno Poizat

Avec la collaboration de
Gilles Christol et Paulo Ribenboim

Œuvres choisies de Marc Krasner

Un mathématicien hors du commun

L'Harmattan

Chez le même éditeur, Bruno Poizat a publié *Parlons soureth*, en 2016, et *Parlons ladakhi*, en 2018.

Les articles reproduits dans ce livre l'ont été avec la permission des détenteurs des droits de reproduction lorsque nous avons pu communiquer avec eux :
Académie Roumaine ([6], [25], [111])
Association Française pour l'Avancement des Sciences ([53])
Éditions du CNRS ([62], [93])
Mathematica Balkanica ([101])
Société Mathématique de France ([102])
(© Mémoires de la SMF 1974)

© L'Harmattan, 2019
5-7, rue de l'Ecole-Polytechnique, 75005 Paris

http://www.editions-harmattan.fr

ISBN : 978-2-343-16573-8
EAN : 9782343165738

$$\mathfrak{N}_{k,n,j}^{(r)} = n\, l_j\, q^{\frac{E}{p}+\frac{E}{p^2}+\ldots+\frac{E}{p^\rho}+[\frac{j-\rho E}{p^{\rho+1}}]}$$

La formule de Krasner, qui étant donné un corps local k de caractéristique résiduelle p, donne le nombre d'extensions séparables complètement ramifiées de k de degré donné n et de différente donnée fixée par le paramètre j (voir [93], p. 148 (ce volume, p. 258)).
Ses amis l'ont fait graver sur sa tombe.

Sommaire

Les numéros tels [53] sont ceux de la Bibliographie de Marc Krasner.

Bibliographie de Marc Krasner

[NB] Les textes reproduits dans cet ouvrage sont marqués d'un astérisque *.

CRAS : Comptes Rendus hebdomadaires des séances de l'Académie des Sciences de Paris.

[1] Sur le premier cas du théorème de Fermat, CRAS, t. 199, 1934, pp. 256–258.

[2] Sur la théorie de la ramification des idéaux, CRAS, t. 200, 1935, pp. 1813–1815.

[3] Sur la théorie de la ramification des idéaux, CRAS, t. 201, 1935, pp. 114–117.

[4] Sur la représentation multiplicative dans les corps de nombres $\mathfrak{P}$-adiques relativement galoisiens, CRAS, t. 203, 1936, pp. 907–908.

[5] *Sur la théorie de ramification des idéaux de corps non-galoisiens de nombres algébriques*, Mémoires de l'Académie Royale de Belgique, tome XI, fascicule 8, 1937, 114 pages.

[6] * Sur la primitivité des corps $\mathfrak{P}$-adiques, Mathematica (Cluj), vol. 13, 1937, pp. 72–191.

[7] * avec Britt Ranulac, Sur une propriété des polynomes de la division du cercle, CRAS, t. 204, 1937, pp. 397–399.

[8] Définition de certains anneaux non commutatifs. Classification des extensions primitives des corps à valuation discrète, CRAS, t. 205, 1937, pp. 772–774.

[9] * Le nombre des surcorps d'un degré donné d'un corps de nombres $\mathfrak{p}$-adiques, CRAS, t. 205, 1937, pp 1026–1028.

[10] Rectification à ma note *Définition de certains anneaux non commutatifs. Classification des extensions primitives des corps à valuation discrète*, CRAS, t. 205, 1937, pp. 1347–1348.

[11] Le nombre des surcorps primitifs d'un degré donné et le nombre des surcorps métagaloisiens d'un degré donné d'un corps de nombres $\mathfrak{g}$-adiques, CRAS, t. 206, 1938, pp. 876–878.

[12] Une généralisation de la théorie locale des corps de classes. Conducteur, loi d'unicité, loi d'ordination, loi d'existence, CRAS, t. 206, 1938, pp. 1534–1536.

[13] Une généralisation de la théorie locale des corps de classes. Valeur de conducteur. Interprétation d'une formule de M. Artin. Loi de limitation pour les extensions galoisiennes. Structure des $s_{K/k}^{(f',e')}$ et sa liaison avec la théorie de la ramification, CRAS, t. 206, 1938, pp. 1696–1699.

[14] Une généralisation de la théorie locale des corps de classes. Généralisation du symbole de Hasse et la loi d'isomorphisme pour les extensions galoisiennes. Analogue local de la loi de densité de Tschebotaröw, CRAS, t. 206, 1938, pp. 1940–1942.

[15] Une généralisation de la notion de corps, Journal de Mathématiques Pures et Appliquées, vol. 17, 1938, pp. 367–385.

[16] Sur la représentation exponentielle dans les corps relativement galoisiens de nombres $\mathfrak{P}$-adiques, Acta Arithmetica, vol. 3, 1939, pp. 139–173.

[17] Sur le théorème de Fermat, CRAS, t. 208, n° 19, 1939, pp. 1468–1471.

[18] Sur le théorème de Fermat, CRAS, t. 208, n° 21, 1939, pp. 1618–1620.

[19] Une généralisation de la notion de sous-groupe invariant, CRAS, t. 208, n° 24, 1939, pp. 1867–1869.

[20] Remarque au sujet d'« Une généralisation de la notion de corps », Journal de Mathématiques Pures et Appliquées, vol. 18, 1939, pp. 417–418.

[21] Un type d'ensembles semi-ordonnés et ses rapports avec une hypothèse de M. A. Weil, Bulletin de la Société Mathématique de France, vol. 67, 1939, pp. 162–176.

[22] La loi de Jordan-Hölder dans les hypergroupes et les suites génératrices des corps de nombres $\mathfrak{P}$-adiques, Duke Mathematical Journal, vol. 6, 1940, pp. 120–140.

[23] La loi de Jordan-Hölder dans les hypergroupes et les suites génératrices des corps de nombres $\mathfrak{P}$-adiques, (Chapitre II), Duke Mathematical Journal, vol. 7, 1940, pp. 121–135.

[24] Sur le théorème de Fermat, CRAS, t. 210, 1940, pp. 92–94.

[25] * À propos du critère de Sophie Germain - Fürtwangler pour le premier cas du théorème de Fermat, Mathematica (Cluj), vol. 16, 1940, pp 109–114.

[26] Un critère de primarité, CRAS, t. 212, 1941, pp. 323–324.

[27] La caractérisation des hypergroupes de classes et le problème de Schreier dans ces hypergroupes, CRAS, t. 212, 1941, pp. 948–950.

[28] La caractérisation des hypergroupes de classes et le problème de Schreier dans ces hypergroupes – errata, CRAS, t. 218, 1944, pp. 483–484.

[29] Rectifications à ma Note précédente et quelques nouvelles contributions à la théorie des hypergroupes, CRAS, t. 218, 1944, pp. 542–544.

[30] * Une généralisation de la notion de corps – corpoïde. Un corpoïde remarquable de la théorie des corps values, CRAS, t. 219, 1944, pp. 345–347.

[31] Nombres semi-réels et espaces ultramétriques, CRAS, t. 219, 1944, pp. 433–435.

[32] Hypergroupes extramoduliformes et moduliformes, CRAS, t. 219, 1944, pp. 473–476.

[33] Théorie de la ramification dans les extensions finies des corps valués : hypergroupe de décomposition, CRAS, t. 219, 1944, pp. 539–541.

[34] Théorie de la ramification dans les extensions finies de corps valués : hypergroupes d'inertie et de ramification, théorie extrinsèque de la ramification, CRAS, t. 220, 1945, pp. 28–30.

[35] Théorie de la ramification dans les extensions finies de corps valués : différente et discriminant, théorie intrinsèque de la ramification, CRAS, t. 220, 1945, pp. 761–763.

[36] Théorie de la ramification dans les extensions finies de corps valués : compléments et applications, CRAS, t. 221, 1945, pp. 737–739.

[37] Essai d'une théorie des fonctions analytiques dans les corps valués complets : séries de Taylor et de Laurent issues de ces corps, CRAS, t. 222, 1946, pp. 37–40.

[38] Essai d'une théorie des fonctions analytiques dans les corps valués complets : fonctions holomorphes et méromorphes, CRAS, t. 222, 1946, pp. 165–167.

[39] Essai d'une théorie des fonctions analytiques dans les corps valués complets : théorèmes de Nevanlinna ; transformations holomorphes, CRAS, t. 222, 1946, pp. 363–365.

[40] Essai d'une théorie des fonctions analytiques dans les corps valués complets : transformations holomorphes et leurs applications algébriques ; fonctions holomorphes de plusieurs variables et fonctions implicites ; familles normales ; prolongement analytique, CRAS, t. 222, 1946, pp. 581–583.

[41] * Théorie non abélienne des corps de classes pour les extensions finies et séparables des corps valués complets : principes fondamentaux, espaces de polynomes et transformation T ; lois d'unicité, d'ordination et d'existence, CRAS, t. 222, 1946, pp. 626–628.

[42] Théorie non abélienne des corps de classes pour les extensions finies et séparables des corps valués complets : conducteur, théorie de l'irrégularité, CRAS, t. 222, 1946, pp. 984–986.

[43] Théorie non abélienne des corps de classes pour les extensions finies et séparables des corps valués complets : relations avec la théorie de la ramification ; loi de limitation pour les extensions galoisiennes, CRAS, t. 222, 1946, pp. 1370–1372.

[44] Théorie non abélienne des corps de classes pour les extensions finies et séparables des corps valués complets : approximation des corps valués complets par les suites de corps valués complets, CRAS, t. 224, 1947, pp. 173–175.

[45] Théorie non abélienne des corps de classes pour les extensions finies et séparables des corps valués complets : approximation des corps de caractéristique $p \neq 0$ par ceux de caractéristique 0 ; modifications de la théorie, CRAS, t. 224, 1947, pp. 434–436.

[46] avec Jean Kuntzmann, Remarques sur les hypergroupes, CRAS, t. 224, 1947, pp. 525–527.

[47] Théorie non abélienne des corps de classes pour les extensions galoisiennes des corps algébriques : bimatrices ; représentations bimatricielles des semi-groupes abéliens libres, CRAS, t. 225, 1947, pp. 785–787.

[48] Théorie non abélienne des corps de classes pour les extensions galoisiennes des corps algébriques : anneau des représentations d'un groupe ; représentations associées du groupe de Galois et du semi-groupe des idéaux, CRAS, t. 225, 1947, pp. 973–975.

[49] Théorie non abélienne des corps de classes pour les extensions galoisiennes des corps de nombres algébriques : anneau principal ; lois d'unicité, d'ordination, d'existence (forme provisoire) d'isomorphisme et de décomposition ; loi de monodromie, CRAS, t. 225, 1947, pp. 1113–1115.

[50] Certaines propriétés des séries de Taylor d'un ensemble au plus dénombrable de variables dans les corps valués complets et une démonstration structurale des formules de M. Pollaczek - 1^{re}partie, Bulletin des Sciences Mathématiques, vol. 71, 1947, pp. 123–152.

[51] Certaines propriétés des séries de Taylor d'un ensemble au plus dénombrable de variables dans les corps valués complets et une démonstration structurale des formules de M. Pollaczek - suite et fin, Bulletin des Sciences Mathématiques, vol. 71, 1947, pp. 180–200.

[52] Généralisation et analogues de la théorie de Galois, in *Actes du congrès de 1945 de l'Association Française pour l'Avancement des Sciences, 64^{e}session Paris. Mathématiques*, Association Française pour l'avancement des Sciences, 1947, pp. 54–58.

[53] ∗ Certaines propriétés des ensembles ouverts non connexes, in *Actes du congrès de 1945 de l'Association Française pour l'Avancement des Sciences, 64^{e}session Paris. Mathématiques*, Association Française pour l'Avancement des Sciences, 1947, pp. 100–102.

[54] Théorie non abélienne des corps de classes pour les extensions galoisiennes des corps algébriques : conséquences de la loi de monodromie ; résumé de la théorie locale, CRAS, t. 226, 1948, pp. 535–537.

[55] Théorie non abélienne des corps de classes pour les extensions galoisiennes des corps algébriques : f-extensions ; conducteur, CRAS, t. 226, 1948, pp. 1231–1233.

[56] Théorie non abélienne des corps de classes pour les extensions galoisiennes des corps de nombres algébriques : forme définitive de la loi d'existence, CRAS, t. 226, 1948, pp. 1656–1658.

[57] avec Léo Kaloujnine, Le produit complet de groupes de permutations et le problème d'extension des groupes, CRAS, t. 227, 1948, pp. 806–808.

[58] Le produit complet et la théorie de la ramification : préliminaires, CRAS, t. 229, 1949, pp. 1103–1105.

[59] Le produit complet et la théorie de la ramification : extramodules, résumé de l'ancienne théorie, CRAS, t. 229, 1949, pp. 1287–1289.

[60] Le produit complet et la théorie de la ramification : résumé de l'ancienne théorie (fin) : la nouvelle théorie, CRAS, t. 230, 1950, pp. 162–164.

[61] Quelques méthodes nouvelles dans la théorie des corps valués complets, *Algèbre et théorie des nombres, Paris, 25 septembre - 1er octobre 1949*, Éd. du CNRS, 1950, Colloques internationaux du Centre national de la recheche scientifique, n° 24, pp. 29–39.

[62] ∗ Généralisation abstraite de la théorie de Galois, *Algèbre et théorie des nombres, Paris, 25 septembre - 1er octobre 1949*, Éd. du CNRS, 1950, Colloques internationaux du Centre national de la recheche scientifique, n° 24, pp. 163–168.

[63] avec LÉO KALOUJNINE, Produit complet des groupes de permutations et problèmes d'extensions de groupes. I, Acta Scientiarum Mathematicorum, vol. 13, 1950, pp. 208–230.

[64] avec LÉO KALOUJNINE, Produit complet des groupes de permutations et problèmes d'extensions de groupes. II, Acta Scientiarum Mathematicorum, vol. 14, 1951, pp. 39–66.

[65] avec LÉO KALOUJNINE, Produit complet des groupes de permutations et problèmes d'extensions de groupes. III, Acta Scientiarum Mathematicorum, vol. 14, 1951, pp. 69–82.

[66] Une loi de réciprocité (préliminaires), CRAS, t. 233, 1951, pp. 995–997.

[67] Une loi de réciprocité, CRAS, t. 233, 1951, pp. 1409–1411.

[68] Généralisation abstraite de la théorie de Galois, in *Proceedings of the International Congress of Mathematicians (Cambridge, 1950)*, A.M.S., 1952, vol. I, pp. 331–332.

[69] Généralisations non-abéliennes de la théorie locale des corps des classes, in *Proceedings of the International Congress of Mathematicians (Cambridge, 1950)*, A.M.S., 1952, vol. II, pp. 71–76.

[70] La non-existence des extensions d'une certaine forme, CRAS, t. 237, 1953, pp. 370–372.

[71] Compléments à ma Note précédente « Sur la non-existence des extensions d'une certaine forme », CRAS, t. 237, 1953, pp. 685–687.

[72] The non-existence of certain extensions, American Journal of Mathematics, vol. 75, 1953, pp. 112–116.

[73] Prolongement analytique dans les corps valués complets : domaines quasi connexes, CRAS, t. 238, 1954, pp. 2385–2387.

[74] Prolongement analytique dans les corps valués complets : éléments analytiques, préliminaires du théorème d'unicité, CRAS, t. 239, 1954, pp. 468–470.

[75] Prolongement analytique dans les corps valués complets : démonstration de la loi d'unicité ; fonctions analytiques uniformes, CRAS, t. 239, 1954, pp. 745–747.

[76] * Approximation des corps valués complets de caractéristique $p \neq 0$ par ceux de caractéristique 0, in *Colloque d'algèbre supérieure tenu à Bruxelles du 19 au 22 décembre 1956*, Louvain : Etablissements Ceuterick, Centre belge de recherches mathématiques, 1957, pp. 129–206.

[77] Prolongement analytique dans les corps valués complets : préservation de l'analycité par les opérations rationnelles, CRAS, t. 244, 1957, pp. 1304–1306.

[78] Prolongement analytique dans les corps valués complets : préservation de l'analycité par les opérations rationnelles ; quasi-connexité et éléments analytiques réguliers, CRAS, t. 244, 1957, pp. 1599–1602.

[79] Prolongement analytique dans les corps valués complets : uniformité des fonctions analytiques ; l'analycité des fonctions méromorphes, CRAS, t. 244, 1957, pp. 1996–1999.

[80] Prolongement analytique dans les corps valués complets : préservation de l'analycité par la convergence uniforme et par la dérivation ; théorème de Mittag-Löffler généralisé pour les éléments analytiques, CRAS, t. 244, 1957, pp. 2570–2573.

[81] Prolongement analytique dans les corps valués complets : démonstration du théorème de Mittag-Löffler ; singularités au bord, CRAS, t. 245, 1957, pp. 1285-1288. Remplace le texte paru sous le même titre aux pages pp. 270–274.

[82] Théorie de la définition. I, Journal de Mathématiques Pures et Appliquées, vol. 36, 1957, pp. 325–327.

[83] Théorie de la définition. II, Journal de Mathématiques Pures et Appliquées, vol. 37, 1958, pp. 55–101.

[84] Les algèbres cylindriques, *Réunion des mathématiciens d'expression latine (Nice, 1957)*, Bulletin de la Société Mathématique de France, vol. 86, 1958, pp. 315–319.

[85] Nombre des extensions d'un degré donné d'un corps $\mathfrak{p}$-adique : énoncé des résultats et préliminaires de la démonstration (espace des polynomes, transformation T), CRAS, t. 254, 1962, pp. 3470–3472.

[86] Nombre des extensions d'un degré donné d'un corps $\mathfrak{p}$-adique : suite de la démonstration, CRAS, t. 255, 1962, pp. 224–226.

[87] Nombre des extensions d'un degré donné d'un corps $\mathfrak{p}$-adique : les conditions d'Ore et la caractérisation de $E_{k,j}^{(n)}$: préliminaires du calcul de $N_{k,j,s}^{(n)}$, CRAS, t. 255, 1962, pp. 1682–1684.

[88] Nombre des extensions d'un degré donné d'un corps $\mathfrak{p}$-adique : calcul de $N_{k,j,s}^{(n)}$: démonstration du théorème 1, CRAS, t. 255, 1962, pp. 2342–2344.

[89] Nombre des extensions d'un degré donné d'un corps $\mathfrak{p}$-adique : compléments au théorème 1 dans le cas non $\mathfrak{p}$-adique ; démonstration du théorème 2, CRAS, t. 255, 1962, pp. 3095–3097.

[90] Le définitionisme, Annales de la Faculté des Sciences de l'Université de Clermont, n° 7, (Mathématiques, 1er fascicule), 1962, pp. 55–81.

[91] Au sujet des Notes de M. Konguetsof, CRAS, t. 260, 1965, pp. 1327–1330.

[92] Prolongement analytique uniforme et multiforme dans les corps valués complets, in *Les tendances géométriques en algèbre et théorie des nombres*, Éditions du Centre national de la recherche scientifique, 1966, Colloques internationaux du Centre national de la recherche scientifique, n° 143 (Clermont-Ferrand, 2-9 avril 1964), pp. 97–141.

[93] * Nombre des extensions d'un degré donné d'un corps $\mathfrak{P}$-adique, in *Les tendances géométriques en algèbre et théorie des nombres*, Éditions du Centre national de la recherche scientifique, 1966, Colloques internationaux du Centre national de la recherche scientifique, n° 143 (Clermont-Ferrand, 2-9 avril 1964), pp. 143–169.

[94] avec Lambros Dokas, Expression de certaines notions classiques en termes d'un complété des ensembles partiellement ordonnés défini par M. Dokas, CRAS, t. 265, 1967, pp. 453–456. (N.B. Dans l'article, Dokas est écrit « Docas ».)

[95] avec Lambros Dokas, Nombres semi-prüfériens, CRAS, t. 267, 1968, pp. 69–71.

[96] Endothéorie de Galois abstraite, *Proceedings of the International Congress of Mathematicians (Moscow, 1966)*, Abstracts 2 Algebra, 1968, 1 page.

[97] Un principe d'approximation des variétés algébriques dans les corps valués complets, CRAS, t. 269, 1969, pp. 757–760.

[98] Un principe d'approximation des variétés algébriques dans les corps valués complets : suite de la démonstration, CRAS, t. 269, 1969, pp. 1057–1060.

[99] Un principe d'approximation des variétés algébriques dans les corps valués complets : démonstration ; remarques et applications, CRAS, t. 270, 1970, pp. 21–24.

[100] Rectification à mes Notes précédentes, CRAS, t. 270, 1970, pp. 1147–1149.

[101] * Une nouvelle présentation de la théorie des groupes de permutations et ses applications à la théorie de Galois et de produit d'entrelacement (« wreath product ») de groupes, Mathematica Balkanica, vol 3, 1973, pp. 229–280.

[102] * Rapport sur le prolongement analytique dans les corps valués complets par la méthode des éléments analytiques quasi-connexes, *Table ronde d'analyse non archimédienne (Paris, 1972)*, Bulletin de la Société Mathématique de France – Mémoires, vol. 39–40, 1974, pp. 131–254.

[103] Remarques à propos des résultats de M. Lambros Dokas sur les groupes abéliens p-primaires, CRAS, t. 280, 1975, pp. 1277–1280.

[104] Encore au sujet des résultats de M. Dokas sur les groupes p-primaires : analogie avec les espaces projectifs, CRAS, t. 280, 1975, pp. 1499–1501.

[105] Endothéorie de Galois abstraite et son théorème d'homomorphie, CRAS, t. 282, 1976, pp. 683–686.

[106] avec Pierre Lecomte, Quotients projectifs des demi-hypergroupes et des hypergroupes, CRAS, t. 283, 1976, pp. 737–740.

[107] Polythéorie de Galois abstraite dans le cas infini général, Annales scientifiques de l'Université de Clermont, n° 60, (Mathématiques, 13e fascicule), 1976, pp. 87–91.

[108] Remarques au sujet d'une Note de J.-P. Serre : une démonstration de la formule de M. Serre à partir de mon théorème sur le nombre des extensions séparables d'un corps valué localement compact, qui sont d'un degré et d'une différente donnés, CRAS, t. 288, 1979, pp. 863–865.

[109] Théorie de Galois des corpoïdes commutatifs sans torsion et ses applications à la théorie de la ramification des extensions algébriques des corps valués, Publications mathématiques de l'Université Pierre et Marie Curie, Université Paris 6, 1980, 63 pages.

[110] Anneaux gradués généraux, in *Colloque d'algèbre, Rennes 1980*, Publications mathématiques et informatique de Rennes, Fascicule n°53, Université de Rennes I, 1980, pp. 209–308.

[111] * Le vieux qui est neuf, Revue roumaine de mathématiques pures et appliquées, vol. 27, 1982, pp. 443–472.

[112] A class of hyperrings and hyperfields, International Journal of Mathematics and Mathematical Sciences, vol. 6, 1983, pp. 307–311.

[113] Abstract Galois theory and endotheory I, Acta Scientiarium Mathematicorum, vol. 50, 1986, pp. 253–286.

[114] avec MIRJANA VUKOVIĆ, Structures paragraduées (groupes, anneaux, modules). I, Proceedings of the Japan Academy, Series A Mathematical Sciences, vol. 62, 1986, pp. 350–352.

[115] avec MIRJANA VUKOVIĆ, Structures paragraduées (groupes, anneaux, modules). II, Proceedings of the Japan Academy, Series A Mathematical Sciences, vol. 62, 1986, pp. 389–391.

[116] avec MIRJANA VUKOVIĆ, Structures paragraduées (groupes, anneaux, modules). III, Proceedings of the Japan Academy, Series A Mathematical Sciences, vol. 63, 1987, pp. 10–12.

[117] avec MIRJANA VUKOVIĆ, *Structures paragraduées*, Queen's Papers in Pure and Applied Mathematics, n° 77, 1987, 163 pages.

[118] Abstract Galois theory and endotheory II, Acta Scientiarium Mathematicorum, vol. 52, 1988, pp. 231–255.

[119] Local differents of algebraic and finite extensions of valued fields, Journal of Number Theory, vol. 28, 1988, pp. 17–61.

EXPOSÉS DE SÉMINAIRES

[120] Espace ultramétrique et valuation, *Séminaire Châtelet-Dubreuil 1947-48*, Exposé 1, 17 pages.

[121] Les travaux récents de R. Brauer en théorie des groupes, *Séminaire Bourbaki 1948/1949*, exposé n° 14, 6 pages.

[122] Généralisations non-abéliennes de la théorie locale des corps de classes, *Séminaire Bourbaki 1950/1951*, exposé n° 47, 24 pages.

[123] Espaces ultramétriques et ultramétroides, *Séminaire Krasner 1953-54*, vol. 1, Exposé 1, 52 pages.

[124] Groupes et anneaux gradués, *Séminaire Krasner 1953-54*, vol. 1, Exposé 2, 25 pages.

[125] Corps valués et extensions valuées, *Séminaire Krasner 1953-54*, vol. 1, Exposé 3, 46 pages.

[126] Congruences multiplicatives. Squelettes et corpoïdes, *Séminaire Krasner 1953-54*, vol. 1, Exposé 4, 39 pages.

[127] Théorie élémentaire des corpoïdes commutatifs sans torsion, *Séminaire Krasner 1953-54*, vol. 2, Exposé 5, 131 pages.

[128] Prolongement des valuations. Introduction : idée des différentes méthodes et leur comparaison, *Séminaire Krasner 1953-54*, vol. 3, Exposé 14, 6 pages.

[129] Unicité de prolongement des valuations dans les extensions algébriques des corps valués métacomplets de Krull, *Séminaire Krasner 1953-54*, vol. 3, Exposé 15 ter, 6 pages.

[130] Lemme de Hensel et généralisations ; lemme de Hensel dans les anneaux locaux, *Séminaire Krasner 1953-54*, vol. 3, Exposé 18-18A, 6 pages. (N.B. La

banque de données MathSciNet indique aussi D. Hertzig et Isidore Fleischer, voir MR0116006.)

[131] La non-existence de certaines extensions des corps, *Séminaire Dubreuil 1954-55*, t. 8, Exposé 3, 3 pages.

[132] Sur l'approximation des corps valués complets de caractéristique p par ceux de caractéristique zéro, *Séminaire Dubreuil 1959-60*, t. 13, n° 1, Exposé 9, 1 page.

[133] Travaux de P. Le Lidec sur une nouvelle forme de congruences de Kummer-Mirimanoff pour le premier cas du théorème de Fermat, *Séminaire Delange-Pisot-Poitou 1964-1965*, t. 6, n° 1, Exposé 5, 6 pages.

[134] Introduction à la théorie des valuations : année scolaire 1965-1966 (1er semestre), *Cours de Monsieur Krasner*, rédigé par J. P. Olivier (avec les compléments de l'auteur), 97 pages, 1966.

[135] Endothéorie de Galois abstraite, *Séminaire Dubreuil 1968-69*, t. 22, n° 1, Exposé 6, 19 pages.

[136] Domaines complets d'existence des fonctions analytiques uniformes dans les corps valués complets, *Séminaire Delange-Pisot-Poitou 1969-70*, t. 11, n° 2, Exposé 18, 8 pages.

[137] Valuations des anneaux et des corps non-commutatifs, *Séminaire Delange-Pisot-Poitou 1969-70*, t. 11, n° 2, Exposé 20, 20 pages.

[138] Un principe d'approximation des variétés algébriques dans les corps valués complets, *Séminaire Dubreuil(-Pisot) 1969-70*, t. 23, n° 1, Exposé 1-2, 2 pages.

[139] Abstract Galois theory (edited lecture), Elefteria - Journal mathématique du séminaire P. Zervos, sept. 1978, pp. 15–34. [1]

[140] Ultrametric analysis (edited lecture), Elefteria - Journal mathématique du séminaire P. Zervos, sept. 1978, pp. 35-58. Erratum « Ultrametric analysis », Elefteria - Journal mathématique du séminaire P. Zervos, vol. 2, 1979, p. 574.

[141] La pluralité et l'infini en philosophie et en mathématique de l'Ancienne Grèce, Elefteria - Journal mathématique du séminaire P. Zervos, vol. 2, 1979, pp. 93–132.

[142] La pluralité et l'infini dans la philosophie et la mathématique grecques, *Séance du 31 janvier 1979, Séminaire de philosophie et mathématiques, Jean Dieudonné, Maurice Loi, René Thom, École normale supérieure*, 40 pages. IREM Paris-Nord, 1981.

1. Dans cet exposé, Krasner, suite à une visite à Montréal, mentionne « Daigneault and his student Reyes ». Il s'agit d'Aubert Daigneault, professeur à l'Université de Montréal, et de Gonzalo Reyes, qui n'était pas l'étudiant de Daigneault mais plutôt son collègue.

Introduction

Marc Isaacovitch Krasner est né à Odessa en 1912, dans une famille bourgeoise que la Révolution d'Octobre transforma en parias. Étant fils de banquier et non pas de prolétaire, Krasner n'avait pas la possibilité d'accéder aux études supérieures, si bien que ses parents prirent la décision — c'était possible dans la période 1923–1928 — d'émigrer en France, le pays des philosophes et des libertés dont ils attendaient beaucoup. Ils furent déçus par l'esprit de chauvinisme borné qui y régnait généralement, et ne purent survivre que précairement dans ce pays d'émigration — on n'ose dire d'accueil — que comme marchands forains. Puis, destin tragique entre tous, ils furent livrés aux nazis et périrent dans un camp d'extermination, car ils étaient d'origine juive. Nous disons « d'origine juive » car Krasner, qui pensait avoir une ascendance khazare, n'avait ni convictions ni pratique religieuses.

Comment ce gros bonhomme maladroit a réussi à survivre à la guerre, alors que tant d'autres plus discrets et plus habiles ont péri, est raconté dans deux lettres qu'il a écrites à Paulo Ribenboim et dont nous reproduisons de larges extraits dans ce volume [2]. Ces deux lettres constituent des documents exceptionnels et fascinants sur la naissance et la vocation d'un mathématicien (et d'un joueur d'échecs), car Krasner y évoque avec une précision remarquable tout ce qu'il a appris de ses professeurs en URSS, puis le déroulement de ses études en France : il se remémore

2. Ces extraits sont aussi présentés dans Elefteria – Journal mathématique du séminaire P. Zervos, n° 3, septembre 1985.

toutes ses lectures et les sujets de tous les examens qu'il a passés ! Il résume ensuite sa carrière de mathématicien et donne de nombreux détails sur ses travaux.

Ces détails sur sa vie, le second auteur de cette introduction, qui est un élève de Krasner, ne les a appris qu'après la mort de son maître en 1985, dont la soudaineté l'a surpris. La personnalité de Krasner était complexe, il était à la fois égocentique et très généreux ; son comportement était fantasque, et qui l'avait vu une fois ne pouvait l'oublier ; les anecdotes fourmillaient sur son compte ; il parlait français avec des particularités de syntaxe et de vocabulaire, et un accent auquel il fallait plusieurs mois pour s'accoutumer. C'est certainement cette originalité qui a poussé le deuxième auteur, en compagnie de son ami Pierre Barral, à choisir Krasner comme directeur de DEA dès qu'il l'a vu à son premier cours à l'Institut Henri Poincaré à la rentrée 1967.

L'originalité de Krasner se manifeste partout dans son œuvre mathématique. L'opinion commune, de son temps et encore maintenant, y voit deux parties : la première composée de résultats importants et incontournables dans des domaines mathématiques reconnus ; la deuxième formée de généralisations non motivées et d'élucubrations typiquement krasnériennes. Krasner s'est toujours violemment insurgé contre cette dichotomie, en revendiquant la liberté de création du mathématicien sans a priori sur le sérieux et l'intérêt de son domaine d'activité ; il pensait que sa contribution principale aux mathématiques, celle qui passerait à la postérité bien que décriée par ses contemporains, appartenait plutôt à la deuxième sorte. Il a toujours défendu avec ténacité et opiniâtreté ceux de ses élèves qui étaient accusés de marginalité. L'histoire des mathématiques emprunte souvent des chemins obliques. Du temps de Krasner, on aura classé ses notions d'hypercorps et d'hyperanneaux, introduits dans [76] (voir aussi [112]), dans la deuxième sorte de ses travaux. Ils apparaissent pourtant en 2011 dans un article de Connes et Consani [3], et sont devenus d'actualité. Un autre article de ces auteurs est même dédié à la

3. A. Connes et C. Consani, The hyperrings of adèle classes, J. Number Theory 131 (2011) n° 2, 15–194.

mémoire de Krasner « pour sa clairvoyance » [4]. Le temps dira si Krasner, finalement, aura vu juste.

Ce sont les travaux de Krasner sur les corps p-adiques qui lui ont valu sa notoriété. Ils lui feront découvrir ce qu'il appellera son « principe fondamental », et qui est maintenant appelé *lemme de Krasner*, sans doute le résultat qui laissera son nom dans la postérité mathématique [5].

Deux critères nous ont guidés dans le choix des travaux de Krasner reproduits ici : leur accessibilité documentaire et leur importance dans l'œuvre de Krasner. La plupart des textes reproduits sont peu accessibles directement par les moyens électroniques contemporains. Ce choix, tout en essayant de rendre compte de son oeuvre dans sa totalité, a pour effet de donner une plus grande place à ce qui lui est très personnel.

Krasner a eu une façon singulière de publier le résultat de ses recherches. Souvent, il expose les définitions, les idées principales et l'essentiel des preuves dans un nombre plus ou moins grand de courtes notes [6], et publie les résultats complets avec démonstration dans un article parfois beaucoup plus tard.

Il a cosigné des publications avec L. Dokas, L. Kaloujnine, J. Kuntzmann, P. Lecomte, B. Ranulac [7], et M. Vuković [8].

La carrière scientifique de Marc Krasner débute en 1934 par une note sur le théorème de Fermat. Il entame ses travaux de thèse sur la ramification et les corps p-adiques, et y sera aiguillé par Claude Chevalley [9]. Il est stagiaire de la toute nouvelle Caisse Nationale de la Recherche Scientifique en 1937, puis chargé de recherche en 1938 après avoir soutenu sa thèse ([5]) le 18 février de la même année [10]. La Caisse Nationale devient

4. Universal Thickening of the Field of Real Numbers, in : A. Alaca et al., *Advances in the Theory of Numbers*, Springer, 2015, pp. 11–74, « To the memory of M. Krasner, in recognition of his farsightedness » ; voir Mirjana Vuković, Remembering Professor Marc Krasner, Sarajevo Journal of Mathematics 12, N° 2 (2016) supplément, 283–298.

5. Bien qu'il ait été découvert indépendamment auparavant par Ostrowski comme l'a noté P. Roquette (voir nos remarques p. 244).

6. La plupart du temps dans les Comptes Rendus de l'Académie des Sciences de Paris (CRAS).

7. Notons l'anagramme avec canular (voir nos remarques p. 523).

8. Mirjana Vuković a dirigé un numéro spécial de la revue Sarajevo Journal of Mathematics, consacré à la mémoire de Marc Krasner à l'occasion du 30^eanniversaire de sa mort. Voir la note 4 précédente.

9. Il le remercie dans sa thèse publiée [5], p. 22.

10. Son jury de thèse : P. Montel (président, remplacé par A. Denjoy), R. Garnier et G. Valiron. Voir la 2e lettre à Ribenboim (ce volume) sur l'histoire de sa thèse.

le Centre National de la Recherche Scientifique (CNRS) en 1939, ce qui fait de Marc Krasner un des tout premiers chercheurs au CNRS. Krasner retrouve son poste de chargé de recherche au CNRS après la guerre. Il reçoit le prix [11] Paul Doisteau - Émile Blutet de l'Académie des sciences en 1958. En 1960, il est nommé professeur titulaire de la chaire d'algèbre supérieure à l'Université de Clermont-Ferrand. Il occupe ce poste jusqu'en 1965, où il est nommé professeur à l'Université de Paris. Après mai 68 et la réorganisation des universités françaises, il devient professeur à l'Université Paris 6 jusqu'en 1980, où il est fait professeur émérite.

Krasner a eu plusieurs étudiants en thèse, mais dans le système français de cette époque les étudiants sont la plupart du temps très autonomes et Krasner a influencé d'autres étudiants. Nous avons pu établir la liste suivante des étudiants qui ont fait nommément une thèse avec Krasner : à Clermont-Ferrand, Yves Sureau (3e cycle, 1965 ; thèse d'état, 1980), Paul Rivoire (thèse d'état, 1968), Alan Gold (3e cycle, 1969), Marcel Chadeyras (thèse d'état, 1969), Ibrahim El-Hajj (thèse d'état, 1969), Pierre-Claude Lecomte (thèse d'état, 1982) ; et à Paris, Barben-Jean Coffi-Nketsia (thèse d'état, 1970), Bruno Poizat (3e cycle, 1971 ; thèse d'état, 1977), Emmanuel Halbertstadt (thèse d'état, 1971), Michel Doumet (3e cycle, 1974), Pierre-Claude Lecomte (3e cycle, 1976), Claudine Degand (3e cycle, 1980), Yvette Feneyrol-Perrin (thèse d'état, 1980).

Un congrès en l'honneur de Marc Krasner a eu lieu en Grèce en 1983. Les actes [12] de ce congrès, publiés après sa mort soudaine en 1985, contiennent plusieurs articles sur l'œuvre mathématique de Krasner [13]. En particulier, l'article « Il mondo Krasneriano » de Paulo Ribenboim dresse un premier tableau global de ses publications. Nous nous sommes largement inspirés de ce premier tableau pour séparer l'œuvre de Krasner en différentes rubriques, qui font chacune l'objet d'un chapitre de notre ouvrage. Chacun des chapitres est introduit par un spécialiste. La séparation entre les corps p-adiques et les corps valués est en somme un peu

11. Prix de l'Académie des sciences de Paris, créé en 1954, et couronnant des recherches dans divers domaines.

12. Elefteria – Journal mathématique du séminaire P. Zervos, n° 3, septembre 1985.

13. M. Chadeyras, « Sur les anneaux gradués généraux » ; A. Escassut, « Report on Marc Krasner analytic function theory » ; B. Poizat, « Le définitionisme » ; B. Poizat, « La théorie de Galois abstraite » ; P. Ribenboim, « Krasner versus Fermat » ; P. Ribenboim, « Il mondo Krasneriano » ; Y. Sureau, « Contribution de Marc Krasner à la théorie des hypergroupes et des structures apparentées et leurs applications ».

artificielle. Mais, avec le recul, vu l'importance des corps p-adiques dans sa pensée créatrice, il nous a semblé opportun de les mettre en évidence.

Nous tenons à remercier Paulo Ribenboim et Gilles Christol pour leur précieuse collaboration. Nous voulons aussi remercier les personnes suivantes pour leur aide à différents stades durant la préparation de cet ouvrage : Jacques Bélair, Enrique Casanovas, Greg Cherlin, Dominique Dartron, Bertin Diarra, Jean-Louis Duret, Ibrahim el-Hajj, Marcel Guillaume, Denis Jobin, Jeanne Laporte, Angus Macintyre, Florian Pop, Gonzalo Reyes, les membres de l'Équipe de logique mathématique de l'université Paris 7, le personnel de la bibliothèque de l'Institut Henri Poincaré, le personnel de la bibliothèque de l'École Normale Supérieure de la rue d'Ulm, le personnel de la bibliothèque des sciences de l'Université du Québec à Montréal. Nous remercions les institutions suivantes qui nous ont permis de reproduire les articles de Marc Krasner : l'Académie Roumaine, l'Association Française pour l'Avancement des Sciences, le Bulletin de la Société Mathématique de France, la revue Mathematica Balkanica, les Éditions du CNRS.

Krasner était un intellectuel : quand on était invité le soir chez lui pour un souper russe, on enjambait des paquets de livres qui ne pouvaient plus tenir sur les étagères surchargées adossées à chaque mur disponible (il avait en particulier une très impressionnante collection d'ouvrages mathématiques en russe). Il rapportait de ses voyages énormément de photos, que ses hôtes étaient invités à visionner.

Il aimait les chats.

Luc Bélair
Bruno Poizat

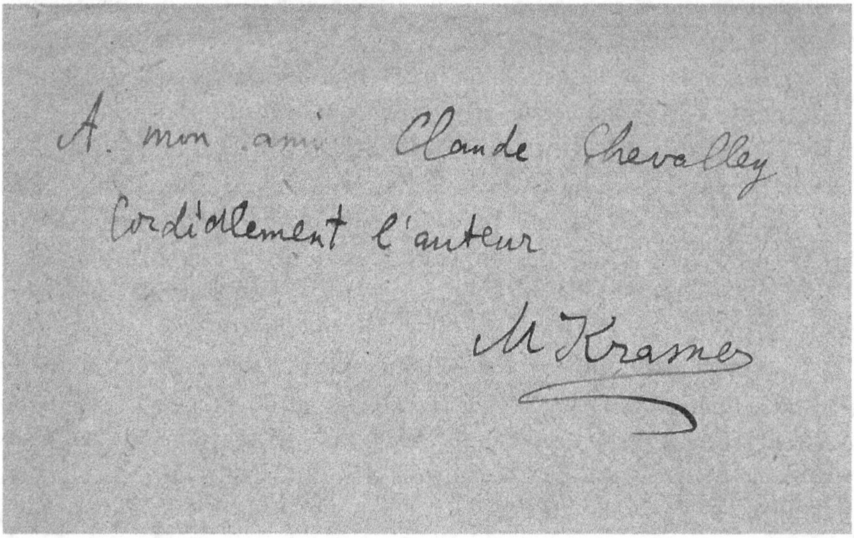

La dédicace de Krasner à Claude Chevalley, dans un tiré à part de sa Note de 1937 [9] sur le nombre d'extensions finies des corps p-adiques

Deux lettres de Krasner à Ribenboim

LA PREMIÈRE LETTRE

Cher Ribenboim,

J'interromps la grande lettre, qui vous sera destinée, pour vous répondre au sujet de votre exposé ... qui contient quelques erreurs matérielles, qui concernent, d'ailleurs, davantage ma biographie que ma mathématique.

1. J'ai été mobilisé pendant la guerre 1939–1940, et pas pendant l'occupation. Je l'ai été en vertu d'une loi de 1928, qui imposait les mêmes obligations militaires qu'aux Français aux apatrides qui se trouvaient déjà à l'âge de 20 ans en France. Comme on a commencé à appliquer cette loi en 1936, je n'ai jamais fait de service militaire, et étais versé dans la réserve comme « omis » de l'année 1932. J'ai fait la guerre, comme soldat de deuxième classe, dans l'artillerie hippomobile.

2. Je suis resté à Marseille, où je me suis fait démobiliser en septembre 1940, jusqu'en novembre 1942, et pas novembre 1941. En effet, la zone sud a été occupée par les Allemands peu de temps après le débarquement allié en Afrique du Nord.

3. Je vais maintenant vous expliquer par quel quasi-miracle je suis resté chargé de recherches au CNRS, bien que je n'ai rien fait pour cela ... à l'exception des recherches. C'est dû, en partie, aux circonstances de la guerre. L'unité, à laquelle j'appartenais, faisait partie d'une division, qui s'était distinguée pendant la première guerre mondiale (11e division,

dite « division de fer »), et qui, dans la mesure du possible, a maintenu sa réputation au cours de la seconde. Ainsi, nous étions l'une des deux divisions qui avaient terminé la retraite de 1940 avec l'artillerie intacte et sans unités faites prisonnières (toutefois, si la bataille avait duré encore une semaine, nous l'aurions tous été, car il n'y avait plus où reculer). Alors, on a donné à tous les soldats et officiers de ces deux divisions (peut-être avec des arrière-pensées démagogiques ?) une croix de guerre, en ajoutant une étoile à ceux qui l'avaient à titre personnel. D'ailleurs, un an et demi plus tard, les militaires ont décidé qu'une telle croix de guerre n'était pas justifiée, et après une procédure de révision, qui a duré quelques mois, l'ont annulé, ainsi que les étoiles supplémentaires. Mais cette croix de guerre temporaire m'a aidé au-delà de toute attente.

Le gouvernement de Vichy était, en sa majorité (comme Pétain lui-même, qui a fait, à un certain moment en 1941, arrêter Laval, qu'il trouvait trop proallemand), crypto-antiallemand, mais assez antisémite et très xénophobe. J'ai eu à répondre d'abord à une enquête, où on me demandait si j'avais été franc-maçon ou communiste, et si moi ou mon père étaient anciens combattants, mais on ne me demandait pas ma nationalité — en effet, ces gens étaient si xénophobes qu'ils ne s'imaginaient pas qu'un étranger puisse être employé par l'Etat français — (le CNRS était en effet exceptionnel à cet égard, ses chercheurs n'étant pas fonctionnaires ; dans les universités, la possibilité d'inviter les étrangers comme professeurs associés ou visitants n'existe que depuis 1954) et ne croyaient pas utile de poser cette question. J'ai pu donc répondre en toute sincérité « non » à la première question et « oui » à la seconde, et passer ainsi le barrage de nationalité étrangère. Mais je ne pouvais dissimuler que j'étais juif, car mes parents s'appelaient Isaac et Sarah, et cela était écrit sur ma carte d'identité d'étranger. Donc, normalement, une fois paru le « statut des Juifs » (juin 1941), j'aurais dû être congédié. Mais voici ce qui est arrivé.

Vers la fin de 1941, j'ai dû demander le renouvellement de ma carte d'identité à la Préfecture de Marseille (il faut dire qu'on ne donnait alors une carte d'identité normale qu'aux étrangers qui avaient un travail, et aux autres seulement le récépissé pour trois mois). Ma nomination comme chargé de recherches pour 1941–1942 ne leur a pas paru un document suffisant (le statut des Juifs n'a commencé à agir dans le CNRS qu'à partir de 1942–1943, car les décisions des commissions du CNRS pour 1941–1942 ont été prises avant sa parution), et j'ai dû demander au

CNRS un certificat confirmatif. Quand il est arrivé, j'ai lu avec étonnement : « Nous certifions que M. Marc Krasner né ..., ancien combattant, médaillé militaire, cité à l'ordre de l'armée ... ». Or, la médaille militaire est la croix de guerre avec ≥ 3 étoiles, et je n'étais cité, comme tous les autres dans le même cas, qu'à l'ordre du régiment. En octobre 1942, j'ai reçu normalement ma nomination pour 1942–1943, bien que presque tous les Juifs, et tous les autres Juifs étrangers, n'ont pas été renouvelés. Cela a conduit, d'ailleurs, à un quiproquo tragicomique suivant. Depuis la (courte) arrestation de Laval, les chercheurs du CNRS ont été rattachés aux universités, car les Allemands ont interdit, par représailles, tout mouvement d'argent entre les deux zones, et c'était, pendant quelque temps, le seul moyen de les payer. J'étais donc attaché à l'université de Marseille (plus tard, je l'étais à celles de Clermont, de Grenoble et de Nancy). Quand les Allemands ont occupé Marseille, j'ai voulu partir le plus vite possible à Clermont, car Marseille me paraissait, à juste titre, un lieu dangereux. Mais, pour qu'on ne puisse pas m'accuser d'abandon de poste, il me fallait une permission du doyen (et, si possible, un sauf-conduit ; depuis l'armistice, sous prétexte de l'état de guerre, qui n'existait plus en fait, les étrangers ne pouvaient se déplacer qu'avec un sauf-conduit ou une carte de circulation de trois mois, qui, sauf pour les « étrangers de marque » comme moi qui était employé d'Etat, étaient très difficiles à obtenir. On disait qu'il fallait donner un pot-de-vin (c'était, en somme, une source de revenus pour les policiers) ; une carte de circulation valait 3.000 F, une somme assez forte pour l'époque, et il n'y avait presque que les margoulins du marché noir qui s'achetaient cette carte. J'en avais une, mais celles qui étaient délivrées avant la venue des Allemands dans la zone sud ont été annulées, et on n'en délivrait plus aux Juifs). Je suis allé à la Faculté et j'ai demandé au secrétaire général une entrevue avec le doyen, en expliquant pourquoi. Il m'a dit : « Le doyen ne peut absolument pas vous recevoir », et devant mon insistance il m'a dit, à un certain moment : « Mais vous savez bien que vous n'êtes plus chargé de recherches au CNRS, donc vous n'êtes plus rattaché à notre université ». J'ai dit : « Mais si », et je lui ai montré la nomination. Il était sidéré. Tout s'est arrangé en cinq minutes, et j'ai même eu une lettre pour le commissaire central pour qu'il me donne un sauf-conduit pour Clermont.

J'ai eu le mot de l'énigme au début de 1944, quand je suis allé, déjà avec les faux papiers (mais à mon propre nom : voir plus loin), à Paris (la circulation entre les deux zones était devenue libre pour les non-Juifs à partir de mars 1943) pour demander au CNRS si on pouvait me rattacher à l'université de Nancy (pour les raisons, voir plus loin). Quand je suis allé au CNRS, j'étais reçu par Jamati et Mme Mineur (femme de l'astronome), qui faisaient partie de l'organisation de résistance au CNRS, et voici ce qu'ils m'ont raconté.

Le statut des Juifs prévoyait les « dérogations d'office » pour les médaillés militaires, et aussi pour les personnes « qui ont rendu à la France des grands services dans les domaines scientifique, littéraire ou artistique ». Ils ont demandé pour moi cette dérogation, en transformant ma croix de guerre en médaille militaire (peut-être ont-ils évoqué aussi les services que j'ai rendus dans le domaine scientifique ?), et l'ont obtenue. Mais cela s'est fait à mon insu, je n'ai jamais rien demandé personnellement. N'étant pas soumis, sous ce rapport, au statut des Juifs, je pouvais être renouvelé normalement, sauf contre-ordre supérieur, par le CNRS. Ils m'ont dit que, bien que je sois Juif, il n'y a pas de difficulté à me rattacher à Nancy, car ces rattachements sont une affaire interne au CNRS et ne sont pas connus en dehors de lui.

4. Je ne me suis jamais caché. Jusqu'à la capitulation italienne (je crois, en septembre 1943), j'ai vécu légalement en n'employant les faux papiers de Français naturalisé (que j'avais) que pour quelques déplacements, pour lesquels il n'était pas possible d'avoir un sauf-conduit. Ensuite, j'ai vécu avec les faux papiers, comme on disait à l'époque je me « camouflais », mais je ne me cachais pas. Il n'était pas nécessaire de le faire plus tôt, car, étant chargé de recherches au CNRS, je n'avais rien à craindre des autorités françaises, et je ne suis resté dans la zone occupée par les Allemands que les premiers cinq mois, ce qui était relativement sans danger en prenant quelques précautions. Mais ensuite vivre légalement comme Juif étranger sous l'occupation allemande signifiait, à coup presque sûr, la déportation à court terme et la mort dans un camp. Vivre avec les faux papiers présentait quelques risques, mais qui étaient négligeables par rapport à ceux de l'alternative (j'ai été, d'ailleurs, arrêté une fois, par pure malchance imprévisible, heureusement par les gendarmes français, au début de 1944, et je m'en suis tiré avec une semaine de prison, ... où j'ai écrit mon rapport annuel pour le CNRS). Je ne pouvais faire une fausse carte d'identité (de français naturalisé et sans tampon « Juif » bien entendu, car je ne pouvais cacher mon accent étranger) que sur mon

propre nom, car autrement je perdais le bénéfice très important, même pour un français, d'avoir un travail et être employé d'Etat, ce qui me préservait de l'envoi comme travailleur en Allemagne ... et des contrôles correspondants, qui auraient montré que mes papiers étaient faux. Il aurait été, d'ailleurs, impossible de toucher les mandats du CNRS avec une fausse carte. Par ailleurs, il a fallu compléter cette carte par un faux acte de naturalisation, plausible, et j'ai eu une idée assez brillante pour le fabriquer, dont il serait trop long de parler ici. J'ai mis mon lieu de naissance véritable, et je me suis vieilli juste d'une année pour éviter un certain recensement des jeunes gens.

Pourquoi je suis allé me camoufler dans la région de Nancy ? Vivant avec les faux papiers à mon nom, il n'y avait plus dans la zone sud aucune université à laquelle on pouvait me rattacher sans danger. C'était impossible à Marseille, Clermont et Grenoble, car j'étais enregistré dans les préfectures correspondantes comme Juif étranger. Lyon était l'endroit le plus dangereux de la France (rafles allemandes presque journalières). J'avais habité la région de Toulouse pendant quelques mois, comme Juif étranger. Montpellier était dans la zone côtière, et il y a eu des bruits que les Allemands allaient l'évacuer, ce qui entraînerait la vérification des documents de la population. D'autre part, pendant l'hiver 1939–40, j'ai été comme soldat dans un village à 13 km de Nancy, quelques kilomètres derrière la Moselle, mais encore dans la Meurthe-et-Moselle (c'est-à-dire encore dans la zone administrée par les Français). Les gens m'ont connu comme soldat français, et, même si certains savaient que j'étais russe à cette époque, il était naturel qu'ayant fait la guerre je sois naturalisé depuis. Il était précieux que tout un village puisse témoigner que je suis bien Marc Krasner, car les doutes n'étaient pas, généralement, sur l'existence et la nationalité française de la personne indiquée sur la carte, mais sur l'identité du détenteur avec cette personne. J'ai donc décidé, une fois rattaché à l'université de Nancy, d'aller vivre dans ce village. C'était d'autant plus naturel que j'arrivais en mai, au début des vacances (d'ailleurs beaucoup de nancéens se réfugiaient, à cette époque, à la campagne par peur des bombardements aériens). Tout s'est passé comme prévu, sauf une chose imprévisible : le village s'est trouvé, pendant 3 semaines, en pleine zone de front, car, après la rupture de leur front de Normandie et le débarquement dans le midi de la France, la Moselle a été la première ligne de résistance des Allemands. La bataille a duré du 29 août au 19 septembre, et le danger principal était la menace d'une prise d'otages (et leur exécution) par les Allemands, auquel cas, après quelques notables du village (curé, instituteur, quelques riches paysans), j'étais, comme professeur en vacances, le plus exposé.

Je dois dire que je n'ai jamais eu peur. Je jouais une partie dont l'enjeu était ma tête, mais je la jouais d'une manière détachée, comme il convient à un joueur d'échecs. C'est mon sang-froid qui m'a sauvé dans quelques situations particulièrement critiques. Je pense avoir choisi les meilleures stratégies et, sauf l'imprévisible, tactique. J'ai gagné cette partie, sauf en ce qui concerne mes parents que les Allemands ont arrêtés en février 1943 à Paris et assassinés dans un camp.

5. Vous parlez de ma « créativité » pendant l'occupation, et l'attribuez en partie à ce que j'avais davantage de temps libre. En fait, je n'ai jamais fait de recherches délibérées sauf en 1929–1932, quand je m'efforçais, à tout prix, de démontrer le théorème de Fermat ou, du moins, son premier cas. Depuis, j'attends passivement que les idées me viennent et mûrissent, en ne prenant qu'une part minime (du moins active) dans mes recherches (j'ai constaté, en effet, que tout effort déforme les résultats finaux). Et cette venue des idées ne dépend pas des circonstances extérieures, et je ne la considère pas comme un « travail » de recherche. Le seul travail (peu agréable) lié à la recherche est la rédaction. Or, je n'ai pas rédigé, pendant l'occupation, même une ligne, sauf deux notes (« Un critère de primarité » et une note sur les corpoïdes, envoyée trop tard à l'Académie). Ma vie dangereuse et un peu nomade ne favorisait guère la rédaction, mais, en plus, il n'y avait aucune perspective de publication. J'ai écrit en 1943 de Grenoble aux « Commentarii Helvetici » en leur demandant si je pouvais leur adresser des travaux à publier. J'ai reçu une réponse de Fueter, m'écrivant qu'il y avait beaucoup de mathématiciens dans mon cas (ce qui est, d'ailleurs, douteux, du moins pour ceux qui avaient des travaux à publier), et que les « Commentarii » ne pouvaient pas suffire à publier leurs travaux. C'était un refus à peine poli, qui ressemblait fort à la lettre d'un membre du comité de lecture de l'Académie des Sciences à Mme Perrin.

M. Krasner

La deuxième lettre

Cher Ribenboim,

Je vais essayer de répondre de mon mieux aux questions posées dans votre lettre que je ne trouve nullement indiscrètes, mais, au contraire, assez pertinentes.

1°) Le prénom de Marty a été Frédéric. Il a dû être à peu près de mon âge, je pense qu'il était né entre 1911 et 1913 (limites comprises). Il était originaire du Sud-Ouest, peut-être de Toulouse (j'ai entendu pendant l'occupation qu'une tante à lui y habitait). Il a été normalien, élève de Montel, et soutenu (semble-t-il très jeune) une thèse d'Etat sur les fonctions méromorphes (je ne la connais pas ; il me semble qu'elle a été publiée aux Annales de l'Ecole Normale Supérieure). Il a passé un an ou deux en Finlande, où il a travaillé avec Ahlfors et Nevanlinna et a appris le finnois. A la déclaration de la guerre, il était maître de conférences à Marseille, où il enseignait le premier cycle (mathématiques générales). Un de mes amis, qui a suivi son cours, a conservé de lui le souvenir d'un professeur exceptionnellement bon et très chic avec les étudiants.

Il ne sympathisait guère avec les Bourbaki, qui, d'ailleurs, n'aimaient guère Montel. Comme la plupart des normaliens, il était mobilisé en 1939 comme officier DCA (défense contre les avions), et, comme il connaissait le finnois, il a été nommé en mai 1940 attaché militaire à Helsinski. L'avion qui le transportait de Tallin à Helsinski n'est jamais arrivé à destination.

J'ai fait sa connaissance au séminaire Hadamard, que j'ai suivi, sur l'invitation de ce dernier, (après la présentation de ma note de 1934 sur le théorème de Fermat), à partir d'octobre 1934. En ce qui concerne l'emploi des hypergroupes des classes à droite pour la théorie de la ramification non-normale, j'ai trouvé et défini moi-même (sous un autre nom) cet hypergroupe particulier, dans la première rédaction (brouillon) de ma thèse, mais ayant appris peu de temps après que Marty a défini un an plus tôt la notion générale d'hypergroupe, j'ai adopté sa terminologie et reconnu son indiscutable priorité. Dans son cours Claude Peccot, dont il a été chargé au Collège de France (en 1938-39, je crois), il a parlé de ma théorie de la ramification non-normale, mais en préférant se fonder sur l'emploi des hypergroupes des classes bilatères gxg (où g est un sous-groupe d'un groupe G et $x \in G$).

Nos relations étaient toujours amicales, mais pas intimes, et je ne connais rien de sa vie privée. Je vous ai déjà parlé de la note de « M. Marc Krasner et Mlle Britt Ranulac » (anagramme de *canular*). Voici l'histoire (dont parle aussi Paul Lévy dans ses souvenirs). Un jour, Paul Lévy, en partant de je ne sais pas quel problème du calcul des probabilités, a posé, au séminaire Hadamard, la question suivante : quelles sont toutes les décompositions de $(X^n - 1)/(X - 1)$, où n est un entier positif, en facteurs unitaires à coefficients réels non-négatifs (la conjecture était qu'il n'y en a pas d'autres que les décompositions « triviales » $[(X^n-1)/(X^{n/m'}-1)][(X^{n/m'}-1)/(X^{n/m'm''}-1)]...[(X^{m(s)}-1)/(X-1)]$, où $n = m'm''...m(s)$). Etant revenu du séminaire chez moi, j'ai trouvé immédiatement la démonstration, dont la partie essentielle est que si $f(X)$ est une polynôme réciproque ($X^n f(1/X) = f(X)$), dont chaque coefficient est 0 ou 1, et si $f(X) = g(X)h(X)$ est une décomposition de $f(X)$ en facteurs unitaires à coefficients réels non-négatifs, chaque coefficient de $g(X)$ et de $h(X)$ est 0 ou 1. Paul Lévy avait aussi posé, par l'intermédiaire de Khintchine, le même problème en Russie, où il a été résolu à peu près en même temps par Raïkov. En plus, un certain Liénart ou Liénard avait prouvé, en même temps, la conjecture pour n premier, c'est-à-dire l'indécomposabilité de $(X^n - 1)/(X - 1)$ en de tels facteurs quand n est premier. J'en ai parlé à la séance suivante du séminaire, et Hadamard, qui était surpris par la démonstration, a dit qu'il faut absolument en faire une note aux Comptes Rendus. Etant encore inexpérimenté pour les rédactions, j'ai répondu qu'il me semble impossible de mettre toute la démonstration dans une note. Alors, Marty a proposé de le faire ensemble avec deux alors jeunes Belges Ballieu (qui a été plus tard professeur à l'université de Louvain) et Gillis (qui est un spécialiste des équations aux dérivées partielles). Ils ont choisi le pseudonyme de Mlle Britt Ranulac pour faire contrepoids au Bourbaki, qui avait aussi au début un peu l'allure de canular (d'ailleurs, Picard, qui était un homme très officiel et n'admettant pas qu'on plaisante avec l'Académie, a commencé à se méfier chaque fois quand Elie Cartan présentait une note de M. Nicolas Bourbaki. Il demandait tout le temps à rencontrer ce Monsieur, et Cartan devait inventer les prétextes empêchant cette rencontre). Paul Lévy parle de cette histoire dans ses souvenirs.

2°) Je suis né dans la bonne ville d'Odessa, fondée à la fin du règne de Catherine II sur des terres prises chez les Turcs et les Tatars (d'ailleurs, presque vides). Selon les papiers les plus officiels, je suis né trois fois : le 9, le 20 et le 21 avril 1912. Ceci a deux explications : naïve (que je préfère) et rationnelle. Explication naïve : je suis né d'abord le 9, mais quand j'ai sorti la tête, le monde m'a paru si déplaisant que je suis rentré ; au bout de 11 jours, j'ai mis mon nez dehors ; ce n'était toujours pas fameux, mais comme il ne fallait pas trop embêter ma mère, je me suis juste donné le répit d'un jour et j'étais né définitivement le lendemain. Explication rationnelle : je suis né le 8 du calendrier julien, mais tard dans la soirée, et je n'ai été inscrit que le 9 ; c'est cette date qu'a mise sur mon passeport étranger l'imbécile qui l'a établi ; et quand je suis allé avec mes parents à la ZAGS (Etat-civil) pour prendre nos actes de naissance, la préposée idiote a ajouté douze jours à la date de naissance julienne de mes parents (ce qui est exact, car ils étaient nés avant 1900), mais aussi, au lieu de 13 jours, à la mienne, ce qui a donné le 20 avril. J'ai essayé de rétablir ma vraie date, en la donnant, en particulier, pour mes diplômes, mais c'était une peine perdue, qui ne m'a valu que des complications administratives, et je me suis finalement résigné à être né le 9 avril. Cette explication est moins jolie que la naïve, mais elle montre à quel point on dépend des imbéciles.

Ma famille appartenait à une assez grande bourgeoisie, mais, dans la parenté, il y a eu des gens qui appartenaient soit à la très grande bourgeoisie (plusieurs oncles et le grand-père maternel), soit à la classe moyenne. Toutefois, j'ai peu subi l'influence psychologique de mon milieu (et n'ai guère acquis ses préjugés), car la révolution d'octobre est arrivée quand j'avais cinq ans et demi, et les blancs ont quitté, pour la dernière fois, Odessa quand j'en avais huit, et, entre-temps, nous étions devenus pauvres comme les derniers des prolétaires. Mais, bien entendu, j'étais aussi réfractaire à toute idéologie communiste. Je ne reprochais (et ne reproche) pas à la révolution d'avoir dépossédé mes parents. Au contraire, je sais, de cette manière, que je ne dois qu'à moi-même, et pas à l'argent de mon père, ce que je suis devenu. Par contre, je ne lui pardonne pas de nous avoir traités en parias quand nous n'avions plus rien ; en particulier, si nous étions restés, je ne pouvais pas, en tant que fils d'ancien bourgeois, entrer dans une université (il est vrai que je pouvais perdre cette qualité en travaillant pendant trois ans comme ouvrier d'usine, mais beaucoup de ceux qui l'ont fait ont été accusés, pendant la terreur stalinienne de 1936–1938, d'avoir trompé les autorités sur leur « origine de classe », et ont été fusillés ou déportés dans les camps ; d'ailleurs, il est probable que si nous étions restés en URSS jusque-là, nous aurions été « liquidés comme classe »).

Avant de parler de mes études secondaires, je dois décrire la situation générale dans les écoles, dans les premières années qui ont suivi la guerre civile (qui a duré à Odessa jusqu'en 1920). Jusqu'en 1923, ont continué la famine et les épidémies, et les écoles étaient complètement désorganisées (du moins, dans le sud). L'atmosphère y ressemblait — en pire — à celle des lycées français en 1968 (il y a eu même des cas de maîtres tués par les élèves). La situation s'est normalisée vers 1923. Mais il est resté une particularité : le programme de chaque école dans chaque matière était établi par le conseil pédagogique de cette école, c'est-à-dire, sauf rares exceptions, par l'enseignant même de cette matière. Conséquence : il avait pratiquement la liberté totale d'enseigner ce qu'il voulait et comme il voulait, sans limite de bonne ou mauvaise qualité de son enseignement. D'autre part, dans chaque matière, le niveau des études dans les classes homologues des différentes écoles pouvait être très différent de la sorte qu'on ne savait pas ce que recouvrait un diplôme secondaire, car il n'y avait pas d'examen général comme le bachot, l'« attestat de maturité » d'avant la révolution ayant été supprimé (il me semble qu'il a été rétabli depuis). Un autre détail : tandis qu'en Russie proprement dite (R.S.F.S.R.), il y a eu une école secondaire unique de neuf classes (deviatilietka), en Ukraïne (dont Odessa faisait administrativement partie) le cours secondaire comportait une école générale de sept classes (siémilietka), suivie par une « école professionnelle » (mais ayant un programme général assez considérable) de deux ou trois classes. De ce qui précède, il est clair qu'il était essentiel de tomber sur de bons professeurs : dans l'école générale j'ai eu un professeur exceptionnel en mathématiques, un très bon d'histoire, et deux professeurs successifs assez bons de langue et littérature russes ; dans l'école professionnelle (qui était l'école électrotechnique de deux ans, où l'enseignement se faisait en partie en russe et en partie en ukraïnien), j'ai eu un très bon professeur de physique et d'électrophysique, d'assez bons de machines électriques de courant continu et de courant alternatif et très bon (bien que terriblement nationaliste ukraïnien) de langue et littérature ukraïniennes. Encore un détail : il n'y avait pas, à cette époque, de devoirs obligatoires à la maison, ce qui fait que, dans ma vie, j'ai fait très peu de problèmes scolaires (y compris au niveau universitaire). J'ai acquis la conviction (peut-être pas tout à fait exacte) qu'en comprenant bien la théorie et avec quelque imagination, on peut toujours résoudre ce genre de problème. D'autre part, je n'avais pratiquement pas de livres scolaires, n'en éprouvant pas le besoin (car, sauf exceptions, je me rappelais le cours après l'avoir écouté, et il était toujours possible d'emprunter, à la récréation précédant une leçon, le livre de cours chez un camarade pour y jeter un coup d'oeil). En plus, je détestais être embarrassé par quelque chose à porter, et, vu ma distraction, je perdais assez vite les rares livres que j'avais. C'est ainsi que j'ai perdu au bout de quelques mois, après en avoir lu une grande partie, le cours de géométrie (d'un certain Kissieliov, édité avant la révolution comme cours standard pour les gymnases) qu'on m'avait acheté. C'est ainsi que j'ai pris l'habitude de faire tout dans ma tête, de ne rien écrire en lisant les textes mathématiques ou en cherchant (je n'ai jamais pris la moindre note et ne commence à rédiger un travail que quand il me semble terminé du point de vue de la recherche sans écrire une ligne avant ; bien entendu, des idées nouvelles peuvent venir au cours de la rédaction ; il m'arrive même de rédiger des travaux 20 ou 40 ans après les avoir trouvés ; bien entendu je ne retiens pas leurs démonstrations par cœur, mais il me reste une sorte d'empreinte intuitive, qui me permet de les rétablir longtemps après). D'ailleurs cela explique mon aversion pour les calculs mécaniques sans idées (j'effectue les autres mentalement, en me trompant parfois dans les détails).

Je reviens à mes études secondaires. En 1921, je crois, on m'a mis dans une classe relativement élémentaire (je ne me rappelle pas ce qu'on y enseignait), dont on m'a retiré trois mois plus tard quand j'ai attrapé la rougeole. Je suis réellement entré dans l'école secondaire en octobre 1923, dans la cinquième classe, où, dans l'école en question on commençait à étudier l'algèbre élémentaire et la géométrie (avec démonstrations), après un petit examen d'entrée (en mathématiques, on m'a demandé d'additionner deux fractions de dénominateurs différents), auquel m'a préparé, durant une année, une tante éloignée. A cette époque, je n'étais pas intéressé spécialement par les mathématiques, bien que j'avais déjà les goûts scientifiques prononcés (mes parents avaient une assez grande bibliothèque, surtout littéraire — j'ai lu Pouchkine à sept ans, en comprenant, d'ailleurs, mal certaines choses —, mais aussi quelques livres d'histoire, de vulgarisation scientifique et une grande Encyclopédie en allemand que toute la famille sauf moi parlait couramment, car ils avaient séjourné plusieurs années entre 1905 et 1910 à Berlin et à Vienne). Je dois dire que le cours (d'ailleurs assez sérieux) d'arithmétique élémentaire que j'avais étudié avec la tante mentionnée ne m'a pas attiré vers la mathématique, car jusqu'à la règle de multiplication des fractions (dont j'ai compris la raison plus tard) tout me paraissait déjà connu depuis longtemps sauf l'algorithme d'Euclide, la seule chose qui m'a réellement intéressé.

Voici dans quelles circonstances je me suis intéressé aux mathématiques et compris que c'est ma vocation (du moins, principale). Quand je suis venu à la première leçon de mathématiques, le professeur dont je vous ai parlé — il s'appelait Adrian Féofanovitch Tsivtchinski — exposait les premiers théorèmes sur les angles. Après avoir défini les notions d'angle, d'angles contigus et d'angle droit, il démontrait que la somme des angles contigus dont les côtés non communs se prolongent est 2d , et, ensuite, il démontrait par l'absurde la réciproque : si la somme de deux angles contigus est 2d , leurs côtés se prolongent. C'est ce raisonnement par absurde qui m'a frappé et m'a fait sentir que la mathématique est ma vocation. En ce temps, il y a eu, dans les écoles, des cercles de toutes sortes, et en particulier le cercle mathématique, dirigé par le professeur, mais dont le président était un élève, et j'étais cet élève (plus tard, j'étais devenu président du cercle humoristique à la grande indignation d'Adrian Féofanovitch, qui trouvait que cela ne sied pas à un mathématicien ; mais je dois dire que mon sens de l'humour m'a bien servi dans mes démêlés à propos d'Halberstadt, de la lettre de l'Académie à Mme Perrin, etc.). Presque tout de suite, il m'a chargé de faire une conférence sur les systèmes de numération, et peu de jours après, je lui ai posé la question : « et pourquoi on ne peut pas prendre comme base de la numération une fraction, par exemple $1/5$? ». Il a ri et m'a demandé comment je vais m'y prendre pour exprimer tout nombre (sous-entendu, réel) dans un tel système, à quoi je n'ai rien su répondre (par contre cela était possible si la fraction était > 1). Mais ma question n'était pas tellement absurde, car elle contenait un petit germe de la notion des nombres p-adiques (en l'occurence 5-adiques). D'ailleurs, il connaissait l'existence de cette notion, car c'est de lui que je l'ai apprise, sous une forme vague, plus tard. Mais, peut-être, n'a-t-il pas fait la liaison ou a-t-il craint d'en parler à un garçon de 11 ans et demi ? Vers le mois de décembre, on a commencé d'étudier les parallèles, et, dans le livre mentionné de Kissiéliov il y avait une demi-page en petits caractères, où il parlait de la possibilité de la géométrie de Lobatchevski. Cela m'a paru si extraordinaire et si peu crédible que j'ai essayé de démontrer l'axiome des parallèles. Voici la « démonstration » que j'ai imaginée — c'est ma première fausse démonstration. Mais, tout en étant fausse, elle n'est pas plus absurde que celles que faisaient, à la fin du XVIIIe siècle, les mathématiciens de renom (comme, par ex. Lambert), ce qui n'est pas si mal pour un garçon de 11 ans et huit mois, qui n'a étudié la géométrie que depuis trois mois environ. La voici.

Soient AB une droite et C un point en dehors de AB . Il existe une parallèle « canonique » à AB passant par C , à savoir la perpendiculaire DCE (ou D et E sont de côtés opposés par rapport à C) au perpendiculaire CL à AB . Si Δ est une autre droite passant par C , elle entre dans l'intérieur d'un des angles droits LCD , LCE . Considérons, sur cette droite, du côté où elle entre dans un de ces angles, une suite de points $M_1, M_2, \ldots, M_n, \ldots$ telle que $CM_1 = M_1M_2 = \ldots = M_{n-1}M_n = \ldots$, et soit M_1N_1 ($N_1 \in CL$) la perpendiculaire abaissée de M_1 sur CL. Construisons sur chaque $M_{n-1}M_n$ le triangle $M_{n-1}N_nM_n$ tel que les angles $N_nM_{n-1}N_n, N_nM_nM_{n-1}$ soient respectivement égaux aux angles N_1CM_1, N_1M_1C . Alors, tous ces triangles sont égaux, donc rectangles, et on a $CN_1 = M_1N_2 = \ldots = M_{n-1}N_n = M_nN_{n+1} = \ldots$. Jusqu'à présent, le raisonnement est correct (sinon au sens de Hilbert, du moins au sens d'Euclide). Mais là je commets une erreur en disant : « quand on passe de M_{n-1} à M_n , la distance du point considéré à AB diminue toujours de la même longueur $M_{n-1}N = CN_1$, et doit devenir négative pour n assez grand ; donc, Δ coupe AB. »

Quand j'ai montré cette démonstration à Adrian Féofanovitch, il m'a dit qu'elle était fausse, car la distance d'un point à une droite est la longueur de la perpendiculaire abaissée du point sur la droite, et qu'il n'est pas prouvé que les M_nM_{n+1} ($n \geq 1$) sont perpendiculaires à AB. J'ai admis tout de suite la fausseté de ma démonstration, mais je continuais à douter de la possibilité de la géométrie de Lobatchevski. Après plusieurs discussions, où il a dit vaguement que si la géométrie de Lobatchevski était contradictoire, celle d'Euclide l'aurait été aussi, il s'est décidé à me montrer le modèle (à l'époque, on disait « l'interprétation ») de Poincaré pour la planimétrie de Lobatchevski à l'aide du demi-plan euclidien (sauf qu'il n'a pas défini la longueur d'un segment comme le logarithme du rapport anharmonique de ses extrémités avec les « points à l'infini » de la même « droite », car je ne connaissais pas les logarithmes). Je doute qu'on aurait pu trouver en Russie ou ailleurs un professeur du secondaire qui aurait osé montrer le modèle de Poincaré à un garçon qui n'avait pas encore 12 ans. J'en ai parfaitement saisi l'idée, et, dès lors, je fus convaincu de la non-contradiction de la géométrie de Lobatchevski. Le voyant, le professeur m'a donné à lire (ou, peut-être, m'a recommandé d'acheter ?) deux livres sur les fondements de « la » géométrie : la traduction russe du deuxième tome, consacré à la géométrie de l'« Encyclopédie de la mathématique élémentaire » de Weber et Wellstein (ce tome a été écrit, d'une manière, d'ailleurs, peu attrayante, par le géomètre Wellstein) et un livre, très bien écrit, « Fondements de la géométrie » par un petit mathématicien russe S. A. Bogomolov — c'est surtout ce dernier livre qui m'a profité. Après une introduction, où l'auteur expliquait la notion de système axiomatique (au sens des « Grundlagen der Geometrie » de Hilbert, et pas du calcul des prédicats) ensuite, il développait, au chapitre un, la géométrie (surtout la planimétrie) euclidienne à partir de deux systèmes équivalents d'axiomes, proches de ceux des « Grundlagen », mais plus intuitifs : le premier comportant les « axiomes d'égalité », les mouvements se définissant comme les transformations préservant l'égalité des figures, et le second comportant les « axiomes de mouvement », l'égalité des figures se définissant comme superposabilité par un mouvement. Le chapitre deux est consacré aux interprétations de la géométrie euclidienne, dont la géométrie analytique. Le chapitre trois était consacré aux tentatives de démonstration de l'axiome des parallèles avant Lobatchevski et Bolyai, le chapitre quatre développait la géométrie de Lobatchevski à partir du modèle du demi-plan de Poincaré (je n'ai pas compris tout dans ce chapitre à cause de l'emploi du logarithme et, surtout, du calcul différentiel : ainsi, x et y sont les coordonnées cartésiennes du plan, l'axe des x étant placé sur l'arête du demi-plan et celui des y étant dirigé vers l'intérieur du demi-plan, on montrait que l'élément d'aire hyperbolique est $dxdy/y^2$, formule que je n'ai comprise qu'en relisant le livre deux-trois ans plus tard, quand je connaissais déjà le calcul différentiel ; mais j'ai compris l'essentiel, car le groupe des mouvements et des symétries était clairement défini comme celui engendré par les inversions par rapport aux circonférences orthogonales à l'arête et l'égalité des segments comme superposabilité par quelque élément de ce groupe, et l'incompréhension de la formule explicite pour la distance ne m'empêchait pas de comprendre l'idée de fond). Le chapitre cinq était consacré à la planimétrie de Riemann, développée, au fond, comme celle du plan projectif, dont les points étaient figurés par les couples de points diamétralement opposés d'une sphère (si ma mémoire est bonne, on prouvait même la non-orientabilité de ce plan), et on parlait, en même temps, de la géométrie habituelle de la sphère, qui est évidemment le recouvrement universel du plan de Riemann. Le livre se terminait par un petit chapitre conclusif.

Au cours des trois années scolaires que j'ai passées dans cette école, j'ai appris énormément d'Adrian Féofanovitch, en partie de son cours (qui était très complet sauf stéréométrie ; il a même parlé à la fin des nombres complexes, ce qu'on ne faisait pas à l'époque dans les lycées français), mais surtout au cours des conversations : on ne peut pas dire qu'il me guidait délibérément et systématiquement — parfois c'est moi qui lui posais les questions, et parfois il me montrait quelque chose de sa propre initiative. Ainsi, j'ai appris les notions d'ensemble, de cardinal, plus vaguement, sur l'exemple des premiers ordinaux finis, celle d'ordinal, de groupe, de congruence modulo, de nombres algébriques et transcendants (et il m'a dit que π est transcendant ; toutefois, je ne me suis jamais intéressé à la quadrature du cercle, trisection de l'angle ou duplication du cube), et c'est de lui que j'ai appris l'existence du théorème de Fermat, de la théorie de Galois, peut-être de l'hypothèse de Goldbach et du problème de distribution des nombres premiers, et de celui de représentabilité des entiers par les formes quadratiques binaires. J'ai oublié de dire que c'est encore de lui que j'ai appris la définition des réels par la méthode des coupures de Dedekind (mais je ne me rappelle pas comment et de qui j'ai appris l'existence des paradoxes de la théorie des ensembles, bien que je suis à peu près sûr que c'était avant mon départ de Russie).

A un certain moment, en 1925 probablement, j'ai acheté le tome 1, écrit par H. Weber, de l' « Encyclopédie de la mathématique élémentaire », réédité après la révolution et consacré à l'arithmétique et à l'algèbre. Il commence par la théorie des ensembles finis, définis comme bien ordonnés et inversement bien ordonnés par rapport à un même ordre, les entiers non négatifs étant définis comme les cardinaux des ensembles finis. Les nombres négatifs étaient introduits d'une manière assez scolaire, et les fractions étaient définies à partir des entiers par localisation. La droite réelle était définie à la fois par la méthode des coupures de Dedekind et par la complétion de Cantor, et on montrait l'équivalence des deux méthodes. Et, à la fin, on définissait les nombres complexes. La partie proprement algébrique du livre, si mes souvenirs sont exacts, ne semblait pas aller (sauf quelques remarques historiques) au-delà du cours scolaire. En 1925–1926, j'ai acheté la « Théorie des déterminants » de

V. F. Kagan, géomètre bien connu, qui enseignait à l'Université d'Odessa, mais est parti à Moscou quand on lui a demandé d'enseigner en ukrainien. Ainsi, je suis devenu familier avec les déterminants et le calcul des matrices dès 13–14 ans, ce qui m'a été très utile dans la suite. Avant de quitter cette école, j'ai dit à Adrian Féofanovitch que je veux me mettre au courant du calcul différentiel et intégral, et lui ai demandé quel livre il faut lire. Il m'a recommandé « Differenzial und Integralrechnung » de Gerhard Kowaleski, qui était, en traduction russe, le cours universitaire standard dans les universités russes jusqu'à la révolution. Pour pouvoir lire ce livre (introuvable dans le commerce), il fallait aller à la bibliothèque publique d'Odessa (c'étaient des analogues de la bibliothèque nationale, en ce sens qu'on y envoyait un exemplaire de chaque livre paraissant en Russie : il y en avait dans certaines grandes villes), mais le hic était qu'on n'était autorisé à y lire qu'à partir de 16 (ou peut-être 18 ?) ans. Alors j'ai demandé à mon père de prendre une carte à la bibliothèque, et j'y allais avec la carte de mon père. La supercherie a été découverte au bout de quelques mois, et on m'a honteusement chassé de la bibliothèque. Mais j'ai eu le temps de lire presque entièrement Kowaleski. D'ailleurs, à partir d'octobre 1926, en tant qu'élève d'une « école professionnelle » (pour y entrer, il m'a fallu aussi une dispense d'âge, car, normalement, on ne pouvait y entrer qu'à partir de 15 ans, et je n'en avais que 14), j'avais le droit de lire dans la « bibliothèque scientifique centrale », qui, pour les livres scientifiques, était aussi riche que la bibliothèque publique. Je m'intéressais aussi à l'époque à la physique autant qu'à la mathématique (je n'ai choisi vraiment entre la mathématique et la physique théorique qu'à l'âge de 16–17 ans, quand j'ai compris que les équations de physique ne peuvent pas décrire la totalité de ce qui se passe dans l'Univers ; mon intérêt pour la physique est antérieur à mon intérêt pour les mathématiques — il date, je crois, de l'âge de 8 ans — et je m'y intéresse toujours, bien que d'un peu loin et pas en vue de recherches). De ce point de vue, j'ai aussi appris pas mal de ce professeur, mais aussi par ailleurs : ainsi, j'ai acheté, je crois en 1924 ou 1925, le livre « La structure de la matière » (2 tomes), de Frenkel, un physicien bien connu de Petrograd, qui était consacré à la physique moléculaire, atomique et (alors en germe, car on ne connaissait pas encore le neutron et les anti-particules) nucléaires, et qui était lisible en connaissant convenablement les mathématiques élémentaires : il comprenait la théorie de Bohr, donnait l'idée de la théorie des quanta et aussi de la relativité restreinte (à propos de la théorie de Sommerfeld pour la structure fine des lignes d'hydrogène), mais on ignorait à l'époque le spin.

J'avais lu encore un certain nombre de livres de degré de popularisation divers, qu'il m'est difficile de situer dans le temps, dont je me rappelle « Electricité et magnétisme » du physicien norvégien Mie écrit avant la relativité, et où on parlait beaucoup d'éther, et la « Physique théorique » de Planck. J'ai lu aussi le livre d'Eddington sur la relativité, mais qui est écrit d'une manière assez incompréhensible avec les montres que traînent différents observateurs : je n'ai vraiment compris la relativité restreinte que plus tard, quand j'ai compris l'espace-temps de Minkovski. A partir de 1926 ou 1927, je me suis abonné pour les « Progrès (Ouspiékhi) des sciences physiques » et, en 1927, ayant vu chez Adrian Féofanovitch (que je continuais de visiter assez souvent chez lui, même quand j'étais dans une autre école) le « Cours de physique » de Khvolson (en cinq tomes assez immenses) réédité après la révolution (et comportant deux tomes complémentaires plus petits consacrés aux progrès de la physique à partir de la première guerre mondiale), je l'ai acheté aussi. Ce livre était, bien qu'il servait de base au cours de physique dans les universités russes avant la révolution, plutôt une sorte d'encyclopédie de physique qu'un cours en vue d'examens, avec un mélange assez anarchique de la théorie et d'expérience, et d'essentiel et général avec le secondaire et le particulier. On pouvait, quand même, en apprendre beaucoup de choses, et comme je connaissais déjà le calcul différentiel, les déterminants et les matrices, ce cours (sauf quelques passages) et la plupart des articles des « Ouspiékhi » m'étaient accessibles. En revenant aux mathématiques pures, j'ai acheté (et lu) en 1926–1927 (première année de l'école professionnelle) « Les fonctions de variable complexe » de Privalov et j'ai lu dans la bibliothèque scientifique centrale la « Théorie des nombres » d'Iégorov (que j'ai achetée, d'ailleurs, plus tard), un cours bien fait de la théorie élémentaire des nombres, exposant même la loi de réciprocité quadratique, et aussi un peu de matériel non classique, comme, par ex., la fonction de Möbius. Ce livre a produit sur moi une grande impression, et c'est de là que date mon goût pour la théorie des nombres (celui pour les fondements des mathématiques date du livre de Bogomolov). En 1927–1928, j'ai acheté (en traduction russe) « Le hasard » d'Emile Borel et (à moins que je ne l'aie acheté juste avant mon départ de Russie) la « Théorie des probabilités » de Markov (le père). J'ai eu aussi l'occasion de lire la traduction russe des « Grundlagen der

Geometrie » de Hilbert. Je n'ai rien de très spécial à raconter sur les deux années passées dans cette école professionnelle. Le cours de mathématiques ne dépassait guère celui de la première école sauf pour la stéréométrie, et, comprenant son inutilité pour moi, le professeur a fait avec moi un « gentlemen agreement » : je pouvais faire pendant les leçons tout ce que je voulais, à condition d'être assis sur le dernier banc et de ne pas faire de bruit, et je n'étais interrogé que pour expliquer quand le reste de la classe avait des difficultés pour comprendre. Par contre, les cours de physique, et surtout d'électrophysique, étaient d'un niveau presque universitaire (ils étaient faits, d'ailleurs, par un professeur de l'Institut Polytechnique d'Odessa), mais ne contenaient rien de nouveau pour moi. Mais j'étais très médiocre dans tout ce qui était manuel, en particulier en électromontage et en dessin linéaire (mes dessins étaient exacts, mais pas très propres), et j'étais le dernier dans l'atelier de travail avec les métaux (je ne suis jamais arrivé à obtenir une surface métallique vraiment plane).

Avant de partir pour la France (juillet 1928), j'ai demandé à Adrian Féofanovitch quels livres il me conseillait d'acheter et d'emporter avec moi. On est allé ensemble dans la librairie d'état (Gossizdat), et on y a acheté : « Cours d'algèbre supérieure » de Gravé (qui fut professeur d'Otto Schmidt à Kiev). C'était un très bon livre, bien que de vieille école, qui ressemblait au tome 1 de la « Lehrbuch der Algebra » de H. Weber, mais qui était écrit de manière plus concise (c'est dans ce livre que j'ai appris un an plus tard la théorie de Galois classique) ; « Théorie des nombres » déjà mentionnée d'Iégorov ; « Equations différentielles ordinaires » de Steklov, et, en physique théorique, « Théorie de la relativité » de Frenkel.

Nous étions obligés de partir de Russie car, après la fin du NEP (1923–1926), mon père ne pouvait pas gagner, même modestement, sa vie. Pendant le NEP, quand les petites entreprises privées étaient permises, mon père, qui était un comptable assez expert (car il était passé par une école de commerce), trouvait du travail à ce titre dans ces entreprises. Il avait parfois du travail temporaire dans les entreprises d'Etat, mais quand il essayait d'en devenir employé on lui demandait : « êtes-vous membre du syndicat ? », et on lui disait d'aller d'abord s'inscrire au syndicat. Mais au syndicat on lui demandait : « avez-vous du travail ? », en sorte que c'était un cercle vicieux. En plus, comme nous habitions dans une maison qui appartenait autrefois à mon grand-père, ma mère se faisait traiter par les communistes de « fille de propriétaire ». Nous sommes allés à Paris parce que toute la famille proche du côté de ma mère (ses parents, son frère et deux sœurs, et même ma sœur) y étaient venus entre 1919 et 1926. Nous avons demandé en 1927 la permission d'aller visiter nos parents à Paris (pendant le NEP, il était relativement facile de sortir de Russie, même pour aller étudier à l'étranger, mais cela est devenu presque impossible à partir de 1929, quand la dictature de Staline s'est solidement établie), et nous l'avons reçue en 1928, ayant ainsi été parmi les derniers qui ont pu quitter la Russie légalement. Nous avons vendu nos derniers meubles et sommes arrivés à Paris pratiquement sans un sou. D'ailleurs, nous n'avons pas renouvelé nos passeports soviétiques et sommes devenus réfugiés russes.

Quelles étaient mes connaissances des langues étrangères lors de mon arrivée à Paris ? Les langues vivantes qu'on faisait étudier aux enfants dans les familles aisées étaient le français et l'allemand, l'anglais était exceptionnel, l'italien et l'espagnol presque inexistants, et c'étaient encore français et allemand qui étaient enseignés, avant la révolution, dans les écoles secondaires (gymnases). On a continué à les enseigner quelques premières années après la révolution, mais, ensuite, l'enseignement des langues étrangères a été graduellement supprimé (pour être rétabli, je crois, au cours des années trente), sauf pour les buts professionnels, car le pouvoir voulait alors isoler, autant que possible, l'URSS des influences du monde « bourgeois ». Comme je n'avais que six ans au début de la guerre civile, on ne m'a pas du tout enseigné le français, et mes parents m'ont enseigné eux-mêmes un petit peu d'allemand. Dans l'école secondaire où je suis entré (en septembre 1923), l'enseignement du français a été juste supprimé avant mon entrée, et celui de l'allemand une année plus tard. Ainsi, j'ai étudié pendant un an l'allemand, avec la tante mentionnée, en vue de l'examen d'entrée dans la cinquième classe, ensuite un an dans la première école secondaire, et, finalement, deux ans dans l'école professionnelle (où on enseignait, d'ailleurs, un allemand assez élémentaire, sauf pour l'électrotechnique, car on supposait que les élèves ne le connaissaient pas du tout en entrant). Ainsi, je suis arrivé à Paris en connaissant l'allemand à peu près comme maintenant (pratiquement, je ne l'avais jamais réétudié en France), c'est-à-dire assez pour soutenir une conversation simple et lire les mathématiques (j'en ai lu un peu en Russie, à savoir le début de l'article « Mengenlehre » dans l'« Enzyklopädie d. math. Wissenschaften »). Mais je ne connaissais pas un seul mot (ni même la prononciation des lettres) du français. Je savais en partant que la mathématique était ma vocation pour ainsi dire absolue. Je comptais donc entrer dans l'Université et obtenir le diplôme universitaire en mathématiques (et, éventuellement, en physique). Je ne me posais pas d'autres questions (et, en particulier, je n'avais aucun désir de devenir ingénieur). Il aurait été ridicule, dans mon cas, de parler d'« études », car je connaissais déjà, à peu de lacunes près (dont la mécanique que je n'avais apprise que partiellement que dans les livres de physique, et la géométrie différentielle), tout le cours universitaire d'alors en mathématiques et en physique, et même davantage.

Venu en France, j'ai trouvé trois obstacles : 1) la langue ; 2) les diplômes secondaires soviétiques n'étaient pas reconnus équivalents au bachot français (avec quelques raisons, d'ailleurs, car, dans le cas général, leur valeur était incertaine ; en plus, elles ne comportaient pas de mentions, l'admission dans tous les établissements soviétiques d'enseignement supérieur se faisant par un concours « catégoriel » — chaque catégorie : membres du parti, leurs enfants, ouvriers, etc. ... — disposant, dans chaque établissement, d'un certain nombre de places qui était zéro pour les enfants des ex-bourgeois ou considérés tels, et nombre d'un seul chiffre pour les enfants des employés, et le concours se faisait séparément dans chaque catégorie) ; 3) la famille de ma mère, comme pas mal d'émigrés, a subi une dégénérescence psychologique petite-bourgeoise et voulait, à tout prix, me détourner des mathématiques, pour que je prenne au plus vite un travail rémunéré, et considérait mon refus comme un signe de fainéantise. Ils exerçaient une pression constante, en ce sens, sur moi et, surtout, sur mes parents, qui n'a fini qu'en octobre 1937, quand j'ai été nommé, grâce à l'aide de Hadamard, « boursier d'essai » (analogue de stagiaire) du CNRS (qui était fondé en 1936 et s'appelait jusqu'en 1940 « Caisse Nationale de la Recherche Scientifique »). Mes parents me soutenaient, mais cette pression familiale leur a coûté beaucoup de santé. Un de mes cousins, qui prenait part à cette campagne, me disait « si encore tu voulais être ingénieur, avocat ou médecin, mais mathématicien ! ». Il a été à peu près aussi sidéré par mon succès que Barras par celui de Napoléon, et, jusqu'à la fin de ses jours, n'arrivait pas à croire qu'il n'y avait rien de louche là-dessous. Encore un peu avant sa mort, au début des années soixante, il m'a dit : « tu as de la chance d'être doué en mathématiques, car autrement tu es un bon à rien ». Seule ma grand-mère me défendait. Pour leur décharge, je dois dire que je suis arrivé en

France sans avoir même un bachot officiel et que l'enseignement, même primaire et secondaire, était, à l'époque, totalement fermé aux étrangers, et même aux naturalisés jusqu'à 10 ans après leur naturalisation. Après l'affaire Stavisky, l'assassinat du président Doumer par le fou Gogoulov, l'assassinat à Marseille d'Alexandre I de Yougoslavie et de Bartou par les oustachis croates, la France (ou du moins sa classe politique) était saisie par une hystérie xénophobe. Le parlement a voté, en particulier, une loi qu'un naturalisé ne pouvait devenir fonctionnaire que dix ans après la naturalisation. Cela fermait aux naturalisés pour dix ans tout l'enseignement public, car les enseignants étaient fonctionnaires. Les situations de l'enseignement privé étaient précaires et mal payées, et au niveau universitaire il n'y a eu que quelques instituts catholiques. Seule la fondation du CNRS m'avait sauvé. Quoi qu'il en soit, pour faire pression sur mes parents et moi, on les a aidés au minimum à l'arrivée. Ils étaient obligés de travailler comme marchands forains, en vendant chaussettes et articles d'enfants sur les marchés, parfois dans quelque banlieue éloignée. Et, au prix de ce travail pénible, ils n'arrivaient à gagner qu'environ un millier de francs par mois, ce qui suffisait juste pour manger et à peine pour se vêtir (en comparaison, le premier traitement de maître de conférences était, à l'époque, de 4000 francs, et ma « bourse d'essai » était de 1250 francs par mois).

En ce qui concerne la langue française, je l'ai étudiée pratiquement seul avec un livre à partir du russe, sauf qu'une soirée par semaine j'allais ensemble avec mon père (qui avait besoin aussi de perfectionner son français) à un cours du soir pour les étrangers organisé par la mairie. Au bout d'un an, je lisais (en m'aidant rarement du dictionnaire) et parlais couramment, écrivais pas trop mal, mais comprenais imparfaitement ce qu'on me disait, mon oreille n'arrivait pas encore à bien séparer les mots (ce n'est venu vraiment que quelques années plus tard), peut-être par manque de pratique. D'ailleurs, je ne suis entré dans le milieu non-mathématique français qu'à ma mobilisation en 1939, et c'est seulement alors que j'ai commencé à « sentir vraiment » la France et à m'assimiler.

En ce qui concerne le diplôme secondaire, je devais passer ou bien deux examens de bachot (j'y aurais été obligé si j'avais voulu faire des études de droit ou de médecine), ou l'unique « examen spécial aux étrangers », destiné aux étrangers ayant terminé leurs études secondaires chez eux, mais dont les diplômes n'ont pas été reconnus équivalents aux diplômes français. C'était un examen assez facile en soi (surtout pour moi), mais qui ne comportait qu'un seul écrit, et qui était éliminatoire : une dictée française avec quelques explications grammaticales. Cet examen avait lieu en mars et en octobre. Je m'y suis présenté, pour la première fois, en octobre 1929, après avoir lu les livres de classe d'un autre cousin (qui était de quelques années seulement plus âgé et ne prenait pas part dans la campagne de pression ; cela m'a aidé, d'ailleurs, pour l'étude du français et j'y ai appris certaines choses comme la géographie détaillée de la France et l'histoire de la littérature française). J'ai été collé, ne pouvant pas encore démêler les mots de la dictée (c'était un petit poème de Victor Hugo). Je me suis présenté, ensuite, en mars 1930, avec un handicap supplémentaire : je me levais d'une grippe et avais les oreilles un peu bouchées. En plus, la dictée (un morceau de Pierre Loti) contenait des mots que je ne connaissais pas encore, comme « saumure » et « mouette », et qu'on me demandait d'expliquer. J'étais donc collé pour la seconde fois. Alors, j'ai compris que, pour passer cet examen, il fallait que je voie au moins une fois chaque mot de la langue française. Je me suis mis à lire les dictionnaires russe-français et français-russe (sans, d'ailleurs, chercher à me rappeler les mots par cœur : j'en suis incapable). Cette fois, j'ai passé l'épreuve de dictée en mars 1931 (l'étude des dictionnaires m'a pris un an), après quoi j'ai réussi l'examen le premier, ce qui était naturel. J'ai eu comme examinateur de mathématiques ... Garnier, qui m'a demandé quelque chose sur les équations du second degré.

Déjà avant, j'allais parfois aux cours de mathématiques générales du même Garnier, pas pour leur contenu mathématique (c'était la propédeutique de l'époque), mais pour connaître la traduction en français de la terminologie mathématique russe. Après avoir passé cet examen d'équivalence, j'ai demandé immédiatement la permission de pouvoir passer les examens universitaires dès 1930–1931. J'ai comparu devant une commission, présidée par ... Garnier (qui est d'ailleurs un homme très gentil), qui me l'a accordée sans difficulté (je m'étais d'ailleurs inscrit à la faculté au début de l'année scolaire, comme auditeur libre).

A l'époque, l'enseignement mathématique universitaire était organisé ainsi. La propédeutique — Mathématiques générales — était obligatoire pour les physiciens et les chimistes, mais pas pour les mathématiciens, bien que presque tous les étudiants en mathématiques commençaient par là. Il est évident que je n'avais pas à m'embarrasser à cet examen. Ensuite, pour obtenir le diplôme de licence, qui correspondait à l'actuel deuxième cycle, il fallait passer l'examen de trois « certificats » au moins, dont deux étaient à choisir parmi le calcul différentiel et intégral, la mécanique rationnelle et la physique générale (d'ailleurs, la « licence d'enseignement », qui permettait d'enseigner dans les lycées, devait les comporter tous). Le troisième pouvait être choisi parmi les certificats « optionnels », correspondant, en gros, à nos A.E.A. du troisième cycle (il y en avait cinq environ à Paris, où ils étaient enseignés par des gens comme Picard, à qui a succédé Goursat, Montel, E. Cartan, Borel, Fréchet, et plus tard Denjoy ; dans les universités de province, il y en avait au plus un, qui était toujours de la géométrie supérieure). La licence donnait le droit de présenter la thèse d'Etat. On se présentait quand on voulait, et il n'était pas obligatoire de suivre les cours et, sauf en physique générale, les travaux pratiques (je n'allais presque jamais aux cours et jamais aux travaux pratiques, sauf en physique). Ainsi, il n'y avait pas de « promotions », et une de vos questions est sans objet. J'avais, aussi, peu d'occasions de me lier aux camarades d'amphithéâtre, avec qui j'avais, en plus, peu d'intérêts communs : ils étaient, eux, des étudiants, et moi, en fait, j'étais déjà un chercheur.

Avant de passer à mes « études » universitaires, je dois dire ce que j'ai fait, en ce qui concerne les mathématiques, de juillet 1928 à mars 1931. D'abord, j'ai lu (surtout en 1929) les livres apportés de Russie (en mathématiques pures, « Algèbre supérieure » de Gravé, « Equations différentielles ordinaires » de Steklov et « Calcul des probabilités » de Markov ; j'avais lu déjà avant la « Théorie des nombres » d'Iégorov ; et je lisais aussi des livres de physique). C'est dans le livre de Gravé que j'ai appris la théorie de Galois. Sa construction par Gravé (presque la même que celle de H. Weber) est certainement moins élégante et compréhensible que les constructions dites « modernes » (comme celle de « Moderne Algebra » de van der Waerden). Elle était déroutante sous certains rapports, car la plupart des théorèmes, pourtant qualitatifs, étaient démontrés par un calcul abusif basé sur l'emploi de la formule d'interpolation de Lagrange. Mais, tandis que la construction « moderne » créait l'impression (je dirais, l'illusion) que la théorie de Galois provient essentiellement des propriétés spéciales des corps commutatifs, H. Weber et Gravé (à la suite de Galois), bien qu'ils parlaient aussi des corps, définissaient le groupe de Galois d'une équation comme le groupe des permutations de ses racines préservant certaines relations, ce qui est un point de vue beaucoup plus profond. Si j'avais appris la théorie de Galois dans le livre de van derWaerden (que j'ai lu, avec plaisir d'ailleurs, vers 1935 ou 1936), et pas dans celui de Gravé, je n'aurais pas pu avoir l'idée de la théorie de Galois abstraite.

L'accès des bibliothèques scientifiques ou universitaires parisiennes m'était fermé jusqu'à l'examen d'équivalence, où j'avais été reçu (je n'ai commencé à lire dans celle de l'IHP qu'à partir du second semestre de 1930–1931). Mais je me suis inscrit dans la bibliothèque russe de Paris, fondée avant la première guerre mondiale et appelée plus tard « Bibliothèque Tourgeniev » (pendant l'occupation, les livres ont été amenés on ne sait où et détruits par les Allemands et jamais retrouvés). J'y ai trouvé, comme livres mathématiques ou paramathématiques, un livre de Gravé sur la théorie arithmétique des formes quadratiques binaires et la traduction russe de deux écrits philosophiques de H. Poincaré : « La science et l'hypothèse » et « Science et méthode » (je n'étais guère d'accord avec sa philosophie, mais j'y ai appris l'existence du paradoxe de Russell et certaines controverses sur les fondements. Cela répond, je crois, à votre question sur les livres que j'ai connus à l'âge de 18 ans. Mais j'indiquerai plus loin les livres et les articles que j'ai lus avant ma thèse).

D'autre part, je m'occupais, presque depuis mon arrivée, du théorème de Fermat (je plaisante parfois en disant que, malgré cela, je suis devenu mathématicien). J'en ai entendu parler déjà par Adrian Féofanovitch, et j'ai appris de lui ou lu quelque part qu'il y a eu un certain Kummer, qui a fondé la théorie des nombres algébriques et prouvé certains cas de ce théorème grâce aux nombres dérivés des racines p-ièmes de l'unité. J'ai essayé déjà d'analyser un peu la situation, mais par une méthode inadéquate (inégalités), un peu avant mon départ de Russie. J'ignorais, jusqu'en 1931, l'existence même de Sophie Germain et le fait qu'Abel s'était occupé du théorème de Fermat. Venu en France, j'ai vite compris qu'il s'agissait, avant tout, d'un problème de divisibilité et de congruences. J'ai parcouru tout le chemin habituel des fermatistes, y compris quelques fausses démonstrations (mais je m'en apercevais au bout de deux jours maximum, et n'ai jamais embêté personne). J'ai ainsi redécouvert, d'abord, les inégalités d'Abel (ce que font beaucoup de fermatistes) et, ensuite, au cours de 1929, le critère de Sophie Germain sous la forme de Wendt et mon critère, publié en 1940, sous une forme plus faible, car je ne connaissais pas encore le théorème d'Hadamard sur les déterminants (appris dans le « Cours d'Analyse » de Goursat en 1932) et le théorème de Furtwängler (appris en 1933 dans le « Zahlbericht » de Hilbert ou dans le « Fermatensatz » de Bachmann). En conservant les notations de mon article de « Mathematica » 1940, l'inégalité $3^{u/4} \leq up+1$ était remplacée par $2^{u/2} \leq up+1$ (j'ai trouvé cette limitation du déterminant à 3 diagonales parallèles non-nulles que vous connaissez, et dont on supposait une principale, en évaluant les déterminants qui multiplient les produits des éléments de la diagonale principale, et ma connaissance des déterminants m'a bien aidé dans ce calcul) et la condition $u^u \equiv 1 \pmod{up+1}$ de Sophie Germain était ajoutée. Sous cette forme, mais avec cette dernière condition enlevée, ce critère a été retrouvé par Vandiver en 1945. En mai 1931, j'ai envoyé « mon » critère de Sophie Germain à Picard, dont je suivais le cours (voir plus loin), mais sous la forme de Wendt seulement (qui me paraissait plus générale). Il a transmis ma lettre à Hadamard, lequel a demandé l'avis de W. Bernstein, et m'a écrit gentiment que c'était exact, mais déjà fait par Sophie Germain et Wendt.

A la fin de 1931, connaissant déjà l'essentiel de la théorie générale des nombres algébriques (voir plus loin), mais ignorant la théorie des corps circulaires de Kummer et ses applications au théorème de Fermat (j'ai juste lu quelque part l'énoncé de son critère), j'ai eu l'idée suivante : Soient ε une racine p-ième primitive de l'unité, $K = \mathbb{Q}(\varepsilon)$, r une racine primitive $\pmod{p}$, $\sigma = (\varepsilon \to \varepsilon^r)$ un générateur du groupe de Galois $G = G(K/\mathbb{Q})$ de $K/\mathbb{Q}$, $\pi = 1 - \varepsilon$, $\wp$ l'idéal (π) du domaine d'intégrité $\mathbb{Z}[\varepsilon]$ de K que π engendre, U le groupe multiplicatif des $\wp$-unités de K , C celui des classes d'idéaux de K , U^p et C^p les groupes des puissances p-ièmes des éléments des U et C . On sait que, pour tout $u \in U$, u^p est congru à un entier rationnel $\pmod{p}$. Soient F le corps de p éléments et $\zeta = \sum_i t_i\sigma_i$ $(t_i \in F)$ un élément de l'anneau du groupe $F(G)$ de G sur F . On peut considérer ζ , d'une manière aujourd'hui habituelle, comme un opérateur du groupe U/U^p et celui C_p des éléments de C d'ordre p , et il sera écrit comme exposant. Ainsi, ces groupes deviennent des $F(G)$-modules. Comme G est un groupe cyclique d'ordre $p-1$, $F(G)$ est l'anneau $F[\sigma]/(\sigma^{p-1}-1)$, quotient de l'anneau des polynômes $F[\sigma]$ par son idéal $(\sigma^{p-1}-1)$. Les idéaux de cet anneau sont les $(f(\sigma))/(\sigma^{p-1}-1)$, où $f(X)$ est un diviseur de $(X^{p-1}-1)$. Comme les racines de ce dernier polynôme sont les $r^q \pmod{p}$ et sont toutes simples, on peut caractériser $f(X)$ (et $f(\sigma)$) par l'ensemble $q(f)$ des $q = 0, 1, \ldots, p-2$ tels que $rq \pmod{p}$ soit une racine de $f(X)$. Soit $(t(\sigma))$ l'idéal des $\zeta \in F(G)$ tels que, pour tous les $c \in C_p$, on ait $c^\zeta = 1$, et soit pour un $u \in U$, $(v_u(\sigma))$ l'idéal des $\zeta \in F(G)$ tels que $(uU^p)^\zeta = U^p$. Soient p^α la contribution de p au nombre de classes d'idéaux h de K et p^β l'ordre de C_p . Alors $\alpha \geq \beta \geq \deg(t(\sigma))$ card $q(t)$.

Soit (a, b, c) une solution du premier cas de l'équation de Fermat $X^p + Y^p + Z^p = 0$. Alors, $(a + \varepsilon b)$ est la puissance p-ième L^p d'un idéal L de K , dont la classe $c(L)$ est $\in C_p$. Donc, si $T(X)$ est un polynôme $\in \mathbb{Z}[X]$, dont $t(X)$ est le polynôme résiduel ($\mod p$) , $L^{T(\sigma)}$ est un idéal principal $(u), u \in U$, et $(a + \varepsilon b)^{T(\sigma)} = \eta u^p = \varepsilon^j {\eta'}^{u^p}$, où j est un entier rationnel, η une unité de K et η' une unité réelle de K . Or $v_\varepsilon(\sigma) = \sigma - r$, $v_{\eta'}(\sigma)$ divise $\sigma^{(p-1)/2}$, donc $q(v_\varepsilon) = \{1\}$ et $q(v_{\eta'}) \subseteq \{2, 4, ...p - 1\}$. Or, visiblement, $v_{a+\varepsilon b}(\sigma)$ divise le p.p.c.m. des $t(\sigma), \sigma - r, \sigma^{(p-1)/2} - 1$, donc tout élément q impair et $\neq 1$ de $q(v_{a+\varepsilon b})$ appartient aussi à $q(t)$ et le $\deg t(\sigma)$ est supérieur ou égal au cardinal de $\{q \in q(v_{a+\varepsilon b}); q \neq 1$ et q impair$\}$.

Pour trouver les conditions de $v_{a+\varepsilon b}(r^q) = 0$, j'ai effectué un formidable (il a occupé une trentaine de pages) et assez difficile calcul direct de $(a + \varepsilon b)^{f(\sigma)} (\mod p\wp)$ (ou, plus précisément, $\mod p\wp^2$). J'ai écrit $(a+\varepsilon b)^{f(\sigma)} \equiv \sum_{0 \leq i \leq p} d_i \pi^i (\mod p\wp^2)$, et les $d_i \in F$ se sont trouvés être des polynômes en les $f(r_s^q)$ et, si θ est le reste ($\mod p$) de la p-unité $b/(a + b)$, des $\phi_q(\theta) = \sum_{0 \leq s \leq q} s^{-1} (\Delta^s O^q)(-\theta)^s (q = 0, 1, ..., p - 1)$ et de $a + b$. Ceci permet de prouver que r^q est une racine de $v_{a+\varepsilon b}(X)$ ssi $\phi_q(\theta) \neq 0$ (et, considéré comme un polynôme de $\mathbb{Q}[X]$ p-valué, est $\neq 0 (\mod p)$). Vous connaissez bien le polynôme $\phi_q(X)$, et $\phi_q(\theta)$ est la q-ième dérivée logarithmique de Kummer $\ell_q(a + \varepsilon b)$ de $a + \varepsilon b$ (d'ailleurs ce résultat se démontre facilement en employant directement les dérivées logarithmiques, et je l'ai fait, je crois, dans mon travail de 1947 sur les égalités de Pollaczek). Mais, à l'époque, je ne connaissais pas les dérivées logarithmiques (je ne savais des travaux de Kummer que leur existence ; je n'en ai lu l'exposé qu'en 1933, en empruntant le « Fermatensatz » de Bachmann à un camarade d'échecs, qui l'avait, et en lisant le « Zahlbericht » de Hilbert à la bibliothèque de l'IHP), ni, non plus, les $\Delta^s O^q$ que j'avais trouvés, dans mon calcul, comme certaines sommes explicites, car je ne connaissais rien de calcul des différences finies, sauf un peu du livre de Markov sur les probabilités (j'ai connu les $\Delta^s X^q$ seulement en 1932-1933, je ne me rappelle pas de quel livre). C'est aussi par un calcul direct sur ces sommes que j'ai trouvé, je ne sais pas comment, l'égalité correspondant à $\Delta^s O^{q+1} = s(\Delta^s O^q + \Delta^{s-1} O^q)$ et la formule de récurrence $\phi_{q+1}(X) = X(1 - X)\phi'_q(X)$. Ce critère pour que $q \in q(v_{a+\varepsilon b})$ démontre que le deg $t(\sigma)$, donc aussi β et α , est au moins égal au nombre des $q \leq p-1$, impairs et inégaux à 1 , tels que $\phi_q(\theta) \neq 0 \pmod{p}$. Et il éclaircit, a posteriori, le rôle du facteur $l_q(a+\varepsilon b)$ des congruences de Kummer. Il résulte du travail d'Iwasava sur les corps circulaires que, pour un q impair, $q \in q(t)$ ssi β_{p-q} (numérotation longue) est $\equiv 0 \pmod{p}$ (je le savais déjà, sans l'avoir démontré de manière précise, en 1933–1934, et je crois qu'il suffit de modifier un peu les calculs de Kummer pour le prouver), ce qui éclaircit le rôle de ce facteur des mêmes congruences. Et la combinaison de mon résultat avec celui d'Iwasava entraîne les congruences de Kummer, ce qui constitue une démonstration moins calculatrice que celle de Kummer, le manuscrit de ce grand calcul (c'était vraiment la seule époque « calculatrice » de ma vie, sauf une courte période en 1934) a disparu quand mes parents ont été déportés par les nazis. Je ne me rappelle pas son résultat (il doit être toujours inconnu), mais je n'ai pas le courage de le refaire (peut-être le ferai-je un jour directement à partir des dérivées logarithmiques ?). Je peux dire que j'ai court-circuité partiellement Kummer.

Quelle est la philosophie de tout cela ? Qu'il n'y a pas besoin, contrairement à ce que beaucoup pensent, de connaître beaucoup pour chercher et trouver. Au contraire, trop de connaissances peut freiner la recherche ou, du moins, en altérer l'originalité, car incitant à suivre le chemin des autres. Ainsi, les écoles normales supérieures et les séminaires sont des institutions utiles, car les personnes souvent très douées y aident, par leurs contacts, au développement mathématique actuel. Mais cela risque de créer, en même temps, une certaine unilatéralité commune de leurs intérêts et de leurs habitudes mathématiques, et une intolérance envers ceux des autres, qui a pris le caractère totalitaire chez les Bourbakis, mais, sous une forme plus douce, a existé dans toutes les écoles mathématiques. Je me demande si la fameuse « résonance » est un bien ou un mal, car elle empêche d'entendre et occulte tout le reste.

Ayant trouvé la formule de récurrence pour les $\phi_q(X)$, j'ai appliqué la « méthode du résultant » (si $f(X)$ et $g(X)$ ont un zéro commun $(\bmod p)$, on a $R(f,g) \equiv 0 \ (\bmod p)$, et si $R(f,g) \neq 0, |R(f,g)| < p$ implique $R(f,g) \neq 0 \ (\bmod p)$, qui m'était connue depuis 1929 (quand j'ai appris la notion de résultant dans Gravé), aux $\phi_q(X)/X(1-X)$ et $X^q\phi_q(1/X)$, et ai démontré mon théorème sous la forme : Si le premier cas du théorème de Fermat est en défaut pour l'exposant p , le nombre h de classes d'idéaux de $\mathbb{Q}(\varepsilon)$ se divise par une puissance de p dont l'exposant est $\geq [3\sqrt{\log p}]$. Mais dans mon ignorance, je ne me rendais pas compte encore que c'est là mon résultat le plus important. J'ai rédigé le manuscrit en mettant ce théorème à sa place logique, c'est-à-dire tout-à-fait à la fin, et je n'ai écrit aucune introduction (j'ignorais qu'il faudrait en faire une). J'ai porté ce manuscrit, dès le second semestre de 1932–1933, à Cahen, le seul arithméticien de la Sorbonne (bien que vieux — il a pris sa retraite en 1933 — il n'était que maître de conférences ; il était l'auteur d'une assez bonne « Théorie des nombres »). Le manuscrit l'a intéressé, il semble l'avoir lu en entier. En me rendant le manuscrit, il m'a dit qu'il est possible que ce travail puisse servir de thèse, et m'a dit de le porter à Garnier. Je l'ai fait un peu avant les vacances de 1933, mais en ayant la maladresse de faire précéder ce texte d'un chapitre sur les polynômes, où, sûrement, il n'y avait rien de nouveau et beaucoup de choses naïves, car je ne connaissais encore rien de l'algèbre commutative. Garnier a demandé l'avis à un collègue (alors) de province, dont je préfère taire le nom, lequel n'a donné son avis qu'après la rentrée. Mal impressionné par le chapitre ajouté, il n'a probablement pas lu le calcul (qui est réellement compliqué), et, en tous cas, n'en a pas compris la signification et n'est certainement pas allé jusqu'au dernier théorème. Il a donc donné un avis négatif. Je dois dire que, bien qu'il se soit partiellement trompé, au fond il m'a rendu service : je préfère avoir une thèse sur la ramification non-normale, qui est toute une théorie, plutôt qu'une thèse sur le théorème de Fermat avec un seul résultat vraiment important et nouveau ; en plus, quelqu'un se serait, un jour, aperçu que les $\phi_q(\theta)$ coïncident avec les dérivées logarithmiques de Kummer, et on m'aurait reproché mon ignorance.

Peu de temps après, j'ai connu les travaux (et, en particulier, les congruences) de Kummer et les $\Delta^s O^q$. J'ai aperçu l'identité de $\phi_q(\theta)$ avec $\ell_q(a + \varepsilon b)$ et que le résultat de mon calcul n'était, au fond, que la démonstration partielle des congruences de Kummer. Mais, par contre, j'ai compris l'importance de mon critère, qui semblait nouveau, et je l'ai mis sous sa forme actuelle, en le déduisant des congruences de Kummer et en le formulant à l'aide des nombres de Bernoulli. J'ai décidé d'envoyer ce travail à Hadamard comme une note à présenter aux Comptes Rendus, mais seulement après avoir vérifié que ce résultat est réellement nouveau. J'ai donc entrepris, à la bibliothèque de l'IHP, en m'aidant de la « Revue semestrielle des publications mathématiques » et du « Zentralblatt für Mathematik », une énorme recherche bibliographique, qui a duré au moins six mois. Je suis descendu jusqu'au début du XIXe siècle, et j'ai pu feuilleter, en particulier, le mémoire de Legendre, où il parle de Sophie Germain (publié dans un des premiers tomes des « Mémoires de l'Académie des Sciences de Paris » (si ma mémoire est bonne, j'y ai aperçu l'équation $U^2 = V^{2n} - 4W^{2n}$. Vous feriez bien de vérifier s'il ne connaissait pas déjà la méthode d'Euler-Bendz avant Bendz ?), le mémoire de J. Herschel dans les « Proc. of the Royal Soc. » 1824, qui donne facilement $l_q(a + \varepsilon b) = \phi_q(\theta)$, et j'ai trouvé la formule de récurrence pour $\Delta^s O^q$ dans l'article d'un italien publié au début de ce siècle dans le périodique de l'Académie pontificale. J'ai trouvé également, dans le « Journ. f. d. reine u. ang. Math. » de la fin du XIXème siècle, l'article sur les nombres bernoulliens d'un certain Saalschütz, où il parlait déjà des $\phi_q(X)$ et employait une relation de récurrence qu'on obtient en appliquant deux fois la mienne (qu'il semblait ne pas connaître). J'ai rédigé ma note à partir des congruences de Kummer, formulé mon résultat en termes de nombres bernoulliens et cité toute cette bibliographie, mais tout cela était factice, car je ne le connaissais pas quand j'ai trouvé ce théorème. J'ai envoyé la note à Hadamard et ai reçu la réponse positive le lendemain. J'ignorais l'existence même de tirés à part et ne l'ai pas commandé. J'ai eu une bonne critique de Lubelski (qui a été exterminé par les Allemands à Varsovie) dans « Zentralblatt ». Et, à la rentrée, Hadamard m'a invité à suivre son séminaire, ce qui m'a introduit, à partir d'octobre 1934, dans la société des mathématiciens.

En ce qui concerne les notes de 1939-1940, leur rédaction est pratiquement contemporaine de leur invention. Je ne sais pas comment l'idée d'Euler-Bendz m'est venue. C'est Chabauty qui, en lisant l'« History of the Theory of Numbers » de Dickson, a vu l'existence de Bendz et me l'a signalée. La note de 1940 a été prouvée pendant la guerre, et il me souvient d'en avoir corrigé les épreuves dans l'infirmerie militaire, ayant une congestion pulmonaire et 40° de fièvre.

Je reviens à mes « études » universitaires. J'ai commencé par suivre le dernier cours de Picard (cours optionnel « Analyse supérieure »). Le cours était une combinaison de la théorie arithmétique des formes quadratiques binaires, des polynômes orthogonaux, des fonctions modulaires et fuchsiennes et des équations différentielles, dont les articulations m'ont échappé — je n'étais pas encore assez mûr et je connaissais trop peu d'analyse. J'ai bien compris la partie relative aux formes quadratiques, un peu celle sur les polynômes orthogonaux, mais j'étais perdu dans le reste. J'ai quand même eu le culot de me présenter à l'écrit. J'ai pu bien faire la partie sur les formes quadratiques, mais je n'ai pas trouvé la démonstration d'un point simple concernant les polynômes orthogonaux, et ne pouvais rien écrire sur les fonctions fuchsiennes. D'une manière méritée, j'ai été collé.

Pendant l'été, j'ai lu le « Traité de mécanique » d'Appell et Dauteville (même sa partie « hydrodynamique », qui n'était pas au programme) et la « Cinématique » de Julia, et je me suis présenté, en octobre 1931, à l'examen de mécanique rationnelle. J'ai été reçu avec la mention « passable ». Je crois que les mécaniciens aimaient qu'on applique les « théorèmes généraux » (conservation de l'énergie, de la quantité de mouvement, etc. ...), tandis que, en mathématicien pur, je m'étais borné à écrire les équations de Lagrange et à les intégrer (ce qui était facile). Je n'ai jamais fait le moindre exercice ni en mécanique ni ailleurs (car je considérais cela comme une perte de temps inutile), sauf un seul en calcul différentiel, et ceci dans les circonstances suivantes : je suis entré une fois dans la salle de travail des étudiants dans la vieille Sorbonne (elle était partagée alors en deux parties : littéraire à droite, en regardant la rue des Ecoles, scientifique à gauche; les cours de mathématiques se faisaient déjà presque tous à l'IHP, mais les cours de physique toujours dans la vieille Sorbonne), et, devant le tableau, il y avait deux étudiants, qui discutaient d'un problème et m'ont demandé conseil; j'ai résolu leur problème.

En 1931–1932, je me suis inscrit en Calcul différentiel et intégral, en calcul des probabilités, option Compléments théoriques (deux autres options étaient Physique statistique et Statistique) et Physique générale. En Physique théorique, j'ai dû suivre les travaux pratiques (obligatoires pour l'examen), et là se place l'incident amusant suivant : quand je suis venu au laboratoire, le chef des travaux, qui le dirigeait, me demande : « Avez-vous les mathématiques générales ? – Non, – Et les mathématiques spéciales ? – Non, – Avez-vous un certificat ? – Oui, la mécanique rationnelle ». Il n'en revenait pas. En probabilités, le cours commun aux options était fait par Borel, et celui de l'option, sur les chaînes de Markov et les équations intégrales (le seul que je suivais), par Fréchet. A l'examen de Borel, il y a eu un problème de probabilités géométriques avec deux variables aléatoires continues, facile d'ailleurs. En lisant distraitement l'énoncé, j'ai faussement compris qu'une des variables était discrète, prenant les valeurs multiples d'un certain h . Ce problème était plus difficile, car faisant intervenir l'arithmétique. Je l'ai résolu, mais en relisant l'énoncé au moment de rendre la copie, je me suis aperçu de mon erreur. Comme il restait peu de temps, j'ai écrit : « par distraction, je me suis trompé d'énoncé, et j'ai résolu le problème suivant ... ; la solution du problème de l'énoncé est ..., et elle s'obtient en faisant tendre h vers 0 ». J'ai été reçu avec la mention « assez bien ». En Calcul différentiel, j'ai eu des malheurs. Je relisais, quelques semaines avant l'examen, le « Cours d'analyse » de Goursat et un livre de Julia sur la géométrie différentielle. Je connaissais bien, dans l'ensemble, le contenu du livre de Goursat, mais il y avait un petit nombre de points que je n'avais pas bien saisis, notamment la convergence des séries de Fourier, les périodes des intégrales des racines carrées des polynômes et les équations linéaires aux dérivées partielles. En juin 1932, j'ai passé l'écrit mais, par malchance, Julia m'a interrogé juste sur les deux premiers points. J'ai été (chose rare) collé à l'oral. En octobre 1932, j'ai eu un problème sur les équations linéaires aux dérivées partielles. Je ne sais pas si je n'ai pas fait d'autres erreurs, mais, à un certain moment, j'ai écrit, par pure distraction, 0 au lieu d'une constante d'intégration C , et j'ai continué ainsi. J'étais donc collé à l'écrit. Je n'ai donc passé cet examen qu'en juin 1933 (pour le problème, qui était l'intégration effective d'un système de 3 équations différentielles linéaires à coefficients constants, j'ai été aidé par ma familiarité avec les déterminants, qui m'a permis d'apercevoir immédiatement qu'une des racines caractéristiques était -1 , après quoi c'était un jeu d'enfant). J'étais donc licencié, et n'avais plus besoin de physique générale. Mais, pour ne pas perdre le bénéfice des travaux pratiques, je me suis présenté à cet examen en octobre 1934, après avoir rafraîchi mes connaissances en physique pendant l'été. J'ai été reçu avec la mention « assez bien ».

Comme vous le voyez, je n'étais nullement brillant pour les examens, ce qui me fait douter de la valeur des concours et des examens couperets comme moyen de bonne sélection. Bien entendu, il y a des cas où on est obligé d'y recourir faute de mieux, mais il faudrait le faire le moins possible.

Aucun de mes professeurs universitaires n'a exercé sur moi nulle influence. Leurs cours (que je ne suivais presque jamais) étaient (sauf peut-être celui de Picard) loin de mes intérêts, et les relations personnelles étaient presque inexistantes.

Je ne sais pas trop comment, mais je me suis déjà familiarisé avec les nombres p-adiques en 1933, et même avant. Je crois avoir lu un livre de Hensel à la Bibliothèque nationale, et j'ai lu aussi, à l'IHP, les articles de Hensel dans le « Journ. f. d. reine u. ang. Math. » sur la représentation exponentielle. Par ailleurs, j'avais lu déjà à la fin de 1933 le chapitre du « Zahlbericht » sur la théorie de la ramification. En plus, je me suis occupé, en 1931–1932, à propos du théorème de Fermat, d'une sorte de représentation exponentielle à l'aide de F(G) pour certains objets du corps circulaire. Ainsi, les conditions étaient réunies pour que je m'intéresse à la représentation exponentielle dans les extensions normales des corps p-adiques à l'aide de l'anneau de leur groupe de Galois sur les p-adiques rationnels. J'ai formulé mon résultat, comme hypothèse, par analogie avec celui de Hensel (et d'Euler). Je ne me rappelle pas comment l'idée de la démonstration (assez détournée, car je ne connaissais encore rien sur les anneaux non commutatifs et les représentations des groupes non abéliens) m'est venue en automne 1934.

La genèse de ma thèse est assez curieuse. Au début de l'hiver 1934, peu après le travail sur la représentation exponentielle et à la suite de ce travail, j'ai commencé à m'intéresser à la théorie de la ramification, et surtout aux nombres de ramification, bien entendu des extensions normales seulement des nombres algébriques ou $\wp$-adiques. Soient K/k une telle extension, R/r son extension résiduelle pour un idéal premier $\wp$ de K , π l'uniformisante correspondante, V le groupe de ramification de $K/k, \sigma \in V$. Considérons le développement $\sigma.\pi = \pi + \sum_{v \leq i \leq +\infty} a_i \pi^{i+1}$, ($K_V$ corps de ramification) où v est le nombre de ramification de σ et où les a_i sont pris dans un système fixé des représentants de R dans K_V (je n'étais, d'ailleurs, interessé que par certains débuts finis de ce développement). Par des calculs sur de tels développements (c'était la dernière période calculatrice de ma vie dont je vous ai parlé) j'ai démontré, d'abord, les congruences et les inégalités de Speiser pour les nombres de ramification (je crois, par la méthode essentiellement la même que la sienne ; je n'ai lu son article que quelques mois plus tard). Ensuite, j'ai considéré une suite de composition $V \supset G_1 \supset \ldots \supset G_s = 1$ du groupe de ramification V de K/k , et soit K_i le corps appartenant à V_i . Soit $\pi_i = N_{K/K_i}(\pi) = N_{K_{i+1}/K_i}(\pi_{i+1})$. L'extension K_{i+1}/K_i est normale et complètement ramifiée de degré p , et soit $\xi_i \in V$ un élément du plus grand nombre de ramification possible induisant un générateur de son groupe de Galois. En particulier, on peut poser $\sigma = \xi_j$. J'ai étudié, par induction, l'action de σ sur les $\pi_i, i \geq j$, et j'ai calculé ainsi, à partir de la structure ramificative de K_{j+1}/K_j, le nombre de ramification de l'automorphisme de K_{j+1}/K_j induit par σ, en trouvant ainsi, au fond, le théorème d'Herbrand par calcul direct (je n'ai lu le mémoire d'Herbrand, où il le démontre beaucoup plus facilement à partir du théorème 39 de Hilbert, que quelques mois plus tard).

Combiné avec l'inégalité de Speiser, ce théorème donne l'inégalité d'Ore pour les nombres de ramification et les conditions nécessaires d'Ore pour que ces inégalités soient des égalités (mais je ne connaissais pas encore les travaux d'Ore). Il est à remarquer (mais je l'ai remarqué beaucoup plus tard) que l'isomorphisme σ_i induit par σ dans K_{i+1}/k pour les $i \geq j$, qui est un automorphisme pour $i = j$, ne l'est pas, en général, pour les autres i. J'ai montré ces calculs à Chevalley, que je connaissais déjà. Vers Noël, sont venus à Paris Artin et Ore. Chevalley a montré mes calculs à Ore. Ore a dit : « oui, c'est exact, mais je l'ai déjà prouvé il y a quelques années » et il m'a donné la référence de ses articles de 1930–1931 dans « Math. Annalen ». Je les ai lus en janvier 1935 (j'ai remarqué aussi son article un peu antérieur sur la différente, où il donne les conditions pour le nombre supplémentaire de Hilbert ; je ne l'ai pas lu, mais j'ai noté le résultat, lequel, en se plaçant au point de vue local, se démontre en quelques lignes, tandis que l'article, qui se cantonne au point de vue global, a une dizaine de pages), et j'ai remarqué que sa démonstration est sensiblement la même que la mienne, mais qu'au lieu des suites de composition de V il utilise ses suites principales, qui en sont un cas particulier. Sur le moment, je n'ai pas beaucoup prêté attention à cette circonstance (ni au fait que tous les σ_i sont des automorphismes). Mais un jour, en mai 1935, au milieu d'une page de la « Mengenlehre » de Hausdorff que je lisais, j'ai été subitement transpercé par la pensée : « Mais les extensions intermédiaires K_{i+1}/K_i de ma démonstration ne sont pas forcément normales, et σ n'y induit pas toujours un automorphisme. Pourtant, il y a quelque chose comme le nombre de ramification, et qui se calcule de la même manière que dans le cas normal. Il existe donc, contrairement à ce que pensait Hilbert, une théorie de la ramification non normale ? ». En une demi-heure, l'essentiel de la thèse s'est formé dans ma tête. Seule manquait la démonstration (assez difficile) du critère d'intégrité de tous les nombres de ramification que j'ai formulé tout de suite comme conjecture. J'ai trouvé cette démonstration environ deux semaines plus tard ... en dormant, car je l'ai vue au matin quand j'étais en train de me réveiller.

Après avoir publié une note (le 27 mai), j'ai rédigé un résumé d'une vingtaine de pages et l'ai porté chez Garnier. Garnier a regardé le manuscrit et a dit : « Je vois que vous m'apportez tout à fait autre chose que la première fois. J'ai l'impression que cela suffit pour trois thèses. Mais je dois avouer que je ne me sens pas vraiment compétent. On va demander à M. Chevalley d'examiner votre travail. » Cette manière d'agir est d'autant plus méritoire de la part de Garnier que Chevalley venait juste de soutenir sa thèse en janvier et n'avait encore aucune position universitaire. J'ai écrit, pendant l'été, la première rédaction de ma thèse (qui n'était pas très bonne, car, formé sur des livres de « vieille école », je ne savais pas encore bien rédiger), et l'ai apporté à Chevalley en novembre à la première séance du séminaire Julia de 1935–1936. C'est avant ou après la même séance que j'ai assisté, le même jour, à la conversation entre Chevalley et Weil devant le tableau, où j'ai entendu parler pour la première fois du problème de prolongement analytique des séries de Taylor p-adiques. J'ai demandé naïvement : « Pourquoi, puisqu'on peut développer une série de Taylor autour de tout point de son rayon de convergence ? » Ce à quoi ils ont répondu : « Mais on ne peut pas en sortir. » Vous connaissez la suite. Chevalley m'a rendu un énorme service en me rédigant bien un chapitre de ma thèse, et c'est de lui que j'ai appris ainsi à rédiger. Bien que la thèse ait été examinée par Chevalley, mon rapporteur officiel a été, bien entendu, Garnier.

Quant à la publication de la thèse, elle posait des problèmes à cause des tirés à part. J'avais besoin de 200 exemplaires, car il fallait en donner 110 à la faculté. Or, la plupart des périodiques n'en donnaient que 50 gratuits (le « Journ. des math. p. et app. » n'en donnait même que 25) et 100 exemplaires coûtaient normalement 2400 F, ce qui représentait deux mois et demi de revenu de mes parents. La soutenance était impossible avant la publication effective, car, avant la guerre, on ne pouvait pas soutenir sur manuscrit. J'ai entendu, par hasard, que les « Mémoires de l'Acad. de Belgique » donnaient 100 exemplaires gratuits, et ne prenaient que 1200 F pour les 100 exemplaires payants. C'était la raison, et elle était contraignante, pour laquelle j'ai publié dans un journal « si peu lu » (par les mathématiciens). J'ai donc demandé à Hadamard, qui était membre associé de l'Académie de Belgique, de m'aider à publier ma thèse dans ce périodique. Entre-temps, un mathématicien appliqué d'origine russe, Kivéliovitch, qui était au courant de ma situation, en a parlé (de sa propre initiative, car je ne suis pas un homme à quémander) à Hadamard, qui a eu la gentillesse de me procurer une subvention de 1200 F pour la publication de la thèse, et de me faire nommer en octobre 1937, déjà après la parution de la thèse, mais avant la soutenance, « boursier d'essai » de la Caisse (devenue plus tard Centre) Nationale de la Recherche Scientifique, fondée en 1936. Vous connaissez déjà par une autre lettre dans quelles conditions j'avais écrit la rédaction définitive. C'est toujours Chevalley qui avait écrit pour Hadamard le petit rapport qu'il a présenté à l'Académie de Belgique (il a été publié dans le bulletin de cette Académie). La thèse est parue pendant l'été 1937, mais, pour des raisons secondaires (indisponibilité et voyages de certains membres du jury ; d'ailleurs, il a été finalement présidé par Denjoy à la place de Montel), n'a été soutenue qu'en février 1938, après quoi j'avais été nommé, en octobre 1938, Chargé de recherches de la CNRS. Ma seconde thèse a été un chapitre du livre de W. Bernstein sur les séries de Dirichlet (que j'avais lu en entier à cette occasion), et l'examinateur a été Valiron. Je n'avais pas fait de pot de thèse, car je ne connaissais pas cet usage, et personne ne m'avait renseigné. Sinon, je l'aurais fait, et seule mon ignorance a été la cause de cette impolitesse.

C'est aussi pendant l'été 1935 que j'ai conçu la théorie de Galois abstraite, mais j'en réserve les détails pour la réponse à la question 4°.

Vers la fin de 1936, j'ai fait la connaissance de Sergesco, homme charmant et très dévoué aux mathématiques. C'est ainsi que j'ai été amené à publier dans son journal « Mathematica » mon travail « Sur la primitivité des corps $\mathfrak{P}$-adiques ». A l'origine, cela ne devait être qu'un exposé détaillé du petit chapitre « $\mathfrak{P}$-adique » de la thèse (ajouté seulement lors de la rédaction définitive), mais, comme vous le savez, ce travail s'est développé bien au delà des limites prévues au cours de sa rédaction, et s'est trouvé être à l'origine de beaucoup de recherches ultérieures. Ce travail est paru peu de temps après la thèse, au début de 1938 (mais dans le tome 1937). Au §.10 de ce travail, j'ai donné une borne supérieure du nombre des extensions de degré donné n d'un corps $\mathfrak{P}$-adique donné k. En fait, les méthodes de ce § permettaient de calculer le nombre exact de telles extensions avec les propriétés ramificatives (degré résiduel, ordre de ramification, ordres des hypergroupes de ramification et les nombres de ramification correspondant) fixées. J'ai donné ce résultat dans une note de novembre 1937, contemporaine de l'envoi de « Sur la primitivité des corps

$\mathfrak{P}$-adiques » à Sergesco (malgré l'importance de ce résultat, je n'ai pas eu le temps, occupé par d'autres choses, de rédiger le travail correspondant et de publier ainsi la démonstration). Ce résultat permet, en principe, par une sommation (très compliquée) de trouver le nombre des extensions complètement ramifiées de k de degré n et de différente donnée, et, à partir de là, le nombre total des extensions de k de degré n. Je n'ai jamais fait cette sommation, car, sous l'occupation, j'ai trouvé une méthode directe, à l'aide de l'« espace des polynômes » (en fait, sa distance, ou, plus exactement, la « proximité » correspondante $p(x, y) = -\log d(x, y)$, qui a déjà été définie dans le §.10 du travail de « Mathematica »), pour déterminer ce nombre. Ce résultat a été annoncé à plusieurs reprises, d'une manière plus ou moins explicite, pendant l'immédiat après-guerre (une note de 1946 ; l'article « Quelques méthodes nouvelles dans la théorie des corps valués complets » du colloque du CNRS « Algèbre et Théorie des nombres », Paris 1949 ; ma conférence d'invité du Congrès Int. des Mathématiciens, Cambridge (U.S.A.) 1950). Il a été publié avec démonstrations d'abord en 1962, dans cinq notes des Comptes Rendus, ensuite en 1964 dans un article du colloque du CNRS « Tendances géométriques en Algèbre et Théorie des nombres », Clermont-Ferrand. D'autre part, j'ai remarqué, tout-à-fait au début de 1938, qu'un résultat important sur la structure des extensions $\mathfrak{P}$-adiques non-normales (qui permettait, en particulier, de caractériser arithmétiquement de telles extensions métanormales, c'est-à-dire reliées au corps de base par une suite de corps intermédiaires tels que chacun soit normal par rapport au précédent, et prouver simplement le critère d'intégrité des nombres de ramification prouvé longuement dans la thèse), dont un cas particulier a été prouvé dans le §.7 du travail de « Mathematica », peut être démontré à l'aide d'un théorème de Jordan-Hölder pour les hypergroupes, où l'invariance est remplacée par la semi-invariance (un sous-hypergroupe h d'un hypergroupe H est dit semi-invariant si, pour tout $x \in H$, on a $hx \supseteq xh$. Il est dit infra-invariant si, pour tout $x \in H$, on a $hxh = hx \cup xh$; avec certaines hypothèses supplémentaires, le théorème de Jordan-Hölder est vrai même si on remplace l'invariance par l'infra-invariance, et j'ai montré, dans une note de 1938, qu'il existe des sous-groupes infra-invariants qui ne sont pas invariants, tandis qu'évidemment il n'existe pas de tels sous-groupes semi-invariants). A la parution de la thèse et de mon travail dans « Mathematica », j'ai envoyé des tirés à part à quelques dizaines de mathématiciens (Chevalley m'en avait donné une liste), dont Ore, qui, après m'avoir envoyé ses tirés à part, dont sa « Theory of multigroups » (avec Dresher) et ses deux articles sur les polynômes additifs, est venu me voir, je crois pendant l'été 1938. Je lui ai parlé du travail (en projet) sur le théorème semi-invariant de Jordan-Hölder, et il s'est chargé de sa publication dans le Duke Math. Journal. J'ai aussi rédigé et publié en 1938–39, dans les « Acta Arithmetica », mon travail sur la représentation exponentielle.

D'autres idées — qui me sont venues avant la guerre, en 1939 (elles ont donné lieu à des publications beaucoup plus tard), quand je me suis familiarisé avec les corps valués (à valeurs réelles) autres que p-adiques — sont 1) l'extension de la théorie de la ramification non-normale aux corps valués quelconques (toutefois, l'idée de la théorie intrinsèque m'est venue pendant l'occupation). J'avais rédigé pendant la guerre (surtout pendant l'hiver 1939–1940), dans un coin des granges où j'habitais comme soldat, un manuscrit consacré à cette théorie. Je l'ai perdu dans la retraite de 1940 dans les circonstances suivantes : mon petit sac à dos de soldat contenait quelques livres mathématiques et ce manuscrit ; on a commencé la retraite, à partir de la forêt de Compiègne, le 10 juin, avec 136 chevaux, et on l'a terminé le 24 juin à Nontron en Dordogne avec 37 chevaux, car les chevaux mouraient de fatigue et on nous en enlevait pour traîner les pièces d'artillerie — notre unité ne faisait que transporter les obus qu'on jetait graduellement dans les fossés. On a commencé la retraite installés sur les chariots, ensuite il y avait le choix entre marcher ou rester à cheval sur un des chevaux conduisant quelque chariot, et, finalement, il fallait marcher en faisant environ 60 km par jour. On dormait à peine deux-trois heures dans quelque bois, et, à chaque halte, on abandonnait quelques chariots. A Buzançais, pas loin de Poitiers, j'ai mis le restant de mes affaires, avant de dormir, sur un chariot, lequel a été abandonné. Je m'en suis aperçu trop tard, et n'ai pas pu quitter mon unité en marche pour aller récupérer mon sac « mathématique » ; 2) mon « principe » ; 3) l'idée de mon « définitionisme » ; d'ailleurs, j'avais déjà complètement mis au point (bien que sans rien rédiger) la théorie du type définitioniste (appelée à l'époque « catégorie ») 0 et sommairement celle des types supérieurs (je l'ai mise au point en 1944 ou 1945, à la suite d'une critique malveillante, mais partiellement fondée, faite par Dieudonné pendant l'été 1944, quand je me camouflais dans la région de Nancy) ; 4) l'idée que, dans les extensions algébriques finies des corps valués complets arbitraires existent deux différentes — arithmétique et algébrique. Mais c'est pendant la guerre, au début de juin 1940, que j'avais trouvé le premier exemple de différentes inégales, quand une nuit j'étais de garde dans la forêt de Compiègne, tout seul au milieu de la forêt. Artin a eu la même idée (il me l'a dit en 1949), mais je ne sais pas quand. Les idées que j'ai eues pendant l'occupation sont : 1) les corpoïdes, leur théorie de Galois et son application à la ramification (1941) ; 2) l'espace des polynômes, la notion générale d'espace ultramétrique ; 3) la théorie de la ramification intrinsèque ; 4) l'extension aux corps valués complets arbitraires de la théorie du §.10 de mon travail de « Mathematica », en particulier le conducteur ; 5) l'approximation des corps valués ; 6) les débuts de l'analyse ultramétrique (propriétés des séries de Taylor et de Laurent ultramétriques, des fonctions méromorphes et les premières idées un peu vagues sur le prolongement analytique) (Grenoble, 1943). Ces idées (du moins en ce qui concerne les séries de Taylor) se recouvrent en partie avec celles de la thèse de Schöbe (Univ. de Halle, 1930), mais je n'en ai connu l'existence qu'en 1950. L'origine de ces idées est dans la formule pour l'ordre du conducteur (remontant, dans le cas abélien, à Hasse) : mais, ayant lu à Marseille, en 1941, le livre de Nevanlinna sur les fonctions méromorphes, je me suis aperçu que cette formule vient du théorème de croissance de Hadamard dans le cas particulier des polynômes. Après la guerre, les principales idées que j'ai eues sont : 1) le prolongement analytique dans les corps valués complets : ensembles quasi-connexes et théorème d'unicité (1952 ; Chabauty a publié en 1951 une note contenant les suggestions partielles pour la démonstration de ce théorème dans un cas simple — disque avec un nombre fini de trous circulaires — ; je n'ai pas eu connaissance de cette note), les propriétés des fonctions analytiques définies par ce prolongement, en particulier leur uniformité globale (1956 ? 1957 ?), le prolongement analytique uniforme (1963), et de plusieurs variables (1971 ; Robba a trouvé indépendamment vers la même époque une théorie analogue) ; 2) les théorèmes d'immersion et d'équivalence dans le produit d'entrelacement (en collaboration avec Kaloujnine, 1948) et leur application à la théorie de la ramification ; 3) ma présentation de la théorie des groupes de permutations (1959 ?) ; 4) la non-existence de certaines extensions (1952) ; 5) les anneïdes et les anneaux gradués généraux (1960) ; 6) l'endothéorie de Galois abstraite (1964) ; 7) la déduction de la théorie de Galois classique à partir de l'abstraite, les structures éliminatives (1946, non publié) ; 8) les structures extragraduées (en collaboration avec M. Vukovic, 1982, non publié).

Quels livres ai-je lus entre mars 1931 et le début de la guerre en dehors des livres scolaires déjà mentionnés ? J'ai appris d'abord (en 1931) les nombres algébriques dans un assez bon livre de Bianchi (mais contenant quelques erreurs de démonstration) « Teoria dei numeri algebrici » (bien que je n'avais pas encore étudié l'italien, je suis arrivé à le lire) ; j'avais lu, en même temps, « Lehrbuch der Algebra », t. 1, de H. Weber, mais j'ai lu après Bianchi la première moitié du t. 3 qui contient les nombres algébriques. J'ai lu une grande partie du « Zahlbericht » de Hilbert seulement en 1933. Entre-temps, j'ai lu (en entier ou partiellement) certains livres de Bachmann (dont un contenait un exposé de la théorie de Galois, qui était déjà en germe dans celui de v. d. Waerden) ; mais pas son « Fermatensatz », qui n'existait pas à la bibliothèque de l'IHP (je l'ai lu par hasard en 1933), ainsi qu'une partie du livre de Hensel sur les nombres p-adiques que j'avais trouvé à la Bibliothèque Nationale. J'ai lu « Moderne algebra » de v.d. Waerden en 1935 ensuite, je ne me rappelle pas quelle année, « Reziprozitätsgesetz » de Hasse et « Algebren » de Deuring. J'avais lu aussi une partie de la thèse de Chevalley et celle de Chabauty. J'ai lu également un certain nombre d'articles (tous sur les nombres algébriques ou p-adiques) de Hensel, Hasse, Artin (conducteur), Herbrand, Rella (représentation exponentielle), Ore, Witt, Teichmüller. J'ai lu, également, « Gruppentheorie » de Speiser, « Mehgenlehre » de Hausdorff (en 1935), une partie des « Grundlagen der Mathematik » de Hilbert et Bernays, une petite partie de la thèse de Kurepa et une partie de la « Kombinatorische Topologie » d'Aleksandrov et Hopf. En analyse, j'ai lu, plutôt par hasard, le livre de Lusin sur les ensembles analytiques, le petit livre des séries de Taylor, et le livre de la Vallée Poussin sur les classes de Baire et deux livres d'E. Borel sur les types de croissance et sur les séries divergentes.

Les séminaires de Hadamard et de Julia que je suivais contribuaient aussi à me cultiver, bien que superficiellement, car je suis meilleur lecteur qu'auditeur. Toutefois, c'est d'un exposé de Weil au séminaire Julia que j'ai appris la notion générale de corps valué, et d'un exposé de Chevalley l'unicité de prolongement d'une valuation (du moins, discrète) d'un corps complet par la méthode des espaces vectoriels normés.

3°) Aucun mathématicien n'a exercé aucune influence directe sur mes recherches. Même l'influence des écrits mathématiques, si elle était réelle (car il fallait bien que j'apprenne certaines définitions et l'existence de certaines théories), était modeste et jamais déclenchante. D'ailleurs, le plus souvent, je prends à contre-pied ce qui semblait, dans la théorie de départ, l'essentiel de sa nature et la condition nécessaire de sa possibilité, par ex. la normalité pour la théorie de la ramification, les équations et les corps pour la théorie de Galois. De plus, mes méthodes sont presque toujours très différentes de celles de l'analogue classique, et parfois sans relation aucune avec elles. Quand mes travaux, sous leur forme publiée, semblent partir des résultats et des définitions des autres mathématiciens, il s'agit, le plus souvent, d'une rencontre a posteriori avant la rédaction définitive : en lisant quelques livres ou articles, je m'aperçois que quelque chose a déjà été fait par quelqu'un d'autre, mieux ou plus simplement, ou avec une plus grande généralité que par moi-même, et j'adopte son point de vue et sa terminologie : tel est le cas des congruences de Kummer pour ma note de 1934, des hypergroupes de Marty pour ma thèse. Bref, je n'ai jamais marché sur les traces des autres. C'est cela qui a contribué à créer la légende (surtout parmi ceux qui n'ont pas lu mes travaux, mais elle empêche aussi qu'on les lise) que je m'occupe de choses bizarres, obscures, et sans grand intérêt (sauf, peut-être, quelques exceptions). Trop d'originalité nuit.

Il ne semble pas possible de parler de mes « rapports professionnels » avec d'autres mathématiciens (à l'exception peut-être de Chevalley, qui a joué le rôle que vous savez dans l'examen de ma thèse, mais il était parti aux Etats-Unis dès 1938) jusqu'à mon entrée dans l'Enseignement (1960, Clermont-Ferrand, précédé de six mois de stage à Rennes en 1957), car les chercheurs en mathématiques du CNRS travaillent isolément. Mes rapports avec mes collègues de Rennes ont été plutôt médiocres, mais à Clermont et, jusqu'en mai 1968, à Paris, elles (sic) étaient bonnes et parfois très bonnes. A cette date, les mathématiciens se sont divisés en deux groupes hostiles (bien que pas toujours sur le plan personnel, et avec un « marais » au milieu) — les fauristes et les antifauristes — (j'étais, comme Dieudonné, un anti-gauchiste et anti-fauriste extrême), qui ont donné naissance, en 1971, aux universités respectivement Paris VII et Paris VI. A partir de 1971 (« affaire Halberstadt »), se sont sérieusement gâchées mes relations avec le groupe Bourbaki et certains de ses membres ou suiveurs. Mes rapports avec mes collègues de Paris VI sont restés toujours bons, sauf avec Lelong.

Je n'ai pas connu personnellement Herbrand, il était mort depuis 3 ans quand je suis entré dans le monde mathématique en 1934. Mes rapports avec Chevalley ont toujours été amicaux, mais pas scientifiquement étroits, et on peut dire la même chose pour Dubreil et Lesieur, également pour H. Cartan et de Possel. Le mathématicien avec qui mes relations à la fois personnelles et scientifiques ont été les plus étroites est Chabauty. Nous sommes de grands amis personnels avec Dieudonné, mais totalement opposés dans nos principes pour juger les œuvres mathématiques. D'ailleurs, lors de l'excursion d'un colloque en Grèce en 1978 je lui ai dit publiquement : « Votre idéologie mathématique peut se résumer en deux phrases : 1) Bourbaki über alles ; 2) ce que mon petit doigt veut ». Notre amitié date de la guerre 1939–1940, quand nos unités respectives n'étaient distantes que d'une vingtaine de kilomètres ; j'allais le voir, pour parler de mathématiques, certains samedis en permission (une fois, j'ai même oublié chez lui mon casque). Une vieille amitié, et aussi les intérêts mathématiques communs, me lie à Kaloujnine, venu en France en 1938. A mentionner mon amitié avec Loève et Kurepa, qui date des années trente, et, celle immédiatement après la guerre, avec J. Horvath, Tamari, le luxembourgeois Pier, le belge Lépage. Je me suis aussi lié d'amitié avec Leray, dont j'ai pu apprécier, lors d'une circonstance, la loyauté et le dévouement à la science. Hasse (à qui j'avais envoyé les tirés à part de ma thèse et de mon travail au « Mathematica ») est venu me voir en 1938 en passant par Paris. Après la guerre, je l'ai rencontré (involontairement) en 1963 à la Number Theory Conference à Boulder. Je n'ai pas cherché à parler avec lui, ni à le revoir, car il était nazi pendant la guerre. J'avais aperçu Artin en 1934, mais j'ai fait vraiment sa connaissance en 1949, au colloque « Algèbre et Théorie des Nombres ». En 1950, j'ai donné une conférence à Princeton Univ., et je lui ai rendu plusieurs fois visite à Princeton à l'occasion de mes autres voyages américains, en faisant aussi la connaissance de Tate et de Lang. En 1961, à l'occasion du « Colloque Blaise Pascal », l'Université de Clermont, sur ma proposition, l'a fait Docteur Honoris Causa. C'est moi qui l'ai présenté, et j'ai dû, à cette occasion, me commander une robe de professeur (qui ne m'a servi, dans la suite, que deux fois) à une entreprise à Orange, qui les confectionnait. J'ai reçu une lettre adressée à « Madame le Professeur Marie Krasner », où on me demandait le tour de poitrine. J'ai été très ami avec S. Mac Lane, mais nos rapports se sont refroidis (sans être rompus) à cause de l'« affaire Halberstadt », où il a refusé de prendre la plus petite responsabilité. Pour la même raison, j'ai rompu toute relation avec Jacobson (avec qui j'étais aussi très ami), Herstein et Amitsur, qui n'ont même pas répondu à ma lettre. Mes rapports avec Kolchin ont toujours été et sont restés amicaux. Bien entendu, j'ai bien d'autres bons amis parmi les mathématiciens, mais je ne peux pas parler de tout le monde.

Il me reste à parler d'André Weil. Je l'admire en tant que mathématicien, mais nullement en tant que juge de mathématique ou personne. Je pense que, consciemment ou pas, il m'a été toujours hostile. Je crois qu'il m'a considéré (et peut-être me considère-t-il toujours) comme une sorte de sauvage de peu de culture mathématique. C'était assez exact dans les années trente, car ma formation mathématique a été plutôt lacunaire, mais il a sous-estimé ma capacité à combler mes lacunes par lecture et réflexion. J'en ai sûrement encore, mais quel mathématicien n'en a pas, Weil lui-même compris ? De plus, il y a chez Weil une haine aveugle des hypergroupes. On sait que les hypergroupes les plus usuels s'obtiennent par une partition d'un groupe G telle que le composé de deux classes soit une réunion de classes. Si on remplace chaque classe C par la somme $s(C)$ de ses éléments dans l'anneau $Q(G)$ du groupe G sur le corps rationnel Q , le Q-module engendré par les $s(C)$ est souvent une sous-algèbre de la Q-algèbre $Q(G)$, qui sera dite l'algèbre correspondante de la partition considérée. Cette algèbre comporte une « table de multiplication » $s(C_i)s(C_j) = \sum a_{i,j,q}\, s(C_q)$. Weil dit (avec quelque raison, mais avec les conclusions excessives, dans le cas général) que la structure d'hypergroupe masque plus que celle de l'algèbre correspondante (qui donne des renseignements supplémentaires grâce à sa table de multiplication) la structure du groupe G. Mais il y a des cas particuliers où ce n'est pas vrai. Ainsi, si G est un groupe abélien p-primaire (qu'on va écrire additivement), et si la partition est telle que $a \sim b$ équivaut à l'existence d'un entier t premier à p tel que $b = ta$, l'hypergroupe $G/\!\sim$ détermine le groupe G à isomorphie près ! Si g est un sous-groupe d'un groupe G et si la partition est celle $G \nearrow g$ de G en classes à droite xg ($x \nearrow G$) mod g , $G \nearrow g$ ne détermine pas, bien entendu, G à isomorphie près, mais cet hypergroupe et l'algèbre correspondante sont des structures équivalentes, car les coefficients *non nuls* $a_{i,j,q}$ ne dépendent que de j (c'est prouvé dans le §.5 de mon travail dans « Mathematica Balkanica » 1973) ; donc, si l'ordre $\omega(g)$ de g est fini et si $m(i,j)$ (qui ne dépend en réalité que de j) est le nombre d'éléments du composé C_iC_j dans l'hypergroupe $G \nearrow g$, on a $a_{i,j,q} = \omega(g)/m(i,j)$ ou 0 selon que $C_q \in$ ou $\neg \in C_iC_j$. Or, c'est précisément cet hypergroupe que j'emploie pour définir l'hypergroupe de Galois (contrairement à Marty, qui voulait fonder la théorie de Galois non-normale sur l'emploi de l'hypergroupe $G \nearrow\!\!\swarrow g$ des classes bilatères gxg $(x \in G)$ mod g ; cet hypergroupe de « Galois-Marty » est plus intrinsèque que celui de « Galois-Krasner », car il peut se définir sans sortir de l'extension, mais moins fin, et, de plus, les éléments de l'hypergroupe de Galois-Krasner sont les isomorphismes de l'extension, objets familiers aux mathématiciens, et on a, également, le théorème d'indices), et l'algèbre correspondante n'apporte aucun renseignement supplémentaire. Weil, dans une note en bas de page de son livre sur l'hypothèse de Riemann pour les courbes algébriques (reproduite, avec des modifications inessentielles, dans la nouvelle édition), dit que ma théorie de la ramification non-normale est inadéquate, et propose (à mots couverts incompréhensibles pour les non-initiés) de la fonder sur l'emploi de l'algèbre correspondant à l'hypergroupe de Galois-Marty, c'est-à-dire, du point de vue des groupes abstraits, à celui $G \nearrow\!\!\swarrow g$ des classes bilatères. C'est une absurdité, car, si $C_0 = g$ est l'unité de $G \nearrow g$, et si $C = xg$ est un élément de cet hypergroupe, on peut assimiler à C_0C l'élément gxg de $G \nearrow\!\!\swarrow g$. Donc, $s(gxg) = \sum_{T \in C_0C} s(T)$, et la table de multiplication de l'algèbre correspondant à $G \nearrow\!\!\swarrow g$ se calcule facilement à partir de celle correspondant à $G \nearrow g$, laquelle est déterminée par cet hypergroupe. Donc, l'algèbre proposée par Weil est complètement déterminée par l'hypergroupe $G \nearrow g$, et si cet hypergroupe masque la structure du groupe G, l'algèbre considérée le fait encore plus. D'ailleurs, la simple inspection des formules, simples et élégantes, par lesquelles la théorie décrit (du moins, pour les extensions des corps complets) la structure des quotients des hypergroupes de ramification successifs rend invraisemblable l'inadéquation de cette théorie. La remarque de Weil est une véritable diffamation d'une théorie mathématique, d'ailleurs probablement pas par mauvaise foi (il semble croire aux bêtises qu'il a écrites), mais par incompréhension de la situation mathématique. J'ai essayé une fois de la lui expliquer, mais il ne m'écoutait pas — il n'y a pas pire sourd que celui qui ne veut pas entendre.

A deux reprises, il a été avec moi d'une impolitesse extrême. Je n'ai pas réagi à ses provocations uniquement par respect pour ses qualités de mathématicien.

J'ai oublié un peu mes relations avec Chevalley et Ore après la guerre. Elles ont toujours été amicales avec Chevalley après son retour en France (il a été le principal artisan de mon élection à la Faculté des Sciences de Paris en 1965, avec, je crois, Samuel, Pisot et H. Cartan). Nos rapports se sont refroidis, pendant quelque temps, après les événements de mai 1968, quand nos positions se sont trouvées diamétralement opposées. Mais, cette triste époque passée, elles sont redevenues sans nuage. D'ailleurs, nous avons la même attitude devant l'esprit totalitaire et la persécution de toute innovation non autorisée que certains font régner en mathématiques, française en particulier.

Ore était celui qui a le mieux compris (à l'exception de Chevalley) la signification de ma thèse et de mon travail de « Mathematica ». Il avait beaucoup d'idées, mais ne les développait pas toujours assez loin, ni avec toute la généralité possible (de plus, il ne rédigeait pas tellement bien, en noyant souvent l'essentiel parmi les longueurs, ce qui lui a valu, chez certains mathématiciens, la réputation imméritée de trivialité). J'ai fait plusieurs rencontres avec ses idées, il est vrai presque toujours a posteriori (les inégalités d'Ore, les conditions pour le nombre supplémentaire de Hilbert, la forme canonique des polynômes $\mathfrak{p}$-adiques de degré p , les polynômes additifs et, plus tard, les conditions de l'immersion d'un semi-groupe dans un groupe, le théorème d'immersion dans le produit d'entrelacement d'un groupe symétrique par un groupe de permutations régulier). Nos rapports ont toujours été amicaux, mais je ne l'ai revu, après la guerre, que deux fois à Yale Univ. et une fois à l'IHP.

Comme vous avez vu, je dois beaucoup à Hadamard, et aussi à E. Cartan, qui a été mon directeur de recherches officiel pendant l'occupation. Les mathématiciens qui m'ont aidé pendant l'occupation ont été avant tout Chabauty et, ensuite, Brelot, H. Cartan et Dieudonné.

La théorie de Galois n'avait aucune part dans la genèse de mon travail commun avec Kaloujnine sur le produit d'entrelacement. L'origine psychologique de cette collaboration scientifique est l'aide que j'ai apportée à Kaloujnine pour la rédaction de sa thèse (d'ailleurs remarquable), qui m'a permis de pénétrer profondément dans cette théorie. Je vous ai parlé au téléphone des circonstances précises de la genèse de ce travail commun, mais cela doit rester confidentiel. Qu'il me suffise de dire que, finalement, les contributions des deux auteurs ont été d'une importance à peu près équivalente. Je peux ajouter, car cela est déjà dit dans l'introduction du travail, que c'est moi qui ai trouvé (d'ailleurs avant le travail et par une méthode plus calculatrice) la réalisation des facteurs de Schreier dans le produit d'entrelacement de deux groupes abstraits et que la notion générale de produit d'entrelacement d'une suite (finie) de groupes de permutations est due à Kaloujnine.

Les résultats de ce travail ont certainement des applications importantes à la théorie de Galois et à celle de la ramification, mais telle n'a pas été leur motivation.

5°) Mon intérêt pour les fondements des mathématiques (et la logique, bien que pas tout de suite symbolique) date de l'âge de 12 ans, quand j'ai lu le livre de Bogomolov sur les fondements de la géométrie (1924). D'autres lectures qui ont maintenu ou ravivé cet intérêt : vol. 1 (par H. Weber) de l'« Encyclopédie de la mathématique élementaire » (1926), surtout les chapitres sur les ensembles et les cardinaux finis et les nombres irrationnels (coupures de Dedekind) ; les écrits philosophiques d'H. Poincaré (1929) ; « Mengenlehre » de Hausdorff (1935) ; « Grundlagen der Mathematik » de Hilbert et Bernays et « Ensembles analytiques » de Lusin (vers 1938). Comme entre 1928 et 1939, mes centres d'intérêt mathématiques ont été la théorie des nombres (au sens large) et l'algèbre, mes intérêts logiques et ensemblistes ont été occultés lors de mes recherches. Toutefois, ils se sont manifestés (été 1935) dans ma théorie de Galois abstraite (voir plus loin), dont le matériel est ensembliste et même un peu logique (langage infinitaire des opérations fondamentales) bien que son inspiration, qui vient de la théorie de Galois, est algébrique. L'origine de mon définitionisme a été le rejet « viscéral » de la « solution » malthusienne des paradoxes interdisant de parler de ce qui y conduit. D'autre part, j'étais persuadé que le calcul des prédicats (malgré son utilité technique), avec sa séparation radicale, à la manière d'Aristote, des objets et des propriétés (prédicats), n'était pas une manière adéquate de fonder les mathématiques. En effet, cette manière « fantomatise » les objets mathématiques individuels, comme par ex. les nombres entiers ou réels, car ils apparaissent, dans le meilleur cas (et pas toujours, à cause du « paradoxe » de Löwenheim-Skolem) comme les éléments particuliers d'un modèle, défini à isomorphie près seulement, d'un système axiomatique. J'étais, par contre, persuadé que les objets mathématiques existent de quelque manière (mais, évidemment, pas comme des objets du monde physique ; toutefois, comme ces derniers, ils ont des propriétés non-malléables qu'on « découvre » en prouvant les théorèmes ; or, ce sont de telles propriétés des objets physiques qui servent d'arguments pour dire qu'ils ont une réalité objective et ne sont pas seulement des rêves subjectifs de notre conscience), et qu'il doit exister un formalisme (car, s'agissant des fondements, je suis formaliste, bien que d'un type inhabituel : je n'exige pas que le formalisme en soit un de formules finies) qui permette de saisir les objets mathématiques individuels, et fournisse un monde d'objets mathématiques sans aucune isomorphie, où tout objet est défini (ainsi, dans la controverse Hadamard-Lebesgue-Borel, je suis dans la lignée de Lebesgue ; mais il ne faut pas confondre « défini » avec « nommable », qui signifie « défini par une formule finie »). Je considère d'ailleurs que fonder la mathématique sur la théorie axiomatique des ensembles est une aberration philosophique, car la mathématique ainsi fondée est aussi fantomatique.

Un formalisme est basé sur un langage L , et s'il est défendu d'employer, dans sa métamathématique, aucune intuition « postformaliste » de la signification des objets définis par les formules, il est, par contre, nécessaire d'employer celle, « préformaliste », du langage lui-même. En particulier, une formule de L est une collection de signes simples formant un schéma, satisfaisant à certaines règles de bonne construction. L'intuition de L comporte, en particulier, celle des « pluralités » (qui peuvent ne pas être finies) qu'une collection de signes simples doit avoir pour être une formule (pas forcément bien construite) de L. On ne peut pas affirmer la validité de cette intuition des pluralités (même, contrairement à ce que presque tous les logiciens pensent, s'il s'agit de celle de pluralité finie) qui est, évidemment, nécessaire pour qu'on puisse poser la question de cohérence d'un système formel basé sur L . On peut croire ou ne pas croire en la validité d'une telle intuition (p. ex. celle du fini, du dénombrable), et c'est une croyance inévitable et irréductible de toute étude métamathématique des systèmes formels.

Cela dit, un ensemble est, en fait, un cas particulier de propriété, à savoir celle d'être un de ses éléments et de n'être aucun autre objet (c'est la seule manière cohérente d'envisager les ensembles). Cantor (du moins au début) pensait que toutes les propriétés sont ainsi. Cela n'est pas soutenable et conduit aux paradoxes. Donc, il faut supposer qu'il existe des propriétés non-ensemblistes que j'appelle propriétés virtuelles. Bernays a envisagé quelque chose de semblable sous le nom de classes, mais ces classes sont des « pseudo-objets », car ils ne peuvent appartenir à aucune classe ou former des ensembles. J'ai eu l'idée en 1939 (je ne sais pas comment, car c'est, tout de même, assez technique) des systèmes formels (que j'ai appelé systèmes définitionistes) basés sur les langages de pluralités arbitraires (celui basé sur le langage des formules finies s'appelle le système kroneckerien). Dans ces systèmes, une propriété est un ensemble si elle peut être définie par une formule du langage L du système énumérant tous les objets qui possèdent cette propriété (si p est une propriété et x un objet, on dit oralement, pour $x \in p$, « x possède p »), sinon elle est une propriété virtuelle. Ainsi, dans le système kroneckerien, seuls les ensembles finis sont considérés comme ensembles, toutes les autres propriétés (par ex., celle d'être un entier) étant considérées comme virtuelles. D'une manière générale, les objets définis, dans différents systèmes définitionistes, par une même formule peuvent être des ensembles dans certains de ces systèmes et propriétés virtuelles dans d'autres (ainsi, la propriété d'être un entier est un ensemble dans tout système tel que l'intuition des pluralités de son langage L comprend celle de la pluralité dénombrable). Mais, contrairement aux classes de Bernays, les propriétés virtuelles sont des objets au sens plein du terme : elles peuvent posséder d'autres propriétés et former des ensembles. Il n'y a pas de règles de raisonnement spécifiques pour les ensembles (qu'on appelle propriétés actuelles) et pour les propriétés virtuelles, mais des règles d'inférence uniques pour les deux sortes de propriétés, où l'actualité et la virtualité ne se manifestent que d'une manière très indirecte. C'est à partir de ces règles d'inférence qu'on constate que, dans tout système définitioniste, les ensembles satisfont aux axiomes de Zermelo-Frenkel sauf celui du choix (sa validité dépend des intuitions des pluralités de L), et, pour le système kroneckerien et les systèmes à pluralité plus faibles, l'axiome de l'infini. En particulier, pour un ensemble e , on a toujours $e \notin e$. Par contre, les propriétés virtuelles ne satisfont pas toujours à l'axiome d'abstraction et, pour une telle p , on peut avoir $p \in p$ (par exemple, la propriété d'être une propriété est une propriété).

Les formules d'un système définitioniste sont des « définitions » (ou, plus exactement, des « candidats-définitions », car une « définition » peut être contradictoire, c'est-à-dire telle qu'il n'existe aucun objet du système satisfaisant à ces conditions, ou incomplète, quand il en existe plusieurs). Une « définition » est dite correcte quand il existe un et un seul objet du système qui y satisfait, et on dit qu'il est défini par cette définition, et deux définitions correctes sont dites équivalentes quand elles définissent le même objet. Il semble, à première vue, qu'il y a en ceci un cercle vicieux, car il est naturel de demander : que sont ces « objets » ? et d'où viennent-ils ? En fait, tout se passe de la manière inhabituelle suivante. D'abord l'intuition des pluralités du système avec les règles de bonne construction formulées en termes de cette intuition détermine le langage

L des définitions du système. Les propositions du système auront, en principe, la seule forme « a est correcte » (avec la réponse possible « oui » ou « non ») où a est une définition, bien que, pour des raisons de commodité, on peut admettre, à titre auxiliaire, d'autres formes de propositions. Contrairement à ce qu'on fait d'habitude, je n'impose pas au système, a priori, de règles d'inférence. Au lieu de cela, je suppose, après avoir fait une certaine traduction des formules de L en calcul des prédicats, qu'il existe un modèle du système satisfaisant à certaines conditions axiomatiques et sémantiques (d'ailleurs, les axiomes du modèle lui imposent des exigences qu'on croit communément conduisant aux antinomies, telle l'extensionnalité complète ; si x, p sont deux objets du modèle, dont p est une propriété, ou bien $x \in p$, ou bien $x \notin p$, ou, encore, l'existence, pour chaque propriété p , de son opposée $\neg p$ telle que $x \in \neg p \iff x \notin p$ [en particulier, pour tout ensemble e existe l'antiensemble $\bar{e}$, la propriété de ne pas être un élément de e]). Ici, il se produit quelque chose de miraculeux. Si l'on fait l'hypothèse de l'existence d'un tel modèle, dit « modèle adéquat », sans rien en connaître, cela impose, pour chaque définition d du système, un critère de correction déterminé par la forme de d , formulé, il est vrai, pas dans le langage L , mais dans le langage de pluralité plus grande (en particulier, telle que la collection de toutes les définitions du système puisse être considérée comme un signe de ce nouveau langage), mais d'une manière uniquement prédicative ou récursive (ainsi, pour le système kroneckerien ce langage est au plus dénombrable). Les règles d'inférence sont les parties de ce critère, formulables en termes de L (ainsi, dans le définitionisme, existe la différence entre la vérité et la démontrabilité, et aussi la démontrabilité finie, absente ailleurs). Si l'on considère la partie d'un modèle adéquat formé par ses objets définissables, c'est-à-dire définis par quelque définition correcte d , cette partie est elle-même un modèle adéquat dit le modèle adéquat minimal du précédent. On démontre que tous les modèles adéquats minimaux sont isomorphes. Or, si l'on identifie chaque objet de tel modèle avec la classe des définitions équivalentes (et cette équivalence se définit facilement à partir du critère de correction) qui les définissent, on peut montrer que les relations sur l'ensemble des classes, qui sont les images par cette identification des relations de base de ce modèle, se définissent d'une manière purement syntaxique, à partir du critère de correction. Ainsi, à l'aide de certaines règles syntaxiques, formulables, il est vrai, seulement dans un métalangage, dont l'intuition des pluralités englobe les pluralités suffisamment grandes, on peut définir un modèle, dont le support est obtenu en partitionnant par une équivalence $\sim$ une partie C de la classe des formules bien construites du langage L du système. Et s'il existe des modèles adéquats du système, C est la classe des définitions correctes du système, $\sim$ est la relation d'équivalence de telles définitions, et le modèle considéré est un modèle adéquat minimal du système ; de plus, un objet de ce modèle est une classe de définitions et, sous cette hypothèse, il est précisément la classe des définitions correctes qui le définissent. Ainsi, l'hypothèse initiale d'existence des modèles adéquats équivaut à la démonstration de ce que le modèle considéré est un modèle adéquat du système. C'est ce modèle qui peut servir et servira alors d'« univers des objets » du système. Ainsi, les « objets », dont il est question, ne viennent pas d'on ne sait quel dehors, mais sont finalement dérivés des définitions elles-mêmes, et il n'y a aucun cercle vicieux quand on les utilise. Tous ces objets sont individuellement définis, donc les systèmes définitionistes satisfont, pour le langage L , à la condition analogue à celle de Lebesgue : tous les objets sont définissables. Et le système kroneckerien satisfait même à la condition telle quelle : tous les objets sont nommables. Bien que le système kroneckerien a l'apparence d'un « système-miniature », en fait à peu près, tous les ensembles usités en mathématiques y sont présents comme propriétés virtuelles, et aussi toutes les définitions des mathématiques constructives, avec lesquelles il a un air de famille commun, tout en étant plus riche. Je serais amené trop loin si je parlais d'une manière plus détaillée du contenu des systèmes définitionistes et de la manière dont le définitionisme non seulement résoud, mais analyse la raison des paradoxes. D'ailleurs, cette analyse peut se faire pour tous les paradoxes (y compris celui de Berri), sauf celui de Richard, déjà dans le cadre du système kroneckerien.

Ainsi, le définitionisme se fonde en deux étapes : I. *L'unicité.* Supposant l'existence des modèles adéquats, on démontre le critère de correction, l'existence et l'isomorphie des modèles adéquats minimaux, et on définit le modèle « syntaxique » $C/\sim$, en démontrant aussi que, sous cette hypothèse, il est un modèle adéquat minimal. II. *L'existence.* On prouve, sans aucune hypothèse préalable, que ce modèle $C/\sim$ est effectivement un modèle adéquat. Jusqu'à présent, je n'ai exposé, dans mes publications (Théorie de la définition, Journ. d. Math. p. et appl. 1957–1958 ; Le définitionisme, Actes du colloque Blaise Pascal, Clermont Ferrand 1961, vol. 1 Logique, mathématique), et d'ailleurs d'une manière incomplète et presque exclusivement pour le système kroneckerien, que la partie « unicité ». Dans la « Théorie de la définition », je n'ai pas parlé des modèles adéquats, d'abord parce que cette notion n'était pas encore claire pour moi, mais surtout parce que la notion de modèle est basée sur la théorie des ensembles de Cantor, qui est antinomique sous sa forme naïve et fantomatique sous la forme axiomatique — s'y baser, même en métamatématiques seulement, me paraissait, du point de vue des fondements, un cercle vicieux. Je parlais, à la place, de la « non-contradiction du point de vue heuristique », et la condition de l'adéquation était formulée : « si une définition est non-contradictoire du point de vue heuristique, il existe au moins un objet du système qui y satisfait ». Je suis conscient que cela a rendu mon texte difficilement compréhensible pour les mathématiciens, et surtout pour les logiciens, qui sont habitués à ne penser que dans le cadre du calcul des prédicats, bien que certains d'entre eux, dont Tarski, ont bien saisi mes idées en explication orale, et il s'est trouvé des mathématiciens non logiciens (tels Villat et Szasz, aujourd'hui morts) pour les comprendre en les lisant. Kreisel a écrit le compte rendu de mon article pour Journ. of Symb. Logic. Je n'ai jamais vu un texte aussi idiot et aussi malveillant (j'ai, d'ailleurs, l'intention de le republier dans « Elevtheria » comme partie d'un sottisier des « reviews » particulièrement stupides de mes travaux). Ce texte a autant de rapport avec le contenu de mon article qu'une assiette avec un chat (un exemple : il appelle les propriétés « the sets », bien que j'ai fortement insisté sur la distinction des ensembles et des propriétés virtuelles). Je suppose que son incompréhension est due à ce qu'il voulait tout interpréter en termes du calcul des prédicats, ce qui est absurde pour cette théorie, mais surtout de ce que certainement il n'a pas lu l'article, mais seulement l'a feuilleté, sans faire la moindre tentative d'y comprendre quelque chose. Dans « Le définitionisme », je parle des modèles adéquats, mais cet article est rendu illisible par un très grand nombre d'errata, dûs à ce que, pour une raison non éclaircie, je n'en ai jamais reçu la seconde épreuve.

On peut se demander quelle est la logique des systèmes définitionistes, classique ou pas ? Sous cette forme, la question n'a pas de sens, car il ne s'agit pas de logique au sens du calcul des prédicats. Par exemple, le signe $\in$ n'y joue pas le rôle de prédicat à deux places, mais celui d'un connecteur logique comme $\vee, \&, \neg$. Mais, dans un certain sens, cette logique est de « type classique », car un système définitioniste admet un modèle.

Il me reste à parler de mes travaux touchant la théorie de Galois des relations. Comme vous le savez, j'ai appris la théorie de Galois dans le livre de Gravé, où il est beaucoup question de la résolvante de Galois d'un polynôme $f(X)$. Si $z_1, \ldots, z_n$ sont « les »zéros de $f(X)$, si $t_1, \ldots, t_n$ sont des indéterminées, et si $y = t_1 z_1 + \ldots + t_n z_n$, cette résolvante (dont v. d. Waerden parle à peine) est le polynôme minimal de y sur $k(t_1, \ldots, t_n)$, où k est le corps de base, et les zéros de cette résolvante sont précisément les transformées de y par les éléments σ du groupe de Galois G de $f(X)$ appliqués aux z_i. Mais y est une formation artificielle, qu'il vaut mieux remplacer par le vecteur $(z_1, \ldots, z_n)$, et, un beau jour de l'été 1935, je me suis posé la question : qu'est-ce qui correspond alors à la résolvante de Galois ? Visiblement, la relation $r(X_1, \ldots, X_n)$ de n variables $X_1, \ldots, X_n$ à laquelle satisfont seuls les transformés de $(z_1, \ldots, z_n)$ par les $\sigma \in G$. Et comment obtenir cette relation à partir des polynômes $f_i(X_1, \ldots, X_{i-1}, X_i)$ tels que $f_i(z_1, \ldots, z_{i-1}, X_i)$ soit le polynôme minimal de z_i sur $k(z_1, \ldots, z_{i-1})$? J'ai fermé les yeux, et j'ai vu ces deux images : d'un côté, je crois, un dodécaèdre, qui se mettait, sur quelque chose de plat, tantôt par une face, tantôt par une autre ; et de l'autre côté, les plis d'un rideau, ressemblant à une aurore boréale, mais pas colorée. J'ai senti qu'on obtient la relation cherchée à partir des f_i par des opérations ensemblistes sur les relations, la première image représentant les permutations des arguments, et la seconde à la fois les projections, les antiprojections et les intersections. Je venais de trouver les opérations fondamentales (ou du moins leur idée que j'ai complétée presque immédiatement) et aussi l'idée de la démonstration du théorème d'équivalence. Je me suis aperçu tout de suite que cela s'applique aux systèmes de relations quelconques. J'ai rédigé ce travail en 1936 pour le publier (sous le titre peu adéquat « Une généralisation de la notion de corps ») dans le tome jubilaire du Journal de mathématiques dédié à Hadamard. Paru en 1938, il n'a vraiment été compris que par peu de gens, et a suscité des réactions diverses, dont il serait trop long de parler ici.

L'endothéorie de Galois abstraite, fondée sur l'emploi des demigroupes d'autoapplications, a été trouvée à la fin de 1964, je ne me rappelle pas comment. Ces idées se sont rencontrées avec celles provenant de Post et de Malcev grâce à Kaloujnine, qui, après une conférence que j'ai faite à Kiev en 1968 sur l'endothéorie de Galois abstraite, a trouvé (avec ses élèves) en 1969 un théorème galoisien remarquable de la « polythéorie de Galois abstraite », basée sur l'emploi des applications $E^Y \to E$, où E est le support.

Comme vous le voyez, je n'aurais jamais inventé la théorie de Galois des relations si j'avais appris la théorie classique dans un livre plus moderne que celui de Gravé.

Bien cordialement.

Marc Krasner

Paris, le 30 juin 1983

Fermat

Que la Conjecture de Fermat soit devenue le Théorème de Wiles ne rend pas sans intérêt les travaux antérieurs consacrés à ce problème, sur lequel Krasner avait travaillé très tôt : c'est le sujet de son tout premier article [1]. Il en a cinq sur ce sujet : [1], [17], [18], [24], [25]. Nous reproduisons ici son article sur le critère de Sophie Germain [25], avec l'analyse de Paulo Ribenboim des articles de Krasner consacrés au problème de Fermat [14].

NOTE DE PAULO RIBENBOIM

Dans le paysage mathématique, où les problèmes célèbres se dressent tels des forteresses à conquérir, nul ne semble plus appeler au défi que le problème de Fermat. Les vieux combattants, fatigués de leurs efforts et se croyant plus sages, se gardent des attaques directes et héroïques. Peut-être qu'un jour, après avoir encerclé le bastion et un long siège, ils le démoliront et vaincront sans bataille. Mais combien plus beau est le jeune combattant, enthousiaste, sans peur et romantique ! Il perçoit de loin la forteresse qui domine le terrain — comme un Mont Saint-Michel découpant ses lignes à l'horizon. Il ne sait rien des environs, mais il décide d'attaquer et de vaincre. Presque toujours, cependant, ces efforts sont vains et finissent par une défaite totale.

14. Notre traduction de l'analyse de Paulo Ribenboim, en anglais, qui apparaît dans « Krasner vs Fermat », Elefteria – Journal mathématique du séminaire P. Zervos, n° 3, septembre 1985, pp. 108–115.

Pas avec Krasner. Arrivant de Russie à Paris, confiant comme un talentueux jeune homme peut l'être, est-ce que, tel Rastignac, il vaincrait ?

Durant ses études secondaires à Odessa, Krasner avait été guidé par un excellent enseignant. A. F. Tsivtchinski — son nom apparaît ici comme un hommage[15] bien mérité — attirait l'attention du jeune homme vers des sujets dignes d'intérêt, répondait à ses questions et lui indiquait les livres de base à lire. Un enseignant qui savait inculquer et nourrir le penchant scientifique de son élève.

Ainsi, à son arrivée à Paris en 1928, Krasner était en position de tenter de résoudre le problème de Fermat.

Disons que, ne sachant pas grand chose de ce qui avait déjà été tenté, Krasner suivit une piste nouvelle et originale. Sa Note de 1934 est très ingénieuse et contient une véritable contribution au premier cas. Malgré tout, elle passa relativement inaperçue, probablement parce que la plupart des mathématiciens qui se consacraient au problème de Fermat à ce moment-là ne purent pas saisir la méthode et sa signification[16]. Encouragé par ce premier résultat, Krasner publia dans les années suivantes quelques articles sur le problème de Fermat. Mon but, dans cette note, est d'analyser la contribution de Krasner à la solution du problème de Fermat.

[1] *Sur le premier cas du théorème de Fermat, CRAS 99 (1934) 256–258.*

Supposons que p soit un nombre premier impair et qu'il existe des entiers x, y, z non multiples de p, tels que $x^p + y^p + z^p = 0$ — bref, le premier cas du dernier théorème de Fermat est faux pour l'exposant p — alors Cauchy, Genocchi, Kummer, Mirimanoff et Morishima avaient établi que les nombres de Bernoulli $B_{p-3}, B_{p-7}, B_{p-9}, B_{p-11}, B_{p-13}$ sont congrus à 0 modulo p.

Dans cet article, Krasner réussit à montrer un résultant frappant dans la même direction : si $n_0 = (45!)^{88}$, si p est un nombre premier, $p > n_0$ et si le premier cas du dernier théorème de Fermat est faux pour l'exposant p, alors les $[\sqrt[3]{\log p}]$ nombres de Bernoulli B_{p-1-2i}, pour

15. NdT : en français dans le lexte.

16. Krasner, débutant, n'était pas conscient de l'importance de distribuer des tirés à part de ses articles. Seul L. J. Mordell en reçut un et répondit « Votre résultat est très frappant ». Dans mon livre *13 Lectures on Fermat's last theorem*, je l'ai appelé « un résultat très puissant » « ...indiquant que le 1^er^cas du théorème de Fermat peut très bien être vrai ».

$i = 1, \ldots, [\sqrt[3]{\log p}]$ sont congrus à 0 modulo p ($[x]$ désigne l'entier n tel que $n \leq x < n+1$).

Comme de telles congruences sont très improbables, ce théorème penche fortement vers la validité du premier cas du dernier théorème de Fermat pour l'exposant p — au moins pour des nombres premiers assez grands.

La grande valeur de n_0, qu'il n'est pas facile de faire diminuer dans la preuve, rend cependant le théorème inutilisable en pratique pour toute vérification.

Voici une esquisse de la preuve de Krasner.

Elle est basée sur une congruence de Kummer pour le premier cas [17] : si p est un nombre premier impair et si on suppose que x, y, z sont des entiers, non multiples de p, tels que $x^p + y^p + z^p = 0$, alors

$$\left[\frac{d^i}{dv^i}\log(x + e^v y)\right]_{v=0} \equiv 0 \mod p$$

pour i impair, $i = 3, 5, \ldots, p-2$, et on a des congruences semblables pour les couples $(y, x), (x, z), (z, x), (y, z), (z, y)$ à la place de (x, y). Le facteur du nombre de Bernoulli B_{p-i} est la i-ième dérivée de la fonction $\log(x + e^v y)$ de la variable réelle v (en fait, comme $x + e^v y$ peut être négatif, il est nécessaire de choisir une branche de la fonction logarithme, mais après avoir dérivé, ça ne compte plus).

Un premier lemme, qui remonte à Herschel (1816), n'est qu'un changement de variable : si $t = e^v$ alors

$$\left[\frac{d^i}{dv^i}\log(x + e^v y)\right]_{v=0} = \sum_{k=1}^{i} \frac{\Delta^k 0^i}{k!}\left[\frac{d^k}{dt^k}\log(x + ty)\right]_{t=1}$$

où $\Delta^k 0^i = \sum_{j=0}^{k}(-1)^{k-j}\binom{k}{j} j^i$ est la k ième différence itérée de la suite des puissances i-ièmes $0, 1^i, 2^i, 3^i, \ldots$. En termes de $\theta = \frac{y}{x+y}$ le côté droit devient $-\sum_{k=1}^{i}(-1)^k \frac{\Delta^k 0^i}{k}\theta^k$, ce qui met en lumière le polynôme $M_i(T) = \sum_{k=1}^{i}(-1)^k \frac{\Delta^k 0^i}{k} T^k$. On montre que ses racines sont simples, réelles et dans l'intervalle $[0, 1]$, et que $M_i(T) = T(1-T)M'_{i-1}(T)$. Ensuite, Krasner note que $M'_{i-1}(T)$ et $P_i(T) = \frac{T^i M_i(\frac{1}{T})}{1-T}$ (pour $i > 2$) sont

17. Voir par exemple mon livre *13 Lectures on Fermat's last theorem*, Springer, 1979.

de degré $i-2$ et n'ont aucune racine commune. Leur résultant R_i est non nul et $|R_i| < \{(i-1)!\}^{2(i-2)}$.

Pour $i > 46$ on vérifie que $\{(i-1)!\}^{2(i-2)} < e^{(\frac{i-1}{2})^3}$. Alors $\max_{i \leq 46}\{|R_i|\} < (45!)^{88} = n_0$.

Si $p > n_0$ et $k = [\sqrt[3]{\log p}]$ et si il existe un entier impair $j, 3 \leq j \leq 2k+1$, tel que $B_{p-j} \not\equiv 0 \pmod p$, les congruences de Kummer donnent

$$\left[\frac{d^j}{dv^j}\log(x + e^v y)\right]_{v=0} \equiv 0 \pmod p$$

d'où $M_j(\theta) \equiv 0 \pmod p$. De $\theta \not\equiv 0, 1 \pmod p$, on a $M'_{j-1}(\theta) \equiv 0 \pmod p$. En appliquant les congruences de Kummer pour (x, z) on obtient $M_j(\frac{1}{\theta}) \equiv 0 \pmod p$. Ainsi $R_j \equiv 0 \pmod p$. Comme $R_j \neq 0$ on a

$$p \leq |R_j| < \{(j-1)!\}^{2(j-2)} < e^{(\frac{d-1}{2})^3} \leq e^{k^3} \leq e^{\log p} = p$$

ce qui est une contradiction et prouve ainsi le théorème.

Krasner mentionne aussi que son résultat, combiné avec des théorèmes précédents de Hecke et Furtwängler, entraîne que le premier facteur h_p du nombre de classes du corps cyclotomique $\mathbb{Q}_p(\zeta_p)$ (ζ_p une racine primitive p-ième de 1) est divisible par p^r, où $r - s \geq [\sqrt[3]{\log p}]$ et s est le nombre d'éléments d'une base du sous-groupe des classes irrégulières du corps réel $\mathbb{Q}_p(\zeta_p) \cap \mathbb{R}$.

[17] *Sur le théorème de Fermat, CRAS 208 (1939) 1468–1471.*

Soit $n \geq 3$ un entier impair. En 1901, Bendz [18] a montré que les énoncés suivants sont équivalents :

— l'équation $X^n + Y^n + Z^n = 0$ n'a que la solution triviale dans $\mathbb{Z}$;
— l'équation $U(1-U) = T^n$ n'a que la solution triviale dans $\mathbb{Q}$;
— l'équation $V^2 = 1 - 4W^n$ n'a que la solution triviale dans $\mathbb{Q}$.

Dans cet article, Krasner redécouvre ces équivalences. En fait, il prouve aussi l'équivalence des énoncés correspondants sur tout corps quadratique imaginaire k (avec $\mathbb{Z}$ remplacé par l'anneau des entiers algébriques de k), qui satisfait les conditions suivantes : si 3 divise n alors $k \neq \mathbb{Q}(\sqrt{-3})$; le nombre de classes de k est relativement premier avec n.

18. Öfver diophantiska Ekvationen $x^n + y^n = z^n$, Almqvist & Wyksells Boktryckeri, Uppsala, 1901, 35 pages.

Ces idées ont été développées par un étudiant de Krasner, Pierre Rivoire, dans sa thèse[19].

En combinant avec un résultat précédent de Fueter[20] sur les solutions de l'équation cubique de Fermat dans un corps quadratique imaginaire, Krasner obtient : soit $\lambda \in \mathbb{Q}, \lambda > \frac{1}{\sqrt[3]{4}}$, tel que $\lambda = 3^{2\mu}\lambda_1$, avec $\mu \neq 0$ et $\lambda_1 \equiv \pm 1 \pmod 3$ si $\mu > 0$, $\lambda_1 \equiv -1 \pmod 3$ si $\mu < 0$, et soit $m = 4\lambda^3 - 1 > 0, k = \mathbb{Q}(\sqrt{-m})$, alors le nombre de classes de k est un multiple de 3.

Dans le reste de l'article, Krasner ne considère que la situation sur $k = \mathbb{Q}$. Il démontre : il existe des entiers non nuls x, y, z tels que $x^n + y^n + z^n = 0$ si et seulement si il existe des entiers non nuls z, M tels que $z^2 - \sqrt[n]{4}M > 0$ et l'idéal principal de $\mathbb{Q}(\sqrt[n]{2})$ engendré par $z^2 - \sqrt[n]{4}M > 0$ est le carré d'un idéal.

[18] *Sur le théorème de Fermat, CRAS 208 (1939) 1618–1620.*

Le dernier résultat de la Note précédente est développpé, et à l'aide d'un résultat de Hasse en théorie des corps de classes Krasner montre : si n est un entier impair, $n \geq 3$, et si le nombre de classes de $\mathbb{Q}(\sqrt[n]{2})$ est impair, alors il existe des entiers non nuls premiers entre eux x, y, z tels que $y^n + y^n + z^n = 0$ avec z pair et $x - y$ premier avec n, si et seulement si, il existe des entiers non nuls premiers entre eux z, M avec z pair tels que $z^2 - \sqrt[n]{4}M$ est le carré d'un entier algébrique de $\mathbb{Q}(\sqrt[n]{2})$.

[24] *Sur le théorème de Fermat, CRAS 210 (1940) 92–94.*

Cette Note continue dans la même ligne que les précédentes. En utilisant davantage la théorie des corps de classes, Krasner montre : soit p un nombre premier impair, et supposons qu'il existe des entiers premiers entre eux deux à deux x, y, z tels que $x^p + y^p + z^p = 0$ et p ne divise pas $x - y$, on a que si $K = \mathbb{Q}(\sqrt[n]{2})$ alors $K(\sqrt{z^2 - \sqrt[n]{4}xy})/K$ est une extension non ramifiée et 4 divise xyz. En particulier, si le nombre de classes de K est impair, le dernier théorème de Fermat est faux pour l'exposant p si et seulement si il existe des entiers non nuls z, M tels que $z^2 - \sqrt[n]{4}M$ est un carré dans K.

19. Dernier théorème de Fermat et groupes de classes dans certains corps quadratiques imaginaires, thèse d'état, Université de Clermont-Ferrand, 1968 ; paru dans Ann. Sci. Univ. Clermont. Mathématiques, 68 (1979) n° 18, pp. 1–35.

20. Die Diophante Gleichung $\xi^3 + \eta^3 + \zeta^3 = 0$, Sitzber. Heidelberg Akad. Wiss. 1913, 25 S., pp. 1-25.

[25] *À propos du critère de Sophie Germain-Furtwängler pour le premier cas du théorème de Fermat, Mathematica (Cluj) 16 (1940) 109–114.*

Cet article est un prolongement d'envergure d'un célèbre théorème de Sophie Germain [21] : si p et $2p+1$ sont des nombres premiers alors le premier cas du théorème de Fermat est vrai pour l'exposant p. Ce résultat fut étendu par Sophie Germain et Legendre aux nombres premiers p tels que l'un parmi les nombres $4p+1, 8p+1, 10p+1, 14p+1, 16p+1$ est aussi premier.

Dans cet article, Krasner démontre : soit p un nombre premier impair, soit u un nombre naturel tel que u n'est pas un multiple de 3, $2up+1$ est premier, $3^{\frac{u}{2}} < 2up+1$ et $2up+1$ ne divise pas $2^{2u}-1$, alors le premier cas du théorème de Fermat est vrai pour l'exposant p.

La démonstration fait appel à un résultat important de Furtwängler [22] qui utilise la loi de réciprocité quadratique d'Eisenstein.

21. Voir mon livre, op. cit.

22. Letzer Fermatschen Satz und Eisenstein'sches Reziprozitätsgesetz, Situngsberichte Akad. Wiss., Wien, abt. IIa, 121, 1912, pp. 589–592.

[25] Mathematica (Cluj) 16 (1940) 109–114

A PROPOS DU CRITÈRE DE SOPHIE GERMAIN-FURTWÄNGLER POUR LE PREMIER CAS DU THÉORÈME DE FERMAT

par

M. Krasner
(Paris)

Reçu le 1 Octobre 1938.

Sophie Germain (1) avait remarqué que pour prouver que l'équation

(1) $$x^p + y^p + z^p = 0\,,$$

où p est un nombre premier impair, n'a aucune solution entière (2) (x, y, z) telle que p ne divise pas xyz, il suffit de prouver l'existence d'un nombre premier q tel que la congruence

(2) $$x^p + y^p + z^p \equiv 0 \pmod{q}$$

n'ait que des solutions banales, c'est-à-dire telles que q divise xyz (ce qui exige, en particulier, que q soit congrû à 1 (mod p), mais non (mod $3\,p$) et, comme on avait prouvé plus tard (3), ne dépasse pas une certaine limite ne dépendant que de p), et que q ne puisse pas diviser xyz pour une telle solution de (1) (à quoi il suffit, comme l'avait prouvé Sophie Germain (1) à partir des égalités d'Abel (4), que p ne soit pas le reste d'une puissance $p^{\text{ième}}$ (mod q) (5); ce qui avait permis de montrer (6) qu'il suffirait de prouver l'existence

(1) Voir Legendre.

(2) Comme il ne s'agira au cours de la présente Note que d'entiers *rationnels,* il sera sous-entendu que le mot „entier" signifie entier rationnel.

(3) Voir Dickson.

(4) *C. R.*

(5) Ceci n'est plus juste quand p divise xyz.

(6) Voir Wendt.

d'un nombre premier $q \equiv 1 \pmod{p}$, mais non $\pmod{3\,p}$ et tel qu'une certaine expression ne dépendant que de $u = \frac{q-1}{p}$ ne soit pas divisible par q.

D'autre part, M. FURTWÄNGLER [7] avait prouvé qu'un nombre premier q tel que $q \equiv 1 \pmod{p}$, mais non $\pmod{p^2}$, ne peut diviser un des nombres $x, y, z, z-v, x-z, y-x$ (où (x, y, z) est une solution entière de (1) que si p divise le même nombre. Ce théorème permet de déduire du principe de Sophie Germain le résultat suivant qui a l'avantage d'être (du moins dans sa partie essentielle) un „critère à inégalité", comme un autre que j'avais déduit des congruences de KUMMER [8].

Théorème : *S'il existe un nombre premier $q = up+1$, où u est un entier non multiple de 3 et tel que*

(A) $$3^{\frac{u}{4}} < up+1$$

(B) $$2^u \not\equiv 1 \pmod{up+1} \text{ [9]},$$

l'équation (1) *n'a aucune solution entière (x, y, z) telle que $xyz \not\equiv 0$* $\pmod{p}$. *Si l'entier $u \not\equiv 0$* $\pmod 3$) *satisfait à la seule condition* (A), *l'équation* (1) *n'a aucune solution entière (x, y, z) telle que*

$$x\,y\,z\,(z-y)\,(x-z)\,(y-x) \not\equiv 0 \pmod{p}.$$

Démonstration. 1°. Considérons la fonction $3^{\frac{v}{4}} - vw - 1$ des variables réelles v et w. Pour un w fini, c'est une fonction croissante de v si $\frac{\log 3}{4}\,3^{\frac{v}{4}} > w$. Soit $\bar{v}(w)$ une valeur de v (que nous noterons $\bar{v}$ quand il n'y aura pas de confusion possible quant à la valeur de w) telle que $3^{\frac{\bar{v}(w)}{4}} = \bar{v}(w).w + 1$. Soit $v \geq \bar{v}$. Alors $\frac{\log 3}{4}\,3^{\frac{v}{4}} \geq \frac{\log 3}{4}\,3^{\frac{\bar{v}}{4}} = \frac{\log 3}{4}\,(\bar{v}\,w+1) > \frac{\log 3}{4}\,\bar{v}\,w$. Donc, si $\bar{v} \geq \frac{4}{\log 3}$ $3^{\frac{v}{4}} - vw - 1 > 3^{\frac{\bar{v}}{3}} - \bar{v}\,w - 1 = 0$ pour tout $v > \bar{v}$. Donc il ne peut exister dans l'intervalle $\left(\frac{4}{\log 3}, +\infty\right)$ qu'une seule valeur $\bar{v}(w)$ (qui est, d'ailleurs, une fonction continue et différentielle de w, quand

(7) Abh. Wien. Acad.

(8) Voir *C. R.*, 1934.

(9) quand $u \equiv 0 \pmod 4$, cette condition peut être remplacée par une plus faible, savoir la suivante

(B′) $$2^{\frac{u}{2}} \not\equiv -1 \pmod{up+1}$$

elle existe). Et il en existe une sûrement si $3^{\frac{1}{\log 3}} \leq \frac{4}{\log 3} \cdot w + 1$ (parce que $\lim_{v \to +\infty} (3^{\frac{v}{4}} - v\,w - 1)_{w=\text{const}} = +\infty > 0$), c'est-à-dire si $w > \frac{\log 3}{4} (3^{\frac{1}{\log 3}} - 1)$, donc, à fortiori, si $w \geq 1\,(3-1) = 2$. Si $w \geq 2$, on a $3^{\frac{1}{2}} < 5 = 2.2+1 \leq 2\,w + 1$. Donc, si $w \geq 2$, et si $u < \bar{v}(w)$ est entier et pair, on a $3^{\frac{u}{4}} < u\,w + 1$.

On a

$$\left(\frac{\log 3}{4} 3^{\frac{\bar{v}(w)}{4}} - w\right) \bar{v}'(w) - \bar{v}(w) = 0$$

(où $\bar{v}'(w) = \frac{d\,\bar{v}(w)}{dw}$), si $w \geq 2$, $\frac{\log 3}{4} 3^{\frac{\bar{v}(w)}{4}} - w > 0$ et $\bar{v}(w) > 0$.

Donc $\bar{v}(w)$ est dans l'intervalle $(2, +\infty)$, une fonction croissante de w. De plus,

$$\bar{v}'(w) = \frac{\bar{v}(w)}{\left(\frac{\log 3}{4} \bar{v}(w) - 1\right) w + \frac{\log 3}{4}}$$

Donc, si $\bar{v}(w) \geq \frac{8}{\log 3}$, $\bar{v}'(w) < \frac{\bar{v}(w)}{w}$. Donc $\left(\frac{\bar{v}(w)}{w}\right)' = \frac{\bar{v}'(w).w - \bar{v}(w)}{w^2} < 0$, et $\frac{\bar{v}(w)}{w}$ est une fonction décroissante de w. Or $3^{\frac{\log 3}{4}} < 3^2 = 4.2+1 < \frac{8}{\log 3} . 2+1$, donc $\bar{v}(2) > \frac{8}{\log 3}$, et $\frac{\bar{v}(w)}{w}$ est décroissante dans tout l'intervalle $(2, +\infty)$. Puisque $3^{\frac{11}{2}} > 3^5 = 241 = 22.11 + 1$, $\bar{v}(11) < 22$ et, si $w \geq 11$, $\frac{\bar{v}(w)}{w} \leq \frac{\bar{v}(11)}{11} < 2$.

Supposons qu'il existe un nombre premier q de la forme $up+1$, où u est un entier non multiple de 3 satisfaisant à la condition (A). u est certainement pair. Puisque $p > 2$, on doit avoir, en vertu de la condition (A), $u < \bar{v}(p)$. Donc, si $p \geq 11$, on a $\frac{u}{p} < \frac{\bar{v}(p)}{p} \leq \frac{\bar{v}(11)}{11} < 2$, donc $u < 2p$. Donc, puisque $u \equiv 0 \pmod 2$, $u \not\equiv 0 \pmod p$ si $p = 7$. on a $u < \bar{v}(7) < \bar{v}(11) < 22$; donc u ne peut se diviser par $p = 7$ que si $u = 14$. Mais alors $q = up + 1 = 14.7+1 = 99$ n'est pas premier.

Puisque $3^{\frac{16}{4}} = 3^4 = 81 = 16.5+1$, on a $\bar{v}(5) = 16$. Donc, si

$p=5$, $u<16$ et ne peut se diviser par $p=5$ que si $u=10$. Mais alors $q=up+1=10.5+1=51$ n'est pas premier. Enfin, puisque $u\not\equiv 0 \pmod 3$, $u\not\equiv 0 \pmod p$ si $p=3$.

Donc, quelque soit p, $q\not\equiv 1 \pmod{p^2}$. Donc, si (x, y, z) est une solution entière de (1) telle que $xyz\not\equiv 0 \pmod p$, il résulte du théorème cité de M. Furtwängler que q ne divise pas xyz.

2°. Supposons que pour un nombre premier q de la forme $up+1$, où u est un entier non multiple de 3 satisfaisant à la condition (A), la congruence (2) admet une solution non banale. Soit γ une racine primitive $\pmod q$, et soit $\bar{\gamma}=\gamma^p$. Il existe des entiers a_1, a_2, a_3 compris entre 0 (exclu) et $\frac{u}{2}$ (inclu) et des racines carrées de l'unité α_1, α_2, α_3 tels que

$$x\equiv\alpha_1\gamma^{a_1}\ ,\qquad y\equiv\alpha_2\gamma^{a_2}\ ,\qquad z\equiv\alpha_3\gamma^{a_3}\qquad \pmod q$$

Donc, puisque p est impair, on a

$$\alpha_1\bar{\gamma}^{a_1}+\alpha_2\bar{\gamma}^{a_2}+\alpha_3\bar{\gamma}^{a_3}\equiv 0 \qquad \pmod q$$

D'autre part

$$\bar{\gamma}^{\frac{u}{2}}=\gamma^{p\frac{u}{2}}=\gamma^{\frac{q-1}{2}}\equiv\left(\frac{\gamma}{q}\right)=-1 \pmod q.$$

Donc le résultant $R(a_1, a_2, a_3 ; \alpha_1, \alpha_2, \alpha_3)$ des polynomes

$$\alpha_1 t^{a_1}+\alpha_2 t^{a_2}+\alpha_3 t^{a_3} \text{ et } t^{\frac{u}{2}}+1$$

doit être divisible par q. Il est à remarquer que

$$R(a_1, a_2, a_3 ; \alpha_1, \alpha_2, \alpha_3)=\prod_{i=1}^{\frac{u}{2}}(\alpha_1\varepsilon^{(2i-1)a_1}+\alpha_2\varepsilon^{(2i-1)a_2}+\alpha_3\varepsilon^{(2i-1)a_3}),$$

où ε est une racine primitive u-ième de l'unité, n'est pas nul, parce que $u\not\equiv 0 \pmod 3$.

Il faut regarder 4 cas :

1. a_1, a_2, a_3 sont inégaux deux à deux. Alors $R(a_1, a_2, a_3 ; \alpha_1, \alpha_2, \alpha_3)$ peut se mettre sous la forme d'un déterminant d'ordre $\frac{u}{2}$, qui ne diffère que par des signes de certains éléments du circulant dont la première ligne a tous ses éléments sauf les $a_i^{\text{ièmes}}$ $(i=1, 2, 3)$, qui sont égaux aux α_i respectifs, nuls. Donc la somme des carrés des valeurs absolues des éléments d'une ligne quelconque de ce déterminant est

$$|\pm\alpha_1|^2+|\pm\alpha_2|^2+|\pm\alpha_3|^2=1^2+1^2+1^2=1+1+1=3,$$

et, en vertu d'un théorème bien connu de M. Hadamard

$$R(a_1, a_2, a_3 ; \alpha_1, \alpha_2, \alpha_3)\leq(\sqrt{3})^{\frac{u}{2}}=3^{\frac{u}{4}}.$$

Et, puisque, en vertu de la condition (A), $3^{\frac{u}{4}} < up + 1 = q$, on a $0 < R(a_1, a_2, a_3; \alpha_1, \alpha_2, \alpha_3) < q$ et, contrairement à l'hypothèse, q ne divise pas $R(a_1, a_2, a_3; \alpha_1, \alpha_2, \alpha_3)$. Le cas 1 est impossible.

2. $a_i = a_j \neq a_k$; $\alpha_i \neq \alpha_j$ (i, j, k est une permutation de 1, 2, 3). Alors $\alpha_i + \alpha_j = 0$ et $\alpha_1 t^{a_1} + \alpha_2 t^{a_2} + \alpha_3 t^{a_3} = (\alpha_i + \alpha_j) t^{a_i} = \alpha_k t^{a_k} = \alpha_k t^{a_k}$. Donc $R(a_1, a_2, a_3; \alpha_1, \alpha_2, \alpha_3)$ se reduit à ± 1 et ce cas est encore impossible.

3. $a_i = a_j \neq a_k$; $\alpha_i = \alpha_j$. Alors q divise une des expressions $z-y$, $x-z$, $y-x$. Donc, en vertu du théorème de FURTWÄNGLER, $(z-y)(x-z)(y-x) \equiv 0 \pmod p$. Donc, si $xyz(z-y)(x-z)(y-x) \not\equiv 0 \pmod p$, ce cas est impossible.

Si l'on ne fait pas cette supposition, on a $R(a_1, a_2, a_3; \alpha_1, \alpha_2, \alpha_3)$ $= (-1)^{a_k - a_i} (\alpha_k^{\frac{u}{2}} + (-2\alpha_i)^{\frac{u}{2}}) = \pm (2^{\frac{u}{2}} + (-\alpha_i \alpha_k)^{\frac{u}{2}} = \pm (2^{\frac{u}{2}} + (\pm 1)^{\frac{u}{2}})$.

Si $\frac{u}{2}$ est pair, et satisfait, de plus à la condition (B'), on a

$R(a_1, a_2, a_3; \alpha_1, \alpha_2, \alpha_3) = \pm (2^{\frac{u}{2}} + 1) \not\equiv 0 \pmod q$ et le cas 3 est impossible.

Si $\frac{u}{2}$ est impair et satisfait à la condition (B), $R(a_1, a_2, a_3;$ $\alpha_1, \alpha_2, \alpha_3) = \pm (2^{\frac{u}{2}} \pm 1)$ divise $2^u - 1$, et ce dernier nombre n'est pas divisible par q. Donc, le cas 3 est encore impossible.

4. $a_1 = a_2 = a_3$. Alors $\alpha_1 t^{a_1} + \alpha_2 t^{a_2} + \alpha_3 t^{a_3} = (\alpha_1 + \alpha_2 + \alpha_3) t^{a_1}$, c'est-à-dire est $\pm t^{a_1}$ ou $\pm 3 t^{a_1}$. Donc $R(a_1, a_2, a_3; \alpha_1, \alpha_2, \alpha_3)$ est égal à ± 1 ou a $\pm 3^{\frac{u}{2}}$. Comme $p \geq 3$, $q \neq 3$ et $R(a_1, a_2, a_3; \alpha_1, \alpha_2, \alpha_3)$ n'est pas divisible par q. Donc ce cas est aussi impossible, et le théorème est démontré.

R e m a r q u e. A titre de curiosité il est intéressant de regarder quelle serait l'éspérance mathématique du nombre des nombres premiers q de la forme $up + 1$, où u est un entier non multiple de 3 et satisfaisant aux conditions (A) et (B), si l'on suppose que l'espérance mathématique du nombre $\pi_d(x)$ des nombres premiere $\leq x$ d'une progression arithméthique de différence d est donnée par la formule asymptotique $\frac{1}{\varphi(d)} \frac{x}{\log x}$. Voici ce calcul. Les nombres premiers q de cette forme satisfaisant à la seule condition (A) sont manifestement les nombres premiers de deux progressions $u'.3p + p + 1$ $u'.3p + 2p + 1$ ($u' = 0, 1, \ldots \ldots, +\infty$) ne dépassant pas $p.v(p) + 1$. Or, de deux nombres $p+1$ et $2p+1$

un, et un seulement est $\equiv 0 \pmod 3$, parce que $p \not\equiv 0 \pmod 3$. Donc, l'espérance mathématique cherchée est

$$\frac{1}{\varphi(3p)}\,\frac{p.\bar{v}(p)+1}{\log(p.\bar{v}(p)+1)} = \frac{1}{2}\,\frac{p-1}{p}\left(\frac{\bar{v}(p)}{\log\left(3^{\frac{\bar{v}(p)}{4}}\right)} + \frac{1}{p\log(p.\bar{v}(p)+1)}\right) =$$

$$= \frac{1}{2}\,\frac{p}{p-1}\,\frac{4}{\log 3} + \frac{1}{2(p-1)\log(p.\bar{v}(p)+1)}.$$

Or la condition (B) est, manifestement, indépendante de (A); et la probabilité pour qu'elle soit satisfaite, c'est-à-dire pour que 2 ne soit pas le reste de puissance $p^{\text{ième}} \pmod q$, est $\frac{p-1}{p}$. Donc, l'espérance mathématique du nombre des q satisfaisant aux conditions (A) et (B) est

$$\frac{2}{\log 3} + \frac{1}{2p\log(p.\bar{v}(p)+1)}$$

et tend supérieurement vers $\frac{2}{\log 3}$, la différence étant de l'ordre de $\frac{1}{2p\log p}$, quand p augmente indéfiniment. Ce qui montre qu'on pourrait espérer de démontrer le premier cas du théorème de Fermat de cette manière quand la théorie des nombres premiers fera des progrès suffisamment grands.

ERRATA

pag. 47 ligne 18 *il faut lire*: On suppose
pag. 52 dernière ligne de la remarque *il faut lire* $>$ *au lieu de* $<$

Galois

Note de Bruno Poizat

La Théorie de Galois abstraite

Voici une belle tête de turc, ou plutôt, s'il y a du vrai dans l'hypothèse que faisait Krasner sur ses origines ethniques, de khazar, qui fut une des cibles favorites de l'establishment bourbachique, et en particulier de son ami Jean Dieudonné. Quant à lui, Krasner la tenait en haute estime, et elle a eu par ailleurs une influence non négligeable sur la Logique mathématique, ce qui, à vrai dire, ne pouvait guère la réhabiliter aux yeux de ses détracteurs !

Les trois théorèmes fondamentaux

Krasner considère un ensemble de base E et un ensemble X de variables, de cardinal supérieur à celui de E plus un ; un X-point est une application de X dans E , et une X-relation un ensemble de X-points. Sur les relations, on considère comme fondamentales les opérations de conjonctions et de disjonctions infinies, de passage au complément, de projections (correspondant à des quantifications existentielles), et de changements de variables ; un ensemble de relations contenant les diagonales (correspondant à l'égalité) et clos pour les opérations fondamentales est qualifié de corps abstrait. Une permutation σ de E est dite automorphisme de la relation r si elle en permute les points ; on dit aussi que σ préserve r ; le groupe de Galois d'un ensemble R de relations est le groupe de leurs automorphismes communs.

Théorème d'existence. Tout groupe de permutation de E est le groupe des automorphismes d'un ensemble de relations.

Théorème d'équivalence. Les relations préservées par le groupe de Galois de R sont précisément celles du corps abstrait engendré par R .

Théorème d'isomorphie. Toute bijection entre deux corps abstraits, basés respectivement sur E et E', qui commute avec les opérations fondamentales, est induite par une bijection entre E et E' .

De l'aveu même de Krasner, le Théorème d'existence est trivial : considérer la X-relation orbite sous l'action du groupe G d'un X-point surjectif. Les démonstrations qu'il a données du Théorème d'équivalence sont un peu longues ; si G est le groupe de Galois de R , toute relation préservée par G est réunion d'orbites de G ; on commence par exprimer l'orbite d'un point surjectif grâce à une intersection de relations de R, et de négations de relations de R, affectées de changements de variables, puis, à partir de cette dernière, l'orbite d'un point quelconque par projection et intersection avec des diagonales (que Krasner cache parfois dans des « changements de variables généralisés » ; voir [P1]) La démonstration du Théorème d'isomorphie suit la même ligne.

Les tenants et les aboutissants

A l'origine de cette théorie de Galois des relations, il y a bien sûr celle de Galois, où sont permutées les racines d'un polynôme (il n'est pas question d'extensions de corps chez Galois), et sa généralisation par Liouville, Picard et Vessiot aux solutions des équations différentielles. Krasner, dans [113], mentionne aussi le « Programme d'Erlangen » de Klein. Quant à sa postérité, il faut la chercher en Logique mathématique, plus précisément en Théorie des modèles, discipline qui ne s'est développée qu'une dizaine d'années après la parution des premiers articles de Krasner, sans qu'il ait eu une influence directe sur sa fondation. En effet, la Théorie des modèles s'est consituée dans le cadre du langage finitiste du premier ordre, alors que le langage de Krasner, s'il reste du premier ordre, est infinitaire ; on peut, si on veut, considérer Krasner comme un précurseur de la « généralisation » de la Théorie des modèles aux langages infinis. Par exemple, il se trouve que les résultats d'équivalence et d'isomorphie de Krasner sont valables pour les systèmes de relations d'arité finie et de base dénombrable : il s'agit du théorème de [S]. L'étude des « corps abstraits » limités aux relations d'arité finie, rebaptisées « Algèbres de Krasner », de base infinie a été récemment reprise par Ferdinand Börner dans sa thèse [Bö] et ses publications subséquentes. Il faut également comparer la théorie de Krasner avec celle de Sebastião e Silva [Se], qui obtient un théorème d'équivalence dans un cadre assez différent (il en est question dans [62] et surtout dans [84]). En effet, Sebastião e Silva ne considère que des relations d'arité finie, mais il se place dans le cadre de la théorie des types des Principia Mathematica (les objets de type 0 sont les individus ; les objets de type n+1 sont les relations entre objets de type au plus n) : aux opérations booléennes infinitaires, et aux projections, il ajoute des opérateurs du second ordre invariants par permutation de la base, comme « s est une permutation préservant r et envoyant x sur y » ; on comprend qu'il lui est facile d'obtenir les orbites. A strictement parler, l'intersection des trois théorèmes de Krasner avec la Théorie des modèles telle qu'on la conçoit aujourd'hui est assez maigre, car elle se limite aux structures finies. Le Théorème d'équivalence signifie que les structures finies sont homogènes, tandis que le Théorème d'isomorphie, qui caractérise, dans ce cas fini, les isomorphismes entre algèbres de formules (voir les développements de [84] à propos des algèbres cylindriques), signifie tout simplement que deux structures finies et élémentairement équivalentes sont isomorphes : aucun théoricien des modèles contemporain ne considèrera ces deux résultats comme très sophistiqués. Ils ont eu cependant quelques raffinements non dépourvus d'intérêt, comme [J] qui montre que, pour le Théorème d'équivalence, il suffit d'une variable de moins au lieu d'une variable de plus, et la théorie des modèles du langage à nombre fini fixé de variables de [P5]. La Théorie des modèles ne vit pas, comme celle de Krasner, dans une structure fixe, mais se permet, grâce à des extensions élémentaires, d'étendre son domaine d'étude, pour obtenir finalement des structures homogènes et saturées : une tentative de raccorder le point de vue krasnérien à cet aspect dynamique de la Théorie des modèles a été faite dans [P2].

Les structures éliminatives

Ce maigre bilan est compensé par d'autres résultats bien plus substantiels, qui sont présents dès le premier papier [15], et qui, eux, vont avoir une influence directe sur la Théorie des modèles. Krasner doit expliquer pourquoi Galois, au lieu d'avoir à considérer des relations, peut trouver des individus qui ont même groupe d'automorphismes. Pour cela, il introduit tout d'abord ce qu'il appelle la Théorie de Galois ensembliste, ou multiplicative, où l'on ajoute à un corps abstrait un ensemble A d'individus et où l'on décrit les opérations par lesquelles il faut le fermer pour obtenir sa clôture galoisienne. Dans le cas des équations polynomiales, cette clôture est le corps parfait engendré par A. Pour rendre compte de ce fait dans un cadre abstrait, Krasner introduit la notion de Structures éliminatives, satisfaisant les propriétés formelles de l'élimination des inconnues dans les systèmes d'équations polynomiales, qui lui permettent de conduire un gigantesque algorithme d'élimination des quanteurs avant la lettre, esquissé dès [15] et explicité dans [62]. Il est une autre élimination sur laquelle l'influence de Krasner a été déterminante, celles des imaginaires. Si les éléments imaginaires ont été introduits par Shelah, leur élimination est apparue dans [P6] ; cette élimination des imaginaires est un concept si naturel, et si fréquent d'emploi en Théorie des modèles, que rares sont les auteurs qui citent ce papier original. C'est bien l'élimination des imaginaires qui sert de moteur à la Théorie de Galois primitive, et on ne peut qu'inviter le lecteur à relire la démonstration de Galois qui, grâce à une résolvante de Lagrange, remplace une relation entre racines d'une équation par un individu (voir [G], et la deuxième lettre à Ribenboim p. 75).

PREMIÈRE GÉNÉRALISATION : L'ENDOTHÉORIE

Au cours des années 60, Krasner a l'idée de remplacer la notion d'automorphisme par celle d'endomorphisme, et de supprimer la négation des opérations fondamentales ; il obtint sans peine les théorèmes d'existence et d'équivalence correspondants, dont on trouvera quelques généralisations dans [P1]. Quant au théorème d'homomorphie des endocorps abstraits, c'est-à-dire la description des applications entre endocorps abstraits qui commutent avec les opérations fondamentales directes, c'est une version trop optimiste qui a été annoncée à Moscou en 1966 (dans [96]) ; sa forme finale est une krasnérerie de la plus belle eau, combinant un transport de structure et ce que Krasner appelle une norme ; dans ce théorème, [L] a cru déceler des analogues de la séparabilité et de l'inséparabilité. Les opérations fondamentales directes, quand elles sont finies, sont exactement celles que considère la Logique cohérente des théoriciens des modèles catégoristes de Montréal (voir par exemple [MR]) ; elles ont été reprises par la Logique positive de [BP]. Comme en Logique positive on ne considère que des modèles existentiellement clos, dont les endomorphismes sont des automorphismes, cette dernière ne donne pas lieu à une endothéorie, si bien que le Théorème d'isomorphie des endocorps ne correspond (jusqu'à présent ?) à rien de connu en Logique.

DEUXIÈME GÉNÉRALISATION : LA POLYTHÉORIE

L'impulsion de la Polythéorie, généralisation de l'Endothéorie, n'a pas été donnée par Krasner, mais par [BKKR]. Une fonction de E^n dans E est dite polymorphisme de la relation r si c'est un homomorphisme de r^n dans r. Cette notion permet d'obtenir une correspondance galoisienne entre les ensembles de relations closes pour les opérations fondamentales, à l'exception de la négation et de la disjonction, et les familles de fonctions en plusieurs variables contenant les projections et closes par compositions (ces familles sont appelées clones de fonctions, ou algèbres de Post). Cette polythéorie, très utile dans la description des clones, a suscité de nombreux travaux, de Bodnarchuk et de ses co-auteurs, de Rosenberg au Québec, de Pöschel en Allemagne de l'Est, et de bien d'autres encore, dont nous ne citons que les publications les plus caractéristiques. Comme elle n'était formulée à l'origine que dans le cas où l'ensemble de base comme les arités des fonctions étaient finis, il était inévitable qu'elle fût généralisée en [107] par Krasner au cas infini ; elle a reçu divers compléments dans [P4]. Comme j'ai écrit dans [P1] à propos de cette polythéorie de Galois abstraite, « le Ciel nous a préservé d'un théorème d'homomorphie qui lui soit adapté ».

L'article posthume [113, 118], dernière élaboration de Krasner sur sa Théorie de Galois abstraite, en retrace l'histoire, et contient entre autres choses des développements détaillés sur la Théorie multiplicative et le Théorème d'homomorphie de l'Endothéorie.

Nous avons choisi de publier dans ce recueil [62], qui contient un exposé assez complet sur les structures éliminatives.

RÉFÉRENCES

[BP] ITAÏ BEN YAACOV et BRUNO POIZAT, Fondements de la Logique positive, J. Symb. Logic 72 (2007) n° 4, 1141–1162.

[BKKR] V.G. BODNARCHUK, L.A. KALUZHNIN, V.N. KOTOV, et B.A. ROMOV, Théorie de Galois pour les Algèbres de Post (en russe), Kibernetika 5 (1969) n° 3, 1-10 & n° 5, 1-9 ; traduction anglaise : Cybernetics (1969), 243-252 & 531–539.

[Bö] FERDINAND BÖRNER, Krasneralgebren, Habilitationschrift, Universität Postdam, 1999, Logos Verlag, Berlin, 2000.

[G] EVARISTE GALOIS, *Œuvres mathématiques*, Paris, Gauthier-Villars, 1897.

[J] PIERRE-FRANÇOIS JURIE, Une extension de la Théorie de Galois abstraite finitaire, C. R. Acad. Sc. Paris 274 (1973) n° 1, 81–84.

[L] Pierre Lecomte, Essai d'une théorie de Galois des endoextensions, thèse de doctorat d'état, Université de Clermont, 1982.

[MR] Michael Makkai et Gonzalo Reyes, *First-order categorical logic*, Springer, (Lectures Notes in Mathematics, n° 611), 1977.

[P1] Bruno Poizat, Théorie de Galois des relations, C. R. Acad. Sc. Paris 272 (1971) 645–648.

[P2] Bruno Poizat, Théorèmes globaux (de définissabilité), C. R. Acad. Sc. Paris 280 (1975) 845–847.

[P3] Bruno Poizat, Une relation particulièrement rigide, C. R. Acad. Sc. Paris 282 (1976) 671–673.

[P4] Bruno Poizat, Théorie de Galois des algèbres de Post infinitaires, Zeitschrift für Math. Logik Grundlag. Math. 27 (1981) 31–44.

[P5] Bruno Poizat, Deux ou trois choses que je sais de L_n, J. Symb. Logic 47 (1982) 641–658.

[P6] Bruno Poizat, Une théorie de Galois imaginaire, J. Symb. Logic 48 (1983) 1151–1170.

[P7] Bruno Poizat, La Théorie de Galois abstraite, Elefteria – Journal mathématique du séminaire P. Zervos, n° 3, 1985, 86–98.

[PK] R. Pöschel et L.A. Kaluzhnin, *Funktionen- und Relationenalgebren*, Deutscher Verlag Wissench., Berlin, 1979.

[R] Ivo G. Rosenberg, Composition of functions on finite sets, completeness and relations : a short survey, in : *Computer science and Multiple-valued logic*, D.C. Rine ed., North Holland, 1977.

[S] Dana S. Scott, Logic with denumerably long formulas and finite strings of quantifiers, in : *Proc. 1963 Internat. Sympos. Berkeley*, North Holland, 1965, pp. 329–341.

[Se] José Sebastião e Silva, Sugli automorfismi di un sistema matematico qualunque, Pontif. Acad. Scient. Comment. 9 (1945) 327-357 ; traduit en anglais par Franco de Oliveira dans History of Philosophical Logic 6 (1985) 91–116.

[62] *Algèbre et théorie des nombres*, Éd. CNRS, 1950, pp. 163–168

GÉNÉRALISATION ABSTRAITE DE LA THÉORIE DE GALOIS

par Marc KRASNER.

Avant d'aborder une large généralisation abstraite de la théorie de GALOIS, que je vais exposer, je veux mettre ses principaux résultats sous une forme qui me servira de modèle. L'essentiel de la théorie de GALOIS classique peut se présenter comme suit : soient k un corps (commutatif) au sens ordinaire de ce mot, et K un surcorps de k algébrique de degré fini, séparable et galoisien par rapport à k; soit $G_{K/k}$ l'ensemble des *automorphismes* de K/k, c'est-à-dire des permutations σ de K conservant les relations $x+y=z$, $xy=z$ et, pour tout $\alpha \in k$, $x=\alpha$; c'est un groupe de permutations, dit le *groupe de Galois* de K/k; si $A \subseteq K$, soit $G^{(k)}{}_{K/A}$ (on écrira $G_{K/A}$ si $A \supseteq k$) l'ensemble des $\sigma \in G_{K/k}$ qui conservent tout $\alpha \in A$. La théorie de GALOIS répond à deux questions suivantes qu'on appellera le 1er et le 2e *problèmes de* GALOIS: 1° *Quel est l'ensemble des* $\alpha \in K$ *conservés par tous les* $\sigma \in G^{(k)}{}_{K/A}$ La réponse : *C'est le plus petit surcorps de* k *contenant* A, autrement dit *l'ensemble des* $\alpha \in K$ *obtenus à partir des* $\alpha \in k \cup A$ *par les compositions des quatre opérations rationnelles;* 2° *Quels sous-groupes de* $G_{K/k}$ *sont, pour un* $A \subseteq K$ *convenable, de la forme* $G^{(k)}{}_{K/A}$? La réponse : *Ils le sont tous.* Il en résulte la proposition, appelée le *théorème fondamental* de la théorie : *La correspondance* $\bar{K} \to G_{K/\bar{K}}$ *en est une biunivoque entre tous les corps* $\bar{K}$, $k \subseteq \bar{K} \subseteq K$ *et tous les sous-groupes de* $G_{K/k}$.

D'autres théories analogues en ce qui concerne le premier problème de GALOIS ont été construites, telle, pour les équations différentielles linéaires ordinaires, celle de PICARD. Il y a déjà longtemps, j'ai eu l'idée que ces théories ont une origine commune. Effectivement, en 1936, j'ai découvert qu'on peut chercher la véritable origine de la théorie de GALOIS non dans l'algèbre, au sens étroit du mot, mais dans la logique (ou la théorie des ensembles), et qu'on peut construire une «théorie de GALOIS» pour n'importe quel ensemble organisé par n'importe quelles relations. Cette théorie, que j'appelle la *théorie de* GALOIS *abstraite*, est exposée dans mon travail «Une généralisation de la notion de corps», *Journ. d. math. p. et appl.* (1938). J'ai pu l'appliquer à l'étude de certaines classes de structures, et découvrir des «théories de GALOIS» inconnues jusqu'à présent, ainsi que construire par une méthode unique certaines de ces théories déjà connues. Voici l'idée de la théorie abstraite et de ses applications.

Soit E un ensemble et soit U un ensemble auxiliaire de puissance $pU \geq pE$. Toute fonction P, définie sur U et à valeurs $P(u)$, $u \in U$, dans E, sera dite un U-*point de* E. Toute subdivision r des U-points de E en deux classes $D(r)$ et $\bar{D}(r)$ sera dite une *relation dans* E [P sera dit *satisfaire* ou *ne pas satisfaire* à r suivant que $P \in D(r)$ ou $P \in \bar{D}(r)$].

On définit, pour les relations, certaines familles d'opérations, dites *opérations fondamentales*, à savoir :

1° *L'opposition* $r \to \bar{r}$, où $\bar{r}$ est la relation telle que $D(\bar{r}) = \bar{D}(r)$;

2° Les $\bar{U}$-*projections :* si $\bar{U} \subseteq U$, on appelle la $\bar{U}$-*projection* l'opération $r \to r_{\bar{U}}$, où $r_{\bar{U}}$ est la relation (dite la $\bar{U}$-projection de r) telle qu'on a $P \in D(r_{\bar{U}})$ si, et seulement s'il existe un $P' \in D(r)$ tel que les restrictions des P et P′ à $\bar{U}$ coïncident : r est dite *identique* sur $U - \bar{U}$, ou, encore, *ne dépendant que des* $u \in \bar{U}$, si $r = r_{\bar{U}}$;

3° *Les changements généralisés* $^{(\varepsilon)}$ *de noms de variables :* je vais définir, pour faciliter la compréhension, d'abord un cas particulier de ces opérations, les *changements simples de noms de variables*, après quoi je vais en donner une définition générale : soient U_1 et U_2 deux sous-ensembles de U d'une même puissance, et soit ε une application biunivoque de U_1 sur U_2; r étant une relation identique sur $U - U_1$, soit $r^{(\varepsilon)}$ la relation, identique sur $U - U_2$, telle qu'un point P satisfait à $r^{(\varepsilon)}$ si, et seulement s'il existe un point P′ satisfaisant à r, et tel que, pour tout $u \in U_1$, on ait $P(\varepsilon u) = P'(u)$. $r \to r^{(\varepsilon)}$ est dit le *changement simple* $^{(\varepsilon)}$ de noms de variables. Les changements ments généralisés de noms de variables auraient pu se décrire, si l'on voulait se servir d'axiome de Zermelo, comme changements simples, suivis d'une prise du p. g. c. d. (cette opération fondamentale sera définie plus bas) du résultat de ce changement et d'un ensemble de relations particulières $(u_1 = u_2)$ $[u_1, u_2 \in U]$, dites des *égalités*, telles que $P \in (u_1 = u_2)$ si, et seulement si $P(u_1) = P(u_2)$. Mais, comme on n'a besoin de cet axiome à aucun autre endroit de la théorie, je préfère les définir directement. Soient U_1, U_2 deux sous-ensembles de U et soient C_1, C_2 des équivalences dans respectivement

11.

U_1, U_2 telles que les ensembles U_1/C_1 et U_2/C_2 des classes de ces équivalences aient une même puissance. Soit ε une application biunivoque de U_1/C_1 sur U_2/C_2. $\bar{U}$ étant un sous-ensemble de U et $\bar{C}$ étant une équivalence dans $\bar{U}$, une relation r sera dite *compatible avec* $\bar{C}$ si elle est identique sur $U - \bar{U}$ et si, pour les $u \in \bar{U}$, $P(u)$ ne dépend que de la classe $\zeta(u)$ de u suivant $\bar{C}$ quand P satisfait à r. Ainsi, dans ce cas, si P satisfait à r, et si $\zeta \in \bar{U}/\bar{C}$, tous les $P(u)$, $u \in \zeta$, ont une même valeur, qu'on peut noter $P(\zeta)$. Ceci posé, soit r une relation compatible avec l'équivalence C_1 dans U_1. Soit $r^{(\varepsilon)}$ la relation (qui existe et est unique), compatible avec l'équivalence C_2 de U_2 et telle qu'un point P satisfait à $r^{(\varepsilon)}$ si, et seulement s'il existe un point P′, satisfaisant à r et tel que, pourtout $\zeta \in U_1/C_1$, on ait $P(\varepsilon . \zeta) = P'(\zeta)$. $r \to r^{(\varepsilon)}$ s'appelle le *changement généralisé* $^{(\varepsilon)}$ *de noms de variables.*

4° *La prise du p. g. c. d.* [R] *d'un ensemble* R *de relations :* soit R un ensemble de relations dans E. On appelle le *p. g. c. d. de* R la relation [R] telle qu'un point P y satisfait si, et seulement s'il satisfait à toute relation $r \in R$. Autrement dit, on a $D([R]) = \bigcap_{r \in R} D(r)$. On appelle le *p.p.c.m.* de R la relation (R) telle que $D((R)) = \bigcup_{r \in R} D(r)$. $R \to (R)$ est une combinaison de $R \to [R]$ et de $r \to \bar{r}$.

Si U est un ensemble fini et si l'on ne considère que les ensembles R finis de relations $r \in R$, les opérations fondamentales ne sont pas autre chose que certaines opérations du calcul propositionnel restreint (qui engendrent, d'ailleurs, toutes les opérations de ce calcul), à condition d'identifier, comme on le fait habituellement, un prédicat $r(u_1, u_2, \ldots, u_s)$ dont les variables propositionnelles $u_1, u_2, \ldots, u_s$ constituent un sous-ensemble $\bar{U}$ de U, avec le prédicat, dont les variables propositionnelles sont tous les $u \in U$, tel qu'un système de valeurs des $u \in U$ y satisfait, quand les valeurs des $u_1, u_2, \ldots, u_s$ satisfont à $r(u_1, u_2, \ldots, u_s)$ et quelles que soient les valeurs des autres $u \in U$. En effet, avec cette identification, $\bar{r}$ est $\sim r$, $r_{\bar{U}}$, si $\bar{U} = \{u_1, \ldots, u_s\}$ et si $U = \{u_1, \ldots, u_s, u_{s+1} \ldots, u_{s+t}\}$, est $(\exists u_{s+1})(\exists u_{s+2}), \ldots, (\exists u_{s+t}) r$, les changements simples de noms de variables sont les opérations de forme $r(u_{i_1}, u_{i_2}, \ldots, u_{i_s}) \to r(u_{j_1}, u_{j_2}, \ldots, u_{j_s})$, les p.g.c.d. d'un ensemble $R = \{r_1 r_2, \ldots, r_m\}$ de relations est $r_1 \& r_2 \& \ldots \& r_m$.

Un ensemble R de relations dans E est dit *logiquement fermé* s'il est fermé par rapport aux opérations fondamentales. L'intersection d'une famille de tels ensembles l'est encore. R étant un ensemble quelconque de relations, il existe des surensembles de R logiquement fermés (tel l'ensemble de toutes les relations dans E), et l'intersection R_f de tous ces surensembles de R en est dite la *fermeture logique*. Les $r \in R_f$ sont dites *fonctions logiques des* $r \in R$. On appelle *structure dans* E l'ensemble E organisé par un ensemble R de relations dans E. Deux structures $S = (E, R)$ et $S' = (E, R')$ sont dites *équivalentes* ($S \sim S'$) si $R_f = R'_f$. S′ est dite *plus forte* que S, si $R'_f \supseteq R_f$.

Soit μ une application biunivoque de E sur un autre ensemble E′. P étant un U-point de E, on appelle le *transformé par* μ *de* P le U-point $P' = \mu P$ de E′ tel que, pour tout $u \in U$, on ait $P'(u) = \mu . P(u)$. r étant une relation dans E, on appelle sa *transformée par* μ la relation $\mu . r$ dans E′ telle que, pour qu'un point y satisfasse, il faut et il suffit qu'il soit de la forme $\mu . P$, où P satisfait à r. On vérifie aisément que l'application $r \to \mu . r$ est un isomorphisme, par rapport aux opérations fondamentales, de l'ensemble des relations dans E sur celui des relations dans E′. En particulier, si σ est une permutation de E, $r \to \sigma . r$ est un automorphisme de l'ensemble des relations dans E par rapport à ces opérations. Si $r = \sigma r$, on dira que σ *conserve* r.

$S = (E, R)$ étant une structure, l'ensemble des permutations σ de E conservant toute $r \in R$ est un groupe, dit le *groupe de Galois par rapport à la structure* S et noté $G_{E/S}$. J'ai démontré dans mon travail cité (en employant l'axiome de Zermelo, mais on peut s'en passer) que :

1° *Quel que soit le groupe* G *de permutations de* E, *il existe des structures* S *dans* E *telles que* $G_{E/S} = G$ *(loi d'existence)*;

2° *Deux structures* S *et* S′ *dans* E *sont équivalentes si, et seulement si* $G_{E/S} = G_{E/S'}$ *(loi d'équivalence).*

On appelle *corps abstrait* défini par une structure S dans E l'objet K(S) tel que $K(S) = K(S')$ équivaille à $S \sim S'$. Comme $G_{E/S}$ ne dépend, en vertu de la loi d'équivalence, que du corps abstrait K défini par S, il sera aussi noté $G_{E/K}$ et dit le *groupe auquel appartient* K. r est dite une *relation d'un corps abstrait* K s'il existe une structure $S = (E, R)$ définissant K et telle que $r \in R$. 1° et 2° se résument par la *loi de dualité :* $K \to G_{E/K}$ *est une application biunivoque de l'ensemble des corps abstraits de* E *sur celui des groupes de permutations de* E, qui fournit la réponse aux deux « problèmes de Galois » : 1° *Quel est l'ensemble des relations conservées par toute permutation de* E, *qui conserve toutes les relations appartenant à un ensemble donné* R? *C'est l'ensemble des fonctions logiques des* $r \in R$; 2°, *quels groupes de permutations de* E *sont, pour un ensemble convenable* R *de relations dans* E, *des groupes complets de permutations de* E *conservant toute* $r \in R$? *Tout groupe de permutations de* E *l'est.*

En 1945, un jeune mathématicien portugais, M. José SEBASTIÃO E SILVA, a construit, d'une manière indépendante, une théorie analogue à la mienne. Aucune de ces deux théories n'est conséquence de l'autre, et chacune semble aller plus loin que l'autre dans une certaine direction.

Si $e \in E$ et si $u \in U$, on note $(u; e)$ la relation telle qu'un point P y satisfasse si, et seulement si $P(u) = e$; on appelle *domaine de rationalité* d'une structure $S = (E, R)$ et, aussi, du corps abstrait $K = K(S)$, l'ensemble des $e \in E$ conservés par tout $\sigma \in G_{E/S} = G_{E/K}$. C'est l'ensemble des $e \in E$ tels que $(u; e)$ soit une relation de K, autrement dit une fonction logique des $r \in R$. On dit qu'une structure $S' = (E, R')$ est obtenue de $S = (E, R)$ par l'*adjonction d'un* $\bar{E} \subseteq E$ [et que $K' = K(S')$ est obtenu de $K = K(S)$ par l'adjonction de $\bar{E}$] si R' est la réunion de R et de l'ensemble des $(u; e)$, e parcourant $\bar{E}$ et u étant un élément fixe de U. Un corps abstrait K est dit un *corps multiplicitaire* d'une structure S s'il s'obtient par l'adjonction à K(S) d'un $\bar{E} \subseteq E$ convenable. Pour chaque structure S se posent deux problèmes de Galois de la *théorie de Galois multiplicitaire : 1° quels sont les domaines de rationalité des corps multiplicitaires* (qu'on appellera quelquefois, par abus de langage, corps multiplicitaires tout court)? 2° *quels sont les groupes auxquels appartiennent ces corps*? Actuellement, il n'existe aucune méthode générale pour répondre à la deuxième question. Par contre, j'ai découvert une large classe de structures (dites *structures éliminatives*), comprenant les cas classiques, où l'on peut aller loin dans l'étude de la première, et, en particulier, j'ai trouvé des analogues inédits de la théorie de Galois, où on peut y répondre. Je vais donner une idée de structures de cette classe, avant de la définir, sur une légère généralisation de la théorie de Galois classique.

Soient E un corps, au sens ordinaire, algébriquement fermé, dont la caractéristique soit p, et k un sous-corps de E. $+$ et $\times$ étant deux relations dans E tels que $P \in D(+)$ $P \in D(\times)$ équivaillent respectivement aux $P(u_1) + P(u_2) = P(u_3)$, $P(u_1) . P(u_2) = P(u_3)$ (où u_1, u_2, u_3 sont des éléments fixes de U), soit $S_0 = (E, \{+, \times\})$, et soit $S = (E, R)$ la structure obtenue par l'adjonction de k à S_0. Soit $(k) = K(S)$. La théorie de Galois classique (à une légère généralisation près) consiste à déterminer les domaines de rationalité des corps multiplicitaires de S et les groupes, auxquels ils appartiennent. La réponse au premier problème est : *le domaine de rationalité du corps, obtenu par l'adjonction à* (k) *d'un* $\bar{E} \subseteq E$, *est le plus petit surcorps* (au sens ordinaire) *parfait de k contenant* $\bar{E}$. En vertu de la théorie abstraite, ceci équivaut à la proposition : $(u; e)$ *est une fonction logique des* $r \in R$ *et des* $(u; \bar{e})$, $\bar{e} \in \bar{E}$, *si, et seulement s'il existe une puissance* $q = p^s \neq 0$ (on pose $0^0 = 1$) *de* p *telle que* e^q *soit une fonction rationnelle des* $\bar{e} \in \bar{E}$ *à coefficients dans* k. C'est la proposition qu'il faut prouver pour reconstruire la théorie classique à partir de la théorie abstraite. On le fait par une induction transfinie, en admettant l'axiome de Zermelo. On s'aperçoit que, pour cela, on n'a besoin que des propriétés suivantes de polynômes, dues essentiellement à Newton et à Bézout :

1° $\varphi_1, \varphi_2 \ldots, \varphi_m$ *étant des polynômes, à coefficients dans un corps* K, *en variables* $x_1, x_2 \ldots, x_n$, *le système d'équations* $\varphi_1 = \varphi_2 = \ldots = \varphi_m = 0$, *regardé comme une relation dans un surcorps* K' *de* K, *est le p. p. c. m. d'un ensemble de systèmes, dits systèmes canoniques par rapport à la suite* $x_1, x_2 \ldots, x_n$ *dans* K, *qui sont de la forme* $f_1(x_1) = f_2(x_1, x_2) = \ldots = f_i(x_1, x_2 \ldots, x_i) = \ldots = f_n(x_1, x_2 \ldots, x_n) = 0$, *où* $f_i(x_i, x_2 \ldots, x_i)$ *est un polynôme à coefficients dans* K *en* $x_1, x_2 \ldots, x_i$, *qui est identiquement nul s'il ne dépend pas effectivement de* x_i (éliminativité).

2° *Si un système* F^*, *canonique en* $x_1, x_2 \ldots, x_n$ *dans* K, *est un sous-système d'un système* F *de la même forme* (autrement dit, toute solution de F^* dans un surcorps algébriquement fermé K' de K en est une de F), *et si les dernières équations* $f_n(x_1, x_2 \ldots, x_n) = 0$ *et* $f^*(x_1, x_2 \ldots, x_n) = 0$ *de* F *et de* F^* *ont un même degré en* x_n, *le système, obtenu de* F^* *en y remplaçant* $f^*_n = 0$ *par* $f_n = 0$, *équivaut à* F^* (autrement dit, a les mêmes solutions que F^* dans K') [condition minimale].

3° Ψ *étant le p. g. c. d. d'un système* F, *canonique par rapport aux* $x_1, x_2 \ldots, x_n$ *dans* K, *et d'une inégalité* $\psi(x_1, x_2 \ldots, x_n) \neq 0$, *où* $\psi(x_1, x_2 \ldots, x_n)$ *est un polynôme en* $x_1, x_2 \ldots, x_n$ *à coefficients dans* K, Ψ *équivaut au p. p. c. m. des systèmes, dont chacun est d'une des trois formes suivantes : α. système canonique en* $x_1, x_2 \ldots, x_n$ *dans* K; *β. le p. g. c. d. d'un tel système et d'une inégalité* $\psi(x_1, x_2 \ldots, x_{n-1}) \neq 0$, *où* $\psi(x_1, x_2 \ldots, x_{n-1})$ *est un polynôme en* $x_1, x_2, \ldots, x_{n-1}$ *seulement à coefficients dans* K; *γ. le p. g. c. d. d'un système canonique en* $x_1, x_2 \ldots, x_{n-1}$, *dans* K *et de l'inégalité* $\psi(x_1, x_2 \ldots, x_n) \neq 0$ (complémentarité).

4° $f(x_1, x_2 \ldots, x_n)$ étant un polynôme en $x_1, x_2 \ldots, x_n$, appelons un système de valeurs des $x_2 \ldots, x_n$ *régulier pour* f, si, quand on considère f comme un polynôme en x_1 dépendant des $x_2 \ldots, x_n$ comme paramètres, ce système de valeurs des $x_2 \ldots, x_n$ n'annule pas son terme principal. Ceci posé, $f(x_1, x_2 \ldots, x_n)$ *a un seul zéro en* x_1 *pour tout système régulier de valeurs des* $x_2 \ldots, x_n$ *si, et seulement s'il est de la forme* $\varphi(x_2 \ldots, x_n)\, x_1^q + \psi(x_2 \ldots, x_n)$, *où* $q \neq 0$ *est une puissance de* p *et où* $\varphi(x_2 \ldots, x_n)$, $\psi(x_2 \ldots, x_n)$ *sont des polynômes, indépendants de* x_1.

Soit $U_0 = \{u_1, u_2 \ldots, u_n \ldots\}$ un sous-ensemble dénombrable de U, et soit $S = (E, R)$ une structure telle que tout $r \in R$ dépende effectivement seulement d'un sous-ensemble fini $\{u_{i_1}, u_{i_2} \ldots, u_{i_s}\}$ de U_0, c'est-à-dire soit identique sur le complémentaire dans U de cet ensemble (et, en particulier, sur $U\text{-}U_0$). Une telle r sera écrite $r(u_{i_1}, u_{i_2}, \ldots, u_{i_s})$.

Soit R^* l'ensemble des relations $r\,(u_{j_1}, u_{j_2} \ldots, u_{j_s})$ telles que $r\,(u_{i_1}, u_{i_2} \ldots, u_{i_s}) \in R$, autrement dit des relations qu'on obtient des $r \in R$ par les changements $u_{i_m} \longmapsto u_{j_m}$ des noms de variables qui donnent des relations identiques sur $U\text{-}U_0$. Le p. g. c. d. d'un nombre fini de $r \in R^*$ sera dit un *système*. Parmi les systèmes de la forme

$$[\{r_1(u_1, u_2 \ldots, u_n), r_2(u_1, u_2 \ldots, u_n) \ldots, r_m(u_1, u_2 \ldots, u_n)\}]$$

où les $$r_l(u_1, u_2 \ldots, u_n)$$

sont toutes des relations $\in R^*$, dépendant effectivement de u_n et ne dépendant que des $u_1, u_2 \ldots, u_n$, on va choisir une classe de systèmes, qui seront appelés *étages* *canoniques au niveau* u_n dépendant des $u_1, u_2 \ldots, u_{n-1}, u_n$. Ce choix étant fait, on appellera *systèmes canoniques, par rapport à la suite* $u_1, u_2 \ldots, u_n$ de variables, les systèmes qui sont les p. g. c. d.

$$[\{F_1, F_2 \ldots, F_{n-1}, F_n\}] \text{ des } F_1, F_2 \ldots, F_{n-1}, F_n, \text{ où } F_i$$

est un étage canonique au niveau u_i dépendant des $u_1, u_2 \ldots, u_i$. En plus, pour chaque étage canonique F_n au niveau u_n, dépendant des $u_1, u_2 \ldots, u_{n-1}, u_n$, on fixera un système $I_{F_n} = [R_F]$, où R_F est un ensemble des $r \in R^*$ ne dépendant que des $u_1, u_2 \ldots, u_{n-1}$. I_{F_n} sera dit le *système d'irrégularité de* F_n. Une solution $u_1 = e_1, u_2 = e_2 \ldots, u_{n-1} = e_{n-1}, u_n = e_n$ ($e_i \in E$) de F_n, autrement dit la restriction à $\{u_1, u_2 \ldots, u_n\}$ d'un point satisfaisant à F, sera dite *régulière* si $u_1 = e_1, u_2 = e_2 \ldots, u_{n-1} = e_{n-1}$, n'est pas une solution de I_{F_n}. Etant donné deux systèmes

$$F = [\{F_1, F_2 \ldots, F_n\}] \text{ et } F^* = [\{F_1^*, F_2^* \ldots, F_n^*\}]$$

canoniques par rapport à la suite $u_1, u_2 \ldots, u_n$ (F_i et F_i^* sont donc des étages canoniques au niveau u_i), F^* sera dit un *sous-système propre* de F si : 1° toute solution de F^* en est une de F ; 2° il existe des solutions régulières de F_n, qui sont des solutions de F sans être des solutions de F_n^*. Dans le cas classique, les systèmes, choisis comme étages canoniques F_n au niveau u_n se réduisaient à une seule égalité $f(u_1, u_2 \ldots, u_{n-1}, u_n) = 0$, où $f(u_1, u_2 \ldots, u_n)$ était ou bien le polynôme identiquement nul 0, ou bien un polynôme $f(u_1, u_2 \ldots, u_{n-1}, u_n) = a_0(u_1, u_2 \ldots, u_{n-1}) u_n^s + a_1(u_1, u_2 \ldots, u_{n-1}) u_n^{s-1} + \ldots$ dépendant effectivement de u_n [$a_0(u_1, u_2 \ldots, u_{n-1})$ n'est pas identiquement nul]. Dans le premier cas, J_{F_n} est le système contradictoire $1 = 0$, dans le second cas, c'est le système $a_0(u_1, u_2 \ldots, u_{n-1}) = 0$.

Ceci posé, la structure S est dite *éliminative* par rapport au choix considéré des étages canoniques et de leurs systèmes d'irrégularité, si elle satisfait aux conditions suivantes :

I*a*. *Tout système* $F = [\bar{R}]$, *où* $\bar{R} \subseteq R^*$ *est un ensemble fini, tel que tous les* $r \in \bar{R}$ *ne dépendent que des variables* $u_1, u_2 \ldots, u_n$, *est le* p. p. c. m. *d'un ensemble* (pouvant être vide) *des relations ne dépendant que des* $u_1, u_2 \ldots, u_n$, *dont chacune est le p. g. c. d. d'un système canonique par rapport à la suite* $u_1, u_2 \ldots, u_n$, *et d'un ensemble de relations, ne dépendant que des mêmes variables, qui sont des opposés de certaines* $r \in \bar{R}^*$.

I*b*. *Pour tout étage canonique* F_n *au niveau* u_n *ne dépendant que des* $u_1, u_2 \ldots, u_n$, *il existe un système* $R(F_n)$, *ne dépendant que des* $u_1, u_2 \ldots, u_{n-1}$, *dit le résultant de* F_n, *tel que la restriction à* $\{u_1, u_2 \ldots, u_{n-1}\}$ *de toute solution de* F_n *soit une solution de* $R(F_n)$ *et que toute solution de* $R(F_n)$ *ne satisfaisant pas à* I_{F_n} *soit prolongeable en une solution de* F_n. (Dans le cas classique, le résultant $R(F_n)$ de l'étage canonique $F_n : f_n(u_1, u_2 \ldots, u_n) = 0$ est la relation identique $0 = 0$.)

I*c*. *Un étage canonique* F_n *au niveau* u_n *a des solutions régulières, et le système* $F_n^i = [\{F_n, I_{F_n}\}]$ *équivaut au p.p.c.m. de systèmes de la forme* $[\{F'_n, I_{F_n}\}]$, *ou* F'_n *est un étage canonique au niveau* u_n *ayant des solutions régulières dont la restriction à* $\{u_1, u_2 \ldots, u_{n-1}\}$ *soit une solution de* I_{F_n}.

II. Rangeons les variables u_i dans l'ordre inverse $\ldots u_n, u_{n-1} \ldots, u_2, u_1$. Soit $n_1, n_2 \ldots, n_s \ldots$, une suite croissante (au sens large) d'indices entiers positifs, et soit

$$F^{(1)}, F^{(2)} \ldots, F^{(s)} \ldots$$

une suite dénombrable de systèmes telle que $F^{(s)}$ soit un système canonique par rapport à la suite $u_{n_s}, u_{n_s-1} \ldots, u_2, u_1$. Alors, *il est impossible que tout terme* $F^{(s)}$, $s > 1$, *de cette suite soit un sous-système propre du terme précédent* $F^{(s-1)}$ *de cette suite.*

Les conditions I_{a-c} sont dites conditions d'*éliminativité* et la condition II est dite la condition *minimale*.

Une structure éliminative S est dite *régulière* si en plus, elle satisfait à la condition III, dite condition de *complémentarité : le p. g. c. d.* $[\{F, \bar{r}\}]$ *d'un système* F *canonique par rapport à la suite* $u_1, u_2 \ldots, u_n$ *et de l'opposé* $\bar{r}$ *d'une* $r \in R^*$ *ne dépendant que des* $u_1, u_2 \ldots, u_n$ *est le p. p. c. m. d'un ensemble de relations, dont chacune est ou bien un système canonique par rapport à la suite* $u_1, u_2 \ldots, u_n$, *ou bien le p. g. c. d. d'un tel système et de l'opposé* $\bar{r}'$ *d'une* $r' \in R^*$ *ne dépendant que des* $u_1, u_2 \ldots, u_{n-1}$, *ou bien le p. g. c. d. d'un système canonique par rapport à la suite* $u_1, u_2 \ldots, u_{n-1}$, *et de* $\bar{r}_1$.

F étant un étage canonique au niveau u_1, ne dépendant que des $u_1, u_2 \ldots, u_n$, la condition à laquelle doivent satisfaire les valeurs des $u_2, u_3 \ldots, u_n$, pour qu'il existe une et une seule solution de F, pour laquelle ces variables aient les valeurs en question, est, évidemment, une fonction logique r_F des $r(u_1, u_2 \ldots, u_n) \in R^*$ dont F est le p. g. c. d.; bien entendu, $D(r_F)$ peut être vide. Si F satisfait au p. g. c. d. $[\{F, r_F\}]$ des F, r_F, $P(u_1)$ est donc une fonction uniforme des $P(u_2), P(u_3) \ldots, P(u_n)$, soit $\omega_F(P(u_2), P(u_3) \ldots, P(u_n))$. Ainsi, le système F définit sur $\mathfrak{D}(r_F)$ une opération $u_1 = \omega_F(u_2, u_3 \ldots, u_{n+1})$. Il est clair que si $\Phi^{(1)}, \Phi^{(2)} \ldots, \Phi^{(n)}$ sont des étages canoniques au niveau u_1 et si $\omega_{\Phi^{(i)}}(u_2, u_3 \ldots)$ est l'opération, définie de la manière précédente, par $\Phi^{(i)}$, l'opération

$$\omega_F(\omega_{\Phi^{(1)}}(u_{i_{11}}, u_{i_{12}} \ldots), \omega_{\Phi^{(2)}}(u_{i_{21}}, u_{i_{22}} \ldots), \omega_{\Phi^{(n)}}(u_{i_{n1}}, u_{i_{n2}} \ldots))$$

coïncide encore, là, où elle est définie, avec quelque opération de la forme $\omega_\psi(u_{i_{11}}, u_{i_{12}} \ldots, u_{i_{n1}}, u_{i_{n2}}, \ldots)$ [qui est, peut-être, définie sur un ensemble plus grand], où l'étage canonique ψ peut dépendre des valeurs des u_{ij}. Les opérations $\omega_F(u_2 \ldots, u_n)$ sont appelées *opérations de la structure éliminative* S. On considérera aussi comme des opérations « nullitaires » de S les prises des éléments du domaine de rationalité du « corps de base » K(S), c'est-à-dire on se permettra, en composant les opérations de S, de remplacer dans l'expression des $\omega_F(u_1, u_2 \ldots, u_n)$ certaines des $u_1, u_2 \ldots, u_n$ par des constantes appartenant à ce domaine. S étant fixé, un ensemble Ω d'opérations sera dit *engendrer* un autre ensemble Ω^* d'opérations, si, pour toute opération $u_1 = \omega^* (u_2, u_3 \ldots, u_n) \in \Omega^*$ et, pour tout système de valeurs $u_2 = e_2$, $u_3 = e_3 \ldots$, $u_n = e_n$ des variables $u_2, u_3 \ldots, u_n$, pour laquelle cette opération est définie, on peut trouver une opération $u = \bar{\bar{\omega}}^* (u_2, u_3 \ldots, u_n)$, définie pour le même système de valeurs et s'obtenant par une composition réitérée à partir des $\omega \in \Omega$ et des opérations nullitaires de S, telle que $\omega^* (e_2, e_3 \ldots, e_n) = \bar{\omega}^* (e_2, e_3 \ldots, e_n)$. Si $\Omega \subseteq \Omega^*$ engendre Ω^*, Ω est dite une *base* de Ω^*.

On démontre que *si* S *est une structure éliminative régulière, le domaine de rationalité du corps multiplicitaire, obtenu en adjoignant à* K(S) *un* $\bar{E} \subseteq E$, *est le plus petit surensemble de* $\bar{E}$ *fermé par rapport aux opérations de* S; ou, ce qui revient au même, *c'est le plus petit surensemble de* $\bar{E}$ *contenant le domaine de rationalité de* K(S) *et fermé par rapport à une base des opérations de* S. Pour les structures éliminatives non régulières, étudiées jusqu'à présent (structure d'équations différentielles), on a, en général, à la place de la condition de complémentarité, d'autres conditions plus faibles, qui suffisent pour assurer cette proposition dans le cas des $\bar{E}$ finis. Souvent, la détermination des opérations d'une structure éliminative est immédiate, ce qui donne une solution explicite du premier problème de Galois.

Exemples des structures éliminatives régulières :

1° *Théorie de Galois classique :* la base des opérations de S est constituée (comme cela résulte facilement de la forme des étages canoniques et de la propriété 4°) par les opérations $u_1 = u_2 + u_3$, $u_1 = u_2 u_3$, $u_1 = u_2/u_3$ (définie pour $u_3 \neq 0$), $u_1 = \sqrt[p]{u_2}$;

2° *a – théorie de Galois.* — Comme dans la théorie classique, E est un surcorps algébriquement fermé d'un corps (au sens ordinaire) k. Mais l'ensemble R des relations de la structure S = (E, R) de base n'est pas celui de toutes les relations $f(u_1, u_2 \ldots, u_n) = 0$, où f est un polynôme quelconque à coefficients dans k, mais l'ensemble de telles relations où $f = \Sigma c_{i_1, i_2, \ldots, i_n} u_1^{i_1} u_2^{i_2} \ldots u_n^{i_n}$ est un polynôme à coefficients dans k tel que les degrés $i = i_1 + i_2 + \ldots + i_n$ de ses termes non nuls soient tous congrus modulo un entier fixe a. Il se trouve que S est encore un système éliminatif régulier si l'on choisit les étages canoniques et leurs systèmes d'irrégularité comme dans le cas classique. Une base des opérations de ce système est constituée par les opérations $u_1 = u_2 + u_3$, $u_1 = u_2 u_3^a$, $u_1 = u_2 \sqrt[p]{u_3/u_4}$ (définie pour les $u_4 \neq 0$) et, pour tout $\alpha \in k$, $u_1 = \alpha u_2$. Les corps multiplicitaires de ce système sont des ensembles de la forme eK, où K est un surcorps parfait de k au sens ordinaire et où $e^a \in$ K;

3° *Théorie de Galois homogène.* — Sous les mêmes hypothèses sur E et k, on prend comme R l'ensemble des polynômes homogènes à coefficients dans k. La base des opérations est constituée par $u_1 = u_2 + u_3$, $u_1 = u_2 \sqrt[p]{u_3/u_4}$, ($u_4 \neq 0$) et, pour tout $\alpha \in k$, $u_1 = \alpha u_2$. Les corps multiplicitaires sont de la forme eK, où K est un surcorps parfait de k, et où $e \in$ E;

4° *Théorie de Galois dans les corpoïdes.* — Le lecteur se reportera à ma seconde conférence de ce colloque pour la définition des corpoïdes, de leurs corps et groupe, de sous-corpoïdes et des corpoïdes commutatifs sans torsion. Un tel corpoïde $\mathfrak{D}$ est dit *algébriquement fermé,* si son corps l'est et si son groupe est indéfiniment divisible. $\mathfrak{q}$ étant un sous-corpoïde d'un tel corpoïde algébriquement fermé $\mathfrak{D}$, une expression $\Sigma a_{i_1, i_2, \ldots, i_n} u_1^{i_1} u_2^{i_2} \ldots, u_n^{i_n}$ où les $a_{i_1, i_2, \ldots, i_n}$, sont $\in \mathfrak{q}$, est dite un *polynôme* dans $\mathfrak{q}$ s'il est possible de donner aux $u_1, u_2 \ldots, u_n$ des valeurs dans $\mathfrak{D}$ qui rendent les termes de cette expression addibles deux à deux. On prendra E $= \mathfrak{D}$, et on prendra comme R l'ensemble de toutes les relations $f = 0$, où f est un polynôme dans $\mathfrak{q}$. Avec le choix de classes canoniques et de leurs systèmes d'irrégularité analogue à celui du cas classique, S = (E, R) est une structure éliminative régulière, dont la base est constituée par les opérations $u_1 = u_2 + u_3$ (définie pour les u_2, u_3 addibles), $u_1 = u_2 . u_3$, $u_1 = u_2/u_3$, $u_1 = \sqrt[p]{u_2}$ (où p est la caractéristique du corps de $\mathfrak{q}$). Les corps multiplicitaires sont ici les surcorpoïdes parfaits $\mathfrak{q}'$ de $\mathfrak{q}$, c'est-à-dire tels que $\alpha \in \mathfrak{D}$ et $\alpha^p \in \mathfrak{q}'$ entraînent $\alpha \in \mathfrak{q}'$;

5° *Algèbres.* — Soit k un corps au sens ordinaire, et soit A une k-algèbre (de rang fini). $\mathfrak{k}$ étant un surcorps algébriquement fermé de k, soit E le produit tensoriel $A_{\mathfrak{k}}$ de A par $\mathfrak{k}$. Prenons comme R la réunion de l'ensemble des relations $f(u_1, u_2 \ldots, u_n) = 0$, où f est un polynôme non commutatif quelconque en $u_1, u_2 \ldots, u_n$ à coefficients dans k, et de l'ensemble des p. g. c. d. $[\{f = 0, g \neq 0\}]$ des relations $f = 0$, $g \neq 0$, où f, g sont de la même forme sans que f soit identiquement nul. On constate qu'avec un choix convenable des étages canoniques et de leurs systèmes d'irrégularité, S = (E, R) est une structure éliminative régulière, mais la détermination de ses opérations et de leurs bases est un problème difficile, que je n'ai pu résoudre que dans des cas particuliers. Il me paraît vraisemblable qu'une telle structure possède toujours une base, formée d'un nombre fini d'opérations, mais je n'ai pas pu démontrer, jusqu'à présent, cette hypothèse. Elle se vérifie, par exemple, dans le cas, où A est l'algèbre des quaternions. Dans ce cas, la base de S est constituée par six opérations suivantes : l'addition $u_1 = u_2 + u_3$, la multiplication $u_1 = u_2 u_3$ et le passage d'un quaternion u_2 à son conjugué u_2', $u_1 = u_2'$, définies pour tous les quaternions; la division $u_1 = u_2/u_3$ ($u_3 \neq 0$) et l'extraction de la racine $p$ième (où p est la caractéristique de k) $u_1 = \sqrt[p]{u_2}$, définies pour les scalaires seulement; et, enfin, la sixième opération, définie quand u_2 est un vecteur non isotrope, et quand u_3 est une perpendiculaire isotrope à u_2; et le résultat u_1 de cette opération est la perpendiculaire isotrope à u_2 telle que le produit scalaire (u_1, u_3) des u_1, u_3 soit 1 ;

6° *Structures d'équations différentielles.* — Il est à peu près clair ce qu'il faut entendre par ce terme. Ces structures sont éliminatives (pour un choix convenable et simple des étages canoniques), mais non régulières. Leurs opérations ont, en général, comme base les opérations $u_1 = u_2 + u_3$, $u_1 = u_2 u_3$, $u_1 = u_2/u_3$ $(u_3 = 0)$ et la différentiation ou les différentiations partielles.

BIBLIOGRAPHIE.

[1] E. GALOIS. —Œuvres complètes.

[2] M. KRASNER. — Une généralisation de la notion de corps. *Journ. de Math. p. et appl.*, 1938, t. 17, p. 367-385.

[3] M. KRASNER. — Généralisation et analogues de la théorie de Galois. *Comptes rendus du Congrès de 1945 de l'Ass. Fr. p. l'Avancem. d. Sc.*, p. 54-58.

[4] J. S. e SILVA. — Sugli automorfismi di un sistema matematico qualunque. *Commentat. Pontific. Acad. Scient.*, 1945, t. 9, p. 327-353.

Définitionisme

Note de Bruno Poizat

Krasner pensait, d'après les confidences qu'il m'a faites, que le Définitionisme serait reconnu un jour comme sa plus importante contribution à l'avancée de la science. Le moins qu'on puisse dire, c'est qu'il n'a pas réussi à convaincre ses contemporains de cette prémonition ! Son travail sur les fondations des mathématiques a été accueilli avec une perplexité laconique par [G], et une brutale hostilité par [K] ; mais [L], [F], et de façon moins détaillée [C], en ont compris l'intérêt, ont essayé d'en analyser les principes, et d'en évaluer la portée (ou les limites), tout en déplorant l'hermétisme de sa formulation.

Le Définitionisme repose sur deux principes, que Krasner expose longuement dans l'introduction des deux articles ([82, 83], [90]) écrits à son propos : 1. Seuls existent les objets mathématiques qu'on peut nommer (un principe qu'il attribue à Lebesgue dans [82, 83]). 2. Toute formulation des fondements des mathématiques s'appuie sur un préliminaire irréductible, que Krasner appelle « intuition de pluralité » ; cette intuition varie en fonction de la partie des mathématiques qu'on veut fonder.

Considérons pour l'instant le premier principe : tout objet a doit être défini par une propriété $\varphi(x)$ qu'il est le seul à satisfaire ; pour déterminer l'univers mathématique, il suffit donc de donner la liste des formules candidates à être des définitions, et de donner un critère pour décider quelles sont parmi celles-ci les définitions correctes, qui sont satisfaites par un unique objet ; l'univers sera le quotient de la classe des définitions correctes par la relation d'équivalence « $\varphi(x)$ et $\psi(x)$ définissent le même objet », ce qui est équivalent à la correction de $\varphi(x) \wedge \psi(x)$.

On voit que Krasner ne propose pas une nouvelle théorie des ensembles, comme celles, si différentes entre elles, de Zermelo-Fraenkel et de Quine, c'est-à-dire une liste d'énoncés, qu'on espère consistante (le problème se pose surtout pour New Foundations de Quine !) ; en fait, dans son système définitionisme, on ne considère pas d'autres énoncés que ceux qui affirment qu'une définition est correcte, et Krasner postule que tout théorème peut s'exprimer de cette manière.

Krasner ne propose pas une théorie, *il construit un modèle* (ou plutôt un empilement de modèles, comme nous allons le voir) basé sur des formules. La question de la consistance ne se pose donc pas dans le cadre définitioniste, et l'analyse détaillée des paradoxes qui est faite à la fin de [83] constate simplement l'impossibilité de les formuler correctement.

En outre Krasner veut que ce modèle n'ait rien d'arbitraire, c'est-à-dire que le critère de correction des définitions soit imposé par la nature même de la construction ; et il faudra bien sûr vérifier que, dans le modèle finalement construit, à toute définition correcte corresponde un unique objet qui la satisfait.

Il n'est pas besoin d'une très grande expérience en Logique pour comprendre qu'un tel programme ne peut être conduit que si les candidates à être des définitions sont soumises à des restrictions syntaxiques sévères. Krasner introduit ses définitions sous forme d'arbres, avec des gros points et des petits points représentants les quantifications, dont les branches sont étiquetées de symboles divers ; ce formalisme n'est pas pire que celui de Frege, mais ce refus krasnérien de se soumettre aux conventions d'écriture des formules du calcul des prédicats en usage à son époque a beaucoup nui à la compréhension du Définitionisme. De plus, sa reproduction n'a pas fait le bonheur des typographes, et les illustrations des articles de Krasner fourmillent d'erreurs qui rendent incompréhensibles ses commentaires.

De fait, ces arbres correspondent à des formules usuelles qu'on peut définir par induction, dont la structure arborescente est le témoin de rigides contraintes de stratification, comme l'a reconnu dès l'abord [L]. La stratification est dans les formules, pas dans les modèles : les ensembles, ou plutôt les « propriétés », de Krasner, sont susceptibles d'être ou de ne pas être satisfaites par n'importe quel objet (il n'y a pas de types), et toute propriété a un complément.

Pour illustrer le critère de correction, supposons que le langage soit réduit à un symbole de relation binaire $\in$; les formules $\varphi(x)$ traduisant les arbres de Krasner ont la propriété que leur variable x n'apparaît qu'à droite de $\in$, si bien qu'en remplaçant $y \in x$ par un prédicat $X(y)$ on obtient un énoncé $\varphi(X)$ (du langage $\{\in, X\}$). Appelons modèle M une interprétation de $\in$ satisfaisant l'extentionalité ; $\varphi(x)$ est dite correcte pour M si on peut trouver une unique partie A de M satisfaisant $\varphi(X)$; M est dit adéquat si pour chacune de ses formules correctes on peut trouver un unique a de M dont les éléments sont précisément les points de A . On montre alors que tous les modèles adéquats ont les mêmes formules correctes, et qu'il existe un unique modèle adéquat minimal, dont chaque point possède une définition, comme expliqué plus haut.

Ce que je viens de décrire est un fragment du « modèle adéquat minimal de catégorie 0 associé à l'intuition de pluralité kroneckerienne » ; en fait, Krasner a pour symbole primitif non seulement l'appartenance, mais aussi les notions d'individus, de propriétés, de couples (difficile à introduire par l'appartenance en respectant la stratification des formules !) et d'égalité, ainsi qu'un prédicat d'actualité, opposé à la virtualité, qui ici désigne le fini (c'est le sens que Krasner associe à Kronecker : les formules sont finies, ainsi que les propriétés actuelles). La robustesse de la construction fait que, quand on augmente le langage L en un langage L' , le modèle adéquat minimal pour L est une restriction du modèle adéquat minimal pour L' .

Pour l'instant, la postérité scientifique du Définitionisme se réduit à deux articles ; [G2] démontre les résultats annoncés par Krasner, qui n'en a jamais rédigé de preuves complètes, dans le cas particulier du langage réduit à $\in$, sans s'éloigner du cadre krasnérien ; [P2], qui est malheureusement paru après le décès de Krasner, traduit les arbres en formules, expose les principes du Définitionisme et montre ses résultats fondamentaux ; il examine aussi les propriétés et le pouvoir d'expression du modèle adéquat kroneckérien de catégorie 0.

Krasner a bien eu conscience de l'insuffisance de ce modèle ; c'est pour cela qu'il introduit de nouveaux prédicats du genre : « x est un objet de catégorie 0 possèdant une définition de tel ou tel type » ; le modèle adéquat minimal pour ce nouveau langage, qui contient le précédent, est celui de catégorie 1 ; par exemple, si chaque nombre entier figure dans la catégorie 0, leur ensemble n'apparaît qu'en catégorie 1 ; en ré-appliquant la même construction à la catégorie 1, on obtient la catégorie 2, et ainsi de suite : on répète oméga fois (dans le cas kroneckérien) pour obtenir à la limite ce que Krasner considère comme l'univers mathématique associé à l'intuition de pluralité finie. Il y a bien des sortes de types, mais ils sont de nature définitioniste, pas ensembliste : y peut appartenir à un x qui est de catégorie inférieure.

Ce modèle, qui est le seul que Krasner a décrit avec quelques détails, ne rend pas compte des mathématiques de l'infini (actuel !) : pour cela, il faut une intuition de pluralité supérieure à la kroneckérienne, qui interviendra à la fois dans la taille des arbres et la notion d'actualité. A ceux qui trouveront qu'il y a un cercle vicieux à faire appel à une intuition du Continu, et à des formules continupotentes, pour fonder l'Analyse, il convient de rappeler que l'approche krasnérienne des fondements des mathématiques n'est pas de nature axiomatique. Je n'expose pas en détail les idées de Krasner sur la pluralité, l'actualité et la virtualité, car il les a longuement développées dans les introductions de [82, 83] et [90], ainsi que dans un essai, [141], sur l'histoire de ces notions dans la Grèce antique ; on y remarquera une note, p. 104, sur le Définitionisme. On lira aussi ce qu'en dit Krasner dans la deuxième lettre à Ribenboim (ce volume, p. 69).

En effet, cette note, plus brève que [P1], n'a d'autre but que de rendre plus aisée la lecture de l'œuvre de Krasner, et d'inciter à la poursuivre. Nous publions ici des corrections de [90] préparées par Krasner lui-même.

Références

[A] V. Ankov, recension de [90], Referativnyi Zurnal, Matematika, 1967, #4A47.
[C] N. C. A. da Costa, recension de [P2], Math. Reviews 87i :03046.
[D] K. Dürr, recension de [82], Zentralblatt Math. 81 (1959) 242.
[F] Solomon Feferman, recension de [G2], Math. Reviews 55#5430.
[G] P. C. Gilmore, recension de [82], Math. Reviews 19,935a.
[Gl] A. V. Gladkii, recension de [83], Referativnyi Zurnal, Matematika, 1959, #8755 ; traduit en allemand dans Zentralblatt Math. 139 (1968) 6.
[G1] Alan J. Gold, Sur les arbres logiques, thèse de 3e cycle, Clermont, 1969.
[G2] Alan J. Gold, Sur les arbres logiques de M. Krasner, Annales scientifiques de l'Université de Clermont. Mathématiques, 57 (1975) n° 11, 17–72.
[G3] Alan J. Gold, autorefferat de [G2], Zentralblatt Math. 318 (1976) #02058.
[K] Georg Kreisel, recension de [82, 83], J. Symb. Logic 24 (1959) 230–231.
[L] P. Lorenzen, recension de [83], Math. Reviews 21#4911.
[P1] Bruno Poizat, Le Définitionisme, Elefteria – Journal mathématique du séminaire P. Zervos, n° 3, 1985, 86–98.
[P2] Bruno Poizat, A l'Ouest d'Eden, J. Symb. Logic 51 (1986) 795–816.

[90] Annales de la Faculté des Sciences de Clermont 7 (1962) 58–81

Le définitionisme

ERRATA

page	*ligne*	*doit être*	*au lieu de*
59	32	construite	constante
60	26	$E_{P_i}^{u_1,u_2,\ldots u_{s_i}}$	$E_{p_i}^{u_1,u_2,\ldots u_{s_i}}$
60	35	$\{P(u_1, u_2, \ldots, u_{s(P)})\}$	$\{Pu_1, u_2, \ldots, u_{s(P)})\}$
60	46	$\widetilde{w}.P(u_1, u_2, \ldots, u_{s(P)})$	$\widetilde{w}.P, u_1, u_2, \ldots, u_{s(P)})$
60	47	$P(u_1, u_2, \ldots, u_{s(P)})$	$(P, u_1, u_2, \ldots, u_{s(P)})$
60	54	$T_P^{u_1,u_2,\ldots,u_{s(P)}}$	$T^{u_1,u_2,\ldots,u_{s(P)}}$
61	07	$T_P^{u_1,u_2,\ldots,u_{s(P)}}$	$T_p^{u_1,u_2,\ldots,u_{s(P)}}$
61	07	$\overline{\chi} < \chi =$	$\chi < \chi =$
61	18	$E_P^{u_1,u_2,\ldots,u_{s(P)}}$	$E_p^{u_1,u_2,\ldots,u_{s(P)}}$
61	20	$E_P^{u_1,u_2,\ldots,u_{s(P)}}$	$E_p^{u_1,u_2,\ldots,u_{s(P)}}$
61	21	$T_P^{u_1,u_2,\ldots,u_{s(P)}}$	$T_p^{u_1,u_2,\ldots,u_{s(P)}}$
61	22	$E_P^{u_1,u_2,\ldots,u_{s(P)}}$	$E_p^{u_1,u_2,\ldots,u_{s(P)}}$
61	22	$w_{\chi_0}.P(u_1, u_2, \ldots, u_{s(P)})$	$w_{\chi_0}.(P, u_1, u_2, \ldots, u_{s(P)})$
61	24	$T_P^{u_1,u_2,\ldots,u_{s(P)}}$	$T_p^{u_1,u_2,\ldots,u_{s(P)}}$
61	27–24	supprimer	
61	59	au sens de $\underline{\mathrm{I}}$ pourvu	au sens de pourvu
62	02	au sens de $\underline{\mathrm{I}}$ le soit	au sens de soit
62	12	$z_i^* \in$	$z_i \in$
64	16	ordinaux	orinaux
67	60	leur expression formelle	leur
70	01	catégorie 0	catégorie
70	02	catégorie 0	cartegorie 0
70	44	ou bien a possède et b possède	ou bien a possède et le possède
70	45	que a possède et que b possède	que a possède et que le possède

ERRATA

Les figures 3, 6, 9, 10, 11 et 12 de la page 71 doivent être corrigées ainsi :

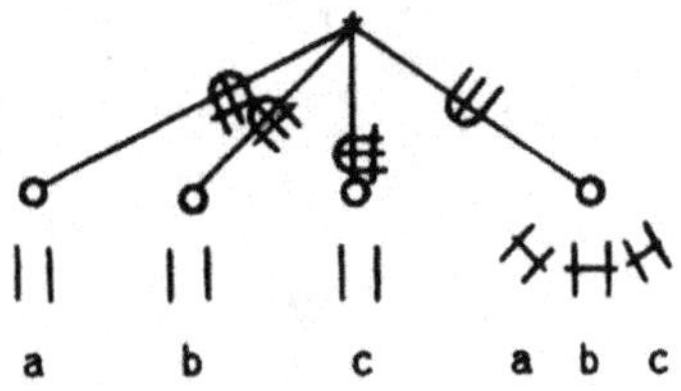

Fig. 3 - Anti-ensemble $\overline{\{a, b, c\}}$.

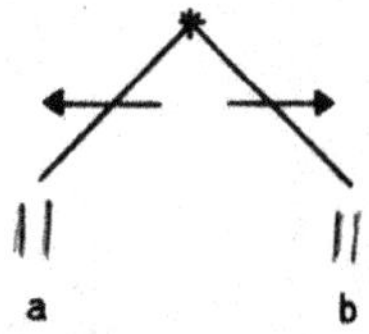

Fig. 6 - Couple (ordonné) (a, b).

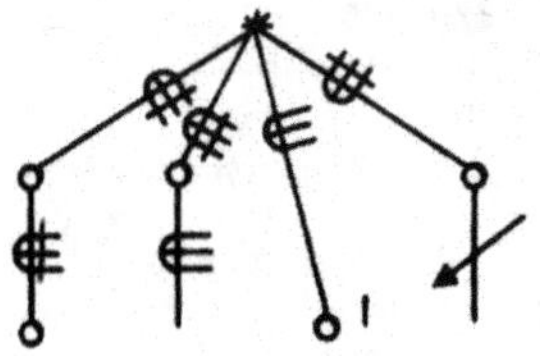

Fig. 9 - Notion d'individu.

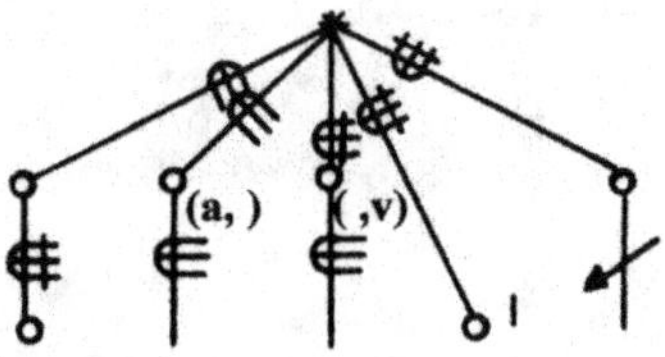

Fig. 10 - Notion d'ensemble (ou de propriété actuelle).

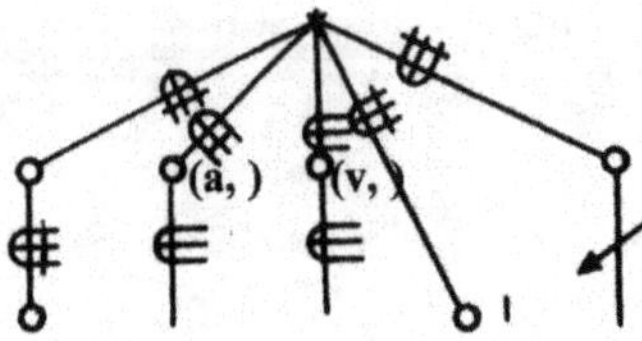

Fig. 11 - Notion de propriété virtuelle.

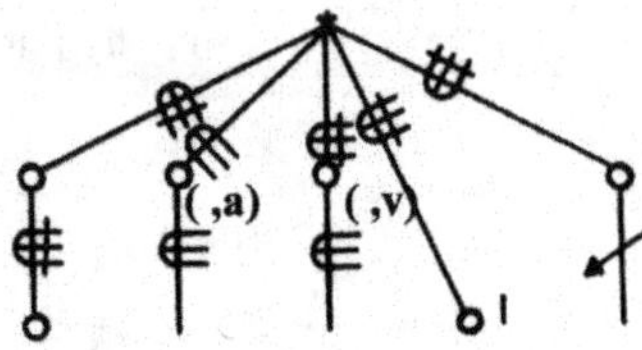

Fig. 12 - Notion d'anti-ensemble.

ERRATA

page	*ligne*	*doit être*	*au lieu de*
72	41	$\underline{Virt}(x) \leftrightarrow Pr(x)$ &	$\underline{Virt}(x) \rightarrow Pr(x)$ &
72	41	$[[y_1 \in x \& \ldots \& y_n \in x] \rightarrow$	$[[y_1 \in x \& \ldots \& y_n \in x \rightarrow$
72	42	$[y_{n+1} \in x$	$(y_{n+1} \in x$
72	42	$y_n \neq y_{n+1}]]]$	$y_n \neq y_{n+1})]]$
72	44	$(\exists I)[\underline{Ind}(x) \leftrightarrow x \in I]$	$(\exists I)[\underline{Ind}(x) \sim x \in I]$
72	44	$\underline{Ind}(x) \vee \underline{Cp}(x) \vee \underline{Prop}(x)$	$\underline{Ind}(I) \vee \underline{Cp}(x) \vee \underline{Prop}(x)$
72	45	ajouter :	
		$\underline{Act}(x) \rightarrow \underline{Pr}(x)\,;\ \underline{Pr}(x) \rightarrow [\underline{Act}(x) \leftrightarrow \neg \underline{Virt}(x)]$	

Remarque : je dis « conditions » et pas « axiomes », car celle des lignes 41–42 concernant $\underline{Virt}(x)$ n'a pas la forme d'un axiome, car le quantificateur $(\forall n)$ ne concerne pas une variable d'objet d'un système prédicatif, mais les entiers standards, saisis par l'intuition de pluralité finie, $n = 1, 2, 3 \ldots$ Pour que cette condition soit vraiment écrite comme un axiome (mais dans le langage dénombrable), il faut remplacer $(\forall n)$ par la conjonction (dénombrable) des conditions qui suivent pour les valeurs 1, 2, 3, ... de n. Comme il s'agit d'une étude métamathématique du système kroneckérien, et pas de formules de ce système, l'emploi des pluralités (et des langages) infinis n'est nullement interdit.

73	12	$\forall_j L_{B'_j}(y)$	$\forall_j L_{B'j}(y)$
73	32	$(\&_i L_{\overline{D}_{ij_i}}(y))$	$\&_i L_{\overline{D}_{ij_i}}(y)$
73	32	$\vee \underline{Ind}(y) \vee \underline{Cp}(y)$	$\vee Ind(y) \vee Cp(y)$
73	33	$K(B) = \{\mathbf{A}(\overline{D}_{1j_1}, \overline{D}_{2j_2}, \ldots, \overline{D}_{sj_s})\} \vee \{Cp, Ind\}$	
			$K(B) = \{\mathbf{A}(D_{1j_1}, \overline{D}_{2j_2}, \ldots, \overline{D}_{sj_s})\} \vee \{Cp, Ind\}$
73	34	$\mathbf{A}(D_{1j_1}, \overline{D}_{2j_2}, \ldots, \overline{D}_{sj_s})$	$—(D_{1j_1}, \overline{D}_{2j_2}, \ldots, \overline{D}_{sj_s})$
73	36	$K(B)$	$\underline{K}(B)$
73	38	$C^{(i)}$	$C^{(2)}$
73	38	$K(B^{(i)})$	$K(B^{(2)})$
73	41	$K(B^{(i)})$	$\underline{K}(B^{(i)})$
74	02	$(., \notin)$-dendrite	$(\bullet, \notin)$-dendrite

ERRATA

page	*ligne*	*doit être*	*au lieu de*
74	19	à un nombre fini d'exceptions près les objets y de M satisfont $\vee_i L_{B_i}(y)$, où B_i parcourt les sous-arbres immédiats de $A\bullet$. Cela signifie que la collection des	à un nombre fini d'exceptions près, la collection des
74	20	où D parcourt $\underline{Inc}(A\bullet)$, est finie, et	où D parcourt $\underline{Inc}(A\bullet)$ et
74	24	$\leq h(A) - 1 < h(A)]$	$\leq h(A) - 1 \leq h(A)]$
74	42	$L_P(x)$	$L_p(x)$
74	55	à $L_P(x)$ et à $L_A(x)$	à $L_p(x)$ et à $L_p(x)$
75	06	catégorie 0	catégorie O
75	20	dont P est une définition-propriété	dont p est une définition-propriété
75	21	$L_P(x)$	$L_p(x)$
76	24	$\neg(\exists x)\{(\forall y)[L_B(y) \rightarrow y \in x]\&(\forall y)[L_{B'}(y) \rightarrow y \notin x]\}$	$(\exists x)\{(\forall y)[L_B(y) \quad y \in x]\&(\forall y)[L_{B'}(y) \quad y \notin x]\}$
76	38	supprimer la ligne	
76	51	$\underline{U}_c$	U_c
77	3	catégorie 0	catégorie O
78	7	catégorie 0	catégorie O
78	17	$\underline{U}_\mu \subset \underline{U}_c$	$U_\mu \subset U_c$
78	18	Max(c, c)	Max $c, c)$
78	23	$\geq c$	$\geq \mu$
78	38	$\underline{Inc}(A)$	$Inc(A)$
78	51	$\vee_{B \in \underline{Inc}(A)} L_B(y)$	$L_A(y)$
80	37	mais ce n'est plus	mais α n'est β plus
80	54	$*^{\neg d_c}$	$\bullet^{\neg d_c}$
81	2	$*^{\neg d_c}$	$^{\neg d_c}$

Analyse ultramétrique

NOTE DE GILLES CHRISTOL

KRASNER ET L'ANALYSE P-ADIQUE

La contribution de Krasner à l'analyse p-adique a été fondamentale. On trouvera dans le livre d'Escassut [E2] un panorama des développements de cette théorie.

Cette contribution est parue sous forme d'un article au Bulletin des sciences mathématiques en 1947 ([50, 51]) et de douze notes aux CRAS (quatre en 1946, [37, 38, 39, 40], trois en 1954, [73, 74, 75] et cinq en 1957, [77, 78, 79, 80, 81]) complétées par trois exposés rédigés : le premier pour un colloque organisé par Krasner lui-même à Clermont-Ferrand en 1964 ([92]), le deuxième pour le séminaire Delange-Pisot-Poitou de 1970 ([136]) et le troisième pour une table ronde organisée à Paris en 1972 ([102]).

L'exposé de 1972, intitulé « Rapport sur le prolongement analytique », est un large survol de toute la théorie, dont il présente l'essentiel des définitions, résultats et démonstrations. En particulier, il traite la théorie à plusieurs variables, sujet non abordé dans les publications précédentes. Il contient aussi des réflexions historiques, relativement objectives, sur les différentes théories de prolongement analytique disponibles en 1962. Par ailleurs, sa rédaction est un reflet fidèle de la manière dont Krasner faisait des mathématiques. Sa lecture est donc le moyen le plus commode pour avoir une vue précise et presque complète de la théorie telle que Krasner la concevait.

La rédaction de ce « rapport » est plus proche de la transcription d'un exposé oral que d'un texte mathématique traditionnel avec une succession de définitions et d'énoncés-démonstrations. La lecture en est fluidifiée mais la recherche d'une définition ou d'un résultat précis n'en est pas facilitée. Pour aider le lecteur nous avons ajouté un sommaire des paragraphes de l'article. Les titres des paragraphes sont de Krasner mais sous forme plus concise, ceux des sous-paragraphes précisent l'ordre des thèmes abordés dans chaque paragraphe. Cependant, la liste des définitions et résultats explicitement cités ou simplement évoqués est très longue et reste à faire.

Le contexte mathématique

Les nombres p-adiques sont nés dans un cadre purement algébrique. Les seules « fonctions analytiques » que l'on y rencontrait étaient les sommes de séries entières et l'ultramétricité interdisait de faire du prolongement analytique comme sur les complexes. Le point de vue analytique semblait donc avoir peu d'intérêt. Construire des fonctions analytiques sur des ensembles plus généraux n'était pas un objectif mobilisateur. Il est difficile de savoir ce qui a poussé Krasner à s'intéresser à cette question. Peut-être le défi de faire du prolongement analytique là où on le savait a priori impossible.

Il est en effet évident que Krasner aimait les défis et, dans ce domaine, il les a multipliés. Au-delà du sujet, un premier défi a été la manière de publier : une suite de douze notes aux Compte Rendus de l'Académie des Sciences. Un autre défi était la façon dont il exposait ses travaux. Les paragraphes I-1.1 et II-1 du « rapport sur le prolongement analytique » rendent assez fidèlement compte de la manière dont il débutait ses exposés. En bon algébriste il commençait par préciser de nombreuses subtilités de notation qu'il n'avait pas souvent le temps d'utiliser dans le temps imparti. Mais surtout il choisissait une terminologie très personnelle en ignorant, la plupart du temps, celle des autres mathématiciens et en particulier celle de la petite communauté des p-adiciens qui commençait à se former.

Tout cela n'a pas favorisé la popularité de cette nouvelle théorie. Pourtant, les éléments analytiques avaient permis à Dwork de généraliser un critère de Borel [23] pour sa démonstration de la première conjecture

23. On trouvera dans [A], théorème 5.3.2, l'énoncé et la démonstration de ce cri-

de Weil (rationalité des fonctions Zéta) ce qui aurait dû attirer l'attention vers ce nouveau domaine. Mais les spécialistes du sujet étaient des (géomètres) algébristes et acceptaient difficilement que l'analyse puisse leur apporter quelque chose. Ils s'efforcèrent, avec succès, de trouver une démonstration purement algébrique des conjectures de Weil et oublièrent la démonstration de Dwork ainsi que les outils qu'elle utilisait.

Pratiquement dès le début, la théorie de Krasner a eu une concurrente à savoir la géométrie analytique rigide de Tate. Cette dernière ayant un grand parfum de géométrie algébrique a achevé de détourner les algébristes de la théorie de Krasner. On trouvera au paragraphe 2 (Introduction) un bref commentaire de Krasner lui-même sur la théorie de Tate. Les relations entre les adeptes des deux théories n'ont pas été conflictuelles essentiellement parce que les deux communautés se sont superbement ignorées[24]. Les deux théories ayant été absorbées dans celle de Berkovich, on ne peut que conseiller au mathématicien intéressé par ces questions de profiter des qualités de chacune des deux et ainsi d'en éviter les inconvénients.

Par contre, la théorie de Motzkin-Robba (voir [ER], pp. 111–220, et [R]), contrairement à ce que pourraient laisser penser les paragraphes 3 (Introduction), II-4.2 et II-4.3, est plus une amélioration de celle de Krasner qu'une théorie concurrente. La distinction, faite en II-4, entre K-quasi-connexes (K comme Krasner, sans rapport avec le corps de base) et R-quasi-connexes (R comme Robba) est restée purement ésotérique.

Pour terminer cette présentation rapide, il faut signaler que l'une des applications les plus remarquables de la théorie de Krasner, la théorie de Nevanlinna p-adique (voir [Bo]), ne doit a priori rien au prolongement analytique et tout à la fonction de valuation d'une série entière, outil créé pour étudier le prolongement analytique. Toutefois, même dans ce contexte, pour étudier les fonctions méromorphes (quotient de deux fonctions analytiques), et notamment la distribution de leurs valeurs, l'introduction des éléments analytiques est un outil indispensable (voir [BO] par exemple).

---

tère. A priori, il semble ne faire intervenir que des fonctions méromorphes, mais la bonne notion est bien celle d'élément analytique comme le montre, par exemple, sa généralisation de Polya-Bertrandias (théorème 5.4.6.)

24. Le lien entre les deux théories a toutefois été fait dans [E1].

Les théories de prolongement

En fait, Krasner a proposé trois théories de prolongement analytique. La plus connue est consacrée aux fonctions d'une variable et, contrairement au cas complexe, conduit à un prolongement qui est toujours une fonction uniforme. Mais Krasner a cherché à étendre sa théorie au cas des fonctions de plusieurs variables et aussi, ce qui est plus original, à construire des prolongements multiformes pour les fonctions d'une variable. Ces généralisations sont beaucoup moins « simples » et intuitives que la théorie classique. Comme il était prévisible, elles ont eu beaucoup moins de succès. Dans les deux situations, l'approche algébrique de l'analyse rigide, ou mieux la théorie de Berkovich, semble mieux adaptée. C'est particulièrement le cas pour le prolongement multiforme et l'introduction de surfaces de Riemann (voir le livre [D] pour une présentation « moderne »). Toutefois, on peut regretter qu'une approche vraiment analytique « à la Krasner » des fonctions de plusieurs variables n'ait pas progressé depuis [R].

Prolongement uniforme des fonctions d'une variable

La théorie « classique » de Krasner doit son succès à ses deux caractéristiques contradictoires : simplicité et généralité.

Les *éléments analytiques* (voir I-2.2), ou limites uniformes de fractions rationnelles, sont, dès leur définition, des objets faciles à appréhender. Ils le deviennent encore plus quand on dispose du théorème dit de *Mittag-Leffler*, avatar de la décomposition en éléments simples. Les *fonctions analytiques* (voir I-3.5) qui sont des objets plus subtils et plus difficiles à manipuler ont d'ailleurs eu nettement moins de succès.

La généralité est celle des ensembles de définition : les éléments analytiques sont définis sur les *quasi-connexes.* A priori les fonctions analytiques semblent définies sur des ouverts encore plus généraux mais cette généralisation n'est qu'apparente (voir I-5.3).

Ceci est à comparer aux ensembles de définition de la géométrie analytique rigide : les affinoïdes. Ceux-ci sont, dans $\mathbf{P}^1$, les complémentaires, d'un nombre *fini* de disques « ouverts » [25]. Les quasi-connexes, quant à eux, peuvent avoir une infinité non dénombrable de « trous » [26]. En fait

25. Eventuellement un disque ouvert centré à l'infini c'est-à-dire le complémentaire d'un disque « fermé ».

26. Toutefois, *l'ensemble d'analycité* d'un élément analytique (resp. d'une fonction analytique), c'est-à-dire l'ensemble maximal sur lequel on peut le (resp. la) prolonger,

Krasner n'a fait que la moitié du chemin en supposant que les trous se trouvent sur un ensemble fini de circonférences. On peut, comme l'ont fait Robba et Escassut dans [ER], considérer des ensembles de définition *infra-connexes* ce qui autorise des trous sur un ensemble dénombrable de circonférences. Toutefois, une difficulté surgit alors : si un infra-connexe a « un T-filtre à plage non vide » ([E2], théorème 38.8, la définition d'un T-filtre $\mathcal{F}$ se trouve page 199 et celle de sa plage $\mathcal{P}(\mathcal{F})$ à la page 19), il ne vérifie plus le principe d'analyticité. D'ailleurs, pour pouvoir faire du recollement, Motzkin et Robba ont considéré des infra-connexes sans T-filtre à plage non vide. On peut donc penser que Krasner s'est limité aux quasi-connexes pour éviter cette complication.

Considérer des quasi-connexes (ou infra-connexes) ayant une infinité de trous, et qui ne sont donc pas des affinoïdes, est parfois indispensable dans les applications. Un exemple classique est celui du disque ouvert de centre 1 et de rayon 1 privé de toutes les racines p^h-ièmes de l'unité pour $h > 0$ (ou plutôt d'un « petit » disque autour de chacune de ces racines de l'unité). Cet ensemble infra-connexe est au cœur de la théorie de Fourier p-adique (introduite par de Mathan et développée par Fresnel et Amice [FE]). Il contient un T-filtre à plage non vide ce qui rend la transformation de Fourier p-adique non injective [G]. Il continue de jouer un rôle fondamental, par exemple comme domaine de définition des équations différentielles associées par la théorie de Berger aux représentations p-adiques non de Rham ([B] théorème 5.19 où tout est caché dans le $\log \pi$), sujet qui reste encore largement à explorer.

Pour le mathématicien qui veut comprendre les finesses de la théorie de Berkovich, il est certainement instructif de regarder les exemples venant de la géométrie rigide et notamment celui des algèbres de Tate. Il est tout aussi instructif, sinon plus, de regarder les algèbres d'éléments analytiques sur des quasi-connexes dont la famille de trous est infinie et présente des propriétés d'accumulation plus ou moins sophistiquées. Le livre [E2] est une mine de tels exemples.

PROLONGEMENT UNIFORME DES FONCTIONS DE PLUSIEURS VARIABLES

Pour les *fonctions de plusieurs variables*, les difficultés surgissent dès le départ. On le constatera en particulier à la lecture du paragraphe II-3.5 du rapport. La simple définition du domaine de convergence d'une

est un *quasi-connexe régulier* c'est-à-dire dont les trous situés sur une circonférence sont contenus dans une union *dénombrable* de classes résiduelles.

série de Taylor de plusieurs variables est déjà délicate. Les changements d'origine munissent cet ensemble de « barbes » fort intrigantes. Il y a là un domaine quasiment inexploré. Signalons cependant qu'un « théorème de Hartog p-adique » démontré par Robba ([R], prop. 7.6), a été utilisé par Gachet [G] pour définir les exposants pour des équations différentielles p-adiques aux dérivées partielles.

PROLONGEMENT MULTIFORME DES FONCTIONS D'UNE VARIABLE

L'idée est de remplacer les fractions rationnelles par des fonctions algébriques. Mais ces dernières, ne serait-ce justement que par leur aspect multiforme, sont difficiles à contrôler. Seul l'exemple de la fonction exponentielle a été considéré (voir [S]). Signalons que l'on sait caractériser, parmi les séries entières convergentes et bornées sur le disque unité, celles qui sont des éléments analytiques c'est-à-dire des limites uniformes de fractions rationnelles, et celles qui sont des éléments algébriques c'est-à-dire des limites uniformes de fonctions algébriques [C]. Mais pour des quasi-connexes un peu plus généraux, on ne sait plus rien faire.

RÉFÉRENCES

[A] Y. AMICE, *Les nombres p-adiques*, Presses universitaires de France, 1975.

[AE] Y. AMICE et A. ESCASSUT, Sur la non injectivité de la transformation de Fourier p-adique, C. R. Acad. Sc. Paris 278 (1974) 583–586.

[B] L. BERGER, Représentations p-adiques et équations différentielles, Invent. Math. 148 (2002) n° 2, 219–284.

[BO] K. BOUSSAF et J. OJEDA, Value distribution of p-adic meromorphic functions, Bull. Belg. Math. Soc. - Simon Stevin 18 (2011) n° 4, 667–678.

[Bo] A. BOUTABAA, Théorie de Nevanlinna p-adique, Manuscripta mathematica 67 (1990) 251–270.

[C] G. CHRISTOL, Fonctions et éléments algébriques, Pac. J. Math. 125 (1986) 1–37.

[D] A. DUCROS, *La structure des courbes analytiques*, webusers.imj-prg.fr/~antoine.ducros/livre.html

[E1] A. ESCASSUT, Algèbres de Banach ultramétriques, algèbres de Krasner et algèbres de Krasner-Tate, *Table ronde d'analyse non archimédienne, Colloque du CNRS (Paris, sept. 1972)*, Bull. Soc. Math. France – Mémoires, n° 39–40, 1974, pp. 39–54.

[E2] A. ESCASSUT, *Analytic elements in p-adic analysis*, World Scientific Pub., 1995.

[ER] A. ESCASSUT et P. ROBBA, *Prolongement analytique et algèbres de Banach ultramétriques*, Astérisque, n° 10, Société Mathématique de France, 1973.

[FM] J. FRESNEL et B. DE MATHAN, Sur la transformation de Fourier p-adique, C. R. Acad. Sc. Paris 277 (1973) 711–714.

[G] F. GACHET, Structure fuchsienne pour des modules différentiels sur une polycouronne ultramétrique, Rend. Semin. Mat. Univ. Padova 102 (1999) 157–218.

[R] P. ROBBA, Prolongement analytique pour les fonctions de plusieurs variables sur un corps valué complet, Bull. Soc. Math. France 101 (1973) 193–217.

[S] M. C. (Sarmant)-Durix, Prolongement de la fonction exponentielle en dehors de son disque de convergence, *Séminaire Delange-Pisot-Poitou.* Théorie des nombres, 8 n° 1 (1966-1967), Exposé N° 1, 12 pages ; Prolongement multiforme des fonctions analytiques dans les corps valués non archimédiens, ibid., 8 n° 2 (1966-1967), Exposé N° 20, 13 pages.

Sommaire du « Rapport sur le prolongement analytique »

N.B. Dans le texte original, seuls les « chapitres » II et III sont nommés explicitement, pas l'Introduction ni le « chapitre » I.

Table Ronde Anal. non archim. (1972, Paris)
Bull. Soc. math. France,
Mémoire 39-40, 1974, 131-254

RAPPORT SUR LE PROLONGEMENT ANALYTIQUE DANS LES CORPS VALUES COMPLETS PAR LA METHODE DES ELEMENTS ANALYTIQUES QUASI-CONNEXES.

M. KRASNER

On sait, depuis la thèse de W. Schöbe (1930), que la méthode de prolongement analytique des séries de Taylor due à Weierstrass est inefficace pour les séries de Taylor f(X) d'une variable X quand les coefficients de la série et les valeurs de la variable sont supposés appartenir à un corps valué (1) complet k. En effet, a étant un point arbitraire du cercle de convergence de f(X), si l'on développe f(X) "autour de a", on obtient une série des puissances de X-a, qui converge sur le même cercle et nulle part en dehors. Ainsi, cette méthode ne permet jamais de sortir du domaine de convergence. Il se trouve que la situation est presque la même pour les séries de Taylor de plusieurs variables. Il n'est pas possible, non plus, si les fonctions analytiques qu'on veut obtenir doivent satisfaire au "principe d'unicité" (autrement dit, que la fonction soit complètement déterminée dans tout domaine (2), où elle existe comme fonction uniforme, par ses valeurs sur un ouvert quelconque de ce domaine aussi petit qu'il soit), de définir ces fonctions par leurs propriétés purement locales, comme leur développabilité, en tout point, en séries de Taylor, car un corps valué k est anti-connexe par rapport à sa topologie (et k^n l'est par rapport à la topologie produit correspondante). Dans ces conditions, on est obligé, pour réaliser le prolongement analytique non trivial, de chercher d'autres méthodes, où les "éléments analytiques", c'est-à-dire les "briques" de prolongement, ne soient pas forcément les séries de Taylor, considérées sur des cercles non-ponctuels (c'est-à-dire non réduits à un seul point), où elles convergent. Mon attention a été attirée, dès 1946, par la méthode de Runge (équivalente, dans le corps complexe, à celle de Weierstrass), où les "éléments analytiques" en question sont des fonctions, partout définies sur certains ouverts connexes caractérisés par Runge (et qui portent son nom), et qui sont les limites uniformes, sur ces domaines, des fractions rationnelles n'y ayant aucun pôle. Bien entendu, les domaines que j'ai défini, dans le même but, dans les corps valués, ne

(1) J'appelle corps valués les corps valués ultramétriques, c'est-à-dire ce que certains appellent corps valués non-archimédiens ;

(2) Dans les corps valués, "domaine" sera synonyme d'"ensemble ouvert".

peuvent pas être connexes, car le corps lui-même ne l'est pas, mais ont, tout de même, certaines propriétés des domaines connexes du corps complexe. C'est pourquoi je les ai appelés ensembles (ou domaines) quasi-connexes. Déjà, en 1946, l'avais envisagé une forme particulière de ces ensembles (3) (cercle ou complément de cercle avec un ensemble au plus dénombrable de trous circulaires circonférenciés satisfaisant à certaines conditions), qui s'expliquait à la fois par la méthode de démonstration (jamais publiée, elle était basée sur le I^{ier} théorème Mittag-Lefflerien, dont je ne connaissais alors qu'une partie assez faible) et par certaines lacunes de mes connaissances d'alors (ignorant la thèse de Schöbe, je ne savais pas démontrer les inégalités de Cauchy pour une série de Laurent, dont le domaine de convergence était réduit à une seule circonférence). C'est en 1952, pendant mon séjour aux Etats-Unis, que j'ai eu l'idée générale des ensembles quasi-connexes et la démonstration correspondante de l'unicité (que j'avais montré, à l'époque, à MM.S.Mac Lane et Wapples, à l'occasion d'une rencontre), publiée en 1954 dans mes Notes (4) des Comptes Rendus En 1957, j'ai publié 4 Notes (5) développant cette théorie, où j'ai prouvé la préservation de l'analyticité quasi-connexe par les opérations rationnelles et par la dérivation. Ces démonstrations m'ont amené à définir certaines classes particulières d'ensembles quasi-connexes, les $D_{a,b}$, les $D^*_{a,b}$ et, surtout, les ensembles quasi-connexes <u>réguliers</u>. Les éléments analytiques <u>réguliers</u>, c'est-à-dire ayant leur support régulier, suffisent, comme j'ai montré, à faire tout prolongement analytique, ce qui permet de prouver que le prolongement quasi-connexe considéré ne fournit que les fonctions globalement uniformes. Ceci permet de parler du domaine maximal d'existence d'une fonction analytique uniforme d'une variable ultramétrique. M.E.Motzkin a donné à ces domaines maximaux d'existence le nom de "domaines d'analyticité". Or, j'ai vu en 1969 que ces domaines d'analyticité coïncident avec les ensembles quasi-connexes réguliers (démonstration esquissée dans (6) ;quelques mois plus tôt, MM.E.Motzkin et P.Robba prouvé (7),mais sans que je le sache, que, dans le complété $\mathfrak{K}_p$ de la clôture algébrique du corps p-adique rationnel $\tilde{Q}_p$, où tout quasi-connexe est régulier, tout ensemble quasi-connexe est un domaine d'analyticité, ce qui est le même résultat pour ce cas particulier). Dans les Notes (5) citées j'ai prouvé, également, deux théorèmes "Mittag-Leffleriens" qui permettent, dans une large mesure, de décrire les formes possibles des singularités des éléments analytiques quasi-connexes et des fonctions analytiques uniformes auxquelles le prolongement quasi-connexe conduit. Cette dernière description

---

(3) voir M. Krasner [1]

(4) voir M. Krasner [2] ,[3],[4]

(5) voir M. Krasner [5] ,[6],[7],[8],[9]

(6) voir M. Krasner [11]

(7) voir E. Motzkin et P. Robba [15]

(publiée plus tard) est basée, également, sur le "théorème des singularités au bord", se trouvant dans les mêmes Notes, qui affirme qu'il n'existe pas de surcercle propre du cercle de convergence d'une série de Taylor dans un corps maximalement complet k tel que cette série puisse être prolongée par la méthode quasi-connexe partout sur ce surcercle. M.Ph. Robba a démontré (en 1969 ou 1970, mais ce résultat n'est publié sous forme non-polycopiée qu'en 1972 dans [(8)]) un théorème "Mittag-Lefflerien" plus général, qui, basé sur une partie de mon premier théorème, englobe mes deux théorèmes comme cas particuliers (et, d'ailleurs, est valable pour les éléments analytiques plus généraux que les quasi-connexes). Ce théorème permet de décrire complètement les singularités possibles des éléments analytiques, mais ne semble guère plus efficace (sauf cas particuliers) que mes deux théorèmes quand il s'agit de décrire celles des fonctions analytiques. La difficulté de ce dernier problème est rendue particulièrement visible par le résultat suivant de M.M.Lazard[(9)]: le corps valué k étant algébriquement clos et maximalement complet et C étant un cercle non circonférencié de k (pouvant être le corps k tout entier), une fonction méromorphe dans C (c'est-à-dire le quotient de deux séries de Taylor convergeant sur C) peut avoir comme singularités un ensemble au plus dénombrable arbitraire $P = \{p_i\ ;\ i < n \leqslant +\infty\}$ de pôles p_i satisfaisant à la seule condition que tout sous-cercle circonférencié de C ne doit contenir qu'un nombre fini des p_i , et, en plus, on peut assigner arbitrairement à chaque p_i la partie principale

$$a_{i,1}\,(X-p_i)^{-1} + a_{i,2}\,(X-p_i)^{-2} + \ldots + a_{i,n_i}\,(X-p_i)^{-n_i}$$

du développement de Laurent de la fonction considérée autour de p_i .

Un exposé plus systématique de cette théorie, complétant sur certains points (mais quelquefois sans démonstration) mes Notes de 1954 et de 1957, a été publié, à l'occasion du Colloque du CNRS "Tendances géométriques en algèbre et théorie des nombres", Clermont-F^{d}, 2-9 avril 1964, dans le receuil de ce Colloque [(10)], où j'ai fait une analyse, mentionnée plus haut, des singularités possibles des fonctions analytiques uniformes d'une variable au sens quasi-connexe, énoncé (avec quelques indications sur la démonstration) que la convergence uniforme sur un quasi-connexe préserve l'analyticité (résultat déjà prouvé pour les éléments analytiques en 1957) et indiqué l'influence sur l'analyticité de la composition des fonctions. Dans le

---

(8) voir P. Robba [17] , p. 122-124.

(9) voir M. Lazard [13]

(10) voir M. Krasner [10], p.47, pp. 127-133.

même travail, j'ai développé une méthode de prolongement multiforme des fonctions d'une variable ultramétrique (qui date, en fait, de 1963), dont les éléments analytiques peuvent être décrits comme éléments algébriques par rapport au corps des fractions de l'anneau des fonctions analytiques sur quelque ensemble quasi-connexe arbitraire. Enfin, vers 1971, j'ai trouvé une généralisation des ensembles quasi-connexes au cas de plusieurs variables (j'en ai parlé au cours de l'année scolaire 1970-1971 dans une conférence, donnée à la Faculté des Sciences de Clermont, mais cette théorie est exposée par écrit pour la première fois dans le présent rapport; d'ailleurs, sa partie au-delà du théorème d'unicité n'a été trouvée qu'en juin 1972, lors de mon voyage en Norvège). Vers la même époque, une autre généralisation de la même notion au cas de plusieurs variables a été trouvée indépendamment par M.Ph. Robba et a été publiée dans sa thèse [(8)]. Bien que, dans le cas de dimension 1, les deux notions coïncident, celle de M. Robba est plus générale, mais semble moins maniable que la mienne. La méthode de M. Robba est exposée dans le complément de ce rapport.

Deux autres théories, liées avec le prolongement analytique, sont apparues plus tard. Vers 1960, est apparue la théorie de Tate, développée ensuite par Grauert, Remmert, Kiehl etc... et vers 1969 celle de Motzkin et Robba (au développement de laquelle a participé aussi Escassut).

La théorie de Tate n'est pas directement une théorie de prolongement analytique, mais une théorie des variétés analytiques, et elle est basée sur les méthodes proches de celles de géométrie algégrique. Elle permet de voir ce qu'on peut obtenir par de telles méthodes. Envisagée du point de vue de prolongement analytique elle apparait, par contre, comme moins générale que la méthode quasi-connexe. Ainsi, dans le cas de dimension 1, elle ne donne que la partie du prolongement qu'on peut obtenir à l'aide des éléments analytiques, qui sont les sommes finies de séries de Laurent de différents centres (en considérant les séries de Taylor comme les séries de Laurent de centre ∞). Par contre, les éléments analytiques les plus simples nécessaires pour effectuer le prolongement analytique quasi-connexe sont ceux de support $D^*_{a,b}$, c'est-à-dire les sommes uniformément convergentes sur le support d'un nombre fini ou d'une infinité dénombrable de séries de Laurent de différents centres, ces centres étant repartis sur un nombre fini de circonférences. Au moment de son apparition, la théorie de Tate avait l'avantage d'être la seule théorie connue pour la dimension > 1, mais actuellement il en est de même pour la théorie quasi-connexe.

Or, il se trouve que le prolongement analytique des fonctions L p-adiques rentre dans la méthode quasi-connexe, mais pas dans celle de Tate. Ainsi, malgré son intérêt de certains points de vue, la méthode de Tate semble insuffisamment générale pour tous les besoins analytiques.

La théorie de Motzkin et Robba part de l'idée suivante, qui a déjà été envisagée, mais sans la développer, par C. Chabauty dans une conversation que j'ai eu avec lui vers 1954 : l'essence de l'analyticité étant l'unicité, il faut, si l'on définit les "briques" servant au prolongement analytique (les "éléments analytiques") comme limites uniformes de fractions rationnelles sur des ouverts convenables, que les ouverts qu'on emploie satisfassent au "principe d'unicité fort": f,f' étant deux éléments analytiques de support non disjoints D,D' , l'égalité f = f' sur quelque ouvert de D ∩ D' doit entraîner la même égalité partout sur D ∩ D'. En particulier, si l'on pose D = D' et f' = 0, on obtient, comme cas particulier, le "principe d'unicité faible" qu'on peut formuler ainsi : si une suite de fractions rationnelles tend uniformément vers 0 sur un ouvert de D elle tend vers 0 partout sur D. Un tel ensemble est dit analytique. Si D et D ∩ D' sont analytiques, visiblement D et D' satisfont au principe d'unicité fort, et, par contre, si D ∩ D' n'est pas analytique ils n'y satisfont pas. Les ensembles quasi-connexes et les éléments analytiques correspondants sont déjà d'une grande généralité et forment une famille d'ensembles analytiques fermée par rapport à l'intersection non vide. Ils ont aussi l'avantage d'avoir une caractérisation géométrique relativement simple et d'être, à cause de cela, assez maniables. Mais on peut chercher la généralité maximale, et chercher à construire la théorie de prolongement analytique basée sur l'emploi de toute la famille des ensembles analytiques, ou, du moins, de ses sous-familles aussi grandes que possible. C'était cela l'idée de Chabauty et, ensuite, de Motzkin et de Robba. Pour la réaliser, il fallait, pour commencer, caractériser géométriquement cette famille. MM. Motzkin et Robba ont trouvé une condition, d'ailleurs très compliquée, d'analyticité, dont ils ont prouvé la suffisance et, dans le cas hétérotypique,(11) la nécéssité, sa nécessité dans les cas homotypique ayant été prouvée plus tard par M. Escassut. Il se trouve que l'intersection non vide de deux ensembles analytiques n'est pas toujours analytique. Ainsi, si l'on veut développer une théorie "localement uniforme" de prolongement analytique, il faut se servir de certaines sous-familles convenables de cette famille, telles que l'intersection non vide de deux ensembles de la famille soit analytique. C'est sur cette base que Robba a construit sa théorie de prolongement analytique. Il a, d'ailleurs, défini explicitement une certaine famille d'ensembles analytiques (famille E), qui a la propriétés voulues et

(11) Un corps valué est dit homotypique ou hétérotypique selon que sa caractéristique et sa caractéristique résiduelle sont égales ou différentes.

est plus grande que celle des ensembles quasi-connexes, mais il n'a donné aucune caractérisation explicite de toutes les familles maximales ayant ces propriétés. Il semble plutôt pessimiste quant à la possibilité de trouver une caractérisation géométrique des ensembles analytiques de dimension > 1.

Si l'on compare la théorie de Motzkin-Robba et la théorie quasi-connexe, on constate que la première a l'avantage d'une plus grande généralité, mais que la seconde est plus simple et plus maniable, en restant encore très générale et en restant suffisante pour toutes les applications actuellement connues. Grace à cela, elle a, pour le moment, un avantage (peut-être durable) qu'on peut y caractériser géométriquement les ensembles d'analyticité (c'est-à-dire les domaines maximaux d'existence des fonctions analytiques uniformes) et généraliser la théorie aux dimensions > 1.

§.1. Le rappel de certains résultats :

Dans tout ce qui suit, les nombres semi-réels constituent une écriture très utile. R° étant la droite réelle fermée (c'est-à-dire comprenant $\pm \infty$) ordonnée par son ordre naturel, et Σ étant l'ensemble $\{-,0,+\}$ ordonné par l'ordre $- < 0 < +$, on appelle droite semi-réelle le produit cartésien $R^\circ \times \Sigma$, d'où l'on exclut, toutefois, les éléments extrêmes $(-\infty,-)$ et $(+\infty,+)$, ordonné par l'ordre lexicographique. On plonge la droite réelle R° dans la droite semi-réelle S par application $r \longrightarrow (r,0)$. S'il n'y a pas de danger de confusion, on écrira r^-,r,r^+ au lieu de $(r,-)$, $(r,0)$, $(r,+)$. Les éléments $\rho = (r, \xi) = r^\xi$ de la droite semi-réelle seront dits nombres semi-réels et $r(\rho) = r$, $\xi(\rho) = \xi$ seront dits respectivement la valeur réelle et l'espèce de ρ . Si A est un sous-ensemble de R° et si a est Inf A ou $\underline{\lim}$ A (resp. Sup A ou $\overline{\lim}$ A) sur R°, les mêmes fonctions (ou fonctionnelles) de A sur S sont a ou a^+ (resp. a^-) selon que ces extrémums ou limites sont ou ne sont pas atteints.

Etant donné un espace métrique (et, en particulier ultramétrique, c'est-à-dire tel, que sa distance satisfait à l'inégalité "ultramétrique"

$d(x,z) \leqslant \mathrm{Max}[d(x,y), d(y,z)]$) E, un $A \subseteq E$ et un $a \in E$, on va appeler respectivement rayon intérieur semi-réel de A par rapport à a, rayon extérieur (ou rayon tout court) semi-réel de A par rapport à a, diamètre semi-réel de A les extrémums, pris sur la droite semi-réelle S, Inf d(a,x), Sup d(a,x), Sup d(x,y), où x, resp. (x,y), parcourt A, resp. A x A. On les désigne respectivement $r_i(a,A)$, $r_e(a,A)$ (ou simplement $r(a,A)$) et $d(A)$. Si E est ultramétrique et si $a \in A$, on a

$r(a,A) = d(A)$ et si (E étant ultramétrique) $d(a,a') < r_i(a,A)$, on a

$r_i(a',A) = r_i(a,A)$.

Si ρ_i, ρ_e sont deux nombres semi-réels tels que $0 \leqslant \rho_i \leqslant \rho_e \leqslant +\infty^-$ (si l'on "projectivise" E en y ajoutant le "point à l'infini" ∞ tel que $d(a,\infty) = d(\infty,a) = +\infty$ pour tout $a \neq \infty$ (évidemment, on pose $d(\infty,\infty) = 0$), on remplacera $+\infty^-$ par $+\infty$), où ρ_i est un nombre semi-réel d'espèce 0 ou + et ρ_e en est un d'espèce 0 ou −, l'ensemble $C(a;\rho_i, \rho_e)$ des $x \in E$ tels que $\rho_i \leqslant d(a,x) \leqslant \rho_e$ sera dit la <u>couronne circulaire</u> de centre a et de rayons ρ_i, ρ_e de E. En particulier, $C(a;\rho) = C(a;0,\rho)$ sera dit le <u>cercle</u> de E de centre a et de rayon ρ et, si $r \in R^0$ est > 0, $S(a;r) = C(a,r,r)$ sera dite la <u>circonférence</u> de E de centre a et de rayon r. Quand on parlera des rayons intérieurs ou extérieurs des couronnes non vides par rapport à leur centre a ou de leur diamètre, on accompagnera ces termes d'adjectif <u>propre</u>.

On connait les propriétés élémentaires des figures dans les espaces ultramétriques, dont certaines serviront dans la suite : si $d(x,y) < d(x,z)$, on a $d(y,z) = d(x,z)$; si $a' \in C(a;\rho)$, on a $C(a';\rho) = C(a;\rho)$; deux cercles non disjoints sont concentriques et un d'eux contient l'autre. Il existe le plus petit cercle C(A) contenant un ensemble non vide A de l'espace et son diamètre propre est d(A). Si C,C' sont deux cercles disjoints, $d(x,x')$, où $x \in C$ et $x' \in C'$ ne dépend pas du choix des c,c'. Si $d(a,a') < r$, on a $S(a,r) = S(a',r)$. Une circonférence $S(a;r)$ de rayon r est une réunion de cercles de rayon r^-, etc...

Soit k un corps valué complet, dont soit $|..|$ la valuation et $\omega(..) = -\mathrm{Log}\,|..|$ l'ordre valuatif (rappelons que k est un espace ultramétrique par rapport à sa distance $d(x,y) = |x-y|$), et soit K une clôture algébrique valuée de k. Considérons une série de Laurent

$$f(X) = \sum a_i X^i \quad (-\infty < i < +\infty \; ; \; a_i \in k)$$

à coefficients dans k.

On va, d'ailleurs, "projectiviser" k (et K) en leur adjoignant l'élément à l'infini ∞ et on posera $k' = k \cup \{\infty\}$ et $K' = K \cup \{\infty\}$. Le domaine de convergence de f(X) dans K' est une couronne circulaire $C(0;\rho,P)$. Si $\rho \leqslant r \leqslant P$, à cause de convergence de f(x) quand $|x| = r$, exite

$$M_f(r) = \mathrm{Max}_i\, |a_i|\, r^i ,$$

qui est, ainsi, une fonction définie sur l'intersection, $[\rho, \mathcal{P}]_{R^o}$ avec R^o du segment semi-réel $[\rho, \mathcal{P}]$. On a toujours $|f(x)| \leqslant M_f(|x|)$ et, si k n'est pas localement compact (en particulier, si $K = k$), on a les inégalités de Cauchy

$$M_f(r) = \operatorname{Sup} |f(x)| ,$$

où $\rho \leqslant r \leqslant \mathcal{P}$ et x parcourt toutes les valeurs $\in$ k telles que $|x| = r$. Si $\pi(f)$ est le polygone de Newton de f(X), on sait que, si $v = -\operatorname{Log} r$,

$$\varphi_f(v) = \operatorname{Min}_i \left[\omega(a_i) + iv \right] = -\operatorname{Log} M_f(r)$$

est l'ordonnée de l'intersection avec l'axe des ordonnées de la tangente L_v de pente $-v$ au polygone de Newton $\pi(f)$ de f(X). De lors, les propriétés bien connues de $\pi(f)$ montrent que si. les L_i sont les côtés de $\pi(f)$ (numérotées convenablement) et si $-v_i$ est la pente de L_i , $\varphi_f(v)$ est continue et linéaire par morceaux, les morceaux étant précisément les segments compris entre deux valeurs v_i consécutives. D'autre part, le lemme de Hensel pour les séries de Laurent montre que les v_i sont les seules valeurs possibles de l'ordre valuatif $\omega(z)$ des zéros z de f(X) dans K (par ailleurs, tout zéro de f dans quelque surcorps de K est déjà contenu dans K), et que les zéros de ces ordres valuatifs existent sauf, quelquefois quand L_i est le premier ou le dernier côté infini de $\pi(f)$. Ainsi, si $v_i = -\operatorname{Log} r_i$, les valeurs r_i , qui forment une suite discrète (finie ou infinie dans une seule direction ou dans les deux) sont les rayons des circonférences de K, où se trouvent (sauf, peut-être, quand ils coïncident avec $r(\rho)$ ou $r(\mathcal{P})$) des zéros de f(X). Ces valeurs r_i , dites exceptionnelles pour f, partagent l'intervalle de convergence

$$[\rho, \mathcal{P}]_{R^o}$$

de f en sous-segments $[r_i , r_{i+1}]$, où $M_f(r)$ se représente par un certain monome fixé en r (qui est la valuation du terme de f(X), qui prédomine dans ce segment), ce monôme étant remplacé par un d'exposant plus grand quand on passe, dans le sens des r croissants, une valeur exceptionnelle, ces deux monômes étant égaux pour cette valeur. Si, dans quelque intervalle non-ponctuel I de $[\rho, \mathcal{P}]_{R^o}$, $M_f(r) = cr^q$, ce monôme représente dans I, donc partout, la valuation d'un terme de f(X), donc, partout sur $[\rho, \mathcal{P}]_{R^o}$ est $\leqslant M_f(r)$. Si f(X) est un polynôme, le nombre des valeurs exceptionnelles, donc "segments de monômialité", est fini. Si a et x sont deux points d'espace ultramétrique, et si y est un point du même espace, y est dit <u>proche de</u> x <u>par rapport à</u> a si $d(x;y) < d(x,a)$. Alors, on montre qu'on a, pour un $x \in k$, $|f(x)| < M_f(|x|)$ si, et seulement s'il existe dans K un zéro z de f, qui est <u>proche de</u> x par rapport à 0 (auquel cas, on dira, par abus de langage, que z est proche de x).

Si $r \in [\rho, P]_{R^o}$ est fixé, $|f|_r = M_f(r)$ est, sauf si $r = 0$ ou $= +\infty$, une valuation de l'anneau Λ_r des séries de Laurent, qui convergent sur la circonférence $S(0,r)$. Elle se prolonge en une valuation

$$|f|_r = M_f(r) = M_g(r) : M_h(r))$$

du corps des fractions μ_r de Λ_r, c'est-à-dire du corps des fonctions, méromorphes sur $S(0,r)$ (on dit qu'une fonction est <u>méromorphe</u> sur une couronne circulaire si elle y est représentable comme quotient de deux séries de Laurent, qui y convergent), $f = g/h$, où g et h sont $\in \Lambda$. Si l'on considère cette fonction à la fois sur le corps $\mu_{\rho, P}$ des fonctions f méromorphes sur $C(0; \rho, P)$ et pour tous les r tels que $\rho \leq r \leq P$ elle satisfait, en plus des axiomes de valuation pour r fixe ($r \neq 0$, $r \neq +\infty$) :

1°) Si $r \neq 0$, $r \neq +\infty$, $M_f(r) = 0$ implique $f = 0$.

2°) $M_{f+g}(r) \leq \text{Max}\ [M_f(r), M_g(r)]$.

3°) $M_{fg}(r) = M_f(r)\ M_g(r)$,

les axiomes suivants qu'on déduit facilement des propriétés énumérées de fonction quand f est une série de Laurent, qui converge sur $C(0; \rho, P)$:

4°) $M_f(r)$, en tant que fonction de r sur $[\rho, P]_{R^o}$, est continue et monomiale par intervalles, les valeurs de r séparant deux intervalles de monomialité contigus étant forcément des rayons des circonférences (de centre 0) de K, où il y a des zéros ou des pôles de f. Si f est une fraction rationnelle, le nombre des intervalles de monomialité est fini.

5°) Soit $]r_1, r_2[$ un sous-intervalle ouvert de $[\rho, P]_{R^o}$ tel qu'il n'existe aucun pôle p de f(X), dont la valuation $|p|$ appartienne à cet intervalle. Alors si I est un sous-intervalle non-ponctuel de $]r_1, r_2[$, où $M_f(r)$ se représente par un monôme cr^q ($c \in R, c > 0, q$ entier), on a, partout sur le segment $[r_1 , r_2]$, $M_f(r) \geqslant cr^q$;

6°) Si k n'est pas localement compact et si $r \in [\rho, \rho]_{R^\circ}$ est tel qu'il n'existe dans K aucun pôle p de f(X) tel que $|p| = r$, on a, sur k,

$$M_f(r) = \mathrm{Sup}_{|x|=r} |f(X)| \quad ;$$

7°) Si $x \in k$ est tel qu'il n'existe aucun pôle p de f(X) dans K, qui soit proche de x par rapport à 0, on a $|f(x)| = M_f(|x|)$.

8°) Soit f(X) une fonction méromorphe sur un cercle $C = C(0; \rho)$ et soit $a \in C$. Alors, $g(X) = f(a+X)$ est méromorphe sur le même cercle et si l'on pose

$$M_f^{(a)}(r) = M_g(r) \;,$$

$r \geqslant |a|$ implique $\quad M_f^{(a)}(r) = M_f(r)$.

Je doit rappeler encore trois résultats.

Théorème de Weierstrass complexiforme. C étant un cercle (resp. une couronne circulaire) d'un corps k, qui n'est pas localement compact et $f_1(X), f_2(X), \ldots, f_i(X), \ldots$ étant une suite de séries de Taylor (resp. de Laurent), toutes définies sur C, qui converge uniformément sur C, sa limite est représentable sur C par une telle série, qui y converge partout.

Existence d'inverse d'une fraction rationnelle. Si une fraction rationnelle f(X) n'a aucun pôle sur un cercle C, elle s'y représente comme somme d'une série de Taylor, qui y converge.

Théorème d'unicité pour les séries de Taylor d'une variable. Si une série de Taylor d'une variable s'annule sur un ensemble ayant un point limite, elle est identiquement nulle.

§.2 - Ensembles quasi-connexes et éléments analytiques.

Soit k un corps valué complet, et soit $k' = k \cup \{\infty\}$ son "projectivisé", obtenu en lui adjoignant l'élément ∞ à l'infini avec les règles habituelles pour les opérations et la distance ($a + \infty = \infty + a = \infty$ si $a \in k$; $\infty + \infty$ n'est pas défini ; $-\infty = \infty$; $a\,\infty = \infty\,a = \infty$ si $a \in k'$ n'est pas 0 ; $\infty\,0$ et $0\,\infty$ ne sont pas définis ; $\infty^{-1} = 0$; $0^{-1} = \infty$; $d(\infty, a) = d(a, \infty) = +\infty$ pour tout $a \in k$; $d(\infty, \infty) = 0$).

Soient E un sous-ensemble de k' et $d = d(E)$. Si $a \in E$, $a \neq \infty$ et si r est réel, soit $c(a,E;r) = \{d(a,x) \; ; \; x \in C(a,r) \mathbin{..} E\}$ (où $A \mathbin{..} B$ désigne le complémentaire de l'ensemble B dans l'ensemble A, ceci sans supposer $B \subseteq A$) l'ensemble des distances de a aux points de $C(a;r)$ n'appartenant pas à E. L'ensemble E est dit ultra-ouvert en a si, pour tout $r \leq d$, $c(a,E;r)$ est fini. Cette condition peut se formuler aussi de deux autres manières suivantes : 1) pour tout $r \leq d$ réel, l'ensemble des $x \notin E$ tels que $d(a,x) \leq r$ est contenu dans la réunion d'un ensemble fini de circonférences de centre a ; 2) pour tout $b \in E$, l'ensemble des $x \notin E$ tels que $d(a,x) \leq d(a,b)$ est contenu dans la réunion d'un ensemble fini de circonférences de centre a.

On va appeler valeurs exceptionnelles d'un $E \subseteq k'$ par rapport à un $a \in E$, $a \neq \infty$, les nombres réels positifs (y compris, éventuellement, $+\infty$) r tels que la circonférence $S(a;r)$ de k' ne soit pas disjointe avec le complémentaire de E. On peut encore dire que E est ultra-ouvert en $a \in E$, $a \neq \infty$, si, et seulement si ou bien l'ensemble des valeurs exceptionnelles de E par rapport à a, qui sont $\leq d = d(E)$, est fini (et ceci obligatoirement si d est réel), ou bien des valeurs forment une suite croissante, qui tend vers d sur la droite semi-réelle (donc vers $r(d)$, mais sans atteindre cette limite, sur la droite réelle). On peut donc, dans ce cas, numéroter comme suit la suite croissante (finie ou infinie) de ces valeurs : $r_1^{(a)} < r_2^{(a)} < \ldots \quad \ldots < r_n^{(a)} < \ldots$ $(n < N \leq +\infty)$. Si $d > 0$, autrement dit si E contient au moins deux points, on a $E \supseteq C(a;r_1^{(a)-})$, et a est un point intérieur de E.

E est dit quasi-connexe s'il contient au moins deux points et est ultra-ouvert en tout $a \in E$ tel que $a \neq \infty$. En vertu de la remarque qui précède, tout ensemble quasi-connexe est ouvert. Si k est discrètemebt valué l'inverse est aussi vrai, mais si k est à valuation dense, les ensembles quasi-connexes ne forment qu'une classe très particulière d'ensembles ouverts.

On démontre (12) que la famille des ensembles quasi-connexes d'un corps k possède les propriétés suivantes : 1) L'intersection de deux (et, par suite, d'un nombre fini) d'ensembles quasi-connexes l'est encore ; 2) La réunion d'une famille enchaînée (13) d'ensembles quasi-connexes l'est encore; 3) La transformée $\sigma.E$ d'un ensemble quasi-connexe $E \subset k'$ par une homographie non singulière σ : $x \longrightarrow \sigma.x = (ax + b)/(cx + d)$ $\left(\det\begin{pmatrix} a & b \\ c & d \end{pmatrix} \neq 0\right)$ est quasi-connexe.

Si $E \subsetneq k'$ est quasi-connexe, et si k est algébriquement clos, une fonction $f : E \longrightarrow k$ est dite un élément analytique de k de support E s'il existe une suite

$$f_1 , f_2 ,\ldots \ldots, f_i ,\ldots$$

de fractions rationnelles (d'une variable X) $f_i \in k(X)$ sans pôles dans E, qui converge vers f uniformément sur E. Toute suite de cette sorte sera dite une suite approximante de f sur E.

§.3 - Fonctions $M_f(r)$ d'un élément analytique f. Théorème d'unicité.

Supposant k complet et algébriquement clos, soient f un élément analytique de support $E \subsetneq k'$ tel que $0 \in E$ et $f_1 , f_2 ,\ldots , f_i ,\ldots$ une suite approximante de f sur E. Comme chaque f_i est une fraction rationnelle, $M(r)_i = M_{f_i}(r)$ est définie sur toute la demi-droite réelle non-négative $R_+ = [0,+\infty^-]_{R^o}$ (et même pour $r = +\infty$ si ∞ n'est pas un pôle de f_i), et il n'y a, pour cette fonction , qu'un nombre fini de valeurs exceptionnelles. C'est donc une fonction continue et n'ayant qu'un nombre fini d'intervalles de monomialité. En plus, pour tout $r \in R_+$ fixé $|f|_r = M_f(r)$ est une valuation du corps k(X) des fractions rationnelles de X sur k. Donc, en considérant le triangle $(0,f_i , f_j)$ de ce corps, et en posant $M(r)_{i,j} = M_{f_i - f_j}(r)$, on a $|M(r)_i - M(r)_j| \leq M(r)_{i,j}$ et $M(r)_i = M(r)_j$ si $M(r)_{i,j} < M(r)_i$.

---

(12) Voir M. Krasner [2] .

(13) Une suite d'ensembles $E = E_o , E_1 ,\ldots , E_s = E'$ est dite une chaîne entre E et E' (ou reliant E à E') si ses deux termes consécutifs quelconques sont non disjoints : $E_{i-1} \cap E_i \neq \emptyset$. Une famille F d'ensembles est dite enchaînée si, pour tous couple des E, E' $\in$ F, existe une sous-famille de F, qui, convenablement ordonnée, constitue une chaîne reliant E à E'.

Soit $d = d(E)$. Les $M(r)_i$ (et aussi les $M(r)_{i,j}$) sont toutes définies sur $[0,d]_{R^o}$. Puisque les f_i convergent uniformément vers f sur E, il existe, pour tout nombre réel $\varepsilon > 0$, un indice $i(\varepsilon)$ tel que $i \geqslant i(\varepsilon)$ et $j \geqslant i(\varepsilon)$ impliquent, pour tout $x \in E$, $|f_i(x) - f_j(x)| \leqslant \varepsilon$. Si $r \in [0,d]_{R^o}$ n'est pas une valeur exceptionnelle de E par rapport à 0, on a $S(0;r) \subseteq E$, donc il n'y a aucun pôle de $f_i - f_j$ sur cette circonférence et, sous l'hypothèse précédente, cette fonction est $\leqslant \varepsilon$ en tout son point x. Donc, en vertu de la propriété 6°) de $M_f(r)$, on a $M(r)_{i,j} = \mathrm{Sup}_{x \in S(0;r)}|f_i(x)-f_j(x)| \leqslant \varepsilon$. Comme cette fonction de r est continue et comme les valeurs exceptionnelles de E par rapport à 0 sont dans l'adhérence de l'ensemble des valeurs non exceptionnelles, cette inégalité est vraie pour tout $r \in [0,d]_{R^o}$. Donc, la suite des $M(r)_i$, converge uniformément sur cet intervalle de la droite réelle complète R^o, et sa limite, qui sera notée $M_f(r)$, y est une fonction continue. Cette fonction ne dépend pas du choix de la suite approximante.

Soit $r \in [0,d]_{R^o}$ tel que $M_f(r) > \varepsilon > 0$. Il existe un $j \geqslant i(\varepsilon)$ tel que $M(r)_j > \varepsilon$. De lors, si $i \geqslant i(\varepsilon)$, on a $M(r)_{i,j} \leqslant \varepsilon < M(r)_j$, d'où résulte, pour tout $i \geqslant i(\varepsilon)$, $M(r)_i = M(r)_j = \lim_i M(r)_i = M(r)$. Ainsi, <u>si</u> $M_f(r) > \varepsilon > 0$, <u>on a</u>, <u>pour tout</u> $i \geqslant i(\varepsilon)$, $M(r)_i = M_f(r)$.

Si f est un élément analytique quelconque de k et si E est son support, soit a un point arbitraire de E ; le changement des variables $X = X' + a$ transforme $f(X)$ en un élément analytique $f'(X') = f(X' + a)$ (il suffit, en effet pour obtenir une suite approximante de $f'(X')$ d'appliquer la même transformation aux termes, de celle de $f(X)$) de support $E' = E - a$ tel que $0 = a - a \in E'$. Posons $M^{(a)}(r) = M_{f'}(r)$.

Démontrons que la fonction $M_f(r)$ d'un élément analytique f (dont le support contient 0) a les propriétés analogues à celles de la fonction de même nom quand f est une fonction méromorphe sur une couronne circulaire. Autrement dit montrons :

1°) Si $M_f(r)$ n'est pas identiquement nulle sur $[0,d]_{R^o}$, $M_f(r) = 0$ implique que $r = 0$ ou $r = +\infty$.

2°) Si f,g et f+g sont des éléments analytiques d'un support E, on a $M_{f+g}(r) \leq \mathrm{Max}\,[M_f(r), M_g(r)]$.

3°) Si f,g et fg sont des éléments analytiques d'un support E, on a

$$M_{fg}(r) = M_f(r)\, M_g(r).$$

4°) $M_f(r)$ est continue et monomiale par intervalles sur $[0,d]_{R^\circ}$. L'ensemble des $r \in [0,d]_{R^\circ}$ tels que $M_f(r) > \varepsilon > 0$, où ε est fixé, est contenu dans la réunion d'un nombre fini d'intervalles de monomialité.

5°) Si r_1, $r_2 \in [0,d]_{R^\circ}$ sont tels que $0 < r_1 < r_2 < +\infty$ et qu'il n'y ait aucune valeur exceptionnelle du support E de f par rapport à 0 dans l'intervalle ouvert $]r_1, r_2[$, et si I est un sous-intervalle non-ponctuel de $]r_1, r_2[$ tel que, pour tout $r \in I$, on ait $M_f(r) = cr^q$ ($c \in R$, $c > 0$, $q \in Z$), on a, pour tout $r \in [r_1, r_2]$, $M_f(r) \geqslant cr^q$.

6°) Si $r \in [0,d]_{R^\circ}$ n'est pas une valeur exceptionnelle par rapport à 0, on a $M_f(r) = \operatorname{Sup}_{|x|=r} |f(x)|$.

7°) Si $x \in E$ n'admet aucun point $p \notin E$, qui en soit proche par rapport à 0, on a $|f(x)| \leqslant M_f(|x|)$.

8°) Si a,b sont $\in E$ et si $d(a,b) \leqslant r \leqslant d$, on a $M_f^{(a)}(r) = M_f^{(b)}(r)$ (en particulier, si $0 \in E$ et si $|a| \leqslant r \leqslant d$, on a $M_f^{(a)}(r) = M_f(r)$).

Remarque : En appliquant 6°, 7° et 8° à f(X+a), on trouve :

7°') Si $r \in [0,d]_{R^\circ}$ n'est pas une valeur exceptionnelle par rapport à a, on a $M_f^{(a)}(r) = \operatorname{Sup}_{d(x,a) = r} |f(x)|$.

8°') Si $x \in E$ n'admet aucun $p \notin E$, qui lui soit proche par rapport à a (un tel x sera dit bien situé par rapport à a), on a $|f(x)| \leqslant M_f^{(a)}(d(x,a))$.

Démonstration. Si f_i, g_i sont des suites approximantes de resp. f,g,$f_i + g_i$ et $f_i\, g_i$ convergent respectivement vers f+g, fg, dont $f_i + g_i$ uniformément. Bien que la convergence de $f_i\, g_i$ vers fg peut ne pas être uniforme sur E, on peut montrer assez facilement qu'elle l'est sur $S(0;r)$ quand $r \in [0,d]_{R^o}$ n'est pas une valeur exceptionnelle par rapport à 0. Par passage à la limite il en résulte la propriété 2°) et, pour r non exceptionnels, la propriété 3°). On étend 3°) aux valeurs exceptionnelles en se servant de la continuité de $M_f(r)$ des fractions rationnelles et des éléments analytiques, et de ce que, pour tout élément analytique f et pour tout r, $M_f(r) > 0$ implique son égalité à partir d'un certain rang, avec la fonction $M(r)_i$ de terme f_i d'une suite approximante (fixée) de f.

De $M_f(r) = M(r)_i$ pour $i \geq i(\varepsilon')$ si $M_f(r) \geq \varepsilon > \varepsilon' > 0$ résulte que $[0,d]_{R^o}(\varepsilon) = \{r \in [0,d]_{R^o} ; M_f(r) \geq \varepsilon\}$ est la réunion d'un nombre fini d'intervalles de monomialité. Si $\varepsilon_1, \varepsilon_2, \dots, \varepsilon_n, \dots \longrightarrow 0^+$, $[0,d]^o_{R^o} = \{r \in [0,d]_{R^o} ; M_f(r) \neq 0\}$ est la réunion des $[0,d]_{R^o}(\varepsilon_n)$ où $n \longrightarrow +\infty^-$. Donc, $[0,d]_{R^o}$ est la réunion au plus dénombrable d'intervalles de monomialité. Pour achever la démonstration de 4°), il suffit de prouver 1°, car ou bien on a alors que $M_f(r) = 0$ pour tout $r \in [0,d]_{R^o}$, ou bien $[0,d]^o_{R^o} \supseteq [0,d]_{R^o} \cdot\cdot \{0,+\infty\} = [0^+, \mathrm{Min}(d,+\infty^-)]_{R^o}$.

Pour démontrer 5°), remarquons d'abord que, pour tout $r \in [r_1, r_2]$, on a $cr^q \geq \mathrm{Min}[cr_1^q\ cr_2^q] > 0$, donc il existe un $\varepsilon > 0$ tel que $cr^q > \varepsilon$ pour tout $r \in [r_1, r_2]$. En particulier, si $r \in I$, on a $M_f(r) > \varepsilon$, donc, pour tout $i \geq i(\varepsilon)$, on a $M(r)_i = M_f(r) = cr^q$. Mais puisque $]r_1, r_2[$ ne contient aucune valeur exceptionnelle par rapport à 0, aucun pôle de f_i ne peut avoir sa valuation dans cet intervalle ouvert. Par suite, on a $M(r)_i \geq cr^q$ pour tout $i \geq i(\varepsilon)$ et pour tout $r \in [r_1, r_2]$, d'où, par passage à la limite, résulte 5°).

Prouvons maintenant 1°). Supposons que $M_f(r)$ n'est pas identiquement nul, et supposons que $M_f(r_o) = 0$, où $0 < r_o \leq d$ et $r_o \neq +\infty$. Alors, il doit exister un $r'_o \in [0,d]_{R^o}$ tel que $M_f(r'_o) \neq 0$, et ou bien $0 \leq r'_o < r_o$, ou bien $r_o < r'_o \leq d$. Démontrons l'énoncé dans le second cas, la démonstration dans le premier s'en obtenant par des modifications évidentes. Soit ρ l'infimum (sur la droite réelle) des r' tels que $r_o < r' \leq d$ et que $M_f(r') \neq 0$. Visiblement, on a $M_f(\rho) = 0$, car ou bien $\rho = r_o$, ou bien $M_f(r') = 0$ pour tout r' tel que $r_o \leq r' < \rho$ et $M_f(r)$ est continue. Donc $\rho < r'_o \leq d$, et il existe des nombres réels $s > \rho$ aussi proches que l'on veut de ρ tels que $M_f(s) \neq 0$. En particulier, si $\bar{r}$ est la plus petite valeur exceptionnelle, qui est $>\rho$ ou, en cas où une telle valeur n'existe pas, $\bar{r} = d$, il existe un tel $s < \bar{r}$. Si $\varepsilon > 0$ est $< M_f(s)$, il existe un sous-intervalle non-ponctuel I' de $]\rho, \bar{r}[$ tel que $s \in I'$ et que $M_f(r) > \varepsilon$ partout sur I'. Par suite, I' se décompose en un nombre fini d'intervalles de monomialité ; Soit I un de ces intervalles, et supposons que le monôme en r, qui y représente $M_f(r)$, soit cr^q $(c > 0, q \in Z)$. Il existe (du moins si l'on choisit I assez petit) une valeur réelle $\rho' < \bar{r}$ telle que $I \subsetneq]\rho, \rho'[$. Dès lors, en appliquant la propriété déjà prouvée 5°), on trouve $M_f(r) \geqslant cr^q$ pour tout $r \in [\rho, \rho']$ et, en particulier, $M_f(\rho) \geqslant c\rho^q > 0$, ce qui est absurde.

Soit $r \in [0,d]_{R^o}$ une valeur non exceptionnelle par rapport à 0. Alors, quel que soit i, S(0;r) ne contient aucun pôle de f_i et, par suite, $M(r)_i = \mathrm{Sup}_{|x|=r} |f_i(x)|$. Comme $|f_i(x)|$ converge uniformément vers $|f(x)|$ sur S(0;r), Sup et lim y commutent pour cette fonction, et on a $M_f(r) = \lim_i M(r)_i = \mathrm{Sup}_{|x|=r} \lim_i |f_i(x)| = \mathrm{Sup}_{|x|=r} |f(x)|$, ce qui prouve 6°). Si $x \in E$ n'admet aucun point $p \notin E$, qui en soit proche par rapport à 0, il n'admet pas, non plus, aucun pôle d'aucun f_i , d'où 7°) résulte par passage à la limite. Si a,b sont $\in E$ et si $r \geqslant d(a,b)$, comme les fractions rationnelles f_i sont méromorphes dans k' tout entier, on a, pour tout i, $M^{(a)}_{f_i}(r) = M^{(b)}_{f_i}(r)$ ce qui, quand $r \leqslant d$, donne 8°) par passage à la limite.

<u>Théorème d'unicité</u>. <u>Soient</u> f,f' <u>des éléments analytiques de</u> k <u>de supports respectifs non-disjoints</u> E,E'. <u>Alors, s'il existe un ensemble</u> $\Delta \subsetneq E \cap E'$, <u>ayant au moins un point limite</u> a <u>dans</u> $E \cap E'$ <u>et tel que</u> $f(x) = f'(x)$ <u>pour tout</u> $x \in \Delta$, <u>on a</u> $f(x) = f'(x)$ <u>pour tout</u> $x \in E \cap E'$.

<u>Démonstration</u>. On peut se ramener au cas $E' = E, f' = 0$, autrement dit, il suffit de prouver que si un élément analytique f de k s'annule sur un ensemble Δ de son support E, qui y a au moins un point limite a, il est identiquement nul (cette proposition est dite le "théorème d'unicité faible"). En effet, si f_i , f'_i sont respectivement des suites approximantes des $f, f', f_i - f'_i$ converge vers $f - f'$ sur $E \cap E'$, qui est quasi-connexe, et, ainsi, $f - f'$ est un élément analytique sur $E \cap E'$. On a, partout sur Δ , $(f-f')(x) = f(x) - f'(x) = 0$, et, si l'on applique à $f - f'$ le théorème d'unicité faible, on a $f(x) - f'(x) = 0$ pour tout $x \in E \cap E$, c'est-à-dire le théorème d'unicité fort.

Supposons donc que $f(x) = 0$ pour tout $x \in \Delta$, où Δ a un point limite $a \in E$. Montrons, d'abord, que $M_f^{(a)}(r)$ est identiquement nulle. Ramenons-nous au cas $a = 0$ par le changement de variable $X = X' + a$. Puisque E est quasi-connexe et puisque $0 \in E$, il existe la plus petite valeur exceptionnelle $r_1 = r_1^{(0)}$ de E par rapport à 0, et on a $r_1 > 0$. Le cercle $C(0;r_1^-)$ est $\subsetneq E$, et aucune des f_i n'a de pôles dans ce cercle. Donc, chaque f_i est développable en une série de Taylor $\sum c_{i,n}X^n$ $(0 \leq n < +\infty)$, qui converge partout sur ce cercle, et, en plus, la suite des sommes f_i de ces séries y converge uniformément vers f. Donc, en vertu du théorème de Weierstrass compléxiforme, f se représente par une série de Taylor $\sum c_n X^n$ $(0 \leq n < +\infty)$, qui converge sur $C(0;r_1^-)$. Cette série de Taylor s'annulle sur l'ensemble $\Delta \cap C(0;r_1^-)$ ayant 0 comme point limite, donc est identiquement nulle, donc $f(x) = 0$ si $x \in C(0;r_1^-)$. Mais comme ce cercle est $\subseteq E$, $i \gg i(\varepsilon)$, où $\varepsilon > 0$, entraîne $|f_i(x)| = |f_i(x) - f(x)| \leq \varepsilon$, d'où résulte $M(r)_i \leq \varepsilon$ pour tout $r \in [0,r_1^-]_{R^o}$. Ceci implique $M_f(r) = \lim_i M(r)_i = 0$ pour tout $r \in [0,r_1^-]_{R^o}$ et, en vertu de la propriété 1°) de $M_f(r)$, que $M_f(r) = 0$ pour tout $r \in [0,d]_{R^o}$. Si l'on revient aux anciennes coordonnées quand le point limite de Δ était un point a arbitraire, on voit que $M_f^{(a)}(r) = 0$ identiquement sur $[0,d]_{R^o}$. En vertu de la propriété 7°) de $M_f(r)$, si $x \in E$ est bien situé par rapport au point a, il en résulte que $|f(x)| \leq M_f^{(a)}(d(x,a)) = 0$, donc que $f(x) = 0$.

Pour terminer la démonstration, considérons un $x \in E$ quelconque. Comme E est ouvert, il existe un cercle non-ponctuel C de centre x contenu dans E et tel que $a \notin C$. Soit $\alpha \neq x$ un point de C, et soit σ l'homographie $X \longrightarrow X' = 1/(X-\alpha)$. L'ensemble $E' = \sigma.E$ est encore quasi-connexe et si $f': E' \longrightarrow k$ et $f_i' \in k[X']$ sont telles que $f'(X') = f'(\sigma.X) = f(X)$ et $f_i'(X') = f_i'(\sigma.X) = f_i(X)$, les f_i' sont des fractions rationnelles sans pôles dans E', dont la suite tend uniformément vers f' sur E'. Ainsi, f' est un élément analytique de support E', et on a $f'(\sigma.\xi) = f(\xi) = 0$ si $\xi \in \Delta$. Donc f' s'annule en tout point de $\Delta' = \sigma.\Delta$, et Δ' a, comme point limite, $a' = \sigma.a \in E'$. Par suite, $M_{f'}^{(a)}(r)$ est identiquement nul sur $[0,d(E')]_{R^o} = [0,+\infty]_{R^o}$ (car $\infty = \sigma.\alpha \in E'$), et f' est nulle en tout point bien situé par rapport à a'.

Montrons que $x' = \sigma.x$ est bien situé par rapport à a', c'est-à-dire n'admet aucun $p' \notin E'$, qui en soit proche par rapport à ce point. En effet, si un tel point existe, on a $p' = \sigma.p$, où $p \notin E$, donc $p \notin C$. Par suite, si $y \notin E$ ou $y = a$, on a $d(x,y) > d(x,\alpha)$. Supposons que $y \in k$ satisfait à cette inégalité et posons $y' = \sigma.y$. Alors, on a

$$d(x',y') = |x'-y'| = \left|\frac{1}{x-\alpha} - \frac{1}{y-\alpha}\right| = \frac{|y-x|}{|x-\alpha||y-\alpha|} = \frac{d(x,y)}{d(x,\alpha)d(y,\alpha)} .$$

Considérons le triangle (x,y,α) de k. Comme $d(x,\alpha) < d(x,y)$, on a $d(x,y) = d(y,\alpha)$, et $d(x',y') = \frac{1}{d(x,\alpha)} = \frac{1}{|x-\alpha|}$. Le même résultat est vrai, par continuité, pour $y = \infty$. Ainsi, si $y \in k' .. C$ (et, en particulier, est $\notin E$ ou $= a$), $d(x',y')$ ne dépend pas du choix de y. En particulier, si $p' \notin E'$, on a $d(x',p') = d(x',a')$ et p' ne peut pas être proche de x' par rapport à a'. Donc, x' est bien situé par rapport à a', ce qui implique $f'(x') = 0$ et $f(x) = 0$. Comme $x \in E$ est arbitraire, ceci achève la démonstration.

Une fois le théorème d'unicité démontré, on peut définir la notion générale de prolongement analytique et de fonction analytique localement uniformes (bien qu'il ne s'agisse pas du "local" au sens de la topologie) par le procédé d'accolement successif d'éléments analytiques de k se prolongeant mutuellement, analogue à la méthode de Weierstrass de l'Analyse complexe. Ce procédé, pour le cas considéré, est décrit en détail dans [14].

On dira qu'une fonction uniforme $f : U \longrightarrow k$, où U est un ensemble ouvert arbitraire $\subsetneq k'$, est <u>analytique</u> sur U lorsque on peut trouver un recouvrement de U par une famille Φ d'ensembles quasi-connexes telle que la famille $Int_U \Phi = \{E \cap U \; ; \; E \in \Phi \, , \, E \cap U \neq \emptyset\}$ soit enchaînée, et que, pour tout $E \in \Phi$ existe un élément analytique, dont la restriction à $E \cap U$ coïncide avec celle de f.

§.4 <u>Préservation de l'analyticité par les opérations rationnelles, la dérivation et la convergence uniforme des éléments analytiques d'un même support</u>.

Soient f,g deux éléments analytiques de même support E, et en soient $f_i \longrightarrow f$, $g_i \longrightarrow g$ des suites approximantes. Alors, il est visible que $f_i \pm g_i$ converge uniformément sur E vers $f \pm g$, qui est, ainsi, un élément analytique. En vertu de $f_i g_i - f_{i+1} g_{i+1} = (f_i - f_{i+1})g_i + f_{i+1}(g_i - g_{i+1})$, $f_i g_i$ converge uniformément vers fg (et fg est un élément analytique de support E) si f et g sont <u>supérieurement</u> bornés sur E. Il en résulte que, dans le cas général, la restriction

(14) M. Krasner [10]

$(fg|\bar{E})$ de fg à un sous-ensemble quasi-connexe $\bar{E}$ de E est un élément analytique si f et g y sont bornés, et qu'on démontre que fg est une fonction analytique sur E si l'on arrive à recouvrir E par une famille enchaînée de ses sous-ensembles $\bar{E}$ de cette forme.

Or, comme $|f(x) - f_{i(\varepsilon)}| \leq \varepsilon$ partout sur E, f sera bornée sur $\bar{E}$ si la fraction rationnelle $f_{i(\varepsilon)}$ l'est. Ainsi, tout élément analytique de support E y est borné si toute fraction rationnelle n'y ayant aucun pôle l'est. Il est clair que ceci a lieu si, et seulement si E est fermé par rapport à la topologie de k'. Il suffit donc, pour prouver l'analyticité de fg, de trouver le recouvrement d'un ensemble quasi-connexe arbitraire E par une famille enchaînée d'ensembles quasi-connexes fermés.

Cela peut se faire de multiples manières. En voici deux canoniques, présentant aussi un intérêt propre.

A) La famille $\{E_{a,b} \ ; (a,b) \in E \times E\}$, à laquelle on ajoute, si $\infty \in E$, le complément E_∞ du plus petit cercle $C(k \,..\, E)$ contenant le complément $k \,..\, E$ de E dans k. L'ensemble $E_{a,b}$ s'obtient, à partir du plus petit cercle $C_{a,b} = C(a;d(a,b)) = C(b;d(b,a))$ de k contenant a et b, en lui enlevant les parties suivantes :

1°) Toute circonférence $S(a;r)$ non contenue dans E et telle que $r < d(a,b)$;

2°) Toute circonférence $S(b;r)$ satisfaisant à la même condition ;

3°) L'ensemble $C_{a,b} \,..\, \{C(a;d(a,b)-) \cup C(b;d(b,a)-)\}$ si cet ensemble n'est pas contenu dans E. Cette famille est enchaînée, car $\{a,b\} \subset E_{a,b}$, donc les suites : $E_{a,b}, E_{b,c}$; $E_{a,b}, E_{b,c}, E_{c,d}$ si $b \neq c$; $E_{a,b}, E_{b,c}, E_\infty$ où c est un point de E_∞, sont toutes des chaînes, et deux ensembles quelconques de la famille peuvent se relier par de telles chaînes.

B) La famille $\{E^*_{a,b} \ ;(a,b) \in E \times E\}$ (à laquelle on ajoute E_∞ quand $\infty \in E$), où $E^*_{a,b}$ s'obtient, à partir de $C_{a,b}$, en lui enlevant, pour tout $y \in C_{a,b} \,..\, E$, le cercle $C(y;\mathrm{Min}(d(a,y),d(b,y))^-)$. Comme visiblement $E^*_{a,b} \supseteq E_{a,b}$, cette famille est aussi enchaînée.

La quasi-connexité des $E_{a,b}$, $E^*_{a,b}$ et E se voit immédiatement.

En ce qui concerne la dérivation, l'existence locale de la dérivée résulte de la développabilité d'un élément analytique f en série de Taylor en X-a en tout point a de son support E. Si f_i est une suite approximante de f, et si d_X désigne la dérivation par rapport à X, $d_X f_i$ en sera une de $d_X f$ si, et seulement si $d_X(f_i - f_{i+1})$ tend uniformément vers 0 sur E. Soit que $f_i - f_{i+1} = g_i/h_i$, où g_i, h_i sont des polynômes premiers entre eux. Si F(X) est une série de Taylor (ou même de Laurent) $\sum c_n(X-a)^n$ en X-a, on a, en vertu de $d_X F(X) = \sum nc_n(X-a)^{n-1}$, $M^{(a)}_{d_X F}(r) \leq r^{-1}M^{(a)}_F(r)$. Soient a,x deux point de k. Puisque $d_X(f_i - f_{i+1}) = (d_X g_i/h_i) - (d_X h_i/h_i)(g_i/h_i)$, on a, si

$|h_i(x)| = M^{(a)}_{h_i}(|x-a|)$, en posant

$r = d(x,a)$, $|d_X(f_i - f_{i+1})(x)| \leq \text{Max}\left[(r^{-1}M^{(a)}_{g_i}(r)/M^{(a)}_{h_i}(r)),\ r^{-1}(M^{(a)}_{g_i}(r)/M^{(a)}_{h_i}(r))\right] =$

$= r^{-1}M^{(a)}_{f_i - f_{i+1}}(r) \leq d(x,a)^{-1}\varepsilon$ si $i \geq i(\varepsilon)$, x et a sont $\in$ E (car alors $d(x,a) \leq d$

et, puisque $|f_i - f_{i+1}|$ est $\leq \varepsilon$ partout sur E, $M^{(a)}_{f_i - f_{i+1}}(r)$ l'est aussi pour

$r \leq d$). Or, on a $|h_i(x)| = M^{(a)}_{h_i}(d(x,a))$ si x n'admet aucun pôle de h_i,

qui en soit proche par rapport à a, ce qui a lieu s'il est un point de E bien situé par rapport à a. Ainsi, s'il existe un ensemble fini de points de E, tel que tout $x \in E$ soit bien situé par rapport à deux au moins de ces points, et si r_o est le minimum des distances des points de cet ensemble, il existe, pour tout $x \in E$, un point a (pouvant dependre de x) de cet ensemble, par rapport auquel x est bien situé et tel que $r = d(x,a) \geq r_o$, ce qui implique, pour tout $x \in E$,

$|d_X(f_i - f_{i+1})(x)| \leq \varepsilon/r_o$ quand $i \geq i(\varepsilon)$, d'où résulte que $d_X f$ est un élément analytique sur un tel ensemble E. Mais si E a la forme $E_{a,b}$ ou $E^*_{a,b}$, on voit facilement, si r_a et r_b sont les premières valeurs exceptionnelles de E par rapport à a et b respectivement, un point x quelconque est bien situé ou bien par rapport à tous les points de $C(a,r_a^-)$, ou bien par rapport à tous ceux de $C(b,r_b^-)$. Il suffit donc, de prendre comme ensemble en question celui (a',a",b',b") de 4 points distincts tels que $a',a'' \in C(a,r_a^-)$ et $b',b'' \in C(b,r_b^-)$. Ainsi, si f est un élément analytique de support E et si a,b sont $\in$ E, les restrictions $(d_X f/E_{a,b})$,$(d_X f/E^*_{a,b})$ de $d_X f$ aux $E_{a,b}$ et $E^*_{a,b}$ sont des éléments analytiques, et il en est, évidemment, de même pour sa restriction $(d_X f \mid E_\infty)$ à E_∞ . Par suite, $d_X f$ est une fonction analytique sur E.

Si f est un élément analytique, 1/f est défini sur le sous-ensemble $E^o = \{x \in E; f(x) \neq 0\}$ de son support E. Si f_i est une suite approximante de f, $1/f_i$ en est une de 1/f si f est inférieurement bornée sur E^o (ce qui implique $E = E^o$) par une constante $c > 0$, comme le montre facilement l'égalité $(1/f_i) - (1/f_{i+1}) = (f_{i+1} - f_i)/f_i f_{i+1}$. Donc, pour démontrer que 1/f est toujours une fonction analytique sur E^o, il suffit de construire un recouvrement de E^o par une famille d'ensemble quasi-connexes, tel que f soit inférieurement borné sur chaque ensemble de la famille par une minorante positive pouvant dépendre de l'ensemble considéré.

Voici ce recouvrement. Soit $r_1 \leq r_2 \leq \dots \leq r_j \leq \dots$ une suite croissante (au sens large) de nombres réels positifs qui tende, sur la droite semi-réelle, vers $d^o = d(E^o)$. D'autre part, soit $\mathcal{E}_1 > \mathcal{E}_2 > \dots > \mathcal{E}_i > \dots$ une suite strictement décroissante de nombres réels qui tend vers 0^+ sur la même droite. Si $a \in E$, la fonction continue $M_f^{(a)}(r)$ a un minimum $m(f,j)_a$ sur le segment $[0,r_j]$ de la droite réelle complète R^o. Si, en plus, $f(a) \neq 0$, on a, en vertu de la propriété 1°) de la fonction M(r), $m(f,j)_a > 0$ (en effet, la fonction M(r) ne peut être = 0, en dehors de r = 0, que pour $r = +\infty$; mais $r_j = +\infty$ implique $d^o = +\infty$, donc $\infty \in E^o$ et $f(\infty) \neq 0$ donc $M^{(a)}(\infty) \neq 0$).

Soit $E_{i,j} = \{a \in E^o ; m(f,j)_a \geq \mathcal{E}_i\} = \{a \in E; m(f,j)_a \geq \mathcal{E}_i\}$ (car f(a) = 0 implique $m(f,j)_a = 0$). Considérons, pour tout couple i,j , la famille F(i,j) des intersections non-vides de $E_{i,j}$ avec des cercles de rayon r_j , autrement dit $F(i,j) = \{E_{i,j} \cap C(a;r_j) ; a \in E_{i,j}\}$. Le recouvrement en question est la réunion F de tous ces F(i,j) où (i,j) parcourt tous les couples d'entiers > 0.

Si $a \in E_{i,j}$, on a $|f(a)| = M_f^{(a)}(0) \geq m(f,j)_a \geq \mathcal{E}_i$, donc f est inférieurement bornée par $\mathcal{E}_i > 0$ sur $E_{i,j}$, donc l'est par une minorante positive sur tout ensemble de la famille F. Soient $a,b \in E^o$. Il existe un j tel que $r_j \geq d(a,b)$, et il existe un i tel que $\mathcal{E}_i \leq \mathrm{Min}[m(f,j)_a, m(f,j)_b]$. Mais alors, a,b appartiennent tous les deux à $E_{i,j}$ et $b \in C(a;r_j)$, ce qui montre que ces points appartiennent à un ensemble $\in F(i,j) \subsetneq F$, et F est un recouvrement enchaîné de E. Pour montrer que $E_{i,j} \cap C(a;r_j)$ est quasi-connexe, il suffit de montrer qu'il est ultra-ouvert en tout $x \in E_{i,j} \cap C(a,r_j) = E_{i,j} \cap C(x,r_j)$; autrement dit, on démontre la quasi-connexité de tout ensemble de $F(i,j)$ si l'on montre, pour tout $x \in E_{i,j}$, que $E_{i,j} \cap C(x;r_j)$ est ultra-ouvert en x. Le diamètre $\bar{d}$ de cet ensemble est $\leq r_j$. Considérons une circonférence $S(x;r)$, où $r \leq \bar{d}$, qui n'y est pas contenue. Alors, ou bien $S(x;r) \not\subseteq E$, autrement dit $r \leq r_j \leq d(E)$ est une valeur exceptionnelle de E pour x, ou bien $S(x;r) \subseteq E$ et il existe $y \in S(x,r)$ tel que $y \notin E_{i,j}$, autrement dit $m(f,j)_y < \mathcal{E}_i$. Les valeurs du premier type sont, en vertu de la quasi-connexité de E, en nombre fini. Soit $r \leq r_j$ une valeur de second type. Alors, il existe une valeur $r' \leq r_j$ telle que $M_f^{(y)}(r') < \mathcal{E}_i$. Mais si $r' \geq r = d(x,y)$, on a $M_f^{(y)}(r') = M_f^{(x)}(r') \geq \mathcal{E}_i$, ce qui n'est pas possible. On a donc $r' < r$ et, si $z \in S(y;r')$, on a $|f(z)| < \mathcal{E}_i$. Mais $S(y;r') \subseteq C(y;r^-) \subseteq S(x;r)$ et, par suite, il y a des $z \in S(x;r)$ tels que $|f(z)| < \mathcal{E}_i \leq M_f^{(x)}(r)$. Soit $0 < \mathcal{E}' < \mathcal{E}_i$ et soit i un indice (particulier), qui est $\geq i(\mathcal{E}')$. Alors $|f-f_i|$ est $\leq \mathcal{E}'$ partout sur E et en particulier, sur $S(x;r)$, ce qui implique $|f_i(z)| < \mathcal{E}_i$ et $M(r)_i^{(x)} = M_f^{(x)}(r) \geq \mathcal{E}_i$. Il en résulte qu'au moins un zéro de f_i se trouve sur $S(x;r)$. Comme le nombre des zéros de f_i est fini, le nombre des r du second type est fini. Ainsi, $E_{i,j} \cap C(x;r_j)$ est ultra-ouvert en x, ce qui achève la démonstration.

Si f_n est une suite uniformément convergente d'éléments analytiques de même support E, dont f soit la limite, et si $f_{n,i}$ est une suite approximante de f_n, l'application évidente de la méthode de diagonale de Cantor permet de construire une suite $f_{n,i(n)}$ convergeant uniformément vers f, qui est donc un élément analytique.

Soit E un ensemble quasi-connexe, et soient f,g deux fonctions analytiques sur E. De ce qui précède, résulte directement que $d_X f$ et (sur E^o) $1/f$ sont des fonctions analytiques, car si l'on remplace chaque ensemble d'une famille enchaînée par un recouvrements est encore enchaîné de cet ensemble, la réunion, de tous ces recouvrements est encore enchaînée. Par contre, si l'on veut établir l'analyticité de $f + g$ et de fg, on rencontre la difficulté suivante ; soient Φ, Ψ les ensembles des supports des éléments analytiques se prolongeant les uns les autres, qui constituent respectivement les fonctions analytiques f, g de support E. Ce sont deux recouvrements enchaînés de E, mais qui sont, en général, différents. La famille $\mathrm{Int}(\Phi, \Psi) = \{F \cap G ; F \in \Phi, G \in \Psi, F \cap G \neq \emptyset\}$ est encore un recouvrement quasi-connexe de E, et les restricions de $f + g$, fg sur un ensemble $\in \mathrm{Int}(\Phi, \Psi)$ sont des fonctions analytiques (celles de $f + g$ même des éléments analytiques) sur cet ensemble. Ainsi, pour être sûr que $f + g$ et fg sont des fonctions analytiques de k sur E, il suffit de montrer qu'il existe de tels recouvrement Φ et Ψ que $\mathrm{In}(\Phi, \Psi)$ soit enchaînée. On peut envisager aussi la méthode indirecte suivante, qui, d'ailleurs, démontre seulement que $f + g$ et fg sont induites sur E par des fonctions analytiques d'une extension valuée convenable k^{o} de k (qu'on suppose aussi complète et algébriquement close), et pas forcément de k ; on dira qu'un élément analytique f^{o} de k^{o} domine un élément analytique f de k si le support de f est contenu dans celui de f^{o} et si f est la restriction de f^{o} à son support ; supposons qu'on puisse faire correspondre à chacun des éléments analytiques constituant f et g, un élément analytique de k^{o}, qui le <u>domine</u>, de manière que, si Φ^{o} et Ψ^{o} sont les familles des supports de ces éléments pour respectivement f et g, et si E', E'' sont les réunions des Φ^{o} , Ψ^{o}, ces éléments définissent des fonctions analytiques f^{o}, g^{o} de k^{o} sur respectivement E', E'', et $\mathrm{Int}(\Phi^{o}, \Psi^{o})$ est enchaînée. Alors, visiblement, f^{o} g^{o} sont des fonctions analytiques de k^{o} sur $E' \cap E''$ et $f + g$, fg sont des restrictions de ces fonctions respectives à $E \subseteq E' \cap E''$.

<u>Remarque</u>. Si Φ et Ψ sont des familles enchaînées telles que, pour tout $G \in \Psi$ la famille $\mathrm{Int}_G \Phi = \{F \cap G ;\ F \in \Phi,\ F \cap G \neq \emptyset\}$ est enchaînée, $\mathrm{Int}(\Phi, \Psi)$ l'est aussi: en effet, $\mathrm{Int}(\Phi, \Psi)$ s'obtient de Ψ , en remplaçant chacun de ses ensembles par un de ses recouvrement enchaînés.

Or, cette condition est certainenement satisfaite dans deux cas suivants :

1°) Φ <u>est une famille filtrante</u> (c'est-à-dire, pour tous $F, F' \in \Phi$ existe un $F'' \in \Phi$ tel que $F \cup F' \subseteq F''$). En effet, alors $\mathrm{Int}_G \Phi$, si elle n'est pas vide, est aussi filtrante, donc enchaînée.

2°) Les ensembles $F \in \Phi$ et G appartiennent à une famille Q ayant les propriétés suivantes :

a) Si $A, B \in Q$ et si $A \cap B \neq \emptyset$, $A \cup B \in Q$ (il en résulte que la réunion d'une famille enchaînée finie d'ensembles $\in Q$ y appartient) ;

b) Si $A,B,C \in Q$ sont tels que $A \cap B \neq \emptyset$, $B \cap C \neq \emptyset$ et $C \cap A \neq \emptyset$, on a $A \cap B \cap C \neq \emptyset$.

En effet, soient $F,F' \in \Phi$ tels que $F \cap G \neq \emptyset$ et $F' \cap G \neq \emptyset$. Il existe une chaîne $\tilde{C} = \{F = F_1 , F_2 ,\dots , F_s = F'\}$ reliant F et F' dans $\bar{\Phi}$, et il suffit de prouver que $Int_G\check{C}$ est enchaînée. On va le faire par récurrence sur s, en supposant le théorème prouvé pour s plus petits, et en remarquant que, le cas $s = 1$, est trivial. Supposons d'abord, qu'il existe un i distinct de 1 et de s tel que $F_i \cap G \neq \emptyset$. Alors, $\tilde{C}$ se décompose en deux chaînes plus courtes $C' = \{F_1 ,\dots , F_i\}$ et $\tilde{C}'' = \{F_i ,\dots , F_s\}$, reliées par le terme F_i. Dès lors les familles $Int_G\tilde{C}'$ et $Int_G\tilde{C}''$, qui ont en commun $F_i \cap G \neq \emptyset$, sont toutes les deux enchaînées, et $Int_G\check{C}$, qui est leur réunion, l'est aussi. Supposons maintenant qu'un tel i n'existe pas. Alors $Int_G\tilde{C} = \{F \cap G, F' \cap G\}$. Posons $A = F_1 \cup F_2 \cup \dots \cup F_{s-1}$, $B = F_s = F'$ $C = G$. En vertu de a), $A \in Q$ et on a $A \cap G = (F_1 \cap G) \cup (F_2 \cap G) \cup \dots \cup (F_{s-1} \cap G) =$ $= F_1 \cap G = F \cap G \neq \emptyset$ · D'autre part, on a $A \cap B \supseteq F_{s-1} \cap F_s \neq \emptyset$. Ainsi $A \cap B$, $B \cap C$ et $C \cap A$ sont tous non vides, et en vertu de b),

$(F \cap G) \cap (F' \cap G) = (A \cap C) \cap (B \cap C) = A \cap B \cap C$ n'est pas vide et $Int_G\hat{C}$ est enchaînée.

La possibilité de définir toute fonction analytique de k à l'aide d'une famille d'éléments analytiques, dont les supports forment une famille filtrante, a été remarquée par Robba à partir de la proposition (basée sur mes "théorèmes Mittag-Leffleriens") que j'avais énoncée (sans démonstration ; depuis Robba en a publié une plus simple, qui sera exposée plus loin) dans [(15)] : si f et f' sont deux éléments analytiques de k à supports non-disjoints E,E' , qui se prolongent, leur superposition en est encore un (Etant donné une famille de fonctions dont les domaines de définition forment une famille enchaînée d'ensembles, cette famille est dite superposable si deux fonctions quelconques de la famille sont égales en tout point, où elles sont définies toutes les deux. Si la famille en question est superposable, on appelle sa superposition la fonction définie sur la réunion des domaines de définition de toutes les fonctions de la famille et qui, en chaque point de cet ensemble, est égale à la valeur commune des fonctions de la famille qui y sont définies). Il résulte de ce théorème par récurrence que la superposition d'une famille superposable finie d'éléments analytiques de k en est encore un, ce qui permet, justement, de rendre filtrant le recouvrement d'une fonction analytique par des éléments

(15) M. Kranser [10]

analytiques, en y ajoutant toutes les réunions finies enchaînée. Mais on peut en déduire une conséquence plus prolonde : étant donné une chaîne f_1 , f_2 ,... , f_s d'éléments analytiques de k, dont deux consécutifs se prolongent, ces éléments forment une famille superposable. Montrons le par récurrence sur s, en supposant la proposition prouvée pour s-1 et remarquant sa trivialité pour s=1. La famille f_1 ,..., , f_{s-1} est donc superposable et sa superposition f' est un élément analytique. Si E_i est le support de f_i ,f' coïncide avec f_{s-1} sur E_{s-1} , donc, puisque f_{s-1} et f_s se prolongent, avec f_s sur l'ouvert non vide $E_{s-1} \cap E_s$. Ainsi, en vertu du théorème d'unicité, f' et f_s se prolongent et tout est prouvé. Ceci montre que le prolongement analytique quasi-connexe est globalement uniforme, car si $E_1 \cap E_s$ n'est pas vide, f_1 et f_s y sont partout égaux.

La même propriété a lieu pour les chaînes d'éléments analytiques, dont les supports appartiennent à une famille Q ayant les propriétés a), b). En concervant les mêmes notations pour les éléments analytiques et leurs supports, procédons par réccurence sur s, en supposant $s > 2$ (car s=2 est trivial). Par hypothèse de réccurence, les familles $\{f_1 ,\dots , f_{s-1}\}$ et $\{f_2 ,\dots , f_s\}$ sont toutes les deux superposables. Donc, si $\{f_1 ,\dots , f_s\}$ ne l'est pas, $E_1 \cap E_s$ n'est pas vide et f_1 n'y est pas partout égal à f_s.S'il existe un i tel que $2 < i < s$ et que $E_1 \cap E_i \neq \emptyset$, f_i prolonge f_1 et la chaîne plus courte f_1 , f_i , f_{i+1} ,..., f_s est superposable. Si un tel i n'existe pas, les seuls $E_i \cap E_1$ non vides sont $E_2 \cap E_1$ et $E_s \cap E_1$. Comme ils forment une famille enchaînée, on a $E_1 \cap E_2 \cap E_s \neq \emptyset$ et on a $f_1 = f_2$ et $f_2 = f_s$ partout sur cet ouvert. Ainsi $f_1 = f_s$ sur un ouvert et f_1 et f_s se prolongent en vertu du théorème d'unicité.

Il en résulte que si l'on peut faire correspondre à tout élément analytique f de k un élément analytique f^o d'un surcorps convenable k^o de k, qui le dominc, et dont le support appartienne toujours à une certaine famille Q d'ensembles quasi-connexes de $k^{o'}$ ayant les propriétés a) et b), toutes les conditions de l'application de la "méthode indirecte" pour prouver que f+g et fg sont les restrictions à E de fonctions analytiques de k^o sont satisfaites. En effet, dans ce cas, non seulement Int(Φ^o, Ψ^o) est enchaînée, mais les éléments analytiques de k^o, qui correspondent à ceux, qui forment les fonctions analytiques données f,g de k (l'unicité globale du prolongement analytique fait à l'aide des éléments analytiques de k^o, dont les supports sont $\in$ Q), forment deux familles superposables et définissent bien deux fonctions analytiques de k^o sur E' et E" , dont respectivement f,g sont les restrictions à E. Et on voit que l'existence d'une telle famille Q pour un surcorps convenable k^o de k garantit aussi l'uniformité globale du prolongement analytique quasi-connexe sur k.

Or, déjà en 1957, j'ai défini (17) une famille d'ensembles quasi-connexes d'un corps valué complet k, celle des ensembles quasi-connexes réguliers, qui possède les propriétés a) et b) quand le cardianl card $\bar{k}$ du corps résiduel $\bar{k}$ de k est supérieur à la puissance du dénombrable (il est à remarquer que tout corps valué admet une extension valuée complète, même maximalement complète, et algébriquement close ayant, en plus, cette propriété). Bien que, pour la question d'analyticité de la somme et du produit de fonctions analytiques et pour celle d'uniformité globale du prolongement quasi-connexe, l'emploi de cette famille peut se remplacer par celui des familles filtrantes de Robba, il existe, comme on verra, d'autres raisons de son importance. Si card $\bar{k}$ est au plus dénombrable, tout ensemble quasi-connexe de k' est régulier.

§.5. Ensembles quasi-connexes et éléments analytiques réguliers.

Un ensemble quasi-connexe $E \subsetneq k'$ est dit régulier s'il satisfait à la condition supplémentaire suivante :

Pour tout cercle circonférencié C de rayon $r \leqslant d(E)$ tel que $C \cap E \neq \emptyset$, le complément C .. E de E dans C est contenu dans la réunion d'un ensemble au plus dénombrable de cercles de rayon r^- .

On vérifie sans peine que les ensembles quasi-connexes réguliers ont les mêmes propriétés que les ensembles quasi-connexes généraux : 1) l'intersection de deux ensembles réguliers l'est encore ; 2) la réunion d'une famille enchaînée d'ensembles réguliers est régulière ; 3) la quasi-connexité régulière est préservée par les homographies non singulières. La famille des ensembles quasi-connexes réguliers possède donc toujours la propriété a) des familles Q. Quand le cardinal de $\bar{k}$ est supérieur à la puissance du dénombrable (ce qu'on exprimera, par abus de langage, en disant que $\bar{k}$ n'est pas dénombrable), elle possède aussi la propriété b). (Dans d'autres cas, comme le cardinal de l'ensemble des cercles de rayon r^- contenus dans un cercle de rayon r est égal à celui de k, tous les ensembles quasi-connexes $\subseteq k'$ sont réguliers).

Proposition : Si k n'est pas dénombrable et si A,B,C sont des ensembles quasi-connexes réguliers de k', tels que $A \cap B \neq \emptyset$, $B \cap C \neq \emptyset$ et $C \cap A \neq \emptyset$, on a $A \cap B \cap C \neq \emptyset$.

(17) Voir M. Krasner [6] (et aussi [10], §5)

Démonstration. Soient $a \in B \cap C$, $b \in C \cap A$, $c \in A \cap B$. Le triangle ultramétrique (a,b,c) est isocèle, et ses côtés latéraux sont maximaux. On peut supposer, sans perte de généralité (car on peut changer les noms des A,B,C) que $d(a,b) = d(a,c) \geq d(b,c)$. Posons $r = d(b,c)$ et $D = C(b;r)$. Visiblement, D est un cercle circonférencié non-disjoint avec chacun des A,B,C car $b \in A \cap C$ et $c \in A \cap B$ lui appartiennent. On a $r \leq d(A) \leq d(B)$ et $\leq d(C)$. Ainsi, chacun des $D \mathbin{..} A, D \mathbin{..} B, D \mathbin{..} C$ est contenu dans la réunion d'un ensemble au plus dénombrable de cercles de rayon r^-, et il en est de même pour $D \mathbin{..} (A \cap B \cap C) = (D \mathbin{..} A) \cup (D \mathbin{..} B) \cup (D \mathbin{..} C)$. Mais, puisque l'ensemble des cercles de ce rayon contenus dans D est plus que dénombrable, on a $D \cap (A \cap B \cap C) \neq \emptyset$ et $A \cap B \cap C \neq \emptyset$.

On vérifie que si E est un ensemble quasi-connexe régulier, et si a,b sont $\in E$, $E^*_{a,b}$ (mais pas $E_{a,b}$) est régulier.

Un élément analytique $f : E \longrightarrow k$ est dit régulier si son support E l'est.

Théorème. Soient k et $k^\circ \supseteq k$ deux corps valués complets algébriquement clos tels que k° soit une extension valuée de k. Soit $f : E \longrightarrow k$ un élément analytique de k. Alors, il existe un élément analytique régulier $f^\circ : E^\circ \longrightarrow k^\circ$ de k°, qui domine f.

Démonstration. Construisons, d'abord, $E^\circ \supseteq E$, qui soit quasi-connexe et régulier dans $k^{\circ\prime} = k^\circ \cup \{\infty\}$ où ∞ est supposé commun à k' et à $k^{\circ\prime}$. Posons $C = C(E)$ et $d = d(E) = d(C)$. Fixons une suite approximante f_i de f et soit P l'ensemble de tous les pôles p de toutes les f_i tels que $p \in C$. Si C° est le plus petit cercle de $k^{\circ\prime}$ contenant C, soit E° l'ensemble de tous les $x \in C^\circ$, pour lesquels il existe un $a = a(x) \in E$ tel qu'il n'existe aucun $p \in P$ tel que $d(x,p) < d(x,a)$. Montrons que E° est ultra-ouvert en tout point $x \neq \infty$.

Soit $r \leq d(E)$ un nombre réel positif et soit $y \in k^\circ$ tel que $d(x,y) \leq r$ et que $y \notin E^\circ$. Posons $r_o = d(x,a(x))$. Puisque $y \notin E^\circ$ et puisque $a(x) \in E$, il existe un $p \in P$ tel que $d(y,p) < d(y,a(x))$, ce qui implique $d(a(x),p) = d(a(x),y)$. Des lors si $d(x,y) < r_o = d(x,a(x))$, on a $d(y,a(x)) = d(x,a(x)) = r_o$ et

$$d(x,p) \leq \mathrm{Max}\,[d(x,y),d(y,p)] < \mathrm{Max}(r_o,r_o) = r_o = d(x,a(x))$$ et, contre l'hypothèse, on a $x \notin E^\circ$. Ainsi, on a $d(x,y) \geq r_o$. Maix si $d(x,y) > r_o$, on a $d(a(x),y) = d(x,y)$ et $d(a(x),p) = d(x,y)$. Ainsi, les circonférences $S(x;d(x,y))$ et $S(a(x) ; d(x,y))$ de k° coïncident, et $p \in P$ appartient à cette circonférence. Donc, comme $p \in C \mathbin{..} E$, $S(a(x),d(x,y)) \cap k'$, qui est la circonférence de centre a(x) et de rayon d(x,y) dans k', n'est pas $\subseteq E$. Comme en vertu de la quasi-connexité de E, il ne peut y avoir qu'un nombre fini de telles circonférences de centre a(x) et de rayon $\leq r$, d(x,y) ne peut prendre qu'un nombre fini de valeurs $> r_o$ et $\leq r$, donc

aussi de valeurs $\leq r$, ce qui montre que E^o est ultra-ouvert en x, donc, puisque $x \in E^o$, $x \neq \infty$ est autrement arbitraire, quasi-connexe. Si $x \in E$, on peut prendre $a(x) = x$, donc $E^o \supseteq E$.

Soient $C^o = C(x;r)$ un cercle circonférencié de rayon (propre) $r \leq d = d(E^o)$ et de centre $x \in E^o$ dans k^o et, en supposant $C^o .. E^o$ non vide, $y \in C^o .. E^o$. On a vu déjà que $d(x,a(x)) \leq d(x,y) \leq r$, donc $a(x) \in C^o$. Il existe un $p \in P$ tel que $d(y,p) < d(y,a(x)) \leq r$, donc $y \in C(p,r^-)$, où p parcourt l'ensemble au plus dénombrable $P \cap C^o$. Ainsi E^o est bien régulier.

La suite f_i converge uniformément sur E^o, car, si $i \geq i(\varepsilon)$, où $\varepsilon > 0$, $M^{(a(x))}_{f_i - f_{i+1}}(r)$ est $\leq \varepsilon$ pour tout $r \leq d$, et, en particulier, pour $r = d(a(x),x)$, où x est un point arbitraire de E^o. Mais, comme tout pôle de $f_i - f_{i+1}$ proche de x par rapport à un point de $E \cap C$ est $\in P$, et comme il n'existe aucun $p \in P$ proche de x par rapport à a(x), il n'existe aucun pôle de $f_i - f_{i+1}$ proche de x par rapport à **a(x)**, et on a $|f_i(x) - f_{i+1}(x)| \leq M^{(a(x))}_{f_i - f_{i+1}}(d(a(x),x)) \leq \varepsilon$, ce qui achève la démonstration.

Ce théorème a une conséquence importante. Considérons un élément analytique f de k, et prolongeons le de toutes les manières possibles. Comme le prolongement analytique quasi-connexe est globalement uniforme, on obtient ainsi, une famille superposable d'éléments analytiques de k, dont la superposition donne le prolongement maximal possible F(f) de f, c'est-à-dire une fonction analytique prolongeant f, et qui ne peut plus être prolongée au delà de son domaine de définition. Un ensemble (forcément quasi-connexe) sera dit, selon la terminologie de M. Motzkin et Robba, un <u>ensemble d'analyticité</u> s'il est le domaine de définition d'une fonction analytique de cette forme. Or étant donné un tel ensemble d'analyticité E et une fonction analytique F(f) dont il est le domaine de définition, considérons une famille d'éléments analytiques de k dont F(f) soit la superposition. Or, en vertu du théorème précédent, en y posant $k^o = k$, on peut faire correspondre à chaque élément analytique de la famille un élément régulier, qui le domine, donc le prolongement F(f) est encore la superposition de la famille de ces nouveaux éléments, qui sont réguliers. Son domaine de définition E est donc la réunion d'une famille enchaînée d'ensembles quasi-connexes réguliers, donc est régulier. Ainsi, <u>tout ensemble d'analyticité est quasi-connexe régulier</u>. On va prouver plus loin que tout ensemble quasi-connexe régulier est un ensemble d'analyticité, et c'est de là que vient l'importance de cette notion.

§.6. Trous des ensembles quasi-connexes et quasi-connexes réguliers.

Soit E un sous-ensemble de k'. On appelle <u>cercle projectif</u> de k' toute image d'un cercle de k' par une homographie non-singulière. On voit immédiatement que les cercles projectifs de k' sont ses cercles et leurs compléments. On appelle trou de E tout cercle projectif maximal de k' contenu dans son complément k' .. E. Les trous de E forment un ensemble $\mathcal{T}(E)$ de cercles disjoints, dont certains, dits <u>trous ponctuels</u>, sont des éléments de k'.

Un trou T est dit <u>isolé</u> s'il existe un surcercle projectif propre $C \supset T$ disjoint avec tout autre trou de E, c'est-à-dire tel que C .. E = T (bien entendu $C \cap E$ peut être réduit à une seule circonférence). On appelle <u>ensemble dérivé</u> de $\mathcal{T}(E)$ l'ensemble $\mathcal{T}'(E)$ de tous les trous non isolés de E. Posons $E' = k' \,..\, (\bigcup_{T \in \mathcal{T}'(E)} T')$. $\mathcal{T}'(E)$ est l'ensemble des trous $\mathcal{T}(E')$ de E', et on pose $\mathcal{T}''(E) = \mathcal{T}'(E')$. Par ce procédé, on peut définir, pour tout ordinal α, le <u>α-ième dérivé</u> : $\mathcal{T}^{(\alpha)}(E)$ de $\mathcal{T}(E)$. Si α est de première espèce, on pose $\mathcal{T}^{(\alpha)}(E) = (\mathcal{T}^{(\alpha-1)}(E))'$. Et si α est de seconde espèce, on pose

$\mathcal{T}^{(\alpha)}(E) = \bigcap_{\beta < \alpha} \mathcal{T}^{(\beta)}(E)$. On démontre qu'à partir d'un certain ordinal, $\mathcal{T}^{(\alpha)}(E)$ devient stationnaire. Cette partie stationnaire de $\mathcal{T}(E)$ sera notée $\mathcal{P}(E)$ et dite le <u>noyau parfait</u> de l'ensemble des trous de E et $\mathcal{R}(E) = \mathcal{T}(E) \,...\, \mathcal{P}(E)$ et dit sa partie réductible. Les trous de E sont réductibles si l'on a $\mathcal{T}(E) = \mathcal{R}(E)$ (ou $\mathcal{P}(E) = \emptyset$).

Supposant la valuation de k dense, appelons un cercle projectif, qui est le complément k ... C d'un cercle C de k', <u>circonférencié</u> resp. <u>non-circonférencié</u> selon que C est non-circonférencié resp. circonférencié. De lors, la notion de sous-cercle projectif non-circonférencié maximal d'un cercle projectif circonférencié est claire. Soit $e \in E$. On va définir un invariant projectif du couple (E,e), qu'on va appeler l'arbre des voisinages des trous et qu'on va noter $\mathcal{A}_e(E)$. On va faire correspondre à chaque i un ensemble $\mathcal{A}_i$ de cercles projectifs disjoints de k' tel que:

a) pour tout i fixé, tout trou $T \in \mathcal{T}(E)$ est contenu dans quelque ensemble $\in \mathcal{A}_0 \cup \mathcal{A}_1 \cup \dots \cup \mathcal{A}_i$;

b) si $i < j$ et si $V_j \in \mathcal{A}_j$, il existe un $V_i \in \mathcal{A}_i$ tel que $V_j \subset V_i$

c) $\mathcal{A}_o$ est un singleton. Les $V_i \in \mathcal{A}_i$ seront appelés les <u>voisinages de trous</u> d'ordre i. Ce système est visiblement un arbre (pouvant avoir des branches qui s'en vont à l'infini), si on l'ordonne par ordre d'inclusion. En plus, <u>ce système est complètement défini, comme suit à partir de</u> E <u>et de</u> e :

a) l'unique élément V_o de $\mathcal{Q}_o$ est le plus petit cercle projectif contenant tous les trous de E (toutefois ; on pose $\mathcal{Q}_o = \emptyset$ si $E = k'$) et tel que $e \notin V_o$.

b) $\mathcal{Q}_i$ étant déjà défini et non vide, soit $V \in \mathcal{Q}_i$. Cet ensemble ou bien est un trou, auquel cas ce trou est dit accessible de rang i, ou bien il est non-circonférencié sans se réduire à un trou unique, auquel cas il est dit un voisinage de trous <u>singulier</u>, ou bien, sans se réduire à un trou, il est circonférencié. **Alors il est dit un voisinage de trous** <u>régulier</u>, et chaque trou $T \subset V$ est contenu dans quelque sous-cercle projectif non-circonférencié maximal de V. Soit V' un tel sous-cercle projectif de V contenant des trous. Appelons $(V')_{i+1}$ le plus petit cercle projectif contenant tous les trous $T \subseteq V'$ de E et soit $\mathcal{Q}(V)_{i+1}$ l'ensemble de tous ces $(V')_{i+1}$. Alors $\mathcal{Q}_{i+1} = \cup\, \mathcal{Q}(V)_{i+1}$, où V parcourt tous les voisinages de trous réguliers d'ordre i.

On appelera une <u>branche</u> de l'arbre des voisinage de trous une partie totalement ordonnée maximale de cet arbre. Elle commence à sa "racine" V_o et va ou bien jusqu'à un trou accessible ou un voisinage singulier V_i d'un certain ordre i, ou bien est une suite infinie de cercles projectifs emboités. L'intersection de tous les voisinages appartenant à une branche sera dite son <u>fruit</u>. Si k n'est pas maximalement complet, le fruit d'une branche infinie de $\mathcal{Q}_e(E)$ peut être l'ensemble $\emptyset$.

<u>L'ensemble</u> E <u>est quasi-connexe si, et seulement si tout fruit de</u> $\mathcal{Q}_e(E)$ <u>est un trou ou</u> $\emptyset$. Il suffit de le prouver sous l'hypothèse $e = \infty \in E$. Supposons, d'abord, E quasi-connexe. Soit d'abord $B = (V_o \supset V_1 \supset \dots \supset V_i)$ une branche finie de $\mathcal{Q}(E)$. Alors, son fruit est V_i, et si V_i n'est pas un trou, il est un voisinage singulier, c'est-à-dire, un cercle non circonférencié. Soit $a \in V_i \cap E$ et soit $r_{i-1} = d(V_{i-1})$ (si $i = 0$, on pose $r_{-1} = +\infty$). Or, puisque $d(E) = +\infty$, la distance d(a,y), ou $y \notin E$, ne peut prendre qu'un nombre fini de valeurs $r_{i-1} \leq d(E)$, ce qui montre que le plus petit cercle V_i de centre a contenant tous les trous $\subseteq C(a,\bar{r}_{i-1})$ doit être circonférencié, contre l'hypothèse. Supposons maintenant que

$B = (V_o \supset V_1 \supset \dots \supset V_i \supset \dots)$ est une branche infinie de $\mathcal{Q}_e(E)$ et que son intersection $V = \bigcap_i V_i$ de ses termes n'est pas disjointe avec E. Soit $a \in E \cap V$. Soit $r_i = d(V_i)$. C'est, par hypothèse, un nombre réel, qui est aussi égal à $d(V_i \,..\, E) = r_a(V_i \,..\, E)$.

Ainsi, il existe un $y_i \notin E$, tel que $d(a,y_i) = r_i$. Comme

$d(E) = +\infty > r_1 > r_2 > \dots > r_3 > \dots$, E n'est pas ultra-ouvert en a, ce qui contredit sa quasi-connexité.

Vice versa, supposons que tous les fruits non-vides de $\mathcal{Q}(E)$ sont des trous de E, et soit $a \in E$. Alors, si l'on pose $V_{-1} = k'$, il existe un $i \geq 0$ tel que a n'appartienne à aucun $V_i \in \mathcal{Q}_i$, et soit i le plus petit indice de cette sorte. Ainsi, si T est un trou de E, ou bien $d(a,T) = d(a,V_o)$ si $a \notin V_o$ ou bien, si $a \in V_o$, il existe un j, $0 \leq j < i$ tel que $\{a\}$ et T sont contenus tous les deux dans un même voisinage $V_j \in \mathcal{Q}_j$, mais qu'il n'existe aucun $V_{j+1} \in \mathcal{Q}_{j+1}$ ayant la même propriété. Mais cela veut dire que $C(a,r_j^-) \cap T = \emptyset$ tandis que $C(a,r_j) \supset T$, donc $d(a,T) = r_j$. Comme tout $y \notin E$ appartient à quelque trou de E, on voit que les seules valeurs possibles de la distance d(a,y) sont $d(a,V_o)$ si $a \,/\, V_o$ et $r_o, r_1 ,\dots, r_{i-1}$ si $a \in V_o$. Ainsi, si $a \neq \infty$, E est ultra-ouvert en a, donc quasi-connexe. Ainsi, un <u>ensemble quasi-connexe</u> E <u>est le complémentaire de la réunion des fruits de</u> $\mathcal{Q}_e(E)$, donc est complètement défini par $\mathcal{Q}_e(E)$.

Par construction de $\mathcal{Q}_e(E)$, nous voyons que si $V_i \in \mathcal{Q}_i$ n'est pas le fruit d'une branche finie de $\mathcal{Q}_e(E)$, $d(V_i)$ est réel et si V_{i+1} , V'_{i+1} sont deux éléments de $\mathcal{Q}_{i+1}$ appartenant à ce V_i , on a $d(V_{i+1} , V'_{i+1}) = d(V_i)$. Vice versa, si k est maximalement complet et si $\mathcal{Q}$ est un arbre de cercles tel que :

1°) Si V n'est pas l'extrémité d'une branche finie de $\mathcal{Q}$, r(V) est réel et >0

2°) En appelant les succésseurs immédiats d'un $V \in \mathcal{Q}$ ses <u>fils</u>, tout V, qui n'est pas une extrémité de branche finie a au moins deux fils

3°) Si W,W' sont deux **fils** distincts d'un $V \in \mathcal{Q}$, $d(W,W') = d(V)$, $\mathcal{Q}$ est l'arbre des voisinages de trous $\mathcal{Q}_\infty(E)$ d'un $E \subseteq k'$. Il suffit de prendre comme E le complémentaire de la réunion des fruits de $\mathcal{Q}$.

En effet, premièrement, vu que k est maximalement complet, aucun des fruits de $\mathcal{Q}$ n'est vide, et tout $V \in \mathcal{Q}$ en contient au moins un. Supposons qu'on a déjà prouvé que $V \in \mathcal{Q}_\infty(E)$. Si V est l'extrémité d'une branche finie de $\mathcal{Q}$ c'est un fruit $\mathcal{Q}$, donc un trou de $\mathcal{Q}_\infty(E)$ et, par suite, une extrémité d'une branche finie de $\mathcal{Q}_\infty(E)$. Si V n'est pas une telle extrémité, soit $r = d(V)$ (c'est un nombre réel). Considérons un cercle $C \subset V$ de rayon r^- . Alors, ou bien C ne contient aucun fils de V dans $\mathcal{Q}$, ou bien il en contient un W. Dans le premier cas, il ne contient aucun fruit de $\mathcal{Q}$, donc aucun trou de E, et, par suite aucun fils de V dans $\mathcal{Q}_\infty(E)$. Si, par contre $C \supset W$, considérons un fruit T de $\mathcal{Q}$ tel que $T \subseteq W$. Alors $C \supset T$, donc contient un fils $W' \supseteq T$ dans $\mathcal{Q}(E)$, et $W \cap W' \neq \emptyset$. Mais si $C^* \subset C$ est un sous-cercle de C de rayon $r(W)^-$, il contient un fruit de $\mathcal{Q}$, donc un trou de E, si et seulement s'il contient quelque fils W^* de W. Donc tous les trous de E, qui sont $\subseteq C$, sont $\subseteq W$ et W', qui est le plus petit cercle contenant ces trous, est $\subseteq W$. Mais W a au moins deux fils W^*, $W^{*\prime}$ tels que $d(W^*, W^{*\prime}) = d(W)$.

Chacun d'eux contient un fruit de $\mathcal{Q}$, donc un trou de E, qui soit respectivement T^*, $T^{*\prime}$, On a $T^* \subset W'$, $T^{*\prime} \subset W'$ et $d(T^*, T^{*\prime}) = d(W)$. Par suite, on a $d(W') \geqslant d(W)$, donc $W' = W$. Ainsi, les fils de V dans $\mathcal{Q}(E)$ coïncident avec ses fils dans $\mathcal{Q}$, qui prouve que $\mathcal{Q} = \mathcal{Q}_\infty(E)$.

Un ensemble quasi-connexe E est, évidemment, régulier si, et seulement si $V \in \mathcal{Q}_e(E)$ a un nombre au plus dénombrable de fils, ou ce qui revient au même, la famille $\mathcal{Q}_e(E)$ est au plus dénombrable.

E étant un ensemble quasi-connexe, une partie $\mathcal{T}' = \mathcal{T}(E)$ de $\mathcal{T}(E)$ est dite <u>génératrice</u> si $E' = k' \ldots (\bigcup_{T \in \mathcal{T}'} T)$ est tel que $\mathcal{Q}_e(E') = \mathcal{Q}_e(E)$. En vertu des démonstrations précédentes si $\mathcal{T}'$ est tel que, dans tout $V \in \mathcal{Q}_e(E)$ soit contenu au moins un $T \in \mathcal{T}'$, $\mathcal{T}'$ est génératrice. Il en résulte que, si E est quasi-connexe régulier, son ensemble des trous admet une partie génératrice au plus dénombrable (18).

---

(18) L'arbre $\mathcal{Q}_\infty(E)$ a été introduit par moi-même en 1964 dans [10] pour les ensembles quasi-connexes réguliers (plus précisément pour les ensembles d'analyticité, ce qui, à postoriori n'est pas une restriction, car il sera prouvé que tout ensemble quasi-connexe régulier l'est), mais d'une manière entremêlée avec d'autres considérations. D'une manière plus nette, ces arbres ont été introduits et étudiés par M. Motzkin (voir [14], [15]) à partir de 1968, d'abord pour le complété des clôtures algébriques des corps p-adiques, ensuite sous l'hypothèse (pas explicitement formulée) que k est dénombrable. Il s'agissait toujours de E quasi-connexes.

§.7 Théorèmes Mittag-Leffleriens.

Soit $p \in k'$. Posons $U_p(X) = (X-p)^{-1}$ ou $= X$ selon que $p \neq \infty$ ou $p = \infty$. Soit $\sigma : X \longrightarrow X' = \frac{aX+b}{cX+d}$ $\left[\det\begin{pmatrix} a & b \\ c & d\end{pmatrix} \neq 0\right]$ une homographie non-singulière de k' et soit $p' = \sigma.p$. Un calcul simple montre que $U_p(X) = a(\sigma,p)\ U_{p'}(X') + b(\sigma,p)$, où $a(\sigma,p)$, $b(\sigma,p)$ sont $\in k$ et $a(\sigma,p) \neq 0$. Si une fraction rationnelle $f(X) \in k[X]$ a les pôles (distincts) $p_1, p_2, \ldots, p_3$ (∞ est un pôle de f(X) si le degré de son numérateur dépasse celui de son dénominateur), on a $f(X) = c + \sum_i f_{p_i}(X)$, où c est une constante $\in k$ et $f_{p_i}(X)$, dit la <u>partie élémentaire</u> de f(X) pour p_i, est un polynôme sans terme constant à coefficients $\in k$ par rapport à $U_{p_i}(X)$. Si σ est l'homographie précédente $X \longrightarrow X'$ et si $p_i' = \sigma_i\, p_i$ $(i=1,2,\ldots,3)$ et

$f'(X') = f'(\frac{aX+b}{cX+d}) = f(X)$, on a $f'(X') = c + \sum_i (f_{p_i})'(X')$ et $(f_{p_i})'(X')$ est un polynôme en $U_{p_i}(X) = a(\sigma,p)U_{p'_i}(X') + b(\sigma,p)$, donc aussi en $U_{p'_i}(X')$ (bien qu'ayant éventuellement un terme constant $\neq 0$). Il en résulte que $f'_{p'_i}(X')$ diffère de $(f_{p_i})'(X')$ juste par une constante.

Soit $c \in k$. Alors, si $p \neq \infty$, $U_p(X) = [(X-c) - (p-c)]^{-1}$. Si $|x-c| < |p-c|$, on a $U_p(x) = \frac{-1}{p-c}(1 - \frac{x-c}{p-c})^{-1} = \frac{-1}{p-c}\left[1 + \frac{x-c}{p-c} + (\frac{x-c}{p-c})^2 + \ldots + (\frac{x-c}{p-c})^i + \ldots\right]$ et $U_p(X)$ est égal, sur le cercle $C(c;d(p,c)^-)$ à la somme de la série de Taylor

$\frac{-1}{p-c}\left[1 + \frac{X-c}{p-c} + (\frac{X-c}{p-c})^2 + \ldots + (\frac{X-c}{p-c})^i + \ldots\right]$, dont le terme maximal y est le terme constant $(c-p)^{-1}$. Si $|x-c| > |p-c|$, on a

$U_p(x) = \frac{1}{x-c}\left[1 + \frac{p-c}{x-c} + (\frac{p-c}{x-c})^2 + \ldots + (\frac{p-c}{x-c})^i + \ldots\right]$, donc $U_p(X)$ est, sur la couronne $C(c;|p|^+, +\infty)$, égal à la série de Laurent principale

$\frac{1}{X-c} + \frac{p-c}{(X-c)^2} + \ldots + \frac{(p-c)^i}{(X-c)^{i+1}}$, dont le terme maximal y est $\frac{1}{X-c}$. D'autre part, pour

$|X| < |p|$, $U_p(X) = (X-p)^{-1} = -p^{-1}(1-\frac{X}{p})^{-1} = -p^{-1}(1+\frac{X}{p}+(\frac{X}{p})^2+\ldots+(\frac{X}{p})^i+\ldots]$

est représentable par une série de Taylor en $X = U_\infty(X)$.

Soit f un élément analytique de k de support E, f_i une suite approximante de f, C un trou isolé de E et $c \in C$ (si $\infty \in C$, on pose $c = \infty$). Il existe un surcercle projectif propre D de C tel que la couronne circulaire $Q = D\,..C$ soit $\subseteq$ E. Soient $p_{i,j} (1 \leq j \leq S_i)$ les pôles de f_i, et soit $c_i + \sum_j f_{i,j}(X)$ la représentation de f_i comme somme d'une constante c_i et de ses parties élémentaires $f_{i,j}(X)$ pour ses pôles respectifs $p_{i,j}$. Comme il n'y a aucun pôle de f_i dans Q, on a $p_j \in C$ ou $p_j \in \neg D = k'..D$. Posons $(f_i)_{pr} = \sum_{p_{i,j} \in C} f_{i,j}(X)$ et $(f_i)_{reg} =$ $= c_i + \sum_{p_{i,j} \notin C} f_{i,j}(X)$. Supposons $c \neq \infty$. Si $p_{i,j} \in C$, $U_{p_{i,j}}(X)$ se représente, sur $C(c; |p_{i,j}-c|^+, +\infty)$ par une série de Laurent principale en X-c, et il en est de même, pour le polynôme $f_{i,j}(X)$ en $U_{p_{i,j}}(X)$ sans terme constant, et cette série converge en $x \in k'$ si $|x-c| > |p_{i,j}-c|$, et, en particulier, pour les $x \notin C$ (et, à fortiori, si $x \in Q$). Il en est de même pour $(f_i)_{pr} = \sum_{p_{i,j} \in C} f_{i,j}(X)$.

De même, si $p_{i,j} \notin C$, donc $p_{i,j} \in \neg D$, $U_{p_{i,j}}(X)$ et $f_{i,j}(X)$ se représentent par des séries de Taylor en X-c, qui convergent pour les $x \in k$ tels que $|x-c| < |p_{i,j}-c|$ et, en particulier, pour les $x \in D$ et, à fortiori, pour les $x \in Q$, et il en est de même pour $(f_i)_{reg} = c_i + \sum_{p_{i,j} \notin C} f_{i,j}(X)$. Donc f_i se représente sur Q par une série de Laurent $\sum_n c_{i,n}(X-c)^n$, dont $(f_i)_{pr}$ est la partie principale et $(f_i)_{reg}$ est la partie régulière et, par construcion, ces parties de f ne dépendent pas du choix de $c \in C$. En vertu des inégalités de Cauchy, pour tout $r \in \Gamma(k)$ tel que $S(c,r) \subseteq Q$, on a, pour tout n, $|c_{i,n}|r^n \leq M_i^{(c)}(r)$ et, en particulier, $M_{i,pr}^{(c)}(r) = M_{(f_i)_{pr}}^{(c)}(r)$ et $M_{i,reg}^{(c)}(r) = M_{(f_i)_{reg}}^{(c)}(r)$ sont $\leq M_i^{(c)}(r)$. Comme $(f_i - f_j)_{pr} = (f_i)_{pr} - (f_j)_{pr}$ et $(f_i - f_j)_{reg} = (f_i)_{reg} - (f_j)_{reg}$, on a, si l'on pose $M^{(c)}_{i,j,pr}(r) = M^{(c)}_{(f_i-f_j)_{pr}}(r)$, $M^{(c)}_{i,j,reg}(r) = M^{(c)}_{(f_i-f_j)_{reg}}(r)$, que, si

$i \geqslant i(\mathcal{E})$, $M^{(c)}_{i,i+1,pr}(r)$ et $M^{(c)}_{i+1,reg}(r)$ sont $\leqslant \mathcal{E}$ quand $S(c,r) \subseteq Q$. Donc, les suites $(f_i)_{pr}$ et $(f_i)_{reg}$ convergent uniformément sur Q vers les séries de Laurent principale $f_{pr} = \sum_{1 \leqslant n \leqslant +\infty} a_n U_c(X)^n$ et régulière $f_{reg} = \sum_{-\infty \leqslant n \leqslant 0} a_n U_c(X)^n$ en X-c (où $a_n = \lim_i c_{i,-n}$), et ces séries ne dépendent pas du choix de la suite approximante f_i de f, ni leurs sommes de celui de $c \in C$, car ce sont les parties principaleset régulièresd'une série de Laurent en X-c représentant f sur Q, et cette représentation est unique, car, en vertu des inégalités de Cauchy, tous les termes d'une série de Laurent nulle sont nuls. La série f_{pr} s'appelle la contribution du trou isolé, C à f, et sera noté f_C ou $f_C(X)$. Un théorème analogue pour , $c = \infty$ se déduit du présent par une homographie convenable.

Si f(X) est bornée sur E et si $m(f) = \text{Sup}_{x \in E} |f(x)|$, f_C y est, également, bornée et on a $m(f_C) \leqslant m(f)$. En effet, si $c \neq \infty$ et si ρ est le rayon intérieur de Q, $M^{(c)}_{f_C}(r)$ est définie pour $r \geqslant \rho$ et est, sur cet intervalle, une fonction décroissante de r. Ainsi f_C est bornée sur E si elle l'est sur Q et $\text{Sup}_{x \in E} | f_C(x) | = \text{Sup}_{x \in Q} | f_C(x)|$. La fonction f est bornée sur $Q \subseteq E$ et $\text{Sup}_{x \in Q} | f(x)| \leqslant m(f)$. D'autre part, puisque, pour tout n et pour tout $x \in Q$, $| a_n U_c(x)^n | \leqslant \text{Sup}_{y \in Q} | f(y)|$, on a $\text{Sup}_{x \in Q} |f_C(x)| \leqslant \text{Sup}_{x \in Q} | f(x)|$ et $m(f_C) \leqslant m(f)$. Si $c = \infty$, il faut remplacer, dans le raisonnement précédent, le rayon intérieur ρ de Q par son rayon extérieur ρ .

Remarque : Soit $m_C(f_C) = \text{Sup}_{x \notin C} |f_C(x)|$. Alors $m_C(f_C) = m(f_C)$ (évident).

Soient C un cercle projectif quelconque de k' et f une fraction rationnelle $\in k[X]$. Les p_j désignant les pôles distincts de f, on va poser $f_C = \sum_{p_j \in \mathcal{O}} f^j_{p_j}(X)$. Visiblement, si $\mathcal{C}$ est un ensemble de cercles disjoints tels que tout pôle de f appartienne à un de ces cercles, on a $f = e + \sum_{C \in \mathcal{C}} f_C$, la somme précédente ayant un sens car il n'y a qu'un nombre fini des $C \in \mathcal{T}$ tels que $f_C \neq 0$. Soient f une fonction rationnelle, E un quasi-connexe, C un trou de E. Alors C ou bien est un cercle, ou bien le complémentaire d'un cercle $C^* = C(a,\rho)$ et sauf si $\rho = 0$ on peut supposer que a n'est pas un pôle de f. Si l'on suppose que f est bornée sur E, à n'est pas un pôle même si $\rho = 0$. Alors, on a le

Lemme : Si f est bornée sur E, on a $m(f) \geqslant M_f^{(a)}(r(\rho))$, où $r(\rho)$ est la valeur réelle de ρ.

Démonstration. Soit r un nombre réel tel que $r > \rho$, resp. $r < \rho$, selon que $C = C^*$ ou $C = k' \mathbin{..} C^*$. Alors il existe un r' tel que $r \geqslant r' > \rho$, resp. $r \leqslant r' < \rho$, tel que $S(a,r') \cap E \neq \emptyset$. Soit $u \in S(a,r') \cap E$. Il existe un $v \in E$ tel que $d(u,v) \geqslant r'$. En effet, dans le cas contraire, on aurait eu $E \subseteq C(u,r'^-)$ et $k' \mathbin{..} C(u,r'^-)$ aurait été un surcercle projectif propre de C, et C n'aurait pas été un trou de E. Mais alors, il existe un r'', r'' < r', aussi proche que l'on veut de r' et tel que $S(u,r'') \subseteq E$, ce qui implique $m(f) \geqslant M_f^{(u)}(r'')$ et, en faisant tendre r'' vers r', $m(f) \geqslant M_f^{(u)}(r')$. Comme $d(a,u) = r'$, on a $M_f^{(u)}(r') = M_f^{(a)}(r')$. Comme on peut prendre r' aussi proche que l'on veut de $r(\rho)$, on a, par passage à la limite $r' \to r(\rho)$, $m(f) \geqslant M_f^{(a)}(r(\rho))$.

Lemme. Si C est un trou de E ou un "trou ouvert" de E, c'est-à-dire le sous-cercle projectif non-circonférencié maximal d'un trou C de E, on a

$$m(f_C) \leqslant m(f).$$

Démonstration. Supposons, d'abord, que C est un trou. Alors, on a $m(f_C) \geqslant M_{f_C}^{(a)}(r(\rho))$. Mais f_C n'a pas de pôles en dehors de C, ce qui implique, pour tout $x \notin C$, $|f_C(x)| \leqslant M_{f_C}^{(a)}(d(x,a)) \leqslant M_{f_C}^{(a)} r(\rho)$, donc $m(f_C) = M_{f_C}^{(a)}(r(\rho))$. D'autre part, il existe un r aussi proche que l'on veut de $r(\rho)$ (ou $= r(\rho)$) tel que $S(a,r) \subseteq E$ et que $C \subseteq C(a,r^-)$ ou $C \subseteq k' \mathbin{..} C(a,r)$. Alors, $f_C(X)$ est ou bien la partie principale, ou bien la partie régulière sans terme constant de la série de Laurent en X-a, qui représente f(X) sur S(a,r), d'où résulte $M_{f_C}^{(a)}(r) \leqslant M_f^{(a)}(r)$ et, par passage à la limite $r \longrightarrow r(\rho)$, $m(f_C) = M_{f_C}^{(a)}(r(\rho)) \leqslant M_f^{(a)}(r(\rho)) \leqslant m(f)$.

Supposons que C est le sous-cercle projectif non circonférencié maximal d'un trou circonférencié $\tilde{C}$. Supposons d'abord $\tilde{C} = C(a,\tilde{r})$, où $a \in C$. Il existe une couronne $Q = C(a,\bar{r}^{+},\tilde{r}^{-}) \subsetneq C$ ne contenant aucun pôle de f, et f_C est la partie principale du développement de f en série de Laurent en X-a, qui converge dans Q. On a donc $M^{(a)}_{f_C}(r) \leqslant M^{(a)}_{f}(r)$ si $\bar{r} < r < \tilde{r}$, d'où, par passage à la limite

$r \longrightarrow \tilde{r}$, $m(f_C) = M^{(a)}_{f_C}(\tilde{r}) \leqslant M^{(a)}_{f}(\tilde{r}) \leqslant m(f)$.

Soit C un sous-cercle projectif d'un trou de E et soit (f_n) une suite approximante d'un élément analytique f de support E. Alors, si la suite (f_n) converge uniformément sur $k' \ldots C$, sa limite est une série de Laurent principale f_C en $U_c(X)^{-1} = X-c$, où $c \in C$, [si $\infty \in C$, on pose $c = \infty$ et $U_\infty(X) = X$], qui converge en dehors de C et qui sera dite la <u>contribution</u> de C à f.

Soient $\mathcal{T}_r$ et $\mathcal{T}_p$ la partie réductible et la partie parfaite de l'ensemble des trous de E. Alors, j'ai prouvé <u>le premier théorème Mittag-Lefflerien.</u> Si $C \in \mathcal{T}_r$, f_C existe, ne dépend pas du choix de (f_n) et si f est bornée sur E, f_C l'est aussi, et on a $m(f_C) \leqslant m(f)$. La série $f^{(r)} = \sum_{C\in\mathcal{T}_r} f_C$ [même considérée comme la somme de tous les termes de toutes les f_C, $C \in \mathcal{T}_r$] converge uniformément sur E (et, même sur $E \cup \big[\bigcup_{C\in\mathcal{T}_r} C\big]$). Si f est bornée sur R, $f^{(r)}$ et $f^{(p)} = f - f^{(r)}$ le sont aussi, et on a $m(f^{(r)}) \leqslant m(f)$ et $m(f^{(p)}) \leqslant m(f)$. Si $\mathcal{T}' \subsetneq \mathcal{T}_r$,

$f_{\mathcal{T}'} = \sum_{C\in\mathcal{T}'} f_C$ est un élément analytique sur $E \cup \big[\bigcup_{C\in\mathcal{T}..\mathcal{T}'} C\big]$, et $f - f_{\mathcal{T}'}$ se prolonge en un élément analytique sur

$$E \cup \Big[\bigcup_{C\in\mathcal{T}'} C\Big].$$

Il résulte de ce théorème que le prolongement analytique de f se réduit à celui de $f^{(p)}$ et des f_C, $C \in \mathcal{T}^{(r)}$.

D'autre part, soit C^* un cercle circonférencié d'un certain rayon $r^* > 0$ et $T(C^*)$ l'ensemble des cercles $C \subset C^*$ de rayon r^{*-}. Alors, on a <u>le deuxième théorème Mittag-Lefflerien</u>. Si f est un élément analytique régulier, dont le support contient $k \ldots C^*$ et n'est pas disjoint avec C^*, f_C est défini et ne dépend pas du choix de la suite approximente de f. On a $m(f_C) \leqslant m(f)$, il n'y a qu'un ensemble au plus denombrable T' des $C \in T(C^*)$ tels que $f_C \neq 0$ et $\sum_{C\in T(C^*)} f_C = \sum_{C\in T'} f_C$

converge uniformément sur $E \cup [\bigcup_{C' \in T(C)..T'} C']$, sa somme étant =f sur E.

Mais ces deux théorèmes se trouvent être des cas particuliers du théorème suivant démontré par Robba.

Théorème. Si f est un élément analytique de support (19) E, f_C est définie pour tout trou ouvert C de E, ne dépend pas du choix de la suite approximente (f_n) de f et si f est borné sur E, $m(f_c) \leqslant m(f)$. L'ensemble des trous ouverts c de E tels que $f_c \neq 0$ est au plus dénombrable si $f^* = \sum_C f_C$, où C parcourt tous les trous ouverts de E, converge uniformément sur E et $f - f^*$ est une constante.

Démonstration. Soit C un trou ouvert, dont soit ρ le rayon (donc $\rho = 0$ ou $\rho = r^-$, où $r > 0$). Si (f_n) est une suite approximante de f et si $n \geqslant n(\varepsilon)$, on a $m((f_n - f_{n+1})_C) \leqslant m(f_n - f_{n+1}) \leqslant \varepsilon$, donc $|f_n(x) - f_{n+1}(x)| \leqslant \varepsilon$ partout sur E. Or, si $\infty \notin C$, il existe, pour tout r' réel tel que $\rho < r' \leqslant d(E)$ un r" réel tel que $\rho < r'' \leqslant r'$ tel que, si $c \in C$, $S(c,r'') \subseteq E$ (démonstration facile). Donc, si $n \geqslant n(\varepsilon)$, on a $M^{(c)}_{(f_n - f_{n+1})}(r'') \leqslant m((f_n - f_{n+1})_C) \leqslant \varepsilon$. Mais $(f_n - f_{n+1})_C$ étant une série de Laurent principale en X-c, $M^{(c)}_{(f_n - f_{n+1})}(r)$ est une fonction décroissante de $r > \rho$, ce qui montre que cette fonction est $\leqslant \varepsilon$ pour tout $r > \rho$ quand $n \geqslant n(\varepsilon)$. Par suite, la suite $(f_n)_C$ converge uniformément en dehors de C, et sa limite f_C est, en vertu du théorème de Weierstrass, une série de Laurent principale en X-c (si $\infty \in C$, auquel cas il faut prendre $c = \infty$, un raisonnement convenablement modifié montre que $f_C = \lim_n (f_n)_C$ existe et est une série de Taylor en X sans terme constant). On a $f_C \neq 0$ seulement si quelque $(f_n)_C \neq 0$, autrement dit s'il existe un pôle p de quelque f_n tel que $p \in C$, et on a et ne peut avoir $m(f_C) > \varepsilon$ que s'il existe un tel pole de $f_{n(\varepsilon)}$. Ainsi, l'ensemble des trous ouverts C de E tels que $f_C \neq 0$ est au plus dénombrable, et celui des C tels que $m(f_C) > \varepsilon > 0$ est fini. Donc $f^* = \sum_C f_C$, où la somme est étendue à tous les trous ouverts de E, est définie et converge uniformément sur E. En plus, on a $f^* = \lim f_n^*$, où $f_n^* = \sum_C (f_n)_C$ et $f_n - f_n^*$ est une constante $a_n \in k$, où $|a_n - a_{n+1}| \leqslant m(f_n - f_{n+1})$, donc est $\leqslant \varepsilon$ si

(19) Ce théorème est, d'ailleurs, démontré par Robba pas seulement pour les supports E quasi-connexes, mais pour n'importe quel E analytique (voir [17], p.122)

si $n \geq n(\varepsilon)$. On a donc $f - f^{*} = \lim_n (f_n - f_n^{*}) = \lim_n a_n = a \in k$. Si (f'_n), est une autre suite approximente de f, $(f_n - f'_n)$ en est une de 0, donc, pour $n \geq n(\varepsilon)$, on a $m((f_n)_C - (f'_n)_C) \leq \varepsilon$ et $f'_C = \lim (f'_n)_C = \lim (f_n)_C = f_C$.

Le théorème de Robba donne la description complète des éléments analytiques, ce qui n'est pas tout-à-fait le cas pour mes deux théorèmes Mittag-Leffleriens. En effet, si E est un ensemble quasi-connexe, et si, dans l'ensemble de ses trous ouverts on choisit arbitrairement un sous-ensemble fini ou dénombrable T' et à chaque $C \in T'$ on fait correspondre une série de Laurent dans k principale f_C d'un centre $c \in C$ (où, si $\infty \in C$, il y a lieu de prendre $c = \infty$ et de remplacer X-c par X^{-1}) avec la condition que, m_C désignant le suprémum de $f_C(x)$ en dehors de C, que m_C tende vers 0^{+} quand T' est infini, $f = a + \sum_C f_C$, ou a est une constante arbitraire $\in k$, est un élément analytique sur E tel que la contribution d'un trou ouvert C de E à cet élément soit f_C ou 0 selon que $C \in T'$ ou $C \notin T'$. Et, en vertu du théorème de Robba, tout élément analytique de support E a cette forme.

Par contre, en ce qui concerne les singularités et la description globale des fonctions analytiques, le théorème de Robba ne semble apporter guère plus, sauf dans des cas particuliers, que les deux théorèmes Mittag-Leffleriens. Il est, bien entendu, exclu qu'une fonction analytique puisse toujours se représenter (dans tout son domaine d'existence) comme une somme uniformément convergente d'une constante et d'un ensemble au plus dénombrable de séries de Laurent principales de divers centres (car elle serait alors un élément analytique), ou même par une telle somme simplement convergente, comme le montre, dans le cas aussi simple que celui des fonctions méromorphes dans un cercle non-circonférencié (pouvant être le corps $k = C(0,+\infty^{-})$ lui-même), le théorème suivant de Michel Lazard [20] :

C étant un cercle non-circonférencié d'un corps valué k, qui est algébriquement clos et maximalement complet, soit $p_1, p_2, \ldots, p_i, \ldots$ une suite dénombrable quelconque de points distincts de C telle que la distance de ces points tende vers le diamètre d(C) de C. Soit, pour tout i, f_i un polynome en $(X-p_i)^{-1}$ sans terme constant, les polynômes f_i pouvant être choisis tout-à-fait indépendemment. Alors, il existe une fonction f (à valeurs dans k) méromorphe sur C, dont les p_i sont les seuls pôles, et qui est telle que f_i soit la partie principale du developpement de Laurent de f autour de $p_i (i=1,2,\ldots)$.

(20) Voir M. Lazard [13]

Pour qu'une telle fonction, définie sur C .. $\{p_i \; ; \; i \in \mathbb{N}\}$ puisse se représenter comme séries de Laurent de différents centres, il faut que cette somme soit de la forme $f_\infty + \sum_{i \in \mathbb{N}} f_i$, où f_∞ est une série de Taylor en X, qui converge dans C (en supposant, ce qui n'est pas restrictif, que $0 \in C$). Mais les f_i étant des polynômes en $(X-p_i)^{-1}$ sans termes constants tout-à-fait <u>arbitraires,</u> on peut les choisir de manière que $\sum_i f_i$ diverge partout sur E ! Ce théorème montre combien est grande la différence entre les éléments et les fonctions analytiques.

Le théorème de Robba permet de prouver simplement le théorème déjà mentionné [qui a été énoncé par moi-même dans [10], p. 126 ; mais ma démonstration (non publiée) était compliquée] que <u>la superposition de deux éléments analytiques, qui se prolongent</u> (<u>et, plus généralement, d'une famille finie cohérente d'éléments analytiques, dont les supports forment une famille enchainée</u>) <u>est un élément analytique.</u>

<u>Démonstration</u>. Soient f', f'' les deux éléments analytiques en question, E', E'' leurs supports, $\bar{E} = E' \cap E''$, $E = E' \cup E''$, f la superposition des f', f'', (f'_n), $f''_n)$ des suites approximantes des f', f'' respectivement. Soient $\mathcal{T}'_1$, $\mathcal{T}'_2$ les ensembles des trous C' de E' qui sont contenus (au sens large) dans quelque trou C" de E", resp. contiennent (au sens large) quelque trou C" de E" ou sont disjoints avec tout trou de E" (autrement dit, sont $\subseteq E''$). Soient $\mathcal{T}''_1$, $\mathcal{T}''_2$ des ensembles analogues de trous de E". Alors $\mathcal{T}(E') = \mathcal{T}'_1 \cup \mathcal{T}'_2$, $\mathcal{T}(E'') = \mathcal{T}''_1 \cup \mathcal{T}''_2$, $\mathcal{T}'_1 \cap \mathcal{T}'_2 = \mathcal{T}''_1 \cap \mathcal{T}''_2$ est l'ensemble des trous communs des E', E", $\mathcal{T}(\bar{E}) = \mathcal{T}'_2 \cup \mathcal{T}''_2$, $\mathcal{T}(E) = \mathcal{T}'_1 \cup \mathcal{T}''_1$. Comme $f' = f''$ sur $\bar{E}$, c'est, sur cet ensemble, un élément analytique $\bar{f}$ dont (f'_n) et (f''_n) sont toutes les deux des suites approximantes. Ainsi, si $\bar{C}$ est un trou de $\bar{E}$, $(f'_n)_{\bar{C}}$ et $(f''_n)_{\bar{C}}$ tendent vers une même limite $\bar{f}_C$.

En particulier, si $\bar{C} \in \mathcal{T}'_1 \cap \mathcal{T}'_2 = \mathcal{T}''_1 \cap \mathcal{T}''_2$, on a $\bar{f}_{\bar{C}} = f'_{\bar{C}} = f''_{\bar{C}}$. Si $\bar{C} \in \mathcal{T}'_1$ et $\bar{C} \subseteq E''$, on a, pour tout n, $(f''_n)_{\bar{C}} = 0$, donc $\bar{f}_C = 0$. Et si $\bar{C} \in \mathcal{T}'_1$ et $\bar{C} \not\subseteq E''$, on a, $(f''_n)_C = \sum_{C'' \in \mathcal{T}''_1, \, C'' \subseteq \bar{C}} (f''_n)_{C''}$, donc $\bar{f}_{\bar{C}} = \sum_{C'' \in \mathcal{T}''_1, \, C'' \subseteq \bar{C}} f''_{C''}$.
En échangeant les rôles de f', f'', on a des égalités analogues pour les $\bar{C} \in \mathcal{T}''_2$.

On a, sur E', $f' = \sum_{C' \in \mathcal{T}'_1} f'_{C'} + \sum_{C' \in \mathcal{T}'_2 \dots \mathcal{T}'_1} f'_{C'}$. Or, si $C' \in \mathcal{T}'_2 \dots \mathcal{T}'_1$

est $\subsetneq E''$, on a $f'_{C'}=0$. Si un tel C' est $\not\subset E''$, $f'_{C'} = \bar{f}'_{C'}$ est égal à $\sum f''_{C''}$, où C" parcourt les trous de E" contenus dans C', et quand C' parcourt $\mathcal{T}'_2 \ldots \mathcal{T}'_1$, les C", qui y sont contenus, parcourent visiblement $\mathcal{T}''_1 \ldots \mathcal{T}'_1$.
Ainsi, on a $f' = \sum_{C' \in \mathcal{T}'_1} f'_{C'} + \sum_{C'' \in \mathcal{T}''_1 \ldots \mathcal{T}'_1} f''_{C''} = \sum_{C' \in \mathcal{T}'_1 \ldots \mathcal{T}''_1} f'_{C'} + \sum_{C'' \in \mathcal{T}''_1} f''_{C''}$. Il en est de même pour f" sur E". Ainsi f est égal aussi à ces sommes aussi bien sur E' que sur E". D'autre part, $\sum_{C' \in \mathcal{T}'_1} f'_{C'}$ converge uniforément partout en dehors de $\bigcup_{C \in \mathcal{T}'_1} C'$, donc, en particulier sur E, et il en est de même pour des raison analogues, pour $\sum_{C'' \in \mathcal{T}''_1} f''_{C''}$. Par suite, f est un élément analytique sur E.

Soit (f_n) une suite de fractions rationnelles, qui converge uniformément sur un ensemble quasi-connexe E, et soit $n(\mathcal{E})$ une fonction à valeurs entières $\geqslant 0$ définie sur $[0^+, +\infty^-]_{\mathbb{R}^0}$ telle que $n \geqslant n(\mathcal{E})$ implique $|f_n(x) - f_{n+1}(x)| \leqslant \mathcal{E}$ pour tout $x \in E$. Considérons la famille de tous les ensembles quasi-connexes E' de k' non disjoints avec E et tels que, pour la suite (f_n) considérée, toutes les f_n soient définies et les mêmes inégalités aient lieu pour tout $x \in E'$. On a vu qu'il existe, pour toute suite (f_n) et toute fonction $n(\mathcal{E})$ de cette forme, des $E' \supsetneq E$ réguliers appartenant à la famille. La famille considérée est enchaînée et sa réunion, qui est aussi la réunion de ces ensembles réguliers, est encore un ensemble (donc le plus grand ensemble) de la famille, qui sera dit la $((f_n),n(\mathcal{E}))$-fermeture de E. Cet ensemble est, évidemment, quasi-connexe régulier. On dit que E est $((f_n),n(\mathcal{E}))$-fermé s'il est égal à sa $((f_n),n(\mathcal{E}))$-fermeture, et on dit qu'il est extrémal s'il est $((f_n),n(\mathcal{E}))$-fermé pour quelque couple $((f_n),n(\mathcal{E}))$, qui en sera dit un couple extrémalisant (Remarque : un même couple peut être extrêmalisant pour plusieurs ensembles quasi-connexes extrêmaux, forcément disjoints). La $((f_n),n(\mathcal{E}))$-fermeture d'un quasi-connexe E est $((f_n),n(\mathcal{E}))$-fermée (démonstration facile).

Un ensemble quasi-connexe extrêmal est régulier, mais pas tout quasi-connexe régulier E est extrêmal. Pour qu'il le soit, il faut et il suffit que :

1 - E n'ait qu'un nombre fini de trous ponctuels ;

2 - si le cardinal du corps résiduel $\bar{k}$ de k est plus grand que la puissance du

dénombrable, tout trou non-ponctuel de E est non-circonférencié. Je vais donner ailleurs la démonstration de ce théorème.

Il résulte de ce théorème que si $\bar{k}$ est plus que dénombrable et le quasi-connexe E est extrêmal, les trous ouverts de E en sont des trous tout court. Ainsi, la notion de trou ouvert apparait comme un artifice, d'ailleurs, ingénieux, pour "decoller" les "veritables" trous collés ensemble en trous plus grands, soit parce que le quasi-connexe n'est pas assez grand (n'est pas extrêmal), soit parce que le corps résiduel $\bar{k}$ du corps k, où cet ensemble est considéré, est trop étroit. Mais cet artifice est inefficace quand on passe des éléments analytiques aux fonctions analytiques. L'ensemble d'analyticité d'une fonction analytique peut parfaitement avoir des trous circonférenciés non ponctuels (et même une infinité de trous ou de trous ponctuels), comme le montre l'exemple aussi simple qu'une série de Taylor, qui converge dans $C(0,1^-)$ et est telle que $M_f(r) \longrightarrow +\infty^-$ quand $r \longrightarrow 1^-$ (telle que par exemple, $\mathrm{Log}(1+X) = \frac{X}{1} - \frac{X^2}{2} + \dots$ si k est hétérolypique). Si l'on veut séparer vraiment les singularités de telles fonctions on doit distinguer les trous vraiment circonférenciés de ceux, qui ne le sont qu'en apparence et sont constitués par une réunion de "vrais" trous non-circonférenciés que seule l'étroitesse de k agglomère en un cercle plus grand.

§.8 Théorème de singularité au bord. Analyse des singularités des fonctions analytiques.

Nous allons supposer que k est algébriquement clos et maximalement complet. Soit f une série de Taylor, dont soit $C = C(0,\rho)$ le cercle de convergence, supposé non vide et non ponctuel ($\rho > 0^+$). Alors, on a le

Théorème de singularité au bord [21]. Ou bien f n'est pas prolongeable en dehors de C, ou bien C est non-circonférencié et il existe, sur sa circonférence $S(0,r(\rho))$, un point où f n'est pas prolongeable.

Démonstration. Supposons d'abord C circonférencié, donc ρ réel. Alors f converge uniformément sur C, donc est un élément analytique. Supposons qu'il existe un élément analytique f', qui prolonge f en dehors de C et soit E' son support. Comme $C \cap E' \neq \emptyset$, il existe un $a \in C \cap E'$, et comme $E' \not\subseteq C$, il existe un $b \in E' \dots C$. On a $d(a,b) > \rho$. Il n'existe donc, pour E', qu'un nombre fini de valeurs exceptionnelles $d(a,b)$. Soit $\bar{r}$ la plus petite de ces valeurs exceptionnelles, qui est

(21) Une esquisse de démonstration sommaire a été donnée dans Krasner [9]

$> \rho$ ou, si de telles valeurs exceptionnelles n'existent pas, $\bar{r} = d(a,b)$. On a $C \cup E' \supseteq C(0,\rho) \cup C(a,\rho^+,\bar{r}^-) = C(a,\rho) \cup C(a,\rho^+,\bar{r}^-) = C(a,\bar{r}^-) = C(0,\bar{r}^-)$.

La superposition des f et f' est un élément analytique sur $C \cup E'$, donc, à fortiori, sur $C(0,\bar{r}^-)$. Par suite [1er théorème Mittag-Lefflerien appliqué au trou isolé $k' .. C(0,r^-)$] , il s'y représente par une série de Taylor en X, qui, en vertu du théorème d'unicité pour les séries de Taylor, coïncide avec f, et f converge en dehors de C, ce qui est absurde. Il est à remarquer que cette partie du théorème, qui dit qu'une série de Taylor, dont le cercle de convergence est circonférencié, n'est pas prolongeable en dehors de ce cercle, ne suppose pas que k soit maximalement complet, mais seulement qu'il est complet.

Supposons que C ne soit pas circonférencié, donc $\rho = r^-$, où $r \in \underline{\mathcal{R}}$, et soit $S : S(0,r)$ sa circonférence. Effectuons le changement de variable $X' = X^{-1}$. Alors $f(X)$ devient une série de Laurent $f'(X')$ en X', qui converge en dehors du cercle $C' = C(0,r')$, $r' = r^{-1}$. L'image de S est la circonférence $S' = S(0,r')$. Si $a \in C'$, f se représente par une série de Laurent principale $f'^{(a)}(X'-a)$ en $X'-a$, qui converge certainement en dehors de $C' = C(0,r') = C(a,r')$, mais peut-être en dehors d'un cercle plus petit C'_a de centre a[22]. Il est clair que si $b \in C'_a$, on a $C'_b \subseteq C'_a$. Il n'est pas possible que pour $a,b \in C'$ on ait $C'_a \cap C'_b = \emptyset$. En effet, il existe, dans ce cas, des cercles non-circonférenciés C''_a , C''_b tels que $C''_a \supseteq C'_a$, $C''_b \supseteq C'_b$ et $C''_a \cap C''_b = \emptyset$: Si, par exemple, C'_a est circonférencié, on a $d(C'_a , C'_b) > d(C'_a)$ et si $r'' \in \Gamma(k)$ est tel que $d(C'_a) < r'' < d(C'_a , C'_b)$,

$C''_a = C(a,r'') \supset C'_a$ et $C''_a \cap C''_b \neq \emptyset$. Si C'_b est circonférencié, on montre, par le même raisonnement appliqué aux cercles C'_b , C''_a , qu'il existe un cercle non circonférencié $C''_b \supset C'_b$ tel que $C''_a \cap C''_b = \emptyset$. Ceci posé, $f'^{(a)}$ est un élément analytique en dehors de C''_a et $f'^{(b)}$ l'est en dehors de C''_b. Ces éléments analytiques coïncident en dehors de $C' \supseteq C'_a \cup C'_b$, donc se prolongent, et leur superposition (qui coïncide avec f' en dehors de C') est un élément analytique sur $(k'..C''_a) \cup (k'..C''_b) = k'..(C''_a \cap C''_b) = k'$, donc, f' converge partout sur k' et $C' = \emptyset$ ce qui est absurde. Ainsi, les C'_a forment une famille de cercles emboités et, puisque k est maximalement complet, $D_o = \bigcap_{a \in C'} C'_a$ n'est pas vide. Soit $a_o \in D_o$. Quel que soit $a \in C'$, on a $a_o \in C'_a$, donc $C'_{a_o} \subseteq C'_a$ et $f'^{(a_o)}$ converge en dehors de tout

(22) Cette possibilité a été déjà remarquée par W. Schöbe. Voir la fin de son travail [19].

C'_a , donc en dehors de $D'_0 = \bigcap_{a \in C'} C'_a$. On a donc $C'_{a_0} \subseteq D'_0$, et, puisque on a trivialement $C'_{a_0} \supseteq D'_0$, on a $C'_{a_0} = D'_0$. Le cercle D'_0 sera dit le cercle minimal de non-convergence de f', et soit r'_0 son diamètre. Si D' est un surcercle non-circonférencié quelconque de D'_0 , $f'_0 = f'^{(a_0)}$ est un élément analytique sur $k' .. D'$ (et, en particulier, sur $k' .. D'_0$ si D'_0 est non-circonférencié), mais il peut ne pas l'être sur $k' ... D'_0$ auquel cas r'_0 est réel. S'il en est ainsi, il n'est pas prolongeable dans D'_0 (c'est-à-dire à aucune partie de D'_0). En effet, supposons qu'un élément analytique f" de support E" effectue un tel prolongement, et soient $a \in E'' \cap D'_0$, $b \in E'' ... D'_0$. Alors $d(a,b) > r'_0$. Soit $\bar{r}$ la plus petite valeur exceptionnelle de E" telle que $r'_0 < \bar{r} \leq d(a,b)$, quand il existe de telles valeurs dans l'intervalle $]r'_0, d(a,b)]$, ou $\bar{r} = d(a,b)$, quand de telles valeurs exceptionnels n'existent pas. On a $C(a_0; r'^{+}_0, \bar{r}^{-}) = C(a; r'^{+}_0, \bar{r}^{-}) \subseteq E'$, et f" est un élément analytique sur cette couronne et y coïncide avec f'_0. Soit r" un nombre réel tel que $r'_0 < r'' < \bar{r}$. Alors, la restriction f'^{*}_0 de f'_0 à $k' .. C(a_0, r''^{-})$ est un élément analytique, qui prolonge f". Ainsi, la superposition de f'^{*}_0 et de f" est un élément analytique sur $[k' .. C(a_0, r''^{-})] \cup E'' \supseteq [k' .. C(a_0, r''^{-})] \cup C(a_0; r'^{+}_0, \bar{r}^{-}) = [k' .. C(a_0, r''^{-})] \cup [C(a_0, \bar{r}^{-}_0) ... C(a_0, r'_0)] = [k' \cup C(a_0, \bar{r}^{-})] .. [C(a_0, r''^{-}) \cap C(a_0, r'_0)) = k' .. C(a_0, r'_0) = k' .. D'_0$, contre l'hypothèse car cette superposition est f'_0 .

Ainsi, si D'_0 est non-circonférencié ou si f'_0 n'est pas un élément analytique en dehors de $k' .. D'_0$, f' n'est pas prolongeable dans D'_0 . Supposons que f' n'est pas prolongeable dans D'_0 donc f n'est pas prolongeable dans l'image D_0 de D'_0 par la transformation $X = X'^{-1}$. Si alors $D'_0 = C'$, cela signifie que f n'est pas prolongeable en dehors de C. Si $D'_0 = C(a'_0, r'_0) \neq C'$, donc $r'_0 < r'$, f' est certainement convergente en dehors du plus petit cercle de centre O contenant D'_0 , ce qui montre que ce cercle est $C' = C(O, r')$. Il en résulte que $O \notin D'_0$ et que le cercle précédent est $C(O, d(O, a'_0)) = C(O, a'_0)$, donc $a'_0 = r'$, donc $a'_0 \in S' = S(O, r')$ et $D'_0 \subseteq S'$, ce qui implique que $D \subseteq S$ et il y a des points de S où f n'est pas prolongeable.

Supposons maintenant que f'_0 est prolongeable dans D'_0 , ce qui implique que D'_0 est circonférencié et que f'_0 est un élément analytique sur $k' .. D'_0$. En vertu du théorème de Robba (et aussi, en vertu de mon deuxième théorème Mittag-Lefflerien, on peut toujours se placer dans un corps k dont le corps résiduel k est plus que dénombrable et supposer que le prolongement de f'_0 dans D'_0 est effectué par un élément analytique régulier), on a $f'_0 = \sum (f'_0)_{C''}$, où C" parcourt l'ensemble $T(D'_0)$ des sous-cercles C" de D'_0 de rayon r'^{-}_0 . Il y a au moins deux cercles

$C'' \in T(D'_o)$ tels que $(f'_o)_{C''} \neq 0$, car s'il n'y en avait qu'un seul, soit $\bar{C}''$, on aurait eu $f'_o = (f'_o)_{\bar{C}''}$, donc, si $c'' \in \bar{C}''$, $f'^{(c'')} = f_o'^{(c'')} = (f'_o)_{\bar{C}''}$ en dehors de C', ce qui impliquerait $C'_{c''} \subsetneq \bar{C}'' \subset D'_o$, ce qui est absurde. Il existe donc un $\bar{C}'' \in T(D'_o)$ tel que $(f'_o)_{\bar{C}''} \neq 0$ et tel que $\bar{C}'' \neq C(0,r_o'^-)$. Si $D'_o = C'$, ceci implique $\bar{C}'' \subseteq S'$ et si $D'_o \neq C'$, donc $D'_o \subseteq S'$, on a encore $\bar{C}'' \subseteq S'$. $f_o'^* = \sum_{C'' \in T(D'_o) .. \{\bar{C}''\}} (f'_o)_{C''}$ converge uniformément sur $\bar{C}''$, donc y est un élément analytique. Donc f'_o est prolongeable à quelque $a \in \bar{C}''$ si, et seulement si, $(f'_o)_{\bar{C}''} = f'_o - f_o'^*$ l'est et, pour démontrer le théorème, il suffit de prouver l'existence d'un $a \in \bar{C}''$, où $(f'_o)_{\bar{C}''}$ n'est pas prolongeable.

Soit $f'_1 = (f'_o)_{\bar{C}''}$ et soit $c'' \in \bar{C}''$. f'_1 est donc une série de Laurent en $X' - c''$, qui converge en dehors $\bar{C}''$. Le raisonnement précédent appliqué à f'_1 montre qu'il existe le cercle minimal D'_1 de sa non-convergence. Si f'_1 n'est pas prolongeable dans D'_1, le théorème est prouvé. Sinon, D'_1 est circonférencié, f'_1 est un élément analytique en dehors de D'_1 et il existe $\bar{C}'' \in T(D'_1)$ tel que $(f'_1)_{\bar{C}''} \neq 0$. $f'_1 - (f'_1)_{\bar{C}''}$ se prolonge en un élément analytique $f_1'^*$, dont le support contient c''. Ainsi, si l'on pose $f'_2 = (f'_1)_{\bar{C}''}$, on a, sur $k' .. C'$, $f' = f_o'^* + f_1'^* + f'_2$ et f' se prolonge à un $a \in C''$ si, et seulement si f'_2 s'y prolonge. Donc, si D'_2 est le plus petit cercle de non-convergence de f'_2, le théorème est prouvé si f'_2 n'est pas prolongeable dans D'_2, et, dans le cas contraire, on peut appliquer le même procédé à cette série de Laurent, qui converge en dehors de D'_2. Finalement, si f se prolonge en dehors de C, on peut construire les suites finies ou dénombrables

$$C' = C'_o, C'_1, C'_2, \dots, C'_n, \dots$$

$$D'_o, D'_1, D'_2, \dots, D'_n, \dots$$

$$f'_o, f'_1, f'_2, \dots, f'_n, \dots \qquad (0 \leqslant n < M \leqslant +\infty)$$

$$f_o'^*, f_1'^*, f_2'^*, \dots, f_{n-1}'^*, \dots$$

telles que 1°) $C'_n \supseteq D'_n$; 2°) Si $0 \leqslant n < M$, D'_{n-1} est un cercle circonférencié et $C'_n \in T(D'_{n-1})$, 3°) $f'_o = f'$ sur $k .. C'$; 4°) f'_n est une série de Laurent principale, dont D'_n est le cercle minimal de non-convergence; 5°) f^*_{n-1} est un élément analytique sur $(k' .. D'_{n-1}) \cup C'_n$ et $f_{n-1} = f^*_{n-1} + f_n$ sur $k' .. D'_{n-1}$; 6°) Si $M < +\infty$, et si $N = M-1$, f'_N ne se prolonge pas dans D'_N ; 7°) Si $M = 1$, $D'_o \subseteq S'$, si $M > 1$, $D'_o \subset S'$

(donc, si $n \geqslant \mathrm{Min}(1,M-1)$, on a $D'_n \subset S'$).

De ces conditions résulte que $f' = f'^*_o + f'^*_1 + \ldots + f'^*_{n-1} + f'_n$ sur $k' \,..\, C'$ et que $f'_o + f'^*_1 + \ldots + f'^*_{n-1}$ est un élément analytique sur $C'_1 \cap C'_2 \cap \ldots \cap C'_n = C'_n$, donc f' se prolonge à un $a \in C'_n$ si et seulement si f'_n s'y prolonge. Donc, si $M < +\infty$, f' ne se prolonge pas dans $D'_N \subset S'$ ce qui prouve le théorème.

Supposons donc que $M = +\infty$ et posons $D' = \bigcap_n D'_n$. Puisque k est maximalement complet, $D' \neq \emptyset$. C'est un cercle circonférencié d'un certain diamètre d'. Notons r'_n le diamètre du cercle (également circonférencié) D_n. Visiblement, r'_n tend vers d'^+ quand $n \longrightarrow +\infty^-$. Supposons que f' est prolongeable dans D et soient f'' un élément analytique effectuant ce prolongement et E'' son support. Alors $E'' \cap D \neq \emptyset$ et $E'' \not\subseteq D$. Soient $a \in E'' \cap D$ et $b \in E'' \,...\, D$, ce qui implique $d(a,b) > d'$. Soit $\bar{r}$ la plus petite valeur exceptionnelle de E'' telle que $d' < \bar{r} \leqslant d(a,b)$ s'il existe de telles valeurs exceptionnelles, sinon on posera $\bar{r} = d(a,b)$. Il existe un n tel que $r_n < \bar{r}$ et on a, en plus, $r_n > d'$. On a donc $E'' \supset C(a;d'^+,\bar{r}^-)$. Comme $f'^*_o + f'^*_1 + \ldots + f'^*_{n-1}$ est un élément analytique sur $C'_n = C(a,r_{n-1})$ (en effet, $a \in D \subset D_n \subsetneq C'_n$), $f'' - (f'^*_o + \ldots + f'_{n-1})$ en est un sur

$C(a,d'^+,\bar{r}^-) \cap C(a,r^-_{n-1}) = C(a,d'^+,\mathrm{Min}(r_{n-1},r)^-)$. L'élément analytique f'' en est un de la fonction analytique définie par f, donc $f'' - (f'^*_1 + f'^*_2 + \ldots + f'^*_{n-1})$ en est un de la fonction analytique définie par $f' - (f'^*_o + f'^*_1 + \ldots + f^{*\prime}_{n-1})$, considérée comme un élément analytique de support $k' \,...\, C'$. Mais cette dernière fonction est la restriction à $k' \,..\, C'$ de f'_n, et le support $k' \,...\, D'_n = k' \,..\, C(a,r_n)$ de f'_n n'est pas disjoint avec la couronne $C(a,d'^+,\mathrm{Min}(r_{n-1},\bar{r})^-)$ contenue dans le support de $f'' - (f'^*_o + f'^*_1 + \ldots + f'^*_{n-1})$. En vertu du théorème d'uniformité globale, $f'' - (f'^*_o + f'^*_1 + \ldots + f'^*_{n-1})$ et f'_n se prolongent et leur superposition est un élément analytique sur $[k' \,...\, C(a,r_n)] \cup C(a,d'^-,\mathrm{Min}(r_{n-1},\bar{r})^-) = k' \,...\, C(a,d') = k' \,..\, D$! Cet élément analytique se représente, en dehors de l'unique trou D' de son support par une série de Laurent en $X'-a$, qui doit coïncider avec celle, qui représente f'_n en dehors de D_n. Mais alors f'_n converge en dehors de $D \subset D_n$ et, contrairement à l'hypothèse D_n n'est pas le cercle minimal de sa non-convergence. Ainsi, f' ne se prolonge pas dans D' et le théorème est démontré.

Avant de tirer les conséquences générales du théorème de singularité au bord, indiquons quelques cas, où une série de Taylor f n'est pas prolongeable en dehors de son cercle de convergence $C = C(0,\rho)$, où on peut, évidemment, suppose $\rho \neq +\infty$, car pour $\rho = +\infty$, $C = k'$. On connait déjà un tel cas, celui où C est circonférencié.

En voici deux autres (il n'y a pas besoin, pour ces résultats, de supposer k maximalement complet, il suffit qu'il soit complet).

I. Si $M_f(r)$ n'est pas bornée sur $[0,\rho]_{R^o}$, f n'est pas prolongeable en dehors de C. En particulier, si $\rho < +\infty^-$, f n'est pas un élément analytique sur C.

Si $\rho = +\infty^-$, $k \dots C = \{\infty\}$, et si f est prolongeable à ∞, la continuité de ce prolongement implique que f est bornée dans un voisinage de ∞, ce qui implique que $M_f(r)$ l'est aussi. Si $\rho < +\infty^-$, considérons un $\varepsilon \in R$ tel que $\varepsilon > 0$. Si f est un élément analytique sur C et si (f_n) en est une suite approximante, il existe un indice n tel que $M_f(r) \geqslant \varepsilon$ implique $M_f(r) = M_{f_n}(r)$. Mais $M_{f_n}(r)$ est bornée sur un intervalle fini $[0,\rho]_R$ de R, et il en est de même pour $M_f(r) \leqslant \text{Max}\,[M_{f_n}(r), \varepsilon]$. On a déjà vu qu'une série de Taylor, qui n'est pas un élément analytique sur son cercle de convergence, ne se prolonge pas en dehors de ce cercle.

II. Si f a une infinité de zéros sur C, elle n'est pas prolongeable en dehors de C. En effet, supposons le contraire. Remarquons, d'abord, qu'il y a une infinité de circonférences $S_r = S(0,r)$, $r \leqslant \rho$, où il y a des zéros de f, car chacune d'elles ne peut en contenir qu'un nombre fini. Soit f' un élément analytique prolongeant f en dehors de C, et soit E' son support. Alors $E' \nsubseteq C$ et la superposition f^* des f,f' est un élément analytique sur $E = C \cup E'$. Mais alors, si $E^* = \{x \in E \ ;\ f^*(x) \neq 0\}$, f^{*-1} est une fonction analytique sur E^* et E^* est la réunion de la famille enchaînée des supports, qui sont quasi-connexes, de ses éléments analytiques convenables (voir la démonstration de l'analyticité de l'inverse d'un élément analytique, § 4), donc doit être quasi-connexe. Or, il existe un $b \in E \dots C$ tel que $f(b) \neq 0$ (car, autrement f s'annulerait sur l'ouvert $E \dots C$ et serait identiquement nul) et $d(0,b) > \rho$, ce qui implique que $C \dots E^* = \{x \in C \ ;\ f(x) = 0\}$ doit être contenu dans un nombre fini de circonférences $S_r = S(0,r)$, $r \leqslant \rho$. Or, il y a une infinité de telles circonférences contenant des zéros de f.

Si k est maximalement complet, le théorème de singularité au bord ensemble avec mes théorèmes Mittag-Leffleriens (ou le théorème de Robba) permet, supposant qu'on sache construire le cercle minimal de non-convergence d'une série de Laurent principale donnée, de donner une méthode de construction du domaine d'existence E de la fonction analytique F défini par une série de Laurent $f(X) = \sum_{i=0}^{+\infty} a_i U_c(X)^i$ d'un centre $c \in E$ (c'est, en particulier, une série de Taylor si $c = \infty$; dans tous les autres cas, $f(\infty)$ converge, donc $\infty \in E$). On peut toujours se ramener, par homographie, au cas $c \neq \infty$, donc supposer que $a = \infty \in E$. Puisque E est quasi-connexe, en vertu du §.6 il est le complémentaire de la réunion des fruits de l'arbre $\mathfrak{A}_a(E)$ des voisinages des trous de E par rapport à un $a \in E$ arbitraire. Il suffit donc, pour construire E, de donner une méthode de construction de $\mathfrak{A}_a(E)$ pour un $a \in E$ arbitraire, et, en particulier, on peut supposer que $\infty \in E$ et $a = \infty$. Notons, comme au §.6, $\mathfrak{V}_i = \mathfrak{V}_i^{(\infty)}(E)$ le voisinage d'ordre i des trous de E par rapport à ∞, et C étant $\in \mathfrak{V}_i$, notons $\mathfrak{V}_{i+1,C}$ l'ensemble des $C' \in \mathfrak{V}_{i+1}$ tels que $C' \subseteq C$. Rappelons que les $\mathfrak{V}_i$ sont des ensembles de cercles de k', dont $\mathfrak{V}_o$ le singleton $\{C_o\}$, où C_o est le plus petit cercle contenant k' .. E, que $\mathfrak{V}_{i+1} = \bigcup_{C \in \mathfrak{V}_i} \mathfrak{V}_{i+1,C}$ et que $\mathfrak{V}_{i+1,C} = \emptyset$ si $C \cap E = \emptyset$ (dans ce cas C est dit un trou <u>accessible</u> d'ordre i de E, et on notera $\mathfrak{W}_i$ l'ensemble de tels trous de E), tandis que si $C \cap E \neq \emptyset$, ce qui implique que C est circonférencié et non ponctuel, $\mathfrak{V}_{i+1,C} = \{D(C')$; $C' \in T(C)$, $C' \not\subseteq E$, où T(C) est l'ensemble des sous-cercles maximaux non circonférenciés $C' \subseteq C$ et D(C') est le plus petit cercle contenant C'..E. Bien entendu, $\mathfrak{V}_{i+1}$ est aussi $= \bigcup_{C \in \mathfrak{V}_i .. \mathfrak{W}_i} \mathfrak{V}_{i+1,C}$, donc $\mathfrak{V}_i = \mathfrak{W}_i$ implique pour tout $j > i$, $\mathfrak{V}_j = \emptyset$. Puisque E est régulier, tout $\mathfrak{V}_i$ est au plus dénombrable.

Montrons que, f(X) étant donnée, il est possible de faire correspondre à tout $C \in \bigcup_{0 \leq i < +\infty} \mathfrak{V}_i$ une série de Laurent principale $f^{(C)}$ en X-c, ou $c \in C$, ne dépendant pas, en tant que fonction de X, du choix de c, et telle que :

a) C est le plus petit cercle de non-convergence de $f^{(C)}$;

b) Si $C \in \mathfrak{V}_i .. \mathfrak{W}_i$, la série $\sum_{C' \in \mathfrak{V}_{i+1,C}} f^{(C')}$ converge uniformément vers $f^{(C)}$ sur k .. C.

c) $f^{(C_o)}$ est égale à $f(X) - f(\infty)$ sur le domaine de convergence de f(X).

Montrons, en même temps, qu'une application $C \longrightarrow f^{(C)}$ satisfaisant à ces conditions est unique.

Supposons que l'existence et l'unicité de l'application $C \longrightarrow f^{(C)}$ satisfaisant aux conditions a), b), c) est prouvée pour les $C \in \bigcup_{0 \leq i \leq \iota-1} \mathfrak{M}_i$, ce qui est certainement le cas pour i=0. Si $\iota=0$ montrons que C_o est le plus petit cercle de non-convergence de f(X) et que, si $c \in C_o$, le développement $(f(X) - f(\infty))^{(a)}$ de $f(X) - f(\infty)$ en série de Laurent (qui est principale) en X-c, considéré sur tout son domaine de convergence, (ce développement, en tant que fonction de X, ne dépend pas du choix de $c \in C_o$) est la seule fonction de X définie sur $k' .. C_o$, qui satisfait aux conditions a) et c). Appelons C'_o le plus petit cercle de non-convergence de f(X), on a $k' .. C'_o \subsetneq E$, donc $C'_o \supseteq C_o$. Mais si $c \in C_o$, on a $c \in C'_o$ et, en vertu du théorème d'unicité, $(f(X) - f(\infty))^{(a)}$ est l'unique série de Laurent en X-c égale à $f(X) - f(\infty)$ là où f(X) converge. Et, en plus, elle converge hors de C'_o, qui est son plus petit cercle de non-convergence. Donc, s'il existe $f^{(C_o)}$ convergeant sur $k .. C_o$ et satisfaisant aux conditions a), c), on doit avoir

$f^{(C_o)} = (f(X) - f(\infty))^{(c)}$, et cette fonction existe si, et seulement si $C'_o = C_o$

Or, ou bien f(X) n'est pas prolongeable dans C'_o, auquel cas on a bien $C_o = C'_o \in \mathfrak{M}_o$ (ce qui implique $\mathfrak{M}_i = \emptyset$ si $i > 0$). Ou bien f(X) y est prolongeable, auquel cas C'_o est circonférencié et $(f(X) - f(\infty))^{(c)}$ est ùn élément analytique sur $k .. C'_o$. Alors, en vertu du théorème de Robba ou de mon second théorème Mittag-Lefflerien (en se plaçant, si $\bar{k}$ est dénombrable, dans un surcorps algébriquement clos maximalement complet K de k tel que $\bar{K}$ ne l'est pas, et en considérant un prolongement de $(f(X) - f(\infty))^{(c)}$ dans le plus petit cercle $(C'_o)_K$ de K contenant C'_o à l'aide d'un élément analytique <u>régulier</u>), on a $(f(X) - f(\infty))^{(c)} =$

$\sum_{C' \in T(C'_o)} ((f(X) - f(\infty))^{(c)})_{C'}$, où l'ensemble des $C' \in T(C'_o)$ tels que

$(f(X) - f(\infty))^{(c)})_{C'} \neq 0$ a au moins deux éléments et est au plus dénombrable, et où la série écrite converge uniformément sur $k .. C'_o$. Il en résulte, vu que $((f(X) - f(\infty))^{(c)})_{C'}$ est une série de Laurent principal de centre $\in C'$, qui converge en dehors de C', que $f(X) - f(\infty)$ (donc aussi f(X)) se prolonge à un $c' \in C' \in T(C'_o)$ si, et seulement si. $((f(X) - f(\infty))^{(c)})_{C'}$ le fait. En vertu du théorème de singularité au bord, si $((f(X) - f(\infty))^{(c)})_{C'} \neq 0$, il existe des $c', c'' \in C'_o$, tels que ne se prolonge pas. Il existe donc deux points $c' \in C'_o$, tels que $d(c',c'') = d(C'_o)$, tels que f(X) ne se prolonge à ces points, autrement dit c' , c" n'appartient pas à E. Donc $d(C_o) \geqslant d(C'_o)$, ce qui implique encore $C'_o = C_o$.

Supposons maintenant que $C \in \mathfrak{W}_i$, où $i > 0$. Alors, pour tout j tel que $0 \leq j < i$, il existe un et un seul $C_j \in \mathfrak{W}_j .. \mathfrak{W}_j$ tel que $C \subsetneq C_j$, et, en particulier, C_o est l'unique élément de $\mathfrak{W}_o$ qu'on a déjà noté ainsi. On a, si $0 < j < i$, $f^{(C_{j-1})} = \sum_{C' \in \mathfrak{W}_{j,C_{j-1}}} f^{(C')}$, où $\mathfrak{W}_{j,C_{j-1}}$ est au plus dénombrable, et la série écrite converge uniformément sur $k .. C_{j-1}$, et on a $C_j \in \mathfrak{W}_{j,C_{j-1}}$. Mais alors $\sum_{C' \in \mathfrak{W}_{j,C_{j-1}}, C' \neq C_j} f^{(C')}$ converge uniformément sur C_j, donc y est une fonction analytique (en effet, puisque $f^{(C')}$, $C' \neq C$, est une série de Laurent qui converge sur $k .. C' \supset C_j, f^{(C')}$ est une série de Taylor sur C_j, donc, en vertu du théorème de Weierstrass, la série écrite l'est aussi), donc $f^{(C_{j-1})}$ se prolonge à une partie de C_j si et seulement si $f^{(C_j)}$ le fait. On voit, par récurrence (car $f^{(C_o)}$ est un prolongement de $f(X) - f(\infty))$ que $f(X)$ se prolonge à un $c \in C$ si, et seulement si $f^{(C_{i-1})}$ le fait.

Par hypothèse, puisque $\mathfrak{W}_{i,C_{i-1}} \neq \emptyset$, C_{i-1} est circonférencié et non ponctuel et $f^{(C_{i-1})}$ est un élément analytique sur $k .. C_{i-1}$ qui se prolonge dans C_{i-1}. Dès lors, en vertu du théorème de Robba (ou le 2e théorème Mittag-Lefflerien), on a, sur $k .. C_{i-1}$, $f^{(C_{i-1})} = \sum_{C' \in T(C_{i-1})} (f^{(C_{i-1})})_{C'}$, où l'ensemble des $C' \in T(C_{i-1})$ tels que $(f^{(C_{i-1})})_{C'} \neq 0$ est au plus dénombrable, et où la série écrite converge uniformément sur $k .. C_{i-1}$. Il en résulte immédiatement que $f^{(C_{i-1})}$, et donc aussi $f(X)$, est prolongeable à un $c' \in C'$ si, et seulement si $(f^{(C_{i-1})})_{C'}$ l'est, d'ou résulte (théorème de singularité au bord) que $C' \not\subseteq E$, donc $D(C') \neq \emptyset$, si et seulement si $(f^{(C_{i-1})})_{C'} \neq 0$. Ainsi, $\mathfrak{W}_{i,C_{i-1}} = \{D(C'); (f^{(C_{i-1})})_{C'} \neq 0\}$.
Supposons que, pour tout $C = D(C') \in \mathfrak{W}_{i,C_{i-1}}$ existe une série de Laurent $f^{(C)}$, d'un centre $c \in C$, dont C soit le plus petit cercle de non-convergence et telle que $\sum_{C \in \mathfrak{W}_{i,C_{j-1}}} f^{(C)}$ converge uniformément sur $k .. C_{i-1}$ vers $f^{(C_{i-1})}$. Alors,

$\sum_{C' \in T(C_{i-1});(f^{(C_{i-1})})_{C'} \neq 0} \left[f^{D(C')} - (f^{(C_{i-1})})_{C'}\right]$ converge uniformément vers 0 sur $k \mathbin{..} C_{i-1}$ et $\sum_{C' \in T(C_{i-1});(f^{(C_{i-1})})_{C'} \neq 0; D(C') \neq C} \left[f^{(D(C'))} - (f^{(C_{i-1})})_{C'}\right]^{(c')}$ converge, sur le même ensemble, uniformément vers $f^{(C)} - (f^{(C_{i-1})})_{C'_o}$, ou $C = D(C'_o)$.

Or, le seul trou du support $k' \mathbin{..} C'$ de cette dernière série de Laurent est C', tandis que la somme de la série est une série de Taylor sur C'. Il en résulte que $f^{(C)} - (f^{(C_{i-1})})_{C'_o}$ est une constante, et comme $f^{(C)}(\infty) = (f^{(C_{i-1})})_{C'_o}(\infty) = 0$, cette constante est 0. Donc $f^{(C)}$ prolonge $(f^{(C_{i-1})})_{C'_o}$ et est $= ((f^{(C_{i-1})})_{C'_o})^{(c)}$, où $c \in C = D(C'_o)$. Donc $f^{(C)}$, s'il existe, est déterminé d'une manière unique.

Soit $D'(C')$ le cercle minimal de non-convergence de $(f^{(C_{i-1})})_{C'}$. On voit qu'il existe, pour tout $C = D(C') \in \mathfrak{W}_{i,C_{i-1}}$, des séries de Laurent $f^{(C)}$ d'un centre $c \in C$ satisfaisant aux conditions a) et b) si, et seulement si, pour tout $C' \in T(C_{i-1})$ tel que $(f^{(C_{i-1})})_{C'} \neq 0$, on a $D'(C') = D(C')$. Mais ceci se démontre en appliquant à la série de Laurent $(f^{(C_{i-1})})_{C'}(X)$, qui converge en dehors de C', le même raisonnement que celui, appliqué dans le cas i=0, à la série $f(X) - f(\infty)$. Ainsi, tout est prouvé.

Ceci posé, on voit comment construire $\mathfrak{A}_\infty(E)$, et aussi les séries $f^{(C)}$, où C parcourt $\bigcup_i \mathfrak{W}_i$, à partir de $f(X)$;

1°) Si $\mathfrak{W}_o = \{C_o\}$, C_o est le plus petit cercle de non-convergence de f et $f^{(C_o)} = (f(X) - f(\infty))^{(c)}$, où $c \in C_o$.

2°) Si $\mathfrak{W}_o, \mathfrak{W}_1, \ldots, \mathfrak{W}_{i-1}$ sont construites, ainsi que, pour tout $C \in \mathfrak{W}_o \cup \mathfrak{W}_1 \cup \ldots \cup \mathfrak{W}_{i-1}$, la série correspondante $f^{(C)}$, et si $C \in \mathfrak{W}_{i-1}$.

a) Si C est non-circonférencié ou si $f^{(C)}$ n'est pas un élément analytique sur $k' \mathbin{..} C$, on a $C \in \mathfrak{W}_{i-1}$ et $\mathfrak{W}_{i,C} = \emptyset$.

b) Si C est circonférencié et $f^{(C)}$ est un élément analytique sur k' .. C, soit $f^{(C)} = \sum_{C' \in T(C)} (f^{(C)})_{C'} \neq 0$ la décomposition de $f^{(C)}$ en contributions des $C' \in T(C)$ donnée par le théorème de Robba (ou le 2e théorème Mittag-Lefflerien). Alors, l'ensemble $T(C)_o$ des $C' \in T(C)$ tels que $(f^{(C)})_{C'} \neq 0$ est au plus dénombrable. Soit D(C'), où $C' \in T(C)_o$, le plus petit cercle de non-convergence de $(f^{(C)})_{C'}$. Alors, si $T(C)_o = T(C)$ (ce qui n'est possible que si $\bar{k}$ est dénombrable), et si, pour tout $C' \in T(C)$, on a D(C') = C', on a $C \in \mathfrak{W}_{i-1}$ et $\mathfrak{W}_{i,C} = \emptyset$ (c'est précisément le cas d'agglutination des "vrais" trous en un trou "apparent" plus grand, qui a été mentionné dans le §6), sinon $\mathfrak{W}_{i,C} = \{D(C');\ C' \in T(C)_o\}$ et si $C^* = D(C') \in \mathfrak{W}_{i,C}$, on a $f^{(C^*)} = ((f^{(C)})_{C'})^{(c^*)}$, ou $c^* \in C^*$.

c) On a $\mathfrak{W}_i = \bigcup_{C \in \mathfrak{W}_{i-1}} \mathfrak{W}_{i,C} = \bigcup_{C \in \mathfrak{W}_{i-1} \cdot \mathfrak{M}_{i-1}} \mathfrak{W}_{i,C}$.

Comme on a vu, les trous inaccessibles T de E coïncident avec les intersections $\bigcap_{0 \leqslant i < +\infty} C_i$ de quelque suite $C_o \supset C_1 \supset \dots \supset C_i \supset \dots$ de cercles emboités telle que $C_i \in \mathfrak{W}_i$, tandis que les trous accessibles sont les cercles appartenant à quelque $\mathfrak{M}_i \subsetneq \mathfrak{W}_i$. Soit $\mathcal{T}(C)$, où $C \in \mathfrak{W} = \bigcup_{0 \leqslant i < +\infty} \mathfrak{W}_i$, l'ensemble des trous T de E tels que $T \subsetneq C$. On mettra sur l'ensemble $\mathcal{T}(E)$ des trous de E la topologie, ou la base des ouverts sera la famille $\{\mathcal{T}(C)\ ; C \in \mathfrak{W}\}$. Cette famille est au plus dénombrable et chaque $\mathcal{T}(C)$ est à la fois ouvert et fermé : ainsi $\mathcal{T}(E)$ est anti-connexe (et il est facile de montrer qu'il est, même, un K-espace au sens de J.P. Olivier [23] par rapport à cette topologie, les trous accessibles étant des points isolés de cet espace, lequel est séparé et complet. Si $\mathcal{T}$ est un ouvert de $\mathcal{T}(E)$, considérons des sous-ensembles $\bar{\mathfrak{W}}$ de $\mathfrak{W}$ tels que les $C \in \bar{\mathfrak{W}}$ soient disjoints deux à deux et que $\mathcal{T} = \bigcup_{C \in \bar{\mathfrak{W}}} \mathcal{T}(C)$. Il se peut que, pour certains $\bar{\mathfrak{W}}$, $\sum_{C \in \bar{\mathfrak{W}}} f^{(C)}$ converge uniformément sur k .. C_o , et il est facile de montrer que la somme $s_{\mathcal{T}}$ de cette série ne dépend pas du choix d'un tel $\bar{\mathfrak{W}}$ (cela est vrai même si la convergence est simple, on compare les sommes pour $\bar{\mathfrak{W}}$, $\bar{\mathfrak{W}}'$ de cette sorte à celle pour l'ensemble $\bar{\mathfrak{W}}''$ des $C \in \bar{\mathfrak{W}} \cup \bar{\mathfrak{W}}'$ minimaux pour l'inclusion). Si en plus cette somme, qui (théorème

(23) Les K-espaces sont des espaces uniformes, qui possèdent une base d'entourages, qui est une famille d'équivalences. Voir [16].

de Weierstrass) est une série de Laurent, donc une fonction analytique sur $k \,..\, C_o$, peut se prolonger analytiquement sur tout ensemble $k \,..\, \bigcup_{T \in \mathcal{T}} T$ (on voit facilement qu'il suffit pour cela que, pour tout $C \in \bar{\mathfrak{M}}$, $s_{\mathcal{T}} - f^{(C)}$ se prolonge analytiquement à $k \,..\, \bigcup_{C' \in \bar{\mathfrak{M}}\,;\, C' \neq C} C'$), il est naturel de considérer cette fonction $f_{\mathcal{T}}$ comme la contribution à f de l'ensemble $\mathcal{T}$ de trous. Pourtant, la prolongabilité analytique de $s_{\mathcal{T}}$ à $k \,..\, \bigcup_{T \in \mathcal{T}} T$ n'implique pas, a priori, que $\sum_{C \in \bar{\mathfrak{M}}} f(C)$ converge partout sur $k \,..\, \bigcup_{C \in \bar{\mathfrak{M}}} C \subseteq k \,..\, \bigcup_{T \in \mathcal{T}} T$ (bien que je ne connais aucun exemple du comportement contraire), et, dans le cas où elle converge, qu'elle y converge uniformément (ce qui ne permet pas d'affirmer que la somme de cette série coïncide avec $f_{\mathcal{T}}$; mais tel est bien le cas, si elle est analytique). Voici un exemple, qui le montre :

Soit $\varphi(X)$ une série de Laurent régulière dont le domaine de convergence est $C(0;1,+\infty)$ [Si l'on pose $\varphi(X) = \sum_{i=1}^{+\infty} a_i X^{-i}$, il faut et il suffit pour cela que $|a_i| \longrightarrow 0^+$ et que, pour tout $\varepsilon > 0$, $|a_i| (1+\varepsilon)^i \longrightarrow +\infty^-$, ce qui est facile à réaliser; il suffit, par exemple, que $i\,|a_i| \longrightarrow 1^-$], $C(0,1^-)$ étant non-circonférencié, $\varphi(X)$ n'est pas prolongeable dans ce cercle. Puisque $\varphi(\infty) = 0$, on a $M_\varphi(r) \longrightarrow 0^+$ quand $r \longrightarrow +\infty^-$. Soit $r_1, r_2, \dots, r_n, \dots (r_1 \leqslant 1)$ une suite décroissante de nombres réels $\in \Gamma(k)$, qui tend vers 0^+, et soit $c_1, c_2, \dots, c_n, \dots$ une suite d'éléments de l'anneau de valuation $i = C(0,1)$ de k tels que leurs restes $\bar{c}_i$ soient tous distincts (comme $\bar{k}$ est au moins dénombrable, une telle suite existe). Soit u_n un élément de k tel que $|u_n| = r_n$ $(n=1,2,\dots)$. Considérons, sur $C(0;1,+\infty)$ la série $\sum_{n=1}^{+\infty} \varphi\left(\frac{X-c_n}{u_n}\right)$. Les termes de cette série sont définis partout, sauf sur les cercles $T_n = C(c_n, |u_n|^-) = C(c_n, r_n^-)$, le seul terme non-défini sur T_n étant $\varphi\left(\frac{X-c_n}{u_n}\right)$, et ce terme ne se prolonge pas dans T_n. Si $x \in k$, il existe au plus un indice n tel que $|x - c_n| < 1$ et si n_o est cet indice, on a, pour tout $n \neq n_o$, $\left|\frac{X-c_n}{u_n}\right| \geqslant \frac{1}{|u_n|} = r_n^{-1}$, donc $\left|\varphi\left(\frac{X-c_n}{u_n}\right)\right| \leqslant M_\varphi(r_n^{-1}) \longrightarrow 0^+$ quand $n \longrightarrow +\infty^-$ et si, en plus, $x \notin T_n$, la série précédente est définie et converge. En plus, si $x \in k \,..\, C_o$, on a $|x - c_n| \geqslant 1$ pour tout n, donc la convergence est uniforme sur $k \,..\, C(0,1)$. Comme $\varphi\left(\frac{X-c_n}{u_n}\right)$ est une série de Laurent principale, qui converge en dehors de $C(c_n,1^-) \supseteq T_n$, on a, si f désigne la série de Laurent (forcément principale), qui représente l'élément analytique $\sum_{n=1}^{+\infty} \varphi(\frac{X-c_n}{u_n})$ sur $k \mathbin{..} C(0,1)$ (car tout $\varphi(\frac{X-c_n}{u_n})$, qui converge en dehors de $C(c_n,1^-)$, en est un sur cet ensemble), $\varphi(\frac{X-c_n}{u_n}) = f_{C(c_n,1^-)} \neq 0$. Il en résulte que $C(c_n,1^-)$ n'est pas contenu dans le domaine d'analyticité E de f, ce qui implique $\mathfrak{W}_0(E) = \{C(0,1)\}$, $\mathfrak{W}_1(E) = \{D(c_n,1^-))\ ;\ n = 1,2,\dots\}$. Mais, puisque $\varphi(\frac{X-c_n}{u_n})$ n'est pas prolongeable dans T_n, on a $D(C(c_n,1^-)) = T_n \in \mathcal{T}(E)$, d'où résulte

$\mathfrak{W}_1(E) = \{(T_n); n = 1,2,\dots\} = \mathfrak{M}_1(E)$ et $\mathfrak{W}_i(E) = \emptyset$ si $i > 1$. Comme

$\sum_{\substack{n'=1 \\ n'\neq n}}^{+\infty} \varphi(\frac{X-c_{n'}}{u_{n'}})$ converge uniformément sur $k' \mathbin{..} \bigcup_{1 \leq n' \leq +\infty^-; n'\neq n} C(c_{n'},1^-)$, donc

est un élément analytique sur cet ensemble, et comme $\varphi(\frac{X-c_n}{u_n})$ est un élément analytique sur $k' \mathbin{..} T_n$, $s(X) = \sum_{n=1}^{+\infty} \varphi(\frac{X-c_n}{u_n})$ est un élément analytique sur tout

$E_n = k' \mathbin{..} [T_n \cup (\bigcup_{1\leq n' \leq +\infty^-, n'\neq n} C(c_n,1^-)]$. Donc s(X) est une fonction analytique sur $E = k' \mathbin{..} \bigcup_{1 \leq n \leq +\infty^-} T_n$. Mais le suprémum de $\varphi(\frac{X-c_n}{u_n})$ sur E est

$\geq \operatorname{Sup}_{|x-c_n| = r_n} \varphi(\frac{X-c_n}{u_n}) = M_{\varphi(\frac{X-c_n}{u_n})}(r_n) = M_{\varphi(X)}(1)$, et la convergence n'est pas uniforme.

Il existe, également, des ouverts $\mathcal{T}$ de $\mathcal{T}(E)$ tels que, pour tout $\bar{\mathfrak{W}}$ de forme précédente, $\sum_{C\in\bar{\mathfrak{W}}} f^{(C)}$ non seulement ne converge pas uniformément sur $k \mathbin{..} C_0$, mais même diverge en tout $x \in k'$, où tous les $f^{(C)}$ sont définis.

Voici un exemple basé sur le théorème cité de Lazard.

Il résulte de ce théorème en supposant k maximalement complet et, en faisant la transformation $X \to \frac{1}{X}$, que, le nombre réel $r \geq 0$ étant fixe, il existe une fonction analytique f régulière en ∞, méromorphe dans le cercle projectif $C(0;r^+,+\infty)$, y ayant une infinité dénombrable de pôles arbitrairement choisis de manière que leurs valuations tendent vers r^+ (cette fonction n'est pas prolongeable dans $C(0,r)$, car si $a \in C(0,r)$ était dans son domaine d'analyticité, ce dernier n'aurait pas été quasi-connexe), les parties principales relatives aux différents pôles p de f étant des polynômes sans termes constants arbitrairement et indépendemment choisis dans les $k[(X-p)^{-1}]$ correspondants.

Considérons en particulier une telle fonction f, dont les pôles différents ont des valuations différentes, sont simples, et la partie principale de chaque pôle p est $(X-p)^{-1}$. Soient $p_1, p_2, \ldots, p_i \ldots$ ces pôles rangés dans l'ordre de leurs valuations $|p_i|$ décroissantes, et soit $r_i = |p_{i+1}|$, alors, visiblement $C_o = C(0,r_o)$, les cercles $C' \in T(C_o)$ contenant les singularités de E (où E est le domaine d'analyticité $k' \setminus [C(0,r) \cup \{p_i ; i = 0,1,\ldots\}]$ de f) sont $C'_1 = C(p_o, r_o^-)$ et $C'_2 = C(0,r_o^-)$. On voit ensuite que $C_1 = D(C'_1) = \{p_o\} = C(p_o,0)$ et $D(C'_2) = \tilde{C}_1 = C(0,r_1)$, donc $\mathcal{W}_1(E) = \{\{p_1\}, \tilde{C}_1\}$. On a $f^{(C_1)} = (X-p_1)^{-1}$ et $f^{(\tilde{C}_1)}$ est méromorphe dans le même cercle projectif, mais avec les pôles $p_2, p_3, \ldots, p_i, \ldots$. En appliquant le même procédé à $f^{(\tilde{C}_1)}$ et en poursuivant la recurrence, on voit que, pour tout $i \geq 1$, on a $\mathcal{W}_i(E) = \{C_i, C_i\}$, où $C_i = \{p_i\} = C(p_i,0)$ et $\tilde{C}_i = C(0,r_i)$, et on a $f^{(C_i)} = (X-p_i)^{-1}$.

Les C_i sont des trous accessibles, c'est-à-dire des points isolés donc des ouverts de $\mathcal{T}(E)$ (ils sont aussi des trous isolés de E) tandis que les $\tilde{C}_i$ forment une suite décroissante dont l'intersection $\mathcal{C} = \bigcap_i \tilde{C}_i = C(0,r)$ est le seul trou inaccessible (et aussi le seul trou non isolé) de E. L'ensemble $\mathcal{C} = \{\{p_i\}\} ; i=1,2,\ldots\}$ est un ouvert de $\mathcal{T}(E)$ dont les $\mathcal{E}(C_i) = \{\{p_i\}\}$ forment une partition ouverte. C'est d'ailleurs l'unique partition de ce $\mathcal{C}$ en $\mathcal{T}(C)$, $C \in \mathcal{W}(E)$, disjoints deux à deux. Or, la série $\sum f^{(C)}$ correspondante est $\sum_{i=1}^{+\infty} (X-p_i)^{-1}$. Quel que soit $x \in E$, on a $|x| > r$, donc, à partir d'un certain rang, on a $|p_i| < |x|$ et $|x - p_i| = |x|$, donc $|x - p_i|^{-1} = |x|^{-1} > 0$ et la série $\sum_{i=1}^{+\infty} (x-p_i)^{-1}$ diverge, (il est à remarquer que cela ne vient pas de l'absence de compacité, car, pour f considérée, $\mathcal{T}(E)$ est compact) $\mathcal{C}$ étant un sous-ensemble de $\mathcal{E}(E)$, il est tentant de considérer la contribution $f_{\mathcal{C}}$ de $\mathcal{C}$ à f, quan elle peut être définie raisonnablement, comme une sorte d'intégrale, étendu à $\mathcal{C}$, d'une entité, définie précisément par l'application $\mathcal{T} \longrightarrow f_{\mathcal{T}}$, et qu'on appelera, faute de mieux, "noyau" N(f) de f. Ainsi, on écrira $f_{\mathcal{T}} = \int_{\mathcal{T}} N(f)$.

Si $f_{\mathcal{T}}$ peut être défini, on l'appelera la f-<u>mesure</u> de $\mathcal{T}$ et $\mathcal{T}$ lui-même sera dit alors f-<u>mesurable</u>. Il est possible qu'il existe plusieurs manières raisonnables de définir une f-mesurabilité et une f-mesure. Il semble raisonnable d'exiger de ces "mesures" les propriétés suivantes, où E désigne le domaine d'existence de la fonction analytique f :

1°) $f_{\mathcal{T}}$ est une fonction analytique sur le plus grand sur-ensemble quasi-connexe de E disjoint avec $\bigcup_{T \in \mathcal{T}} T$.

2°) $\mathcal{T} \subseteq \mathcal{T}(E)$ étant f-mesurable et $\bar{f}_{\mathcal{T}}$ étant la fonction analytique définie par $f_{\mathcal{T}}$, soient $\mathcal{T}' \subseteq \mathcal{T}$ et $\bar{\mathcal{T}}'$ l'ensemble des trous du domaine d'existence $\bar{E}_{\mathcal{T}}$ de $\bar{f}_{\mathcal{T}}$ contenus dans quelque $T \subseteq \mathcal{T}'$. Alors $\mathcal{T}'$ est f-mesurable et $\bar{\mathcal{T}}'$ est $\bar{f}_{\mathcal{T}}$-mesurable en même temps, et s'ils le sont $(\bar{f}_{\mathcal{T}})_{\bar{\mathcal{T}}'}$ prolonge analytiquement $f_{\mathcal{T}'}$.

3°) $\emptyset$ et $\mathcal{T}(E)$ sont f-mesurable, et on a $f_{\emptyset} = 0$, $f_{\mathcal{T}(E)} = f$.

4°) Si $\mathcal{T}$ est f-mesurable, $\mathcal{T}(E) .. \mathcal{T}$ l'est aussi, et on a

$f_{\mathcal{T}(E)..\mathcal{T}} = f - f_{\mathcal{T}}$ sur E.

5°) Si $\mathcal{T}_1, \mathcal{T}_2, \ldots, \mathcal{T}_i, \ldots$ est une suite dénombrable de sous-ensemble f-mesurables et disjoints deux à deux de $\mathcal{T}(E)$ (dont certains peuvent-être $= \emptyset$) et si $\sum_i f_{\mathcal{T}_i}$ converge partout sur le plus grand sur-ensemble quasi-connexe de E disjoint avec $\bigcup_{T \in \mathcal{T}}$, où $\mathcal{T} = \bigcup_i \mathcal{T}_i$, vers une même fonction analytique, $\mathcal{T}$ est f-mesurable et $f_{\mathcal{T}}$ prolonge la somme précédente (on peut se poser la question : ne faudrait-t-il pas exiger qu'inversement, si $\mathcal{T}_i$ et $\mathcal{T} = \bigcup_i \mathcal{T}_i$ sont f-mesurables $\sum_i f_{\mathcal{T}_i}$ converge, sur l'ensemble indiqué, vers $f_{\mathcal{T}}$?). Il en résulte qu'une réunion finie disjointe d'ensembles f-mesurables l'est aussi.

Il semble naturel d'y ajouter les deux axiomes existentiels suivants.

6°) Si C est, pour quelque $a \in E$, et pour quelque $i, \in \mathcal{W}_i(E)$ l'ensemble $\mathcal{T}(C)$ des trous $T \subseteq C$ de E est f-mesurable et $f_{\mathcal{T}(C)} = f^{(C)}$. (En fait, si cette condition est remplie pour un seul $a \in E$ et les 1° - 5° sont remplies, on peut prouver qu'il en résulte qu'elle est remplie pour tout $a \in E$).

7°) Si f' est un élément analytique de f et C un trou (ou même un trou ouvert; on pourrait même aller plus loin) du support de f', $\mathcal{T}(C)$ est f-mesurable et $f_{\mathcal{T}(E)} = f'_C$.

Une telle mesure serait assez analogue à la mesure de Lebesgue (bien que, puisque il s'agit de "mesure" faite à l'aide des fonctions et pas à l'aide d'éléments d'un groupe abélien totalement ordonné, elle ressemble, à première vue, plutôt à l'intégrale de Lebesgue), en particulier en ce qui concerne les ensembles de mesure nulle.

Définition: $\mathcal{T} \subseteq \mathcal{T}(E)$ est dit de f-mesure nulle si $\mathcal{T}$ est f-mesurable et si $f_{\mathcal{T}} = 0$.

De cette définition et des propriétés imposées à une f-mesure résultent les propriétés suivantes des ensembles de trous de f-mesure nulle :

A. Si $\mathcal{T} \subseteq \mathcal{T}(E)$ est de f-mesure nulle, tout $\mathcal{T}' \subseteq \mathcal{T}$ l'est.

En effet, puisque $f_{\mathcal{T}} = 0$, $\bar{f}_{\mathcal{T}}$ est partout définie et nulle, et son support n'a aucun trou. Ainsi, quel que soit $\mathcal{T}' \subseteq \mathcal{T}$, $\bar{\mathcal{T}}' = \emptyset$, donc est $\bar{f}_{\mathcal{T}}$-mesurable. Donc $\mathcal{T}'$ est f-mesurable et $f_{\mathcal{T}'} = (\bar{f}_{\mathcal{T}})_{\bar{\mathcal{T}}'} = (\bar{f}_{\mathcal{T}})_{\emptyset} = 0$. Ceci montre, en particulier, que si dans 5°, $f_{\mathcal{T}} = 0$, tous les $f_{\mathcal{T}_i}$ sont nulles.

B. Si $\mathcal{T}'$ et $\mathcal{T}''$ sont deux sous-ensembles quasi-connexes de $\mathcal{T}(E)$, tels qu'il existe un sur-ensemble quasi-connexe de E contenant $\bigcup_{T \in \mathcal{T}'' .. \mathcal{T}'} T$ et disjoint avec $\bigcup_{T \in \mathcal{T}'} T$ et un autre contenant $\bigcup_{T \in \mathcal{T}' ... \mathcal{T}''} T$ et disjoint avec $\bigcup_{T \in \mathcal{T}''} T$. Alors, si $\mathcal{T}'$ et $\mathcal{T}''$ sont f-mesurables et $f_{\mathcal{T}'}$, $f_{\mathcal{T}''}$ se prolongent, $\mathcal{T}' \cap \mathcal{T}''$ l'est aussi et on a $f_{\mathcal{T}' \cap \mathcal{T}''} = f_{\mathcal{T}'} = f_{\mathcal{T}''}$ sur E. Il en résulte facilement, en vertu des 2°, 4° et 5°, que $\mathcal{T}' .. \mathcal{T}''$ et $\mathcal{T}'' .. \mathcal{T}'$ sont de f-mesure nulle).

En effet, soit E' le plus grand sur-ensemble quasi-connexe de E contenant $\bigcup_{T \in \mathcal{T}'' .. \mathcal{T}'} T$ et disjoint avec $\bigcup_{T \in \mathcal{T}'} T$, et E'' l'ensemble analogue en échangeant $\mathcal{T}'$ et $\mathcal{T}''$. Alors, $\bar{f}_{\mathcal{T}'} = \bar{f}_{\mathcal{T}''}$ et est analytique sur $E' \cup E''$. Si $\bar{E}$ est le support de cette fonction analytique, il est clair que tout trou de $\bar{E}$ est contenu dans quelque $T \in \mathcal{T}' \cap \mathcal{T}''$. Donc, en appliquant 2° pour $\mathcal{T} = \mathcal{T}'$, on a $\overline{\mathcal{T}' \cap \mathcal{T}''} = \mathcal{T}(E')$, donc est $f_{\mathcal{T}'}$-mesurable, d'où résulte que $\mathcal{T}' \cap \mathcal{T}''$ est f-mesurable et que

$$(\bar{f}_{\mathcal{T}'})_{\overline{\mathcal{T}' \cap \mathcal{T}''}} = (\bar{f}_{\mathcal{T}''})_{\mathcal{T}(E')} = \bar{f}_{\mathcal{T}'} \text{ prolonge } f_{\mathcal{T}' \cap \mathcal{T}''} \quad \text{c.q.f.d.}$$

Conséquence. Si l'on ajoute aux hypothèses que $\mathcal{T}' \cap \mathcal{T}'' = 0$, il en résulte que $\mathcal{T}'$ et $\mathcal{T}''$ sont de f-mesure nulle.

Il semble raisonnable d'exiger que la propriété B soit exacte sans aucune condition de "separabilité quasi-connexe" de $\mathcal{T}'$ avec $\mathcal{T}''$ .. $\mathcal{T}'$ et de $\mathcal{T}''$ avec $\mathcal{T}'$ .. $\mathcal{T}''$, ce qui veut dire, au fond, que la restriction à E de la contribution $f_{\mathcal{T}}$ à f d'un ensemble f-mesurable $\mathcal{T}$ de trous de E détermine cet ensemble aux ensembles de trous de f-mesure nulle près. On exige donc

8°) Si $\mathcal{T}', \mathcal{T}'' \subseteq \mathcal{T}(E)$ sont f-mesurables et $f_{\mathcal{T}'} = f_{\mathcal{T}''}$ sur E, $\mathcal{T}' \cap \mathcal{T}''$ est f-mesurable et $f_{\mathcal{T}' \cap \mathcal{T}''} = f_{\mathcal{T}'} = f_{\mathcal{T}''}$ sur E.

Il reste maintenant le plus difficile : prouver l'existence des f-mesures et, éventuellement, en étudier leur ensemble ordonné, une f-mesure étant considérée comme inférieure à l'autre si, et seulement si tout ensemble f-mesurable pour la première f-mesure, l'est pour la seconde, et les deux f-mesures considérés de cet ensemble coïncident sur E. Si l'ensemble des f-mesures n'est pas vide, il est facile de prouver qu'il possède le plus petit élément, qui en semble être l'élément le plus essentiel et intéressant à étudier. Je pense que le problème ici posé, à moins de recevoir une solution inattendue plus rapide et facile qu'on croit, va rester dans les années à venir le problème majeur de la théorie quasi-connexe des fonctions analytiques uniformes d'une variable. Avec peut-être un autre problème, certainement lié avec le premier : décrire la famille de toutes les fonctions ayant les singularités, c'est-à-dire le domaine d'analyticité donné, ou encore ayant au plus les singularités donnés, c'est-à-dire analytiques sur un quasi-connexe donné. Les problèmes analogues pour les éléments analytiques sont complètement résolus par le théorème de Robba et ses conséquences. On ne connait leur solution en dehors de ce cas que pour les fonctions méromorphes, grâce au théorème de M. Lazard.

Pour finir ce paragraphe, je donne la démonstration du théorème suivant, énoncé dans [10].

Théorème : E étant le domaine d'analyticité d'une fonction analytique f, et a,b étant $\in$ E, la restriction de f à $E^*_{a,b}$ est un élément analytique. Je rappelle que k est supposé, dans tout ce paragraphe, maximalement complet, ce qui est donc inclu implicitement parmi les hypothèses de ce théorème. Il peut être faux, comme celui de singularité au bord, ainsi que le démontrent des contre-exemples, imaginés par Robba, (24) quand k ne l'est pas).

(24) Voir [17], p. 143-146.

Démonstration : Appelons un ensemble quasi-connexe régulier E' de k' tel que $\infty \in E'$ fortement régulier par rapport à un $a \in E'$ si $y \notin E'$ implique $C(y,d(a,y)^-) \cap E' = \emptyset$. La structure d'un tel E' (et de son complémentaire k' .. E') est la suivante : puisque il est ultra-ouvert en a, k' .. E' est contenu dans la réunion d'un ensemble fini (pouvant être vide) de circonférences de centre a, qui sont, si l'on écrit leurs rayons en ordre décroissant, $S_o = S(a,r_o)$, $S_1 = S(a,r_1)$, ..., $S_m = S(a,r_m)$

$[+\infty > r_o > r_1 > \dots > r_m > 0]$ où $m \geqslant -1$. En plus S_i .. E est une réunion d'un ensemble V_{i+1} de cercles de rayon r_i^- (car $x \in S_i$ .. E implique $C(x,d(a,x)^-) = C(x,r_i^-) \subseteq S'$ .. E), et cet ensemble est au plus dénombrable à cause de la régularité de E. Il est visible que

$\mathcal{W}_o(E') = \{C_o = C(a,r_o)\}$, $\mathcal{W}_1(E') = V_1 \cup \{C_1 = C(a,r_1)\}$,

$\mathcal{W}_1 = V_1$, $\mathcal{W}_2(E') = \mathcal{W}_{2,C_1} = V_2 \cup \{C_2 = C(a,r_2)\}$,..., $\mathcal{W}_i(E') = V_i \cup \{C_i = C(a,r_i)\}$,

$\mathcal{W}_i = V_i$,... , $\mathcal{W}_{m+1}(E') = \mathcal{W}_{m+1} = V_{m+1}$ et $\mathcal{T}(E') = [\dot{\bigcup}_{0 \leqslant i \leqslant m} V_{i+1}] \cup \{C_0\}$.

Montrons que si f est une fonction analytique sur un tel ensemble E', elle y est un élément analytique. En effet, f est, premièrement, une fonction analytique sur k' .. C_o prolongeable dans C, ce qui implique qu'elle y est un élément analytique.

Mais alors, on a, sur k .. C_o , $f = \sum_{C \in T(C_o)} f_C$, cette série convergeant uniformément sur k .. C_o et f_C étant une série de Laurent convergeant en dehors de C, donc un élément analytique sur k' .. C. Si $f_C \neq 0$, il y a des $x \in C$, où f ne se prolonge pas. Donc, puisque f est analytique sur tout

$C \in T(C_o)$ .. $[V_1 \cup \{C_1\}]$, $f_C \neq 0$ implique $C \in V_1$ ou $C(0,r_o^-)$.

On a donc, sur k .. C_o $f = f_{C(0,r_o^-)} + \sum_{C \in V_1} f_C$. La série $\sum_{C \in V_1} f_C$ converge uniformément sur k' ..$[\bigcup_{C \in V_1} C] \supseteq E'$, donc sa somme est élément analytique sur E'. Ainsi f l'est ssi $f_1 = f - \sum_{C \in V_1} f_C$ (qui est $= f_{C(0,r_o^-)}$ sur k .. $C(0,r_o^-)$] l'est. Or, f_1 est une fonction analytique sur $E' \cup [k .. C(0,r_o^-)] = E' \cup S_o$, qui est encore fortement régulier par rapport au point a, mais avec une valeur de m dimunuée d'une unité. Si $m = -1$, autrement dit E' = k', f' se représente par une série de Laurent, qui converge dans tout k', donc est une constante, et a fortiori un élément analytique, et, à partir de là, l'affirmation se démontre par induction sur m.

Si F est un quasi-connexe régulier, et si a,b sont $\in$ E, on voit facilement que la transformation $\sigma : X \longrightarrow X' = \frac{X-a}{X-b}$ applique $E^*_{a,b}$ sur un ensemble fortement régulier E'. Si $f'(X') = f'(\frac{X-a}{X-b}) = f(X)$, et si f est analytique sur $E_{a,b}$, f' l'est sur E'. Mais il vient d'être prouvé que f' y est un élément analytique, d'où résulte facilement que f en est un sur E.

Conséquence : 1. Si f est une fonction analytique sur un quasi-connexe E', et si a,b sont $\in$ E', f est un élément analytique sur un $E'^*_{a,b}$. En effet, si E est le domaine d'analyticité de f, on a $E' \subseteq E$ et $E'^*_{a,b} \subseteq E^*_{a,b}$.

Conséquence : 2. Si f est une fonction analytique sur un quasi-connexe E', et si a,b sont $\in$ E', f est un élément analytique sur $E'_{a,b}$. En effet, on a $E'_{a,b} \subseteq E'^*_{a,b}$.

Il résulte de ce théorème le théorème suivant :

Théorème. Si f_1 , f_2 ,..., f_i ,... sont toutes des fonctions analytiques sur un même quasi-connexe E, et si cette suite y converge uniformément, sa limite $f = \lim_i f_i$ est analytique sur E.

Démonstration. E admet comme recouvrement quasi-connexe enchaîné la famille des $E_{a,b}$ (ou des $E^*_{a,b}$), (a,b) parcourant E $\times$ E, à laquelle on ajoute, si $\infty \in$ E, un cercle projectif circonférencié $C(0;r,+\infty) \subseteq E$. Il est clair, en vertu de ce qui précède, que tout f_i est un élément analytique sur tout ensemble de ce recouvrement, donc aussi la limite uniforme f des f_i . Ces éléments analytiques forment un système enchaîné cohérent, dont la superposition, qui est f, est donc une fonction analytique sur E.

§ 9. Domaines d'analyticité.

On a vu déjà que le domaine d'analyticité d'une fonction analytique est un quasi-connexe nécessairement régulier. Vice versa, on peut montrer que tout ensemble quasi-connexe régulier en est un, en construisant, pour un tel ensemble donné E (qu'on peut supposer contenir ∞) une fonction analytique f dont E est précisément le domaine d'analyticité. A la base de cette construction se trouve le fait, prouvé au § 6, que l'ensemble $\mathcal{T}(E)$ des trous d'un E quasi-connexe régulier (et, en particulier, si $\bar{k}$ est dénombrable, d'un quasi-connexe quelconque) possède un ensemble générateur $\mathcal{T}$ au plus dénombrable (bien entendu, tout trou accessible de E appartient à $\mathcal{T}$). L'idée est de faire correspondre à chaque $T \in \mathcal{T}$ une "contribution" f_T , qui soit une série de Laurent principale centrée dans T, convergeant en dehors de T et, si T est un trou accessible, non prolongeable dans T (pour les trous inaccessibles, cette condition n'est pas essentielle). On choisit les f_T diminuant assez vite avec le rang de T (si l'on numérote les $T \in \mathcal{T}$ de quelque manière) pour que $\sum_{T \in \mathcal{T}} f_T$ converge sur E et pour que E puisse être commodément recouvert par une famille enchaînée d'ensembles quasi-connexes tels que cette série converge uniformément sur chaque ensemble de la famille, ce qui prouve l'analyticité de f (car f_T est analytique sur k' .. T). On prouve ensuite que tout $T \in \mathcal{T}$ est un trou du domaine d'analyticité de f, ce qui prouve que ce domaine est E.

Ce théorème a été prouvé, au cours de l'année scolaire 1968-1969, d'une manière indépendante, par MM. Motzkin et Robba, mais seulement pour le cas $k = \tilde{\Omega}_p$ (où $\tilde{\Omega}_p$ est le complété de la clôture algébrique valuée Ω_p du corps p-adique rationnel Q_p), dont le corps résiduel $\bar{k}$ est dénombrable (donc tout quasi-connexe est régulier), et par moi-même dans le cas général. MM. Motzkin et Robba semblent avoir trouvé leur démonstration avant moi et l'ont publiée plus tôt dans [15] . Mais M. Motzkin en a parlé pour la première fois en public (du moins, en dehors de Bordeaux) à une conférence faite au séminaire Pisot (où les circonstances m'ont empêché d'assister) quand mon théorème a été déjà démontré. J'ai appris l'existence de celui de MM. Motzkin et Robba peu de mois après, quand j'ai fait une conférence sur ce sujet à la Faculté des Sciences de Bordeaux.

Ma démonstration (esquissée dans [11]), ainsi que celle de MM. Motzkin et Robba, employait une même technique inutilement compliquée, qui consistait à construire, pour commencer, un ensemble générateur dénombrable de $\mathcal{T}(E)$, ce qui peut être évité. Je donne donc une démonstration plus simple du

Théorème. Un ensemble $E \subseteq k'$ est un domaine d'analyticité si, et seulement s'il est quasi-connexe régulier.

Avant de donner cette démonstration, il faut prouver deux lemmes suivants :

Lemme 1. Si $r \in \mathbb{R}$, $r > 0$, il existe une série de Laurent principale $\varphi_r(X) = \sum_{i=1}^{+\infty} a_i X^{-i}$, dont le domaine de convergence est k' .. $C(0,r^-)$.

En effet, il suffit pour cela que $|a_i| r^{-i} \longrightarrow 0^+$ et que, pour tout $\varepsilon > 0$, $a_i r^{-i}(1-\varepsilon)^{-i}$ n'y tende pas. Il suffit pour cela de choisir, pour une constante réelle $s > 0$, chaque a_i de telle manière que $|a_i| \in [i^{-1}r^i, i^{-1} r^i s]_{\mathbb{R}} \cap \Gamma(k)$, car

$|a_i|r^{-i} \leq i^{-1}\, \mathrm{Max}(1,s) \longrightarrow 0^+$ et $|a_i|r^{-i}(1-\varepsilon)^{-i} \geq i^{-1}(1-\varepsilon)^{-i}\, \mathrm{Min}(1,s) \to +\infty^-$.

Remarque. $\varphi_r(X)$ est bornée, car, pour tout $x \in k' .. C(0,r^-)$, on a

$|\varphi_{\bar r}(x)| \leq M_{\varphi_r}(|x|) \leq M_{\varphi_r}(r)$, et, en vertu du théorème de singularité au bord, elle n'est pas prolongeable dans $C(0,r^-)$.

Lemme 2. Il existe une série de Laurent principale $\Psi(X) = \sum_{i=1}^{+\infty} a_i X^{-i}$ qui converge et est bornée sur $k' .. C(0,1)$, et qui n'est pas prolongeable dans $C(0,1)$.

Considérons une suite décroissante $\varepsilon_2, \varepsilon_3, \ldots, \varepsilon_i, \ldots$ de nombres réels $\in \Gamma(k)$ telle que $\prod_{i=2}^{+\infty}(1+\varepsilon_i)$ converge, et soit c la valeur de ce produit infini. Choisissons, pour chaque $i \geq 2$, un $u_i \in k$ tel que $|u_i| = 1+\varepsilon_i$. Ayant choisi arbitrairement $a_1 \in k$ non nul, imposons aux a_i, $i \geq 2$, la condition

$a_i = a_{i-1}\, u_i$, autrement dit $a_i = a_1(u_2 u_3 \ldots u_i)$, ce qui implique

$|a_i| = |a_{i-1}|(1+\varepsilon_i)$. On a $|a_i|r^{-i} = |a_{i-1}|r^{-(i-1)}$ ssi $r = r_i = 1+\varepsilon_i$, et on a

$|a_{i-1}|\, r^{-(i-1)} >$ ou $< |a_i|\, r^{-i}$ selon que $r <$ ou $> r_i$. Ainsi, puisque la suite des r_i est décroissante, on a, pour $r = r_i$, $|a_1|\, r^{-1} < |a_2|\, r^{-2} < \ldots$

$< |a_{i-1}|\, r^{-(i-1)} = |a_i|r^{-i}$ et $|a_i|r^{-i} > |a_{i+1}|r^{-(i+1)} > \ldots$, autrement dit $a_{i-1}X^{-(i-1)}$ et a_iX^{-i} sont les termes maximaux de $\Psi(X)$ sur $S(0,r_i)$. Par suite, il existe des zéros z de $\Psi(X)$ tels que $|z| = r_i$ et l'ensemble des zéros de $\Psi(X)$ sur $k' .. C(0,1)$ est infini, ce qui implique que $\Psi(X)$ n'est pas prolongeable dans $C(0,1)$.

D'autre part, on a $|a_i| = |a_1|\,(1+\varepsilon_2)(1+\varepsilon_3)\ldots(1+\varepsilon_i) \leq |a_1|\, c$, donc, si $r > 1$, $|a_i|r^{-i} \to 0^+$ et, si $x \notin C(0,1)$, on a $|\Psi(x)| \leq \mathrm{Max}_i |a_i||x|^{-i} \leq \mathrm{Max}_i |a_i| \leq |a_1|c$, donc $\Psi(X)$ est bornée sur $k' .. C(0,1)$.

Remarque. Si l'on choisit a_1 de manière que $0 < |a_1| \leq c^{-1}$, $|\Psi(X)| \leq 1$ sur tout son domaine de convergence.

Démonstration du théorème. Il a déjà été prouvé que tout domaine d'analyticité est un quasi-connexe régulier, et il ne reste qu'à prouver la réciproque. Soit E un domaine quasi-connexe régulier (dont on peut supposer, en faisant, si nécessaire, une homographie, que $\infty \in E$), et soit $\mathcal{T}$ un ensemble générateur au plus dénombrable (dont l'existence a été prouvée au §6) de l'ensemble $\mathcal{T}(E)$ des trous de E. En particulier, si $T \in \mathcal{T}(E)$ est accessible, on a $T \in \mathcal{T}$, et si $\mathcal{T}$ ou $\mathcal{T}(E)$ est fini, on a $\mathcal{T} = \mathcal{T}(E)$. Numérotons de quelque manière

$$T_1 , T_2 ,\ldots \quad , T_i ,\ldots \qquad (i < n \leq +\infty)$$

les $T \in \mathcal{T}$. Choisissons, d'autre part, une suite $a_1 , a_2 ,\ldots, a_i ,\ldots$ d'éléments non nuls de k tels que $|a_i| \longrightarrow 0^+$ et qu'en plus la suite $\Delta_i = |a_i|$ satisfasse à une condition supplémentaire, qui sera indiquée plus loin.

Faisons, en plus, correspondre, comme suit, à tout $T_i \in \mathcal{T}$, une série de Laurent principale f_i centrée en $t_i \in T_i$, qui converge en dehors de T_i. Soit $T_i = C(t_i, \rho_i)$ et soit $r_i = r(\rho_i)$ la valeur réelle de ρ_i. Il est à remarquer que si T_i est circonférencié, on a $\rho_i = r_i \in \Gamma(k) \cup \{0\}$; et que s'il est inaccessible, on a $T_i = C(t_i, r(\rho_i))$. Ceci posé

a) Si T_i est circonférencié, mais non ponctuel ($\rho_i \neq 0$), on posera $f_i = \Psi(\frac{X-t_i}{u_i})$, où u_i est un élément de **k** qu'on choisira de telle manière que $|u_i| = r_i$ (donc $= \rho_i$) et où $\Psi(X)$ est une série de Laurent principale $\sum_{i=1}^{+\infty} c_i X^{-i}$ à coefficients $c_i \in k$, qui converge sur $k \mathbin{..} C(0,1)$, n'est pas prolongeable dans $C(0,1)$ et est telle que, pour tout $x \in k \mathbin{..} C(0,1)$, on ait $|\Psi(x)| \leq 1$ (une telle série $\Psi(X)$ existe en vertu du lemme 2).

b) Si T_i est non-circonférencié, on posera $f_i = \varphi_{r_i}(X - t_i)$, où $\varphi_{r_i}(X) = \sum_{i=1}^{+\infty} c_i X^{-i}$ est une série de Laurent principale dont $k \mathbin{..} C(0, \rho_i)$ est le domaine de convergence et qui y est partout ≤ 1 (une telle $\varphi_{r_i}(X)$ existe en vertu du lemme 1).

c) Si T_i est ponctuel, donc $T_i = \{t_i\}$, on posera $f_i = (X-t_i)^{-1}$.

Indiquons, maintenant, la condition supplémentaire qu'on impose aux $\Delta_i = |a_i|$, et montrons, en même temps, qu'il est possible d'y satisfaire. Soit d_o le diamètre $d(C_o)$ du plus petit cercle C_o contenant $k \mathbin{..} E$ et soit D un élément de $\Gamma(k) > d_o$.

Posons $m_i = M_{f_i}^{(t_i)}(D)$ (en particulier, si T_i est circonférencié, on a $m_i = M_\psi(\frac{D}{r_i})$ et si T_i est ponctuel, $m_i = D^{-1}$). Alors, on exigera que les $\Delta_i m_i$ soient inégaux deux à deux. Partons d'une suite strictement décroissante $\Delta'_1, \Delta'_2, \dots, \Delta'_i, \dots$ $(i \leqslant n \leqslant +\infty)$ d'éléments de $\Gamma(k)$, qui tende vers 0^+, et par ailleurs arbitraire. Entourons chaque Δ'_i d'un intervalle ouvert I_i de manière que les intervalles soient disjoints deux à deux (il suffit, pour cela, que pour tout $r \geqslant 1$, $I_i \cap I_{i+1}$ soit vide). Choisissons, pour tout r, un $\Delta_i \in I_i \cap \Gamma(k)$ (ce qui implique que la suite des Δ_i est strictement décroissante et tend vers 0^+) de manière que tous les $\Delta_i m_i$ soient distincts. Supposons qu'on ait déjà choisi $\Delta_1, \Delta_2, \dots, \Delta_{i-1}$ de manière que $\Delta_j \in I_j$ $(1 \leqslant j < i)$ et que $\Delta_1 m_1, \Delta_2 m_2, \dots, \Delta_{i-1} m_{i-1}$ soient tous distincts. Il existe certainement dans I_i des éléments de $\Gamma(k)$ (qui est dense sur $\mathbb{R}_+$) distincts des $\Delta_j m_j m_i^{-1}$ $(j = 1, \dots, i-1)$. Prenons comme Δ_i n'importe quel autre élément de $I_i \cap \Gamma(k)$. Ainsi, la suite $\Delta_1, \Delta_2, \dots, \Delta_i, \dots$ ainsi formée par un choix dénombrable est telle que $\Delta'_{i+1} < \Delta_i < \Delta'_{i-1}$, donc $\lim_i \Delta_i = \lim_i \Delta'_i = 0^+$, et, en plus, tous les $\Delta_i m_i$ sont distincts. Il ne reste qu'à choisir, pour tout i, un $a_i \in k$ tel que $|a_i| = \Delta_i$, ce qui est possible puisque $\Delta_i \in \Gamma(k)$.

Posons $f = \sum_{1 \leqslant i < n} a_i f_i$. La fonction f_i est une série de Laurent qui converge en dehors de T_i, donc une fonction analytique sur $E \subseteq k' .. T_i$. Si n est fini, f l'est aussi et $E = k' .. [\bigcup_{1 \leqslant i < n} T_i]$. Si $j \neq i$, f_j est aussi une fonction analytique sur T_i (car $T_i \cap T_j = \emptyset$), donc aussi $f - a_i f_i$ l'est. Donc f est prolongeable dans T_i si et seulement si f_i l'est. Mais, par construction, f_i n'est jamais prolongeable dans T_i et, ainsi, le domaine d'analyticité de f est contenu dans $\bigcap_{1 \leqslant i < n} [k' .. T_i] = k' .. [\bigcup_{1 \leqslant i < n} T_i] = E$, donc est $= E$.

Supposons que $n = +\infty$. Alors, par construction, si T_i est un trou non-ponctuel, on a $|f_i(x)| \leqslant 1$ pour tout $x \notin T_i$, et si $T_i = \{t_i\}$ est ponctuel, on a $|f_i(x)| = |x - t_i|^{-1} = d(x,t_i)^{-1} < r^{-1}$ si $x \notin C(t_i, r)$. Soit $E_r = E .. \bigcup_{T_i \text{ trou ponctuel}} C(t_i, r)$. On voit facilement que E_r est quasi-connexe.

On a donc, si $x \in E_r$, $|f_i(x)| \leqslant \mathrm{Max}(1,r)$ donc

$|a_i f_i(x)| \leqslant \Delta_i \mathrm{Max}(1,r) \longrightarrow 0^+$ et la série $\sum_{1 \leqslant i < +\infty^-} a_i f_i$ converge uniformément sur E_r . Comme toute $a_i\ f_i$ y est une fonction analytique, la somme f de cette série l'est aussi. Par suite f converge sur $E' = \bigcup_{r \to 0^+} E_r$ et est analytique sur tout E_r et comme les E_r forment une famille enchaînée (car tout $E_r \ni \infty$), f est analytique sur E'. Mais E' = E. En effet, on a trivialement $E' \subseteq E$ et, si $x \in E$, il existe un $r > 0$ tel que $C(x,r) \subseteq E$. Il n'est donc pas possible qu'il existe un $t_i \notin E$ tel que $x \in C(t_i,r)$ et $x \in E_r \subseteq E'$.

Le raisonnement précédent s'applique aussi à toute série partielle $\sum_{i \in I} a_i f_i$, où I est un ensemble quelconque (pouvant même être fini) d'entiers > 0. Mais, en plus, toute f_i, $i \in I$, est analytique sur $k' .. \bigcup_{i \in I} T_i$ et si $x \in (k .. \bigcup_{i \in I, T_i \text{ non ponctuel}} T_i) .. \bigcup_{i \in I, T_i = \{t_i\} \text{ ponctuel}} C(t_i,r)$, on a $|f_i(x)| \leqslant \mathrm{Max}(1,r)$. Il en résulte que si E_I est la composante quasi-connexe de E dans $k' .. \bigcup_{i \in I} T_i$, $\sum_{i \in I} a_i f_i$ converge sur E_I et sa somme $f_{(I)}$ y est une fonction analytique. Montrons que, quel que soit l'ensemble non vide I d'indices, $f_{(I)} \neq 0$.

Si $D > d_o$ est un élément de $\Gamma(k)$ considéré précédemment, considérons la circonférence $S = S(t,D)$, où $t \notin E$, qui ne dépend pas du choix de t. En particulier, si T_i est un trou $\in \mathcal{T}$ de E, et si t_i est l'élément choisi de T_i , on a $S(t_i,D) = S$. Comme $S(t,D) \subseteq E_r$ si $r < D$, $\sum_{i \in I} a_i f_i$ converge uniformément sur $S(t,D)$, donc $|a_i| \mathrm{Sup}_{x \in S} |f_i(x)| = \Delta_i M_{f_i}^{(t_i)}(D) = \Delta_i m_i$ tend vers 0^+ quand $i \to +\infty^-$. Ainsi, parmi les indices $i \in I$ il y en a qui rendent $\Delta_i m_i$ maximal.
Mais, puisque tous les $\Delta_i\ m_i$ sont inégaux deux à deux, il n'existe qu'un seul indice de cette sorte, soit $i_o(I)$. Donc $\sigma = \mathrm{Max}_{i \in I, i \neq i_o(I)} \Delta_i m_i < \Delta_{i_o(I)} m_{i_o(I)}$.
On a donc, pour tout $x \in S$,
$|f_{(I)}(x) - a_{i_o(I)} f_{i_o(I)}(x)| = \sum_{i \in I, i \neq i_o(I)} a_i f_i(x)| \leqslant \sigma$. Or, puisque

$m_i = \mathrm{Sup}_{x \in S} |f_i(x)|$, il existe de $x \in S$ tels que $\theta < \Delta_{i_o(I)} |f_{i_o(I)}(x)| =$

$= |a_{i_o(I)} f_{i_o(I)}(x)|$, d'où résulte que $|f_{(I)}(x)| = |a_{i_o(I)} f_{i_o}(x)| > \sigma$ et

$f_{(I)}(x) \neq 0$.

Soit E^* le domaine d'analyticité de f. On a $E^* \supsetneq E$ et pour prouver $E^* = E$ il suffit (en vertu du §6) de montrer que $\mathcal{A}_\infty(E') = \mathcal{A}_\infty(E)$, autrement dit que, pour tout i, on a $\mathcal{W}_i(E) = \mathcal{W}_i(E^*)$. Supposons que, pour tous les $j < i$, on ait déjà prouvé cette égalité ainsi que, pour tout $C \in \mathcal{W}_j(E) = \mathcal{W}_j(E^*)$, l'égalité (sur k .. C) $f^{(C)} = \sum_{T_i \subseteq C} a_i f_i$ (ces affirmations sont triviales pour i = 0). Si i = 0, on a $\mathcal{W}_o(E) = \{C_o\}$ et, puisque $n = +\infty^-$, C_o n'est pas un trou accessible de E. Donc C_o est circonférencié, et tout f_i est un élément analytique sur k .. $C_o \subseteq E_{d_o}$ (où d_o est le diametre de C_o). Donc f y est aussi un élément analytique et si $f_i = \sum_{j=1}^{+\infty} c_{ij}(X-t_i)^{-j}$, on peut prendre comme suite approximante de f sur k .. C_o la suite

$$g_n = \sum_{i=1}^{n} \left(\sum_{j=1}^{n} c_{ij} (X-t_i)^{-j} \right).$$

En vertu du 2ème théorème Mittag-Lefflerien, on a $f = \sum_{C' \in T(C_o)} f_{C'}$, où $f_{C'} = \lim_n (g_n)_{C'}$, où visiblement

$$(g_n)_{C'} = \sum_{1 \leq i \leq n, t_i \subseteq C'} a_i \left(\sum_{j=1}^{n} c_{ij}(X-t_i)^{-j} \right).$$

Donc, on a $\lim_n (g_n)_{C'} = \sum_{1 \leq i < +\infty^-, T_i \subseteq C'} a_i \left(\sum_{j=1}^{+\infty} c_{ij}(X-t_i)^{-j} \right) = \sum_{T_i \subseteq C'} a_i f_i$

Il en résulte que $f_{C'} \neq$ ou $= 0$, selon qu'il existe ou qu'il n'existe pas des trous $T_i \in \mathcal{T}$ tels que $T_i \subsetneq C'$, ce qui, étant donné que $\mathcal{T}$ est un ensemble générateur de $\mathcal{T}(E)$, équivaut à l'existence resp. non-existence, d'un $T \in \mathcal{T}(E)$ tel que $T \subsetneq C'$, autrement dit à ce que C' .. E soit non-vide resp. vide. Mais C' contient des points ou f n'est pas prolongeable si et seulement si $f_{C'} \neq 0$, ainsi $C' .. E^* \neq \emptyset \Leftrightarrow C' .. E \neq \emptyset$. Comme il y a au moins deux $C' \in T(C_o)$ distincts non-contenus dans E, il en résulte qu'ils ne sont pas, non plus, contenus dans E^* et que

C_o est le plus petit cercle contenant k' .. E^*, ce qui prouve $\mathfrak{W}_o(E^*) = \mathfrak{W}_o(E)$.

Si $i > 0$, il suffit de prouver que, pour tout $C \in \mathfrak{W}_{i-1}(E) = \mathfrak{W}_{i-1}(E^*)$, on a $\mathfrak{W}_{i,C}(E) = \mathfrak{W}_{i,C}(E^*)$, et que pour tout $C^* \in \mathfrak{W}_{i,C}(E)$, on a $f^{(C^*)} = \sum_{T_i \subseteq C^*} a_i f_i$.

Si $C \in \mathfrak{W}_{i-1}(E)$, autrement dit si C est un trou accessible $T_j \in \mathcal{T}$, on a, d'abord, $\mathfrak{W}_{i,C}(E) = \emptyset$ et, f est prolongeable dans C si et seulement si $f^{(C)}$ l'est.Or, puisque $C = T_j$, on a $f^{(C)} = a_j f_j$ et f_j n'est pas prolongeable dans C. Ainsi, C est aussi un trou accessible de E^* , d'où résulte $\mathfrak{W}_{i,C}(E^*) = \emptyset = \mathfrak{W}_{i,C}(E)$. Supposons maintenant $C \notin \mathfrak{W}_{i-1}(E)$. Alors C est circonférencié, f est un élément analytique sur k' .. C, on a $f^{(C)} = \sum_{T_i \subseteq C} a_i f_i$ et f est prolongeable à un $x \in C$ si et seulement si $f^{(C)}$ l'est. En appliquant la même méthode que pour C_o , on voit que $f^{(C)} = \sum_{C' \in T(C)} (f^{(C)})_{C'}$ et que $(f^{(C)})_{C'} = \sum_{T_j \subseteq C'} a_j f_j$, d'où résulte que $C' \,..\, E \neq \emptyset \Longleftrightarrow C' \,..\, E^* \neq \emptyset$. On a $\mathfrak{W}_{i,C} = \{D(C');\ C' \in T(C),\ C' \,..\, E \neq \emptyset\}$, où $D(C')$ est le plus petit cercle contenant C' .. E, autrement dit contenant tous les $T_j \subseteq C'$. La fonction $f^{(C)}$, donc aussi f, est prolongeable à un $x \in C'$ si et seulement si $(f^{(C)})_{C'}$ l'est. Or, ou bien D(C') est un trou accessible de E, donc $D(C') = T_j$, ou T_j est l'unique trou contenu dans C', ou bien D(C') est circonférencié et si d' est son diametre, il existe deux trous T_{j_1} , $T_{j_2} \in \mathcal{T}$, contenus dans C' et tels que $d(T_{j_1}, T_{j_2}) = d'$; ce qui implique que les diametres de ces trous < d'. Dans le premier cas, on a $(f^{(C)})_{C'} = a_j f_j$. C'est donc une fonction analytique sur k' .. T_j non prolongeable dans T_j et $T_j = D(C')$ est un trou accessible de E^* , qui est son seul trou $\in$ C'. Dans le second cas, tous les f_j, où $T_j \subseteq C'$, sont des éléments analytiques sur k .. D(C') et la série $\sum_{T_j \subseteq C'} a_j f_j$ converge uniformément sur cet ensemble, donc sa somme y est un élément analytique $f^{(D(C'))}$. Or, si $T_{j_o} \subseteq C$, $f^{(D(C'))} - a_{j_o} f_{j_o} = \sum_{T_j \subseteq C, j \neq j_o} a_j f_j$ est une fonction analytique sur tout ensemble quasi-connexe de k' non-disjoint avec E et disjoint avec $\bigcup_{T_j \subseteq C', j \neq j_o} T_j$, or, $[k \,..\, D(C')] \cup C(t_{j_o}, d'^-)$ est un tel ensemble, donc $f^{(D(C'))} - a_{j_o} f_{j_o}$ y est analytique, ce qui montre que $f^{(D(C'))}$ est prolongeable à un $x \in C(t_{j_o}, d'^-)$ ssi, f_{j_o} l'est. Ainsi, $f^{(D(C))}$ (et aussi $(f^{(C)})_{C'}$, et f) n'est pas prolongeable dans T_{j_o} et $T_{j_o} \cap E^* = \emptyset$. Ainsi, $C' .. E^* \supseteq \bigcup_{T_j \subseteq C'} T_j$ et, en particulier T_{j_1}, T_{j_2} tels que $d(T_{j_1}, T_{j_2}) = d'$. Donc, le diametre du plus petit cercle $\supseteq C' .. E^*$ est $\geqslant d$, et comme ce cercle $\subseteq D(C')$, il est égal à $D(C')$. D'où résulte que $\mathfrak{D}_{i,C}(E^*) = \mathfrak{D}_{i,C}(E)$ et, si $C'' = D(C') \in \mathfrak{D}_{i,C}$, on a $f^{(C'')} = (f^{(C)})_{C'} = \sum_{T_j \subseteq C'} a_j f_j = \sum_{T_j \subseteq C''} a_j f_j$ et tout est prouvé.

§ 10. Composition des fonctions analytiques.

Soient $f : F \longrightarrow k$ et $g : G \longrightarrow k$ deux fonctions analytiques de k, où F,G sont des ensembles quasi-connexes (pouvant, en particulier, être les domaines d'analyticité de f,g respectivement). Alors la fonction composée :

$$h = g \circ f = g(f(X))$$

est définie sur l'ensemble

$$H = \{x \in F \ ; \ f(x) \in G\}.$$

L'ensemble H n'est pas, en général, quasi-connexe, mais se décompose en réunion (disjointe) des composantes quasi-connexes de ses points (je rappelle que la composante quasi-connexe d'un $x \in H$ est le plus grand sous-ensemble quasi-connexe de H auquel x appartient), qu'on dira ses composantes quasi-connexes. Alors, on peut prouver le

Théorème. Si g est un élément analytique $g \circ f$ est analytique sur toute composante quasi-connexe de son support H.

Démonstration. Soient $g_1, g_2, \dots, g_i, \dots$ une suite approximante de g et $\bar{H}$ une composante quasi-connexe de H. Quel que soit $x \in \bar{H}$, on a $f(x) \in G$, donc, pour tout $i = 1,2,\dots$, le dénominateur de g_i ne s'annule pas en f(x). Par suite, si $g_i = \frac{\nu_i}{\delta_i}$, où ν_i, δ_i sont des polynômes premiers entre eux, $g_i \circ f = \frac{\nu_i \circ f}{\delta_i \circ f}$, $\nu_i \circ f$ et $\delta_i \circ f$ sont des fonctions analytiques sur $\bar{H}$ et $\delta_i \circ f$ ne s'y annule nulle part. Par suite

$h_i = g_i \circ f$ est une fonction analytique sur $\bar{H}$.

Supposons que $|g_{i+1}(x) - g_i(x)| \leq \varepsilon$ partout sur G si $i \geq i(\varepsilon)$. Mais alors, si $x \in \bar{H}$, on a $|h_{i+1}(x) - h_i(x)| = |g_{i+1}(f(x)) - g_i(f(x))| \leq \varepsilon$, car $f(x) \in G$. Ainsi, la suite $h_1, h_2, \ldots, h_i, \ldots$ converge uniformément sur $\bar{H}$ (et même sur H). Visiblement sa limite est $g \circ f = h$. Comme $\bar{H}$ est quasi-connexe, h est analytique sur $\bar{H}$.

Remarque. Ce résultat semble être, sauf d'éventuelles finesses , le plus qu'on peut dire en gros. D'ailleurs, dans le cas complexe, on n'a qu'un résultat guère plus fort, où on remplace les composantes quasi-connexes de H par ses composantes connexes. Si l'on considère les fonctions analytiques $\bar{h}$, $\bar{h}'$, qui sont les restrictions de h à deux composantes quasi-connexes distinctes $\bar{H}$, $\bar{H}'$ de H, il n'y a aucune raison a priori de s'attendre à ce qu'elles soient des restrictions à $\bar{H}$ et $\bar{H}'$ d'une même fonction analytique. En effet, rien ne permet d'exclure à priori les deux possibilités suivantes : a) $\bar{h}$ n'est prolongeable à aucun point de $\bar{H}'$; b) $\bar{h}$ est prolongeable à certains points de $\bar{H}'$, mais son prolongement y est différent de $\bar{h}'$. Toutefois, il aurait été intéressant d'avoir des exemples concrets de chacun de ces deux comportements.

Chapitre II - Prolongement analytique uniforme des fonctions de plusieurs variables ultramétriques.

§ 1. Hyperplans orientés des espaces vectoriels réels. Cas des espaces vecticalisés. Polyédre de Newton et fonction φ d'un ensemble de points.

Notations : Dans tout ce qui suit I désignera l'ensemble $\{1, 2, \ldots, n\}$. des n premiers entiers naturels. Si A est un ensemble, la puissance cartésienne A^I sera aussi notée A^n quand cela ne peut pas conduire à des malentendus. Les éléments de $B = A^I$ seront dits vecteurs ou n-vecteurs de A (d'ailleurs, la plupart du temps, B sera effectivement un espace vectoriel réel ou un objet de nature très proche) et seront notés $(a_1, a_2, \ldots, a_n)$ ou $(a_i;\ i \in I)$ ou simplement (a_i). Si $J \subseteq I$, A^J sera aussi noté B_J et si $b = (a_i; i \in I)$, on notera b_J sa J-composante $(a_i; i \in J)$. En particulier, si $i \in I$, $A^{\{i\}}$ sera aussi noté B_i et a_i sera aussi écrit b_i. Si $(J_1, J_2, \ldots, J_s)$ est une partition de I, on écrira, par abus inoffensif d'écriture, $B = B_{J_1} \times B_{J_2} \times \ldots \times B_{J_s}$ et $b = (b_{J_1}, b_{J_2}, \ldots, b_{J_s})$, le changement de l'ordre des $J_1, J_2, \ldots, J_s$ ne changeant pas ces symboles : en effet, la donnée des sous-ensembles J_1 , J_2 ,..., J_s et la connaissance de celui de ces ensembles auquel correspond une composante donnée de B ou de C déterminent complètement ce produit cartésien et ce vecteur. Si $a \in A$, $(a)_I$ va désigner le n-vecteur (a,...,a) dont toutes les coordonnées sont égales à a et on écrira $(a)_J = ((a)_I)_J$.

Soit V un $\mathbb{R}$-espace vectoriel de dimension finie n. Si $B = (b_1, \dots, b_n)$ est une base (par rapport à $\mathbb{R}$) de V, elle définit une bijection $\ell = (\ell_1, \dots, \ell_n) \longrightarrow v = \sum_i \ell_i b_i$ du produit cartésien $\mathbb{R}^I$ (qu'on écrira aussi $\mathbb{R}^n$) sur V. Soit c_B la bijection inverse

$$v = \sum_i \ell_i b_i \rightarrow \ell = (\ell_1, \dots, \ell_n)$$

Dans tout ce qui suit, on ne considérera que les espaces vectoriels V avec une base fixée B. Pour cette raison, les coordonnées ℓ_i de v à la base B en seront dites les coordonnées tout court, et on écrira $v = ((\ell_i))$ ou $v = ((\ell_i; i \in I))$ (on n'écrit pas $v = (\ell_i)$, car cela créerait une confusion avec la notation habituelle $v = (v_i; i \in I)$, où $v_i = \ell_i b_i$ est la t_i-composante de v).

Les $V_i = \mathbb{R} b_i$ seront dites les axes des coordonnées, et on a $V = \oplus_i V_i$. Les $V^{(i)} = \{v \in V ; \ell_i = 0\}$ seront dits les hyperplans de coordonnées perpendiculaires au V_i correspondant. Un vecteur $v = ((\ell_i))$ sera dit rationnel (resp. entier) si tous les ℓ_i le sont. Le vecteur nul sera noté 0 ou 0_I , et il est aussi égal à $((\ell_i = 0; i \in I))$.

La base B de V étant fixée, on va définir une certaine extension V° de V, dont on aura quelquefois besoin, et qu'on appellera le B-étendu de V.
$\mathbb{R}^\circ = \mathbb{R} \cup \{-\infty, +\infty\}$ étant la droite réelle complète, l'extension considérée consiste à plonger $c_B . V = \mathbb{R}^I$ dans $\mathbb{R}^{\circ I}$, c'est-à-dire à admettre comme valeurs de coordonnées non seulement les nombres réels finis, mais aussi $\pm\infty$. Autrement dit, V° sera l'ensemble des sommes formelles $v = \sum_i \ell_i b_i [\ell = (\ell_1, \dots, \ell_n) \in \mathbb{R}^{\circ I}]$. On étendra à V°, autant que possible, les opérations de V dont on a besoin. Rappelons que l'addition r+r' est définie pour tous les $r, r' \in \mathbb{R}^\circ$ sauf pour les couples $(r = +\infty, r' = -\infty)$ et $(r = -\infty, r' = +\infty)$ et qu'on a alors $(+\infty) + r = r + (\infty) = +\infty$, $(-\infty) + r = r + (-\infty) = -\infty$. Habituellement, la multiplication rr' est définie pour tous les $r, r' \in \mathbb{R}^\circ$ sauf pour $(r = \pm\infty, r' = 0)$ et $(r = 0, r' = \pm\infty)$ et, si $a \neq 0$, on pose $(\pm\infty) a = a (\pm\infty) = \pm\infty$ ou $\mp\infty$ selon que $a > 0$ où $a < 0$. Toutefois,

on ne définit pas le produit de zéro et d'un infini uniquement pour ne pas "trop gâcher" les rapports entre la multiplication et la division (définie habituellement sur $\mathbb{R}^o$). Mais, n'ayant pas à nous servir de division, nous allons définir la multiplication partout en posant $0(\pm\infty) = (\pm\infty)\,0 = 0$. Ceci dit, si $v = \sum \ell_i b_i$, $v' = \sum \ell'_i b_i$ $(v, v' \in V^o)$, $v + v'$ sera défini si tous les $\ell_i + \ell'_i$ $(i \in I)$ le sont, auquel cas on posera $v + v' = \sum (\ell_i + \ell'_i)\, b_i$. Et, pour tout $r \in \mathbb{R}^o$, rv est défini et $= \sum (r\ell_i)\, b_i$. On notera V^{o+} resp. V^{o-} l'ensemble des $v = \sum \ell_i b_i \in V^o$ tels qu'aucun b_i ne soit $= -\infty$ resp. $= +\infty$.

En plus de sa structure compositionnelle, on munira V (et V^o) d'une structure d'ordre (partiel) et d'une topologie. Ce seront les images par ζ_B^{-1} de l'ordre produit et de la topologie produit de $\mathbb{R}^n$ (resp. de $\mathbb{R}^{on}$), où $\mathbb{R}$ (resp. $\mathbb{R}^o$) est muni de son ordre et de sa topologie habituels. Ainsi, $v = ((\ell_i)) \leq v' = ((\ell'_i))$ si et seulement si, pour tout $i \in I$, $\ell_i \leq \ell'_i$. Si v', v'' sont deux éléments comparables de V^o, par exemple si $v' \leq v''$, $[v', v''; V^o] = \{v \in V^o\ ;\ v' \leq v \leq v''\}$ sera dit le <u>segment</u> (ou <u>parallélotope canonique</u>) de V^o d'extrémités v', v''.

Etant donné un segment $\sigma = [v', v''; V^o]$ de V^o, on appelle ses ensembles <u>dimensionnel</u>, resp. <u>codimensionnel</u>, les ensembles Dim σ, resp. Codim σ, des indices $j \in I$ tels que $v'_j \neq v''_j$ resp. $v'_j = v''_j$, et leurs nombres d'éléments seront notés dim σ resp. codim σ et appelés <u>dimension</u> et <u>codimension</u> de σ. Un segment $\tilde{\sigma} = [\tilde{v}', \tilde{v}'', V^o]$ est contenu dans σ si et seulement si $v' \leq \tilde{v}'$ et $\tilde{v}'' \leq v''$. Un segment $\tilde{\sigma} \subset \sigma$ est dit une <u>face</u> (fermée) de σ si toute coordonnée aussi bien de $\tilde{v}'$ que de $\tilde{v}''$ est égale à la coordonnée de même indice soit de v', soit de v''. On appelle ensemble codimensionnel <u>initial</u>, resp. <u>terminal</u>, d'une face $\tilde{\sigma} = [\check{v}, \check{v}'; V^o]$ de $\sigma = [v, v'; V^o]$ par rapport à σ l'ensemble $\mathrm{Codim}^{(i)}(\tilde{\sigma}|\sigma) = \{j \in \mathrm{Dim}\,\sigma\ ;\ \tilde{v}_j = \tilde{v}'_j = v_j\}$, resp. $\mathrm{Codim}^{(t)}(\tilde{\sigma}|\sigma) = \{j \in \mathrm{Dim}\,\sigma\ ;\ \tilde{v}_j = \tilde{v}'_j = v'_j\}$. On a

$\mathrm{Codim}\,\tilde{\sigma} = \mathrm{Codim}\,\sigma \cup \mathrm{Codim}^{(i)}(\tilde{\sigma}|\sigma) \cup \mathrm{Codim}^{(t)}(\tilde{\sigma}|\sigma)$, cette réunion étant disjointe. On notera $\mathrm{codim}^{(i)}(\tilde{\sigma}|\sigma)$ et $\mathrm{codim}^{(t)}(\tilde{\sigma}|\sigma)$ les nombres d'éléments des ensembles Codim correspondants, et $\mathrm{codim}(\tilde{\sigma}|\sigma) = \mathrm{codim}^{(i)}(\tilde{\sigma}|\sigma) + \mathrm{codim}^{(t)}(\tilde{\sigma}|\sigma)$ sera dit la <u>codimension</u> de $\tilde{\sigma}|\sigma$. Une face $\tilde{\sigma}$ de σ est dite <u>initiale</u>, resp. <u>terminale</u>, si $\mathrm{codim}^{(t)}(\tilde{\sigma}|\sigma) = 0$, resp. $\mathrm{codim}^{(i)}(\tilde{\sigma}|\sigma) = 0$.

Une face $\tilde{\tilde{\sigma}}$ de σ est dite une <u>sous-face</u> d'une face $\tilde{\sigma}$ de σ si $\tilde{\tilde{\sigma}} \subseteq \tilde{\sigma}$ (et si $\tilde{\tilde{\sigma}} \subset \tilde{\sigma}$, elle est dite une sous-face propre de $\tilde{\sigma}$). Les faces de dimension

0 sont dites <u>sommets</u> de σ , celles de dimension 1 les <u>arêtes</u> de σ et les faces $\tilde{\sigma}$ telles que $\mathrm{codim}(\tilde{\sigma} \mid \sigma) = 1$ seront dites les <u>hyperfaces</u> de σ. On appelle <u>intervalle</u> ou <u>segment tronqué</u> un segment σ privé d'un ensemble (pouvant être $\emptyset$) de ses faces. En particulier, un intervalle est dit un segment <u>initialement</u>, resp. <u>terminalement</u>, tronqué si toutes les faces de sa fermeture avec lesquelles il est disjoint sont initiales, resp. terminales. Un intervalle de V° est dit <u>régulièrement</u> tronqué s'il s'obtient en enlevant à sa fermeture σ certaines de ses hyperfaces.

On appelle la <u>sphère</u> $\Sigma(V)$ de V le quotient $V^* = V \setminus \{0\}$ par la relation d'équivalence $\equiv$ telle que $v \equiv v' \underset{\text{déf}}{\Longleftrightarrow} (\exists r \in \mathbb{R})\,[r > 0 \;\&\; v' = rv]$, et on peut définir de la même manière, la sphère $\Sigma(V^{\circ})$ de V°. Si $\varsigma \in \Sigma(V)$, tout élément v de ς , où ς est considéré comme un sous-ensemble de V, en est dit un représentant, et ς est dit <u>rationnel</u> s'il possède des représentants rationnels (auquel cas il en possède des entiers). Si $v = ((\ell_i))$ parcourt les représentants de $\varsigma \in \Sigma(V)$, pour tout $i \in I$ fixé, on a en même temps pour tous ces représentants $\ell_i < 0$ ou $\ell_i = 0$ ou $\ell_i > 0$. Si $\varsigma \in \Sigma(V)$, $-\varsigma = \{-v; v \in \varsigma\}$ est encore une classe (mod $\equiv$), dit <u>l'opposé</u> de ς .

Soient W le dual de V, $\langle v,w \rangle$ la forme bilinéaire de dualité (qu'on écrira aussi $\langle\langle w,v \rangle\rangle$ quand on voudra considérer V comme dual de W). Soit $\beta = (\beta_1, \beta_2, \ldots, \beta_n)$ une base de W duale de B [autrement dit, $\langle b_i, \beta_j \rangle = \delta_{ij}$] . On appelle <u>hyperplan</u> H de V un sous-ensemble de V tel qu'il existe un couple $(w,u) \in W^* \times \mathbb{R}$ (où $W^* = W \setminus \{0\}$) tel que $v \in V$ appartienne à H si et seulement si $\langle v,w \rangle = u$. [D'ailleurs, si $v = ((\ell_i))$ et $w = (\lambda_i)$, on a $\langle v,w \rangle = \sum_{i,j} \ell_i \lambda_j \langle b_i, \beta_j \rangle = \sum_i \ell_i \lambda_i$ et on peut écrire "l'équation de H" sous la forme $\sum_i \ell_i \lambda_i = u$. Si $\lambda_i = 0$, on dira que H est <u>parallèle</u> à V_i , et on adoptera une terminologie analogue quand il s'agit d'espaces vectoriels sur un corps autre que le corps réel $\mathbb{R}$.] En particulier, l'ensemble $\{v = ((\ell_i)) \in V ; \ell_q = u\}$ est un hyperplan défini par le couple $(w = ((\delta_{iq}));u)$. Mais la donnée du couple $(w,u) \in W^* \times \mathbb{R}$ permet de définir non seulement l'hyperplan H, mais aussi la partition $\mathcal{H}$ de V en trois classes :

I. <u>Le dessus</u> $\mathcal{H}^{\sup} = \{v \in V ; \langle v,w \rangle > u\}$

II. <u>L'hyperplan</u> (déjà défini) $H = H(\mathcal{H}) = \{v \in V ; \langle v,w \rangle = u\}$

III. <u>Le dessous</u> $\mathcal{H}^{\inf} = \{v \in V ; \langle v,w \rangle < u\}$.

Cette partition de V en sera appelée l'hyperplan <u>orienté</u> $\mathcal{H}$, défini par le vecteur z = (w,u), qui en sera dit un <u>vecteur définissant</u>. Deux vecteurs z = (w,u) et z' = (w',u') définissent un même hyperplan orienté ssi il existe un r $\in$ $\mathbb{R}$ strictement positif tel que z' = (w',u') = rz = (rw,ru). Il existe deux (et deux seulement) hyperplans orientés $\mathcal{H}$ et $-\mathcal{H}$ ayant un même hyperplan $H(\mathcal{H}) = H(-\mathcal{H}) = H$ donné. A savoir, si $\mathcal{H}$ est défini par z = (w,u), $-\mathcal{H}$ l'est par - z = (-w,u), et on a $(-\mathcal{H})^{sup} = \mathcal{H}^{inf}$, $(-\mathcal{H})^{inf} = \mathcal{H}^{sup}$. Les fermetures (topologiques) dans V de $\mathcal{H}^{inf}$ resp. $\mathcal{H}^{sup}$ sont $\mathcal{H}^{inf} \cup H(\mathcal{H})$ resp $\mathcal{H}^{sup} \cup H(\mathcal{H})$.

Les composantes $w \in W^*$ des vecteurs z = (w,u) définissant un hyperplan orienté $\mathcal{H}$ de V parcourent une classe $d = d(\mathcal{H})$ (mod $\equiv$) dans W^* , donc un élément de $\Sigma = \Sigma(W)$, dit la <u>direction</u> de $\mathcal{H}$, les hyperplans orientés d'une même direction étant dits <u>parallèles.</u> $\mathcal{H}$ est dit rationnel si sa direction l'est. Si w est un représentant de $d \in \Sigma$, tout hyperplan orienté de direction d est défini par un couple convenable (w,u) et si $u \neq u'$, (w,u) et (w,u') définissent des hyperplans orientés distincts. Si $u' > u$, l'hyperplan orienté de direction d défini par z' = (w,u') est dit <u>plus haut</u> que celui défini par z = (w,u). Si $v \in V$, il existe un et un seul hyperplan orienté de direction d passant par v, à savoir celui défini par $(w, \langle v,w \rangle)$. On dira que le vecteur $z = (w,u) \in W^* \times \mathbb{R}$ définit un hyperplan (non orienté) H s'il définit un hyperplan orienté $\mathcal{H}$ tel que $H = H(\mathcal{H})$. Un z = (w,u) définit $H(\mathcal{H})$ ssi il définit $\mathcal{H}$ ou $-\mathcal{H}$.

On va élargir au B- étendu V^o de V la notion d'hyperplan (non orienté) défini par $z = (w,u) \in W^* \times R$. On va d'abord définir la forme bilinéaire $\langle v,w \rangle$ pour certains $v = ((\ell_i)) \in V^o$ et $w = ((\lambda_i)) \in W^o$, en la considérant comme définie ssi $\sum_i \ell_i \lambda_i$ définie au sens des opérations de $\mathbb{R}^o$ (chaque terme $\ell_i \lambda_i$ de cette somme est toujours défini, mais peut être fini ou avoir une des valeurs $-\infty, +\infty$; quant à la somme, elle l'est ssi il n'existe aucune paire d'indices i,j tels que $\ell_i \lambda_i = +\infty$; $\ell_j \lambda_j = -\infty$), auquel cas on posera $\langle v,w \rangle = \sum_i \ell_i \lambda_i$. Cette somme, supposée définie, a une des valeurs $+\infty$ ou $-\infty$ ssi il existe un indice i tel que $\lambda_i \neq 0$ et $\ell_i = \pm\infty$. Si un tel indice n'existe pas (auquel cas la somme est définie) et si I(w) est l'ensemble des $i \in I$ tels que $\lambda_i \neq 0$, on a $\ell_i \lambda_i = 0$ quand $z = (w,u) \in W^0 \times R$ l'ensemble H des $v \in V^o$ tels que $\langle v,w \rangle$ est définie et $\langle v,w \rangle = u$

(donc, en particulier, $\langle v,w \rangle$ est finie et il est visible que

$H = (H \cap V_{I(w)}) , V^o_{I...I(w)})$ (on peut écrire, par abus d'écriture inoffensif,

$H = (H \cap V_{I(w)} \oplus V^o_{I..I(w)})$. On peut aussi définir la notion de l'hyperplan orienté de V° défini par un $z = (w,u) \in (W^{\circ} .. \{0\}) \times \mathbb{R}$, mais alors, en plus des dessus, hyperplan et dessous de $\mathcal{H}$, il y a une quatrième classe, dite domaine d'indétermination. Bien que ces notions présentent de l'intérêt pour étendre autant que possible les notions de convergence et de valeur d'une série de Laurent ultramétrique, je n'en parlerai pas dans le présent exposé, où elles sont superflues

On dira qu'un espace $\mathbb{R}$-vectoriel V est verticalisé quand est fixée une décomposition directe $V = \bar{V} \oplus V'$ de V, où $\bar{V}$, V' sont des sous-espaces de V de codimension 1, resp. de dimension 1, appelés ses composantes horizontale, resp. verticale. Les composantes $\bar{v}, v'$ d'un $v \in V$ dans $\bar{V}$, resp. V', en seront dites aussi composantes horizontale, resp. verticale. Une base B de V sera dite une base de l'espace verticalisé V (ou une base verticalisée de V) si elle est la juxtaposition $(\bar{B}, B' = \{b'\})$ d'une base $\bar{B}$ de $\bar{V}$ et d'une base $B' = \{b'\}$ de V'. On va supposer que la dimension de l'espace verticalisé V est un nombre fini $n+1 \geq 2$ et qu'on en fixe une base verticalisée $B = \{b_1, b_2, \ldots, b_n, b_{n+1}\}$, où $\bar{B} = \{b_1, b_2, \ldots, b_n\}$ est une base de $\bar{V}$ et $B' = \{b' = b_{n+1}\}$ en est une de V' (b' sera dit le générateur vertical de V). Les V_i $(i=1,2,\ldots,n)$ seront dits les axes de coordonnées horizontales de V, tandis que $V_{n+1} = V'$ en sera dit l'axe vertical. De même si, $v = ((\ell_i))$, les $\ell_1, \ldots, \ell_n$ en seront dites les coordonnées horizontales, tandis que $\ell' = \ell_{n+1}$ en sera dite la coordonnée verticale.

La donnée de la décomposition directe $V = \bar{V} \oplus V'$ en détermine une $W = W'' \oplus \bar{\bar{W}}$, où W'', $\bar{\bar{W}}$ sont les espaces orthogonaux des V' resp. $\bar{V}$. Ce sont des sous-espaces de W de dimension n, resp. 1, dites ses composantes coverticale, resp. cohorizontale, et si $w \in W$, ses composantes w'', $\bar{\bar{w}}$ dans W'', resp. $\bar{\bar{W}}$, en seront dites les composantes coverticale, resp. cohorizontale. Si $\beta = (\beta_1, \beta_2, \ldots, \beta_n, \beta_{n+1})$ est la base de W duale de B, $\beta'' = (\beta_1, \beta_2, \ldots, \beta_n)$ en est une de W'' et $\beta = (\bar{\bar{\beta}} = \beta_{n+1})$ en est une de $\bar{\bar{W}}$.

Soit $\Sigma = \Sigma(W)$ la sphère de W. Si $\bar{\bar{\lambda}} = \lambda_{n+1}$ est la coordonnée cohorizontale d'un $w = ((\lambda_i, i = 0,1,\ldots,n+1))$, $\bar{\bar{\lambda}}$ est > 0 ou $= 0$ ou < 0 en même temps pour tous les représentants w d'un $d \in \Sigma$. On dira que d est supérieur si $\bar{\bar{\lambda}} \geq 0$ et qu'il est strictement supérieur si $\bar{\bar{\lambda}} > 0$. On appelera l'hémisphère supérieure, resp. strictement supérieure, de W l'ensemble Σ^{+}, resp. Σ^{++} des $d \in \Sigma$ de même nom. Les $d \in \Sigma^{+} .. \Sigma^{++}$ sont les $d \in \Sigma$, qui sont coverticaux (c'est-à-dire tels que, pour tout $w \in d$, on ait $\bar{\bar{\lambda}} = 0$).

Si $d \in \Sigma^{++}$, il existe un seul représentant w(d) de d, qui soit de la forme $(w''(d), \bar{\bar{\beta}})$ donc $\bar{\bar{\lambda}} = \lambda_{n+1} = 1$. La composante coverticale w"(d) de ce représentant de d sera appelée <u>l'antipente</u> de d. Si $v = (\bar{v}, v') = ((\ell_i ; i=1,2,\ldots,n+1))$, on a $\langle v, w(d)\rangle = \langle \bar{v}, w''(d)\rangle + \langle v', \bar{\bar{\beta}}\rangle = (\sum_{1\leq i\leq n} \ell_i \lambda_i) + \ell_{n+1}$, où $w''(d) = ((\lambda_i ; i=1,2,\ldots,n))$. Si $d \in \Sigma$ est covertical, -d l'est aussi. Sinon, un et un seul des d, -d est supérieur (et il l'est strictement).

Soient $\mathcal{H}$ un hyperplan orienté de V et $d = d(\mathcal{H})$ sa direction. $\mathcal{H}$ (et aussi $H(\mathcal{H})$) est dit <u>vertical</u> si d est coverticale (c'est en effet la condition pour que $H(\mathcal{H})$ soit parallèle à V'). Il est dit <u>supérieur</u> resp. <u>strictement supérieur</u> si $d = d(\mathcal{H})$ l'est, et, dans le second cas, w"(d) est aussi notée $w''(\mathcal{H})$ et dite <u>l'antipente</u> de $\mathcal{H}$. Si H est un hyperplan non-orienté, qui n'est pas vertical, il y a un et un seul hyperplan orienté supérieur $\mathcal{H}$ tel que $H = H(\mathcal{H})$. On l'appelera l'hyperplan supérieur orienté de H et on le notera $\mathcal{H}_{sup}(H)$. On appelera les <u>demi-espaces supérieur</u>, <u>supérieur fermé</u>, <u>inférieur</u>, <u>inférieur fermé</u> de H les ensembles $\mathcal{H}_{sup}(H)^{sup}$, $\mathcal{H}_{sup}(H)^{sup} \cup H$, $\mathcal{H}_{sup}(H)^{inf}$, $\mathcal{H}_{sup}(H)^{inf} \cup H$ respectifs, c'est-à-dire respectivement le dessus, le dessus fermé, le dessous et le dessous fermé de $\mathcal{H}_{sup}(H)$. Si $(\bar{v}, h'(\bar{v}) = h(\bar{v})\, b')$ est le point de H (non vertical) donc la composante horizontale est $\bar{v}$, ces demi-espaces sont les ensembles de $v = (\bar{v}, v' = \ell' b')$ tels que respectivement $\ell' >, \geq, <, \leq h(\bar{v})$, autrement dit qui sont respectivement strictement plus haut , plus haut au sens large, strictement plus bas, plus bas au sens large que le point de H de même projection horizontale. Si H est vertical, il y a deux hyperplans orientés sypérieurs $\mathcal{H}$ tels que $H(\mathcal{H}) = H$, et on ne peut pas parler de leurs dessus et dessous en termes de H.

Si H n'est pas vertical, soit $(0, h(H)\, b')$ le point où H coupe l'axe vertical V'. Si $z(d) = (w(d), u)$ est le seul vecteur $z = (w,u)$ définissant $\mathcal{H}_{sup}(H)$ et tel que $w = w(d)$, on a $\langle (0, h(H) b'), w(d) = (w''(d), \bar{\bar{\beta}})\rangle = \langle 0, w''(d)\rangle + \langle h(H)\, b', \bar{\bar{\beta}}\rangle = h(H)$, donc $h(H) = u$. On appelle h(H) la <u>hauteur</u> de H, et aussi la d-hauteur $h_d(v)$ de tout $v \in H$; où $d = d(\mathcal{H}_{sup}(H))$. On a visiblement, si $v = ((\ell_i ; i=1,\ldots,n+1))$ et si $w''(d) = ((\lambda_i ; i=1,2,\ldots,n))$, $h_d(v) = u = \langle v, w(d)\rangle = \langle \bar{v}, w''(d)\rangle + \langle v', \bar{\bar{\beta}}\rangle = (\sum_{1\leq i\leq n} \ell_i \lambda_i) + \ell_{n+1}$ (on peut étendre la notion de d-hauteur d'un $v \in V$ aux $d \in \Sigma^{+}$ coverticaux et même, aux cas plus généraux, mais cette extension est sans utilité pour cet exposé).

Soit $M \neq \emptyset$ un sous-ensemble d'un espace $\mathbb{R}$-vectoriel verticalisé $V = \bar{V} \oplus V'$. Un $d \in \Sigma^+$ est dit une <u>direction admissible</u> pour M si, pour tout hyperplan orienté $\mathcal{H}$ de direction d, $\mathcal{H}^{inf} \cap M$ est fini. L'ensemble des $d \in \Sigma^+$ admissibles pour M sera noté Adm (M). Nous allons supposer que Adm $(M) \cap \Sigma^{++}$ a (sur Σ) un intérieur non vide. Si $d \in$ Adm (M), il existe l'hyperplan orienté $\mathcal{L}_d(M)$ de direction d, qui est le plus haut hyperplan orienté de cette direction dont le dessus fermé contient (au sens large) M. Son hyperplan $L_d(M) = H(\mathcal{L}_d(M))$ sera dit <u>l'hyperplan d- tangent</u> à M. Si $d \in$ Adm $(M) \cap \Sigma^{++}$, on note $\varphi_M(w''(d))$ la nauteur $h(L_d(M))$ de $L_d(M)$. Si $d \in$ Adm (M), $L_d(M) \cap M \neq \emptyset$, et si, en plus, $d \in \Sigma^{++}$, les $v \in L_d(M) \cap M$ coïncident avec les points de M dont la d-hauteur est minimale. Ainsi, dans ce cas, $\mathrm{Min}_{v \in M} h_d(v)$ existe et est $\varphi_M(w''(d))$. On peut montrer que Adm (M) est un ensemble convexe de $\Sigma = \Sigma(W)$ (démonstration analogue à celle du cas n = 1).

Soit N(M) l'intersection des dessus fermés de tous les hyperplans orientés $\mathcal{H}$ de direction admissible $d(\mathcal{H}) \in$ Adm (M) tels que ces dessus contiennent M. Il est évident que N(M) est aussi l'intersection des dessus fermés des $\mathcal{L}_d(M)$, où d parcourt Adm (M), ou, comme on peut montrer, seulement Adm $(M) \cap \Sigma^{++}$. N(M) est un sous-ensemble convexe de V (ayant, en plus, la propriété que si $v \in N(M)$, tout point plus haut de même composante horizontale est aussi $\in N(M)$), en général de dimension n+1, mais pouvant, dans les cas de dégénérescence, être de dimension plus petite. La frontière $\Pi(M)$ de N(M), qui est un polyèdre infini convexe de V, (on le prouve en se servant, en particulier, de la convexité de Adm .(M)) s'appelle le <u>polyèdre de Newton</u> de M. Les sommets de ce polyèdre sont forcément des points $\in M$, et tout $L_d(M)$, où $d \in$ Adm (M), touchent M en un ou plusieurs points. On appelle Reg(M) et Z(M) les ensembles des $w''(d)$, $d \in$ Adm $(M) \cap \Sigma^{++}$, tels que $L_d(M)$ touche M en un seul,resp. en au moins deux points, et $d \in$ A dim$(M) \cap \Sigma^{++}$ (et aussi $w''(d)$ correspondant) sera dit <u>régulier</u> ou <u>exceptionnel</u> selon que $w''(d) \in$ Reg(M) ou $w''(d) \in Z(M)$. Si $v = ((\ell_i; i=1,\dots,n+1))$ est un sommet de $\Pi(M)$, on notera Δ_v l'ensemble des $w''(d)$ tels que $L_d(M)$ touche M en v. On peut montrer que Δ_v est un polyèdre convexe fermé de W", dont les faces sont contenues dans Z(M) tandis que son intérieur est une composante connexe de Reg(M), et $\varphi_M(w'')$ y est la fonction linéaire $\ell' + \langle \bar{v}, w'' \rangle$, car, si $\mathcal{H}$ est un hyperplan orienté de direction d tel que $v \in H(\mathcal{H})$, on a $h_d(v) = \langle v, (w''(d), \bar{\bar{\beta}}) \rangle = \ell' + \langle \bar{v}, w''(d) \rangle$.

Ainsi, la fonction $\varphi_M(w'')$ a les propriétés suivantes :

α) elle est continue ;

β) son domaine de définition $w''(\mathrm{Adm}\ (M) \cap \Sigma^{++})$ admet un recouvrement par une famille de polyèdres fermés à intérieurs disjoints deux à deux, tel que $\varphi_M(w'')$ soit linéaire sur chacun de ces polyèdres.

γ) Elle est concave, c'est-à-dire si, sur quelque ouvert du domaine de définition de φ_M, on a $\varphi_M(w'') = \ell' + \sum_{1 \leq i \leq n} \ell_i \lambda_i$, où $w'' = ((\lambda_i ; i=1,\dots,n))$ et $\ell_1, \ell_2, \dots, \ell_n, \ell'$ sont des constantes réelles, on a, partout sur ce domaine, $\varphi_M(w'') \geq \ell' + \sum_{1 \leq i \leq n} \ell_i \lambda_i$.

Si $M \neq \emptyset$ est fini, on a $\mathrm{Adm}\ (M) = \Sigma^+$, donc $w''(\mathrm{Adm}(M) \cap \Sigma^{++}) =$ $= w''(\Sigma^{++}) = W''$ et les Δ_v forment un recouvrement fini de W''.

$Z(M)$ est l'ensemble des $w''(d)$ pour les $d \in \mathrm{Adm}\ (M) \cap \Sigma^{++}$ tels que $L_d(M)$ touche M en au moins deux points distincts $v = ((\ell_i))$ et $v^* = ((\ell_i^*))$, ce qui implique $\ell_{n+1} + \langle \bar{v}, w''(d) \rangle = \ell^*_{n+1} + \langle \bar{v}^*, w''(d) \rangle$. Ainsi, chaque $w'' \in Z(M)$ appartient à un hyperplan d'équation $\langle \bar{v} - \bar{v}^*, w'' \rangle = \ell^*_{n+1} - \ell_{n+1}$ de W'', et ces hyperplans sont rationnels si les projections horizontales $\bar{v}$ des $v \in M$ le sont toutes. Si M est fini, le nombre de ces hyperplan "exceptionnels" de W'' l'est aussi et $Z(M)$ est contenu dans la réunion d'un ensemble fini d'hyperplans de W''.

§ 2. <u>Géométrie dans</u> k'^n

Soit $k' = k \cup \{\infty\}$ le projectivisé d'un corps densement valué k, dont soient $\Gamma(k)$ le groupe de valuation (et $m(k) = \mathrm{Log}\ \Gamma(k)$ le module de valuation) et $\bar{k}$ le corps résiduel. Etant donné deux points $x = (x_1, x_2, \dots, x_n)$ et $y = (y_1, y_2, \dots, y_n)$ de k'^I (où $I = \{1,2,\dots,n\}$; on notera k'^I aussi k'^n quand cela ne risque pas de créer les confusions), le vecteur $d(x,y) =$ $= (d(x_1, y_1), d(x_2, y_2), \dots, d(x_n, y_n)) \in \mathbb{R}_+^{oI}$ (où $\mathbb{R}_+^o = \{r \in \mathbb{R}^o ; r \geq 0\}$) sera dit la <u>polydistance</u> (ou, simplement, la <u>distance</u>) des x,y, et $|x| = d(x,0) =$ $= (|x_1|, |x_2|, \dots, |x_n|)$ sera appelée la <u>valuation</u> de x. Comme cela a été déjà dit au §1, on considerera $\mathbb{R}^{on}$, et aussi sa partie $\mathbb{R}_+^{on}$, comme ensembles partiellement ordonnés par leur ordre produit, et ces ensembles partiellement ordonnés sont des treillis complets. En particulier, si $r = (r_1, r_2, \ldots, r_n)$ et $r' = (r'_1, r'_2, \ldots, r'_n)$ sont $\in \mathbb{R}^{oI}$, on a $\mathrm{Sup}(r,r') = (\mathrm{Max}(r_1,r'_1), \mathrm{Max}(r_2,r'_2), \ldots, \mathrm{Max}(r_n,r'_n))$ et

$\mathrm{Inf}(r,r') = (\mathrm{Min}(r_1,r'_1), \mathrm{Min}(r_2,r'_2), \ldots, \mathrm{Min}(r_n,r'_n))$. Ceci posé, la distance qu'on vient de définir satisfait bien aux axiomes des espaces ultramétriques :

I) $d(x,y) = 0 \Longleftrightarrow x = y$; II) $d(x,y) = d(y,x)$; III) $d(x,z) \leqslant \sup[d(x,y), d(y,z)]$

Un tel espace, ou la distance prend ses valeurs dans un ensemble partiellement ordonné, qui est un demi-treillis supérieur, sera dit, selon la terminologie de mon élève, M. Guennoun, un espace hièrarchimétrique. On appellera proximité des x,y le vecteur $p(x,y) = -\mathrm{Log}\, d(x,y) = (-\mathrm{Log}\, d(x_1,y_1), -\mathrm{Log}\, d(x_2,y_2), \ldots, -\mathrm{Log}\, d(x_n,y_n))$, et on appellera ordre valuatif de x le vecteur $\omega(x) = p(x,0) =$
$= (\omega(x_1), \omega(x_2), \ldots, \omega(x_n))$. Si $a \in k^I$: considérons les applications

$\theta_a : x \longrightarrow d(a,x)$ $(x \in k^I)$ et $\pi_a : x \longrightarrow p(a,x)$. Si $A \subseteq k'^I$ et $a \in k^I$, $\theta_a A$ et $\pi_a A$ seront dit les ensembles des distances resp. des proximités de A par rapport à a. L'ensemble $A \subseteq k'^n$ sera dit a-saturé (terminologie de Robba), si $A = \theta_a^{-1}.(\theta_a A)$.

Ordonnons également, la puissance cartésienne $\underline{S}^I$ (qu'on écrira aussi $\underline{S}^n$) de la droite semi-réelle $\underline{S}$ par son ordre produit (c'est aussi un treillis complet). Si $\rho = (\rho_1, \rho_2, \ldots, \rho_n) \in \underline{S}^I$, $r(\rho) = (r(\rho_1), r(\rho_2), \ldots, r(\rho_n))$ sera dit la valeur réelle de ρ et $\xi(\rho) = (\xi(\rho_1), \xi(\rho_2), \ldots, \xi(\rho_n))$ son espèce. On dira que l'espèce de ρ est non-positive, resp. non-négative, si, parmi les $\xi(\rho_i)$ $(i=1,2,\ldots,n)$ il n'y en a aucun, qui soit = +, resp. = −. Si $r = (r_1, \ldots, r_n) \in (\mathbb{R}^o \cdot\cdot \{-\infty\})^I$, on posera $r^{(-)} = (r_1^-, r_2^-, \ldots, r_n^-)$.

On appelera polycercle (ou simplement cercle quand cela ne conduira pas aux confusions) de centre $a \in k'^n$ et de rayon $\rho \in \underline{S}^n$, tel que $\xi(\rho)$ soit non-positive, l'ensemble, $C(a,\rho) = \{x \in k'^n ; d(a,x) \leqslant \rho\}$. Si $\rho \in (\Gamma(k) \cup \{0,+\infty\})^n$, $C(a,\rho)$ est dit circonférencié, sinon il est dit non-circonférencié. Il est dit anti-circonférencié si $\rho = r^{(-)}$ où $r \in \mathbb{R}^{on}$, un ensemble $\tilde{\mathfrak{C}} \in k'^n$ est dit un pseudo-polycercle de centre $a \in k^n$ si $\tilde{\mathfrak{C}} = \{x \in k'^n ; d(a,x) \in \tilde{\sigma}\}$, où $\tilde{\sigma}$ est un segment terminalement tronqué de $\mathbb{R}_+^{on}$ d'origine 0.

Comme dans le cas $n = 1$, chaque point d'un poly-cercle en est un centre (avec le même rayon) et deux poly-cercles non-disjoints sont concentriques. Mais, contrairement à ce cas, deux polycercles concentriques ne se contiennent pas toujours l'un l'autre (ceci à lieu si leur rayons sont comparables). Mais deux polycercles d'un même rayon sont toujours disjoints ou égaux. D'ailleurs bien d'autres propriétés d'espaces hyperultramétriques, dont la distance prend ses valeurs dans un ensemble totalement ordonné sont en défaut dans les espaces analogues, dont la distance prend, comme ici, ses valeurs dans un ensemble, qui n'est ordonné que partiellement tout en étant un demi-treillis supérieur (c'est-à-dire possédant le suprémum de ses deux éléments quelconques) : ainsi, les triangles ne sont pas forcément isocèles, ce qui ne permet pas de conclure de $d(b,c) < d(a,c)$ à $d(a,b) = d(a,c)$; les distances d'un point en dehors d'un cercle aux points du cercle ou les distances mutuelles de points de deux cercles disjoints ne sont pas forcément toutes égales, etc...
Comme conséquence, si l'intersection d'une famille de polycercles non-disjoints est encore un polycercle, par contre la réunion d'une telle famille n'en est pas toujours un. [Toutefois, la réunion d'une famille de polycercles totalement ordonnée par inclusion en est encore un, ce qui montre que les polycercles forment une famille inductive]. Une telle réunion (qu'on peut aussi définir comme réunion d'une famille de polycercles concentriques) sera dite un <u>multicercle</u>, et les multicercles d'un centre fixe (on appelle un centre d'un multicercle tout son point a tel que le multicercle considéré est une réunion de polycercles de centre a; contrairement au cas des polycercles, n'importe quel point du multicercle n'en est, en général, pas un centre) forme un treillis complet par rapport à l'intersection et la réunion. Un pseudo-polycercle est en général un multicercle. En effet, si I est l'ensemble des indices i tels que, pour un $\rho \in S^n$ donné d'espèce non-positive on ait $\xi(\rho_i) = 0$, et si, pour $i \in I$, $\rho' = \rho^{(-,i)} = (\rho'_1, \rho'_2, \dots, \rho'_n)$ est tel que $\rho'_j = \rho_j$ si $j \neq i$ et $\rho'_i = \rho^-_i$, on a $\tilde{C}(a;\rho) = \bigcup_{i \in I} C(a;\rho^{(-i)})$. On a, visiblement,

$C(a;\rho) = C(a_1;\rho_1) \times C(a_2;\rho_2) \times \dots \times C(a_n;\rho_n)$. Si $\rho < \rho'$, $C(a;\rho')$ est une réunion de cercles (forcément disjoints) de rayon ρ. On notera $C(a,\rho')/C(0,\rho)$ l'ensemble des cercles de rayon ρ contenus dans $C(a,\rho')$. Visiblement, il s'identifie avec le produit cartésien $C(a_1,\rho'_1)/C(0;\rho_1) \times C(a_2;\rho'_2)/C(0;\rho_2) \times \dots$ $\dots \times C(a_n;\rho'_n)/C(0;\rho_n)$. En particulier, $C(0;\rho')/C(0;\rho)$ s'organise ainsi en groupe additif, somme directe $\bigoplus_i C(0;\rho'_i)/C(0;\rho_i)$ des groupes additifs

$C(0;\rho'_i)/_{C(0,\rho_i)}$ et si $\rho' = (1,1,\dots,1)$, [donc $\rho < (1,1,\dots,1)$], $C(0;(1,1,\dots,1))/_{C(0;\rho)}$ devient un anneau, somme directe des anneaux $C(0;1)/_{C(0;\rho_i)}$. En particulier, si $\rho' = (1,1,\dots,1)$ et $\rho = \rho'^{(-)} = (1^-, 1^-,\dots,1^-)$, $C(0;(1,1,\dots,1))/_{C(0;(1^-,1^-,\dots,1^-))}$ s'identifie avec $\bar{k}^n = \underbrace{\bar{k}\oplus\bar{k}\oplus\dots\oplus\bar{k}}$ et peut être considéré comme une $\bar{k}$-algèbre. Si $r \in \Gamma(k)^n$ et si $u = (u_1, u_2, \dots, u_n) \in k^n$ est tel que $|u| = r$, l'auto-application $x = (x_1, x_2, \dots, x_n) \longrightarrow x' = (x'_1, x'_2, \dots, x'_n)$ de k'^n telle que $x'_i = u_i^{-1} x_i$ induit une bijection de $C(0,r)/_{C(0,r^-)}$ sur

$C(0;(1,1,\dots,1))/_{C(0;(1^-,1^-,\dots,1^-))}$.

Si $r \in (\Gamma(k)\cup\{+\infty, 0\})^n$ et si $a \neq \infty$, on appelle <u>polycirconférence</u> (qu'on dira souvent circonférence) <u>de centre</u> a <u>et de rayon</u> r l'ensemble $S(a, r)$ des $x \in k'^n$ tels que $d(a,x) = r$. Visiblement, si $\rho < r$, $S(a,r)$ est une réunion de cercles de rayon ρ et si, pour tout i, $d(a_i,a'_i) < r_i$, on a $S(a',r) = S(a,r)$. En particulier, quand on identifie $C(0;(1,1,\dots,1))/_{C(0;(1^-,1^-,\dots,1^-))}$ avec $\bar{k}^n$, $S(0;(1,1,\dots,1))/_{C(0;(1^-,1^-,\dots,1^-))}$ s'idenditife avec $\bar{k}^{*n} = \bar{k}^* \times \bar{k}^* \times \dots \times \bar{k}^*$.

Si $A \subseteq k'^n$ et $a \in k^n$, on appele <u>rayon</u> (que, dans le cas où A est un cercle, on fera suivre du mot "propre") de A par rapport au centre a le supremum, sur $\underline{S}^n$,

$$r_a(A) = \operatorname{Sup}_{x \in A} d(a,x)$$

de la distance $d(a,x)$ entre a et x, où x parcourt A. De même, le supremum sur $\underline{S}^n$

$$d(A) = \operatorname{Sup}_{(x,y) \in A \times A} d(x,y)$$

de la distance mutuelle des points x,y de A sera dit le <u>diamètre</u> de A. Visiblement, $r_a(A)$ est le rayon propre du plus petit cercle de centre a contenant A, donc, si

$a \in A$, il ne dépend pas du choix de a et, par suite, est aussi égal à

$\mathrm{Sup}_{a \in A}\, r_a(A) = \mathrm{Sup}_{a \in A}\ \mathrm{Sup}_{x \in A}\ d(a,x) = \mathrm{Sup}_{(a,x) \in A \times A}\ d(a,x) = d(A).$

$\pi_a : x \longrightarrow p(a,x)$ est une application de k'^n sur $\mathbb{R}^{on}$, qu'on considèrera comme l'étendu V^o de l'espace vectoriel réel $V = \underline{\mathbb{R}}^n$ de dimension n. Si l'on fixe comme base de $\underline{V}$ le système de vecteurs $(b_1, b_2, \ldots, b_n)$ tel que b_i (en tant qu'élément du produit cartésien $\mathbb{R}^{on}$) soit $(\delta_{1i}, \delta_{2i}, \ldots, \delta_{ii}, \ldots, \delta_{ni})$ un élément $r = (r_1, r_2, \ldots, r_n)$ de $\mathbb{R}^{on}$ est aussi $\sum_{1 \leq i \leq n} r_i b_i$, donc a r_i comme i-ième coordonnée [et peut donc aussi s'écrire $((r_1, r_2, \ldots, r_n))$, ce qui rend inutile cette écriture dans le cas considéré]. Un ensemble $A \subseteq k'^n$ sera dit un <u>hyperplan</u> a-<u>proximal</u> s'il est a-saturé et son ensemble de proximités $p_a(A)$ par rapport à a est un hyperplan H de V^o. On dira que A est rationnel si H l'est. Si W est le dual de V muni de la base $\beta = (\beta_1, \ldots, \beta_n)$ duale de B, et si $z = (w,u) \in W^* \times \mathbb{R}$ est un vecteur définissant H (ou plus précisément, un des hyperplans orientés $\mathcal{H}$ tels que $H = H(\mathcal{H})$), ce sera donc l'ensemble des points $x = (x_1, x_2, \ldots, x_n)$ de k'^n tels que $\langle p(a,x) = \omega(x-a), w \rangle = u$, ou, sous une forme plus détaillée, si $w = ((c_i; i=1,2,\ldots,n))$, tels que $\sum_{1 \leq i \leq n} c_i\, \omega(x_i - a_i) = u$. On peut aussi formuler cette condition en terme de distance (ou de valuation) : x appartient à l'ensemble considéré ssi $\prod_{1 \leq i \leq n} |x_i - a_i|^{c_i} = e^{-u}$. On notera Q_z cet hyperplan a-proximal. Il est à remarquer qu'un $v \in V$ tel que $r_i = +\infty$ ou $-\infty$ appartient à H ssi $c_i = 0$, auquel cas l'appartenance de $v \in V$ à H ne dépend pas de sa i-ième coordonnée ℓ_i, ceci signifie qu'un $x \in k'^n$ tel que $x_i = 0$ ou $x_i = \infty$ n'appartient à Q_z que si l'appartenance d'un $x \in k'^n$ quelconque à Q_z ne dépend pas de sa coordonnée x_i.

Si $I_o \subset I$, l'hyperplan a-proximal Q de k'^I sera dit <u>parallèle</u> à k^{I_o} si l'hyperplan correspondant H de $V \simeq \mathbb{R}^{oI}$ l'est à V_{I_o} (autrement dit si l'appartenance d'un $x \in k'^n$ à Q ne dépend pas des valeurs des x_i, $i \in I_o$). On dira aussi, dans ce cas, que Q est parallèle à X_{I_o}.

§ 3. Polyèdre de Newton et fonction φ d'une série de Taylor. Convergence, séries de Taylor, leurs fonctions φ, $\tilde{M}$,M, inégalités de Cauchy. Zéros des séries de Taylor. Fonctions méromorphes.

Nous allons considérer les fonctions de n variables ultramétriques, variant dans un corps valué complet k (généralement supposé algébriquement clos, donc à corps résiduel $\bar{k}$ infini et à valuation dense). D'ailleurs, dans certaines questions pourront intervenir plusieurs systèmes de tels variables (variant dans un même k) : $X_1, X_2, \ldots, X_n$; $Y_1, Y_2, \ldots, Y_n, \ldots$. Quelquefois, on considérera les valeurs de ces variables dans l'ensemble un peu plus grand, à savoir dans le projectivisé $k' = k \cup \{\infty\}$ de k.

Du point de vue des notations, nous allons adopter les conventions suivantes déjà anciennes (introduites indépendemment par moi-même [25] et par M. Laurent Schwartz [26], à moins que quelqu'un ne l'ait fait auparavant) : on notera X,Y,... les vecteurs $(X_1, X_2, \ldots, X_n)$, $(Y_1, Y_2, \ldots, Y_n), \ldots$. Si $X_i = x_i$ est un système de valeurs des X_i dans k' , on notera, également, x le vecteur $(x_1, x_2, \ldots, x_n)$ et on dira que x est une valeur de X. Les valeurs possibles du vecteur (ou "système") X occupent évidemment k'^I où $I = \{1,2,\ldots,n\}$. On aura, d'ailleurs, à considérer les vecteurs de nature intermédiaire, dont certaines coordonnées sont des variables et d'autres constantes $\in$ k', tel le vecteur $U = (X_1, X_2, \ldots, X_i, x_{i+1}, \ldots x_n)$. Quels que soient les vecteurs de ce type, on définit leur addition et multiplication comme addition et multiplication par composantes); par exemple,
$X+x = (X_1+x_1, X_2+x_2, \ldots, X_n+x_n)$, $Xx = (X_1x_1, X_2x_2, \ldots, X_nx_n)$.

$\mathbb{Z}^n = \mathbb{Z}^I$ étant considéré comme un $\mathbb{Z}$-module , muni, en plus, de son ordre produit, soit $i = (i_1, i_2, \ldots, i_n) \in \mathbb{Z}^n$. Si $U = (U_1, U_2, \ldots, U_n)$, où les U_i sont des expressions quelconques pouvant se multiplier commutativement, on posera $U^i = U_1^{i_1} U_2^{i_1} \ldots U_n^{i_n}$. Visiblement, on a $U^{i'+i''} = U^{i'} U^{i''}$ et, pour tout $z \in Z$, $U^{zi} = (U^i)^z = (U^z)^i$, où $U^z = (U_1^z, U_2^z, \ldots, U_n^z)$.

[Bien que je ne m'en servirai pas, je mentionne encore les notations suivantes, qui peuvent être utiles dans l'étude formelle des série de puissances : on pose $i! = i_1! i_2! \ldots i_n!$ et si $i \in \mathbb{Z}^n$ est $\geqslant 0 = (0,0,\ldots,0)$, on a la formule de binôme

(25) Voir [12], p. 128-129.
(26) Voir [20], p. 14-15.

$(X+Y)^i = \sum_{0 \leq i' \leq i} \frac{i!}{i'!(i-i')} X^{i'} Y^{i-i'}$ ainsi que les formules analogues pour le "multinôme" $(X+Y+Z+\dots)^{i'}$] .

Soit $f(X) = \sum_{i \in \mathcal{P}_n} a_i X^i$ une série de Taylor en $X = (X_1, X_2, \dots, X_n)$, où $\mathcal{P}_n$ est l'hyperquadrant principal $\{i \in \mathbb{Z}^n , i \geqslant 0\}$ de $\mathbb{Z}^n$ (on écrira aussi $i \geqslant 0$ au lieu de $i \in \mathcal{P}_n$ quand il sera clair qu'il s'agit des $i \in \mathbb{Z}^n$), dont on va supposer qu'elle converge dans un voisinage de 0. Soit $m(k) = \text{Log}\, \Gamma(k)$ le module de valuation de k. Considérons le produit cartésien (dans un certain ordre) $\mathbb{R}^{n+1}$ de n+1 exemplaires de $\mathbb{R}$. On va le considérer comme un $\mathbb{R}$-espace vectoriel V avec une base canonique $(b_1, b_2, \dots, b_n, b_{n+1} = b')$ telle que $b_q = (\delta_{jq}, 1 \leq j \leq n+1)$. On va verticaliser cet espace en prenant comme sa composante horizontale son sous-espace linéaire $\bar{V} = \{v = (v_1, v_2, \dots, v_n, v_{n+1}) \in V ; v_{n+1} = 0\}$ engendré par les $b_1, b_2, \dots, b_n$, et, comme sa composante verticale son sous-espace $V' = \{v \in V ; v_1 = v_2 = \dots = v_n = 0\}$ engendré par $b' = b_{n+1}$. Faisons correspondre à tout terme non nul $a_i X^i$ de f(X) $(i \in \mathcal{P}_n)$ le point $P_i = (i, \omega(a_i))$ de $V = \bar{V} \oplus V'$, dont la composante horizontale est l'exposant $i \in \mathcal{P}_n$ du terme, et dont la composante verticale est l'ordre $\omega(a_i) = -\text{Log}\,|a_i| \in m(k)$ de son coefficient a_i [ainsi P_i appartient toujours à $\mathcal{P}_n \times m(k) \subseteq \mathbb{Z}^n \times m(k)$] . Ce point sera dit le <u>point représentatif</u> du terme, et $M^{(f)} = \{P_i ; i \in \mathcal{P}_n , a_i \neq 0\}$ sera dit <u>l'ensemble représentatif</u> de f. Visiblement, si $f \neq 0$, $M^{(f)} \neq \emptyset$. Si $W = W'' \oplus \bar{\bar{W}}$ est le dual (coverticalisé) de l'espace verticalisé V, soient $\Sigma = \Sigma(W)$ sa sphère, Σ^+ et Σ^{++} ses hémisphères supérieure et strictement supérieure .

On appelera <u>ensemble d'admissiblité générique</u>, <u>polygone de Newton</u>, <u>fonction</u> φ et on notera respectivement $\text{Adm}_{gen}(f)$, $\pi(f)$, $\varphi_f(w'')$ les objets correspondants $\text{Adm}(M^{(f)})$, $\pi_{M^{(f)}}$, $\varphi_{M^{(f)}}(w'')$ de l'ensemble représentatif $M^{(f)}$ de f. Si $d \in \text{Adm}_{gen}(f) \cap \Sigma^{++}$, l'hyperplan d-tangent $L_d(M^{(f)})$ à $M^{(f)}$ sera aussi noté $L_d^{(f)}$. L'hypothèse de convergence de f dans un voisinage de 0 implique que l'intérieur de $\text{Adm}_{gen}(f) \cap \Sigma^{++}$ n'est pas vide. Considérons un système $x = (x_1, x_2, \dots, x_n) \in k^{*n}$ où $k^* = k \setminus \{0\}$, des valeurs des systèmes $X = (X_1, X_2, \dots, X_n)$ des variables $X_1, \dots, X_n$ tel qu'aucun x_i $(i=1,2,\dots,n)$ ne soit 0 ou ∞ . Cherchons l'ordre

$\omega(a_i x^i)$ d'un terme non-nul $a_i X^i$ de f pour X = x. On a $\omega(a_i X^i) =$
$= \omega(a_i x_1^{i_1} x_2^{i_2} \dots x_n^{i_n}) = \omega(a_i) + \sum_{1 \leq q \leq n} i_q \omega(x_q)$. Si

$w'' = ((\omega(x_1), \omega(x_2), \dots, \omega(x_n))) \in W''$, on a visiblement, puisque

$P_i = ((i_1, i_2, \dots, i_n, \omega(a_i)))$, $\omega(a_i x^i) = \langle \bar{P}_i, w'' \rangle + P_i^! = \langle P_i, w \rangle$, où

$w = (w'', \bar{\bar{\mathcal{E}}}) = ((\omega(x_1), \omega(x_2), \dots, \omega(x_n), 1))$. Si d est la classe de w(mod $\equiv$) (cette classe est $\in \Sigma^{++}$, car la coordonnée cohorizontale de w est 1 > 0), on a donc $\omega(a_i x^i) = h_d(P_i)$. La série $f = \sum_{i \in \mathcal{S}_n} a_i X^i$ converge pour X = x si, et seulement si, $h_d(P_i) = \omega(a_i x^i)$ tend vers $+ \infty$, sur $\mathbb{R}^{\circ}$, c'est-à-dire, si, pour tout $c \in \mathbb{R}$, il n'y a qu'un nombre fini de termes $a_i X^i \neq 0$ de f tels que $h_d(P_i) < c$, autrement dit si, en dessous de l'hyperplan de V de direction d (ou d'antipente $\omega(x)$), il n'y a qu'un nombre fini des points $P_i \in M^{(f)}$. Mais ceci singifie précisément que d est une direction admissible. Ainsi, f(x), où $x \in k^{*n}$, converge si, et seulement si $\omega(x)$ est l'antipente w"(d) d'un $d = d(x) \in \mathrm{Adm}_{gen}(f) \cap \Sigma^{++}$. Les $d \in \mathrm{Adm}_{gen}(f) \dots \Sigma^{++}$ admettent aussi une interprétation, dont je ne vais pas parler ici.

On peut d'ailleurs considérer les valeurs $x \in K^{*n}$, où $K^{\bullet}$ est une extension valuée arbitraire de k. On peut, en particulier, considérer K tel que $\Gamma(K) = \mathbb{R}_+$, ce qui permet d'interpréter $\mathrm{Adm}_{gen}(f) \cap \Sigma^{++}$ comme l'ensemble des $d \in \Sigma^{++}$ tel que f(x) converge si un système de valeurs $x \in K$, où K est une extension valuée de k, est tel que $\omega(x) = w''(d)$

Si $d \in \Sigma''$ et si $w''(d) = ((c_1, c_2, \dots, c_n))$ est l'antipente de d, posons $r(d) = e^{-w''(d)} = ((e^{-c_1}, e^{-c_2}, \dots, e^{-c_n}))$. Visiblement $d \longrightarrow w''(d)$ est une bijection de Σ^{++} sur l'espace vectoriel réel W" de dimension n, et $w'' \longrightarrow r = e^{-w''}$ est la bijection de cet espace sur son hyperquadrant principal ouvert $\mathcal{P}(W'')$. Nous avons ainsi trois arguments possibles pour décrire les phénomènes dans l'ensemble des hyperplans orientés de l'espace verticalisé $V = \bar{V} \oplus V'$ qu'y détermine la donnée de la série de Taylor f : d, $w'' = w''(d)$, $r = e^{-w''}$. Il ne fait pas de doute que, pour chacun de ces arguments, il existe des situations où, pour des raisons surtout psychologiques dues à nos habitudes mathématiques (linéaristes, métriques, topologiques d'un certain type), son emploi parait préférable à celui de deux autres. Dans le cas n=1, il n'y a pratiquement pas de différence entre d et w"(d) (qui est plus simple), et, comme il s'agit en fait (par exemple, pour le domaine de définition et les régions de linéairté de la fonction φ_f) d'intervalles de la droite W" et de leur partition à l'aide des points isolés, l'application $w'' \longrightarrow e^{-w''}$ les transforme en objets de même forme, le léger avantage qu'a l'argument w" du fait que $\varphi_f(w'')$ est linéaire par morceaux ne contre balance pas les avantages intuitifs de l'argument $r = e^{-w''}$ du point de vue des espaces métriques. C'est pourquoi, dans le chapitre I, j'avais employé surtout cet argument. Par contre, si n > 1, les avantages de l'argument w" par rapport à r deviennent beaucoup plus grands. Par exemple si $M \neq \emptyset$ est un sous-ensemble de V, le recouvrementde $w''(Adm(M)\cap\Sigma^{++})$ par les régions de linéarité de $\varphi_M(w'')$ en est un recouvrement par les polyèdres fermés, séparés par des morceaux d'hyperplans de W" , tandis que leurs images par $w'' \longrightarrow e^{-w''}$ sont des "polyèdres exponentiels", objets géométriques beaucoup moins intuitifs. Pour cette raison, de même que M. Robba, dans l'exposé qui suit, je vais généralement employer l'argument w", mais sans tomber dans le dogmatisme de s'interdire l'emploi des autres arguments (d,r) dans des cas appropriés. Quand un sous-ensemble de W" sera défini et noté d'une certaine manière, les ensembles correspondants en arguments d,r seront notés de la même manière, mais en ajoutant comme indice supérieur cet argument. Ainsi, on va noter $Conv_{gen}(f)$ le transformé $w''(Adm(f)\cap\Sigma^{++})$ de $Adm(f)\cap\Sigma^{++}$ par $d \longrightarrow w''(d)$, et on va noter $Conv^{(d)}_{gen}(f)$ et $Conv^{(r)}_{gen}(f)$ les ensembles correspondant $Adm(f)\cap\Sigma^{++}$ et $e^{-Conv_{gen}(f)}$ en arguments d, resp. r. Avec cette notation, f(X) converge pour $x \in k^{*n}$ ssi $\omega(x) \in Conv_{gen}(f)$ [ou, ce qui est équivalent, $|x| \in Conv^{(r)}_{gen}(f)$] si $d = d(x)$, on a alors $d \in Adm(f)\cap\Sigma^{++}$ et le minimum des $\omega(a_i x^i) = h_d(P_i)$ existe et est $\varphi_f(w''(d)) = \varphi_f(\omega(x))$. Donc,

$$\tilde{M}_f(w''(d)) = \mathrm{Max}_i\ |a_i x^i| = \mathrm{Max}_i\ e^{-\omega(a_i x^i)} = e^{-\mathrm{Min}_i\ \omega(a_i x^i)}$$

existe aussi et est $e^{-\varphi_f(\omega(x))}$. On a ainsi les fonctions $\varphi_f(w'')$ et $\tilde{M}_f(w'')$ définies sur $Conv_{gen}(f)$. On peut aussi considérer $M_f(r) = \mathrm{Max}_i\ |a_i|r^i$, qui est la transformée de $\tilde{M}_f(w'')$ par $w'' \longrightarrow r = e^{-w''}$ et est définie sur $Conv^{(r)}_{gen}(f) \subseteq \mathcal{S}(W'')$. Chacune de ces fonctions a ses avantages : $\varphi_f(w'')$ est linéaire par morceaux, tandis que $\check{M}_f(w'')$ et $M_f(r)$ sont de même type que les normes des fonctions de l'Analyse classique (en particulier de l'Analyse fonctionnelle). En plus, $M_f(r)$ a la forme monomiale par morceaux en r, très proche de la forme monomiale $a_i X^i$ (en X) des termes de f. Il me semble que, du point de vue des valeurs de ces fonctions, les avantages des $\check{M}_f$ et M_f sont plus sérieux que ceux de φ_f. Ainsi, j'emploierai généralement, la fonction

$M_f(w'')$, sans toutefois m'interdire l'emploi de $\varphi_f(w'')$ ou de $M_f(r)$. On a visiblement: si $\omega(x) \in \mathrm{Conv}_{gen}(f)$, $|f(x)| \leq \tilde{M}_f(\omega(x))$ et si $\omega(x) \in \mathrm{Reg}(f)$ [c'est-à-dire $L^{(f)}_{d(x)}$ touche $M^{(f)}$ en un seul point], on a $|f(x)| = \tilde{M}_f(\omega(x))$.

La série $f(X)$ peut converger pour certaines valeurs $x = (x_1,\ldots,x_n)$ telles que certains x_q soient $= 0$, et on peut même donner un sens à $f(x)$ pour certains $x \in k'^n$ tels que certains x_q soient $= \infty$. Visiblement, la fonction $M_f(r) = \mathrm{Max}_i |a_i| r^i$ a un sens pour $r = |x|$ correspondant. Ainsi, pour prendre en considération de telles valeurs de X, il faut étendre Conv(f) à certaines parties de l'étendu $(W'')^o$ de W'' [rappelons que $|0| = 0$, $|\infty| = +\infty$, $\omega(0) = +\infty$, $\omega(\infty) = -\infty$]. Etant donné un $w'' = ((c_1, c_2, \ldots, c_n)) \in (W'')^o$, notons $I_{-\infty}(w'')$ l'ensemble des q tels que $c_q = -\infty$, (donc, si $x \in k'^I$ est tel que $\omega(x) = w''$, $I_{-\infty}(w'')$ est l'ensemble des q tels que $x_q = \infty$). De même notons $I_{+\infty}(w'')$ l'ensemble des q tels que $c_q = +\infty$ (donc $x_q = 0$). On dira que $f(X)$ converge pour $X = x$, où certaines x_q peuvent être égaux à ∞, si : a) tous les termes non-nuls $a_i X^i$ de f (autrement dits, tels que $a_i \neq 0$) sont finis (en vertu des règles de multiplication dans k'), ce qui a lieu ssi, pour tout q tel que $x_q = \infty$, on a $i_q = 0$. Si $J \subseteq I$, considérons les termes $a_i X^i$ de $f(X)$ tels que $i_q = 0$ pour tout $q \notin J$. La somme de ces termes est une série de Taylor en $X_J = (X_q; q \in J)$, qui sera notée $f_J(X_J)$ et qui converge aussi sur un voisinage de $O = 0_J$ de k^J. Ceci posé, décrivons, sans entrer dans les détails de démonstration, l'ensemble $\mathrm{Conv}(f) \subseteq (W'')^o$ tel que $f(x)$, où $x \in k'^I$, converge ssi $\omega(x) \in \mathrm{conv}(f)$.

Soient $I^{(0)}$, $I^{(\infty)}$ deux sous-ensembles disjoints arbitraires de I. Soit $\mathrm{Conv}(f; I^{(0)}, I^{(\infty)}) = \{w'' \in \mathrm{Conv}(f)'', I_{+\infty}(w'') = I^{(0)}, I_{-\infty}(w'') = I^{(\infty)}\}$.

On a, visiblement, $\mathrm{Conv}(f) = \bigcup_{I^{(0)}, I^{(\infty)} \subseteq I, I^{(0)} \cap I^{(\infty)} = \emptyset} \mathrm{Conv}(f; I^{(0)}, I^{(\infty)})$, les $\mathrm{Conv}(f; I^{(0)}, I^{(\infty)})$ forment une partition de Conv(f) et $\mathrm{Conv}(f;\emptyset,\emptyset) = \mathrm{Conv}_{gen}(f)$.

Soient $J_\infty = I \setminus I^{(\infty)}$, $J = I \setminus (I^{(0)} \cup I^{(\infty)})$. Alors, on a

$$\mathrm{Conv}(f; I^{(0)}, I^{(\infty)}) = \begin{cases} \emptyset & \text{si } f(X) \neq f_{J_\infty}(X_{J_\infty}) \\ \mathrm{Conv}_{gen}(f_J(X_J)) \oplus \{(+\infty)_{I^{(0)}}\} \oplus \{(-\infty)_{I^{(\infty)}}\} & \text{si } f(X) = f_{J_\infty}(X_{J_\infty}) \end{cases}$$

En particulier $\bigcup_{I^{(0)} \subseteq I} \mathrm{Conv}(f; I^{(0)}, \emptyset)$ s'appelle le domaine de convergence de f <u>dans le fini</u> et sera noté $Conv_{fin}(f)$. Il est à remarquer que $Conv_{fin}(f)$ n'est forcement contenu dans la fermeture $\overline{Conv_{gen}(f)}$ de $Conv_{gen}(f)$ dans $(W'')^o$. Prenons, par exemple $I^{(0)} = \{2,3,\ldots,n\}$, et posant $f(X) = \sum_{\substack{i\in Z \\ i\geqslant 0}} I_0 \, A_i(X_1)X^i_{I^{(0)}}$, où $A_i(X_1)$ est une série de Taylor en X_1, choisissons $A_0(X_1)$ convergeant partout dans k (par exemple, $A_0(X_1) = 0$), et $A_1(X)$ ayant un cercle de convergence fini $C(0,\rho)$, $\rho < +\infty$. Alors, $Conv_{gen}(f) \subsetneq [-\text{Log}\,\rho, +\infty^-]_{W''_1} \oplus W''_{I_0}$, donc

$\overline{Conv_{gen}(f)} \subsetneq [-\text{Log}\,\rho, +\infty]_{W''^o_1} \oplus (W''_{I_0})^o$, tandis que $Conv(f;I^{(0)},\emptyset) \supsetneq W''_1 \oplus \{(+\infty)_{I_0}\}$.

Si $I(f)$ est l'ensemble des indices $i \in I$ tels que $f(X)$ dépende effectivement de X_i, on a visiblement $Conv(f_{I(f)}(X_{I(f)})) = Conv_{fin}(f_{I(f)}(X_{I(f)}))$ et

$Conv(f) = Conv(f_{I(f)}) \oplus (W''_{J(f)})^o$, où $J(f) = I \,..\, I(f)$.

Si f est un polynôme, $M^{(f)}$ est fini, $Conv_{gen}(f) = W''$, $Conv_{fin}(f) = (W'')^{o+} =$

$= \{w'' = ((\ell_i; 1 \leqslant i \leqslant n)) \; ; \; (\forall i) \, [\ell_i \neq -\infty]\}$, $Conv(f) = (W''_{I(f)})^{o+} \oplus (W''_{J(f)})^o$, donc $Conv^{(r)}_{gen}(f) = \mathcal{P}(W'')$, $Conv^{(r)}_{fin}(f) = \overline{\mathcal{P}(W'')}$, $Conv^{(r)}(f) = \overline{\mathcal{P}(W''_{I(f)})} \oplus \mathcal{P}((W''_{J(f)})^o)$, où

$\mathcal{P}(W'')$, $\mathcal{P}(W''_{I(f)})$, $\mathcal{P}(W''_{J(f)})$, $\mathcal{P}((W''_{J(f)})^o)$ sont des hyperquadrants principaux ouverts des espaces indiqués et $\overline{\mathcal{P}(W'')}$, $\overline{\mathcal{P}(W''_{I(f)})}$ sont les fermetures de $\mathcal{P}(W'')$, resp. $\mathcal{P}(W''_{I(f)})$, dans W'', resp. $W''_{I(f)}$.

Les fonctions $\varphi_f(w'')$, $\tilde{M}_f(w'')$ [et $M_f(r)$] sont définies sur l'ensemble $Conv(f)$, resp. $Conv^{(r)}(f)$, tout entier. On a $\varphi_f(w'') = \varphi_{f_{I(f)}}(w''_{I(f)})$ et les égalités analogues pour $\tilde{M}(\ldots)$ et $M(\ldots)$. Pour voir le comportement de ces fonctions, il suffit de se borner au cas $I(f) = I$. On a, sur $Conv(f;I^{(0)},\emptyset) = Conv_{gen}(f_{I..I^{(0)}}) \oplus \{(+\infty)_{I_0}\}$,

$\varphi_f((w''_{I..I^{(0)}}, (+\infty)_{I^{(0)}})) = \varphi_{f_{I..I^{(0)}}}(w''_{I..I^{(0)}})$.

Or, on a vu que si $f \neq 0$, il existe un recouvrement de $Conv_{gen}(f)$ par des polyèdres convexes <u>fermés</u> de W'', qui sont les domaines de linéarité de $\varphi_f(w'')$. Ces polyèdres sont séparés par des morceaux d'hyperplans $H^{(i,j)}$ $(i,j \in \mathcal{P}_n)$ tels qu'il existe des point $w'' \in Conv_{gen}(f)$ tels que pour $\omega(x) = w''$ les termes distincts (forcément non nuls) $a_i x^i$ et $a_j x^j$ de $f(x)$ aient une valuation égale $|a_i x^i| = |a_j x^j|$ et soient parmi ses termes maximaux. L'équation de cet hyperplan est $\langle w'',i \rangle + \omega(a_i) = \langle w'',j \rangle + \omega(a_i)$, autrement dit $\langle w'',i-j \rangle = \omega(a_j) - \omega(a_i)$, ce qui montre que cet hyperplan est rationnel (et a sa hauteur $\in \Gamma(k)$). Il coupe l'ensemble (Convexe) $Conv_{gen}(f)$ selon une section de dimension $n_{i,j} \leq n$ (autrement dit, $n_{i,j}$ est la dimension de la plus petite variété linéaire $\Lambda^{(i,j)}$ de W'' contenant $H^{(i,j)} \cap Conv_{gen}(f)$) et $Conv_{gen}(f) \cap H^{(i,j)}$ contient certainement, étant convexe, un ouvert de $\Lambda^{(i,j)}$. Dès lors, si $Z(M^{(f)}) \cap Conv_{gen}(f)$ contient un ouvert d'une variété linéaire $\Lambda \subseteq W''$ d'une dimension $n(\Lambda) > 0$, il existe un hyperplan $H^{(i,j)}$ (de tels hyperplans non-disjoints avec Conv(f) seront dits les <u>hyperplans exceptionnels</u> de f) tel que $\Lambda \subseteq H^{(i,j)}$.

En effet, l'ensemble des $H^{(i,j)}$ est au plus dénombrable et si $V \subseteq \Lambda$ est un ouvert $\subseteq Z(M^{(f)}) \cap Conv_{gen}(f)$, on a, en tout cas, $V \subseteq Z(M^{(f)}) \subseteq \bigcup_{i,j} H^{(i,j)}$, donc les $H^{(i,j)} \cap V \subseteq H^{(i,j)} \cap \Lambda$ forment un recouvrement de V. Si aucun $H^{(i,j)}$ ne contient V, $H^{(i,j)} \cup V$ est une partie d'une sous-variété linéaire de Λ, dont la dimension est inférieur à celle $n(\Lambda)$ de Λ, et l'ouvert V de Λ ne peut pas être recouvert par une famille de tels ensembles dont la cardinalité soit inférieure à la puissance du continu, ce qui est absurde dans le cas considéré.

On peut appliquer ce qui précède à $f_{I..\,I^{(0)}}(X_{I..\,I^{(0)}})$, où $I^{(0)} \subseteq I$, ce qui montre que, sur $Conv(f;I^{(0)},\emptyset) = Conv_{gen}(f_{I..\,I^{(0)}}) \oplus (+\infty)_{I^{(0)}}$, les domaines de linéarité de $f(X) = f_{I..I^{(0)}}(X_{I..I^{(0)}})$ sont les **produits** cartésiens de ceux de $f_{I..I^{(0)}}$ sur $Conv_{gen}(f_{I..\,I^{(0)}})$ par $\{(+\infty)_{I^{(0)}}\}$, séparés par les "hyperplans" $\tilde{H}^{(i,j)} \oplus \{(+\infty)_{I^{(0)}}\}$ de $W''_{I..\,I^{(0)}} \oplus \{(+\infty)_{I^{(0)}}\}$, où $\tilde{H}^{(i,j)}$ est un hyperplan de $W''_{I..\,I_o}$ défini, comme précédemment, par deux termes non-nuls convenables $a_i X^i$ et $a_j X^j$ de $f_{I..\,I^{(0)}}(X_{I..\,I^{(0)}})$, autrement dit par deux termes de f(X) tels que, pour tout $q \in I^{(0)}$, on ait $i_q = j_q = 0$. L'équation de $\tilde{H}^{(i,j)}$ est donc $\langle w''_{I..\,I^{(0)}}, (i-j)_{I..\,I^{(0)}} \rangle = \omega(a_j) - \omega(a_i)$. Visiblement, $\tilde{H}^{(i,j)} \oplus \{(+\infty)_{I^{(0)}}\}$ est l'intersection de $W''_{I..\,I^{(0)}} \oplus \{(+\infty)_{I^{(0)}}\}$ avec l'hyperplan $H^{(i,j)}$ de W''° d'équa-

tion $\langle w'',(i-j)\rangle = \omega(a_j) - \omega(a_i)$, i.e avec l'étendu de l'hyperplan $H^{(i,j)}$. Or, si $\tilde{H}^{(i,j)} \oplus \{(+\infty)_{I(0)}\}$ contient un point $w'' = (w''_{I..I(0)},(+\infty)_{I(0)})$, qui soit dans l'adhérence dans W''^{o} de $Conv_{gen}(f)$ sans être dans l'adhérence de sa frontière, $a_i X^i$ et $a_j X^j$, maximaux en w'', le restant encore sur $\{w''_{I..I(0)}\} \oplus V_{I(0)}$, où $V_{I(0)}$ est un voisinage convenable de $(+\infty)_{I(0)}$ sur $(W''_{I(0)})^{o}$, et, puisque $i_{I(0)} = j_{I(0)} = 0_{I(0)}$, y ont des valuations égales. Ainsi $H^{(i,j)}$ est aussi un hyperplan exceptionnel de f non disjoint avec $Conv_{gen}(f) = Conv(f) \cap W''$, qui est, en plus, parallèle à $W''_{I(0)}$. Et on voit que la partie $Z(M^{(f)})$ contenue dans $\overline{Conv_{gen}(f)}..(W''..\overline{Conv_{gen}(f)})$ est contenue dans la réunion des hyperplans exceptionnels $H^{(i,j)}$ tels que
$H^{(i,j)} \cap Z(M^{(f)}) \cap Conv_{gen}(f) \neq \emptyset$.

Si $I(f) \neq I$, il est visible que les domaines de linéarité de

$\varphi_f(X) = \varphi_{f_{I(f)}}(X_{I(f)})$ et les hyperplans de $(W'')^{o}$, qui les séparent, sont les produits cartésiens de $(W''_{J(f)})^{o}$ par les objets analogues de $(W''_{I(f)})^{o}$ relatifs à $f_{I(f)}(X_{I(f)})$.

Il est immédiat que si Λ est une sous-variété linéaire de W''^{o} (c'est-à-dire l'ensemble de solutions d'un système linéaire, où on admet aussi les équations comme $w''_q = +\infty$ et $w''_q = -\infty$; la dimension d'une telle sous-variété est définie d'une manière évidente), et $Z(M^{(f)}) \cap \Lambda$ contient un ouvert de Λ, il existe un hyperplan exceptionnel $H^{(i,j)} \supseteq \Lambda$ de f.

<u>Lemme</u> : <u>Soit</u> f <u>une série de Taylor telle que</u> $f(0) \neq 0$. <u>Soient</u> $v'' \in Conv_{gen}(f)$ <u>et</u> $\tilde{v}'' = v''_{I..\{q\}}$. <u>Alors, il existe un</u> $u''_q(\tilde{v}'') \in W''_q$ <u>tel que</u>, <u>si</u> $\hat{v}'' = (\tilde{v}'',u''_q(\tilde{v}''))$, <u>la partie</u> $Z(M^{(f)}) \cap [\hat{v}'',(+\infty)_I]_{W''^{o}} = \{w'' \in Z(M^{(f)}); w'' \geqslant \hat{v}''\}$ <u>de</u> $Z(M^{(f)})$ <u>est contenue dans une réunion des hyperplans exceptionnels</u> $H^{(i,j)}$ <u>parallèles à</u> W''_q , <u>c'est-à-dire tels que</u> $i_q = j_q$.

<u>Démonstration</u>. Posons $\bar{r} = Exp(-v'')$, $\eta_q = Exp(-u''_q(\tilde{v}''))$, $\hat{r} = Exp(-\hat{v}'')$. f(X) converge sur le cercle circonférencié $C(0,\bar{r})$, donc la valuation $|a_i X^i|$ de ses termes $a_i X^i$ y est bornée supérieurement par une constante M. Posons $f(X) = \sum_{i=0}^{+\infty} f_i(X_{I..\{q\}}) X_q^i$. Par

hypothèse $f(0) \neq 0$, on a $f_o(0)$. Si $\omega(x) \geq \hat{v}''$, autrement dit $|x| \leq \hat{r}$ et si $\theta = \eta_q \bar{r}_q^{-1} < 1$, on a $C(0,\hat{r}) \leq C(0,\bar{r})$ et tous les termes de $f_i(X_{I..\{q\}})X_q^i$ y ont la valuation $\leq M\theta^i$. Si $\theta < |f(0)| M^{-1} \leq 1$, tous les termes de tout $f_i(X_{I..\{q\}})X_q^i$, où $i > 0$, ont leurs valuations $\leq M\theta^i \leq M\theta < |f(0)|$, ce qui montre que les termes maximaux de $f(X)$ se trouvent parmi ceux de $f_o(X_{I..\{q\}})$. Par conséquent, ou bien $\omega(x)$ est telle qu'il y a, parmi ces termes, un seul maximal, auquel cas $\omega(x) \notin Z(M^{(f)})$, ou bien il y en a au moins deux, $a_i X^i$ et $a_j X^j$, auquel cas puisqu'il s'agit de termes de $f_o(X_{I..\{q\}})$, on a $i_q = j_q = 0$. On a $\omega(x) \in H^{(i,j)}$ et $H^{(i,j)}$ est un hyperplan exceptionnel parallèle à W''_q et $Z(M^{(f)}) \cap [\hat{v}'';(+\infty)_{W''_q}]_{W''^o_q}$ est contenu dans la réunion de tels hyperplans $H^{(i,j)}$.

Appelons <u>domaine de convergence</u> de $f(X)$ l'ensemble $DC(f)$ des $x \in k'^I$ tels que $f(x)$ converge, autrement dit tels que $\omega(x) \in Conv(f)$; c'est donc l'image de $Conv(f)$ par π_o^{-1}. Soit $x \in DC(f)$ et soient $I^{(0)}$, $I^{(\infty)}$ les ensembles des $q \in I$ tels que $x_q = 0$, resp. $x_q = \infty$, et $J = I..(I^{(0)} \cup I^{(\infty)})$. Quand x est-il un point intérieur de $DC(f)$? Puisque $Conv(f) = Conv(f_{I..I^{(\infty)}}(X_{I...I^{(\infty)}})) \oplus (W''_{I^{(\infty)}})^o \supseteq$ $\supseteq Conv_{fin}(f)_{I..I^{(\infty)}}(X_{I..I^{(\infty)}})) \oplus (W''_{I^{(\infty)}})^o$, il est évident que x est un point intérieur de $Conv(f)$ ssi $x_{I..I^{(\infty)}}$ en est un de $DC(f_{I..I^{(\infty)}})$ ou, même, de $DC(f_{I..I^{(\infty)}}) \cap k^{I..I^{(\infty)}}$. Or, puisque $DC(f)$ est O-saturé, le fait, pour $x_{I..I^{(\infty)}} \in DC(f_{I..I^{(\infty)}}) \cap k^{I..I^{(\infty)}}$, d'être ou de ne pas être un point intérieur de $DC(f_{I..I^{(\infty)}})$ ne dépend que de $\omega(x)$, et x l'est ssi $DC(f_{I..I^{(0)}})^o$ contient un voisinage $O_{I..I^{(\infty)}}$-saturé de $x_{I..I^{(\infty)}}$. Par ailleurs puisque $(W''_{I..I^{(0)}})^o$ est le produit topologique de W''^o_J et de $W''^o_{I^{(0)}}$, on peut prendre, comme un tel voisinage $U_J \times U_{I^{(0)}}$, où U_J est un voisinage O_J-saturé de x_J et $U_{I^{(0)}}$ est un voisinage $O_{I^{(0)}}$-saturé de $O_{I^{(0)}}$ dans les espaces correspondants. Or, puisque $S(O_J, |x_J|)$ est plus petit voisinage O_J-saturé de x_J dans k^J (cette circonférence est un ouvert, car, pour tout $q \in J$, $x_q \neq 0$ et $x_q \neq \infty$) et $U_{I^{(0)}}$ contient quelque cercle $C(O_{I^{(0)}}, r_{I^{(0)}})$, où $r_{I^{(0)}} > (O_{I^{(0)}})^+$, on voit que x est intérieur ssi, il existe un tel $r_{I^{(0)}}$ de manière que, si

$\omega_{I^{(0)}} = -\operatorname{Log} r_{I^{(0)}}$, $\{\omega(x_J)\} \oplus [\omega_{I^{(0)}},(+\infty)_{I^{(0)}}]_{W''^o_{I^{(0)}}}$ soit contenu dans

$Conv_{fin}(f_{I...I^{(\infty)}})$.

Ceci implique que $\omega(x) = (\omega(x_j), 0_{I^{(0)}})$ appartient à $\overline{\mathrm{Conv}_{gen}(f_{I..I^{(\infty)}})}$. D'autre part, si $\omega(x)$ est, sur l'espace $W''_J \oplus \{0_{I^{(0)}}\}$, un point intérieur de son intersection avec $\overline{\mathrm{Conv}_{gen}(f_{I..I^{(\infty)}})}$, la condition précédente est satisfaite. Par ailleurs, si $I^{(0)} \neq \emptyset$, x est certainement intérieur.

DC(f) est un multicercle de centre $0 = 0_I$. Soit $C(0,\rho)$ un sous-cercle maximal de DC(f) et soit $a \in C(0,\rho)$. Considérons le changement de variable $t_a : X \longrightarrow X' = X-a$ et posons $f^{(a)}(X') = f^{(a)}(X-a) = f(X)$, autrement dit $f^{(a)}(X) = f(X+a)$. Par les méthodes formelles habituelles, on voit que $f^{(a)}(X)$ est une série de Taylor en X, qui converge partout sur $C(0,\rho)$. Par suite $f^{(a)}(X')$ converge, en tant que fonction de $X = t_a^{-1}.X'$, sur $t_a^{-1}.C(0,\rho) = C(a,\rho) = C(0,\rho)$ et, plus généralement, sur $DC(f)_{0,a} = \bigcup_{x \in DC(f);|x| \geqslant |a|} C(0,|x|)$. Mais si $C(0,\rho)$ est un sous-cercle maximal de DC(f) tel que certaines coordonnées ρ_q de ρ soit strictement inférieures aux $|a|_q$ correspondantes, on voit immédiatement que, pour les valeurs x' de X' telles que, pour de tels q, on ait $|x'|_q = |a|_q$ (ce qui a toujours lieu si $|x|_q = |x'+a|_q < |a|_q$), $f^{(a)}(x')$ converge ssi $x' \in t_a^{-1}.C(0,\rho) \cap DC(f)_{0,a}$. Ainsi, $f^{(a)}(X')$ ne converge pas partout ni sur DC(f), ni sur $t_a^{-1}.DC(f)$, mais seulement, dans chacun de ces deux ensembles, sur sa partie $DC(f)_{0,a}$, qui est à la fois leur intersection et la partie maximale a-saturée de DC(f). Ceci montre, par symétrie, que $DC(f)_{0,a} = DC(f^{(a)})_{0,a}$ et que $f^{(a)}(X')$ converge dans un ensemble, en général plus grand que $DC(f^{(a)})_{0,-a}$, mais tel que $DC(f)_{0,a}$ soit la partie maximale 0-saturée de $t_a^{-1}.DC(f^{(a)})$. Ainsi, le développement $f^{(a)}$ de f autour de a permet, en général, dans le cas de plusieurs variables, de "sortir un peu" de DC(f), en y ajoutant un ensemble $t_a^{-1}.DC(f^{(a)}) \mathbin{..} DC(f)$, dont aucune partie n'est 0-saturée, et qu'on va appeler <u>la</u> a-<u>barbe</u> de DC(f). On appelera <u>la barbe</u> de DC(f) la réunion de toutes ses a-barbes, où a parcourt DC(f). L'existence des barbes montre que, dans le cas de plusieurs variables, la méthode de prolongement analytique de Weiertrass n'est pas aussi totalement inefficace que dans le cas d'une seule variable. On peut itérer la construction des barbes, mais l'efficacité de l'itération reste à prouver.

Soit $f(X) = \sum_{i \in \mathcal{P}_n} a_i X^i$ une série de Laurent à coefficients dans un corps complet et algébriquement clos k, et considérons une circonférence $S(0,r) \subseteq k$ de son domaine de convergence. Supposons que $r = (0_{I^{(0)}} \times \infty_{I^{(\infty)}} \times r_J)$, où $J = I..(I^{(0)} \cup I^{(\infty)})$. Soit $u = (0_{I^{(0)}}, \infty_{I^{(\infty)}}, u_J) \in S(0,r)$ et soit $\lambda = \lambda^{(r)}$ la transformation $x \longrightarrow \lambda.x = y$, où $y_q = x_q$ ou $= u_q^{-1} x_q$ selon que $q \notin J$ ou $q \in J$. Soit $f'(X) = \sum_{i \in U} a_i X^i$ la somme des termes de f, qui sont maximaux sur S(0,r), donc tels que $a_i r^i = M_f(r)$. La transformation λ transforme f(X) en une série de Taylor $F(Y) = \sum_{i=0}^{+\infty} b_i Y^i$ en Y, qui converge sur $\lambda.S(0,r) = S(0, 0_{I^{(0)}} \times \infty_{I^{(\infty)}} \times 1_J)$ et f'(X) en somme $F'(Y) = \sum_{i \in U} b_i Y^i$ des termes maximaux de F(Y) sur cette circonférence, et on a pour tout $i \in U$, $|b_i| = M_f(r)$. Supposons que $M_f(r) \neq 0$, autrement dit $f_J(X_J) \neq 0$. Choisissons un $b \in k$ tel que $|b| = M_f(r)$. Alors, si $b'_i = b^{-1} b_i$, on a $F'(Y) = bG(Y)$, où $G(Y) = \sum_{i \in U} b'_i Y^i$ et $|b'_i| = 1$ pour tout $i \in U$. Or, puisque f(X) est $= f_J(X_J)$ sur S(0,r), $i \in U$ implique $i_q = 0$ si $q \notin J$. Donc, si $x \in S(0,r)$ et $y = \lambda^{(r)}.x$, $i \in U$ implique $b'_i y^i = b'_i y_J^{i_J}$ et, pour tout $q \in J$, on a $|y_q| = |u_q^{-1} x_q| = r_q^{-1} r_q = 1$, donc $|b'_i y^i| = 1$. Il en résulte que, si $x \in S(0,r)$, on a $|f(x)| < M_f(r)$ ssi $G(y) < 1$, ce qui a lieu ssi le reste $\overline{G(y)}$ de G(y) est $\overline{0}$. Or $\overline{G(y)} = \overline{\sum_{i \in U} b'_i y^i} = \overline{\sum_{i \in U} b'_i y_J^{i_J}} = \sum_{i \in U} \overline{b'_i}\, \overline{y}_J^{i_J}$, où $\overline{y}_J = (\overline{y}_q ; q \in J) = (\overline{y_q})$. C'est donc, si $J \neq \emptyset$, la valeur, pour $Y_J = \overline{y}_J$, du polynôme non identiquement nul $\overline{G}(Y_J) = \sum_{i \in U} \overline{b'_i} Y_J^{i_J} \in \overline{k}[Y_J]$. Or, quand x parcourt S(0,r), y_J parcourt $S(0,1_J)$, donc, $\overline{y}_J$ parcourt $\overline{k}^{*J}$, où $\overline{k}^* = \overline{k} .. \{\overline{0}\}$. Mais puisque $\overline{k}$ est algébriquement clos, donc infini, il existe des $\overline{y}_J \in \overline{k}^{*J}$ tels que $\overline{G}(\overline{y}_J) \neq 0$, donc $M_f(r) = \mathrm{Max}_{|x| = r} |f(x)|$. Cette égalité est encore vraie si $J = \emptyset$, car S(0,r) se réduit alors au singleton $\{x = 0_{I^{(0)}} \times \infty_{I^{(\infty)}}\}$, et si $r \in \mathrm{Conv}^{(r)}(f)$, on a $f(x) = a_0$ et $M_f(r) = |a_0|$. Il est à remarquer que si $-\operatorname{Log} r \in \operatorname{Reg}(M^{(f)})$, $f(X)$ a un seul terme maximal sur $S(0,r)$, donc $f'(X)$ et aussi $F'(Y)$, $G(Y)$ et $\bar{G}(Y_J)$ sont des monômes, donc, quel que soit $\bar{y}_J \in \bar{k}^{*J}$ on a $\bar{G}(\bar{y}_J) \neq \bar{0}$ et on a $|f(x)| = M_f(r)$ pour tout $x \in k'^I$ tel que $|x| = r$.

Supposons qu'il existe un sous-ensemble (forcement propre) $J' \neq \emptyset$ de J et un système de valeurs $\bar{y}^{(0)}_{J'} \in \bar{k}^{J'}$ de $Y_{J'}$, tel que $\bar{G}(Y_J)$ s'annule pour toutes les valeurs $\in \bar{k}^*$ des autres variables. Alors $\bar{G}(Y_J)$ doit être de la forme $\sum_{q \in J'} (Y_q - \bar{y}^{(0)}_q)\, \bar{G}_q(Y_J)$, où $\bar{G}_q(Y_J) \in \bar{k}[Y_J]$. En effet $\bar{G}(Y_J) - \bar{G}((\bar{y}^{(0)}_{J'}, Y_{J..J'}))$ est un polynôme de la forme précédente. Or, si $\bar{y}_J = (\bar{y}^{(0)}_{J'}, \bar{y}_{J..J'})$, où $\bar{y}_{J..J'}$ est un élément arbitraire de $\bar{k}^{*J..J'}$, on a $\bar{G}((\bar{y}^{(0)}_{J'}, Y_{J..J'}))_{(Y_{J..J'} = \bar{y}_{J..J'})} = \bar{G}((\bar{y}^{(0)}_{J'}, \bar{y}_{J..J'})) = \bar{0}$ et, par suite $\bar{G}(\bar{y}^{(0)}_{J'}, Y_{J..J'})$ est identiquement nul.

Les résultats précédents restent valables si l'on remplace k par une extension valuée complète et algébriquement close arbitraire K de ce corps, auquel cas la condition $r \in (\Gamma(k) \cup \{0,+\infty\})^I$ se remplace par $r \in (\Gamma(K) \cup \{0,+\infty\})^I$.

On tire de ce qui précède (en remarquant que seule l'infinité de $\bar{k}$ intervenait dans les raisonnement) les deux conséquences suivantes :

I. Inégalités de Cauchy. Si $\bar{k}$ est infini et si $r \in \operatorname{Conv}^{(r)}(f) \cap (\Gamma(k) \cup \{0,+\infty\})^I$, on a

$$M_f(r) = \operatorname{Max}_{x \in S(0,r)} |f(x)|,$$

donc, pour tout $i \in \mathbb{N}^I$,

$$|a_i| \leq \frac{\operatorname{Max}_{x \in S(0,r)} |f(x)|}{r^i}.$$

Remarque : Ce théorème, sous la forme

$$M_f(r) = \operatorname{Sup}_{x \in S(0,r)} |f(x)|$$

reste vrai pour tout k complet, qui n'est pas localement compact. La démonstration, dans le cas de valuation dense, se fait par le même raisonnement que dans le cas $n = 1$. Ce même raisonnement établit que, si la valuation est dense, $M_f(r)$ est déjà le suprémum de $|f(x)|$ sur tout sous-cercle anti-circonférencié maximal $C(a,r^{(-)})$, $|a| = r$, de $S(0,r)$.

II. Si $-\mathrm{Log}\, r \in \mathrm{Reg}(M^{(f)})$, f n'a dans aucune extension valuée K de k aucun zéro z tel que $|z| = r$ sauf si $f_J(X_J)$ est identiquement nulle, où $J = \{q \in I\ ;\ r_q \neq 0 \text{ et } r_q \neq +\infty\}$.

Par contre, si $v = -\mathrm{Log}\, r \in Z(M^{(f)}) = \mathrm{Conv}(f) .. \mathrm{Reg}(M^{(f)})$ et si k est complet, algébriquement clos et tel que $v \in m(k) \cup \{0\ \ +\infty\}$, il existe des zéros z de f dans k tels que $|z| = r$ (26)

Démonstration. Pour $n = 1$, ce théorème résulte du lemme de Hensel pour les séries de Taylor. Supposons le prouvé pour $n - 1$ et prouvons-le pour n. Posons $X' = (X_1, \ldots, X_{n-1})$, $f(X) = \sum_{i \in \mathcal{P}_n} a_i X^i = \sum_{s \in \mathbb{N}} f_s(X')X_n^s = \sum_{i' \in \mathcal{P}_{n-1}} f_{i'}(X_n)X'^{i'}$

Supposons que, pour $|x| = r$, les termes maximaux soient les $a_i X^i$, où i parcourt un ensemble, forcément fini, U. Si $v = -\mathrm{Log}\, r \in \mathrm{Reg}(M^{(f)})$, U est un singleton, et quel que soient l'extension valuée K de k et $x \in K'^I$ tel que $|x| = r$, on a $|f(x)| = M_f(r) \neq 0$, à moins que $f_J(X_J)$ soit identiquement nulle, et il n'existe aucun $z \in K$ tel que $f(z) = 0$ et $|z| = r$. Si $r \in Z(M^{(f)})$, U est forcément de cardinal $\geqslant 2$. Supposons d'abord que pour tous les $i \in U$, i_n ait une même valeur s, autrement dit que les termes maximaux sur $S(0,r)$ sont tous des termes de $f_s(X')X_n^s$. Alors, si $i = (i', i_n)$, où $i' = (i_1, \ldots, i_{n-1})$ posons $U' = \{i' ; (i', s) \in U\}$. Si $i' \in U'$ et $|x_n| = r_n$, $a_{(i',s)}x_n^s$ est l'unique terme maximal de $f_i(x_n)$ et $|f_{i'}(x_n)| = |a_{(i',s)}|r_n^s$. Par suite, les termes maximaux de $g(X') = f((X', x_n))$, ou $|X'| = r'$, sont les $f_{i'}(x_n)X'^{i'}$, où i' parcourt U'. Comme $i \longrightarrow i'$ est une bijection de U sur U', card $U' \geqslant 2$, donc $r' = (r_1, \ldots, r_{n-1}) \in Z(M^{(f)})$ et il existe une valeur z' de X' dans k'^{n-1} telle que $|z'| = r'$ et $g(z') = 0$, donc $z = (z', x_n)$ est un zéro de f tel que $|z| = r$. S'il existe des $i \in U$, pour lesquels leurs i_n sont différents soit $U_n = \{i_n ; (\exists\, i \in \mathcal{P}_{n'}) [(i, i_n) \in U]\}$. On a, si $r = (r', r_n)$, $M_f(r) = \mathrm{Max}_{s \in \mathbb{N}}[M_{f_s}(r')r_n^s]$

(26) Ce théorème a été également prouvé par Robba dans [17], I, p. 11.

et $M_{f_s}(r')r_n^s = M_f(r)$ ssi $s \in U_n$. Soit $\varphi(X') = \prod_{s \in U_n} f_s(X')$. Il résulte facilement des raisonnements précédents que $M_\varphi(r') = \prod_{s \in U_n} M_{f_s}(r')$ et, en vertu des inégalités de Cauchy pour k algébriquement clos, il existe une valeur $x' \in k'^{n-1}$ de X' telle que $|x'| = r'$ et que $|\varphi(x')| = M_\varphi(r')$. Mais alors $|f_s(x')| \leq M_{f_s}(r')$ implique que, pour tout $s \in U_n$, on doit avoir $|f_s(x')| = M_{f_s}(r')$, donc les termes $f_s(x')X_n^s$ de $g(X_n)=f((x',X_n))$ tels que $s \in U_n$ sont les termes maximaux de cette série de Taylor en X_n. Comme Card $U_n \geq 2$, on a $-\operatorname{Log} r_n \in Z(M^{(g)})$, donc il existe un zéro $z_n \in k'$ de $g(X_n)$ tel que $|z_n| = r_n$. Mais alors $z = (x',z_n)$ est un zéro de f tel que $|z| = r$. Tout est prouvé

III. Conservons les notations de la discussion qui précède I et II, et supposons que $f_J(X_J) \neq 0$ et que $r_{J..J'} > 0_{J..J'}$. Alors, si, pour un système de valeurs $\bar{y}_{J'}^{(0)} \in \bar{k}^{*J'}$, $\bar{G}((\bar{y}_{J'}^{(0)}, Y_{J..J'}))$ est identiquement nul, il existe un hyperplan exceptionnel de f contenant la variété linéaire L définie par le système d'équations $(\forall q \in J')$ $[w''_q = v_q]$, où $v_q = -\operatorname{Log} r_q$.

Démonstration. Soit $v_J = -\operatorname{Log} r_J = (-\operatorname{Log} r_q;\ q \in J)$. Alors, si $w''_J \geq v_J$ et si $w'' = (A(\infty)_{I(0)}, (-\infty)_{I(\infty)}, w''_J)$, $r \in \operatorname{Conv}^{(r)}(f)$ implique $w'' \in \operatorname{Conv}(f)$. Si aucun hyperplan exceptionnel ne passe par $L \ni v = ((+\infty)_{I(0)}, (-\infty)_{I(\infty)}, v_J)$, il existe (27) un $\hat{w}''_{J..J'} > v_{J...J'}$ fini tel que pour tout $w''_{J..J'}$ tel que $\tilde{w}_{J..J'} \geq w''_{J..J'}\ v_{J..J'}$, $w'' = (0_{I(0)}, \infty_{I(\infty)}, v_{J'}, w''_{J..J'})$ soit $\in \operatorname{Reg}(M^{(f)})$ [auquel cas f(X) a, pour les valeurs $x \in k'^I$ telles que $\omega(x) = w''$, un seul terme maximal $a_{i(w'')}X^{i(w'')}$] et que les termes de f(X) maximaux sur S(0,r) [c'est-à-dire quand $\omega(x) = v$] restent strictement supérieurs à ses autres termes quand $\omega(x) = w''$. La condition $\bar{G}(\bar{y}_{J'}^{(0)}, Y_{J..J'}) = 0$ implique, comme on a vu, que $\bar{G}(Y_J) = \sum_{q \in J'} (Y_q - \bar{y}_q^{(0)})\, \bar{G}_q(Y_J)$, où $\bar{G}_q(Y_J) \in \bar{k}[Y_J]$ et pas tous les $\bar{G}_q$ sont identiquement nuls. Choisissons, pour chaque $q \in J'$, un $y_q^{(0)} \in k$ tel que $|y_q^{(0)}| = 1$ et que $\bar{y}_q^{(0)}$ soit son reste et un polynôme $G_q(Y_J) = \sum c_{q,i} Y_J^i \in k[Y_J]$ tels que tous les $|c_{q,i}|$ soient ≤ 1, que $\bar{G}_q(Y_J)$ soit le polynôme reste de $G_q(Y_J)$ et qu un terme de $G_q(Y_J)$ soit nul si le terme de même degré de $\bar{G}_q(Y_J)$ l'est. Alors, $G(Y_J) = \sum_{q \in J'} (Y_q - y_q^{(0)})\, G_q(Y_J)$ est un polynôme $\in k[Y_J]$ à coefficients entiers, dont le polynôme reste est $\bar{G}(Y_J)$, ce qui montre que les termes de $\overset{*}{G}(Y_J) - G(Y_J)$ sont tous de valuation < 1 sur $S(0_J, 1_J)$. Mais alors, si $bG^*(Y_J) = F'^*(Y_J) = F'^*(u_J^{-1} X_J) = f_J'^*(X_J) = f'^*(X)$, on voit que tous les termes de $F'^*(Y_J) - F'(Y_J)$ ont la valuation $< M_f(r)$ sur la même circonférence, donc aussi ceux de $f_J'^*(X_J) - f'(X_J)$ sur $S(0_J, r_J)$ et ceux de $f'^*(X) - f'(X)$ sur $S(0,r)$. Mais la valuation de ceux de $f'(X) - f(X)$ est aussi $< M_f(r)$ sur la même circonférence et, par suite aussi la valuation de ceux de $f'^*(X) - f(X)$. Par suite, si $G^*(Y_J) = \sum c_i Y_J^i$, les termes maximaux de $f(x)$ quand $|x| = r$ (autrement dit, $\omega(x) = v$) sont les $bc_i u_J^{-1} X^i$ provenant des termes de $G^*(Y_J)$ tels que $|c_i| = 1$, et, en choisissant $\tilde{w}''_{J\ldots J'}$ convenable, on peut être certain que ces termes restent aussi maximaux dans le polynôme $f'^*(x)$ pour $\omega(x) = w''$.

Considérons $\hat{w}'' = ((+\infty)_{I(0)}, (-\infty)_{I(\infty)}, v_{J'}, w''_{J\ldots J'})$ tel que $\tilde{w}''_{J\ldots J'} \gg w''_{J\ldots J'} > v_{J\ldots J'}$ et $\hat{r} = (0_{I(0)}, (+\infty)_{I(\infty)}, r_{J'}, e^{-w''_{J\ldots J'}})$ correspondant. Considérons la transformation $\hat{\lambda} = \lambda^{(\hat{r})}: X \longrightarrow \hat{Y}$ telle que $\hat{Y}_q = \hat{u}_q^{-1} X_q$, où $\hat{u}_q = u_q$ (donc $\hat{Y}_q = Y_q$) si $q \in I^{(0)} \cup I^{(\infty)} \cup J'$ (ceci est obligatoire pour $q \in I^{(0)} \cup I^{(\infty)}$ et permis pour $q \in J'$, car on a alors $r_q = r_q$) et, bien entendu, $|u_q| = \hat{r}_q$ si $q \in J\ldots J'$. Alors, les termes maximaux de $f^{*\prime}(X) = bG^*(u_J^{-1} X_J)$ pour les valeurs x de X telles que $\omega(x) = w''$ sont les mêmes que ceux de $f(X)$, donc, par hypothèse, il n'y a qu'un seul tel terme, et ce terme ne peut pas dépendre du choix d'un tel x. Il en résulte, en particulier, que $f^{*\prime}(X)$ ne peut s'annuler pour aucun $x \in k^I$ tel que $\omega(x) = \hat{w}''$. Mais si l'on prend un x tel que $x_q = u_q y_q^{(0)}$ pour tout $q \in J'$, on a $f^{*\prime}(x) = bG^*(u_J^{-1} x_J) = b\sum_{q \in J'} (y_q - u_q^{-1} x_q) G_q(u_J^{-1} x_J) = 0$, ce qui est absurde et prouve l'affirmation.

Des propriétés de la fonction $\Psi_M(w'')$ et de ce qu'on vient de prouver résultent les propriétés suivantes de la fonction $\tilde{M}_f(w'')$ (en supposant k algébriquement clos):

1°) $\tilde{M}_f(w'')$ est définie sur $\mathrm{Conv}(f) \subseteq (W'')^\circ$ et, si $f \neq 0$, ne peut être nul que si $w'' \notin W''$.

2°) $\tilde{M}_f : \mathrm{Conv}(f) \longrightarrow \mathbb{R}$ est continue si l'on munit $\mathrm{Conv}(f)$ de topologie induite par celle de $(W'')^\circ$ et $\mathbb{R}$ de sa topologie habituelle.

3°) Conv(f) est convexe admet un recouvrement par des polyèdres convexes [si l'on donne à ce mot un sens convenable dans $(W'')^\circ$] aux intérieurs mutuellement disjoints, qui sont des domaines de monomialité maximaux de $M_f(w'')$ dans Conv(f). **La réunion des frontières de ces polyèdres [en donnant un sens convenable à ce mot dans $(W'')^0$], qui** est $Z(M^{(f)})$ précédemment défini qu'on va appeler le domaine exceptionnel propre de f, est contenue dans la réunion d'un ensemble au plus dénombrable d'hyperplans de $(W'')^\circ$, dits hyperplans proprement exceptionnels de f. On appelle variété exceptionnelle impropre de f toute variété linéaire $(+\infty)_{I^{(0)}} \oplus (W)^\circ_{I^{(\infty)}} \oplus W''_J$ où $I^{(0)}$, $I^{(\infty)}$, J sont disjoints et $I^{(0)} \cup I^{(\infty)} \cup J = I$, telle que

$f(X) = f_{I^{(0)} \cup J}(X_{I^{(0)} \cup J})$ et $f_J(X_J) = 0$ et que cette variété n'est pas $\subsetneq Z(M^{(f)})$. La réunion de $\tilde{Z}(M^{(f)})$ avec toutes ces variétés linéaires sera dite le domaine exceptionnel large de f. Si $f(0) \neq 0$, on a $\tilde{Z}(M^{(f)}) = Z(M^{(f)})$ et il existe, pour tout $q \in I$ et pour tout $a \in DC(f)$, une constante $c_q^{(a)} \in \mathbb{R}$ (qui ne dépend que de $\omega(a)_{I..\{q\}}$) telle que $\{w'' \in Z(M^{(f)});\ w'' \geqslant (\omega(a)_{I..\{q\}}, c_q^{(a)})\}$ soit contenu dans une réunion des hyperplans éxceptionnels qui sont tous parallèles à W''_q . Si f est un polynôme, l'ensemble des hyperplans proprement exceptionnels de f est fini, et $Z(M^{(f)})$ et $\tilde{Z}(M^{(f)})$ sont contenus dans les réunions d'un nombre fini d'hyperplans de $(W'')^\circ$.

4°) $\widetilde{Reg}(M^{(f)}) = Conv(f) \,..\, \tilde{Z}(M^{(f)})$, dit le domaine de régularité stricte de f ($Reg(M^{(f)})$ sera dit le domaine de régularité de f tout court) se caractérise comme l'ensemble des $w'' \in Conv(f)$ tels que pour toute valeur x de X dans quelque sur-extension valuée K de k telle que $\omega(x) = w''$, f(x) a un et un seul terme maximal non-nul, ce qui entraîne $|f(x)| = \tilde{M}_f(w'') \neq 0$.

5°) Si $w'' \in \check{Z}(M^{(f)})$, et si $K \supset k$ est une extension valuée algébriquement close de k telle que $w'' \in (m(K) \cup \{-\infty, +\infty\})^I$, il existe un zéro $z \in K^n$ de f tel que $\omega(z) = w''$.

Ainsi, si Z(f) est l'ensemble des zéros $z \in DC(f)$ de f(X), $\tilde{Z}(M^{(f)})$ est l'image de Z(f) par l'application $\pi_0 : x \longrightarrow \omega(x) = p(0,x)$.

6°) Si $w'' \in \mathrm{Conv}(f)$, on a $\tilde{M}_f(w'') = \mathrm{Max}_{\omega(x)=w''} |f(x)|$. Si $x \in DC(f)$ est tel qu'il n'existe aucun zéro z de f tel que $|z| = d(0,z) < |x|^{(-)}$ [un tel zéro est dit <u>proche</u> de x <u>par rapport</u> à a ; d'une manière générale, un $y \in k^I$ est dit proche d'un $x \in k^I$ par rapport à un $a \in k^I$ si $d(x,y) < d(a,x)^{(-)}$], on a $|f(x)| = \tilde{M}_f(\omega(x))$.

7°) Si sur un ouvert d'un $\mathrm{Conv}(f;I^{(0)},I^{(\infty)})$ on a $\tilde{M}_f(w'') = cr_J^{i_J}$, où $r = e^{-w''}$, et $J = I\ ..(I^{(0)} \cup I^{(\infty)})$ on a partout sur Conv(f), $\tilde{M}_f(w'') \geqslant cr_J^{i_J}$ (il en résulte, en particulier, que $\tilde{M}_f(w'')$ est une fonction décroissante (au sens large) de w'').

8°) Si $w'' \in \mathrm{Conv}(f) \cap \mathrm{Conv}(g)$, on a $w'' \in \mathrm{Conv}(f+g)$, $w'' \in \mathrm{Conv}(fg)$ $\tilde{M}_{f+g}(w'') \leqslant \mathrm{Max}\ [\tilde{M}_f(w''), \tilde{M}_g(w'')]$ et $\tilde{M}_{fg}(w'') = \tilde{M}_f(w'')\ \tilde{M}_g(w'')$. En particulier, si en plus, $w'' \in W''$, $|f|_{w''} = M_f(w'')$ est une valuation de l'anneau T(w'') des séries de Taylor f en X telles que $w'' \in \mathrm{Conv}(f)$.

Il faut ajouter à ces propriétés, encore une qui n'a qu'un analogue partiel dans le cas n = 1. Soient $a \in DC(f) \cap k^I$, $w'' \in (W'')°$, $\hat{w}'' = \mathrm{Min}\ [\omega(a),w'']$, $\tilde{M}_f^{(a)}(w'') = M_{f(a+X)}(w'')$. Supposons que $w'' \in \mathrm{Conv}(f)$. Alors:

9°) On a $\tilde{M}_f^{(a)}(w'') \leqslant \tilde{M}_f(\hat{w}'')$. Si $w'' \leqslant \omega(a)$ [auquel cas on a $\hat{w}'' = w''$] , on a $\tilde{M}_f^{(a)}(w'') = \tilde{M}_f(w'') = \tilde{M}_f(\hat{w}'')$. Si $\tilde{M}_f^{(a)}(w'') < M_f(\hat{w}'')$, il existe un hyperplan proprement exceptionnel H de f, qui passe par $\omega(a)$.

<u>Démonstration</u> : Posons $r = e^{-w''}$, $\hat{r} = e^{-\hat{w}''}$ $= \mathrm{Max}\ (|a|,r)$. On a $\tilde{M}_f^{(a)}(w'') = M_f^{(a)}(r)$ et $\tilde{M}_f(\hat{w}'') = M_f(\hat{r})$. Si $w'' < \omega(a)^{(-)}$, donc $r > |a|^{(+)}$, on a $S(0,\hat{r}) = S(0,r) = S(a,r)$. Or, on a $M_f^{(a)}(r) = \mathrm{Max}_{x \in S(a,r)} |f(x)|$ et $M_f(r) = \mathrm{Max}_{x \in S(0,r)} |f(x)|$, d'où résulte $M_f^{(a)}(r) = M_f(r) = M_f(\hat{r})$. Si $w'' \leqslant \omega(a)$, w'' est la limite d'éléments de W'', qui sont $< \omega(a)^{(-)}$, donc, à cause de continuité de $\tilde{M}_f^{(a)}(w'')$, on a encore la même égalité pour un tel w''.

$S(0,\hat{r}) \cap S(a,r)$ n'est pas vide. En effet, si $r_q \neq |a_q|$ et si $x_q \in S(a_q,r_q)$, on a $d(0,x_q) = \mathrm{Max}(|a_q|,r_q) = \hat{r}_q$. Et si $r_q = |a_q|$, $C(0,r_q)$ contient une infinité de cercles de rayon r_q^-, et il existe des $x_q \in C(0,r_q)$ tels que $C(x_q,r_q^-) \neq C(0,r_q^-)$ et $\neq C(a,r_q^-)$,
ce qui implique $d(0,x_q) = d(a_q,x_q) = r_q$. Ainsi, si $x = (x_1,\ldots,x_n) \in k'^n$ est tel que, pour tout q, $x_q \in S(a_q,r_q)$ et, en plus, $r_q = |a_q| \Rightarrow |x_q| = r_q$, on a $x \in S(0,\hat{r}) \cap S(a,r)$.

Supposons que $x \in S(0,\hat{r}) \cap S(a,r)$. Alors $C(x,r^{(-)}) \subsetneq C(x,\hat{r}^{(-)})$. Comme la valuation de k est dense, on a $M_f(\hat{r}) = \sup_{y \in C(x,\hat{r}^{(-)})} |f(y)|$ et $M_f^{(a)}(r) = \sup_{y \in C(x,r^{(-)})} |f(y)|$, on a bien $M_f^{(a)}(r) \leq M_f(\hat{r})$.

Considérons un cercle $C = C(x,\hat{r}^{(-)}) \subsetneq S(0,\hat{r})$, on a

$C \cap S(a,r) = \prod_{q=1}^{n} [C(x_q,\hat{r}_q^-) \cap S(a_q,r_q)]$. Si $r_q < \hat{r}_q$ $(=|a_q|)$, on a

$C(x_q,\hat{r}_q) \cap S(a_q,r_q) \neq \emptyset$ ssi $a_q \in S(x_q,\hat{r}_q^-)$. Et si $r_q = \hat{r}_q (\geq |a_q|)$,

$C(x_q,\hat{r}_q) \cap S(a_q,r_q) \neq \emptyset$ ssi $a_q \notin S(x_q,\hat{r}_q^-)$.

En notant, comme d'habitude, $I^{(0)}$ et $I^{(\infty)}$ les ensembles des $q \in I$ tels que $\hat{r}_q = 0$ resp. $\hat{r}_q = +\infty$, et $J = I \setminus (I^{(0)} \cup I^{(\infty)})$ et en désignant par J' l'ensemble des $q \in J$ tels que $r_q < \hat{r}_q$, considérons la transformation $\lambda : X \longrightarrow Y$, où $Y_q = u_q^{-1} X_q$ avec $u_q = 1$ quand $q \notin J$ et $u_q \in k$ tel que $|u_q| = \hat{r}_q$ quand $q \in J$. Alors, si $x \in S(0,\hat{r})$ et si $y = \lambda.x$, on a $\lambda.C(x,\hat{r}^{(-)}) = C(y, 0_{I^{(0)}} \times (+\infty)_{I^{(\infty)}} \times 1_J^{(-)}) =$
$= 0_{I^{(0)}} \times \infty_{I^{(\infty)}} \times \bar{y}_J$, où $\bar{y}_J = C(y_J, 1_J^{(-)}) \subsetneq k^{*J}$, où $\bar{k}^* = \bar{k} \setminus \{\bar{0}\}$. En vertu de ce qui précède, on a $C(x,\hat{r}^{(-)}) \cap S(a,r) \neq \emptyset$ ssi $\bar{y}_q = \overline{(\lambda.a)}_q = \overline{u_q^{-1} a_q}$ pour tout $q \in J'$ et $\bar{y}_q \neq \overline{u_q^{-1} a_q}$ pour tout $q \in J \setminus J'$.

Soit, comme précédemment, b un élément de k tel que $|b| = M_f(\hat{r})$ et, $f'(X) = f'_J(X_J)$ étant la somme des termes de $f(X)$ maximaux sur $S(0,\hat{r})$, soit $\bar{G}(Y_J)$ le polynôme reste de $G(Y_J) = b^{-1} F'(Y_J) = b^{-1} f'_J(u_J Y_J)$. Alors, il est clair que le reste $\overline{b^{-1}f(x)}$ de $b^{-1}f(x)$, où $|x| = \hat{r}$, est égal à $\bar{G}(\bar{y}_J)$, où $y = \lambda.x$. Supposons que $\hat{M}_f^{(a)}(\hat{w}'') = M_f^{(a)}(r)$ est $< M_f(\hat{r}) = \tilde{M}_f(\hat{w}'')$. Alors, on a $J' \neq \emptyset$, car autrement on aurait $r = \hat{r} \geqslant |a|$. Alors, si $x \in S(0,\hat{r}) \cap S(a,r)$, on a $|f_J(x_J)| = |f(x)| \leqslant M_f^{(a)}(r) < M_f(\hat{r})$, et, si $y = \lambda.x$, $|G(Y_J))| = |b^{-1}f'(x)| \leqslant$ $\leqslant |b^{-1}| \, \mathrm{Max}(|f(x)|, |f(x) - f'(x)|) < 1$, d'où résulte $\bar{G}(\bar{y}_J) = \overline{G(y_J)} = \bar{0}$. Or, quand x parcourt $S(0,\hat{r}) \cap S(a,r)$, $\bar{y}_J$ parcourt l'ensemble des vecteurs $(\bar{y}_q ; q \in J) \in \bar{k}^{*J}$ tels que $\bar{y}_q = \overline{(\lambda.a)_q} = \overline{u_q^{-1}a_q}$ si $q \in J'$ et $\bar{y}_q \neq \overline{u_q^{-1}a_q}$ si $q \notin J'$. Ainsi, si $\bar{A} = \bar{k}^{*} .. \{\overline{u_q^{-1}a_q} ; q \in J .. J')$, cet ensemble contient $\{\overline{(\lambda.a)_{J'}}\} \times \bar{A}^{J..J'}$. Par suite, $\bar{G}(\overline{\lambda.a})_{J'}, Y_{J..J'})$ s'annule pour toutes les valeurs $\bar{y}_q$ des Y_q, $q \in J..J'$, prises dans $\bar{A}$. Comme $\bar{A}$ est infini, le polynôme $\bar{G}(\overline{\lambda.a})_{J'}, Y_{J..J'})$ de $Y_{J..J'}$ doit être identiquement nul.

Si $J..J' = \emptyset$, cela signifie, en vertu de la propriété 6°) de $\tilde{M}_f(w'')$, que $C(a_J;\hat{r}_J^{(-)}) = C(a_J, a_J^{(-)})$ contient des zéros z_J de f_J, donc, puisque $\omega(a_J) \in W''_J$, $\omega(a_J) \in Z(M^{(f_J)})$, ce qui implique que $\omega(a_J)$ appartient à quelque hyperplan proprement exceptionnel de $f_J(X_J)$. Si $J..J' \neq \emptyset$, en vertu de III, il existe un hyperplan proprement exceptionnel H_J de f_J, qui contient la variété linéaire $L = \{w'' \in (W''_J)^\circ ; w''_{J'} = \omega(a)_{J'}\}$. Or $\omega(a)_J$ appartient à L, donc aussi à H_J. Ainsi, dans tous les cas, il existe un hyperplan proprement exceptionnel H_J de f_J passant par $\omega(a)_J$. Mais alors, $(+\infty)_{I(0)} \times H_J$ est un hyperplan proprement exceptionnel de $f_{J\cup I_0}(X_{J\cup I_0})$ passant par $(+\infty)_{I(0)}; \omega(a)_J) = (\omega(a))_J$. Comme $\hat{w}''=(\hat{w}''_{I(0)\cup J}, (-\infty)_{I(\infty)})$ est $\in \mathrm{Conv}(f)$, on a identiquement $f(X) = f_{I^{(0)}\cup J}(X_{I^{(0)}\cup J})$ et $Z(M^{(f)}) =$ $= Z(M^{(f_{I^{(0)}\cup J})}) \times (W''_{I^{(\infty)}})^\circ$, d'où résulte que $(+\infty)_{I^{(0)}} \times H_J \times (W''_{I^{(\infty)}})^\circ$ est un hyperplan proprement exceptionnel de f passant par $(\omega(a)_{I^{(0)}\cup J}, (-\infty)_{I^{(\infty)}}) = \omega(a)$

c.q.f.d.

Si $f(X) = \sum_{i \in \mathbb{N}^I} a_i X^i$ est une série de Laurent en $X = (X_1, \ldots, X_n)$, elle se représente comme la somme $\sum_{\varepsilon \in \{+1,-1\}^I} f_{(\varepsilon_1,\varepsilon_2,\ldots,\varepsilon_n)}(X^{(\varepsilon_1,\varepsilon_2,\ldots,\varepsilon_n)})$ de 2^n séries de Taylor $f_\varepsilon(X^\varepsilon)$ en $X^\varepsilon = (X_1^{\varepsilon_1}, X_2^{\varepsilon_2}, \ldots, X_n^{\varepsilon_n})$, où $f_\varepsilon(X^\varepsilon) = \sum_{i \in \mathbb{N}^I,\, \varepsilon i \in \mathcal{P}_n} a_i X^i$.

Bien entendu, certaines f_ε peuvent être nulles. Le domaine de convergence DC(f) de f est encore 0-saturé et est l'intersection $\bigcap_\varepsilon DC(f_\varepsilon(X^\varepsilon)) = \bigcap_\varepsilon DC(f_\varepsilon)^\varepsilon$ des $DC(f_\varepsilon(X^\varepsilon))$ des $f_\varepsilon(X^\varepsilon)$ [considérées comme fonctions de X], et son image Conv(f) par π_0 est $\bigcap_\varepsilon \varepsilon \mathrm{Conv}(f_\varepsilon)$. Si $w'' \in \mathrm{Conv}(f)$, on peut encore définir $\tilde{M}_f(w'') = \mathrm{Min}_i\, [w(a_i) + iw'']$ qui est égal au $\mathrm{Min}_\varepsilon\, \tilde{M}_{f_\varepsilon}(\varepsilon w'')$ [et, de même $M_f(r) = \mathrm{Max}_i\, |a_i| r^i$ est $= \mathrm{Max}_\varepsilon\, M_{f_\varepsilon}(r^\varepsilon)$. Conv(f) et $\tilde{M}_f(w'')$ ont, pour les séries de Laurent, les propriétés analogues à celles qu'elles ont quand f est une série de Taylor, mais je n'y insiste pas, car ces séries ne seront pas employées dans le présent exposé quand $n > 1$.

Par contre, on se servira (dans un cas particulier) de <u>fonctions méromorphes</u>. Une fonction f(X) définie sur une partie A^* d'un ensemble $A \subseteq k'^I$ sera dite <u>méromorphe</u> sur A s'il existe deux série de Taylor g(X), h(X), qui convergent sur A et sont telles que $\{x \in A \,;\, h(x) \neq 0\} = A^*$ et $f = gh^{-1}$ sur A^* (une notion plus générale de fonction méromorphe de X peut être définie en remplaçant les séries de Taylor par les séries de Laurent). On considère comme identiques deux fonctions méromorphes $f : gh^{-1}$ et $f' = g'h'^{-1}$ si formellement $gh' = g'h$ et (g,h) telle que $f = gh^{-1}$ sera dite une <u>représentation</u> de f.

On pose $\mathrm{Conv}_h(f) = \mathrm{Conv}(g) \cap \mathrm{Conv}(h)$, et on définit d'une manière analogue $\mathrm{Conv}_h^{(r)}(f)$, $\mathrm{Conv}_h^{(d)}(f)$, DC(f). Bien entendu, la fonction f sera étendu à l'aide de $f = gh^{-1}$ à $\mathrm{Conv}_h(f)$ tout entier, même si initialement elle a été définie sur un support plus petit. On posera $\mathrm{Conv}(f) = \bigcup_h \mathrm{Conv}_h(f)$, où gh^{-1} parcourt toutes les représentations possibles de f. Les gh^{-1}, définies sur les DC(f) correspondants, forment une famille cohérente de fonctions, et on considérera leur superposition comme extension naturelle maximale de f avant tout véritable prolongement analytique. Bien entendu, on pose $\mathrm{Conv}^{(r)}(f) = \bigcup_h \mathrm{Conv}_h^{(r)}(f)$, $\mathrm{Conv}^{(d)}(f) = \bigcup_h \mathrm{Conv}_h^{(d)}(f)$ et $DC(f) = \bigcup_h DC_h(f)$.

On pose, sur $\mathrm{Conv}_h(f)$, $\varphi_{f,h}(w'') = \varphi_g(w'') - \varphi_h(w'')$, $\hat{M}_{f,h}(w'') = \tilde{M}_g(w'')\,\tilde{M}_h(w'')^{-1}$ et, sur $\mathrm{Conv}_h^{(r)}(f)$, $M_{f,h}(r) = M_g(r)\,M_h(r)^{-1}$. Si $w'' \in W''$ (ou $r \in \mathcal{S}(W'')$), $\varphi_{f,g}(w'')$ est finie et $\tilde{M}_{f,h}(w'')$ et $M_{f,h}(r)$ sont finis et $\neq 0$. Ces fonctions, dépendant du paramètre h, forment des familles cohérentes, dont les superpositions $\varphi_f(w'')$, $\tilde{M}_f(w'')$, $M_f(r)$ seront appelés l'ordre normal pour $\omega(x) = w''$, et la valuation normale pour $\omega(x) = w''$ resp. $|x| = r$ de f. Si $f = gh^{-1}$, $\tilde{P}_h(f) = \tilde{Z}(M^{(h)})$, $P_h(f) = Z(M^{(h)})$, $\mathrm{Reg}_h^{(p)}(f) = \mathrm{Reg}(M^{(f)})$ et $\tilde{\mathrm{Reg}}_h^{(p)}(f) = \tilde{\mathrm{Reg}}(M^{(h)})$ les h-domaines de resp. polarité, polarité propre, régularité, régularité stricte de f. On appelera domaine de polarité, resp. de régularité polaire stricte de f les ensembles

$\tilde{P}(f) = \bigcap_h [\tilde{P}_h(f) \cup (\mathrm{Conv}(f) \,..\, \mathrm{Conv}_h(f))]$ et $\tilde{\mathrm{Reg}}^{(p)}(f) = \bigcup_h \tilde{\mathrm{Reg}}_h^{(p)}(f)$ et on définit d'une manière analogue P(f) et Reg(f). Un $p \in k'^I$ est dit un h-pôle de f si $h(p) = 0$, et il est dit un pôle absolu de f, s'il est un h-pôle pour tout h qui est le dénominateur d'une représentation de f.

L'intersection non-vide d'un polyèdre de l'inéarité de $\varphi_g^{(w'')}$ et d'un polyèdre de linéarité de $\varphi_h^{(w'')}$ est certainement un domaine de linéarité de $\varphi_f(w'')$ (et de monomialité de $\hat{M}_f(w'')$), mais les domaines connexes maximaux de linéarité de $\varphi_f(w'')$ peuvent être des réunions d'une famille de telles intersections.

Si f(X) est une fraction rationnelle, elle en est aussi une de X^{ε}, où $\varepsilon = (\varepsilon_1, \varepsilon_2, \ldots, \varepsilon_n) \in \{-1,+1\}^I$. Si $x \in k'^I$ et si $I^{(\infty)}(x) = \{q \in I; x_q = \infty\}$, on a $I^{(\infty)}(x^{\varepsilon}) = \emptyset$ si $\varepsilon_q = +1$ ou -1 selon que $q \notin I^{(\infty)}(x)$ ou $q \in I^{(\infty)}(x)$. Si $f(X) = f_{\varepsilon}(X^{\varepsilon})$, on définira, dans ce cas particulier comme Conv(f) la réunion des $\varepsilon\,\mathrm{Conv}(f^{\varepsilon})$ au sens précédent, qui est, visiblement, $(W'')^{\circ}$ et un $p \in W''^{\circ}$ sera considéré comme pôle absolu de f ssi, pour tout ε, p^{ε} en est un de f_{ε}

On peut déduire des propriétés 1°) - 9°) de $\tilde{M}_f(w'')$ pour les séries de Taylor f, à peu près comme dans le cas n = 1, les propriétés modifiées de $\tilde{M}_f(w'')$ valables quand f est une fonction méromorphe. Je me borne à indiquer ici les modifications mentionnées des énoncés, analogues à celles du cas n = 1. Dans 1°), $\check{M}_f(w'')$ est défini en tout $w'' \in \mathrm{Conv}(f)$ tel qu'il existe une représentation gh^{-1} de f telle que

$\tilde{M}_h(w'') \neq 0$. 2°) subsiste tel quel. Dans 3°), les polyèdres mentionnés sont seulement les domaines de monomialité de $\tilde{M}_f(w'')$, mais pas forcément maximaux ni même connexes maximaux, le reste de 3°) se modifiant d'une manière évidente. 7°) n'est vrai que si l'on se limite au domaine de monomialité maximal d'un h et $\tilde{M}_f(w'')$ n'est pas, en général, décroissante. Les inégalités de Cauchy $\tilde{M}_f(w'') = \sup_{\omega(x)=w''} |f(x)|$ subsiste si $w'' \notin P(f)$, et on a $|f(x)| \leqslant \tilde{M}_f(\omega(x))$ s'il existe une représentation gh^{-1} de f telle qu'il n'existe aucun h-pôle proche de x. 8°) subsiste tel que, ce qui montre que $M_f(w'')$ est un ordre valuatif du corps des fonctions méromorphes sur $C(0,e^{-w''})$ [avec une définition plus générale des fonctions méromorphes, aussi du corps plus grand des fonctions méromorphes sur $S(0,r)$]. Quant à 9°), $r \geqslant |a|$ implique encore $M_f^{(a)}(r) = M_f(r)$ et $M_f^{(a)}(r) \neq M_f(\mathrm{Max}\,|a|\,,r))$ implique que $\omega(a)$ se trouve, pour toute représentation gh^{-1} sur quelque hyperplan exceptionnel (pour 0) de g ou de h, car cela implique ou bien $M_g^{(a)}(r) < M_g(\mathrm{Max}(|a|,r))$, ou bien $M_h^{(a)}(r) < M_h(\mathrm{Max}(|a|,r))$

§ 4. Ensembles quasi-connexes. Elements analytiques. Théorème d'unicité.

Supposons toujours que k est complet et algébriquement clos, soit $E \subseteq k'^I$ un ouvert non-vide et soit $a \in E \cap k^I$. L'ensemble E sera dit <u>ultra-ouvert</u> en a si :

1°) Pour tout $b \in E$, le complément $C(a,d(a,b))\setminus E$ de E dans $C(a,d(a,b))$ est contenu dans la réunion d'un ensemble fini d'hyperplans a-proximaux rationnels de k'^I de hauteur $\in m(k)$ $[= \mathrm{Log}\ \Gamma(k)]$, <u>dits hyperplans a-proximaux exceptionnels de</u> E. (Les images de ces hyperplans a -proximaux par $\pi_a : x \longrightarrow p(a,x)$ seront dits les <u>hyperplans exceptionnels de</u> E <u>pour</u> a).

2°) Si $b \in E \cap k^I$, il existe, pour tout $q \in I$, une constante $\varepsilon_q(b) > 0$ telle que l'ensemble $\{x \notin E\ ;\ x \in C(a,d(a,b)),\ d(a,x) \leqslant \varepsilon_q(b)\}$ soit contenu dans la réunion des seuls hyperplans a-proximaux exceptionnels de E qui sont parallèles à la coordonnée $X_q = (k'^I)_q$ de k'^I.

E est dit K-quasi-connexe élémentaire (abréviation : Kqce)(28) s'il est ultra-ouvert en tout $a \in E \cap k^I$. Il est évident que si $a \in E \cap k^I$, la section d'un tel E par l'hyperplan $X_q = a_q$ (qui passe par a) est un ensemble Kqce par rapport aux variables $X_{I..\{q\}} = (X_j; j \neq q)$. On peut prouver le lemme suivant, dont je donnerai ailleurs la démonstration (assez compliquée).

Lemme : La réunion $L_a(E) = \bigcup_{b \in E} C(a,d(a,b))$ des cercles de centre $a \in E \cap k^I$, dont la circonférence (de centre a) n'est pas disjointe avec E, est un pseudo-cercle de centre a (c'est, visiblement, le plus petit pseudo-cercle de centre a contenant E), qui sera appelé l'enveloppe pseudo-circulaire de E de centre a.

On posera $N_a(E) = d_o.L_a(E)$. Donc $N_a(E)$ est un segment terminalement tronqué de W" d'origine 0. La fermeture $\overline{N_a(E)}$ de $N_a(E)$ est donc un segment $[0,r]_{(W")^o}$ et C(a,r) est le plus petit cercle circonférencié contenant E, donc il ne dépend pas de $a \in E$ et sera noté CC(E). Si C(E) est le plus petit cercle contenant E, on a $L_a(E) \subseteq C(E) \subseteq CC(E)$. En ce qui concerne $L_a(E)$ (et $N_a(E)$), cet ensemble peut dépendre de $a \in E$. Les cercles C(E) et CC(E) seront dits enveloppes circulaire, resp. circulaire circonférenciée de E.

L'intersection non-vide de deux (et d'un nombre fini) Kqce en est encore un. Mais la réunion d'une famille enchainée de tels ensembles n'en est plus, en général, un, contrairement à ce qui a lieu quand n = 1. Voici un exemple pour n = 2. Soient $r = (r_1,r_2)$ et $r' = (r'_1,r'_2)$ deux éléments de $\mathbb{R}^2$ tels que $0 < r_1 < r'_1$ et $0 < r'_2 < r_2$. A = C(0,r) et B = C(0,r') sont évidemment des Kqce, dont les images par d_o sont respectivement $[0,r]_{(W")^o}$ et $[0,r']_{(W")^o}$, donc $d_a.(A \cup B) = [0,r]_{(W")^o} \cup [0,r']_{(W")^o}$. Visiblement, on a $L(A \cup B)) = A \cup B$, donc $N = d_0.L_0(A \cup B) = d_a(A \cup B)$. Or, $(r'_1,0) \in N$ et $(0,r_2) \in N$, donc si N est un

(28) Afin de distinguer de tels ensembles de ceux que Robba appelle, dans [18], II p. 210, quasi-connexes élémentaires et qu'on va appeler R-quasi-connexes élémentaires (abréviation : Rqce.)

segment terminalement tronqué, on doit avoir $\bar{N} = [0,(r'_1,r_2)]_{(W'')^o}$. Or, si $\hat{r} = (\hat{r}_1,\hat{r}_2)$ est tel que $r_1 < \hat{r}_1 < r'_1$ et $r'_2 < \hat{r}_2 < r_2$, $\hat{r}$ est un point intérieur de $[0,(r'_1,r_2)]_{(W'')^o}$ et, tel que $\hat{r} \notin A \cup B$ il existe un voisinage de $\hat{r}$ disjoint avec N, ce qui montre que $\bar{N} \neq [0,(r'_1,r_2)]_{(W'')^o}$, contrairement au lemme.

Toutefois, la réunion d'une famille filtrante, et, en particulier, d'une famille totalement ordonnée par inclusion, de Kqce est encore un Kqce, ce qui montre que les Kqce de k'^I forment une famille inductive.

On appelle ensembles K-quasi-connexes (abréviation : Kqc) les réunions des familles enchaînées des Kqce(29). Par construction, la réunion d'une famille enchaînée de Kqc en est encore un. Les Kqc ont les propriétés formelles des ensembles connexes. Ainsi si A est un ouvert, et si $a \in A$, il existe le plus grand Kqc $Cqc_a(A) \subseteq A$ auquel appartient a, dit composante quasi-connexe de a dans A, et les $Cqc_a(A)$, où a parcourt A, forment une partition de A. Si A et B sont ouverts, toute composante quasi-connexe de $A \cap B$ est dite une valence des A et B. Mais si A,B sont des Kqc, $A \cap B$ peut ne pas l'être, comme le montre l'exemple qui suit :

En conservant les conditions précédentes pour $r = (r_1,r_2)$ et $r' = (r'_1,r'_2)$ choisissons $a \in S(0,r)$ et $a' \in S(0,r')$. Posons $A = C(0,r) \cup C(0,r')$ et $B = C(a',r) \cup C(a,r')$ on a $a + a' \in C(a',r)$ et $\in C(a,r')$, donc $C(a,r') \cap C(a',r) \neq \emptyset$ et comme les cercles sont des Kqce, A et B sont des Kqc. Mais $A \cap B = (C(0,r) \cap C(a',r)) \cup (C(0,r) \cap C(a,r')) \cup (C(0,r) \cap C(a,r')) \sqcup (C(0,r') \cap C(a',r))$. Puisque

$|a|_2 = |a_2| = r_2 > r'_2$ et $|a'|_1 = |a'_1| = r'_1 > r$, on a

$C(0,r) \cap C(a',r) = C(0,r') \cap C(a,r') = \emptyset$. D'autre part, puisque $a \in C(0,r)$ et $a' \in C(0,r')$, on a $C(0,r) \cap C(a,r') = C(a,r) \cap C(a,r') = C(a,(r_1,r'_2))$ et $C(0,r') \cap C(a',r) = C(a',r') \cap C(a',r) = C(a',(r_1,r'_2))$. Mais $|a_1| = r_1 < r'_1 = |a'_1|$

(29) Robba appelle ensembles quasi-connexes les réunions des familles enchaînées de Rqce. On appellera ces ensembles (qui sont à peine plus généraux que les Kqc) les ensembles R-quasi-connexes, et on les notera Rqc. Voir [18], II p. 210.

donc $d(a_1, a'_1) = r'_1 > r_1$ et, de même, $d(a_2, a'_2) = r_2 > r'_2$, ce qui montre, si $b \in C(a,(r_1, r'_2))$, que $d_b\ (A \cap B) = d_b\ [C(a,(r_1, r'_2)) \cup C(a',(r_1, r'_2))] = [0,(r_1, r'_2)]_{(W'')^\circ} \cup \{(r'_1, r_2)\}$. Donc, si $A \cap B$ est Kqc, il doit existerun Kqce U tel que $U \cap C(a,(r_1, r'_2)) \neq \emptyset$ et $U \cap C(a',(r_1, r_2)) \neq \emptyset$. Donc, si $b \in U \cap C(a,(r_1, r'_2))$, on a $d_b \cdot U \subseteq [0,(r_1, r'_2)]_{(W'')^\circ} \cup \{(r'_1, r_2)\}$ et $(r'_1, r_2) \in d_b \cdot U$, sans que $d_b \cdot U = \{(r'_1, r_2)\}$, ce qui est absurde. Prouvons encore une propriété (négative) des Kqc : *Il est possible de trouver des recouvrements enchainés d'un* Kqc *quelconque* E (même élémentaire, même un cercle) *par deux familles enchaînées* F *et* F' (dont les ensembles peuvent être aussi ses intersections avec des cercles) *tels que* Int(F,F') *ne soit pas enchaînée*.

Démonstration : Conservant les notations précédentes, posons $E = C(0,(r'_1, r'_2))$
$F = \{C(0,r)\} \cup \{C(x,r') ; x \in C(0,r)\}$, $F' = \{C(0,r')\} \cup \{C(y,r) ; y \in C(0,r')\}$.
Il est clair que F et F' sont des recouvrements enchaînés de E. Int(F,F') est la famille des ensembles non vides de $\{C(0,r) \cap C(0,r')\} \cup$

$$\cup \{C(x,r') \cap C(0,r') ; x \in C(0,r)\} \cup \{C(0,r) \cap C(y,r) ; y \in C(0,r')\} \cup$$
$$\cup \{C(x,r') \cap C(y,r) ; (x,y) \in C(0,r) \times C(0,r')\} = \{C(0,(r_1, r'_2)), C(0,r), C(0,r')\} \cup$$
$$\cup \{C(z,(r_1, r'_2)),\ z \in E\}$$

car, pour tout $z \in E$, $C(z,r') \cap C(0,r) \neq \emptyset$ et $C(z,r) \cap C(0,r') \neq \emptyset$. Or, si $r_1 < |z_1| \leq r'_1$ et $r'_2 < |z_2| \leq r_2$, $C(z,(r_1, r'_2))$ est disjoint avec $C(0,r)$ et $C(0,r')$, et il l'est toujours avec tout autre $C(z',(r_1, r'_2))$. Donc la famille Int(F,F') n'est pas enchaînée.

$E \subsetneq k'^I$ étant un Kqc, une fonction $f : E \longrightarrow k$ est dite un *élément analytique* de k de support E s'il existe une suite $f_1, f_2, \ldots, f_n, \ldots$ où $f_n \in k(X)$ n'a aucun pôle dans E, qui converge uniformément vers f sur E. f est dit K-élémentaire si son support E est un Kqce.

Théorème : *Tout* Kqc E *est analytique* (autrement dit, si un élément analytique f de support E est nul sur un ouvert de E, il y est nul partout.)

<u>Démonstration</u> : Ce théorème est déjà prouvé pour $n = 1$, et on va le prouver par récurrence sur n. On le supposera donc prouvé pour $n - 1$. D'autre part, on peut visiblement supposer E élémentaire. Supposons donc que $a,b \in E$ sont tels qu'un élément analytique $f : E \longrightarrow k$ soit nul dans un voisinage de a. Remarquons que si $x \in E \cap k^I$ et si $J \subset I$, la section de E par la variété $(\forall j \in J)\ [X_j = x_j]$ est un Kqce par rapport aux variables non-fixées et f y est un élément analytique de ces variables. Si a et b ont au moins une ordonnée égale $a_q = b_q$, il suffit, pour prouver le théorème, de considérer f sur la section de E par $X_q = a_q = b_q$. Egalement, si f ne dépend pas de quelque variable X_q , il suffit encore de considérer f sur la section de E par quelque $X_q = x_q$, où $x \in E$.

On peut donc supposer que, pour tout $q \in I$, on a $a_q \neq b_q$. Considérons un indice q et posons $I' = I \,..\, \{q\}$, $a' = a_{I'}$, $b' = b_{I'}$. Les $y \in C(a,d(a,b)) \,..\, E = C(b,d(a,b)) \,..\, E$ sont contenus dans la réunion d'un ensemble fini d'hyperplans a-proximaux et aussi dans la réunion d'un ensemble fini d'hyperplans b-proximaux. Soit $x \in E$ et soient $E_q(x)$ la section de E par l'hyperplan $X_q = x_q$ et $E'_q(x)$ sa projection sur $k'^{I'}$. Alors, en vertu de la condition 2°) de quasi-connexité, il existe un $\varepsilon > 0$ tel que les points de $C(a,d(a,b)) \,..\, E$ tels que $d(a_q,x_q) \leqslant \varepsilon$, resp. $d(b_q,x_q) \leqslant \varepsilon$, soient contenus dans une réunion d'hyperplans a-proximaux, resp. b-proximaux, tous parallèles à X_q. Soient P'_a, P'_b les projections des réunions de ces hyperplans sur $k'^{I'}$. Alors, pour tout x tel que $d(a_q,x_q) \leqslant \varepsilon$ resp. $d(b_q,x_q) \leqslant \varepsilon$, $E'_q(x)$ est contenu dans $C(a',b') \,..\, P'_a$, resp. $C(a',b') \,..\, P'_b$, et ces deux ensembles sont ouverts, et non vides. Leur intersection $C(a',b') \,..\, [P'_a \cup P'_b]$ l'est encore. Il existe donc un cercle $C(u',r')$ tel que $a' \notin C(u,r)$ et $b' \notin C(u',r')$, où $u' \in k'^{I'}$ et $r' \in (W''_{I'})^\circ$, $r' > 0_{I'}$, tel que $C(u',r') \subsetneq C(a',b') \,..\, [P'_a \cup P'_b]$ ce qui implique $C(a_q, \varepsilon) \times C(u',r') \subsetneq E$ et $C(b_q , \varepsilon) \times C(u',r') \subsetneq E$.

Soit $V \subsetneq E$ un voisinage de a tel que $f(x) = 0$ pour tout $x \in V$. Si l'on prend ε assez petit pour tout x_q tel que $d(a_q,x_q) \leqslant \varepsilon$, l'hyperplan $X_q = x_q$ n'est pas disjoint avec V, donc le coupe selon un ouvert $V(x_q)$ de cet hyperplan contenu dans la section de E par cet hyperplan de $k'^{I'}$. Cette section est un Kqce par rapport aux n-1 coordonnées non-fixées $X_{I'}$, donc un ensemble analytique et $f(((X_{I..\{q\}}, x_q)$ est, sur cette section, un élément analytique de ces coordonnées, qui s'annule sur un ouvert. Donc $f((X_{I'}, x_q)$ est identiquement nul, et par suite $f(x) = 0$ en tout $x \in E$ tel que $d(a_q, x_q) \leq \varepsilon$. Donc, si $U' = C(u', r')$, on a $f(x) = 0$ si $x \in U' \times C(a_q, \varepsilon) \subsetneq E$. La section $E_{x'}$ de E par la droite $X_{I'} = x'$ de k'^{I} est quand il n'est pas vide un ensemble Kqce, donc un ensemble analytique par rapport à la seule coordonnée non-fixée X_q. Donc, si $x' \in U'$, $f((x', X_q))$ y est un élément analytique, qui est nul si la valeur x_q de $\mathbf{X}_q$ est $\in C(a_q, \varepsilon)$. Cet ensemble analytique est donc nul identiquement et, en particulier, puisque $U' \times \{b_q\} \subsetneq E$, on a $f((x', b_q)) = 0$, pour tout $x' \in U'$. Mais la section $E_q(b)$ de E par $X_q = b_q$ est un Kqce par rapport aux n - 1 coordonnées X_I, donc un ensemble analytique, et $f((X', b_q))$ est un élément analytique par rapport à ces coordonnées, qui s'annule sur l'ouvert $U' \times \{b_q\}$ de $E_q(b)$. Donc $f(X)$ est identiquement nul sur $E_q(b)$ et, en particulier, $f(b) = 0$. Si $b \in E .. k^I$, comme E est ouvert, b est dans l'adhérence de $E \cap k^I$, et $f(b) = 0$ résulte de la continuité de f.

<u>Théorème d'unicité</u>. <u>Soient</u> f,f' <u>deux éléments analytiques</u> (<u>de dimension</u> n), <u>dont les supports, supposés non-disjoints</u>, E <u>resp</u>. E' <u>sont des</u> Kqce. <u>Si</u> f = f' <u>sur un ouvert de</u> $E \cap E'$, <u>on a</u> f = f' <u>partout sur</u> $E \cap E'$.

<u>Démonstration</u> : f - f' est un élément analytique sur $E \cap E'$, qui est un Kqce, donc analytique. Par hypothèse, f - f' = 0 sur un ouvert de $E \cap E'$, donc partout sur $E \cap E'$. c.q.f.d.

<u>Définition</u> : Si f = f' sur $E \cap E'$, on dira que chacun de ces éléments analytiques <u>prolonge</u> l'autre ou en est un <u>prolongement analytique</u>.

<u>Remarque</u> : Si f et f' sont deux éléments analytiques de supports non-disjoints E,E' qui sont des Kqc, et si f = f' sur un ouvert U de $E \cap E'$, on a f = f' sur toute la valence V(U) des E,E' contenant U, car f - f' est un élément analytique sur le Kqc V(U), qui est nul sur un ouvert. Si f = f' sur une valence V des E,E', on dira que

chacun des f,f' prolonge l'autre (ou en est un prolongement analytique) à travers la valence V.

§ 5. Fonctions analytiques et leurs propriétés.

Une fois établi le théorème d'unicité pour les éléments analytiques K-élémentaires, on peut les employer pour le prolongement analytique et la construction des "surfaces de Riemann" de la même manière que les développements de Taylor sur les polycercles sont employés dans la théorie des fonctions analytiques de plusieurs variables complexes quand on applique la méthode de Weierstrass. On pourrait, également, employer, pour le prolongement analytique, les éléments analytiques quelconques, mais alors, pour deux éléments analytiques f,f' de supports Kqc E,E', qui se prolongent, il faut préciser à travers quelle valence des E,E' se fait le prolongement.

D'une manière précise, si A est un ensemble quelconque $\subseteq k'^n$, une fonction $g : A \longrightarrow k$ est dite une fonction analytique uniforme sur A s'il existe un ensemble F d'éléments analytiques K-élémentaires f, dont les supports E_f forment une famille enchaînée telle que $\bigcup_{f \in F} E_f \supseteq A$, et qui soit une famille cohérente de fonctions telle que g soit la restriction à A de sa superposition. On dira qu'un ensemble d'éléments analytiques K-élémentaires de dimension n est une famille analytique Kqc si pour deux éléments analytiques quelconques $f,f' \in F$ on peut trouver une chaîne $f = f_o, f_1, \ldots, f_s = f'$ d'éléments analytiques $f_i \in F$ tels que deux éléments consécutifs f_{i-1}, f_i $(i=1,2,\ldots,s)$ aient des supports non-disjoints et se prolongent. On appelera une fonction analytique Kqc toute famille analytique Kqc maximale. Il est évident que deux familles analytiques maximales ou bien coïncident, ou bien sont disjointes, auquel cas elles seront considérées comme fonctions analytiques Kqc différentes. Ainsi, si F et F' sont deux fonctions analytiques différentes et si $f \in F$ et $f' \in F'$ sont deux éléments analytiques K-élémentaires dont les supports E et E' ne sont pas disjoints, f et f' ne se prolongent pas, autrement dit il n'existe aucun ouvert $\subseteq E \cap E'$ où $f = f'$.

On appellera un point (ou germe) analytique un couple $p = (x, \varphi)$, où $x \in k'^n$ (x est dit la k'^n-projection de p) où $\varphi = \sum_{i \in \mathbb{N}^n} a_i (X-x)^i$ est une série de Taylor en $X - x$ qui converge dans quelque voisinage de x. La valeur $(p) = \varphi(x) = a_o$ de φ pour $X = x$ sera dite la valeur du point p.

Bien entendu, il peut arriver que deux points différents aient une même valeur. Si f est un élément analytique (K-élémentaire ou Kqc quelconque), dont soit E le support, un point analytique $p = (x, \varphi)$ en sera dit un point (ce qui sera noté, par abus d'écriture, $p \in f$) si $x \in E$ et si φ coïncide avec le développement taylorien de f autour de x. F étant une fonction analytique Kqc, on appele son **riemannien** l'espace hierarchimétrique Riem(F) défini comme suit: son support sera l'ensemble des points analytiquesp tels que $p \in f$ pour quelque $f \in F$. Etant donné deux points $p, p' \in$ Riem(F), considérons des éléments analytiques K-élémentaires $f, f' \in F$ tels que $p \in f$, $p' \in f'$ et une chaîne $f = f_o, f_1, \ldots, f_s = f'$ d'éléments analytiques K-élémentaires $f_i \in F$ tels que, pour tout $i = 1,2,\ldots,s$, f_i prolonge f_{i-1}, on dira qu'une telle chaîne est une chaîne de F reliant p et p'. Si E_i est le support de f_i, on appelera la longueur de la chaîne considérée des f_i le suprémum sur $\underline{S}^I$ (organisé par son ordre produit, par rapport auquel $\underline{S}^I$ est un treillis complet) des diamètres (semi-réels) $d_i : d(E_i)$ des E_i $(i=0,1,\ldots,s)$. Et on appelera la distance $d(p,p')$ des points p,p' de Riem(F) l'infimum des longueurs des chaînes de F reliant p et p'; ce peut être un élément arbitraire de $\underline{S}^I$. Riem(F) est, précisement, l'espace hierarchimètrique, qu'on vient de décrire. Il est clair qu'il est localement isomorphe à k'^I.

On peut identifier une fonction analytique F avec une fonction définie sur Riem(F) et à valeurs dans k, en posant, pour tout $p = (x, \varphi) \in$ Riem F, $F(p) = (p) = \varphi(x)$. Il est évident qu'il existe un voisinage V de p sur Riem(F) tel que, pour tout $p' = (x', \varphi') \in V$, on ait $F(p') = \varphi'(x') = \varphi(x')$. Un tel voisinage de Riem(F) en sera dit un voisinage taylorien et la série de Taylor φ en $X - x$ de support V est $\in F$. Donc, une fonction analytique peut être considérée localement comme une fonction taylorienne de $X = (X_1, \ldots, X_n)$. Si F et F' sont deux fonctions analytiques distinctes, en vertu de ce qui précéde, il n'existe pas de voisinages $V \subseteq$ Riem(F) et $V' \subseteq$ Riem(F') ayant une même k'^I-projection $\tilde{V}$ et où F et F' sont représentées par une même série entière en X-x, où $x \in \tilde{V}$. Ainsi, la donnée de la fonction F(p) sur un voisinage taylorien de Riem(F) détermine complétement F (en tant que famille d'éléments analytiques K-élémentaires), ce qui justifie l'identification de F et de F(p) : $p \longrightarrow (p)$ $[p \in \text{Riem}(F)]$. On notera $\widetilde{\text{Riem}}(F)$ la k'^I-projection du riemannien Riem(F) et on l'appelera k'^I-support de F.

Une fonction analytique F est dite globalement uniforme si la k'^I-projection $p \longrightarrow \tilde{p}'$ est une bijection de Riem(F) sur $\widetilde{\text{Riem}}(F)$, autrement dit si, pour tout $x \in \widetilde{\text{Riem}}(F)$, il existe un seul $p \in$ Riem(F) tel que $\tilde{p} = x$. Une telle fonction peut être considérée comme une fonction de variable X dont les valeurs parcourent $\widetilde{\text{Riem}}(F) \subseteq k'^I$ en posant $F(\tilde{p}) = F(p)$. Pour n = 1, toute fonction analytique Kqc est, comme on a vu, globalement uniforme. Mais les raisons géométrique, qui ont permis de le prouver, sont absentes si $n \geqslant 2$. En effet, soient f,f' deux éléments analytiques Kqc à supports non disjoints E,E' tels que $E \cap E'$ ne soit pas quasi-connexe (condition impossible si n = 1 et réalisable si $n \geqslant 2$), qui se prolongent à travers une valence V des E,E'. On peut considérer f et f' comme superposition de certaines familles cohérentes F_f et $F_{f'}$ d'éléments analytiques K-élémentaires et, du fait que f et f' se prolongent à travers V résulte que $F_f \cup F_{f'}$ est une sous familllle d'une fonction analytique F. Mais si F est globalement uniforme, f et f' sont les restrictions de $F(\tilde{p})$ sur E et sur E', donc f et f' doivent coïncider sur $E \cap E'$ et pas seulement sur V. Or, il n'y a aucune raison a priori pour qu'il en soit ainsi.
Donc, le problème de globale uniformité des fonctions analytiques Kqc reste ouvert.

Ceci n'empêche pas de définir la notion de domaine d'analyticité et de poser le problème (certainement difficile et actuellement ouvert) de caractérisation géométrique de ces domaines. Un ensemble Kqc E est dit un domaine d'analyticité s'il existe une fonction analytique Kqc globalement uniforme F telle que $E = \widetilde{\text{Riem}}(F)$
M. Robba a donné, à la fin de sa thèse,[16],quelques exemples de tels domaines. On peut, également, prouver une condition nécessaire pour que E soit un domaine d'analyticité, qui pour n = 1, devient celle de régularité et qu'on appelera du même nom pour n > 1. Afin de ne pas allonger l'exposé, je ne l'indique pas ici.

Considérons les fonctions analytiques uniformes d'un même support Kqc E. Leur ensemble est-il fermé par rapport à l'addition, la multiplication, les dérivations partielles $\frac{d}{dX_q}$ et la convergence uniforme sur E ? L'inverse f^{-1} d'une fonction analytique f sur E, est-il une fonction analytique sur $E^* = \{x \in E ; f(x) \neq 0\}$? La réponse est positive dans le cas des opérations à un seul argument ($\frac{d}{dX_q}$ et f^{-1}) et, dans les autres cas, quand il s'agit d'éléments analytiques. Si f,g sont deux fonctions analytiques uniformes sur E, qui sont les superpositions de deux familles cohérentes d'éléments analytiques, dont les familles de supports soient F, resp. G, on peut démontrer que f+g et fg sont des fonctions analytiques si Int(F,G) est une famille enchaînée. On a vu que ce n'est pas malheureusement toujours le cas quand $n \geqslant 2$, même si F et G sont des familles de cercles. Ainsi, le problème : l'ensemble Anal(E) des fonctions analytiques uniformes de support E est-il un anneau ? est, pour le moment, ouvert. Toutefois, comme on verra, le support E étant donné, il existe des classes spéciales, mais très larges de telles fonctions, qui forment effectivement un anneau, qui est aussi stable par dérivations partielles. En ce qui concerne la convergence uniforme, la connaissance de singularités des fonctions (et d'éléments) analytiques est, trop insuffisante pour $n > 1$ pour qu'on puisse aller au-dela du cas des éléments analytiques (ou du cas, qui s'en déduit trivialement, de fonctions analytiques décomposables en éléments analytiques, dont la famille des supports est fixe).

Supposons donc d'abord que f,g sont deux éléments analytiques d'un même support Kqc E. En répétant mot à mot les raisonnements du cas n = 1, on voit que $f \pm g$ est toujours un élément analytique, fg l'est si f et g sont bornés sur E, ce qui a lieu si E est fermé, et que $\frac{\partial f}{\partial X_q}$ l'est si f est bornée sur E (en particulier si E est fermé) et s'il existe un ensemble fini $\{a', a'', \dots, a^{(\rho)}\}$ de points de E tel que, pour tout $x \in E$, $\mathrm{Min}_i\, d(a_q^{(i)}, x_q) > c > 0$, où c est une constante positive convenable. Donc fg et $\frac{\partial f}{\partial X_q}$ sont fonctions analytiques s'il existe un recouvrement enchaîné de E par des ensembles Kqc fermés ayant, en plus, la propriété indiquée. Il suffit de prouver l'existence d'un tel recouvrement pour les Kqce. On obtient un tel recouvrement en définissant, pour les Kqce E, les sous-ensembles de E analogues aux $E_{a,b}$ du cas n = 1, bien que plus compliqués. Soient $a,b \in E$ tels que aucun des $d(a_q, b_q)$

ne soit = 0. Appelons $E_{a,b}$ le sous-ensemble suivant de $E \cap C(a,d(a,b))$: soient, d'abord, $E'_{a,b}$ le plus grand sous-ensemble a-saturé de $E \cap C(a,d(a,b)^{(-)}$, $E'_{a,b}$ le plus grand sous-ensemble b-saturé de $E \cap C(b;d(a,b)^{(-)})$ et $E''_{a,b} = C(a,d(a,b)) .. [C(a,d(a,b)^{(-)} \cup C(b,d(a,b)^{(-)}]$ ou $= \emptyset$ selon que $C(a,d(a,b)) \subseteq$ ou $\not\subseteq E \cup C(a,d(a,b)^{(-)}) \cup C(b,d(a,b)^{(-)})$. Alors, on pose $E_{a,b} = E'_{a,b} \cup E'_{b,a} \cup E''_{a,b}$. On prouve facilement que $E_{a,b}$ est un Kqce et que les $E_{a,b}$, où (a,b) parcourt les éléments de $E \times E$ tels qu'aucun $d(a_q,b_q)$ ne soit nul, forment un recouvrement enchaîné de E.

On prouve, comme dans le cas n = 1, que si f est un élément analytique de support E, f^{-1} en est encore un si $|f| > c > 0$ partout sur E. Pour prouver que, dans le cas général, f^{-1} est une fonction analytique sur $E^* = \{x \in E \,;\, f(x) \neq 0\}$, il faut construire un recouvrement enchaîné de E^* par des Kqc convenables tels que $|f|$ soit inférieurement bornée sur chaque ensemble de ce recouvrement par une constante positive convenable (qui peut dépendre de cet ensemble). Il suffit, visiblement de construire un tel recouvrement pour les E, qui sont des Kqce. On le fait exactement comme dans le cas n = 1, et il se trouve que ce recouvrement est filtrant et que ses ensembles sont des Kqce. Mais certains points de la démonstration sont plus subtils que pour n = 1, et seront, à cause de cela, exposés en détail. On va se borner au cas $E \subseteq k^I$, le cas général ne présentant, d'ailleurs, d'autre difficultés que celles de complication.

Supposons donc E être un Kqce, et soit $d^* = d(E^*)$ le diamètre (semi-réel) de E^*. Soit $a \in E^*$, et soit $r' \in \mathbb{R}_+^{oI}$ tel que $0^{(+)} < r' \leqslant d^*$. Alors, $M_f^{(a)}(r)$ est une fonction continue sur $[0,r']_{\mathbb{R}^{oI}}$ qui ne s'y annule pas. A cause de la compacité du segment de $\mathbb{R}^{oI}$, elle y a un minimum $m_{f,r'}^{(a)} > 0$. Fixons une suite $r_1 \leqslant r_2 \leqslant \dots \leqslant r_j \leqslant \dots$ qui tende vers d sur $\underline{S}^I$ et une suite $\varepsilon_1 > \varepsilon_2 > \dots > \varepsilon_i > \dots$ de nombres réels > 0, qui tende vers 0^+ sur $\underline{S}$. Posons $E_{i,j} = \{x \in E^* ;\, m_{f,r_j}^{(a)} \geq \varepsilon_i\}$ et soient $\mathcal{E}_{i,j} = \{E_{i,j} \cap C(a,r_j) \,;\, a \in E_{i,j}\}$, et $\mathcal{E} = \bigcup_{i,j} \mathcal{E}_{i,j}$. Il est visible que $|f(x)| \geq \varepsilon_i$ sur $E_{i,j}$, donc sur tout ensemble $\in \mathcal{E}_{i,j}$, et que $\mathcal{E}$ est un recouvrement filtrant de E^*. Il reste donc à prouver que tout $E_{i,j} \cap C(a,r_j)$ est un

Kqce, et, comme pour n = 1, il suffit de prouver pour cela que $E_{i,j} \cap C(a,r_j)$ est, pour tout $a \in E_{i,j}$, ultra-ouvert en a. Supposons que $y \notin E_{i,j} \cap C(a,r_j)$. Si $y \notin E$, il se trouve sur quelque hyperplan a-proximal exceptionnel de E, et il y en a un nombre fini seulement qui ne sont pas disjoints avec $C(a,r_j)$. D'autre part, si (30) $d(a_q,y_q) \leq \varepsilon_q(r_j)$, y se trouve sur quelque hyperplan a-proximal exceptionnel de E, qui est parallèle à X_q. Supposons que $y \in E$ et ne se trouve sur aucun hyperplan a-proximal mentionné. Alors $m^{(y)}_{f,r_j} < \varepsilon_i$ et il existe $\bar{r}$, $0 < \bar{r} \leq r_j$ tel que $M^{(y)}_f(r) < \varepsilon_i$. Soit $f_1, f_2, \ldots, f_m, \ldots$ une suite approximante de f. Il existe un f_m tel que $|f_m - f|$ est $< \varepsilon_i$ partout sur E. Par suite, $M^{(a)}_{f_m}(r) = M^{(a)}_f(r)$ si $r \leq r_j$ et $M^{(y)}_{f_m}(\bar{r}) \leq \text{Max}\,[M^{(y)}_f(\bar{r}), M^{(y)}_{f-f_m}(\bar{r})] < \varepsilon_i$. Soit $f_m = \frac{g_m}{h_m}$ la représentation irréductible de la fraction rationnelle considérée. Alors, si $\bar{r}' = \text{Max}(\bar{r}, d(a,y))$, on voit facilement, en appliquant convenablement les inégalités de Cauchy, que $M^{(y)}_{h_m}(\bar{r}) \leq M^{(a)}_{h_m}(\bar{r}')$. Donc, puisque $M_{f_m} = \frac{M_{g_m}}{M_{h_m}}$ et $M^{(y)}_{f_m}(\bar{r}) < \varepsilon_i \leq M^{(a)}_{f_m}(\bar{r}')$, on doit avoir $M^{(y)}_{f_m}(\bar{r}) < M^{(a)}_{f_m}(\bar{r}')$. En vertu de la propriété 9°) de la fonction $M_f(r)$ des séries de Taylor, on en déduit qu'on ne peut pas avoir $\bar{r} \geqslant d(a,y)$ et que y se trouve sur quelque hyperplan a-proximal de f_m, et, puisque f_m est un polynôme, l'ensemble de ces hyperplans est fini. En regardant attentivement la démonstration de la propriété 9°) on voit, en plus, que si $d(a_q,y_q)$ est suffisamment petite, cet hyperplan a-proximal peut être supposé parallèle à X_q, ce qui achève la démonstration.

<u>Lemme</u> : <u>Soit</u> ϕ <u>une famille enchaînée d'ensembles et soit</u> ψ <u>une famille d'ensembles, ayant la même réunion que</u> ϕ <u>et telle que, pour tout</u> $E \in \phi$, <u>la famille</u> ψ_E <u>des intersections non-vides</u> $E \cap F$ <u>de</u> E <u>avec les</u> $F \in \psi$ <u>soit filtrante</u>[31]. <u>Alors</u> Int $[\phi,\psi]$ <u>est enchaînée</u>.

<u>Démonstration</u> : Soient $C = E \cap F$ et $C' = E' \cap F'$. Soit

$$E = E_o\,,\, E_1\,,\ldots\,,\, E_s = E'$$

une chaîne de ϕ reliant E et E'. Soit P_i un élément $\in E_{i-1} \cap E_i$ $(i=1,2,\ldots,s)$. Alors il existe un $F_i \in \psi$ tel que $P_i \in F_i$. D'autre part pour tout $i = 1,2,\ldots,s-1$, il

(30) en conservant les notations de la condition 2° de l'ultra-ouverture en a.

(31) par rapport à l'ordre $A \supset B$; autrement dit, quels que soient $F, F' \in \psi_E$, il existe un $F'' \in \psi_E$ tel que $F'' \supseteq F \cup F'$.

existe un $\bar{F}_i \in \Psi$ tel que $\bar{F}_i \cap E_i \supseteq (F_i \cap E_i) \cup (F_{i+1} \cap E_i)$. En plus, il existe un $\bar{F}_o \in \Psi$ tel que $\bar{F}_o \cap E_o \supseteq C \cup (F_1 \cap E_o)$ et un $\bar{F}_s \in \Psi$ tel que $\bar{F}_s \cap E_s \supseteq (F_s \cap E_s) \cup C'$.

La suite $C = E \cap F = E_o \cap F$, $\bar{F}_o \cap E_o$, $\bar{F}_1 \cap E_1$, ..., $\bar{F}_{s-1} \cap E_{s-1}$, $\bar{F}_s \cap E_s$, $C' = E' \cap F' = E_s \cap F'$ est une chaîne, car : $C \subseteq \bar{F}_o \cap E_o$; pour tout $i = 1,2,\dots,s-1,s$, $(\bar{F}_{i-1} \cap E_{i-1}) \cap (\bar{F}_i \cap E_i) \supseteq (F_i \cap E_{i-1}) \cap (F_i \cap E_i) =$ $= F_i \cap (E_{i-1} \cap E_i) \neq \emptyset$, car $P_i \in F_i$ et $P_i \in E_{i-1} \cap E_i$; $C' \subseteq \bar{F}_s \cap E_s$. Tout est prouvé.

Soit $E \subseteq k'^I$ un Kqc. Fixons un recouvrement enchaîné $\mathfrak{F}$ de E par des Kqce $F \subseteq E$. Appelons $\mathcal{G}_F$ le recouvrement de $F \in \mathfrak{F}$ par les $F_{a,b}$ $[(a,b) \in F \times F, (\forall q = 1,2,\dots,n)\ [a_q \neq b_q]]$. Alors $\mathcal{G} = \bigcup_{F \in \mathfrak{F}} \mathcal{G}_F$ est encore un recouvrement enchaîné de E par des Kqce, complètement déterminé par la donnée de $\mathfrak{F}$. Une fonction analytique f sur E sera dite $\mathfrak{F}$-<u>filtrante</u> si elle est bornée sur tout $\mathcal{G} \in \mathcal{G}$ et est une superposition d'un système cohérent d'éléments analytiques K-élémentaires, dont les supports forment une famille $\mathcal{H}$ telle que, pour tout $\mathcal{G} \in \mathcal{G}$, $\mathrm{Int}(\{\mathcal{G}\}, \mathcal{H})$ est une famille filtrante d'ensembles.

<u>Remarque</u> : Il me semble presque certain que si f est une fonction analytique sur un $E_{a,b}$, elle y est bornée (c'est sûrement vrai si n = 1 et k maximalement complet).

<u>Théorème</u> : <u>L'ensemble</u> $An_{\mathfrak{F}}(E)$ <u>des fonctions analytiques</u> $\mathfrak{F}$-<u>filtrantes sur</u> E <u>est un anneau stable par dérivations partielles</u>. <u>Tous les éléments</u> f <u>de son corps des fractions</u> $Mer_{\mathfrak{F}}(E)$ <u>sont des fonctions analytiques sur la partie</u> E^* <u>de</u> E <u>où leur dénominateur ne s'annule pas.</u>

<u>Remarque</u> : Les $f \in Mer_{\mathfrak{F}}(E)$ seront appelées <u>fonctions</u> $\mathfrak{F}$-<u>méromorphes sur</u> E.

<u>Démonstration</u> : Soient f,f' deux fonctions analytiques $\mathfrak{F}$-filtrantes sur E. Alors on peut les représenter comme superpositions de familles cohérentes convenables des éléments analytique K-élémentaires tels que les familles respectives $\mathcal{H}, \mathcal{H}'$ des supports de ces éléments analytiques soient telles que, pour tout $\mathcal{G} \in \mathcal{G}$, $\mathrm{Int}(\{\mathcal{G}\}, \mathcal{H})$ et $\mathrm{Int}(\{\mathcal{G}\}, \mathcal{H}')$ soient filtrantes. Mais alors, puisque $\mathrm{Int}(\{\mathcal{G}\}, \mathrm{Int}(\mathcal{H}, \mathcal{H}')) =$

$= \mathrm{Int}(\mathrm{Int}(\{\mathcal{g}\},\mathcal{H}),\ \mathrm{Int}(\{\mathcal{g}\},\mathcal{H}'))$, cette famille est encore filtrante. Si $H \in \mathrm{Int}(\mathcal{H},\mathcal{H}')$, f et g sont des éléments analytiques sur H, donc $f \pm g$ et, puisque f et g sont bornées sur $\mathcal{g}$, aussi fg sont des éléments analytiques sur H. Ce sont donc donc des fonctions $\mathcal{F}$-filtrantes, et $An_{\mathcal{F}}(E)$ est bien un anneau. Pour montrer que cet anneau est stable par rapport à $\frac{\partial}{\partial x_q}$, considérons une $f \in An_{\mathcal{F}}(E)$ et, en conservant les notations précédentes, faisons correspondre à tout couple $(H,F) \in \mathcal{H} \times \mathcal{F}$ la famille

$$\mathcal{U}_{H,F} = \{H \cap F_{a,b}\ ;\ (a,b) \in (H \cap F) \times (H \cap F), (\ q=1,2,\dots,n)(a_q \neq b_q)\}$$

et posons $\mathcal{U} = \bigcup_{H \in \mathcal{H}} \bigcup_{F \in \mathcal{F}} \mathcal{U}_{H,F}$.

f est un élément analytique sur tout $U \in \mathcal{U}$. En plus, si $\mathcal{g} \in \mathcal{G}$, $\mathrm{Int}(\{\mathcal{g}\},\mathcal{U})$ est une famille filtrante. En effet soient $U_1, U_2 \in \mathcal{U}$ et un $\mathcal{g} = F_{a,b} \in \mathcal{G}_F$ (où $F \in \mathcal{F}$) tels que $U_1 \cap \mathcal{g} \neq \emptyset$ et $U_2 \cap \mathcal{g} \neq \emptyset$. Alors, il existe $H_1, H_2 \in \mathcal{H}$ tels que $U_1 \subseteq H_1$ et $U_2 \subseteq H_2$ et $H_1 \cap \mathcal{g}$, $H_2 \cap \mathcal{g}$ ne sont pas vides. D'autre part, puisque $\mathrm{Int}(\{\mathcal{g}\},\mathcal{H})$ est filtrante et $\bigcup_{H \in \mathcal{H}} H = E \supseteq \mathcal{g}$, il existe un $H_3 \in \mathcal{H}$ tel que $H_3 \supseteq \{a,b\}$. Pour la même raison, il existe $H \in \mathcal{H}$ tel que $H \cap \mathcal{g} \supseteq (H_1 \cap \mathcal{g}) \cup (H_2 \cap \mathcal{g}) \cup (H_3 \cap \mathcal{g}) =$ $= (U_1 \cup U_2) \cup \{a,b\}$. Comme $\{a,b\} \subseteq H$, $H \cap \mathcal{g} = H \cap F_{a,b} \in \mathcal{U}_{H,F} \subseteq \mathcal{U}$, ce qui prouve l'affirmation. Or, f est borné sur tout $\mathcal{g} \in \mathcal{G}$, donc sur tout $U \subseteq \mathcal{U}$. D'autre part, si $U = H \cap F_{a,b}$ ($H \in \mathcal{H}$; $F \in \mathcal{F}$; $a,b \in H \cap F$), on a $a,b \in U$ et, puisque U est ouvert, il existe un $r = (r_1, r_2, \dots, r_n) \in R^n$ tel qu'aucun r_q ne soit nul et que $C(a,r) \subseteq U$ et $C(b,r) \subseteq U$. Soient a',b' les points de U tels que $d(a,a') = r$ et $d(b,b') = r$. Comme $C(a,r)$ et $C(b,r)$ sont $\subseteq F_{a,b}$, on a vu déjà (raisonnement analogue à celui du cas n = 1) que, pour tout $x \in F_{a,b}$, $\mathrm{Min}[d(a_q,x_q), d(a'_q,x_q), d(b_q,x_q), d(b'_q,x_q)] \geqslant r_q$, et ceci a lieu, a fortiori, pour tout $x \in U$. Donc $\frac{\partial f}{\partial x_q}$ est un élément analytique sur tout $U \in \mathcal{U}$, et, par suite, une fonction analytique $\mathcal{F}$-filtrante sur E.

Soit $f = gh^{-1}$, où g,h sont $\in An_{\mathcal{F}}(E)$, et soit $E^* = \{x \in E\ ;\ h(x) \neq 0\}$. Si $\mathcal{g} \in \mathcal{G}$, $\mathcal{g}^* = \mathcal{g} \cap E^* = \{x \in \mathcal{g}\ ;\ h(x) \neq 0\}$ est encore un Kqce. On a vu qu'il existe un recouvrement $\mathcal{H}$ de E par des Kqce tel que, $\bigcup_{H \in \mathcal{H}} H = E$ que, pour tout $\mathcal{g} \in \mathcal{G}$,

Int$(\{\mathcal{G}\}, \mathcal{H})$ soit une famille filtrante et g et h soient tous les deux des éléments analytiques sur tout $G \cap H$ $(G \in \mathcal{G}, H \in \mathcal{H})$ non-vide. Mais si $G \cap H \neq \emptyset$, $(G \cap H) \cap E^* = G^* \cap H$ est aussi non vide, car les $x \in G$ tels que $f(x) \neq 0$ ne peuvent pas former un ouvert. Pour la même raison, les $G^* \cap H$, où $(G, H) \in \mathfrak{F} \times \mathcal{H}$, forment une famille enchaînée, donc un recouvrement enchaîné de E^*. Visiblement g est un élément analytique sur tout $G^* \cap H \subseteq G \cap H$ et h^{-1} est une fonction analytique sur le même ensemble. Donc $f = gh^{-1}$ est une fonction analytique sur $G^* \cap H$ et les restrictions $(f / G^* \cap H)$ de f sur les $G^* \cap H$ forment un système cohérent de fonctions analytiques. Donc, leur superposition f en est encore une.

Si $\mathfrak{F}'$ est un recouvrement enchaîné de E, qui est un sous-recouvrement de $\mathfrak{F}$, on a $An_{\mathfrak{F}}(E) \subset An_{\mathfrak{F}'}(E')$.

Soit g(Y) un élément analytique de m variables $Y = (Y_1, Y_2, \ldots, Y_m)$ sur un support Kqc $D \subseteq k'^m$. Soient d'autre part, $f_1(X), f_2(X), \ldots, f_m(X)$ m fonctions analytiques de n variables $X = (X_1, \ldots, X_n)$ de même support E appartenant à un même anneau $An_{\mathfrak{F}}(E)$. Soit $E_g = \{x \in E; (f_1(x), \ldots, f_m(x)) \in D\}$ la partie de E que l'application $x = (x_1, x_2, \ldots, x_n) \longrightarrow y(x) = (f_1(x), f_2(x), \ldots, f_m(x))$ applique dans D. Alors on voit par le même raisonnement que dans le cas n = 1 que, si Q est une composante quasi-connexe quelconque de E_g,

$$g \circ (f_1, f_2, \ldots, f_m) : X \longrightarrow g((f_1(X), f_2(X), \ldots, f_m(X))$$

est une fonction analytique sur Q.

Chapitre III. Prolongement analytique algébroïde.

Nous avons vu que pour n = 1, le prolongement analytique quasi-connexe ne fournit que des fonctions analytiques globalement uniformes. Il n'est pas certain qu'il en est de même quand n > 1, mais il y a de fortes raisons de penser que, même dans ce cas, le prolongement analytique Kqc (ou Rqc) ne permet pas de passer, par exemple d'une branche d'une fonction algébrique de n variables à une autre branche. Ainsi, si l'on veut étendre le prolongement analytique aux fonctions multiformes les plus usuelles, comme, par exemple, les fonctions algébriques, il faut introduire un autre type de prolongement qu'on peut appeler "algebroïde". J'ai défini (32), pour le cas $n = 1$, un tel prolongement que j'avais appelé "multiforme", mais comme il n'est pas certain que le prolongement Kqc ne fournit pas de fonctions multiformes quand $n \geqslant 2$, ce nom n'est peut être pas adéquat quand $n \neq 1$. La méthode, dans le cas général, est assez proche de celle du cas $n = 1$, mais comporte quelques complications dues à ce qu'on ne sait pas si l'ensemble de toutes les fonctions analytiques sur un Kqc est ou n'est pas un anneau.

Soit $\mathcal{E}$ la famille de tous les ensembles Kqc de k'^n. La méthode présuppose qu'on fait correspondre à tout $E \in \mathcal{E}$ un anneau $A(E)$ de fonctions analytiques sur E, de telle manière que les conditions suivantes soient satisfaites :

1°) Tout élément du corps des fractions $K(E)$ de $A(E)$ est une fonction analytique sur la partie E^* de E, où il est défini.

2°) Si $E, E' \in \mathcal{E}$ sont telles que $E \subseteq E'$ et si $f' \in A(E')$, la restriction $f = (f'|E)$ de f' à E appartient à $A(E)$.

3°) Si E est un cercle circonférencié, $A(E)$ contient l'ensemble des séries de Taylor en $X-a$, (où $a \in E$), qui convergent sur E. (Si k est maximalement complet, ceci implique que $A(E)$ coïncide avec cet ensemble, vu le théorème de singularité au bord).

Il est à remarquer que l'application $\varphi_{E,E'} : f' \longrightarrow f = (f'|E)$ de $A(E')$ dans $A(E)$ (ou $E \subseteq E'$) est une injection. En effet, E est un ouvert de E' et si $f', g' \in A(E)$ sont tels que $(f'|E) = (g'|E)$, on a, en vertu de l'analyticité de E', $f' = g'$.

Dans le cas $n = 1$, un tel système a été réalisé en prenant comme $A(E)$ l'anneau de toutes les fonctions analytiques sur E, auquel cas le système $\mathfrak{A} = [A(E) \; ; \varphi_{E,E'} \; ; E \in \mathcal{E} \; , (E,E') \in \mathcal{E} \times \mathcal{E}, \; E \subseteq E']$ a encore la propriété.

4°) Si Φ est un recouvrement enchaîné d'un $E \in \mathcal{E}$ par les $F \in \mathcal{E}$ tels que $F \subseteq E$, et si $f : E \longrightarrow k$ est une fonction (forcément analytique) telle que, pour tout $F \in \Phi$, on ait $(f|F) \in A(F)$, on a $f \in A(E)$, ce qui rapproche le système $\mathfrak{A}$ d'un faisceau, avec

(32) Dans [10] , p. 133-141

la différence que $\mathcal{E}$ ne peut pas être considéré comme la famille des ouverts de quelque topologie de k'^n. Toutefois, cette condition 4°) ne sert pas en vue du prolongement analytique. Si $n > 1$, on ne sait pas, dans l'état actuel de la théorie, si toutes les fonctions analytiques sur un $E \in \mathcal{E}$ forment un anneau et si leurs quotients sont analytiques. Donc, on n'est pas sûr que le système $\mathcal{A}$ est réalisable de la même manière ni même qu'on peut en réaliser un satisfaisant à la condition 4°). Mais voici une méthode générale pour en réaliser, qui satisfont aux conditions 1°) et 3°).

Un ensemble $\mathcal{B}$ de Kqce est dit une <u>base</u> des Kqc de k'^n si tout Kqc E peut être représenté comme la réunion d'une famille enchaînée d'ensembles $\in \mathcal{B}$ (de telles bases $\mathcal{B}$ existent, par exemple l'ensemble $\mathcal{E}_e$ de tous le Kqce de k'^n). Il suffit, d'ailleurs, pour que $\mathcal{B}$ soit une telle base, que tout Kqce puisse se représenter ainsi. Si $E \in \mathcal{E}$, posons $\mathfrak{F}(\mathcal{B};E) = \{F \in \mathcal{B};\ F \subseteq E.\}$

On pose $A(E) = A_{\mathfrak{F}(\mathcal{B};E)}(E)$. La condition 1°) est vérifiée en vertu des propriétés des $A_{\mathfrak{F}}(E)$ et la condition 2°) l'est parce que, si $E \subseteq E'$, on a $\mathfrak{F}(\mathcal{B};E) \subseteq \mathfrak{F}(\mathcal{B},E')$, donc si $f' \in An_{\mathfrak{F}(\mathcal{B}';E')}(E)$, on a bien $(f|E) \in An_{\mathfrak{F}(\mathcal{B};E)}(E)$,

Les fonctions $f : E \longrightarrow k$ telles que $f \in A_{\mathfrak{F}(B,E)}(E)$, seront dites, quel que soit $E \in \mathcal{E}$, les <u>fonctions</u> $\mathcal{B}$<u>-analytiques uniformes</u> de $X = (X_1, \ldots, X_n)$. Nous allons, en plus, supposer que tout cercle circonférencié de k'^n appartient à $\mathcal{B}$, ce qui assure 3°). Quoi qu'il en soit, soit $\mathcal{A} = [A(E), \varphi_{E,E'}]$ un système satisfaisant aux conditions 1°) et 2°). Soit $\mathfrak{K}(E)$ la clôture algébrique du corps des fractions K(E) de A(E). Si $E \subsetneq E'$ ($E,E' \in \mathcal{E}$), l'injection $\varphi_{E,E'} : f' \longrightarrow (f'|E)$ de A(E') dans A(E) est un isomorphisme d'anneau. Elle se prolonge, et d'une manière unique, en un isomorphisme du corps K(E') dans le corps K(E), et on notera cet isomorphisme de corps par le même signe $\varphi_{E,E'}$. Cet isomorphisme peut se prolonger (de multipes manières) en un isomorphisme de $\mathfrak{K}(E')$ dans $\mathfrak{K}(E)$, et quel que soit ce prolongement, l'image de $\mathfrak{K}(E)$ est la clôture algébrique de $\varphi_{E,E'} \cdot K(E)$, donc ne dépend pas du choix de ce prolongement et peut-être noté $\varphi_{E,E'} \cdot \mathfrak{K}(E)$. Si $\Psi_{E,E'}$ est l'ensemble des isomorphismes de $\mathfrak{K}(E')$ dans

$\mathfrak{K}(E)$ prolongeant $\varphi_{E,E'}$ et si $\mathcal{G}_{L/\ell}$ désigne le groupe de Galois d'une extension algébrique normale L/ℓ, on a visiblement, si $\psi \in \Psi_{E,E'}$,

$$\Psi_{E,E'} = \psi\, \mathcal{G}_{\mathfrak{K}(E')/K(E')} = \mathcal{G}_{\varphi_{E,E'} \cdot \mathfrak{K}(E')/\varphi_{E,E'} \cdot K(E')}\psi .$$

En particulier, si E est un cercle $C(a,r)$ $(0^{(+)} < r, r \in R_n^{o})$, (33), A(E) contient l'anneau T_E des séries de Taylor en X-a qui convergent sur $C(a,r)$ et K(E) contient le corps M_E des fonctions méromorphes sur E. On écrira $A_{a,r}$, $K_{a,r}$, $\mathfrak{K}_{a,r}$ $T_r^{(a)}$ $M_r^{(a)}$ au lieu de $A(C(a,r))$, $K(C(a,r))$, $\mathfrak{K}(C(a,r))$ $T_{C(a,r)}$, $M_{C(a,r)}$ et, si $0^{+} < r \leq r'$, on écrira $\varphi^{(a)}_{r,r'}$ au lieu de $\varphi_{C(a,r),C(a,r')}$.

Il est visible que si $r \leq r' \leq r''$, on a $\varphi^{(a)}_{r,r''} = \varphi^{(a)}_{r,r'}\ \varphi^{(a)}_{r',r''}$.

Puisque toute $f \in A(E)$ est taylorienne en tout $a \in E$, il existe pour tout $f' \in A_{a,r'}$ un r, $0^{(+)} < r \leq r'$, tel que $\varphi_{r,r'} f' \in T_r^{(a)}$. La famille

$A_{a,r}$ (resp. $K_{a,r}$) $(r \in R^n,\ r > 0^{(+)})$ munie d'injections $\varphi^{(a)}_{r,r'}$ $(r \leq r')$ est un système injectif, dont la limite injective qui est la même que celle de la famille $T_r^{(a)}$ (resp. $M_r^{(a)}$), est un anneau A_a (resp. un corps K_a), dit l'<u>anneau analytique local en</u> a resp. <u>corps analytique local</u> en a. Visiblement, A_a est l'anneau des séries de Taylor en X-a qui convergent dans quelque voisinage de a (brièvement des séries convergentes en X-a), et K_a, qui est le corps des fractions de A_a, est celui des fonctions, méromorphes dans quelque voisinage V de a. Soit $\mathfrak{K}_a$ la clôture algébrique de K_a. On peut prolonger les $\varphi^{(a)}_{r,r'}$ par des $\psi^{(a)}_{r,r'} : \mathfrak{K}_{a,r} \to \mathfrak{K}_{a,r'}$ $(r \leq r')$ de manière que : si $r \leq r' \leq r''$, on ait toujours $\psi^{(a)}_{r,r''} = \psi^{(a)}_{r,r'}\ \psi^{(a)}_{r',r''}$, et $\mathfrak{K}_a$ peut être considéré comme la limite inductive des $\mathfrak{K}_{a,r}$ pour les injections $\psi^{(a)}_{r,r'}$ $(r \leq r')$. Une fois les $\psi_{r,r'}$ choisis, **ils** définissent une injection $\psi_r^{(a)} : \mathfrak{K}_{a,r} \longrightarrow \mathfrak{K}_a$, qui prolonge, d'ailleurs, celle $\varphi_r^{(a)}$ $K_{a,r} \longrightarrow K_a$ définie par les $\varphi_{r,r'}$, et on a si $r \leq r'$, $\psi^{(a)}_{r'} = \psi^{(a)}_{r}\psi^{(a)}_{r,r'}$

(33) La définition qui suit est exacte si $a \in k^n$. Quand certaines coordonnées de a sont $= \infty$, il y a lieu de la modifier d'une manière, d'ailleurs évidente, en remplaçant en particulier, si $a_i = \infty$, X_{i-a_i} par X_i^{-1}

Si E est un Kqc et si a $\in$ E, il existe des C(a,r) $\subseteq$ E et tout isomorphisme $\psi: \mathfrak{K}(E) \longrightarrow \mathfrak{K}_{a,r}$ en définit un $(\psi)_{E,a} : \mathfrak{K}(E) \longrightarrow \mathfrak{K}_a$, à savoir $(\psi)_{E,a} = \psi_r^{(a)} \psi$. $(\psi)_{E,a}$, quel que soit ψ, prolonge visiblement $(\varphi)_{E,a} =$

$\varphi_r^{(a)} \varphi_{C(a,r),E}$.

Si r $\leqslant$ r', $\psi' : \mathfrak{K}(E) \longrightarrow \mathfrak{K}_{a,r'}$ et $\psi' = \psi\psi_{r,r'}^{(a)}$, on a $(\psi')_{E,a} = (\psi)_{E,a}$.

L'ensemble $\Psi_{E,a}$ des isomorphismes $\mathfrak{K}(E) \longrightarrow \mathfrak{K}_a$ prolongeant $(\varphi)_{E,a}$ est visiblement $\psi_{E,a}\, \mathcal{G}_{\mathfrak{K}(E)/K(E)}$, où $\psi_{E,a} \in \Psi_{E,a}$.

Etant donné un E $\in \mathcal{E}$, on appelera <u>élément analytique algébroïde</u> de support E l'ensemble des zéros dans $\mathfrak{K}(E)$ d'un polynôme unitaire irréductible $f(T) \in K(E)[T]$. On notera aussi cet élément analytique, par un abus d'écriture, (E;f(T)). D'une manière analogue, si a $\in$ k'^{n}, on appelera un <u>point</u> (ou un <u>germe</u>) <u>algébroïde</u> de support a l'ensemble des zéros dans $\mathfrak{K}_a$ d'un polynôme unitaire irréductible f(T) $\in K_a(T)$, et on le notera aussi (a;f(T)). Ce point sera dit <u>simple</u> si f(T) est un polynôme linéaire, donc de la forme T - $\varphi(X)$ [où, si a $\in$ k^n, $\varphi(X)$ est une fonction méromorphe en X-a autour de a] . En particulier, si $\varphi(X) \in A_a$, un tel point sera identifé avec le point (a, φ(X)) du prolongement quasi-connexe uniforme (a;f(T)) sera dit <u>quasi-simple</u> si f(T) est radicielle, soit f(T) = $T^q - g(X)$, ou q est une puissance de la caractéristique p de k (supposée $\neq$ 0) et g(X) $\in K_a$. Dans ce cas, f(T) a un unique zéro de la forme $g(X)^{1/q}$ qui est autour de a, une fonction uniforme de X, et, en particulier, si a $\in$ k^n, une fonction méromorphe de $(X-a)^{1/q} = X^{1/q} - a^{1/q}$. Un élément analytique (E;f(T)), ou un point analytique (a;f(T)), sera dit <u>séparable</u> si f(T) est un polynôme séparable.

Si E,E' $\in \mathcal{E}$ sont tels que E $\subseteq$ E' et si (E',f'(T)) est un élément analytique algébroïde de support E', notons $\varphi_{E,E'}$ f'(T) le polynôme $\in$ K(E)[T] obtenu en appliquant $\varphi_{E,E'}$ aux coefficients de f'(T). (Autrement dit, en prenant les restrictions de ces coefficients, en tant que fonctions de X, à l'ensemble E). Comme f'(T) est irréductible dans K(E'), $\varphi_{E,E'}$f'(T) l'est dans $\varphi_{E,E'}$. K(E'), mais pas forcément dans son surcorps K(E) (car il n'y a aucune raison pour que $\varphi_{E,E'}$. K(E) soit algébriquement clos dans K(E)). En général, ce polynôme a, dans K(E), une décomposition non-triviale en facteurs irréductibles

$$\varphi_{E,E'}.f'(T) = [f_1(T)\ f_2(T)\ \dots\ f_m(T)]^q$$

où $f_1(T)$, $f_2(T)$,..., $f_m(T)$ sont des polynômes irréductibles distincts $\in K(E)[T]$ et q est une puissance de la caractéristique p de k (q = 1 si p = 0). On dira que (E',f'(T)) contient chacun des éléments analytiques $(E,f_j(T))$ (j = 1,2,...,m). De la même manière, si a $\in$ E, et si (E,f(T)) est un élément analytique algébroïde de support E, $(\varphi)_{E,a}.f(T)$ a une décomposition analogue

$$(\varphi)_{E.a}.f(T) = [g_1(T)\ g_2(T)\ \dots\ g_m(T)]^q$$

dans K_a, et on dira que tout point algébroïde $(a,g_j(T))$ appartient à (E,f(T)). Si E,F $\in \mathcal{E}$ sont non-disjoints et si G est une composante quasi-connexe de $E \cap F$, un élément analytique (G,g(T)) contenu dans un élément analytique (E,f(T)) sera dit une valence de cet élément relativement à F. On dira que deux éléments analytiques (E;e(T)) et (F;f(T)) à supports non-disjoints E,F se prolongent s'il existe un élément analytique (G',g(T)), qui soit à la fois une valence de (E;e(T)) par rapport à F et une valence de (F;f(T)) par rapport à E auquel cas on dira qu'ils se prolongent à travers cette valence. Il est évident que si un élément analytique est contenu dans un autre, tout point du premier est aussi un point du second.
Ainsi, si deux éléments analytiques se prolongent à travers une valence, tout point de cette valence en est un point commun. Mais le théorème d'unicité montre que si un point d'une valence de (E,e(T)) relativement à F appartient à (F,f(T)), (E;e(T)) et (F;f(t)) se prolongent à travers cette valence.

L étant un corps et f(T) étant un polynôme irréductible $\in L[T]$, il existe une puissance q de la caractéristique p de L et une extension inséparable L' de L telle que $f(T) = f'(T)^q$, où f'(T) est un polynôme $\in L'[T]$ à zéros simples. Soit D' le discriminant (forcément $\neq 0$) de f'(T). Alors $D = D'^q \in L$ et sera dit le discriminant réduit de f(T).

En particulier, si $(E,f(T))$ est un élément analytique de support E, considérons le polynôme $f_u^*(T) = uf(T) \in A(E)[T]$ qu'on obtient en multipliant f(T) par un $u \in A(E)$, $u \neq 0$. Soit D_u le discriminant réduit de $f_u^*(T)$ et soit $\mathfrak{D}$ l'idéal de A(E) engendré par tous les D_u, $u \in A(E)$. $\mathfrak{D}$ sera dit l'idéal discriminantiel de l'élément analytique consideré, et on appellera variété discriminantielle de cet élément l'ensemble des $a \in E$ tels que $d(a) = 0$ pour tout $d(X) \in \mathfrak{D}$. Il est facile de voir que la variété discriminantielle ne contient aucun ouvert.

Si $a \in E \cap k^n$ n'appartient pas à la variété discriminantielle de (E;f(T)), en appliquant le lemme de Hensel dans l'anneau local $A_a = k[[X-a]]$ des séries de Taylor formelles en X-a sur k avec l'idéal maximal $m = (X_1 - a_1, X_2 - a_2, \ldots, X_n - a_n)$ au polynôme $f_u^*(T) \in K_a[T]$, tel que $D_u(a) \neq 0$, on prouve que $(\varphi)_{E,a}.f_u^*(T)$, donc aussi $(\varphi)_{E,a}.f(T)$ se décompose dans A_a, resp. dans son corps quotient K_a en facteurs radiciels par rapport à T, et le fait que les coefficients de $f_u^*(T)$ sont des séries de Taylor convergentes, permet de prouver la convergence autour de a des coefficients de ce facteurs radiciels, qui, ainsi appartiennent déjà à $K_a[T]$. On prouve le même fait si $a \in E$ n'appartient pas à la variété discriminantielle mais à certaines coordonnées infinies, en appliquant le lemme de Hensel dans l'anneau local, ou $X_i - a_i$ est remplacé par X_i^{-1} quand $a_i = \infty$. Ainsi, si $a \in E$ n'appartient pas à la variété discriminantielle de (E,f(T)), tout point de (E,f(T)) de support a est quasi-simple (et, en particulier, est simple si l'élément analytique est séparable).

Considérons l'ensemble $Analg_n(k)$ de tous les éléments analytiques algébroïdes (E;f(T)), où $E \subseteq k'^n$. Considérons la relation d'équivalence $\equiv$ sur cet ensemble telle que $u = (E,f(T))$ et $u' = (E',f'(T))$ soient équivalents si, et seulement s'il existe une chaîne d'éléments analytiques algébroïdes

$$u = u_o \,,\, u_1 \,,\ldots \,,\, u_s = u'$$

qui relie u à u' et dont deux éléments consécutifs quelconques se prolongent. (On dira d'une telle chaîne, que c'est une chaîne de prolongement entre u et u'). On appellera longueur d'une telle chaîne le supremum des diamêtres (semi-réels) d_i des supports des u_i $(i=0,1,\ldots,s)$. Toute classe d'équivalence F de $\equiv$ sera dite une

<u>fonction analytique algébroïde de</u> $X = (X_1, \dots, X_n)$ <u>dans</u> k. Un point analytique algébroïde $p = (a; f(T))$ sera dit un point de la fonction analytique F (et on écrira $p \in F$) s'il existe un élément analytique $u \in F$ tel que $p \in u$. En vertu du théorème d'unicité, deux fonctions analytiques algébroïdes distinctes ne peuvent avoir aucun point commun.

On appelle <u>riemannien</u> de F et on note Riem(F) l'ensemble des points-analytiques algébroïdes $p \in F$, muni de la distance hierarchimétrique $d(p,p')$ à valeurs dans $\underline{S}^n$, (et de topologie correspondante) telle que $d(p,p) = 0$ et si $p \neq p'$, $d(p,p')$ est l'infinum sur $\underline{S}^n$ des longueurs de toutes les chaînes de prolongement entre u et u', où u,u' sont des éléments analytiques quelconques de F tels que $p \in u$ et $p' \in u'$. Si $p = (a, f(T))$, on peut représenter F comme fonction de p, en posant $F(p) = f_a(T)$ où $f_a(T)$ s'obtient de $f(T) \in K_a(T)$ en posant, dans ses coefficients, $X = a$.

BIBLIOGRAPHIE

[1] KRASNER, M. - Comptes Rendus, t. 222, 1946, p. 581-583.
[2] KRASNER, M. - Comptes Rendus, t. 238, 1954, p. 2385-2387.
[3] KRASNER, M. - Comptes Rendus, t. 239, 1954, p. 468-470.
[4] KRASNER, M. - Comptes Rendus, t. 239, 1954, p. 745-747.
[5] KRASNER, M. - Comptes Rendus, t. 244, 1957, p. 1304-1306.
[6] KRASNER, M. - Comptes Rendus, t. 244, 1957, p. 1599-1602.
[7] KRASNER, M. - Comptes Rendus, t. 244, 1957, p. 1996-1999.
[8] KRASNER, M. - Comptes Rendus, t. 244, 1957, p. 2570-2573.
[9] KRASNER, M. - Comptes Rendus, t. 245, 1957, p. 1285-1288.
[10] KRASNER, M. - Les tendances géométriques en algèbre et théorie des nombres (Colloques internationaux du CNRS, n° 143, Clermont-Fd, 1964 (paru en 1966), p. 97-141.
[11] KRASNER, M. - Séminaire Delange-Pisot-Poitou, t. 11, 1969/70, Exp. 18.
[12] KRASNER, M. - Bull. Sc. math., 2e série, t. 71, 1947, p. 123-152.
[13] LAZARD, M. - Pub. math. de l'I. H. E. S., fasc. 14, 1963.
[14] MOTZKIN, E. - Thèse, University of California at Los Angeles (1968).
[15] MOTZKIN, E. et ROBBA, P. - Comptes Rendus, t. 269, 1969, p. 450-453.
[16] OLIVIÉR, J.-P. - Les K-espaces, Thèse de 3e cycle, Paris 1965 (miméographié).
[17] ROBBA, P. - I, Astérisque 10, 1973, p. 109-218.
[18] ROBBA, P. - II, Bull. Soc. math. France, t. 101, 1973, p. 193-217.
[19] SCHÖBE, W. - Thèse, Université de Halle, 1930.
[20] SCHWARTZ, L. - Théorie des distributions, t. 1, Paris, Hermann, 1950.
[21] THALER, A. - Proc. Amer. math. Soc., t. 15, 1964, p. 944-950.

Marc KRASNER
Mathématiques,(UER 47), Tour 56
Université de Paris-VI
4 place Jussieu
75231 PARIS CEDEX 05

Les corps p-adiques

Note de Luc Bélair

Les travaux de Krasner sur les corps p-adiques sont ceux qui lui ont valu sa notoriété de son vivant. En particulier, sa formule, inouïe, pour le nombre des extensions finies de degré donné d'un corps p-adique[27]. Ce sont aussi ces travaux qui lui feront découvrir ce qu'il appellera son « principe fondamental », et qui est maintenant appelé *lemme de Krasner*, sans doute le résultat qui laissera son nom dans la postérité mathématique (mais voir nos remarques ci-dessous). Une bonne part de ses travaux sur les corps p-adiques tourne autour d'une généralisation non-abélienne de la théorie du corps de classes, qu'il exposera au Congrès international des mathématiciens (ICM) de 1950 [69].

Nous reproduisons ici quatre articles de Krasner : son long article de cent-vingt pages de 1937 [6] où se trouve en germes la plupart de ses résultats sur les corps p-adiques ; la Note CRAS de 1937 [9], où apparaît pour la première fois sa formule pour le nombre des extensions finies (totalement ramifiées de différente donnée) d'un corps p-adique ; la Note CRAS de 1946 [41], où apparaît pour la première fois dans ses travaux l'énoncé du *lemme de Krasner* ; enfin, son article du congrès de 1964 à Clermont-Ferrand [93], où il donne un exposé complet de la démonstration de sa formule pour le nombre des extensions finies d'un corps p-adique.

27. C'est-à-dire, les extensions distinctes dans une clôture algébrique fixée.

Paulo Ribenboim [28] a donné une description détaillée des travaux de Krasner sur les corps p-adiques. Nous renvoyons à son texte, qui saura éclairer quiconque voudra approfondir « le monde p-adique » de Krasner.

Nous nous limitons à quelques remarques générales autour des publications reproduites ici.

La formule pour le nombre des extensions finies d'un corps p-adique apparaît pour la première fois en 1937 dans la Note « Le nombre des surcorps d'un degré donné d'un corps de nombres $\mathfrak{p}$-adiques » [9] où elle est d'abord annoncée, et où il donne l'exemple que le nombre d'extensions de degré 12 des nombres 2-adiques est 20392, dont 12468 sont complètement ramifiées. Krasner trouvera une approche simplifiée (voir [93], p. 144), et une expression plus simple de la formule, qui apparaît alors en 1950 dans [61] [29], puis en 1952 dans [69]. La démonstration est publiée dans une série de cinq Notes ([85] à [89]) en 1962 (la formule est donnée dès la Note [85]). Il donne un exposé complet et très clair de la démonstration dans les actes du congrès *Les tendances géométriques en algèbre et théorie des nombres*, en 1966 [93], reproduit ici, la formule [30] de Krasner se trouvant à la page 148.

Le *lemme de Krasner* apparaît comme tel dans un article de Krasner pour la première fois en 1946 dans la Note [41]. C'est le *Principe I* de la Note, premier résultat dans l'article. C'est sans doute le résultat qui laissera son nom dans la postérité mathématique. En fait, comme l'a remarqué P. Roquette [31], ce lemme apparaît auparavant dans un article d'Ostrowski de 1917 [32]. On notera que dans sa démonstration, Krasner cite un article d'Ostrowski de 1934 [33].

---

28. Il mondo Krasneriano, (en anglais), Elefteria - J. math. du séminaire P. Zervos, no. 3, septembre 1985, pp. 116-204.

29. Il y manque un facteur l_j dans $\mathfrak{N}^{(k)}_{n,\mathfrak{d}}$, p. 35.

30. Mentionnons que Jean-Pierre Serre a démontré par d'autres moyens une formule équivalente à celle de Krasner. Voir sa Note : Une « formule de masse »pour les extensions totalement ramifiées de degré donné d'un corps local, CRAS, Série A-B 286 no 22 (1978) A1031-A1038 ; et la Note de Krasner [108]. Pour l'équivalence, on pourra voir aussi A. Travesa i Grau, « Sobre el número de extensiones de grado dado de un cuerpo local »in : *Actas de las X Jornadas Hispano-Lusas de Matemáticas (Murcia, 1985)*, pp. 235-243, Univ. Murcia, 1986.

31. History of valuation theory. I, in : F.V. Kuhlmann et al., *Valuation Theory and its applications, vol. 1 (Saskatoon, SK, 1999)*, A.M.S., 2002, pp. 291-355.

32. A. Ostrowski, Über sogenannte perfekte Körper, J. für die reine und Angewandte Mathematik 147 (1917) 191-204.

33. Pour le fait que tous les conjugués d'un élément ont même valuation.

Ribenboim décrit l'article « Sur la primitivité des corps $\mathfrak{P}$-adiques » [6] comme le plus important de Krasner[34]. En effet, il contient en germes la plupart de ses résultats sur les corps p-adiques. Le sommaire donne une bonne idée du contenu de l'article :

« Sur la primitivité des corps $\mathfrak{P}$-adiques »

Krasner affirme d'emblée son but d'étudier des questions sur la ramification dans les extensions non-galoisiennes des corps p-adiques, analogues à celles déjà étudiées dans le cas galoisien par O. Ore[35]. Il donne des conditions nécessaires et sufffisantes pour qu'une extension d'un corps $\mathfrak{P}$-adique soit primitive[36] (voir §.3, Théorème III, p. 97 ; §.5, Théorème I et II ; §.6, Théorème V et Conséquence, pp. 118–119), ou qu'un polynôme d'Eisenstein soit primitif[37] (voir §.9, Théorème VIII, p. 139). Il donne une forme normale pour les polynômes d'Eisenstein, de façon à ce que deux polynômes ayant même forme normale donnent une même extension, c'est-à-dire, sur un corps k, qu'ils aient chacun une racine π_1, π_2 tel que $k(\pi_1) = k(\pi_2)$ (voir §.10, p. 139, p. 149, pp. 164–168). La question de trouver une forme normale pour les polynômes primitifs avait été posée par Ore (ibid.). Krasner y répond alors précisément (voir §.10, p. 169). Pout traiter le cas non galoisien, Krasner utilise la nouvelle notion d'hypergroupe introduite peu de temps auparavant par Frédéric Marty[38], mais postérieure à l'article de Ore. Dans le paragraphe §.10, les

34. « This is Krasner's most important paper (...) », P. Ribenboim, ibid., p. 120, « This is a paper of vast proportion (...) », ibid., p. 147.

35. Abriss einer arithmetischen Theorie Galoischen Körper, Mathematischen Annalen 100 (1928) 650-673 ; 102 (1930) 283–304.

36. C'est-à-dire sans corps intermédiaire propre.

37. C'est-à-dire qui donne une extension primitive.

38. Sur une généralisation de la notion de groupe, Skand. Mat. Kongr., Stockholm,

huit dernières pages (sur 40) constituent en quelque sorte un programme de recherche, qu'il présente ainsi :

> « Je ne peux pas insister ici sur toutes les conséquences qu'on peut tirer des résultats de ce §. Je dois indiquer toutefois quelques-uns des problèmes qu'ils permettent de résoudre, ainsi que quelques directions dans lesquelles ils sont susceptibles d'être généralisés. »(p. 171)

Il développe alors cinq points : (a) il met en évidence le caractère constructif de ses méthodes [39] ; (b) il donne un majorant explicite [40] du nombre des extensions d'un degré donné et affirme que les méthodes permettent de déterminer le nombre exact [41] ; (c) il esquisse une théorie du corps de classes locale non abélien ; (d) il fait des considérations sur les uniformisantes des extensions non complètement ramifiées ; (e) il considère une généralisation des anneaux $W_{a,b}$ qui permette de généraliser aux corps de valuation discrète.

Pour finir, trois remarques techniques. Le lecteur doit d'abord être prévenu que cet article a un errata d'un peu plus de six pages qui parut à la fin du numéro de la revue, et qui contient des coquilles de toutes sortes. Nous avons aussi reproduit cet errata. Puis, la numérotation des notes de bas de page est erronée après la note n° 19, p. 140 : il y a une deuxième note n° 18, p. 157, et puis une deuxième note n° 19, p. 157, puis une note n° 20 et ensuite n° 21 jusqu'à n° 24. Il y a donc en fait 26 notes de bas de page. Enfin, dans le paragraphe §.11, à la page 191, la Note CRAS du 8 juillet 1937 à laquelle il renvoie est plutôt celle du 8 juillet 1935 [3], et le résultat en question est le *Théorème* $I^\star$ de cette Note.

1934, 45–49. Krasner cite plutôt deux autres papiers de Marty : Rôle de la notion d'hypergroupe dans l'étude des groupes non abéliens, C. R. Acad. Sci. Paris 201 (1935) 636–638, et Sur les groupes et hypergroupes attachés à une fraction rationnelle, Ann. Sci. Éc. Norm. Sup. III. Sér. 53 (1936) 83–123.

39. Toujours d'actualité : dans cette optique, on pourra voir S. Pauli et X.-F. Roblot, On the computation of all extensions of a p-adic field of a given degree, Math. Comput. 70 No. 236 (2001)1641-1659.

40. À savoir, si k est une extension de $\mathbb{Q}_p$ de degré m, le nombre d'extensions de k de degré n est au plus $n(np^{1/p-1})^{mn^2}$.

41. Il ne donne pas ce nombre exact (de formule), mais il le donnera dans la Note contemporaine [9] de 1937 déjà citée.

[9] C. R. Acad. Sci. Paris 205 (1937) 1026–1028

ALGÈBRE. — *Le nombre des surcorps d'un degré donné d'un corps de nombres* $\mathfrak{p}$*-adiques*. Note ([1]) de M. **Marc Krasner**, présentée par M. Jacques Hadamard.

Un corps k de nombres $\mathfrak{p}$-adiques étant donné, on peut prouver facilement que le nombre $S(k; n)$ des surcorps K de k d'un degré donné n est *fini*. Les résultats d'un travail de l'auteur, actuellement sous presse, permettent de calculer ce nombre, ainsi que d'autres constantes analogues. Le but de la présente Note est d'indiquer certaines de ces constantes.

Soit $D = \{f, h; l_0, l_1, \ldots, l_{m-1}; v_0, v_1, \ldots, v_{m-1}\}$ un système de nombres réels positifs (où m est un entier non négatif; si $m=0$, D a la forme $\{f, h\}$); p étant un nombre premier et e_0, n étant deux entiers positifs, le système D sera dit *du type* $(p; e_0, n)$ si : 1° f, h et les l_i $(i=0, 1, \ldots, m-1)$ sont des entiers positifs; 2° les v_i $(i=0, 1, \ldots, m-1)$ sont des fractions rationnelles positives telles que $v_0 < v_1 < \ldots < v_{m-1} < +\infty$; 3° h est premier à p; 4° pour tout $i=0, 1, \ldots, m-1$, $(p^{l_i}-1)v_i$ est entier; 5° c désignant la somme de tous les l_i $(i=0, 1, \ldots, m-1)$, $n=fhp^c$; 6° c_i étant le nombre $l_0+l_1+\ldots+l_{i-1}$ $(i=0, 1, \ldots, m-1)$, $v_i \leq e_0hp^{c_i+1}:(p-1)$ $(i=0, 1, \ldots, m-1)$; 7° si $v_i \equiv 0 \pmod{p}$, $l_i=1$ et $v_i = e_0hp^{c_i+1}:(p-1)$. Il n'existe qu'un nombre fini des systèmes d'un type $(p; e_0, n)$ donné : en effet les nombres f, h, les l_i $(i=0, 1, \ldots, m-1)$ et les dénominateurs des v_i $(i=0, 1, \ldots, m-1)$ sont bornés en fonction de n; et les $v_i(i=0, 1, \ldots, m-1)$ sont bornés en fonction des e_0 et n.

Soient k un corps de nombres $\mathfrak{p}$-adiques, $\mathfrak{p}$ son idéal premier, p le premier rationnel que divise $\mathfrak{p}$, f_0, e_0 le degré et l'ordre absolus de $\mathfrak{p}$ dans k. Soit, d'autre part, K un surcorps d'un degré fini n de k, et soient $\mathfrak{P}$ l'idéal premier de K, f et $e=hp^j$, où h est premier à p, le degré et l'ordre de $\mathfrak{P}$ dans K/k. Soient ([2]) $v_0, v_1, \ldots, v_{m-1}, v_m = +\infty$ les nombres de ramification (positifs) de K/k, et soient $\overset{(0)}{V}, \overset{(1)}{V}, \ldots, \overset{(m-1)}{V}, \overset{(m)}{V} = 1_k$ (où 1_k désigne l'isomorphisme identique de K) les ensembles de ramification de K/k correspondants. Soit $n_q(q=0, 1, \ldots, m)$ le nombre d'éléments

([1]) Séance du 22 novembre 1937.

([2]) En ce qui concerne les définitions des nombres et des ensembles de ramification, je suis dans la présente Note les conventions de ma Note des *Comptes rendus*, **205**, 1937, p. 772, et non celles, un peu différentes, de ma Note des *Comptes rendus*, **200**, 1935, p. 1813.

de $\overset{(q)}{V}$, et soit $r_q = n_q : n_{q+1} (q = 0, 1, \ldots, m-1)$. Posons $l_q = \log_p r_q$, où $\log_p x$ désigne la détermination réelle du logarithme à la base p d'un nombre positif x. Désignons par $D(K/k)$ le système

$$\{ f, h; l_0, l_1, \ldots, l_{m-1}; \varphi_0, \varphi_1, \ldots, \varphi_{m-1} \}.$$

On peut montrer *que* $D(K/k)$ *est un système du type* $(p; e_0, n)$ (³).

φ étant une fraction rationnelle dont le dénominateur est premier à p, désignons par $\psi_p(\varphi)$ le plus petit entier ψ tel que $(p^\psi - 1)\varphi$ soit entier. Posons

$$\varphi^{(p)} = \sum_{i=1}^{\psi_p(\varphi)} \left\{ \left[\varphi \left(p^i - \frac{1}{p} \right) \right] - \left[\varphi (p^i - 1) \right] \right\},$$

où $[x]$ désigne la partie entière d'un nombre réel x.

D étant un système du type $(p; e_0, n)$, tout $l_q (q = 0, 1, \ldots, m-1)$ est multiple de $\psi_p(\varphi_q)$ correspondant. Désignons par $S(k; D)$ le nombre des surcorps K de k tels que $D(K/k) = D$. Soit m' le nombre des $\varphi_q \not\equiv 0 \pmod{p}$ de D. On a

Théorème I.

$$S(k; D) = e(p^{f_0 f} - 1)^{m'} \prod_{q=0}^{m-1} (p^{\{f_0 f l_q (\varphi_q^{(p)} + 1) : \psi_p(\varphi_q)\}} - f_0 f) \qquad (\text{où } e = n : f).$$

Conséquence 1. — $S(k; D)$ *ne dépend que des* p, f_0 *et* D. Pour cette cause, *on peut le désigner par* $S_{f_0}^{(p)}(D)$. $S(k; D)$ *est multiple de* e.

Théorème II. — *Le nombre* $S(k; n)$ *des surcorps de* K *degré relatif* n *est égal à la somme des* $S(k; D) = S_{f_0}^{(p)}(D)$, D *parcourant tous les systèmes du type* $(p; e_0, n)$.

Conséquence 2. — $S(k; n)$ *ne dépend que des* p, f_0 e_0 *et* n, *et peut être désigné par* $S_{f_0, e_0}^{(p)}(n)$.

Les résultats précédents permettent aussi de calculer le nombre des surcorps K de k de degré relatif n ayant certaines propriétés, par exemple, le nombre de tels corps K ayant la différente $\Theta_{K/k}$ égale à une puissance $\mathfrak{P}^u$

(³) Ce résultat avait été déjà énoncé par l'auteur dans les Notes déjà citées; sa démonstration sera publiée dans un travail qui paraîtra prochainement.

Dans le cas où K/k est *galoisien* la partie de la propriété 1° concernant f et h et les propriétés 2° et 4° de $D(K/k)$ sont banales, 3° suit de la définition de h, la partie de la propriété 1°, concernant les l_i et la propriété 5° avaient été prouvées par M. Hilbert (*Jahresb. d. Deut. Math. Ver.*, **4**, 1894-1895, p. 176) et les propriétés 6° et 7° par M. Ore (*Math. Ann.*, **102**, 1929, p. 283).

de $\mathfrak{p}$ donnée s'obtient en prenant la somme des $S(k; D)$ pour tous les D du type $(p; e_0, n)$ tels que

$$e-1+e_0(n_0-n_1)+e_1(n_1-n_2)+\ldots+e_{m-1}(n_{m-1}-1)=u$$

(pour que de tels D existent il faut et il suffit que u satisfasse aux conditions données par M. Ore [4]). Pour calculer le nombre des surcorps complètement ramifiés de k de degré n il suffit d'étendre la sommation en question aux D tels que $f=1$. On voit *que ce nombre est multiple de* n. On pourrait indiquer d'autres exemples du même genre.

Exemple : k étant le corps 2-adique rationnel, $S(k; 12)=S_{1,1}^{(2)}(12)=20392$. Parmi ces corps, il y a 12468 corps complètement ramifiés.

CALCUL DES PROBABILITÉS. — *Sur les conditions nécessaires et suffisantes de la convergence stochastique.* Note de M. **W. Kozakiewicz**, présentée par M. Émile Borel.

On sait que dans le cas simple de la convergence d'une suite de variables aléatoires vers une constante, on peut sans difficulté exprimer les conditions de la convergence par les lois de probabilité [1] et les fonctions caractéristiques [2]. Dans cette Note, nous allons exprimer d'une manière analogue les conditions de la convergence d'une suite de variables aléatoires vers une variable aléatoire.

Soient $\{X_n\}$ une suite de variables aléatoires, X une variable aléatoire.

$P\{E\}$ désignant la probabilité d'un événement E, posons pour x, y réels quelconques

$$\left.\begin{aligned} F_n\ (x, y) &= P\{X_n < x,\ X < y\} \\ F_{nm}(x, y) &= P\{X_n < x,\ X_m < y\} \end{aligned}\right\} \quad (n, m = 1, 2, 3, \ldots),$$

à condition que les inégalités fermées entre crochets soient satisfaites simultanément.

Posons ensuite

$$F(x) = P\{X < x\}.$$

Désignons pour t et t' réels, par $\varphi_n(t, t')$ la fonction caractéristique des

(4) *Math. Ann.*, 97, 1926-1927, p. 569-598.

(1) F. P. Cantelli, *Giorn. Mat. Battag.*, 49, 1911, p. 278.

(2) P. Lévy, *Calcul des probabilités,* Paris, 1925, p. 195-197.

[41] C. R. Acad. Sci. Paris 222 (1946) 626–628

ALGÈBRE. — *Théorie non abélienne des corps de classes pour les extensions finies et séparables des corps valués complets : principes fondamentaux ; espaces de polynomes et transformation* T; *lois d'unicité, d'ordination et d'existence.* Note (1) de M. **MARC KRASNER**.

Soient k un corps valué complet, $\mathfrak{K}$ sa fermeture algébrique valuée, $|\ldots|$ et $\omega(\ldots)$ la valuation et l'ordre dans $\mathfrak{K}$; $\alpha \in \mathfrak{K}$, $K = k(\alpha)$, $\mathfrak{J}$ domaine d'intégrité de K, $n = (K : k)$; $G_{K/k}$ l'hypergroupe de Galois (2) de K/k, $f_{\alpha/k}(x)$ le polynome minimal de α dans k; $v_q^{(\alpha)}$ $[v_{m(\alpha)}^{(\alpha)} = +\infty]$, $Z_q^{(\alpha)}$, $K_q^{(\alpha)}$ le $q^{\text{ième}}$ nombre, le $q^{\text{ième}}$ hypergroupe et le $q^{\text{ième}}$ corps caractéristiques (3) de K/k en α; Π_α le polygone de ramification (4) de K/k en α; v_q, n_q le $q^{\text{ième}}$ nombre de ramification (5) et le nombre d'éléments du $q^{\text{ième}}$ hypergroupe de ramification (5) de K/k; $\varphi_{K/k}(v)$ la borne sup. sur l'axe semi-réel (6) de $\varphi(\Pi_\alpha; v)$, où $\varphi(\Pi; v)$ est la fonction introduite dans ma Note précédente (7) et où α parcourt $\mathfrak{J}$ [donc, si $< v > \neq -$ et si $v_i \leq v \leq v_{i+1}$, on a $\varphi_{K/k}(v) = (n_0 - n_1)v_0 + (n_1 - n_2)v_1 + \ldots + (n_i - n_{i+1})v_i + n_{i+1}v$]; C_α le plus grand cercle de centre α dans $\mathfrak{K}$ ne contenant aucun autre conjugué de α [en vertu de ma Note précédente (4), C_α est le cercle de similitude en α de de la transformation holomorphe (4) $T_\alpha : x \to f_{\alpha/k}(x)$], $C_{\alpha,q}$ le cercle $|x - \alpha| < r_q^{(\alpha)} = \text{Exp}(-v_q^{(\alpha)})$; $\mathcal{E}_k$ l'ensemble des polynomes normés irréductibles de x dans k, E_k l'ensemble des $f(x) \in \mathcal{E}_k$ à coefficients entiers; T l'application $\alpha \to f_{\alpha/k}(x)$ de $\mathfrak{K}$ sur $\mathcal{E}_k$, $\mathcal{E}_{k,\nu}$ l'ensemble des $f(x) \in \mathcal{E}_k$ de degré ν; $R(f, g)$ le résultant des $f(x)$, $g(x) \in \mathcal{E}_k$.

PRINCIPE I. — *Si $\alpha \in \mathfrak{K}$ est séparable par rapport à k, $\beta \in C_\alpha$ implique $k(\beta) \supseteq k(\alpha)$.*

Démonstration. — $k(\beta)$ étant complet, en vertu d'un principe de M. Ostrowski (8), les conjugués de $\beta - \alpha$ par rapport à $k(\beta)$ ont tous une même valuation; ils sont de la forme $\beta - \alpha'$, où α' est un conjugué de α par rapport à k. Si $\alpha' \neq \alpha$, on a, puisque $\alpha' \notin C_\alpha$, $|\alpha' - \alpha| > |\beta - \alpha|$ et, aussi, $|\alpha' - \alpha| \leq \text{Max}(|\beta - \alpha'|, |\beta - \alpha|) = |\beta - \alpha|$; donc $\beta - \alpha$ et, de même, $\alpha = \beta - (\beta - \alpha)$ n'a d'autre conjugué par rapport à $k(\beta)$ que lui-même, d'où, vu la séparabilité de α, $\alpha \in k(\beta)$ et $k(\beta) \supseteq k(\alpha)$.

PRINCIPE II. — *Si, en plus, $(k(\beta):k) \leq (k(\alpha):k)$, on a $k(\beta) = k(\alpha)$.*

PRINCIPE III. — *Si $\beta \in C_{\alpha,q-1}$, on a $k(\beta) \supseteq K_q^{(\alpha)}$* [$q = m(\alpha)$ donne le Principe I].

---

(1) Séance du 11 mars 1946.

(2) KRASNER, *Thèse, Mém. de l'Acad. de Belgique*, **11**, 1937, pp. 1-110 et *Comptes rendus*, **219**, 1944, pp. 345-347.

(3) KRASNER, *Comptes rendus*, **220**, 1945, p. 37.

(4) KRASNER, *Comptes rendus*, **222**, 1946, pp. 363-365 et 581-583.

(5) *Comptes rendus*, **220**, 1945, p. 765.

(6) KRASNER, *Comptes rendus*, **219**, 1944, pp. 433-435.

(7) *Comptes rendus*, **222**, 1946, p. 37-40.

(8) OSTROWSKI, *Math. Zeitschrift*, **39**, 1934-1935, pp. 269-320; voir pp. 298-302.

Démonstration. — Soient $K' = k(\alpha, \beta)$, $\sigma' \in G_{K'/k(\beta)}$, σ l'isomorphisme induit par σ' dans K. $\sigma\alpha - \beta = \sigma'\alpha - \beta$ est un conjugué de $\alpha - \beta$ par rapport à $k(\beta)$, donc, en vertu du principe d'Ostrowski, $\omega(\sigma\alpha - \beta) = \omega(\alpha - \beta)$ et $\omega(\sigma\alpha - \alpha)$ est $\geq \mathrm{Min}[\omega(\sigma\alpha - \beta), \omega(\alpha - \beta)] = \omega(\alpha - \beta) > v^{(\alpha)}_{q-1}$, d'où $\sigma \in Z^{(\alpha)}_q$. Donc σ, et aussi σ', conserve tout élément de $K^{(\alpha)}_q$ et, vu la séparabilité de $K^{(\alpha)}_q/k$, $k(\beta) \supseteq K^{(\alpha)}_q$.

Soient a un nombre réel positif; $f(x), g(x) \in \mathcal{E}_k$; n, u leurs degrés. Posons $d_a(f, g) = |R(f, g)^{a:nu}|$. En vertu de principe d'Ostrowski, $d_a(f, g)$ est égale à $|f(\beta)^{a:n}| = |g(\alpha)^{a:n}|$, où α, β sont des zéros quelconques des f, g. Si l'on considère $d_a(f, g)$ comme une distance dans $\mathcal{E}_k$, on constate qu'elle définit une *ultramétrique* [6] de cet ensemble, dite son *a-ultramétrique*, et $\mathcal{E}_k$ organisé par cette ultramétrique sera noté $\mathcal{E}^{(a)}_k$. $E_{k,\nu}$ désignera désormais l'ensemble de même nom, organisé par sa ν-ultramétrique. Toutes les a-ultramétriques sont équivalentes [6] et définissent sur tout $\mathcal{E}_{k,\nu}$ une topologie équivalente à celle définie par la métrique classique de polynomes, où la distance est le maximum de celle des coefficients correspondants; en plus, le principe II montre que $\mathcal{E}_{k,\nu}$ est un ensemble ouvert de l'espace des polynomes de degré ν avec la métrique classique. $\mathcal{E}_{k,\nu}$ est localement compact en même temps que k. On a, pour $\alpha, \beta \in \mathfrak{K}$, $d_n(T\alpha, T\beta) = d_n(f_{\alpha/k}, f_{\beta/k}) = |f_{\alpha/k}(\beta)| = |T_\alpha\alpha - T_\alpha\beta|$; d'où, en vertu de mes Notes [4], [7], $d_n(T\alpha, T\beta) = \mathrm{Exp}[-\varphi(H_\alpha; \mathrm{Max}\,\omega(\beta - \alpha'))]$, où α' parcourt les conjugués de α. En particulier, *si α est séparable*, T en tant qu'application de $\mathfrak{K}$ dans $\mathcal{E}^{(n)}_k$, *est une similitude locale en α, dont le cercle de similitude est C_α et le rapport de similitude est* $|f'_{\alpha/k}(\alpha)| = |\vartheta^{(\alpha)}_{K/k}|$. Soient

$$f(a_1, a_2, a_3, \ldots, a_n; x) = x^n + a_1 x^{n-1} + \ldots + a_n$$

et

$$f_{\alpha/k}(x) = f(a^0_1, a^0_2, \ldots, a^0_n; x)\ (a^0_i \in k).$$

Soit $x(a_1, a_2, \ldots, a_n)$ la série de Taylor en $a_1 - a^0_1, a_2 - a^0_2, \ldots, a_n - a^0_n$, qui soit la solution de $f = 0$ se réduisant à α pour $a_i = a^0_i$. On montre que *le domaine de convergence de cette série sur $\mathcal{E}_{k,n}$ est $\mathfrak{U}_\alpha \cap \mathcal{E}_{k,n}$, où* $\mathfrak{U}_\alpha = TC_\alpha$, et que *ses valeurs sont* $\in C_\alpha$. En vertu de l'univalence de T sur C_α et du principe II, $x(a_1, \ldots, a_n)$ *représente le voisinage $C_\alpha \cap K$ de α dans K quand les $a_i \in k$ parcourent toutes les valeurs telles que $f(a_1, \ldots, a_n; x)$ soit irréductible.*

$$f(a_1, \ldots, a_n; x) \rightarrow x(a_1, \ldots, a_n)$$

définit une inverse de T en $(\alpha, f_{\alpha/k})$ dont $\mathfrak{U}_\alpha \cap \mathcal{E}_{k,n}$ est le domaine de définition, d'univalence et de similitude.

Soient $\mathcal{E}^0_{K/k}$ l'ensemble des $f_{\beta/k}(x)[\beta \in \mathfrak{K}]$ tels que $k(\beta) \supseteq K$, $\mathcal{E}^{(\nu)}_{K/k} = \mathcal{E}^0_{K/k} \cap \mathcal{E}_{k,\nu}$ $[\nu \equiv 0 \pmod{n}]$, $\mathcal{E}_{K/k} = \mathcal{E}^{(n)}_{K/k}$, $E^0_{K/k} = \mathcal{E}^0_{K/k} \cap E_k$, $E^{(\nu)}_{K/k} = \mathcal{E}^{(\nu)}_{K/k} \cap E_k$, $E_{K/k} = \mathcal{E}_{K/k} \cap E_k$.

N'importe lequel de ces ensembles de polynomes de k caractérise K/k à l'isomorphie près (*loi d'unicité*), et si la valuation de k est discrète, il en est de même pour les ensembles $\overline{E}^{(\nu)}_{K/k}$ ou $\overline{E}_{K/k}$ des $f \in E^{(\nu)}_{k/K}$ ou $E_{K/k}$ dont le discriminant soit égal à celui de l'extension qu'ils définissent. On a $\mathcal{E}^0_{K/k} \subseteq \mathcal{E}^0_{\overline{K}/k}$ si, et seulement si K/k est une surextension, à l'isomorphie près, de $\bar{K}/k$, et il en est de même pour $E^0_{K/k}$ et, si ν est un multiple commun des $(K : k)$ et $(\bar{K} : k)$, pour les $\mathcal{E}^{(\nu)}_{K/k}$, $E^{(\nu)}_{K/k}$, $\bar{E}^{(\nu)}_{K/k}$ (*loi d'ordination*). Soit $f(x) \star g(x) [f, g \in \mathcal{E}_k]$ l'ensemble des facteurs irréductibles dans k de $f[g(x)]$. Un $A \subseteq \mathcal{E}_k$ sera dit un *idéal* si $A \star \mathcal{E}_k = A$, et sera dit un *idéal principal* s'il existe un $\alpha \in A$ tel que $A = \alpha \star \mathcal{E}_k$. *Si* $A \subseteq \mathcal{E}_k$, *la condition nécessaire et suffisante pour qu'il existe une extension simple* K/k *telle que* $A = \mathcal{E}^0_{K/k}$ *est que* A *soit un idéal principal, et pour que* K/k *soit séparable, il faut et il suffit que* A *contienne des polynomes séparables* (*loi d'existence*); on en tire les caractérisations évidentes pour les autres ensembles considérés.

[93] *Les tendances géométriques* ..., Éd. CNRS, 1966, pp. 143–169

NOMBRE DES EXTENSIONS D'UN DEGRÉ DONNÉ D'UN CORPS $\mathfrak{P}$-ADIQUE

par Marc KRASNER

(Clermont-Ferrand)

INTRODUCTION

On sait que le corps réel **R** (et, également, tous les corps réels abstraits réellement clos) possède une propriété rare pour les corps non algébriquement clos : il possède une et une seule extension algébrique non triviale (le corps complexe $\mathbf{C} = \mathbf{R}(i)$, où $i^2 + 1 = 0$). Tant que je sache, on ne connaît pas d'autres corps (1) non algébriquement clos, qui n'ont qu'un nombre fini d'extensions algébriques. La plupart des corps usuels comme le corps des rationnels, les corps de nombres algébriques, les corps de fonctions algébriques d'une ou plusieurs variables etc, ont non seulement une infinité d'extensions algébriques, mais le nombre de leurs extensions reste infini si l'on en fixe le degré. Il se trouve que les corps $\mathfrak{p}$-adiques, c'est-à-dire les corps valués complets localement compacts de caractéristique 0, occupent, de ce point de vue, une position intermédiaire : bien que le nombre total des extensions algébriques d'un tel corps k soit infini, celui $\mathfrak{N}_{k,n}$ des extensions de k de degré n est fini pour tout n. Les corps des séries de puissances d'une variable sur un corps fini, qui sont les seuls corps valués complets localement compacts, mais de caractéristique $p \neq 0$, occupent encore une sorte de position intermédiaire entre les corps $\mathfrak{p}$-adiques et les corps quelconques, mais d'une manière où intervient l'Arithmétique. En effet, si le nombre $\mathfrak{N}_{k,n}$ des extensions de degré donné n de k est infini, par contre celui des extensions de degré et de différente donnés est fini.

(1) Le mot « corps » va signifier durant tout l'exposé « corps commutatif ».

Or il se trouve que non seulement on peut prouver que pour un corps valué localement compact k le nombre des extensions de degré et de différente donnés est fini et qu'il en est de même, dans le cas $\mathfrak{p}$-adique, pour celui $\mathfrak{N}_{k,n}$ des extensions de degré n de k, *mais il est possible de calculer explicitement ces nombres*, ainsi que les nombres des extensions d'un degré donné de k, qui possèdent, en plus, certaines propriétés algébrico-arithmétiques imposées, qui proviennent de la théorie de la ramification.

Le calcul des nombres des extensions mentionnées est basé sur une généralisation non abélienne de la théorie locale des corps de classes, s'appliquant, d'ailleurs, en partie aux extensions séparables de degré fini d'un corps valué complet quelconque. La première version de cette théorie, concernant uniquement le cas, où le corps de base est $\mathfrak{p}$-adique (et employant une technique beaucoup trop compliquée), a été donnée par l'auteur dans son travail [*1*] en 1937. Une version plus générale (s'appliquant, en principe, au corps de base valué complet quelconque) et mettant en évidence l'origine véritable de ses résultats, a été esquissée par l'auteur dans ses notes [*5*] des Comptes Rendus (1946-47) et dans ses conférences [*6*] (1949) et [*7*] (1950), mais n'a jamais été publiée sous une forme complète. L'idée fondamentale de cette théorie consiste à organiser l'ensemble S_k des polynomes unitaires irréductibles $\in k[x]$ en un espace ultramétrique à l'aide d'une distance convenable [on notera $S_{k,n}$ l'ensemble des $f \in S_k$ de degré n organisé par la même distance] et de faire correspondre à une extension séparable de degré fini K/k l'ensemble $\Sigma_{K/k}$ des $f(x) \in S_k$ définissant quelque surextension de K/k, considéré comme un sous-espace de l'espace ultramétrique S_k. Soit $\mathfrak{i}$ l'anneau de valuation de k. Il se trouve que la structure de $\Sigma_{K/k}$ ou de certaines de ses parties caractéristiques [telles l'ensemble $S_{K/k}$ des $f(x) \in S_k$ définissant K/k (qu'on peut caractériser comme l'ensemble des $f \in \Sigma_{K/k}$ dont le degré est le plus bas) et, dans le cas de valuation discrète, celui des $f \in S_{K/k} \cap \mathfrak{i}[x]$ et dont le discriminant est égal à celui de K/k (polynomes *discriminantiels*); on peut en citer d'autres encore] en tant que sous-espace de S_k, reflète de nombreux aspects de la structure algébrico-arithmétique de K/k, et tout particulièrement ses propriétés fournies par la théorie de la ramification. Grâce au principe suivant, dû à l'auteur (et qui est la véritable clé de cette théorie) :

Soient $\mathfrak{K}$ la clôture algébrique valuée de k, et $\alpha \in \mathfrak{K}$ un élément séparable sur k. Alors, si $\beta \in \mathfrak{K}$ est plus proche de α que de ses autres conjugués $\alpha' \neq \alpha$ par rapport à k, on a $k(\beta) \supseteq k(\alpha)$, on peut montrer que non seulement $\Sigma_{K/k}$ est ouvert, mais [en le combinant avec l'évaluation de $|f_{\alpha/k}(\beta)|$ [où $f_{\alpha/k}(x)$ est le polynome minimal de α sur k], qui n'est autre chose, au fond, que l'analogue dans l'Analyse valuée de la formule de croissance des fonctions entières dûe à Hadamard, qui équivaut, dans cette théorie, aux inégalités de Cauchy] on peut déterminer, pour une large classe de corps de base k (comprenant, en particulier, les corps valués localement compacts), en fonction des distances de α à ses autres conjugués [2] (c'est-à-dire à partir des propriétés ramificatives de K/k en α), le rayon ρ_f [où $f(x) = f_{\alpha/k}(x)$] du plus grand cercle C_f de centre f contenu dans $\Sigma_{K/k}$. On peut, plus généralement, décrire en termes des mêmes propriétés de K/k en α, certains invariants métriques et algébriques [3] du sous-espace $\Sigma_{K/k}$ de S_k autour de $f = f_{\alpha/k}$. Réciproquement, ces invariants donnent des informations assez riches sur la structure ramificative de K/k en α. Si l'on considère le suprémum $\rho_{K/k}$ de ρ_f quand f parcourt tous les polynomes $\in S_{K/k} \cap \mathfrak{i}[x]$, la généralisation adéquate (aux extensions séparables de degré fini quelconque d'un corps valué k quelconque [*3*]) du conducteur $\mathfrak{f}_{A/k}$ d'une extension abélienne séparable A d'un corps localement compact k est l'idéal $\mathfrak{f}_{K/k}$ de $\mathfrak{R}$ tel que $|\mathfrak{f}_{K/k}| = \rho_{K/k}$ [d'ailleurs, si k est discrètement valué, les polynômes discriminantiels de $S_{K/k}$ peuvent se caractériser comme les polynômes $f \in S_{K/k}$ à coefficients entiers dont ρ_f est maximal]. Et certains invariants limites de la structure de $\Sigma_{K/k}$ autour des $f \in S_{K/k} \cap \mathfrak{i}[x]$ quand $\rho_f \to \rho_{K/k}$ donnent des informations sur la structure ramificative intrinsèque de K/k. Ainsi, la partie de $S_{K/k}$, formée par les polynômes f dont le discriminant D_f a une valuation $|D_f|$ assez proche de celle $|D_{K/k}|$ du discriminant $D_{K/k}$ de K/k peut se partager en cercles $\subset S_{k,n}$ [où $n = (K:k)$ est le degré de K/k] dont le rayon est proche de $\rho_{K/k}$. En particulier, dans le cas de valuation discrète, où l'existence des éléments discriminantiels est certaine, l'ensemble $S^{(d)}_{K/k}$ de ces éléments se partage en cercles de $S_{k,n}$ de rayon $\rho_{K/k}$. Si k est localement compact, le nombre de ces cercles (ou des cercles de tout rayon $\rho \leqslant \rho_{K/k}$) est fini. Il est facile de montrer que

$$\rho_{K/k} \geqslant |\mathfrak{d}_{K/k}|^2 = |D_{K/k}|^{n/2},$$

où $\mathfrak{d}_{K/k}$ est la différente de K/k, autrement dit l'idéal de $\mathfrak{R}$ engendré par $D^{1/n}_{K/k}$ (cette définition ne s'applique qu'au cas où k est complet; une définition plus orthodoxe sera donnée plus loin). Ainsi, pour toute extension K/k de degré n et de différente $\mathfrak{d}$ et pour tout $\rho \leqslant |\mathfrak{d}|^2$, $S^{(d)}_{K/k}$ est une réunion de cercles de rayon ρ. En plus, si l'on fixe le degré résiduel f de K/k $\left(\text{ou son ordre de ramification } e = \frac{n}{f}\right)$, et, en particulier, pour les extensions K/k complètement ramifiées ($f = 1$), on constate que le nombre de ces cercles contenus dans $S^{(d)}_{K/k}$ est proportionnel au nombre $l_{K/k}$ des corps conjugués de K dans $\mathfrak{K}/k$. On montre que ce nombre est

$$\Lambda(k, n, f, \mathfrak{d}, \rho)\, l_{K/k},$$

[2] Ces distances étant comptées avec leurs ordres de multiplicité respectifs.

[3] Car on peut définir une addition dans certaines partitions des circonférences de S_k.

où $\Lambda(k, n, f, \mathfrak{d}, \rho)$ est une constante facilement calculable en fonction des paramètres écrits. Ainsi, les $l_{K/k}$ corps qui ont la même image $S^{(d)}_{K/k}$ par l'application $K/k \to S^{(d)}_{K/k}$, ont, dans cette image, $\Lambda(k, n, f, \mathfrak{d}, \rho)\, l_{K/k}$ cercles de rayon ρ. Donc, le quotient du nombre $N(S^{(d)}_{K/k}, \rho)$ des cercles $C \subseteq S^{(d)}_{K/k}$ de rayon ρ par le nombre $l_{K/k}$ des extensions $\subset \mathfrak{K}/k$, dont il est l'image, est la constante $\Lambda(k, n, f, \mathfrak{d}, \rho)$, et tout se passe comme s'il y avait ce nombre de cercles par extension. Il en résulte deux conséquences. D'une part, si $S^{(d)}_{K/k}$ est donné, il suffit de compter les cercles $C \subseteq S^{(d)}_{K/k}$ de rayon ρ pour déterminer si K/k est galoisienne (et, même, combien elle a d'extensions conjuguées), car $N(S^{(d)}_{K/k}, \rho) : \Lambda(k, n, f, \mathfrak{d}, \rho)$ est $l_{K/k}$, et K/k est galoisienne si, et seulement si $N(S^{(d)}_{K/k}, \rho) = \Lambda(k, n, f, \mathfrak{d}, \rho)$. Ceci constitue la loi de limitation pour les extensions galoisiennes, et cette loi, sous une forme modifiée, s'applique au cas de k valué complet quelconque, car le phénomène de proportionnalité de $N(S^{(d)}_{K/k}, \rho)$ à $l_{K/k}$ subsiste d'une certaine manière dans le cas général, mais comme ce $N(S^{(d)}_{K/k}, \rho)$ est infini, il n'est pas possible de le mettre en évidence en comptant les cercles $C \subset S^{(d)}_{K/k}$, et c'est à partir de certains invariants de $S^{(d)}_{K/k}$ (en tant que sous-espace de $S_{n,k}$) ou de certains ensembles plus compliqués, qu'on peut définir un indice analogue à

$$N(S^{(d)}_{K/k}, \rho) : \Lambda(k, n, f, \mathfrak{d}, \rho)$$

du cas localement compact. D'un autre côté, si l'on arrive à calculer (et je l'ai réussi) le nombre $M(k, n, f, \mathfrak{d}, \rho)$ de cercles de rayon ρ en lesquels se décompose l'ensemble de tous les polynômes $f(x)$ définissant les éléments discriminantiels de quelque extension K/k de degré n, de degré résiduel f et différente $\mathfrak{d}$, il suffit de diviser ce nombre par $\Lambda(k, n, f, \mathfrak{d}, \rho)$ pour avoir le nombre de ces extensions. Dans le présent exposé, ce calcul sera fait dans le cas complètement ramifié ($f = 1$) et les nombres $\mathfrak{K}^{(r)}_{k,n}$, $\mathfrak{K}_{k,n}$ des extensions complètement ramifiées, respectivement quelconques, de k de degré n, se calculent par les sommations convenables à partir du nombre précédent.

Depuis 1947, grâce aux travaux de Šafarevič [*10*], Kawada, Demuškin, Koch, on a pu déterminer la structure du groupe de Galois $\mathfrak{G}_{\mathfrak{K}/k}$ (organisée par sa topologie de Krull) de la clôture algébrique $\mathfrak{K}$ d'un corps valué localement compact k par rapport à ce corps k. Or, $\mathfrak{K}_{k,n}$ n'est autre chose que le nombre des sous-groupes fermés de $\mathfrak{G}_{\mathfrak{K}/k}$ d'indice n. Il semblerait qu'on pourrait, en principe, calculer $\mathfrak{K}_{k,n}$ à partir de $\mathfrak{G}_{\mathfrak{K}/k}$. Mais la structure de $\mathfrak{G}_{\mathfrak{K}/k}$ est, en général, assez compliquée, et, à l'heure actuelle, un tel calcul paraît inabordable. Il s'y ajoute un fait un peu mystérieux qu'a mis en évidence le calcul explicite de $\mathfrak{K}_{k,n}$ (où k est $\mathfrak{p}$-adique) par d'autres méthodes : *$\mathfrak{K}_{k,n}$ dépend de moins de paramètres que $\mathfrak{G}_{\mathfrak{K}/k}$*. En effet, il se trouve que $\mathfrak{K}_{k,n}$ dépend uniquement de n, de la caractéristique p du corps résiduel $\bar{k}$ de k et du degré $n_0 = (k : \mathbf{Q}_p)$ de k par rapport au corps $\mathfrak{p}$-adique rationnel (c'est-à-dire le complèté du corps rationnel $\mathbf{Q}$ par rapport à sa p-valuation) $\mathbf{Q}_p$, tandis que $\mathfrak{G}_{\mathfrak{K}/k}$ dépend de bien d'autres paramètres que p, n et n_0 [il dépend, en particulier, du degré résiduel $f_0 = (\bar{k} : \overline{\mathbf{Q}}_p)$ de $k/\mathbf{Q}_p$ et du plus grand entier l tel que k contient les racines p^l-ièmes primitives de l'unité]. Ainsi, des groupes $\mathfrak{G}_{\mathfrak{K}/k}$ de formes très différentes peuvent avoir, pour tout n, le même nombre $\mathfrak{N}_{k,n}$ de sous-groupes fermés d'indice n, et le calcul de $\mathfrak{N}_{k,n}$ à partir de $\mathfrak{G}_{\mathfrak{K}/k}$ se fait donc à partir de structures comportant de nombreux invariants, qui doivent s'éliminer au cours de calcul, ce qui est une indication de plus de ses probables complications et difficultés (supposant qu'on arrive un jour à le faire). Par contre, la théorie de Šafarevič permet de calculer le nombre des extensions d'un certain type, ce que ma théorie ne permet pas, du moins dans son état actuel. Il s'agit du nombre $\mathfrak{N}_k(g)$ des extensions galoisiennes $K/k \subseteq \mathfrak{K}/k$ ayant, à isomorphisme près, le p-groupe donné g comme groupe de Galois $\mathfrak{G}_{K/k}$ (voir [*10*]).

J'ai démontré les formules pour les nombres des extensions de k de degré et de différentes données et ceux pour $\mathfrak{N}_{k,n}^{(r)}$ et $\mathfrak{N}_{k,n}$ dans mes Notes [*9*] des Comptes Rendus (1962) (bien que la première de ces formules ait été déjà signalée dans [*5*, *6* et *7*]. La partie de l'exposé qui suit est, d'ailleurs, très proche du texte de ces Notes, à peu d'exceptions près. Mais déjà en 1937 (note [*2*]) j'ai énoncé les formules pour le nombre des extensions ayant certaines propriétés arithmétiques, par exemple le degré résiduel, les nombres de ramification et les ordres des hypergroupes de ramification donnés. Certaines propriétés algébriques de l'extension K/k [primitivité, caractère métagaloisien] peuvent se caractériser arithmétiquement comme je l'ai montré, pour le cas $\mathfrak{p}$-adique, dans mon travail [*4*] [et la théorie correspondante pour le cas général est esquissée dans ma note des Comptes Rendus, t. 220 (1945), p. 28-30], et les nombres $\mathfrak{N}_{k,n}^{(pr)}$ et $\mathfrak{N}_{k,n}^{(mg)}$ des extensions primitives et des extensions métagaloisiennes de degré donné d'un corps localement compact k peuvent, également, se calculer à l'aide de la même théorie. Ces nombres ont été indiqués dans ma note [*3*] de 1938, (mais d'une manière pas tout à fait exacte pour $\mathfrak{N}_{k,n}^{(mg)}$).

L'exposé de ces résultats exigeant trop de développements, j'y reviendrai dans une autre publication.

Notation. — Etant donné un espace ultramétrique E, le cercle circonférencié de E de centre $a \in$ E et de rayon r sera noté C(a, r; E).

A et B étant deux ensembles, la différence ensembliste de A et de B (c'est-à-dire l'ensemble des x tels que $x \in$ A et $x \notin$ B) sera notée A ·· B (voir page 98 du présent ouvrage, les motifs que j'ai de préférer cette notation à celles qui sont habituellement employées).

1° Soient k un corps valué localement compact, $\mathfrak{p}$ son idéal premier, $\bar{k}$ son corps résiduel, p' et p les caractéristiques de k et de $\bar{k}$, $q = p^{f_0}$ le nombre d'éléments du corps (qui est fini) $\bar{k}$, $\mathfrak{K}$ la clôture algébrique valuée de k, $\mathbf{Q}_p$ le corps p-adique rationnel et, dans le cas $\mathfrak{p}$-adique ($p' = 0$), $n_0 = (k : \mathbf{Q}_p)$. Si $\mathrm{K} \subset \mathfrak{K}$ est une extension séparable de k de degré donné n et si $\mathfrak{P}$ est son idéal premier, posons $(p) = \mathfrak{P}^{\mathrm{E}}$ (donc $\mathrm{E} = +\infty$ si $p' = p$ et est l'ordre de ramification de $\mathrm{K}/\mathbf{Q}_p$ si $p' = 0$) et $n = hp^m$, où h est premier à p. Si $\mathfrak{d}_{\mathrm{K}/k}$ est la différente de K/k, écrivons-la sous la forme $\mathfrak{p}\,\mathfrak{P}^{j-1}$, et appelons ρ la partie entière $[j : \mathrm{E}]$ de $j : \mathrm{E}$. M. Ö. Ore a montré [10] que si K/k est complètement ramifiée et si s est le plus grand entier $\leqslant m$ tel que $p^s \mid j$, on a $s\mathrm{E} \leqslant j \leqslant m\mathrm{E}$, et que si j satisfait à cette condition, il existe des extensions complètement ramifiées K/k de degré n, telles que $\mathfrak{d}_{\mathrm{K}/k} = \mathfrak{p}\,\mathfrak{P}^{j-1}$. Soient $\mathfrak{N}^{(r)}_{k,n,j}$ (où j satisfait à la condition d'Ore) le nombre des $\mathrm{K} \subset \mathfrak{K}$ de cette forme et, dans le cas $\mathfrak{p}$-adique, $\mathfrak{N}^{(r)}_{k,n}$ et $\mathfrak{N}_{k,n}$ les nombres des extensions complètement ramifiées respectivement quelconques $\mathrm{K} \subset \mathfrak{K}$ de k telles que $(\mathrm{K} : k) = n$. Posons $l_j = q - 1$ ou 1 selon que $j < m\mathrm{E}$ ou $j = m\mathrm{E}$, $\varepsilon(s) = p^{-1} + p^{-2} + \dots + p^{-s}$, si s est un entier > 0, $\varepsilon(0) = 0$ et $\varepsilon(-1) = -\infty$.

Si k est $\mathfrak{p}$-adique, posons

$$\mathrm{N} = (\mathrm{K} : \mathbf{Q}_p) = nn_0.$$

On a alors les

Théorème 1 :

$$\mathfrak{N}^{(r)}_{k,n,j} = nl_j\, q^{\frac{\mathrm{E}}{p} + \frac{\mathrm{E}}{p^2} + \dots + \frac{\mathrm{E}}{p^\rho} + \left[\frac{j - \rho\mathrm{E}}{p^{\rho+1}}\right]}.$$

Théorème 2 : *Si k est $\mathfrak{p}$-adique, $\mathfrak{N}^{(r)}_{k,n}$ et $\mathfrak{N}_{k,n}$ sont finis et l'on a*

$$\mathfrak{N}^{(r)}_{k,n} = n \sum_{s=0}^{m} p^s \left\{ p^{\varepsilon(s)\mathrm{N}} - p^{\varepsilon(s-1)\mathrm{N}} \right\},$$

$$\mathfrak{N}_{k,n} = \left(\sum_{d \mid h} d\right)\left(\sum_{s=0}^{m} \frac{p^{m+s+1} - p^{2s}}{p-1} \left\{ p^{\varepsilon(s)\mathrm{N}} - p^{\varepsilon(s-1)\mathrm{N}} \right\}\right).$$

2° Soit k un corps valué complet, $|\dots|$ sa valuation,

$$\omega(\dots) = -\operatorname{Log} |\dots|$$

son ordre valuatif, $\mathfrak{K}$ une clôture algébrique valuée de k, $G = \mathcal{G}_{\mathfrak{K}/k}$ le groupe de Galois de $\mathfrak{K}/k$, S_k l'ensemble des polynomes unitaires irréductibles d'une variable x à coefficients dans k. Si $f(x)$, $g(x)$ sont $\in S_k$, notons $R(f, g)$ leur résultant. Au signe près, $R(f, g)$ coïncide avec le produit des $f(\beta)$, où β parcourt l'ensemble $Z(g)$ des zéros (répétés selon l'ordre de leur multiplicité) de $g(x)$ dans $\mathfrak{K}$, et aussi avec celui des $g(\alpha)$, où α parcourt l'ensemble (avec répétitions) $Z(f)$ analogue. Tous les $f(\beta)$, $\beta \in Z(g)$, sont conjugués par rapport à k et, puisque k est complet, ont une même valuation. D'où, n et n' désignant les degrés respectifs des $f(x)$, $g(x)$, on a

$$| R(f, g) | = | f(\beta) |^{n'} = | g(\alpha) |^{n}$$

pour tout $\beta \in Z(g)$ et tout $\alpha \in Z(f)$.

Soit $$Z(f) = \{ \alpha = \alpha_1, \alpha_2, \ldots, \alpha_n \},$$

où α a été choisi d'avance et les autres zéros de $f(x)$ ont été rangés d'une manière telle que les distances $r_i = | \alpha_i - \alpha |$ croissent (au sens large) avec i. La suite $r_1 = 0, r_2, \ldots, r_n$ (4) ne dépend pas du choix de α, car, si $\alpha' \in Z(f)$, il existe un $\sigma \in G$ tel que $\alpha' = \sigma . \alpha$. Mais, k étant complet, tous les $\sigma \in G$ sont des isométries, et la distance $d(\sigma . \alpha_i, \alpha')$ est $= d(\alpha_i, \alpha) = r_i$. Ainsi, la distance minimale d'un $\alpha \in Z(f)$ aux zéros $\alpha' \neq \alpha$ de $f(x)$ ne dépend pas du choix de α et est, par suite, égale à la distance minimale $\Delta(f)$ des zéros distincts de $f(x)$ dans $\mathfrak{K}$.

Soit $\beta \in Z(g)$, et soit $\alpha = \alpha(\beta)$ un des zéros de $f(x)$ le plus proche de β. La distance $d(\beta, \alpha(\beta))$ ne dépend pas du choix de β. En effet, si $\beta' \in Z(g)$, il existe un $\sigma \in G$ tel que $\beta' = \sigma . \beta$ et $d(\beta', \sigma . \alpha) = d(\beta, \alpha)$ est la plus courte des distances $d(\beta', \sigma . \alpha') = d(\beta, \alpha')$, où α' parcourt $Z(f)$. Mais $\alpha' \rightarrow \sigma . \alpha'$ est une permutation des zéros de $f(x)$. Ainsi, $d(\beta, \alpha(\beta))$ est égale, pour tout $\beta \in Z(g)$, à la plus courte distance $\Delta(f, g)$ entre les zéros de $f(x)$ et ceux de $g(x)$. Si f, g, h sont $\in S_k$, et si $\beta(\alpha)$ et $\gamma(\alpha)$ sont

(4) Soit $K = k(\alpha)$. Les valeurs distinctes, écrites dans l'ordre croissant, que prend

$$\omega(\alpha - \alpha_i) = -\operatorname{Log} r_i$$

s'appellent *nombres caractéristiques* de K/k en α et sont notés

$$\nu^{(\alpha)}_{0, K/k}, \nu^{(\alpha)}_{1, K/k}, \ldots, \nu^{(\alpha)}_{m(\alpha), K/k} = +\infty.$$

On constate que les ensembles $V^{(\alpha)}_{q, K/k}$ des isomorphismes α de K/k dans $\mathfrak{K}$ tels que

$$\nu^{(\alpha)}(\sigma) = \omega(\sigma . \alpha - \alpha)$$

soit $\geqslant \nu^{(\alpha)}_{q, K/k}$ sont des sous-hypergroupes de l'hypergroupe de Galois $\mathcal{G}_{K/k}$ de K/k (voir pour les définitions les travaux cités [1] et [6]). On notera $n^{(\alpha)}_{q, K/k}$ l'ordre de $V^{(\alpha)}_{q, K/k}$.

les zéros de $g(x)$ et de $h(x)$, qui sont parmi les plus proches d'un $\alpha \in Z(f)$,

$$\Delta(g, h) \leqslant d\big(\beta(\alpha), \gamma(\alpha)\big)$$

ne dépasse pas

$$\operatorname{Max}\Big[d\big(\alpha, \beta(\alpha)\big),\ d\big(\alpha, \gamma(\alpha)\big)\Big], \qquad \text{qui est} \quad = \operatorname{Max}[\Delta(f, g),\ \Delta(f, h)].$$

Si l'on pose

$$\alpha(\beta) = \alpha = \alpha_1,$$

$|f(\beta)|$ est le produit des $|\beta - \alpha_i|$. Par définition,

$$|\beta - \alpha_i| \quad \text{est} \quad \geqslant |\beta - \alpha(\beta)| = \Delta(f, g).$$

Or, si

$$r_i = |\alpha - \alpha_i| \quad \text{est} \quad \leqslant \Delta(f, g),$$

$|\beta - \alpha_i|$ ne dépasse pas Max $[|\beta - \alpha|, r_i]$, lequel est $\Delta(f, g)$,

d'où

$$|\beta - \alpha_i| = \Delta(f, g).$$

Et si $r_i > \Delta(f, g)$, on a

$$|\beta - \alpha_i| = |\alpha - \alpha_i| = r_j.$$

Ainsi, l'on a

$$|\beta - \alpha_i| = \operatorname{Max}[\Delta(f, g), r_i],$$

et $|f(\beta)|$ est le produit des Max $[\Delta(f, g), r_i]$ (5). Pour un $f \in S_k$ fixé,

(5) Appelons *polygone de ramification* de K/k en α le polygone de Newton $\Pi^{(\alpha)}_{k/K}$ de

$$f_{\alpha/k}(\alpha + x) = f(\alpha + x).$$

Si $\nu = \omega(\beta - \alpha)$, où $\alpha = \alpha(\beta)$, et si L_ν est la tangente à $\Pi^{(\alpha)}_{K/k}$ de pente $-\nu$, soit $\varphi^{(\alpha)}_{K/k}(\nu)$ l'ordonnée de l'intersection de L_ν avec l'axe des ordonnées. Alors, on constate facilement que l'expression précédente de $|f(\beta)|$ est Exp $\big(-\varphi^{(\alpha)}_{K/k}(\nu)\big)$. Ceci n'est que l'expression des inégalités de Cauchy de l'Analyse valuée pour le polynôme $u(x) = f(\alpha + x)$, qui est, en général, $\omega\big(u(x)\big) \geqslant \varphi^{(\alpha)}_{K/k}\big(\omega(x)\big)$, mais devient l'égalité $\omega\big(u(x)\big) = \varphi^{(\alpha)}_{K/k}\big(\omega(x)\big)$ s'il n'existe aucun zéro z de u, qui soit « proche » de x, autrement dit tel que $|x - z| < |x|$. Or, dans notre cas, $x = \beta - \alpha$ et comme α est un des zéros de f les plus proches de β, 0 est un des zéros de u les plus proches de $\beta - \alpha$, et il n'existe aucun zéro de u « proche » de $\beta - \alpha$ (voir mes Notes des Comptes Rendus, t. 222 (1946), pp. 37-40, 165-167, 363-365, 581-583).

c'est une fonction strictement croissante $M_f(\Delta)$ de $\Delta = \Delta(f, g)$. Si $f(x)$ est séparable (donc $r_2 = \Delta(f) > 0$), et si $\Delta < \Delta(f)$, on a

$$M\ (\Delta) = (r_2 \ldots r_n)\,\Delta \qquad \text{donc} \quad = |\,\mathfrak{d}_f\,|\,\Delta,$$

où $\mathfrak{d}_f$ [la *différente* de $f(x)$] est l'idéal engendré par la dérivée $f'(\alpha)$ de $f(x)$ en α [il ne dépend pas du choix de α, car tous les $f'(\alpha)$ sont conjugués par rapport à k et ont une même valuation].

a étant un nombre réel > 0, organisons S_k par la distance

$$d_a(f, g) = |\,R(f, g)\,|^{a:nn'}$$

égale aussi à $|\,f(\beta)\,|^{a:n}$ et à $|\,g(\alpha)\,|^{a:n'}$, où α, β sont des zéros arbitraires des f, g. $d_a(f, g) = 0$ équivaut à $R(f, g) = 0$, c'est-à-dire, vu que $f(x)$ et $g(x)$ sont unitaires et irréductibles, à $f = g$. D'autre part, puisque $R(g, f) = R(f, g)$, on a

$$d_a(g, f) = d_a(f, g).$$

Enfin, puisque, pour un f fixé, $d_a(f, g)$ est une fonction strictement croissante $M_f\ (\Delta)^{a:n}$ de $\Delta = \Delta(f, g)$, et puisque, si f, g, h sont $\in S_k$, un au moins des $\Delta(g, f)$, $\Delta(h, f)$ est $\geqslant \Delta(g, h)$, un au moins des $d_a(g, f)$, $d_a(h, f)$ est $\geqslant d_a(g, h)$ et $d_a(g, h) \leqslant \text{Max}\,[d_a(g, f), d_a(h, f)]$. Ainsi, $d_a(f, g)$ est une distance ultramétrique, et l'on notera $S_{k,a}$ l'ensemble S_k, organisé en espace ultramétrique par cette distance. On aura à considérer, en particulier, le sous-ensemble de S_k constitué par les $f \in S_k$ de degré n. On le considérera toujours comme un sous-espace de l'espace $S_{k,n}$ (on fera donc le choix $a = n$), et ce sous-espace sera noté $S_k^{(n)}$. Sa distance est

$$d_n(f, g) = |\,f(\beta)\,|\ [\beta \in Z(g)].$$

3° Soit T l'application $\beta \to f_{\beta/k}(x)$ de $\mathfrak{K}$ sur S_k appliquant tout $\beta \in \mathfrak{K}$ sur son polynome minimal $f_{\beta/k}(x)$ par rapport à k. Soient

$$\alpha, \beta \in \mathfrak{K}, \qquad f(x) = T.\alpha, \qquad g(x) = T.\beta.$$

Alors, on a $\Delta(f, g) \leqslant |\,\beta - \alpha\,|$, d'où, si n est le degré de $f(x)$,

$$d_n(f, g) = M_f\,(\Delta(f, g)) \leqslant M_f\,(|\,\beta - \alpha\,|).$$

Ainsi, T applique le cercle (par exemple, circonférencié) $C(\alpha, r; \mathfrak{K})$ de centre α et de rayon r dans $\mathfrak{K}$ dans le cercle $C(f, M_f(r); S_{k,n})$ de centre f et de rayon $M_f(r)$ dans $S = S_{k,n}$.

Montrons que

$$T.C(\alpha, r; \mathfrak{K}) = C(f, M_f(r); S).$$

En effet, soit $g \in C(f, M_f(r); S)$ et soit β' un zéro de g dans $\mathfrak{K}$, donc $g = T.\beta'$. Soit $\alpha' = \alpha(\beta')$ un des zéros de f les plus proches de β'. Alors, on a

$$d_n(f, g) = M_f(d(\alpha', \beta'))$$

et, puisque $M_f(r)$ est strictement croissante et $d_n(f, g) \leqslant M_f(r)$, on a $d(\alpha', \beta') \leqslant r$. Mais il existe un $\sigma \in G$ tel que $\sigma.\alpha' = \alpha$, d'où, si $\beta = \sigma.\beta'$, on a

$$d(\alpha, \beta) = d(\alpha', \beta') \leqslant r \qquad \text{et} \qquad \beta \in C(\alpha, r; \mathfrak{K}).$$

Et, β étant un zéro de g, on a

$$g = T.\beta \in T.C(\alpha, r; \mathfrak{K}).$$

Nous voyons, en plus, que tout $\beta \in T^{-1}.C(f, M_f(r); S)$ a un conjugué (par rapport à k) dans $C(\alpha, r; \mathfrak{K})$, donc appartient à un conjugué $C(\alpha_i, r; \mathfrak{K})$ de ce dernier cercle. Certains de ces cercles peuvent être confondus, mais cela n'arrive pas si $f(x)$ est séparable et $r < \Delta(f)$, auquel cas leur nombre est exactement n.

Soit $\mathfrak{K}'$ un sous-espace quelconque de $\mathfrak{K}$, stable par les automorphismes de $\mathfrak{K}/k$, et soit $S' = T.\mathfrak{K}'$. Alors, visiblement,

$$\mathfrak{K}' = T^{-1}.S', \qquad T.C(\alpha, r; \mathfrak{K}') = C(f, M_f(r); S')$$

(où $\alpha \in \mathfrak{K}'$) et $T^{-1}.C(f, M_f(r); S')$ est la réunion des $C(\alpha_i, r; \mathfrak{K}')$ $(i = 1, 2, \ldots, n)$. L'ensemble $\mathfrak{K}^{(n)}$ des $\alpha \in \mathfrak{K}$ de degré n par rapport à k est un tel sous-espace $\mathfrak{K}'$ de $\mathfrak{K}$ et $T.\mathfrak{K}^{(n)} = S_k^{(n)}$.

4° Soient $\alpha \in \mathfrak{K}$ séparable sur k et $C_\alpha = C(\alpha, \Delta(f)^-; \mathfrak{K})$ le plus grand cercle de centre α dans $\mathfrak{K}$ ne contenant aucun de ses conjugués $\alpha' \neq \alpha$ par rapport à k [c'est le cercle non circonférencié de centre α et de rayon $\Delta(f)$, où $f = T.\alpha$]. Alors, tout $\beta \in C_\alpha$ est plus près de α que de tout son conjugué $\alpha' \neq \alpha$ par rapport à k. *Il en résulte* $k(\beta) \supseteq k(\alpha)$. En effet, tout conjugué de $\alpha - \beta$ par rapport au corps (qui est complet) $k(\beta)$ est de la forme $\alpha' - \beta$, où α' est un conjugué de α par rapport à k, et, en plus, on doit avoir $|\alpha' - \beta| = |\alpha - \beta|$, ce qui implique $\alpha' = \alpha$. Par suite, $\alpha - \beta$ et, également, $\alpha = (\alpha - \beta) + \beta$ n'a d'autre conjugué par rapport à $k(\beta)$ que lui-même. Étant séparable par rapport à k, α l'est, à fortiori, par rapport à $k(\beta)$, ce qui implique $\alpha \in k(\beta)$ et $k(\beta) \supseteq k(\alpha)$. En particulier, $(k(\beta) : k)$ est $\geqslant (k(\alpha) : k)$ et l'égalité de ces degrés implique $k(\beta) = k(\alpha)$ (et la séparabilité de β par rapport à k). En plus, dans ce cas, pour toute paire σ_1 et $\sigma_2 \neq \sigma_1$ d'isomorphismes de $k(\alpha)/k$ dans $\mathfrak{H}$, $d(\sigma_1.\beta, \sigma_1.\alpha)$ et $d(\sigma_2.\beta, \sigma_2.\alpha)$ sont égaux à $d(\beta, \alpha) < \Delta(f)$, qui est $\leqslant d(\sigma_1.\alpha, \sigma_2.\alpha)$, d'où résulte que

$$d(\sigma_1.\beta, \sigma_2.\beta) = d(\sigma_1.\alpha, \sigma_2.\alpha).$$

Ainsi, les distances mutuelles des conjugués d'un $\beta \in C_\alpha \cap \mathfrak{K}^{(n)}$ sont les mêmes que celles des conjugués de α, d'où résulte, si $g = T.\beta$,

que $$M_g(r) = M_f(r)$$

et, en particulier, $\mathfrak{d}_g = \mathfrak{d}_f$; d'autre part, on a, manifestement, $|\beta| = |\alpha|$.

5° K/k étant une extension séparable de degré $(K : k) = n$ fini, soient K_k l'ensemble des $\alpha \in K$ tels que $K = k(\alpha)$, $(K; \mathfrak{d})$ celui des entiers $(|\alpha| \leqslant 1)$ $\alpha \in K$, dont la différente $\mathfrak{d}_{\alpha/k} = \mathfrak{d}_{T.\alpha}$ est $\mathfrak{d}$, $K^{(d)} = (K; \mathfrak{d}_{K/k})$ celui des éléments discriminantiels de K/k, autrement dit celui de ses entiers, dont la différente est égale à celle de K/k (c'est-à-dire a la plus grande valuation possible). Si $|\alpha| \leqslant 1$, les $d(\alpha, \sigma.\alpha)$ sont $\leqslant 1$, d'où, si $f = T.\alpha$, $|\mathfrak{d}_f| = |f'(\alpha)|$ est $\leqslant \Delta(f)$. Si $\alpha \in (K; \mathfrak{d})$ et si $\beta \in C_\alpha \cap \mathfrak{K}^{(n)}$, on a

$$k(\beta) = k(\alpha), \quad |\beta| = |\alpha| \leqslant 1 \quad \text{et} \quad \mathfrak{d}_{\beta/k} = \mathfrak{d}_{\alpha/k} = \mathfrak{d},$$

donc $\beta \in (K; \mathfrak{d})$. Or, $d(\beta, \alpha) < |\mathfrak{d}| = |\mathfrak{d}_f|$ implique $d(\beta, \alpha) < \Delta(f)$, donc $\beta \in C_\alpha$. Donc, si $r < |\mathfrak{d}|$, $(K; \mathfrak{d})$ (et, en particulier, $K^{(d)}$ si $\mathfrak{d} = \mathfrak{d}_{K/k}$) est une réunion de cercles de rayon r dans $\mathfrak{K}^{(n)}$, et il en est de même pour les ensembles $(K; \mathfrak{d})_w$, $(K^{(d)})_w$ des $\alpha \in (K; \mathfrak{d})$ respectivement $\in K^{(d)}$ tels que $|\alpha| = w$, ainsi que pour les réunions arbitraires de tels ensembles avec $\mathfrak{d}$ fixé. Ainsi, si Λ est une famille d'extensions $K \subset \mathfrak{K}$ de k de degré n, les réunions $L_{\Lambda,\mathfrak{d}}$ et $(L_{\Lambda,\mathfrak{d}})_w$ des $(K; \mathfrak{d})$ respectivement $(K; \mathfrak{d})_w$, où K parcourt Λ, se décomposent, pour $r < |\mathfrak{d}|$, en réunion de cercles de rayon r dans $\mathfrak{K}^{(n)}$. Si toutes les $K/k \in \Lambda$ ont une même différente $\mathfrak{d}$, il en est de même pour

$$L_\Lambda^{(d)} = L_{\Lambda,\mathfrak{d}} \quad \text{et} \quad (L_\Lambda^{(d)})_w = (L_{\Lambda,\mathfrak{d}})_w.$$

Si k est discrètement valué, $K^{(d)} \neq \emptyset$; si, en plus, K/k est complètement étagé (c'est-à-dire son degré résiduel est 1), $|\alpha| = |\mathfrak{P}| = |\mathfrak{p}|^{1:n}$

implique que α est discriminantiel, donc $(K^{(d)})_w$, où $w = |\mathfrak{P}| = |\mathfrak{p}|^{1:n}$ coïncide avec le complément Π_K de $\mathfrak{P}^2$ dans $\mathfrak{P}$. Si $\Lambda = \Lambda^{(r)}_{n,j}$ est la famille de toutes les extensions $K \subset \mathfrak{K}$ de k complètement étagées de degré n et de différente $\mathfrak{d} = \mathfrak{p}\,\mathfrak{P}^{j-1}$, $(L_{\Lambda,\mathfrak{d}})_w$ est la réunion des Π_K, étendue aux $K \in \Lambda^{(r)}_{n,j}$, qui sera également notée $\Pi_{k,n,j}$ et se décompose en réunion de cercles de rayon $r = |\mathfrak{P}|^t$, pourvu que $t \geqslant n + j$.

Si $(K : k) = n$, l'ensemble $S_{K/k}$ des $f \in S_k$ définissant K/k et ceux $(S_{K/k}; \mathfrak{d})$, $(S_{K/k}; \mathfrak{d})_W$, $S^{(d)}_{K/k}$, et $(S^{(d)}_{K/k})_W$ des $f \in S_{K/k}$ à coefficients entiers et tels que respectivement $\mathfrak{d}_f = \mathfrak{d}$, $\mathfrak{d}_f = \mathfrak{d}$ et la valuation du terme constant $c(f)$ de f est $|c(f)| = W$, $\mathfrak{d}_f = \mathfrak{d}_{K/k}$, $\mathfrak{d}_f = \mathfrak{d}_{K/k}$ et $|c(f)| = W$, sont des sous-espaces de $S^{(n)}_k$. On a

$$T.K_k = S_{K/k}, \qquad T.(K; \mathfrak{d}) = (S_{K/k}; \mathfrak{d}), \qquad T.(K; \mathfrak{d})_w = (S_{K/k}; \mathfrak{d})_{w^n},$$

et, en particulier,

$$T.K^{(d)} = S^{(d)}_{K/k} \quad \text{et} \quad T.(K^{(d)})_w = (S^{(d)}_{K/k})_{w^n}.$$

Les propriétés prouvées de T impliquent que $\mathfrak{d}_f = \mathfrak{d}$ et $r < |\mathfrak{d}|$ (donc aussi $r < \Delta(f)$) quand les coefficients de f sont entiers entraînent $M_f(r) = |\mathfrak{d}|\,r$ et, si $f(\alpha) = 0$, $\quad T.C(\alpha, r; \mathfrak{K}^{(n)}) = C(f, |\mathfrak{d}|\,r; S^{(n)}_k)$.

Ainsi, si $r < |\mathfrak{d}|$, $(S_{K/k}; \mathfrak{d})$ et $(S_{K/k}; \mathfrak{d})_W$ sont des réunions de cercles de rayon $|\mathfrak{d}|\,r$ dans $S^{(n)}_k$; il en est de même pour

$$L_{\Lambda,\mathfrak{d}} = \bigcup (S_{K/k}; \mathfrak{d}) \quad \text{et} \quad (L_{\Lambda,\mathfrak{d}})_W = \bigcup (S_{K/k}; \mathfrak{d})_W,$$

où la réunion est étendue aux $K \in \Lambda$. En particulier, si k est discrètement valué, on voit (en posant $\Lambda = \Lambda^{(r)}_{n,j}$ et $W = |\mathfrak{p}|$) que $T.\Pi_{k,n,j}$ se décompose en cercles de rayon $|\mathfrak{d}|\,r = |\mathfrak{P}|^{n+j-1+t}$ dès que $t \geqslant n + j$. Or, $f \in S^{(n)}_k$ définit un élément α d'une extension complètement étagée K/k tel que $|\alpha| = |\mathfrak{P}|$ si, et seulement si $|c(f)| = |\mathfrak{p}|$, autrement dit f est un polynôme d'Eisenstein. Ainsi, $T.\Pi_{k,n,j}$ est l'ensemble $E^{(n)}_{k,j}$ des polynômes d'Eisenstein $f(x) \in k[x]$ de degré n et de différente $\mathfrak{p}\,\mathfrak{P}^{j-1} = \mathfrak{p}^{(n+j-1):n}$.

Soit $C' \subseteq E^{(n)}_{k,j}$ un cercle de rayon $|\mathfrak{d}|\,r = |\mathfrak{p}|\,|\mathfrak{P}|^{j-1+t}$ dans $S^{(n)}_k$, et soit K/k une extension (complètement étagée) définie par les $f \in C'$. Alors, $T^{-1}.C'$ est la réunion de n cercles disjoints $C_1, C_2, \ldots, C_n$ de rayon $r = |\mathfrak{P}|^t$ dans $\mathfrak{K}^{(n)}$. Si $l = l_{K/k}$ est le nombre des extensions $K' \subset \mathfrak{K}$ de k conjugués de K/k, chaque cercle C_i est contenu dans quelque K' de cette sorte et dans un seul, et le nombre des $C_i \subseteq K'$ ne dépend pas du choix de K'. Ainsi, $T^{-1}.C' \cap K$ est la réunion de $n : l$ cercles de rayon r dans $\mathfrak{K}^{(n)}$.

6° Supposons que k est localement compact (autrement dit discrètement valué et à corps résiduel fini, dont soit $q = p^{f_0}$ le nombre d'éléments). Soit K/k une extension complètement ramifiée (donc, k étant parfait, complètement étagée). Les cercles de rayon $r = |\mathfrak{P}|^t$ dans K sont des classes (mod $\mathfrak{P}^t$) dans ce corps. Comme les corps résiduels de K et de k coïncident, chaque classe (mod $\mathfrak{P}^i$) contient q classes (mod $\mathfrak{P}^{i+1}$), et Π_K se décompose en $q^{t-1} - q^{t-2}$ classes (mod $\mathfrak{P}^t$), c'est-à-dire des cercles de rayon $r = |\mathfrak{P}|^t$. Si $E_{K/k}$ est l'ensemble des polynomes d'Eisenstein définissant K/k, on a $\Pi_K = T^{-1}. E_{K/k} \cap K$. $E_{K/k}$ est une réunion de cercles C′ de $S_k^{(n)}$ de rayon $|\mathfrak{d}_{K/k}|\, r$, où $r = |\mathfrak{P}|^t$ est $< |\mathfrak{d}_{K/k}|$, et $T^{-1}.C' \cap K$ est la réunion de $n : l_{K/k}$ cercles de rayon r. Par suite, comme Π_K contient $(q-1)\, q^{t-2}$ tels cercles, $E_{K/k}$ est la réunion de $n^{-1}(q-1)\, q^{t-2}\, l_{K/k}$ cercles disjoints C′ de rayon $|\mathfrak{d}_{K/k}|\, r$.

Partageons $\Lambda_{n,j}^{(r)}$ en classes des corps conjugués par rapport à k. Alors, les ensembles $E_{K/k} = T.\Pi_K$ coïncident ou sont disjoints selon que les corps K correspondants appartiennent à une même classe L, et si l(L) désigne le nombre des corps $\in$ L, le nombre des cercles de rayon $|\mathfrak{d}|\, r = |\mathfrak{p}|\, |\mathfrak{P}|^{j+t-1}$ constituant $E_{K/k}$, où $K \in L$, est $n^{-1}(q-1)\, q^{t-2}\, l(L)$. Par suite, le nombre $N_{k,j,t}^{(n)}$ des cercles de rayon $|\mathfrak{p}|^{(n+j+t-1):n}$ constituant $E_{k,j}^{(n)} = \cup\, E_{K/k}$ $(K \in \Lambda_{n,j}^{(r)})$ est $n^{-1}(q-1)\, q^{t-2} \sum l(L)$, où L parcourt toutes les classes de $\Lambda_{n,j}^{(r)}$. Or, une telle somme $\sum l(L)$ est, visiblement, le nombre $\mathfrak{N}_{k,n,j}^{(r)}$ des extensions complètement ramifiées $K \subset \mathfrak{K}$ de k telles que $(K:k) = n$ et $\mathfrak{d}_{K/k} = \mathfrak{p}\,\mathfrak{P}^{j-1}$. D'où résulte

$$\mathfrak{N}_{k,n,j}^{(r)} = n N_{k,j,t}^{(n)} : (q-1)\, q^{t-2}.$$

Il suffit donc de prouver que $N_{k,j,t}^{(r)}$ est fini et de le calculer pour démontrer que $\mathfrak{N}_{k,n,j}^{(r)}$ l'est, et déterminer sa valeur.

7° On va normaliser la valuation de k en posant $|\mathfrak{p}| = e^{-n}$, donc $\omega(\mathfrak{p}) = n$. Alors, si $\mathfrak{P}$ est l'idéal premier d'une extension complètement ramifiée $K \subset \mathfrak{K}$ de k de degré n, on a $\omega(\mathfrak{P}) = 1$, et si $\mathfrak{d} = \mathfrak{p}\,\mathfrak{P}^{j-1}$, on a

$$\omega(\mathfrak{d}) = n + j - 1.$$

On a

$$r = |\mathfrak{P}|^t = e^{-t} \qquad \text{et} \qquad |\mathfrak{d}|\, r = e^{-(n+j-1+t)}.$$

Si

$$f(x) = a_0 + a_1 x + \ldots + a_i x^i + \ldots + a_n x^n \qquad \text{est} \qquad \in k[x],$$

$a_i \neq 0$ implique $\omega(a_i) \equiv 0 \pmod{n}$. $f(x)$, supposé unitaire, est un polynome d'Eisenstein si, et seulement si $\omega(a_0) = n$ et $\omega(a_i) \geqslant n$ pour tout i tel que $0 < i < n$. Si α est un zéro dans k d'un polynome d'Eisenstein $f(x)$ de degré n, on a $\omega(\alpha) = 1$.

Ceci posé, soient

$$f(x) = x^n + \sum a_i x^i \qquad \text{et} \qquad g(x) = x^n + \sum b_i x^i$$
$$(i = 0, 1, \ldots, n-1)$$

deux polynomes d'Eisenstein dans k, α un zéro de f dans k, et β celui de g. Alors,

$$f(\beta) = f(\beta) - g(\beta) = \sum (a_i - b_i)\beta^i \qquad (i = 0, 1, \ldots, n-1).$$

Or, on a

$$\omega((a_i - b_i)\beta^i) = \omega(a_i - b_i) + i\,\omega(\beta),$$
$$\omega(\beta) = 1 \qquad \text{et} \qquad \omega(a_i - b_i) \equiv 0 \qquad (\text{mod } n),$$

d'où
$$\omega((a_i - b_i)\beta^i) \equiv i \qquad (\text{mod } n).$$

Ainsi tous les termes de la somme précédente ont leurs ordres (et valuations) différents et $|f(\beta)| = |f(\beta) - g(\beta)|$ est $\text{Max}(|a_i - b_i|\,|\beta|^i)$ $(i = 0, 1, \ldots, n-1)$. Par suite, $d(f, g) = d_n(f, g)$ est l'exponentielle de $-\text{Min}[\omega(a_i - b_i) + i]$ $(i = 0, 1, \ldots, n-1)$. Il est à remarquer $d(f, g)$ est encore $\text{Max}(|a_i - b_i|\,|\pi|^i)$, où π est un élément arbitraire de $\mathfrak{K}$ tel que $\omega(\pi) = 1$.

On a

$$|\mathfrak{d}_f| = |f'(\alpha)| = \left| n\alpha^{n-1} + \sum i a_i \alpha^{i-1} \right| \qquad (i = 1, \ldots, n-1).$$

Or, n et ia_i sont $\in k$, donc $\omega(n)$ et $\omega(ia_i)$ sont $\equiv 0 \pmod{n}$. Par suite, quand les termes en question ne sont pas nuls,

$$\omega(n\alpha^{n-1}) \equiv n - 1 \pmod{n} \qquad \text{et} \qquad \omega(ia_i\alpha^{i-1}) \equiv i - 1 \pmod{n}.$$

Ainsi, tous ces termes ont des ordres différents ou $= +\infty$ et

$$\omega(\mathfrak{d}_f) = \text{Min}\left[\omega(n) + n - 1, \qquad \text{Min}_i[\omega(i) + \omega(a_i) + i - 1]\right].$$

Soient

$$n = hp^m, \qquad (p) = \mathfrak{P}^{\mathrm{E}} = \mathfrak{p}^{\mathrm{E}/n}$$

et $p^{s(i)}$ la contribution de p dans i. Alors $\omega(\mathfrak{d}_f)$ est

$$\mathrm{Min}\Big[m\mathrm{E} + n - 1, \qquad \mathrm{Min}_i\,[s(i)\mathrm{E} + \omega(a_i) + i - 1]\Big].$$

Or $f \in \mathrm{E}_{k,j}^{(n)}$ équivaut à $\omega(\mathfrak{d}_f) = n + j - 1$, ce qui peut s'écrire

$$\mathrm{Min}\Big[m\mathrm{E}, \qquad \mathrm{Min}_i\Big[s(i)\mathrm{E} + [\omega(a_i) - n] + i\Big]\Big] = j,$$

d'où résulte $j \leqslant m\mathrm{E}$. Si le terme maximal de $f'(\alpha)$ est $n\alpha^{n-1}$, on a $j = m\mathrm{E}$. Si c'est un terme $i^* a_{i^*} \alpha^{i^*-1}$, on doit d'abord avoir

$$s(i^*)\mathrm{E} + \omega(a_{i^*}) - n + i^* < m\mathrm{E},$$

et, vu que $\omega(a_{i^*}) \geqslant n$ pour tout $i = 1, 2, \ldots, n-1$, et que $i^* > 0$, ceci entraîne $s(i^*) < m$. D'autre part,

$$s(i^*)\mathrm{E} + \omega(a_{i^*}) - n + i^* = j \qquad \text{implique } j \equiv i^* \pmod{n}$$

[et, plus précisément, puisque $0 < i^* < n$, que i^* est le plus petit reste positif de $j \pmod{n}$], d'où puisque $p^m | n$, $s(j) = s(i^*)$. Mais $\omega(a_{i^*}) \geqslant n$ et $i^* > 0$ entraînent alors $j > s(i^*)\mathrm{E}$, donc $>$ et à fortiori, $\geqslant s(j)\mathrm{E}$. Ainsi si s est le plus grand entier $< m$ tel que $p^s | j$, et si $\mathfrak{d}_f = \mathfrak{p}\mathfrak{P}^{j-1}$, on doit avoir $s\mathrm{E} \leqslant j \leqslant m\mathrm{E}$ (conditions d'Ore [*10*]). Inversement, si j satisfait à ces conditions, il existe un $f \in \mathrm{E}_{k,j}^{(n)}$. En effet, pour $j = m\mathrm{E}$ (ce qui implique que k est $\mathfrak{p}$-adique), tel est le polynome $x^n - a_0$, où $a_0 \in k$ et $\omega(a_0) = n$, car sa différente est $(n\alpha^{n-1}) = \mathfrak{P}^{m\mathrm{E}-1}$. Et si $j < m\mathrm{E}$ et $\not\equiv 0 \pmod{p^m}$ est $\geqslant$ (donc $>$) que $s(j)\mathrm{E}$, soit i^* le plus petit reste positif de $j \pmod{n}$. Alors le polynome $x^n + a_{i^*} x^{i^*} + a_0$, où $a_0, a_{i^*} \in k$ sont tels que $\omega(a_0) = n$ et $\omega(a_{i^*}) - n - (j - i^*) - s(j)\mathrm{E}$ [ce dernier entier est $\geqslant 0$ et divisible par n] est $\in \mathrm{E}_{k,j}^{(n)}$. Ainsi $\mathrm{E}_{k,j}^{(n)} \neq \varnothing$ si, et seulement si j satisfait aux conditions d'Ore.

8° Soit L un corps discrètement valué complet, $\mathfrak{y}$ l'idéal premier de son anneau d'intégrité, $\varkappa$ un élément de L tel que $\mathfrak{y} = (\varkappa)$, $\overline{\mathrm{L}}$ le corps résiduel de L, p la caractéristique de $\overline{\mathrm{L}}$, $\lambda : \overline{\mathrm{L}} \to \mathrm{L}$ une fonction représentative normée de $\overline{\mathrm{L}}$ dans L, c'est-à-dire une application de $\overline{\mathrm{L}}$ dans L telle que, pour tout $\bar{c} \in \overline{\mathrm{L}}$, $\lambda . \bar{c}$ (dit le représentant de $\bar{c}$) soit $\in \bar{c}$ [considéré comme un sous ensemble de L] et que le représentant $\lambda.\bar{0}$ du 0 de $\bar{L}$ soit celui 0 de L. On sait que tout $\alpha \in L$ peut se représenter (et d'une manière unique) comme la somme d'une série $\sum [\lambda.\bar{c}_t(\alpha)] \varkappa^t$, où la sommation cst étendue à l'ensemble **Z** de tous les entiers rationnels, mais où $c_t(\alpha) = \bar{0}$ si t est inférieur à une constante convenable. Plus précisément, le plus petit t tel que $\bar{c}_t(\alpha) \neq \bar{0}$, qui existe si $\alpha \neq 0$ est $\omega(\alpha)/\omega(\mathfrak{y})$. Et la distance $d(\alpha, \beta) = |\alpha - \beta|$ des $\alpha, \beta \in L$ est $|\mathfrak{y}|^t$ où t est le plus petit indice tel que $\bar{c}_t(\alpha) \neq \bar{c}_t(\beta)$. Le développement précédent de α sera dit son $(\lambda, \varkappa)$-développement.

Soit $\nu(\alpha)$ le vecteur de $\bar{L}^{\mathbf{Z}}$ dont la $t^{\text{ième}}$ coordonnée $\nu(\alpha)_t$ soit, pour tout $t \in \mathbf{Z}$, $\bar{c}_t(\alpha)$, et soit $\varphi(\lambda, \varkappa)$ l'application $\alpha \longrightarrow \nu(\alpha)$. Alors $\varphi(\lambda, \varkappa)$. L est l'ensemble $\mathfrak{Y}(\bar{L}$ des vecteurs $\nu = (\nu_t)$ de $\bar{L}^{\mathbf{Z}}$, dont les coordonnées ν_t sont nulles quand t est inférieur à une constante convenable; et l'image par $\varphi(\lambda, \varkappa)$ de l'anneau d'intégrité I (L) de L est l'ensemble de tels vecturs dont les coordonnées d'indices négatifs sont nulles, cet ensemble s'identifiant, d'une manière évidente, avec $\bar{L}^{\mathbf{N}}$, où **N** est l'ensemble des entiers non négatifs. Si l'on organise $\mathfrak{Y}(\bar{L})$ en groupe additif valué en posant

$$|\nu| = |\mathfrak{y}|^{-\omega(\nu)} \qquad \text{et} \qquad d(\nu', \nu'') = |\mathfrak{y}|^{-\omega(\nu', \nu'')},$$

où $\omega(\nu)$ est le plus petit t tel que $\nu_t \neq \bar{0}$ et $\omega(\nu', \nu'')$ est le plus petit t tel que $\nu'_t \neq \nu''_t$, $\varphi(\lambda, \varkappa)$ devient une isométrie de L sur $\mathfrak{Y}(\bar{L})$, préservant, en particulier, la valuation. Si C est un cercle de L de rayon $r = |\mathfrak{y}|^{t_0}$ et si $\alpha \in C$, C est l'ensemble des $\beta \in L$ tels que $\bar{c}_t(\beta) = \bar{c}_t(\alpha)$ pour tout $t < t_0$. Donc, $\varphi(\lambda, \varkappa).C$ est l'ensemble des $\nu \in \mathfrak{Y}(\bar{L})$ tels que $\nu_t = \nu(\alpha)_t$ quand $t < t_0$ et les cercles $\varphi(\lambda, \varkappa).C \subseteq \varphi(\lambda, \varkappa).I(L)$ peuvent s'identifier avec les vecteurs $(\nu_0, \nu_1, \ldots, \nu_{t_0-1})$ de l'espace $\bar{L}^{t_0}$.

Si $\alpha \in L$, posons $\Delta_{\lambda,\varkappa}.\alpha = \sum t[\lambda.\bar{c}_t(\alpha)] \varkappa^{t-1}$. Montrons que si $\omega(p)/\omega(\alpha)$ est un entier (pouvant être $+\infty$), cette somme a un seul terme maximal. En effet, si $n = \omega[\nu(\alpha)]$ est le plus petit t tel que $\bar{c}_t(\alpha) \neq \bar{0}$ et si $n = hp^m$, où $h \not\equiv 0 \pmod{p}$,

$$|t[\lambda.c_t(\alpha)]\varkappa^{t-1}| \geqslant |n[\lambda.c_n(\alpha)]\varkappa^{n-1}|$$

entraîne $t = n$ ou $t \not\equiv 0 \pmod{p^m}$. Ainsi, si $n[\lambda.\bar{c}_n(\alpha)]\varkappa^{n-1}$ est maximal, c'est le terme maximal unique. Et, s'il ne l'est pas et $t'[\lambda.\bar{c}_{t'}(\alpha)]\varkappa^{t'-1}$ et $t''[\lambda.\bar{c}^{t''}(\alpha)]\varkappa^{t''-1}$ le sont, on a, puisque $t' - t'' = [\omega(t'') - \omega(t')]$: $\omega(\varkappa) \equiv 0 \pmod{\omega(p)/\omega(\varkappa)}$ et, à fortiori, $(\bmod\ \omega(\alpha)/\omega(\varkappa) = n = hp^m)$, que la contribution de p dans t' et t'', et par suite, leur valuation est la même, ce qui implique $t' = t''$ [car $|t'| = |t''|$, $|\lambda.\bar{c}_t(\alpha)| = 1$ quand $\bar{c}_t(\alpha) \neq 0$ et l'égalité des valuations des termes considérés entraînent $|\varkappa|^{t'-1} = |\varkappa|^{t''-1}$]. Donc, si $\Delta_{\lambda,\varkappa}.\alpha \neq 0$, $\omega(\Delta_{\lambda,\varkappa}.\alpha)$ est le minimum des ordres des termes non nuls de la série précédente, donc

$$\text{Min}\,[s(t)\,\omega(p) + (t-1)\,\omega(\varkappa)],$$

où la somme est étendue aux $t \geqslant n$ tels que $c_t(\alpha) \neq 0$. Si $\text{E} = \omega(p)/\omega(\mathfrak{y})$, ceci peut s'écrire $\text{Min}\,[s(t)\,\text{E} + t - 1]\,\omega(\mathfrak{y})$.

9º Soient $k[x]_n$ l'ensemble des polynômes unitaires

$$f(x) = x^n + \sum a_i\, x^i \qquad (0 \leqslant i < n)$$

de degré n dans k, π_0 un élément de k tel que $\mathfrak{p} = (\pi_0)$, $\lambda : \bar{k} \to k$ une fonction représentative normée de $\bar{k}$ dans k, $a_i = \sum \left(\lambda.\bar{a}_{i,u}\right)\pi_0^u$ le (λ, π_0)-développement de a_i. Soient

$$\varkappa = \sqrt[n]{\pi_0} \qquad \text{et} \qquad \text{L} = k(\varkappa)$$

organisé par l'unique prolongement possible de la valuation de k. L/k est une extension complètement ramifiée, dont $\mathfrak{y} = (\varkappa) = (\pi_0^{1/n})$ est l'idéal premier, et l'on a avec la normalisation du paragraphe 6,

$$\omega(\mathfrak{y}) = n^{-1}\,\omega(\pi_0) = 1.$$

Soit θ l'application

$$f(x) \;\to\; f(\varkappa) - \varkappa^n = \sum a_i\,\varkappa^i \quad \text{de} \quad k[x]_n$$

dans L. C'est une surjection car $(a_0, a_1, \ldots, a_{n-1})$ est un vecteur arbitraire de k^n et $(1, \varkappa, \ldots, \varkappa^{n-1})$ est une base linéaire de L/k. On a

$$\omega(\theta.f(x)) = \text{Min}\,[\omega(a_i) + i],$$

et, par suite, les conditions :

$$\omega(a_0) = n, \qquad \omega(a_i) \geqslant n \qquad (0 < i < n),$$

qui caractérisent les polynômes d'Eisenstein, équivalent à $\omega(\theta.f(x)) = n$. Et si

$$g(x) = x^n + \sum b_i x^i \qquad \text{est} \qquad \in k[x]_n,$$

$$d(\theta.f(x), \theta.g(x)) \qquad \text{est} \qquad |f(x) - g(x)| = \left|\sum (a_i - b_i)\varkappa^i\right|,$$

ce qui coïncide, en vertu du paragraphe 6, avec la distance $d_n(f(x), g(x))$ des $f(x)$, $g(x)$ dans $S_k^{(n)}$. Ainsi, $\theta.E_{k,n}$ (où $E_{k,n}$ est l'ensemble des polynômes d'Eisenstein de degré n dans k) est le complément $\mathfrak{y}^n \cdot\cdot \mathfrak{y}^{n+1}$ de $\mathfrak{y}^{n+1}$ dans $\mathfrak{y}^n$ et θ est une isométrie du sous-espace $E_{k,n}$ de $S_{k,n}$ dans L. Comme λ est aussi une fonction représentative normée de $\overline{L} = \overline{k}$ dans L, $\varphi(\lambda, \varkappa)\,\theta$ est une isométrie de $E_{k,n}$ dans $(\overline{L}^{\mathbf{Z}})$. Puisque $\pi_0 = \varkappa^n$, on a

$$\theta.f(x) = \sum_i a_i \varkappa^i = \sum_i \left(\sum_u (\lambda.\overline{a}_{i,u})\pi_0^u\right)\varkappa^i = \sum_i \sum_u (\lambda.\overline{a}_{i,u})\varkappa^{nu+i}$$

et, si $N_n = \{0, 1, \ldots, n-1\}$, $(u, i) \to nu + i$ est une bijection de $\mathbf{Z} \times \mathbf{N}_n$ sur $\mathbf{Z}$, un $t \in \mathbf{Z}$ étant l'image du couple $[u(t), i(t)]$, où $i(t)$ et $u(t)$ sont le plus petit reste non négatif de t (mod n) et la partie entière de t/n. Ainsi si l'on pose $\overline{c}_t = \overline{a}_{i(t),u(t)}$, $\sum_t (\lambda.\overline{c}_t)\varkappa^t$ est le $(\lambda, \varkappa)$-développement de $\theta.f(x)$ et $\varphi(\lambda, \varkappa)\,\theta.f(x)$ est le vecteur $\overline{c} = (c_t = \overline{a}_{i(t),u(t)})$. Quand $f(x)$ parcourt $E_{k,n}$, ce vecteur parcourt tous les vecteurs $\overline{c} = (\overline{c}_t)\,k$ tels que $\overline{c}_t = 0$ si $t < n$ et $\overline{c}_n \neq \overline{0}$. Posons

$$\mathbf{N}'_n = \mathbf{N}_n \cdot\cdot \{0\} = \{1, \ldots, n-1\}.$$

Si $f \in E_{k,n}$, $\omega(\mathfrak{d}_f)$ est $\mathrm{Min}\left[m\,E + n - 1, \mathrm{Min}_i\,[\omega(a_i) + s(i)\,E + i - 1]\right]$ (où i parcourt $\mathbf{N}'_n$), car $\omega(\mathfrak{y}) = 1$ dans notre cas. Or si u_i est $+\infty$ ou le plus petit u tel que $\overline{a}_{i,u} \neq \overline{0}$ selon que $a_i =$ ou $\neq 0$ $(i \in \mathbf{N}'_u)$, on a $\omega(a_i) = nu_i$ et $f \in E_{k,n}$ implique $u_0 = 1$. Comme $s(n) = m$, $mE + n - 1$ est $(nu_0 + 0) + s(nu_0 + 0)\,E - 1$, tandis que $0 < i < n$ et $\omega(a_i) \geqslant n$ implique, quand $\omega(a_i) + s(i)\,E + i - 1 \leqslant m\,E + n - 1$, $s(i) < m$ [ce qui entraîne pour tout $t \equiv i$ (mod n), $s(t) = s(i)$], d'où

$$\omega(a_i) + s(i)E + i - 1 = (nu_i + i) + s(nu_i + i)E - 1,$$

cette égalité restant exacte pour tout $i \in \mathbf{N}'_n$ tel que $s(i) < m$. Puisque pour $i \in \mathbf{N}'_n$ tel que $s(i) \geqslant m$, on a aussi $s(nu_i + i) \geqslant m$, on voit que

$$(nu_i + i) + s(nu_i + i)E - 1 > mE + n - 1.$$

Donc $\omega(\mathfrak{d}_j)$ est aussi $= \text{Min}\,[(nu_i + i) + s\,(nu_i + i)\,\text{E} - 1]$, où i parcourt $\mathbf{N}_n$. Or soit t un indice tel que $\bar{c}_t \neq 0$. Alors si $s(t) < m$, on a

$$s(t) = s[i(t)] \qquad \text{et} \qquad u(t) \geqslant u_{i(t)},$$

d'où $$t + s(t)\,\text{E} - 1 \geqslant (nu_{i(t)} + s\,[nu_{i(t)} + i(t)]\,\text{E} - 1.$$

Comme tout $(nu_i + i) + s\,(nu_i + i) - 1$ est, quand il est $< +\infty$, parmi les $s(t)\,\text{E} + t - 1$ tels que $\bar{c}_t \neq \bar{0}$, on voit que $\omega(\mathfrak{d}_f)$ est aussi $\text{Min}\,[s(t)\,\text{E} + t - 1]$, où t parcourt les indices $\in \mathbf{Z}$ tels que $\bar{c}_t \neq \bar{0}$, donc est $= \omega\,[\Delta_{\lambda,\varkappa}\,\theta . f(x)]$.

Dès lors si $f(x) \in \text{E}_{k,\,n}$ (autrement dit $\bar{c}_t \neq \bar{0}$ implique $t \geqslant n$ et $t = n$ implique $\bar{c}_t \neq \bar{0}$) et si j satisfait aux conditions d'Ore, on a $\omega(\mathfrak{d}_f) = \mathfrak{p}\,\mathfrak{P}^{j-1}$ si, et seulement si $\bar{c}_t \neq \bar{0}$ implique

$$s(t)\,\text{E} + t - 1 \geqslant n - 1 + j$$

et $s(t)\,\text{E} + t - 1 = n - 1 + j$ implique $\bar{c}_t \neq \bar{0}$. Or si t satisfait à cette égalité, $s(t)$ est $< m$ ou $t = n$, donc $s(t) = m$, autrement dit $s(t) \leqslant m$. Mais, la même égalité implique $j \equiv t \pmod{n}$, donc $(\text{mod } p^m)$, d'où il résulte que

$$s = \text{Min}\,[s(j), m] = \text{Min}\,[s(t), m] = s(t).$$

Ainsi, on a $f \in \text{E}_{k,j}^{(n)}$ si, et seulement si :

1° $\bar{c}_t \neq 0$ implique $t^* = t - n \geqslant \text{Max}\,[j - s(t)\,\text{E}, 0]$;

2° $t^* = 0$ ou $t^* = j - s\text{E}$ implique $\bar{c}_t \neq \bar{0}$.

Si ρ est la partie entière $[j : \text{E}]$ de $j : \text{E}$, les conditions d'Ore peuvent s'écrire

$$0 \leqslant s \leqslant \rho \leqslant m.$$

10° Supposant que c est un entier assez grand pour que $\text{E}_{k,j}^{(n)}$ se décompose en cercles de rayon $\mathfrak{P}^{n+c} = \mathfrak{p}^{n+c\,n}$, calculons le nombre de ces cercles, égal, puisque $\varphi(\lambda, \varkappa)$ est une isométrie, à celui des cercles de même rayon dans $\varphi(\lambda, \varkappa)\,\theta . \text{E}_{k,j}^{(n)}$. Or puisque $f \in \text{E}_{k,n}$ implique $\bar{c}_t = 0$ quand $t^* < 0$, $\varphi(\lambda, \varkappa)\,\theta . \text{E}_{k,j}^{(n)}$ s'identifie, d'une manière évidente, à l'ensemble des vecteurs $\bar{k}^{\mathbf{N}}$ (où $\mathbf{N}$ est l'ensemble des entiers $\geqslant 0$), dont les composantes $\bar{c}_t$, $t \in \mathbf{N}$, satisfont aux conditions 1°) et 2°) précédentes, et l'ensemble des cercles de rayon $\mathfrak{P}^{n+c}$, en lesquels il se décompose, s'identifie avec sa projection dans $\bar{k}^{\mathbf{N}_{n+c}}$, c'est-à-dire avec l'ensemble $V_{k,j}^{(n,c)}$ des vecteurs $\bar{\varphi} = (\bar{\varphi}_0, \bar{\varphi}_1, \ldots, \bar{\varphi}_{n+c-1})$, dont les composantes $\bar{\varphi}_t$, $t \in \mathrm{N}_{n+c}$, satisfont aux conditions :

1° $\quad \bar{\varphi}_t \neq \bar{0}$ implique $t^* = t - n \geqslant 0$ et $\geqslant j - s(t)\,\mathrm{E}$;

2° $\quad t^* = 0$ ou $t^* = j - s\,\mathrm{E}$ implique $\bar{\varphi}_t \neq \bar{0}$.

Ces conditions concernant les valeurs que prend, pour un t donné, la composante $\bar{\varphi}_t$ de $\bar{\varphi}$ parcourant $V_{k,j}^{(n,c)}$ sont ,visiblement, mutuellement indépendantes pour les $t \in \mathbf{N}_{n+c}$ différents. Ainsi, si U_t ($t \in \mathbf{N}_{n+c}$) est l'ensemble de ces valeurs de $\bar{\varphi}_t$ et si u_t est le nombre des éléments de U_t, $V_{k,j}^{(n,c)}$ est le produit cartésien des U_t et son nombre des éléments est le produit des u_t, où t parcourt $\mathbf{N}_{n+c}$. Or, en vertu des conditions 1° et 2°, U_t est $\bar{0}$, $\bar{k} \cdot\cdot \{\bar{0}\}$ ou $\bar{k}$ (et u_t est, dans ces cas respectifs, 1, $q - 1$ ou q) selon que respectivement :

α) $\quad t^* < \mathrm{Max}\,[0, j - s(t)\,\mathrm{E}]$;

β) $\quad t^* = 0$ ou $t^* = j - s\,\mathrm{E}$;

γ) $\quad t^* > \mathrm{Max}\,[0, j - s(t)\,\mathrm{E}]$.

Ainsi, si ν_1, ν_2, ν_3 sont les nombres des $t \in \mathbf{N}_{n+c}$ satisfaisant aux conditions α), β) et γ) respectivement, le nombre cherché est $(q-1)^{\nu_2} q^{\nu_3}$. ν_2 est $= 1$ ou $= 2$ selon que $0 = j - s\,\mathrm{E}$ ou $0 \neq j - s\,\mathrm{E}$. Or $j = s\,\mathrm{E}$ implique $s(j) \geqslant m$, donc $s = m$ et $j = m\,\mathrm{E}$ (auquel cas $j - s\,\mathrm{E} = 0$). Ainsi, $(q-1)^{\nu_2} = l_j\,(q-1)$, où $l_j = q - 1$ ou 1 selon que $j <$ ou $= m\,\mathrm{E}$.

Pour calculer ν_3, partageons la réunion des intervalles

$$\mathfrak{L}_1 = (j - s\,\mathrm{E}, c - 1] \quad \text{et} \quad \mathfrak{L}_2 = (0, j - s\,\mathrm{E})$$

de l'axe réel, à laquelle appartiennent tous les t^* satisfaisant à la condition γ), en sous-intervalles convenables, et évaluons, pour chacun de ces sous-intervalles, le nombre de tels t^*, qui y sont. $\mathfrak{L}_1$ sera partagé en $s + 1$ sous-intervalles (dont le dernier L_0 peut être vide)

$$\mathrm{L}_0 = (j, c-1], \qquad \mathrm{L}_1 = (j - \mathrm{E}, j],$$
$$\mathrm{L}_2 = (j - 2\mathrm{E}, j - \mathrm{E}], \ \ldots, \qquad \mathrm{L}_s = (j - s\mathrm{E}, j - (s-1)\mathrm{E}],$$

et $\mathfrak{L}_2$ sera partagé en $\rho - s + 1$ sous-intervalles (dont le premier peut être vide)

$$L_{s+1} = [j-(s+1)E, j-sE), \quad L_{s+2} = [j-(s+2)E, j-(s+1)E), \quad \ldots,$$
$$L_\rho = [j - \rho E, j - (\rho - 1)E), \quad L_{\rho+1} = (0, j - \rho E).$$

Soit μ_i le nombre des $t^* \in L_i$ $(0 \leqslant i \leqslant \rho + 1)$ satisfaisant à γ. Tout $t^* \in L_0$ y satisfait, donc $\mu_0 = c - j - 1$. Si $0 < i \leqslant \rho$, on a $i \leqslant m$ (et ceci a encore lieu pour $i = \rho + 1$ si $\rho \neq m$, autrement dit si $j \neq m E$), donc $t^* = t - n \equiv t \pmod{p^i}$ et $s(t^*)$ est $\geqslant i$ en même temps que $s(t)$. Si $0 < i \leqslant s$, $t^* \leqslant L_i$ signifie $j - iE < t^* < j - (i-1)E$, et un t^* satisfait à γ), autrement dit à $t^* > j - s(t)E$ (car $t^* > 0$ est automatique), si, et seulement si $s(t) \geqslant i$, ce qui équivaut puisque $s \leqslant \rho$, à $s(t^*) \geqslant i$. Si $s < i \leqslant \rho + 1$, $t^* \in L_i$ équivaut à

$$j - iE \leqslant t^* < j - (i-1)E \qquad \text{et} \qquad t^* > 0$$

(qui résulte déjà de la première inégalité si $i \leqslant \rho$) et, alors, $t^* > j - s(t)E$ équivaut à $t^* \geqslant j - s(t)E$, car $t^* = j - s(t)E$ n'a lieu, quand $t^* > 0$, que pour $t^* = j - sE \notin L_i$. Mais, alors, un $t^* \in L_i$ satisfait à γ) si, et seulement si $t^* \geqslant j - s(t)E$, ce qui équivaut à $s(t) \geqslant i$ et, sauf si $i = \rho + 1$ et $\rho = m$, à $s(t^*) > i$. Or si $\rho = m$, on a $j = mE = \rho E$ et $L_{\rho+1}$ est vide. Donc $s(t^*) \geqslant i$, autrement dit $t^* \equiv 0 \pmod{p^i}$, est la condition nécessaire et suffisante pour que, pour tout i tel que $0 < i \leqslant \rho + 1$, $t^* \in L_i$ satisfasse à γ). Si $i \leqslant \rho$, L_i est un intervalle semi-ouvert de longueur E divisible par p^m, donc par p^i, d'où $\mu = E/p^i$. Et comme

$$L_{\rho+1} = (0, j - \rho E) \qquad \text{et} \qquad j - \rho E \not\equiv 0 \pmod{p^{\rho+1}} \qquad \text{si} \quad \rho < m,$$

on a
$$\mu_{\rho+1} = [j - \rho E/p^{\rho+1}].$$

Finalement, $\nu_3 = \sum \mu_i$ est égal à

$$(c - j - 1) + (E/p) + (E/p^2) + \ldots + (E/p^\rho) + [j - \rho E/p^{\rho+1}].$$

11° En particulier pour calculer le nombre $N^{(n)}_{k,j,t}$ des cercles de rayon $\mathfrak{P}^{n+j+t+1}$ dans $E^{(n)}_{k,j}$, il suffit de poser $c = j + t - 1$, ce qui donne

$$\nu_3 = t - 2 + (E/p) + \ldots + (E/p^\rho) + [j - \rho E/p^{\rho+1}],$$

donc

$$N^{(n)}_{k,j,t} = (l_j\, q^{(E/p)+(E/p^2)+\ldots+(E/p^\rho)+[(j-\rho E)/p^{\rho+1}]})\,(q-1)\,q^{t-2},$$

et $$\mathfrak{N}^{(r)}_{k,n,j} = n\,\mathrm{N}^{(n)}_{k,j,t}/(q-1)\,q^{t-2}$$

a bien la valeur de l'énoncé du théorème 1.

12° Si $p' = p$, donc $\mathrm{E} = +\infty$, et si $f(x) \in \mathrm{E}_{k,n}$, les dérivées des termes de $f(x)$ d'exposant divisible par p sont nulles. Donc, si la différente $\mathfrak{d}_f = \mathfrak{p}^{(n+j-1):n}$ de f n'est pas nulle (ce qui équivaut à $j \neq +\infty$), le terme maximal de $f'(\alpha)$, où $f(\alpha) = 0$, provient d'un terme de $f(x)$ d'exposant premier à p, et l'on a $s = 0$. Si $m > 0$, $n\,\alpha^{n-1} = 0$, donc $j \not\equiv 0 \pmod p$ est la seule condition pour que $\mathrm{N}^{(r)}_{k,n,j} > 0$. Il y a donc lieu de poser, dans ce cas, $s\,\mathrm{E} = 0\,(+\infty) = 0$, car $m\,\mathrm{E} = 1\,(+\infty) = +\infty$, et $j < m\,\mathrm{E}$ est déjà impliqué par $j < +\infty$. Si $m = 0$, $n\,\alpha^{n-1}$ est le terme maximal de $f'(\alpha)$ et l'on a $\mathfrak{d}_f = \mathfrak{p}^{(n-1):n}$, autrement dit $j = 0$, ce qui impose pour $m\,\mathrm{E}$ la valeur 0 quand $m = 0$ et $\mathrm{E} = +\infty$.

Si $j \neq +\infty$ (ce qui assure la séparabilité des extensions considérées) les raisonnements précédents ne comportent aucune exception de validité pour $p' = p$, à condition de donner à $s\,\mathrm{E}$ et à $m\,\mathrm{E}$ la valeur 0 dans le cas ambigu $\mathrm{E} = +\infty$ et $s = 0$ respectivement $m = 0$. Si $m > 0$, l'on a

$$j < m\mathrm{E} = +\infty, \qquad \text{d'où} \quad \rho = 0 \quad \text{et} \quad l_j = q - 1.$$

Donc, si $m > 0$, on a $\mathrm{N}^{(r)}_{k,n,j} = (q-1)\,q^{[j:p]}$ ou 0 selon que $j \not\equiv$ ou $\equiv 0 \pmod p$. Si $m = 0$ (extensions non-surramifiées), on a $j = 0 = m\,\mathrm{E}$, d'où $\rho = 0$ et $l_j = 1$, ce qui donne $\mathrm{N}^{(r)}_{k,n,j} = nq^{[0:p]} = n$ (résultat vrai aussi quand $p' = 0$).

Si $j = +\infty$, les conditions d'Ore $s\,\mathrm{E} \leqslant j \leqslant m\,\mathrm{E}$ exigent $m > 0$ si l'on pose $m\,\mathrm{E} = 0$ quand $m = 0$. Or, quand $p' = p$, $m > 0$ est bien la condition nécessaire et suffisante pour qu'il existe des extensions non-séparables de degré n de k. Et alors, leur nombre (comme on voit facilement) est dénombrable, donc se représente raisonnablement par $+\infty$. D'autre part, si $j = \mathrm{E} = +\infty$, la seule interprétation raisonnable de $j : \mathrm{E}$ est de le considérer comme un nombre réel non négatif indéterminé, auquel cas $[j : \mathrm{E}]$ devient un entier indéterminé $\geqslant 0$ et, quelle que soit la valeur qu'on lui attribue, $\varepsilon(\rho)\,\mathrm{E} + [(j - \rho\,\mathrm{E}) : p^{\rho+1}]$ prend la valeur $+\infty$. D'autre part, $l_{+\infty}$, comme tout l_j, ne doit pouvoir prendre que les valeurs $q - 1$ ou 1, toutes les deux > 0. Ainsi, la seule valeur raisonnable de

$$nl_j\,q^{\varepsilon(\rho)\mathrm{E}+[(j-\rho\mathrm{E}):p^{\rho+1}]} \quad \text{quand } j = \mathrm{E} = +\infty \quad \text{est bien } +\infty.$$

13° Calculons, dans le cas $\mathfrak{p}$-adique, par sommation étendue à tous les j satisfaisant aux conditions d'Ore, $\mathfrak{N}^{(r)}_{k,n} = \sum_j \mathfrak{N}^{(r)}_{k,n,j}$. Dans ce but, divisons l'intervalle $[0, m\mathrm{E}]$, contenant tous les j de cette sorte, en $m+1$ sous-intervalles

$$\Lambda_0 = [0, \mathrm{E}), \qquad \Lambda_1 = [\mathrm{E}, 2\mathrm{E}), \quad \ldots, \quad \Lambda_{m-1} = [(m-1)\mathrm{E}, m\mathrm{E}),$$
$$\Lambda_m = [m\mathrm{E}, m\mathrm{E}] = \{m\mathrm{E}\}.$$

Si j est un entier $\in \Lambda_s$, $0 \leqslant s < m$, on a

$$\rho = [j : \mathrm{E}] = s \qquad \text{et} \qquad l_j = q - 1.$$

Donc, si j satisfait aux conditions d'Ore, $\mathfrak{N}^{(r)}_{k,n,j}$ est le produit de deux facteurs $\mathfrak{N}'_s = n\,(q-1)\,(q^{\mathrm{E}})^{\varepsilon(s)}$, ne dépendant (pour k et n donnés) que de s, et $\mathfrak{N}''_j = q^{[(j - s\mathrm{E}) : p^{s+1}]}$, qui dépend de j. Or, j satisfait aux conditions d'Ore si, et seulement si $s(j)\,\mathrm{E} \leqslant j$, autrement dit $s(j) \leqslant s$ ce qui équivaut à $j \not\equiv 0 \pmod{p^{s+1}}$. Et, quand j parcourt les entiers $\in \Lambda_s$ non divisibles par p^{s+1}, $[(j - s\mathrm{E}) : p^{s+1}]$ prend toutes les valeurs $0, 1, \ldots, (\mathrm{E}/p^{s+1}) - 1$, chaque valeur étant prise $p^{s+1} - 1$ fois. Ainsi

$$\sum_{j \in \Lambda_s} \mathfrak{N}^{(r)}_{k,n,j} = \mathfrak{N}'_s \sum_{j \in \Lambda_s} \mathfrak{N}''_j$$

est le produit de

$$n\,(q-1)\,(q^{\mathrm{E}})^{\varepsilon(s)} \quad \text{par} \quad (p^{s+1} - 1)\,(1 + q + \ldots + q^{(\mathrm{E} : p^{s+1}) - 1})$$

égal à
$$(p^{s+1} - 1)\,(q^{\mathrm{E} : p^{s+1}} - 1)/(q-1).$$

Comme
$$(q^{\mathrm{E}})^{\varepsilon(s)}\, q^{\mathrm{E} : p^{s+1}} = (q^{\mathrm{E}})^{\varepsilon(s+1)},$$

la somme précédente est

$$n\,(p^{s+1} - 1)\,\{(q^{\mathrm{E}})^{\varepsilon(s)} - (q^{\mathrm{E}})^{\varepsilon(s+1)}\}.$$

Et
$$\sum_{j \in \Lambda_m} \mathfrak{N}^{(r)}_{k,n,j} = \mathfrak{N}^{(r)}_{k,n,m\mathrm{E}}$$

est égale à
$$n l_{m\mathrm{E}}\,(q^{\mathrm{E}})^{\varepsilon(m)} = n\,(q^{\mathrm{E}})^{\varepsilon(m)}.$$

Puisque les extensions considérées K/k sont complètement ramifiées, f_0 est aussi le degré résiduel absolu de K (autrement dit, celui de $(K/\mathbf{Q}_p)$),

d'où $$f_0 E = N \qquad \text{et} \qquad q^E = p^{f_0 E} = p^N.$$

Ainsi, l'on a

$$\mathfrak{N}^{(r)}_{k,\,n} = n \left\{ p^{\varepsilon(m)\,N} + \sum_{0 \leqslant s < m} (p^{s+1} - 1)\,(p^{\,\varepsilon(s+1)\,N} - p^{\varepsilon(s)\,N}) \right\}.$$

Si l'on pose $P(s) = p^{\varepsilon(s)\,N}$, et si l'on considère l'expression entre les crochets comme une combinaison linéaire

$$\sum_s u(s)\,P(s) \quad \text{des} \quad P(s)\ (s = 0, 1, \ldots, m),$$

on a $$u(m) = p^m,$$

$$u(s) = (p^s - 1) - (p^{s+1} - 1) = -(p^{s+1} - p^s) \qquad \text{quand} \qquad 0 < s < m$$

et $$u(0) = -(p - 1) = -(p^{0+1} - p^0).$$

Ainsi, la somme précédente $N^{(r)}_{k,\,n}$ est

$$p^m\,P(m) - \sum_{0 \leqslant s < m} (p^{s+1} - p^s)\,P(s).$$

Si, maintenant, on la considère comme une combinaison linéaire $\sum_s U(s)\,p^s$ des p^s $(s = 0, 1, \ldots, m)$, on voit que

$$U(m) = P(m) - P(m-1),$$

$$U(s) = P(s) - P(s-1) \qquad \text{si} \qquad 0 < s < m$$

et $$U(0) = P(0).$$

Si l'on pose $\varepsilon(-1) = -\infty$, on a

$$P(-1) = p^{\varepsilon(-1)\,N} = p^{-\infty} = 0,$$

donc on peut écrire, également,

$$U(0) = P(0) - P(-1),$$

et la formule

$$U(s) = P(s) - P(s-1)$$

devient universellement valable. On a donc, avec cette convention

$$\mathfrak{N}^{(r)}_{k,n} = n \sum_{0 \leq s \leq m} p^s \{P(s) - P(s-1)\},$$

ce qui prouve la première formule du théorème 2.

14° En vertu de la théorie de la ramification non-galoisienne [1], toute extension algébrique finie K d'un corps valué complet k possède le corps d'inertie K_T, ce corps K étant tel que K_T/k soit non ramifiée et que K/K_T soit complètement ramifiée. Ainsi, toutes les extensions K/k ($K \subset \mathfrak{K}$) de degré n s'obtiennent en prenant, d'abord, une extension non ramifiée arbitraire d'un degré f divisant n, et en prenant, ensuite, une extension complètement ramifiée arbitraire de degré n/f de la précédente (ces extensions étant, bien entendu, $\subset \mathfrak{K}$), et chaque extension de degré n de k est obtenue une seule fois par ce procédé. Or, si k est $\mathfrak{p}$-adique, il existe, pour tout f, une et une seule extension non-ramifiée $k^{(f)}$, donc

$$\mathfrak{N}_{k,n} = \sum_{f|n} \mathfrak{N}^{(r)}_{k^{(f)}, n/f}.$$

Si $n_{0,f}$ et N_f sont les degrés par rapport à $\mathbf{Q}_p$ de $k^{(f)}$ et de son extension complètement ramifiée de degré n/f, on a

$$n_{0,f} = n_0 f \qquad \text{et} \qquad N_f = (n_0 f)(n/f) = n_0 n = N.$$

Soit $f = \Delta p^{\mu}$, où $\Delta \not\equiv 0 \pmod p$. Quand f parcourt les diviseurs de n, Δ et μ (et, également, $d = h/\Delta$ et $\mu' = m - \mu$) parcourent indépendamment respectivement tous les diviseurs de h et tous les entiers du segment $[0, m]$. Et, comme $n/f = dp^{\mu'}$, on a que

$$\mathfrak{N}^{(r)}_{k^{(f)}, n/f} = dp^{\mu'} \sum_{0 \leq s \leq \mu'} p^s \{p^{\varepsilon(s) N_f} - p^{\varepsilon(s-1) N_f}\},$$

donc, en vertu de $N_f = N$, est égal à $d \sum_{0 \leqslant s \leqslant \mu} p^{s+\mu'} U(s)$. Par suite, $\mathfrak{N}_{k,n}$ est

$$\sum_{d \mid h} \sum_{0 \leqslant \mu' \leqslant m} \left(d \sum_{0 \leqslant s \leqslant \mu'} p^{s+\mu'} U(s) \right).$$

Cette expression est le produit des facteurs

$$\sum_{d \mid h} d \quad \text{et} \quad \sum_{0 \leqslant \mu' \leqslant m} \left(\sum_{0 \leqslant s \leqslant \mu'} p^{s+\mu'} U(s) \right),$$

et en changeant l'ordre de sommation dans le second facteur, on voit qu'il est aussi égal à

$$\sum_{0 \leqslant s \leqslant m} \left(\sum_{s \leqslant \mu' \leqslant m} (p^{\mu'}) \right) p^s U(s).$$

Comme

$$\sum_{s \leqslant \mu' \leqslant m} (p^{\mu'}) \quad \text{est} \quad (p^{m+1} - p^s)(p-1),$$

ce second facteur est

$$\sum_{0 \leqslant s \leqslant m} \{ (p^{m+s+1} - p^{2s})/(p-1) \} U(s),$$

ce qui prouve la seconde formule du théorème 2.

15° Puisque h et m sont fonctions de p et n et puisque $N = n_0 n$, on voit que $\mathfrak{N}^{(r)}_{k,n}$ et $\mathfrak{N}_{k,n}$ ne dépendent que des p, n et $n_0 = (k : \mathbf{Q}_p)$. On sait que le groupe de Galois $\mathfrak{G}_{\mathfrak{K}/k}$ de $\mathfrak{K}/k$ (et, également, les nombres $\mathfrak{N}^{(a)}_{k,n}$ et $\mathfrak{N}^{(g)}_{k,n}$ des extensions abéliennes, respectivement galoisiennes, de degré n de k) dépendent de certains autres paramètres, telle la présence ou l'absence dans k des racines p-ièmes primitives de l'unité. Ainsi, bien que $\mathfrak{G}_{\mathfrak{K}/k}$ dépende de ces autres paramètres, le nombre de ses sous-groupes fermés d'indice fini donné n'en dépend pas (tandis que le nombre de tels sous-groupes de $\mathfrak{G}_{\mathfrak{K}/k}$, qui, en plus, sont invariants ou contiennent son commutateur, peut en dépendre).

BIBLIOGRAPHIE

[1] M. KRASNER. — *Sur la primitivité des corps $\mathfrak{p}$-adiques*, Mathematica (Cluj), t. 13, 1937, p. 72-191.

[2] M. KRASNER. — *Le nombre des surcorps d'un degré donné d'un corps $\mathfrak{p}$-adique*, Comptes Rendus, t. 205, 1937, p. 1026-1028.

[3] M. KRASNER. — *Le nombre des surcorps primitifs et des surcorps métagaloisiens de degré donné d'un corps $\mathfrak{p}$-adique*, Comptes Rendus, t. 206, 1938, p. 876-878.

[4] M. KRASNER. — *La loi de Jordan-Hölder dans les hypergroupes et les suites génératrices des corps de nombres $\mathfrak{p}$-adiques*. Duke Math. J. t. 6, 1940, p. 120-140 et t. 7, 1940, p. 121-135.

[5] M. KRASNER. — *Théorie non abélienne des corps de classes pour les extensions finies et séparables des corps valués complets*, Comptes Rendus, t. 222, 1946, p. 626-628, 984-986, 1370-1372; t. 224, 1947, p. 173-175, 434-436.

[6] M. KRASNER. — *Quelques méthodes nouvelles dans la théorie des corps valués complets*, Algèbre et théorie des nombres (Colloque Int. du C. N. R. S.), Paris, 1949.

[7] M. KRASNER. — *Généralisation non abélienne de la théorie des corps de classes*, Proc. of the Intern. Congress of Mathematicians, Cambridge, 1950, Vol. 2, p. 71-76.

[8] M. KRASNER. — *Approximation des corps valués complets de caractéristique $p \neq 0$ par ceux de caractéristique* 0, Colloque d'Algèbre Supérieure (Bruxelles, 19-22 décembre 1956), C. B. R. M.

[9] M. KRASNER. — *Nombre des extensions de degré donné d'un corps $\mathfrak{p}$-adique*, Comptes Rendus, t. 254, 1962, p. 3470-3472; t. 255, 1962, p. 224-226, 1682-1684, 2342-2344, 3095-3097.

[10] Ö. ORE. — Bemerkungen zur Theorie der Differente, Math. Zeitshr. t. 25, 1926, p. 1-8.

[11] I. ŠAFAREVIČ. — *Sur les p-extensions*, Mat. Sbornik, Nouv. Serie, t. 20, 1947, p. 351-363.

[6] Mathematica (Cluj) 13 (1937) 72–191

SUR LA PRIMITIVITÉ DES CORPS 𝔓-ADIQUES

par

M· Krasner
(à Paris).

Reçu le 17 Novembre 1936

L'objet du présent travail est l'étude dans les corps non-galoisiens de nombres 𝔓-adiques des questions analogues à celles dont s'occupa dans le cas galoisien M. Öystein Ore et auxquelles sont consacrés ses 2 mémoires dans »*Mathematische Annalen*« T. 100 et 102, intitulées »Abriss einer aritmethischen Theorie Galois'schen Köper«. Il s'agit de construire la théorie de la ramification dans les corps 𝔓-adiques non-galoisiens, analogue à celle de M. Hilbert pour les corps galoisiens, de trouver les conditions nécessaires et suffisantes pour qu'un corps 𝔓-adique soit primitif (ou une équation d'Eisenstein soit primitive (¹)) par rapport à un de ses sous-corps donné, d'étudier les formes canoniques qu'on peut donner à une équation d'Eisenstein primitive (¹) par la transformation de Tschirnhausen, d'étudier la génération d'un corps 𝔓-adique par adjonction successive de racines d'équations d'Eisenstein primitives (¹) et enfin il s'agira de certaines propriétés remarquables des développements des racines d'une équation d'Eisenstein primitive (¹) en séries de puissances fractionnaires d'une autre d'entre elles.

Notation :

Ensembles: La *réunion* d'ensembles A, B, C,... sera désignée $A \cup B \cup C \cup \ldots$ ou S(A, B, C, ...). L'intersection de ces ensembles sera désignée $A \cap B \cap C \cap \ldots$ ou D(A, B, C, ...). *On n'employera jamais de signes + et.*, ces signes étant *réservés uniquement pour les opérations algébriques de l'addition*

(¹) Il s'agit de primitivité 𝔓-adique.

et de la multiplication (composition). Par contre, pour désigner la différence de deux ensembles on emploi ra le signe —.

L'ensemble d'objets $a, b, c, \ldots$ sera noté $\{a, b, c, \ldots\}$. Le nombre d'éléments d'un ensemble A sera noté (A).

Si A, B sont ensembles d'éléments susceptibles d'être additionés, multipliés, composés, $A+B$, AB désignent respectivement l'ensemble de tous les $a+b$, ab ***distincts*** tels que $a \in A$ et $b \in B$.

Si pour tous les éléments a d'un ensemble A est définie une fonction $f(a)$, B étant un sous-ensemble de A, $f(B)$ désigne l'ensemble de tous les $f(a)$ ***distincts*** pour $a \in B$.

Groupes: Au lieu d'écrire des mots „à droite", „à gauche" spécifiant le coté où se fait la composition des certains objets (ou avec certains objets) quand cette composition est non commutative, il sera toujours placé au dessus du mot ou de la lettre figurant l'objet en question une flèche → ou ←. Par exemple, „$\overrightarrow{\text{idéal}}$" désigne „idéal à à droite".

Ceci posé, la $\overrightarrow{\text{classe}}$ (resp. $\overleftarrow{\text{classe}}$) d'un $\alpha \in G$ suivant un sous-groupe g du groupe G est αg (resp. $g\alpha$). Quand une $\overrightarrow{\text{classe}}$ αg ou une réunion de classes $\overrightarrow{Cg}$ $(C \in G)$ seront régardés non comme ensembles d'éléments de G, mais comme resp. un élément ou un sous-ensemble de l'ensemble de toutes les $\overrightarrow{\text{classes}}$ de G suivant g, ils seront désignés resp. $\overrightarrow{\alpha g}/g$ et $\overrightarrow{Cg}/g$.

Anneaux non commutatifs : Les signes $\overrightarrow{\text{idéal}}$, $\overleftarrow{\text{idéal}}$, $\overrightarrow{\text{diviseur}}$, $\overleftarrow{\text{diviseur}}$, $\overleftarrow{\text{multiple}}$, $\overrightarrow{\text{multiple}}$ sont clairs. Un $\overrightarrow{\text{idéal}}$ ($\overleftarrow{\text{idéal}}$) principal qui est l'ensemble de $\overrightarrow{\text{multiples}}$ ($\overleftarrow{\text{multiples}}$) d'un élément α sera désigné $(\overrightarrow{\alpha})$ $((\overleftarrow{\alpha}))$. Au lieu de „A est $\overrightarrow{\text{diviseur}}$ ($\overleftarrow{\text{diviseur}}$) de B" on écrira encore „$A \overrightarrow{|} B$" („$A \overleftarrow{|} B$") et „$B \equiv 0 (\overleftarrow{\text{mod}}\, A)$" [$B \equiv 0 (\overrightarrow{\text{mod}}\, A)$] [on dira „$\overrightarrow{\text{congrû}}$" („$\overleftarrow{\text{congrû}}$")]. Dans les anneaux où il y a un élément I bilatère, un élément a sera dit $\overrightarrow{\text{unité}}$ ($\overleftarrow{\text{unité}}$) s'il existe dans l'anneau un élément b tel que $ab = I$ $(ba = I)$.

Si deux éléments d'un tel anneau a et a' sont tels que à la fois $a \overrightarrow{|} a'$ et $a' \overrightarrow{|} a$ $(a \overleftarrow{|} a'$ et $a' \overleftarrow{|} a)$ ils seront dits $\overleftarrow{\text{associés}}$ ($\overrightarrow{\text{associés}}$).

(Pour que a et a' non diviseurs de zéro soient $\overrightarrow{\text{associés}}$ ($\overleftarrow{\text{associés}}$) il faut et il suffit que $a'=a\varepsilon$ ($a'=\varepsilon a$), où ε est une $\overrightarrow{\text{unité}}$ ($\overleftarrow{\text{unité}}$)).

Corps : Si K est un surcorps algébrique d'un corps k, au lieu de dire d'un objet qu'il est „dans (de) K par rapport à k" on dira qu'il est „dans le K/k". Si $K \supset \overline{K} \supset k$ cela s'écrira aussi $K/k \supset \overline{K}/k$ et $K/k / \overline{K}/k$ signifiera la même chose que $K/\overline{K}$.

L'ensemble de tous les isomorphismes de K/k sera désigné par $G_{K/k}$. L'isomorphisme identique de K sera désigné par 1_K.

Le degré de K/k sera désigné par (K/k).

A partir du § 2 il s'agira seulement de deux catégories de corps

I. Corps $\mathfrak{p}$-adiques : Il y aura un corps de nombres $\mathfrak{p}$-adiques k de degré fini qui servira de corps de base et son extension algébrique de degré fini, corps $\mathfrak{P}$-adique K, dont les propriétés par rapport à k sont à étudier.

Tous les autres corps qui seront employés seront notés par la lettre K ou le signe K/k accompagnées de signes ou d'indices. Parfois il faudra employer un surcorps Galoisien de K/k sans que le choix spécial de ce corps importe. Il sera désigné K^*/k. Par contre, le corps de Galois de K/k (c'est-à-dire K^*/k minimal) sera désigné $K^{\cdot}/k$.

La base sera très rarement autre que k. Pour cette cause, dans tous les énoncés et démonstrations, quand un objet se rapporte au cas où la base est k, toute indication sur la base sera supprimée dans le symbôle qui note cet objet.

La seule exception à cette régle aura lieu si l'énoncé en question est la définition de ce symbôle.

L'idéal premier de K sera noté $\mathfrak{P}$, celui d'un corps noté K ou K/k et accompagné de signes ou d'indices — par $\mathfrak{P}$ accompagné des mêmes signes ou indices sur la même place. Le degré, l'ordre par rapport à k de ces idéaux seront désignés par f, e accompagnés des mêmes signes, le degré et l'ordre *absolus* par les lettres, F, E accompagnés des mêmes signes.

Le degré et l'ordre absolus de $\mathfrak{p}$ seront désignés par f_0, e_0.

Le premier rationnel divisible par $\mathfrak{p}$ sera désigné par p.

Norme dans K_1/K_2 sera désignée par N_{K_1/K_2}, norme absolue dans K_1 sera désignée par $N^{+}_{K_1}$.

Les isomorphismes d'un corps désigné par K avec les signes autres que les indices en bas (par exemple K_1) seront notés par σ accompagné des mêmes signes et, eventuellement, avec encore, des indices en bas.

La différente de K_1/K_2 sera notée δ_{K_1/K_2}.

II. Corps finis de caractéristique p. (Champs de Galois) : Nous considérerons deux corps finis de caractéristique p ayant le même nombre d'éléments comme identiques indépendamment de leur origine : Ceci est justifié par le fait que 1). de deux champs de Galois de même caractéristique un est isomorphe à un sous-corps de l'autre 2). deux champs de Galois isomorphes, contenus dans un même surchamps sont identiques. Nous employerons, en général, pour le champs de Galois de p^{ϕ} éléments la notation $Cg(p^{\phi})$ ou Ω_{ϕ}. Toutefois, si nous voudrons marquer l'origine du corps fini de classes [mod $\mathfrak{P}$ (accompagné de signes)] dans K (accompagné des mêmes signes) nous l'écrirons V (accompagné des mêmes signes). Le corps de classes (mod $\mathfrak{p}$) dans k sera écrit v.

Forme fondamentale : Une *forme fondamentale* de K sera notée

$$\xi = \alpha_1 x_1 + \alpha_2 x_2 + \cdots + \alpha_N x_N$$

où N est le degré absolu de K.

Remarque : Dans les symbôles employés au cours des démonstrations il sera toujours supprimée toute indication dont la suppression ne peut pas conduire à un malentedu.

Dans les énoncés, une indication ne sera jamais supprimée qu'en vertu d'une convention spéciale (telle que celle pour k).

Remarque : Les mots „limite", „convergence", etc. seront emloyés uniquement dans le sens $\mathfrak{P}$-adique.

J'employerai au cours de ce travail le

Théorème de Hilbert N° 41 : Si $K \supset \overline{K} \supset k$, on a

$$\vartheta_{K/k} = \vartheta_{K/\overline{K}} \vartheta_{\overline{K}/k} .$$

§ 1 — Hypergroupes et isomorphismes des corps.

Hypergroupes : Cette notion fut introduite récémment (1934) par M. F. Marty.

Définition 1 Un ensemble K organisé par une loi de composition ab de chaque couple a, b de ses éléments s'appelle *hypergroupe* par rapport à cette loi de composition si

1° ab est un sous-ensemble non-vide de K.

2° $(ab)c = a(bc)$ (*loi associative*).

3° Pour chaque couple $a, c \in H$ il existe $x \in H$ tel que $c \in ax$ et il existe $x' \in H$ tel que $c \in x'a$ (2).

DÉFINITION 2 : Un sous-ensemble h de H qui est un hypergroupe par rapport à la loi de composition de H s'appelle *sous-hypergroupe* de H.

REMARQUE : Pour tout $h \subset H$ la condition 2° est vérifiée d'elle-même. Donc, pour que h soit un sous-hypergroupe de H, il faut et il suffit que les conditions 1° et 3° soient vérifiées.

DÉFINITION 3 : Un sous-hypergroupe h de H s'appelle $\overrightarrow{\textit{semi-invariant}}$ ($\overleftarrow{\textit{semi-invariant}}$) si pour tout $c \in H$ on a

$$hc \supseteq ch \qquad (\text{resp. } ch \supseteq hc).$$

Si h est à la fois $\overleftarrow{\text{semi-invariant}}$ et $\overrightarrow{\text{semi-invariant}}$ il est dit *invariant*.

DÉFINITION 4 : Deux hypergroupes K et K′ s'appelent *isomorphes* s'il existe une correspondance biunivoque A de H à H′ telle que pour tout couple $a, b \in H$ on a

$$A(a)\,A(b) = A(ab) \qquad (\text{Notation : } H \simeq H').$$

REMARQUE : Une telle correspondance A s'appelle un *isomorphisme* de H à H′.

HYPERGROUPES DE $\overrightarrow{\text{CLASSES}}$: Considérons l'ensemble $\overrightarrow{G/g}$ de $\overrightarrow{\text{classes}}$ d'un groupe G suivant un de ses sous-groupes g. Soit $a = \alpha \overrightarrow{g/g}$ et $b = \beta \overrightarrow{g/g}$ $(\alpha, \beta \in G)$ deux éléments de cet ensemble. Définissons une loi de composition ab par

$$ab = \alpha g \beta \overrightarrow{g/g}.$$

Cette loi est non contradictoire parce que $\alpha g \beta . g$ est une réunion de $\overrightarrow{\text{classes}}$ suivant g. ab n'est pas vide, donc 1° est satisfait. Comme $(\alpha g \beta g)\gamma g = \alpha g(\beta g \gamma g)$, 2° est satisfait. Enfin, si $a = \alpha g$, $c = \gamma g$ $(\alpha \gamma \in G)$, on peut trouver β et $\beta' \in G$ tels que $\gamma \in \alpha g \beta$ et $\gamma \in \beta' g \alpha$ d'où, si $b = \beta \overrightarrow{g/g}$, $b' = \beta' \overrightarrow{g/g}$, on a $c \in ab$ et $c \in b'a$ et 3° est vérifiée. Donc $\overrightarrow{G/g}$ ainsi orga-

(2) *C. R.* 1935 ; *Annales de l'Ecole Normale Sup.* 1936.

nisé est un hypergroupe. On l'appelera *hypergroupe de classes* de $\vec{G}$ suivant g et, dorénavant, $\overrightarrow{G/g}$ désignera non l'ensemble des classes de $\vec{G}$ suivant g tout court, mais cet ensemble organisé en hypergroupe comme il est dit.

Théorème I. *Pour que* $\overrightarrow{C/g}$ *soit un sous-hypergroupe de* $\overrightarrow{G/g}$ *il faut et il suffit que* $C \supset G$ *soit un sous-groupe de* G. *Donc tout sous-hypergroupe d'un hypergroupe de classes est hypergroupe de classes.*

Démonstration : Si $C \supset G$ est un sous-groupe de G et $a = \overrightarrow{\alpha g/g}$ $b = \overrightarrow{\beta g/g}$ sont éléments de $\overrightarrow{C/g}$, αg, $\beta g \subset C$ et $\alpha g \beta g \subset C$, donc $ab \subset \overrightarrow{C/g}$ et 1⁰ est vérifié. Si αg, $\gamma g \subset C$ et $\alpha g \beta g \supset \gamma g$ on a $\alpha g \beta \supset \tau$ où $\tau \in \gamma g \subset C$, donc il y a $\rho \in \alpha g \subset C$ tel que $\rho\beta = \tau$ c'est-à-dire $\beta \in C$ et $b \in \overrightarrow{C/g}$; de la même manière on démontre l'existence de $b' \in \overrightarrow{C/g}$ tel que $b'a \ni c$ et $\overrightarrow{C/g}$ est un sous hypergroupe de $\overrightarrow{G/g}$.

Inversement, soit $\overrightarrow{G/g}$ un sous-hypergroupe de $\overrightarrow{G/g}$; on a $\overrightarrow{C/g}.\overrightarrow{C/g} = \overrightarrow{C/g}$, d'où $CC = C$. De plus, si $\alpha \in C$ et $a = \overrightarrow{\alpha g/g}$, on a $a.\overrightarrow{C/g}.a = \overrightarrow{C/g}$ c'est-à-dire $\alpha g C = C$ et $\alpha C = C$. Il y a donc $a' \in C$ tel que $aa' = 1$ et C est un groupe. C. q. f. d.

Conséquence : Le quotient du nombre d'éléments d'un hypergroupe de classes $\overrightarrow{G/g}$ par le nombre d'éléments d'un de ses sous-hypergroupes $h = \overrightarrow{C/g}$ est un nombre entier. Ce nombre sera désigné (H : *h*).

En effet, c'est l'indice (G : C).

Définition 5 : Si $h = \overrightarrow{C/g}$ est un sous-hypergroupe de classes $H = \overrightarrow{G/g}$ et $c \in \overrightarrow{G/g}$, l'ensemble ch s'appelle la classe de c suivant h. La même définition s'appliquera aux hypergroupes isomorphes à un hypergroupe de classes.

Théorème II. *Deux classes* $A_1 = c_1 h$ *et* $A_2 = c_2 h$ *ou bien coïncident, ou bien sont disjointes. Une classe* ch *est la classe de chacun de ses éléments. Le nombre d'éléments de* ch *est égal à celui de* h.

Démonstration : On a, si $c = \overrightarrow{\gamma g/g}$, que $ch = \overrightarrow{\gamma g C g/g} = \overrightarrow{\gamma C/g}$, car

$\vec{g} \subset C$. γC est une classe suivant C. Il contient autant de classes suivant g que C lui-même c'est-à-dire ch contient autant d'éléments que h.

Si $c_1=\gamma_1 \vec{g}/g$ et $c_2=\gamma_1 \vec{g}/g$ on a $c_1 h=\gamma_1 \vec{C}/g$ et $c_2 h=\gamma_2 \vec{C}/g$ donc ou bien $c_1 h = c_2 h$ ou bien $c_1 h \cap c_2 h$ est vide. Enfin, si $c' \in ch$, et $c'=\gamma' \vec{g}/g$, on a $\gamma' g \subset \gamma C$, donc $\gamma' g C \subset \gamma C C = \gamma C$ c'est-à-dire $c'h \subset ch$. Comme $c'h \cap ch$ n'est pas vide, on a $c'h = ch$. C. q. f. d.

Considérons l'ensemble de classes suivant $\vec{h}$ dans H. Quand ces classes seront régardées comme éléments de cet ensemble elles seront désignées par $c\vec{h}/h$. Et plus généralement, une réunion de classes $C\vec{h}$ régardée comme ensemble de ces classes sera désignée par $C\vec{h}/h$. Ceci posé, définissons la loi de composition dans l'ensemble $H/\vec{h}$ pour tout couple $a_1 = c_1\vec{h}/h$ et $a_2 = c_2\vec{h}/h$ de cet ensemble par

$$a_1 a_2 = c_1 h c_2 \vec{h}/h.$$

Or, si

$$c_1 = \gamma_1 \vec{G}/g \quad , \quad c_2 = \gamma_2 \vec{G}/g$$

on a

$$c_1 h c_2 h = \gamma_1 C \gamma_2 \vec{C}/g.$$

On voit donc que l'ensemble $H/\vec{h}$ ainsi organisé est isomorphe à $\vec{G}/C$ donc $H/\vec{h}$ est un hypergroupe isomorphe à un hypergroupe de classes.

Définition 6 : L'hypergroupe $H/\overleftarrow{h}$ précédemment défini s'appelle hypergroupe *quotient* de l'hypergroupe de classes $\vec{H}$ par son sous-hypergroupe $\vec{h}$.

Théorème III („loi d'isomorphisme"). *Si* H *est un hypergroupe de classes et* h_1, h_2 *sont sous hypergroupes de* H *tels que* $H \supset h_1 \supset h_2$, *on a*

$$\vec{H}/h_1 \simeq \vec{H}/\vec{h_2}/\vec{h_1}/h_2$$

Démonstration : On a, si $H=\vec{G}/g$, $h_1=\vec{C_1}/g$, $h_2=\vec{C_2}/g$ que $\vec{H}/h_1 \simeq \vec{G}/C_1$, $\vec{H}/h_2 \simeq \vec{G}/C_2$, et $\vec{h_1}/h_2 \simeq \vec{C_1}/C_2$. Or d'après la définition de $\vec{H}/h$ on a $\vec{G}/\vec{C_2}/\vec{C_1}/C_2 \simeq \vec{G}/C_1$. C. q. f. d.

Conséquence : $(H : h_1) = \dfrac{(H : h_2)}{(h_1 : h_2)}$.

$\overrightarrow{\text{Hypergroupes}}_C$:

Définition 7 : Un hypergroupe H s'appelle un $\overrightarrow{\text{hypergroupe}}_C$ s'il existe un hypergroupe de classes $\overrightarrow{G/g}$ tel que $H \simeq \overrightarrow{G/g}$.

Il est évident que les théorèmes précédents s'appliquent à tous les $\overrightarrow{\text{hypergroupes}}_C$.

En particulier : Tout sous-hypergroupe d'un $\overrightarrow{\text{hypergroupe}}_C$ est un $\overrightarrow{\text{hypergroupe}}_C$ et pour les classes suivant ce sous-hypergroupe ont lieu le Théorème II et les résultats permettant la définition 6. Si $h_2 \subset h_1$ sont sous-hypergroupes d'un $\overrightarrow{\text{hypergroupe}}_C$ H, $\overrightarrow{H/h_1} \simeq \overrightarrow{H/h_2}/\overrightarrow{h_1/h_2}$.

$\overrightarrow{\text{Hypergroupes}}_C$ finis.

Définition : Un $\overrightarrow{\text{hypergroupe}}_C$ H s'appelle *fini* s'il existe un hypergroupe de classes $\overrightarrow{G/g} \simeq H$, où G a un nombre fini d'éléments.

Théorème IV. *Pour qu'un sous-ensemble h d'un $\overrightarrow{\text{hypergroupe}}_C$ fini* H *soit un sous-hypergroupe de H il faut et il suffit que pour chaque couple a, b d'éléments de h on ait $ab \subset h$.*

Démonstration : Il suffit de démontrer ce théorème pour l'hypergroupe $\overrightarrow{G/g} \simeq H$, où G et d'ordre fini ; soit $\overrightarrow{C/g} \subset \overrightarrow{G/g}$. $C \subset G$ a un nombre fini d'éléments. Donc, pour que C soit un groupe, il faut et il suffit que $CC = C$. Cela équivaut à $\overrightarrow{C/g}.\overrightarrow{C/g} = \overrightarrow{C/g}$ et le théorème est démontré.

Correspondants et générateurs : Soient k un corps et $\bar{K}$ et $K \supset \bar{K}$ deux surcorps algébriques de k. La théorie de Galois montre que tout isomorphisme σ de K/k appliqué aux éléments de $\bar{K}$ produit un isomorphisme $\bar{\sigma}$ de $\bar{K}/k$ et que tout $\bar{\sigma} \in G_{\bar{K}/k}$ peut être obtenu de cette manière.

Définition 7 : L'isomorphisme $\bar{\sigma}$ de $\bar{K}/k$ tel que pour tout $\alpha \in \bar{K}$ a lieu $\bar{\sigma}\bar{\alpha} = \overline{\sigma\alpha}$ s'appelle *correspondant* de σ dans $\bar{K}$ (Notation : $\bar{\sigma} = \text{corr.}_{\bar{K}}\, \sigma$).

Définition 8 : L'ensemble A des tous les $\sigma \in G_{K/k}$ tels que $\text{corr.}_{\bar{K}}\, \sigma = \bar{\sigma}$ ($\bar{\sigma} \in G_{\bar{K}/k}$), s'appelle *l'ensemble générateur* de $\bar{\sigma}$ dans K (Notation : $A = \text{gen.}_K\, \bar{\sigma}$). Ces définitions s'étendent, comme il a été indiqué au début, à des ensembles de σ ou de $\bar{\sigma}$.

HYPERGROUPE DE K/k : Soit K/k un corps algébrique et K^*/k un surcorps galoisien de K/k. Les $\overrightarrow{\text{gen}}_{k^*}\sigma$, $\sigma \in G_{K/k}$, sont des classes suivant $G_{K^*/K}$ dans $G_{K^*/k}$. Donc, si l'on définit dans l'ensemble $G_{K/k}$ la loi de composition $\sigma_1\sigma_2$ de tout couple σ_1, σ_2 d'éléments de cet ensemble par

$$\sigma_1\sigma_2 = \text{corr.}_K \{\text{gen.}_{K^*}\sigma_1 . \text{gen.}_{K^*}\sigma_2\}$$

$\overrightarrow{G}_{K/k}$ sera organisé en un hypergroupe$_C$ isomorphe à $\overrightarrow{G_{K^*/k}/G_{K^*/K}}$.

DÉFINITION 9 : $G_{K/k}$ organisé en hypergroupe comme il a été indiqué s'appelle *l'hypergroupe de* K/k.

A partir de ce moment $G_{K/k}$ désignera non l'ensemble d'isomorphismes de K/k, mais cet ensemble régardé comme hypergroupe de K/k.

Théorème V. *Si* $K \supseteqq \overline{K} \supseteqq k$, $G_{K/\overline{K}}$ *est un sous hyper-groupe de* $G_{K/k}$.

$G_{\overline{K}/k} \simeq \overrightarrow{G_{K/k}/G_{K/\overline{K}}}$ *et cet isomorphisme se réalise par la correspondance* $\overline{\sigma} \to \overrightarrow{\text{gen.}_k \overline{\sigma}/G_{K/\overline{K}}}$.

Inversement, si C est un sous-hypergroupe de $G_{K/k}$ il existe un $\overline{K}$, $K \supseteqq \overline{K} \supseteqq k$, tel que $C = G_{K/\overline{K}}$.

DÉMONSTRATION : L'isomorphisme $G_{K/k} \simeq \overrightarrow{G_{K^*/k}/G_{K^*/K}}$ est réalisé par la correspondance $\sigma \to \overrightarrow{\text{gen.}_{K^*}\sigma/G_{K^*/K}}$, donc à $G_{K/\overline{K}}$ correspond dans cet isomorphisme $\overrightarrow{\text{gen}_{K^*}G_{K/\overline{K}}/G_{K^*/K}} = \overrightarrow{G_{K^*/\overline{K}}/G_{K^*/K}}$. Mais $G_{K^*/\overline{K}}$ est un sous-groupe de $G_{K^*/K}$, donc $\overrightarrow{G_{K^*/\overline{K}}/G_{K^*/K}}$ est un sous-hypergroupe de $\overrightarrow{G_{K^*/k}/G_{K^*/K}}$ et $G_{K/\overline{K}}$ celui de $G_{K/k}$.

On a

$$G_{\overline{K}/k} \simeq \overrightarrow{G_{K^*/k}/G_{K^*/\overline{K}}} \simeq \overrightarrow{G_{K^*/k}/G_{K^*/K}} \Big/ \overrightarrow{G_{K^*/\overline{K}}/G_{K^*/K}} \simeq \overrightarrow{G_{K/k}/G_{K/\overline{K}}}.$$

A $\overline{\sigma}$ correspond successivement $\overrightarrow{\text{gen}_{K^*}\overline{\sigma}/G_{K^*/\overline{K}}}$, $\overrightarrow{\text{gen}_{K^*}\overline{\sigma}/G_{K^*/K}} \Big/ \overrightarrow{G_{K^*/\overline{K}}/G_{K^*/K}}$ et $\overrightarrow{\text{corr}_K \text{gen}_{K^*}\overline{\sigma}/\text{corr}_K G_{K^*/\overline{K}}} = \overrightarrow{\text{gen}_K \overline{\sigma}/G_{K/\overline{K}}}$.

Enfin, si C est un sous-hypergroupe de $G_{K/k}$ on a $C \simeq \overrightarrow{A/G_{K^*/K}}$ et $A = \text{gen}_{K^*}C \supseteqq G_{K^*/K}$ est un groupe. Donc, si $\overline{K}$ est le corps qui appartient à A dans K^*, on a $K \supseteqq \overline{K} \supseteqq k$ et $G_{K/\overline{K}} = \text{corr}_K G_{K^*/\overline{K}} = \text{corr}_K \text{gen}_{K^*}C = C$ et le théorème est démontré.

REMARQUE : On dira de $\overline{K}$ qu'il *appartient* à $G_{K/\overline{K}}$ dans K/k.

Théorème VI. *Pour que* K/*k* *soit galoisien il faut et il suffit que* $G_{K/k}$ *soit groupe.*

Démonstration : On a $G_{K/k} \simeq \overrightarrow{G}_{K^*/k}/G_{K^*/K}$. $G_{K/k}$ est groupe si $G_{K^*/K}$ est sous-groupe invariant de $G_{K^*/k}$ et dans ce cas seulement. Le théorème est démontré.

Remarque : Les hypergroupes dont il s'agira dans la suite de ce travail seront toujours $\overrightarrow{\text{hypergroupes}}_{c}$ finis.

§ 2 — Théorie de la ramification dans les corps $\mathfrak{P}$-adiques.

Soient

k — un corps de nombres p-adiques.

K — une extension algébrique de degré fini de k. N — degré absolu de K.

$\mathfrak{P}$, $\mathfrak{p}$, p — resp. idéaux premiers de K et de k et premier rationnel qu'ils divisent.

e, f, E, F, e_0, f_0 resp. ordre et degré de $\mathfrak{P}$ dans K/k, ordre et degré absolus de $\mathfrak{P}$ et ceux de $\mathfrak{p}$.

$\xi = \sum_{q=1}^{N} \alpha_q x_q$ — une forme fondamentale de K.

On aura à envisager parfois un surcorps galoisien K^*/k de K/k, l'idéal premier de K^* sera désigné par $\mathfrak{P}^*$, son degré absolu par F^*.

Pour désigner les mêmes objets dans le corps de Galois $K^{\cdot}/k$ de K/k on écrira $\mathfrak{P}^{\cdot}$, $F^{\cdot}$.

DÉFINITIONS.

Définition 1 : *Nombre caractéristique* $v(\sigma)$ d'un $\sigma \in G_k$ est l'ordre en $\mathfrak{P}$ de $\overline{\sigma\xi - \xi}$ diminué d'une unité.

Conséquence : $v(\sigma)$ est un nombre rationnel ≥ -1.

Si α est un élément quelconque algébrique par rapport à k, son ordre en $\mathfrak{P}$ sera désigné par $\omega_{\mathfrak{P}}(\alpha)$. L'ensemble de tous les entiers de K sera désigné par I(K).

Lemme 1 : $v(\sigma) = \text{Min}\,[\omega_{\mathfrak{P}}(\sigma\alpha - \alpha)]_{\alpha \in I(K)} - 1$.

Démonstration : On a $\overline{\sigma\xi - \xi} = (\sigma\alpha_1 - \alpha_1, \sigma\alpha_2 - \alpha_2, \dots, \sigma\alpha_N - \alpha_N)$, donc $\omega(\overline{\sigma\xi - \xi}) \geqq \text{Min}\,[\omega(\sigma\alpha - \alpha)]_{\alpha \in I(K)}$, car $\alpha_1, \alpha_2, \dots, \alpha_N \in I(K)$.

D'autre part, pour tout $\alpha \in I(K)$ il existent des entiers rationnels $a_1, a_2, \dots, a_n$ tels que $\alpha = a_1\alpha_1 + a_2\alpha_2 + \dots + a_N\alpha_N$, donc $\omega(\sigma\alpha - \alpha) \geqq \omega(\overline{\sigma\xi - \xi})$ et $\operatorname{Min}[\omega(\sigma\alpha - \alpha)]_{\alpha \in I(K)} \geqq \omega(\overline{\sigma\xi - \xi})$, ce qui démontre le lemme.

Lemme 2 : Si $\sigma \in G_K$, $\sigma\mathfrak{P} = \mathfrak{P}$.

Démonstration : $\sigma\mathfrak{P}$ est l'idéal premier de $\sigma K \subset K^*$. Dans K^* il n'y a qu'un seul idéal premier $\mathfrak{P}^*$. Donc $\mathfrak{P}$ et $\sigma\mathfrak{P}$ sont puissances de $\mathfrak{P}^*$; et comme $N^+_{K^*}(\mathfrak{P}) = N^+_{K^*}(\sigma\mathfrak{P})$, leurs exposants doivent être égaux, c'est-à-dire $\mathfrak{P} = \sigma\mathfrak{P}$. C. q. f. d.

Lemme 3 : Ou bien $v(\sigma) = -1$, ou bien $v(\sigma) \geqq 0$.

Démonstration : D'après un théorème connu de Hensel il existe dans le corps $\mathfrak{P}$-adique K une racine $N^+_K(\mathfrak{P}) - 1 = p^F - 1^{\text{ième}}$ de l'unité ρ congrue (mod $\mathfrak{P}$) a un entier $\alpha \not\equiv 0$ (mod $\mathfrak{P}$) de K. Il en suit $\sigma\alpha \equiv \sigma\rho$ (mod $\sigma\mathfrak{P} = \mathfrak{P}$).

Si $\sigma\rho \equiv \rho$ (mod $\mathfrak{P}^*$), puisque $\sigma\rho$ est encore une racine $p^F - 1^{\text{ième}}$ de l'unité, on a $\sigma\rho = \rho$, donc $\sigma\alpha \equiv \sigma\rho \equiv \rho \equiv \alpha$ (mod $\mathfrak{P}$), c'est-à-dire $v(\sigma) \geqq 0$. Si $\sigma\rho \not\equiv \rho$ (mod $\mathfrak{P}^*$), $\sigma\alpha - \alpha \equiv \sigma\rho - \rho$ (mod $\mathfrak{P}$) est premier à $\mathfrak{P}$ et $v(\sigma) = -1$. C. q. f. d.

Lemme 4 : Si $\pi \in I(K)$ est d'ordre 1 en $\mathfrak{P}$ et si $v(\sigma) \geqq 0$, $v(\sigma) = \omega\left(\frac{\sigma\pi}{\pi} - 1\right)$.

Démonstration : Il existe, d'après le lemme 1, $\alpha \in I(K)$ tel que $\omega(\sigma\alpha - \alpha) = 1 + v(\sigma)$. On peut écrire

$$\alpha \equiv \sum_{i=1}^{q} \rho_i \pi^{u_i} \quad (\text{mod } \mathfrak{P}^{2+v(\sigma)})$$

où les $\rho_i (i = 1, \dots, q)$ sont racines $p^F - 1^{\text{ièmes}}$ d'unité et où les u_i sont des entiers rationnels tels que $0 \leqq u_1 < u_2 < \cdots < u_q < 2 + v(\sigma)$. On a $\sigma\rho_i = \rho_i$, donc

$$\sigma\alpha - \alpha = \sum_{i=1}^{q} \rho_i[(\sigma\pi)^{u_i} - \pi^{u_i}] \equiv 0 \ [\text{mod } (\sigma\pi - \pi)]$$

d'où $\omega(\sigma\alpha - \alpha) \geqq \omega(\sigma\pi - \pi)$. Mais, comme $\pi \in I(K)$, $\omega(\sigma\pi - \pi) \leqq 1 + v(\sigma) = \omega(\sigma\alpha - \alpha)$; d'où le lemme.

Théorème I. *Si a est un nombre rationnel, l'ensemble de tous les* $\sigma \in G_K$ *tels que* $v(\sigma) \geqq a$ *est un sous-hypergroupe de* G_K.

Démonstration : Distinguons deux cas : 1° $a \geqq 0$. Soit $v(\sigma_1) \geqq a$, $v(\sigma_2) \geqq a$, $\sigma \in \sigma_1\sigma_2$. Il existent $\sigma_1^*, \sigma_2^* \in G_{K^*}$ tels que $\sigma_1 = \text{corr.}_K\sigma_1^*$, $\sigma_2 = \text{corr.}_K\sigma_2^*$,

$\sigma = \mathrm{corr.}_K(\sigma_1^*\sigma_2^*)$. On a

$$\sigma\pi - \pi = \sigma^*\sigma_2^*\pi - \pi = \sigma_1^*(\sigma_2^*\pi - \pi) + \sigma_1^*\pi - \pi = \sigma_1^*(\sigma_2\pi - \pi) + \sigma_1\pi - \pi.$$

Comme $\sigma_1^*\,\mathfrak{P} = \mathfrak{P}$, $\omega[\sigma_1^*(\sigma_2\pi - \pi)] = \omega(\sigma_2\pi - \pi) = 1 + v(\sigma_2) \geqq 1 + a$. Comme $\omega(\sigma_1\pi - \pi) \geqq 1 + a$, on a $v(\sigma) = \omega(\sigma\pi - \pi) - 1 \geqq (1 + a) - 1 = a$.

2°. $a \leqq 0$. Si $a > -1$, la condition $v(\sigma) \geqq a$ équivaut, d'après le lemme 1, à $v(\sigma) \geqq 0$. Si $a \leqq -1$, l'ensemble des σ tels que $v(\sigma) \geqq a$ est G_K, donc un hypergroupe. Le théorème est démontré (3).

Soit

$$v_0(K/k),\ v_1(K/k), \ldots \qquad \ldots, v_{m-1}(K/k),\ v_m(K/k) = +\infty$$

l'ensemble de tous les nombres caractéristiques *positifs* distincts des $\sigma \in G_{K/k}$ (4), écrits dans l'ordre des grandeurs croissantes. Posons de plus, par convention spéciale,

$$v_{-2}(K/k) = -1, \quad v_{-1}(K/k) = 0.$$

Définiton 2 : $v_q(K/k)\ (-2 \leqq q \leqq m)$ s'appelle le $q^{\text{ième}}$ *nombre de ramification* de K/k. Si $q = -2$, -1 ou m, ce nombre de ramification sera dit *impropre*, sinon il sera dit *propre.*

Dèfinition 3 : L'ensemble $\overset{(q)}{V}_{K/k}$ de tous les $\sigma \in G_{K/k}$ tels que $v(\sigma) \geqq v_q(K/k)\,(-2 \leqq q \leqq m)$ (cet ensemble est, d'après le théorème I, un sous-hypergroupe de $G_{K/k}$) s'appelle *l'hypergroupe de ramification d'ordre* q de K/k (5).

Le sous-corps $(K/k)_q$ (6) de K/k qui appartient à $\overset{(q)}{V}_{K/k}$ dans K/k (théorème VI du § 1) s'appelle *corps de ramification d'ordre* q de K/k.

On voit que : $G_{K/k} = \overset{(-2)}{V}_{K/k} \supseteqq \overset{(-1)}{V}_{K/k} \supseteqq \overset{(0)}{V}_{K/k} \supset \overset{(1)}{V}_{K/k} \supset \ldots \supset \overset{(m-1)}{V}_{K/k} \supset \overset{(m)}{V}_{K/k} = \{1_K\}$.

$K/k = (K/k)_m \subset (K/k)_{m-1} \subset \ldots \subset (K/k)_1 \subset (K/k)_0 \supseteqq (K/k)_{-1} \supseteqq (K/k)_{-2} = k/k$;

$\overset{(-2)}{V}_{K/k}$, $\overset{(-1)}{V}_{K/k}$, $\overset{(0)}{V}_{K/k}$ et $(K/k)_{-2}$, $(K/k)_{-1}$, $(K/k)_0$ ont des noms spéciaux. Ils s'appellent hypergroupes et corps resp. de *décomposition, d'inertie*

(3) Cette démonstration simple de cet important théorème m'a été indiquée par M. Claude Chevalley, après la lecture de ma démonstration primitive, beaucoup plus compliquée. Je l'en remercie.

(4) $v(\sigma) = +\infty$ si $\sigma = 1_K$ et dans ce cas seulement.

(5) Habituellemet cet hypergroupe est désigné par $\overset{(q-1)}{V}_{K/k}$, [où si l'on le désigne par $\overset{(q)}{V}_{K/k}$, on désigne le nombre de ramification correspondant par $v_{q+1}(K/k)$]. C'est sur le conseil de M. Claude Chevalley que je me suis écarté de cette ancienne notation qui, en effet, est très incommode.

(6) On désignera ce corps par K_q, si l'on ne voudra pas attirer l'attention sur la base k.

et de *ramification* de K/k. On désigne aussi $G_{K/k}=\overset{(-2)}{V}_{K/k}$ par $Z_{K/k}$, $\overset{(-1)}{V}_{K/k}$ par $T_{K/k}$, et $\overset{(0)}{V}_{K/k}$ par $V_{K/k}$. De plus, M. HENSEL appelle $(K/k)_{-1}$ *corps de coëfficients* de K/k et M. ORE appelle $(K/k)_0$ *corps régulier* de K/k.

Le nombre d'éléments de $\overset{(q)}{V}$ sera désigné par $n_q(K/k)(-2 \leq q \leq m)$. On posera $(-2 \leq q < m)$

$$r_q(K/k) = \frac{n_q(K/k)}{n_{q+1}(K/k)}$$

$r_q(K/k) = (\overset{(q)}{V}_{K/k} : \overset{(q+1)}{V}_{K/k})$, donc, d'après § 1, est un *entier*.

HYPERGROUPE : $G_K/T_K \simeq G_{(K/k)_{-1}}$. Soient $\mathfrak{o}$, $\mathfrak{O}$, $\mathfrak{O}^*$ (7) les corps finis des classes (mod. $\mathfrak{P}^*$) resp. dans k, K, K*. Considérons un $\sigma \in G_K$. α, β, γ étant des entiers de K, $\alpha+\beta \equiv \gamma$ (mod $\mathfrak{P}$) entraîne $\sigma\alpha+\sigma\beta \equiv \sigma\gamma$ (mod $\sigma\mathfrak{P} = \mathfrak{P}$), $\alpha.\beta \equiv \gamma$ (mod $\mathfrak{P}$) entraîne $\sigma\alpha.\sigma\beta \equiv \sigma\gamma$ (mod $\mathfrak{P}$), et $\alpha \not\equiv \beta$ (mod $\mathfrak{P}$) entraîne $\sigma\alpha \not\equiv \sigma\beta$ (mod $\mathfrak{P}$). Donc σ produit un isomorphisme de $\mathfrak{O}/\mathfrak{o}$. $\mathfrak{O}/\mathfrak{o}$ étant un sous-corps galoisien de $\mathfrak{O}^*/\mathfrak{o}$, cet isomorphisme est un automorphisme et, en vertu des proprités connues des champs de GALOIS, il existent des entiers rationnels i tels que pour tout $\alpha \in I(K)$ oo ait

$$\sigma\alpha \equiv \alpha^{N^+(\mathfrak{p})^i}.$$

Désignons par $i_k(\sigma)$ l'ensemble des tous les i vérifiant la congruence précédente. $i_k(\sigma)$ est, manifestement, une classe des entiers rationnels (mod f).

Soit ρ' une racine primitive (mod $\mathfrak{P}$) dans K. Soit $f(x)=0$ l'équation irréductible dans k à laquelle satisfait ρ'. Quelque soit l'entier rationnel i, il existe un zéro ρ'' de $f(z)$ tel que $\rho'' \equiv \rho'^{N^+(\mathfrak{p})^i}$ (mod $\mathfrak{P}^*$). Tous les zéros de $f(x)$ étant conjugués par rapport à k, et $\rho'^{N^+(\mathfrak{p})^{i_1}}$ n'étant congrû (mod $\mathfrak{P}^*$) à $\rho'^{N^+(\mathfrak{p})^{i_2}}$ que si $i_1 \equiv i_2$ (mod f), on voit que $i_k(G_{K/k})$ est l'ensemble de toutes les classes rationnelles (mod f).

Théorème II. $i_k(\sigma_1\sigma_2) = i_k(\sigma_1) + i_k(\sigma_2)$. *La correspondance* $\sigma T_{K/k}/\overrightarrow{T_{K/k}} \rightarrow i_k(\sigma T_{K/k})$ *est un isomorphisme de* $G_{K/k}/\overrightarrow{T_{K/k}}$ *au groupe additif de toutes les classes rationnelles (mod f).* $T_{K/k}$ *est invariant dans* $G_{K/k}$.

(7) Donc $\mathfrak{o}=\Omega_{f_0}$, $\mathfrak{O}=\Omega_F$, $\mathfrak{O}^*=\Omega_{F^*}$.

DÉMONSTRATION. Si $\sigma \in \sigma_1\sigma_2$, il existent σ_1^*, $\sigma_2^* \in G_{K^*}$ tels que $\sigma_1 = \text{corr.}_K\sigma_1^*$, $\sigma_2 = \text{corr.}_K\,\sigma_2^*$, $\sigma = \text{corr.}_K(\sigma_1^*\sigma_2^*)$. Si $\alpha \in I(K)$ on a $\sigma_2^*\alpha - \alpha^{N_k^+(\mathfrak{p})^{i_k(\sigma_2)}} \equiv 0$ (mod $\mathfrak{P}^*$), d'où $\sigma_1^*\left(\sigma_2^*\alpha - \alpha^{N_k^+(\mathfrak{p})^{i_k(\sigma_2)}}\right) \equiv 0$ (mod $\sigma_1^*\mathfrak{P}^* = \mathfrak{P}^*$) et $\sigma\alpha = \sigma_1^*\sigma_2^*$.

$\alpha \equiv (\sigma_1^*\alpha)^{N_k^+(\mathfrak{p})^{i_k(\sigma_2)}} \equiv \left(\alpha^{N_k^+(\mathfrak{p})^{i_k(\sigma_1)}}\right)^{N_k^+(\mathfrak{p})^{i_k(\sigma_2)}} \equiv \alpha^{N_k^+(\mathfrak{p})^{i_k(\sigma_1)+i_k(\sigma_2)}}$; d'où $i_k(\sigma) = i_k(\sigma_1) + i_k(\sigma_2)$.

$i_k(\sigma) = 0$ équivant à $\sigma \in T_K$. Donc $i_k(\sigma_1) = i_k(\sigma)$, si $\sigma_1 \in \sigma T_K$: inversement, soit $i_k(\sigma_1) = i_k(\sigma)$. D'après la définition de l'hypergroupe il existe $\sigma_2 \in \vec{G}_k$ tel que $\sigma_1 \in \sigma\sigma_2$. On a $i_k(\sigma_2) = i_k(\sigma_1) - i_k(\sigma) = 0$, donc $\sigma_2 \in \vec{T}_K$, et $\sigma_1 \in \sigma T_K$. $\sigma T_K/T_K \rightarrow i_k(\sigma T_K)$ est une correspondance biunivoque de $\vec{G}_K/T_K$ à $i_k(G_K)$, c'est-à-dire à l'ensemble de toutes les classes rationnelles (mod. f). Comme $i_k(\sigma_1\sigma_2) = i_k(\sigma_1) + i_k(\sigma_2)$, cette correspondance est l'isomorphisme de $\vec{G}_K/T_K$ au groupe additif de ces classes.

La formule précédente étant symétrique par rapport à σ_1 et σ_2, on voit que $i_k(\sigma_1) = i_k(\sigma)$ équivaut aussi à $\sigma_1 \in T_K\sigma$, d'où $T_K\sigma = \sigma T_K$,

C. q. f. d.

CONSÉQUENCE : $\vec{G}_K/T_K \simeq G_{K_{-1}}$ est un groupe cyclique d'ordre f. $(K/k)_{-1}$ est cyclique de degré f.

Théorème III $n_{-2}(K) = ef$, $n_{-1}(K) = e$, $r_{-2}(K) = f$.

DÉMONSTRATION : On a $\mathfrak{P}^{n_{-2}(K)} = N_{K/k}(\mathfrak{P}) = \mathfrak{p}^f = \mathfrak{P}^{ef}$; d'où $n_{-2}(K) = ef$. Ensuite, $r_{-1}(K) = (V_K^{(-2)} : V_K^{(-1)}) = (K_{-1} : k) = f$. D'où $n_{-1}(K) = \dfrac{n_{-2}(K)}{r_{-2}(K)} = \dfrac{ef}{f} = e$.

C. q. f. d.

LEMME 5 : $(K/k)_{-1}$ est le plus grand sous-corps non ramifié de K/k et le plus petit sous-corps de K/k par rapport auquel K est complètement ramifié.

DÉMONSTRATION : Pour que $\overline{K}/k \subseteq K/k$ soit non ramifié il faut et il suffit que l'ordre de $\mathfrak{P}$ dans $K/\overline{K}$ et dans K/k soit le même, c'est-à-dire, d'après le théorème II, que $T_{K/\overline{K}} = T_{K/k} \cap G_{K/\overline{K}} = T_{K/k}$, c'est-à-dire que $G_{K/\overline{K}} \supseteq T_{K/k}$. Pour que $K/\overline{K}$ soit complètement ramifié il faut et il suffit que $G_{K/\overline{K}} = T_{K/\overline{K}} = T_{K/k} \cap G_{K/\overline{K}}$, c'est-à-dire $G_{K/\overline{K}} \subseteq T_{K/k}$. Le lemme est démontré

HYPERGROUPE $\vec{T}_K/V_K \simeq G_{K_0/K_{-1}}$.

DÉFINITION 5 : Si $\sigma \in T_K$, $\beta_{-1}(\sigma)$ désigne la classe (mod $\mathfrak{P}^*$) qui contient $\frac{\sigma\pi}{\pi}$ [$\pi \in I(K)$ est d'ordre 1 en $\mathfrak{P}$].

REMARQUE : $\beta_{-1}(\sigma)$ ne dépend pas du choix de π, car si $\omega(\pi_1)=1$, on a $\pi_1 = \alpha\pi$ où $\alpha \in I(K) \not\equiv 0$ (mod $\mathfrak{P}$), et $\frac{\sigma\pi_1}{\pi_1} = \frac{\sigma\alpha}{\alpha} \cdot \frac{\sigma\pi}{\pi} \equiv \frac{\sigma\pi}{\pi}$ (mod $\mathfrak{P}^*$), parce que $\sigma\alpha \equiv \alpha$ (mod $\mathfrak{P}$).

$\beta_{-1}(\sigma)$ est un élément de $\mathfrak{O}^*$ Considérons le corps $\mathfrak{O}^*/\mathfrak{O}$; le groupe de $\mathfrak{O}^*/\mathfrak{O}$ est la période d'un automorphisme $\mathfrak{Z}$ de $\mathfrak{O}^*$ donné par

$$\mathfrak{Z}\alpha^* = \alpha^{*N_k^+(\mathfrak{P})} = \alpha^{*F} \quad \text{pour tout} \quad \alpha^* \in \mathfrak{O}^*$$

Désignons par $\langle\alpha^*\rangle_F$ l'ensemble de tous les conjugués distincts d'un $\alpha^* \in \mathfrak{O}^*$ par rapport à $\mathfrak{O}$.

LEMME 6 : Si $\sigma \in T_K$, $\text{gen}_{K^*}\sigma \cap T_{K^*}$ n'est pas vide.

DÉMONSTRATION : Soit $\sigma^* \in \text{gen}_{K^*}\sigma$. Pour chaque $\alpha^* \in I(K^*)$ on a $\sigma^*\alpha^* \equiv \alpha^{*N_k^+(\mathfrak{p})^{i_k(\sigma^*)}}$ (mod $\mathfrak{P}^*$), et, en particulier, si $\alpha \in I(K)$, on a

$$\alpha = \sigma\alpha = \sigma^*\alpha \equiv \alpha^{N_k^+(\mathfrak{p})^{i_k(\sigma^*)}} \quad (\text{mod } \mathfrak{P}^*).$$

Il s'ensuit $i_k(\sigma^*) \equiv 0$ (mod f). Donc, si $i = \frac{i_k(\sigma^*)}{f}$, i est une classe $\left(\text{mod } \frac{f^*}{f} = f_{K^*/K}\right)$, et il y a $\sigma_1^* \in G_{K^*/K}$ tel que $i_K(\sigma_1^*) = i$. On a $\sigma_1^*\alpha^* = \alpha^{*N_k^+(\mathfrak{P})^i} \equiv \alpha^{*N_k^+(\mathfrak{p})^{if}}$, c'est-à-dire $i_k(\sigma_1^*) = i_k(\sigma^*)$; d'où $i_K(\sigma^*\sigma_1^{*-1}) = 0$, donc $\sigma^*\sigma^{*-1} \in \text{gen}_{K^*}\sigma$ est aussi contenu dans $T_{K^*/k}$. C. q. f. d.

Théorème IV. *Si* $\sigma_1, \sigma_2 \in T_K$ *on a*

$$\beta_{-1}(\sigma_1, \sigma_2) = \beta_{-1}(\sigma_1).\langle\beta_{-1}(\sigma_2)\rangle_F$$

$\beta_{-1}(T_K)$ *est un groupe multiplicatif de classes (mod* $\mathfrak{P}^*$*) dans* K^*. *La correspondance* $\sigma V_K/\vec{V}_K \to \beta_{-1}(\sigma V_K)$ *est un isomorphisme de* $T_K/\vec{V}_K$ *à* $\beta_{-1}(T_K)$ *organisé en hypergroupe par la loi de composition* $*$ *donnée par*

$$a * b = a.\langle b\rangle_F$$

$\vec{V}_K$ *est un sous-hypergroupe semi-invariant de* T_K.

DÉMONSTRATION : Soit $\sigma_1^* \in \text{gen}_{K^*}\sigma_1 \cap T_{K^*/k}$. On a $\text{gen}_{K^*}\sigma_1 = \sigma_1^* G_{K^*/K}$.

$$\frac{\sigma_1\sigma_2\pi}{\pi} = \frac{\text{gen}_{K^*}\sigma_1(\sigma_2\pi)}{\pi} = \left\{\sigma^*\left(\frac{\sigma_2\pi}{\pi}\right) \cdot \frac{\sigma^*\pi}{\pi}\right\}_{\sigma^* \in \text{gen}_{K^*}\sigma_1} = \sigma_1^* G_{K^*/K}\left(\frac{\sigma_2\pi}{\pi}\right) \cdot \frac{\sigma_1\pi}{\pi}$$

Or, puisque $\sigma_1^* \in T_{K^*/k}$, on a que $i_k(\sigma_1^* G_{K^*/K}) = i_k(G_{K^*/K})$, c'est-à-dire est l'ensemble de toutes les classes (mod f^*) divisibles par f. Il s'ensuit que $\sigma_1^* G_{K^*/K}\left(\frac{\sigma_2\pi}{\pi}\right) \equiv G_{K^*/K}\left(\frac{\sigma_2\pi}{\pi}\right) \equiv \langle\beta_{-1}(\sigma_2)\rangle_F \pmod{\mathfrak{P}^*}$ et que

$$\beta_{-1}(\sigma_1\sigma_2) = \beta_{-1}(\sigma_1) . \langle\beta_{-1}(\sigma_2)\rangle_F .$$

Puisque $\langle\beta_{-1}(\sigma_2)\rangle_F \ni \beta_{-1}(\sigma_2)$, $\beta_{-1}(T_K)$ est un groupe multiplicatif. $\beta_{-1}(\sigma) = 1$ équivaut à $\sigma \in V_K$. Comme $\langle 1\rangle_F = \{1\}$, on a, quand $\sigma_1 \in \sigma V_K (\sigma \in T_K)$, $\beta_{-1}(\sigma_1) = \beta_{-1}(\sigma)\ \langle 1\rangle_F = \beta_{-1}(\sigma)$. Inversement, soit $\beta_{-1}(\sigma_1) = \beta_{-1}(\sigma)$. Il existe $\sigma_2 \in T_K$ tel que $\sigma_1 \in \sigma\sigma_2$, parce que T_K est un hypergroupe. On a $\beta_{-1}(\sigma_1) \in \beta_{-1}(\sigma).\langle\beta_{-1}(\sigma_2)\rangle_F$. Donc $\langle\beta_{-1}(\sigma_2)\rangle_F \ni 1$; donc $\langle\beta_{-1}(\sigma_2)\rangle_F = \langle 1\rangle_F = \{1\}$ et $\beta_{-1}(\sigma_2) = 1$; donc $\sigma_2 \in V_K$ et $\sigma_1 \in \sigma V_K$. La correspondance $\sigma V_K/V_K \overset{\rightarrow}{\rightarrow} \beta_{-1}(\sigma V_K)$ est bien l'isomorphisme indiqué.

Définissons une autre loi de composition dans l'ensemble T_K par

$$\overline{\sigma_1\sigma_2} = \mathrm{corr}_K\{(\mathrm{gen}_{K^*}\sigma_1 \cap T_{K^*/k}).(\mathrm{gen}_{K^*}\sigma_2 \cap T_{K^*/k})\} =$$
$$= \mathrm{corr}_K\{(\mathrm{gen}^{K^*}\sigma_1 \cap T_{K^*/k}).\mathrm{gen}_{K^*}\sigma_2\}.$$

On a, σ étant un élément quelconque de T_K,

$$\overline{\sigma T_K} = \mathrm{corr}_K\{(\mathrm{gen}_K\sigma_1^* \cap T_{K^*/k}).\mathrm{gen}_{K^*}T_K\} = \mathrm{corr}_K \mathrm{gen}_{K^*} T_K = T_K$$

et

$$\overline{T_K\sigma} = \mathrm{corr}_K\{(\mathrm{gen}_{K^*}T_K \cap T_{K^*/k}).\mathrm{gen}_{K^*}\sigma\} = \mathrm{corr}_K\{T_{K^*/k}\ \mathrm{gen}_{K^*}\sigma\} \supseteq \mathrm{corr} T_{K^*/k} = T_K$$

(parce que $\mathrm{gen}_{K^*}\sigma \cap T_{K^*/k}$ n'est pas vide).

Donc T_K ainsi organisé est un hypergroupe. On voit facilement que

$$\beta_{-1}(\overline{\sigma_1\sigma_2}) = \beta_{-1}(\sigma_1).\beta_{-1}(\sigma_2)$$

d'où il suit

$$\overline{V_K\sigma} = \overline{\sigma V_K} \qquad (\sigma \in T_K).$$

On a, manifestement, $V_K\sigma \supseteq \overline{V_K\sigma}$ et $\overline{\sigma V_K} \subseteq \sigma V_K$. Or $\sigma_1 \in \sigma V_K$ et $\sigma_1 \in \overline{\sigma V_K}$ équivalent à $\beta_{-1}(\sigma_1) = \beta_{-1}(\sigma)$; d'où $\overline{\sigma V_K} = \sigma V_K$ et $V_K\sigma \supseteq \sigma V_K$.

C. q. f. d.

Conséquence : L'ordre de $\beta_{-1}(T_K)$ est égal à $r_{-1}(K)$. $N_{K.}^{+}(\mathfrak{P}) - 1 = p^F - 1 \equiv 0 \pmod{r_{-1}(K)}$. $t_{-1}(K)$ est premier à p. $\beta_{-1}(T_K)$ est le groupe de racines $r_{-}(K)^{\text{ièmes}}$ de l'unité dans $\mathfrak{O}^*$.

Démonstration : Il suffit de prendre $K^* = K^{\cdot}$.

Théorème V. *Si* $A \subset T_K$ *est tel que* $\beta_{-1}(A)$ *est un groupe multiplicatif et si* $\sigma \in T_K$, *on a*

$$\beta_{-1}(\sigma A) = \beta_{-1}(\sigma) . \beta_{-1}(A).$$

En particulier $\overrightarrow{AV_K/V_K}$ est un sous-hypergroupe de $\overrightarrow{T_K/V_K}$.

Démonstration : Chaque élément de $\langle\alpha^*\rangle_F (\alpha^* \in \mathfrak{O}^*)$ a la forme $\mathfrak{Z}^i\alpha^* = \alpha^{*p^{iF}}$, donc est une puissance de α^*. Il en résulte, que si V^* est un groupe multiplicatif d'éléments de $\mathfrak{O}^*$ et si $\alpha^* \in V^*$, aussi $\langle\alpha^*\rangle_F = V^*$. Donc $\langle\beta_{-1}(A)\rangle_F = \beta_{-1}(A)$ et $\beta_{-1}(\sigma A) = \beta_{-1}(\sigma) . \beta_{-1}(A)$. En particulier, $\beta_{-1}(AV_K . AV_K) = \beta_{-1}(A) . \beta_{-1}(A) = \beta_{-1}(A)$;d'où $AV_K . AV_K = AV_{K^*}$, et $\overrightarrow{AV_K/V_K}$ est un sous-hypergroupe de $\overrightarrow{T_K/V_K}$ (Théorème IV du § 1).

C. q. f. d.

Hypergroupes $\overset{(q)}{V_K}/\overset{\rightarrow(q+1)}{V_K} \simeq G_{K_{q+1}/K_q}$ $(q = 0, 1, \ldots, m-1)$. Soient D le plus petit comun dénominateur de tous les $v_q(K/k)$ propres, π un entier de K d'ordre 1 en $\mathfrak{P}$, et $\pi_0^D = \pi$; soit K^*/k un surcorps galoisien de K contenant π_0.

Définition 6 : Si $m > q \geqq 0$ et si $\sigma \in \overset{(q)}{V}_{K/k}$, $\beta_q^{(\pi_0)}(\sigma)$ désigne la classe (mod $\mathfrak{P}^*$) dans K^* qui contient $\dfrac{\sigma\pi - \pi}{\pi_0^{D(1+v_q(K/k))}}$

$\beta_q^{(\pi_0)}(\overset{(q)}{V}_{K/k})$ sera désigné par $M_q^{(\pi_0)}(K/k)$.

Remarque : Si l'on choisit autrement π et π_0, par exemple si l'on prend $\pi'_0 \equiv \lambda\pi_0$ (mod $\mathfrak{P}^*$) ($\lambda^D \in K$, $\lambda \equiv\mid\equiv 0$ (mod $\mathfrak{P}^*$)), tous les éléments de $M_q(K/k)$ se multiplient par le même facteur $\equiv \lambda^{-Dv_q(K/k)}$ (mod $\mathfrak{P}^*$) si δ_q est le dénominateur de $v_q(K/k)$ et si $\mu_q = (\delta_q v_q, p^F - 1)$, l'ensemble des facteurs ainsi obtenus est l'ensemble des racines $(p^F - 1)\dfrac{\delta_q}{\mu_q}$ ièmes de l'unité dans $\mathfrak{O}^*$. Si $\bar{\delta}_q$ est le plus grand diviseur de δ_q qui est premier à p, il y en a $(p^F-1)\dfrac{\bar{\delta}_q}{\mu_q}$ différents.

Théorème (de M. Hilbert). Si K^*/k *est galoisien,* $n_0(K^*/k)$ *est une puissance de* p.

Démonstration : Soit $\sigma^* \in V_{K^*}$ et $v(\sigma^*) \neq +\infty$. Si π^* est d'ordre 1 en $\mathfrak{P}^*$, on a

$$\sigma^*\pi^* \equiv \pi^*(1+\beta\pi^{*v(\sigma^*)}) \text{ (mod } \mathfrak{P}^{*v(\sigma^*)+2}) \quad (\beta \in I(K^*)).$$

Or, puisque $\sigma^* \in V_{K^*}$, on a $\sigma^{*a}(\beta\pi^{*v(\sigma^*)+1}) \equiv \beta\pi^{*v(\sigma^*)+1}$ (mod $\mathfrak{P}^{*v(\sigma^*)+2}$) c'est-à-dire $\sigma^{*a+1}\pi^* = \sigma^{*a}(\pi^* + \beta\pi^{*v(\sigma^*)+1}) = \sigma^{*a}\pi^* + \beta\pi^{*v(\sigma^*)+1}$ (mod $\mathfrak{P}^{*v(\sigma^*)+2}$) d'où l'on déduit

$$\sigma^{*a}\pi^* \equiv \pi^*(1+a\beta\pi^{*v(\sigma^*)}) \quad (\text{mod } \pi^{*v(\sigma^*)+2})$$

en, particulier, $\sigma^{*p}\pi^* \equiv \pi^* \pmod{\mathfrak{P}^{*v(\sigma^*)+2}}$, d'où $v(\sigma^{*p}) > v(\sigma^*)$, et en général, si $v(\sigma^{*p^j}) \neq +\infty$, on a $v(\sigma^*) < v(\sigma^{*p}) < v(\sigma^{*p^2}) < \cdots < (\sigma^{*p^j})$. Comme il n'y a qu'un nombre fini de $v_q(\mathrm{K})$ différents, il doit exister un j tel que $v(\sigma^{*p^j}) = +\infty$, c'est-à-dire $\sigma^{*p^j} = 1_{\mathrm{K}^*}$; d'où le théorème.

Lemme 7 : Si $\sigma \in \mathrm{V}_{\mathrm{K}}$, $\mathrm{gen}_{\mathrm{K}^*}\sigma \cap \mathrm{V}_{\mathrm{K}^*/k}$ n'est pas vide.

Démonstration : $\mathrm{gen}_{\mathrm{K}^*}\sigma \cap \mathrm{T}_{\mathrm{K}^*/k}$ n'est pas vide. Soit $\sigma^* \in \mathrm{gen}_{\mathrm{K}^*}\sigma \cap \mathrm{T}_{\mathrm{K}^*/k}$. On a, si $\omega_{\mathfrak{P}^*}(\pi^*) = 1$

$$\sigma^*\pi^* \equiv \beta_{-1}(\sigma^*)\pi^* \pmod{\mathfrak{P}^{*2}}.$$

Or, si $\omega_{\mathfrak{P}}(\pi) = 1$, $\pi\pi^{-n_{-1}(\mathrm{K}^*/\mathrm{K})}$ est un entier de K^* premier à $\mathfrak{P}^*$. Il s'ensuit que $\sigma\pi = \sigma^*\pi = \sigma^*(\pi\pi^{*-n_{-1}(\mathrm{K}^*/\mathrm{K})})(\sigma^*\pi^*)^{n_{-1}(\mathrm{K}^*/\mathrm{K})} \equiv \pi\pi^{*-n_{-1}(\mathrm{K}^*/\mathrm{K})}$. $(\beta_{-1}(\sigma^*)\pi^*)^{-n_{-1}(\mathrm{K}^*/\mathrm{K})} \equiv \beta_{-1}(\sigma^*)^{n_{-1}(\mathrm{K}^*/\mathrm{K})}.\pi \pmod{\mathfrak{P}\mathfrak{P}^*}$; d'où

$$\beta_{-1}(\sigma) = \beta_{-1}(\sigma^*)^{n_{-1}(\mathrm{K}^*/\mathrm{K})}$$

$\beta_{-1}(\sigma) = 1$ et $n_{-1}(\mathrm{K}^*/\mathrm{K}) = r_{-1}(\mathrm{K}^*/\mathrm{K})n_0(\mathrm{K}^*/\mathrm{K})$. D'après le théorème précédent de Hilbert $n_0(\mathrm{K}^*/\mathrm{K})$ est une puissance de p. Comme l'ordre de $\beta_{-1}(\sigma^*)$ dans le groupe multiplicatif $\beta_{-1}(\mathrm{T}_{\mathrm{K}^*/\mathrm{K}})$ est premier à p, on a

$$\beta_{-1}(\sigma^*)^{r_{-1}(\mathrm{K}^*/\mathrm{K})} = 1$$

c'est-à-dire d'après la conséquence du théorème IV, $\beta_{-1}(\sigma^*) \in \beta_{-1}(\mathrm{T}_{\mathrm{K}^*/\mathrm{K}})$. Il existe $\sigma_1^* \in \mathrm{T}_{\mathrm{K}^*/\mathrm{K}}$ tel que $\beta_{-1}(\sigma_1^*) = \beta_{-1}(\sigma^*)$ et $\beta_{-1}(\sigma^*\sigma_1^{*-1}) = 1$ c'est-à-dire $\sigma^*\sigma_j^{*-1} \in \mathrm{gen}_{\mathrm{K}^*}\sigma$ est aussi dans $\mathrm{V}_{\mathrm{K}^*/k}$. C. q. f. d.

Définition 7 : Si $\alpha^* \in \mathfrak{O}^*$ et si ζ est une racine $\delta^{\text{ième}}$ primitive de l'unité dans $\mathfrak{O}^*$

$$[\alpha^*]_{\mathrm{F},\delta} = \langle\alpha^*\rangle_{\mathrm{F}} \cup \zeta.\langle\alpha^*\rangle_{\mathrm{F}} \cup \zeta^2\langle\alpha^*\rangle_{\mathrm{F}} \cup \cdots \quad \cdots \cup \zeta^{\delta-1}\langle\alpha^*\rangle_{\mathrm{F}}.$$

Théorème VI. *Si* $\sigma_1, \sigma_2 \in \overset{(q)}{\mathrm{V}}_{\mathrm{K}}$ *et si* $\bar{\delta}_q$ *est le plus grand facteur du dénominateur* δ_q *de* $v_q(\mathrm{K})$ *premier à* p,

$$\beta_q^{(\pi_0)}(\sigma_1\sigma_2) = \beta_q^{(\pi_0)}(\sigma_1) + \left[\beta_q^{(\pi_0)}(\sigma_2)\right]_{\mathrm{F},\bar{\delta}_q}.$$

Démonstration. Soit K^* un surcorps galoisien de K contenant π_0, et soit $\bar{\pi}_0 = \pi_0^{\frac{\mathrm{D}}{\delta_q}}$. Soit $\gamma(\sigma^*)$ la classe $\pmod{\mathfrak{P}^*}$ contenant $\dfrac{\sigma^*\bar{\pi}_0}{\bar{\pi}_0}$.

Soit U l'ensemble de systèmes $[i_{\mathrm{K}}(\sigma^*), \gamma(\sigma^*)]$ pour tous $\sigma^* \in \mathrm{G}_{\mathrm{K}^*/\mathrm{K}}$, c'est-à-dire $\mathrm{U} = \{[i_{\mathrm{K}}(\sigma^*), \gamma(\sigma^*)]\}_{\sigma^* \in \mathrm{G}_{\mathrm{K}^*/\mathrm{K}}}$. Montrons que U est le produit, au sens de la théorie des ensembles, d'ensembles $i_K(G_{K^*/K})$ et $\gamma(T_{K^*/K})$. En effet, d'abord, comme $\sigma^*\pi=\pi$, on a $\gamma(\sigma^*)^{\bar{\delta}_q}=1$. Or, si $\sigma_1^*\in T_{K^*/K}$, et si $n_{-1}(K^*/K)=n\delta_q$, on a $r_{-1}(K^*/K)=(r_{-1}(K^*/K), n).\bar{\delta}_q$ (8) (parceque $n_0(K^*/K)$ est une puissance de p). On a évidemment $\gamma(\sigma_1^*)=\beta_{-1}(\sigma_1^*)^n$, d'où, puisque $\beta_{-1}(T_{K^*/K})$ est l'ensemble de toutes les racines $r_{-1}(K^*/K)^{\text{ièmes}}$ de l'unité dans $\mathfrak{O}^*$, $\gamma(T_{K^*/K})$ est l'ensemble de toutes les racines $\bar{\delta}_q^{\text{ièmes}}$ de l'unité dans $\mathfrak{O}^*$. Donc, quelque soit $\alpha^*\in\gamma(T_{K^*/K})$, il existe un $\sigma_1^*\in T_{K^*/K}$ tel que $\gamma(\sigma_1^*\sigma^*)\equiv\dfrac{\sigma_1^*\sigma^*\bar{\pi}}{\bar{\pi}}\equiv\sigma_1^*\left(\dfrac{\sigma^*\bar{\pi}_0}{\bar{\pi}_0}\right).\dfrac{\sigma_1^*\bar{\pi}_0}{\bar{\pi}_0}\equiv\gamma(\sigma_1).\gamma(\sigma^*)$ est égal à α^*. Comme $\sigma_1^*\sigma^*\in G_{K^*/K}$ et $i_K(\sigma_1^*\sigma^*)=i_K(\sigma_1^*)+i_K(\sigma^*)=i_K(\sigma^*)$ (parce que $\sigma_1\in T_{K^*/K}$), on voit bien que

$$U=i_K(G_{K^*/K})\times\gamma(T_{K^*/K})$$

Ceci posé, soient $v_q(K)=\dfrac{u_q}{\bar{\delta}_q}$ $((u_q, \bar{\delta}_q)=1)$ et $\sigma_1, \sigma_2\in \overset{(q)}{V}_K$. On a

$$\beta_q^{(\pi_0)}(\sigma_1\sigma_2)\equiv\frac{\sigma_1\sigma_2\pi-\pi}{\pi_0^{D(1+v_q)}}\equiv\left\{\sigma^*\left(\frac{\sigma_2\pi-\pi}{\bar{\pi}_0^{u_q+\delta_q}}\right)\left(\frac{\sigma^*\bar{\pi}_0}{\bar{\pi}_0}\right)^{u_q+\delta_q}+\frac{\sigma^*\pi-\pi}{\pi_0^{D(1+v_q)}}\right\}_{\sigma^*\in\mathrm{gen}_{K^*}\sigma_1}=$$

$$=\left\{\sigma^*\beta_q^{(\pi_0)}(\sigma_2).\left(\frac{\sigma^*\bar{\pi}_0}{\bar{\pi}_0}\right)^{u_q+\delta_q}+\beta_q^{(\pi_0)}(\sigma_1)\right\}_{\sigma^*\in\mathrm{gen}_{K^*}\sigma_1}.$$

Or, si $\sigma_1^*\in\mathrm{gen}_{K^*}\sigma_1\cap V_{K^*}$, on a $\mathrm{gen}_{K^*}\sigma_1=\sigma_1^*G_{K^*/K}$. Donc, il existe $\sigma_0^*\in G_{K^*/K}$ tel que $\sigma^*=\sigma_1^*\sigma_0$, et $\sigma^*\beta_q^{(\pi_0)}(\sigma_2).\left(\dfrac{\sigma^*\bar{\pi}_0}{\bar{\pi}_0}\right)^{v_q+\delta_q}=$

$$=\sigma_1^*\sigma_0^*\beta_q^{(\pi_0)}(\sigma_2).\sigma_1^*\left(\frac{\sigma_0^*\bar{\pi}_0}{\bar{\pi}_0}\right)^{u_q+\delta_q}\left(\frac{\sigma_1^*\bar{\pi}_0}{\bar{\pi}_0}\right)^{u_q+\delta_q}=\sigma_0^*\beta_q^{(\pi_0)}(\sigma_2).\left(\frac{\sigma_0^*\bar{\pi}_0}{\bar{\pi}_0}\right)^{u_q+\delta_q}=$$

$$=\mathfrak{Z}^{i_K(\sigma^*)}\beta_q^{(\pi_0)}(\sigma_2).\gamma(\sigma_0^*)^{u_q+\delta_q}.$$

L'ensemble de tous les σ_* des $\sigma^*\in\mathrm{gen}_{K^*}\sigma_1$ est $G_{K^*/K}$. Comme $i_K(G_{K^*/K})$ est l'ensemble de toutes les classes (mod $f_{K^*/K}$), et $\gamma(T_{K^*/K})$, donc aussi $\{\gamma(\sigma_0^*)^{u_q+\delta_q}\}_{\sigma^*\in T_{K^*/K}}$ est l'ensemble de toutes les racines $\bar{\delta}_q$-ièmes de l'unité dans $\mathfrak{O}^*$, on a, d'après ce qui précède, que

$$\{\mathfrak{Z}^{i_K(\sigma_0^*)}\beta_q^{(\pi_0)}(\sigma_2).\gamma(\sigma_0^*)^{u_q+\delta_q}\}_{\sigma_0^*\in G_{K^*/K}}=[\beta_q^{(\pi_0)}(\sigma_2)]_{F,\bar{\delta}_q}$$

et que $\beta_q^{(\pi_0)}(\sigma_1\sigma_2)=\beta_q^{(\pi_0)}(\sigma_1)+[\beta_q^{(\pi_0)}(\sigma_2)]_{F,\bar{\delta}_q}$. C. q. f. d.

Théorème VII. *Si* $0\leqq q<m$, $M_q^{(\pi)}(K/k)$ *est un module dans* $\mathfrak{O}^*$ *et la correspondance* $\sigma\overset{(q+1)\to(q+1)}{V_K/V_K}\to\beta_q^{(\pi_0)}(\sigma\overset{(q+1)}{V_K})$ *est un isomorphis-*

(8) a, b étant des entiers rationnels, (a, b) désigne leur p. g. c. d., et $m(a, b)$ désigne leur p. p. c. m.

me de $\overset{(q)}{V_K} / \overset{(q+1)}{V_K}$ *à l'ensemble* $M_q^{(\pi_0)}(K/k)$ *organisé en hypergroupe par la loi de composition de tout couple d'éléments a, b donnée par*

$$a * b = a + [b]_{F,\bar{\delta}_q}$$

$r_q(K/k)$ *et* $n_q(K/k)$ *sont puissances de p, soit* $n_q(K/k) = p^{j_q(K/k)}$ *et* $r_q(K/k) = p^{l_q(K/k)}.l_q(K/k) \leq F^{\bullet}$.

Démonstration : Puisque $[\alpha^{\bullet}]_{F,\delta} = \langle \alpha^* \rangle_F \ni \alpha^*$, $\beta_q^{(\pi_0)}(\sigma_1\sigma_2) = \beta_q^{(\pi_0)}(\sigma_1) + [\beta_q^{(\pi_0)}(\sigma_2)]_{F,\bar{\delta}_q} \ni \beta_q^{(\pi_0)}(\sigma_1) + \beta_q^{(\pi_0)}(\sigma_2)$, c'est-à-dire $M_q^{(\pi_0)}(K)$ est un module Comme c'est un sous-module de $\mathfrak{O}^* = \Omega_{F^*}$, son nombre d'éléments est une puissance de p.

$\sigma \in \overset{(q+1)}{V_K}$ équivaut à $\beta_q^{(\pi_0)}(\sigma) = 0$. Comme $[0]_{F,\bar{\delta}_q} = \{0\}$, il s'ensuit que, si $\sigma_1 \in \sigma \overset{(q+1)}{V_K}$, $\beta_q^{(\pi_0)}(\sigma_1) = \beta_q^{(\pi_0)}(\sigma)$. Inversement, soit $\beta_q^{(\pi_0)}(\sigma_1) = \beta_q^{(\pi_0)}(\sigma)$. Il existe $\sigma_2 \in \overset{(q)}{V_K}$ tel que $\sigma_1 \in \sigma\sigma_2$. On a $\beta_q^{(\pi_0)}(\sigma) = \beta_q^{(\pi_0)}(\sigma_1) \in \beta_q^{(\pi_0)}(\sigma) + [\beta_q^{(\pi_0)}(\sigma_2)]_{F,\bar{\delta}_q}$ d'où $0 \in [\beta_q^{(\pi_0)}(\sigma_2)]_{F,\bar{\delta}_q}$, c'est-à-dire il y a un $\zeta^a.\mathfrak{Z}^i\beta_q^{(\pi_0)}(\sigma_2) = 0$, d'où $\beta_q^{(\pi_0)}(\sigma_2) = \mathfrak{Z}^{-i}(\zeta^{-a}.0) = \mathfrak{Z}^{-i}0 = 0$ et $\sigma_2 \in \overset{(q+1)}{V_K}$. Il s'ensuit que $\sigma \overset{(q+1)}{V_K} / \overset{(q+1)}{V_K} \to \beta_q^{(\pi_0)}(\sigma \overset{(q+1)}{V_K})$ est l'isomorphisme indiqué et que le nombre d'éléments de $M_q^{(\pi_0)}(K)$ est $r_q(K)$. Donc $r_q(K)$ est une puissance de p, et aussi $n_q(K) = \prod_{s=q}^{m-1} r_q(K)$ est une puissance de p. Si l'on prend $K_1^* = K^{\bullet}$ et si $\pi^{\bullet}$ est un entier de $K^{\bullet}$ d'ordre 1 en $\mathfrak{P}^{\bullet}$, les classes (mod $\mathfrak{P}^{\bullet}$) qui contiennent $(\sigma \in \overset{(q)}{V_K})$ $\dfrac{\sigma\pi - \pi}{\pi\pi^{\bullet\,\omega_{\mathfrak{P}^{\bullet}}(\pi)v_q(K)}}$ ne diffèrent de $\beta_q^{(\pi_0)}(\sigma)$ correspondants que par le même facteur

$$\lambda = \frac{\pi_0^{Dv_q(K)}}{\pi^{\bullet\,\omega_{\mathfrak{P}^{\bullet}}(\pi)\,v_q(K)}} \not\equiv 0 \quad (\text{mod } \mathfrak{P}^*).$$

Donc le nombre des classes distinctes parmi ces classes, qui est $\leqq N_{K^*}^{+}(\mathfrak{P}^{\bullet}) = p^{F^{\bullet}}$, est $p^{l_q(K)}$, ce qui montre que $l_q(K) \leqq F^{\bullet}$. Le théorème est démontré.

Théorème VIII. $\overset{(q+1)}{V_K}$ *est un sous-hypergroupe semi-invariant de* $\overset{(q)}{V_K}$.

Démonstration : analogue à celle de la dernière partie du théorème IV. On se sert de la loi de composition ($\sigma_1, \sigma_2 \in \overset{(q)}{V}_K$)

$$\overline{\sigma_1\sigma_2} = \mathrm{corr}_K \{(\mathrm{gen}_{K^*}\sigma_1 \cap V_{K^*/k})(\mathrm{gen}_{K^*}\sigma_2 \cap V_{K^*/k})\}.$$

Lemme 8 : La différente de K/k $\vartheta_{K/k} = \mathfrak{P}^{n_{-1}(K/k)-1+u_{K/k}}$ où

$$u_{K/k} = \sum_{q=0}^{m-1} v_q(K/k)\,[n_q(K/k) - n_{q+1}(K/k)]\ (^9).$$

Démonstration : $\vartheta_{K/k} = \prod_{\sigma \in G'_{K/k}} (\overline{\sigma\xi - \xi})$, où $G'_{K/k} = G_{K/k} - \{1_K\}$. Or $\overline{\sigma\xi - \xi} = \mathfrak{P}^{1+v(\sigma)}$; il y a $n_q(K) - n_{q+1}(K)$ de σ tels que $v(\sigma) = v_q(K)$. Etant donné que $v_{-2}(K) = -1$, $v_{-1}(K) = 0$, $n_m(K) = 1$ et que $\sigma \in G'_{K/k}$ sauf si $v(\sigma) = +\infty = v_m$, on voit que l'égalité écrite est exacte.

Lemme 9 : Si $K_q \subseteqq K' \subset K'' \subseteqq K_{q+1}$ et si K''/K' est primitif ($q = 0, 1, \ldots$ .. , $m-1$)

$$v_0(K''/K') = v_q(K),\quad v_1(K''/K') = +\infty.$$

Démonstration : Dans $G'_{K/K'}$ il y a $(K : K') - n_{q+1}(K)$ de σ tels que $v(\sigma) = v_q(K)$, $n_{q+1}(K) - n_{q+2}(K)$ de σ tels que $v(\sigma) = v_{q+1}(K)$, $n_{q+2}(K) - n_{q+3}(K)$ de σ tels que $v(\sigma) = v_{q+2}(K), \ldots\ldots, n_{m-1}(K) - n_m(K)$ de σ tels que $v(\sigma) = v_{m-1}(K)$, parceque $\overset{(q)}{V}_K \supseteqq G_{K/K'} \supset \overset{(q+1)}{V}_K$. On voit, puisque K/K' est complètement ramifié, que

$$\vartheta_{K/K'} = \mathfrak{P}^{(K:K')-1+v_q(K)[(K:K')-n_{q+1}(K)]+\sum_{s=q+1}^{m-1} v_s(K)\,[n_s(K)-n_{s+1}(K)]}$$

est de même

$$\vartheta_{K/K''} = \mathfrak{P}^{(K:K'')-1+v_q(K)[(K:K'')-n_{q+1}(K)]+\sum_{s=q+1}^{m-1} v_s(K)[n_s(K)-n_{s+1}(K)]}.$$

Or, si K''/K' est primitif, tous les éléments de $G_{K''/K'}$ sauf $1_{K''}$ doivent avoir la même nombre caractéristique, car autrement, d'après le théorème I, $G_{K''/K'}$ aurait de vrais (c'est-à-dire $\neq G_{K''/K'}$ et $\neq 1_{K''}$) sous-hypergroupes. Soit v ce nombre caractéristique. Soit $\mathfrak{P}''$ l'idéal premier de K''. Comme K/K'' est complètement ramifié, on a $\mathfrak{P}'' = \mathfrak{P}^{(K:K'')}$ et

$$\vartheta_{K''/K'} = \mathfrak{P}''^{[(K'':K')-1](1+v)} = \mathfrak{P}^{[(K:K')-(K:K'')](1+v)}.$$

Comme

$$\vartheta_{K/K'} = \vartheta_{K/K''}\vartheta_{K''/K'}$$

---

(9) MM. Hensel et Ore appellenu $u_{K/k}$ *nombre supplémentaire.* („*Supplementzahl*“) *de* K/k.

on a

$$[(K:K')-(K:K'')](1+v)=$$

$$=\Big[(K:K')-1+v_q(K)[(K:K')-n_{q+1}(K)]+\sum_{s=q+1}^{m-1} v_s(K)[n_s(K)-n_{s+1}(K)]\Big]-$$

$$-\Big[(K:K'')-1+v_q(K)[(K:K'')-n_{q+1}(K)]+\sum_{s=q+1}^{m-1} v_s(K)[n_s(K)-n_{s+1}(K)]\Big]-$$

$$=[(K:K')-(K:K'')][1+v_q(K)].$$

Donc $v=v_q(K)>0$

c'est-à-dire $v=v_0(K'/K''), \quad v_1(K'/K'')=+\infty.$ C. q. f. d.

Théorème IX. *Les dénominateurs δ_q de $v_q(K)$ $(q=0,1,\ldots,m-1)$ sont premiers à p, (c'est-à-dire $\bar{\delta}_q=\delta_q$).*

Démonstration : On peut surement trouver un corps K''/K' primitif tel que $K_q\subseteqq K'\subset K''\subseteqq K_{q+1}$; on a $v_0(K''/K')=v_q(K)$. On a

$$u_{K''/K'}=[(K'':K')-1]\,v_0(K''/K')=[(K'':K')-1]\,v_q(K).$$

Or $\vartheta_{K''/K'}=\mathfrak{P}''^{(K'':K'')-1+u_{K''/K'}}$ est un idéal de K'', donc $u_{K''/K'}$ est entier, et, de plus, $(K'':K')$ est une puissance de p. Donc $(K'':K')\equiv 1 \pmod{\delta_q}$ et si $(\bar{\delta}_q, p)\neq 1$, on aurait $0\equiv 1 \pmod{p}$, ce qui est absurde. Le théorème est démontré.

Conséquence : Donc $[\alpha^*]_{F,\bar{\delta}_q}=[\alpha^*]_{F,\delta_q}$ et on peut écrire $(\sigma_1,\sigma_2\in \overset{(q)}{V_K})$

$$\beta_q^{(\pi_0)}(\sigma_1\sigma_2)=\beta_q^{(\pi_0)}(\sigma_1)+\Big[\beta_q^{(\pi_0)}(\sigma_2)\Big]_{F,\delta_q}.$$

Théorème X. $M_q^{(\pi_0)}(K)$ *admet comme opérateurs la multiplication par la racine primitive $\delta_q$ième de l'unité dans $\mathfrak{O}^*$, ζ et la transformation $\mathfrak{Z}=\{\alpha^*\to\alpha^{*p^F}\}_{\alpha^*\in\mathfrak{O}^*}$.*

Pour qu'un sous-ensemble $A/\overset{\to(q+1)}{V_K}$ de $\overset{(q)}{V_K}/\overset{\to(q+1)}{V_K}$ soit un sous-hypergroupe de $\overset{(q)}{V_K}/\overset{\to(q+1)}{V_K}$ il faut et il suffit que $\beta_q^{(\pi_0)}(A)$ soit un module dans $\mathfrak{O}^*$ admettant les mêmes opérateurs.

Démonstration : Si $A/\overset{\to(q+1)}{V_K}$ est sous-hypergroupe de $\overset{(q)}{V}/\overset{\to(q+1)}{V_K}$, A l'est de $\overset{(q)}{V_K}$, donc $\beta_q^{(\pi_0)}(A)=\beta_q^{(\pi_0)}(1_K.A)=0+\Big[\beta_q^{(\pi_0)}(A)\Big]_{F,\delta_q}=\Big[\beta_q^{(\pi_0)}(A)\Big]_{F,\delta_q}.$

Donc $\beta_q^{(\pi_0)}(\mathrm{A})$ admet les opérateurs indiqués. Si $\mathrm{A} = \mathrm{G}_{\mathrm{K}/\overline{\mathrm{K}}}$, $\beta_q^{(\pi_0)}(\mathrm{A}) = \mathrm{M}_0^{(\pi_0)}(\mathrm{K}/\overline{\mathrm{K}})$, donc est, d'après le théorème VII, un module.

Inversnment, si $\beta_q^{(\pi_0)}(\mathrm{A})$ satisfait aux conditions indiquées, on a, si $b \in \mathrm{A}$, que $\left|\beta_q^{(\pi_0)}(b)\right|_{\mathrm{F},\delta_q} \subset \beta_q^{(\pi_0)}(\mathrm{A})$. Donc si $a, b \in \mathrm{A}$, on a $\beta_q^{(\pi_0)}(ab) = \beta_q^{(\pi_0)}(a) + \left[\beta_q^{(\pi_0)}(b)\right]_{\mathrm{F},\delta_q} \subset \beta_q^{(\pi_0)}(\mathrm{A})$, donc $ab \subset \mathrm{A}\overset{(q+1)}{\mathrm{V}_{\mathrm{K}}} = \mathrm{A}$ et, d'après le théorème IV du § 1, A est un sous-hypergroupe de $\overset{(q)}{\mathrm{V}_{\mathrm{K}}}$. C. q. f. d.

Définition 8 : Un module dans $\mathfrak{O}^*$ qui admet les opérateurs indiqués dans l'énoncé du théorème X s'appelle un $\mathrm{W}_{\mathrm{F},\psi_q}$-module, où ψ_q est l'exposant auquel appartient p (mod δ_q).

§ 3. — Primitivité des corps $\mathfrak{P}$-adiques. Préliminaires.

On sait qu'un corps K/k s'appelle *primitif* s'il n'existe de corps contenant k et contenus dans K autres que k et K.

Il s'agit de trouver la condition nécessaire et suffisante pour qu'un corps $\mathfrak{P}$-adique K/k soit primitif.

Théorème I. *Pour que* K/k *soit primitif il faut qu'ait lieu un, des trois cas suivants :*

$$a)\quad (\mathrm{K}/k)_{-2} = \mathrm{K}/k,\quad (\mathrm{K}/k)_{-1} = (\mathrm{K}/k)_0 = \mathrm{K}/k$$
$$b)\quad (\mathrm{K}/k)_{-2} = (\mathrm{K}/k)_{-1} = k/k,\quad (\mathrm{K}/k)_0 = \mathrm{K}/k$$
$$c)\quad (\mathrm{K}/k)_{-2} = (\mathrm{K}/k)_{-1} = (\mathrm{K}/k)_0 = k/k,\quad (\mathrm{K}/k)_1 = \mathrm{K}/k.$$

(On dira encore que le corps K/k du cas a est un corps de coefficients et on appelera les cas b et c encore respectivement cas régulier et cas irrégulier de M. Ore).

Démonstration : On a par définition

$$k/k = (\mathrm{K}/k)_{-2} \subseteq (\mathrm{K}/k)_{-1} \subseteq (\mathrm{K}/k)_0 \subset (\mathrm{K}/k)_1 \subset \cdots \subset (\mathrm{K}/k)_m = \mathrm{K}/k$$

si $m > 1$, on a $k/k \subseteq (\mathrm{K}/k)_0 \subset (\mathrm{K}/k)_1 \subset (\mathrm{K}/k)_2 \subseteq \mathrm{K}/k$, donc $k/k \subset (\mathrm{K}/k)_1 \subset \mathrm{K}/k$ et K/k est imprimitif. Donc $m \leq 1$. Il n'y a que trois possibilités, $a)$ $\mathrm{K}/k = (\mathrm{K}/k)_{-1}$, $b)$ $(\mathrm{K}/k)_{-1} \neq \mathrm{K}/k = (\mathrm{K}/k)_0$, $c)$ $\mathrm{K}/k = (\mathrm{K}/k)_1$. Dans le cas a, puisque $(\mathrm{K}/k) \subseteq (\mathrm{K}/k)_0 \subseteq \mathrm{K}/k$, $(\mathrm{K}/k)_0 = \mathrm{K}/k$. Dans le cas b on a $k/k \subseteq (\mathrm{K}/k)_{-1} \subset \mathrm{K}/k$. Si $(\mathrm{K}/k)_{-1} \neq k/k$, K/k est imprimitif, d'où

$(K/k)_{-1}=k/k$. Enfin, dans le cas *c* on a $k/k \subseteq (K/k)_{-1} \subseteq (K/k)_0 \subset (K/k)_1 = K/k$, d'où, de la même manière, $(K/k)_0 = (K/k)_{-1} = k/k$. C. q. f. d.

Les cas *a* et *b* ont été complètement analysés par MM. Hensel et Ore. Il s'agira, par conséquent, dans ce travail du cas *c*. Toutefois, j'expose brièvement aussi la théorie des cas *a* et *b*, et je la fais d'un point de vue différent de celui de ces auteurs.

Cas *a*.

Théorème II. *Si* $K/k = (K/k)_{-1}$, K/k *est cyclique de degré f non ramifié. Il est primitif si son degré est un nombre premier et dans ce cas seulement.*

Démonstration : Si $K/k = (K/k)_{-1}$, on a $T = \{1_K\}$, donc $G_K \simeq \overrightarrow{Z_K/T_K}$. Mais ce dernier hypergroupe est un groupe cyclique d'ordre *f*, d'où (théorème VI du § 1) le théorème.

M. Hensel montre que $(K/k)_{-1} = K(\rho)/k$, où ρ est une racine primitive $(p^F-1)^{\text{ième}}$ de l'unité c'est-à-dire que $(K/k)_{-1}$ s'obtient par adjonction à k d'un nombre satisfaisant dans k à une équation binôme $x^{p^F-1}-1=0$, en général non irréductible. Celà donne une autre démonstration du théorème II.

Cas *b*.

Théorème III. Si $(K/k)_0/(K/k_{-1})$, K/k *est complètement ramifié de degré h premier à p. Pour que* K/k *soit primitif il faut et il suffit que* $h=(K:k)$ *soit premier.*

Démonstration : Comme $r_{-2}(K/k) = n_0(K/k) = 1$, $h = (K:k) = n_{-2}(K/k) = r_{-1}(K/k)$ est premier à p. On a $G_K = T_K$ et $V_K = \{1_K\}$, donc $G_K \simeq \overrightarrow{T_K/V_K}$. Pour que K/k soit primitif il faut et il suffit que G_K, donc $\overrightarrow{T_K/V_K}$ n'ait pas d'autres sous-hypergroupes que G_K et $\{1_K\}$, c'est-à-dire, d'après le théorème V du § 2, que $\beta_{-1}(G_K)$, qui est le groupe multiplicatif de toutes les racines $h^{\text{ièmes}}$ de l'unité dans $\mathfrak{O}^*$, n'ait pas d'autres sous-groupes multiplicatifs que lui même et 1. Ceci n'a lieu que si h est premier. C. q. f. d.

Conséquence : Si K/k est primitif, (K/k) est ou bien un nombre premier autre que p, ou bien une puissance de p (dans le cas *c*).

Remarque : Le fait que le degré d'un corps $\mathfrak{P}$-adique primitif K/k est la puissance d'un premier (ce fait est une partie de la conséquence précédente) peut être aussi régardé comme conséquence de ce que les corps $\mathfrak{P}$-adiques sont *métacycliques*. On a, en effet, le théorème général suivant de la théorie de GALOIS (voir : H. WEBER : „Lehrbuch der Algebra" T. 2, Buch 3) : Le degré d'un corps métacyclique primitif est la puissance d'un premier.

Théorème IV. *Le corps de* GALOIS K^*/k *de* $K/k = (K/k)_0/(K/k)_{-1}$ *s'obtient par l'adjonction à* K *des racines h-ièmes de l'unité.* K^*/K *est non ramifié.*

DÉMONSTRATION : K/k étant complètement ramifié, on a $K = k(\pi)$. Donc K^* s'obtient en adjoignant à K tous les $\sigma\pi$, $\sigma \in G'_{K/k}$. En particulier, K^* contient tous les $\frac{\sigma\pi}{\pi}$, et, étant un corps $\mathfrak{P}^*$-adique, il contient aussi toute racine de l'unité d'ordre premier à p congrue (mod $\mathfrak{P}^*$) à un $\frac{\sigma\pi}{\pi}$ ($\sigma \in G'_{K/k}$). Donc K^* contient toutes les racines h-ièmes de l'unité.

Inversement, adjoignons à K toutes ces racines de l'unité. Soit K' le corps ainsi obtenu. Quelque soit $\sigma \in G'_{K/k}$, il existe $\rho(\sigma) \in I(K')$ tel que $\frac{\sigma\pi}{\pi} \equiv \rho(\sigma)$ (mod $\mathfrak{P}^*$). Comme $\pi, \rho(\sigma) \in K'$, les conjugués de $\frac{\sigma\pi}{\pi} - \rho(\sigma)$ par rapport à K' se trouvent parmi les $\frac{\sigma_1\pi}{\pi} - \rho(\sigma)$ ($\sigma_1 \in G_{K/k}$).

Or, puisque $\overrightarrow{G_{K/k}} = T_{K/k}/V_{K/k}$, on ne peut avoir $\beta_{-1}(\sigma_1) = \beta_{-1}(\sigma)$ que si $\sigma_1 = \sigma$. Donc, si $\sigma' \neq \sigma$, $\frac{\sigma_1\pi}{\pi} \not\equiv \frac{\sigma\pi}{\pi}$ (mod $\mathfrak{P}^*$). Or $\frac{\sigma\pi}{\pi} - \rho(\sigma) \equiv 0$ (mod $\mathfrak{P}^*$). D'où, quand $\sigma' \neq \sigma$, $\frac{\sigma_1\pi}{\pi} - \rho(\sigma) \not\equiv 0$ (mod $\mathfrak{P}^*$).

Mais K' étant un corps $\mathfrak{P}'$-adique, deux conjugués par rapport à K' doivent avoir le même ordre en $\mathfrak{P}^*$ (Lemme 2 du § 2). Donc si $\sigma_1 \neq \sigma$, $\frac{\sigma_1\pi}{\pi} - \rho(\sigma)$ n'est pas un conjugué de $\frac{\sigma\pi}{\pi} - \rho(\sigma)$. $\frac{\sigma\pi}{\pi} - \rho(\sigma)$ n'a d'autres conjugués par rapport à K' que lui-même, donc est un élément de K'. Il en est de même pour $\sigma\pi = \pi\left[\rho(\sigma) + \left(\frac{\sigma\pi}{\pi} - \rho(\sigma)\right)\right]$. Donc K' contient tous les $\sigma\pi$, $\sigma \in G'_{K/k}$; donc $K' \supseteq K^*$. Comme $K^* \supseteq K'$, on a $K^* = K'$.

C. q. f. d,

M. HENSEL démontre les théorèmes III et IV en montrant que s K/k est complètement ramifié et si $h = (K : k)$ est premier à p, $K = k(\sqrt[h]{\bar{\pi}})$, où $\bar{\pi}$ est un nombre de k d'ordre 1 en p. Je démontre au § 10 un théorème dont le théorème indiqué de M. Hensel est un cas très particulier, et sa méthode de démonstration peut être regardée comme une généralisation de celle de M. Hensel. Mais on peut aussi démontrer le théorème de M. Hensel à partir du théorème IV de ce §, au moyen de la théorie des corps Kummeriens.

Cas *c*.

Si $K/k = (K/k)_1 / (K/k)_0$, K/k n'a qu'un seul nombre de ramification propre $v_0(K/k)$. Ce nombre sera désigné simplement par $v(K/k)$ (ou même v), son dénominateur sera désigné par δ, l'exposant auquel appartient $p \pmod{\delta}$ sera désigné par ψ, enfin $M_0^{(\pi_0)}(K/k)$ sera désigné par $M^{(\pi_0)}(K/k)$ (ou même $M^{(\pi_0)}$).

Théorème V. *Pour que* $K/k = (K/k)_1 / (K/k)_0$ *soit primitif, il faut et il suffit que* $M_0^{(\pi_0)}(K/k)$ *n'ait d'autres sous-*$W_{F,\psi}$*-modules que lui-même et* $\{0\}$.

Démonstration : Comme $G_K = \overset{(0)}{V}$ et $\overset{(1)}{V_K} = \{1_K\}$, on a $G_K \simeq \overset{(0)\to(1)}{V_K / V_K}$.
D'après le théorème X du § 2, pour que $A / \overset{\to(1)}{V_K}$ soit sous-hypergroupe de $\overset{(0)\to(1)}{V_K / V_K}$, c. à. d. pour que A soit celui de G_K, il faut et il suffit que $\beta_0^{(\pi_0)}(A)$ soit un sous-$W_{F,\delta}$-module de $M^{(\pi_0)}$. D'où le théorème.

Théorème VI. *Si* $K/k = (K/k)_1 / (K/k)_0$, *et si* ϕ *est le plus petit entier tel que* $\Omega_\phi \supseteq M^{(\pi_0)}(K/k)$, *le corps de* Galois K^*/k *de* K/k *est sous-corps du corps* $K_{\phi,\delta}/k$ *obtenu et adjoignant à* K/k *le nombre* $\sqrt[\delta]{\pi}$ *et toutes les racines* $p^\phi - 1$*ièmes de l'unité.* $(K^*/K)_0 = K^*/K$.

Démonstration : Quelque soit $\sigma \in G_{K/k}$, $I(K_{\phi,\delta})$ contient un nombre $\rho(\sigma)$ tel que $\dfrac{\sigma\pi - \pi}{\pi\pi_0^{Dv}} \equiv \rho(\sigma) \pmod{\mathfrak{P}^*}$ où K/k est un surcorps galoisien de $K_{\phi,\delta}/k$. D'autre part, puisque $M^{(\pi_0)}(K/k)$ est un Ω_ψ-module, on a $\phi \equiv 0 \pmod{\psi}$, donc $p^\phi - 1 \equiv 0 \pmod{\delta}$; il en résulte que $K_{\phi,\delta}$ contient toutes les racines δièmes de l'unité, et comme π_0^{Dv} ne diffère d'une puissance de $\sqrt[\delta]{\pi}$ que par un facteur racine δième de l'unité, $\pi_0^{Dv} \in K_{\phi,\delta}$. Comme $K_{\phi,\delta} \ni \pi$, tous les conjugués de $\dfrac{\sigma\pi - \pi}{\pi\pi_0^{Dv}} - \rho(\sigma)$ par rapport à

$K_{\phi,\delta}$ sont parmi les nombres $\dfrac{\sigma_1\pi-\pi}{\pi\pi_0^{Dv}}-\rho(\sigma)$ ($\sigma_1 \in G_{K/k}$). Or, puisque $G_{K/k}=V_{K/k}^{(0)}/V_{K/k}^{(1)}$, $\beta_0^{(\pi_0)}(\sigma_1)=\beta_0^{(\pi_0)}(\sigma)$ n'a lieu que si $\sigma_1=\sigma$. Donc, puisque $\dfrac{\sigma\pi-\pi}{\pi\pi_0^{Dv}}-\rho(\sigma)\equiv 0 \pmod{\mathfrak{P}^*}$, on a, quand $\sigma'\neq\sigma$, $\dfrac{\sigma'_1\pi-\pi}{\pi\pi_0^{Dv}}-\rho(\sigma)\not\equiv 0$ (mod $\mathfrak{P}^*$). Par conséquent, $\dfrac{\sigma\pi-\pi}{\pi\pi_0^{Dv}}-\rho(\sigma)$ n'a d'autres conjugués par rapport à $K_{\phi,\delta}$ que lui-même, donc est élément de $K_{\phi,\delta}$. Il en est de même pour $\sigma\pi=\pi\pi_0^{Dv}\cdot\left[\rho(\sigma)+\left(\dfrac{\sigma\pi-\pi}{\pi\pi_0^{Dv}}-\rho(\sigma)\right)\right]+\pi$. $K_{\phi,\delta}$ contient tous les $\sigma\pi$, $\sigma\in G_{K/k}$, donc $K_{\phi,\delta}\supseteq K^{\bullet}$. On a $n_{-1}(K_{\phi,\delta}/K)=\delta\not\equiv 0 \pmod p$, donc aussi $n_{-1}(K^{\bullet}/k)\not\equiv 0 \pmod p$. Par conséquent, $\Gamma(K^{\bullet}/K)_0=K^{\bullet}/K$.

C. q. f. d.

Théorème VII. *Le groupe de* Galois $\mathfrak{G}$ *de* K/k *est au plus 3-transitif. Pour que* $\mathfrak{G}$ *puisse être 2-transitif il faut que* K/k *soit primitif et complètement ramifié. Pour que* $\mathfrak{G}$ *puisse être 3-transitif il faut, de plus, que* $(K:k)$ *soit une puissance de* p.

Démonstration : μ étant un entier $<(K:k)$, $\mathfrak{G}$ n'est pas μ-transitif, si, et seulement si l'on peut adjoindre à k $\mu-1$ conjugués d'un nombre α tel que $K=k(\alpha)$ de manière à ce que les $(K:k)-\mu+1$ conjugués restants de α ne soient pas tous conjugués entre eux par rapport au corps ainsi formé. De plus, $\mathfrak{G}$ n'est jamais $(K:k)$-transitif. Ceci posé, soit d'abord $f>1$. $K=k(\alpha)$ contient une racine primitive $p^F-1^{\text{ième}}$ de l'unité ρ. Si $\sigma_1\alpha$ et $\sigma_2\alpha$ (σ_1, $\sigma_2\in G'_{K/k}$) sont conjugués par rapport à $K=k(\alpha)$, $\sigma_1\rho=\rho^{N+(p)^{i_k(\sigma_1)}}$ et $\sigma_2\rho=\rho^{N+(p)^{i_k(\sigma_2)}}$ le sont aussi. Mais ceci n'est possible, puisque $\rho\in K$, que si $i_k(\sigma_1)=i_k(\sigma_2)$. Donc, si $(K:k)\neq 2$, il existe $\sigma_1\alpha$ et $\sigma_2\alpha$ (σ_1, $\sigma_2\in G'_{K/k}$) non conjugués par rapport à K et $\mathfrak{G}$ n'est pas 2-transitif. Si $(K:k)=f=2$, $\mathfrak{G}$ n'est pas non plus 2-transitif. Supposons maintenant que $f=1$, mais que K/k n'est pas primitif. Alors $K=k(\pi)$. S'ils existent σ_1, $\sigma_2\in G'_{K/k}$ tels que $v(\sigma_1)\neq v(\sigma_2)$, $\sigma_1\pi-\pi$ et $\sigma_2\pi-\pi$ ne sont pas conjugués par rapport à K, donc $\sigma_1\pi$ et $\sigma_2\pi$ ne le sont pas non plus ; $\mathfrak{G}$ n'est pas 2-transitif. Si tous les $v(\sigma)$ des $\sigma\in G'_{K/k}$ sont égaux, deux cas peuvent se présenter : α) les $v(\sigma)$ sont nuls : alors $(K:k)=h$ est premier à p et h n'est pas premier (cas K/k n'est pas primitif). Soit h_1 un facteur propre de h. Ils existent σ_1, $\sigma_2\in G'_{K/k}$ tels que $\beta_{-1}(\sigma_1)^{h_1}=1$ et $\beta_{-1}(\sigma_2)^{h_1}\neq 1$. Alors $\left(\dfrac{\sigma_1\pi}{\pi}\right)^{h_1}-1$ et $\left(\dfrac{\sigma_2\pi}{\pi}\right)^{h_1}-1$ ne sont pas conjugués par rapport à

K, et $\sigma_1\pi$ et $\sigma_2\pi$ ne le sont pas non plus ; $\mathfrak{G}$ n'est pas 2-transitif. β) $v(\sigma) = v_0(K/k) > 0$ pour tout $\sigma \in G'_{K/k}$, et, puisque K/k n'est pas primitif, $M^{(\pi_0)}(K/k)$ a un sous-module propre M tel que $[M]_{F,\delta} = M$. Supposons que $0 \neq \beta_0^{(\pi_0)}(\sigma_1) \in M$. Soit $\sigma_2\pi$ un conjugué de $\sigma_1\pi$ par rapport à K. Alors, manifestement, pour une racine δ-ième convenable de l'unité ε, $\frac{\sigma_2\pi - \pi}{\varepsilon\pi\pi_0^{Dv}} \in \frac{\beta^{(\pi_0)}(\sigma_2)}{\varepsilon}$ conjugué par rapport à K de $\frac{\sigma_1\pi - \pi}{\pi\pi_0^{Dv}} \in \beta_0^{(\pi_0)}(\sigma_1)$.

Mais alors il existe un i tel que $\frac{\sigma_2\pi - \pi}{\varepsilon\pi\pi_0^{Dv}} \equiv \left(\frac{\sigma_1\pi - \pi}{\pi\pi_0^{Dv}}\right)^{N_K^+(\mathfrak{P})^i}$, c'est-à-dire $\beta_0^{(\pi_0)}(\sigma_2) = \varepsilon \cdot \mathfrak{Z}^i \beta_0^{(\pi_0)}(\sigma_1) \in [M]_{F,\delta} = M$. Donc, si $\beta_0^{(\pi_0)}(\sigma_2)$ n'est pas dans M, $\sigma_2\pi$ n'est pas conjugué de $\sigma_1\pi$ par rapport à K ; $\mathfrak{G}$ n'est pas 2-transitif.

Supposons que K/k soit primitif et complètement ramifié. Alors, ou bien $(K/k)=h$ est premier autre p, ou bien $(K:k)$ est une puissance de p. Dans le premier cas, soit $\sigma \in G'_{K/k}$. $k(\pi, \sigma\pi)$ contient $\frac{\sigma\pi}{\pi}$, donc contient toutes les racines $h^{\text{ièmes}}$ de l'unité, et, de plus, $k(\pi, \sigma\pi) \supset k(\pi) = K$. Donc $k(\pi, \sigma\pi) = K^\bullet$ et $\mathfrak{G}$ n'est pas 3-transitif. Dans le deuxième cas, supposons d'abord que $(K:k) > p$. Alors on peut trouver $\sigma_1, \sigma_2 \in G'_{K/k}$ tels que $\frac{\beta_0^{(\pi_0)}(\sigma_2)}{\beta_0^{(\pi_0)}(\sigma_1)}$ ne soit pas dans Ω_1. $k(\pi,\sigma_1\pi,\sigma_2\pi)$ contient $\frac{\sigma_2\pi - \pi}{\sigma_1\pi - \pi}$ et $\sigma_1\pi - \pi$. Il existe σ_3 tel que $\beta_0^{(\pi_0)}(\sigma_3) = \beta_0^{(\pi_0)}(\sigma_1) + \beta_0^{(\pi_0)}(\sigma_2)$, et σ_3 est distinct des σ_1, σ_2, 1_K. $\frac{\sigma_3\pi - \pi}{\sigma_1\pi - \pi} - \frac{\sigma_2\pi - \pi}{\sigma_1\pi - \pi} - 1 \equiv 0$ $\overset{(0)\ \to (1)}{}$ (mod $\mathfrak{P}^*$). D'autre part, puisque $G_{K/k} = V_{K/k} / V_{K/k}$, tous les autres $\frac{\sigma\pi - \pi}{\sigma_1\pi - \pi} - \frac{\sigma_2\pi - \pi}{\sigma_1\pi - \pi} - 1$ $(\sigma \in G_{K/k})$ sont incongrûs à 0 (mod $\mathfrak{P}^*$). Donc $\frac{\sigma_3\pi - \pi}{\sigma_1\pi - \pi} - \frac{\sigma_2\pi - \pi}{\sigma_1\pi - \pi} - 1$ n'a d'autres conjugués par rapport à K lui-même et il en est de même pour $\sigma_3\pi$. Donc $\mathfrak{G}$ n'est pas 4-transitif. Enfin, si $(K:k)=p$, soit $\sigma \in G'_{K/k}$. Si $\sigma_1 \in G_{K/k}$, $\frac{\sigma_1\pi - \pi}{\sigma\pi - \pi}$ est congrû (mod $\mathfrak{P}^*$) à un entier rationnel $\theta(\sigma_1)$; et $\theta(\sigma_1) = \theta(\sigma_2)$ seulement si $\sigma_1 = \sigma_2$. Donc

$\frac{\sigma_1\pi - \pi}{\sigma\pi - \pi}$ n'a d'autres conjugués par rapport à $k(\pi, \sigma\pi)$ que lui-même, ét $\mathfrak{G}$ n'est pas 3-transitif. Le théorème est démontré.

CONSÉQUENCE : Le groupe de GALOIS d'un corps $\mathfrak{P}$-adique ne peut être à la fois imprimitif et 2-transitif.

§ 4. — L'étude d'un anneau non commutatif.

L'ANNEAU $W_{a,b}$.

Considérons les systèmes $\lambda = \{\alpha_0, \alpha_1, \ldots, \alpha_n, \ldots\}$ d'éléments $\alpha_0, \alpha_1, \ldots, \alpha_n, \ldots$ du champ de GALOIS Ω_b tels que $\alpha_n = 0$ pour tout $n > m(\lambda)$, où $m(\lambda)$ est un entier dépendant de λ. α_n s'appelera la $n^{ième}$ composante de λ et sera désignée encore par λ_n.

Définissons dans l'ensemble de tous les λ de cette forme les opérations d'addition et de multiplication (non commutative en général) par

$$(\lambda+\mu)_n = \lambda_n + \mu_n$$

$$(\lambda\mu)_n = \sum_{n_1+n_2=n} \lambda_{n_1}\mu_{n_2}^{p^{n_1 a}}.$$

On vérifie facilement que l'ensemble de tous les

$$\lambda = \{\lambda_n\}_{n=0,1,\ldots,\infty};\ \lambda_n = 0, \text{ si } n > m(\lambda)$$

ainsi organisé est un anneau. Cet anneau sera désigné $W_{a,b}$. Un élément de $W_{a,b}$ de forme $\{\alpha, 0, 0, \ldots\}$ sera identifié avec l'élément α de Ω_b, donc désigné par α. L'élément $\{0, 1, 0, 0, \ldots\}$ sera désigné par z_a. On voit donc que

$$\lambda = \sum_{n=0}^{m(\lambda)} \lambda_n z_a^n \qquad \text{(on pose } z_a^0 = 1\text{)}.$$

Mettons de coté l'élément 0 de $\Omega_{a,b}$. Pour tout autre élément λ de $W_{a,b}$ il existe un $\nu(\lambda)$ tel que $\lambda_{\nu(\lambda)} \neq 0$ et $\lambda_n = 0$ si $n > \nu(\lambda)$. Ce $\nu(\lambda)$ s'appelera le *degré* de λ. L'ensemble des éléments de $W_{a,b}$ autres que 0 sera désigné par $W'_{a,b}$.

Théorème I. *Si* $\lambda, \mu \in W'_{a,b}$, $\nu(\lambda\mu) = \nu(\lambda) + \nu(\mu)$.

DÉMONSTRATION : $\lambda\mu = \sum_{n_1=0}^{\nu(\lambda)} \lambda_{n_1} z_a^{n_1} \cdot \sum_{n_2=0}^{\nu(\lambda)} \mu_{n_2} z_a^{n_2} =$

$$= \lambda_{\nu(\lambda)} \mu_{\nu(\mu)}^{p^{a\nu(\lambda)}} z_a^{\nu(\lambda)+\nu(\mu)} + \sum_{n=0}^{\nu(\lambda)+\nu(\mu)-1} (\lambda\mu)_n z_a^n$$

Or, si $\lambda_{\nu(\lambda)} \neq 0$ et $\mu_{\nu(\mu)} \neq 0$, aussi $\mu_{\nu(\mu)}^{p^{a\nu(\lambda)}} \neq 0$ et $\lambda_{\nu(\lambda)}\,\mu_{\nu(\mu)}^{p^{a\nu(\lambda)}} \neq 0$ (parce que Ω_b est corps). D'où le théorème.

Conséquence : Dans $W'_{a,b}$ il n'y a pas de diviseur de 0. Si $\lambda, \mu', \mu'' \in W'_{a,b}$ et $\lambda\mu = \lambda\mu''$ ($\mu'\lambda = \mu''\lambda$) on a $\mu' = \mu''$.

Démonstration : Si $\lambda, \mu \in W'_{a,b}$, il existe $\nu(\lambda)$ et $\nu(\mu)$ et $(\lambda\mu)_{\nu(\lambda)+\nu(\mu)} \neq 0$, donc $\lambda\mu \neq 0$. Si $\lambda\mu' = \lambda\mu''$ (resp. $\mu'\lambda = \mu''\lambda$), on a $\lambda(\mu' - \mu'') = 0$ d'où, si $\lambda \neq 0$, $\mu' - \mu'' = 0$. C. q. f. d.

Conséquence : Les seules $\overleftarrow{\text{unités}}$ et $\overrightarrow{\text{unités}}$ de $W_{a,b}$ sont les éléments de Ω_b.

Démonstration : Soit ε une $\overleftarrow{\text{unité}}$ de $W_{a,b}$. Il existe, par définition, $\varepsilon' \in W'_{a,b}$ tel que $\varepsilon'\varepsilon = 1$. Mais aucun des ε, ε' n'est nul, car autrement $\varepsilon'\varepsilon = 0$ Donc $\nu(\varepsilon') + \nu(\varepsilon) = \nu(1) = 0$, et $\nu(\varepsilon) = 0$, c'est-à-dire $\varepsilon \in \Omega_b$. Comme Ω_b est un corps, la reciproque est aussi vraie.

Démonstration analogue pour les $\overrightarrow{\text{unités}}$.

Centre de $W_{a,b}$. Pour qu'un élément λ de $W_{a,b}$ appartienne à son centre, il faut et il suffit qu'il soit permutable avec z_a et avec les éléments de Ω_b. Soit $\alpha \in \Omega_b$. On a

$$(\alpha\lambda)_n = \alpha.\lambda_n \qquad (\lambda\alpha)_n = \lambda_n \alpha^{p^{an}} ;$$

pour que

$$\alpha\lambda = \lambda\alpha$$

il faut et il suffit que pour tout $\alpha \in \Omega_b$ et pour tout n on ait $\lambda_n(\alpha^{p^{an}} - \alpha) = 0$, c'est-à-dire que soit $\lambda_n = 0$, soit $an \equiv 0 \pmod b$; donc, si $\lambda_n \neq 0$ $n \equiv 0 \left(\operatorname{mod} \frac{b}{(a,b)}\right)$. C'est-à-dire si $\nu(\lambda) = \frac{b}{(a,b)} \cdot \nu'(\lambda)$,

$$\lambda = \sum_{n=0}^{\nu'(\lambda)} \lambda_{\frac{b}{(a,b)}n}\, z_a^{\frac{b}{(a,b)}n} .$$

On a d'autre part $(z_a\lambda)_n = \lambda_n^{p^{-a}}$, $(\lambda z_a)_n = \lambda_n$, donc, pour que

$$z_a\lambda = \lambda z_a$$

il faut et il suffit que pour chaque n on ait $\lambda_n^{p^{-a}} = \lambda_n$ c'est-à-dire $\lambda_n \in \Omega_a$. Comme $\lambda_n \in \Omega_b$, on doit avoir $\lambda_n \in \Omega_a \cap \Omega_b = \Omega_{(a,b)}$.

On a

$$z_a^{\frac{b}{(a,b)}}\alpha = \alpha^{p^{\frac{ab}{(a,b)}}} z_a^{\frac{b}{(a,b)}} = \alpha^{p^{m(a,b)}} z_a^{\frac{b}{(a,b)}}$$

où $m(a, b)$ est le p. p. c. m de a, b.

Si l'on associe à λ appartenant au centre de $W_{a,b}$ l'élément $\bar{\lambda}$ de $W_{(a,b),\, m(a,b)}$ tel que $\bar{\lambda}_n = \lambda_{\frac{b}{(a,b)}n}$, on voit que le centre de $W_{a,b}$ est isomorphe à $W_{m(a,b),\,(a,b)}$. Nous considérerons ces deux anneaux comme identiques, en identifiant $\bar{\lambda}$ avec λ (il suffit pour cela d'identifier $z_a^{\frac{b}{(a,b)}}$ avec $z_{m(a,b)}$).

$W_{m(a,b),\,(a,b)}$ est son propre centre car $[(a, b), m(a, b)] = (a, b)$, $m[(a, b), m(a, b)] = m(a, b)$.

Donc $W_{m(a,b),\,(a,b)}$ est isomorphe à l'anneau de polynomes dans $\Omega_{(a,b)}$, et les éléments de $W_{m(a,b)\,(a,b)}$ se décomposent, et d'une seule manière, à facteurs éléments de $\Omega_{(a,b)}$ près, en produits d'éléments indécomposables.

Divisibilité dans $W_{a,b}$.

Théorème II. *Si* A, B $\neq 0 \in W_{a,b}$ *il existe* λ, λ', C, C' $\in W_{a,b}$ *tels que* 1. $A = \lambda B + C = B\lambda' + C'$,

2 *Si* $C \neq 0$ (*resp.* $C' \neq 0$), $\nu(C) < \nu(B)$ [resp. $\nu(C') < \nu(B)$].

Démonstration : Si $\nu(A) < \nu(B)$ (ou $A = 0$) il suffit de poser $\lambda = \lambda' = 0$, $C = C' = A$. Supposons que le théorème soit exact quand $\nu(A) < m$, où $m \geqq \nu(B)$. Montrons qu'il est vrai encore quand $\nu(A) = m$. Soient x, x' éléments de Ω_b et $y = xz_a^{\nu(A)-\nu(B)} = xz_a^{m-\nu(B)}$, $y' = x'z_a^{m-\nu(B)}$. Les dégrés de $A - yB$ et de $A - By'$ ne dépassent pas m et on a

$$(A - yB)_m = A_m - xB_{\nu(B)}^{p^{a[m-\nu(B)]}};$$

$$(A-By')_m = A_m - x'^{p^{a\nu(B)}} B_{\nu(B)} = (A_m^{p^{-a\nu(B)}} - x'B_{\nu(B)}^{p^{-a\nu(B)}})^{p^{a\nu(B)}}$$

$B_{\nu(B)}$, donc aussi $B_{\nu(B)}^{p^{-a\nu(B)}}$ et $B_{\nu(B)}^{p^{a[m-\nu(B)]}}$ sont non nuls. Il existe $x, x' \in \Omega_b$ tels que $A_m - xB_{\nu(B)}^{p^{a[m-\nu(B)]}} = a - x'B_{\nu(B)}^{p^{-a\nu(B)}} = 0$ et alors $A' = A - yB$ et $A'' = A - By$ sont de degré $< m$. Il existe, par suite, μ, μ', C, C' $\in W_{a,b}$ tels que $\nu(C) < \nu(B)$ [resp. $\nu(C') < \nu(B)$] ou $C = 0$ ($C' = 0$) et que $A' = \mu B + C$, $A'' = B\mu' + C'$. Si l'on pose $\lambda = y + \mu$, $\lambda' = y' + \mu'$ on voit que le théorème est vrai pour $\nu(A) = m$, ce qui le démontre complètement.

Définition 1 : C, C' s'appellent les *moindres restes* de A resp. $\overleftarrow{\text{mod}}\ B$, $\overrightarrow{\text{mod}}\ B$.

Remarque : Il n'y a qu'un seul moindre reste de A $(\overleftarrow{\text{mod}}\ B)$ [resp. $(\overrightarrow{\text{mod}}\ B)$]. En effet, si par exemple $A = \lambda B + C = \mu B + D$, $C \neq D$ et $\nu(C) < \nu(B)$ (ou $C = 0$), on a $D = (\lambda - \mu) B + C$, d'où $\nu(D) \geqq \nu(B)$.

Théorème III. *Tout idéal unilatèral ou bilatère de* $W_{a,b}$ *est principal.*

Démonstration : Démontrons d'abord le théorème pour les idéaux $\overleftarrow{}$, la démonstration pour les idéaux $\overrightarrow{}$ sera analogue. Soient Λ un idéal $\overleftarrow{}$ de $W_{a,b}$ et λ — un élément non nul de Λ de moindre degré possible. [Il en existe, si $\Lambda \neq \overleftarrow{(0)}$]. Le moindre reste γ de tout autre $\lambda' \in \Lambda$ $(\overleftarrow{\text{mod}}\ \lambda)$ est encore dans Λ. Donc, puisque $\nu(\gamma) < \nu(\lambda)$ ou $\gamma = 0$, on doit avoir $\gamma = 0$, c'est-à-dire tous les éléments de Λ sont multiples $\overleftarrow{}$ de λ et $\Lambda = \overleftarrow{(\lambda)}$. Il reste à démontrer le théorème pour les idéaux bilatères. Soit Λ un tel idéal. Alors il existe $\lambda, \lambda' \in W_{a,b}$ tels que $\Lambda = \overleftarrow{(\lambda)} = \overrightarrow{(\lambda')}$. Comme, si $\varepsilon \in \Omega_b$, on a $\overleftarrow{(\varepsilon\lambda)} = \overleftarrow{(\lambda)}$ et $\overrightarrow{(\lambda\varepsilon)} = \overrightarrow{(\lambda)}$, on peut supposer $\lambda_{\nu(\lambda)} = \lambda'_{\nu(\lambda')} = 1$. $\lambda' \in \Lambda$, donc $\lambda' = \mu\lambda$ et $\nu(\lambda') \geqq \nu(\lambda)$. De même $\lambda \in \Lambda$, donc $\lambda = \lambda'\mu'$ et $\nu(\lambda) \geqq \nu(\lambda')$. D'où $\nu(\lambda) = \nu(\lambda')$, $\nu(\mu) = \nu(\lambda') - \nu(\lambda) = 0$, donc $\mu \in \Omega_b$ et comme $1 = \lambda'_{\nu(\lambda)} = \mu\lambda_{\nu(\lambda)} = \mu$, on a $\lambda = \lambda'$ et $\Lambda = \overleftarrow{(\lambda)} = \overrightarrow{(\lambda)}$.

C. q. f. d.

Théorème IV. *Si* $\overleftarrow{(\lambda)} = \overrightarrow{(\lambda)}$, λ *est associé du produit d'un élément du centre de* $W_{a,b}$ *par une puissance de* z_a *et reciproquement.*

Démonstration : Faisons correspondre à chaque λ un λ^* défini par $\lambda^*_n = \lambda_n^{p^{-a}}$ $(n = 0, 1, \ldots, \infty)$. On voit que $\lambda z_a = z_a \lambda^*$. Nous posons de plus, $\lambda = {}^*(\lambda^*)$:

Soit $\overleftarrow{(\lambda)} = \overrightarrow{(\lambda)}$ et $\lambda_0 = \lambda_1 = \ldots = \lambda_{r-1} = 0$, $\lambda_r \neq 0$. On a $\lambda = \mu z_a^r$ où $\mu_n = \lambda_{n+r}$ et $\mu_0 \neq 0$. Si $\mu' = \{[((\mu^*)^*), \ldots,]^*\}^*$, on a $\lambda = \mu z_a^r = z_a^r \mu'$.
$(r$ fois$)$

Si $\varepsilon \in \Omega_b$, on a $\varepsilon\lambda = \lambda'\mu$ où $\nu(\mu) = \nu(\varepsilon\lambda) - \nu(\lambda) = 0$, c'est-à-dire $\mu \in \Omega_b$. Donc $\overleftarrow{(\varepsilon\lambda)} = \overleftarrow{(\lambda)} = \overrightarrow{(\lambda)} = \overrightarrow{(\lambda\mu)} = \overrightarrow{(\varepsilon\lambda)}$ et on peut supposer $(\varepsilon\lambda)_{\nu(\lambda)} = 1$. Nous posons donc $\lambda_{\nu(\lambda)} = 1$.

On doit avoir $z_a\lambda = \lambda\gamma$ où $\gamma \in W_{a,b}$; on a $\nu(\gamma)=\nu(z_a\lambda)-\nu(\lambda)=1$ c'est-à-dire $\gamma=\rho z_a+\tau$, $\rho,\tau \in \Omega_b$. On a $(z_a\lambda)_r=0$ et $[\lambda(\rho z_a+\tau)]_r=\lambda_r\tau^{p^{ar}}$, donc $\tau=0$. D'autre part $(z_a\lambda)_{\nu(\lambda)} = 1^{p^a}=1$ et $(\lambda\rho z_a)_{\nu(\lambda)}=\lambda_{\nu(\lambda)}\,\rho^{p^{a\nu(\lambda)}} = \rho^{p^{a\nu(\lambda)}}$, d'où $\rho=1$ c'est-à-dire $z_a\lambda=\lambda z_a$ ou $z_a\mu z_a^r = \mu z_a^{r+1} = \mu z_a \,.\, z_a^r$ donc $\mu z_a = z_a\mu$ et $\mu=\mu'$.

Cela posé, soit α un élément quelconque de $W_{a,b}$. On doit avoir $\alpha\lambda = \lambda\alpha'$, c'est-à-dire en particulier, si $\beta = \underbrace{{}^*\{{}^*[\dots({}^*({}^*({}^*\alpha)))\dots]\}}_{(r\ \text{fois})}$ on a $\beta\lambda=\lambda\beta$, c'est-à-dire $\beta z_a^r\mu = z_a^r\mu\beta'$. Mais $\beta z_a^r = z_a^r\alpha$, d'où $\alpha\mu = \mu\beta'$, c'est-à-dire $\overleftarrow{(\mu)} \supseteqq \overrightarrow{(\mu)}$; de la même manière on voit que $\overrightarrow{(\mu)} \supseteqq \overleftarrow{(\mu)}$ c'est-à-dire $\overleftarrow{(\mu)} = \overrightarrow{(\mu)}$. On a $\mu_{\nu(\mu)}=1$ et $\mu_0 \neq 0$.

μ est permutable avec z_a. Soit $\varepsilon \in \Omega_b$. On a $\varepsilon\mu=\mu\varepsilon'$ où $\nu(\varepsilon') = \nu(\varepsilon\mu)-\nu(\mu)=0$, c'est-à-dire $\varepsilon' \in \Omega_b$. Donc, puisque $(\varepsilon\mu)_0 = \varepsilon\mu_0$ et $(\mu\varepsilon')_0=\varepsilon'\mu_0$ on a $\varepsilon=\varepsilon'$ et μ est permutable avec les éléments de Ω_b. Donc μ appartient au centre de $W_{a,b}$.

Si, inversement $\lambda=\mu z_a^r$ où $\mu \in W_{m(a,b),(a,b)}$, on a pour $\alpha \in W_{a,b}$, $\alpha\lambda=\alpha\mu z_a^r=\mu\alpha z_a^r=\mu z_a\alpha^* z_a^{r-1}=\dots=\mu z_a^r\alpha'=\lambda\alpha'$ où $\alpha' = \underbrace{\{[\dots(((\alpha^*)^*)^*)^*\dots]^*\}^*}_{(r\ \text{fois})}$, donc $\overleftarrow{(\lambda)} \supseteqq \overrightarrow{(\lambda)}$. De même $\overrightarrow{(\lambda)} \supseteqq \overleftarrow{(\lambda)}$, donc $\overleftarrow{(\lambda)} = \overrightarrow{(\lambda)}$. Si $\varepsilon \in \Omega_b$, on a $\varepsilon\lambda=\lambda\varepsilon'$ où $\varepsilon' \in \Omega_b$, donc $\overleftarrow{(\varepsilon\lambda)}=\overleftarrow{(\lambda)}=\overrightarrow{(\lambda)}=\overrightarrow{(\lambda\varepsilon')}=\overrightarrow{(\varepsilon\lambda)}$ et le théorème est démontré.

Théorème V. A, B, . . . , L *étant éléments de* $W_{a,b}$, *il y a un et un seul multiple* $\overleftarrow{\ }$ (*multiple* $\overrightarrow{\ }$) *commun* $\overleftarrow{\mathfrak{M}}(A, B, \dots, L)$ $[\overrightarrow{\mathfrak{M}}(A, B, \dots, L)]$ *de* A, B, . . . , L *tel que* 1. $\overleftarrow{\mathfrak{M}}(A, B, \dots, L)_{\nu[\overleftarrow{\mathfrak{M}}(A, B, \dots, L)]} = 1$ $[\overrightarrow{\mathfrak{M}}(A, B, \dots, L)_{\nu[\overrightarrow{\mathfrak{M}}(A, B, \dots, L)]} = 1]$. 2. *Tout multiple* $\overleftarrow{\ }$ (*multiple* $\overrightarrow{\ }$) *commun de* A, B, . . . , L *est son multiple* $\overleftarrow{\ }$ (*multiple* $\overrightarrow{\ }$).

Démonstration : L'ensemble des multiples $\overleftarrow{\ }$ (multiples $\overrightarrow{\ }$) communs de A, B, . . . , L est un idéal $\overleftarrow{\ }$ (idéal $\overrightarrow{\ }$) Λ. Soit $\Lambda=\overleftarrow{(\lambda)}$. Si $(\varepsilon\lambda)_{\nu(\lambda)} = 1$ $(\varepsilon \in \Omega_b)$, on peut poser $\overleftarrow{\mathfrak{M}}(A, B, \dots, L)=\varepsilon\lambda$. Si λ et λ' satisfont aux conditions du théorème, $\lambda-\lambda'$ est encore un multiple $\overleftarrow{\ }$ de A, B, . . . , L c'est-à-dire $\lambda-\lambda'\in\Lambda$ et, de plus, $(\lambda-\lambda')_{\nu(\lambda)} = 1-1=0$. Comme $\Lambda = \overleftarrow{(\lambda)}$, on doit avoir $\lambda=\lambda'$. C. q. f. d.

Définition 2: $\overleftarrow{\mathfrak{M}}(A, B, \ldots, L)$ [resp. $\overrightarrow{\mathfrak{M}}(A, \ldots, L)$ s'appelle *le plus petit commum* $\overleftarrow{\textit{multiple}}$ (resp. $\overrightarrow{\textit{multiple}}$) de A, B, . . . , L.

Théorème VI. *Si* A, B, ..., L $\in W_{a,b}$, *parmi les* $\overleftarrow{\textit{diviseurs}}$ ($\overrightarrow{\textit{diviseurs}}$) *communs de* A, B, . . , L *il y a un et un seul* $\overleftarrow{\mathfrak{D}}(A, B, \ldots, L)$ [$\overrightarrow{\mathfrak{D}}(A, B, \ldots, L)$] *tel que* 1. $\overleftarrow{\mathfrak{D}}(A, B, \ldots, L)_{\nu[\overleftarrow{\mathfrak{D}}(A, B,\ldots, L)]}=1$ [$\overrightarrow{\mathfrak{D}}(A, B, \ldots, L)_{\nu[\overrightarrow{\mathfrak{D}}(A, B,\ldots, L)]}=1$].

2. *Tout* $\overleftarrow{\textit{diviseur}}$ ($\overrightarrow{\textit{diviseur}}$) *commun de* A, B . . . , L *le* $\overleftarrow{\textit{divise}}$ ($\overrightarrow{\textit{divise}}$)

Démonstration : Si $\{\varepsilon_1, \varepsilon_2, \ldots, \varepsilon_s\}$ est l'ensemble de tous les $\overleftarrow{\text{diviseurs}}$ ($\overrightarrow{\text{diviseurs}}$) communs de A, B, . . . , L, il suffit de poser

$$\overleftarrow{\mathfrak{D}}(A,B,\ldots, L) = \overrightarrow{\mathfrak{M}}(\varepsilon_1, \varepsilon_2, \ldots, \varepsilon_s), \quad \overrightarrow{\mathfrak{D}}(A,B,\ldots, L) = \overleftarrow{\mathfrak{M}}(\varepsilon_1, \varepsilon_2, \ldots, \varepsilon_s).$$

Définition 3 : $\overleftarrow{\mathfrak{D}}(A, B, \ldots, L)$ [resp. $\overrightarrow{\mathfrak{D}}(A, B, \ldots, L)$] s'appelle le *plus grand commun* $\overleftarrow{\textit{diviseur}}$ (resp. $\overrightarrow{\text{diviseur}}$) de A, B, ... , L.

Définition 4: Si $\overleftarrow{\mathfrak{D}}(A, B) = 1$ [resp. $\overrightarrow{\mathfrak{D}}(A, B) = 1$], A, B sont dits $\overleftarrow{\textit{premiers}}$ (resp. $\overrightarrow{\textit{premiers}}$) *entre eux.*

Soient $\mathfrak{N}$, $\mathfrak{S}$ deux éléments de $W_{a,b}$. Soient $r=\nu(\mathfrak{N})$, $s=\nu(\mathfrak{S})$. Désignons par m, m', d, d' les degrés resp. de $\overleftarrow{\mathfrak{M}}(\mathfrak{N},\mathfrak{S})$, $\overrightarrow{\mathfrak{M}}(\mathfrak{N},\mathfrak{S})$, $\overrightarrow{\mathfrak{D}}(\mathfrak{N},\mathfrak{S})$, $\overleftarrow{\mathfrak{D}}(\mathfrak{N},\mathfrak{S})$.

Théorème VII. $r+s=m+d=m'+d'$,

Démonstration : Il suffit de démontrer ce théorème dans l'hypothèse $d=0$ (resp. $d'=0$), parceque si par exemple $\mathfrak{N}=\mathfrak{N}'.\overrightarrow{\mathfrak{D}}(\mathfrak{N}, \mathfrak{S})$, $\mathfrak{S}=\mathfrak{S}'.\overrightarrow{\mathfrak{D}}(\mathfrak{N}, \mathfrak{S})$, on a $\overrightarrow{\mathfrak{D}}(\mathfrak{N}', \mathfrak{S}')=1$ et $\overleftarrow{\mathfrak{M}}(\mathfrak{N}, \mathfrak{S}) = \overleftarrow{\mathfrak{M}}(\mathfrak{N}',\mathfrak{S}').\overrightarrow{\mathfrak{D}}(\mathfrak{N},\mathfrak{S})$; d'où, si le théorème est exact pour $d=0$, on a $m = d+[(r-d)+(s-d)] = = r+s-d$, et le théorème est vrai dans le cas général.

Ceci posé, soit $\overrightarrow{\mathfrak{D}}(\mathfrak{N}, \mathfrak{S})=1$. Soit $\sum\limits_{q=0}^{s-1}\alpha_{i_q} z_a^q$ le moindre reste de $\overleftarrow{z_a^i\mathfrak{N}}$ (mod $\mathfrak{S}$). On peut trouver $\lambda_0, \lambda_1, \ldots, \lambda_s \in \Omega_b$, non tous nuls, tels que le système $\sum_{q=0}^{s} \alpha_{iq}\lambda_i = 0$ $(q = 0, 1, \ldots, s-1)$ soit satisfaite. Mais alors, si $\lambda = \sum_{q=0}^{s} \lambda_q z_a^q$, on a $\lambda\mathfrak{R} \equiv 0\ (\overleftarrow{\text{mod}}\ \mathfrak{S})$, c'est-à-dire $\lambda\mathfrak{R} \equiv 0\ [\overleftarrow{\text{mod}}\ \overleftarrow{\mathfrak{M}}(\mathfrak{S}, \mathfrak{R})]$. Ainsi $m \leq \nu(\lambda\mathfrak{R}) = \nu(\lambda) + \nu(\mathfrak{R}) \leq s+r$. De même $m' \leq r+s$ Soit $\overleftarrow{\mathfrak{M}}(\mathfrak{R}, \mathfrak{S}) = \lambda\mathfrak{R} = \lambda'\mathfrak{S}$; soit $l = \nu(\lambda)$, $l' = \nu(\lambda')$. Si $m < r+s$, on a $l < s, l' < r$. Considérons $\overrightarrow{\mathfrak{M}}(\lambda, \lambda')$. On a $\overleftarrow{\mathfrak{M}}(\mathfrak{R},\mathfrak{S}) \equiv 0\ [\overrightarrow{\text{mod}}\ \overrightarrow{\mathfrak{M}}(\lambda,\lambda')]$. Soient $\overleftarrow{\mathfrak{M}}(\mathfrak{R}, \mathfrak{S}) = \overrightarrow{\mathfrak{M}}(\lambda, \lambda').\Delta$ et $\overrightarrow{\mathfrak{M}}(\lambda, \lambda') = \lambda\rho = \lambda'\zeta$. On a $\mathfrak{R} = \rho\Delta$, $\mathfrak{S} = \zeta\Delta$, d'où $\overrightarrow{\Delta \mid} \overrightarrow{\mathfrak{D}}(\mathfrak{R}, \mathfrak{S}) = 1$, c.à.d. $\nu(\Delta) \leq 0$ et $\Delta = 1$. Donc $\overrightarrow{\mathfrak{M}}(\lambda, \lambda') = \overleftarrow{\mathfrak{M}}(\mathfrak{R}, \mathfrak{S})$ et son degré est $r + l = s + l' > l + l'$. D'autre part, si $\lambda = \overleftarrow{\mathfrak{D}}(\lambda, \lambda').\mu$, $\lambda' = \overleftarrow{\mathfrak{D}}(\lambda, \lambda').\mu'$, on a que $\mu\mathfrak{R} = \mu'\mathfrak{S}$ est encore un $\overleftarrow{\text{multiple}}$ commun non nul de $\mathfrak{R}$, $\mathfrak{S}$, donc $\overleftarrow{\mathfrak{D}}(\lambda, \lambda') = 1$. Le degré de $\overrightarrow{\mathfrak{M}}(\lambda, \lambda')$ devrait donc être $\leq l + l'$ et on a une contradiction. Donc $m < r+s$ est impossible, et $m = r+s$. C. q. f. d.

Définition 5 : Un élément λ de $W_{a,b}$ non contenu dans Ω_b s'appelle *premier* s'il n'a d'autres $\overleftarrow{\text{diviseurs}}$ que ses $\overrightarrow{\text{associés}}$ et les éléments de Ω_b.

Remarque : Si λ est premier, il n'a d'autres $\overrightarrow{\text{diviseurs}}$ que ses $\overleftarrow{\text{associés}}$ et les éléments de Ω_b. En effet, soit $\lambda \equiv 0\ (\overleftarrow{\text{mod}}\ \lambda')$, où λ' n'est pas dans Ω_b et n'est pas $\overleftarrow{\text{associé}}$ de λ. Alors $0 < \nu(\lambda') < \nu(\lambda)$ et $\lambda \quad \lambda''\lambda'$; mais il s'ensuit que λ'' est $\overleftarrow{\text{diviseur}}$ de λ et $\nu(\lambda) > \nu(\lambda'') > 0$, c'est-à-dire λ n'est pas premier.

Remarque : Si λ' est premier et λ'' est quelconque, $\overleftarrow{\mathfrak{D}}(\lambda', \lambda'')$ $[\overrightarrow{\mathfrak{D}}(\lambda', \lambda'')]$ est ou bien $= 1$, ou bien $\overrightarrow{\text{associé}}$ ($\overleftarrow{\text{associé}}$) de λ'.

Théorème VIII. *Soit* $\lambda', \lambda'', \ldots, \lambda^{(q)}$ *un ensemble d'éléments premiers de* $W_{a,b}$ *tels que pour tout* i, $1 \leq i < q$, $\lambda^{(i+1)}$ *est* $\overrightarrow{\textit{premier}}$ ($\overleftarrow{\textit{premier}}$) *à* $\overleftarrow{\mathfrak{M}}(\lambda', \lambda'', \ldots, \lambda^{(i)})$ $[\overrightarrow{\mathfrak{M}}(\lambda', \lambda'', \ldots, \lambda^{(i)})]$. *Alors* 1. *Un quel-*

conque de ces éléments est $\overrightarrow{\textit{premier}}$ *(resp.* $\overleftarrow{\textit{premier}}$*) au p. p. c. m.* $\overleftarrow{m}$ $\overrightarrow{(m)}$ *de tous les autres.* 2. *S'il existe un élément premier* λ de $W_{a,b}$ *qui* $\overrightarrow{\textit{divise}}$ $(\overleftarrow{\textit{divise}})$ *le p. p. c.* $\overleftarrow{m}$ $(\overrightarrow{m}.)$ *de tous ces éléments sans* $\overrightarrow{\textit{diviser}}$ $(\overleftarrow{\textit{diviser}})$ *aucun de p. p. c.* $\overleftarrow{m}.$ $(\overrightarrow{m}.)$ *de tous ces éléments sauf un, tous les* $\lambda'\lambda'', \dots, \lambda^{(q)}$ *et* λ *sont de même degré.*

Démonstration : Posons $\mathfrak{M} = \overleftarrow{\mathfrak{M}}(\lambda', \lambda'', \dots, \lambda^{(q)})$, $\mathfrak{M}_i = \overleftarrow{\mathfrak{M}}(\lambda', \lambda'', \dots, \lambda^{(i-1)}, \lambda^{(i+1)}, \dots, \lambda^{(q)})$. Soit $\nu(\lambda^{(i)}) = l_i$. On voit que $\nu(\mathfrak{M}) = l_1 + l_2 + \dots + l_q$, $\nu(\mathfrak{M}_i) = l_1 + l_2 + \dots + l_{i-1} + l_{i+1} + \dots + l_q = \nu(\mathfrak{M}) - l_i$. Si $\lambda^{(i)}$ n'est pas $\overrightarrow{\text{premier}}$ à $\mathfrak{M}_i$, on a $\mathfrak{M} = \overleftarrow{\mathfrak{M}}(\lambda', \lambda'', \dots, \lambda^{(i-1)}, \lambda^{(i)}, \lambda^{(i+1)}, \dots, \lambda^{(q)}) = \overleftarrow{\mathfrak{M}}(\mathfrak{M}_i, \lambda^{(i)}) = \mathfrak{M}_i$ parceque $\overrightarrow{\mathfrak{D}}(\lambda^{(i)}, \mathfrak{M}_i) \neq 1$, donc est associé de $\overleftarrow{\lambda^{(i)}}$ et $\mathfrak{M}_i \equiv 0 \ (\overleftarrow{\text{mod}}\ \lambda^{(i)})$; c'est-à-dire $l_i = 0$, ce qui est absurde. Si $\lambda \overrightarrow{|} \mathfrak{M}$ sans $\overrightarrow{\text{diviser}}$ $\mathfrak{M}_i$, on a $\overleftarrow{\mathfrak{M}}(\lambda, \mathfrak{M}_i) \mid \overrightarrow{\overleftarrow{\mathfrak{M}}}(\lambda, \mathfrak{M}) = \mathfrak{M}$ et $\nu[\overleftarrow{\mathfrak{M}}(\lambda, \mathfrak{M}_i)] = \nu(\mathfrak{M}_i) + \nu(\lambda) = \nu(\mathfrak{M}) - l_i + \nu(\lambda)$. Soit que $\overleftarrow{\mathfrak{M}}(\lambda, \mathfrak{M}_i) \neq \mathfrak{M} = \overleftarrow{\mathfrak{M}}(\lambda\ \mathfrak{M}_i, \lambda^{(i)})$. Dans, ce cas $\lambda^{(i)}$ ne $\overrightarrow{\text{divise}}$ pas $\overleftarrow{\mathfrak{M}}(\lambda\ \mathfrak{M}_i)$, donc $\overrightarrow{\mathfrak{D}}(\lambda^{(i)}, \overleftarrow{\mathfrak{M}}(\lambda, \mathfrak{M}_i)) = 1$ et $\nu(\mathfrak{M}) = \nu[\overleftarrow{\mathfrak{M}}(\lambda, \mathfrak{M}_i)] + l_i = \nu(\mathfrak{M}) + \nu(\lambda)$, c'est-à-dire $\nu(\lambda) = 0$ ce qui est absurde, parceque alors $\lambda \in \Omega_q$ et $\overrightarrow{\text{divise}}$ $\mathfrak{M}_i$. Donc $\overleftarrow{\mathfrak{M}}(\lambda, \mathfrak{M}_i) = \mathfrak{M}$ et $\nu(\mathfrak{M}) = \nu(\mathfrak{M}) - l_i + \nu(\lambda)$, d'où $l_i = \nu(\lambda)$. Appliquant cela à chaque i on a $l_1 = l_2 = \dots = l_q = \nu(\lambda)$. C. q. f. d.

Conséquence : $\lambda', \lambda'', \dots, \lambda^{(q)}$ étant les éléments premiers de $W_{a,b}$ d'un même degré l, tout $\overrightarrow{\text{diviseur}}$ $(\overleftarrow{\text{diviseur}})$ premier de

$$\overleftarrow{\mathfrak{M}}(\lambda', \lambda'', \dots, \lambda^{(q)})\ [\overrightarrow{\mathfrak{M}}(\lambda', \lambda'', \dots, \lambda^{(q)})]$$

est de degré l.

Démonstration : On peut extraire un sous-ensemble $\{\lambda^{(i_1)}, \lambda^{(i_2)}, \dots \lambda^{(i_s)}\}$, $(1 \leq i_1 < i_2 < \dots < i_s \leq q)$ de $\{\lambda', \lambda'', \dots, \lambda^{(q)}\}$ tel que λ $\overrightarrow{\text{divise}}$ le p. p. c. $\overleftarrow{m}$. de tous ces éléments sans $\overrightarrow{\text{diviser}}$ aucun des p. p. c. $\overleftarrow{m}$ de tous ces éléments sauf un. Dès lors, en appliquant le théorème VIII, on voit que $\nu(\lambda) = l$. C. q. f. d.

Rapports de divisibilité entre les éléments de $W_{a,b}$ *et les éléments de son centre :*

Nous dirons „élément premier du centre (de $W_{a,b}$)" pour désigner un élément du centre de $W_{a,b}$ qui ne se décompose pas en éléments *du centre* de $W_{a,b}$ qui ne soient pas ses associés ou unités.

Nous dirons „élément du centre (de $W_{a,b}$) premier dans $W_{a,b}$" pour désigner un élément du centre de $W_{a,b}$ premier en tant que élément de $W_{a,b}$.

Si $z^i \lambda = \lambda' z^i$, λ' sera encore désigné par $z^i \lambda z^{-i}$. On a évidemment, $z^{i_1}(z^{i_2}\lambda z^{-i_2})z^{-i_1} = z^{i_1+i_2}\lambda z^{-(i_1+i_2)}$; si $\alpha \in \Omega_b$, on a $z^i \alpha z^{-i} = \alpha^{p^{ai}}$. La transformation $\lambda \to z^i \lambda z^{-i}$ est un automorphisme de $W_{a,b}$. Il en est de même de la transformation $\lambda \to \alpha\lambda\alpha^{-1}$, $\alpha \in \Omega'_b$. On a d'ailleurs

$$z^i(\alpha\lambda\alpha^{-1})z^{-i} = \alpha^{p^{ai}} . z^i \lambda z^{-i} . \alpha^{-p^{ai}}.$$

Pour que λ soit dans le centre de $W_{a,b}$ il faut et il suffit que $z\lambda z^{-1} = \lambda$ et $\alpha\lambda\alpha^{-1} = \lambda$ pour tout $\alpha \in \Omega'_b$. Ceci posé on a

Théorème IX. *Si* $\bar{\lambda}$ *est un élement du centre de* $W_{a,b}$ *et si* $\lambda \in W_{a,b}$ *est diviseur de* $\overleftarrow{\lambda}$, *il est aussi diviseur de* $\overrightarrow{\bar{\lambda}}$.

Démonstration : Soit $\bar{\lambda} = \lambda\lambda'$. On a $\lambda'\lambda\lambda' = \lambda'\bar{\lambda} = \bar{\lambda}\lambda'$, donc $\lambda'\lambda = \bar{\lambda}$ et $\lambda \overset{\rightarrow}{|} \bar{\lambda}$. C. q. f. d.

Théorême X. *Si* $\bar{\lambda}$ *est un élément premier du centre de* $W_{a,b}$, *tous les diviseurs premiers de* $\bar{\lambda}$ *dans* $W_{a,b}$ *ont le même degré.*

Démonstration : Soit λ un $\overrightarrow{\text{diviseur}}$ premier de $\bar{\lambda}$ dans $W_{a,b}$. Puisque $\alpha.z^i\bar{\lambda}z^{-i}.\alpha^{-1} = \alpha\bar{\lambda}\alpha^{-1} = \bar{\lambda}$ pour tout $\alpha \in \Omega'_b$, $\alpha.z^i\lambda z^{-i}\alpha^{-1}$ est encore un $\overrightarrow{\text{diviseur}}$ premier de $\bar{\lambda}$. Donc, si $z^n\lambda z^{-n} = \lambda$, et si

$$L = \overleftarrow{\mathfrak{M}}(\alpha.z^i\lambda z^{-i}.\alpha^{-1})_{\alpha \in \Omega'_b},\ i = 0, 1, \dots, n-1,$$

on a $\bar{\lambda} \overset{\leftarrow}{\equiv} 0 \pmod{L}$. D'autre part

$$zLz^{-1} = \overleftarrow{\mathfrak{M}}[z.(\alpha.z^i\lambda z^{-i}\lambda^{-1})z^{-1}]_{\alpha \in \Omega'_b},\ i = 0, 1, \dots, n-1$$

$$= \overleftarrow{\mathfrak{M}}(\alpha^{p^a}.z^{i+1}\lambda z^{-(i+1)}\alpha^{-p^a})_{\alpha \in \Omega'_b},\ i = 0, 1, \dots n-1,$$

et comme $z^n\lambda z^{-n} = \lambda$ et $\{\alpha^{p^a}\}_{\alpha \in \Omega'_b} = \Omega'_b$, on a $zLz^{-1} = L$. De même, si $\beta \in \Omega'_b$, on a $\beta(\alpha z^i\lambda z^{-i}\alpha^{-1}).\beta^{-1} = \alpha\beta.z^i\lambda z^{-i}(\alpha\beta)^{-1}$ et $\{\beta\alpha\}_{\alpha \in \Omega'_b} = \beta\Omega'_b = \Omega'_b$, d'où $\beta L \beta^{-1} = L$. Donc L est un élément de centre et comme $\nu(L) \neq 0$ on a

$L = \bar{\lambda}$. Donc $\bar{\lambda}$ est p. p. c. $\overleftarrow{\text{m}}$. d'éléments premiers de $W_{a,b}$ tous de même degré; donc, d'après la conséquence du théorème VIII, tout autre $\overrightarrow{\text{diviseur}}$ (donc aussi $\overleftarrow{\text{diviseur}}$) premier de $\bar{\lambda}$ dans $W_{a,b}$ a le même degré. C. q. f. d.

Soit $\frac{a}{(a, b)} = e_1$, $\frac{b}{(a, b)} = e_2$. Alors le degré commun des tous les diviseurs premiers de $\bar{\lambda}$ dans $W_{a,b}$ sera désigné par $m_{e_1,e_2}(\bar{\lambda})$.

L'hypothèse suivante, dont je ne possède pas encore de démonstration, me semble exacte : pour e_1, e_2 $[(e_1, e_2)=1]$ donnés, $m_{e_1,e_2}(\bar{\lambda})$ ne dépend que de $m_{1,1}(\bar{\lambda})$, c'est-à-dire si $m_{1,1}(\bar{\lambda}') = m_{1,1}(\bar{\lambda}'')$, aussi $m_{e_1,e_2}(\bar{\lambda}') = m_{e_1,e_2}(\bar{\lambda}'')$.

Théorème XI. *λ étant un élément premier de $W_{a,b}$, il existe un et un seul (à association près) élément premier $\bar{\lambda}$ du centre de $W_{a,b}$ dont λ est diviseur.*

Démonstration : L'ensemble d'éléments du centre, divisibles par λ est un idéal, soit $(\bar{\lambda})$. Supposons que $\bar{\lambda}$ n'est pas premier, c'est-à-dire $\bar{\lambda} = \bar{\lambda}' \bar{\lambda}''$ $(\bar{\lambda}', \bar{\lambda}'' \in W_{m(a,b),\,(a,b)})$ avec $\nu(\bar{\lambda}') \neq 0$, $\nu(\bar{\lambda}'') \neq 0$. Il en résulte que $\overrightarrow{\mathfrak{D}}(\lambda, \bar{\lambda}'') = 1$, d'où $\overleftarrow{\mathfrak{M}}(\lambda, \bar{\lambda}'')$ a le degré $\nu(\lambda)+\nu(\bar{\lambda}'')$; et, comme $\bar{\lambda}''\lambda = \lambda\bar{\lambda}''$ est $\overleftarrow{\text{multiple}}$ de λ et de $\bar{\lambda}''$, on a, si l'on suppose $\lambda_{\nu(\lambda)} = \bar{\lambda}_{\nu(\bar{\lambda})} = \bar{\lambda}'_{\nu(\bar{\lambda}')} = \bar{\lambda}''_{\nu(\bar{\lambda}'')} = 1$, ce qu'on peut faire, que $\overleftarrow{\mathfrak{M}}(\lambda, \bar{\lambda}'') = \lambda\bar{\lambda}''$. D'où $\bar{\lambda} = \overleftarrow{\mathfrak{M}}(\lambda, \bar{\lambda}) = \overleftarrow{\mathfrak{M}}(\lambda, \bar{\lambda}'', \bar{\lambda}) = \overleftarrow{\mathfrak{M}}(\bar{\lambda}, \lambda\bar{\lambda}'') = \overleftarrow{\mathfrak{M}}(\bar{\lambda}'\bar{\lambda}'', \lambda\bar{\lambda}'') = \overleftarrow{\mathfrak{M}}(\bar{\lambda}', \lambda) . \bar{\lambda}''$. On voit de même que $\overleftarrow{\mathfrak{M}}(\bar{\lambda}', \lambda) = \lambda\bar{\lambda}'$, d'où $\bar{\lambda} = \lambda\bar{\lambda}'\bar{\lambda}'' = \lambda\bar{\lambda}$ et $\lambda = 1$, ce qui est absurde. Donc $\bar{\lambda}$ est premier. C. q. f. d.

Théorème XII. *Si $\bar{\lambda}'$ et $\bar{\lambda}''$ sont deux éléments premiers du centre de $W_{a,b}$ et λ', λ'' deux diviseurs premiers dans $W_{a,b}$ de $\bar{\lambda}'$, $\bar{\lambda}''$ resp., il existent $\lambda''' \mid \bar{\lambda}'$ et $\lambda'''' \mid \bar{\lambda}''$ tels que $\lambda'\lambda'' = \lambda''''\lambda'''$.*

Démonstration : *Si* $\bar{\lambda}', \bar{\lambda}''$ sont associés on peut poser $\lambda'''' = \lambda'$ et $\lambda''' = \lambda''$. Supposons donc, que $\bar{\lambda}', \bar{\lambda}''$ ne soient pas associés. Supposons que $\overrightarrow{\mathfrak{D}}(\lambda'\lambda'', \bar{\lambda}') = 1$. Alors, comme dans le théorème précédent,

$\overleftarrow{\mathfrak{M}}(\lambda'\lambda'', \bar{\lambda}') = \lambda'\lambda''\bar{\lambda}'$ et $\bar{\lambda}''\bar{\lambda}' = \overleftarrow{\mathfrak{M}}(\lambda'\lambda'', \bar{\lambda}', \bar{\lambda}''\bar{\lambda}') = \overleftarrow{\mathfrak{M}}(\lambda'\lambda''\bar{\lambda}', \bar{\lambda}''\bar{\lambda}') =$ $= \overleftarrow{\mathfrak{M}}(\lambda'\lambda'', \bar{\lambda}'').\bar{\lambda}'$, c'est-à-dire $\bar{\lambda}'' = \overleftarrow{\mathfrak{M}}(\bar{\lambda}'', \lambda'\lambda'')$; donc $\lambda'\lambda''$ et aussi λ' est diviseur de $\bar{\lambda}''$, ce qui est impossible. Donc $\overrightarrow{\mathfrak{D}}(\lambda'\lambda'', \bar{\lambda}') \neq 1$. Posons $\lambda''' = \overrightarrow{\mathfrak{D}}(\lambda'\lambda'', \bar{\lambda}')$ et $\lambda'\lambda'' = \lambda''''\lambda'''$. λ'''' divise $\overleftarrow{\bar{\lambda}'\bar{\lambda}''}$. S'il a un diviseur commun μ de degré > 0 avec $\bar{\lambda}'$, il a aussi, d'après ce qui précède, un diviseur commun $\overrightarrow{\mu'}$ de degré > 0 avec $\bar{\lambda}'$ ce qui est impossible. Donc tout diviseur premier de $\overleftarrow{\lambda''''}$ doit diviser $\bar{\lambda}''$; de plus $\nu(\lambda'''') > 0$, car autrement $\lambda'\lambda''$ et aussi λ'' diviserait $\bar{\lambda}'$. Donc, si λ''' et λ'''' ne sont pas premiers $m_{e_1,e_2}(\bar{\lambda}') + m_{e_1,e_2}(\bar{\lambda}'') = \nu(\lambda''''\lambda''') > m_{e_1,e_2}(\bar{\lambda}') + m_{e_1,e_2}(\bar{\lambda}'')$, ce qui est absurde. Le théorème est démontré.

Théorème XIII. *Si un élément $\bar{\lambda}$ du centre de $W_{a,b}$ est premier avec un $\lambda \in W_{a,b}$ et si $\lambda' \in W_{a,b}$, $\overleftarrow{\mathfrak{D}}(\bar{\lambda}, \lambda'\lambda) = \overleftarrow{\mathfrak{D}}(\bar{\lambda}, \lambda')$ et $\overrightarrow{\mathfrak{D}}(\bar{\lambda}, \lambda\lambda') = \overrightarrow{\mathfrak{D}}(\bar{\lambda}, \lambda')$.*

Démonstration : On montre de la même manière que dans le théorème précédent que λ divise un élément $\bar{\mu}$ du centre de $W_{a,b}$ premier avec $\bar{\lambda}$. On a que $\overleftarrow{\mathfrak{D}}(\bar{\lambda}, \lambda'\lambda)$ divise $\overleftarrow{\mathfrak{D}}(\bar{\lambda}, \lambda'\bar{\mu})$. On a $\overleftarrow{\mathfrak{M}}(\bar{\lambda}, \lambda'\bar{\mu}) =$ $= \overrightarrow{\mathfrak{M}}(\bar{\lambda}, \bar{\mu}, \lambda'\bar{\mu}) = \overrightarrow{\mathfrak{M}}[\overrightarrow{\mathfrak{M}}(\bar{\lambda}, \bar{\mu}), \lambda'\bar{\mu}]$. Or $\overrightarrow{\mathfrak{M}}(\bar{\lambda}, \bar{\mu}) = \bar{\lambda}\bar{\mu}$, d'où $\overrightarrow{\mathfrak{M}}(\bar{\lambda}, \lambda'\bar{\mu}) =$ $= \overrightarrow{\mathfrak{M}}(\bar{\lambda}\bar{\mu}, \lambda'\bar{\mu}) = \overrightarrow{\mathfrak{M}}(\bar{\lambda}, \lambda').\bar{\mu}$. Donc si d^*, d désignent les degrés de $\overleftarrow{\mathfrak{D}}(\bar{\lambda}', \bar{\lambda}'\bar{\mu})$ et de $\overleftarrow{\mathfrak{D}}(\bar{\lambda}, \lambda')$ resp. on a $\nu(\bar{\lambda}) + [\nu(\lambda') + \nu(\bar{\mu})] - d^* = [\nu(\bar{\lambda}) + \nu(\lambda') - d] + \nu(\bar{\mu})$ c'est-à-dire $d^* = d$; puisque $\overleftarrow{\mathfrak{D}}(\bar{\lambda}, \lambda') \mid \overleftarrow{\mathfrak{D}}(\bar{\lambda}, \lambda'\lambda) \mid \overleftarrow{\mathfrak{D}}(\bar{\lambda}, \lambda'\bar{\mu})$, on a $\overleftarrow{\mathfrak{D}}(\bar{\lambda}, \lambda') =$ $= \overleftarrow{\mathfrak{D}}(\bar{\lambda}, \lambda'\bar{\mu}) = \overleftarrow{\mathfrak{D}}(\bar{\lambda}, \lambda'\lambda)$. Démonstration analogue pour l'autre égalité.

C. q. f. d.

Théorème XIV. *Si $\lambda', \lambda'', \ldots, \lambda^{(q)}$ sont tous diviseurs d'un $\bar{\lambda}$ du centre de $W_{a,b}$, $\lambda'\lambda''\ldots\lambda^{(q)}$ divise $\bar{\lambda}^q$.*

Démonstration : Soit $\lambda'\mu' = \lambda''\mu'' = \ldots = \lambda^{(q)}\mu^{(q)} = \bar{\lambda}$. Alors $\mu^{(q)}\mu^{(q-1)}\ldots\mu''\mu'\lambda'\lambda''\ldots\lambda^{(q-1)}\lambda^{(q)} = \mu^{(q)}\mu^{(q-1)}\ldots\mu''\bar{\lambda}\lambda''\ldots\lambda^{(q-1)}\lambda^{(q)} =$ $= \mu^{(q)}\mu^{(q-1)}\ldots\mu''\lambda''\ldots\lambda^{(q-1)}\lambda^{(q)}.\bar{\lambda} = \ldots\ldots = \mu^{(q)}\mu^{(q-1)}\ldots\lambda^{(q-1)}\lambda^{(q)}.\bar{\lambda}^2 = \ldots$ $\ldots = \mu^{(q)}\mu^{(q-1)}\lambda^{(q-1)}\lambda^{(q)}.\bar{\lambda}^{q-2} = \ldots = \bar{\lambda}^q$. C. q. f. d.

Les décompositions normales et l'invariance de la suite d'indices d'un élément de $W_{a,b}$.

λ étant un élément de $W_{a,b}$, $\lambda=\lambda'\lambda''\ldots\lambda^{(s)}$, où $\lambda', \lambda'', \ldots, \lambda^{(s)}$ sont premiers, s'appelle une ***décomposition*** de λ. La suite $\nu(\lambda'), \nu(\lambda''), \ldots, \nu(\lambda^{(s)})$ s'appelle la ***suite d'indices*** de cette décomposition. La décomposition $\lambda = \lambda'\lambda''\ldots\lambda^{(s)}$ s'appelle ***normale*** s'il y a q éléments premiers $\bar{\lambda}', \bar{\lambda}'', \ldots, \bar{\lambda}^{(q)}$, dont aucum couple $\bar{\lambda}_i, \bar{\lambda}_j$ $(i \neq j)$ n'est pas d'associés, et une suite d'entiers $i_1=1 < i_2 < i_3 < \cdots < i_q < s$ tels que $\lambda', \lambda'', \ldots, \lambda^{(i_2-1)}$ soient tous diviseurs de $\bar{\lambda}'$, $\lambda^{(i_2)}, \lambda^{(i_2+1)}, \ldots, \lambda^{(i_3-1)}$ ceux de $\bar{\lambda}'', \ldots, \lambda^{(i_q)}, \lambda^{(i_q+1)}, \ldots, \lambda^{(s)}$ ceux de $\bar{\lambda}^{(q)}$.

Soit $\lambda=\lambda'\lambda''\ldots\lambda^{(s)}$ une décomposition de λ; soit que $\lambda^{(i)} \mid \bar{\lambda}^{(r_1)}$, $\lambda^{(i+1)} \mid \bar{\lambda}^{(r_2)}$. Il existe $\mu^{(i)} \mid \bar{\lambda}^{(r_2)}$ et $\mu^{(i+1)} \mid \bar{\lambda}^{(r_1)}$ premiers, tels que $\lambda^{(i)}\lambda^{(i+1)} = \mu^{(i)}\mu^{(i+1)}$ (th. XII). $\lambda=\lambda'\lambda''\ldots\lambda^{(i-1)}\mu^{(i)}\mu^{(i+1)}\lambda^{(i+2)}\ldots\lambda^{(s)}$ est encore une décomposition de λ. Elle s'appelle *voisine* de la décomposition précédente. Il est évident que les suites d'indices sont les mêmes dans ces deux décompositions (à l'ordre près).

Deux décompositions $\lambda'\lambda''\ldots\lambda^{(s)}$ et $\tau'\tau''\ldots\tau^{(s)}$ de λ sont dites *équivalentes* s'il existe une suite de décompositions de λ, $\mu'\mu''\ldots\mu^{(s)}$, $\nu'\nu''\ldots\nu^{(s)}, \ldots, \xi'\xi''\ldots\xi^{(s)}$ telles que $\mu'\mu''\ldots\mu^{(s)}$ soit voisine de $\lambda\lambda'\ldots\lambda^{(s)}$, $\nu'\nu''\ldots\nu^{(s)}$ soit voisine de $\mu'\mu''\ldots\mu^{(s)}, \ldots, \tau'\tau''\ldots\tau^{(s)}$ soit voisine de $\xi'\xi''\ldots\xi^{(s)}$. Les décompositions équivalentes ont la même suite d'indices à l'ordre près ; de plus, $\bar{\lambda}$ étant un élément premier quelconque du centre de $W_{a,b}$, dans ces deux décompositions il y a le même nombre de $\lambda^{(i)}$ diviseurs de $\bar{\lambda}$.

Théorème XV. *$\bar{\lambda}$ étant un élément premier du centre de $W_{a,b}$ non premier avec λ, il existe pour toute décomposition de λ une décomposition équivalente normale où $\bar{\lambda}'=\bar{\lambda}$.*

Dans deux décompositions quelconques de λ les suites d'indices sont les mêmes à l'ordre près et il y a le même nombre de $\lambda^{(i)}$ diviseurs de $\bar{\lambda}$. Si $\lambda=\lambda'\lambda''\ldots\lambda^{(s)}$ et si $\lambda^{(i)}$ divise un élément premier $\bar{\lambda}$ du centre de $W_{a,b}$, $\bar{\lambda}$ n'est pas premier avec λ.

Démonstration : Si $\bar{\lambda}$ n'est divisible par aucun des $\lambda^{(s)}$ et si $\lambda=\lambda'\lambda''\ldots\lambda^{(s)}$, on trouve par application repetée du théorème XIII que $\bar{\lambda}$ est premier à λ. Donc, si cela n'a pas lieu, il y a des $\lambda^{(s)}$, soient

$\lambda^{(i_1)}, \lambda^{(i_2)}, \ldots, \lambda^{(i_q)}$, $1 \leqq i_1 < i_2 < \cdots < i_q \leqq s$, qui divisent $\bar{\lambda}$. Si $i_1 > 1$, il y a $\mu^{(i_1-1)} | \bar{\lambda}$ et $\mu^{(i_1)}$ premiers tels que $\lambda^{(i_1-1)}\lambda^{(i_1)} = \mu^{(i_1-1)}\mu^{(i)}$. Donc $\lambda'\lambda'' \ldots \lambda^{(i_1-2)}\mu^{(i_1-1)}\mu^{(i_1)}\lambda^{(i_1+1)} \ldots \lambda^{(i)}$ est une décomposition équivalente à la précédente, où $i'_1 = i_1 - 1$, $i'_2 = i_2 \ldots$, $i'_q = i_q$. On continue ce procédé jusqu'à ce que i_1 devient 1 On applique ensuite le même procédé à i_2 jusqu'à ce que i_2 devient 2 ensuite à i_3 etc. On arrive finalement à une décomposition de forme $\lambda = \mu'\mu'' \ldots \mu^{(q)}. \mu^{(q+1)} \ldots \mu^{(s)}$ où $\mu', \mu'', \ldots, \mu^{(q)}$ divisent $\bar{\lambda}$ et les autres $\mu^{(i)}$ ne le divisent pas. Soit $\mu = \mu^{(q+1)} \ldots \mu^{(s)}$. En prenant $\bar{\mu}$ non premier à μ, on leur applique le même procédé. Soit $\mu = \nu^{(q+1)}\nu^{(q+2)} \ldots \ldots \nu^{(q+r)}. \nu^{(q+r+1)} \ldots \nu^{(s)}$ où $\nu^{(q+1)}, \nu^{(q+2)}, \ldots, \nu^{(q+r)}$ divisent $\bar{\mu}$ et les autres $\nu^{(i)}$ ne le divisent pas. Soit $\nu = \nu^{(q+r+1)} \ldots \nu^{(s)}$. On choisit $\bar{\nu}$ non premier à ν, on applique le même procédé etc., et finalement on arrive à la décomposition normale voulue.

Si $\lambda^{(i)}$ divise $\bar{\lambda}$, on voit par le même procédé que $\bar{\lambda}$ ne peut pas être premier à λ. Par l'application répétée du théorème XIII on voit que si $j \geqq q$, $\mathfrak{D}(\bar{\lambda}^j, \lambda) = \lambda'\lambda'' \ldots \lambda^{(q)}$. Soient $\lambda = \lambda'\lambda'' \ldots \lambda^{(s_1)} = \mu'\mu'' \ldots \mu^{(s_2)}$ deux décompositions quelconques de λ. Soit $\bar{\lambda}$ un élément du centre de $W_{a,b}$ non premier à λ ; soit $\Lambda'\Lambda'' \ldots \Lambda^{(q_1)}\Lambda^{(q_1+1)} \ldots \Lambda^{(s_1)}$ et $M'M'' \ldots \ldots M^{(q_2)}M^{(q_2+1)} \ldots M^{(s_2)}$ les décompositions normales où $\bar{\lambda}' = \bar{\lambda}$ qui leur sont équivalentes et où $\Lambda', \Lambda'', \ldots, \Lambda^{(q_1)}$, $M', M'', \ldots, M^{(q_2)}$ divisent $\bar{\lambda}$ et où les autres $\Lambda^{(i)}, M^{(s)}$ ne le divisent pas. Alors, si $l \geqq q_1$, $l \geqq q_2$ $\overleftarrow{\mathfrak{D}}(\bar{\lambda}^l, \lambda) = \Lambda'\Lambda'' \ldots \Lambda^{(q_1)} = M'M'' \ldots M^{(q_2)}$ c. à. d. $q_1 . m_{e_1,e_2}(\bar{\lambda}) = q_2 . m_{e_1,e_2}(\bar{\lambda})$; donc, $q_1 = q_2$. S'il y a q'_1 de $\lambda^{(i)}$ et q'_2 de $\mu^{(j)}$ qui divisent $\bar{\lambda}$ on a $q'_1 = q_2$, $q'_2 = q_2$, donc $q'_1 = q'_2$. En appliquant le même procédé à tous les non premiers avec λ, et, en se rappellant que tous les diviseurs premiers de $\bar{\lambda}$ ont le même degré $m_{e_1,e_2}(\bar{\lambda})$, on voit l'exactitude du théorème.

C. q. f. d.

Théorème XVI. *Deux décompositions quelconques d'un* $\lambda \in W_{a,b}$ *sont équivalentes.*

Démonstration : Soient $\lambda = \lambda'\lambda'' \ldots \lambda^{(s_1)}$ et $\lambda = \mu'\mu'' \ldots \mu^{(s_2)}$ deux décompositions de λ. On a vu que $s_1 = s_2$. Désignons ce nombre par $s(\lambda)$. Supposons le théorème démontré pour tous les λ_0 telsque $s(\lambda_0) < s(\lambda)$ On a $\overleftarrow{\lambda'} | \lambda$ et $\overleftarrow{\mu'} | \lambda$. Donc $\overrightarrow{\mathfrak{M}}(\overleftarrow{\lambda'}, \overleftarrow{\mu'}) | \lambda$. $\overrightarrow{\lambda'}, \overleftarrow{\mu'}$ étant premiers, ils sont ou bien associés, ou bien premiers entre eux. Dans le premier cas, soit

$\mu'=\lambda'\varepsilon$. Alors la décomposition $\lambda'.\varepsilon\mu''.\mu'''\ldots\ldots\mu^{[s(\lambda)]}$ est voisine de $\mu'\mu''\ldots\mu^{s(\lambda)}$, et, puisque $\varepsilon\mu''.\mu'''\ldots\mu^{[s(\lambda)]}=\lambda''\lambda'''\ldots\lambda^{[s(\lambda)]}$, elle est aussi équivalente à $\lambda'\lambda''\ldots\lambda^{[s(\lambda)]}$, et le théorème est prouvé dans ce cas. Si $\overleftarrow{\mathfrak{D}}(\lambda',\mu')=1$, on a $\overrightarrow{\mathfrak{M}}(\lambda',\mu')=\lambda'\xi=\mu'\eta$. Posons $\lambda=\overrightarrow{\mathfrak{M}}(\lambda',\mu').\zeta$, et soit $\zeta=\nu'\nu''\ldots\nu^{[s(\lambda)-2]}$ une décomposition de ζ. $\lambda'\xi\nu'\nu''\ldots\nu^{[s(\lambda)-2]}$ et $\mu'\eta\nu'\nu''\ldots\nu^{[s(\lambda)-2]}$ sont deux décompositions voisines de λ. D'autre part, puisque $\xi\nu'\nu''\ldots\nu^{[s(\lambda)-2]}=\lambda''\lambda'''\ldots\lambda^{[s(\lambda)]}$, $\lambda'\xi\nu'\nu''\ldots\nu^{[s(\lambda)-2]}$ est équivalente avec $\lambda'\lambda''\ldots\lambda^{[s(\lambda)]}$, et, pour une cause analogue, $\mu'\eta\nu'\nu''\ldots\nu^{[s(\lambda)-2]}$ est équivalente avec $\mu'\mu''\ldots\mu^{[s(\lambda)]}$. La théorème est complètement prouvé.

§ 5. Première forme de la condition de primitivité

Revenons à la notation de l'étude du cas c dans le § 3 Soient A, B deux opérateurs de $M^{(\pi_0)}$. A+B et AB désignent les opérateurs de ce module tels que pour tout $\alpha\in M^{(\pi_0)}$

$$(A+B)\alpha = A\alpha + B\alpha$$
$$(AB)\alpha = A(B\alpha).$$

Désignons par $\lambda=\sum_{q=0}^{n}\alpha_q z_F^q$, où $\alpha_1, \alpha_2, \ldots, \alpha_n\in\Omega_\psi$, l'opérateur tel que pour tout $\alpha\in\bar{M}^{(\pi_0)}$

$$\lambda\alpha=\sum_{q=0}^{n}\alpha_q\alpha^{p^{Fq}}.$$

Les λ sont éléments de $W_{F,\psi}$, et un même opérateur est désigné par une infinité de λ. Il est facile de vérifier que si à chaque λ on fait correspondre l'opérateur de $M^{(\pi_0)}$ qu'il désigne, on établit une homomorphie de $W_{a,b}$ sur un certain ensemble d'opérateurs de $M^{(\pi_0)}$. Dans cette homomorphie à z_F correspond l'opérateur $\mathfrak{Z}$, et à $\alpha\in\Omega_\psi$ — l'opération de multiplication par α.

Soit $\mathfrak{N}$ l'ensemble de tous les $\lambda\in W_{F,\psi}$ qui représentent l'opérateur 0 (c'est-à-dire tel que pour tout $\alpha\in M^{(\pi_0)}$ on ait $0\alpha=0$). Dans ce cas, si Γ est l'anneau de tous les opérateurs représentés par les $\lambda\in W_{F,\psi}$, on a $\Gamma\simeq W_{F,\psi}/\mathfrak{N}$ et $\mathfrak{N}$ est un idéal bilatère de $W_{F,\psi}$. On a donc, d'après le § 4, $\mathfrak{R}=(R)$. Puisque $(\mathfrak{Z}^{f_{K^*/K}}-1)\alpha=\alpha^{p^{F}\cdot f_{K^*/K}}-\alpha=\alpha^{p^{F^*}}-\alpha=0$ pour tout $\alpha\in M^{(\pi_0)}$, on voit que $z_F^{f_{K^*/K}}-1\equiv 0 \pmod R$, c'est-à-dire R est premier à z_F. Il en résulte, d'après le théorème IV du § 4, que si l'on prend $R_{\nu(R)}=1$, R est dans le centre de $\overleftarrow{W}_{F,\psi}$.

Soit $\alpha\in M^{(\pi_0)}$. Les $\lambda\in \overleftarrow{W}_{F,\psi}$ tels que $\lambda\alpha=0$ forment un idéal, soit $(\overleftarrow{R}_\alpha)$. Soit r_α le degré de R_α. $z_F=\mathfrak{Z}$ est un automorphisme de $M^{(\pi_0)}$ et aussi la multiplication par un $\beta\neq 0\in\Omega'_\psi$ l'est. Or $z_F R_\alpha z_F^{-1}(\mathfrak{Z}_F\alpha)=z_F R_\alpha\alpha=$ $=z_F 0=0$ et $z_F^{-1}R_{z_F\alpha}z_F.\alpha=z_F^{-1}R_{z_F\alpha}z_F.[z_F^{-1}(z_F\alpha)]=z_F^{-1}R_{z_F\alpha}(z_F\alpha)=$

$$=z_F^{f_{K^*/K}-1}R_{z_F\alpha}(z_F\alpha)=z_F^{f_{K^*/K}-1}0=0$$

c'est-à-dire $(\overleftarrow{R}_{z_F\alpha})=(\overleftarrow{z_F R_\alpha z_F^{-1}})$. De même $(\overleftarrow{R}_{\beta\alpha})=(\overleftarrow{\beta R_\alpha\beta^{-1}})$. Il s'ensuit que $\mathfrak{M}(\overleftarrow{R}_\alpha)_{\alpha\in M^{(\pi_0)}}$ est permutable avec z_F et les $\beta\in\Omega_\psi$, c'est-à-dire est élément du centre de $\overleftarrow{W}_{F,\psi}$. D'où

$$R=\mathfrak{M}(\overleftarrow{R}_\alpha)_{\alpha\in M^{(\pi_0)}}\,.$$

Théorème I. *Si* $K/k=(K/k)_1/(K/k)_0$, *pour que* K/k *soit primitif il faut et il suffit qu'il y ait dans* $M^{(\pi_0)}(K/k)$ *un* $\alpha\neq 0$ *tel que* R_α *soit premier et que* $(K:k)=p^{\psi r_\alpha}$. *Si cela a lieu pour un des* $\alpha\neq 0\in M^{(\pi_0)}(K/k)$, *cela a lieu pour tous les* $\alpha\neq 0\in M^{(\pi_0)}(K/k)$.

Démonstration : Soit $\alpha\neq 0\in M^{(\pi_0)}$. Si R_α n'est pas premier, par exemple si $R_\alpha=\lambda'\lambda''$, $\lambda''\alpha\in M^{(\pi_0)}$ et $R_{\lambda''\alpha}=\lambda'$. α étant quelconque, l'ensemble de tous les $\lambda\alpha$, $\lambda\in W_{F,\psi}$ est évidemment un $W_{F,\psi}$- module. Comme $\alpha, z_F\alpha,\dots,z_F^{r_\alpha-1}\alpha$ sont linéairement indépendants par rapport à Ω_ψ et comme tout $\overleftarrow{\lambda}$ est congru suivant R_α à un élément de degré $<r_\alpha$, on voit que cette module a juste $p^{\psi r_\alpha}$ éléments. Donc, puisque $0<\nu(\lambda')<\nu(R_\alpha)$ on voit que $W_{F,\psi}(\lambda''\alpha)$ a $p^{\psi\nu(\lambda')}<p^{\psi r_\alpha}$ éléments et a plus d'un élément, et que $M^{(\pi_0)}$ a au moins $p^{\psi r_\alpha}$ éléments, c'est-à-dire a un sous-$W_{F,\psi}$-module autre que lui-même et $\{0\}$. Si R_α est premier mais $(K:k)>p^{\psi r_\alpha}$, $M^{(\pi_0)}$ a encore un sous-$W_{F,\psi}$-module autre que lui-même et $\{0\}$. Donc, si la condition indiquée n'est pas satisfaite, pour *tous* les $\alpha \neq 0 \in M^{(\pi_0)}$, K/k est imprimitif. Supposons, d'autre part, qu'elle est satisfaite pour *un* $\alpha \neq 0 \in M^{(\pi_0)}$. Alors tous les $\alpha \in M^{(\pi_0)}$ ont la forme $\lambda\alpha$, $\lambda \in W_{F,\psi}$. Soit M un sous-$W_{F,\psi}$-module de $M^{(\pi_0)}$ autre que $\{0\}$. Soit $\lambda\alpha \neq 0$ un élément de $\bar{M}$. λ est premier à $\overrightarrow{R_\alpha}$. Pour que $\lambda'(\lambda\alpha)=0$ il faut que $\lambda'\lambda \equiv 0 \pmod{\overleftarrow{R_\alpha}}$ c'est-à-dire $\lambda'\lambda \equiv 0$ $[\bmod\ \overleftarrow{\mathfrak{M}}(\overleftarrow{R_\alpha}, \lambda)]$; mais $\nu(R_\alpha, \lambda) = \nu(R_\alpha)+\nu(\lambda)=r_\alpha+\nu(\lambda)$, donc $\nu(\lambda')\geqq r_\alpha$; on en déduit $r_{\lambda\alpha}=r_\alpha$ et $\bar{M}$ contient au moins $p^{\psi r_\alpha}$ éléments, c'est-à-dire $\bar{M}=M^{(\pi_0)}$ et K/k est primitif. C. q. f. d.

Soit

$$\varepsilon_1=\frac{F}{(F,\psi)}, \quad \varepsilon_2=\frac{\psi}{(F,\psi)}.$$

On peut donner à la condition de primitivité la forme symétrique suivante :

Théorème II. *Pour que* $K/k=(K/k)_1/(K/k)_0$ *soit primitif il faut et il suffit que* R *soit premier dans* $W_{m(F,\psi),(F,\psi)}$ *et que* $(K:k)=p^{\psi m_{\varepsilon_1,\varepsilon_2}(R)}$.

Démonstration : S'il y a $\alpha \neq \in M^{(\pi_0)}$ tel que R_α est premier et que tout $\alpha \in M^{(\pi_0)}$ a la forme $\lambda\alpha$, $\lambda \in W_{F,\psi}$, on a, étant donné que si $R\alpha_1 = 0$ et $R\alpha_2 = 0$, aussi $R(\alpha_1+\alpha_2) = R\alpha_1 + R\alpha_2 = 0$, que

$$R=\overleftarrow{\mathfrak{M}}(\beta.z_F^i R_\alpha z_F^{-i}\beta^{-1})_{\beta\in\Omega'_\psi};\ i=0, 1\ 2, \dots, f_{K^*/K}-1$$

c'est-à-dire R est un élément premier du centre de $W_{F,\psi}$. Par conséquent $r_\alpha=m_{\varepsilon_1,\varepsilon_2}(R)$ et $(K:k)=p^{\psi r_\alpha}=p^{\psi m_{\varepsilon_1,\varepsilon_2}(R)}$. Supposons inversement que R est premier dans $W_{m(a,b),(a,b)}$ et que $(K:k)=p^{\psi m_{\varepsilon_1,\varepsilon_2}(R)}$. R_α est diviseur de R et $r_\alpha \leqq m_{\varepsilon_1,\varepsilon_2}(R)$; mais aucun diviseur propre de R ne peut pas être de degré $< m_{\varepsilon_1,\varepsilon_2}(R)$. Donc $r_\alpha=m_{\varepsilon_1,\varepsilon_2}(R)$. Si $R_\alpha=\lambda'\lambda''$, où $0<\nu(\lambda')<\nu(R_\alpha)$, on a $\nu(\lambda')\neq 0 < m_{\varepsilon_1,\varepsilon_2}(R)$. Donc R_α est premier et

$$(K:k)=p^{\psi m_{\varepsilon_1,\varepsilon_2}(R)}=p^{\psi r_\alpha}.$$

C. q. f. d.

§ 6. — Deuxième forme de la condition de primitivité

Soit χ un corps de caractéristique p, et soit $f(x)$ un polynome (en x) dans χ dont tous les zéros sont simples. On peut se démander : Quelle est la condition nécessaire et suffisante pour que l'ensemble M de tous les zéros de $f(x)$ soit un module ? La réponse a cette question est donnée par le

Théorème I. *Les zéros du polynôme* $f(x) = \Sigma \varkappa_a x^a$ *dans* χ *sont simples et leur ensemble* M *est un module si, et seulement si :* 1°. *quand* a *n'est pas une puissance de* p, $\varkappa_a = 0$, 2°. $\varkappa_1 \neq 0$.

DÉMONSTRATION : Supposons que M soit un module ; alors, si $y \in$ M, $f(x+y)$ a les mêmes zéros que $f(x)$. $f(x)$ ayant tous ses zéros simples, $f(x+y)$ doit être multiple de $f(x)$. Or on a identiquement

$$f(x+y) = f(x) + f(y) + \sum_{i=1}^{m-1} q_i(y) x^i,$$

où m désigne le degré de $f(x)$ et où les $q_i(y)$ sont de degré $\leq m - i \leq m - 1 < m$. Or $f(x)$ est multiple de $f(x)$, et, y étant dans M, $f(y) = 0$. Donc $\sum_{i=1}^{m-1} q_i(y) x^i$ doit être multiple de $f(x)$ pour tout $y \in$ M. Le degré de cette expression par rapport à x étant $< m$, elle doit être, par conséquent, identiquement nulle par rapport à x. Donc tout $q_i(y)$ $(i = 1, 2, \ldots, m-1)$ doit s'annuler pour tout $y \in$ M, donc avoir au moins m zéros distincts. Son degré étant $< m$, il doit être identiquement nul. Donc, identiquement par rapport à x et à y il doit être

$$f(x+y) = f(x) + f(y).$$

Cette égalité suffit d'ailleurs pour que M soit un module.

La condition écrite équivant à l'ensemble des conditions analogues pour toutes les parties homogènes de $f(x)$. Une partie homogène de $f(x)$ a la forme $\varkappa_a x^a$. Si $\varkappa_a = 0$, on a bien $\varkappa_a(x+y)^a = \varkappa_a x^a + \varkappa_a y^a$. Si $\varkappa_a \neq 0$, la condition $\varkappa_a(x+y)^a = \varkappa_a x^a + \varkappa_a y^a$ équivant à la condition $(x+y)^a = x^a + y^a$. Supposons que $a = p^s a'$, avec a' premier à p, et que $\varkappa_a \neq 0$. Alors on doit avoir $[(x+y)^{p^s}]^{a'} = (x^{p^s})^{a'} + (y^{p^s})^{a'}$. Or $(x+y)^{p^s} = x^{p^s} + y^{p^s}$ et, si $a' > 1$, $(x^{p^s} + y^{p^s})^{a'}$ contient le terme non nul $a' x^{p^s} y^{(a'-1)p^s}$ et l'égalité écrite ne peut pas avoir lieu. D'autre part, si $a' = 1$, elle a sûrement lieu. Donc la condition $f(x+y) = f(x) + f(y)$ équivant à la condition 1°. de l'énoncé.

La condition 1⁰. de l'énoncé étant vérifiée, c'est-à-dire $f(x)$ ayant la forme $\sum_{i=0}^{r}\lambda_i x^{p^i}$ (où l'on posé $r = \log_p m$ et $\lambda_i = \varkappa_{p^i}$), on a

$f'(x) = \sum_{i=0}^{r} \lambda_i p^i x^{p^i-1} = \lambda_0 = \varkappa_1$. Si $\varkappa_1 = 0$, $f'(x) = 0$ identiquement et tous les zéros de $f(x)$ sont multiples. Inversement, si $\varkappa_1 \neq 0$, $f(x)$ n'est jamais nul et les zéros de $f(x)$ sont simples. C. q. f. d.

Conséquence: z_1 étant l'opérateur $\alpha \to x^p$, l'équation $f(x) = \sum_{i=0}^{r}\lambda_i x^{p^i} = 0$ peut encore s'écrire sous la forme

$$\lambda(z_1)(x) = 0$$

où l'on posé $\lambda(z_1) = \sum_{i=0}^{r} \lambda_i z_1^i$. Donc *tout module* M *dans un corps de caractéristique* p *peut être défini comme l'ensemble d'éléments* x *de ce corps tels que* $\lambda(z_1)(x) = 0$, où $\lambda(z_1) = \Sigma\lambda_i z_1^i$, *les* λ_i *étant dans ce corps.*

Définition : On appelera $\lambda(z_1)$ le *quasi-polynôme* de module M.

Théorème II. *Si* M′ *est un sous-module de* M, *le quasi-polynôme* $\overrightarrow{\lambda'(z_1)}$ *de* M′ *est diviseur du quasi-polynome* $\lambda(z)$ *de* M. *Inversement, si* $\overrightarrow{\lambda'(z_1)} \mid \lambda(z_1)$, *l'ensemble* M′ *des* α *tels que* $\lambda'(z_1)(\alpha) = 0$ *est un sous-module de l'ensemble* M *des* α *telsque* $\lambda(z_1)(\alpha) = 0$.

Démonstration : Considérons l'ensemble des tous les quasi-polynômes $\mu(z_1)$ dans χ telsque $\mu(z_1)(\alpha) = 0$ quand $\alpha \in$ M′. Les $\overleftarrow{\mu(z_1)}$ forment manifestement un idéal. Comme au § 4, on démontre que cet idéal est principal. Donc, il existe $\overleftarrow{\mu_0(z_1)}$ tel que cet idéal est $(\overleftarrow{\mu_0(z_1)})$; m' étant le nombre d'éléments de M′, on a que le degré μ de $\mu_0(z_1)$ est $\geq \log_p m'$. Mais $\lambda'(z_1)(\alpha) = 0$ si $\alpha \in$ M′, donc $\overleftarrow{\lambda'(z_1)}$ est multiple de $\overleftarrow{\mu_0(z_1)}$, et comme son degré est $\log_p m'$, $\lambda(z_1)$ et $\mu_0(z_1)$ sont associés et on peut prendre $\mu_0(z_1) = \lambda'(z_1)$. D'où, puisque M′ ⊂ M, donc $\lambda(z_1)(\alpha) = 0$, si $\alpha \in$ M′, il résulte $\lambda(z) \equiv 0$ $(\mathrm{mod}\ \overleftarrow{\lambda'(z_1)})$; ce qui démontre la première partie. La seconde est évidente, car si $\lambda'(z_1) \mid \overrightarrow{\lambda'(z_1)}$, l'ensemble M', qui est un module, est manifestement contenu dans M, qui est aussi un module.

Théorème III. *Le quasi-polynôme d'un module* M *a ses coëfficients dans* Ω_F *si, et seulement si* M *admet* $z_F = z_1^F$ *comme opérateur.*

Démonstration : Si le quasi-polynôme $\lambda(z_1)$ de M a ses coëfficients dans Ω_F, M est l'ensemble des racines de l'équation dans Ω_F $\lambda(z_1)(x)=0$. M est un module dans un surcorps fini de Ω_F et est conservé par tout automorphisme de ce surcorps qui conserve Ω_F, en particulier par z_F. Inversement si z_F conserve M, les coëfficients de $\lambda(z_1)(x)$, donc aussi ceux de $\lambda(z_1)$ sont dans Ω_F, car ils sont conservés par z_F, et tout est prouvé.

Théorème IV. M *est un* Ω_ψ*-module si, et seulement si son quasi-polynôme est un quasi-polynôme en* z_1^ψ.

Démonstration : Soit ε un élément dont Ω_ψ est l'ensemble des puissances. Pour que M soit un Ω_ψ-module il faut et il suffit que $\varepsilon M = M$. Or, si le quasi-polynôme de M est $\lambda(z_1) = \sum_{i=0}^{\mu} l_i z_1^i$, celui de εM est évidemment $\varepsilon^{p^\mu}\lambda(z_1)\varepsilon^{-1}$. Donc si $\varepsilon M = M$, on a $\varepsilon^{p^\mu}\lambda(z_1)\varepsilon^{-1} = \lambda(z_1)$ c'est-à-dire $\sum_{i=0}^{\mu} \varepsilon^{p^\mu} l_i \varepsilon^{-p^i} z_1^i = \sum_{i=0}^{\mu} l_i z_1^i$ et inversement. Ce qui exige pour tout $i=0, 1, \dots, \mu$

$$\varepsilon^{p^\mu - p^i} l_i = l_i$$

d'où, si $l_i \neq 0$, on doit avoir $\varepsilon^{p^\mu} = \varepsilon^{p^i}$, c'est-à-dire $i \equiv \mu \pmod{\psi}$. Comme $l_0 \neq 0$, on a $0 \equiv \mu \pmod{\psi}$, d'où $i \equiv 0 \pmod{\psi}$, et tout est prouvé.

Soit K/k un corps $\mathfrak{P}$-adique tel que $K/k = (K/k)_1 / (K/k)_0$. Désignons, comme précédemment par $f_0 = F$ le degré absolu de $\mathfrak{P}$ qui est égal à celui de l'idéal premier $\mathfrak{p}$ de k, par δ le dénominateur du nombre de ramification propre v de K/k, par ψ la longueur de periode de p (mod δ), par $M^{(\pi_0)}$ le module $\beta_0(G_{K/k}; \pi_0)$, où $\pi_0^\delta = \pi$ est un nombre de K d'ordre 1 en $\mathfrak{P}$. Soit λ le quasi-polynôme de $M^{(\pi_0)}$. On a

Théorème V. λ *est un élément de* W_{ψ, f_0} ; K/k *est primitif si, et seulement si* λ *est premier dans* W_{ψ, f_0}.

DÉMOSTRATION : $M^{(\pi_0)}$ admet comme opérateur z^{f_0} et est un Ω_ψ-module. Donc λ a ses coêfficients dans Ω_{f_0} et est un quasi-polynôme en z_ψ, donc $\lambda \in W_{\psi,f_0}$. $M^{(\pi_0)}$ admet des sous-Ω_ψ-modules M, autres que $M^{(\pi_0)}$ et $\{0\}$, qui admettent l'opérateur $\overrightarrow{z_{f_0}}$ si, et seulement si λ admet des diviseurs éléments de W_{ψ,f_0} inégaux à λ on à 1, c'est-à-dire n'est pas premier dans W_{ψ,f_0}. Donc K/k est primitif si, et seulement s λ est premier dans W_{ψ,f_0}.

CONSÉQUENCE : Si Λ est l'élément de $W_{m(\psi,f_0),(\psi,f_0)}$ de moindre degré (et tel que $\Lambda_{\nu(\Lambda)}=1$) multiple du quasi-polynôme λ de $M^{(\pi_0)}$, on a $\Lambda = R$; K/k est primitif si, et seulement si Λ est premier dans $W_{m(\psi,f_0),(\psi,f_0)}$ et, le degré de K/k étant p^j,

$$j = \psi . m_{\varepsilon_2,\varepsilon_1}(\Lambda) \left(\varepsilon_1 = \frac{f_0}{(\psi, f_0)}, \quad \varepsilon_2 = \frac{\psi}{(\psi, f_0)}\right).$$

DÉMONSTRATION : Analogue à celle du théorème II de § 5 à partir du théorème I de § 5. Le fait que $\Lambda = R$ se voit d'après leur définition : en effet et Λ et R sont les éléments λ de $W_{m(\psi,f_0),(\psi,f_0)}$ de moindre degré possible tels que $\lambda_{\nu(\lambda)}=1$ et $\lambda\alpha = 0$ pour tout $\alpha \in M^{(\pi_0)}$.

Théorème VI. *λ étant un polynôme premier dans un champ de* GALOIS *et* $(\varepsilon_1, \varepsilon_2) = 1$, *on a*

$$m_{\varepsilon_1,\varepsilon_2}(\lambda) = m_{\varepsilon_2,\varepsilon_1}(\lambda).$$

DÉMONSTRATION : Soit que $\lambda(z)$ est un polynôme dans Ω_l. Posons $a = l\varepsilon_1$, $b = l\varepsilon_2$. Donc $(a, b) = l$ et $m(a, b) = l\varepsilon_1\varepsilon_2$. Ceci fait, posons $z = z_{l\varepsilon_1\varepsilon_2}$. λ devient un élément du centre de $W_{a,b}$ et du celui de $W_{b,a}$. Soit λ' un diviseur premier de λ dans $W_{b,a}$. Soit M l'ensemble des racines de l'équation $\lambda'(x) = 0$. M est un Ω_b-module admettant comme opérateur z_a, et n'ayant aucun sous-Ω_b-module admettant le même opérateur sauf M et $\{0\}$. Le théorème II de § 5 montre que M a $p^{b m_{\varepsilon_1,\varepsilon_2}(\lambda)}$ éléments. Le théorème V de ce paragraphe montre que ce nombre est aussi égal à $p^{b . m_{\varepsilon_2,\varepsilon_1}(\lambda)}$, ce qui fournit une curieuse loi de réciprocité

$$m_{\varepsilon_1,\varepsilon_2}(\lambda) = m_{\varepsilon_2,\varepsilon_1}(\lambda).$$

C. q. f. d.

§ 7. — Structure des $W_{a,b}$-modules et génération des corps $\mathfrak{P}$-adiques

Au § 6 nous avons établi une correspondance biunivoque entre les $W_{a,b}$-modules et les éléments de $W_{b,a}$: à savoir celle qu'on obtient en faisant correspondre à un $W_{a,b}$-module M son quasi-polynôme $\lambda_M(z_b)$ (10). Dans cette correspondance à toute rélation ou opération se rapportant aux $W_{a,b}$-modules correspond une rélation ou une opération pour les éléments correspondants de $W_{b,a}$. Il s'agit d'étudier de plus près de quelle manière cela se produit.

On a tout d'abord

1°. $M \supseteq \overline{M}$ équivaut à $\lambda_{\overline{M}} \overset{\rightarrow}{|} \lambda_M$.

2°. $\lambda_{M_1 \cap M_2} = \overset{\rightarrow}{\mathfrak{D}}(\lambda_{M_1}, \lambda_{M_2})$.

3°. $\lambda_{M_1 + M_2} = \overset{\leftarrow}{\mathfrak{M}}(\lambda_{M_1}, \lambda_{M_2})$.

Soit que $M \supseteq \overline{M}$. Les classes de M suivant $\overline{M}$ forment encore un $W_{a,b}$-module $M/\overline{M}$. D'autre part $\lambda_{\overline{M}} \overset{\rightarrow}{|} \lambda_M$. Donc il existe un $\lambda' \in W_{b,a}$ tel que $\lambda_M = \lambda' \lambda_{\overline{M}}$. Soit $\overline{\overline{M}}$ un $W_{a,b}$-module tel qu $\lambda_{\overline{\overline{M}}} = \lambda'$. Alors *on peut identifier* $\overline{M}/M$ *avec* $\overline{\overline{M}}$. *Si l'on pose* $M = \overline{\overline{M}} \times \overline{M}$, *on définit ainsi une loi associative* (mais *non commutative*, en général) de composition des $W_{a,b}$-modules et $\lambda_{M_1 \times M_2} = \lambda_{M_1} \lambda_{M_2}$ (ce qui montre, d'ailleurs, que $M_1 \times M_2$ ne dépend pas du choix des a, b, mais seulement des M_1 et M_2).

Etudions un peu plus près le module $\overline{\overline{M}} = M/\overline{M}$. Soit $\alpha \in M$. Alors on a $\lambda_{\overline{\overline{M}}}(\lambda_{\overline{M}} \alpha) = \lambda_M \alpha = 0$; donc $\lambda_{\overline{M}} \alpha \in \overline{\overline{M}}$. On a $\lambda_{\overline{M}} \alpha_1 = \lambda_{\overline{M}} \alpha_2$ $(\alpha_1, \alpha_2 \in M)$ si, et seulement si $\lambda_{\overline{M}}(\alpha_1 - \alpha_2) = 0$, c'est-à-dire $\alpha_2 - \alpha_1 \in \overline{M}$. Ainsi $\lambda_{\overline{M}} M$ a autant d'éléments que $\overline{\overline{M}}$, donc

$$\overline{\overline{M}} = \lambda_{\overline{M}} M.$$

---

(10) Nous comprendrons dans ce § la notion de $W_{a,b}$-module d'une manière un peu plus large que précédemment : à savoir on appelera $W_{a,b}$-module encore un ensemble M admettant les opérateurs z_a et Ω_b *répété* un nombre *puissance de* p de fois. Ainsi M tel que $\lambda_M = z_1^2 - z_1$ est l'ensemble $\{0, 1, \ldots, p-1\}$ répété p fois (c'est en effet l'ensemble de tous les zéros du polynôme $x^{p^2} - x^p = (x^p - x)^p$).

La classe d'un α suivant l'ensemble M précédent sera $\{\alpha, \alpha + 1, \ldots, \alpha + p - 1\}$ *répété* p *fois.*

De plus $\lambda_{\overline{M}}\alpha_1 = \lambda_{\overline{M}}\alpha_2$ si, et seulement si α_1 et α_2 sont dans une même classe suivant $\overline{M}$ dans M. Ainsi, l'identification de $M/\overline{M}$ avec $\overline{\overline{M}}$ peut être faite en identifiant une classe $\overline{M}_1 = \alpha + \overline{M}$ suivant $\overline{M}$ dans M avec $\lambda_{\overline{M}}\overline{M}_1 = \lambda_{\overline{M}}\alpha$. Nous poserons dorenavant

$$\alpha + \overline{M} / \overline{M} = \lambda_{\overline{M}}\alpha.$$

Or $\lambda_{\overline{M}}x = \prod_{\beta\in\overline{M}} (x - \beta)$. Donc $\lambda_{\overline{M}}\alpha = \prod_{\beta\in\overline{M}} (\alpha - \beta) = \prod_{\beta\equiv\alpha \,(\mathrm{mod}\, \overline{M})} \beta$. Donc

$$\overline{M}_1/\overline{M} = \alpha + \overline{M}/\overline{M} = \prod_{\beta\in\overline{M}_1} \beta$$

Il est à remarquer que la correspondance $\alpha \to \lambda_{\overline{M}}\alpha$ $(\alpha\in M)$ est $W_{a,b}$-homomorphie. En effet, d'abord $\lambda_{\overline{M}}(\alpha+\beta) = \lambda_{\overline{M}}\alpha + \lambda_{\overline{M}}\beta$ $(\alpha, \beta\in M)$. Ensuite puisque $\lambda_{\overline{M}} \in W_{b,a}$, on a, quelque soit $\Lambda\in W_{a,b}$, $\Lambda\lambda_{\overline{M}} = \lambda_{\overline{M}}\Lambda$. D'où $\Lambda.\lambda_{\overline{M}}\alpha = \lambda_{\overline{M}}.\Lambda\alpha$ $(\alpha\in M)$. Ainsi la correspondance entre les éléments de $M/\overline{M}$ (au sens ordinaire) et les éléments de $\overline{\overline{M}}$ avec lesquels on les identifie est un $W_{a,b}$-isomorphisme.

Ce qui précède entraîne quelques conséquences importantes :

a) Si $\overline{M} \subset M$, $\lambda_{\overline{M}}M$ est un $W_{a,b}$-module (ceci est important pour § 10).

b) M_1, M_2 étant deux $W_{a,b}$-modules quelconques, il existe un $W_{a,b}$-module M_3 tel que $M_3 = M_2 \times M_1$, c'est-à-dire tel que

$$\Big\{ \prod_{\beta\equiv\alpha\,(\mathrm{mod}\, M_1)} \beta \Big\}_{\alpha\in M_3} = M_2 .$$

c) Soit M un $W_{a,b}$-module et soit

$$\lambda_M = \sum_{i=0}^{s} \alpha_i z_b^i \qquad (\alpha_i \in \Omega_a).$$

Appelons *module associé de* M et désignons par M^* le module tel que

$$\lambda_{M^*} = \sum_{i=0}^{s} z_b^i \alpha_i = \sum_{i=0}^{s} \alpha_i^{p^{bi}} z_b^i .$$

La correspondance $\lambda_M \to \lambda_{M^*}$ est un anti-isomorphisme de $W_{b,a}$ et $(M^*)^* = M$. Soit que

$$M = \overline{\overline{M}} \times \overline{M}$$

alors, aussi

$$M^* = \overline{M}^* \times \overline{\overline{M}}^*.$$

Donc

$$(M/\overline{M})^* = \overline{\overline{M}}^* = (\{ \prod_{\beta \equiv \alpha \ (\mathrm{mod}\ \overline{M})} \beta \}_{\alpha \in M})^*$$

$$(M^*/\overline{\overline{M}}^*)^* = \overline{M} = (\{ \prod_{\beta \equiv \alpha \ (\mathrm{mod}\ \overline{\overline{M}}^*)} \beta \}_{\alpha \in M^*})^*.$$

On a ainsi une dualité entre $\overline{M}$ et $M/\overline{M}$ (pour un M fixe). Cette dualité est d'ailleurs, par l'intermédiaire des $M_q(K/k)$, en liaison étroite avec la dualité dans les corps kummeriens que M Hasse (11) a déduite de la loi de réciprocité pour le symbôle $\left(\frac{\alpha, \beta}{\mathfrak{p}}\right)$ de Hilbert.

Supposons que $\overline{\overline{M}} \times \overline{M} = \overline{M} \times \overline{\overline{M}}$ (c'est-à-dire $\lambda_{\overline{\overline{M}}}\lambda_{\overline{M}} = \lambda_{\overline{M}}\lambda_{\overline{\overline{M}}}$). Dans ce cas la dualité précédente peut être mise sous la forme plus simple suivante

$$\overline{\overline{M}} = \{ \prod_{\beta \equiv \alpha \ (\mathrm{mod}\ \overline{M})} \beta \}_{\alpha \in M}$$

$$\overline{M} = \{ \prod_{\beta \equiv \alpha \ (\mathrm{mod}\ \overline{\overline{M}})} \beta \}_{\alpha \in M}.$$

C'est d'ailleurs cette forme simple de dualité qui intervient seule dans la dualité de M. Hasse. Il est à remarquer que l'on a $\overline{M} \times \overline{\overline{M}} = \overline{\overline{M}} \times \overline{M}$ dès que λ_M est dans le centre de $W_{b,a}$ (théorème IX de § 4).

Un $W_{a,b}$-module M sera dit *simple* s'il n'a d'autres $W_{a,b}$-sous-modules que lui-même et $\{0\}$. Deux $W_{a,b}$-modules M_1, M_2 étant simples, quelle est la condition auquelle doivent satisfaire λ_{M_1}, λ_{M_2} pour qu'ils soient $W_{a,b}$-isomorphes ? Soit qu'on ait établi un $W_{a,b}$-isomorphisme entre M_1 et M_2, et soit qu'à un $\alpha_1 \neq 0 \in M_1$ correspond dans cet isomorphisme un $\alpha_2 \in M_2$. Manifestement $\lambda\alpha_2 = 0$ $(\lambda \in W_{a,b})$ a lieu si, et seulement si $\lambda\alpha_1 = 0$. En particulier, R_M désignant l'élément du centre de $W_{a,b}$ tel que (R_M) soit l'idéal des tous les $\overline{\lambda}$ du centre telsque $\overline{\lambda}M = 0$, on a $R_{M_1} = R_{M_2}$. Donc λ_{M_1} et λ_{M_2} divisent le même élément premier du centre de $W_{b,a}$ (= centre de $W_{a,b}$).

Inversement, soit que cette condition est satisfaite. On a

$$R_{M_1} = \overleftarrow{\mathfrak{M}}(\{\alpha z_b^i \lambda_{M_1} z_b^{-i} \alpha^{-1}\}_{\alpha \in \Omega'_a},\ i = 0, 1, \dots, n-1) =$$

$$= \overleftarrow{\mathfrak{M}}(\{\lambda_{\alpha z_b^i M_1}\}_{\alpha \in \Omega'_a},\ i = 0, 1, \dots, n-1)$$

(11) Reziprozitätsgesetz. p. 70—72.

où $z^n \lambda_{M_1} z^{-n} = \lambda_{M_1}$. Donc, si $R_{M_1} = \lambda_M$, on a

$$M = \sum_{\substack{\alpha \in \Omega'_a \\ i=0,1,\ldots,n-1}} \alpha z_b^i M_1$$

Or, si $\lambda \in W_{a,b}$, on a $\lambda . \alpha z_b^i = \alpha z_b^i . \lambda (\alpha \in \Omega'_a)$. Donc $\lambda . \alpha z^i_b \alpha_1 = \alpha z^i_b . \lambda \alpha_1$. Par conséquent $\alpha z_b^i M_1$ est $W_{a,b}$-isomorphe à M_1. M_2 étant un sous-$W_{a,b}$-module simple de M, il résulte du théorème de Jordan généralisé que M_2 est $W_{a,b}$-isomorphe à M_1. Donc

M_1 *est* $W_{a,b}$*-isomorphe à* M_2, *si, et seulement si* λ_{M_1} *et* λ_{M_2} *divisent le même élément premier du centre de* $W_{b,a}$.

Les résultats déduits montrent qu'une partie du § 4 pourrait être démontrée par l'application des résultats connues de la théorie de groupes. Ainsi Théorème VII exprime la 2me loi d'isomorphisme pour les $W_{b,a}$-modules, théorème XVI et une partie du théorème XV expriment la loi de Jordan, théorèmes VIII et X en sont des cas particuliers, théorème V, VI, IX deviennent manifestes. Toutefois, nous avons préféré la méthode directe basée sur l'analogie de $W_{a,b}$ à un anneau de polynômes, parce que cette méthode est beaucoup plus puissante, surtout quand il s'agit de rélations entre les $W_{a,b}$ différents (par exemple théorème XI, XII, XIII, XIV, XV du § 4 et théorème VI du § 6).

Soit K/k un corps 𝔓-adique. Une suite des corps $Q_0, Q_1, \ldots, Q_s$ telle que

1°. $k = Q_0 \subset Q_2 \subset \cdots \subset Q_{s-1} \subset Q_s = K$.

2°. Tout Q_i/Q_{i-1} $(i=1, 2, \ldots, s)$ est primitif

s'appelera une *suite génératrice de* K/k. Cette suite s'appellera *régulière*, si elle passe par K_0. Elle s'appellera *normale* si elle passe par tous les K_i, $i = -1, 0, 1, \ldots, m$.

La suite $(Q_s : Q_{s-1}), (Q_{s-1} : Q_{s-2}), \ldots, (Q_1 : Q_0)$ s'appellera la *suite d'indices* de la suite génératrice $Q_0, Q_1, \ldots, Q_s$; s s'appellera sa longueur.

Théorème I. *Toutes les suites génératirces normales de* K *ont la même suite d'indices (à l'ordre près).*

Démonstration : Il suffit de démontrer le théorème en posant $K/k = (K/k)_{-1}$, ou $K/k = (K/k)_0/(K/k)_{-1}$, ou $K/k = (K/k)_1/(K/k)_0$. Les deux premiers cas sont manifestes, parceque alors les indices en quéstion sont des nombres premiers. Dans le troisième cas posons $M_i = M^{(\pi_0)}(Q_s/Q_i)$. Alors $M_0 \supset M_1 \supset \cdots \supset M_s = \{0\}$, les M_i sont tous des $W_{F,\psi}$-modules, et, pour tout $i = 0, 1, 2, \ldots, s-1$, M_i/M_{i+1} est un $W_{F,\psi}$-module simple. Donc, si $M_i/M_{i+1} = M^{(i)}$ et si $\lambda^{(i)} = \lambda_{M^{(i)}}$, $\lambda^{(0)}\lambda' \ldots \lambda^{(s-1)}$ est une décomposition de λ_{M_0} et sa suite d'indices coïncide avec celle de $Q_0, Q_1, \ldots, Q_s$. D'où, en vertu du théorème XV de § 4, il résulte ce théorème.

Conséquence : Toutes les suites génératrices normales de K/k ont la même longueur.

Lemme 1 : M_1 et M_2 étant deux $W_{a,b}$-modules $W_{a,b}$-isomorphes, si l'on les organisé en hypergroupe par la loi de composition

$$\alpha * \beta = \alpha + [\beta]_{a,\delta} ,$$

où δ est tel que b soit la longueur de période de $p \pmod{\delta}$, les deux hypergroupes $M_1^{(\delta)}$ et $M_2^{(\delta)}$ ainsi obtenu sont isomorphes.

Démonstration : Evident.

Lemme 2 : Si M et $\overline{M} \subset M$ sont deux $W_{a,b}$-modules

$$M^{(\delta)} \overrightarrow{/} \overline{M}^{(\delta)} \simeq (M/\overline{M})^{(\delta)}.$$

Démonstration : On a $\alpha * \overline{M}^{(\delta)} * \beta * \overline{M}^{(\delta)} = \alpha + \overline{M}^{(\delta)} + [\beta + \overline{M}^{(\delta)}]_{a,\delta} = \alpha + [\beta]_{a,\delta} + \overline{M}^{(\delta)} + [\overline{M}^{(\delta)}]_{a,\delta} = \alpha + [\beta]_{a,\delta} + \overline{M}^{(\delta)}$. C. q. f. d.

On appellera *suite des hypergroupes* de la suite génératrice de K/k $Q_0, Q_1, \ldots, Q_s$ la suite $G_{Q_1/Q_0}, G_{Q_2/Q_1}, \ldots \ldots, G_{Q_s/Q_{s-1}}$. On a

Théorème II. *Les suites des hypergroupes des toutes les suites génératrices normales de* K/k *sont les mêmes à l'isomorphisme et à l'ordre près.*

Démonstration : On n'a encore qu'à faire la démonstraiion que pour les cas indiqués dans le théorème I. Pour le premier et le second cas le théorème est à peu près evident par suite de l'invariance de la suite d'indices et de ce que $G_{Q_i/Q_{i-1}}$ ne dépend alors, à isomorphisme près, que du $(Q_i : Q_{i-1})$ et du f_K^+. Dans le troisième cas on a, en vertu du lemme 2,

$$G_{Q_i/Q_{i-1}} \simeq G_{Q_s/Q_{i-1}} \overrightarrow{/} G_{Q_s/Q_i} \simeq M_{i-1}^{(\delta)} \overrightarrow{/} M_i^{(\delta)} \simeq (M^{(i-1)})^{(\delta)}$$

et on n'a qu'appliquer le théorème de Jordan (c'est-à-dire théorème XV du § 5) et le lemme 1. C. q. f. d.

On dira qu'une suite génératrice $Q_0, Q_1, \ldots, Q_s$ est *ultra-normale* si, quand $Q_{i_1}/Q_{i_2} = (Q_{i_1}/Q_{i_2})_1 / (Q_{i_1}/Q_{i_2})_0$ et quand $G_{Q_{i_1}/Q_{i_1-1}} \simeq G_{Q_{i_2+1}/Q_{i_2}}$, on a toujours $G_{Q_{i_3}/Q_{i_3-1}} \simeq G_{Q_{i_1}/Q_{i_1-1}}$, pour tout i_3 tel que $i_2 < i_3 \leqq i_1$. Théorème XV du § 4 montre qu'il existent des suites génératrices ultra-normales de K/k quelque soit ce corps, et que, plus généralement, si $Q_{i_q}, Q_{i_q+1}, \ldots, Q_{i_{q+1}-1}$ désignent tous les corps de la suite génératrice comprises entre K_q (inclu) et K_{q+1} (exclu), on peut trouver une suite génératrice telle que $G_{Q_{i_q+1}/Q_{i_q}}, G_{Q_{i_q+2}/Q_{i_q+1}}, \ldots, G_{Q_{i_{q+1}}/Q_{i_{q+1}-1}}$ soit une permutation donnée à l'avance des hypergroupes correspondants d'une autre suite génératrice normale de K/k (à isomorphisme près).

Les théorèmes I et II restent encore vrais pour toutes les suites génératrices régulières de K/k. On démontre ce résultat en se servant du théorème suivant que j'ai énoncé dans ma thèse ([12]). Soit $\lambda_q(K/k) = z_1^{l_{q+1}(K/k)} \lambda_{M_q^{(\pi_0)}(K/k)}$. Soit $\overline{K}/k = K/k$. Soit $\lambda'_q(K/\overline{K}) = \lambda_{\epsilon_q}(K/\overline{K})$ ou $z_1^{l_{\epsilon_q}(K/\overline{K})}$, où dans le premier cas $v_q(K/k) = v_{\epsilon_q}(K/\overline{K})$ et dans le second cas $v_{\epsilon_q-1}(K/\overline{K}) < v_q(K/k) < v_{\epsilon_q}(K/\overline{K})$. Alors, si $\lambda''_q \lambda'_q(K/\overline{K}) = \lambda_q(K/k)$, l'ensemble des $\lambda_q(\overline{K}/k)$ coïncide avec l'ensemble de tous les λ''_q qui ne sont pas puissances de z_1, pris dans le même ordre.

Ce résultat, dont je publierai ailleurs la démonstration, établit une dualité entre $K/\overline{K}$ et $\overline{K}/k$, conséquence de celle qui existe entre les $W_{F,\psi}$-modules.

Les théorèmes I et II ne s'appliquent plus aux suites génératrices non régulières. Par exemple, si K/k est primitif et complètement ramifié de degré puissance de p mais non p, et si K^*/k est son corps de Galois, K^*/k a d'abord une suite génératrice dont les indices sont tous premiers, et, d'autre part, possède encore celle qui passe par K et dont un des indices $(K:k)$ n'est pas premier.

§ 8. — Polygônes de Newton-Puiseux-Ore

Considérons une équation

$$f(x) = \sum_{i=0}^{n} a_i x^i = 0$$

dans un corps 𝔭-adique k à coëfficients entiers et telle que $a_n = 1$. Il

([12]) *Mémoires de l'Acad. de Belgique*, t. XI, fasc. 4.

s'agit de savoir quelles sont les ordres des ses racines en $\mathfrak{p}$ et combien y a-t-il des racines de l'ordre donné?

Cette question, analogue à celle que Puiseux, se servant des parallelogrammes de Newton, resolut pour les fonctions algébriques, a été resolue par M. Ore [13]. J'exposerai dans ce paragraphe, en la simplifiant, la méthode de M. Ore.

Lemme : Soit $f(x) = \sum_{i=0}^{n} a_i x^i = 0$ une équation à coëfficients entiers dans k non tous $\equiv 0 \pmod{\mathfrak{p}}$. Soit m le plus grand entier tel que $a_m \not\equiv 0 \pmod{\mathfrak{p}}$. Alors $f(x)$ a m racines (comptées avec leur degré de multiplicité) entiers.

Démonstration : Soit

$$f(x) = a_n \Pi(x - \alpha_q)\,\Pi(x - \beta_q)$$

où les α_q sont entiers et les β_q ne le sont pas. Soit ρ_q l'ordre de β_q. Pour que les coëfficients de $f(x)$ soient entiers et non tous nuls $(\text{mod } \mathfrak{p})$, il faut et il suffit, d'après un théorème bien connu de Gauss, que l'ordre de a_n soit $-\Sigma\rho_q$. Alors $a_n \Pi\beta_q$ est un entier $A \not\equiv 0 \pmod{\mathfrak{p}}$ et $a_n \Pi(x - \beta_q) \equiv A \pmod{\mathfrak{p}}$. Donc $f(x) \equiv A\Pi(x - \alpha_q) \pmod{\mathfrak{p}}$, d'où le nombre des α_q est m. C. q. f. d.

Prenons un plan des coordonnées xOy. Soit s_i l'ordre de a_i en $\mathfrak{p}$. Marquons sur le plan $n+1$ points

$$A_i = (x = n - i,\ y = s_i) \qquad (i = 0, 1, \ldots \ldots, n).$$

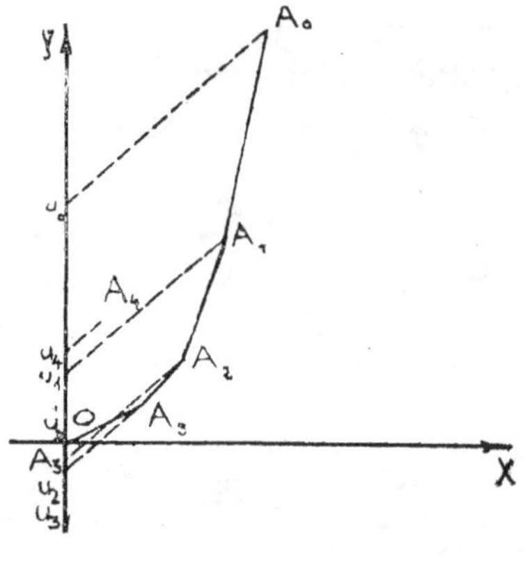

(13) *Acta Mathematica*, 1923, t. 44, p. 218—314.

Construisons une ligne brisée $C = A_n A_{i_1} A_{i_2} \dots A_0$ ayant les propriétés suivantes. 1°. Tous ses sommets sont des points A_i 2° elle est convexe 3° tout point A_i se trouve sur C ou au-dessus de C. Une telle ligne, que nous appellerons le *polygône caractéristique* de $f(x)$, peut être construite, et d'une seule manière : en effet, soit qu'on ait déjà construit μ segments $A_n A_{i_1}$, $A_{i_1} A_{i_2}, \dots, A_{i_{\mu-1}} A_{i_\mu}$ ayant la propriété que 1°. $A_n A_{i_1} \dots \dots A_{i_\mu}$ est convexe. 2°. Tout point A_i se trouve soit au-dessus de la ligne C_μ obtenue de $A_n A_{i_1} \dots A_{i_\mu}$ en prolongeant indéfiniment la demi-droite $A_{i_{\mu-1}} A_{i_\mu}$, soit sur $A_n A_{i_1} \dots A_{i_\mu}$, et soit qu'on ait déjà démontré que toute ligne C ayant les trois propriétés indiquées a ces μ segments comme μ premiers côtés. Si $i_\mu = n$, notre affirmation est démontrée. Sinon, l'angle $UA_{i_\mu}Y$, où $A_{i_\mu}U$ est le prolongement de $A_{i_{\mu-1}} A_{i_\mu}$ et où $A_{i_\mu}Y \parallel Oy$, contient des points A_i. Par conséquent parmi les demi-droites de sommet A_{i_μ} contenus dans cet angle il y a une et une seule $A_{i_\mu}Q$ telle que 1°. il y des points A_i (autres que A_{i_μ}) sur $A_{i_\mu}Q$ 2°. l'angle $UA_{i_\mu}Q$ ne contient aucun A_i. Soit $A_{i_{\mu+1}}$ le point A_i de la plus grande abscisse qui se trouve sur $A_{i_\mu}Q$. Le $\mu+1^{\text{ième}}$ côté d'une ligne C ne peut pas être au-dessous de $A_{i_\mu}Q$, parce que alors son deuxième sommet ne serait pas un point A_i. Il ne peut pas être non plus au-dessus, car alors par exemple le point $A_{i_{\mu+1}}$ serait au dessous de C. Donc la direction du $\mu+1^{\text{ième}}$ côté de C doit coïncider avec $A_{i_\mu} A_{i_{\mu+1}}$. Le deuxième sommet de ce côté doit être $A_{i_{\mu+1}}$, car autrement ou bien il ne serait pas un point A_i, ou bien $A_{i_{\mu+1}}$ serait au-dessous de C.

Enfin la ligne $A_n A_{i_1} \dots A_{i_\mu} A_{i_{\mu+1}}$ est convexe et tous les points A_i se trouvent sur cette ligne ou au-dessous de $C_{\mu+1} = A_n A_{i_1} \dots A_{i_\mu} A_{i_{\mu+1}} Q$ En poursuivant ce raisonnement on démontre l'affirmation.

Ceci posè, soit que $C = A_n A_{i_1} \dots A_{i_{\mu-1}} A_0$ est le polygône caractéristique de $f(x)$. $L_j = A_{i_{j-1}} A_{i_j}$ ($j = 1, 2, \dots, \mu$; $i_0 = 0$, $i_\mu = n$) sera appelé le j-ième côté de C. Désignons par α_j le coëfficient angulaire $\dfrac{s_{i_j} - s_{i_{j-1}}}{i_{j-1} - i_j}$ de L_j. On désignera par l_j la projection $i_{j-1} - i_j$ de L_i sur Ox, et par $s^{(j)}$ la projection $s_{i_j} - s_{i_{j-1}}$ sur Oy.

D'ailleurs les A_{i_j} peuvent être définis par récurrence comme des points A_i tels que

$$\frac{s_i - s_{i_{j+1}}}{i - i_{j+1}} > \frac{s_{i_j} - s_{i_{j+1}}}{i_j - i_{j+1}} \text{ pour tout } i > i_j \text{ et } \geq \frac{s_{i_j} - s_{i_{j+1}}}{i_j - i_{j+1}}$$

$$\text{pour tout } i > i_{j+1},$$

ou aussi comme des A_i tels que

$$\frac{s_i - s_{i_{j-1}}}{|i - i_{j-1}|} > \frac{s_{i_j} - s_{i_{j-1}}}{|i_j - i_{j-1}|} \text{ pour tout } i < i_j \text{ et } \geq \frac{s_{i_j} - s_{i_{j-1}}}{|i_j - i_{j-1}|}$$

$$\text{pour tout } i < i_{j-1},$$

Théorème I. *L'équation* $f(x)=0$ *a* l_j *racines d'ordre* α_j *en* $\mathfrak{p}$ $(j=1, 2, \ldots, \mu)$. *Ces* l_j *racines satisfont à une équation de degré* l_j *dans* k. π_0 *étant un nombre de* k *d'ordre* 1 *en* $\mathfrak{p}$, *les* $\pi_0^{-\alpha_j}\beta$, *où les* β *sont les racines en question, satisfont à l'équation de degré* l_j *congrue* $(mod\ \mathfrak{p})$ *à*

$$\sum \frac{a_i}{\pi_0^s} x^{i-i_j}$$

la somme étant étendue sur tous les i *tels que* A_i est sur L_j.

Démonstration : Les β étant les racines de $f(x)=0$,

$$f(\pi_0^{\alpha_j} x)=0$$

a pour racines les $\pi^{-\alpha_j}\beta$. Le nombre des β d'ordre α_j en $\mathfrak{p}$, est égal au nombre de racines d'ordre 0 de $f(\pi_0^{\alpha_j} x)=0$. Or

$$f(\pi_0^{\alpha_j} x)=\sum_{i=0}^{n} a_i \pi_0^{i\alpha_j} x^i .$$

$a_i\pi_0^{i\alpha_j}$ est d'ordre $s_i+i\alpha_j$ en $\mathfrak{p}$. Cet ordre diffère par une constante $n\alpha_j$ de l'ordonnée $u_j=s_j-(n-i)\alpha_j$ de l'intersection de la droite parrallèle à L_j qui passe par A_i avec Oy. Par conséquent cet ordre est égal par exemple à $s_{i_j}+i_j\alpha_{i_j}$ quand A_i est sur L_i, et est plus grand quand A_i n'est pas sur L_j. Donc l'équation auquelle satisfont les $\pi_0^{-\alpha_j}\beta$ entiers est, d'après la lemme, de degré i_{j-1} $\left(\text{car } \dfrac{f(\pi^{\alpha_j} x)}{\pi^{s_{i_j}+\alpha_j i_j}}\right.$ est à coëfficients entiers et $a_{i_{j-1}}$ est le dernier coëfficient $\not\equiv 0 \pmod{\mathfrak{p}}\Big)$ et i_j premiers coëfficient sont $\equiv 0 \pmod{\mathfrak{p}}$. Donc parmi les i_{j-1} nombres $\pi^{-\alpha_j}\beta$ entiers il y a i_j d'ordre positif, donc $i_{j-1}-i_j=l_j$ d'ordre 0. Donc il y a l_j racines de $f(x)$ d'ordre α_j. Comme $\sum_{j=1}^{\mu} l_j=n$, les α_j sont les seuls ordres possibles de racines. Comme le conjugué de l'idéal premier d'un corps local est égal a cet idéal, le conjugué d'un nombre doit être du même ordre que ce nombre. Donc les β d'ordre α_j forment l'ensemble des racines d'un facteur $f_j(x)$ de degré l_j de $f(x)$ dans k.

D'après la démonstration du lemme on voit qu'on peut poser

$$\pi_0^{-s_{i_j}-\alpha_j i_j} f_j(\pi_0^{-\alpha_j} x)\equiv \sum_{=i_j}^{i_{j-1}} \pi_0^{-s_{i_j}-\alpha_j i_j} a_i x^{i-i_j} \pmod{\mathfrak{p}}.$$

Or $\pi_0^{-s_{i_j}-\alpha_j i_j} a_i \equiv 0 \pmod{\mathfrak{p}}$ si A_i n'est pas sur L_j, et est égal à $\frac{a_i}{\pi_0^{s_i}}$ si A_i est sur L_j, et tout et prouvé.

Définition 1 : On dira que le terme $a_i x^i$ de $f(x)$ est *prepondérant* pour $x=x_0$, si l'ordre de $a_i x_0^i$ est plus grand que celui de tout autre $a_{i'} x_0^{i'}$, $i' \neq i$. Plus généralement, on dira que la somme $\sum_{i \in I} a_i x^i$ d'un certain ensemble des termes de $f(x)$ est *propondérante* pour $x=x_0$, si : 1° $a_i x_0^i$ pour tout $i \in I$ à un même ordre ; 2° $\sum_{i \in I} a_i x_0^i$ a encore le même ordre ; 3° $a_i x_0^i$ a un ordre plus grand que le précédent, quand i non $\in I$.

Théorème II. *Si l'ordre de x_0 en $\mathfrak{p}$ est compris à l'intérieur du segment (α_j, α_{j+1}) (on posé $\alpha_0 = 0$, $\alpha_{\mu+1} = \infty$) le terme prépondérant est $a_{i_j} x^{i_j}$. Si l'ordre de x_0 est α_j, la somme $\sum_{A_i \in L_j} a_i x^i$ est prépondérante, quand*

$$\sum_{A_i \in L} \frac{a_i}{\pi_0^{s_i}} \left(\frac{x_0}{\pi_0^{\alpha_j}} \right)^i \text{ est d'ordre } 0.$$

Démonstration : ρ étant l'ordre de x_0, l'ordre de $a_i x_0^i$ est $s_i + i\rho = s_i - (n-i)\rho + \rho n = u_i(\rho) - \rho n$, où $u_i(\rho)$ est l'ordonnée de l'intersection avec Oy de la droite de coëfficient angulaire ρ qui passe par A_i. Si $\alpha_j < \rho < \alpha_{j+1}$, le polygône caractéristique C de $f(x)$ se trouve tout entier au-dessus de la droite de coëfficient angulaire ρ qui passe par le deuxième sommet A_{i_j} de L_j. Donc $u_{i_j}(\rho)$ est moindre que tout autre $u_i(\rho)$, et la première partie du théorème est prouvée. Si $\rho = \alpha_j$, toutes les parties de C autres que L_j se trouvent au-dessus de L_j, donc les $u_i(\rho)$ sont égaux entre eux quand A_i est sur L_j et sont moindres que tous les $u_i(\rho)$ des A_i qui ne sont pas sur L_j. Pour que $\sum_{A_i \in L_j} a_i x^i$ soit prépondérante, il faut et il suffit que cette expresion ait pour $x = x_0$ le même ordre que par exemple $a_{i_j} x_0^{i_j}$, c'est-à-dire l'ordre $s_{i_j} + \alpha_j i_j$ en $\mathfrak{p}$. Cette condition peut se formuler ainsi : $\pi_0^{-s_{i_j}-\alpha_j i_j} \sum_{A_i \in L_j} a_i x_0^i$ est d'ordre 0. Or, si $A_i \in L_j$, on a $s_i + \alpha_j i = s_{i_j} + \alpha_j i_j$, d'où, l'expression écrite est

$$\sum_{A_i \in L_j} \pi_0^{-s_i - \alpha_j i} a_i x_0^i = \sum_{A_i \in L} \frac{a_i}{\pi_0^{s_i}} \left(\frac{x_0}{\pi_0^{\alpha_j}} \right)^i ,$$

et tout est prouvé.

§ 9. — Equations d'Eise s ein. Condition de primitivité

Dans les paragraphes 1—7 on a étudié les propriétés des corps $\mathfrak{P}$-adiques d'une manière abstraite, en se servant des propriétés des hypergroupes de la suite caractéristique, et, en particulier, on a trouvé les conditions nécessaires et suffisantes de primitivité d'un tel corps K/k en supposant connu le module $M^{(\pi_0)}$ et, bien entendu, f_0 et les v_q. Mais, en réalité, on définit un corps K/k en donnant l'équation irréductible dans k à laquelle satisfait un élément primitif de K. Par conséquent, il est intéressant de pouvoir former directement à partir d'une telle équation, tout au moins quand cette équation satisfait aux certaines conditions qui ne soient pas trop restrictives, des objets caractérisant K/k dont il s'agissait au §§ 2 -7 et de pouvoir ainsi répondre directement à la quéstion: ,une équation irréductible dans k est-elle primitive? Il se trouve d'ailleurs qu'on peut démontrer ainsi independemment de toute considération de la théorie des groupes ou des hypergroupes un certain nombre des propriétés démontrées au § 2. Même, comme on verra, on peut démontrer directement un théorème que jusqu'à présent on n'a pu démontrer qu'en le réduisant au cas des corps cycliques relatifs.

Je me borne dans ce travail uniquement aux équations dans k

$$(1) \qquad f(x) = x^n + a_1 x^{n-1} + \cdots \quad \cdots + a_n = 0$$

qui sont du type d'Eisenstein, c'est-à-dire telles que $a_1 \equiv a_2 \equiv \ldots \equiv a_n \equiv 0 \pmod{\mathfrak{p}}$ et $a_n \not\equiv 0 \pmod{\mathfrak{p}^2}$. D'ailleurs, pour la question de primitivité l'étude des ces équations suffit largement: on a vu, en effet, que si un corps K/k ($\mathfrak{P}$-adique) est primitif, ou bien $(K:k)$ est premier, ou bien K/k est, en particulier, complètement ramifié. Dans ce dernier cas un élément π de K d'ordre 1 en $\mathfrak{P}$ satisfait à une équation d'Eisenstein dans k.

Considérons donc une équation dans k

$$f(x) = \sum_{i=1}^{n} a_i x^{n-i} = 0 \qquad (\text{avec } a_0 = 1)$$

du type d'Eisenstein. Soit π une des racines de cette équation. Posons $K = k(\pi)$. L'idéal premier de K est $\mathfrak{P} = (\pi) = \mathfrak{p}^{\frac{1}{n}}$. Posons $n = hp^r$, avec $(h, p) = 1$. L'ordre en $\mathfrak{P}$ d'un élément x d'un surcorps algébrique de K sera noté $\omega(x)$. On posera $\omega(p) = E = e_0 h p^r$. On écrira $\omega(a_i) = t_i$.

Ceci posé, considérons l'équation dans K

$$\Phi(y) = f(\pi y + \pi) = 0 \tag{2}$$

dont les racines sont les $\frac{\sigma\pi - \pi}{\pi}$, où σ parcourt $G_{K/k}$. D'après la définition même des nombres de ramification et des fonctions $\beta_q(\sigma)$, il est évident que $\Phi(y)$ a $n_q - n_{q+1}$ racines d'ordre $v_q(K/k)$ et que $M_q(K/k)$ est l'ensemble des racines de la congruence qu'on obtient en égalant 0 (mod $\mathfrak{P}$) le polynôme dans K dont les quotients de ces $n_q - n_{q+1}$ racines par π^{v_q} sont des zéros (ce polynome existe en vertu du § 8).

Donc, pour calculer les $v_q(K/k)$ et les $M_q(K/k)$ il suffit de former le polygône caractéristique de $\Phi(y)$ [13] et de décomposer $\Phi(y)$ en facteurs correspondants aux côtés de ce polygône, qui sera appelé le *polygône de ramification* de K/k [14]. En effet, le coefficient angulaire α_j du côté L_j de ce polygône est, d'après le § 8, égal à $v_{j-1}(K/k)$ si $\alpha_1 > 0$, et à $v_{j-2}(K/k)$ si $\alpha_1 = 0$, et, $\Phi_j(y)$ étant le facteur de $\Phi(y)$ correspondant à L_j, la congruence

$$\pi^{-s_{ii} - \alpha_j i_j} \Phi_j(\pi^{\alpha_j} y) \equiv 0 \pmod{\mathfrak{P}} \tag{3}$$ [14]

a l'ensemble des racines distinctes égal à $M_{j-1}(K/k)$ ou à $M_{j-2}(K/k)$ resp. Le polygône de ramification a des propriétés très remarquables, que les polygônes caractéristiques généraux n'ont pas. C'était d'ailleurs à prevoir d'après les § 1—7, car les n_q sont puissances de p, si $q \geq 0$, es v ont leur dénominateur premier à p, les $M_q(K/k)$ sont des Ω_{ψ_q}-modules, où ψ_q est la longueur de la période de p (mod δ_q), admettant z_{f_0} comme opérateur etc... Toutes ces propriétés doivent apparaître dans la structure du polygône de ramification de K/k et des congruences (3).

Nous allons étudier dans ce paragraphe quelles sont ces propriétés, et nous ferons cette étude directement, sans faire appel aux résultats et méthodes des §§ 1—7. Ainsi nous redémontrerons d'une autre manière un certain nombre de ces résultats, ainsi que démontrerons certains autres résultats dont il n'y était pas question.

On a

$$\Phi(y) = f(\pi y + \pi) = f(\pi) + \frac{f'(\pi)}{1!}\pi y + \frac{f''(\pi)}{2!}\pi^2 y^2 + \cdots + \frac{f^{(n)}(\pi)}{n!}\pi^n y^n.$$ [15]

---

[13] Multiplié par une puissance convenable de π de manière à rendre son coëfficient de la plus grande puissance de $y \not\equiv 0 \pmod{\mathfrak{P}}$.

[14] Il et visible que le polygône de ramification de K/k, ainsi que, dans une certaine mésure, la congruence écrite plus bas, ne dépendent pas du choix de l'équation d'Eisenstein qui définit K/k.

[15] Les polynômes de la forme légèrement différente ont été déjà employés par M. Hensel, mais pour des buts totalement différents. D'ailleurs, les équations $f(x) = 0$ à partir desquelles M. Hensel les formait ne pouvaient jamais être de type d'Eisenstein.

Posant

$$b_i = \frac{f^{(i)}(\pi)}{i!}\pi^i$$

on a

$$\Phi(y) = \sum_{i=0}^{n} b_i y^i .$$

On a

$$b_i = \sum_{x=1}^{n} \frac{x(x-1)\ldots(x-i+1)}{1.2\ldots\quad i} a_{n-x}\pi^x, \text{ si } i > 0, \text{ et } b_0 = f(\pi) = 0.$$

Posons

$$\theta_{i,x} = \omega\left(\frac{x(x-1)\ldots(x-i+1)}{1.2\ldots\quad i}\pi^x\right).$$

Théorème I. $\omega(b_i) = \underset{x=1,\ldots,n}{\text{Min}} [\theta_{i,x} + t_{n-x}]$ $(i > 0)$, *et* $\omega(b_0) = +\infty$.

DÉMONSTRATION : $\dfrac{x(x-1)\ldots(x-i+1)}{1.2\ldots\quad i} a_{n-x}$ est un nombre de k. Donc son ordre en $\mathfrak{P}$ est multiple de celui de $\mathfrak{p}$, c'est-à-dire de n. Donc $\omega\left(\dfrac{x(x-1)\ldots(x-i+1)}{1,2\ldots\quad i} a_{n-x}\pi^x\right) = \theta_{i,x} + t_{n-x} \equiv x \pmod{n}$. Comme tous les x sont incongrûs mod n (car ils sont tous > 0 et $\leq n$), tous les $\dfrac{x(x-1)\ldots(x-i+1)}{1,2\ldots\quad i} a_{n-x}\pi^x$ $(x = 1, 2, \ldots, n)$ ont des ordres différents, et leur somme b_i a l'ordre égal au minimum de leurs ordres. C. q. f. d.

Théorème II. 1°. *Si* $p^u < i < p^{u+1}$ $(u < r)$, on a

$$\omega(b_i) \geq \omega(b_{p^u}).$$

2°. $\omega(b_{p^r}) = \omega(b_n) = n$ et, pour tout i, $\omega(b_i) \geq n$.

DÉMONSTRATION : 1°. On a $\theta_{i,x} - \theta_{p^u,x} = \omega\left(\dfrac{(x-p^u)(x-p^u-1)\ldots(x-i+1)}{(p^u+1)(p^u+2)\ldots\quad i}\right)$.

Le numérateur de $\prod_{j=p^u+1}^{i}\left(\dfrac{x-j+1}{j}\right)$ est le produit des $i-p^u$ entiers consécutifs. Donc, parmi ces entiers il y a au moins $E\dfrac{i-p^u}{p}$ (16) divisibles par p dont au moins $E\dfrac{i-p^u}{p^2}$ divisibles par p^2, dont ... ... dont au moins $E\dfrac{i-p^u}{p^l}$ divisibles par $p^l (l < u)$, ..., dont au moins $E\dfrac{i-p^u}{p^u}$ divisibles par

(16) Au cours de la démonstration de ce théorème Ea désigne la partie entière d'un nombre a (et non le produit de a par l'ordre absolu E de $\mathfrak{P}$).

p^u. Or $(p^u+1)\dots\dots i$ a juste $E\frac{i-p^u}{p}$ facteurs divisibles par p, dont $E\frac{i-p^u}{p^2}$ divisibles par p, ..., dont $E\frac{i-p^u}{p^u}$ divisibles par p^u et, puisque $i < p^{u+1}$, aucun divisible par p^{u+1}. Donc $\prod_{j=p^u+1}^{i}\left(\frac{x-j+1}{j}\right)$ est entier et $\theta_{i,x} \geq \theta_{p^u,x}$ pour tout $x = 1, 2, \dots, n$. Donc $\omega(b_i) = \text{Min}\,[\theta_{i,x}+t_{n-x}] \geq \text{Min}\,[\theta_{p^u,x}+t_{n-x}] = \omega(b_{p^u})$.

2°. On a $\theta_{n,x} = +\infty$ si $x < n$ et $\theta_{n,n} = \omega\left(\frac{n!}{n!}\pi^n\right) = n$. D'autre part $t_{n-n} = t_0 = \omega(1) = 0$. Donc $\omega(b_n) = \text{Min}\,[\theta_{n,x}+t_{n-x}] = \text{Min}\,[n, +\infty] = n$. D'autre part $\theta_{p^r,n} = \omega\left(\frac{hp^r(hp^r-1)\dots(hp^r-p^r+1)}{1\ 2\ \dots\ p^r}\pi^n\right) = n$ et $\theta_{p^r,x} = \omega\left(\frac{x(x-1)\dots(x-p^r+1)}{1\cdot 2\ \dots\ p^r}\pi^x\right) > 0$, et $t_{n-x} = \omega(a_{n-x}) \geq \omega(\mathfrak{p}) = n$ pour tout $x < n$; donc $\omega(b_{p^r}) = \text{Min}\,[n, \theta_{p^r,x}+t_{n-x}]_{x=1,2,\dots,n-1} = n$.

Enfin, si i est quelconque, on a toujours $\theta_{i,x} > 0$ et $\theta_{i,n} \geq n$. Comme $t_0 = 0$ et t_{n-x}, $x \neq n$, est $\geq n$, on a pour tout i et tout x $\theta_{i,x}+t_{n-x} \geq n$, donc $\omega(b_i) \geq n$.

Posons

$$\omega_u = \omega(b_{p^u}).$$

Définissons par récurrence la suite des nombres $w_r, w_{r-1}, \dots, w_0$ de la manière suivante : 1°. $w_r = \underset{0<x\leq n}{\text{Min}}\,[\theta_{0,x}+t_{n-x}]$. 2°. $w_r, w_{r-1}, \dots, w_{u+1}$ étant définis, $w_u = \underset{\substack{x \not\equiv 0 (\text{mod}\, p^{u+1})\\ 0<x\leq n}}{\text{Min}}\,[w_{u+1}+E,\ \theta_{0,x}+t_{n-x}]$.

Théorème III. *Si* $w_u \neq w_{u-1}$, $w_u = \omega_u$. *Si* $w_u = w_{u-1}$, $w_u \leq \omega_u$.

DÉMONSTRATION : On a

$$\omega_u = \text{Min}\,[\theta_{p^u,x}+t_{n-x}] = \text{Min}\left[\omega\left(\frac{x!}{p^u!\,(x-p^u)!}\right)+\theta_{0,x}+t_{n-x}\right].$$

Or, quelque soit l'entier x, $\frac{x!}{p^u!\,(x-p^u)!}$ est entier. Et si la contribution de p en x est $u+s$ avec $s \geq 0$, p entre dans $\frac{x!}{p^u!\,(x-p^u)!}$ avec l'exposant s, c'est-à-dire $\omega\left(\frac{x!}{p^u!\,(x-p^u)!}\right) = sE$. Donc

$$\omega_u \geq \text{Min}\Big[\underset{x \not\equiv 0\,(\text{mod}\,p^u)}{\text{Min}}[\theta_{0,x}+t_{n-x}],\ \underset{\substack{0\leq s<r-u\,;\,x\equiv 0\,(\text{mod}\,p^{u+s})\\ x\not\equiv 0\,(\text{mod}\,p^{u+s+1})}}{\text{Min}}\big[\text{Min}[\theta_{0,x}+t_{n-x}]+sE\big],\ \underset{x\equiv 0\,(\text{mod}\,p^r)}{\text{Min}}[\theta_{0,x}+t_{n-x}]+(r-u)E\Big]$$

$$\geq \text{Min}\,[w_{u-1},\ \underset{0\leq s\leq r-u}{\text{Min}}\,[w_{u+s}+sE]] \geq w_u$$

parce que $w_{u-1} \geq w_u$ et $w_{u+s} + s\mathrm{E} \geq w_u$ par définition.

D'autre part, on a $\underset{x \equiv 0 \pmod{p^r}}{\mathrm{Min}} [\theta_{0,x} + t_{n-x}] = n = \theta_{0,n} + t_0$, c'est-à-dire est atteint pour un $x \equiv\!\!|\!\!\equiv 0 \pmod{p^{r+1}}$.

Donc $\underset{x \equiv 0 \pmod{p^r}}{\mathrm{Min}} \left[\omega\left(\frac{x\,!}{p^u\,!\,(x-p^u)\,!}\right) + \theta_{0,x} + t_{n-x}\right] = \underset{x \equiv 0 \pmod{p^r}}{\mathrm{Min}} [\theta_{0,x} + t_{n-x}] + (r-u)\mathrm{E}$.

Donc $\omega_u \leq \mathrm{Min}\,[\underset{0 \leq s < r-u}{\mathrm{Min}}\,[\underset{\substack{x \equiv 0 \pmod{p^{u+s}} \\ x \equiv\!|\!\equiv 0 \pmod{p^{u+s+1}}}}{\mathrm{Min}} [\theta_{0,x} + t_{n-x}] + s\mathrm{E}], \underset{x \equiv 0 \pmod{p^r}}{\mathrm{Min}} [\theta_{0,x} + t_{n-x}] + (r-u)\,\mathrm{E}]$.

Posons

$$w'_{u+s} = \underset{\substack{x \equiv 0 \pmod{p^{u+s}} \\ x \equiv\!|\!\equiv 0 \pmod{p^{u+s+1}}}}{\mathrm{Min}} [\theta_{0,x} + t_{n-x}]\,;\quad w'_r = \underset{x \equiv 0 \pmod{p^r}}{\mathrm{Min}} [\theta_{0,x} + t_{n-x}]$$

On a, si $w_u \neq w_{u-1}$,

$w_u = \mathrm{Min}\,[w'_u, w_{u+1} + \mathrm{E}]$; $w_{u+1} = \mathrm{Min}\,[w'_u, w'_{u+1}, w_{u+2} + \mathrm{E}]$; ... ...; $w_{u+s} = \mathrm{Min}\,[w'_u, w'_{u+1}, \ldots, w'_{u+s}, w_{u+s+1} + \mathrm{E}]$; ... ; $w_r = w'_r$.

Donc $\qquad w_u = \underset{0 \leq s \leq r-u}{\mathrm{Min}} [w'_{u+s} + s\mathrm{E}] \geq \omega_u$

comme, d'autre part, $w_u \leq \omega_u$, on a, si $w_u \neq w_{u-1}$, $w_u = \omega_u$ c. q. f. d.

Désignons par

$$w_{i_0} = w_r,\ w_{i_1}, \ldots, w_{i_s} = w_0$$

ceux des $w_r, w_{r-1}, \ldots, w_0$, écrites dans l'ordre des grandeurs croissantes, qui satisfont à la condition

$$w_i \neq w_{i-1}$$

si $i = i_q$, on a $\omega_i = w_i$; si, $i_{q-1} > i > i_q$, on a $\omega_i \geq w_i = w_{i_q}$. Et on a

$$w_{i_q} - w_{i_{q-1}} = w_{i_{q-1}-1} - w_{i_{q-1}} \leq \mathrm{E}.$$

D'ailleurs, si $w_{i_q} - w_{i_{q-1}} \neq \mathrm{E}$, l'ordre de w_{i_q} en p est i_q. En effet, alors $w_{i_q} = \underset{x \equiv\!|\!\equiv 0 \,(p^{u+1})}{\mathrm{Min}} [\theta_{0,x} + t_{n-x}]$ et ce minimum est atteint, puisque $w_{i_q} \neq w_{i_q-1}$, pour un $x \equiv 0 \pmod{p^u}$. Or $\theta_{0,x} + t_{n-x} \equiv \theta_{0,x} \equiv x \pmod{n}$, ce qui prouve l'affirmation.

Considérons le polynôme $\pi^{-n}\Phi(y)$. Le polygône de ramification R est son polygone caractéristique. On a

Théorème IV. *Les sommets du polygône* R *autres que* $(0, 0)$ *et* $(n, +\infty)$ *se trouvent compris parmi les points* $(n - p^{i_{q'}}, w_{i_{q'}} - n)$. *Ils peuvent être déterminés par la régle de récurrence suivante: un sommet* $\mathrm{P} = (n - p^{i_q}, w_{i_q} - n)$ *étant trouvé, le sommet le plus proche à droite* $\mathrm{P}' = (n - p^{i_{q'}}, w_{i_{q'}} - n)$ *est tel que* q' *est le plus grand nombre satisfaisant à l'égalité*

$$\frac{w_{i_{q'}} - w_{i_q}}{p^{i_q} - p^{i_{q'}}} = \underset{t > q}{\mathrm{Min}} \left[\frac{w_{i_t} - w_{i_q}}{p^{i_q} - p^{i_t}}\right].$$

DÉMONSTRATION : R est le polygône convexe reliant $(0, \omega(b_n) - n) = (0, 0)$ à $(n, \omega(b_0)) = (n, +\infty)$, ayant pour sommets certains de points $(n - i, \omega(b_i) - n)$ et tel que tous les $(n - i, \omega(b_i) - n)$ se trouvent sur ou au-dessus de son contour. Ceci montre, tout d'abord, que $(n - i, \omega(b_i) - n)$ ne peut être un sommet du polygône que si $i = p^j$, $\leq r$. En effet, tout d'abord $(n - p^r, \omega(b_{p^r}) - n) = (n - p^r, \omega_{p^r} - n) = (n - p^r, 0)$, donc, si un $(n - i, \omega(b_i) - n)$, $i > p^r$, est un sommet de R, $(n - p^r, \omega(b_{p^r}) - n)$ est au-dessous de R. Si un $(n - i, \omega(b_i) - n)$, $p^j < i < p^{j+1} \leq p^r$ est un sommet de R, on a, puisque $\omega(b_{p^j}) \leq \omega(b_i)$, que $(n - p^j, \omega(b_{p^j}) - n)$ se trouve au dessous ou sur la demi-droite parallèle à Ox qui passe par un sommet de R, donc est au-dessous de R.

Donc, les sommets de R autres que $(0, 0)$ et $(n, +\infty)$ sont parmi les points $(n - p^i, \omega_i - n)$ $(i = r, r-1, \ldots, 0)$. D'ailleurs, $(n - p^r, 0)$ est sûrement un sommet de R En effet, si $0 < i < p^r$, on a

$$\theta_{i,n} > n \left(\text{car } \frac{hp^r.(hp^r - 1) \ldots (hp^r - i + 1)}{1.\ 2 \ldots\ i} \text{ se divisise par } p \right),$$

donc $\theta_{i,n} + t_0 > n$; et, d'autre part, puisque par tout $x > 0$ on a $\theta_{i,n} \geq x > 0$ et, si $x \neq n$, $t_{n-x} \geq n$, on a pour tout $x > 0$

$$\theta_{i,x} + t_{n-x} > n ;$$

donc

$$\omega(b_i) - n > 0,$$

et $(n - p^r, 0)$ est le point $(n - i, \omega(b_i) - n)$ de l'axe Ox ayant la plus grande abccisse. Supposons que $(n - p^i, \omega_i - n)$ soit un sommet de R

Je dis que i doit se trouver parmi les i_q. Supposons, en effet, que $i_q < i < i_{q-1}$. Alors $\omega_{i_q} = w_{i_q} = w_i \leq \omega_i$. Donc le point $(n - p^{i_q}, \omega_{i_q} - n)$ se trouve sur au au-dessous de la demi-droite parallèle à Ox qui passe par un sommet de R, donc au-dessous de R, ce qui est absurde.

Mais $\omega_{i_q} = w_{i_q}$. Envisageons le polygône convexe R′ réliant $(0, 0)$ à $(n, +\infty)$, ayant pour sommets certains des points $(n - p^{i_q}, w_{i_q} - n)$, et tel que tous ces points se trouvent sur ou au-dessus de R′. D'après le § 8 il n'existe qu'un seul polygône possédant ces propriétés. Comme R les possède, on doit avoir R′ = R.

Le reste du théorème transcrit la méthode de construction de R′ donnée au § 8. C. q. f. d.

Posons $P_i = (n - p^i, w_i - n)$ $(i = 0, 1, \ldots, r)$. Soient

$$j_0 = r, j_1, \ldots, \ldots, j_m = 1$$

les i écrits dans l'ordre des grandeurs décroissantes tels que P_i soit un sommet de R, et soient

$$j_q = i_0^{(q)}, i_1^{(q)}, \ldots, i_{s_q}^{(q)} = j_{q+1}$$

tous les i tels que P_i se trouve sur le côté $P_{j_q} P_{j_{q+1}}$ de R. Soit $\beta_i^{p^{j_{q+1}}} = \frac{b_{p^i}}{\pi^{\omega_i}}$ (donc β_i, en vertu du théorème 1 de ce §, est congru mod $\mathfrak{P}$ à un nombre de k d'ordre 0). Alors on a

Théorème V. $v_q(K/k) = \frac{w_{j_{q+1}} - w_{j_q}}{p^{j_q} - p^{j_{q+1}}}$, $n_q(K/k) = p^{j_q}$ *et* $M_q(K/k)$ *est l'ensemble des racines de la congruence* $(q > 0)$

$$\sum_{t=0}^{s_q} \beta_{i_t^{(q)}} \xi^{p^{i_t^{(q)} - j_{q+1}}} \equiv 0 \pmod{\mathfrak{p}}.$$

Démonstration : En effet, le côté $(0, 0) P_{r}$ a le coëfficient angulaire nul, donc l'ordre des $n - p^r$ racines qui lui correspondent est 0. Donc les coëfficients angulaires des autres côtés sont positifs, et les nombres de ramification de K/k positifs coïncident avec ces coëfficients angulaires. Donc $v_q(K/k)$ $(q > 0)$ est le coëfficient angulaire de $P_{j_q} P_{j_{q+1}}$ c'est-à-dire $\frac{w_{j_{q+1}} - w_{j_q}}{(n - p^{j_{q+1}}) - (n - p^{j_q})} = \frac{w_{j_{q+1}} - w_{j_q}}{p^{j_q} - p^{j_{q+1}}}$, et il y a $p^{j_q} - p^{j_{q+1}}$ racines de $\Phi(y)$ d'ordre $v_q(K/k)$, c'est-à-dire $\sum_{s=q}^{m-1} p^{j_s} - p^{j_{s+1}}$ d'ordre fini $\geq v_q(K/k)$ et $1 = p^{j_m}$ d'ordre $+\infty$. C'est-à-dire il y a p^{j_q} des $\sigma \in G_{K/k}$ tels que $v(\sigma) \geq v_q(K/k)$, donc $n_q(K/k) = p^{j_q}$.

Enfin les $\beta_q(\sigma)$, $\sigma \in V_{K/k}^{(q)}$, sont les distincts parmi les classes (mod $\mathfrak{P}^*$) contenant $\frac{\sigma\pi - \pi}{\pi\pi^{v_q(K/k)}}$. Mais, d'après le § 8, les $\frac{\sigma\pi - \pi}{\pi\pi^{v_q(K/k)}}$ satisfont à l'équation congrue (mod $\mathfrak{P}$) à

$$\sum_{t=0}^{s_q} \beta_{i_t^{(q)}}^{p^{j_{q+1}}} \xi^{i_t^{(q)}} \equiv 0 \qquad (\mathrm{mod}\ \mathfrak{p}),$$

c'est-à-dire

$$\left(\sum_{t=0}^{s_q} \beta_{i_t^{(q)}} \xi^{p^{i_t^{(q)} - j_{q+1}}} \right)^{p^{j_{q+}}} \equiv 0 \qquad (\mathrm{mod}\ \mathfrak{p}).$$

Comme $\beta_{i_{s_q}^{(q)}} = \beta_{j_{q+1}} \not\equiv 0 \pmod{p}$, d'après le § 6 les racines de la congruence

$$\sum_{t=0}^{s_q} \beta_{i_t^{(q)}} \xi^{p^{i_t^{(q)} - j_{q+1}}} \equiv 0 \qquad (\mathrm{mod}\ \mathfrak{p})$$

sont simples. et comme ce sont les seules distinctes parmi les racines de

$$\sum_{t=0}^{s_q} \beta^{p^{j_{q+1}}}_{i_t^{(q)}} \xi^{i_t^{(q)}} \equiv 0 \qquad (\text{mod } \mathfrak{p}),$$

tout est prouvé.

Conséquence : Si $\bar{s}_q$ est le nombre supplémentaire de K/K_q, on a $w_{j_q} - n = \bar{s}_{-1} - \bar{s}_q$. En effet on a

$$w_{j_q} = n + \sum_{i=0}^{q-1} (w_{j_{i+1}} - w_{j_i}) = n + \sum_{i=0}^{q-1} \frac{w_{j_{i+1}} - w_{j_i}}{p^{j_i} - p^{j_{i+1}}} (p^{j_i} - p^{j_{i+1}}) =$$

$$= n + \sum_{i=0}^{q-1} v_i(n_i - n_{i+1}) = n + \sum_{i=0}^{m-1} v_i(n_i - n_{i+1}) - \sum_{i=q}^{m-1} v_i(n_i - n_{i+1}) = n + \bar{s}_{-1} - \bar{s}_q.$$

C. q. f. d.

Les théorèmes précédentes donnent le moyen de calculer les $v_q(K/k)$, les $n_q(K/k)$, et les $M_q(K/k)$ d'un corps défini par une équation d'Eisenstein. Nous allons maintenant redémontrer quelques résultats du § 2, en supposant démontrée l'existence du corps d'inertie de K/k (ce qui peut se faire sans recourrir à la théorie des groupes ou hypergroupes. Voir les travaux de Hensel).

1⁰. *$n_0(K/k)$ est la contribution de p dans e ; tous les $n_q(K/k)$, $q > 0$, sont puissances de p.*

En effet, $e = hp^r$, $n_0(K/k) = p^r$, $n_q(K/k) = p^{j_q}$.

2⁰. *$v_q(K/k)$ a le dénominateur δ_q premier a p.*

En effet $v_q(K/k) = \dfrac{w_{j_{q+1}} - w_{j_q}}{p^{j_q} - p^{j_{q+1}}} = \dfrac{w_{j_{q+1}} - w_{j_q}}{p^{j_{q+1}}(p^{j_q - j_{q+1}} - 1)}$.

Or $w_{j_{q+1}} \neq w_{j_{q+1}-1}$ et $w_{j_q} \neq w_{j_q - 1}$ (car j_q et j_{q+1} sont parmi les i_q). Par conséquent, $w_{j_q} \equiv 0 \ (\text{mod } p^{j_q})$, $w_{j_{q+1}} \equiv 0 \ (\text{mod } p^{j_{q+1}})$. Donc $w_{j_{q+1}} - w_{j_q} \equiv 0 \ (\text{mod } p^{j_{q+1}})$, et δ_q est diviseur de $p^{j_q - j_{q+1}} - 1 \equiv -1 \not\equiv 0$ (mod p).

3⁰. *ψ_q étant la longueur de la période de p* (mod δ_q), *$M_q(K/k)$ est un Ω_{ψ_q}-module admettant z_{f_0} comme opérateur* (f_0 — le degré absolu de $\mathfrak{p}$ dans k).

En effet, en posant

$$\lambda_q(z_1) = \sum_{t=0}^{s_q} \bar{\beta}_{i_t^{(q)}} z_1^{i_t^{(q)} - j_{q+1}},$$

où $\bar{\beta}$ est la classe (mod $\mathfrak{P}^*$) auquelle appartient β, on voit que $M_q(K/k)$

est l'ensemble des zéros de $\lambda_q(z_1)(\xi)$. Donc, d'abord, $M_q(K/k)$ est un module, ensuite, puisque les $\bar{\beta}_{i_t^{(q)}}$ sont dans Ω_{f_0}, $M_q(K/k)$ admet z_{f_0} comme opérateur. Enfin, pour que $P_{i_t^{(q)}} = (n-p^{i_t^{(q)}},\ w_{i_t^{(q)}} - n)$ soit sur $P_{j_q} P_{j_{q+1}}$, il est nécessaire que $w_{i_t^{(q)}} - w_{j_{q+1}} = - v_q(K/k)(p^{i_t^{(q)}} - p^{j_{q+1}})$. Donc $v_q(K/k)(p^{i_t^{(q)}} - p^{j_{q+1}})$ doit être entier, donc $p^{i_t^{(q)} - j_{q+1}} \equiv 1 \pmod{\delta_q}$ et, par conséquent, $i_t^{(q)} - j_{q+1} \equiv 0 \pmod{\psi_q}$. Donc $\lambda_q(z_1) \in W_{\psi_q, f_0}$, et $M_q(K/k)$ est un Ω_{ψ_q}-module.

Maintenant je vais démontrer deux résultats qui ont été démontrés 1°. dans le cas du K/k cyclique de degré p par M. ANDREAS SPEISER (17); 2°. dans le cas du K/k galoisien par M. ÖYSTEIN ORE(18); 3° dans le cas du K/k quelconque par moi-même dans ma thèse (12). Et M. ORE et moi démontrions ces théorèmes par la réduction au cas cyclique de M. SPEISER. Ici je veux en donner la démonstration directe.

Théorème VI. $n_q(K/k)\, v_q(K/k) \leq E \dfrac{p}{p-1}$.

DÉMONSTRATION : On a $v_q(K/k) = \dfrac{w_{j_{q+1}} - w_{j_q}}{p^{j_q} - p^{j_{q+1}}}$, et, par définition des j_q, on a

1°. $$w_{j_q} \neq w_{j_q - 1}.$$

2°. $$\frac{w_{j_q - 1} - w_{j_q}}{p^{j_q} - p^{j_q - 1}} \geq \frac{w_{j_{q+1}} - w_{j_q}}{p^{j_q} - p^{j_{q+1}}}.$$

Or, si $w_i \neq w_{i-1}$, on a $w_{i-1} \leq w_i + E$. Donc

$$v_q(K/k) = \frac{w_{j_{q+1}} - w_{j_q}}{p^{j_q} - p^{j_{q+1}}} \leq \frac{w_{j_q - 1} - w_{j_q}}{p^{j_q} - p^{j_q - 1}} \leq \frac{E}{p^{j_q}} \frac{p}{p-1} = \frac{E}{n_q(K/k)} \frac{p}{p-1}.$$

C. q. f. d.

Théorème VII. *Si* $v_q(K/k) \equiv 0 \pmod p$, $n_q(K/k)\, v_q(K/k) = E\dfrac{p}{p-1}$ *et* $r_q(K/k) = p$.

DÉMONSTRATION: On a $w_{j_q} \equiv 0 \pmod{p^{j_q}}$, donc, a fortiori $\pmod{p^{j_{q+1}+1}}$. Donc $w_{j_{q+1}} - w_{j_q} \equiv w_{j_{q+1}} \pmod{p^{j_{q+1}+1}}$. Donc, si $v_q(K/k) \equiv 0 \pmod p$, on a $w_{j_{q+1}} \equiv 0 \pmod{p^{j_{q+1}+1}}$. Il en résulte que $w_{j_{q+1}} = w_{j_{q+1}+1} + E$.

(17) Zerlegungsgruppe. *Journ. f. d. reine u. ang. Math.*, t. 199, 1919, p. 174—188.

(18) *Math. Ann.*, t. 102, 1929—30, p. 283—304.

Or, pas définition $\frac{w_{j_{q+1}} - w_{j_{q+1}+1}}{p^{j_{q+1}+1} - p^{j_{q+1}}} \leq \frac{w_{j_{q+1}} - w_{j_q}}{p^{j_q} - p^{j_{q+1}}} = v_q(K/k)$. C'est-à-dire

$$v_q(K/k) \geq \frac{E}{p^{j_{q+1}+1}} \frac{p}{p-1} = \frac{E}{n_q(K/k)} \frac{p}{p-1} \frac{r_q(K/k)}{p},$$

Comme $v_q(K/k) \leq \frac{E}{n_q(K/k)} \frac{p}{p-1}$, cette inégalité ne peut être vraie que si : 1⁰ elle ést l'égalité ; 2⁰ $\frac{p}{r_q(K/k)} = 1$, ce qui prouve le théorème.

Pour finir le paragraphe nous allons transcrire sous une forme directe la condition de primitivité de l'équation d'Eisenstein $f(x) = 0$.

Théorème VIII. *L'équation* d'Eisenstein $f(x) = 0$ *est primitive dans* k *si, et seulement si ou bien* a) h *est premier et* $r = 0$, *ou bien* b) 1⁰ $h = 1$, 2⁰ *pour tout* $q = 0, 1, \ldots r$ *on a* $\frac{w_q - w_r}{p^r - p^q} \geq \frac{w_0 - w_r}{p^r - 1}$;

3⁰ δ *étant la dénominateur de* $v = \frac{w_0 - w_r}{p^r - 1}$, f_0 *étant le degré absolu de* $\mathfrak{p}$ *dans* k, $\bar{\beta}_q$ *étant la classe* (*mod* $\mathfrak{P}^*$) *à laquelle appartient* $\frac{b_{pq}}{\pi^{\omega_q}}$, *et* Q *étant l'ensemble des tous les* q *tels que* $\frac{w_q - w_r}{p^r - p^q} = \frac{w_0 - w_r}{p^r - 1}$,

$$\lambda(z_1) = \sum_{q \in Q} \beta_q z_1^q$$

est un élément premier de W_{ψ, f_0}.

Démonstration : Evident, puisque d'après ce qui précéde la condition *b)* 2⁰ exprime que R se réduit au ségment de droite $(0, 0)(n-1, w_0 - n)$ et à la demi-droite $(n - 1, w_0 - n)(n, +\infty)$, c'est-à-dire que K/k n'a qu'un seul nombre de ramification propre ; et $\lambda(z_1)$ est le quasi-polynôme de $M_0(K/k)$. C. q. f. d.

§ 10. — Equivalence des équations d'Eisenstein. Forme réduite.

Les résultats des §§ 8, 9 permettent de résoudre la question suivante :

Etant donné deux équations d'Eisenstein $f_1(x) = 0$ *et* $f_2(x) = 0$

***dans** k, **sont elles équivalentes**, c'est-à-dire existe-il un zéro π_1 **de** $f_1(x)$ et un zéro π_2 de $f_2(x)$ tels que $k(\pi_1) = k(\pi_2)$?*

Et ceci non par un algorithme comportant des essaies plus ou moins arbitraires, comme cela a lieu quand on cherche à résoudre la même question en cherchant si $k(\pi_1) \cup k(\pi_2) = k(\pi_1)$, mais par une méthode de caractère univoque qui conduit pour chaque équation d'Eisenstein à une forme réduite.

En particulier, on parvient ainsi à donner la forme réduite de toute équation primitive dans k (à remarquer que si cetté équation n'est pas de degré premier, il y a toujours une équation d'Eisenstein qui lui est équivalente), ce qui résout complètement le problème posé par M. Ore dans son mémoire des *Matematische Analen* (19) et résolu par lui pour le cas des K/k de degré premier. Envisageons donc une équation d'Eisenstein de degré $n = hp^r$

$$f(x) = x^n + a_1 x^{n-1} + \cdots + a_n = 0.$$

Choisissons une fois pour toutes un nombre $\bar{\pi}$ de k d'ordre 1 en $\mathfrak{p}$. Ecrivons les coëfficients a_i sous la forme des séries $\mathfrak{p}$-adiques entières en $\bar{\pi}$ avec des coëfficients racines $p^{f_0}-1^{\text{ièmes}}$ de l'unité ou des zéros, soit

$$a_i = \sum_{t=1}^{+\infty} \gamma_t^{(i)} \bar{\pi}^t .$$

Alors $f(x)$ peut s'écrire sous la forme

$$x^n + \sum_{t=n+1}^{+\infty} \Gamma_t \bar{\pi}^{E\left(\frac{t}{n}\right)} x^{t-nE\left(\frac{t}{n}\right)} - \Gamma\bar{\pi}$$

où

$$\Gamma_t = \gamma_{\left[E\left(\frac{t}{n}\right)\right]}^{\left[t-nE\left(\frac{t}{n}\right)\right]} \quad \text{si} \quad t > n, \quad \text{et} \quad \Gamma = -\gamma_1^{(0)},$$

c'est-à-dire π satisfait à l'équation

$$\pi^n + \sum_{t=n+1}^{+\infty} \Gamma_t \bar{\pi}^{E\left(\frac{t}{n}\right)} \pi^{t-nE\left(\frac{t}{n}\right)} = \Gamma\bar{\pi}.$$

Pour former toutes les équations d'Eisenstein équivalentes à $f(x)$ il suffit de poser d'une manière quelconque

$$\pi = \sum_{u=1}^{+\infty} \eta_u \pi'^u$$

(19) *Math. Ann.*, t. 100, 1928, p. 650–673.

où les η_u sont des racines $p^{f_0}-1$ièmes de l'unité ou des zéros, et $\eta_1 \neq 0$, et de régarder à quelle équation de degré n satisfait π'. Il s'agit de trouver un type d'équations tel que : 1⁰. on puisse former un π' de la forme indiquée satisfaisant à une équation de ce type ; 2⁰. 2 équations différentes de ce type ne soient jamais équivalentes.

Considérons une série formelle

$$x\alpha(x) = x \sum_{i=0}^{+\infty} \gamma_i x ,$$

où les γ_i sont des racines $p^{f_0}-1$ ièmes de l'unité ou des zéros, et où $\gamma_0 \neq 0$. π étant un nombre de K d'ordre 1 en $\mathfrak{P}$, désignons par $Q(\pi)$ l'ensemble de tous les nombres d'ordre 1 de K. *La série* $x\alpha(x)$ *définit une transformation* $A = (\alpha(x))$ *de* $Q(\pi)$ *donnée par*

$$A(\pi') = \pi'\alpha(\pi') \qquad (\pi' \in Q(\pi)) .$$

Cette transformation est biunivoque. En effet, si $\pi', \pi'' \in Q(\pi)$ on a

$$A(\pi') - A(\pi'') = (\pi' - \pi'') \sum_{i=0}^{+\infty} \gamma_i (\pi'^i + \pi'^{i-1}\pi'' + \dots + \pi'\pi''^{i-1} + \pi'')$$

On a $\omega(\gamma_0) = 0$ et $\omega(\gamma_i(\pi'^i + \pi'^{i-1}\pi'' + \dots \pi'\pi''^{i-1} + \pi''))\geqq i$, donc la série écrite converge et sa somme n'est pas 0. Donc, si $A(\pi') = A(\pi'')$, on a $\pi' = \pi''$. Enfin, il est à peu près évident, *que* $A(Q(\pi)) = Q(\pi)$.

Etant donné un $\pi' \in Q(\pi)$, il est évident que π' peut être mis d'une et d'une seule manière sous la forme $\pi \sum_{i=0}^{+\infty} \gamma_i \pi^i$ $(\gamma_i^{p^{f_0}} = \gamma_i$ ou 0, $\gamma_0 \neq 0)$; donc *il existe une, et une seule transformation* $A = (\alpha(x))$ *telle que* $\pi' = A(\pi)$. Il est encore à rémarquer que, en vertu de leur définition, on a $Q(\pi') = Q(\pi)$, si $\pi' \in Q(\pi)$.

On appelera *ordre de* A, et on notera ω (A) l'ordre en x de $\alpha(x) - 1$. Il est visible que $\frac{A(\pi) - \pi}{\pi}$ est d'ordre $\omega(A)$ en $\mathfrak{P}$.

Choisissons un nombre π de K d'ordre 1 en $\mathfrak{P}$, et définissons au moyen de ce nombre une loi de composition des transformations A (qui en dépend essentiellement) suivante : soient A_1, A_2 deux transformations de la forme indiquée. Alors $A_2(\pi)$, et aussi $A_1(A_2(\pi)) \in Q(\pi)$. Donc il existe une et une seule transformation de la forme indiquée A_3 telle que $A_3(\pi) = A_1(A_2(\pi))$. A_3 sera par définition, *le composé de* A_2 *par*

A_1 et sera noté $A_1 * A_2$. *La loi $_*$ n'est pas, en général, ni commutative, ni associative.*

Les A ne forment pas un groupe par rapport à la loi de composition ainsi définie, parce que la loi associative n'a pas lieu, mais ils possèdent la propriété suivante :

Quand on se donne arbitrairement deux quelconques des transformations A_1, A_2, A_3, il existe une et une seule troisième telle que.

$$A_1 * A_2 = A_3 .$$

Démonstration : On a vu déjà que cela est vrai quand on se donne A_1 et A_2 ; supposons qu'on se donne A_1 et A_3. Il s'agit de trouver A_2 telle que $A_1(A_2(\pi)) = A_3(\pi)$. Il ne peut pas en avoir deux, soit A'_2 et A''_2, car alors $A'_2(\pi) \neq A''_2(\pi)$ et $A_1(A'_2(\pi)) = A_1(A''_2(\pi))$. D'autre part l'équation $A_1(\pi') = A_3(\pi)$ a une solution dans $Q(A_3(\pi)) = Q(\pi)$, et puisque $\pi' \in Q(\pi)$, il peut être mis sous la forme $A_2(\pi)$. Enfin, si l'on se donné A_2 et A_3, on a $A_2(\pi) \in Q(\pi)$, donc $Q(A_2(\pi)) = Q(\pi)$, et $A_3(\pi) \in Q(\pi) = Q(A_2(\pi))$. Donc $A_3(\pi)$ peut être mis sous la forme $A_1(A_2(\pi))$, et cela définit univoquement A_1.

Comme $\omega(A_1) = \omega(A_1(\pi)-\pi) - 1$, $\omega(A_2) = \omega(A_2(A_1(\pi)) - A_1(\pi)) - 1$ et $\omega(A_3) = \omega(A_1(A_2(\pi)) - \pi) - 1$, on voit que

$$\omega(A_3) \geq \text{Min}\,[\omega(A_1), \omega(A_2)], \quad \omega(A_1) \geq \text{Min}\,[\omega(A_2), \omega(A_3)],$$
$$\omega(A_2) \geq \text{Min}\,[\omega(A_1), \omega(A_3)].$$

Posons

$$E\frac{t}{n} = a_t, \quad t - nE\left(\frac{t}{n}\right) = \tau,$$

et

$$X_t = \overline{\pi}^{a_t} x^{\tau}.$$

Supposons donc que π satisfait à l'équation

$$f(x) = x^n + \sum_{t=n}^{\infty} \Gamma_t X_t = 0 \quad \text{(si l'on pose } \Gamma_n = -\Gamma).$$

Soit

$$f_1(x) = x^n + \sum_{t=n}^{\infty} \Gamma'_t X_t = 0$$

L'équation à laquelle satisfait $\pi' = A(\pi)$, où $A = (\alpha(x))$ est une transformation de la forme indiquée. Posons

$$\Gamma'_t = \Phi_{t,\pi,A}(\Gamma_t).$$

Soit $t(\pi; A)$ le moindre t tel que $\Phi_{t,\pi,A}(\Gamma_t) \neq \Gamma_t$. Donc

$$t(\pi; A) = \omega\left(\sum_{t=n}^{+\infty}(\Gamma'_t - \Gamma_t)X_t(\pi')\right) = \omega(f(\pi')) = \omega(f(\pi') - f(\pi)).$$

Car

$$\sum_{t=n}^{+\infty}(\Gamma'_t - \Gamma_t)X_t(\pi') = \left[\pi'^n + \sum_{t=n}^{+\infty}\Gamma'_t X_t(\pi')\right] - \left[\pi'^n + \sum_{t=n}^{+\infty}\Gamma_t X_t(\pi')\right] =$$

$$= f_1(\pi') - f(\pi') = -f(\pi') = -[f(\pi') - f(\pi)].$$

Et de plus

$$\Gamma'_{t(\pi;A)} - \Gamma_{t(\pi;A)} \equiv -\frac{f(\pi') - f(\pi)}{X_t(\pi')} \equiv -\frac{f(\pi') - f(\pi)}{\pi'^{t(\pi;A)}}\Gamma'^{a_t} \pmod{\mathfrak{P}}.$$

Je dis que si π_1 et π_2 satisfont aux équations respectivement $f_1(x) = x^n + \sum_{t=n}^{+\infty}\Gamma'_t X_t = 0$ et $f_2(x) = x^n + \sum_{t=n}^{+\infty}\Gamma''_t X_t = 0$, telles que pour tout $i < t$ on ait $\Gamma'_i = \Gamma''_i$, et si $t(\pi_1; A) \geq t$, on a aussi $t(\pi_2; A) \geq t$; en effet, on obtient par exemple $f_1(\pi')$ en 1°. subsistuant d'abord formellement $x\alpha(x)$ dans $f_1(x)$, c'est-à-dire prenant $f_1(x\alpha(x))$. 2. En prenant le polynôme $\sum_{i=0}^{n-1}\alpha'_i x^i$ en x de degré $< n$ congrû $f_1(x\alpha(x))$ (mod $f_1(x)$). 3°. Substituant π_1 au lieu de x dans ce polynôme. Nous appellerons *l'ordre total* d'un binôme ax^i le nombre $\omega(a) + i$. Alors $t(\pi_i; A)$ sera $\min_{i=0,1,\dots,n}(\omega(\alpha'_i) + i)$.

Or, le développement formel de $f_1(x\alpha(x))$ et de $f_2(x\alpha(x))$ ne peut différer que par les termes d'ordre total $\geq t$. On obtient un polynôme $\sum_{i=0}^{n-1}\beta'_i x^i$ tel que $\beta'_i \pi_1^i \equiv \alpha'_i \pi^i \pmod{\mathfrak{P}^t}$ en remplaçant dans tous les termes $u_i x^i$ de $f_1(x\alpha(x))$ d'ordre total $< t$ et tels que $i > n$, x^i par $x^{i-n}\sum_{j=0}^{t-i+n}\Gamma'_j X_j$, en faisant la même chose avec des termes du polynôme obtenu etc. Comme $\sum_{j=0}^{t-1}\Gamma'_j X_j = \sum_{j=0}^{t-1}\Gamma''_j X_j$, le résultat de l'opération analogue sur $f_2(\alpha(x))$ ne peut différer du résultat rélatif à $f_1(x)$.

que par des termes de l'ordre total $\geq t$; et enfin, puisque Min $(\omega(\beta'_i)+i)=$ Min $(\omega(\alpha'_i)+i)=t(\pi_1, A)\geq t$, aussi $t(\pi_2, A)=$ Min $(\omega(\beta''_i+i))\geq t$ ce qui prouve l'affirmation.

Ce raisonnement montre d'ailleurs que, si, de plus, $\Gamma'_t=\Gamma''_t$, la substitution formelle et la réduction indiquées donnent pour $f_1(x)$ et $f_2(x)$ das résultats qui ne diffèrent que par des termes d'ordre total $\geq t+1$, c'est-à-dire dans ce cas

$$\frac{f_1(\pi_1)}{\pi^t}\equiv\frac{f_2(\pi_2)}{\pi_2^t} \qquad (\mathrm{mod}\ \mathfrak{P}^{t+1}).$$

Donc, si pour un π satisfaisant à $f(x)=0$ avec des Γ_i, $i<t$, donnés, $t(\pi ; A)\geq t$, ceci a lieu pour tous les π ayant cette propriété et $\Phi_{t,\pi,A}(\Gamma_t)$ est le même pour tous les π ayant un Γ_t donné, c'est-à-dire on peut écrire

$$\Phi_{t,\pi,A}(\Gamma)=\Psi_{\Gamma_n, \Gamma_{n+1}, \dots, \Gamma_{t-1}; t, A}(\Gamma).$$

Des raisonnements précédents il suit que si $t(\pi ; A_2)\geq t$, on a $t(\pi ; A_1 * A_2)\geq t$ si et seulement si $t(\pi ; A_1)\geq t$. En effet, posons $\pi'=A_2(\pi)$, $\pi''=A_1(\pi')$. Alors, si $t(\pi ; A_2)\geq t$, π' satisfait à l'équation ayant les mêmes Γ_i, $i<t$, que celle à laquelle satisfait π ; donc, si $t(\pi ; A_1)\geq t$, aussi $t(\pi', A_1)\geq t$, d'où $t(\pi ; A_1 * A_2)\geq$ Min $[t(\pi' ; A_1), t(\pi ; A_2)]\geq t$. Maintenant, si $t(\pi ; A_2)\geq t$, mais $t(\pi ; A_1)<t$, les équations auxquelles satisfont π et π' ont les mêmes Γ_i, $i\leq t(\pi ; A_1)$, donc $t(\pi'; A_1)=t(\pi; A_1)<t$, donc $t(\pi'; A_1)<t\leq t(\pi ; A_2)$, et $t(\pi ; A_1 * A_2)=t(\pi'; A_1)<t$.

Il s'agit d'étudier la fonction Ψ. Posons

$$\Psi_{\Gamma_n, \Gamma_{n+1}, \dots, \Gamma_{t-1}; t, A}(0)=u_t(\Gamma_n, \Gamma_{n+1}, \dots, \Gamma_{t-1}; A)$$

posons de plus

$$\alpha(x)\equiv\gamma \ (\mathrm{mod}\ x) \quad (\text{où } t(\pi ; \alpha(x))\geq t),$$

et

$$\xi=\gamma^{-t}.$$

Il est a remarquer que t ne peut être plus grand que n que si $\gamma^n=1$. En effet, on a

$$\Gamma'_n\equiv -1)^n\frac{N_{K/k}(\pi')}{\pi}\equiv(-1)^n\frac{N_{K/k}(\gamma)\,N_{K/k}(\pi)}{\pi}\equiv\gamma^n(-1)^n\frac{N_{K/k}(\pi)}{\pi}\equiv$$

$$\equiv\gamma^n.\Gamma_n \quad (\mathrm{mod}\ \mathfrak{P})$$

et si $\gamma^n\neq 1$, on a $\Gamma'_n\neq\Gamma_n$. Donc, quelque soit $t>0$, on a

$\xi=\gamma^{\mathsf{I}}\ \|\ _{\imath}\gamma_{T}\ -$

Supposons d'abord $t = n$; alors le raisonnement précédent montre que

$$\Psi_{n,A}(\Gamma) = \xi\Gamma, \quad \text{et, en particulier} \quad u_n(A) = 0.$$

Supposons maintenant $t > n$. Posons $f_0(x) = x^n + \sum_{i=n}^{t-1} \Gamma_i x_i$

$f(x\alpha(x))$ se diffère de $f_0(x\alpha(x)) + \Gamma_t \overline{\pi}^{a_t}(x\alpha(x))^\tau$ par des termes dont les ordres totaux sont $> t$. De même $f(x)$ diffère de $f_0(x) + \Gamma_t \overline{\pi}^{a_t} x^\tau$ par des termes d'ordre total $> t$. Donc $f(x\alpha(x)) - f(x)$ diffère de $f_0(x\alpha(x)) - f_0(x) + \Gamma_t \overline{\pi}^{a_t} x^\tau \alpha(x)^\tau (1 - \gamma^{-\tau})$ par les seuls termes d'ordre total $> t$. Or, puisque $\gamma^n = 1$, $f(x\alpha(x)) - f(x)$ et $f_0(x\alpha(x)) - f_0(x) + \Gamma_t \overline{\pi}^{a_t}(x\alpha(x))^\tau (1 - \gamma^{-\tau})$ ont tous leurs termes d'ordre total $> n$. Donc, si l'on fait la réduction indiquée et qu'on mette π au lieu de x, les résultats obtenus seront congrus (mod $\mathfrak{P}^{t+1}$). Or pour $f(x\alpha(x)) - f(x)$ réduite (mod $f(x)$) un obtient un nombre $\equiv (\Gamma_t - \Psi_{\Gamma_n, \Gamma_{n+1}, \ldots, \Gamma_{t-1}; t, A}(\Gamma_t)) \overline{\pi}^{a_t}(\pi\alpha(\pi))^\tau$ (mod $\mathfrak{P}^{t+1}$), et pour $f_0(x\alpha(x)) - f_0(x) + \Gamma_t \overline{\pi}^{a_t} . (x\alpha(x))^\tau (1 - \gamma^{-\tau})$ on obtient un nombre $\equiv [-u_t(\Gamma_n, \Gamma_{n+1}, \ldots, \Gamma_{t-1}; A) + \Gamma_t(1 - \xi)] \overline{\pi}^{a_t}(\pi\alpha(\pi))^\tau$ (mod $\mathfrak{P}^{t+1}$). Donc

$$\Psi_{\Gamma_n, \Gamma_{n+1}, \ldots, \Gamma_{t-1}; t, A}(\Gamma) \equiv u_t(\Gamma_n, \Gamma_{n+1}, \ldots, \Gamma_{t-1}; A) + \xi\Gamma.$$

Regardons deux cas :

1°. $\xi = 1$, c'est-à-dire $\gamma^\tau = 1$; alors

$$\Psi_A(\Gamma) \equiv u(A) + \Gamma \pmod{\mathfrak{P}}.$$

2°. $\xi \neq 1$; alors il existe un Γ, qui sera désigné par $P_{\Gamma_n, \Gamma_{n+1}, \ldots, \Gamma_{t-1}; t}(A)$ et appelé *pôle* de A pour $\Gamma_n, \Gamma_{n+1}, \ldots, \Gamma_{t-1}$, tel que

$$\Psi_{\Gamma_n, \Gamma_{n+1}, \ldots, \Gamma_{t-1}; t, A}(P_{\Gamma_n, \Gamma_{n+1}, \ldots, \Gamma_{t-1}; t}(A)) = P_{\Gamma_n, \Gamma_{n+1}, \ldots, \Gamma_{t-1}; t}(A).$$

En effet il suffit de poser

$$P_{\Gamma_n, \Gamma_{n+1}, \ldots, \Gamma_{t-1}; t}(A) \equiv \frac{u_t(\Gamma_n, \Gamma_{n+1}, \ldots, \Gamma_{t-1}; A)}{1 - \xi} \pmod{\mathfrak{P}}.$$

Alors, si

$$y_t(\Gamma_n, \Gamma_{n+1}, \ldots, \Gamma_{t-1}; A; \Gamma) \equiv \Gamma - P_{\Gamma_n, \Gamma_{n+1}, \ldots, \Gamma_{t-1}; t}(A)$$

et si

$$F_{\Gamma_n, \Gamma_{n+1}, \ldots, \Gamma_{t-1}; t, A}(y_t(\Gamma_n, \Gamma_{n+1}, \ldots, \Gamma_{t-1}; A; \Gamma)) =$$

$$= y_t(\Gamma_n, \Gamma_{n+1}, \ldots, \Gamma_{t-1}; A; \Psi_{\Gamma_n, \Gamma_{n+1}, \ldots, \Gamma_{t-1}; t, A}(\Gamma)),$$

on a

$$F_{\Gamma_n, \Gamma_{n+1}, \ldots, \Gamma_{t-1}; t, A}(y) \equiv \xi y.$$

Soit $\overline{\Gamma}$ la classe mod $\mathfrak{P}$ à laquelle appartient Γ. Les transformations $\overline{\Gamma} \to \Psi_{t,A}(\overline{\Gamma})$ et $\overline{y} \to F_{t,A}(\overline{y})$ produisent des permutations de Ω_{f_0}. Ainsi à tous les A tels que $t(\pi, A) \geq t$ correspond un ensemble des permutations $T_{\Gamma_n, \Gamma_{n+1}, \ldots, \Gamma_{t-1}}(A) = \{\overline{\Gamma} \to \Psi_{\Gamma_n, \Gamma_{n+1}, \ldots, \Gamma_{t-1}; t; A}(\overline{\Gamma})\}$ de Ω_{f_0} $\left(\text{où } \pi^n + \sum_{i=n}^{+\infty} \Gamma_i X_i(\pi) = 0\right)$. Comme

$$\Psi_{\Gamma_n, \Gamma_{n+1}, \ldots, \Gamma_{t-1}; t, A_1 * A_2}(\overline{\Gamma}) = \\ = \Psi_{\Gamma_n, \Gamma_{n+1}, \ldots, \Gamma_{t-1}; t, A_1}(\Psi_{\Gamma_n, \Gamma_{n+1}, \ldots, \Gamma_{t-1}; t, A_2}(\overline{\Gamma})),$$

on a

$$T(A_1 * A_2) = T(A_1)\,T(A_2).$$

Donc ces permutations forment un certain groupe, soit $G(\pi, t)$. Il s'agit de décomposer Ω_{f_0} en systèmes d'intransitivité de $G(\pi, t)$ $(t = n, n+1, \ldots)$. Considérons tout d'abord le sous-groupe $G_0(\pi, t)$ de $G(\pi, t)$ formé par les $T(A)$ des A dont $\xi = \gamma^{-\tau}$ est 1. C'est un groupe des translations $u_t(A) = \{\overline{\Gamma} \to u_t(A) + \overline{\Gamma}\}$ de Ω_{f_0} et les $u_t(A)$ correspondants forment un module M_t. Les systèmes d'intransitivité de $G_0(\pi, t)$ sont des classes $(\text{mod } M_t)$ dans Ω_{f_0}. Il est à remarquer que si l'on se bornait aux A tels que $\gamma = 1$, les $T(A)$ correspondants formeraient encore le même groupe $G_0(\pi, t)$. En effet, si $\xi = 1$, et si τ_1 est le plus grand facteur de τ premier à p, $A^{\tau_1} = \underbrace{A * A * \ldots * A}_{\tau_1 \text{ fois}}$ a $\gamma = 1$ et $T(A^{\tau_1}) = T(A)^{\tau_1}$; donc, puisque l'ordre de $T(A)$ est p, on a, si $\tau_1\tau' \equiv 1 \pmod{p}$, $T(A) = (T(A^{\tau_1}))^{\tau'}$, et l'affirmation est prouvée. Soit que $A = (\alpha(x))$ est tel que $t(\pi ; A) \geq t$ et soit $\alpha(x) \equiv \gamma_0 \pmod{x}$. Posons $\xi(A) = \gamma_0^{-\tau}$. On a $\xi(A_1 * A_2) = \xi(A_1).\xi(A_2)$. Donc les $\xi(A)$ forment un sous-groupe Σ_t du groupe multiplicatif des racines $\frac{h}{(h, \tau)}$-*ièmes* de l'unité. Soit ξ_0 un élément qui engendre Σ_t et soit h_t l'ordre de Σ_t. Soit A_0 une transformation telle que $t(\pi ; A_0) \geq t$ et $\xi(A_0) = \xi_0$. Un A quelconque tel que $t(\pi ; A) \geq t$ peut se mettre sous la forme

$$A = B * A_0^q \quad , \quad \text{où} \qquad \xi(A) = \xi_0^q \quad .$$

On a $\xi(B) = 1$ et, puisque $t(\pi ; A) \geq t$ et $t(\pi ; A_0^q) \geq t$, on a $t(\pi ; B) \geq t$. Inversement, si A est de cette forme et si $t(\pi ; B) \geq t$ on a $t(\pi ; A) \geq t$. Soit P_0 le pôle de A_0 et soit $u(B)$ la translation que produit B. $T(A_0)$ est la homotétie de Ω_{f_0} par rapport à P_0 dont le rapport de similitude est $\xi(A_0) = \xi_0$. Donc $T(A_0^q)$ est une homotétie de Ω_{f_0} par rapport à P_0 avec le rapport de simulitude $\xi_0^q = \xi(A)$. Et, enfin, si $q \neq 0$, $T(A) = T(B)T(A_0^q)$

est l'homotétie de Ω_f, avec le rapport similitude $\xi(A)$ et avec le pôle donné par l'égalité

$$P_0 + \xi(A)(P - P_0) + u(B) = P \quad ,$$

c'est-à-dire

$$(P - P_0)(\xi(A) - 1) = -u(B) \quad ,$$

no

$$P = P_0 - \frac{u(B)}{\xi_0^q - 1} = P_0 - \frac{u(B)}{\xi(A) - 1} \ .$$

Montrons tout d'abord que $\xi_0 M_t = M_t$. En effet, si $t(\pi; A) \geq t$ et si $\xi(A) = 1$, on a $t(\pi; A_0 * A * A_0^{h_t - 1}) \geq t$ et $\xi(A_0 * A * A_0^{h_t - 1}) =$ $= \xi(A_0).\xi(A).\xi(A_0)^{h_t - 1} = \xi_0^{h_t} = 1$. Donc $T(A_0 * A * A_0^{h_t - 1})$ est une translation $u \in M_t$. Or, prenons par exemple $\overline{\Gamma} = P_0; T(A_0^{h_t - 1})$ conserve P_0, $T(A)$ transforme P_0 en $P_0 + u_t(A)$, et $T(A_0)$ transforme $P_0 + u_t(A)$ en $P_0 + \xi_0 u_t(A)$. Donc $T(A_0 * A * A_0^{h_t - 1})$ transforme P_0 en $P_0 + \xi_0 u_t(A)$, donc $\xi_0 u_t(A) = u \in M_t$, et comme A est une transformation arbitraire ayant les propriétés indiquées, donc $u_t(A)$ est un élément arbitraire de M_t, on a $\xi_0 M_t = M_t$. Il en résulte que M_t est un module par rapport au corps $\Omega_1(\xi_0)$ engendré par ξ_0. On en tire deux conséquences:

1°. $\dfrac{u(B)}{\xi(A) - 1} \equiv 0 \pmod{M_t}$, car $u(B) \equiv 0 \pmod{M_t}$ et $\dfrac{1}{\xi(A) - 1}$ (quand $\xi(A) \neq 1$) est un élément du $\Omega_1(\xi_0)$. D'autre part, quand B parcourt ensemble de toutes transformations dont $t(\pi, B) \geq t$ et $\xi(B) = 1$, $u(B)$ parcourt M_t et $\dfrac{u(B)}{\xi(A) - 1}$ parcourt $\dfrac{1}{\xi(A) - 1} M_t = M_t$. Donc P parcourt la classe (Mod M_t) contenant P_0. Cette classe est indépendante de A, donc

L'ensemble des pôles (pour $\Gamma_n, \Gamma_{n+1}, \ldots, \Gamma_{t-1}$) *des tous les A tels que* $t(\pi, A) \geq t$ *est une classe (mod* M_t) qui sera dite la *classe polaire* $\mathfrak{P}_{\Gamma_n, \Gamma_{n+1}, \ldots, \Gamma_{t-1}}$ *pour* $\Gamma_n, \Gamma_{n+1}, \ldots, \Gamma_{t-1}$.

2°. Si $y \not\equiv 0 \pmod{M_t}$, la congruence $\xi_0^{q_1} y \equiv \xi_0^{q_2} y \pmod{M_t}$ n'a lieu que si $\xi_0^{q_1} = \xi_0^{q_2}$, c'est-à-dire $q_1 \equiv q_2 \pmod{h_t}$. En effet, la congruence écrite signifie $(\xi_0^{q_1} - \xi_0^{q_2}) y \equiv 0 \pmod{M_t}$. Si $\xi_0^{q_1} - \xi_0^{q_2} \neq 0$, il existe un élément $\varkappa(\xi_0)$ de $\Omega_1(\xi_0)$ tel que $\varkappa(\xi_0)(\xi_0^{q_1} - \xi_0^{q_2}) = 1$. Il en résulte que $y = \varkappa(\xi_0).(\xi_0^{q_1} - \xi_0^{q_2}) y \equiv 0 \pmod{M_t}$, contre l'hypothèse.

Il est maintenant facile de déterminer les systèmes d'intransitivité de $G(\pi, t)$. En effet, soit d'abord que $\overline{\Gamma}$ est dans la classe polaire $\mathfrak{P}$. Aucun $T(A)$ ne peut transformer $\overline{\Gamma}$ dans un élément qui est en dehors de $\mathfrak{P}$. En effet, si $\xi = \xi(A) \neq 1$, soit P le pôle de A. On a $\overline{\Gamma} - P \equiv 0$

(mod M_t), donc $T(A).\overline{\Gamma}-P=T(A)(\overline{\Gamma}-P)=\xi(\overline{\Gamma}-P)\equiv 0 \pmod{\xi M_t=M_t}$; et si $\xi(A)=1$, on a encore $T(A).\overline{\Gamma}\equiv\overline{\Gamma} \pmod{M_t}$. D'autre part, quand $T(A)$ parcourt $G_0(\pi, t)$, $T(A).\overline{\Gamma}$ parcourt $\overline{\Gamma}+M_t=\mathfrak{P}$.

Soit, maintenant, un $\overline{\Gamma}$ en dehors de $\mathfrak{P}$. Soit Y la classe $\overline{\Gamma}-\mathfrak{P}$ (mod M_t). Soit A une transformation telle que $t(\pi\,;A)\geq t$ et $\xi(A)\neq 1$, et soit P le pôle de A. Alors $y=\overline{\Gamma}-P$ fait partie de Y ; le transformé de y par $T(A)$ est $\xi(A)y$. Il fait partie de $\xi(A)Y$, et $T(A).\overline{\Gamma}$ fait partie de $\mathfrak{P}+\xi(A)(\overline{\Gamma}-\mathfrak{P})$. Donc, le système d'intransitivé d'élément $\overline{\Gamma}$ est contenu dans l'ensemble des classes $\mathfrak{P}+\bigcup_{q=0,1,\dots,h_t-1}\xi_0^qY$. Il coïncide avec cette réunion, car il a sûrement des éléments communs avec chacun des systèmes d'intransitivité de $\mathfrak{G}_0(\pi, t)$, c'est-à-dire des classes (mod M_t), qui en font partie.

Il est à remarquer que les h_t classes $\mathfrak{P}+\xi_0^qY$ sont distinctes. En effet, si l'on avait $\mathfrak{P}+\xi_0^{q_1}Y=\mathfrak{P}+\xi_0^{q_2}Y$, on aurait pour un $P\in\mathfrak{P}$ et un $y\in Y$

$$P+\xi_0^{q_1}y\equiv P+\xi_0^{q_2}y \pmod{M_t},$$

c'est-à-dire

$$\xi_0^{q_1}y\equiv\xi_0^{q_2}y \pmod{M_t}.$$

Puisque $y\not\equiv 0 \pmod{M_t}$, on doit avoir $q_1\equiv q_2 \pmod{h_t}$, ce qui exige, étant donné que $0\leq q<h_t$ et que $0\leq q_2<h_t$,

$$q_1=q_2.$$

Soit m_t le nombre d'éléments de M_t. Soit ν_t+1 le nombre des systèmes d'intransitivité de $G(\pi, t)$. Ce qui précède montre qu'il y en a un ($\mathfrak{P}$) qui a m_t éléments, et que les ν_t autres ont chacun m_th_t éléments. Donc $\nu_t=\dfrac{p^{f_0}-m_t}{h_tm_t}=\dfrac{1}{h_t}\left(\dfrac{p^{f_0}}{m_t}-1\right)$. Choisissons dans chacun des ces systèmes un élément Γ, que nous dirons élément *réduit*, de la manière suivante : choisisons une fois pour toutes une racine $p^{f_0}-1^{\text{ième}}$ primitive de l'unité ρ. Distinguons les cas suivants :

1°. $h_t\neq 1$. A) $\mathfrak{P}\neq M_t$. Alors on prendra comme élément réduit de $\mathfrak{P}$ l'élément P de $\mathfrak{P}$ dont $\mathrm{ind}_\rho P$ est minimum. C étant le système d'intransitivité de $G(\pi, t)$, on prendra comme élément réduit de C l'élément $P+y$ de C tel que $\mathrm{ind}_\rho y$ est minimum. B) $\mathfrak{P}=M_t$. Alors on prendra comme élément réduit de $\mathfrak{P}$ l'élément 0, et comme élément réduit d'un système d'intransitivité $C\neq P=M_t$ l'élément c de C dont $\mathrm{ind}_\rho c$ est minimum.

2°. $h_t=1$. On prendra comme élément reduit de M_t l'élément 0, et comme élément réduit d'une classe C (mod M_t) l'élément c *de C* dont $\mathrm{ind}_\rho c$ est minimum.

On dira que l'équation d'Eisenstein

$$f(x) = x^n + \sum_{t=n}^{+\infty} \Gamma_t X_t = 0$$

est *réduite*, si pour tout $t = n, n+1, \ldots, +\infty$, Γ_t est l'élément réduit du système d'imprimitivité de $G(\pi, t)$ $(f(\pi) = 0)$ qui le contient. Le but principal de ce § est de prouver que parmi les équivalentes d'une équation d'Eisenstein il y a une et une seule qui est réduite, et de déterminer aussi loin que possible la forme de cette équation, c. a. d. les M et, eventuellement, les $\mathfrak{P}$.

Il se trouve qu'il est possible de déterminer les M_t, tous les t tels que $h_t \neq 1$, et pour ces derniers t le système $C_t - \mathfrak{P}_t$, où C_t est le système d'intransitivité contenant Γ_t du $G(\pi, t)$, et $\mathfrak{P}_t$ est la classe polaire. Faisons cette détermination :

1°. Faisons correspondre à chaque $A = (\alpha(x))$ un nombre $\omega_\pi(A)$ appellé son *degré réduit* qui est défini par la formule

$$\omega_\pi(A) = \operatorname*{Max}_{\sigma \in G_{K/k}} \left[\omega(\alpha(\pi)) - \frac{\sigma\pi}{\pi} \right].$$

$\omega_\pi(A)$ n'est égal *à* $+\infty$ que s'il existe un $\sigma \in G_{K/k}$ tel que $\sigma\pi = \pi\alpha(\pi) = A(\pi)$, c'est-à-dire si la transformation $\pi \to A(\pi)$ est un automorphisme de K/k. k_g désignant le moindre surcorps de k par rapport auquel K est galoisien, l'égalité $\omega_\pi(A) = +\infty$ équivant à ce que $\pi \to A(\pi)$ soit un élément de G_{K/k_g}. Il y a donc $(K : k_g)$ des A tels que $\omega_\pi(A) = +\infty$.

2°. Faisons correspondre à tout A tel que $\omega_\pi(A) > 0$ un élément non uul $\gamma_\pi(A)$ de Ω_{f_0} quand $\omega_\pi(A)$ n'est pas parmi les nombres de ramification positifs de K/k, ou une classe $\bar{\gamma}_\pi(A)$ $(\bmod\, M_q^{(\sqrt{\pi})^{\delta q}}(K/k))$, inégale à $M_q^{(\sqrt{\pi})^{\delta q}}(K/k))$, quand $\omega_\pi(A) = v_q(K/k)$,

$$\gamma_\pi(A) \equiv \frac{\alpha\,\pi) - \dfrac{\sigma\pi}{\pi}}{\sigma\pi^{\omega_\pi(A)}} \cdot \frac{\pi}{\sigma\pi} \pmod{\mathfrak{P}^*}$$

pour les $\sigma \in G_{K/k}$ tels que $\omega\left(\alpha(\pi) - \dfrac{\sigma\pi}{\pi}\right) = \omega_\pi(A)$.

Il est facile de voir qu'il n'y a qu'un seul élément $\gamma_\pi(A)$ de Ω_{f_0} satisfaisant à cette condition quand $\omega_\pi(A)$ n'est pas parmi les $v_q(K/k)$, et que si $\omega_\pi(K/k) = v_q(K/k)$, les $\gamma_\pi(A)$ définis par cette condition forment une classe $(\bmod\, M_q(K/k))$. En effet, soit σ' un autre élément de

$G_{K/k}$ tel que $\omega\left(\alpha(\pi) - \frac{\sigma'\pi}{\pi}\right) = \omega_\pi(A)$. On a $\sigma'\pi = \sigma_1\sigma\pi$, où $\sigma_1 \in G_{\sigma K/k}$. Or $\sigma K/k$ est défini par la même équation d'EISENSTEIN que K/k. Donc $\sigma K/k$ a les mêmes v_q et les mêmes M_q que K/k. Donc $\sigma'\pi - \sigma\pi$ est d'un ordre $v_q(K/k) \geq \omega_\pi(A)$. Si $\omega_\pi(A)$ n'est pas parmi les $v_q(K/k)$, on a

$$\sigma'\pi - \sigma\pi \equiv 0 \pmod{\mathfrak{P}^{1+\omega_\pi(A)}\mathfrak{P}^*} \text{ et } \frac{\alpha(\pi) - \frac{\sigma\pi}{\pi}}{\sigma\pi^{\omega_\pi(A)}} \equiv \frac{\alpha(\pi) - \frac{\sigma'\pi}{\pi}}{\sigma'\pi^{\omega_\pi(A)}} \pmod{\mathfrak{P}^*}.$$ Si

$\omega_\pi(A) = v_q(K/k)$, on a $\frac{\sigma'\pi - \sigma\pi}{\pi^{1+\omega_\pi(A)}} \equiv \mu \in M_q(K/k) \pmod{\mathfrak{P}^*}$; d'autre part $\sigma'\pi - \sigma\pi \equiv 0 \pmod{\mathfrak{P}^{\omega_\pi(A)}\mathfrak{P}}$, dès que $\sigma'\pi$ a la forme $\sigma_1\sigma\pi$ avec $\sigma_1 \in V^{(q)}_{\sigma K/k}$; Donc μ parcourt $M_q(K/k)$, et les $\gamma_\pi(A)$ parcourent la classe mod $M_q(K/k)$ contenant un des $\gamma_\pi(A)$, ce qui prouve l'affirmation.

On définira de plus pour chaque t réel positif et pour tous les A tels que $\omega_\pi(A) \geqslant t$ un élément ou un ensemble d'éléments $\gamma_\pi^{(t)}(A)$ par la formule

$$\gamma_\pi^{(t)}(A) = 0 \text{ resp. } M_q(K/k) \text{ si } t < \omega_\pi(A)$$
$$\gamma_\pi^{(t)}(A) = \gamma_\pi(A) \text{ resp. } \overline{\gamma}_\pi(A) \text{ si } t = \omega_\pi(A).$$

Considérons la réunion $R_t^{(\pi)}$ des $\gamma_\pi^{(t)}(A)$ des tous les A tels que $\omega(A) > 0$ et $\omega_\pi(A) \geq t$ $(t > 0)$. Il n'y a qu'un nombre fini des t non entiers tels que $R_t^{(\pi)} \neq \{0\}$, ce qui se voit pas le fait que les $\sigma\pi - \sigma'\pi$ ont pour ordres les nombres $1 + v_q(K/k)$. Si t est entier, $R_t^{(\pi)} \supseteq \Omega_{f_0}$. Je dis que dans ce cas $R_t^{(\pi)}$ est un surmodule de Ω_{f_0}. En effet, soit

$$\left.\begin{array}{l}\sigma_1\pi \equiv \pi\alpha_1(\pi) - \gamma_1(\sigma_1\pi)^{1+t}\\ \sigma_2\pi \equiv \pi\alpha_2(\pi) - \gamma_2(\sigma_2\pi)^{1+t}\end{array}\right\} \pmod{\mathfrak{P}^{1+t}\mathfrak{P}^*}.$$

On a

$$\sigma_1\pi \equiv \sigma_2\pi \equiv \pi \pmod{\mathfrak{P}\mathfrak{P}^*}.$$

Donc

$$\sigma_1\pi \equiv \pi\alpha_1(\pi) - \gamma_1\pi^{1+t}$$
$$\sigma_2\pi \equiv \pi\alpha_2(\pi) - \gamma_2\pi^{1+t}.$$

Soient $\sigma_1^* \in \mathrm{gen}_{K^*}\sigma_1$, $\sigma_2^* \in \mathrm{gen}_{K^*}\sigma_2$, et soit $\sigma = \mathrm{corr}_K \sigma_1^*\sigma_2^*$. On peut prendre $\sigma_1^* \in V^*$.

On a alors $\sigma\pi = \sigma_1^*\sigma_2\pi \equiv \sigma_1^*\pi . \alpha_2(\sigma_1^*\pi) - \gamma_2(\sigma_1^*\pi)^{1+t} \equiv$

$$\equiv \sigma_1\pi . \alpha_2(\sigma_1\pi) - \gamma_2\pi^{1+t} \equiv [\pi\alpha_1(\pi) - \gamma_1\pi^{1+t}] .$$
$$.[\alpha_2(\pi\alpha_1(\pi)) - \alpha'_2(\pi\alpha_1(\pi))\gamma_1\pi^{1+t} + \ldots] - \gamma_2\pi^{1+t} \equiv$$
$$\equiv \pi\alpha_1(\pi) . \alpha_2(\pi\alpha_1(\pi)) - (\gamma_1 + \gamma_2)\pi^{1+t} \pmod{\mathfrak{P}^{1+t}\mathfrak{P}^*},$$

c'est-à-dire

$$A_1(A_2(\pi)) - \sigma\pi \equiv (\gamma_1 + \gamma_2)\sigma\pi^{1+t} \pmod{\mathfrak{P}^{1+t}\mathfrak{P}^*},$$

c'est-à-dire

$$\gamma_\pi^{(t)}(A_1 * A_2) = \gamma_\pi^{(t)}(A_1) + \gamma_\pi^{(t)}(A_2). \qquad \text{C. q. f. d.}$$

D'ailleurs, de cette dernière égalité résulte que

1°. $R_t^{(\pi)}$ est module quelque soit t.

2°. la réunion des $\gamma_\pi^{(t)}(A)$ des A tels que $\omega_\pi(A) \geq t$ et $\omega(A) \geq t_1$, $t_1 \leq t$, soit $R_{t_1,t}^{(\pi)}$, est aussi un module. D'ailleurs si t est un entier, non égal à un $v_q(K/k)$, on a $R_{t,t}^{(\pi)} = \Omega_{f_0}$; si $t = v_q(K/k)$ est entier, on a $R_{t,t}^{(\pi)} = \Omega_{f_0} + M_q(K/k)$.

Soit r_t le nombre d'éléments de $R_t^{(\pi)}$, et soit $r_{t_1,t}$ celui de $R_{t_1,t}^{(\pi)}$. Désignons par N le produit de tous les $\dfrac{r_t}{r_{t,t}}$ (t parcourant une suite des nombres positifs croissants comprenant tous les t tels que $r_t \neq 1$) Calculons ce nombre N.

On peut faire correspondre à chaque $\sigma \in G_{K/k}$ un nombre $t(\sigma)$ [15] qui est Max. $\left(\omega\left(\dfrac{\sigma\pi - A(\pi)}{\pi}\right)\right)$, A parcourant l'ensemble des toutes les transformations $A = (\alpha(x)) = \left(\sum_{i=0}^{+\infty} \gamma_i x^i\right)$, les γ_i étant des racines $p^{f_0}-1^{\text{ièmes}}$ de l'unité ou des zéros, dont $\gamma_0 \neq 0$. On a $t(\sigma) = +\infty$ si, et seulement si $\sigma \in G_{K/k_0}$. Ce $t(\sigma)$ peut être égal à $\omega\left(\dfrac{\sigma\pi - A(\pi)}{\pi}\right)$ pour un $\alpha(x) \equiv 1 \pmod{x}$ si, et seulement si $\sigma \in V_{K/k}$. Tous les σ ayant un $t(\sigma) \geq t$ forment un *hypergroupe*. En effet, si

$$\sigma_1\pi - \pi\alpha_1(\pi) \equiv 0 \pmod{\mathfrak{P}^{1+t}}$$

$$\sigma_2\pi - \pi\alpha_2(\pi) \equiv 0 \pmod{\mathfrak{P}^{1+t}}$$

et si $\sigma_1^* \in \mathrm{gen}_{K^*}\sigma_1$, $\sigma_2^* \in \mathrm{gen}_{K^*}\sigma_2$, $\sigma = \mathrm{corr}_K \sigma_1^*\sigma_2^*$, on a

$$\sigma\pi = \sigma_1^*(\sigma_2\pi) \equiv \sigma_1^*(\pi\alpha_2(\pi)) \equiv \sigma_1^*\pi.\alpha_2(\sigma_1^*\pi) \equiv \pi\alpha_1(\pi).\alpha_2(\pi\alpha_1(\pi)) \pmod{\mathfrak{P}^{1+t}}$$

car $\sigma_1^*\mathfrak{P} = \mathfrak{P}$.

Soit $t_0, t_1, \ldots, t_\eta, t_\eta, t_{\eta+1} = +\infty$ les valeurs que peut prendre $t(\sigma)$ [16], $\sigma \in V_{K/k}$. Soit $\alpha(x) \equiv 1 \pmod{x}$. Soit que $\sigma \in V_{K/k}$ est tel que $\omega\left(\alpha(\pi) - \dfrac{\sigma\pi}{\pi}\right) = \omega_\pi(A)$. Si $\omega_\pi(A) < t(\sigma)$, il existe un $\alpha_1(\pi)$ tel que $\dfrac{\sigma\pi}{\pi} \equiv \alpha_1(\pi) \pmod{\mathfrak{P}^{\omega_\pi(A)}\mathfrak{P}^*}$.

---

(15) J'appelle ce nombre *l'indice d'irrégularité de première espèce de* σ.

(16) J'appelle t_q ($q = 0, 1, \ldots, \eta, \eta+1$) le *q-ième nombre d'irrégularité de première espèce de* K/k.

$$\text{Donc } \gamma_\pi(A) \equiv \frac{\alpha_1(\pi)-\alpha(\pi)}{(\pi\alpha_1(\pi))^{\omega_\pi(A)}} \frac{1}{\alpha_1(\pi)} \in \Omega_{f_0} \text{ ou } \in \Omega_{f_0} + M_q(K/k) \pmod{\mathfrak{P}^*}$$

suivant que $\omega_\pi(A)$ n'est pas ou est un des $v_q(K/k)$. Donc, si t n'est pas parmi les nombres $t_0, t_1, \dots \dots, t_\eta$, on a

$$R_t = R_{t,t}$$

c'est-à-dire

$$\frac{r_t}{r_{t,t}} = 1.$$

Supposons maintenant $\omega_\pi(A) = t(\sigma)$; deux cas peuvent se présenter

1. $t(\sigma)$ n'est pas parmi les nombres $v_q(K/k)$ $(q > 0)$. Alors, $\gamma_\pi(A)$ est bien défini. Soit $t(\sigma) = t_q$, et soit $\overset{(q)}{H}_{K/k}$ l'hypergroupe des tous les $\sigma \in V_{K/k}$ tels que $t(\sigma) \geq t_q$ [17]. Si $\sigma_1 \in \overset{(q)}{H}$, $\sigma_2 \in \overset{(q)}{H}$, si $\sigma_1^* \in \mathrm{gen}_{K^*}\sigma_1 \cap V_{K^*/k}$, et si $\sigma = \mathrm{corr}_K \sigma_1^* \sigma_2^*$, on a

$$\sigma\pi \equiv \sigma_1^*(\sigma_2\pi) \equiv \sigma_1^*(\alpha_2(\pi) + \gamma_\pi(A_2)(\sigma_2\pi)^{1+t_q}) \equiv \alpha_2(\alpha_1(\pi)) + \gamma_\pi(A_1)(\sigma_1\pi)^{1+t_q} + \gamma_\pi(A_2)$$
$$.(\sigma_2\pi)^{1+t_q} \equiv \alpha_2(\alpha_1(\pi)) + (\gamma_\pi(A_1) + \gamma_\pi(A_2))(\sigma\pi)^{1+t_q} \pmod{\mathfrak{P}^{1+t}\mathfrak{P}^*}$$

car $\quad (\sigma_1\pi)^{1+t_q} \equiv (\sigma_2\pi)^{1+t_q} \equiv (\sigma\pi)^{1+t_q} \equiv \pi^{1+t_q} \pmod{\mathfrak{P}^{1+t_q}\mathfrak{P}^*}$.

Donc, on a

$$\gamma_\pi(A_1 * A_2) = \gamma_\pi(A_1)$$

si, et seulement si $A_2(\pi)$ est congrue $\pmod{\mathfrak{P}^{1+t_q}\mathfrak{P}^*}$ à un $\sigma_2\pi$ tel que $\sigma_2 \in \overset{(q+1)}{H}$.

D'autre part, si t_q n'est pas entier, tous les $\alpha(x)$ tels que $\alpha(\pi) - \frac{\sigma\pi}{\pi}$ soit d'ordre $\geq t_q$ (quand σ est fixe) sont congrûs $\pmod{x^{t_q}}$, et leur $\gamma_\pi(A)$ est le même. On a vu que $R_{t,t}$ se réduit à $\{0\}$. Donc, dans ce cas $r_t = \left(\overset{(q)}{H} : \overset{(q+1)}{H}\right)$ et $r_{t,t} = 1$, c'est-à-dire

$$\frac{r_t}{r_{t,t}} = \left(\overset{(q)}{H} : \overset{(q+1)}{H}\right).$$

Si, au contraire, t est entier (on verra d'ailleurs, que ce cas ne peut pas se présenter), $R_{t,t} = \Omega_{f_0}$. D'autre part, pour que $\alpha(\pi) - \frac{\sigma\pi}{\pi}$ soit d'ordre $t(\sigma)$ (σ étant fixe), il faut et il suffit que $\alpha(\pi) \equiv \frac{\sigma\pi}{\pi} \pmod{\mathfrak{P}^{t_q}}$, c'est-à-dire $\alpha(x)$ est déterminé $\pmod{x^{t_q}}$. Donc, puisque t_q est entier, $\gamma_\pi(A)$ parcourt une classe $\pmod{\Omega_{f_0}}$. On ne peut avoir $\gamma_\pi(A_1 * A_2) \equiv \gamma_\pi(A_1)$

---

(17) J'appelle cet hypergroupe *l'hypergroupe d'irrégularité de première espèce d'ordre q de K/k.*

(mod Ω_{f_0}) que si $\gamma_\pi(A_2)\equiv 0$ (mod Ω_{f_0}). Mais alors, si $\gamma_\pi(A)\equiv \frac{A_2(\pi)-\sigma_2\pi}{(\sigma_2\pi)^{1+t_q}}$ (mod $\mathfrak{P}^*$), et si l'on pose $\alpha'_2(x)=\alpha_2(x)-\gamma x^{t_q}$, où $\gamma\in\gamma_\pi(A_2)$, on a $\omega\left(\alpha'_2(\pi)-\frac{\sigma_2\pi}{\pi}\right)\geq t_q+1>t_q$ c'est-à-dire $\sigma_2\in\overset{(q+1)}{H}$. Donc R_t est une réunion des $\left(\overset{(q)}{H}:\overset{(q+1)}{H}\right)$ classes distinctes suivant Ω_{f_0}, c'est-à-dire encore

$$\frac{r_t}{r_{t,t}}=\left(\overset{(q)}{H}:\overset{(q+1)}{H}\right).$$

2. $t(\sigma)=v_q(K/k)=t_{q'}$. Les raisonnements absolument analogues montrent que si $t(\sigma)$ n'est pas entier (on verra, d'ailleurs, que dans ce cas $r_t=r_{t,t}$), on a $R_{t_1t}=M_q(K/k)$, c'est-à-dire

$r_{t_1t}=\frac{n_q(K/k)}{n_{q+1}(K/k)}=\left(\overset{(q)}{V}_{K/k}:\overset{(q+1)}{V}_{K/k}\right)$; on a encore $r_t=\left(\overset{(q')}{H}:\overset{(q'+1)}{H}\right)$. Donc

$$\frac{r_t}{r_{t_1t}}=\frac{\left(\overset{(q')}{H}:\overset{(q'+1)}{H}\right)}{\left(\overset{(q)}{V}:\overset{(q+1)}{V}\right)}.$$

Si $t(\sigma)$ est entier, on a $R_{t_1t}=\Omega_{f_0}+M_q(K/k)$, et R_t est encore la réunion de $\left(\overset{(q')}{H}:\overset{(q'+1)}{H}\right)$ classes suivant Ω_{f_0}. Soit $r_q^{(g)}(K/k)$ le nombre d'éléments de $\Omega_{f_0}\cap M_q(K/k)$. On a $r_{t_1t}=p^{f_0}\frac{n_q}{n_{q+1}}\frac{1}{r_q^{(g)}}$ et $r_t=\left(\overset{(q)}{H}:\overset{(q+1)}{H}\right)p^{f_0}$, c'est-à-dire

$$\frac{r_t}{r_{t_1t}}=r_q^{(g)}\frac{\left(\overset{(q')}{H}:\overset{(q'+1)}{H}\right)}{\left(\overset{(q)}{V}:\overset{(q+1)}{V}\right)}.$$

Il en résulte que

$$N=\prod_{q'=0}^{\eta}\left(\overset{(q')}{H}:\overset{(q'+1)}{H}\right)\prod_{q=0}^{m-1}\frac{n_{q+1}}{n_q:r_q^{(g)}}=\left(\overset{(0)}{H}:\overset{(\eta+1)}{H}\right)\cdot\frac{1}{n_0}\cdot\prod_{q=0}^{m-1}r_q^{(g)}$$

(où l'on pose $r_q^{(g)}=1$, si v_q n'est pas entier).

Or $\overset{(0)}{H}=V_{K/k}$ et $\overset{(\eta+1)}{H}=V_{K/k_g}$. Donc

$$N=\frac{\prod_{q=0}^{m-1}r_q^{(g)}}{n_0(K/k_g)}.$$

Or, $r_q^{(g)}$ est l'ordre de $M_q(K/k) \cap \Omega_{f_0}$. Le quasi-polynôme de $M_q(K/k) \cap \Omega_{f_0}$ est $\vec{\mathfrak{D}}(\lambda_q(z_1), z_1^{f_0} - 1) = \lambda_q^{(g)}(z_1)$. Si $l_q^{(g)}$ est le degré (en z_1) de ce polynôme, on a $r_q^{(g)} = p^{l_q^{(g)}}$.

$M_q(K/k)$ est isomorphe, quand il est organisé par la loi de composition

$$a * b = a \dotplus [b]_{f_0,\, \delta_q},$$

à $G_{(K/k)_{q+1}/(K/k)_q}$. Un sous-hypergroupe M de $M_q(K/k)$ ainsi organise est groupe si, et seulement si on a pour tout élément $a \in M$

$$[a]_{f_0,\, \delta_q} = \{a\}.$$

Si $\delta_q \neq 1$, ceci n'est possible que si $M = \{0\}$. Si $\delta_q = 1$, c'est-à-dire si v_q est entier, ceci équivaut à

$$\langle a \rangle_{f_0} = \{a\},$$

c-est-à-dire

$$a^{p^{f_0}} = a,$$

ou

$$a \in \Omega_{f_0}.$$

Ainsi, si $K_q^{(g)}$ est le moindre surcorps de K_q par rapport auquel K_{q+1} est galoisien, on a

$$r_q^{(g)} = (K_{q+1} : K_q^{(g)}).$$

La connaissance des R_t suffit pour pouvoir déterminer les M_t. Posons les définitions suivantes :

1°. Pour chaque nombre réel positif v définissons de la manière suivante une fonction $\phi(v)$ (18) :

$$\phi(v) = \phi_q + n_q v \quad \text{pour} \quad v_{q-1} \leq v \leq v_q$$

où, $\bar{s}_q$ désignant le nombre supplémentaire $\sum_{i=q}^{m-1} v_i(n_i - n_{i+1})$ de K/K_q,

$$\phi_q = n + \bar{s}_{-1} - \bar{s}_q$$

$\phi(v_q)$ est défini de deux manières: montrons qu'elles conduisent à la même valeur de $\phi(v_q)$; en effet, on a

$$\phi_q + n_q v_q = n + \sum_{i=0}^{m-1} v_i(n_i - n_{i+1}) - \sum_{i=q}^{m-1} v_i(n_i - n_{i+1}) + n_q v_q =$$

$$= n + \sum_{i=0}^{q-1} v_i(n_i - n_{i+1}) + n_q v_q = n + \sum_{i=0}^{q} n_i(v_i - v_{i-1}),$$

(18) La fonction $\phi(v)$ définie ici coïncide à facteur constant $\frac{1}{n}$ près avec la fonction $u(v)$ que M. Hasse a introduite pour l'étude des restes normiques dans les corps galoisiens et abéliens (Voir *Journ. of fac. of sciences, Tokyo,* 1934, t. 2, p. 477—498).

$$\phi_{q+1}+n_{q+1}v_q=n+\sum_{i=0}^{m-1} v_i(n-n_{i+1})-\sum_{i=q+1}^{m-1} v_i(n_i-n_{i+1})+n_{q+1}v_q=$$

$$=n+\sum_{i=0}^{q} v_i(n_i-n_{i+1})+n_{q+1}v_q=n+\sum_{i=0}^{q-1} v^i(n_i-n_{i+1})+v_q(n_q-n_{q+1})+n_{q+1}v_q=$$

$$=n+\sum_{i=0}^{q-1} v_i(n_i-n_{i+1})+n_q v_q=n+\sum_{i=0}^{q} n_i(v_i-v_{i+1})$$

La fonction $\phi(v)$ a les propriétés suivantes :

$\phi(v)$ *est continue et croissante dans dans tout l'intervalle* $(0,+\infty)$

Dans l'intervalle (v_{q-1}, v_q) *on a* $\phi'(v)=n_q$; en particulier, *dans l'intervalle,* $(v_{n-1}, +\infty)$ *on a* $\phi'(v)=1$; d'où $\lim\limits_{v\to+\infty}\dfrac{\phi(v)}{v}=1.$

Si l'on pose $\Delta=\phi(v_q)$, *quand* v *parcourt l'ensemble des tous les entiers* 0, 1, ..., $\phi(v)$ *parcourt tous les entiers divisibles par* n_0 *de l'intervalle* $(\Delta_{-1}=n, \Delta_0)$, *tous les entiers divisibles par* n_1 *de l'intervalle* (Δ_0, Δ_1), ..., *tous les entiers divisibles par* n_q *de l'intervalle* (Δ_{q-1}, Δ_q), ..., *tous les entiers divisibles par* n_{m-1} *de l'intervalle* $(\Delta_{m-2}, \Delta_{m-1})$, *tous les entiers* (car $n_m=1$) *de l'intervalle* $(\Delta_{m-1}, +\infty)$.

Il est à remarquer que

$$\Delta_{m-1}=n+\sum_{i=0}^{m-1} n_i(v_i-v_{i-})=n-1+\sum_{i=0}^{m-1} v_i(n_i-n_{i+1})+(1+v_{m-1})=\theta+1+v_{m-1}$$

où θ est la contribution $\mathfrak{P}$ dans la différente $\delta_{K/k}$ de K/k. $\Delta_q=\phi(v_q)$ est la longeur du segment de la droite $x=n$ du plan qui est compris entre l'axe des x et le prolongement du q-ième côté du polygône de ramification R de K/k, en comptant le côté horisontal $(0, n)$ $(n-n_0, n)$ comme le $(-1)^{ième}$.

2⁰. Définissons de la manière suivante pour chaque nombre réel non négatif v et pour chaque élément ρ d'un champ de Galois une fonction $U_v(\rho)$:

a) $U_0(\rho)=\rho^n$.

b) $\beta_q^{n_{q+1}}$ désignant la classe à laquelle appartient (mod $\mathfrak{P}^*$) le nombre (d'ordre 0)

$$\left[\frac{f^{(n_q)}(\pi x)}{(n_q)!}\right]_{x=1}\pi^{-\phi_q},$$

pour tout v tel que $v_{q-1}<v<v_q$

$$U_v(\rho)=\beta_q^{n_{q+1}}\rho^{n_{q+1}}=z_1^{j_{q+1}}.\beta_q z_1^{l_{q+1}}(\rho),$$

où

$$r_q = p^{l_q}\ ;\ n_q = p^{j_q}.$$

c)

$$U_{v_q}(\rho) = z_1^{j_q+1}.\lambda_q(z_1)(\rho),$$

où $\lambda_q(z_1)$ est la forme du quasi-polynôme de $M_q(K/k)$ obtenue comme il a èté indiqué au § précédent.

Si $v > 0$, $U_v(\rho)$ est, d'après le § 6, une fonction additive de ρ. D'ailleurs, si $v > \Delta_{m-1}$, $\frac{U_v(\rho)}{\rho}$ est une constante.

On a : 1. Si v n'est pas un des v_q, $U_v(\rho_1)$ n'est égal à $U_v(\rho_2)$ que si $\rho_1 = \rho_2$. 2. Si $v = v_q$, $(q \geq 0)$, $U_v(\rho_1) = U_v(\rho_2)$ si, et seulement si $\rho_1 \equiv \rho_2 \pmod{M_q(K/k)}$. En effet $U_v(\rho_1) = U_v(\rho_2)$ $(v > 0)$, équivaut, en vertu de l'additive de $U_v(\rho)$, à $U_v(\rho_1 - \rho_2) = 0$. Or, si v n'est pas un des v_q, $U_v(\rho) = \beta_q \rho^{n_q} = 0$ n'a lieu que si $\rho^{n_q} = 0$ (car $\beta_q \neq 0$), et, puisque n_q est une puissance de p, que si $\rho = 0$; quand $v = v_q$ $(q \geq 0)$, $U_v(\rho) = z^{j_q+1}.\lambda_q(z_1)(\rho) = 0$ si, et seulement si $\lambda_q(z_1)(\rho) = 0$; or, $\lambda_q(z_1)$ étant le quasi-polynôme de $M_q(K/k)$, la condition $\lambda_q(z_1)(\rho) = 0$ équivaut à la condition $\rho \in M_q(K/k)$. C. q. f. d.

Posons $\pi' = \pi + \Delta\pi$, et soit $\Delta\pi = \pi.\rho\pi^v = \pi y$. On a vu que

$$f(\pi + \Delta\pi) = f(\pi(1+y)) = \pi^n \sum_{i=1}^{n} \frac{f^{(i)}(\pi)}{i!} \pi^{i-n} y^i = \pi^n.[\pi^{-n}\Phi(y)].$$

Le polygône caractéristique de $\pi^{-n}\Phi(y)$ est le polygône de ramification R de $f(x)$, dont les sommets sont

$(0, 0), (n - n_0, 0), (n - n_1, \phi_1 - n), (n - n_2, \phi_2 - n), \ldots \ldots, (n - n_q, \phi_q - n), \ldots, \ldots, (n - n_{m-1}, \phi_{m-1} - n), (n - n_m = n - 1, \phi_m - n), (n, +\infty)$.

Le coëfficient angulaire du côté $L_q = (n - n_q, \phi_q - n)(n - n_{q+1}, \phi_{q+1} - n)$ du R est $v_q(K/k)$ (on pose $\phi_{-1} = \phi_0 = n$).

En appliquant le théorème II du § 8 on voit que

1°. Si $v_{q-1} < v < v_q$, le terme préponderant de $\pi^{-n}\Phi(y)$ est

$$\frac{f^{(n_q)}(\pi)}{n_q!} \pi^{n_q - n} y^{n_q};$$

donc, celui de $\Phi(y)$ est

$$\frac{f^{(n_q)}(\pi)}{n_q!} \pi^{n_q} y^{n_q} = \frac{f^{(n_q)}(\pi)}{n_q!} \pi^{n_q + n_q v} \rho^{n_q};$$

son ordre est $\phi_q + n_q v = \phi(v)$ et

$$f(\pi') = \Phi(y) \equiv \beta_q^{n_q+1} \rho^{n_q} \pi^{\phi(v)} \equiv U_v(\rho).\pi^{\phi(v)} \pmod{\mathfrak{P}^{\phi(v)+\varepsilon}}\ (\varepsilon > 0).$$

2°. Si $v = v_q$ et, si $\rho \not\equiv 0 \pmod{M_q(K/k)}$, on a $z_1^{j_q+1}\lambda_q(z_1)(\rho) \neq 0$ et le terme prepondérant de $\pi^{-n}\Phi(y)$ est, comme on vérifie facilement,

$$z_1^{j_q+1}\lambda_q(z_1)(\rho)\pi^{\phi(v_q)-n};$$

donc

$$f(\pi') = \Phi(y) \equiv z^{j_q+1}\lambda_q(z_1)(\rho)\pi^{\phi(v_q)} \equiv U_{v_q}(\rho)\,\pi^{\phi(v_q)} \pmod{\mathfrak{P}^{\phi(v_q)+\varepsilon}} \quad (\varepsilon > 0).$$

Si au lieu de π on prend un conjugué $\sigma\pi$ de π et si

$$\pi'' \equiv \sigma\pi + \rho(\sigma\pi)^{1+v} \pmod{\mathfrak{P}^{1+v+\varepsilon'}} \quad (\varepsilon' > 0),$$

où, si $v = v_q$, on a $\rho \not\equiv 0 \pmod{M_q}$, on a encore

$$f(\pi'') \equiv U_v(\rho)\,(\sigma\pi)^{\phi(v)} \pmod{\mathfrak{P}^{\phi(v)+\varepsilon}} \quad (\varepsilon > 0).$$

Considérons un $A = (\alpha(\pi))$ tel que $\omega_\pi(A) > 0$. Soit

$$\pi' = \pi\alpha(\pi), \text{ et soit que } \sigma \in G_{K/k} \text{ est tel que } \omega\left(\alpha(\pi) - \frac{\sigma\pi}{\pi}\right) = \omega_\pi(A).$$

Alors $\pi' = \pi\alpha(\pi) \equiv \sigma\pi + \gamma(\sigma\pi)^{1+\omega_\pi(A)} \pmod{\mathfrak{P}^{1+\omega_\pi(A)+\varepsilon'}}$ $(\varepsilon' > 0)$, où, suivant que $\omega_\pi(A)$ n'est pas ou est un des v_q, $\bar{\gamma} = \gamma_\pi(A)$ ou $\in \overline{\gamma_\pi(A)}$ (19), donc, dans le deuxième cas, $\underset{(\sqrt[\delta_q]{\pi})}{\bar{\gamma}} \not\equiv 0 \pmod{\underset{(\sqrt[\delta_q]{\sigma\pi})}{M_q(K/k) = M_q(\sigma K/k)}}$. Donc

$$f(\pi') \equiv U_{\omega_\pi(A)}(\gamma)(\sigma\pi)^{\phi(\omega_\pi(A))} \pmod{\mathfrak{P}^{\phi(\omega_\pi(A))+\varepsilon}} \quad (\varepsilon > 0),$$

où

$$U_{\omega_\pi(A)}(\gamma) \not\equiv 0 \pmod{\mathfrak{P}}.$$

Il en résulte que

1°. $$t(A\,;\pi) = \phi(\omega_\pi(A)).$$

2°. $$\overline{\Gamma'}_{t(A\,;\,\pi)} - \overline{\Gamma}_{t(A\,;\,\pi)} = -\,U_{\omega_\pi(A)}(\gamma_\pi(A))\,.\,\Gamma^{a_{t(A\,:\,\pi)}}.$$

En effet, on a $t(A;\pi) = \omega(f(\pi')) = \phi(\omega_\pi(A))$, car $U_{\omega_\pi(A)}(\gamma) \not\equiv 0 \pmod{\mathfrak{P}}$. Ensuite, $\overline{\Gamma'}t(A;\pi) - \overline{\Gamma}t(A;\pi)$ est la classe $(\text{mod. } \mathfrak{P}^\varepsilon)$ $(\varepsilon > 0)$ à laquelle appartient

$$-\frac{f(\pi')}{\pi'^{t(A;\pi)}}\Gamma'^{a_{t(A;\pi)}}.$$

Or $f(\pi') \equiv U_{\omega_\pi(A)}(\gamma)(\sigma\pi)^{t(A;\pi)} \pmod{\mathfrak{P}^{t(A;\pi)+\varepsilon}}$; ensuite, puisque $\omega_\pi(A) > 0$, on a $\pi' \equiv \sigma\pi \pmod{\mathfrak{P}^{1+\eta}}$ $(\eta > 0)$, et $\Gamma' = \Gamma$. D'autre part, si $\omega_\pi(A)$ n'est pas un des v_q, γ est déterminé $(\text{mod. } \mathfrak{P}^{\varepsilon'})$ $(\varepsilon' > 0)$, donc $\overline{U_{\omega_\pi(A)}(\gamma)} = U_{\omega_\pi(A)}(\gamma_\pi(A))$ est parfaitement déterminé ; si $\omega_\pi(A) = v_q$, le reste de γ $(\text{mod. } \mathfrak{P}^{\varepsilon'})$ n'est déterminé que mod. $M_q(K/k)$, mais $U_{v_q}(\rho_1) = U_{v_q}(\rho_2)$

(19) $\bar{\gamma}$ est la classe de restes $(\text{mod } \mathfrak{P}^\varepsilon)$ $(\varepsilon > 0)$ contenant γ.

quand $\rho_1 \equiv \rho_2$ (mod. $M_q(K/k)$; donc encore $\overline{U_{\omega_\pi(A)}(\gamma)} = \overline{U_{\omega_\pi(A)}(\gamma_\pi(A))}$ est parfaitement déterminé. Il en résulte 2⁰.

Considérons un nombre $t > 0$. Soit $t = \phi(t')$. On a $t\,(A\,;\pi) \geq t$ si, et seulement si $\omega_\pi(A) \geq t'$ (l'égalité ayant lieu dans les deux formules en même temps). En particulier, considérons les A tels que $\alpha(x) \equiv 1 \pmod x$ et tels que $t\,(A\,;\pi) > t$. M_t est l'ensemble des tous les $\overline{\Phi_{t,\pi,A}(\Gamma)} - \overline{\Gamma}$. Or

$$\overline{\Phi_{t,\pi,A}(\Gamma)} - \overline{\Gamma} = -U_{t'}\left(\gamma_\pi^{(t)}(A)\right).\Gamma^{a_t}.$$

Donc

$$M_t = U_{t'}(R_{t'}) \,.\, \Gamma^{a_t}.$$

Calculons m_t. $U_{t'}(\rho)$ étant une fonction additive de ρ, la correspondance $\rho \rightarrow U_{t'}(\rho)$ est une homomorphie. Si t' n'est pas un des v_q, $U_{t'}(\rho) = 0$ exige $\rho = 0$, donc cette homomorphie est une isomorphie et

$$m_t = r_{t'}.$$

Si $t' = v_q$, c. a. d. $t = \varphi(v_q) = \Delta_q$, $U_{t'}(\rho) = 0$ si, et seulement si $\rho \in M_q(K/k)$. Donc

$$m_{\Delta_q} = \frac{r_{v_q}}{n_q} \qquad (q \geq 0).$$

Quand t parcourt la suite des entiers $\geq n$, il est visible que t' parcourt toutes les fractions de denominateur $\delta|n_0$ de l'intervalle $(0, v_0)$, toutes les fractions du dénominateur $\delta|n_1$ de l'intervalle $(v_0, v_1), \ldots,$ toutes les fractions du dénominateur $\delta|n$ de l'intervalle $(v_{q-1}, v_q), \ldots,$ tous les entiers (car $n_m = 1$) de l'intervalle $(v_{m-1}, v_m = +\infty)$. Il en résulte: 1°) qu'il n'y a qu'un nombre fini des t' non entiers tels que t soit entier; 2°) un v_q n'est parmi ces t' que s'il est entier (car δ_q est premier à p et $n_0, n_1, \ldots, n_{q-1}, n_q, \ldots$ sont puissances de p). Ensuite, si t' est entier et n'est pas parmi les v_q, $R_{t'}$ est un surmodule de $R_{t',t'} = \Omega_{f_0}$. Donc $r_{t'} = \frac{r_{t'}}{r_{t',t'}} p^{f_0}$. Comme $m_t = r_{t'}$ on a $m_t \equiv 0 \pmod{p^{f_0}}$. Or, evidement $M_t \subseteq \Omega_{f_0}$, donc $p^{f_0} \equiv 0 \pmod{m_t}$. D'où $m_t = p^{f_0}$, et

$$r_{t'} = r_{t',t'}, \text{ et } R_{t'} = R_{t',t'}.$$

Il en resulte que

1°. Un des $t_0, t_1, \ldots \ldots t_\eta$ ne peut être entier que s'il est parmi les v_q.

2°. Si $t = \phi(t')$, où t' est entier, n'est pas parmi les v_q,

$$M_t = \Omega_{f_0} \;;\; \frac{m_t}{p^{f_0}} = 1 = \frac{r_{t'}}{r_{t',t'}}.$$

$G(\pi\,;t)$ est transitif et son élément reduit est 0; $h_t = 1$.

Si t' n'est pas un entier et n'est pas parmi les v_q, on a deux cas :

1°. t' n'est pas non plus parmi les $t_{q'}$; alors $r_{t'} = r_{t',t} = 1$ et $m_t = 1$. Donc

$$M_t = \{0\} \; ; \; m_t = 1 = \frac{r_{t'}}{r_{t',t'}} .$$

2°. $t = t_{q'}$. Alors $r_{t',t'} = 1$, $r_{t'} = \left(\overset{(q')}{H} : \overset{(q'+1)}{H}\right)$, et on a

$$m_t = \left(\overset{(q')}{H} : \overset{(q'+1)}{H}\right) = \frac{r_{t'}}{r_{t',t}} .$$

Supposons maintenant $t' = v_q$; alors on a $R_{t',t'} = M_q$ ou $M_q + \Omega_{f_0}$, suivant que t' n'est pas on est entier, donc, resp. $r_{t',t'} = n_q$ ou $\frac{n_q}{r_q^{(g)}} p^{f_0}$.

Donc, si t' n'est pas entier on a

$$m_t = \frac{r_{t'}}{n_q} = \frac{r_{t'}}{r_{t',t'}} ;$$

et, comme dans ce cas $m_t = 1$ (car $\phi(v_q)$ n'est entier que si v_q l'est), on a que

$$r_{t'} = r_{t',t'} = n_q ,$$

et l'on a, puisque sûrement $\omega_\pi(\sigma) = v_q$ pour tout $\sigma \in \overset{(q)}{V} - \overset{(q+1)}{V}$, que $t = v_q = t_{q'}$ et que $\left(\overset{(q')}{H} : \overset{(q'+1)}{H}\right) = \left(\overset{(q)}{V} : \overset{(q+1)}{V}\right) = r_{t'} = r_{t',t'}$.

Si t' est entier, on a

$$\frac{m_t}{p^{f_0}} = \frac{r_{t'}}{p^{f_0} n_q} = \frac{r_{t'}}{r_{t',t'}} \cdot \frac{1}{r_q^{(g)}} .$$

Donc

a) Si t est tel que t' n'est pas entier, on a $m_t = \frac{r_{t'}}{r_{t',t'}}$ (ce qui est égal, si $t' = v_q$, aussi à $\frac{r_{t'}}{r_{t',t'}} \frac{1}{r_q^{(g)}}$, car si v_q est fractionnaire, on a $r_q^{(g)} = 1$).

b) Si t est tel que t' est entier, $\frac{m_t}{p^{f_0}} = \frac{r_{t'}}{r_{t',t'}}$ où $\frac{r_{t'}}{r_{t',t'}} \frac{1}{r_q^{(g)}}$, suivant que des t' n'est pas un des v_q ou $t' = v_q$.

Prenons maintenant un A quelconque, mais tel que $t(A\,;\pi) > n$. Alors, si $\alpha(x) \equiv \gamma \pmod{x}$, on a $\gamma^h = 1$. Donc il existe un $\sigma \in G_{K/k}$ tel que $\frac{\sigma\pi}{\pi} \equiv \gamma \pmod{\mathfrak{P}^*}$, donc $\omega_\pi(A) > 0$. Ceci posé, soit $t(A\,;\pi) = t$. Si $\xi = \gamma^t = 1$, T(A) est une traslation u qui est un élément de M_t, donc, comme $u = -U_{t'}(\gamma_{t'}^{(\pi)}(A)).\Gamma^{a_t}$, on a $\gamma_{t'}^{(\pi)}(A) \in R_{t'}$ (où $t' = \omega_\pi(A)$). Soit

$\xi \neq 1$. Soit P le pole de A pour π et t. Alors

$$\Phi_{t,\pi,A}(\overline{\Gamma}) - \overline{\Gamma} = (\xi - 1)(\overline{\Gamma} - P)$$

mais, d'autre part

$$\Phi_{t,\pi,A}(\overline{\Gamma}) - \overline{\Gamma} = -U_{t'}(\gamma_{t'}^{(\pi)}(A)).\Gamma^{a_t}.$$

Donc $\overline{\Gamma}$ est dans la classe polaire, c'est-à-dire $\overline{\Gamma} \equiv P \pmod{M_t}$, si, et seulement si $\gamma_{t'}^{(\pi)}(A) \equiv 0 \pmod{R_{t'}}$. Et, d'ailleurs, la „distance polaire" $\overline{\Gamma} - P$ est

$$\frac{U_{t'}(\gamma_{t'}^{(\pi)}(A))}{1-\xi} \cdot \Gamma^{a_t}.$$

Posons $r_{-1}^{(g)} = (h, p^{f_0} - 1)$. A chaque $t > n$ on peut faire correspondre un diviseur $\varkappa_t$ de $r_{-1}^{(g)}$ tel que pour qu'il existe un $A = (\alpha(x))$ avec $\alpha(x) \equiv \gamma \pmod{x}$ tel que $t(A;\pi) \geq t$, il soit nécessaire et suffisant que $\gamma^{\varkappa_t} = 1$. On a $h_t = \dfrac{\varkappa_t}{(\varkappa_t, t)}$ (car $\xi(A) = 1$ si, et seulement si $\gamma^t = 1$, c'est-à-dire $\gamma^{(\varkappa_t, t)} = 1$), et $\varkappa_{t+1} = \varkappa_t$ ou $\dfrac{\varkappa_t}{h}$, suivant que Γ_t est ou n'est pas dans la classe polaire. En effet, on a vu que dans la première hypothèse il existe un A ayant le même γ, tel que $T(A)(\overline{\Gamma}) = \overline{\Gamma}$, c'est-à-dire $t(A;\pi) > t$. Et dans la deuxième hypothèse on a $t(A;\pi) = t$ pour tout A tel que $\xi(A) \neq 1$.

On a $\varkappa_{n+1} = r_{-1}^{(g)}$; $r_{-1}^{(g)}$ peut s'interpréter comme $(K_0; K_{-1}^{(g)})$, où $K_{-1}^{(g)}$ est le moindre surcorps de $K_{-1} = k$ par rapport auquel K_0 est galosien.

Soit $t^{(0)}, t', \ldots, t^{(\eta')}$ tous les t, tels que $h_t \neq 1$, écrits dans l'ordre des grandeurs croissantes, c. a. d. tous les t tels qu'il existent des $\gamma_{t'}^{(\pi)}(A)$ en dehors de R_t. Quand $t > t^{(\eta')}$, $\varkappa_t$ reste constant; appelons le $h_{+\infty}$.

On a

$$r_{-1}^{(g)} = \varkappa_{n+1} = \varkappa_t \prod_{t^{(i)} < t} h_{t^{(i)}} = h_{t^{(0)}} \cdot h_{t^{(1)}} \ldots h_{t^{(\eta)}} \cdot \varkappa_{t^{(\eta)}+1} = h_{t^{(0)}} h_{t^{(1)}} \ldots h_{t^{(\eta)}} \cdot h_{+\infty}$$

c'est-à-dire

$$\prod_{i=0}^{\eta'} h_{t^{(i)}} = \frac{r_{-1}^{(g)}}{h_{+\infty}}.$$

Les résultats précédents montrent, d'ailleurs, que $r_{-1}^{(g)}$ et les $t^{(i)}$ déterminent les $h_{t^{(i)}}$. Considérons un γ tel que $\gamma^{h_{+\infty}} = 1$. On peut trouver une suite $A_1, A_2, \ldots$ des A_i telle que $t(A_i;\pi) \geq n+i$ et que $\alpha_i(x) \equiv \gamma \pmod{x}$.

Soit $A_{i+1} = B_i * A_i$. Alors, on peut choisir les A_i de manière que, si $B_i = (\beta_i(x))$, on ait $\beta_i(x) \equiv 1 \pmod x$. On aura $t(B_i ; A_i(\pi)) \geq n+i$. Donc, si $n+i = \phi(i')$, on a $\omega_{A_i(\pi)}(B_i) = \omega_\pi(B_i) \geq i'$. Donc A_i et A_{i+1} auront les mêmes γ_j pour $j < i'$. Or $\lim i' = +\infty$. Donc, a partir d'un $i(j)$, γ_j sera le même dans tous les $\alpha_i(x)$, soit $\gamma_j^{(0)}$. Si l'on pose

$$\alpha(x) = \sum_{i=0}^{+\infty} \gamma_i^{(0)} x^i \quad \text{et} \quad A = (\alpha(x)),$$

on a $\alpha(x) \equiv \alpha_i(x) \pmod{x^{i'}}$, donc

$$t(A ; \pi) \geq \text{Min}\,(n+i,\ t(A_i ; \pi)) \geq n+i.$$

i étant quelconque, on voit que $t(A ; \pi) = +\infty$, c'est-à-dire $\pi \to A(\pi) = \pi\alpha(\pi)$ est un automorphisme de K/k, c'est-à-dire un élément de G_{K/k_g}. Comme tout A tel que $\gamma_{h_{+\infty}} \neq 1$ a un $t(A ; \pi)$ fini, on voit que $\beta_{-1}(T_{K/k_g})$ parcourt l'ensemble des racines $h_{+\infty}$ièmes de l'unité dans Ω_{f_0}, c'est-à-dire

$$h_{+\infty} = r_{-1}(K/k_g)$$

et

$$\prod_{i=0}^{\eta'} h_{t^{(i)}} = \frac{r_{-1}^{(g)}}{r_{-1}(K/k_g)}.$$

Appelons I_t le nombre d'éléments du système d'intransitivité de $G(\pi ; t)$ auquel appartient $\overline{\Gamma}_t$. Définissons pour chaque entier $t \geq n$ un nombre ψ_t de la manière suivante :

a) $\psi_n = \dfrac{I_n}{p^{f_0} - 1}$.

b) Si $t = \phi(t') > n$ et si t' est entier, $\psi_t = \dfrac{I_t}{p^{f_0}}$.

c) Si $t = \phi(t') > n$ et si t' n'est pas entier, $\psi_t = I_t$.

Appelons *indice canonique* de $f(x)$ le produit

$$I = \prod_{t=n}^{+\infty} \psi_t.$$

Ce produit à un sens, car il n'y a qu'un nombre fini des t qui ne soient pas de la catégorie *b)*, et si $t = \phi(t') > n$ avec t' entier, on a $\psi_t = 1$, dès que t n'est pas parmi les nombres de ramification de K/k.

On a, d'après ce qui précède :

1. Si $t > n$ n'est ni un v_q, ni un $t^{(i)}$, $\psi_t = \dfrac{r_{t'}}{r_{t',t'}}$.

2. Si $t > n$ est un v_q, mais n'est pas un $t^{(t)}$, $\psi_t = \frac{r_{t'}}{r_{t',t'}} \cdot \frac{1}{r_q^{(g)}}$.

3. Si $t > n$ n'est pas un v_q, mais est un $t^{(i)}$, on a $\phi_t = h_{t^{(i)}} \frac{r_{t'}}{r_{t',t'}}$

4. Si $t = v_q = t^{(i)} > n$, on a $\psi_t = \frac{h_{t^{(i)}}}{r_q^{(g)}} \frac{r_{t'}}{r_{t',t'}}$

5. $\psi_n = \frac{p^{f_0}-1}{r_{-1}^{(g)}} \cdot \frac{1}{p^{f_0}-1} = \frac{1}{r_{-1}^{(g)}}$

Donc

$$I = r_{-1}^{(g)^{-1}} \prod_{q=0}^{m-1} \frac{1}{r_q^{(g)}} \cdot \prod_{i=0}^{\eta'} h_{t^{(i)}} \cdot N = r_{-1}^{(g)^{-1}} \cdot \prod_{q=0}^{m-1} \frac{1}{r_q^{(g)}} \cdot \frac{r_{-1}^{(g)}}{r_{-1}(K/k_g)} \cdot \frac{\prod_{q=0}^{m-1} r_q^{(g)}}{n_0(K/k_g)} =$$

$$= \frac{1}{r_{-1}(K/k_g)n_0(K/k_g)} = \frac{1}{(K:k_g)},$$

c'est-à-dire *l'indice canonique de $f(x)$ est egal à l'inverse du dégré de* K/k_g. Etudions maintenant comment varient les M_t et les $t^{(i)}$ quand on passe de π à un autre nombre π' d'ordre 1 du même corps K. Soit $\pi' = \alpha_1\pi + \alpha_2\pi^2 + \ldots$, $\alpha_1, \alpha_2, \ldots$ étant des racines $p^{t_0} - 1^{\text{ièmes}}$ del' unité ou des zéros, dont $\alpha_1^n = 1$. Soit que $A = (\alpha(\pi))$ et que $\alpha(\pi) - \frac{\sigma\pi}{\pi} \equiv \gamma(\sigma\pi)^t \frac{\sigma\pi}{\pi}$ (mod. $\mathfrak{P}^{t+\varepsilon}$, $\varepsilon > 0$). Posons $\bar{A} = (\bar{\alpha}(x))$ avec

$$\pi' . \bar{\alpha}(\pi') = \alpha_1 \pi \alpha(\pi) + \alpha_2 \pi^2 \alpha(\pi)^2 + \ldots$$

On trouve

$$\pi'\bar{\alpha}(\pi') - \sigma\pi' = \alpha_1[\pi\alpha(\pi) - \sigma\pi] + \alpha_2[(\pi\alpha(\pi))^2 - (\sigma\pi)^2] + \ldots \equiv$$

$$\equiv \alpha_1[\pi\alpha(\pi) - \sigma\pi] \pmod{\mathfrak{P}(\pi\alpha(\pi) - \sigma\pi)}.$$

Donc

$$\bar{\alpha}(\pi') - \frac{\sigma\pi'}{\pi'} \equiv \alpha_1 . \gamma(\sigma\pi)^t \frac{\sigma\pi}{\pi} \cdot \frac{\pi}{\pi'} \equiv \gamma(\sigma\pi')^t \frac{\sigma\pi'}{\pi'} \cdot \frac{\alpha_1\sigma\pi}{\sigma\pi'} \cdot \left(\frac{\sigma\pi}{\sigma\pi'}\right)^t \pmod{\mathfrak{P}^{t+\varepsilon}}.$$

Or

$$\sigma\pi' \equiv \alpha_1\sigma\pi \pmod{\mathfrak{P}^{t+\varepsilon}},$$

donc

$$\bar{\alpha}(\pi') - \frac{\sigma\pi'}{\pi'} \equiv \alpha_1^{-t} . \gamma(\sigma\pi')^t \pmod{\mathfrak{P}^{t+\varepsilon}}.$$

Désignons par R'_t, M'_t, $t^{(i)'}$ les modules et les nombre rélatifs à π'. Il résulte du résultat précedent que, si $A^* = (\alpha_1 + \alpha_2 x + \ldots)$,

$$R'_{t'} = \xi'(A^*) R_{t'}, \text{ où } \xi'(A^*) \equiv \alpha_1^{-t'},$$

$$t^{(i)'} = t^{(i)}.$$

Pour déterminer les $M'_{t'}$ il faut voir ce que deviennent les $U_v(\rho)$ quand on passe de π à π'. Le polygône R restant le même, on a que $U_v(\rho)$ est la classe (mod $\mathfrak{P}^{\varepsilon}$) à laquelle appartient

$$\frac{f(\pi+\rho\pi^{1+v})}{\pi^{\phi(v)}}=\frac{\Pi(\pi+\rho\pi^{1+v}-\sigma\pi)}{\pi^{\phi(v)}}.$$

Si

$$v_{q-1}<v<v_q,$$

on a

$$U_v(\rho)=\prod_{\sigma\in T-V}(1-\beta_{-1}(\sigma)).\prod_{i=0}^{q-1}\prod_{\substack{(i)(i+1)\\ \sigma\in V-V}}(-\beta_i(\sigma)).\rho^{n_q}=-h^{n_0}\prod_{i=0}^{q-1}\prod_{\substack{(i)(i+1)\\ \sigma\in V-V}}(-\beta_i(\sigma))\rho^{n_q}.$$

Désignons par par $U'_v(\rho)$ ce que devient $U_v(\rho)$ quand on passe de π a π' en conservant ρ. Si l'on change ρ en $\alpha_1^{-v}\rho$ et si l'on remplace π par $\alpha_1\pi+\alpha_2\pi^2+\cdots$, $\beta_i(\sigma)$ se divise par $\alpha_1^{v_i}$ et

$$U'_v(\alpha_1^{-v}\rho)=\alpha_1^{-\left(\sum_{i=0}^{q-1}v_i(n_i-n_{i+1})+n_qv\right)}U_v(\rho)=\alpha_1^{-\phi(v)}U_v(\rho).$$

Si $v=v_q$, on a

$$U_v(\rho)=\prod_{\sigma\in T-V}(1-\beta_{-1}(\sigma))\prod_{i=0}^{q-1}\prod_{\substack{(i)(i+1)\\ \sigma\in V-V}}(-\beta_q(\sigma)).\prod_{\substack{(q)\\ \sigma\in V}}(\rho-\beta_q(\sigma))$$

$\beta_i(\sigma)$ se multiplie par $\alpha_1^{-v_i}$ quand on remplace π par π', et $\rho-\beta_q(\sigma)$ se multiplie par $\alpha_1^{-v_q}=\alpha_1^{-v}$ quand on remplace aussi ρ par $\alpha_1^{-v_q}\rho$. Donc encore

$$U'_v(\alpha_1^{-v}\rho)=\alpha_1^{-\sum_{i=0}^{q-1}v_i(n_i-n_{i+1})+n_qv_q}U_v(\rho)=\alpha_1^{-\phi(v)}U_v(\rho).$$

Ainsi, soit $t=\phi(t')$. On a

$$R'_{t'}=\alpha_1^{-t'}R_{t'}.$$

Donc $M'_t=U'_{t'}(R'_{t'})\Gamma'^{\alpha_t}=U'_{t'}(\alpha_1^{-t'}R_{t'})\Gamma^{\alpha_t}=\alpha_1^{-t}U_{t'}(R_{t'})\Gamma^{\alpha_t}=\alpha_1^{-t}M_t=\mathcal{E}(A^{\cdot})M_t.$

Il en résulte, en particulier, que si $\omega(A^{\cdot})>0$, on a

$$M'_t=M_t.$$

On a vu que si $t \leq t(A^{\bullet};\pi)$, on a

$$\xi(A^{\bullet}) . M_t = M_t .$$

Donc, si $t \leq t(A^{\bullet};\pi)$, on a

$$M'_t = M_t .$$

Ceci permet de démontrer le théorème que nous avons énoncé

Théorème 1: *Parmi les équations d'Eisenstein équivalentes d'une équation d'Eisenstein donnée il y une et une seule qui est réduite.*

Démonstration. Supposons que $\pi_i = A_i(\pi)$ satisfait à une équation dont les Γ_t pour $t \leq n+i$ soient réduits. On peut trouver un B_i tel que $t(B_i;\pi_i) \geq n+i+1$ de manière que Γ_{n+i+1} soit réduit pour $B_i(\pi_i) = A_{i+1}(\pi)$, où l'on pose $A_{i+1} = B_i * A_i$. Comme les M_t pour les $t \leq t(B_i;\pi_i)$, donc à fortiori pour les $t \leq n+i$, sont les mêmes pour π_i et pour π_{i+1}, les Γ_t, $t \leq n+i$, restent encore réduits.

De plus, si $n+i \geq t^{(\eta')}$, on peut supposer que B_i est tel que $\omega(B_i) > 0$. Dans ce cas, si, de plus, $n+i > \Delta_{m-1}$, on a $\omega(B_i) > n+i-\phi_m$, c'est-à-dire $\omega(B_i) \to +\infty$. Donc $\omega(\pi_{i+1}-\pi_i) \to +\infty$, et la suite π, π_0, $\pi_1, \ldots, \pi_i, \ldots$ converge vers un $\pi^{\bullet}$.

Choisissons $A^{\bullet}$ tel que $A^{\bullet}(\pi) = \pi^{\bullet}$. Si l'on pose $A^{\bullet} = B^{\bullet}_i * A_i$, on a $t(B^{\bullet}_i;\pi_i) \geq n+i+1$, donc les Γ_t pour $t \leq n+i$ sont les mêmes pour π_i et pour $\pi^{\bullet}$, ainsi que les modules M_t des mêmes t; il en est de même des nombres $t^{(i)}$, donc aussi des $h_{t^{(i)}}$. Par conséquent les Γ_t, pour $t \leq n+i$, de $\pi^{\bullet}$ sont réduits. Comme i est arbitraire, tous les Γ_t sont réduits et $\pi^{\bullet}$ satisfait à une équation réduite.

Supposons maintenant qu'il y ait deux nombres π et $\pi^{\bullet}$ de K/k satisfaisant à deux équations d'Eisenstein réduites distinctes. Comme ces nombres satisfont à des équations d'Eisenstein, ils sont tous les deux d'ordre 1. Donc, on peut trouver une transformation $A^{\bullet}$ telle que $\pi = A^{\bullet}(\pi)$. On a forcement $t(A^{\bullet};\pi) \neq +\infty$, car autrement π et $\pi^{\bullet}$ satisfairaient à la même équation. Donc pour π et $\pi^{\bullet}$ tous les M_t pour les $t \leq t(A^{\bullet};\pi)$, ainsi que les $t^{(i)}$, sont identiques (20). On a

$$\Phi_{t, A^{\bullet};\pi}(\Gamma_t) = \Gamma_t \text{ pour } t < t(A^{\bullet};\pi)$$

et

$$\Phi_{t, A^{\bullet};\pi}(\Gamma_{t(A^{\bullet};\pi)}) \neq \Gamma_{t(A^{\bullet};\pi)} .$$

Donc $\Phi_{t, A^{\bullet};\pi}(\overline{\Gamma}_{t(A^{\bullet};\pi)})$ est un élément du système d'intransitivité de $G(\pi, t(A^{\bullet};\pi))$ contenant $\overline{\Gamma}_{t(A^{\bullet};\pi)}$ différent de $\overline{\Gamma}_{t(A^{\bullet};\pi)}$. Comme ce système ne contient qu'un seul élément réduit, un des $\overline{\Gamma}_{t(A^{\bullet};\pi)}$, $\Phi_{t, A^{\bullet};\pi}(\overline{\Gamma}_{t(A^{\bullet};\pi)})$ ne l'est pas, contre l'hypothèse, ce qui achéve la démonstration.

(20) Car, si $t(A^{\bullet};\pi) > 0$ et si $A^{\bullet} = (\alpha^{\bullet}_0 + \alpha^{\bullet}_1 x + \ldots)$, on a $\alpha_0^{\bullet n} = 1$.

Remarque : Tous les éléments de K/k qui satisfont à la seule équation d'Eisenstein réduite qui définit ce corps se déduisent évidemment de l'un d'eux par des automorphismes de K/k, c'est-à-dire par les éléments de G_{K/k_g}. Donc leur nombre est

$$(K : k_g) = \frac{1}{I}\cdot$$

Etudions maintenant les propriétés d'une équation réduite. Soit

$$f(x) = x^n + \sum_{t=0}^{+\infty} \Gamma_t X_t = 0$$

une équation réduite.

Théorème II : *Soit $n_q = p^{j_q}$ et soit que $j_q > j \geq j_{q+1}$, Si t est un entier d'ordre j en p tel que $\Gamma_t \neq 0$, ou bien t est contenu dans l'intervalle fermé*

$$(\phi_q + v_q(n_q - p^j),\ \Delta_q = \phi_q + v_q n_q)$$

de longueur $p^j v_q \leq \dfrac{E}{p^{j_q - j - 1}(p-1)}$, *ou bien il est un des* $\Delta_i (i = q, q+1, \ldots, m)$.

Démonstration. Par définition

$$\begin{aligned} w_j = \operatorname{Min}\,&[w_{j+1} + E,\ t]\\ &t \not\equiv 0 \ (\text{mod. } p^{j+1})\\ &\Gamma_t \neq 0\,. \end{aligned}$$

Donc si l'on aurait $\Gamma_t \neq 0$ pour un $t < \phi_q + v_q(n_q - p^j)$, le point $(n - p^j,\ w_j - n)$ se trouverait au-dessous du polygône de ramification R, ce qui est absurde. D'autre part si $t > \Delta_q$ est divisible par p^j, donc par $p^{j_{q+1}} = n_{q+1}$, il existe un entier t' tel que $t = \phi(t')$. Si, de plus, t n'est pas parmi les Δ_q, c'est-à-dire t' n'est pas parmi les v_q, on a $M_t = \Omega_{f_0}$, c'est-à-dire l'élément réduit est 0. Donc $\Gamma_t = 0$ et tout est prouvé.

Conséquence : *Si* $t > \Delta_{m-1}$, $\Gamma_t = 0$.

Théorème III : Δ_q *étant entier, soit que* $\overleftarrow{\mathfrak{M}}(z_1^{f_0} - 1,\ z_1^{j_{q+1}} \lambda_q(z_1)) = \mu_q(z_1)\, z_1^{j_{q+1}} \lambda_q(z_1)$. *Alors le degré de* $\mu_q(z_1)$ *est* $f_0 - \log_p r_q^{(g)}$, *et le quasi-polynôme de* $\overleftarrow{\Gamma^{-a_{\Delta_q}} M_{\Delta_q}}$ *est multiple de* $\mu_q(z_1)$.

Démonstration : On a que $R_{r_q} \supseteq \Omega_{f_0}$, donc $\Gamma^{-a_{\Delta_q}} M_{\Delta_q} = U v_q(R_{r_b})$ est un surmodule de $M = z^{j_{q+1}} \cdot \lambda_q(z_1)\,(\Omega_{f_0})$. Or, on a pour tout $m \in M$ $\overleftarrow{\mu(z_1)}(m) = 0$ seulement si $\mu(z_1)\, z^{j_{q+1}} \lambda_q(z_1) \equiv 0 \ (\text{mod } z_1^{f_0} - 1)$, c'est-à-dire si $\mu(z_1) \equiv 0 \pmod{\overleftarrow{\mu_q(z_1)}}$. Donc, en particulier, le quasi-polynôme de $\Gamma^{-a_{\Delta_q}} M_{\Delta_q}$ est $\equiv 0 \pmod{\overleftarrow{\mu_q(z_1)}}$.

Enfiin le degré de $\mu_q(z_1)$ est égal à f_0 moins le degré de $\overrightarrow{\mathfrak{D}}(z_1^{f_0} - 1, \lambda_q(z_1))$, c'est-à-dire à $f_0 - \log_p r_q^{(g)}$.

Théorème IV: *Le dénominateur de t_q est une puissance de p dont l'exposant est zéro si, et seulement si t_q est un nombre de ramification entier de K/k. Si $\phi(t_q)$ est d'ordre j ($j_{q'} > j \geq j_{q'+1}$) en p, $\phi(t_q)$ se trouve, quand il n'est pas un des Δ_i, à l'intérieur de l'intervalle (ouvert)*

$$(\phi_{q'} + v_{q'}(n_{q'} - p^j),\ \Delta_{q'} = \phi_{q'} + v_{q'} n_{q'}).$$

Démonstration : t_q n'est entier que s'il est un nombre de ramification de K/k, car autrement on a $R_{t_q} = R_{t_q, t_q} = \Omega_{f_0}$. D'autre part, $\phi(t_q)$ doit être entier. Si $\phi(t_q)$ est dans l'intervalle $(\Delta_{q'-1}, \Delta_{q'})$ on a $\phi(t_q) = \phi_{q'} + n_{q'} t_{q'}$, c'est-à-dire $t_q = \dfrac{\phi(t_q) - \phi_{q'}}{n_{q'}}$; donc le dénominateur de t_q est diviseur de $n_{q'} = p^{j_{q'}}$, c'est-à-dire une puissance de p.

Si t est d'ordre j en p, et si $t \leq \phi_{q'} + v_{q'}(n_{q'} - p^j)$, on doit avoir $M_t = \{0\}$. Car autrement il existerait un $\pi' \equiv \pi \pmod{\mathfrak{P}^2}$ qui satisfairait à une équation ayant soit un autre polygône de ramification R (si $t < \phi_{q'} + v_{q'}(n_{q'} - p^j)$), soit un autre $\lambda_{q'}(z_1)$ (si $t = \phi_{q'} + v_{q'}(n_{q'} - p^j)$), ce qui est impossible. Si $\phi(t) \geq \Delta_{q'}$, sans être un des Δ_i, t est entier qui n'est pas un v_q. Ceci montre que $\phi(t_q)$ est bien à l'intérieur de l'intervalle indiqué.

Théorème V. *Si $t^{(q')} = \phi(t^{(q')*})$, 1°. Les denominateurs des $t^{(q')*}$ sont puissances de p, dont l'exposant n'est nul que si $t^{(q)*}$ est un nombre de ramification entier de K/k. 2°. Si $t^{(q)}$ est d'ordre j en p ($j_{q'} > j \geq j_{q'+1}$), $t^{(q)}$ se trouve, quand il n'est pas un Δ_i, dans l'intervalle indique fermé. 3°. $P_{\phi_q + v_q(n_q - p^j), \pi, A} = 0$ quand $\phi_q + v_q(n_q - p^j)$ est entier, π etant un nombre quelconque de K d'ordre 1 et A étant une transformation quelconque telle que $t(\pi; A) \geq \phi_q + v_q(n_q - p^j)$ et que $\xi(A) \neq 1$. 4°. Si $t \leq t^{(q)}$, $l(m_t - 1) \equiv 0 \pmod{\varkappa_{t^{(q)}}}$.*

Démonstration : 1°. et 2°. se démontrent comme dans le théorème précédent. 3°. suit de ce que $U'_{v_q}(\gamma^{v_q}) = U_{v_q}(\rho) \cdot \gamma^{-\phi(v_q)}$, où $\pi' \equiv \gamma\pi$ (mod.

$\mathfrak{P}^2$). Car en effet, on a, en explicitant cette formule,

$$\Phi_{\phi_q + v_q(n_q - p^j), \pi, A}(\bar{\Gamma}) = \gamma^{-\phi_q - v_q(n_q - p^j)}\bar{\Gamma},$$

où

$$A(\pi) \equiv \gamma\pi \pmod{\mathfrak{P}^2},$$

on voit bien que si $\xi(A) = \gamma^{-\phi_q - v_q(n_q - p^j)} \neq 1$, $T(A)$ est une homotétie de Ω_{f_0} par rapport à 0, qui est ainsi le pôle de A.

Enfin, si $t \leq t^{(q)}$, on a, si $\gamma^{\varkappa_t(q)} = 1$,

$$\gamma^{-t} M_t = M_t.$$

Il en resulte, puisque on peut prendre γ tel que γ^{-t} soit une racine $\frac{\varkappa_t(q)}{(t, \varkappa_t(q))}$ — ième primitive de l'unité, que $m^t - 1 \equiv 0 \left(\bmod \frac{\varkappa_t(q)}{(t, \varkappa_t(q))}\right)$, et que $t(m_t - 1) \equiv 0 \pmod{\varkappa_t(q)}$

Voyons maintenant quelles simplifications subit la théorie exposée dans des cas particuliers :

Tout d'abord il y a deux cas où les systèmes d'intransitivité de $G(t, \pi)$ pour $t > n$ se réduisent certainement aux classes (mod. M_t); à savoir le cas manifeste $h = 1$ et le cas de K/k galoisien. Dans ce dernier cas les t_i n'existent pas (sauf $t_0 = +\infty$), donc *si* K/k *est galoisien* $M_{\phi(t')} = \{0\}$ *quand* t' *n'est pas entier,* $M_{\phi(t')} = \Omega_{f_0}$ *quand* t' *est entier et non égal à aucun des* v_q, *et* M_{Δ_j} *est l'ensemble des racines de l'équation* $\mu_q(z_1)(x) = 0$, où $\mu_q(z_1)\lambda_q(z_1) = z_1^{f_0} - 1$ $(q \geq 0)$.

$I = \frac{1}{(K:k)}$ *si, et seulement si* K/k *est galoisien.*

Un cas remarquable est celui *où* K/k *n'a qu'un seul nombre de ramification effectif non infini* v (c'est-à-dire si $v = 0$, $n = h = 1$).

Posons $\Delta = \phi(v)$. Deux cas se présentent :

1° $v = 0$. Alors les systèmes d'intransitivité de $G(n, \pi)$ sont les classes suivant le groupe multiplicatif des racines $\frac{p^{f_0} - 1}{(h, p^{f_0} - 1)}$ ièmes de l'unité et l'ensemble $\{0\}$. Si $t > n$, on a $M_t = \Omega_{f_0}$. Donc l'équation réduite est

$$x^h - \Gamma\bar{\pi} = 0$$

où $\Gamma = \rho^i$ $(i = 0, 1, \ldots, (h, p^{f_0} - 1) - 1)$. C'est le théorème cité au § 3 de M. Hensel. On a ici $I = \frac{1}{(h, p^{f_0} - 1)}$.

2° $v \neq 0$. Alors $h = 1$, $n = p^j$, on a $M_t = \{0\}$ quand $t \not\equiv 0 \pmod{n}$ est $< \Delta = n(1 + v)$ et $M_t = \Omega_{f_0}$ quand $t > \Delta$ ou $t \equiv 0 \pmod{n}$. M_Δ est l'ensemble de racines de $\mu(z_1)(x) = 0$, où $\mu(z_1)\lambda_1(z_1) = \overleftarrow{\mathfrak{M}}(z_1^{f_0} - 1, \lambda(z_1))$.

On a ici $I = \dfrac{1}{p^{\nu(\vec{\mathfrak{D}}(\lambda(z_1)\, z_1^{f_0} - 1))}}$, et $t_0 = +\infty$ (car $(K : k_g) = r_0^{(g)}$).
L'équation réduite a la forme

$$(1) \qquad x^{p^j} + \sum_{q=1}^{j-1} \sum_{\substack{p^j + v(p^j - p^{j-q}) \leq i < p^j + v(p^j - p^{j-q-1});\\ i \equiv 0 \ (\mathrm{mod}\ p^{j-q});\\ i \not\equiv 0 \ (\mathrm{mod}\ p^j);}} \Gamma_i \pi^{E\left(\frac{i}{p^j}\right)} x^{i - p^j E\left(\frac{i}{p^j}\right)} +$$

$$+ \sum_{\substack{i = p^j + v(p^j - 1);\\ i \not\equiv 0 \ (\mathrm{mod}\ p^j);\\ \text{ou } i = p^j + vp^j;}}^{p^j + vp^j} \Gamma_i \overline{\pi}^{E\left(\frac{i}{p^j}\right)} x^{i - p^j E\left(\frac{i}{p^j}\right)} = 0.$$

Un cas particulier remarquable des cas précédents est celui où K/k est *primitif*. Si $v = 0$, $n = h$ est premier. Si $p^{f_0} \equiv 1 \pmod h$, K/k est galoisien, $I = \dfrac{1}{h} = \dfrac{1}{(K : k)}$ et l'équation réduite est

$$x^h - \rho^i \overline{\pi} = 0, \quad \text{où } i = 0, 1, \ldots, h-1.$$

Si $p^{f_0} \not\equiv 1 \pmod h$, K/k est non-galoisien, et $k_g = K$. Ici $I = 1$ et l'équation réduite est

$$x^h - \overline{\pi} = 0.$$

Si $v > 0$, deux cas peuvent se présenter :

a) $z_1^{f_0} \equiv 1 \ (\mathrm{mod}\ \overleftarrow{\lambda(z_1)})$. Alors K/k est galoisien et $\nu(\lambda(z_1)) = 1$. $\lambda(z_1)$ a la forme $z_1 - \omega^{p-1}$, où $\omega \in \Omega_{f_0}$, $M_\Delta = M_{p(1+v)}$ se définit par la $M_\Delta \times M^{(\pi)}(K/k) = \Omega_{f_0}$, où $M^{(\pi)}(K/k) = \{0, \omega, 2\omega \ldots, (p-1)\omega\}$. On a ici $I = \dfrac{1}{p} = \dfrac{1}{n}$, $n = p$, et l'équation réduite a la forme

$$x^p + \sum_{\substack{p + v(p-1) \leq i \leq p(1+v);\\ i \not\equiv 0 \ (\mathrm{mod}\ p)\\ \text{ou } i = p(1+v);}} \Gamma_i \overline{\pi}^{E\left(\frac{i}{p}\right)} x^{i - p E\left(\frac{i}{p}\right)}$$

$\Gamma_{p(1+v)}$ est l'élément réduit de sa classe (mod $M_{p(1+v)}$).

b) $z_1^{f_0} \not\equiv 1 \ (\mathrm{mod}\ \overleftarrow{\lambda(z_1)})$. Alors K/k est non-galoisien, $k_g = K$, $I = 1$ et $M_\Delta = \Omega_{f_0}$ (parce que si M_Δ existe, $\Delta = p^j(1+v)$ est entier, donc v est entier) et, en général, $M_{\phi(t)} = \{0\}$ ou Ω_{f_0} suivant que t est fractionnaire ou entier. L'équation réduite est de la forme (1), mais avec $\Gamma_\Delta = 0$

(donc dans le dernier signe Σ il faut prendre la limite supérieure $p^j + v(p^j - 1)$).

Ce qui est dit ici sur les corps primitifs résout complètement le problème posé par M. ORE : trouver une forme normale pour les équations d'EISENSTEIN primitives. Toutefois, la forme de l'équation réduite que nous avons donnée, tout en étant très logique, n'est pas la seule possible, surtout dans des cas particuliers. Ainsi M. ORE a donné pour les équation d'EISENSTEIN de degré p une autre forme (qui se déduit, d'ailleurs, facilement de la nôtre), où il fait disparaître tous les Γ_t tels que $t \equiv|\equiv 0 \pmod p$ sauf $\Gamma_{p+v(p-1)}$. M. ORE a donné d'ailleurs dans ce cas particulier ($n = p$) la condition pour que K/k soit galoisien, mais la différence fine entre les équations d'EISENSTEIN de degré p des types a) et b) ($I = \frac{1}{p}$ dans le premier cas, $I = 1$ dans le sécond cas) ne pouvait pas se voir clairement avec sa forme canonique.

On a

$$N_{K/k}(\pi) = a_n = \sum_{t'=1}^{+\infty} . T_{nt'} \bar{\pi}^{t'} .$$

Considérons l'indice $\mathcal{J} = \frac{p^{f_0}-1}{\xi_n} \prod_{t'=2}^{+\infty} \left(\frac{p^{f_0}}{\xi_{nt'}}\right)$. On voit que $\mathcal{J}$ est un diviseur de $\prod_{q=-1}^{m-1} \imath_q^{(g)}$, donc aussi de $(K:k)$, et qu'il ne peut être égal à $(K:k)$ que si tous les Δ_q sont $\equiv 0 \pmod n$, ce qui a lieu si, et seulement si K/k est *hassien* (voir ma note *C. R.*, 8 juillet 1035 et chap. V de ma thèse), c'est-à-dire si pour tout $q = 0, 1, \ldots, m-1$, v_q est entier et $v_q \equiv v_{q-1} \left(\mathrm{mod}\ \frac{n}{n_q(K/k)}\right)$. En particulier, si K/k est galoisien, on a $\mathcal{J} = (K:k)$ si, et seulement si K/k est hassien, et dans tous les autres cas on a $\mathcal{J} < (K:k)$.

Considérons le groupe de TACAGI $H_{K/k}$ de K/k (c'est-à-dire le groupe multiplicatif de normes par rapport à k des tous les nombres non nuls de K). Soit A_u le rayon de $\mathfrak{p}^u$ dans k. Soient $H_u = H_{K/k} \cap A_u$; soient $u_0, u_1, \ldots, u_\mu$ tous les entiers > 0 tels que $A_{u_j} H_{K/k} \neq A_{u_j+1} H_{K/k}$ (ce qui arrive si, et seulement si $(H_{u_j} : H_{u_j+1}) \neq (A_{u_j} : A_{u_j+1}) = p^{f_0}$), et soit

$$\nu_j = (A_{u_j} H_{K/k} : A_{u_j+1} H_{K/k}) = \frac{p^{f_0}}{(H_{u_j} : H_{u_j+1})}.$$

Posons, de plus, $u_{-1} = 0$ et

$$\nu_{-1} = (A_0 H_{K/k} : A_1 H_{K/k}) = \frac{(A_0 : A_1)}{(H_0 : H_1)} = \frac{p^{f_0} - 1}{(H_0 : H_1)}.$$

Il est bien visible que

1°. $\theta = u_j\ (j \geq 0)$ seulement si $M_{n(1+\theta)} \neq \Omega_{f_0}$.

2°. $\nu_j\ (j > 0)$ est diviseur de $(\Omega_{f_0} : M_{n(1+u_j)}) = \dfrac{p^{f_0}}{m_{n(1+u_j)}}$.

3°. ν_{-1} est diviseur de $(\Omega'_{f_0} : \Sigma_0) = (p^{f_0} - 1, h)$.

Il en résulte la généralisation pour le cas non-galoisien (et une nouvelle démonstration pour le cas galoisien) du théorème de M. Hasse sur les restes nomiques :

Théorème VI.

a) Les u_j sont parmi les nombres $\dfrac{\mathbf{A}_q - \mathbf{A}_{-1}}{n}$.

b) ν_j est diviseur de $p^{\nu(\vec{\mathfrak{D}}(z_1^{f_0} - 1,\ \lambda_q(z_1)))}$ si $u_j = \dfrac{\mathbf{A}_q - \mathbf{A}_{-1}}{n}$, et de $(p^{f_0} - 1, h)$, si $u_j = 0$.

En particulier : $(A_0 : H_0) \mid \mathcal{J}$.

Donc si K/k complètement ramifié est un corps de classes, donc $(A_0 : H_0) = (K : k)$, on doit avoir $(A_0 : H_0) = \mathcal{J} = (K : k)$. Donc, un corps de classes est hassien.

La condition $(A_0 : H_0) = \mathcal{J}$ exige alors que tous les nombres $\dfrac{\mathbf{A}_q - \mathbf{A}_{-1}}{n}$ soient des u_j, c'est-à-dire que $u_j = \dfrac{\mathbf{A}_j - \mathbf{A}_{-1}}{n}$, que pour tout $j \geq 0$ on ait

$$\nu_j = p^{\nu(\vec{\mathfrak{D}}(z_1^{f_0} - 1,\ \lambda_j(z_1)))} = r_j(K/k),$$

et que $\nu_{-1} = h = r_{-1}(K/k)$. C'est le Führer-Discriminantensatz de M. Hasse. On peut tirer du résultat qui précède une conséquence particulièrement frappante, concernant les normes dans les corps primitifs. En effet, si le corps primitif K/k est galoisien, il est cyclique de degré premier, donc corps de classes. S'il est non-galoisien, comme on a vu, $\mathcal{J} = 1$. Donc on a

Théorème VII.

a) *Un corps primitif galoisien* K/k *est un corps de classes.* $H_{K/k}$ *est d'indice* $(K : k)$.

b) *Un corps primitif non-galoisien* K/k *a le groupe* $H_{K/k}$ *d'indice* 1. *Tout nombre de* k *est normé par rapport à* k *d'un nombre de* K.

On peut encore préciser le théorème VI. En effet, les restes (mod $\mathfrak{p}$) des $\frac{\alpha-1}{\pi^u}$ des $\alpha \in H_u$ forment un sous-module μ_u de Ω_{f_0} quand $u > 0$. Il est visible que ce module est surmodule de $M_{n(1+u)}$. D'ailleurs, si $n = u_j$, $(\Omega_{f_0} : \mu_u) = \nu_j$, et si u n'est pas un u_j, $\mu_u = \Omega_{f_0}$. Se rappelant la mode de formation des M_t, on voit que ceci permet de former tout au moins au sous-module μ'_u de tout μ_u à partir des $M_q(K/k)$. D'ailleurs, si K/k est un corps de classes, on a $\mu_u = M_{n(1+u)}$, c'est-à-dire, si $B_q = \prod_{i=0}^{q-1} \prod_{\sigma \in V^{(i)} - V^{(i+1)}} (\beta_i(\sigma))$,

$$B_q^{-1}\, \Gamma^{-\frac{\Delta_q}{n}} \mu_{\frac{\Delta_q - \Delta_{-1}}{n}} \times M_q(K/k) = M_q(K/k) \times B_q^{-1}\, \Gamma^{-\frac{\Delta_q}{n}} \mu_{\frac{\Delta_q - \Delta_{-1}}{n}} = \Omega_{f_0},$$

ou

$$\mu_{\frac{\Delta_q - \Delta_{-1}}{n}} = \Big\{ \prod_{\beta \equiv \alpha \pmod{M_q}} \beta \Big\}_{\alpha \in \Omega_{f_0}} \Gamma^{\frac{\Delta_q}{n}} B_q,$$

$$M_q(K/k) = \Big\{ \prod_{\beta \equiv \alpha \left(\operatorname{mod} \mu_{\frac{\Delta_q - \Delta_{-1}}{n}} B_q^{-1} \Gamma^{\frac{\Delta_q}{n}}\right)} \beta \Big\}_{\alpha \in \Omega_{f_0}}.$$

Il est possible de préciser encore plus la liaison qui existe entre $\beta_q(\sigma)$ et les restes mod $\mathfrak{p}$ des $\dfrac{\alpha - 1}{\pi^{\frac{\Delta_q - \Delta_{-1}}{n}}}$ pour les α tels que $\left(\dfrac{\alpha, K}{\mathfrak{p}}\right) = \sigma$. On arrive ainsi à une formule qui fournit un analogue presque complet d'une formule de la théorie de la ramification quej'ai énoncée au chap. III, A de ma thèse (formule (8) de la p. 68). La démonstration de ces deux formules se fait par des méthodes analogues et, d'ailleurs, différentes de celles de ma thèse et de ce travail. Elle sera publiée dans un travail futur.

Je ne peux pas insister ici sur toutes les conséquences qu'on peut tirer des résultats de ce §. Je dois indiquer toutefois quelquesuns des problèmes qu'ils permettent de résoudre, ainsi que quelques directions dans lesquelles ils sont susceptibles d'être généralisés.

a) Les résultats de ce § permettent de résoudre par un nombre fini d'opérations univoques (c'est-à-dire ne comportant pas des choix arbitraires) la quéstion : les équations d'Eisenstein $f_1(x)=0$ et $f_2(x)=0$ sont-elles équivalentes ? En effet $f_1(x) = 0$ et $f_2(x) = 0$ sont équivalentes si, et seulement si leurs réduites coïncident. Et la réduite d'une équation d'Eisenstein $f(x) = 0$ peut être formée par un nombre fini d'opérations univoques, parce que, tous les Γ_t réduite pour $t > \Lambda_{m-1}$ étant nuls (et Λ_{m-1} se calculant par une méthode univoque à partir de $f(x)$), on n'a qu'à calculer succéssivement le nombre fini des Γ_t réduits pour $t \leq \Lambda_{m-1}$. Ces Γ_t ne changeront plus au cours des réductions suivantes.

b) Il est visible que le nombre de corps $\mathfrak{P}$-adiques K/k (pour k fixe) de dégré donné est *fini :* en effet, on a pour un tel corps

$$\Lambda_{m-1} \leq (K:k) + E \log_p(K:k) + \frac{E}{p-1} = (K:k)\left\{1 + e_0 \log_p(K:k) + \frac{e_0}{p-1}\right\}.$$

$f_{K/k} < (K:k)$ peut prendre au plus $(K:k)$ valeurs. Pour chaque valeur de $f_{K/k}$ il y a au plus, d'après ce qui précéde

$$p^{f_0 f_{K/k}.(K:k)e_0\left\{\log_p(K:k) + \frac{1}{p-1}\right\}} = (K/k)^{f_0 f_{K/k} e_0 (K:k)}.$$

$$.p^{f_0 f_{K/k}(K:k)\frac{e_0}{p-1}} < (K:k)^{f_0 e_0 (K:k)^2}\, p^{\frac{f_0 e_0}{p-1}(K:k)^2}$$

équations réduites, définissant K/k de forme voulue par rapport à $(K/k)_{-1}$. Donc le nombre des $(K:k)$ de degré n est au plus $n(np^{\frac{1}{p-1}})^{e_0 f_0 n^2}$, donc fini.

Les résultats précédents de ce § et des §§ 4, 6, 8 permettent de calculer ce nombre (que nous désignerons par $S(k;n)$). D'ailleurs ces résultats permettent, en supposant connue la structure d'un nombre fini des $W_{a,b}$ de calculer d'autres constantes caractérisant les surcorps K d'un k donné, par exemple le nombre des corps K/k ayant un polygône R donné, la nombre $P(k;n)$ de surcorps primitifs K de degré rélatif n d'un k donné etc... J'exposerai ces applications de la théorie développée dans un travail spécial.

c) Les résultats précédents fournissent une vue d'ensemble *de tous les surcorps complètement ramifiés d'un corps donné* ($\mathfrak{p}$-adique) k. Par cela ils semblent être d'une grande importance dans toutes les quéstions, où il s'agit de savoir s'il existent des corps possédant des propriétés indiqués à l'avance. On peut dire plus : les résultats de ce § donnent une généralisation partielle pour les surcorps complètement ramifiés d'un corps k de la théorie des corps de classes locale[1] (qui, d'ailleurs, est certainement extensible aux surcorps *quelconques* d'un corps local k, et qui semble pouvoir être completée jusqu'à devenir une généralisation complète de la théorie des corps de classes locale, du moins pour les surcorps galoisiens de k). Examinons pour chaque loi de la théorie locale de corps de classes l'analogue partiel qu'en fournit notre théorie.

A) *Loi d'unicité. Conducteur.* Nous avons vu que, S_t étant le système d'intransitivité de $\mathfrak{G}(\pi, t)$ contenant $\overline{\Gamma}_t$ et π étant la racine de l'équation d'EISENCTEIN réduite définissant K/k, la donnée des S_t $(t=n, n+1, \ldots, +\infty)$ définit certainement K/k (à conjugaison près) parceque définit son équation réduite. D'une manière plus précise, puisque $S_t = \Omega_{f_0}$ quand $t > \Delta_{m-1}$, il suffit de donner

$$S_n, S_{n+1}, \ldots, S_{E(\Delta_{m-1})}$$

(il est à remarquer, d'ailleurs, que Δ_{m-1} peut se calculer à partir des S_t, en constituisant le polygône R de l'équation réduite, et, qu'ainsi, un certain nombre $S_n, S_{n+1}, \ldots, S_i$ des S_t consécutifs étant donné, on peut savoir si $i \geq E(\Delta_{m-1})$). Cette manière de caractériser K/k au moyen des S_t (qui sont bien des objets dans k) fournit une sorte de loi d'unicité, mais qui n'est pas intrinsèque, parce que dépend du choix, très artificiel, d'une équation réduite.

Nous dirons que deux polynômes d'EISENSTEIN de degré n dans k, $f_1(x)$ et $f_2(x)$ sont *congrûs* mod $\mathfrak{p}^{\frac{t}{n}}$ ou *appartiennent à la même clase* mod $\mathfrak{p}^{\frac{t}{n}}$, si $f_1(x)-f_2(x)$ est d'ordre total $\geq n+t$. Nous dirons qu'un ensemble d'équations d'EISENSTEIN de degré n est *définissable* mod $\mathfrak{p}^{\frac{t}{n}}$ si toute équation, congrue mod $\mathfrak{p}^{\frac{t}{n}}$ à une équation de cet ensemble, en fait partie. Etant donné un ensemble S d'équations d'EISENSTEIN de degré n définissable suivant certains idéaux de la forme $\mathfrak{p}^{\frac{t}{n}}$, il est encore définissable suivant leur plus grand commun diviseur $\mathfrak{f}_S = \mathfrak{p}^{\frac{\varphi_s}{n}}$ qui sera appelé *conducteur* de S. Les résultats de ce § montrent que l'ensemble $S_{K/k}$ de toutes les équations d'EISENSTEIN définissant un corps complètement ramifié K/k de degré n est définissable suivant les modules de la forme indiquée, et que son conducteur est

$$\mathfrak{f}_{K/k} = \mathfrak{p}^{\frac{E(\Delta_{m-1})-n+1}{n}} = \mathfrak{P}^{1+E(\Delta_{m-1})-\Delta_{-1}} = \mathfrak{P}^{1+E\left(\sum_{q=0}^{m-1} n_q(v_q-v_{q-1})\right)}.$$

$S_{K/k}$ possède une sorte de structure „arborescente régulière“, c'est-à-dire $f(x)$ étant une équation de $S_{K/k}$ et $\mathfrak{P}^{t+1}$ étant un diviseur de $\mathfrak{f}_{K/k}$, le nombre d'équations de $S_{K/k}$ incongrûs deux à deux (mod $\mathfrak{P}^{t+1}$) et congrûs à $f(x)$ (mod $\mathfrak{P}^t$) est le même quelque soit $f(x) \in S_{K/k}$, a savoir I_{n+t}.

On dira que K/k *appartient* à l'arbre $S_{K/k}$ de k. $\mathfrak{f}_{K/k}$ sera dit *conducteur* de K/k. A remarquer que si K/k est un corps de classes, son conducteur au sens ordinaire est la moindre puissance *entière* de $\mathfrak{p}$ divisible par $\mathfrak{f}_{K/k}$. Si deux surcorps K et K′ de k appartiennent au même arbre S, ils sont conjugués par rapport à k; en particulier, si K/k est galoisien, il est l'unique corps appartenant à $S_{K/k}$.

On a montré que l'arbre $S_{K/k}$ peut se caractériser par une branche réduite.

B) *Loi d'existence:* On a vu qu'à un système d'équations d'EISENSTEIN d'un degré n dans k définissable suivant un module $\mathfrak{f}=\mathfrak{p}^{\frac{t}{n}}$ ou bien n'appartient aucun corps K/k, ou bien appartient un ensemble des corps K/k conjugués entre eux. Appelons les systèmes S auxquels appartiennent des corps K/k *arbres normaux* de k. Les résultats de ce § indiquent certaines propriétés que doit posséder un système S pour être un arbre normal: à savoir tous les $f(x)\in S$ doivent avoir le même polygône R, les M_t doivent dépendre de $f(x)$ comme il a été indiqué, les t_i et les $t^{(i)}$ doivent être les mêmes pour tous les $f(x)\in S$ etc. Mais ils ne donnent pas de critère *explicite* pour distinguer si S est on n'est pas un arbre normal.

Pourtant, les résultats précédents *fournissent un algorithme permettant de former par un nombre fini d'opérations tous les arbres normaux d'équations d'*EISENSTEIN *de degré n donné, définissables suivant un module* $\mathfrak{f}$ *donné*, c'est-à-dire donnent une sorte de *loi d'existence implicite.* En effet, nous avons vu que la connaissance des $\Gamma_n, \Gamma_{n+1}, \ldots$ $\ldots, \Gamma_{n+i-1}$ définit $\mathfrak{G}(\pi, n+i)$. Donc, si l'on sait que $\Gamma_n, \Gamma_{n+1}, \ldots, \Gamma_{n+i-1}$ sont les i premiers Γ_t d'une équation réduite, toutes les possibilités pour Γ_{n+i} d'une telle équation réduite sont parfaitement déterminés. (A savoir les éléments réduits de tous les systèmes d'intransitivité de $\mathfrak{G}(\pi; n+i)$).

On commence par former tous les Γ_n réduits possibles ; pour chacun de ces Γ_n on forme tous les Γ_{n+1} possibles ; pour chaque système Γ_n, Γ_{n+1} ainsi formé on forme tous les Γ_{n+2} possibles etc., jusqu'à former tous les systèmes $\Gamma_n, \Gamma_{n+1}, \ldots, \Gamma_{n+t-1}$. Toutes les équations réduites définissan dessorps K/k appartenant aux arbres normaux définissables mod $\mathfrak{f}=\mathfrak{p}^{\frac{t}{n}}$ doivent être de la forme $X^n+\sum_{i=n}^{n+t-1}\Gamma_i X_i=0$, où $\Gamma_n, \Gamma_{n+1}, \ldots, \Gamma_{n+t-1}$ est parmi les systèmes précédemment formés. Pour que l'équation de cette forme définisse effectivement un tel corps, il faut et il suffit qu'encore $A_{m-1}<t$. On vérifie si cela a lieu en formant son polygône

de ramification. Les autres systèmes sont les „commencements" des équations d'Eisenstein définissant les corps d'un plus grand conducteur.

Pour déterminer $\mathfrak{G}(\pi\,; n+i)$ connaissant les $\Gamma_n, \Gamma_{n+1}, \ldots, \Gamma_{n+i-1}$, il suffit de calculer M_{n+i}, h_{n+i} et la classe polaire $\mathfrak{P}_{n+i} \,.\, h_{n+i}$ se calcule directement, parce que on connait les $\varkappa_j$, $j < n+i$. Pour calculer M_{n+i} et $\mathfrak{B}_{n+i}$ on commence par calculer tous les w_s et les $b_p{}^u$ que la connaissance des $\Gamma_n, \Gamma_{n+1} \ldots, \Gamma_{n+i-1}$ permet de calculer, et par construire le polygône de Newton rélatif à ces points et au point $(n, i+1)$. L'avant-dernier coté de ce polygône coïncide avec un coté L_q du polygône de ramification de tout corps défini par une équation réduite ayant les Γ_j, $j \leq n+i-1$, indiqués, et le coefficient angulaire du dernier coté de ce polygône est $\leq v_{q+1}$ (K/k) pour tout K/k de forme indiquée. Donc cela définit v tel que $n+i = \phi(v)$ et la fonction $U_v(\rho)$. Si $n+i = \Delta_q$, cela définit aussi $M_q(K/k)$. Pour déterminer R_v et $\mathfrak{P}_{n+i}$, il suffit de développer en série de la forme $\pi\alpha(\pi)$ tous les $\sigma\pi$ (mod $\mathfrak{P}^{v+1+\varepsilon}$) ou (mod $\mathfrak{P}^{t(\sigma)+1+\varepsilon}$) ($\varepsilon > 0$), suivant que $t(\sigma) \geq v$ ou $t(\sigma) < v$. Les considérations précédentes prouvent que la connaissance des Γ_j, $j \leq n+i-1$, définit cette partie du développement des $\sigma\pi$, et on la forme effectivement par la méthode semblable à celle de Puiseux pour les fonctions algébriques. Connaissant R_v, on a $M_{n+i} = \Gamma^{n+i}\, U_v(R_v)$.

Une équation $f(x) = 0$ définissant un corps K/k étant donnée, on forme $S_{K/k}$ par un nombre fini d'opération. Il suffit en effet de former les transformées de $f(x)$ par un nombre *fini* de transformations de Tchirnhausen, p. ex. par celles de la forme

$$y = x \sum_{i=0}^{E(v_{m-1})} \gamma_i x^i,$$

où $\gamma_0^{f_0} = 1$ et $\gamma_i^{f_0} = 1$ ou 0 si, $i > 0$ (Le nombre de ces transformations est, en effet, $(p^{f_0}-1)\; p^{f_0 E(v_{m-1})}$, donc fini), parce que toute autre équation d'Eisenstein définissant K/k est congrue à une des précédentes (mod $\mathfrak{f}_{K/k}$). $S_{K/k}$ sera l'ensemble de toutes les classes (mod $\mathfrak{f}_{K/k}$) contenant les polynômes ainsi formés.

Cette méthode d'ailleurs, au fond, permet de former tous les arbres normaux des équations d'Eisenstein dans k d'un degré n : en effet le conducteur $\mathfrak{f}_{K/k}$ est diviseur de $\mathfrak{P}^{1+\Delta_{m-1}-\Delta_{-1}} = \mathfrak{P}^{1+(w_0-n)+v_{m-1}}$, et si $n = hp^r$, on a, en vertu de la définition des w_i, $w_0 - n = w_0 - w_r \leq r\,E$ et, en vertu, du théorème du § 9 on a $v_{m-1} \leq \dfrac{E}{p-1}$, donc $\mathfrak{f}_{K/k}$ est diviseur de $\mathfrak{P}_p^{\,r+\frac{1}{p-1}}$, donc pour k donné est borné en fonction de n.

Ainsi, par exemple tous les corps K/k de degré hp^r appartiennent aux $S_{K/k}$ définissables (mod p^{r+1}).

C) *Lois de limitation* : Notre théorie donne deux nouvelles lois de limitation :

1° K/k est *galoisien* si, et seulement si son indice canonique satisfait à l'égalité

$$\frac{1}{I} = (K:k).$$

Si K/k est non-galoisien, on a $\frac{1}{I} = (K:k_g) < (K:k)$.

$\frac{1}{I}$ se calcule d'une manière immédiate quand on connaît $S_{K/k}$. Ainsi, ayant formé tous les arbres normaux des K/k de degré n, on peut distinguer ceux d'entre eux auxquels appartiennent des corps galoisiens.

On appelera $\frac{1}{I}$ *l'indice de l'arbre* $S_{K/k}$.

2° Si K/k est *galoisien*, il est *hassien* si, et seulement si $\mathcal{J}=(K:k)$; si K/k n'est pas hassien, $\mathcal{J}<(K:k)$. $\mathcal{J}$ se calcule aussi à partir de $S_{K/k}$.

3° D'ailleurs, la connaissance de $S_{K/k}$ suffit pour former le groupe de Takagi de K/k et de décider si K/k est abélien ou non.

D) *Loi d'ordination* : Il est impossible d'en donner une en état actuel de cette théorie. Pourtant, on remarque certaines rélations entre un corps K/k et un de ses sous-corps $\overline{K}/k$ dans le cas où ces deux corps sont *galoisiens*, qui semblent être conséquences d'une telle loi encore inconnue : en effet, soient

$$\theta_0,\ \theta_1, \ldots,\ \theta_{m-1} \text{ tous les nombres tels que}$$

a) si $\phi(v_i) = n\theta_i$, v_i soit entier; *b*) $M_{n\theta_i}$ soit $\neq \Omega_{f_0}$, et soient

$$\overline{\theta}_0,\ \overline{\theta}_1, \ldots,\ \overline{\theta}_{\overline{m}-1}$$

des nombres analogues pour $\overline{K}/k$. Alors, les résultats de Herbrand sur les nombres de ramification (voir par exemple ma thèse, chap. III, p. 62–66) montrent que $\overline{\theta}_0, \overline{\theta}_1, \ldots, \overline{\theta}_{\overline{m}-1}$ se trouvent parmi les $\theta_0, \theta_1, \ldots, \theta_{m-1}$, et le théorème que j'ai énoncé à la fin du § 7 sur les rélations entre les $M_q(K/k)$ et les $M_q(\overline{K}/k)$, avec le résultat de ce §, qui donne, quand K/k est galoisien,

$$M_{\Delta_q} = \Gamma^{a_t} U_{v_q}(M_q(K/k)),$$

permettent de montrer que

$$\overline{M}_{\overline{\theta}_i n} \supseteq M_{\overline{\theta}_i n} \qquad (i = 0, 1, \ldots, m),$$

où $\overline{M}_t$ désigne le module des translations de Ω_{f_0} égal à $\mathfrak{S}_1(\overline{\pi}, t)$, $\overline{\pi}$ étant un élément primitif de $\overline{K}$ d'ordre 1 en $\overline{\mathfrak{P}} = \mathfrak{p}^{\frac{1}{(\overline{K}:k)}}$, et où $\overline{n} = (\overline{K}:k)$.

E) *Loi d'isomorphisme:* Soit $f(x) = x^n + \sum_{t\ n}^{+\infty} \Gamma_t X_t$ une équation d'Eisenstein définissant un corps *galoisien* K/k.

Considérons l'ensemble

$$\Omega_{t+1}(f) = \{\Gamma_n = \Gamma_{\phi(0)}, \Gamma_{\phi(1)}, \Gamma_{\phi(2)}, \ldots, \Gamma_{\phi(v_{m-1})} = \Gamma_{\Delta_{m-1}}, \ldots, \Gamma_{\phi(t)}\}$$

où t est assujetti à la seule condition d'être entier et $\geq v_{m-1}$, c'est-à-dire $\phi(t)$ est un entier $\geq \Delta_{m-1}$ arbitraire

Soit $\Omega_{t+1}(K/k)$ l'ensemble des $\Omega_{t+1}(f)$ distincts de toutes les équations d'Eisenstein $f = 0$ définissant K/k. Soit Ω_{t+1} l'ensemble des $\Omega_{t+1}(f)$ distincts de tous les équations d'Eisenstein de degré n. Désignons par respectivement $\omega_{t+1}(K/k)$, ω_{t+1} le nombre d'éléments de $\Omega_{t+1}(K/k)$, Ω_{t+1}.

Etant donné la structure arborescente régulière de $S_{K/k}$, on a

$$\frac{\omega_{t+1}}{\omega_{t+1}(K/k)} = \frac{p^{f_0}-1}{I_n} \prod_{i=1}^{t} \frac{p^{f_0}}{I_{\phi(i)}} = \prod_{i=0}^{t} \frac{1}{\psi_{\phi(i)}}.$$

Or, si $i > t$, donc, a fortiori, $i > v_{m-1}$, on a $I_{\phi(i)} = p^{f_0}$; et, puisque K/k est galoisien, on a, quand i n'est pas entier, $I_{\phi(i)} = 1$. Donc

$$\prod_{i=0}^{t} \frac{1}{\psi_{\phi(i)}} = \prod_{j=0}^{+\infty} \frac{1}{\psi_j} = \frac{1}{I} = (K:k)$$

et $\dfrac{\omega_{t+1}}{\omega_{t+1}(K/k)}$ *ne dépend pas de choix de* $\phi(t) \geq \Delta_{m-1}$, *et est égal à* $(K:k)$. Ceci semble indiquer qu'on peut éspérer de pouvoir définir une subdivision de Ω_{t+1} en classes suivant $\Omega_{t+1}(K/k)$, chacune de ces classes ayant $\omega_{t+1}(K/k)$ éléments, et une loi de composition de ces classes, de manière à organiser l'ensemble de ces classes en un groupe isomorphe à $G_{K/k}$.

J'ai l'impréssion que les problèmes de la forme explicite de la loi d'existence, de la loi d'ordination et de la loi d'isomorphisme sont étroitement liés et qu'ils doivent se résoudre en même temps.

F) Les rélations entre les propriétés de $S_{K/k}$ et les propriétés de ramification de K/k établies dans ce § résolvent complètement cette quéstion et comprennent comme résultats partiels dans des cas particuliers tout ce qui à été connu sur les rélations entre le groupe de

TAGAGI et les propriétés de ramification d'un corps abélien ou galoisien, en particulier le Führer-Discriminantensatz de M. HASSE.

d) J'ai pu vérifier que K/k étant un corps $\mathfrak{P}$-adique quelconque (donc f n'étant pas forcement 1), la théorie exposée dans ce § 10 (et au § 9) s'applique, à quelques petites complications près, aux équations auxquelles satisfont les nombres π d'ordre 1 en $\mathfrak{P}$ de ces corps. Les complications proviennent surtout de ce que $f(x)$ a dans ce cas f (qui est, en général, > 1) termes d'un même ordre total. D'ailleurs ici les transformations de TSCHIRNHAUSEN ont la forme

$$\pi' \equiv \pi \sum_{i=0}^{+\infty} \gamma_i \pi^i$$

où les γ_i sont des racines $p^F-1=p^{ff_0}-1^{\text{ièmes}}$ de l'unité ou des zéros, dont $\gamma_0 \neq 0$.

En particulier, tout ce qui a été dit sur la possibilité de généraliser la théorie de corps de classes s'applique à cette catégorie plus générale d'équations, et l'on peut définir l'indice canonique I pour ce cas général de manière à ce qu'on ait encore $I = \frac{1}{(K:k_g)}$. J'exposerai ailleurs cette théorie.

e) La notion des anneaux $W_{a,b}$ est susceptible d'une très large généralisation, et beaucoup des résultats rélatifs aux $W_{a,b}$ peuvent être étendus, convenablement modifiés, aux ces anneaux. En particulier, une généralisation de $W_{a,b}$ dans un des cas le plus immédiats permet de montrer que la théorie des §§ 2, 3, 5, 6, 7, 9, 10 (ainsi que les résultats du § 11 qui suit) s'appliquent, a quelques modifications près, à tous les corps que les algébraïstes de l'école allemande appelent „à valuation discrète“ (discret bewertete).

§ 11. — Le développement des nombres $\mathfrak{P}$-adiques en séries des pussances fractionnaires d'un nombre donné d'ordre positif

Soit k un corps de base et soit π un élément algébrique par rapport à k d'ordre *positif*. α étant un élément algébrique par rapport à k, on dira que

$$A(\pi) = \sum_{i=0}^{\lambda \leq +\infty} a_i \pi^u$$

est un ***développement de α par rapport à k suivant les puissances fractionnaires de π*** si :

1°. Tout a_i appartient à un surcorps non ramifié k_i de k.

2°. Les u_i sont des fractions rationnelles.

3°. La série $A(\pi)$ converge $\mathfrak{p}$-adiquement et sa limite est α.

D'ailleurs, si $\lambda = +\infty$, la première partie de la condition 3°) équivaut à l'égalité

$$\lim_{i \to +\infty} u_i = +\infty,$$

où il s'agit, cette fois, de la convergence ordinaire.

Le dévéloppement précédent s'appellera *normal* (ou, plus précisement, *normal convergent*; *voir plus loin*), si tous les a_i sont des racines de l'unité d'ordre premier à p, et si les u_i forment une suite constamment croissante (au sens strict). Plus généralement, une série $\mathfrak{p}$-adique formelle

$$D_\pi(\alpha) = \sum_{i=0}^{\lambda \leq +\infty} \rho_i \pi^{u_i},$$

où les ρ_i sont tous des racines de l'unité d'ordre premièr à p, et où les u_i forment une suite de fractions rationnelles croissante au sens strict avec i, s'appellera un ***développement normal de α en série de puissances fractionaires de π***, si pour tout j, $0 \leq j < \lambda$, on a

$$\omega\left(\alpha - \sum_{i=0}^{j} \rho_i \pi^{u_i}\right) > u_j\, \omega(\pi)$$

($\omega(x)$ désigne l'ordre, par exemple en $\mathfrak{p}$, du nombre $\mathfrak{P}$-adique x), et si, de plus, quand $\lambda < +\infty$, on a

$$\sum_{i=0}^{\lambda} \rho_i \pi^{u_i} = \alpha.$$

Si $D_\pi(\alpha)$ converge, il ne peut converger que vers α. Ceci arrive si, et seulement si ou bien $\lambda < +\infty$, ou bien $\lim_{i \to +\infty} u_i = +\infty$. Dans ce cas, en accord avec la définition antérieure, $D_\pi(\alpha)$ sera dit développement normal *convergent* de α. Sinon, il sera dit *divergent*, et alors la suite des u_i convèrge vers une limite finie

$$\lim_{i \to +\infty} u_i = L(\alpha\,;\pi) = \frac{1}{\omega(\pi)} \lim_{j \to +\infty} \omega\left(\sum_{i=0}^{j} \rho_i \pi^{u_i}\right) \text{ [21]}.$$

[21] J'ai pensé pendant longtemps que $D_\pi(\alpha)$ converge toujours, et j'ai cru même que cela avait été prouvé. M. CHEVALLEY, dans une conversation que j'ai eue avec lui, a émis un doute a ce sujet, ce qui a été le point de départ de la recherehe qui suit.

Le développement normal (convergent ou divergent) $D_\pi(\alpha)$ *existe toujours.* En effet, soit qu'on ait déjà déterminés les ρ_i et les u_i pour tout i tel que $0 \leq i < j$ $(j \geq 0)$ satisfaisant aux conditions indiquées Si $\alpha = \sum_{i=0}^{j-1} \rho_i \pi^{u_i}$, posons $\lambda = j-1$ et $D_\pi(\alpha) = \sum_{i=0}^{j-1} \rho_i \pi^{u}$. Sinon,

$+\infty > \omega\left(\alpha - \sum_{i=0}^{j-1} \rho_i \pi^{u_i}\right) > u_{j-1}\omega(\pi)$. Donc, si l'on pose

$$u_j = \frac{\omega\left(\alpha - \sum_{i=0}^{j-1} \rho_i \pi^{u_i}\right)}{\omega(\pi)},$$

et si l'on définit ρ_j par la condition qu'il doit être une racine de l'unité d'ordre premier à p satisfaisant à la congruence

$$\rho_j \equiv \frac{\alpha - \sum_{i=0}^{j-1} \rho_i \pi^{u_i}}{\pi^{u_j}} \pmod{\mathfrak{P}^{\varepsilon}},$$

où $\varepsilon > 0$ est suffisamment petit pour qu'une telle congruence puisse avoir lieu, les ensembles $u_0, u_1, \ldots\ldots, u_j$ et $\rho_0, \rho_1, \ldots, \rho_j$ satisfont encore aux conditions voulues, et l'affirmation est prouvée.

Le développement normal de α suivant les puissances fractionnaires de π est *unique.* En effet, supposons qu'il en existe deux différents, soient

$$D_\pi(\alpha) = \sum_{i=0}^{\lambda \leq +\infty}{}' \rho_i \pi^{u_i} \qquad \text{et} \qquad D'_\pi(\alpha) = \sum_{i=0}^{\lambda' \leq +\infty} \rho'_i \pi^{u'_i}.$$

Alors il existent des i tels qu'on n'ait pas à la fois $\rho_i = \rho'_i$ et $u_i = u'_i$.

Soit i_0 le moindre de ces nombres. Par définition

$$\omega\left(\alpha - \sum_{i=0}^{i_0} \rho_i \pi^{u_i}\right) > u_{i_0}\,\omega(\pi)\,, \quad \omega\left(\alpha - \sum_{i=0}^{i_0} \rho'_i \pi^{u'_i}\right) > u'_{i_0}\,\omega(\pi)\,.$$

Donc

$$\omega(\rho_{i_0}\pi^{u_{i_0}} - \rho'_{i_0}\pi^{u'_{i_0}}) = \omega\left(\left[\alpha - \sum_{i=0}^{i_0} \rho'_i \pi^{u'_i}\right] - \left[\alpha - \sum_{i=0}^{i_0} \rho_i \pi^{u_i}\right]\right) > \mathrm{Min}[u'_{i_0}, u_{i_0}].\omega(\pi)$$

Or, ceci n'est possible que si à la fois $u_{i_0} = u'_{i_0}$ et $\rho_{i_0} = \rho'_{i_0}$, contre l'hypothèse sur i_0. L'affirmation est prouvée

Bornons-nous dorenavant au cas, où (π) est l'idéal premier de $k(\pi)$.

Démontrons que dans ce cas l'existence *d'un* développement de α par rapport à k suivant les puissances fractionnaires de π entraîne la convergence de $D_\pi(\alpha)$ (ceci n'a pas toujours lieu quand (π) n'est pas l'idéal premier de $k(\pi)$; par exemple, si k est le corps p-adique rationnel, $\alpha=p$, $\pi=p^2(1+p)$, il existent des développements de α par rapport à k suivant les puissances fractionnaires de π, par exemple $\alpha=p\pi^0$, mais $D_\pi(\alpha)$ diverge et $L(\alpha,\pi)=\dfrac{p}{2(p-1)}$). En effet, supposons qu'on possède déjà un développement de α

$$A^{(n)}(\alpha)=\sum_{i=0}^{j_n}\rho_i\pi^{u_i}+\sum_{q=0}^{\lambda\leq+\infty}\alpha_q^{(n)}\pi^{u_q^{(n)}}$$

où $u_0<u_1<\cdots<u_{j_n}\leq n$, où les ρ_i $(i=0,1,\ldots,j_n)$ sont des racines de l'unité d'ordre premier à p, et où, pour tout $q=0,1,\ldots$, on a

$$\omega(a_q^{(n)})+u_q^{(n)}.\,\omega(\pi)>n.\omega(\pi).$$

Comme la série $A^{(n)}(\alpha)$ convèrge vers α, il n'y a qu'un nombre fini de valeurs u, $n<u\leq n+1$ telles qu'il existent des q, $0\leq q\leq\lambda$ tels que

$$\omega(a_q^{(n)})+u_q^{(n)}.\omega(\pi)=u.\omega(\pi),$$

et pour chacune de ces u il n'y a qu'un nombre fini des q, soit $q_1^{(u)}, q_2^{(u)},\ldots,q_{r_u}^{(u)}$ satisfaisant à cette égalité. $a_q^{(n)}$ étant un nombre d'un surcorps non-ramifié de k, donc, à fortiori, d'un surcorps non-ramifié de $k(\pi)$, peut être mis sous la forme d'une série

$$\pi^{\frac{\omega(a_q^{(n)})}{\omega(\pi)}}\sum_{i=0}^{+\infty}a_i^{(n,q)}\pi^i,$$

où les $a_i^{(n,q)}$ sont des racines de l'unité d'ordre premier à p ou des zéros. Soient $u_{j_n+1}, u_{j_n+2},\ldots,u_{j_{n+1}}$ ceux des u indiqués, rangés dans l'ordre de grandeurs croîssantes, qui satisfont à la condition

$$a^{(u)}=\sum_{s=1}^{r_u}a_0^{(n,\,q_s^{(u)})}\not\equiv 0\pmod{\mathfrak{p}},$$

et soit ρ_j $(j_n<j\leq j_{n+1})$ la racine de l'unité d'ordre premier à p telle que

$$\rho_j\equiv a^{(u_j)}\pmod{\mathfrak{p}}.$$

Alors

$$\sum_{q=0}^{\lambda\leq+\infty} a_q^{(n)}\pi^{u_q^{(n)}} = \sum_{j=j_n+1}^{j_{n+1}} \rho_j\pi^{u_j} + \sum_{j=j_n+1}^{j_{n+1}} (a^{(u_j)}-\rho_j)\pi^{u_j} + \sum_{\substack{n<u\leq n+1 \\ u\neq u_j\,(j_n<j\leq j_{n+1})}} a^{(u)}\pi^{u} +$$

$$+\sum_{i=1}^{+\infty}\sum_{n<u\leq n+1}\left(\sum_{s=1}^{r_u} a_i^{(n,q_s^{(u)})}\right)\pi^{u+i} + \sum_{\substack{0\leq q\leq\lambda \\ q\neq q_s^{(u)}(n<u\leq n+1\,;\,s=1,\dots,r_u)}} a_q^{(n)}\pi^{u_q^{(n)}}$$

Les quatres dernières séries de la partie droite de cette égalité sont convergentes et ont tous leurs termes de la forme $a\pi^u$, ou a est dans un surcorps non-ramifié de k, et d'ordre $>(n+1)\,.\,\omega(\pi)$. On n'a qu'à les réunir en une seule série

$$\sum_{q=0}^{\lambda\leq+\infty} a_q^{(n+1)}\pi^{u_q^{(n+1)}},$$

pour avoir un développement de α de forme $A^{(n+1)}(\alpha)$. Quand $n\to+\infty$, $A^{(n)}(\alpha)$ tend vers $D_\pi(\alpha)$, et l'on voit que $D_\pi(\alpha)$ convèrge.

Ces préliminaires établies, étudions les propriétés de $D_\pi(\alpha)$ pour le cas convergent et pour le cas divergent.

Théorème I. *Il existe un nombre* F *tel que pour tout* i *on ait*

$$\rho_i^{p^F}=\rho_i\ .$$

Démonstration : Supposons que la proposition n'est pas exacte. Soit f_j le moindre entier tel que pour tout $i\leq j$ on ait $\rho_i^{p^{f_j}}=\rho_i$. Alors il existe une infinité des i tels que $f_i\neq f_{i-1}$. Désignons maintenant par k le corps p-adique rationnel. Soit ε_f une racine $p^f-1^{\text{ième}}$ primitive de l'unité, et soit d_j le plus petit commun dénominateur de tous les u_i, $i\leq j$. Considérons un i tel que $f_i\neq f_{i-1}$. On a

$$\operatorname{corr.}_{k(\varepsilon_{f_i})} G_{k(\alpha,\,\varepsilon_{f_i}\,;\,\pi^{\frac{1}{d_i}})/k(\varepsilon_{f_{i-1}}\,;\,\pi^{\frac{1}{d_i}})} = G_{k(\varepsilon_{f_i})/k(\varepsilon_{f_{i-1}})}\ .$$

Donc, il existe un $\sigma\in G_{k(\alpha,\,\varepsilon_{f_i},\,\pi^{\frac{1}{d_i}})/k(\varepsilon_{f_{i-1}},\,\pi^{\frac{1}{d_i}})}$ tel que $\sigma\pi^{u_j}=\pi^{u_j}$ pour tout $j<i$, et que $\sigma\rho_j=\rho_j^{p^{f_{i-1}}}$, donc $=\rho_j$, si $j<i$, et $\neq\rho_j$, si $j=i$

$\sigma\alpha$ est un conjugué de α. On a $\sigma\alpha\equiv\sum_{j=0}^{i}\sigma\rho_j\,.\,\sigma\pi^{u_j}\equiv\sum_{j=0}^{i}{}'\,\rho_j\,\pi^{u_j}+$ $+(\rho_i^{p^{f_{i-1}}}-\rho_i)\pi^{u_i}\equiv\alpha+(\rho_i^{p^{f_{i-1}}}-\rho_i)\pi^{u_i}$ (mod $\sigma\mathfrak{P}^{u_i+\varepsilon}=\mathfrak{P}^{u_i+\varepsilon}$) $(\varepsilon>0)$. Donc $\omega(\sigma\alpha-\alpha)=u_i\,.\,\omega(\pi)$. Comme il y a une infinité des i tels que $f_i\neq f_{i-1}$, il y a une infinité de conjugués distincts de α, ce qui est absurde, et le théorème est démontré. C. q. f. d.

Désignons par Λ_i le dénominateur de u_i mis sous la forme d'une fraction irréductible. Posons $\Lambda_i = \overline{\Lambda}_i p^{\varsigma_i}$, où $\overline{\Lambda}_i$ est premier à p. Alors on a le

Théorème II. *Il existe un entier* $\overline{\Lambda}$ *dont tous les* $\overline{\Lambda}_i (i=0, 1, \ldots, \lambda)$ *sont diviseurs.*

Démonstration : Supposons que la proposition ne soit pas exacte. Soit $\overline{d}_i$ le p. p. c. m. de tous les $\overline{\Lambda}_j$, $j \leq i$; il existe alors une infinité des i tels que $\overline{d}_i \neq \overline{d}_{i-1}$. Considérons un de ces i Soient $\pi_{i-1} = \pi^{\frac{1}{\overline{d}_{i-1}}}$, $\pi_i = \pi^{\frac{1}{\overline{d}_i}}$. On a manifestement, k désignant le corps p-adique rationnel

$$(k(\rho_0, \rho_1, \ldots, \rho_i; \pi_i) : k(\rho_0, \rho_1, \ldots, \rho_i; \pi_{i-1})) = \frac{\overline{d}_i}{\overline{d}_{i-1}} = (k(\pi_2) : k(\pi_{i-1})),$$

donc

$$\operatorname{corr}_{k(\pi_i)} G_{k(\alpha;\rho_0, \rho_1, \ldots, \rho_i; \pi_i)/k(\rho_0, \rho_1, \ldots, \rho_i; \pi_{i-1})} =$$
$$= \operatorname{corr}_{k(\pi_i)} G_{k(\rho_0, \rho_1, \ldots, \rho_i; \pi_i)/k(\rho_0, \rho_1, \ldots, \rho_i; \pi_{i-1})} = G_{k(\pi_i)/k(\pi_{i-1})}.$$

Donc, η étant une racine primitive $\frac{\overline{d}_i}{\overline{d}_{i-1}}$ ième de l'unité, il existe un $\sigma \in G_{k(\alpha;\rho_0, \rho_1, \ldots, \rho_i; \pi_i)/k(\rho_0, \rho_1, \ldots, \rho_i; \pi_{i-1})}$ tel que

$$\sigma\rho_j = \rho_j \ (j=0, 1, \ldots, i);\ \sigma\pi^{u_j} = \pi^{u_j} \ (j=0, 1, \ldots, i-1);\ \sigma\pi^{u_i} = \eta\pi^{u_i};$$

donc, puisque $\sigma\mathfrak{P} = \mathfrak{P}$, on a pour un $\varepsilon > 0$ convenablement petit

$$\sigma\alpha - \alpha \equiv (\eta - 1)\rho_i \pi^{u_i} \pmod{\mathfrak{P}^{u_i + \varepsilon}},$$

c'est-à-dire $\omega(\sigma\alpha - \alpha) = u_i . \omega(\pi)$. $\sigma\alpha$ étant conjugue de α, on voit que α a une infinité des conjugués distincts, ce qui est absurde. La proposition est prouvée.

Théorème III. *Si* $D_\pi(\alpha)$ *converge,* ζ_i *est borné, c'est-à-dire il existe un entier* ζ *tel que pour tout* i *on ait* $\zeta_i \leq \zeta$.

Démonstration : Supposons que la proposition ne soit pas vraie. Alors quelque soit l'entier q, il existent des i tels que $\zeta_i \geq q$. Soit i_q le moindre i tel que $\zeta_i \geq q$. Soit que $i_q \neq i_{q+1}$. Alors, dans l'intervalle $\left(u_{i_q}, u_{i_q} + \frac{E}{p-1}\right)$ ne se trouve qu'un nombre fini des nombres $u_{i_{q'}}$, où $E = \frac{\omega(p)}{\omega(\pi)}$, $q' > q$ et tel que $i_{q'} \neq i_{q'+1}$, parce que $\lim_{q \to +\infty} u_{i_{q'}} = \lim_{i \to +\infty} u_i = +\infty$. Soit i_{s_q} les plus grand de ces $i_{q'}$. ξ_s désignant une racine $p^{s\,\text{ième}}$ primitive de l'unité, on a, h désignant le corps p-adique rationnel, et j_q désignant le plus grand i tel que

$$u_i \leq u_{i_q} + \frac{E}{p-1},$$

$$\operatorname{corr}_{k(\pi^{\frac{1}{d_{j_q}}})} G_{k(\alpha;\rho_0,\rho_1,\dots,\rho_{j_q};\pi^{\frac{1}{d_{j_q}}})/k(\rho_0,\rho_1\dots,\rho_{j_q};\pi^{\frac{1}{\bar{d}_{j_q}p^{q-1}}})} \supseteq$$

$$\supseteq \operatorname{corr}_{k(\pi^{\frac{1}{d_{j_q}}})} G_{k(\rho_0,\rho_1,\dots,\rho_{j_q};\pi^{\frac{1}{d_{j_q}}})/(\rho_0,\rho_1,\dots,\rho_{j_q};\pi^{\frac{1}{\bar{d}_{j_q}p^{q-1}}})} =$$

$$= G_{k(\pi^{\frac{1}{d_{j_q}}})/k(\pi^{\frac{1}{\bar{d}_{j_q}p^{q-1}}})}.$$

Donc il existe un $\sigma \in G_{k(\alpha;\rho_0,\rho_1,\dots,\rho_{j_q};\pi^{\frac{1}{d_{j_q}}})/k}$ tel que

$$\sigma\rho_i = \rho_i \ (i = 0, 1, \dots, j_q)\ ;\ \sigma\pi^{\frac{1}{\bar{d}_{j_q}p^{s_q}}} = \xi_{s_q-q+1}\,\pi^{\frac{1}{\bar{d}_{j_q}p^{s_q}}}.$$

Considérons $\rho_i\pi^{u_i}$ $(0 \leq i \leq j_q)$. On a $\zeta_i \leqq s_q$. Donc, si $u_i\bar{d}_{j_q}p^{\zeta_i} = U_i$, on a $U_i \not\equiv 0 \pmod p$ et

$$\begin{aligned} \sigma(\rho_i\pi^{u_i}) &= \xi^{U_i}_{\zeta_i-q+1}\,\rho_i\,\pi^{u_i} && \text{si} \quad \zeta_i \geq q-1 \\ &= \rho_i\pi^{u_i} && \text{si} \quad \zeta_i \leq q-1. \end{aligned}$$

Donc, si $\sigma(\rho_i\pi^{u_i}) \neq \rho_i\pi^{u_i}$, on a

$$\omega_{q,i}\,.\,\omega(\pi) = \omega[\sigma(\rho_i\pi^{u_i}) - \rho_i\pi^{u_i}] = \omega(\xi_{\zeta_i-q+1} - 1) + \omega(\rho_i\pi^{u_i}) =$$

$$= \frac{\omega(p)}{(p-1)p^{\zeta_i-q}} + u_i\omega(\pi) = \left(u_i + \frac{E}{(p-1)p^{\zeta_i-q}}\right)\omega(\pi).$$

Donc

1⁰ $\omega_{q,i} - u_i$ ne dépend que de ζ_i.

2⁰ Si q est plus grand que 0, la contribution de p dans le dénominateur de $\omega_{q,i}$ est p^{ζ_i}.

Il en résulte, que si $q > 0$, on a

1⁰ $\omega_{q,i} > \omega_{q,i_{\zeta_i}}$ si $i \neq i_{\zeta_i}$.

2⁰ Si $q' \neq q''$, l'égalité

$$\omega_{q,i_{q'}} = \omega_{q,i_{q''}}$$

ne peut avoir lieu que si $\omega_{q,i_{q'}} = \omega_{q,i_{q''}} = +\infty$ (c'est-à-dire $q' < q$ et $q'' < q$). Ceci posé, choisissons un $\varepsilon > 0$ assez petit pour que

$$u_{j_q+1} > u_{i_q} + \frac{E}{p-1} + \varepsilon\ ;\ \text{on a}$$

$$\alpha - \sum_{i=0}^{j_q} \rho_i\,\pi^{u_i} \equiv 0 \ (\operatorname{mod} \mathfrak{P}^{u_i + \frac{E}{p+1} + \varepsilon})$$

donc

$$\sigma\alpha - \sum_{i=0}^{j_q} \sigma(\rho_i\, \pi^{u_i}) \equiv 0 \ (\mathrm{mod}\ \sigma\, \mathfrak{P}^{u_{i_q} + \frac{E}{p-1} + \varepsilon} = \mathfrak{P}^{u_{i_q} + \frac{E}{p-1} + \varepsilon}).$$

Or, si $q > 0$ (ou si $E \equiv 0 \ (\mathrm{mod}\, p)$ et $q \geq 0$)

$$\omega\left(\sum_{i=0}^{j_q} \sigma(\rho_i\, \pi^{u_i}) - \sum_{=0}^{j_q} \rho_i\, \pi^{u_i}\right) = \omega(\pi) \cdot \operatorname*{Min}_{0 \leq i \leq j_q} [\omega_{q,i}] = \omega(\pi) \cdot \operatorname*{Min}_{q \leq q' \leq s_q} [\omega_{q,i_{q'}}] =$$

$$= \omega(\pi) \cdot \operatorname*{Min}_{q \leq q' \leq s_q} \left[u_{i_{q'}} + \frac{E}{(p-1)p^{q'-q}}\right].$$

Donc, puisque tous les $i_{q'}$, $q' \geq q$, sont $\geq i_q$, on a

$$\omega(\pi) \cdot u_{i_q} < \omega\left(\sum_{i=0}^{j_q} \sigma(\rho_i\, \pi^{u_i}) - \sum_{i\ 0}^{j_q} \rho_i\, \pi^{u_i}\right) \leq \omega(\pi) \cdot \left[u_{i_q} + \frac{E}{p-1}\right].$$

Donc, puisque $\sigma\alpha - \alpha \equiv \sum_{i=0}^{j_q} \sigma(\tau_i\, \pi^{u_i}) - \sum_{i=0}^{j_q} \rho_i\, \pi^{u_i} \ (\mathrm{mod}\ \mathfrak{P}^{u_{i_q} + \frac{E}{p-1} + \varepsilon})$,

on a

$$\omega(\pi) \cdot u_{i_q} < \omega(\sigma\alpha - \alpha) < \omega(\pi) \left[u_{i_q} + \frac{E}{p-1}\right].$$

$\sigma\alpha$ est un conjugué de α. Comme, par hypothèse, il y a une infinité de u_{i_q}, distincts et $\lim_{q \to +\infty} u_{i_q} = +\infty$, α a une infinité des conjugués distincts, ce qui est absurde. La proposition est prouvée.

Conséquence : $D_\pi(\alpha)$ convèrge si, et seulement si α se trouve dans un corps de degré fini de la forme

$$k(\rho, \pi^{\frac{1}{D}})$$

où ρ est une racine $p^F - 1^{\text{ième}}$ primitive de l'unité (D et F étant deux entiers), et où k est le corps p-adique rationnel.

Nous notérons $D(\alpha\,;\pi)$ et $F(\alpha\,;\pi)$ les moindres entiers satisfaisant aux conditions de la conséquence précédente.

π' étant un nombre de $k(\alpha)$ tel que (π') soit l'idéal premier de ce corps, il est evident que $D(\pi'; \pi) \equiv 0 \ (\mathrm{mod}\ D(\alpha\,;\pi))$.

Théorème IV. *Si* $D_\pi(\alpha)$ *diverge, on a*

$$\overline{\lim_{i = +\infty}}\ \zeta_i = +\infty,$$

et il existe un q *tel que pour tout* $q' \geq q$ *on ait*

$$L(\alpha\,;\pi) - u_{i_{q'}} \leq \frac{E}{(p-1)p^{q'-q}}\,;$$

si $u_{i_q} < L(\alpha;\pi) - \frac{E}{p-1}$, *il existent des conjugués* $\sigma\alpha$ *de* α *tels que* $u_{i_q} < \frac{\omega(\sigma\alpha-\alpha)}{\omega(\pi)} \leq u_{i_q} + \frac{E}{p-1}$; *on a pour ces conjugués*

$$\frac{\omega(\sigma\alpha-\alpha)}{\omega(\pi)} = \underset{q\leq q'\leq s_q}{\mathrm{Min}} \left(u_{i_{q'}} + \frac{E}{(p-1)p^{q'-q}}\right).$$

DÉMONSTRATION : Si $\lim\limits_{i=+\infty} \zeta_i = \zeta < +\infty$, α appartient au corps $k\left(\rho, \pi^{\frac{1}{\Delta p^\zeta}}\right)$ pour un ρ convenable, donc $D_\pi(\alpha)$ converge. Pour qu' il n'existe pas d'une infinité de conjugués de α, il faut, en vertu des raisonnements du théorèmo III, que pour un certain q parmi les $\omega_{q,i_{q'}}(q' \geq q)$ il n'y ait pas d'un nombre qui soit plus petit que tous les autres. Or

$$\lim_{q'\to+\infty} \omega_{q,i_{q'}} = \lim_{q\to+\infty}\left(u_{i_{q'}} + \frac{E}{(p-1)p^{q'-q}}\right) = \lim_{q'\to+\infty} u_{i_{q'}} = L'(\alpha;\pi).$$

Donc, $\varepsilon > 0$ étant aussi petit que l'on veut, s'il existe un $\omega_{q,i_{q'_0}} \leq L(\alpha;\pi) - \varepsilon$, c'est-à-dire $u_{i_{q'_0}} \leq L(\alpha;\pi) - \frac{E}{(p-1)^{q'_0-q}} - \varepsilon$ il n'y a qu'un nombre fini de $\omega_{q,i_{q'}}$ qui sont $\leq \omega_{q,i_{q'_0}}$, et parmi ces nombres il y a un plus petit que tous les autres. Donc contre l'hypothèse, q ne satisfait pas à la condition indiquée, et l'on doit avoir pour tout $q' \geq q$

$$u_{i_{q'}} \geq L(\alpha;\pi) - \frac{E}{(p-1)^{q'-q}}.$$

Si $u_{i_q} < L(\alpha;\pi) - \frac{E}{p-1}$, on peut trouver un $\varepsilon > 0$ suffisemment petit pour que l'intervalle $\left(u_0, u_{i_q} + \frac{E}{p-1} + \varepsilon\right)$ ne contienne qu'un nombre fini des u_i. Des lors en appliquant la même méthode qu'au théorème III, on prouve la seconde partie de la proposition.

Dans ce qui suit posons $\alpha = \pi'$, c'est-à-dire supposons que (α) soit l'idéal du premier du corps $k(\alpha)$. Alors, si $\sigma\pi'$ est un conjugué de π' $\frac{\omega(\sigma\pi'-\pi')}{\omega(\pi')} - 1$ doit être parmi les $v_q(k(\pi')/k)$, et la classe de

$$\frac{\sigma\pi'-\pi'}{\rho_0^{\frac{\omega(\sigma\pi'-\pi')}{\omega(\pi')}}\pi^{u_0 \frac{\omega(\sigma\pi'-\pi')}{\omega(\pi)}}}$$

doit être un élément de $M_q(k(\pi')/k)$. Comparant ceci avec la démonstration des théorèmes I, II, III, IV, on a le

Théorème V. a) *Si* f_j *est le plus petit exposant tel que pour tout* $i \leq j$ *on ait* $\rho_i^{p^{f_j}} = \rho_i$, et si $f_j \neq f_{j-1}$,

1°. $\frac{u_j - u_0}{u_0}$ *est un des* $v_q(k(\pi')/k)$;

2⁰ *La classe de* $(\rho_j^{p^{f_j-1}x} - \rho_j)\rho_0^{-\frac{u_j}{u_0}}$ $(x=1, 2, \ldots, \frac{f_j}{f_{j-1}} - 1)$ *est dans le* $M_q(k(\pi')/k)$ *correspondant.*

b) *Si* $\bar{d}_i \neq \bar{d}_{i-1}$,

1⁰. $\frac{u_i - u_0}{u_0}$ *est un des* $v_q(k(\pi')/k)$;

2⁰. $(\eta-1)\rho_i\rho_0^{-\frac{u_i}{u_0}}$, *où* η *est une racine* $\frac{\bar{d}_i}{\bar{d}_{i-1}}$ *ième arbitraire de l'unité, est dans* $M_q(k(\pi')/k)$ *correspondant.*

c) *Quand* $l > 0$, *et si* $D_\pi(\pi)$ *convèrge ou* $u_{i_l} < L(\pi';\pi) + \frac{E}{p-1}$,

1⁰. $u_{i_{l'_0}} + \frac{E}{(p-1)p^{l'_0-l}} = \underset{l \leq l' \leq s_l}{\text{Min}} \left[u_{i_{l'}} + \frac{E}{p^{l'-l}} \right]$ *existe et est un des* $v_q(k(\pi')/k) + 1$;

2⁰. *La classe de* $\rho_0^{\frac{-u_{i_{l'_0}} - \frac{E}{(p-1)p^{l'_0-l}}}{u_0}} \pi^{-\frac{E}{(p-1)p^{l'_0-l}}} (\zeta_{l'_0-l+1}-1)\rho_{i_{l'_0}}$ *est dans* $M_q(k(\pi')/k)$ *correspondant.*

Avant d'aller plus loin, donnons une nouvelle démonstration, indépendante des précédentes, de ce que les dénominateurs des $v_q(K/k)$ sont premiers à p. Il suffit de ne donner la démonstration que pour les K/k primitifs. Soit donc π un nombre d'ordre 1 en $\mathfrak{P}$ de K, et soit $\sigma\pi$ un de ses conjugués. En vertu du théorème IV de § 3, si v désigne le seul nombre de ramifisation propre de K/k, et si δ désigne son dénominateur, $\sigma\pi$ se trouve dans $k(\rho, \pi^{\frac{1}{\delta}})$, où ρ est une racine de l'unité d'ordre convenable premier à p. Donc, $D_\pi(\sigma\pi)$ convèrge, et on peut écrire

$$D_\pi(\sigma\pi) = \pi + \rho_1\pi^{v} + \rho_2\pi^{\frac{U_2}{\delta}} + \rho_3\pi^{\frac{U_3}{\delta}} + \ldots$$

où $U_2, U_3, \ldots$ sont entiers ; supposons que $\delta \equiv 0 \pmod p$ Soit p^q, $q > 0$, la contribution de p dans δ. Alors, on a $u_{i_1} = u_{i_2} = \ldots = u_{i_q} = v$ et $\zeta = q$. On a, d'autre part, si $\mathfrak{R}$ désigne le corps p-adique rationnel

$$\text{corr}\ G_{\mathfrak{R}(\pi^{\frac{1}{\delta}})}\ G_{k(\pi^{\frac{1}{\delta}})/k(\pi^{\frac{pq}{\delta}})} = G_{\mathfrak{R}(\pi^{\frac{1}{\delta}})/\mathfrak{R}(\pi^{\frac{pq}{\delta}})}.$$

On en tire facilement que dans

$$G_{k(\sigma\pi,\, \pi^{\frac{1}{\delta}},\, \rho)/k}$$

il y a un élément σ tel que $\sigma\rho_i = \rho_i$ pour tout i, et que $\sigma\pi^{\frac{1}{\delta}} = \xi_q\pi^{\frac{1}{\delta}}$.

De lors, on voit qu'il existe un conjugué de $\sigma\pi$ par rapport à k, donc aussi un conjugué de π par rapport à k, soit $\sigma'\pi$, tel que

$$u_1 = v < \frac{\omega(\sigma'\pi - \sigma\pi)}{\omega(\pi)} \leq u_1 + \frac{E}{p-1} = v + \frac{E}{p-1} < +\infty$$

(1)

c'est-à-dire $\sigma'\pi \neq \sigma\pi$ et $\beta_0(\sigma') = \beta_0(\sigma)$. Or, si $\beta_0(\sigma') = \beta_0(\sigma)$, On a $\sigma_1 \in \sigma V_{K/k} = \sigma . 1_K = \{\sigma\}$ et on a une contradiction qui prouve la proposition.

Combinons le fait que les $v_q(K/k)$ ont leurs dénominateurs premiers à p et les théorèmes VI et VII de § 9 avec le théorème V de ce paragraphe. On a les

Théorème VI. a) *Si* $D_\pi(\pi')$ *est convergent ou si* $u_i < L(\pi';\pi) - \frac{E}{p-1}$, $\frac{u_i}{u_0}$ *a le dénominateur premier à* p.

b) *Si* $f_i \neq f_{i-1}$ ou $\bar{d}_i \neq \bar{d}_{i-1}$, $\frac{u_i}{u_0}$ *a le dénominateur premier a* p.

DÉMONSTRATION : En effet, soit ξ le plus grand nombre tel que 1°. si $D_\pi(\pi')$ convèrge, il existe i_ξ 2°. si $D_\pi(\pi')$ diverge, $u_{i_\xi} < L(\pi';\pi) - \frac{E}{p-1}$.

Alors, dans le premier cas $s_\xi = \xi$, donc

$$\frac{1}{u_0} \operatorname*{Min}_{\xi \leq q' \leq \xi} \left[u_{i_{q'}} + \frac{E}{(p-1)p^{q'-\xi}}\right] - 1 = \frac{1}{u_0}\left[u_{i_\xi} + \frac{E}{p-1}\right] - 1,$$

est un nombre de ramification de K/k. La contribution de p dans le dénominateur de ce nombre est la même dans celui de $\frac{u_{i_\xi}}{u_0}$, donc, le dénominateur de $\frac{u_{i_\xi}}{u_0}$ est premier à p. Comme le dénominateur de tout u_i se divise par une puissance de p moindre ou égale à p^ξ, les $\frac{u_i}{u_0}$ ont leurs dénominateurs premiers à p. Dans le second cas

$$\frac{1}{u_0} \operatorname*{Min}_{\xi \leq q' \leq s_\xi} \left[u_{i_{q'}} + \frac{E}{(p-1)p^{q'-\xi}}\right] - 1$$

est un $v_q(K/k)$. Or ce nombre est égal à un $\frac{1}{u_0}\left[u_{i_{q'}} + \frac{E}{(p-1)p^{q'-\xi}}\right]$. pour un $q' \geq \xi$. La conIribution de p dans le dénominateur de ce nombre est la même que dans celui de $\frac{u_{i_{q'}}}{u_0}$, ou que dans $\frac{1}{p^{q'}u_0}$. D'où il suit encore le même résultat pour tous les $u_i \leq u_{i_{q'}}$ et, *a* fortiori $< L(\pi';\pi) - \frac{E}{p-1}$. Enfin, si $f_i \neq f_{i-1}$ ou $\bar{d}_i \neq \bar{d}_{i-1}$, $\frac{u_i}{u_0}$ est un $v_q(K/k)$, d'où suit *b)*.

CONSÉQUENCE 1 : Si $\omega(\pi') = \omega(\pi)$, ou si, plus généralement $\frac{\omega(\pi')}{\omega(\pi)} \not\equiv 0 \pmod{p}$, on a ce fait remarquable que le développement de

π' ne contient que les puissances de π dont le dénominateur est premier à p quand ce développement convèrge. Donc, si $\omega(\pi') = \omega(\pi)$. $D_\pi(\pi')$ convèrge si, et seulement si $V_{k(\pi,\pi')/k(\pi)} = \{1_{k(\pi,\pi')}\}$ (k étant le corps rationnel).

Conséquence 2 : $K^\bullet/k$ étant le corps de Galois de K/k, tous les $D_\pi(\sigma\pi)$ ($\sigma \in G_{K/k}$) convergent si, et seulement si $V_{K^\bullet/K} = \{1_{K^\bullet}\}$.

En effet, si tous les $D_\pi(\sigma\pi)$ convergent, puisque $\omega(\sigma\pi) = \omega(\pi)$, ces développements ne contiennent que des puissances de π dont les exposants sont premiers à p. Donc $K^\bullet = k(\{\sigma\pi\}_{\sigma \in G_{K/k}})$ est de la forme $k(\rho, \pi^{\frac{1}{D}})$, où D est premier à p et $T_{K^\bullet/K}$ est d'ordre D, donc $V_{K^\bullet/K} = \{1_{K^\bullet}\}$. Inversément, si $V_{K^\bullet/K} = \{1_{K^\bullet}\}$, on a, en vertu du théorème de Hensel, que $K^\bullet$ s'obtient en adjoignant à K une racine de l'unité d'ordre premier à p et $\sqrt[r_{-1}(K^\bullet/K)]{\pi}$, et les $\sigma\pi$ étant dans ce corps, $D_\pi(\sigma\pi)$ convergènt.

Conséquence 3 : (π') étant l'idéal premier de $k(\alpha)$, la contribution de p dans $D(\alpha\,;\pi)$ ne depasse pas celle de p dans $\dfrac{\omega(\pi)}{\omega(\pi')}$.

Conséquence 4 : $u_{i_\xi} = u_0$; si $\xi > 0$, $\dfrac{E}{p-1}, \dfrac{E}{(p-1)p}, \ldots, \dfrac{E}{(p-1)p^{\xi-1}}$ sont les nombres de ramification de K/k, s'ils ne dépassent pas $L(\pi'\,;\pi) - u_0$.

En effet, puisque le dominateur de $\dfrac{u_{i_\xi}}{u_0}$ est premier à p, le dominateur de u_0 se divise par p^ξ, denc $u_{i_\xi} \leq u_0$, c'est-à-dire $u_{i_\xi} = u_0$. D'ailleurs dans le second cas on a pour la même cause $u_{i_\xi} = u_0$, c'est-à-dire $q' = \xi$. En faisant succésivement $q = 1, 2, \ldots, \xi$, on trouve, si $u_J + \dfrac{E}{(p-1)p^{q-1}} < L(\pi'\,;\pi)$, qu'il existe un conjugué $\sigma\pi'$ de π' tel que $\dfrac{\omega\left(\dfrac{\sigma\pi'-\pi'}{\pi'}\right)}{\omega(p)} = \dfrac{1}{(p-1)p^{q-1}}$, ce qui prouve l'affirmation.

Théorème VII. *Si $f_i \neq f_{i-1}$ ou si $\overline{d}_i \neq \overline{d}_{i-1}$, on a $u_i - u_0 \leq \dfrac{E}{p-1}$.*

Démonstration : En effet, en vertu du théorème VI du § 9, on a

$$v_q(k(\pi')/k) \leq \frac{\omega(p)}{(p-1)\omega(\pi')n_q(k(\pi)/k)} \leq \frac{\omega(p)}{(p-1)\,\omega(\pi')}.$$

Donc $$u_i - u_0 = \frac{\omega(\pi')}{\omega(\pi)} \cdot v_q(k(\pi')/k) \leq \frac{\omega(p)}{\omega(\pi)}\,\frac{1}{p-1} = \frac{E}{p-1}.$$

C. q. f. d.

Soit $\sigma \in G_{K/k}$. Soit $D_\pi(\sigma\pi) = \sum_{i=0}^{\lambda \leq \infty} \rho_i \pi^{u_i}$. Définissons à côté d'indices d'irrégularité de première espèce deux autres espèces de tels indices.

Définition 1 : On appelera *indice d'rrégularité de seconde espèce de* σ, et on notera $\theta(\sigma)$, le moindre exposant u_i, diminué d'une unité, dont le dominateur se divise par p, c'est-à-dire $u_{i_1} - 1$.

Si $\theta_0, \theta_1, \ldots, \theta_{m''} = +\infty$ sont les indices d'irrégularité de seconde espèce écrits dans l'ordre des grandeurs croissantes, θ_i s'appelera *le i-ème nombre d'irrégularité de seconde espèce de* K/k.

On voit que $\theta(\sigma) = +\infty$ si, et seulement si $D_\pi(\sigma\pi)$ convèrge. On prouve facilement, par une méthode analogue à celle pour les nombres de ramification et pour les nombres d'irrégularité de première espèce, que l'ensemble des σ tels que $\theta(\sigma) \geq \theta_i$ est un *hypergroupe*, soit $\overset{(i)}{\Phi}$, qui sera appelé l'hypergroupe d'irrégularité de seconde espèce d'ordre i de K/k. On voit, d'après le théorème V, que le facteur premier à p du dénominateur de $\theta(\sigma)$ doit être diviseur du p. p. c. m. des dénominateur de tous les $v_q < \theta(\sigma)$. Il est possible de prouver que tous les $\theta_i < +\infty$ sont $< v_{m-1}(K/k) \leq \frac{E}{p-1}$. Comme, certainement $\theta(\sigma) \neq 0$, on doit avoir $L(\sigma\pi\,;\pi) \leq 1 + \theta(\sigma) + \frac{E}{p-1} \leq \frac{2E}{p-1} + 1$.

Définition 2 : On appelera *indice d'irrégularité de troisième espèce* $\tau(\sigma)$ de σ le nombre $L(\sigma\pi\,;\pi) - 1$.

$\tau_0, \tau_1, \ldots, \tau_{m'''} = +\infty$ étant les $\tau(\sigma)$ distincts de tous les $\sigma \in G_{K/k}$, écrits dans l'ordre de grandeurs croissantes, τ_i s'appelera *le i-ième nombre d'irrégularité de troisième espèce de* K/k.

On ne sait rien sur la nature arithmétique des τ_i (22). La quéstion reste ouverte, également, si l'ensemble de tous les σ tels que $\tau(\sigma) \geq \tau_i$ est un hypergroupe ? On a, par contre, comme on a vu, l'inégalité.

$$\tau_i \leq \frac{2E}{p-1}, \quad \text{si} \quad \tau_i \neq +\infty.$$

$\tau(\sigma) = +\infty$ si, et seulement si $D_\pi(\sigma\pi)$ convèrge, c'est-à-dire si, et seulemet si $\theta(\sigma) = +\infty$. Et, en général, si la contribution de p dans le dénominateur de $\theta(\sigma)$ est p^ξ,

$$\tau(\sigma) - \theta(\sigma) \leq \frac{E}{(p-1)p^{\xi-1}}.$$

(22) En particulier, on ne sait pas s'ils peuvent être irrationnels.

La quéstion très intéressante est la suivante : Trouver une forme normale en laquelle on peut en peut transformer $D_{\pi}(\sigma\pi)$ par les transformations de Tschirnhausen ? Elle est extrêmement difficile dans le cas général. On peut prouver par des méthodes du genre de celles de M. Fueter (23) que si σ est un automorphisme, la connaissance des $D_{\pi}(\sigma\pi)$ (mod $\mathfrak{P}^{1+v_{m-1}}$) donc, a fortiori, (mod $\mathfrak{P}^{1+\frac{E}{p-1}}$) définit $D_{\pi}(\sigma\pi)$ (mod $\mathfrak{P}^{1+E-(p-2)v(\sigma)}$. Mais je n'ai pu faire la détermination effective de cette liaison que dans des cas les plus simples, et ceci pas des calculs assez compliqués. Il est d'ailleurs probable que le fait indiqué se produit pour tous les σ tels que $\Theta(\sigma)=+\infty$, c'est-à-dire tels que $D_{\pi}(\sigma\pi)$ converge.

Je me borne à indiquer un seul résultat que j'ai obtenu dans cette voie, et que j'ai, d'ailleurs enoncé déjà dans ma seconde note sur la théorie de la ramification des idéaux aux C. R. de 8 juillet 1937.

Si $\sigma \in V_{K/k}$ est un automorphisme de K/k (non égal à 1_K), si $v=v(\sigma)$ et si $\bar{v} = \text{Min}\,(v(\sigma^p), E+v)$, on peut trouver une racine du l'unité d'ordre premier à p $\rho \in \beta(\sigma)$ et un nombre π d'ordre 1 de $\mathfrak{P}$ de K tels que

$$\sigma\pi - \pi(1 - v\rho\pi)^{-\frac{1}{v}} \text{ soit d'ordre } 1+\bar{v}-(p-1)v \text{ en } \mathfrak{P}$$

. . . .

On forme effectivement $D_{\pi}(\alpha)$ par la méthode tout-à-fait analogue à celle de Puiseux pour les fonctions algébriques, en se servant du polygône de Newton-Puiseux-Ore. Cette quéstion est déjà exposée, au fond, dans les travaux de M. Ore, auxquels nous renvoyons le lecteur. Les différences entre les nombres $\mathfrak{P}$-adiques et les fonctions algébriques ne résident pas dans le procédé de construction du développement, mais uniquement dans les caractères de convergence du développement construit (24).

---

(23) *Vierteljahrschr. d. naturf. Ges. in Zürich*, 1917, p. 67 – 72.

(24) Les §§ 1 et 2 et une partie du § 3 de ce travail sont contenus, à quelques légères différences de démonstrations près, dans le chapitres I, II et IV de ma thèse (*Sur la théorie de ramification des idéaux de corps de nombres algébriques, Mémoires de l'Acad. de Belgique*, t. IX, fasc. IV, p. 1—110). Une autre démonstration des théorèmes VI et VII du § 9 et la démonstration de la p. 187 du § 11 s'y trouvent aussi. Le reste du présent travail est inédit aussi bien du point de vue des démonstrations que de celui des résultats (sauf, bien entendu, le § 8, qui relève des travaux de M. Ore).

ERRATA

Pag. 16 ligne 5 *au lieu de* Warszava *lire* Warszawa
„ 16 dernière ligne *au lieu de* $f(x)$ *lire* $|f(x)|$
„ 73 ligne 19 *au lieu de* $(C \in G)$ lire $(C \subset G)$
„ 74 „ 5 *au lieu de* dans le K/k *lire* dans (de) K/k
„ 74 „ 9 *au lieu de* (K/k) *lire* $(K:k)$
„ 75 „ 14 *au lieu de* V *lire* $\mathfrak{D}$
„ 75 „ 15 *au lieu de* v *lire* $\mathfrak{v}$
„ 75 *ajouter* après la ligne 18 : ϕ étant une forme dans K, au sens de Kronecker, son contenu sera désigné par $\bar{\phi}$
„ 76 ligne 1, *au lieu de* K, *lire*: H, quelques soient $a, b \in H$
„ 76 „ 15 *au lieu de* K et K′ *lire* H et H′
„ 78 lignes 6 et 8 *au lieu de* $C \supset G$ *lire* $C \subset G$
„ 77 ligne 14 *au lieu de* soit $\overrightarrow{G/g}$ *lire* soit $\overrightarrow{C/g}$
„ 77 „ 23 *au lieu de* de classes *lire* de l'hypergroupe de $\overrightarrow{\text{classes}}$
„ 78 „ 15 *au lieu de* $\gamma_1 G$ *lire* $\gamma_1 g$
„ 78 „ 15 *au lieu de* $\gamma_2 G$ *lire* $\gamma_2 g$
„ 78 „ 20 *au lieu de* $\overleftarrow{H/h}$ *lire* $\overrightarrow{H/h}$
„ 80 „ 2 *au lieu de* $\mathrm{gen}_{k^*}\sigma$ *lire* $\mathrm{gen}_{K^*}\dot{\sigma}$
„ 80 „ 15 *au lieu de* gen_k *lire* gen_K
„ 80 „ 21 *au lieu de* $G_{K^*/K'}$ *lire* $G_{K^*/k'}$
„ 80 „ 24 *au lieu de* $G_{K^*/\overrightarrow{k}}$ *lire* $G_{K^*/\overrightarrow{K}}$
„ 83 „ 2 *au lieu de* $\sigma^*\sigma_2^*\pi$ *lire* $\sigma_1^*\sigma_2^*\pi$
„ 84 „ 17 *il faut ajouter* (mod $\mathfrak{B}$)
„ 86 „ 17 *au lieu de* i_K *lire* i_k
„ 86 „ 18 *au lieu de* $\sigma^*\sigma^{*-1}$ *lire* $\sigma^*\sigma_1^{*-1}$
„ 86 „ 20 *au lieu de* $\beta_{-1}(\sigma_1, \sigma_2)$ *lire* $\beta_{-1}(\sigma_1\sigma_2)$
„ 87 „ 28 *au lieu de* n_{-1} *lire* r_{-1}
„ 87 „ 29 *au lieu de* r_{-} *lire* r_{-1}

Pag. 88 ligne 6 *au lieu de* $= AV_{K^*}$, *lire* $= AV_K$,
„ 88 „ 19 *au lieu de* si *lire* Si
„ 88 „ 29 *au lieu de* $=$ *lire* $\equiv$ (2 fois)
„ 89 „ 9 *au lieu de* $\pi\pi^{-n-1(K^*/K)}$ *lire* $\pi\pi^{*-n_{-1}(K^*/K)}$
„ 90 „ 8 *au lieu de* $\equiv \gamma(\sigma_1$. *lire* $\equiv \gamma(\sigma_1^*)$.
„ 90 „ 10 *au lieu de* σ_1 *lire* σ_1^*
„ 90 „ 19 *au lieu de* σ_* *lire* σ_0^*
„ 90 „ 21 *au lieu de* est *lire* , est
„ 90 „ 25 *au lieu de* , $M^{(\pi)}(K/k)$ *lire* $M^{(\pi_0)}(K/k)$
„ 91 „ 4 *au lieu de* soit *lire* soient
„ 91 „ 20 *au lieu de* $\beta_q^{(\pi_1)}(\sigma)$ *lire* $\beta_q^{(\pi_0)}(\sigma)$
„ 91 „ 20 *au lieu de* le même *lire* un même
„ 92 „ 17 *au lieu de* est *lire* et
„ 92 „ 20 *au lieu de* la même *lire* le même
„ 93 „ 4 *au lieu de*] — *lire*] =
„ 94 „ 11 *au lieu de* n'existe de *lire* n'existe pas de
„ 94 „ 17 *au lieu de* $(K/k)_{-2} = K/k$, *lire* $(K/k)_{-2} = k/k$,
„ 95 „ 5 *au lieu de* , et je la fais *lire* , et je le fais
„ 95 „ 11 *au lieu de* $T = \{1_K\}$, *lire* $T_K = \{1_K\}$,
„ 95 „ 20 *au lieu de* Si $(K/k)_0/(K/k_{-1})$, *lire* $K/k = (K/k)_0/(K/k)_{-1}$
„ 96 „ 19 *au lieu de* Donc, si $\sigma'_1 \neq \sigma$, *lire* Donc, si $\sigma_1 \neq \sigma$,
„ 96 „ 20 *au lieu de* quand $\sigma'_1 \neq \sigma$ *lire* quand $\sigma_1 \neq \sigma$,
„ 96 „ 28 *au lieu de* s *lire* si
„ 97 „ 15 *au lieu de* $G_K = \overset{(0)}{V}$ *lire* $G_K = \overset{(0)}{V}_K$
„ 98 „ 3 *au lieu de* quand $\sigma'_1 \neq \sigma$, $\dfrac{\sigma'_1\pi - \pi}{\pi\pi_0{}^{Dv}} - \rho(\sigma) \equiv\!|\!\equiv 0$
lire quand $\sigma_1 \neq \sigma$, $\dfrac{\sigma_1\pi - \pi}{\pi\pi_0^{Dv}} - \rho(\sigma) \equiv\!|\!\equiv 0$
„ 98 „ 8 *au lieu de* $n_{-1}(K^*/k)$ *lire* $n_{-1}(K^*/K)$
„ 98 „ 31 *au lieu de* (cas *lire* (car
„ 99 „ 6 *au lieu de* $\in \dfrac{\beta^{(\pi_0)}(\sigma_2)}{\varepsilon}$ conjugué *lire* $\in \dfrac{\beta_0^{(\pi_0)}(\sigma_2)}{\varepsilon}$ est conjugué
„ 99 „ 12 *au lieu de* autre p *lire* autre que p
„ 99 „ 22 *au lieu de* à K lui-même *lire* à K que lui-même
„ 100 „ 22 *au lieu de* $\Omega_{a,b}$ *lire* $W_{a,b}$
„ 101 „ 25 *au lieu de* $(z_a\lambda)_n = \lambda_n^{p^{-a}}$ *lire* $(z_a\lambda)_n = \lambda_n^{p^a}$
„ 101 „ 27 *au lieu de* $\lambda_n^{p^{-a}} = \lambda_n$ *lire* $\lambda_n^{p^a} = \lambda_n$
„ 102 „ 5 *au lieu de* $W_{(a,b),\, m(a,b)}$ *lire* $W_{m(a,b),\, (a,b)}$
„ 104 „ 8 *au lieu de* $\beta\lambda = \lambda\beta$ *lire* $\beta\lambda = \lambda\beta'$
„ 104 „ 15 *au lieu de* $\mu\varepsilon W_{m(a,b),\, (a,b)}$ *lire* $\mu \in W_{m(a,b),\, (a,b)}$
„ 104 „ 20 *au lieu de* éléments *lire* des éléments
„ 105 „ 17 *au lieu de* $\overleftarrow{\mathfrak{D}}(\mathfrak{R}, \mathfrak{E}$. *lire* $\overleftarrow{\mathfrak{D}}(\mathfrak{R}, \mathfrak{C})$.
„ 105 „ 21 *au lieu de* $\overleftarrow{\mathfrak{M}}(\mathfrak{R}', \mathfrak{C}).\overrightarrow{\mathfrak{D}}\mathfrak{R}, \mathfrak{C}')$; *lire* $\overleftarrow{\mathfrak{M}}(\mathfrak{R}', \mathfrak{C}').\overrightarrow{\mathfrak{D}}(\mathfrak{R}, \mathfrak{C})$;
„ 106 „ 1 *au lieu de* $\sum_{q=0}^{s} \alpha_{iq}\lambda_i = 0$ *lire* $\sum_{i=0}^{s} \alpha_{iq}\lambda_i = 0$

Pag. 106 ligne 18 *au lieu de* $\lambda \quad \lambda''\lambda'$; *lire* $\lambda = \lambda''\lambda'$;

„ 107 „ 12 *au lieu de* $\nu[\overleftarrow{\mathfrak{M}}\,\lambda, \mathfrak{M}_i)]$ *lire* $\nu[\overleftarrow{\mathfrak{M}}(\lambda, \mathfrak{M}_i)]$

„ 107 „ 13 *au lieu de* $\overleftarrow{\mathfrak{M}}(\lambda\, \mathfrak{M}_i, \lambda^{(i)})$. *lire* $\overleftarrow{\mathfrak{M}}(\lambda, \mathfrak{M}_i, \lambda^{(i)})$

„ 107 „ 14 *au lieu de* $\overleftarrow{\mathfrak{M}}(\lambda\, \mathfrak{M}_i)$, *lire* $\overleftarrow{\mathfrak{M}}(\lambda, \mathfrak{M}_i)$,

„ 109 „ 17 *au lieu de* $\neq 0$. *lire* $\neq 0)$.

„ 113 „ 2 *au lieu de* $\mu'\mu''\ldots\mu^{s(\lambda)}$ *lire* $\mu'\mu''\ldots\mu^{[s(\lambda)]}$

„ 114 „ 11 *au lieu de* et les *lire* et avec les

„ 117 „ 19 *au lieu de* cet idéal *lire* cet $\overleftarrow{\text{idéal}}$

„ 118 „ 15 *au lieu de* Ω_ψ *lire* Ω'_ψ

„ 119 „ 5 *au lieu de* on *lire* ou

„ 120 „ 4 *au lieu de* et les éléments de $W_{b,a}$
lire et les ensembles d'éléments associés de $\overleftarrow{W}_{a,b}$

„ 122 „ 29 *au lieu de* $\}_{\alpha\in\Omega'_a}, \ i=0, 1, \ldots, n-1 =$
lire $\}_{\alpha\in\Omega'_a}, \ i=0, 1, \ldots, n-1 =$

„ 122 „ 31 *au lieu de* $\}_{\alpha\in\Omega'_a}, \ i=0, 1, \ldots, n-1$,
lire $\}_{\alpha\in\Omega'_a}, \ i=0, 1, \ldots, n-1$'

„ 123 „ 18 *au lieu de* théorème XI, *lire* les théorèmes XI,

„ 123 „ 18 *au lieu de* et théorème *lire* et le théorème

„ 123 „ 19 *au lieu de* $Q_0, Q_1, \ldots, Q$ *lire* $Q_0, Q_1, \ldots, Q_s$

„ 127 „ 26 *au lieu de* au-dessous *lire* au-dessus

„ 128 „ 2 *au lieu de raeines lire racines*

„ 128 „ 7 *au lieu de* est sur *lire est sur*

„ 128 „ 14 *au lieu de* $u_j = s_j - (n-i)\alpha_j$ *lire* $u_i = s_i - (n-i)\alpha_j$

„ 128 „ 16 *au lieu de* $s_{i_j} + i_j\alpha_{i_j}$ *lire* $s_{i_j} + i_j\alpha_j$

„ 128 „ 17 *au lieu de* auquelle *lire* à laquelle

„ 128 „ 18 *au lieu de* la lemme *lire* le lemme

„ 128 „ 29 *au lieu de* $\sum_{=i_j}^{i_{j-1}}$ *lire* $\sum_{i=i_j}^{i_{j-1}}$

„ 129 „ 11 *au lieu de* le *lire* , le

„ 131 „ 21 *au lieu de* es v *lire* les v_q

„ 132 „ 19 *au lieu de* $\theta_{i,x} - \theta_p$ *lire* $\theta_{i,x} - \theta_{p^u,x}$

„ 134 „ 2 *au lieu de* est *lire* il est

„ 134 „ 18 *au lieu de* si *lire* Si

„ 134 „ 21 *au lieu de* $w_{i_q} = \underset{x \equiv|\equiv 0 \pmod{p^{u+1}}}{\mathrm{Min}}[\theta_{0,x} + t_{n-x}]$ *lire* $w_{i_q} = \underset{x \equiv|\equiv 0 \pmod{p^{i_q+1}}}{\mathrm{Min}}[\theta_{0,x} + t_{n-x}]$

„ 134 „ 22 *au lieu de* $x \equiv 0 \pmod{p^u}$ *lire* $x \equiv 0 \pmod{p^{i_q}}$

„ 135 „ 24 *au lieu de* au au-dessous *lire* ou au-dessous

„ 136 „ 21 *au lieu de* $\left(\sum_{t=0}^{s_q} \beta_{i_t^{(q)}} \xi^{p^{i_t^{(q)}-j_q+1}}\right)^{p^{j_q}+}$

lire $\left(\sum_{t=0}^{s_q} \beta_{i_t^{(q)}} \xi^{p^{i_t^{(q)}-j_q+1}}\right)^{p^{j_q+1}}$

Pag. 137 ligne 2 *au lieu de* $\sum_{t=0}^{s_q} \beta_{i_t^{(q)}}^{p\, j_q+1} \xi^{i_t^{(q)}}$ *lire* $\sum_{t=0}^{s_q} \beta_{i_t^{(q)}}^{p\, j_q+1} \xi^{p\, i_t^{(q)}}$

» 137 » 28 *au lieu de* auquelle *lire* à laquelle

» 138 » 25 *au lieu de* $w_{j_q\ 1} - w_{i_q} \equiv w_{j_q\ 1}$ *lire* $w_{j_q+1} - w_j \equiv w_{i_q+1}$

» 140 » 21 *au lieu de* $\sum_{t=n+1}^{+\infty} \Gamma_t \bar{\pi}^{E\left(\frac{t}{n}\right)} x^{t\ nE\left(\frac{t}{n}\right)}$

lire $\sum_{t=n+1}^{+\infty} \Gamma_t \bar{\pi}^{E\left(\frac{t}{n}\right)} x^{t-nE\left(\frac{t}{n}\right)}$

» 141 » 7 *au lieu de* $x\alpha(x) = x \sum_{i=0}^{+\infty} \gamma_i x$, *lire* $x\alpha(x) = x \sum_{i=0}^{+\infty} \gamma_i x^i$

» 141 » 14 *au lieu de* ... $\pi'\pi''^{i-1} + \pi'')$ *lire* ... $+ \pi'\pi''^{i-1} + \pi''^{i})$.

» 141 » 15 *au lieu de* ... $\pi'\pi''^{i-1} + \pi''))$ *lire* ... $+ \pi'\pi''^{i-1} + \pi''^{i}))$

» 141 » 19 *au lieu de* $\pi \sum_{i=0}^{+\infty} \gamma_i \pi^i$ *lire* $\pi = \pi \sum_{i=0}^{+\infty} \gamma_i \pi^i$

» 143 » 11 *au lieu de* $= x^n + \sum_{t=n}^{+\infty} \Gamma^{t//} X_t =$ *lire* $= x^n + \sum_{t=n}^{+\infty} \Gamma_t^{//} X_t =$

» 143 » 12 *au lieu de* $\Gamma_i = \Gamma_i^{//}$ *lire* $\Gamma_i^{/} = \Gamma_i^{//}$

» 143 » 13 *au lieu de* subsistuant *lire* substituant

» 143 » 14 *au lieu de* . 2. *lire* ; 2°.

» 143 » 25 *au lieu de* $f_2(\alpha(x))$ *lire* $f_2(x\alpha(x))$

» 144 » 6 *au lieu de* das *lire* des

» 144 » 8 *au lieu de* $\frac{f_1(\pi_1)}{\pi^t}$ *lire* $\frac{f_1(\pi_1)}{\pi_1^t}$

» 144 » 30 *au lieu de* $\equiv -1)^n$ *lire* $\equiv (-1)^n$

» 144 » 33 *au lieu de* $\xi = \gamma^{\mathrm{l}} \parallel {}_i\gamma_\tau$ *lire* $\xi = \gamma^t = \gamma^\tau$.

» 145 » 3 *au lieu de* $\sum_{i=n}^{t-0} \Gamma_i x_i$ *lire* $\sum_{i=n}^{t-1} \Gamma_i X_i$

» 145 » 27 *au lieu de* $F_{\Gamma_n, \Gamma_{n+1}, \ldots, \Gamma_{t-1};\, t, A}(y_t\ \Gamma_n, \Gamma_{n+1}, \ldots, \Gamma_{t-1}; A; \Gamma))$

lire $F_{\Gamma_n, \Gamma_{n+1}, \ldots, \Gamma_{t-1};\, t, A}(y_t(\Gamma_n, \Gamma_{n+1}, \ldots, \Gamma_{t-1}; A; \Gamma))$

» 145 » 30 *au lieu de* $F_{\Gamma_n, \Gamma_n\ 1, \ldots, \Gamma_{t-1};\, t, A}(y)$ *lire* $F_{\Gamma_n, \Gamma_{n+1}, \ldots, \Gamma_{t-1};\, t, A}(y)$

» 147 » 6 *au lieu de* no *lire* ou

» 147 » 9 *au lieu de* $t(\pi ; A_{0*} A_* A_0^{h_t - 1})$ *lire* $t(\pi ; A_{0*}(A_* A_0^{h_t - 1}))$

» 147 » 9 *au lieu de* $\xi(A_{0*} A_* A_0^{h_t - 1})$ *lire* $\xi(A_{0*}(A_* A_0^{h_t - 1}))$

» 147 » 10 *au lieu de* $T(A_{0*} A_* A_0^{h_t - 1})$ *lire* $T(A_{0*}(A_* A_0^{h_t - 1}))$

» 148 » 1 *au lieu de* $T(A). \bar{\Gamma} - P = T(A)(\bar{\Gamma} - P) =$ *lire* $T(A). \bar{\Gamma} - P =$

» 148 » 34 *au lieu de* P *lire* $\mathfrak{P}$

» 149 » 8 *au lieu de* M *lire* M_t

» 149 » 8 *au lieu de* $\mathfrak{P}$ *lire* $\mathfrak{P}_t$

» 149 » 25 *au lieu de* $\frac{\alpha\ \pi) - \frac{\sigma\pi}{\pi}}{\sigma\pi^{\omega_\pi(A)}} \cdot \frac{\pi}{\sigma\pi}$ *lire* $\frac{\alpha(\pi) - \frac{\sigma\pi}{\pi}}{\sigma\pi^{\omega_\pi(A)}} \cdot \frac{\pi}{\sigma\pi}$

Pag. 150 ligne 21 *au lieu de* σ_π *lire* $\sigma_2\pi$
" 150 " 23 *au lieu de* $\equiv \sigma\_\pi \equiv$ *lire* $\equiv \sigma_2\pi \equiv$
" 150 " 26 *au lieu de* $\sigma_1\pi$ *lire* $\sigma_2\pi$
" 151 " 27 *au lieu de* Soit *lire* Soient
" 151 " 27 *au lieu de* $\ldots, t_\eta, t_\eta, t_{\eta+1} = \infty$ *lire* $\ldots, t_\eta, t_{\eta+1} = \infty$
" 153 " 13 *au lieu de* $r_{t_i t}$ *lire* $r_{t,t}$
" 155 " 2 *au lieu de* $\sum_{i=0}^{q\ 1} v^i(n_i - n_{i+1})$ *lire* $\sum_{i=0}^{q-1} v_i(n_i - n_{i+1})$
" 155 " 7 *au lieu de l'intervalle,* $(v_{n-1}, +\infty)$ *on a*
lire l'intervalle $(v_{m-1}, +\infty)$ *on a*
" 155 " 8 *au lieu de* $\Delta = \phi(v_q)$ *lire* $\Delta_q = \phi(v_q)$
" 155 " 15 *au lieu de* $\sum_{t=0}^{m-1} n_i(v_i - v_{i-})$ *lire* $\sum_{i=0}^{m-1} n_i(v_i - v_{i-1})$
" 155 " 29 *au lieu de* $= \beta_q^{n_q+1} \rho^{n_q+1} = z_1^{j_q+1}. \beta_q z_1^{l_q+1}(\rho)$
lire $= \beta_q^{n_q+1} \rho^{n_q} = z_1^{j_q+1}. \beta_q z_1^{l_q}(\rho)$
" 156 " 13 *au lieu de* $\underline{U}_r(\rho) = \beta_q \rho^{n_q} =$ *lire* $U_r(\rho) = \beta_q^{n_q+1} \rho^{n_q}$
" 157 " 13 *au lieu de* $\overline{\gamma}$ *lire* γ
" 158 " 6 *au lieu de* $M_,$ *lire* M_t
" 158 " 20 *au lieu de* $\delta \mid n$ *lire* $\delta \mid n_q$
" 159 " 23 *au lieu de* que des t' n'est pas *lire* que t' n'est pas
" 160 " 13 *au lieu de* $\frac{\varkappa_t}{h}$ *lire* $\frac{\varkappa_t}{h_t}$
" 160 " 22 *au lieu de* R_t. *lire* $R_{t'}$.
" 160 " 25 *au lieu de* η *lire* η' (3 fois)
" 162 " 1 *au lieu de* $t^{(t)}$ *lire* $t^{(i)}$
" 164 " 28 *au lieu de* $\pi = A^*(\pi)$ *lire* $\pi^* = A^*(\pi)$
" 164 " 35 *au lieu de* différent *lire* , différent
" 165 " 26 *au lieu de* $U_{v_q}(R_{v_b})$ *lire* $U_{v_q}(R_{v_q})$
" 166 " 18 *au lieu de* (si $t = \phi_q + v_{q'}(n_{q'} - p^j)$)
lire (si $t = \phi_{q'} + v_{q'}(n_{q'} - p^j)$)
" 167 " 5 *au lieu de* on *lire* On
" 167 " 10 *au lieu de* $m^t - 1$ *lire* $m_t - 1$
" 167 " 23 *au lieu de* $n = h = 1$ *lire* $n = h \neq 1$
" 167 " 26 *au lieu de* raeines *lire* racines
" 167 " 33 *au lieu de* ou $t \equiv\mid\equiv 0 \pmod n$ *lire* ou $t \equiv 0 \pmod n$
" 168 " 1 *au lieu de* $I = \frac{1}{p^{\nu(\vec{\mathfrak{D}}(\lambda(z_1), z_1^{f_0} - 1))}}$,

lire $I = \frac{1}{p^{\nu(\vec{\mathfrak{D}}(\lambda(z_1), z_1^{f_0} - 1))}}$ ou 1, suivant que v est ou n'est pas entier,

" 168 ligne 3 *au lieu de* $\leq i < p^j + v(p^j - p^j\ q-1)$;
lire $\leq i < p^j + v(p^j - p^{j-q-1})$;
" 168 " 3 *au lieu de* mod p^j); *lire* (mod p^j);
" 168 " 4 *au lieu de* $x^{i\ \ p^j E\left(\frac{i}{p^j}\right)}$ *lire* $x^{i - p^j E\left(\frac{i}{p^j}\right)}$

Pag. 168 ligne 13 *au lieu de* $\overleftarrow{z_1^{f_0}} \equiv 1 \pmod{\lambda(z_1)}$.

lire $\overleftarrow{z_1^{f_0}} \equiv 1 \pmod{\lambda(z_1)}$ et v est entier

» 168 » 19 *au lieu de* $\overleftarrow{z_1^{f_0}} \equiv\!|\!\equiv 1 \pmod{\lambda(z_1)}$.

lire $\overleftarrow{z_1^{f_0}} \equiv\!|\!\equiv 1 \pmod{\lambda(z_1)}$ ou v est fractionnaire

» 169 » 1 *au lieu de* il faut prendre la limite supérieure $p^{j}+\imath(p^{j}-1))$.
lire il faut prendre dans la limite supérieure le signe $<$ *au lieu de* $\leq$).

» 171 ligne 6 *au lieu de* $n=u_j$, *lire* $u=u_j$

» 171 » 24 *au lieu de* quelquesuns *lire* quelques'uns

» 172 » 2 *au lieu de* réduite *lire* réduits

» 172 » 21 *au lieu de* la nombre *lire* le nombre

» 173 » 12 *au lieu de* constituisant *lire* construisant

» 174 » 32 *au lieu de* définissan *lire* définissant

» 175 » 6 *au lieu de* w_s *lire* w_u

» 175 » 37 *au lieu de* k *lire* n

» 178 » 32 *au lieu de* $\sum_{i=0}^{\lambda\leq+\infty} a_i \pi^u$ *lire* $\sum_{i=0}^{\lambda\leq+\infty} \rho_i \pi^{u_i}$

» 179 » 29 *au lieu de* $\omega\left(\sum_{i=0}^{j} \rho_i \pi^{u_i}\right)$ *lire* $\omega\left(\alpha-\sum_{i=0}^{j} \rho_i \pi^{u_i}\right)$

» 182 » 24 *au lieu de* $\sigma\pi^u$ *lire* $\sigma\pi^{u_j}$

» 182 » 25 *au lieu de* $(\mathrm{mod}\ \sigma\,\mathfrak{P}^{u+\varepsilon}=p^{u+\varepsilon})$

lire $(\mathrm{mod}\ \sigma\,\mathfrak{P}^{u_i+\varepsilon}=\mathfrak{P}^{u_i+\varepsilon})$

» 184 » 27 *au lieu de* $(\mathrm{mod}\ \mathfrak{P}^{u_i+\frac{E}{p+1}+\varepsilon})$

lire $(\mathrm{mod}\ \mathfrak{P}^{u_i+\frac{E}{p-1}+\varepsilon})$,

» 185 » 4 *au lieu de* $\sum_{=0}^{j_q}$ *lire* $\sum_{i=0}^{j_q}$

» 185 » 8 *au lieu de* $\sigma(\tau_i\pi^{u_i})$ *lire* $\sigma(\rho_i\pi^{u_i})$

» 186 » 11 *au lieu de* $\leq L(\alpha;\pi)-\frac{E}{(p-1)^{q'_0-q}}-\varepsilon$ il

lire $\leq L(\alpha;\pi)-\frac{E}{(p-1)\,p^{q'_0-q}}-\varepsilon$, il

» 186 » 21 *au lieu de* l'idéal du premier *lire* l'idéal premier

» 187 » 7 *au lieu de* $u_{i_l} < L(\pi';\pi)+\frac{E}{p-1}$,

lire $u_{i_l} < L(\pi';\pi)-\frac{E}{p-1}$,

» 187 » 8 *au lieu de* $\underset{l\leq l'\leq s_l}{\mathrm{Min}}\left[u_{i_{l'}}+\frac{E}{p^{l'-l}}\right]$ *lire* $\underset{l\leq l'\leq s_l}{\mathrm{Min}}\left[u_{i_{l'}}+\frac{E}{(p-1)p^{l'-l}}\right]$

Pag. 187 ligne 9 *au lieu de* $v(k(\pi')/k)+1$; *lire* $v_q(k(\pi')/k)+1$
„ 190 „ 28 *au lieu de* ∞ *lire* $+\infty$
„ 191 „ 7 *au lieu de* (mod $\mathfrak{P}^{1+E-(p-2)v(\sigma)}$
lire (mod $\mathfrak{P}^{1 \; E(p-2)v(\sigma)}$)
„ 191 „ 17 *au lieu de* $p\,\rho\in\beta(\sigma)$ *lire* $p,\ \rho\in\beta(\sigma)$ et
„ 191 „ 31 *de corps de lire de corps non-galoisiens de*
„ 191 „ 32 *au lieu de* t. IX *lire* t. XI

Corps valués

Note de Luc Bélair

Des travaux de Krasner sur les corps p-adiques, ont émergé [42] diverses pistes de recherche qu'il allait suivre durant sa carrière, dans différentes directions. En particulier, plusieurs résultats se généralisent à d'autres corps valués. Une autre direction sera de considérer des structures qui généralisent certains aspects particuliers des corps valués. Ce chapitre contient deux articles illustrant ces deux aspects : l'article [76], qui traite des méthodes de Krasner appliquées aux corps valués complets pour une valuation réelle, et la Note [30], où il introduit la nouvelle structure de « corpoïde », une généralisation de la notion algébrique de corps, mais étroitement liée aux corps valués.

Le point de départ de l'article de 1957 [76] [43], est le fait que si K est un corps valué complet [44], et K' une extension galoisienne non ramifée, alors il y a un isomorphisme canonique $Gal(K'/K) \simeq Gal(resK'/resK)$, où res désigne le corps résiduel. De sorte que, si K_1, K_2 sont des corps valués complets, même en n'ayant pas la même caractéristique, si ils ont

42. Ainsi, Krasner expose dans [61] les méthodes qui se dégagent jusque-là de ses travaux sur les corps p-adiques, exposé qu'il reprendra sous forme plus condensée dans [69].

43. Les résultats sont annoncés dans les deux Notes de 1947 [44], [45], dans son article de 1950 [61] (pp. 35–36), et dans sa conférence au Congrès international des mathématiciens (ICM) de 1950 [69].

44. Krasner considère des corps valués à valuation multiplicative dans les nombres réels.

un corps résiduel identique, ils ont même treillis d'extensions séparables non ramifiées. Il s'agit alors d'adapter et de raffiner cette idée à la ramification, et d'obtenir une « approximation galoisienne » à partir d'une « approximation métrique »[45]. Nous renvoyons à l'introduction éclairante de Krasner, et à l'analyse de cet article par Ribenboim[46]. Dans son article, Krasner introduit la notion d'hypercorps (p. 132), qui a été reprise par Connes et Consani en 2011 (voir notre Introduction). Deligne a précisé ces résultats de Krasner, en rapport avec le programme de Langlands[47]. Il traite le cas des corps valués complets pour une valuation discrète à corps résiduel parfait, et remplace la notion d'hypercorps utilisée par Krasner, par une algèbre graduée portant la même information. Hrushovski[48] a donné un traitement de ces idées dans le cadre de la théorie des modèles. L'article de Krasner est cité dans les travaux de Scholze sur les espaces perfectoïdes en géométrie arithmétique[49].

Comme point de repère, nous donnons le sommaire de [76] :

« Approximation des corps valués complets de caractéristique $p \neq 0$
par ceux de caractéristique nulle »

---

45. Ce sont les mots de Krasner, p. 131.

46. Il mondo Krasneriano, (en anglais), Elefteria – Journal mathématique du séminaire P. Zervos, n° 3, septembre 1985, 116–204 ; voir p. 169.

47. P. Deligne, Les corps locaux de caractéristique p, limites de corps locaux de caractéristique 0, in : *Représentation des groupes réductifs sur un corps local*, J.-N. Bernstein et al., Hermann, 1984, pp.119–157. Voir l'introduction éclairante de Deligne.

48. E. Hrushovski, Stable embeddedness in valued fields, in : *Séminaire de structures algébriques ordonnées 99-00*, Delon et al., Prépublications de l'Équipe de logique mathématique, n° 72, Université Paris 7, 2001, 6 pages.

49. Voir J.-M. Fontaine, Perfectoïdes, presque pureté et monodromie-poids [d'après Scholze], (Séminaire Bourbaki 2011/2012, Exposés 1043-1058), Astérisque 352 (2013), Exp. N° 1057, pp. 509–534 ; et P. Scholze, Perfectoid spaces and their applications, in : *Proceedings of the International Congress of Mathematicians – Seoul 2014*, vol. II, Kyung Moon Sa, Séoul, 2014, pp. 461–486.

Dans sa Note [30] de 1944, Krasner introduit la notion de *corpoïde*, une généralisation de la notion algébrique de corps, et pour laquelle il a une théorie de Galois. Dans un corpoïde, il y a une addition qui n'est a priori que partiellement définie, situation qui apparaît naturellement dans le corpoïde associé à un corps valué mais où on sait quand deux éléments non nuls sont *addibles*[50], c'est-à-dire quand l'addition peut être effectuée, à savoir quand ils ont même valuation. La structure sous-jacente du corpoïde associé à un corps valué K, à savoir le groupe $K^{\times}/1+M$, son groupe multiplicatif quotienté par les unités de l'anneau de valuation de la forme $1+m$ où m est non inversible, est une construction classique de la théorie des nombres[51]. Krasner souligne le rôle que joue le corpoïde d'un corps valué (qu'il appelle son *squelette*) dans sa théorie de la ramification[52]. Poizat aura noté sa pertinence pour la théorie des modèles des corps valués (manuscrit non publié). Le corpoïde de Krasner, *comme tel*, a fait une entrée tardive, peu sous ce nom, dans la littérature de la théorie des modèles des corps valués[53] mais est maintenant standard.

50. C'est la terminologie de Krasner, qui ne manque pas d'élégance.

51. Voir, par exemple, la « congruence multiplicative » de H. Hasse, *Number theory*, Springer, 1980, chap. 15-§.1, chap. 23-§.2.

52. Cf. la série de Notes [33] – [36]. Pour une interprétation en termes d'algèbres graduées, on pourra voir M. Boulagouaz, The graded and tame extensions, in : *Commutative ring theory (Fès, 1992)*, J.-P. Cahen et al., Marcel Dekker, 1993, pp. 27–40.

53. Mentionnons S. Basarab, Relative elimination of quantifiers for henselian valued fields, Ann. Pure Appl. Logic 53 (1991) 51–74 ; F.-V. Kuhlmann, Quantifier elimination for Henselian fields relative to additive and multiplicative congruences, Israel J. Math. 85 (1994) 277–306 ; L. Bélair, Types dans les corps valués munis d'applications coefficients, Illinois J. Math. 43 (1999) 410–425 ; E. Hrushovski et D. Kazhdan, Integration in valued fields, in : *Algebraic geometry and number theory*, Birkhäuser, 2006, pp. 261–405.

THÉORIE DES ENSEMBLES. — *Une généralisation de la notion de corps-corpoïde. Un corpoïde remarquable de la théorie des corps values.* Note de M. **Marc Krasner**, présentée par M. Élie Cartan.

Un ensemble Q organisé par deux lois de composition, addition (+) et multiplication (.) sera appelé un *corpoïde* par rapport à ces lois s'il satisfait aux conditions suivantes :

1° Q est un pseudo-groupe par rapport à la multiplication (autrement dit, la réunion d'un groupe $Q^\star$, dont l'unité sera notée 1, et d'un élément 0 [*zéro*] tel que, pour tout $a \in Q$, on ait $0.a = a.0 = 0$);

2° l'addition n'est définie que pour certains couples (a, b) d'éléments de Q, et pour de tels couples on dit que a est *addible* avec b (notation : $a \,\mathrm{AD}\, b$); pour tout $a \in Q$, on a $0 ada$; l'ensemble R des éléments de Q addibles avec 1 est un groupe abélien par rapport à l'addition, et tout $a \in Q$ addible avec un élément de R est $\in R$;

3° la multiplication est doublement distributive par rapport à l'addition, autrement dit, si $a \,\mathrm{AD}\, b\ (a, b, c \in Q)$, on a $a.c \,\mathrm{AD}\, b.c$, $c.a \,\mathrm{AD}\, c.b$, $(a+b).c = a.c + b.c$ et $c.(a+b) = c.a + c.b$.

On démontre que R est un corps (en général gauche), dit le *corps* du corpoïde Q, que l'ensemble $R^\star$ des éléments non nuls de R est un sous-groupe invariant de $Q^\star$, et que, par suite, $\mathfrak{M} = Q^\star/R^\star$ est un groupe, dit le *groupe* de corpoïde Q; que l'ensemble des éléments de Q addibles avec un $a \in Q$ est $a.R = R.a$. La caractéristique p de R sera dite aussi la *caractéristique de* Q. Q sera dit un corpoïde *commutatif* si sa multiplication est commutative.

Un sous-ensemble q de Q, qui est un corpoïde par rapport aux lois de composition qui y sont induites par celles de Q, est dit un *sous-corpoïde* de Q [et Q est dit une *extension* (corpoïdale) de q] si le corps r de q est égal à $R \cap q$. On peut identifier, d'une manière évidente, r avec un sous-groupe de R et le groupe $\mathfrak{m}$ de q avec un sous-groupe de $\mathfrak{M}$. Ceci fait, on appellera le nombre $(Q:q) = (R:r)(\mathfrak{M}:\mathfrak{m})$, le *degré* de l'extension Q/q. Q étant un corpoïde commutatif, soit $\widetilde{R}/r$ la plus grande sous-extension séparable de R/r, et soit $\widetilde{\mathfrak{M}}$ le plus grand groupe entre $\mathfrak{m}$ et $\mathfrak{M}$ qui soit d'indice premier à p par rapport à $\mathfrak{m}$; alors, $(\widetilde{Q}:q)=(\widetilde{R}:r)(\mathfrak{M}:\mathfrak{m})$ s'appelle le *degré réduit* de Q/q. Une extension corpoïdale commutative Q/q est dite *séparable* si $(Q:q)=(\widetilde{Q}:q)$. On prouve que parmi les sous-extensions séparables de Q/q il existe une plus grande $\widetilde{Q}/q$.

Une application σ d'une extension Q d'un corpoïde q dans une extension Q' de q est dite un *isomorphisme* de Q/q dans ou sur Q'/q, si elle est un isomorphisme de la structure ([1]) du corpoïde Q dans ou sur celle de Q' conservant les éléments de q. Si $Q'=Q$, un isomorphisme de Q/q sur Q'/q est dit un *automorphisme* de Q/q. Une extension corpoïdale commutative est dite *galoisienne* si elle possède $(\widetilde{Q}:q)$ automorphismes. On peut montrer que toute extension commutative Q d'un corpoïde (commutatif) q peut être plongée dans des extensions commutatives et galoisiennes Q' de q, et que toutes les extensions galoisiennes minimales Q^0/q contenant Q coïncident à un isomorphisme près. Ceci permet de définir, de la même manière que pour les extensions des corps commutatifs, le groupe $\mathcal{G}_{K/k}$ et l'hypergroupe $g_{K/k}$ de Galois ([2]) d'une extension corpoïdale commutative Q/q, et de prouver le *théorème de Galois* : *h étant un sous-hypergroupe* $g_{K/k}$, *il existe une et une seule sous-extension séparable* $\overline{Q}/q$ *de* Q/q (qu'on dit *appartenir à h dans* Q) *telle que* $g_{Q/\overline{Q}}=h$, *et* $g_{\overline{Q}/q}$ *s'identifie de façon habituelle avec le quotient droit* ([3]) $g_{Q/q}/g_{Q/\overline{Q}}$. La démonstration de ce théorème, qui sera donnée ailleurs, exige l'emploi d'une généralisation de la théorie de Galois ordinaire et du *Hauptgeschlechtssatz* de E. Noether ([4]).

Soit K un corps valué, et soit $\mathfrak{P}$ son idéal premier. Subdivisons K en classes, en mettant deux nombres α, β de K dans une même classe si, et seulement si $(\alpha/\beta)-1\in\mathfrak{P}$. Tous les nombres α d'une classe a ont une même valuation, qui sera notée $|a|$. L'ensemble des opposés $-\alpha$ des nombres α d'une classe a est une classe qui sera notée $-a$. $\{0\}$ est une classe, qui sera notée 0. On définira comme suit, dans l'ensemble S de ces classes, l'addition et la multiplication : le produit $a.b$ des a, $b\in$ S est l'ensemble des produits $\alpha\beta$, $\alpha\in a$, $\beta\in b$, au sens de la multiplication de K; un $a\in$ S est addible avec un $b\in$ S, si, et seulement si $|a|=|b|$ ou $|a|=0$; si a AD b et si $b\neq -a$, la somme $a+b$ des a, $b\in$ S est l'ensemble des sommes $\alpha+\beta$, $\alpha\in a$, $\beta\in b$, au sens de l'addition de K; $a+(-a)=0(a\in$ S). L'ensemble S ainsi organisé est un corpoïde commutatif, dit le *squelette* de K; son corps R et son groupe $\mathfrak{M}$ peuvent être identifiés (et le seront) avec le corps de restes et le module de valuation de K, et S est, en quelque sorte, leur synthèse; k étant un sous-corps de K, le

---

([1]) Voir N. Bourbaki, *Éléments de mathématiques*, livre I, fasc. de résultats, § 8.

([2]) Voir par exemple Krasner, *Thèse* (*Mém. de l'Acad. de Belgique*, **11**, 1937, IV, chap. I).

([3]) Voir par exemple Krasner, *Duke Math. Journ.*, **6**, 1940, p. 123.

([4]) Voir par exemple Deuring, *Algebren*, p. 66.

squelette *s* de *k* peut s'identifier avec un sous-corpoïde du squelette S de K. Des Notes qui suivront montreront que l'extension squelettique S/*s* d'une extension valuée K/*k* et son hypergroupe de Galois $g_{S/s}$ jouent un rôle important dans la théorie de la ramification de cette extension K/*k*.

[76] *Colloque d'algèbre supérieure*, Ceuterick, 1957, pp. 129–206

APPROXIMATION DES CORPS VALUÉS COMPLETS DE CARACTÉRISTIQUE $p \neq 0$ PAR CEUX DE CARACTÉRISTIQUE 0

M. MARC KRASNER (Paris)

INTRODUCTION

Soient k un corps valué complet, $\mathfrak{K}$ sa fermeture algébrique valuée, r et $\mathfrak{R}$ les corps résiduels des k et $\mathfrak{K}$. La théorie de la ramification montre que, si K/k parcourt toutes les sous-extensions non-ramifiées (1) de $\mathfrak{K}/k$, son extension résiduelle R/r parcourt toutes les sous-extensions séparables de $\mathfrak{R}/r$, et la correspondance $K/k \to R/r$ est biunivoque et préserve les propriétés galoisiennes de ces extensions, autrement dit leurs relations d'inclusion et, à l'isomorphie près, leurs groupes de Galois. Par conséquent, si k' est un corps valué complet ayant le même corps résiduel que k, et si $\mathfrak{K}'$ est sa fermeture algébrique valuée (dont on identifie le corps résiduel à $\mathfrak{R}$), on obtient une correspondance canonique du même type entre les extensions non-ramifiées K/k et les extensions non-ramifiées $K'/k' \subseteq \mathfrak{K}'/k'$, en faisant correspondre K'/k' à K/k si, et seulement si les extensions résiduelles de ces deux extensions coïncident en tant que sous-corps de $\mathfrak{R}$. On peut dire que les extensions non-ramifiées de deux corps valués complets k et k', ayant un même corps résiduel, ont canoniquement la structure galoisienne identique. Il est à remarquer que si p est la caractéristique de r, celles de k et de k' peuvent être indifféremment p ou 0. Ainsi, si $p \neq 0$, ces caractéristiques peuvent être différentes.

L'identité des corps résiduels de deux corps valués peut être considérée comme l'égalité des partitions relativement grossières

(1) Comme le sens du terme « non-ramifié » varie selon les auteurs, voici celui que je lui donne : Une extension valuée K/k de degré fini est dite *non-ramifiée* si son extension résiduelle est séparable et si $(K : k) = (R : r)$. Une extension valuée algébrique de degré infini est dite non-ramifiée si toute sa sous-extension de degré fini l'est.

de certaines de leurs parties caractéristiques. D'autre part, les extensions non-ramifiées d'un corps valué complet peuvent être considérées comme ses extensions les plus « grossières », car deux polynômes unitaires d'un même degré et à coefficients constants de valuation 1, qui définissent de telles extensions, définissent une même extension dès que leurs coefficients correspondants sont congrus modulo l'idéal premier $\mathfrak{p}$ de k, autrement dit ont leur différence de valuation < 1. Ainsi, d'une manière qualitative et imprécise, on pourrait dire : l'identité de certaines partitions grossières des corps valués complets k et k' entraîne, d'une manière canonique, la similitude de la structure galoisienne des treillis de leurs extensions les plus grossières.

Dans mes recherches antérieures (²), j'ai demontré le principe suivant, reliant les structures métrique et algébrique des extensions des corps valués complets : $\alpha \in \mathfrak{K}$ *étant séparable sur* k *et* r_α *étant le minimum de la distance de* α *à ses autres conjugués par rapport à* k, $d(\beta, \alpha) = |\beta - \alpha| < r_\alpha$ *(où* $\beta \in \mathfrak{K}$*) implique* $k(\beta) \supseteq k(\alpha)$. La condition $d(\beta - \alpha) < r_\alpha$ peut se traduire par une condition concernant les polynômes minimaux $f_{\alpha/k}(x)$ et $f_{\beta/k}(x)$ des α et β par rapport à k; cette condition est

$$\left| R\left(f_{\alpha/k}(x), f_{\beta/k}(x)\right)\right|^{n_{\beta/k}^{-1}} < \left|D_{\alpha/k}\right|^{n_{\alpha/k}^{-1}} r_\alpha,$$

où $R(f(x), g(x))$ est le résultant des $f(x)$ et $g(x)$, $D_{\alpha/k}$ est le discriminant de α par rapport à k, $n_{\alpha/k}$ et $n_{\beta/k}$ sont les degrés des α et β par rapport à k. En vertu de l'isométricité des isomorphismes par rapport à un corps complet et de l'irréductibilité des $f_{\alpha/k}(x)$ et $f_{\beta/k}(x)$, on a, d'ailleurs, $|R(f_{\alpha/k}(x), f_{\beta/k}(x)| = |f_{\alpha/k}(\beta)|^{n_{\beta/k}} = |f_{\beta/k}(\alpha)|^{n_{\alpha/k}}$. En particulier, si l'on considère le cas $n_{\alpha/k} = n_{\beta/k}$, on voit que les polynômes définissant une même extension d'un degré fixé doivent être d'autant plus proches que les nombres de ramification (³) de cette extension sont plus grands. On peut donc considérer qu'une extension est d'autant plus fine que ses nombres de ramification sont plus grands. L'idée vient que l'identité des partitions convenables et suffisamment fines de deux corps

(²) Voir Comptes Rendus, t. 222 (1946), p. 626-628 et M. KRASNER, *Quelques méthodes nouvelles dans la théorie des corps valués complets*, Algèbre et théorie de nombres, Colloques Int. du CNRS, Paris 1949, p. 31.

(³) Les nombres de ramification d'une extension valuée $K/k \subseteq \mathfrak{K}/k$ sont les $v(\sigma) = \text{Inf}\ \omega(\sigma.\alpha - \alpha)$, où $\omega(\xi) = -\ln|\xi|$ est l'ordre valuatif de $\mathfrak{K}$, α parcourt les entiers de K et σ parcourt les isomorphismes de K/k dans $\mathfrak{K}$

valués complets suffit pour que les treillis de leurs extensions d'une certaine finesse aient canoniquement une même structure galoisienne. Et que, par suite, si $k_1, k_2, \ldots, k_i, \ldots$ est une suite de corps valués complets qui « approxime » un corps valué complet k, autrement dit est telle que, à mesure que i croît, des partitions de plus en plus fines de k et tendant vers sa partition discrète s'identifient avec les partitions correspondantes des k_i, les treillis des extensions de plus en plus fines de k, tendant vers le treillis de toutes ses extensions séparables, peuvent se mettre en correspondance canonique, préservant leur structure galoisienne, avec les treillis des extensions de même finesse de k_i quand $i \to +\infty$. Tel est effectivement le cas, et la démonstration et l'étude de cette approximation « galoisienne », conséquence de l'approximation « métrique », constituent l'objet de ce travail.

Quoique le choix des partitions mentionnées des corps valués est, dans une large mesure, arbitraire, il n'est véritablement adéquat que s'il y a une relation assez directe entre la proximité de deux polynômes unitaires irréductibles $f(x)$ et $g(x)$ d'un même degré fixé n, mesurée par la finesse maximale de la partition telle que leurs coefficients correspondants se trouvent dans une même classe de cette partition, et leur proximité mesurée par la valuation $|R(f(x), g(x))|$ de leur résultant. Or, si $f(x) = x^n + \sum_{i=0}^{n=1} a_i x^i$, si $g(x) = x^n + \sum_{i=0}^{n-1} b_i x^i$, et si $f(\alpha) = 0$, on a

$$|R(f(x), g(x)|^{1/n} = |g(\alpha)| = |g(\alpha) - f(\alpha)| = |\sum_{i=0}^{n-1} (b_i - a_i)\,\alpha^i|$$

d'où résulte

$$|R(f(x), g(x))|^{1/n} \leqslant \operatorname{Max}(|b_i - a_i|\,|\alpha^i|)$$

le signe $\leqslant$ étant « génériquement » $=$ quand les b_i parcourent indépendamment certains voisinages des a_i correspondants. Or, puisque k est complet et $f(x)$ est irréductible dans k, le polygone de Newton de $f(x)$ est un segment de droite et on a

$$|a_i\,\alpha^i| \leqslant |a_o| = |\alpha^n|, \text{ d'où } |\alpha^i| \leqslant \frac{|a_o|}{|a_i|} \quad \text{et}$$

$$|R(f(x), g(x))|^{1/n} \leqslant |a_o| \operatorname{Max}\left(\left|\frac{b_i - a_i}{a_i}\right|\right) = |a_o| \operatorname{Max}\left(\left|\frac{b_i}{a_i} - 1\right|\right)$$

Ceci suggère que les partitions les plus adéquates seraient celles déterminées par les inégalités $\left|\frac{x-a}{a}\right| < \rho$ ou $\left|\frac{x-a}{a}\right| \leqslant \rho$ (où ρ est réel), autrement dit les partitions en classes des congruences multiplicatives telles qu'elles sont, p. ex., employées dans la théorie des corps de classes. J'appelle ces partitions *diviseurs multiplicatifs*. Ces partitions ont aussi l'avantage que tous les éléments d'une classe ont une même valuation, ce qui permet de parler de valuation d'une classe. L'égalité des partitions d'une même finesse de deux corps valués complets, qui entraîne la similitude de la structure galoisienne de certaines de leurs extensions, doit, bien entendu, être non seulement une égalité d'ensembles, mais celle des structures additivo-multiplicatives (comme c'est déjà nécessaire dans le cas de leurs partitions les plus grossières — leurs corps résiduels) et valuées. Ces structures sont de très bonnes structures valuées et multiplicatives [car les classes d'une congruence multiplicative dans k forment un pseudo-groupe (c'est-à-dire la réunion d'un groupe et d'un annulateur) par rapport à leur multiplication, induite par celle de k]. Mais la somme de deux classes d'une telle congruence, additionnées comme sous-ensembles de k, est, en général, une réunion de telles classes ne se réduisant pas à une classe unique. Les classes ne forment pas un groupe par rapport à leur addition, mais un *hypergroupe*, et si on les considère simultanément du point de vue additif, multiplicatif et valuatif, elles forment une structure assez curieuse que j'appelle *hypercorps valué*. Certains mathématiciens marquants de notre époque ont la prévention, à mon avis injustifiée, contre les lois de composition, où les composés d'éléments sont des ensembles d'éléments et pas toujours des éléments. En particulier, quand de telles lois proviennent d'une loi de composition ordinaire, on leur reproche de masquer cette loi d'origine. L'utilité des lois générales de cette nature (et, en particulier, celle des hypergroupes généraux) peut, en effet, être discutée à même titre que, p. ex., celle des lois non-associatives générales, et je n'ai pas d'opinion à ce sujet. Par contre, exactement comme l'utilité, p. ex., des algèbres de Lie est hors de doute, il y a certains types d'hypergroupes, dont l'utilité et l'adéquation aux problèmes, où ils sont employés, me paraît incontestable, et n'a été niée que par ceux, qui n'ont pas pris la peine de regarder de près ces problèmes et ces hypergroupes ([4]).

([4]) Ainsi, je considère comme utile et parfaitement adéquat l'emploi des

J'espère que le lecteur non prévenu va convenir que la structure d'hypercorps valué est adéquate aux problèmes ici considérés. Il se peut, d'ailleurs, que la structure analogue, mais plus générale, d'hypercorps topologique puisse être utile pour d'autres questions.

Les isomorphismes, par rapport aux opérations rationnelles et la valuation, des quotients de deux corps valués par leurs diviseurs multiplicatifs correspondants s'appellent *isomorphismes résiduels* de ces corps. Il est clair, que les corps résiduellement isomorphes ont un même corps résiduel (donc la même caractéristique résiduelle p) et un même module de valuation. Par contre leur caractéristique peut être différente si $p \neq 0$. Même si la suite $k_1, k_2, \ldots, k_n, \ldots$ de corps valués approxime un corps valué complet k, il se peut que tous les k_i soient de caractéristique 0, tandis que k ait la caractéristique p. On peut même démontrer (mais cela sort du cadre du présent exposé) que tout corps valué complet de caractéristique $p \neq 0$ peut être approximé par une suite convenable de corps valués de caractéristique 0. Ainsi, l'approximation considérée peut comporter un « saut par-dessus la caractéristique ».

Les §§ 1, 2, 3 du présent travail sont consacrés à l'étude des diviseurs multiplicatifs, des hypercorps valués et de leurs isomorphismes. Au § 4, je démontre que les limites projectives des hypercorps valués, quand les projections sont des homomorphismes, sont des corps valués complets, et le § 5 est consacré à une étude topologique, qui s'y rattache. Au § 6, la convergence d'une suite de corps valués vers un corps valué complet est définie et illustrée par deux exemples : convergence d'une suite constante des corps vers le complété et la convergence d'une suite de corps discrètement valués de caractéristique 0 vers un corps discrètement valué de caractéristique $p \neq 0$. Au § 7, la convergence des suites d'éléments

hypergroupes de classes pour définir un analogue (hypergroupe de Galois) des groupes de Galois des extensions galoisiennes dans la théorie non-galoisienne de la ramification. En effet, d'abord, la loi de composition de ces hypergroupes ne masque pas celle de leurs groupes d'origine, car elle détermine (même explicitement) celle de l'algèbre de classes correspondante. D'autre part, le substitut non-galoisien le plus fin du groupe de Galois du cas galoisien, qui est le groupe de Galois considéré comme groupe de permutations des isomorphismes (son emploi n'a été rendu possible que récemment, grâce à la théorie du produit complet des groupes de permutations) conduit, malgré une plus grande complexité des objets mathématiques utilisés, aux résultats, qui sont sensiblement les mêmes que ceux obtenus par l'emploi des hypergroupes de Galois.

ou de polynômes des corps approximants vers ceux du corps approximé est définie et étudiée. Au § 8 un lemme, précisant la continuité uniforme des polynômes de plusieurs variables, est prouvé. Le § 9 contient un théorème sur la possibilité d'extension, à un certain « épaississement » près, des isomorphismes résiduels de k aux extensions de degré fini K de k. Un théorème plus fort et plus précis, qui sert à démontrer que tout corps valué complet de caractéristique $p \neq 0$ est approximable par les corps valués de caractéristique 0, peut être prouvé par d'autres méthodes, mais cela sort du cadre du présent exposé. Au § 10 est prouvé le principe métrico-algébrique mentionné et au § 11 l'ensemble S_k des polynômes unitaires irréductibles $\in k(x)$ est organisé en un espace ultramétrique convenable et la dépendance de la distance des polynômes du minimum des distances de leurs zéros est étudiée. Au § 12, à toute extension séparable et degré fini K/k est attachée canoniquement, à partir d'un certain rang i (dépendant de K/k), une extension K_n/k_n. Au § 13, il est montré que l'application $K/k \to K_n/k_n$ préserve, à partir du rang mentionné, les propriétés galoisiennes de ces extensions. Au § 14 sont mentionnées certaines questions non-abordées dans le présent exposé.

Les définitions et les principaux résultats de ce travail, accompagnés d'esquisses sommaires de quelques démonstrations, ont été publiés dans mes 2 Notes des Comptes Rendus 1947 (5) et aux pp. 35-36 de mon travail déjà cité « Quelques méthodes nouvelles dans la théorie des corps valués complets » (6).

(5) t. 224 (1947,) pp. 173-175 et 434-436.

(6) Algèbre et théorie de nombres. Colloques internationaux du CNRS, Paris (1949), p.p. 29-40.

(7) Il s'agit, dans tout ce qui suit, de corps valués au sens d'Ostrowski, c'est-à-dire de corps valués ultramétriques dont le groupe de valuation est un groupe multiplicatif d'entiers positifs. Je rappelle que la valuation $|\alpha|$ d'un corps valué est une fonction à valeurs réelles non-négatives, définie sur k et satisfaisant aux conditions : 1°) $|\alpha + \beta| \leqslant \text{Max}(|\alpha|, |\beta|)$; 2°) $|\alpha\beta| = |\alpha|\,|\beta|$; 3°) il existe un $\alpha \in k$ tel que $|\alpha| \neq 0$ et $|\alpha| \neq 1$. L'ensemble Γ des valeurs prises par $|\alpha|$ sur le groupe multiplicatif k^* de k est un groupe multiplicatif dit *groupe de valuation* de k. Il est commode de considérer, en plus de la valuation $|..|$, l'*ordre valuatif* $\omega(..)$, défini par $\omega|\alpha| = -\ln|\alpha|$. Le *module de valuation* $\mathfrak{M}$ de k est l'ensemble des valeurs de $\omega|\alpha|$ sur k^*. Le corps k est, également, organisé en un espace métrique par la distance $d(\alpha, \beta) = |\alpha - \beta|$, et c'est un espace *ultramétrique*, autrement dit $d(\alpha, \gamma) \leqslant \text{Max}\,[d(\alpha, \beta), d(\alpha, \gamma)]$.

§ 1 — Diviseurs multiplicatifs des corps values

Soit k un corps valué (7), et soient $|\ldots|$ sa valuation, $\omega(\ldots) = -\ln|\ldots|$ son ordre valuatif, r son corps résiduel, Γ son groupe de valuation, $\mathfrak{M}$ sa module de valuation, k^* le groupe multiplicatif de k. Considérons la fonction $d_m(x, y)$ $[x, y \in k]$, définie sur $k \times k$ par les égalités

$$d_m(x, x) = 0$$

$$d_m(x, y) = \frac{|x - y|}{\mathrm{Max}(|x|, |y|)} \quad \text{si } x \neq y .$$

Cette fonction, qui ne prend que les valueurs $\leqslant 1$, est une distance ultramétrique invariante par rapport aux multiplications par les $\alpha \in k^*$ fixes. En effet, si $\alpha \neq 0$, $\alpha x = \alpha y$ équivaut à $x = y$, auquel cas $d_m(\alpha x, \alpha x) = 0 = d(x, x)$; et si $x \neq y$, on a

$$d_m(\alpha x, \alpha y) = \frac{|\alpha x - \alpha y|}{\mathrm{Max}(|\alpha x|, |\alpha y|)} = \frac{|\alpha|\,|x - y|}{|\alpha|\,\mathrm{Max}(|x|, |y|)} =$$

$$= \frac{|x - y|}{\mathrm{Max}(|x|, |y|)} = d_m(x, y).$$

Remarquons que $d_m(x, y)$ est une fonction symétrique et réflexive des x et y, qui ne s'annule que si $x = y$. Si $|x| \neq |y|$, on a $|x - y| = \mathrm{Max}(|x|, |y|)$ et $d_m(x, y) = 1$. Par suite, si $|\alpha|, |\beta|, |\gamma|$ ne sont pas tous égaux, ce qui entraîne qu'un des $|\alpha|, |\gamma|$ au moins est $\neq |\beta|$, un des $d_m(\alpha, \beta)$, $d_m(\beta, \gamma)$ est $= 1$, d'où $d_m(\alpha, \gamma) \leqslant 1 =$ $\mathrm{Max}\,[d_m(\alpha, \beta), d_m(\beta, \gamma)]$. Et si $|\alpha| = |\beta| = |\gamma| \neq 0$, on a
$d_m(\alpha, \gamma) = |\alpha|^{-1}\,|\alpha - \gamma| \leqslant |\alpha|^{-1}\,\mathrm{Max}(|\alpha - \beta|, |\beta - \gamma|) =$
$= \mathrm{Max}\,[d_m(\alpha, \beta), d_m(\beta, \gamma)]$.

Et la même inégalité a lieu trivialement si $\alpha = \beta = \gamma = 0$.

$$|\alpha|_m = d_m(1, \alpha) - \frac{|1 - \alpha|}{\mathrm{Max}(1, |\alpha|)}$$ s'appelle la *valuation multiplicative*

de k. Elle satisfait à l'inégalité

$$|\alpha\beta|_m \leqslant \mathrm{Max}(|\alpha|_m, |\beta|_m),$$

car si $\alpha \neq 0$ on a $|\alpha\beta|_m = d_m(1, \alpha\beta) \leqslant \mathrm{Max}\,[d_m(1, \alpha), d_m(\alpha, \alpha\beta)] =$ $= \mathrm{Max}\,[d_m(1, \alpha), d_m(1, \beta)] = \mathrm{Max}(|\alpha|_m, |\beta|_m)$, tandis que, si $\alpha = 0$, on a $|\alpha\beta|_m = |0|_m \leqslant \mathrm{Max}(|0|_m, |\beta|_m) = \mathrm{Max}(|\alpha|_m, |\beta|_m)$. On a encore, si $\alpha \neq 0$, $|\alpha^{-1}|_m = d_m(1, \alpha^{-1}) = d_m(\alpha, 1) = d_m(1, \alpha) = |\alpha|_m$.

Par suite, la restriction de $|\alpha|_m$ à k^* est une valuation de ce groupe multiplicatif ([8]).

Les diviseurs Π de k, organisé en un espace ultramétrique par $d_m(x, y)$, autrement dit les relations d'équivalence dans k telles que

$$\alpha \equiv \beta\,(\Pi)$$

et $$d_m(\alpha', \beta') \leqslant d_m(\alpha, \beta) \qquad (\alpha, \beta, \alpha', \beta' \in k)$$

entraînent

$$\alpha' \equiv \beta'\,(\Pi)$$

s'appellent les *diviseurs multiplicatifs de k*. A l'instar des idéaux ordinaires, ils se caractérisent par leur *valuation semi-réelle*, qui sera aussi dite leur *norme*. On appelle *axe semi-réel* le produit ordonné de l'axe réel ordonné [R] par l'ensemble ordonné $Z = \{-, 0, +\}$ de trois éléments, autrement dit l'ensemble des couples (ordonnés) $\rho = (r, \zeta)$, où $r \in [R]$ et où ζ est un des signes $-, 0, +$, ces couples étant ordonnés lexicographiquement; on a donc, si $r < r'$,

$$(r, -) < (r, 0) < (r, +) < (r', -) \text{ etc...}$$

On identifiera tout nombre réel r avec le nombre semi-réel $(r, 0)$ et on écrira, par abréviation, r^-, r, r^+ au lieu des $(r, -)$, $(r, 0)$, $(r, +)$. On appellera r et ζ respectivement la *valeur réelle* et l'*espèce* du nombre semi-réel $\rho = (r, \zeta)$. On peut définir, sur l'axe semi-réel, les opérations rationnelles partielles (c'est-à-dire définies pour certains couples de nombres semi-réels seulement; je vais me borner à définir le produit d'un nombre semi-réel $\rho = (r, \zeta)$ par un nombre réel $s \geqslant 0$, ou, s'il est positif, par un nombre semi-réel positif de la même espèce. On va poser

$$0\rho = 0$$

$$s\rho = (sr, \zeta) \quad \text{si} \quad s > 0$$

$$(r, \zeta)(r', \zeta) = (rr', \zeta) \quad \text{si} \quad r > 0 \quad \text{et} \quad r' > 0$$

([8]) Je rappelle que si g est un groupe, une fonction $|\alpha|$ définie sur g et à valeurs réelles non-négatives est dite une *valuation de g* (auquel cas g est dit un *groupe valué*) si elle satisfait aux conditions : 1°) $|\alpha\beta| \leqslant \text{Max}\,(|\alpha|, |\beta|)$; 2°) pour tout $c \in g$, $|c\alpha c^{-1}| = |\alpha|$; 3°) $|\alpha^{-1}| = |\alpha|$; 4°) il existe un $\alpha \in g$ tel que $|\alpha| \neq 0$ et $|\alpha| \neq 1$. Alors, $d(\alpha, \beta) = \alpha\beta^{-1}| = |\alpha^{-1}\beta|$ est une distance ultramétrique préservée par les translations de g. Les cercles $C(a, r)$ de centre a de rayon r dans g sont les translatés de son sous-groupe invariant $C(o, r)$, d'où résulte que $C(a, r)\, C(a', r') = C(aa', \text{Max}\,(r, r'))$

Ceci posé, appelons le *diamètre* (semi-réel) d'un ensemble A d'un espace métrique E [dont la distance soit $d(x, y)$] le suprémum, sur l'*axe semi-réel*, de $d(a, a')$, où (a, a') parcourt A $\times$ A. Si A est un cercle de centre $a \in$ E et de rayon r au sens ordinaire, autrement dit l'ensemble des $x \in$ E satisfaisant, pour un $r \in$ [R], à l'une des inégalités

$d(a, x) < r$ (cercle *non-circonférencié*),
$d(a,x) \leqslant r$ (cercle *circonférencié*),

on appelera *rayon semi-réel* de A le supremum ρ_A, sur l'axe semi-réel, de $d(a, x)$, où x parcourt A. On a donc $\rho_A = r^-$ ou $\rho_A = r$ (en supposant que, dans les inégalités précédentes r a la plus petite valeur possible pour A fixé) selon que A est un cercle non-circonférencié ou circonférencié. Si E est ultramétrique, le rayon semi-réel d'un cercle coïncide avec son diamètre semi-réel. Π étant un diviseur multiplicatif de k, soit $|\Pi| = \underset{\alpha \equiv \beta (\Pi)}{\text{Sup}}\, d_m(\alpha, \beta)$, où le supremum est pris sur l'axe semi-réel, $|\Pi|$ s'appelle la *norme* de Π, et on a toujours $0 \leqslant |\Pi| \leqslant 1$. En vertu de la définition de Π, $d_m(\xi, \alpha) \leqslant |\Pi|$ entraîne $\xi \equiv \alpha\,(\Pi)$. Comme, d'autre part, si $\alpha \neq 0$, l'ensemble des valeurs de $d_m(\xi, \alpha) = d_m(\xi\alpha^{-1}, 1) = d_m(1, \xi\alpha^{-1}) = |\xi\alpha^{-1}|_m$ ne dépend pas du choix de α, et $d_m(\xi, 0)$ ne peut prendre que les valeurs 0 et 1, la classe d'un $\alpha \in k^*$ (mod Π) est un cercle de l'espace $k_m = (k; d_m(x, y))$ de rayon semi-réel $|\Pi|$.

Si $|\Pi| = 0$, Π est la partition discrète de k et est dit le diviseur multiplicatif *discret* de ce corps. Si $|\Pi| = 1$, on a, pour tous $\alpha, \beta \in k$, $d_m(\alpha, \beta) \leqslant 1 = |\Pi|$ et $\alpha \equiv \beta\,(\Pi)$. Ainsi, k constitue, dans ce cas, l'unique classe (mod Π) et Π est dit le diviseur multiplicatif *amorphe* de k. Tous les autres diviseurs multiplicatifs sont dits *propres*.

Il est intéressant de connaître ce que sont les classes (mod Π) en tant que sous-ensembles de k, organisé en espace ultramétrique par sa distance habituelle $d(x, y) = |x - y|$. Si Π est amorphe, la classe de tout $\alpha \in k$ (mod Π) est k. Sinon, $\alpha \equiv \beta\,(\Pi)$ entraîne $|\alpha - \beta| \leqslant |\Pi|\,\text{Max}\,(|\alpha|, |\beta|) < \text{Max}\,(|\alpha|, |\beta|)$, d'où $|\alpha| = |\beta| = \text{Max}\,(|\alpha|, |\beta|)$ et $\beta \equiv \alpha$ (mod Π) équivaut à $|\beta - \alpha| \leqslant |\alpha|\,|\Pi|$. Ainsi, la classe C_α de α (mod Π) est le cercle de centre α et de rayon $|\alpha|\,|\Pi|$ dans k. En particulier, C_o se réduit toujours à 0 (à l'exception du cas $|\Pi| = 1$, quand $C_o = k$), tandis que, sauf si $|\Pi| = 0$, le rayon de C_α, où $\alpha \neq 0$, est toujours > 0. Sauf si $|\Pi| = 1$, tous les éléments de C_α ont une même valuation, qu'on notera $|C_\alpha|$.

Si $|\Pi| < 1$, la classe C_1 de 1 (mod Π) est le cercle de centre 1 et de rayon $|1|\,|\Pi| = 1\,|\Pi| = |\Pi|$ dans k. C'est donc la classe de 1 modulo l'idéal $Q(\Pi)$ de k de même valuation $|\Pi|$ (on appelle *valuation* d'un idéal Q de k le supremum $|Q|$ sur l'axe semi-réel de la valuation $|\alpha|$ des $\alpha \in Q$; Q est donc le cercle de centre 0 et de rayon semi-réel $|Q|$ dans k). On voit que $\beta \equiv \alpha$ (mod Π), c'est-à-dire $|\beta - \alpha| \leqslant |\alpha|\,|\Pi|$, équivaut à $\left|\frac{\beta}{\alpha} - 1\right| \leqslant |\Pi|$, autrement dit à $\frac{\beta}{\alpha} \equiv 1$ (mod $Q(\Pi)$). On appelera $Q(\Pi)$ l'*idéal correspondant* au diviseur multiplicatif Π. D'ailleurs, les congruences (mod Π) ont été introduits, historiquement, à l'aide de la congruence précédente (mod $Q(\Pi)$) et ont été appelées " congruences multiplicatives (mod $Q(\Pi)$)". Si Q est un idéal arbitraire de k tel que $|Q| < 1$, la classe $1 + Q$ de 1 (mod Q) est un cercle de centre 1 et de rayon $|Q|$. C'est donc la classe de 1 modulo Π, où Π est le diviseur multiplicatif de k tel que $|\Pi| = |Q|$, et on a $Q(\Pi) = Q$. Ainsi, les valeurs que prend la norme des diviseurs multiplicatifs de k sont les mêmes que les valeurs $\leqslant 1$ prises par la valuation des idéaux de k. On sait que cette dernière prend toutes les valeurs réelles $r \in \Gamma$ (idéaux de 1re espèce) et, en plus, si la valuation de k est dense, toutes les valeurs semi-réelles d'espèce — (idéaux de 2me espèce). Ainsi, $|\Pi|$ prend toutes les valeurs $e^{-\omega}$, où ω parcourt les éléments positifs ou nuls de $\mathfrak{M}$ et, en plus, si la valuation de k est dense, toutes les valeurs semi-réels $\rho = (r, —)$, ou $r \leqslant 1$.

Considérons la topologie de k définie par sa distance $d_m(x, y)$ et appelée sa *topologie multiplicative*. Les classes $C_{\alpha,\Pi}$ de $\alpha \in k$ modulo tous les diviseurs multiplicatifs possibles Π forment une base de voisinages de α dans cette topologie. $C_{\alpha,\Pi}$ est, par rapport à la distance $d(x, y)$, le cercle de centre α et de rayon $|\alpha|\,|\Pi|$. Ainsi, si $\alpha \neq 0$, $C_{\alpha,\Pi}$ parcourt, en particulier, tous les cercles de centre α et de rayon $|\alpha|\,r$, où r parcourt les éléments $\leqslant 1$ de Γ. Ainsi, l'infimum de ce rayon sur l'axe semi-réel est 0^+ et ces cercles constituent, également, une base de voisinages de α par rapport à la topologie induite par $d(x, y) = |x - y|$, qu'on appelera la *topologie additive* de k. Par contre, si $\alpha = 0$, on a $C_{o,\Pi} = \{0\}$, et 0 est, pour la topologie multiplicative, un point isolé. Ainsi, *la topologie multiplicative de k coïncide avec sa topologie additive partout, sauf en* $\alpha = 0$, *qui est, pour la première, un point isolé.*

§ 2 — Quotient d'un corps valué par son diviseur multiplicatif

Considérons l'ensemble quotient $k_\Pi = k/\Pi$ de k par un de ses diviseurs multiplicatifs non-amorphes Π. On a déjà défini, sur cet ensemble, une valuation induite par celle de k, en définissant celle $|C|$ de $C \in k_\Pi$ comme la valeur commune des $|\alpha|$, où $\alpha \in k$ parcourt C. On peut chercher à définir, sur cet ensemble, les opérations rationnelles induites par celles de k. La chose est immédiate pour la multiplication (et la division). En effet, comme $d_m(1, \xi) = d_m(\alpha, \alpha\xi)$, on voit que la classe C_α de α (mod Π) est égale à αC_1 [ceci est vrai même si $\alpha = 0$, car si β n'est pas de la forme $\alpha\xi = 0\xi = 0$, on a $d_m(\alpha, \beta) = d_m(0, \beta) = \dfrac{|\beta - 0|}{\text{Max}(|\beta|, |0|)} = \dfrac{|\beta|}{|\beta|} = 1 > |\Pi|$ et $\beta \not\equiv \alpha$ (mod Π)]. Or, C_1 est un groupe multiplicatif, car $d_m(\alpha\beta, 1) = |\alpha\beta|_m \leqslant \text{Max}(|\alpha|_m, |\beta_m|) = \text{Max}[d_m(1, \alpha), d_m(1, \beta)]$ et $\alpha, \beta \in C_1$ entraînent $\alpha\beta \in C_1$; et d'autre part, si $\alpha \neq 0$, on a $d_m(\alpha^{-1}, 1) = d_m(1, \alpha) = d_m(\alpha, 1)$, d'où $\alpha \in C_1$ (ce qui implique $\alpha \neq 0$) entraîne $\alpha^{-1} \in C_1$. Par suite, si l'on multiplie C_α, C_β ($\alpha, \beta \in k$) comme sous-ensembles de k, on a $C_\alpha C_\beta = (\alpha C_1)(\beta C_1) = \alpha\beta C_1 C_1 = \alpha\beta C_1 = C_{\alpha\beta}$. Ainsi, le produit, dans k, de deux classes (mod Π) est encore une telle classe, et on posera le produit des C_α, C_β dans k_Π égal à cette classe. Comme, dans le cas présent, le confusion n'est pas à craindre, ce produit sera encore noté $C_\alpha C_\beta$. Cette multiplication est, manifestement, commutative et associative, et k_Π est, ainsi, un demi-groupe multiplicatif commutatif. C_1 est une unité de ce demi-groupe, car $C_1 C_\alpha = 1\alpha C_1 = \alpha C_1 = C_\alpha$. C_0 en est l'annulateur, car $C_0 C_\alpha = 0\alpha C_1 = 0 C_1 = C_0$. Si $C_\alpha \neq C_0$, il possède un inverse $C_\alpha^{-1} = C_{\alpha^{-1}}$, car $C_{\alpha^{-1}} C_\alpha = \alpha^{-1}\alpha C_1 = 1 C_1 = C_1$. Ainsi, k_Π est un *pseudo-groupe commutatif par rapport à sa multiplication*. Evidemment, le quotient $C_\alpha : C_\beta = C_{\alpha\beta^{-1}}$ est défini et unique si $C_\beta \neq C_0$.

En ce qui concerne l'addition, les choses sont plus compliquées. En effet, considérons la somme $C_\alpha + C_\beta$ des C_α, C_β en tant que sous-ensembles de k. Les classes C_α, C_β sont, par rapport à la distance $d(x, y)$, les cercles des centres respectifs α, β et de rayons respectifs $|\alpha||\Pi|$, $|\beta||\Pi|$. Soit Q_ρ le cercle de centre 0 et de rayon semi-réel ρ. Alors on a $C_\alpha = \alpha + Q_{|\alpha||\Pi|}$, $C_\beta = \beta + Q_{|\beta||\Pi|}$, d'où $C_\alpha + C_\beta = \alpha + \beta + Q_{|\alpha||\Pi|} + Q_{|\beta||\Pi|}$. Or, tout cercle Q_ρ

est un groupe additif, car $|\xi| \leqslant \rho$ et $|\eta| \leqslant \rho$ impliquent $|\xi \pm \eta| \leqslant \rho$. Ainsi, le plus petit (au sens large) des $Q_{|\alpha|\,|\Pi|}$, $Q_{|\beta|\,|\Pi|}$ est un sous-groupe additif de l'autre, d'où résulte $Q_{|\alpha|\,|\Pi|} + Q_{|\beta|\,|\Pi|} = Q_{\text{Max}\,(|\alpha|,\,|\beta|)\,|\Pi|}$ et $C_\alpha + C_\beta = \alpha + \beta + Q_{\text{Max}\,(|\alpha|,\,|\beta|)\,|\Pi|}$. Si $|\alpha + \beta| = \text{Max}\,(|\alpha|, |\beta|)$, cette somme est $C_{\alpha+\beta}$ (et ceci indépendamment du choix des α, β dans les C_α, C_β). Par contre, si $|\alpha + \beta| < \text{Max}\,(|\alpha|, |\beta|)$, on a $Q_{|\alpha+\beta|\,|\Pi|} \subset Q_{\text{Max}\,(|\alpha|,\,|\beta|)\,|\Pi|}$ et $C_{\alpha+\beta} \subset C_\alpha + C_\beta$, et ceci a lieu quels que soient les éléments α, β des classes considérées respectives. Ainsi, *la somme dans k de deux classes* (mod Π) *est toujours une réunion de telles classes*, mais ne se réduit pas toujours à une seule classe (mod Π). Il n'est pas possible de définir, d'une manière raisonnable, la somme de deux éléments quelconques de k_Π comme un unique élément de k_Π. Mais il est possible de définir une addition $\dotplus$ telle que la somme $C_\alpha \dotplus C_\beta$ de deux éléments C_α, C_β de k_Π soit un sous-ensemble de k_Π, en posant $C_\alpha \dotplus C_\beta$ égal à l'ensemble $C_\alpha + C_\beta/\Pi$ de toutes les classes (mod Π) contenues dans la somme $C_\alpha + C_\beta$ des C_α, C_β en tant que sous-ensembles de k. Avec les conventions habituelles sur la composition des sous-ensembles, l'addition ainsi définie est, manifestement, commutative, associative, et la multiplication définie plus haut est distributive par rapport à elle. Cette addition a certaines autres propriétés. Ainsi, on a $C_0 \dotplus C_\alpha = C_\alpha$ et, par suite, C_0 est le zéro de cette addition. $C_0 \in C_\alpha \dotplus C_\beta$ implique $0 \in C_\alpha + C_\beta$, d'où résulte, pour un $\alpha' \in C_\alpha$, $-\alpha' \in C_\beta$ et $C_\beta = C_{-\alpha'} = C_{-\alpha}$. Donc, pour tout $C \in k_\Pi$ existe un et un seul élément $-C$ de k_Π, dit l'*opposé* de C, tel que $C_0 \in C \dotplus (-C)$. $-C$ est l'ensemble des opposés $-\alpha$ des $\alpha \in C$, et on a $-(-C) = C$, $-(C \dotplus C') = (-C) \dotplus (-C')$, $-(CC') = C(-C') = (-C)\,C'$ et $C \in [C \dotplus (-C')] \dotplus C'$. On va définir la différence de deux éléments C, C' de k_Π par la formule $C - C' = C \dotplus (-C')$. Chacune de deux relations $C_z \in C_x \dotplus C_y$ et $C_x \in C_z - C_y$ implique l'autre. En effet, de chacune de ces relations résulte l'existence d'un $x' \in C_x$, d'un $y' \in C_y$ et d'un $z' \in C_z$ tels que $x' + y' = z'$, ce qui équivaut à $x' = z' - y' = z' + (-y')$. Mais de la première de ces égalités résulte $C_z = C_{z'} \subseteq C_{x'} + C_{y'} = C_x + C_y$, donc $C_z \in C_x \dotplus C_y$. Et de la seconde égalité, en vertu de $C_{-y'} = C_{-y} = -C_y$, résulte, de la même façon, $C_x \in C_z \dotplus (-C_y) = C_z - C_y$. On verra qu'une structure additivo-multiplicative ayant les propriétés précédentes s'appelle *hypercorps*. En particulier, k_Π ainsi organisé et muni de sa valuation $|C|$ s'appelle l'*hypercorps résiduel de* k (mod Π).

Si la confusion n'est pas à craindre (p. ex. si l'on parle de k_Π sans s'occuper de k), on écrira $C + C'$ au lieu de $C \dotplus C'$.

Il est, également, utile d'étudier les propriétés de la valuation $|C|$ qu'on a défini sur k_Π. Tout d'abord, l'ensemble des valeurs prises par $|C|$ sur k_Π est le même que celui des valeurs prises par $|\alpha|$ sur k, c'est-à-dire $\Gamma \cup \{0\}$. Ensuite, *on a* immédiatement $|CC'| = |C|\,|C'|$ et $|-C| = |C|$. Si A est un sous-ensemble de k_Π, appelons $|A|$ l'ensemble des $|C|$, où C parcourt A. M et N étant deux sous-ensembles d'un ensemble ordonné, $M < N$ signifie que tout $m \in M$ est plus petit que tout $n \in N$, et $M \leqslant N$ a aussi une signification évidente. Avec ces notations, *on a*, pour tous $C, C' \in k_\Pi$, $|C \dotplus C'| \leqslant \mathrm{Max}\,(|C|, |C'|)$. En effet, si $C^* = C_\gamma \in C \dotplus C'$ on a $|C^*| = |\gamma|$ et il existe $\alpha \in C$ et $\beta \in C'$ tels que $\gamma = \alpha + \beta$. Mais alors on a $|\gamma| \leqslant \mathrm{Max}\,(|\alpha|, |\beta|) = \mathrm{Max}\,(|C|, |C'|)$ et tout est prouvé. Comme $C + C'$ est un cercle de k, tous ces éléments ont une même valuation à moins que $0 \in C + C'$, autrement dit $C' = -C$. Ainsi, $|C + C'|$ *se réduit à un seul élément de* Γ *si* $0 \notin |C + C'|$. Ceci permet d'organiser k_Π en un espace ultramétrique, en définissant la distance $d(C, C')$ par la formule :

$$d(C, C) = 0$$
$$d(C, C') = |C - C'| = |C' - C| \quad \text{si} \quad C \neq C'$$

Comme $C - C' = C \dotplus (-C')$, $C' \neq C$ implique $-C' \neq -C$ et, ainsi, $d(C, C')$ est, dans tous les cas, un élément de $\Gamma \cup \{0\}$, donc un nombre réel non-négatif, qui n'est 0 que si $C' = C$. Si α, α' sont des éléments arbitraires des C, C', on a, si $C \neq C'$, $d(C, C') = d(\alpha, \alpha')$. Par suite, si C, C', C'' sont trois éléments distincts de k_Π et si $\alpha, \alpha', \alpha''$ sont des éléments arbitraires de ces sous ensembles de k, on a $d(C, C'') = d(\alpha, \alpha'') \leqslant \mathrm{Max}\,[d(\alpha, \alpha'), d(\alpha', \alpha'')] = \mathrm{Max}\,[d(C, C'), d(C', C'')]$, et si $C, C', C'' \in k_\Pi$ ne sont pas tous distincts, la même inégalité est triviale. Ainsi, $d(C, C')$ est bien une distance ultramétrique.

La distance ainsi définie permet de formuler simplement une dernière et importante propriété de la valuation de k_Π. *Soient* $A, B \in k_\Pi$ *et soit* $C \in A \dotplus B$. *Alors, un* $C' \in k_\Pi$ *est* $\in A \dotplus B$ *si, et seulement si* $d(C, C') \leqslant |\Pi|\,\mathrm{Max}\,(|A|, |B|)$. En effet, $C' \in A \dotplus B$ équivaut, en se plaçant dans k, à $C' \subseteq A + B$. Or, $A + B$ est un cercle de rayon $|\Pi|\,\mathrm{Max}\,(|A|, |B|)$. Par suite, si $C \subseteq A + B$, on a

$C' \subsetneq A + B$ si, et seulement si ou bien $C' = C$, ou bien la distance $d(C, C')$ des éléments $\alpha \in C$ aux éléments $\alpha' \in C'$ ne dépasse pas $|\Pi|$ Max $(|A|, |B|)$. Si, en particulier, on pose $B = C_o$, donc $A + B = A$, on peut déduire de la proposition précédente la conséquence, d'ailleurs évidente, que si $d(C, A) \leqslant |\Pi|\,|A|$, *on a* $C = A$.

Comme on voit, la structure intrinsèque de k_Π permet de déterminer le groupe de valuation Γ de son corps d'origine k (c'est, en effet, l'ensemble des valeurs non-nulles que prend la valuation de k_Π) et la norme $|\Pi|$ du diviseur multiplicatif Π tel que $k_\Pi = k/\Pi$ [en effet, $|\Pi|$ est le plus petit nombre semi-réel tel que, pour tous $C, C' \in k_\Pi$, $C + C'$ soit un cercle de rayon $|\Pi|$ Max $(|C|, |C'|)$]. Cette structure détermine aussi le corps résiduel r de k. En effet, si I_Π est l'ensemble des $C \in k_\Pi$ tels que $|C| \leqslant 1$, considérons la relation d'équivalence p_Π dans I_Π telle que $C \equiv C'$ (mod p_Π) si, et seulement si $d(C, C') < 1$. Il est clair que l'image réciproque de I_Π dans l'application canonique $\alpha \to C_\alpha$ de k sur k_Π est l'anneau des entiers i de k, et que les images réciproques, dans cette application, des classes (mod p_Π) dans I_Π sont les classes des entiers de k modulo son idéal premier $\mathfrak{p}$. D'autre part, puisque l'addition et la multiplication de k_Π sont induits par celles de k et il en est de même pour celles de $r = i/\mathfrak{p}$, l'application canonique de $i/\mathfrak{p}$ sur I_Π/p_Π devient un isomorphisme si l'on définit la somme de deux classes (mod p_Π) dans I_Π/p_Π comme égale à leur somme dans k_Π et si l'on définit le produit de ces classes comme la classe (mod p_Π) contenant leur produit dans k_Π.

§ 3 — Hypercorps valués et leurs homomorphismes

Au § précédent, on a introduit les structures, dont il convient de donner la définition précise.

Un ensemble H, organisé par deux opérations : l'addition $x + y$ et la multiplication xy, s'appelle un *hypercorps* si :

I. H *est un pseudo-groupe commutatif par rapport à sa multiplication.*

Autrement dit, H est, par rapport à sa multiplication, la réunion d'un groupe abélien non-vide H^* et d'un *annulateur* bilatère $0 \notin H^*$. Donc, pour tous $x, y \in H$, xy est un *élément* de H, satisfaisant aux identités $xy = yx$, $(xy)z = x(yz)$ et $0x = x0 = 0$; en plus, il existe un et un seul élément $1 \in H$ tel que, pour tout $x \in H$, on ait $1x = x1 = x$ et il existe pour tout $x \in H^*$ (c'est-à-dire $x \in H$ et $x \neq 0$) un et un seul $x^{-1} \in H$ tel que $xx^{-1} = x^{-1}x = 1$. 0 sera dit, également le *zéro* de H, 1 sera dit l'*unité* de H et x^{-1} sera dit l'*inverse* de x.

Si l'on n'exige pas, dans l'axiome I, que la multiplication de H soit commutative, on obtient la structure plus générale d'*hypercorps gauche.*

II. H *est un hypergroupe commutatif par rapport à son addition.*

Autrement dit, $x + y$ est, en général, un *sous-ensemble* de H ne se réduisant pas à un seul élément : $x + y \subseteq H$; mais, avec la convention habituelle sur la composition des sous-ensembles, on a, pour tous $x, y, z, \in H$, $x + y = y + x$, $(x + y) + z = x + (y + z)$ et $x + H = H + x = H$.

III. *La multiplication de* H *est distributive par rapport à son addition*

Autrement dit, avec les mêmes conventions, on a, pour tous $x, y, z \in H$, $(x + y)z = xz + yz$.

IV. $1 + 0 = 1$

Il en résulte que 0 est une unité scalaire pour l'addition, car $x + 0 = x1 + x0 = x(1 + 0) = x1 = x$. C'est d'ailleurs l'unique unité additive, autrement dit si $e \in H$ est tel que, pour tout $x \in H$ on a $x \in x + e$, on a en particulier, $0 \in 0 + e = \{e\}$, d'où résulte $e = 0$.

V. *Il existe, pour tout* $x \in H$, *un et un seul* $y \in H$ *tel que* $0 \in x + y$

Cet y est noté $-x$. On a donc $-(-x) = x$. Puisque $0 = 0y \in [x + (-x)]y = xy + (-x)y$, on a $-xy = (-x)y = x(-y)$ et $(-x)(-y) = -[x(-y)] = -(-xy) = xy$. En particulier, on a, si $x \neq 0$, $(-x)(-x^{-1}) = xx^{-1} = 1$, d'où $-x \neq 0$ et $(-x)^{-1} = -x^{-1}$.

$x + (-y)$ sera aussi noté $x - y$ et appelé la *différence* de x et de y. On a $x = x + 0 \in x + [y + (-y)] = [x + (-y)] + y = (x - y) + y$. On a, également, $(x - y)z = [x + (-y)]z = xz + (-y)z = xz + (-yz) = xz - yz$.

VI. *Pour tous* $x, y, z \in H$, $x \in y + z$ *implique* $z \in x - y$.

Il en résulte, premièrement, que $z \in x - y = x + (-y)$ implique ' inversement, $x \in z - (-y) = z + [-(-y)] = z + y = y + z$; d'autre part, si $x \in y + z$, on a $0 \in x + (-x) \subseteq y + z + (-x)$, d'où résulte $-y \in z + (-x)$ et $-x \in (-y) - z = (-y) + (-z)$. Ainsi $x \in y + z$, implique $-x \in (-y) + (-z)$, d'où résult e, en remplaçant x, y, z par $-x$, $-y$, $-z$ qu'inversement $-x \in (-y) + (-z)$ implique $x = -(-x) \in [-(-y)] + [-(-z)] = y + z$. Ainsi, on a $-(y + z) = (-y) + (-z)$ et, également, $-(x - y) = -[x + (-y)] = (-x) + [-(-y)] = y + (-x) = y - x$.

La structure d'hypercorps est intéressante pas tellement en elle-même, mais en combinaison avec la notion de valuation convenablement définie. Une fonction $|x|$ définie sur un hypercorps H et à valeurs réelles non-négatives est dite une *valuation* de H si elle satisfait aux axiomes suivants:

A. $|xy| = |x|\,|y|$

Il en résulte, en particulier que $|0| = 0$ et que $x \to |x|$ est un homomorphisme du groupe multiplicatif H^* de H dans le groupe multiplicatif de nombres réels positifs. Comme ce dernier groupe est sans torsion, il en résulte $|-1| = 1$ et $|-x| = |x|$. L'image $\Gamma(H)$ de H^* par l'homomorphisme précédent est dit le *groupe de valuation* de H. $\omega(x) = -\ln |x|$ est dit l'*ordre valuatif* de H, et l'image $\mathfrak{M}(H)$ de H^* par l'homomorphisme $x \to \omega(x)$ de H^* dans le groupe additif de nombres réels est dit le *module de valuation* de H. H est dit *discrètement* ou *densément* valué selon que $\mathfrak{M}(H)$ est discret ou dense sur l'axe réel.

B. $|x + y| \leqslant \text{Max}(|x|, |y|)$.

Il est à remarquer que $|x + y|$ est, en principe, un *ensemble* de nombres réels, qui ne se réduit pas, en général, à un seul nombre.

C. Si $0 \notin x + y$, $|x + y|$ *est l'ensemble d'un seul nombre réel positif* (avec lequel on l'identifiera).

Cet axiome permet d'organiser H en un espace ultramétrique en posant

$$d(x, x) = 0$$
$$d(x, y) = |x - y| \quad \text{si} \quad x \neq y.$$

En effet, $x \neq y$, on a $-y \neq -x$ et $0 \notin x + (-y) = x - y$, ce qui montre que $d(x, y)$ est, dans ce cas, un nombre réel positif.

On a $d(y, x) = |y - x| = |-(x - y)| = |x - y| = d(x, y)$ quand $x \neq y$, et quand $x = y$ la même égalité est triviale. Enfin, on a $z - x = z - x + 0 \subseteq z - x + [y - y] = (z - y) + (y - x)$, d'où si x, y, z sont tous distincts, il résulte, puisque $|z - y|$ et $|y - x|$ sont des nombres réels positifs uniques, $|z - x| \leqslant \mathrm{Max}\,(|y - x|, |z - y|)$, autrement dit $d(x, z) \leqslant \mathrm{Max}\,[d(x, y), d(y, z)]$. La même égalité est évidente si tous les x, y, z ne sont pas distincts, car, dans ce cas, un des $d(x, y), d(y, z), d(x, z)$ est nul, et les deux autres sont égaux. Ainsi, $d(x, y)$ est bien une distance ultramétrique de H. On a, d'ailleurs, $d(xz, yz) = |xz - yz| = |z(x - y)| = |z|\,|x - y| = |z|\,d(x, y)$, (cette démonstration est valable si $xz \neq yz$, mais si $xz = yz$, la même formule est juste trivialement).

D. *Il existe un nombre semi-réel* ρ *tel que, pour tous* $x, y, z, z' \in \mathrm{H}$ *tels que* $z \in x + y$, *on a* $z' \in x + y$ *si, et seulement si* $d(z', z) \leqslant \rho\,\mathrm{Max}\,(|x|, |y|)$.

Cet axiome peut être formulé d'une manière plus géométrique en disant que $x + y$ est un cercle de H de rayon $\rho\,\mathrm{Max}\,(|x|, |y|)$. Le plus petit nombre semi-réel ρ satisfaisant à l'énoncé de l'axiome D est forcément d'espèce — ou 0 et est appelé la *norme* de l'hypercorps H. Il est clair que si la norme ρ de H est 0, $x + y$ se réduit à un seul élément et H est un *corps valué.* Sinon, ce n'est jamais un corps. Si l'on pose $y = 0$, on a $x + y = x$ et $\mathrm{Max}\,(|x|, |y|) = \mathrm{Max}\,(|x|, |0|) = |x|$. Ainsi, on voit que si $d(x,z) \leqslant \rho\,|x|$, on a $z = x$. Pour exclure les valuations triviales, on supposera encore E. *Il existe un* $\alpha \in \mathrm{H}$ *tel que* $|\alpha| \neq 0$ *et* $|\alpha| \neq 1$.

Tirons de ces axiomes quelques conséquences. Supposons que $|x| < |y|$ et soit $z \in x + y$. Alors, on a $y \in z - x = z + (-x)$ et si l'on avait $|z| < |y| = \mathrm{Max}\,(|x|, |y|)$, on aurait eu $|y| \leqslant \mathrm{Max}\,(|z|, |-x|) = \mathrm{Max}\,(|z|, |x|) < |y|$, ce qui est absurde. Ainsi $|x| < |y|$ entraîne $|x + y| = |y|$. Supposons que $z \in x + y$. Si $z = x$, on a $y \in x - x$ et comme $0 \in x - x$, on a $|y| = d(y, 0) \leqslant \rho\,\mathrm{Max}\,(|x|, |-x|) = \rho\,|x|$. Supposons maintenant $z \neq x$. Alors on a, puisque $y \in z - x$ et puisque $|z - x|$ est l'ensemble d'un seul nombre réel, qui est $> \rho|x|$, $|y| = d(z, x) > \rho|x|$, ce qui entraîne que $x + y$ est disjoint avec x. Ainsi $x + y = x$ ou $x + y$ est disjoint avec x selon que $|y|$ est $\leqslant \rho|x|$ ou $> \rho|x|$. Montrons que $x + y$ est l'ensemble d'un seul élément si, et seulement si $\mathrm{Max}\,(|x|, |y|) \in |x+y|$, auquel cas, par suite, on a l'égalité $\mathrm{Max}\,(|x|, |y|) = |x + y|$. Supposons que $\mathrm{Max}\,(|x|, |y|) \in |x + y|$. Il existe un $z \in x + y$

145

tel que $|z| = \text{Max}(|x|, |y|)$, d'où, si $z' \in x + y$, on a $d(z', z) \leqslant \leqslant \rho \,\text{Max}(|x|, |y|) = \rho |z|$ et $z' = z$. Supposons que $|x + y| < < \text{Max}(|x|, |y|)$ et soit $z \in x + y$. Si $z = 0$, puisque $\text{Max}(|x|, |y|) > 0$, $x + y$ est un cercle de rayon non-nul et de centre 0, et puisque $\Gamma(\mathrm{M})$ a des éléments aussi petits que l'on veut, on n'a pas $x + y = \{0\}$. Supposons $z \neq 0$ et, même, $0 \notin x + y$. Supposons que $\text{Max}(|x|, |y|) = |x|$ (ce qui n'est pas une restriction) et posons $\lambda = zx^{-1}$. Si $t \neq 0$, on a $|t\lambda^i| = |t| \, |\lambda|^i$ et, puisque $\dfrac{|z|}{\text{Max}(|x|, |y|)} = = |\lambda|$, on peut trouver un i tel que $\rho |z| < |t\lambda^i| \leqslant \rho \,\text{Max}(|x|, |y|)$. Mais, alors, on a $z + t\lambda^i \neq z$ et $d(z + t\lambda^i, z) = |t\lambda^i| \leqslant \rho \,\text{Max}(|x|, |y|)$ ce qui entraîne $z + t\lambda^i \in x + y$.

Ce qui précède permet de définir dans H la *distance multiplicative*

$$d_m(x, y) = \frac{|x - y|}{\text{Max}(|x|, |y|)}$$

et, en vertu de $z(x - y) = zx - zy$ et de l'axiome A de valuation, on a

$$d_m(xz, yz) = d_m(x, y)$$

ce qui permet d'exprimer cette distance en termes de *valuation multiplicative* $|x|_m = \dfrac{|x - 1|}{\text{Max}(|x|, 1)} = d_m(1, x)$,

$$d_m(x, y) = |xy^{-1}|_m = |y^{-1} x|_m$$

(à moins que $x = 0$ ou $y = 0$). Si ρ est la norme de H, on a, si $x \neq y$,

$$1 \geqslant d_m(x, y) = \frac{|x - y|}{\text{Max}(|x|, |y|)} > \frac{\rho \,\text{Max}(|x|, |y|)}{\text{Max}(|x|, |y|)} = \rho.$$

On définit les diviseurs multiplicatifs des hypercorps valués exactement comme pour les corps valués. Une relation d'équivalence Π dans H est dite un *diviseur multiplicatif* si $x \equiv y\,(\Pi)$ et $d_m(x', y') \leqslant d_m(x, y)$ impliquent $x' \equiv y'\,(\Pi)$. La *norme* ρ_Π de Π est définie comme supremum, sur l'axe semi-réel, des distances multiplicatives des $x, y \in \mathrm{H}$ congrus $(\text{mod}\, \Pi)$. Si Π n'est pas discret, on doit avoir $\rho_\Pi > \rho$. La classe C_α d'un $\alpha \in \mathrm{H}$ $(\text{mod}\, \Pi)$ est un cercle de H de centre α et de rayon $|\alpha| \rho_\Pi$. C_1 est un sous-groupe du groupe multiplicatif H^* de H et on a $C_\alpha = \alpha C_1$, ce qui se démontre comme pour les corps valués. D'un autre côté, si Q_τ est le cercle de centre 0 et de rayon τ dans H, on a $Q_\tau = Q_\tau + 0 \subseteq Q_\tau + Q_\tau \subseteq Q_\tau$ car $|x| \leqslant \tau$ et $|y| \leqslant \tau$ impliquent $|x + y| \leqslant \tau$ et $Q_\tau + Q_{\tau'} = Q_{\mathrm{Max}(\tau, \tau')}$ D'un autre côté, on a $C_\alpha = \alpha + Q_{\alpha|\rho_\Pi}$ car, si $z \in \alpha + x$ est $\neq \alpha$, on a $d(z, \alpha) = |x|$. Des lors, on a $C_\alpha + C_\beta = \alpha + \beta + Q_{\mathrm{Max}(|\alpha|,|\beta|)\rho_\Pi}$ et $C_\alpha + C_\beta$ est une réunion de classes (mod Π). On peut donc définir l'addition, la multiplication et la valuation sur $H_\Pi = H/_\Pi$ exactement comme dans le cas des corps valués et on constate immédiatement que les axiomes I-IV des hypercorps et tous les axiomes A — E de valuation (si $\rho_\Pi < 1$) sont satisfaits, l'axiome D de valuation l'étant avec la norme égale à celle ρ_Π de Π. Pour prouver que k_Π ainsi organisé est un hypercorps valué de norme ρ_Π, il suffit de vérifier les axiomes $\overline{\mathrm{V}}$ et VI. Or, soit $0 \in C_\alpha + C_\beta$. Si $C_\alpha = C_o = \{0\}$, on a $C_\beta = \{0\} = C_o = C_{-o}$. Si $C_\alpha \neq C_o$, on a $C_\beta \neq 0$, et il doit exister un $\alpha' \in C_\alpha$ tel que $-\alpha' \in C_\beta$. Donc on a $|C_\alpha| = |\alpha'| = |-\alpha'| = |C_\beta|$, $d(\alpha, \alpha') \leqslant \rho_\Pi |\alpha'|$ et $d(\beta, -\alpha') \leqslant \leqslant \rho_\Pi |\alpha'|$. Or $d(-\alpha, -\alpha') = d(\alpha, \alpha')$ et $d(-\alpha, \beta) \leqslant \mathrm{Max}\,[d(-\alpha, -\alpha'), d(-\alpha', \beta)] = \mathrm{Max}\,[d(\alpha, \alpha'), d(-\alpha', \beta)] \leqslant \rho_\Pi |\alpha'| = \rho_\Pi |\beta|$. Par suite, on a $-\alpha \in C_\beta$ et $C_\beta = C_{-\alpha}$ ce qui prouve l'axiome $\overline{\mathrm{V}}$. Si $C_\alpha \in C_\beta + C_\gamma$, où α, β, γ sont des éléments arbitraires de leurs classes (mod Π), on a $C_\alpha \subseteq C_\beta + C_\gamma$. Il existe donc $\beta' \in C_\beta$ et $\gamma' \in C_\gamma$ tels que $\alpha \in \beta' + \gamma'$ et on a $d(\beta', \beta) \leqslant |C_\beta|\, \rho_\Pi, d(\gamma' \gamma) \leqslant |C_\gamma| \rho_\Pi$. On a, en vertu de l'axiome $\overline{\mathrm{VI}}$ dans H, $\gamma' \in \alpha - \beta'$ et on a ou bien $|\gamma'| \leqslant |\alpha|$, ou bien $|\gamma'| \leqslant |\beta'|$. Or, il existe un $\delta \in H$ tel que $\gamma \in \gamma' + \delta$, et on a, si $\gamma \neq \gamma'$, $|\delta| = d(\gamma, \gamma') \leqslant |\gamma'|\, \rho_\Pi$, donc $|\delta| \leqslant |\alpha|\, \rho_\Pi$ ou $|\delta| \leqslant |\beta'|\, \rho_\Pi$. On a $\gamma \in \gamma' + \delta \subseteq \alpha - \beta' + \delta$, et on a soit $\alpha + \delta \in C_\alpha$, soit $\beta' - \delta \in C_{\beta'} = C_\beta$, ce qui montre que $\alpha - \beta' + \delta = (\alpha + \delta) - - \beta' = \alpha + (\beta' - \delta)$ est $\subseteq C_\alpha - C_\beta$. Ainsi, puisque γ est un élément arbitraire de C_γ, on a $C_\gamma \subseteq C_\alpha - C_\beta$ et l'axiome $\overline{\mathrm{VI}}$ est, ainsi prouvé.

Ainsi, les structures quotients des hypercorps valués par leurs diviseurs multiplicatifs sont des hypercorps valués de même norme que ces diviseurs. Les traces, sur l'hypercorps quotient, des diviseurs multiplicatifs de l'hypercorps valué de départ sont évidemment des diviseurs multiplicatifs de cet hypercorps quotient, et à moins que ces traces ne soient réduits au diviseur discret de l'hypercorps quotient (ce qui arrive quand on part d'un diviseur multiplicatif dont la norme ne dépasse pas celle de l'hypercorps quotient), leur norme est la même que celle des diviseurs, dont ils sont les traces. Il est clair que si Π' est un diviseur multiplicatif de H tel que $\rho_{\Pi'} > \rho_\Pi$ et si $\overline{\Pi}'$ est sa trace dans $H_\Pi = H/_\Pi$, $H/_{\Pi'}$ s'identifie canoniquement, de manière bien connue, avec $H_{\Pi/\overline{\Pi}'}$.

Soit $x \to x'$ une application d'un hypercorps valué H sur une structure additivo-multiplicative et valuative H' telle que $x'y' \in H'$, mais $x' + y'$ soit, en général, $\subsetneq H'$. Soit $C(x')$ l'ensemble des $y \in H$ tels que $y' = x'$. On supposera que H' contient d'autres éléments que $0'$ et $1'$. L'application $x \to x'$ sera dite un *homomorphisme* de H sur H' si

1° $(xy)' = x'y'$;

2° $C(x' + y') = C(x') + C(y')$;

3° $|x'| = |x|$;

4° *Si* $x' = 1'$ *et si* $d(y, 1) \leqslant d(x, 1)$, *on a* $y' = 1'$.

Si une telle correspondance $\alpha \to \alpha'$ est biunivoque, elle sera dite un *isomorphisme d'hypercorps valué.*

Montrons que la partition de H en ensembles $C(x')$, $x' \in H'$, est un diviseur multiplicatif de H si $x \to x'$ est un homomorphisme. En effet, soit que $x' = y'$ et $d_m(\overline{x}, \overline{y}) \leqslant d_m(x, y)$. Puisque $x' = y'$, on a $(x^{-1} y)' = (x^{-1})' y' = (x^{-1})' x' = (x^{-1} x)' = 1'$ et $d(\overline{x}^{-1} \overline{y}, 1) = |\overline{x}^{-1} \overline{y}|_m = d_m(\overline{x}, \overline{y}) \leqslant d_m(x, y) = |x^{-1} y|_m = d(x^{-1} y, 1)$. Par suite, en vertu de 4°, on a $(\overline{x}^{-1} \overline{y})' = 1'$ et $\overline{y}' = [\overline{x}(\overline{x}^{-1})\overline{y}]' = \overline{x}'(\overline{x}^{-1} \overline{y})' = \overline{x}' 1' = (\overline{x}\, 1)' = \overline{x}'$. Ainsi, il existe un diviseur multiplicatif Π de H tel que $x \equiv y\,(\Pi)$ soit équivalent à $x' = y'$. Et les conditions 1°, 2° et 3° montrent que $C(x') \to x'$ est un isomorphisme par rapport à l'addition, la multiplication et la valuation de l'hypercorps valué $H_\Pi = H/\Pi$ sur H'.

Ainsi, *toute image homomorphe d'un hypercorps valué est*, à l'isomorphie d'hypercorps valué près, *le quotient de cet hypercorps par un de ses diviseurs multiplicatifs.* Et tout homomorphisme d'hypercorps valué peut s'obtenir en effectuant l'homomorphisme canonique de cet hypercorps sur son hypercorps quotient par un de ses diviseurs multiplicatifs, et en faisant suivre cet homomorphisme canonique par un isomorphisme d'hypercorps valué.

Puisque la classe de 0 (mod Π) est $\{0\}$, on voit que $x' = 0'$ implique $x = 0$.

La condition 4° de la définition des homomorphismes d'hypercorps valué peut se remplacer par la suivante :

4°'. H' *est un hypercorps valué.*

En effet, si $x \in 1 + y$, on a $x' \in 1' + y'$ et, ρ' étant la norme de

H', on a $x' = 1'$ si, et seulement si $|y'| \leqslant \rho'$. Mais on a, en vertu du 3°, $|y| = |y'|$. Si $x = 1$ (ce qui arrive, en particulier, si $|y|$ ne dépasse pas la norme ρ de H), on a $x' = 1'$ et, ainsi $|y| \leqslant \rho$ entraîne $|y| \leqslant \rho'$, ce qui montre que $\rho \leqslant \rho'$. Ceci posé, si $x \neq 1$, on a $d(x, 1) = |y|$ et on a $x' = 1'$ si et seulement si $d(x, 1) = |y| = |y'| \leqslant \rho'$. Par suite, si $x' = 1'$ et si $d(z, 1) \leqslant d(x, 1)$, on a $d(x, 1) \leqslant \rho'$ et $d(z, 1) \leqslant \rho'$, d'où $z' = 1'$.

§ 4 — Suites projectives d'hypercorps valués et leurs limites projectives

Soit $H_1, H_2, \ldots, H_n, \ldots$ une suite d'hypercorps valués, dont le groupe de valuation soit un groupe Γ de nombres réels positifs. Supposons que les normes $\mathfrak{N}(H_i)$ des H_i tendent vers 0^+. Supposons que, pour tout i, H_i soit un mage homomorphe de H_{i+1} [ce qui entraîne, en particulier, que $\mathfrak{N}(H_i) \geqslant \mathfrak{N}(H_{i+1})$] et soit θ_i un homomorphisme (de la structure d'hypercorps valué) de H_{i+1} sur H_i. Alors, si $i < j$, $\theta_{i,j} = \theta_i\, \theta_{i+1} \ldots \theta_{j-1}$ est un homomorphisme de H_j sur H_i, et on a, si $h < i < j$, $\theta_{h,i}\, \theta_{i,j} = \theta_{h,j}$. Une telle suite $\mathscr{H}$ des H_i, munie de tels homomorphismes θ_i sera appelée une *suite projective d'hypercorps valués.*

Ceci étant, une suite $a_1, a_2, \ldots, a_i, \ldots$, où $a_i \in H_i$, sera dite *projective* dans $\mathscr{H}$ si, pour tout i, on a $a_i = \theta_i \,.\, a_{i+1}$. Si l'on admet l'axiome de choix dénombrable, l'ensemble k de telles suites n'est pas vide et, quelque soient $i = 1, 2, \ldots$ et $a_i \in H_i$, il existe de telles suites, dont le i-ième terme est a_i. Si un des a_i est $= 0$, tous les a_i le sont, car, pour tout θ_i, on a $\theta_i \,.\, 0 = 0$ et $\theta_i \,.\, a_{i+1} = 0$, entraîne $a_{i+1} = 0$. La suite projective $(0, 0, \ldots, 0, \ldots)$ sera notée 0. Comme $\theta_i \,.\, 1 = 1$, la suite $1 = (1, 1, \ldots, 1, \ldots)$ est aussi projective. Soient $\alpha = (a_i)$ et $\beta = (b_i)$ deux suites projectives. On a $a_i b_i = (\theta_i \,.\, a_{i+1})(\theta_i \,.\, b_{i+1}) = \theta_i \,.\, a_{i+1} b_{i+1}$ et la suite $(a_i b_i)$ est encore projective. Elle sera notée $\alpha\beta$ et dite le *produit* de α et β. On a, évidemment, $\alpha\beta = \beta\alpha$, $(\alpha\beta)\gamma = \alpha(\beta\gamma)$, $\alpha 1 = 1\alpha = \alpha$ et on a $\alpha\beta = 0$ si, et seulement si $\alpha = 0$ ou $\beta = 0$. Si la suite projective $\alpha = (a_i) \neq 0$, aucun a_i n'est nul et $a_i^{-1} = (\theta_i \,.\, a_{i+1})^{-1} = \theta_i \,.\, a_{i+1}^{-1}$. Par suite $\alpha^{-1} = (a_i^{-1})$ est aussi projective et $\alpha\alpha^{-1} = (a_i a_i^{-1}) = (1) = 1$. Ainsi les suites projectives dans $\mathscr{H}$ forment, par rapport à leur multiplication ainsi définie, un pseudo-groupe, dont $0 = (0, 0, \ldots, 0, \ldots)$ est l'annulateur et $1 = (1, 1, \ldots, 1, \ldots)$ est l'unité.

Considérons maintenant, pour deux suites projectives $\alpha = (a_i)$ et $\beta = (b_i)$ les distances $d_i(a_i, b_i)$ de leurs termes respectifs a_i, b_i dans H_i correspondant [ainsi $d_i(x, y) = |x - y|_i$ et $|x|_i$ vont désigner la distance et la valuation de H_i]. Sauf si $a_i = b_i$ [auquel cas on a $d_i(a_i, b_i) = 0$], on a $d_i(a_i, b_i) = d_i(\theta_i . a_{i+1}, \theta_i . b_{i+1}) = |\theta_i . a_{i+1} + (-\theta_i . b_{i+1})|_i = |\theta_i . [a_{i+1} + (-b_{i+1})]|_i = |a_{i+1} + (-b_{i+1})|_{i+1} = d_{i+1}(a_{i+1}, b_{i+1})$, car θ_i est un homomorphisme, ce qui entraîne $a_{i+1} \neq b_{i+1}$. Ainsi, ou bien on a, pour tout i, $a_i = b_i$, auquel cas on a $\alpha = \beta$ et, pour tout i, $d(a_i, b_i) = 0$, ou bien il existe un n tel que $d_i(a_i, b_i)$ devient indépendante de i et non-nulle si $i \geqslant n$. Ainsi, $d_i(a_i, b_i)$ est asymptotiquement constante (le mot « asymptotiquement » signifiera, quand il s'agit d'une suite, « à partir d'un rang convenable »), et sa valeur limite sera notée $d(\alpha, \beta)$ et dite la *distance* des α, β. C'est, évidemment, une distance ultramétrique. En particulier, puisque $\alpha \neq 0$ entraîne, pour tout i, $a_i \neq 0$, on a, pour tout i (et non seulement asymptotiquement), $|a_i|_i = d_i(a_i, 0) = d(\alpha, 0)$, et $|\alpha| = d(\alpha, 0)$ sera appelée la *valuation* de α. On a $|\alpha\beta| = |a_i b_i| = |a_i|\,|b_i| = |\alpha|\,|\beta|$. On a $|\alpha| = 0$ si, et seulement si $\alpha = 0$ et on a $|1| = 1$. L'ensemble des valeurs prises par $|\alpha|$, quand α parcourt les suites projectives dans $\mathscr{H}$ est, visiblement, $\Gamma \cup \{0\}$.

Si $\alpha = (a_i)$, $\beta = (b_i)$ et $\gamma = (c_i)$ sont trois suites projectives dans $\mathscr{H}$, montrons qu'il existe une et une seule suite projective $\lambda = (l_i)$ telle que, pour tout i, on ait $l_i \in a_i + b_i + c_i$. Démontrons, d'abord l'unicité. Supposons que l_i et l_i' sont deux éléments de $a_i + b_i + c_i$. Alors, on a $l_i' - l_i \in (a_i + b_i + c_i) - (a_i + b_i + c_i) = a_i + b_i + c_i + [(-a_i) + (-b_i) + (-c_i)] = (a_i - a_i) + (b_i - b_i) + (c_i - c_i)$. Par suite, on a $d_i(l_i' - l_i) = |l_i' - l_i|_i \in |(a_i - a_i) + (b_i - b_i) + (c_i - c_i)|_i$. Or, $a_i - a_i$, $b_i - b_i$ et $c_i - c_i$ sont des cercles de centre 0 et de rayons respectivement $\mathfrak{N}(H_i)$ Max $(|a_i|_i\, |-a_i|_i) = \mathfrak{N}(H_i)\,|a_i|_i, \mathfrak{N}(H_i)\,|b_i|_i, \mathfrak{N}(H_i)\,|c_i|_i$. Ainsi, si $\bar{a} \in a_i - a_i, \bar{b} \in b_i - b_i$, $\bar{c} \in c_i - c_i$, on a $|\bar{a}|_i \leqslant \mathfrak{N}(H_i)\,|a_i|_i = \mathfrak{N}(H_i)\,|\alpha|$, $|\bar{b}|_i \leqslant \mathfrak{N}(H_i)\,|b_i|_i = \mathfrak{N}(H_i)\,|\beta|$, $|\bar{c}|_i \leqslant \mathfrak{N}(H_i)\,|c_i|_i = \mathfrak{N}(H_i)\,|\gamma|$, d'où $|a + b + c|_i \leqslant \mathfrak{N}(H_i)$ Max $(|\alpha|, |\beta|, |\gamma|)$ et $d_i(l_i', l_i) \leqslant \mathfrak{N}(H_i)$ Max $(|\alpha|, |\beta|, |\gamma|)$. Ainsi, pour les suites quelconques $\lambda = (l_i)$ et $\lambda' = (l_i')$ telles que $l_i \in a_i + b_i + c_i$ et $l_i' \in a_i + b_i + c_i$, on a $d_i(l_i', l_i) \leqslant \mathfrak{N}(H_i)$ Max $(|\alpha|, |\beta|, |\gamma|) \to 0^+$, tandis que, si λ et λ' sont projectives dans $\mathscr{H}$, on a asymptotiquement $d_i(l_i', l_i) = d(\lambda, \lambda')$. Ceci entraîne $d(\lambda, \lambda') = 0$ et $\lambda = \lambda'$.

Montrons qu'une telle suite projective λ existe. Fixons un i

et considérons, pour les $n \geqslant i$, les ensembles $\theta_{i,n}.\ (a_n + b_n + c_n)$. Puisque $\theta_{i,n}$ est un homomorphisme, on a $\theta_{i,n} \,.\, (a_n + b_n + c_n) \subseteq \subseteq \theta_{i,n} \,.\, a_n + \theta_{i,n} \,.\, b_n + \theta_{i,n} \,.\, c_n = a_i + b_i + c_i$ et, plus généralement, si $i \leqslant m \leqslant n$, on a, en vertu de $\theta_{i,n} = \theta_{i,m}\,\theta_{m,n}$, $\theta_{i,n} \,.\, (a_n + b_n + c_n) \subseteq \theta_{i,m} \,.\, (a_m + b_m + c_m)$. Or, si l_n et l'_n sont deux éléments de $a_n + b_n + c_n$, on a soit $\theta_{i,n} \,.\, l_n = \theta_{i,n}\, l'_n$, soit $d_i(\theta_{i,n} \,.\, l_n, \theta_{i,n} \,.\, l'_n) = d_n(l_n, l'_n)$. Or, on a vu que $d_n(l_n, l'_n) \leqslant \leqslant \mathfrak{N}(H_n)\, \mathrm{Max}\,(|\alpha|, |\beta|, |\gamma|) \to 0^+$. Supposons que $0 \notin a_i + b_i + c_i$. Alors, si $|l_i| \leqslant \mathfrak{N}(H_i)\, \mathrm{Max}\,(|\alpha|, |\beta|, |\gamma|)$, on a $l_i \notin a_i + b_i + c_i$, car, autrement, on aurait en $0 \in a_i + b_i + c_i + (-l_i)$ et, puisque $|a_i| = = |\alpha|$, $|b_i| = |\beta|$ et $|c_i| = |\gamma|$, et $|-l_i| = |l_i| \leqslant \mathfrak{N}(H_i)\, \mathrm{Max}\,(|\alpha|, |\beta|, |\gamma|)$, une des égalités $a_i - l_i = a_i$, $b_i - l_i = b_i$ ou $c_i - l_i = c_i$ doit avoir lieu. Ainsi donc, si $l_n \in a_n + b_n + c_n$, on a $|\theta_{i,n} \,.\, l_n|_i > > \mathfrak{N}(H_i)\, \mathrm{Max}\,(|\alpha|, |\beta|, |\gamma|)$ et si $l_i \in a_i + b_i + c_i$ est tel que $d_i(\theta_{i,n} \,.\, l_n, l_i) \leqslant \mathfrak{N}(H_i)^2\, \mathrm{Max}\,(|\alpha|, |\beta|, |\gamma|) < \mathfrak{N}(H_i)\, |\theta_{i,n} \,.\, l_n|_i$, on doit avoir $l_i = \theta_{i,n} \,.\, l_n$. Or, puisque $\mathfrak{N}(H_n) \to 0^+$, il existe un indice $n(i)$ tel que, pour tout $n \geqslant n(i)$, on ait $\mathfrak{N}(H_n) \leqslant \mathfrak{N}(H_i)^2$, d'où, si $l'_n \in a_n + b_n + c_n$, on a ou bien $\theta_{i,n} \,.\, l'_n = \theta_{i,n} \,.\, l_n$, ou bien $d_i(\theta_{i,n} \,.\, l'_n, \theta_{i,n} \,.\, l_n) = d_n(l'_n, l_n) \leqslant \mathfrak{N}(H_i)^2$ Max $(|\alpha|, |\beta|, |\gamma|)$, ce qui implique également $\theta_{i,n} \,.\, l_n = \theta_{i,n} \,.\, l'_n$. Ainsi, si $n \geqslant n(i)$, $\theta_{i,n} \,.\, (a_n + b_n + c_n)$ est l'ensemble d'un seul élément indépendant de n, soit $\{l_i^*\}$. Et si $n \geqslant \mathrm{Max}\,[n(i), n(i+1)]$, on a, pour tout $l_n \in a_n + b_n + c_n$, $l_i^* = \theta_{i,n} \,.\, l_n = \theta_i\, \theta_{i+1,n} \,.\, l_n = \theta_i \,.\, (\theta_{i+1,n} . l_n) = \theta_i \,.\, l^*_{i+1}$. Ainsi, la suite $\lambda^* = (l_i^*)$ est projective et telle que, pour tout i, $l_i^* \in a_i + b_i + c_i$.

En particulier, si $\gamma = 0$, donc $c_i = 0$ et $a_i + b_i + c_i = a_i + b_i$, il existe un et une seule suite projective $\lambda = (l_i)$ telle que, pour tout i, on ait $l_i \in a_i + b_i$. On note cette suite $\alpha + \beta$ et on l'appelle la *somme* des α, β. On a trivialement $\alpha + \beta = \beta + \alpha$. Si $\mu = (m_i) = = \beta + \gamma$, on a $l_i + c_i \subseteq (a_i + b_i) + c_i = a_i + b_i + c_i$ et $a_i + m_i \subseteq a_i + (b_i + c_i) = a_i + b_i + c_i$. Par suite $(\alpha + \beta) + \gamma$ et $\alpha + (\beta + \gamma)$ ont toutes les deux leur i-ième terme $\in a_i + b_i + c_i$ et doivent coïncider avec l'unique suite projective $\nu = (n_i)$ telle que pout tout i, $n_i \in a_i + b_i + c_i$. On a donc $(\alpha + \beta) + \gamma = = \alpha + (\beta + \gamma)$. Si $\beta = (b_i) = 0$, on a, pour tout i, $b_i = 0$ et $a_i + b_i = a_i + 0 = a_i$, ce qui entraîne $\alpha + 0 = \alpha$. Si $\alpha = (a_i)$ est projective dans $\mathscr{H}$, $-\alpha = (-a_i)$ l'est aussi, et on a, pour tout i, $0 \in a_i + (-a_i)$, donc $\alpha + (-\alpha)$ doit coïncider avec $(0, 0, \ldots, 0, \ldots) = 0$. Enfin, en vertu de $c_i(a_i + b_i) = c_i a_i + c_i b_i$, on a $\gamma(\alpha + \beta) = \gamma\alpha + \gamma\beta$. Ainsi, *l'ensemble k des suites projectives dans*

$\mathscr{H}$ est un corps (commutatif) par rapport à ses addition et multiplication ainsi définies.

Montrons que $|\alpha|$ est une valuation de k. On a déjà vu que $|\alpha\beta| = |\alpha|\,|\beta|$ et que $d(\alpha, \beta)$ est une distance ultramétrique. Puisque l'ensemble $\Gamma \cup \{0\}$ des valeurs prises par $|\alpha|$ sur k ne se réduit pas à $\{0, 1\}$, il suffit de prouver que $d(\alpha, \beta) = |\beta - \alpha|$. Or, si $\alpha = \beta$, on a $d(\alpha, \beta) = d(\alpha, \alpha) = 0$ et $|\beta - \alpha| = |\alpha - \alpha| = |0| = 0$ et l'égalité est vraie. Si $\alpha \neq \beta$, on a asymptotiquement $d_i(a_i, b_i) = d(\alpha, \beta) \neq 0$, d'où $a_i \neq b_i$ et $d_i(a_i, b_i) = |b_i - a_i|_i$, et $|b_i - a_i|_i$ est l'ensemble d'un seul nombre réel positif. Or, si $\beta - \alpha = (e_i)$, on a $e_i \in b_i - a_i$, donc $|\beta - \alpha| = |e_i|_i = |b_i - a_i|_i = d_i(a_i, b_i) = d(\alpha, \beta)$ si i est assez grand, et tout est prouvé.

Ainsi, *k est un corps valué par rapport à ses opérations rationnelles et sa valuation ainsi définies.* Montrons qu'il est *complet*. Soit $\alpha_1 = (a_{1,i}), \alpha_2 = (a_{2,i}), \ldots, \alpha_n = (a_{n,i}), \ldots$ une suite de Cauchy [au sens de la distance $d(\alpha, \beta)$] de suites projectives α_n. Si $|\alpha_n| \to 0^+$, la suite des α_n converge visiblement vers 0. Sinon, $|\alpha_n|$ a, à partir d'un certain rang n_o, une borne inférieure positive b. Pour tout i, on peut trouver un $n(i) \geqslant n_o$ tel que $n \geqslant n(i)$ implique $d(\alpha_n, \alpha_m) < b\mathfrak{N}(\mathrm{H}_i)$ pour tout $m > n$. Soit $a_i = a_{n(i)i}$. Si $n > n(i)$ et si $m \geqslant i$, on a $\theta_{i,m} \cdot a_{n,m} = \theta_{i,m} \cdot (\theta_{m,n(i)} \cdot a_{n,n(i)}) = \theta_{i,n(i)} \cdot a_{n,n(i)}$. En particulier, on a soit $\theta_{i,m} \cdot a_{n,m} = a_i = \theta_{i,m} \cdot a_{n(i),m}$, ou bien $d_i(\theta_{i,m} \cdot a_{n,m}, a_i) = d_i(\theta_{i,m} \cdot a_{n,m}, \theta_{i,m} \cdot a_{n(i),m}) = d_m(a_{n,m}, a_{n(i),m}) = d(\alpha_n, \alpha_{n(i)}) \leqslant b\mathfrak{N}(\mathrm{H}_i) \leqslant |\alpha_{n(i)}|\,\mathfrak{N}(\mathrm{H}_i) = |a_{n(i),i}|_i\,\mathfrak{N}(\mathrm{H}_i) = |a_i|_i\,\mathfrak{N}(\mathrm{H}_i)$, d'où résulte, également, $\theta_{i,m} \cdot a_{n,m} = a_i$. Mais alors, si $n \geqslant \mathrm{Max}\,[n(i), n(i+1)]$ et si $m \geqslant i+1$, on a $a_i = \theta_{i,m} \cdot a_{n,m} = \theta_i \theta_{i+1,m} \cdot a_{n,m} = \theta_i \cdot (\theta_{i+1,m} \cdot a_{n,m}) = \theta_i \cdot a_{i+1}$. Ainsi, $\alpha = (a_i)$ est une suite projective dans $\mathscr{H}$. Si $n \geqslant n(i)$, on a $a_{n,i} = a_i$. Par suite, si $m > i$, on a $\theta_{i,m} \cdot a_{n,m} = \theta_{i,m} \cdot a_m$, ce qui implique $d_m(a_{n,m}, a_m) \leqslant \mathfrak{N}(\mathrm{H}_i)\,|a_m|_m = \mathfrak{N}(\mathrm{H}_i)\,|\alpha|$. Ainsi, puisque $d(\alpha_n, \alpha)$ est égal asymptotiquement à $d_m(a_{n,m}, a_m)$, on voit que $d(\alpha_n, \alpha) \leqslant n(\mathrm{H}_i)\,|\alpha|$ si $n \geqslant n(i)$, et comme $n(\mathrm{H}_i) \to 0^+$ quand $i \to +\infty^-$, on voit que les α_n convergent vers α.

Si $\alpha = (a_i) \in k$, $\alpha \to a_i$ est un homomorphisme (de la structure d'hypercorps valué) *de k sur* H_i. En effet, puisque l'image de k par $\alpha \to a_i$ est H_i, qui est un hypercorps valué, il suffit de prouver les conditions 1°, 2° et 3°. Si $\beta = (b_i)$, on a bien $\alpha\beta = (a_i b_i)$ et $|\alpha| = |a_i|_i$. Soit $a_i \in \mathrm{H}_i$ et soit $\mathrm{C}(a_i)$ l'ensemble de tous les $\alpha \in k$ dont le i-ième terme est a_i. Si $\alpha \in \mathrm{C}(a_i)$ et $\beta \in \mathrm{C}(b_i)$, soit $\gamma = (c_i)$. Alors, on a $c_i \in a_i + b_i$, et, ainsi $\mathrm{C}(a_i) + \mathrm{C}(b_i) \subseteq \mathrm{C}(a_i + b_i)$.

Soit, maintenant, $\gamma' = (c_i')$ un élément arbitraire de k tel que $c_i' \in a_i + b_i$. Alors, ou bien $\gamma' = \gamma = \alpha + \beta \in C(a_i) + C(b_i)$, ou bien $d(\gamma, \gamma') \leqslant \rho(H_i) \operatorname{Max}(|a_i|, |b_i|) = \rho(H_i) \operatorname{Max}(|\alpha|, |\beta|)$ et, si $\delta \in \gamma' - \gamma$, on a ou bien $|\delta| \leqslant \rho(H_i)\,|\alpha|$, ou bien $|\delta| \leqslant \rho(H_i)\,|\beta|$. On a $\gamma' \in \gamma + \delta = \alpha + \beta + \delta = (\alpha + \delta) + \beta = \alpha + (\beta + \delta)$. Si la première inégalité est vraie et si $\delta = (\Delta_i)$, $\alpha + \delta = (a_i')$, on a $a'_i \in a_i + \Delta_i$ et $|\Delta_i| = |\delta| \leqslant \mathfrak{N}(H_i)\,|\alpha| = \mathfrak{N}(H_i)\,|a_i|$, d'où résulte $a_i' \in a_i + \Delta_i = a_i$ et $a'_i = a_i$. Si la seconde égalité est vraie, il en résulte, en posant $\beta + \delta = (b_i')$, $b_i' \in b_i + \Delta_i = b_i$ et $b_i' = b_i$. Ainsi, dans tous les cas, on a $\gamma \in \alpha' + \beta'$, où $\alpha' \in C(a_i)$ et $\beta' \in C(b_i)$. Donc, on a $C(a_i) + C(b_i) = C(a_i + b_i)$ et $\alpha \to a_i$ est bien un homomorphisme de k sur H_i. On va le noter $\theta_{i,\infty}$ ou $\theta_{(i)}$. On a, évidemment $\theta_{i,\infty} = \theta_i\,\theta_{i+1,\infty}$. Si Π_i est le diviseur multiplicatif de k de norme $\mathfrak{N}(H_i)$, on voit que H_i est isomorphe à k/Π_i.

§ 5 — Topologies additive et multiplicative des hypercorps valués

La distance $d(x, y)$ d'un hypercorps valué H y induit une topologie (et, même, une structure uniforme), qui est sa topologie usuelle quand sa norme ρ est 0, c'est-à-dire quand H est un corps valué. Quand $\rho \neq 0$, cette topologie est discrète sauf au voisinage de $x = 0$. En effet, si $\rho > 0$ et si $x \neq 0$ (donc $|x| > 0$) le cercle de centre 0 et de rayon $|x|\,\rho > 0$ dans H ne contient aucun élément de H sauf x. Par contre, si $x = 0$, on a $d(x, y) = d(0, y) = |y|$, et $|y|$ parcourt le groupe de valuation Γ de H quand y parcourt l'ensemble H* des éléments non-nuls de H. Comme Γ contient les éléments aussi proches que l'on veut de 0, on voit que 0 n'est pas un point isolé au sens de cette topologie, qui sera dite la topologie *additive* de H.

Mais on peut rendre la topologie de tout hypercorps valué H de norme $\rho > 0$ partout discrète, en la définissant à l'aide de sa distance multiplicative

$$d_m(x, y) = \frac{d(x, y)}{\operatorname{Max}(|x|, |y|)}$$

D'ailleurs, même si $\rho = 0$, cette topologie, qui sera dite la topologie *multiplicative* de H, coïncide avec sa topologie additive au voisinage de tout $x \neq 0$. En effet, si $x \neq 0$, on a $d_m(x, y) \leqslant$

$\leqslant |x|^{-1} d(x, y)$ et si $d_m(x, y) < 1$, donc $d(x, y) \leqslant \text{Max}(|x|, |y|)$, on a, en vertu de l'ultramétricité de $d(x, y)$, $|x| = |y| = \text{Max}(|x|, |y|)$ et $d(x, y) = |x| \, d_m(x, y)$. Ainsi, les deux topologies considérées sont bien équivalentes au voisinage de x. Par contre, si $x = 0$, on a, pour $y \neq 0$, $d_m(x, y) = \dfrac{d(0, y)}{\text{Max}(|0|, |y|)} = \dfrac{|y|}{|y|} = 1.$ et 0 est un point isolé (même si $\rho = 0$) dans la topologie multiplicative de H.

On va noter T_a et T_m les topologies additive et multiplicative de H. On voit que T_m *s'obtient de* T_a *en isolant le point* 0 *de* H. La topologie T_m est plus fine que T_a, et, par suite, la convergence par rapport à T_m implique celle par rapport à T_a. On aura à employer les deux topologies. Quand on parlera de convergence, limites etc... tout court, il s'agira toujours de ces notions définies à partir de la topologie multiplicative, et pour parler des mêmes notions, définies à partir de la topologie additive, on les accompagnera de mots comme « par rapport à la topologie additive », « additivement » etc...

Soit $H_1, H_2, \ldots, H_i, \ldots$ une suite d'hypercorps valués [on notera $d^{(i)}(x, y)$ et $d_m^{(i)}(x, y)$ les distances ordinaire et multiplicative de H_i], organisée en une suite projective par des homomorphismes θ_i de H_{i+1} sur H_i, et soit k la limite projective de cette suite. Une suite (non forcément projective) $\alpha = (a_i)$, où $a_i \in H_i$, est dite *convergente* [ou *multiplicativement convergente* ou T_m-*convergente*] resp. *additivement convergente* [ou T_a-*convergente*] si $d_m^{(i)}(a_i, \theta_i \,.\, a_{i+1})$ resp. $d^{(i)}(a_i, \theta_i \,.\, a_{i+1})$ tend vers 0 sur l'axe réel. On dira que $\lambda = (l_i) \in k$ est la *limite* de la suite précédente (par rapport à T_m resp. T_a) si $d_m^{(i)}(a_i, l_i)$ resp. $d^{(i)}(a_i, l_i)$ tend vers 0 sur l'axe réel. Une limite de $\alpha = (a_i)$ par rapport à T_m en est certainement une par rapport à T_a, car $d_m^{(i)}(a_i, l_i) \to 0$ implique, à partir d'un certain rang, $d_m^{(i)}(a_i, l_i) < 1$, d'où $|a_i| = |l_i| = |\lambda|$ et $d(a_i, l_i) = d_m^{(i)}(a_i, l_i) \, |\lambda| \to$ $\to 0$. D'autre part, si $\lambda \neq 0$ est une limite de α par rapport à T_a, $d_m^{(i)}(a_i, l_i) \leqslant |l_i|^{-1} d^{(i)}(a_i, l_i) = |\lambda|^{-1} d^{(i)}(a_i, l_i)$ tend aussi vers 0 sur l'axe réel, et λ est une limite de α par rapport à T_m. α converge vers 0 par rapport à T_m si, et seulement si $a_m = 0$ asymptotiquement, car si $a_i \neq 0$, on a $d_m^{(i)}(a_i, 0) = 1$. Une suite α peut avoir au plus une limite par rapport à T_a (et, par suite, par rapport à T_m), car si $\lambda = (l_i)$ et $\lambda' = (l_i')$ sont deux limites de α par rapport à T_a, on a $d^{(i)}(a_i, l_i) \to 0$ et $d^{(i)}(a_i, l_i') \to 0$, ce qui, en vertu de l'ultramétricité de $d^{(i)}(x, y)$, entraîne

$$d_i(l_i, l_i') \leqslant \text{Max}\,[d^{(i)}(a_i, l_i), d^{(i)}(a_i, l_i')] \to 0. \text{ Or, } d_i(l_i, l_i')$$

est égal asymptotiquement à $d(\lambda, \lambda')$. Ainsi, on a $d(\lambda, \lambda') = 0$ et $\lambda = \lambda'$.

Soit α une suite T_a-convergente. Alors, ou bien elle converge à $0 = (0, 0, \ldots, 0, \ldots)$ par rapport à T_a, ou bien, à partir d'un certain rang, $|a_i|$ admet une borne inférieure $b > 0^+$. En effet, si ce n'était pas le cas, on pourait trouver, pour tout $\varepsilon > 0$, un indice $i(\varepsilon)$ tel que $n > m \geqslant i(\varepsilon)$ implique $d_m(a_m, \theta_{m,n} \,.\, a_n) < \varepsilon$ et on pourrait trouver un $i \geqslant i(\varepsilon)$ tel que $|a_i| < \varepsilon$, d'où, pour tout $m \geqslant i(\varepsilon)$, résulterait immédiatement $|a_m| < \varepsilon$ et α tendrait vers 0. Ceci posé, si α ne tend pas vers 0, il existe, pour tout i, un indice $n(i)$ tel que $n \geqslant n(i)$ implique $d_n(a_n, \theta_n \,.\, a_{n+1}) \leqslant \mathfrak{N}(H_i)\, b < \mathfrak{N}(H_i)\, |a_n|$ quand $n \geqslant n(i)$. Mais alors $\theta_{i,n} \,.\, a_n = \theta_{i,n} \,.\, (\theta_n \,.\, a_{n+1}) = \theta_{i,n+1} \,.\, a_{n+1}$ car, si cela n'était pas le cas, on aurait dû avoir $d_i(\theta_{i,n} \,.\, a_n, \theta_{i,n} \,.\, (\theta_n \,.\, a_{n+1})) = d_n(a_n, \theta_n \,.\, a_{n+1}) \leqslant \mathfrak{N}(H_i)\, |a_n|$, ce qui impliquerait $\theta_{i,n} \,.\, a_n \neq \theta_{i,n+1} \,.\, a_{n+1}$ contre l'hypothèse. Et si l'on pose $l_i = \theta_{i,n(i)} \,.\, a_{n(i)} = \theta_{i,n} \,.\, a_n$ $(n \geqslant n(i)$; on a, si l'on pose $n \geqslant \text{Max}\,[n(i), n(i+1)]$, $l_i = \theta_{i,n} \,.\, a_n = \theta_i\, \theta_{i+1,n} \,.\, a_n = \theta_i \,.\, (\theta_{i+1,n} \,.\, a_n) = \theta_i \,.\, l_{i+1}$. Ainsi $\lambda = (l_i)$ est une suite projective. On a

$$d^{(i)}(a_i, l_i) = d_i(a_i, \theta_{i,n(i)} \,.\, a_{n(i)}) \leqslant \underset{i \leqslant j < n(i)}{\text{Max}}\,[d_i(\theta_{i,j} \,.\, a_j, \theta_{i,j+1} \,.\, a_{j+1})] =$$

$$= \underset{i \leqslant j < n(i)}{\text{Max}}\,[d_j(a_j, \theta_j \,.\, a_{j+1})] \to 0$$ et λ est bien une limite de α par rapport à T_a. Si α converge vers 0 par rapport à T_a, mais sans que les a_i soient asymptotiquement $= 0$, $\alpha = (a_i)$ T_m-diverge. En effet, dans ce cas, il existe une infinité d'indices i tels que $|a_i| \neq |a_{i+1}|$, ce qui entraîne $d_m^{(i)}(a_i, \theta_i \,.\, a_{i+1}) = 1$. Ainsi, *toute suite* T_a- *ou* T_m-*convergente* a une limite, et qui est unique, par rapport à la même topologie.

Une suite $\alpha = (a_i)$ est dite *canoniquement convergente* si elle est projective. Manifestement, elle est alors aussi bien T_m- que T_a-convergente et est sa propre limite par rapport à chacune de ces topologies.

§ 6 — Approximation des corps valués complets par des suites de tels corps

Soient k et k' deux corps valués, Π et Π' leurs diviseurs multiplicatifs d'une même norme $\rho > 0$. On dira que k et k' sont *résiduellement isomorphes de norme* ρ si leurs hypercorps valués quotients $H_\rho = k/\Pi$ et $H'_\rho = k'/\Pi'$ sont isomorphes, et tout isomorphisme θ de H_ρ sur H'_ρ sera dit un *isomorphisme résiduel de k sur k'* de norme ρ. Il est clair que si $\bar{\rho} > \rho$, tout isomorphisme résiduel θ_ρ de k sur k' induit, par intermédiaire des homomorphismes canoniques des H_ρ, H'_ρ sur $H_{\bar{\rho}}$, $H'_{\bar{\rho}}$ respectivement, un isomorphisme résiduel $\theta_{\bar{\rho}}$ de k sur k' de norme $\bar{\rho}$.

Une suite

$$k_1, k_2, \ldots, k_i, \ldots$$

de corps valués sera dite *convergeable* si, pour tout i, k_i et k_{i+1} sont résiduellement isomorphes d'une norme ρ_i, qui tend vers 0^+ quand $i \to +\infty^-$. On peut, d'ailleurs, supposer (et on le fera) que ρ_i est une fonction décroissante (au sens large) de i, car on peut toujours remplacer ρ_i par $\operatorname{Max}_{j \geqslant i} \rho_j \geqslant \rho_i$. qui tend, également, vers 0^+ si ρ_i y tend. Ceci posé, soient Π_i et $\widetilde{\Pi}_i$ les diviseurs multiplicatifs de norme ρ_i respectivement ρ_{i-1} de k_i et $H_i = k_i/\Pi_i$, $\widetilde{H}_i = k_i/\widetilde{\Pi}_i$ les hypercorps valués quotients de k_i par Π_i et par $\widetilde{\Pi}_i$, Alors, si l'on choisit, pour tout i, un isomorphisme résiduel ε_i de k_i sur k_{i+1}, autrement dit un isomorphisme de structure d'hypercorps valué de H_i sur $\widetilde{H}_{i+1}$ la suite des k_i, organisée par ces homomorphismes ε_i, sera dite *convergeante*. Si $\mathfrak{N}_i$ est l'homomorphisme canonique de H_i sur $\widetilde{H}_i$, on voit que $\theta_i = \varepsilon_i^{-1} \mathfrak{N}_{i+1}$ est un homomorphisme de H_{i+1} sur H_i, et, par conséquent, la suite

$$H_1, H_2, \ldots, H_i, \ldots$$

d'hypercorps valués, organisée par les homomorphismes θ_i, est une suite projective de tels hypercorps. Il admet une limite projective k, qui est un corps valué complet, et H_i peut être canoniquement identifié avec l'hypercorps valué quotient de k par son diviseur multiplicatif π_i de norme ρ_i. Ce corps k sera dit la *limite* de la suite convergeante des k_i. Si $\rho_i < 1$, k et k_i doivent avoir un même groupe de valuation, et un même corps résiduel, donc aussi une même caractéristique résiduelle p. Mais leurs caractéristiques p' et p_i' peuvent être différentes.

Le cas le plus trivial des suites convergeantes est celui, où les k_i sont des exemplaires d'un même corps $\widetilde{k}$, et où ε_i est, pour tout i, l'identité. Alors, θ_i est homomorphisme canonique de $\widetilde{k}/\Pi_{i+1}$

156

sur $\tilde{k}/\Pi_i$. Dans ce cas, si $\tilde{\alpha} \in k$, et si $\tilde{\alpha}_i$ est la classe de $\tilde{\alpha}$ (mod Π_i), $\tilde{\alpha} \to (\tilde{\alpha}_i)$ est un isomorphisme isométrique de $\tilde{k}$ dans la limite projective k des H_i, et, si l'on considère cet isomorphisme comme une identification, on a $\tilde{k} \subseteq k$. En plus, $\tilde{k}$ est dense dans k par rapport à sa topologie additive (et, par suite, aussi par rapport à sa topologie multiplicative, car le seul point de k, où ces topologies ne coïncident pas, à savoir 0, appartient déjà à $\tilde{k}$). En effet, soit $\alpha = (a_i)$ un élément de k, c'est-à-dire une suite projective des $a_i \in H_i$. Si $\tilde{\alpha}_i$ est un élément de $\tilde{k}$ appartenant à a_i [qui est une classe (mod Π_i) dans k], considérons le comme un élément $\tilde{\alpha}_i = (a_{i,j})$ de k, où $a_{i,j}$ est la classe de $\tilde{\alpha}_i$ (mod Π_j), donc, en particulier, $a_{i,i} = a_i$. On a $d(\alpha, \tilde{\alpha}_i) = \lim\limits_{j \to +\infty-} d_j(a_j, a_{i,j})$ et, puisque $\alpha = (a_j)$ et $\tilde{\alpha}_i = (a_{i,j})$ sont projectives et $a_{i,i} = a_i$, on a, pour tout $j > i$ $d_j(a_j, a_{i,j}) \leqslant \rho_i \, |a_i|$ et comme $\rho_i \to 0^+$ et $|a_i| \to |\alpha|$, on a bien $d(\alpha, \tilde{\alpha}_i) \to 0^+$ et α est une limite des $\tilde{\alpha}_j$ dans k. Comme k est complet, il résulte que, dans le cas considéré, $k = \lim \tilde{k}_i$ (où $\tilde{k}_i = \tilde{k}$ quelque soit i) est le completé de k.

Il est, toutefois, beaucoup plus intéressant de considérer le cas, où les k_i sont des corps différents, et, surtout, celui, où les k_i sont, également, complets, car, dans ce dernier cas, le fait que la suite des k_i converge vers k entraîne les relations très étroites entre la structure algébrico-arithmétique « asymptotique » des extensions algébriques finies des k_i et celle des extensions algébriques finies de k. Avant d'aborder la théorie générale, je vais donner un exemple d'approximation du corps des séries formelles sur un corps de constantes r de caractéristique $p \neq 0$ par des corps discrètement valués convenables de caractéristique 0, à corps résiduel égal à r.

Soient k un corps discrètement valué, $\mathfrak{p}$ sont idéal premier, π un élément de k tel que $\mathfrak{p} = (\pi)$, $c = |\pi| < 1$, r son corps résiduel, p la caractéristique de r (la caractéristique *résiduelle* de k), $a(\xi)$ une fonction représentative normée de r dans k, autrement dit une fonction définie sur r et à valeurs dans k telle que $a(\xi) \in \xi$ (où $\xi \in r$ est considéré comme un sous-ensemble de k) et $a(0) = 0$ [$a(\xi)$ sera dit le *représentant* de $\xi \in r$]. Alors, tout $\lambda \in k$ peut se représenter, et d'une seule manière, sous la forme d'une série

$$\lambda = \sum_{n = n(\lambda)}^{+\infty} a(\alpha_n)\,\pi^n \; [n(\lambda) \leqslant +\infty;\ \alpha_{n(\lambda)} \neq 0 \text{ si } n(\lambda) < +\infty;\ \alpha_n \in r]$$

y compris le cas limite dégénéré

$$\lambda = 0 = \sum_{n=+\infty}^{+\infty} a(\alpha_n)\,\pi^n .$$

Si $\mu = \sum_{n=n(\mu)}^{+\infty} a(\beta_n)\,\pi^n$ et si $\Pi^{(i)}$ est le diviseur multiplicatif de k de norme c^i $(i > 0)$, on a $\mu \equiv \lambda \pmod{\Pi^{(i)}}$ si, et seulement si $|\mu - \lambda| \leqslant |\lambda|\, c^i = c^{n(\lambda)+i}$, autrement dit si, et seulement si $n(\mu) = n(\lambda)$ et $\beta_n = \alpha_n$ pour tout n tel que $n(\lambda) \leqslant n < n(\lambda) + i$, les autres β_n $[n \geqslant n(\lambda) + i]$ étant arbitraires. Ainsi, une classe $\lambda_i \pmod{\Pi^{(i)}}$ se caractérise par la donnée de $n(\lambda_i)$ (c'est-à-dire de sa valuation $|\lambda_i| = c^{n(\lambda_i)}$) et par celle de la suite des i éléments $\alpha_{n(\lambda_i)}, \alpha_{n(\lambda_i)+1}, \ldots, \alpha_{n(\lambda_i)+i-1}$ de r. Il est clair que le produit $\lambda_i\mu_i$ des classes des λ et $\mu \pmod{\Pi^{(i)}}$ est celle de

$$\lambda\mu = \sum_{n=n(\lambda)+n(\mu)}^{+\infty} \Big(\sum_{m=n(\lambda)}^{n-n(\mu)} a(\alpha_m)\, a(\beta_{n-m})$$

et la somme $\lambda_i + \mu_i$ est l'ensemble des classes $\pmod{\Pi^{(i)}}$, contenues dans la classe $\pmod{\mathfrak{P}^{\mathrm{Min}\,[n(\lambda),n(\mu)]+i}}$ de

$$\lambda + \mu = \sum_{n\,=\,\mathrm{Min}\,[n(\lambda),n(\mu)]}^{+\infty} [a(\alpha_n) + a(\beta_n)]\,\Pi^n,$$

où on pose $\alpha_n = 0$ si $n(\mu) \leqslant n < n(\lambda)$ et $\beta_n = 0$ si $n(\lambda) \leqslant n < n(\mu)$. Il est clair que ces multiplication et addition sont complètement déterminées par la connaissance du « tableau d'addition » et du « tableau de multiplication $\pmod{p^i}$

$$\left.\begin{aligned} a(\alpha) + a(\beta) &\equiv \sum_{n=0}^{i-1} a(\xi_n^{\alpha,\beta})\,\Pi^n \\ a(\alpha)\, a(\beta) &\equiv \sum_{n=0}^{i-1} a(\eta_n^{\alpha,\beta})\,\Pi^n \end{aligned}\right\} \pmod{\mathfrak{P}^i}$$

où α, β sont des éléments non-nuls arbitraires de r.

Si k' est un autre corps discrètement valué, dont soient $\mathfrak{P}'$ l'idéal premier et r' le corps résiduel, la condition nécessaire et suffisante pour que k' soit résiduellement isomorphe de norme $\rho = c^i$ avec k est que : 1°) $|\mathfrak{P}'| = |p| = c$; 2°) r' soit isomorphe à r; on supposera que ces deux corps sont identifiés, donc $r' = r$; 3°) il existe un $\pi' \in k'$ tel que $|\pi'| = c$ et une fonction représentative normée

158

$a'(\xi)$ de r dans k' tels que

$$\left.\begin{aligned} a'(\alpha) + a'(\beta) &\equiv \sum_{n=0}^{i-1} a'(\xi_n^{\alpha,\beta})\,\pi'^n \\ a'(\alpha)\,a'(\beta) &\equiv \sum_{n=0}^{i-1} a'(\eta_n^{\alpha,\beta})\pi'^n \end{aligned}\right\} \pmod{\mathfrak{p}'^i}$$

les $\xi_n^{\alpha,\beta}$ et les $\eta_n^{\alpha,\beta}$ étant les mêmes pour k et pour k'. Et, dans ce cas, on obtient un tel isomorphisme résiduel en appliquant la classe $\lambda_i \pmod{\Pi^{(i)}}$ des

$$\lambda = a(\alpha_{n(\lambda_i)})\,\pi^{n(\lambda_i)} + \ldots + a(\alpha_{n(\lambda_i)+i-1})\,\pi^{n(\lambda_i)+i-1} + *** \ldots$$

Sur celui $\lambda'_i \pmod{\Pi'^{(i)}}$ [où $\Pi'^{(i)}$ est le diviseur multiplicatif de k' de norme c^i] des

$$\lambda' = a'(\alpha_{n(\lambda_i)})\pi'^{n(\lambda i)} + \ldots + a'(\alpha_{n(\lambda_i)+i-1})\,\pi'^{n(\lambda_i)+i-1} + *** \ldots$$

Or, soit $k = r\{x\}$ le corps des séries formelles

$$\lambda = \sum_{n(\lambda)}^{+\infty} \alpha_n\, x^n \quad (n(\lambda) \leqslant +\infty;\ \alpha_{n(\lambda)} \neq 0 \text{ si } n(\lambda) < +\infty;\ \alpha_n \in r)$$

de x sur un corps de constantes r, qu'on value en posant $|x| = c < 1$. Alors, si l'on pose $\pi = x$ et $a(\alpha) = \alpha$, on a

$$\begin{aligned} a(\alpha) + a(\beta) &= \alpha + \beta = a(\alpha + \beta) \\ a(\alpha)\,a(\beta) &= \alpha\beta = a(\alpha\beta) \end{aligned}$$

Soit, d'autre part, k_o le corps valué complet complètement étalé (non-ramifié dans la terminologie habituelle; autrement dit, la valuation de k_o est discrète et s'il est hétérotypique, autrement dit si sa caractéristique ne coïncide pas avec sa caractéristique résiduelle, son idéal premier est engendré par sa caractéristique résiduelle p) de caractéristique 0, dont r soit le corps résiduel (l'existence et l'unicité d'un tel corps, quel que soit r, est bien connue). Si la caractéristique de r est p, l'idéal premier $\mathfrak{p}_o$ de k_o est (p), et si l'on choisit arbitrairement une fonction représentative normée $a_o(\xi)$ de r dans k_o, on a

$$\left.\begin{aligned} a_o(\alpha) + a_o(\beta) &\equiv a_o(\alpha + \beta) \\ a_o(\alpha)\,a_o(\beta) &\equiv a_o(\alpha\beta) \end{aligned}\right\} \pmod{p}$$

Soit $k' = k_o(\sqrt[n]{p})$, où $n \geqslant i$. Alors, l'idéal premier $\mathfrak{p}'$ de k' est $(\sqrt[n]{p})$ et on peut prendre $\pi' = \sqrt[n]{p}$. Valuons k' de manière que $|\pi'| = |\pi| = |x| = c$, d'où $|p| = c^n$ $(n \geqslant i)$. Posons $a'(\alpha) = a_o(\alpha)$.

Alors, on a

$$\left.\begin{array}{l} a'(\alpha) + a'(\beta) \equiv a'(\alpha + \beta) \\ a'(\alpha)\, a'(\beta) \equiv a'(\alpha\beta) \end{array}\right\} \quad \begin{array}{l} (\text{mod } \mathfrak{p}'^{n}) \text{ et, à fortiori} \\ (\text{mod } \mathfrak{p}'^{i}) \end{array}$$

Par suite

$$\psi_i = (\{\alpha_n x^n + \alpha_{n+1} x^{n+1} + \ldots + \alpha_{n+i-1} x^{n+i-1} + ** \ldots\} \to$$
$$\to \{a'(\alpha_n)\pi'^n + a'(\alpha_{n+1})\pi'^{n+1} + \ldots + a'(\alpha_{n+i-1})\pi'^{n+i-1} + **\})$$

est un isomorphisme résiduel de k sur k' de norme c^i.

Maintenant, si $k_i = k_o(\sqrt[i]{p})$ et si ce corps est valué de manière que $|p| = c^i$, on voit que, si l'on pose $k' = k_i$, ψ_i est un isomorphisme résiduel de k sur k_i. Désignons par $\bar{\psi}_i$ l'isomorphisme résiduel de k sur k_{i+1} de norme c_i (on peut supposer que $\bar{\psi}_i$ est induit par ψ_{i+1}, dont la norme est c^{i+1}). Alors, $\varepsilon_i = \bar{\psi}_i \psi_i^{-1}$ en est un de k_i sur k_{i+1}, et il est visible que la suite des corps valués complets k_i de caractéristique 0, organisée par les isomorphismes résiduels ε_i, est convergente et a sa limite isométriquement isomorphe au corps valué complet k considéré, qui est de caractéristique $p \neq 0$. On peut donc identifier cette limite avec k. En particulier, quand r est un champ de Galois, les k_i sont des corps $\mathfrak{p}$-adiques et k est le corps des séries formelles sur ce champ de Galois.

Il est possible de montrer que tout corps valué complet de caractéristique $p \neq 0$ est la limite (à l'isomorphie isométrique près) d'une suite convenable de corps valués (qu'on peut supposer complets) de caractéristique 0. La démonstration de ce résultat est trop compliquée pour pouvoir être donnée ici, et elle sera publiée ailleurs.

§ 7 — Convergence des suites d'elements et de polynomes dans une suite convergente des corps valués

Supposons que la suite de corps valués

$$k_1, k_2, \ldots, k_i, \ldots$$

organisée par les isomorphismes résiduels ε_i de k_i sur k_{i+1}, est convergeante (autrement dit que la norme ρ_i de ε_i tend vers 0^+), et soit k sa limite. On supposera, en remplaçant au besoin les ε_i par des isomorphismes de norme plus grande qu'ils induisent, que $\rho_i \geqslant \rho_{i+1}$. Ceci posé, soient Π_i le diviseur multiplicatif de k_i de norme ρ_i, $H_i = k_i/\Pi_i$, θ_i l'homomorphisme de H_{i+1} sur H_i, défini plus haut à partir des ε_i. Soit, pour tout i, α_i un élément de k_i et soit $a_i \in H_i$ la classe de $\alpha_i \pmod{\Pi_i}$. On dira que la suite des α_i *converge* (resp. *converge additivement*) si celle des a_i T_m-converge respectivement T_a-converge dans le système projectif des H_i, organisé par les θ_i. Et, alors, la limite correspondante $\alpha \in k$ des a_i sera dite aussi la *limite des* α_i (notation : $\alpha = \lim \alpha_i$ ou $\alpha_i \to \alpha$) respectivement la *limite additive des* α_i (notation : $\alpha = \lim_a \alpha_i$) $\alpha_i \underset{a}{\to} \alpha$). La convergence des α_i sera dite *canonique* (et, alors, la suite des α_i sera dite une suite approximante *canonique* de $\alpha = \lim \alpha_i$) si la convergence des a_i l'est, autrement dit si (a_i) est une suite projective [et, comme on a vu, $\alpha = \lim \alpha_i$ est, dans ce cas, égal à cette suite (a_i)]. Si $\alpha_i \to \alpha$, il est clair qu'on a asymptotiquement $|\alpha_i| = |\alpha|$ (ceci n'est pas vrai pour $\alpha_i \underset{a}{\to} \alpha$ quand $\alpha = 0$), et ceci a lieu dès que $\rho_i < 1$ si la convergence $\alpha_i \to \alpha$ est canonique.

Si $\alpha_i \underset{a}{\to} \alpha$ et $\beta_i \underset{a}{\to} \beta$ (et, à plus forte raison, si $\alpha_i \to \alpha$ et $\beta_i \to \beta$), il est manifeste que $\alpha_i \pm \beta_i$, $\alpha_i\beta_i$ et, si $\beta \neq 0$, $\alpha_i : \beta_i$ convergent additivement vers $\alpha \pm \beta$, $\alpha\beta$ et $\alpha : \beta$. Par suite, si $F(x_1, x_2, \ldots, x_n)$ est une fonction rationnelle des $x_1, x_2, \ldots, x_n$ à coefficients entiers rationnels (considérés comme opérateurs de k et de tous les k_i, quelles que soient leurs caractéristiques p' et p_i') et si $\alpha_{1,i} \underset{a}{\to} \alpha_1$, $\alpha_{2,i} \underset{a}{\to} \alpha_2, \ldots, \alpha_{n,i} \underset{a}{\to} \alpha_n$ ($\alpha_{j,i} \in k_i$, $\alpha_j \in k$), on a, si le dénominateur de $F(x_1, x_2, \ldots, x_n)$ ne s'annule pas pour $x_1 = \alpha_1, x_2 = \alpha_2, \ldots, x_n = \alpha_n$, $F(\alpha_{1,i}, \alpha_{2,i}, \ldots, \alpha_{n,i}) \underset{a}{\to} F(\alpha_1, \alpha_2, \ldots, \alpha_n)$ et, même, le signe $\underset{a}{\to}$ peut être remplacé par $\to$ si $F(\alpha_1, \alpha_2, \ldots, \alpha_n) \neq 0$.

Si les $f_i(x_1, \ldots, x_n) \in k_i[x_1, \ldots, x_n]$ sont des polynômes de degré borné, on dira que la suite des $f_i(x_1, \ldots, x_n)$ *converge*, respectivement *converge additivement* vers un $f(x_1, \ldots, x_n) \in$ $\in k[x_1, \ldots, x_n]$ si, pour tout coefficient de $f(x_1, \ldots, x_n)$, les coefficients correspondants des $f_i(x_1, \ldots, x_n)$ tendent, au sens de la convergence considérée, vers ce coefficient. En particulier, s'il s'agit de la convergence multiplicative et si le coefficient considéré de $f(x_1, \ldots, x_n)$ est nul, le coefficient correspondant de $f_i(x_1, \ldots, x_n)$ l'est aussi asymptotiquement. La convergence $f_i(x_1, \ldots, x_n) \to$ $\to f(x_1, \ldots, x_n)$ est dite *canonique* si, pour tous les coefficients de $f(x_1, \ldots, x_n)$, celle des coefficients correspondants des $f_i(x_1, \ldots, x_n)$ l'est.

Il est clair que si $\Phi_i(y_1, \ldots, y_s) \underset{a}{\to} \Phi(y_1, \ldots, y_s)$, $f_{1,i}(x_1, \ldots, x_n) \underset{a}{\to}$ $\underset{a}{\to} f_1(x_1, \ldots, x_n)$, $f_{2,i}(x_1, \ldots, x_n) \underset{a}{\to} f_2(x_1, \ldots, x_n)$, $\ldots$ $f_{s,i}(x_1, \ldots, x_n) \underset{a}{\to} f_s(x_1, \ldots, x_n)$ (où $f_1(x_1, \ldots, x_n)$, $f_2(x_1, \ldots, x_n)$, $\ldots, f_s(x_1, \ldots, x_n) \in k[x_1, \ldots, x_n]$, $\Phi(y_1, \ldots, y_s) \in k[y_1, \ldots, y_s]$, et pour tout i, $f_{1,i}(x_1, \ldots, x_n)$, $f_{2,i}(x_1, \ldots, x_n)$, $f_{s,i}(x_1, \ldots, x_n) \in \in k_i[x_1, \ldots, x_n]$ et $\Phi_i(y_1, \ldots, y_s) \in k\,[y_1, \ldots, y_s]$, on a $\Phi_i(f_{1,i}(x_1, \ldots, x_n), \ldots, f_{s,i}(x_1, \ldots, x_n)) \underset{a}{\to} \Phi(f_1(x_1, \ldots, x_n), \ldots, f_s(x_1, \ldots, x_n))$. En particulier, si $f_i(x; y_1, \ldots, y_n) \underset{a}{\to} f(x; y_1, \ldots, y_n$, et $g_i(x; y_1, \ldots, y_n) \underset{a}{\to} g(x; y_1, \ldots, y_n)$, considérons le résultant $R_x(f_i(x; y_1, \ldots, y_n), g_i(x; y_1, \ldots, y_n))$ des $f_i(x; y_1, \ldots, y_n)$ et $g_i(x; y_1, \ldots, y_n)$ par rapport à x. Si $n_x(f_i)$, $n_x(g_i)$ sont les dégrés des f_i et g_i par rapport à x, et si $f_i(x) = \Sigma\varphi_{i,j}(y_1, \ldots, y_n)\, x^j$, $g_i(x) = \Sigma\gamma_{i,j}(y_1, \ldots, y_n)\, x^j$, $R_x(f_i, g_i)$ est un polynôme fixe à coefficients entiers rationnels $R\,(\varphi_{i,1}(y_1, \ldots, y_n), \ldots, \ldots, \varphi_{i,n_x(f_i)}(y_1, \ldots, y_n), \gamma_{i,1}(y_1, \ldots, y_n), \ldots, \gamma_{i,n_x(g_i)}(y_1, \ldots, y_n))$ des $\varphi_{i,1}, \varphi_{i,2}, \ldots, \varphi_{i,n_x(f_i)}, \gamma_{i,1}, \gamma_{i,2}, \ldots, \gamma_{i,n_x(g_i)}$. Il en résulte que si, en plus, les degrés $n_x(f_i)$, $n_x(g_i)$ par rapport à x des f_i, g_i deviennent, à partir d'un certain rang, égaux à ceux $n_x(f)$, $n_x(g)$ des f, g respectivement, $R_x(f_i(x; y_1, \ldots, y_n), g_i(x; y_1, \ldots, y_n)) \underset{a}{\to} \underset{a}{\to} R_x(f(x; y_1, \ldots, y_n), g(x; y_1, \ldots, y_n))$. Or, on a à la fois $f_i \underset{a}{\to} f$, $g_i \underset{a}{\to} g$, et les égalités asymptotiques $n_x(f_i) = n_x(f)$, $n_x(g_i) = n_x(g)$ si $f_i \to f$ et $g_i \to g$. Ainsi, si $f_i \to f$ et $g_i \to g$, on a $R_x(f_i, g_i) \underset{a}{\to} R_x(f, g)$. D'autre part, si $f_i(x_1, \ldots, x_j, \ldots, x_n) \underset{a}{\to} \underset{a}{\to} f(x_1, \ldots, x_j, \ldots, x_n)$, on a $\dfrac{df_i(x_1, \ldots, x_j, \ldots, x_n)}{dx_j} \underset{a}{} \underset{a}{\to} \dfrac{df(x_1, \ldots, x_j, \ldots, x_n).}{dxj}$ En particulier, si $f_i(x) \to f(x)$, on a $f_i'(x) \underset{a}{\to} f'(x)$ [ou $F'(x) = \dfrac{dF(x)}{dx}$] et comme le discriminant D_F de $F(x)$ est $\pm R_x(F(x), F'(x))$, où, toutefois, $F'(x)$ est traité comme polynôme de degré $n(F) - 1$ même si son degré effectif est plus petit, on a $D_{f_i} \underset{a}{\to} D_f$. En particulier, $D_f \neq 0$ entraîne l'égalité asymptotique $|D_{f_i}| = |D_f|$, d'où résulte que $D_{f_i} \neq 0$ asymptotiquement. Ainsi, si les $f_i(x) \in k_i[x]$ *convergent vers un polynôme* $f(x) \in k(x)$ *sans zéros multiples, ils sont aussi sans zéros multiples à partir d'un certain rang.*

Soient $n(f)$ et $c(f)$ le degré et le terme constant d'un polynôme $f(x)$. Si $f_i(x) \to f(x)$, $(f_i(x) \in k_i[x]$; $f(x) \in k[x])$, on a asymptotiquement $n(f_i) = n(f)$, et, comme $c(f_i) \to c(f)$, aussi $|c(f_i)| = = |c(f)|$. Si $a(f)$ désigne le coefficient du terme du plus haut degré de x, on a, également, $a(f_i) \to a(f)$. En particulier, si $f(x)$ est unitaire, on a $a(f_i) \to a(f) = 1$ et, par suite, les « unitarisés » $\tilde{f}_i(x) = a(f_i)^{-1} f_i(x)$ tendent aussi vers $f(x)$.

On peut définir, comme suit, la convergence (multiplicative, additive ou canonique) d'une suite de fractions rationnelles $f_i(x_1, \ldots, x_n) \in k_i(x_1, \ldots, x_n)$ vers une fraction rationnelle $f(x_1, \ldots, x_n) \in k(x_1, \ldots, x_n)$. On dira que $f_i \underset{a}{\rightarrow} f$, $f_i \rightarrow f$ ou $f_i \rightarrow f$ canoniquement s'il est possible de trouver une représentation $f(x_1, \ldots, x_n) = \dfrac{g(x_1, \ldots, x_n)}{h(x_1, \ldots, x_n)}$ de $f(x_1, \ldots, x_n)$ sous la forme du quotient de deux polynômes $g(x_1, \ldots, x_n)$, $h(x_1, \ldots, x_n)$ [pas forcément premiers entre eux] et, pour tout i, une représentation analogue $f_i(x_1, \ldots, x_n) = \dfrac{g_i(x_1, \ldots, x_n)}{h_i(x_1, \ldots, x_n)}$, de manière que $g_i(x_1, \ldots, x_n)$ et $h_i(x_1, \ldots, x_n)$ tendent vers $g(x_1, \ldots, x_n)$ et $h(x_1, \ldots, x_n)$ au sens de la convergence considérée. Mais on ne se servira pas de ces notions au cours du présent exposé.

§ 8 — Un lemme sur les polynomes

Soit $F(x_1, \ldots, x_n)$ un polynôme à coefficients entiers rationnels (écrit sous la forme d'une somme de monômes non-semblables). Soient k un corps valué, Π son diviseur multiplicatif d'une norme $\rho < 1$, $H = k/\Pi$ l'hypercorps quotient valué de H par Π, Γ le groupe de valuation de k (et de H). $F(x_1, x_2, \ldots, x_s)$ peut être considéré à la fois comme un polynôme dans k et comme un polynôme dans H. On va fixer, pour chaque i, un élément r_i de Γ. On se donne deux systèmes de valeurs $(x_1 = a_1, x_2 = a_2, \ldots, x_s = a_s)$ et $(x_1 = b_1, x_2 = b_2, \ldots, x_s = b_s)$ des $x_1, x_2, \ldots, x_s$ dans H, telles que $|a_i| = |b_i| = r_i$ $(i = 1, 2, \ldots, s)$. Soit F_a un élément arbitraire de H appartenant à son sous-ensemble $F(a_1, a_2, \ldots, a_s)$, et soit $\varphi_a^* \in k$ un élément arbitraire de F_a considéré comme une classe (mod Π). Soit, d'autre part, pour tout $i = 1, 2, \ldots, s$, $\beta_i \in k$ un élément arbitraire de b_i, considéré aussi comme une classe (mod Π) [donc $|\beta_i| = |b_i| = r_i$], et soit $\varphi_b = F(\beta_1, \beta_2, \ldots, \beta_s)$. Il s'agit de prouver qu'il *existe une fonction* $B_{F, r_1, r_2, \ldots, r_s}(u_1, u_2, \ldots, u_s; v)$, *ne dépendant pas d'autres paramètres que les coefficients de* $F(x_1, x_2, \ldots, x_s)$ (qui sont des entiers rationnels) *et les éléments choisis* $r_1, r_2, \ldots, r_s$ de Γ [en particulier, cette fonction ne dépend pas du corps k, ni du diviseur multiplicatif Π ni du choix des a_i et b_i satisfaisant à $|a_i| = |b_i| = r_i$], *définie pour tous les* $(u_1, u_2, \ldots, u_s, v)$

tels que u_i ($i = 1, 2, \ldots, s$) soit un nombre réel tel que $0 \leqslant u_i \leqslant r_i$ et que v soit la valuation de quelque diviseur multiplicatif de k, telle que, pour tous φ_a^* et φ_b de la forme précédente, on ait

$$|\varphi_b - \varphi_a^*| \leqslant B_{F,r_1,r_2,\ldots,r_s}(d(b_1, a_1), d(b_2, a_2), \ldots; d(b_s, a_s), \rho)$$

cette limitation étant uniforme par rapport à tout ce qui ne figure pas dans l'expression de la borne (le choix de k, le choix des a_i, b_i tels que $|a_i| = |b_i| \leqslant r_i$, le choix de $F_a \in F(a_1, a_2, \ldots, a_s)$, de $\varphi_a^* \in F_a$ et des $\beta_i \in b_i$). Il est utile, d'ailleurs, de préciser, autant que possible la forme de cette fonction $B_{F,r_1,r_2,\ldots,r_s}(u_1, \ldots, u_n, v)$. Choisissons, pour tout $i = 1, 2, \ldots, s$; un élément α_i de a_i (considéré comme une classe (mod Π), et soit $\varphi_a = F(\alpha_1, \alpha_2, \ldots, \alpha_s)$. Faisons, toutefois, ce choix d'une manière pas tout-à-fait arbitraire, en posant $\alpha_i = \beta_i$ quand $a_i = b_i$. On a $|\varphi_b - \varphi_a^*| \leqslant \text{Max}\,(|\varphi_b - \varphi_a|, |\varphi_a - \varphi_a^*|)$. Il suffit donc de trouver des fonctions de la forme analogue, limitant supérieurement $|\varphi_b - \varphi_a|$, $|\varphi_a - \varphi_a^*|$.

Faisons le d'abord pour $|\varphi_b - \varphi_a|$. On peut développer $\varphi_b = F(\beta_1, \beta_2, \ldots, \beta_s)$ en série (finie) de Taylor par rapport à $\beta_1 - \alpha_1, \beta_2 - \alpha_2, \ldots, \beta_s - \alpha_s$, soit

$$F(\beta_1, \beta_2, \ldots, \beta_s) = \sum_{n_1=0}^{+\infty} \ldots \sum_{n_i=0}^{+\infty} \ldots \sum_{n_s=0}^{+\infty} D_{n_1,n_2,\ldots,n_s}.\ F(\alpha_1,\alpha_2, \ldots, \alpha_s)$$
$$(\beta_1 - \alpha_1)^{n_1} (\beta_2 - \alpha_2)^{n_2} \ldots (\beta_s - \alpha_s)^{n_s},$$

où $D_{n_1,n_2,\ldots,n_s} F(x_1, x_2, \ldots, x_s)$ est un polynôme à coefficients entiers rationnels ne dépendant que de ceux de $F(x_1, x_2, \ldots, x_n)$, égal à $\dfrac{1}{n_1! n_2! \ldots n_s!} \dfrac{\partial^{n_1+n_2+\ldots+n_s} F(x_1, x_2, \ldots, x_s)}{\partial x_1^{n_1} \partial x_2^{n_2} \ldots \partial x_s^{n_s}}$ D'ailleurs, les seuls termes non-nuls de cette somme sont ceux, où $n_1 + n_2 + \ldots + n_s$ ne dépasse pas le degré total $n(F)$ de $F(x_1, x_2, \ldots, x_s)$. Puisque les $D_{n_1,n_2,\ldots,n_s} F(\alpha_1, \alpha_2, \ldots, \alpha_s)$ sont, pour $F(x_1, x_2, \ldots, x_s)$ fixé, des polynômes fixes en $\alpha_1, \alpha_2, \ldots, \alpha_s$, leurs termes ont, pour les α_i tels que $|\alpha_i| = r_i$, des valuations fixées, et la valuation de $D_{n_1,n_2,\ldots,n_s} F(\alpha_1, \alpha_2, \ldots, \alpha_s)$ ne dépasse pas le maximum $A^{(F)}_{n_1,n_2,\ldots n_s r_1,r_2,\ldots r_s}$ de ces valuations. On a, par suite, puisque $\varphi_b - \varphi_a = F(\beta_1, \beta_2, \ldots, \beta_s) - F(\alpha_1, \alpha_2, \ldots, \alpha_s) = \sum_{n_1+n_2+\ldots+n_s = 1}^{n(F)} D_{n_1,n_2,\ldots,n_s} F(\alpha_1,\alpha_2, \ldots, \alpha_s)(\beta_1 - \alpha_1)^{n_1} (\beta_2 - \alpha_2)^{n_2} \ldots (\beta_s - \alpha_s)^{n_s}$,

$$|\varphi_b - \varphi_a| \leqslant \underset{0 \leqslant n_1+n_2+\ldots+n_s \leqslant n(F)}{\text{Max}} (A^{(F)}_{n_1,n_2,\ldots,n_s,r_1,r_2,\ldots,r_s} |b_1 - a_1|^{n_1} |b_2 - a_2|^{n_2} |b_s - a_s|^{n_s}),$$

où, toutefois, $|b_i - a_i|$ est à remplacer par $d(b_i, a_i) = 0$ si $b_i = a_i$. On voit que, pour F et les r_i fixés, $|\varphi_b - \varphi_a|$ tend uniformément vers 0^+ avec le maximum Max $(d(b_1, a_1), d(b_2, a_2), \ldots, d(b_s, a_s))$ des $d_i(b_i, a_i)$ [qui est $= |b_i - a_i|$ ou $= 0$ selon que $b_i \neq a_i$ ou $b_i = a_i$]. En particulier, si, pour tout $i = 1, 2, \ldots, s$, on a $d(b_i, a_i) \leqslant \varepsilon r_i$, où $0 \leqslant \varepsilon \leqslant 1$, et si

$$B'_{F,r_1,r_2,\ldots,r_s} = \operatorname*{Max}_{1 \leqslant n_1+n_2+\ldots+n_s \leqslant n(F)} (A^{(F)}_{n_1,n_2,\ldots,n_s,r_1,r_2,\ldots,r_s} r_1^{n_1} r_2^{n_2} \ldots r_s^{n_s}),$$

on a

$$|\varphi_b - \varphi_a| \leqslant B'_{F,r_1,r_2,\ldots,r_s} . \operatorname*{Max}_{1 \leqslant n_1,+n_2+.+n_s \leqslant n(F)} \varepsilon^{n_1+n_2+\ldots+n_s} \leqslant B'_{F,r_1,r_2,\ldots,r_s} \varepsilon,$$

car $\varepsilon \leqslant 1$, entraîne, puisque $n_1 + n_2 + \ldots + n_s \geqslant 1$, $\varepsilon^{n_1+n_2+\ldots+n_s} \leqslant \varepsilon$.

Essayons maintenant de limiter $|\varphi_a - \varphi_a^*|$. Soit $\bar{F}(a_1, a_2, \ldots, a_s)$ l'image inverse de $F(a_1, a_2, \ldots, a_s)$ dans k. Si $F(x_1, x_2, \ldots, x_s) = \Sigma\, c_{i_1,i_2,\ldots,i_s} x_1^{i_1} x_2^{i_2} \ldots x_3^{i_s}$ $\quad (c_{i_1,i_2,\ldots,i_s} \neq 0)$, le terme non-nul $c_{i_1,i_2,\ldots,i_s} a_1^{i_1} a_2^{i_2} \ldots a_s^{i_s}$ de $F(a_1, a_2, \ldots, a_s)$ a la valuation $|c_{i_1,i_2,\ldots,i_s}| r_1^{i_1} r_2^{i_2} \ldots r_s^{i_s}$ (qui est, d'ailleurs, $\leqslant r_1^{i_1} r_2^{i_2} \ldots r_s^{i_s}$ car la valuation $|c_{i_1,i_2,\ldots,i_s}|$ de l'entier rationnel $c_{i_1,i_2,\ldots,i_s}$ est $\leqslant 1$) est un seul élément de H. Or, on a vu qu'une somme $u_1 + u_2 + \ldots + u_t$ d'éléments de H est un cercle de H de rayon ρ Max $(|u_1|, |u_2|, \ldots, |u_t|)$. Donc, si $B''_{F,r_1,r_2,\ldots,r_s} = \operatorname{Max} (|c_{i_1,i_2,\ldots,i_s}| r_1^{i_1} r_2^{i_2} \ldots r_s^{i_s}) \leqslant \operatorname{Max} (r_1^{i_1} r_2^{i_2} \ldots r_s^{i_s})$, on a

$$|\varphi_a - \varphi_a^*| \leqslant B''_{F,r_1,r_2,\ldots,r_s}\, \rho\, .$$

Finalement, si

$$B_{F,r_1,r_2,\ldots,r_s}(u_1, u_2, \ldots, u_s, v) = \operatorname{Max}$$

$$\left\{\operatorname*{Max}_{1 \leqslant n_1+n_2+n_s \leqslant n(F)} A^{(F)}_{n_1 n_2,\ldots,n_s,r_1,r_2,\ldots,r_s} u_1^{n_1} u_2^{n_2} \ldots u_s^{n_s}, B''_{F,r_1,r_2,\ldots,r_s} v\right\} \leqslant$$

$$\leqslant \operatorname{Max} \{B'_{F,r_1,r_2,\ldots,r_s} \operatorname{Max}_i \frac{u_i}{r_i}, B''_{F,r_1,r_2,\ldots,r_s} v\}$$

on a

$$|\varphi_b - \varphi_a^*| \leqslant B_{F,r_1,r_2,\ldots,r_s} (d(b_1, a_1), d(b_2, a_2), \ldots, d_s(b_s, a_s), \rho)$$

En particulier, si, pour tout $i = 1, 2, \ldots, s$, on a $a_i = b_i$, on a

$$|\varphi_b - \varphi_a^*| = |\varphi_a - \varphi_a^*| \leqslant B''_{F,r_1,r_2,\ldots r_s}\, \rho$$

§ 9 — Existence des prolongements épaissis d'un isomorphisme résiduel

Soient k un corps valué complet, K une extension valuée algébrique finie et séparable de k, $n = (\mathrm{K} : k)$, α un élément primitif de K/k, $f(x) = f_{\alpha/k}(x)$ le polynôme minimal de α par rapport à k, $\mathrm{N}_{\mathrm{K}/k}(\alpha) = (-1)^n c(f)$ la norme de α dans K/k [et $c(f)$ est le terme constant de $f(x)$], $\mathrm{D}_{\alpha/k} = \mathrm{D}_f$ le discriminant de α par rapport à k. Tout élément ω de K a une et une seule représentation de la forme

$$\omega = \lambda_0 + \lambda_1\alpha + \ldots + \lambda_{n-1}\,\alpha^{n-1},$$

où $\lambda_0, \lambda_1, \ldots, \lambda_{n-1}$ sont des éléments convenables de k. Posons

$$h(\omega) = \mathrm{Max}\,(|\lambda_0|, |\lambda_1\,\alpha|, \ldots, |\lambda_{n-1}\,\alpha^{n-1}|)$$

et

$$e_\alpha(\omega) = \frac{|\omega|}{h(\omega)}$$

Visiblement, on a $e_\alpha(\omega) \leqslant 1$. Montrons *que* $e_\alpha(\omega)$ *a aussi une borne inférieure positive*, à savoir

$$e_\alpha(\omega) \geqslant \left|\frac{|\mathrm{D}_{\alpha/k}|}{\mathrm{N}_{\mathrm{K}/k}(\alpha)^{n-1}}\right|^{1/2} = \left(\frac{|\mathrm{D}_f|}{|c(f)|^{n-1}}\right)^{1/2}$$

[il est à remarquer que la borne écrite est la même pour α et pour $\lambda\alpha$, où $\lambda \in k$ n'est pas nul, car $\mathrm{D}_{\lambda\alpha/k} = \lambda^{n(n-1)}\,\mathrm{D}_{\alpha/k}$ et $\mathrm{N}_{\mathrm{K}/k}(\lambda\alpha) = \lambda^n\,\mathrm{N}_{\mathrm{K}/k}(\alpha)$]. En effet, si

$$\alpha = \alpha^{(o)}, \alpha', \alpha'', \ldots, \alpha^{(n-1)}$$

sont tous les conjugués de α par rapport à k, et si

$$\omega = \omega^{(o)}, \omega', \omega'', \ldots, \omega^{(n-1)}$$

sont les conjugués correspondants de ω, les λ_i $(i = 0, 1, \ldots, n-1)$ peuvent se déterminer, à partir des $\omega^{(i)}$ $(i = 0, 1, \ldots, n-1)$ par le système d'équations linéaires

$$\sum_{j=0}^{n-1} \lambda_j \alpha^{(i)j} = \omega^{(i)}$$

dont le déterminant $\Delta = det\ (\alpha^{(i)j}) = \pm\,\mathrm{D}_\alpha^{\frac{1}{2}}$ n'est pas nul. Or, λ_s $(s = 0, 1, \ldots, n-1)$ est égal à $\frac{\Delta_s}{\Delta}$, où Δ_s est le déterminant Δ_s s'obtient à partir de Δ en y remplaçant la s-ième colonne

$\alpha^{(i)s}$ par la colonne des coefficients $\omega^{(i)}$. Le déterminant Δ est la somme des termes $\pm \prod_{j=0}^{n-1} \alpha^{(i(j))^j}$, où $j \to i(j)$ est une permutation de l'ensemble $\{0, 1, \ldots, n-1\}$, et où le signe est $+$ ou $-$ selon la parité de cette permutation. Il est clair que Δ_s est la somme des termes, obtenus des précédents en y remplaçant $\alpha^{(i(s))\,s}$ par $\omega^{(i(s))}$. Ainsi, Δ_s est la somme des termes de la forme $\pm \dfrac{\omega^{(i(s))}}{\alpha^{(i(s))s}}$ $\prod_{j=1}^{n-1} \alpha^{(i(j))j}$ Or, puisque k est supposé complet, tous les $\alpha^{(i)}$ ont la même valuation que α et tous les $\omega^{(i)}$ ont la même valuation que ω. Par suite, la valuation du produit précédent est $\dfrac{|\omega|}{|\alpha|^s} \prod_{j=1}^{n-1} |\alpha|^j =$ $= \dfrac{|\omega|}{|\alpha|^s} |\alpha|^{\frac{n(n-1)}{2}} = \dfrac{|\omega|}{|\alpha|^s} \left|N_{K/k}(\alpha)\right|^{\frac{n-1}{2}}$. Ainsi, tous les termes de Δ_s ont une même valuation, et celle $|\Delta_s|$ de leur somme ne lui est pas supérieure. Ainsi, on a

$$|\Delta_s| \leqslant \frac{|\omega|}{|\alpha|^s} \left|N_{K/k}(\alpha)\right|^{\frac{n-1}{2}}$$

et

$$|\dot{\lambda}_s| = \frac{|\Delta_s|}{|\Delta|} = \frac{|\Delta_s|}{|D^{1/2}_{\alpha/k}|} \leqslant \frac{|\omega|}{|\alpha|^s} \frac{|N_{K/k}(\alpha)|^{\frac{n-1}{2}}}{|D_{\alpha/k}|^{1/2}}$$

Ainsi, pour tout $s = 1, 2, \ldots, n-1$, on a

$$|\lambda_s \alpha^s| = |\lambda_s|\,|\alpha|^s \leqslant \left(\frac{|N_{K/k}(\alpha)^{n-1}|}{|D_{\alpha/k}|}\right)^{1/2} |\omega|$$

$$\text{et} \quad h(\omega) = \operatorname{Max}(|\lambda_s \alpha^s|) \leqslant \left(\frac{|N_{K/k}(\alpha)^{n-1}|}{|D_{\alpha/k}|}\right)^{1/2} |\omega|$$

$$\text{et} \quad e_\alpha(\omega) = \frac{|\omega|}{h(\omega)} \geqslant \left|\frac{D_{\alpha/k}}{N_{K/k}(\alpha)^{n-1}}\right|^{1/2} = \left|\frac{D_f}{c(f)^{n-1}}\right|^{1/2}$$

On va noter e_α ou e_f l'infimum, sur l'axe semi-réel, de $e_\alpha(\omega)$ quand ω parcourt K. C'est un nombre semi-réel d'espèce 0 ou $+$ qui ne dépend pas, en effet, du choix de zéro α de f, ρ.

Soit η un isomorphisme résiduel de k sur un autre corps valué complet k', et soit ρ la norme de η. Tout isomorphisme résiduel d'une norme plus grande que η induit sur k sera appelé un *épaississement* de η. Si π est le diviseur multiplicatif de norme ρ dans k, et Π celui de norme ρ dans $K \supseteq k$, l'intersection $C_\omega \cap k$ avec k de la classe C_ω (mod Π) d'un $\omega \in K$ est ou bien vide, ou bien une classe (mod π) dans k. En effet, C_ω est un cercle de rayon $|\omega|\rho$ dans K, dont les éléments ont tous la valuation $= |\omega|$. Par suite, si $C_\omega \cap k \neq \emptyset$, c'est un cercle de même rayon dans k, dont les éléments ont aussi la valuation $|\omega|$. C'est donc bien une classe (mod π) dans k. Il est clair que tout homomorphisme ou isomorphisme de l'hypercorps K/Π induit, par restriction à k, un homomorphisme respectivement un isomorphisme de k/π. Un isomorphisme résiduel de K sera dit un *prolongement* de η *dans* K s'il est de norme ρ et induit η par restriction sur k. Alors, cet isomorphisme résiduel en doit être un du corps K sur une extension convenable K' de k'. Plus généralement, un isomorphisme résiduel de K est dit un *prolongement épaissi* de η dans K s'il est un prolongement d'un épaississement de η.

Ceci posé, je vais montrer que *si* $\rho < e_\alpha^n = e_f^n$, *il existe un prolongement épaissi* η^* *de* η *dans* K, *dont la norme est* $\leqslant \rho\, e_f^{-2}$, où l'inverse d'un nombre semi-réel positif (r, ξ) sera défini par les formules : $(r, +)^{-1} = (r^{-1}, -)$, $(r, 0)^{-1} = (r^{-1}, 0)$, $(r, -)^{-1} = = (r^{-1}, +)$, [auquel cas, toutes les expressions considérées ont un sens. On a $e_f > 0^+$, donc $e_f{}^n$ est un produit de nombres semi-réels d'une même espèce, qui a été défini au § 1. Puisque $e_f > 0^+$ et est d'espèce 0 ou $+$, $e_f{}^{-1}$ existe et est d'espèce 0 ou —. Comme ρ est suppose $> 0^+$ et est aussi d'espèce 0 ou —, le produit $\rho e_f{}^{-2}$ a un sens]. Conservant les notations précédentes notons π' le diviseur multiplicatif de k' de norme ρ, et si $\alpha \in k$ et $\alpha' \in k'$, notons $\bar{\alpha}, \bar{\alpha}'$ les classes des α, α' modulo les diviseurs multiplicatifs respectifs π et π'. Tout élément ω de K peut se représenter, et d'une seule manière, sous la forme

$$\omega = \lambda_0 + \lambda_1 \alpha + \ldots + \lambda_{n-1} \alpha^{n-1} \; (\lambda_0, \lambda_1, \ldots, \lambda_{n-i} \in k)$$

Soit que

$$f(x) = f_{\alpha/k}(x) = \sum_{i=0}^{n} a_i x^i \quad (a_n = 1)$$

Choisissons arbitrairement, pour tout $i = 0, 1, \ldots, n - 1$, dans l'image $\bar{a}_i' = \eta . \bar{a}_i$ par η de **la classe** $\bar{a}_i$ de a_i (mod π) [donc $\bar{a}_i'$ est une classe (mod π') dans k'] un $a_i' \in k'$ (donc $\bar{a}_i' = \bar{a}_i'$), et posons

$$f'(x) = \sum_{i=o}^{n} a_i' x^i \quad (a'_n = 1)$$

[dans ce § on n'employera pas de dérivées, et ′ dans $f'(x)$ n'est pas le signe de dérivation, mais indique qu'il s'agit d'objet, qui se rapporte au corps k']. Soit α' un zéro de $f'(x)$ et soit $K' = k(\alpha')$. Tout $\omega' \in K'$ peut se représenter sous la forme
$\omega' = \lambda'_0 + \lambda'_1 \alpha' + \ldots + \lambda'_{n-1} \alpha'^{n-1}$ $(\lambda'_o, \lambda'_1, \ldots, \lambda'_{n-1} \in k')$, quoique, pour le moment, on ne sait pas si cette représentation est unique (car on n'est pas encore certain que $f'(x)$ est irréductible). $l_0, l_1, \ldots, l_{n-1}$ étant des classes quelconques (mod π) dans k, et $l'_0, l'_1, \ldots, l'_{n-1}$ étant des classes quelconques (mod π') dans k', considérons les ensembles

$$c(l_0, l_1, \ldots, l_{n-1}) = l_0 + l_1\alpha + \ldots + l_{n-1}\alpha^{n-1} \subseteq K \quad \text{et}$$
$$c'(l'_0, l'_1, \ldots, l'_{n-1}) = l'_0 + l'_1\alpha' + \ldots + l'_{n-1}\alpha'^{n-1} \subseteq K'.$$

Les $c(l_0, l_1, \ldots, l_{n-1})$ forment, visiblement, une partition P de K, car les ensembles $l_0 \times l_1 \times \ldots \times l_{n-1}$ en forment une de l'espace vectoriel k^n que l'application $(\lambda_0, \lambda_1, \ldots, \lambda_{n-1}) \rightarrow$ $\rightarrow \lambda_0 + \lambda_1 \alpha + \ldots + \lambda_{n-1} \alpha^{n-1}$ applique biunivoquement sur K. Par contre, on n'est pas encore sûr que les $c'(l'_0, l'_1, \ldots, l'_{n-1})$ en forment une de K′. Ils forment seulement un *recouvrement* de K′, autrement dit une famille de sous-ensembles de K′, dont K′ est la réunion. L'application

$$\tilde{\eta} = \{c(l_0, l_1, \ldots, l_{n-1}) \rightarrow c'(\eta \cdot l_0, \eta \cdot l_1, \ldots, \eta \cdot l_{n-1})\}$$

est une application de P sur P′. La somme

$$c(l_0, l_1, \ldots, l_{n-1}) + c(m_0, m_1, \ldots, m_{n-1}) =$$
$$= (l_0 + l_1\alpha + \ldots + l_{n-1}\alpha^{n-1}) + (m_0 + m_1\alpha + \ldots + m_{n-1}\alpha^{n-1}) =$$
$$= (l_0 + m_0) + (l_1 + m_1)\alpha + \ldots + (l_{n-1} + m_{n-1})\,\alpha^{n-1}$$

de deux classes $c(l_0, l_1, \ldots, l_{n-1})$ et $c(m_0, m_1, \ldots, m_{n-1})$ de la partition P est une réunion de telles classes, car $l_i + m_i$ est une réunion de classes (mod π) dans k, et, par suite, $(l_0 + m_0) \times$ $\times (l_1 + m_1) \times \ldots \times (l_{n-1} + m_{n-1})$ est un réunion de classes [mod $\pi \times \pi \times \ldots \times \pi$ (n fois)] dans $k^n = k \times k \times \ldots \times k$. Ainsi $c(l_0, l_1, \ldots, l_{n-1}) + c(m_0, m_1, \ldots, m_{n-1})$ est la réunion des classes, toutes disjointes, $c(z_0, z_1, \ldots, z_{n-1})$, où $(z_0, z_1, \ldots, z_{n-1})$ parcourt le sous-ensemble $(l_0 \dot{+} m_0) \times (l_1 \dot{+} m_1) \times \ldots \times (l_{n-1} \dot{+}$ $\dot{+} m_{n-1})$ (9) de $H^n = (k/\pi)^n$. Pour la raison exactement analogue,

(9) On a besoin, dans ce §, de distinguer l'addition des classes (mod π) en tant que sous-ensemble de k (notation : +) et en tant qu'éléments de

la somme $c'(l'_0, l'_1, \ldots, l'_{n-1}) + c'(m'_0, m'_1, \ldots, m'_{n-1})$ de deux ensembles du recouvrement P' de K' est la réunion des ensembles $c'(z'_0, z'_1, \ldots, z'_{n-1})$ de ce recouvrement, où $(z'_0, z'_1, \ldots, z'_{n-1})$ parcourt le sous-ensemble $(l'_0 \dot{+} m'_0) \times (l'_1 \dot{+} m'_1) \times \ldots$ $\ldots \times (l'_{n-1} \dot{+} m'_{n-1})$ de $H'^n = (k'/\pi)^n$. Bien entendu, il n'est pas certain que ces ensembles $c'(z'_0, z'_1, \ldots, z'_{n-1})$ sont disjoints, ni que cette représentation de $c'(l'_0, l'_1, \ldots, l'_{n-1}) + c'(m'_0, m'_1, \ldots,$ $\ldots, m'_{n-1})$ comme réunion d'ensembles de recouvrement P' soit la seule possible; il se pourrait à priori que certains $c(z'_0, z'_1, \ldots, z'_{n-1})$, où $(z'_0, z'_1, \ldots, z'_{n-1}) \in (l'_0 \dot{+} m'_0) \times (l'_1 \dot{+} m'_1 \times \ldots \times (l'_{n-1} \dot{+}$ $\dot{+}\, m'_{n-1})$, soient surabondants, autrement dit qu'on puisse les enlever sans changer la réunion considérée, ou qu'au contraire certains $c(z'_0, z'_1, \ldots, z'_{n-1})$, tels que $(z'_0, z'_1, \ldots, z'_{n-1}) \notin$ $\notin (l'_0 + m'_0) \times (l'_1 \dot{+} m'_1) \times \ldots \times (l'_{n-1} + m'_{n-1})$ soient contenus dans la réunion considérée. Mais quand $(z_0, z_1, \ldots, z_{n-1})$ parcourt $(l_0 \dot{+} m_0) \times (l_1 \dot{+} m_1) \times \ldots \times (l_{n-1} \dot{+} m_{n-1})$, $(\eta . z_0,$ $\eta . z_1, \ldots, \eta . z_{n-1})$ parcourt, puisque η est un isomorphisme de H sur H' par rapport à l'addition, l'ensemble $(\eta . l_0 \dot{+} \eta . m_0) \times$ $\times (\eta . l_1 \dot{+} \eta . m_1) \times \ldots \times (\eta . l_{n-1} \dot{+} \eta . m_{n-1})$. Par suite, l'*application* $\tilde{\eta}$ *est un isomorphisme additif au sens suivant : quand* $c(z_0, z_1, \ldots, z_{n-1})$ *parcourt toutes les classes de* P *contenues dans* $c(l_0, l_1, \ldots, l_{n-1}) + c(m_0, m_1, \ldots, m_{n-1})$, *la réunion* $\cup \tilde{\eta} . c(z_0, z_1, \ldots,$ $\ldots, z_{n-1})$ *de leurs transformées par* $\tilde{\eta}$ *est* $\tilde{\eta} . c(l_0, l_1, \ldots, l_{n-1}) +$ $+ \tilde{\eta} . c(m_0, m_1, \ldots, m_{n-1})$. On a, d'autre part,

$$\tilde{\eta} . [- c(l_0, l_1, \ldots, l_{n-1})] = \tilde{\eta} . c(-l_0, -l_1, \ldots, -l_{n-1}) =$$

$$= c'(\eta . (-l_0), \eta . (-l_1), \ldots, \eta . (-l_{n-1})) = c'(-\eta . l_0, -\eta . l_1, \ldots,$$
$$\ldots, -\eta . l_{n-1}) = -\tilde{\eta} . c(l_0, l_1, \ldots, l_{n-1})$$

Si Q est une partition de K au plus aussi fine que P et qui, en plus est *régulière pour l'addition*, c'est-à-dire telle que la somme de deux classes de Q (considérées indifféremment comme des sous-ensembles de K ou de K/P) soit toujours une réunion de telles classes, on peut lui faire correspondre canoniquement un recouvrement Q' de K' dont les ensembles soient des réunions d'ensembles du recouvrement P' et, on peut prolonger $\tilde{\eta}$ aux classes de la partition Q, de manière qu'elle y soit une application, isomorphe par rapport

$H = k/\pi$ (notation : $\dot{+}$) et, de même, pour les classes (mod π'). C'est pourquoi on est revenu aux notations du § 1, qu'on pouvait remplacer ailleurs par des notations simplifiées.

à l'addition au sens précédent, de l'ensemble des classes de la partition Q de K sur la famille des ensembles du recouvrement Q′ de K′. C étant une classe de la partition Q, on définit le transformé $\tilde{\eta}.C$ de C par $\tilde{\eta}$ comme la réunion des transformés $\tilde{\eta}.c(z_0, z_1, \ldots, z_{n-1}) = c'(\eta.z_0, \eta.z_1, \ldots, \eta.z_{n-1})$ de toutes les classes $c(z_0, z_1, \ldots, z_{n-1})$ de la partition P contenues dans C, et Q′ est définie comme la famille de tous les $\tilde{\eta}.C$, ou C parcourt les classes de Q. La réunion des $\tilde{\eta}.C$, ou C parcourt les classes de Q, est égale à celle des transformés par $\tilde{\eta}$ des classes de P contenus dans ces·C, c'est-à-dire de toutes les classes de P. C'est donc K′, et Q′ est bien un recouvrement de K′. D'autre part, puisque la somme $C_1 + C_2$ de deux classes de la partition Q est la réunion de telles classes, une classe $c = c(z_0, z_1, \ldots, z_{n-1})$ de la partition P est contenue dans quelque classe $C \subseteq C_1 + C_2$ de Q si, et seulement s'il existe des classes $c_1 \subseteq C_1$ et $c_2 \subseteq C_2$ de P tels que $c \subseteq c_1 + c_2$. Or, $\tilde{\eta}.(C_1 + C_2)$ est, en vertu de ce qui précède, la réunion des $\tilde{\eta}.c$, où c parcourt les classes de la partition P telles que $c \subseteq C_1 + C_2$. D'autre part, $\tilde{\eta}.C_1$ et $\tilde{\eta}.C_2$ sont les réunions des $\tilde{\eta}.c$, où c parcourt les classes de P telles que $c \subseteq C_1$ respectivement $c \subseteq C_2$. Par suite, $\tilde{\eta}.C_1 + \tilde{\eta}.C_2$ est la réunion des $\tilde{\eta}.c_1 + \tilde{\eta}.c_2$, où c_1 et c_2 parcourent indépendamment les classes de P telles que $c_1 \subseteq C_1$ et $c_2 \subseteq C_2$. Mais, en vertu de ce qui précède, $\tilde{\eta}.c_1 + \tilde{\eta}.c_2$ est la réunion des $\tilde{\eta}.c$, où c parcourt les classes de P contenues dans $c_1 + c_2$. On voit donc que $\tilde{\eta}.(C_1 + C_2)$ et $\tilde{\eta}.C_1 + \tilde{\eta}.C_2$ sont les réunions de mêmes ensembles du recouvrement P′, donc $\tilde{\eta}.C_1 + \tilde{\eta}.C_2 = = \tilde{\eta}.(C_1 + C_2) = \cup \tilde{\eta}.C$, où C parcourt toutes les classes de la partition Q contenues dans $C_1 + C_2$, et $\tilde{\eta}$ est un isomorphisme additif (au sens précédent) des classes de la partition Q de K sur les ensembles du recouvrement Q′ de K′. En particulier, si l'on arrive à prouver que Q′ est aussi une partition de K′, on démontre que $\tilde{\eta}$ est un isomorphisme additif de K/Q sur K′/Q′. Il est visible, égalcment, que $\tilde{\eta}.(\quad C) = -\tilde{\eta}.C$ [où C est une classe de la partition Q].

Soit Π le diviseur multiplicatif de K de norme $\rho e_f{}^{-2}$. Montrons que la partition de K (mod Π) est au plus aussi fine que P. Soient $\omega = \lambda_0 + \lambda_1\alpha + \ldots + \lambda_{n-1}\alpha^{n-1}$ et $\theta = \mu_0 + \mu_1\alpha + \ldots + \mu_{n-1}\alpha^{n-1}$ $(\lambda_0, \lambda_1, \ldots, \lambda_{n-1}, \mu_0, \mu_1, \ldots, \mu_{n-1} \in k)$ deux éléments d'une même classe $c = c(l_0, l_1, \ldots, l_{n-1}) = l_0 + l_1\alpha + \ldots + l_{n-1}\alpha^{n-1}$ $(l_0, l_1, \ldots, l_{n-1} \in k/\pi)$ de la partition P. On a, donc, pour tout $i = 0, 1, \ldots, n-1$, $\lambda_i \in l_i$, $\mu_i \in l_i$, donc $\lambda_i \equiv \mu_i \pmod{\pi}$. On a

$c = 0$ si, et seulement si $l_0 = l_1 = \ldots = l_{n-1} = 0$, autrement dit si, et seulement si $\lambda_0 = \lambda_1 = \ldots = \lambda_{n-1} = \mu_0 = \mu_1 = \ldots = \mu_{n-1} = 0$, ce qui équivaut à $\omega = \theta = 0$. Si $c \neq 0$, on a $\lambda_i = 0$ ou $\mu_i = 0$ si, et seulement si $l_i = 0$, et, autrement, la congruence $\lambda_i \equiv \mu_i \pmod{\pi}$ équivaut à $|\mu_i - \lambda_i| \leqslant |\lambda_i| \rho$ (on suppose, bien entendu, que $\rho < 1$), d'où $|\omega - \theta| = |\sum_{i=0}^{n-1} (\lambda_i - \mu_i) \alpha^i| \leqslant \text{Max} |(\lambda_i - \mu_i)\alpha^i| \leqslant$ $\leqslant \text{Max} (\rho |\lambda_i| |\alpha|^i) \leqslant \rho h(\omega) \leqslant \rho e_f^{-1} |\omega| \leqslant \rho e_f^{-2} |\omega|$, et on a $\theta \equiv \omega \pmod{\Pi}$. Ainsi, chaque classe c de la partition P est contenue dans une classe unique $\pmod{\Pi}$ qu'on va noter c_Π. Par suite, chaque classe $\pmod{\Pi}$ est une réunion de classe de la partition P qu'elle contient. Ceci montre, en particulier, que tous les éléments d'une classe c de P ont une même valuation, égale à celle $|c_\Pi|$ de c_Π, et qui sera notée, également, $|c|$, et que tous les couples d'éléments $\omega_1 \in c_1$ et $\omega_2 \in c_2$ de deux classes c_1 et c_2 de P tels que $(c_1)_\Pi \neq (c_2)_\Pi$, ont une même distance, égale à celle $d((c_1)_\Pi, (c_2)_\Pi)$ des $(c_1)_\Pi$ et $(c_2)_\Pi$, et qu'on notera, également, $d(c_1, c_2)$. On a, visiblement, si c et c^* sont deux classes de la partition P, $cc^* \subsetneq c_\Pi c^*_\Pi$.

Considérons l'ensemble

$$cc^* = c(l_0, l_1, \ldots, l_{n-1})\, c(l_o^*, l_1^*, \ldots, l^*_{n-1}) = (\sum_{i=0}^{n-1} l_i \alpha^i)(\sum_{j=0}^{n-1} l_j^* \alpha^j) =$$
$$= \sum_{l=0}^{n-1} \sum_{j=0}^{n-1} l_i l_j^* \alpha^{i+j}.$$

Ce n'est pas, en général, une réunion de classes de la partition P, car $i + j$ peut être $> n - 1$. Toutefois, on peut former d'une manière intrinsèque une réunion $\overline{cc^*}$ de tels classes contenant cc^*. Tout élément de cc^* est de la forme

$$\omega\omega^* = \sum_{i=0}^{n-1} \sum_{j=0}^{n-1} \lambda_i \lambda_j^* \alpha^{i+j} \qquad (\lambda_i \in l_i;\ \lambda_j^* \in l_j^*).$$

On peut le réduire, à l'aide de l'équation $f(\alpha) = 0$, à la forme

$$\sum_{i=0}^{n-1} A_i^{(c,c^*)} \alpha^i$$

par une suite d'opérations, dont chacune consiste à remplacer un monôme

$$B\alpha^{n+i}$$

par la somme de monômes

$$- Ba_0\alpha^i - Ba_1\alpha^{i+1} - \ldots - Ba_{n-1}\alpha^{i+n-1},$$

et, dans le résultat final, $A_i^{(c,c^*)}$ est un polynôme, à coefficients entiers rationnels, en λ_i, λ_j^* et a_q (d'ailleurs bilinéaire par rapport aux λ_i et aux λ_j^*), soit $A^{(c,c^*)}(\lambda_0, \lambda_1, \ldots, \lambda_{n-1}, \lambda_0^*, \lambda_1^*, \ldots, \lambda_{n-1}^*, a_0, a_1, \ldots, a_{n-1})$, qu'on peut représenter, d'une manière unique, comme une somme de monômes. Il est clair que si l'on remplace, dans chacun de ces monômes, les valeurs λ_i, λ_j^*, a_q de ses variables par les classes correspondantes l_i, l_j^*, $\bar{a}_q$ (mod π), on obtient une réunion

$$\overline{cc^*} = \sum_{i=1}^{n-1} A_i^{(c,c^*)}(l_0, l_1, \ldots, l_{n-1}, l_0^*, l_1^*, \ldots, l_{n-1}^*, \bar{a}_0, \bar{a}_1, \ldots, \bar{a}_{n-1})\,\alpha^i =$$
$$= \sum_{i=0}^{n-1} \overline{A}_i^{(c,c^*)}\,\alpha^i$$

de classes de la partition P, qui contient tout $\omega\omega^* \in cc^*$, donc $\supseteq cc^*$. En plus, si l'on applique le même procédé aux ensembles de la famille P', on constate, puisque $a'_i = \eta . a_i$, que $\overline{A}_i^{(\tilde{\eta}.c,\tilde{\eta}.c)} = \eta . \overline{A}_i^{(c,c^*)}$, d'où résulte $\overline{(\tilde{\eta}.c)(\tilde{\eta}.c^*)} = \tilde{\eta}.\overline{cc^*}$ (autrement dit, $(\tilde{\eta}.c)(\tilde{\eta}.c^*)$ est la réunion des $\tilde{\eta}.\xi$, ou ξ parcourt les classes de la partition P contenus dans $\overline{cc^*}$.

Montrons que $\overline{cc^*}$ est contenu dans une classe unique (mod Π), qui est, évidemment, $c_\Pi c_\Pi^*$, car cette classe contient $cc^* \subseteq \overline{cc^*}$. k étant complet, le polygone de Newton du polynôme irréductible $f(x) = \Sigma a_i x^i$ doit être [en vertu de l'égalité des valuations des zéros de $f(x)$] un segment de droite, ce qui implique $|a_0| = |\alpha^n| \geqslant \geqslant |a_i\alpha^i|$. Par suite, dans chaque remplacement d'un monôme $B\alpha^{n+i}$ par la somme de monômes $-Ba_0\alpha^i - Ba_1\alpha^{i+1} - \ldots \ldots - Ba_{n-1}\alpha^{i+n-1}$, les nouveaux monômes ont tous leur valuation au plus égale à celle du monôme remplacé. Par suite, les monômes de $\sum_{i=0}^{n-1} A_i^{(c,c^*)}(\lambda_0, \lambda_1, \ldots, \lambda_{n-1}, \lambda_0^*, \lambda_1^*, \ldots, \lambda_{n-1}^*, a_0, a_1, \ldots, a_{n-1})\,\alpha^i$ ont tous leurs valuations non supérieures à celles $|\lambda_q\lambda_j^*\,\alpha^{q+j}| = |\lambda_q\alpha^q|\,|\lambda_j^*\,\alpha^j| \leqslant h(\omega)\,h(\omega^*)$ des monômes $\lambda_q\lambda_j^*\,\alpha^{q+j}$ de $\sum_{i=0}^{n-1}\sum_{j=0}^{n-1} \lambda_q\lambda_j^*\,\alpha^{q+j}$. Quand, dans un monôme $\mu = \lambda_q\,\lambda_j^*\,a_1^{i_0}\,a_0^{i_1} \ldots \ldots a_{n-1}^{i-n_1}\,\alpha^i$ on remplace λ_q, λ_j^*, $a_0, a_1, \ldots, a_{n-1}$ par leurs classes respectives l_q, l_j^*, $\bar{a}_0, \bar{a}_1, \ldots, \bar{a}_{n-1}$ (mod π) dans k, $\mu\alpha^{-i}$ devient, également, une telle classe, autrement dit un cercle de rayon $|\alpha|^{-i}\,|\mu|\,\rho$ dans k, donc une partie du cercle de centre $\mu\alpha^{-i}$ et de rayon $|\alpha|^{-i}\,|\mu|\,\rho$ dans K. Par suite, $\mu = \alpha^i(\mu\alpha^{-i})$ devient une partie du cercle de centre μ et de rayon $|\mu|\,\rho$ dans K. En particulier, s'il s'agit de monômes de $\sum_{i=0}^{n-1} A_i^{(c,c^*)} (\lambda_0, \lambda_1, \ldots, \lambda_{n-1}, \lambda_0^*, \lambda_1^*, \ldots, \lambda_{n=1}^*,$ $a_0, a_1, \ldots, a_{n-1}) \alpha^i$, le rayon $|\mu|$ ρ de ce cercle est $\leqslant h(\omega)\, h(\omega^*)\, \rho \leqslant$ $\leqslant \rho e_f{}^{-2}\, |\omega|\, |\omega^*| = \rho e_f{}^{-2}\, |c|\, |c^*|$. Par suite, chaque monôme de $\sum_{i=0}^{n-1} A_i^{(c,c^*)} (l_0, l_1, \ldots, l_{n-1}, l_0^*, l_1^*, \ldots, l_{n-1}^*, \bar{a}_0, \bar{a}_1, \ldots, \bar{a}_{n-1}) \alpha^i$ est contenu dans un cercle de K de rayon $\rho e_f{}^{-2}\, |c|\, |c^*|$, et, par suite, la somme $\overline{cc^*}$ de ces monômes est contenue dans une somme de tels cercles, qui est encore un cercle du même rayon. Comme $cc^* \subseteq \overline{cc^*}$ est contenue à la fois dans ce cercle et dans $c_\Gamma\, c_\Pi^*$, on voit que ce cercle n'est pas disjoint avec $c_\Pi\, c_\Pi^*$, et comme le rayon de ce dernier cercle est $|c_\Pi\, c_\Pi^*|\, \rho e_f{}^{-2} = |c_\Pi|\, |c_\Pi^*|\, \rho e_f{}^{-2} = |c|\, |c^*|\, \rho e_f{}^{-2}$, ces deux cercles non-disjoints ont un même rayon (semi-réel), donc coïncident.

Supposons qu'on ait prouvé que $\tilde{\eta}$ préserve la valuation, autrement dit que tous les éléments de $\tilde{\eta}.c(l_0, l_1, \ldots, l_{n-1})$ ont la même valuation que celle $|c(l_0, l_1, \ldots, l_{n-1})|$ des éléments de $c(l_0, l_1, \ldots$ $\ldots, l_{n-1})$. Alors, il en résulte que le recouvrement Π' de K', en lequel $\tilde{\eta}$ transforme la partition (mod Π) de K, est une partition de K'. En effet, soient C et C^* deux classes distinctes (mod Π) dans K, et soient $\omega' \in \tilde{\eta}.C$, $\omega^{*\prime} \in \tilde{\eta}.C^*$ (où $\tilde{\eta}.C$, $\tilde{\eta}.C^*$ sont considérées comme des sous-ensembles de K'). On a, $d(\omega', \omega^{*\prime}) =$ $= |\omega' - \omega^{*\prime}| = |\omega' + (-\omega^{*\prime}) \in |\tilde{\eta}.C + (-\tilde{\eta}.C^*)| = |\tilde{\eta}.C +$ $+ \tilde{\eta}.(-C^*)| = |\tilde{\eta}.[C + (-C^*)]| = \tilde{\eta}.(C - C^*)$. Ainsi, $d(\omega', \omega^{*\prime})$ est l'élément de la réunion des $|\tilde{\eta}.Z|$, où la classe Z parcourt les classes (mod. Π) contenues dans $C - C^*$. Mais, en vertu de l'hypothèse faite, on a, pour la réunion Z de classes de la partition P, $|\tilde{\eta}.Z| = |Z|$, d'où $|\tilde{\eta}.(C - C^*)| = |C - C^*|$. Comme $C \neq C^*$, $|C - C^*|$ se réduit à un seul nombre strictement positif $d(C, C^*)$. Par suite, on a $d(\omega', \omega^{*\prime}) = d(C, C^*) \neq 0$ et $\omega' \neq \omega^{*\prime}$. Donc les transformes $\tilde{\eta}.C$ par $\tilde{\eta}$ des classes distincts (mod. Π) sont disjoints, et Π' est bien unc partition, qui est une partition de K' car on sait déjà que Π' en est un recouvrement.

On voit, en plus, que si $C \neq C^*$, la distance des $\omega' \in \tilde{\eta}.C$ et $\omega^{*\prime} \in \tilde{\eta}.C^*$ quelconques est $d(C, C^*)$. Ceci permet de prouver que, sous l'hypothèse faite, Π' est le diviseur multiplicatif de K' de norme ρe_f^{-2}. En effet, soient ω' et $\omega^{*\prime}$ deux éléments de K', C' et $C^{*\prime}$ les classes de la partition Π' auxquels ils appartiennent, C, C^* les classes (mod Π) tels que $C' = \tilde{\eta}.C$, $C^{*\prime} = \tilde{\eta}.C^*$. On a, d'abord, $|\omega'| = |C'| = |C|$. Si $C' \neq C^{*\prime}$ on a $C \neq C^*$, d'où $d(C, C^*) >$

174

$> \rho e_f^{-2}|C| = \rho e_f^{-2}\,|\omega'|$ et $|\omega^{*\prime} - \omega'| = d(C, C^*) > \rho e_f^{-2}\,|\omega'|$, ce qui montre que $\omega^{*\prime}$ et ω' ne sont pas congrus modulo $\Pi'_{\rho e_f-2}$ où $\Pi'_{\rho e_f-2}$ est le diviseur multiplicatif de K' de norme ρe_f^{-2} Inversement, si $C' = C^{*\prime}$, on a $C = C^*$. Par suite, on a $\omega^{*\prime} - \omega' \in C^{*\prime} - C' = C' - C' = \tilde{\eta}.C - \tilde{\eta}.C = \tilde{\eta}.(C - C)$, d'où $|\omega^{*\prime} - \omega'| \in |\tilde{\eta}\,(C - C)| = |C - C|$. Or, $|C - C|$ est l'ensemble des distances des couples de points $\in C$, et comme C est un cercle de rayon et, par suite, de diamètre $|C|\rho e_f^{-2}$, on a $|\omega^{*\prime} - \omega'| \leqslant \leqslant \rho e_f^{-2}\,|C| = \rho e_f^{-2}|\omega|$, d'où $\omega^{*\prime} \equiv \omega'$ (mod. $\Pi'_{\rho e_f-2}$). Ainsi, on a bien $\Pi' = \Pi'_{\rho e_f-2}$.

En plus, en vertu de $\overline{(\tilde{\eta}.c)\,(\tilde{\eta}.c^*)} = \tilde{\eta}.\overline{cc^*}$, $(\tilde{\eta}.c_\Pi)\,(\tilde{\eta}.c^*_\Pi) = (\tilde{\eta}.c)_\Pi, (\tilde{\eta}.c^*)_\Pi$, est la classe (mod. Π') contenant $(\tilde{\eta}.c)\,(\tilde{\eta}.c) = \tilde{\eta}.\overline{cc^*}$, donc est le transformé par $\tilde{\eta}$ de la classe (mod. Π) contenant $\overline{cc^*}$, laquelle est $c_\Pi c^*_\Pi$. Ainsi, sous l'hypothèse faite, on a $(\tilde{\eta}.c_\Pi)\;(\tilde{\eta}.c^*_\Pi) = \tilde{\eta}\;c_\Pi c^*_\Pi$ et $\tilde{\eta}$ est un isomorphisme résiduel de K sur K' de norme ρe_f^{-2}. On a $c = c\,(l_0, l_1, \ldots, l_{n-1}) \subseteq k$ si, et seulement si $l_1 = \ldots = l_{n-1} = 0$, auquel cas $c = l_0$, et on a $\tilde{\eta}.c = \tilde{\eta}.c\,(l_0, 0, \ldots, 0) = c'(\eta.l_0\,\eta,.0, \ldots, \eta.0) = c'(\eta.l_0, 0, \ldots, 0) = \eta.l_0 = \eta.c$. Ainsi, $\tilde{\eta}$ est, dans ce cas, un prolongement épaissi de η.

Il reste donc à prouver, pour terminer la démonstration, que, pour toute classe $c = c(l_0, l_1, \ldots, l_{n-1})$ de la partition P, tous les $\omega' \in \tilde{\eta}.c = c'(\eta.l_0, \eta.l_1, \ldots, \eta.l_{n-1})$ ont une même valuation, égale à celle $|c|$ de c. Soit $\omega = \lambda_0 + \lambda_1\alpha + \ldots + \lambda_{n-1}\,\alpha^{n-1} \in c$, donc, pour tout i, $\lambda_i \in l_i$. $N_{K/k}(\omega)$ est un polynôme, à coefficients entiers rationnels, en $\lambda_0, \lambda_1, \ldots, \lambda_{n-1}, a_0, a_1, \ldots, a_{n-1}$, qui est homogène de degré n en $\lambda_0, \lambda_1, \ldots, \lambda_{n-1}$ et, si l'on donne le poids $-i$ à λ_i et le poids $n - i$ à a_i, isobare de poids 0. Soit $M = A\,\lambda_0^{m_0}\,\lambda_1^{m_1} \ldots \lambda_{n-1}^{m_{n-1}}\;a_0^{r_0}\,a_1^{r_1} \ldots a_{n-1}^{r_{n-1}}$ un monôme de ce polynôme. On a alors $\sum_{i=0}^{n-1} m_i = n$ et $\sum_{j=0}^{n-1}(n-j)\,r_j = \sum_{i=0}^{n-1} i m_i$. Or, en vertu de $|a_j\,\alpha^j| \leqslant |\alpha^n| = |\alpha|^n$, on a $|a_j| \leqslant |\alpha|^{n-j}$, d'où, puisque la valuation $|A|$ de l'entier rationnel A est $\leqslant 1$, on a

$$|M| \leqslant |\lambda_0^{m_0}\,\lambda_1^{m_1} \ldots \lambda_{n-1}^{m_{n-1}}|\;|\alpha|^{\sum_{j=0}^{n-1}(n-j)r_j} = |\lambda_0^{m_0}\,\lambda_1^{m_1} \ldots \lambda_{n-1}^{m_{n-1}}|\;|\alpha|^{\sum_{i=0}^{n-1} i m_i}$$

$$= |(\lambda_0)^{m_0}\,(\lambda_1\,\alpha)^{m_1} \ldots (\lambda_{n-1}\;\alpha^{n-1})^{m_{n-1}}| \leqslant \operatorname{Max}\,(|\lambda_0|, |\lambda_1\,\alpha|,$$

$$\ldots, |\lambda_{n-1}\,\alpha^{n-1}|)^{\sum_{i=0}^{n-1} m_i} = h(w)^n \leqslant |\omega|^n\,e_f^{-n}.$$

Par définition on a

$$N_{K/k}(\omega) = N(\lambda_0, \lambda_1, \ldots, \lambda_{n-1}, a_0, a_1, \ldots, a_{n-1}) =$$
$$= R_x(f(x), \lambda_0 + \lambda_1 x + \ldots + \lambda_{n-1} x^{n-1})$$

et l'égalité de deux derniers polynômes a lieu même si $f(x)$ n'est pas irréductible. Si, dans $N(\lambda_0, \lambda_1, \ldots, \lambda_{n-1}, a_0, a_1, \ldots, a_{n-1})$ on remplace $\lambda_0, \lambda_1, \ldots, \lambda_{n-1},\ a_0, a_1, \ldots, a_{n-1}$ par leur classes $l_0, l_1, \ldots, l_{n-1}, \bar{a}_0, \bar{a}_1, \ldots, \bar{a}_{n-1}$ (mod π), chacun de ses monômes M devient, également, une telle classe $\overline{M}$ donc, puisque $|M| \leqslant |\omega|^n e_f^{-n}$, un cercle de rayon $\leqslant |\omega|^n \rho e_f^{-n}$ dans k. Et $N(\lambda_0, \lambda_1, \ldots, \lambda_{n-1}, a_0, a_1, \ldots, a_{n-1})$ devient un ensemble

$$N(c) = N(l_0, l_1, \ldots, l_{n-1}, \bar{a}_0, \bar{a}_1, \ldots, \bar{a}_{n-1})$$

de classes (mod π) dans k. La réunion de ces classes est égale à la somme des $\overline{M}$, où M parcourt les monômes de $N(\lambda_i, a_j)$, donc est aussi un cercle de rayon $\leqslant |\omega|^n \rho e_f^{-n} = |c|^n \rho e_f^{-n}$. Par hypothèse $\rho < e_f^n$, d'où résulte que le rayon du cercle précédent est $< |\omega|^n$. Or, ce cercle contient $N_{K/k}(\omega)$ et, puisque k est complet, on a $|N_{K/k}(\omega)| = |\omega|^n$. Par suite, 0 n'appartient pas à ce cercle et tous les $a \in k$ qui lui appartiennent ont la même valuation $|\omega|^n = |c^n|$. Ainsi, toute classe $\xi \in N(c)$ (mod π) dans k à la valuation $|\xi| = |c|^n$.

Soit $c' = \tilde{\eta}.c = c'(\eta.l_0, \eta.l_1, \ldots, \eta.l_{n-1})$. Posons $l'_i = \eta.l_i$ et soit $\omega' = \lambda'_0 + \lambda'_1 \alpha' + \ldots + \lambda'_{n-1} \alpha'^{n-1}$ où, pour tout i, $\lambda'_i \in l'_i$. On a, d'abord, $N(c') = N(l_0', l_1', \ldots, l'_{n-1}, \bar{a}_0', \bar{a}_1', \ldots, \ldots, \bar{a}'_{n-1}) = \eta\ .\ N(l_0, l_1, \ldots, l_{n-1}, \bar{a}_0, \bar{a}_1, \ldots, \bar{a}_{n-1})$, car on a $l'_i = \eta.l_i$ et, en vertu de la définition de $f'(x) = \sum_{i=0}^{n} \overline{a'_i}\, x^i$, $\bar{a}'_i = \overline{a'_i} = \bar{\eta}.\bar{a}_i$, et η est un isomorphisme de k/π sur k'/π'. Comme η est un isomorphisme isométrique, on a, pour toute classe ξ' (mod π') dans k, qui est $\in N(c')$, $|\xi'| = |N(c)| = |c|^n$. En particulier la classe $\overline{N(\lambda'_0, \lambda'_1, \ldots, \lambda'_{n-1}, a'_0, a'_1, \ldots, a'_{n-1})}$ de $N(\lambda'_0, \lambda'_1, \ldots, \lambda'_{n-1}, a'_0, a'_1, \ldots, a'_{n-1}) = R_x(f'(x), \lambda'_0 + \lambda'_1 x + \ldots + \lambda'_{n-1} x^{n-1})$ est $\in N(c')$, et, par suite, sa valuation est $|c|^n$. On a donc, puisque $N(\lambda'_0, \lambda'_1, \ldots, \lambda'_{n-1}, a'_0, a'_1, \ldots, a'_{n-1})$ y appartient,

$$|R_x(f'(x), \lambda'_0 + \lambda'_1 x + \ldots + \lambda'_{n-1} x^{n-1})| = |c|^n$$

Or, on a $|c|^n = 0$ si, et seulement si $0 \in c$, autrement dit $c = \{0\}$, ce qui a lieu si et seulement si $l_0 = l_1 = \ldots = l_{n-1} = 0$. Mais alors, pour tout i, $l_i' = \eta.l_i = \eta.\{0\} = \{0\}$ $\lambda'_i = 0$. Ainsi, sauf

176

si $\lambda'_0 = \lambda'_1 = \ldots = \lambda'_{n-1} = 0$, on a $R_x(f'(x), \lambda'_0 + \lambda'_1 x + \ldots$ $\ldots + \lambda'_{n-1} x^{n-1}) \neq 0$, ce qui implique $\omega' = \lambda'_0 + \lambda'_1 \alpha' + \ldots$ $\ldots + \lambda'_{n-1} \alpha'^{n-1} \neq 0$. Par suite, $f'(x)$ est aussi irréductible. Mais alors, si $K' = k(\alpha')$, on a

$$R_x(f'(x), \lambda'_0 + \lambda'_1 x + \ldots + \lambda'_{n-1} x^{n-1}) = \pm N_{K'/k'}(\omega')$$

et, puisque k' est complet

$$|N_{K'/k'}(\omega')| = |\omega'|^n .$$

On a donc, finalement, pour tout $\omega' \in \tilde{\eta}.c$, $|\omega'|^n = |c|^n$ et $|\omega'| = |c|$, ce qui prouve l'hypothèse qui a été faite. Il est à remarquer que si $\omega = \lambda_0 + \lambda_1 \alpha + \ldots + \lambda_{n-1} \alpha^{n-1} \in c(l_0, l_1, \ldots, l_{n-1})$, on a $h(\omega) = \text{Max}(|l_i|\, |\alpha|^i)$. Par suite, si $\omega' \in \tilde{\eta}.c(l_0, l_1, \ldots, l_{n-1})$, on a $h(\omega') = h(\omega)$, d'où $e_\alpha(\omega) = e_{\alpha'}(\omega')$ et $e_f = e_{f'}$.

La manière précédente de définir un prolongement épaissi à K d'un isomorphisme résiduel donné η de k sera dite *polynomiale*, et, d'une manière plus précise, on dira qu'elle a été faite par la correspondance $(f(x) \to f'(x), \alpha \to \alpha')$. Quand $f(x)$ et $f'(x)$ sont fixés, on peut, pour un zéro donné α de $f(x)$, remplacer α' par ses conjugués α'' par rapport à k', ce qui remplace $K' = k'(\alpha')$ par ses corps conjugués par rapport à k' et, même dans le eas, où $\alpha' \to \alpha''$ est un automorphisme de K', remplace le prolongement épaissi considéré $\tilde{\eta}$ de η par un autre (de même norme), qui en est, en général, distinct. Cette non-unicité de prolongement est inévitable et tout-à-fait analogue à celle du prolongement des isomorphismes ordinaires des corps. Mais, pour un $f(x)$ donné, on peut aussi varier le choix de $f'(x)$. On peut aussi prendre des $f(x)$ différents. Il se trouve, qu'en général, ces divers choix peuvent donner lieu aux $\tilde{\eta}$ différents et, même, aux extensions K'/k' non-conjuguées. D'autre part, il peut, à priori, exister des prolongements épaissis de $\tilde{\eta}$ dans K n'ayant aucune définition polynomiale et ne pouvant pas être induits par des prolongements plus fins à définition polynomiale. Mais on va voir plus loin que toutes ces circonstances singulières n'ont pas lieu si ρ est suffisamment petit au sens, qui sera précisé.

Remarque : Si k est discrètement valué et si l'extension résiduelle R/r est séparable, il existe un $\alpha \in K$ tel que $\{1, \alpha, \ldots, \alpha^{n-1}\}$ soit une base minimale sur k des entiers de k. Il est clair que, pour un tel α, on a $e_\alpha = 1$. Par suite, dans ce cas, *tout isomorphisme résiduel de k de norme $\rho < 1$ peut être prolongé à* K *sans épaississement.*

§ 10 — Relations entre les propriétés algébriques et métriques des corps valués complets

Soit k un corps valué complet et soit $\mathfrak{K}$ sa fermeture algébrique valuée. On sait que toute extension valuée de degré fini K de k est complète et que tout automorphisme de $\mathfrak{K}/k$ est isométrique, autrement dit préserve la valuation $|\alpha|$ de $\mathfrak{K}$ et la distance $d(\alpha, \beta) = |\beta - \alpha|$ qu'elle définit.

Théorème (« Principe fondamental ») (10). *Soit α un élément de $\mathfrak{K}$ séparable par rapport à k, et soit C_α le plus grand cercle de centre α dans $\mathfrak{K}$ ne contenant aucun des conjugués de α par rapport à k. Alors, si $\beta \in C_\alpha$, on a $k(\beta) \supseteq k(\alpha)$.*

Démonstration. Soit $\alpha' - \beta \neq \alpha - \beta$ un conjugué de $\alpha - \beta$ par rapport à $k(\beta)$. Alors, puisque $\beta \in k(\beta)$, $\alpha' = (\alpha' - \beta) + \beta$ est un conjugué $\neq \alpha$ de $\alpha = (\alpha - \beta) + \beta$ par rapport à $k(\beta)$, et, à fortiori, par rapport à k. On a donc $\alpha \in C_\alpha$, $\beta \in C_\alpha$, mais $\alpha' \notin C_\alpha$, d'où, en vertu de l'ultramétricité de $\mathfrak{K}$, résulte $|\alpha - \beta| = d(\alpha, \beta) < d(\alpha, \alpha') = d(\alpha', \beta) = |\alpha' - \beta|$. Ainsi, l'automorphisme, qui applique $\alpha - \beta$ sur son conjugué $\alpha' - \beta$ par rapport à $k(\beta)$ n'est pas isométrique, ce qui est absurde, car $k(\beta)$, étant une extension valuée de degré fini du corps valué complet k, est un corps complet. Ainsi, $\alpha - \beta$ n'a d'autres conjugués par rapport à $k(\beta)$ que lui-même, et il en est de même pour $\alpha = (\alpha - \beta) + \beta$. Mais, puisque α est séparable sur k, il l'est, à fortiori, sur $k(\beta) \supseteq k$. Par conséquent, on a $\alpha \in k(\beta)$ et $k(\alpha) \subset k(\beta)$.

Remarque. La condition $\beta \in C_\alpha$ peut se formuler, également, ainsi : la distance $|\beta - \alpha|$ de β à α est plus petite que le minimum $r_k(\alpha)$ des distances de α à ses conjugués $\neq \alpha$ par rapport à k.

Conséquence. Si $\beta \in C_a$, le degré $n(\beta)$ de β par rapport à k est au moins égal à celui $n(\alpha)$ de α et $n(\beta) = n(\alpha)$ entraîne $k(\beta) = k(\alpha)$.

(10) Ce théorème, qui joue, également, un rôle important dans certaines généralisations non-abéliennes de la théorie locale des corps de classes, est dû à l'auteur, qui l'a publié dans les Comptes Rendus, 222 (1946), p. 626. On le trouve également, exposé dans la conférence citée (6) de l'auteur, à la p. 31, ainsi que dans sa conférence au Congrès Int. des Mathématiciens, Cambridge 1950, vol. 2, p. 71-76, et dans l'excellent livre d'Artin « Algebraic numbers and algebraic functions », vol. 1, p. 39.

Soit $f(x) = \Sigma\, a_i x^i$ un polynôme unitaire dans un corps valué complet k (dont la fermeture algébrique valuée sera toujours notée $\mathfrak{K}$). Si $\omega(\alpha) = -\ln|\alpha|$ est l'ordre valuatif de $\mathfrak{K}$, le point $P_i = (\xi = i, \eta = \omega(a_i))$ d'un plan cartésien $0\xi\eta$ sera dit le *point représentatif* du terme $a_i x^i$ de $f(x)$ et l'enveloppe convexe inférieure de l'ensemble des points représentatifs P_i des termes de $f(x)$ s'appelle le *polygone de Newton* de $f(x)$ et se note $\Pi_{f(x)}$ [ou Π_f quand il n'y a pas de danger de confusion à propos de la variable indépendante de $f(\ldots)$]. Si $v = \omega(x) = -\ln|x|$, on a $\omega(a_i x^i) = \omega(a_i) + iv = \eta + (-\xi)(-v)$, où $P_i = (\xi, \eta)$. Ainsi, pour toute valeur de x, $\omega(a_i x^i)$ est l'ordonnée de l'intersection avec 0η de la droite de pente $-v = \ln|x|$ passant par P_i. Appelons *v-tangente* de $\Pi_{f(x)}$ la droite de pente $-v$, ayant des points communs avec $\Pi_{f(x)}$, mais telle que tout point de $\Pi_{f(x)}$ soit sur cette droite ou au-dessus (toutefois, si $v = -\infty$ ou $+\infty$, le mot « au-dessus » est à remplacer respectivement par « à gauche » et « à droite »). Alors, si $\varphi_{f(x)}(v)$ est l'ordonnée de l'intersection avec 0η de la v-tangente de $\Pi_{f(x)}$, on a $\underset{\omega(x)=v}{\mathrm{Max}}\, |a_i x^i| = \mathrm{Max}\,(|a_i|\, e^{-iv}) = e^{-\varphi_{f(x)}(v)}$ d'où résulte $\omega(f(x)) \geqslant \varphi_{f(x)}(\omega(x))$. Ce qui précède s'applique quand x varie dans n'importe laquelle extension valuée de k (et non seulement dans k) et, en particulier, quand il prend ses valeurs dans $\mathfrak{K}$, auquel cas v parcourt le module de valuation de $\mathfrak{K}$, qui est dense sur l'axe réel, $\varphi_{(fx)}(v)$ est une fonction continue de v et comme la v-tangente L_v de pente $-v$ passe nécessairement par quelque P_i et ne change son point de contact avec $\Pi_{f(x)}$ que si $-v$ passe par les pentes $-v_0 = +\infty > -v_1 > \ldots > -v_{m-1} > > -v_m = -\infty$ des côtés de $\Pi_{f(x)}$, $\varphi_{f(x)}(v)$ est une fonction linéaire de v dans chaque intervalle (v_{i-1}, v_i) $(i = 1, 2, \ldots, m)$, donc est linéaire par morceaux. A l'intérieur de chacun des intervalles considérés $v_{j-1} < v < v_j$, la v-tangente L_v touche $\Pi_{f(x)}$ en un seul point $P^{(j)} = (\xi^{(j)}, \eta^{(j)})$, qui est le point représentatif du seul terme $a_{i(j)}\, x^{i(j)}$ $[i(j) = \xi^{(j)}, \omega(a_{i(j)}) = \eta^{(j)}]$ de $f(z)$ qui soit maximal quand $\omega(x) = v$. Il en résulte, d'abord, que dans l'intervalle (v_{j-1}, v_j), on a $\varphi_{f(x)}(v) = \eta^{(j)} + \xi^{(j)} v$ avec $\xi^{(j)} \geqslant 0$, ce qui montre que $\varphi_{f(x)}(v)$ y est une fonction strictement croissante sauf si $\xi^{(j)} = 0$, c'est-à-dire sauf dans l'intervalle $(v_{m-1}, +\infty)$ quand $a_0 \neq 0$, où $\varphi_{f(x)}(v)$ est la constante $\omega(a_0)$. En particulier, $\varphi_{f(x)}(v)$

est strictement croissante partout si $f(0) = 0$. En plus, puisque, pour tout v distinct des v_j $(j = 0, 1, \ldots, m)$, $f(x)$ a un seul terme maximal quand $\omega(x) = v$, on a sous cette hypothèse $\omega(f(x)) = \varphi_{f(x)}(v) \neq +\infty$. Ainsi, aucun zéro z de $f(x)$ dans $\mathfrak{K}$ n'a, dans ce cas, sa valuation $|z|$ égale à $|x| = v$. Or, si $z_1, z_2, \ldots, z_n$ sont tous les zéros de $f(x)$ dans $\mathfrak{K}$ (répétées selon leur multiplicité), on a $f(x) = \prod_{q=1}^{n} (x - z_q)$, d'où $\omega(f(x)) = \sum_{q=1}^{n} \omega(x - z_q)$. Or, puisque on n'a jamais $|x| = |z_q|$ si $v = \omega(x)$ est distincts de v_j $(j = 0, 1, ..., m)$, on a, dans ce cas, $|x - z_q| = \mathrm{Max}(|x|, |z_q|)$, d'où résulte $\omega(x - z_q) = \mathrm{Min}[\omega(x), \omega(z_q)]$. Par suite, si $i(v)$ est le nombre des zéros z de $f(x)$ tels que $|z| \leqslant |x| = e^{-v}$, on a, pour $v \neq v_j$ $(j = 0, 1, \ldots, m)$, $\varphi_{f(x)}(v) = i(v)v + \sum_{\omega(z_q) < v} \omega(z_q)$. Comme de deux côtés de cette égalité se trouvent des fonctions continues de v, elle doit être vraie même si v prend une des valeurs exceptionnelles v_j $(j = 0, 1, \ldots, m)$, donc vraie pour tout v réel. La comparaison de deux expressions de $\varphi_{f(x)}(v)$ dans l'intervalle (v_{j-1}, v_j) montre que $i(v_{j-1}) = \xi^{(j)}$, donc le nombre des zéros de $f(x)$ d'ordre v_j est $i(v_j) - i(v_{j-1}) = \xi^{(j+1)} - \xi^{(j)}$. Or, puisque le côté de pente $-v_j$ de $\Pi_{f(x)}$ est le segment $P^{(j)}P^{(j+1)}$, $\xi^{(j+1)} - \xi^{(j)}$ est la longueur de la ξ-projection de ce côté. Ainsi, le nombre des zéro de $f(x)$ d'ordre valuatif v_j est égal à la longueur de la ξ-projection du côté de $\Pi_{f(x)}$ de pente $-v_j$. D'autre part, si x est tel que sa distance $|x - z_q|$ à tout zéro z_q de $f(x)$ dans $\mathfrak{K}$ soit $\geqslant |x|$, on a encore, pour tout z_q, $|x - z_q| = \mathrm{Max}(|x|, |z_q|)$, ce qui implique $\omega(f(x)) = \varphi_{f(x)}(v)$. Ainsi, *si aucun zéro* z_q *de* $f(x)$ *dans* $\mathfrak{K}$ *n'est plus proche de* x *que* 0, *on a* $\omega(f(x)) = \varphi_{f(x)}(\omega(x))$.

Soient $\beta \in \mathfrak{K}$ et z un des zéros de $f(x)$ les plus proches de β [c'est-à-dire tel que sa distance à ne dépasse celle d'aucun autre zéro de $f(x)$]. Alors, si $f_z(x) = f(x + z)$, on a $f(\beta) = f([\beta - z] + z) = f_z(\beta - z)$ et $z - z = 0$ est un des zéros $z_q - z$ des $f_z(x)$ les plus proches de $\beta - z$. Par suite, si $\Pi_f^z = \Pi_{f(x+z)}$ et $\varphi_f^z(v) = \varphi_{f(x+z)}(v)$, *on a* $\omega(f(\beta)) = \omega(f_z(\beta - z)) = \varphi_f^z(\omega(\beta - z))$. On a, d'autre part, $\varphi_f^{(z)}(v) = i_z(v)\,v + \sum_{\omega(z_q - z) < v} \omega(z_q - z)$. où $i_z(v)$ est le nombre des zéros z_q de $f(x)$ tels que $|z_q - z| < c^{-v}$ Si $C_z^{(f)}$ est le plus grand cercle de centre z dans $\mathfrak{K}$ ne contenant aucun autre zéro $z_q \neq z$ de $f(x)$ dans $\mathfrak{K}$, on a $\beta \in C_z^{(f)}$ si, et seulement si $z_q = z$ est l'unique zéro de $f(x)$ tel que $|z_q - z| \leqslant |\beta - z|$, autrement dit si, et seulement si $i_z(\omega(\beta - z)) = 1$. (D'ailleurs, ce cercle n'est pas vide seulement si z est un zéro simple de $f(x)$). Mais, dans ce cas, on a $\sum_{\omega(z_q - z) < \omega(\beta - z)} \omega(z_q - z) = \sum_{z_q \neq z} \omega(z_q - z) =$

$$= \omega(\prod_{z_q \neq z} (z - z_q)) = \omega\left(\left[\frac{df(x)}{dx}\right]_{x=z}\right) = \omega, \text{ où } \delta_f^{(z)} = \left[\frac{df(x)}{dx}\right]_{x=z}$$

est la *différente du polynôme $f(x)$ pour son zéro z*. Il en résulte que $\omega(f(\beta)) = \omega(\delta_f^{(z)}) + \omega(\beta - z)$ si $\beta \in C_z^{(r)}$, et ceci est même exact sous l'hypothèse plus faible que, pour tout $z_q \neq z$, $\omega(z_q - z) \leqslant \omega(\beta - z)$. En particulier, si $-\ln r_f^{(z)} = w_f^{(z)} = \max_{z_q \neq z} \omega(z_q - z)$, autrement dit si $r_f^{(z)}$ est le minimum des distances $d(z, z_q) = |z - z_q|$ de z aux autres zéros de $f(x)$, on a $\varphi_f^z(w_f^{(z)}) = \omega(\delta_f^{(z)}) + w_f^{(z)}$ et, par suite, étant donné que $\varphi_f^z(v)$ est strictement croissante, $\beta \in C_f^{(z)}$ équivaut à l'inégalité $\omega(f(\beta)) > \omega(\delta_f^{(z)}) + w_f^{(z)}$, qu'on peut aussi écrire sous la forme $|f(\beta)| < |\delta_f^{(z)}| \, r_f^{(z)}$.

Dans le cas, où $f(x)$ est irréductible, tous les $f_z(x) = f(x + z)$ sont conjugués par rapport à k. Leurs coefficients correspondants, en vertu de l'isométricité des automorphismes de $\mathfrak{K}/k$, ont une même valuation, et, par suite, Π_f^z et $\varphi_f^z(v)$ ne dépendent pas du choix de zéro z de $f(x)$. Les $\omega(z_q - z)$ sont, dans ce cas, ce qu'on appelle les *nombres de ramification en z* et, pour cette raison, Π_f^z est appelé le *polygone de ramification* de $f(x)$ et est noté W_f. De même, $\varphi_f^z(v)$ est notée $\varphi_f^R(v)$. Si z et z' sont deux zéros de $f(x)$, il existe, dans le cas considéré, un automorphisme σ de $\mathfrak{K}/k$, qui transforme z en z', et, en vertu de la théorie de Galois et de l'isométricité de σ, cet automorphisme permute l'ensemble des z_q en préservant leurs distances mutuelles. Ainsi, on a $r_f^{(z)} = r_f^{(z')}$ et $w_f^{(z)} = w_f^{(z')}$. Par suite, $r_f^{(z)}$ et $w_f^{(z)} = -\ln r_f^{(z)}$ ne dépendent pas du choix de z et seront notés r_f et w_f. r_f est le minimum des distances de deux zéros distincts arbitraires de $f(x)$ et w_f est le nombre de ramification fini maximal en un zéro quelconque z de $f(x)$. L'idéal $\delta_f = (\delta_f^{(z)})$ engendré par $\delta_f^{(z)}$ dans $\mathfrak{K}$ ne dépend pas, non plus, du choix de z, car $\omega(\delta_f^{(z)})$ n'en dépend pas [cela se voit d'ailleurs directement, car $f'(x) = \dfrac{df(x)}{dx} \in k[x]$ et, par suite, $\delta_f^{(z)} = f'(z)$ et $\delta_f^{(z')} = f'(z')$ sont conjugués par rapport à k et ont, par suite, une même valuation] δ_f s'appelle la *différente de f*. C'est un idéal du corps $K = k(z)$ défini par z sur k. Si $D_f = N_{K/k}\delta_f^{(z)}$,

$(D_f) = N_{K/k}\,\delta_f = \delta_f^{n(f)} = (N_{K/k}\,\delta_f^{(z)}) = (N_{K/k} f'(z))$ est le discriminant de $f(x)$. On sait que, si le degré $n(f)$ de $f(x)$ est fixé, $D_f = \pm R_x(f(x), f'(x))$, donc est un polynôme bien déterminé à coefficients entiers rationnels par rapport aux coefficients de $f(x)$. La condition pour que $\beta \in C_f^{(z)}$ est donc que $|f(\beta)| < |\delta_f|\, r_f = |D_f^{1:n(f)}|\, r_f$. Et r_f est complètement déterminé par W_f, c'est-à-dire par les valuations des coefficients du polynôme $f_z(x) = f(z + x)$ (d'ailleurs, $\delta_f^{(z)} = f'(z)$ est le coefficient de $x = x^1$ dans ce polynôme, et les mêmes valuations déterminent aussi $|D_f|$). Enfin, puisque, dans le cas considéré, l'ensemble des zéros z_q de $f(x)$ coïncide avec celui des conjugués de z par rapport à k, le cercle, noté $C_f^{(z)}$ dans le § présent, coïncide avec celui, qui a été désigné C_z dans le § 10.

Soit $g(x) = f_{\beta/k}(x)$ le polynôme minimal de $\beta \in \mathfrak{K}$ sur k. Alors, quelque soit le polynôme $f(x) \in k[x]$, tous les $f(\beta')$, où β' parcourt les zéros de $g(x)$, sont conjugués. Par suite, ils ont tous une même valuation, égale à celle $|f(\beta)|$ de $f(\beta)$. Par suite, on a

$$\Big|\prod_{g(\beta')=0} f(\beta')\Big| = |f(\beta)|^{n(g)}.$$

Or, puisque $g(x)$ est unitaire, on a

$$\prod_{g(\beta')=0} f(\beta') = \pm R_x(f(x), g(x)),$$

d'où résulte que

$$|R_x(f, g)| = |f(\beta)|^{n(g)} = e^{-n(g)\varphi^{\alpha}_{f(\omega(\beta-\alpha_\beta))}}$$

où α_β est un des zéros de $f(x)$ les plus proches de β. Or, si β' est un autre zéro de $g(x)$, il existe un automorphisme σ de $\mathfrak{K}/k$ tel que $\sigma.\beta = \beta'$, et σ permute les zéros $f(x)$ et ceux de $g(x)$ en préservant leurs distances. Ainsi, $\alpha' = \sigma.\alpha_\beta$ est un des zéros de $f(x)$ les plus proches de β'. Par suite $\omega(\beta - \alpha_\beta)$ ne dépend pas du choix du zéro β de $g(x)$ et est, simplement, le minimum $\Delta_{f,g}$ des distances des zéros de $f(x)$ à ceux de $g(x)$. Si l'on suppose que $f(x) = f_{\alpha/k}(x)$, la condition nécessaire et suffisante pour que $\beta \in C_\alpha$ est que

$$|R_x(f(x), g(x))^{1:n(g)}| < |\delta_f|\, r_f = |D_f^{1:n(f)}|\, r_f.$$

$R_x(f(x), g(x))$ et D_f sont des polynômes à coefficients entiers rationnels par rapport aux coefficients de $f(x) = f_{\alpha/k}(x) = \sum_{i=0}^{n(f)} a_i x^i$ et de $g(x) = f_{\beta/k}(x) = \sum_{j=0}^{n(g)} b_j x^j$. r_f peut être aussi déduit de la valuation de tels polynômes. En effet, $ln r_f$ est la plus petite pente finie des côtés du polygone de ramification W_f de $f(x)$, qui est l'enveloppe convexe inférieure de l'ensemble des points représentatifs des termes de $f_\alpha(x) = f(\alpha + x)$. Or, si $f(y + x) = \sum_{i=0}^{n(f)} f_i(y)x^i$, on a $f_\alpha(x) = \sum f_i(\alpha)x^i$, et les points représentatifs des termes de $f_\alpha(x)$ sont les $P_i = (i, \omega(f_i(\alpha))) = (i, -ln|f_i(\alpha)|)$. Or, $|f_i(\alpha)| = |N_{K/k}(f_i(\alpha))|^{1:n(f)} = |R_x(f(x), f_i(x))|^{1:n(f)}$, et puisque les coefficients des $f_i(x)$ sont des combinaisons linéaires à coefficients entiers rationnels de ceux de $f(x)$, $R_x(f(x), f_i(x))$ est un polynôme à coefficients entiers rationnels par rapport aux $a_0, a_1, \ldots, a_{n-1}$.

Il est commode d'organiser l'ensemble S_k des polynômes unitaires irréductibles $f(x) \in k[x]$ en un espace ultramétrique, en définissant la distance $d(f, g)$ des $f, g \in S_k$ par l'égalité

$$d(f, g) = |R_x(f(x), g(x))^{1:n(f)\,n(g)}|$$

Cette distance [ou, plus précisément, sa puissance $d(f, g)^n$ quand on ne considère que les polynômes $f(x)$ degré fixe $n(f) = n$] joue un rôle important dans certaines généralisations non-abéliennes de la théorie locale des corps de classes (11). C'est bien une distance ultramétrique, car : 1°) elle est symétrique; 2°) $d(f, g)$ est nulle si, et seulement si $R_x(f(x), g(x)) = 0$, c'est-à-dire si, et seulement si $f(x)$ et $g(x)$ ont un zéro commun dans $\mathfrak{K}$, ce qui, en vertu de leur unitarité et irréductibilité dans k, entraîne $f(x) = g(x)$; ainsi $d(f, g) = 0$ équivaut à $f = g$; 3°) comme pour $f(x), g(x) \in S_k$,

$$d(f, g) = |R_x(f(x), g(x))^{1:n(f)\,n(g)}| = e^{-\overset{(R)}{\varphi_f}(-ln\,\Delta(f,g))\,:\,n(f)}$$

est, pour un $f(x)$ fixé, une fonction strictement croissante de $\Delta(f, g)$, il suffit, pour démontrer que $d(f, g)$ satisfait à l'inégalité ultramétrique, de le prouver pour $\Delta(f, g)$. Autrement dit, il suffit de montrer que de $\Delta(f, g) \leqslant \Delta(f, h) \leqslant \Delta(g, h)$ résulte $\Delta(f, h) = \Delta(g, h)$, car, alors, on aurait (en considérant f comme fixé) $d(f, g) \leqslant d(f, h)$ et (en considérant h comme fixé) $d(f, h) = d(h, f) = d(h, g) = d(g, h)$. Or, soient α un zéro de $f(x)$, β un des zéros de $g(x)$ les proches de α et γ un des zéros de $h(x)$ les plus proches de α. Alors, on a $\Delta(f, g) = d(\alpha, \beta)$ et $\Delta(f, h) = d(\alpha, \gamma)$.

(11) Voir, p. ex., le travail cité (6) de l'auteur, p. 33-35 ou sa conférence au Congrès Int. des Mathématiciens, Cambridge, 1950.

D'autre part, on a $\Delta(g, h) \leqslant d(\beta, \gamma) \leqslant \mathrm{Max}\,[d(\beta, \alpha), d(\alpha, \gamma)] =$ $= \mathrm{Max}\,[d(\alpha, \beta), d(\alpha, \gamma)] = \mathrm{Max}\,[\Delta(f, g), \Delta(f, h)]$, ce qui entraîne, en vertu de l'hypothèse $\Delta(f, g) \leqslant \Delta(f, h)$, $\Delta(g, h) \leqslant \Delta(f, h)$. Mais, comme, par hypothèse, on a $\Delta(f, h) \leqslant \Delta(g, h)$, il en résulte bien $\Delta(f,h) = \Delta(g, h)$ et tout est prouvé.

Les résultats que nous venons d'obtenir permettent d'exprimer le théorème du § précédent et sa conséquence sous la forme suivante, qui ne fait intervenir que les coefficients des polynômes minimaux $f(x) = f_{\alpha/k}(x)$ et $g(x) = f_{\beta/k}(x)$ des $\alpha, \beta \in \mathfrak{K}$ dont il y est question :

Théorème : k étant un corps valué complet, si $f(x) \in S_k$ *est un polynôme séparable, et si* $g(x) \in S_k$, *l'inégalité*

$$d(f, g) < \left|D_f^{1:n(f)^2}\right| r_f^{1:n(f)}$$

entraîne que g(x) définit sur k (à l'isomorphie près) *une surextension de l'extension définie par f(x).*

En effet, cette inégalité entraîne $\Delta(f, g) < r_f$. Donc, si α est un zéro de $f(x)$ et si β est un des zéros de $g(x)$ les plus proches de α, on a $d(\beta, \alpha) < r_f$ et $\beta \in C_\alpha$, ce qui implique $k(\beta) \supseteq k(\alpha)$.

Conséquence : Si $g(x) \in S_k$ *et si* r_f *est le minimum des distances des zéros d'un polynôme* $f(x) \in k[x]$ *sans zéros multiples tel que* $n(g) < n(f)$, *l'inégalité précédente*

$$d(f, g) < \left|D_f^{1:n(f)^2}\right| r_f^{1:n(f)}$$

entraîne la réductibilité de f(x) dans k.

En effet, si $f(x)$ était irréductible, il définirait une sous-extension de l'extension de k définie par $g(x)$ et on aurait $n(f) \leqslant n(g)$ contre l'hypothèse.

Il est à remarquer que, même si $f(x) = \Sigma a_i x^i$ n'est pas supposé irréductible, r_f peut se déterminer à partir des valuations de certains polynômes des a_i à coefficients entiers rationnels. En effet, r_f est le minimum des valuations des zéros du polynôme $x^{-n(f)} R_y(f(x+y), f(y))$, dont les zéros sont toutes les différences des zéros distincts de $f(x)$; c'est donc la plus petite parmi les pentes des côtes du polygone de Newton de ce polynôme en x, dont les coefficients sont certains polynômes à coefficients entiers rationnels des a_i.

§ 12 — Relations entre les extensions de la limite d'une suite convergente de corps valués complets et les extensions des termes de cette suite

Soient $k_1, k_2, \ldots, k_i, \ldots$ une suite de corps valués complets, organisée en une suite convergente par des isomorphismes résiduels ε_i de normes décroissantes ρ_i et k la limite de cette suite. Soit $f(x) \in k[x]$ un polynôme sans zéros multiples, et soient $f_i(x) \in k_i[x]$ des polynômes qui convergent vers $f(x) : f_i(x) \rightarrow f(x)$.

Théorème : A partir d'un certain rang, $f_i(x)$ n'a pas de zéros multiples et $f(x)$ est irréductible dans $k[x]$ si, et seulement si, à partir d'un certain rang, $f_i(x)$ l'est dans $k_i(x)$. Si $f_i(x) \rightarrow f(x)$ canoniquement, ces rangs peuvent être choisis de manière à ne dépendre que de $f(x)$ et non du choix de la suite canoniquement approximante $f_i(x) \rightarrow f(x)$.

Démonstration. Comme $f_i \rightarrow f$, on a $D_{f_i} \underset{a}{\rightarrow} D_f \neq 0$. Donc, à partir d'un certain rang, on a $D_{f_i} \neq 0$ et $f_i(x)$ n'a pas de zéros multiples. On a, même, à partir d'un certain rang, $|D_{f_i}| = |D(f)|$, $n(f_i) = n(f)$ et $|c(f_i)| = |c(f)|$. Or, si α et α' sont deux zéros distincts d'un polynôme irréductible et séparable $f(x)$, on a $r_f \leqslant |\alpha - \alpha'| \leqslant \mathrm{Max}(|\alpha|, |\alpha'|) = |\alpha| = c(f)^{1:n(f)}$, et la première inégalité se réalise, quand α est fixé et arbitraire, pour un α' au moins. On a donc, si $f(x)$ est irréductible, $|\delta_f| \leqslant r_f |c(f)|^{[n(f)-2]:n(f)}$ d'où $r_f \geqslant |D_f|^{\frac{1}{n(f)}} |c(f)|^{\frac{2-n(f)}{n(f)}}$. Si $f_i(x)$ est irréductible, r_{f_i} satisfait, asymptotiquement, à la même inégalité, car $|D_{f_i}| = |D_f|$ et $|c(f_i)| = |c(f)|$ à partir d'un certain rang. Donc, il existe une constante réelle positive $C < |D_f^{1:n(f)}| r_f$ telle que l'irréductibilité à partir d'un certain rang, de $f_i(x)$ dans k_i implique $|D_{f_i}^{1:n(f_i)}| r_{f_i} > C$.

Soient $f(x) = \Sigma a_q x^q$, $f_i(x) = \Sigma a_{i,q} x^q$ et soient π_i le diviseur multiplicatif de norme ρ_i de k_i, $H_i = k_i/\pi_i$, $(\bar{a}_q^{(i)})$, où $\bar{a}_q^{(i)} \in H_i$, la représentation de a_q comme suite projective du système projectif des H_i, $\bar{a}_{i,q}$ la classe de $a_{i,q}$ (mod π_i). Alors, puisque $f_i(x) \rightarrow f(x)$, on a $d_i(\bar{a}_q^{(i)}, \bar{a}_{i,q}) \rightarrow 0^+$ et $\bar{a}_{i,q} = 0$ asymptotiquement si $a_q = 0$. Par suite, si $r_q = |a_q|$, il existe, pour tout $\varepsilon > 0$, un $i(\varepsilon)$ tel que $i \geqslant i(\varepsilon)$ implique $d_i(\bar{a}_q^{(i)}, \bar{a}_{i,q}) \leqslant \varepsilon r_i$. Soient, d'autre part, deux polynômes $g(x) = \Sigma b_q x^q \in k[x]$ et $g_i(x) = \Sigma b_{i,q} x^q \in k_i[x]$ d'un même degré donné m et tels que la composante $\bar{b}_q^{(i)}$ de b_q dans H_i

soit, pour tout q, égale à la classe $\bar{b}_{i,q}$ de $b_{i,q}$ (mod π_i). Posons $r_{n(f)+q} = |b_q|$ $R = R_x(f(x), g(x))$ est un certain polynôme $F(a_0, a_1, \ldots, a_{n(f)}, b_0, b_1, \ldots, b_m)$ en $a_0, a_1, \ldots, a_{n(f)}, b_0, b_1, \ldots$ $\ldots, b_m$ à coefficients entiers rationnels, et si $n(f_i) = n(f)$, on a $R_i = R_x(f_i(x), g_i(x)) = F(a_{i,0}, a_{i,1}, \ldots, a_{i,n(f)}, b_{i,1}, b_{i,2}, \ldots, b_{i,m})$. Soit $\overline{R}^{(i)}$ la composante de $R \in k$ dans H_i et soit $\overline{R}_i$ la classe de R_i (mod π_i). Alors, on a $\overline{R}^{(i)} \in F(\bar{a}_0^{(i)}, \bar{a}_1^{(i)}, \ldots, a_{n(f)}^{(i)}, \bar{b}_0^{(i)}, \bar{b}_1^{(i)}, \ldots, \bar{b}_m^{(i)})$ et $\overline{R}_i \in F(\bar{a}_{i,0}, a_{i,1}, \ldots, \bar{a}_{i,n(f)}, b_{i,0}, \bar{b}_{i,1}, \ldots, b_{i,m})$. Par suite, si $\overline{R}^{(i)*}$ est un élément de k_i, dont la classe (mod π_i) est $\overline{R}^{(i)}$ et si R_i^* est un élément de k dont la composante dans H_i est $\overline{R}_i$, on a, en vertu du lemme sur les polynômes du § 8, étant donné que $\bar{b}_q^{(i)} = b_{i,q}$ $(q = 0, 1, \ldots, m)$ et que, pour tout $i \geqslant i(\varepsilon)$, $d(\bar{a}_q^{(i)}, \bar{a}_{i,q}) \leqslant$ $\leqslant \varepsilon r_q$ $(q = 0, 1, \ldots, n(f))$, que

$$|R - R_i^*| \leqslant \mathrm{Max}\,(B'_{F, r_1, r_2 \ldots, r_{n(f)+m}}\ \varepsilon,\ B''_{F, r_1, r_2, \ldots, r_{n(f)+m}}\ \rho_i)$$

et

$$|R_i - R^{(i)*}| \leqslant \mathrm{Max}\,(B'_{F, r_1, r_2 \ldots, r_{n(f)+m}}\ \varepsilon,\ B''_{F, r_1, r_2, \ldots, r_{n(f)+m}}\ \rho_i)$$

Or, supposons que $f(x)$ soit réductible dans $k(x)$. Il existe donc un $g(x) \in k[x]$ non-nul et de degré $m < n(f)$ tel que $R = R_x(f(x), g(x)) = 0$. Par suite, on a $\overline{R}^{(i)} = 0$ et $R^{(i)*} = 0$. Mais, alors, si $g_i(x)$ a été choisi, pour tout i, de la manière précédente, on a $|R_x(f_i(x), g_i(x))| = |R_i| = |R_i - R^{(i)*}| \leqslant$ Max $(B'_{F, r_1, r_2, \ldots, r_{n(f)+m}}\ \varepsilon, B''_{F, r_1, r_2, \ldots, r_{n)f)+m}}\ \rho_i)$, donc, si ε et ρ_i sont assez petits, est $< C$. Si $f_i(x)$ était irréductible, cela aurait impliqué $d(f_i, g_i) < |D_{f_i}{}^{1:n(f_i)^2}|\, r_{f_i}{}^{1:n(f_i)}$, ce qui entraîne la réductibilité de $f_i(x)$. Donc, si $f(x)$ est réductible, $f_i(x)$ l'est aussi à partir d'un certain rang. Inversement, si, quelque soit i_0, il existe un $i \geqslant i_0$ tel que $f_i(x)$ est réductible, il existe $g_i(x) \in k[x]$ irréductible et de degré $m < n(f_i) = n(f)$ tel que $R_i = R_x(f(x), g_i(x)) = 0$. En plus, comme $f(x)$ possède certainement des zéros de valuation $\leqslant |c(f)|^{1:n(f)}$, on peut supposer que ceux de $g_i(x)$ (qui ont tous la même valuation à cause de l'irréductibilité supposée de $g_i(x)$) satisfont tous à la même inégalité. Mais, alors, si $g_i(x) = \sum_{i=1}^{m} b_{i,q}\, x^q$, on a $|b_{i,q}| \leqslant |c(f)|^{[m-q]:n(f)}$ et si l'on choisit $g(x) \in k[x]$ de la manière précédente, on peut poser, dans $B'_{F, r_1, r_2, \ldots, r_{n(f)+m}}$ et $B''_{F, r_1, r_2, \ldots, r_{n(f)+m}}$, $r_{n(f)+q} = |c(f)|^{[m-q]:n(f)}$. Puisque $R_i = 0$, on a $\overline{R}_i = 0$ et $R_i^* = 0$, d'où résulte que $|R_x(f(x), g(x))| = |R| =$ $= |R - R_i^*| \leqslant$ Max $(B'_{F, r_1, r_2 \ldots, r_{n(f)+m}}\ \varepsilon, B''_{F, r_1, r_2, \ldots, r_{n(f)+m}}\ \rho_i)$, donc est $< C < |D_f^{1:n(f)}| r_f$ si i est assez grand. Par suite, $f(x)$ est réductible.

Si $f_i(x) \to f(x)$ canoniquement, il résulte du théorème du § 9 (dont on va reprendre les notations) que $\rho_i < e_f^n$ implique l'irréductibilité de $f_i(x)$ quand $f(x)$ est irréductible, car on peut poser, dans l'énoncé de ce théorème, $k' = k_i$, $\eta =$ isomorphisme résiduel canonique de k sur k_i, $f'(x) = f_i(x)$. De même, si $f_i(x)$ est irréductible et $\rho_i < e_{f_i}^n$, $f(x)$ est irréductible. Or, $e_f \leqslant |D_f\, c(f)^{1-n(f)}|^{1/2}$ et $e_{f_i} \leqslant |D_{f_i}\, c(f_i)^{1-n(f_i)}|^{1/2}$. Et, si $\rho_i < 1$, on a $n(f_i) = n(f)$ et $|c(f_i)| = |c(f)|$ et, en cas d'irréductibilité de $f(x)$ ou de $f_i(x)$, l'inégalité correspondante $\rho_i < e_f^n$ ou $\rho_i < e_{f_i}^{n}{}^n$ entraîne l'égalité des valuations de δ_f et de δ_{f_i}, car leurs classes modulo les diviseurs multiplicatifs de k et de k_i de norme $\rho_i e_f^{-2}$ se correspondent par l'isomorphisme résiduel $\tilde{\eta}$. Donc, si $f_i(x) \to f(x)$ canoniquement, toutes les conclusions du théorème seront sûrement satisfaites à partir du rang i tel que $\rho_i < |D_f^{n(f):2}\, c(f)^{n(f)[1-n(f)]:2}|$.

Il est à remarquer que si $f(x)$ est irréductible et si $\rho_i < e_f^n$, on a sûrement $r_{f_i} = r_f$. En effet, $ln\, r_f$ et $ln\, r_{f_i}$ sont les pentes minimales finies des côtes des polygones de Newton de $x^{-1} f(x + \alpha)$ et de $x^{-1} f_i(x + \alpha_i)$. Or, les classes des coefficients correspondants de ces deux polynômes (si l'on pose $f'(x) = f_i(x)$ et $\alpha' = \alpha_i$) se correspondent par $\tilde{\eta}$, donc ont une même valuation, ce qui entraîne l'égalité de leurs polygones de Newton et $r_f = r_{f_i}$.

Théorème : Si $f_i(x) \to f(x)$ canoniquement, il existe un rang ne dépendant que de $f(x)$ et non du choix des $f_i(x)$, tel qu'à partir de ce rang, $f_i(x)$ soit irréductible et définisse une extension K_i/k_i indépendante (à l'isomorphie près) *du choix de la suite canoniquement approximante $f_i(x)$ de $f(x)$.*

Démonstration. Soit r_0 le plus petit rang tel que $f_i(x)$ soit irréductible pour tout $i \geqslant r_0$ et que $|D_{f_i}| = |D_f|$ et $r_{f_i} = r_f$ à partir de ce rang. L'existence d'un tel r_0 est prouvée dans la démonstration du théorème précédent.

Ceci posé, soit $f_i^*(x)$ une autre suite canoniquement approximante de $f(x)$. Si $f_i(x) = \sum_{q=o}^{n(f)} a_{i,q}\, x^q$ et $f_i^*(x) = \sum_{q=o}^{n(f)} a_{i}^*{}_{,q}\, x^q$, on a $|a_{i,q} - a_i^*{}_{,q}| \leqslant$ $\leqslant |a_{i,q}|\, \rho_i$. Par suite, on a, si α_i est un zéro quelconque de $f_i(x)$ dans une fermeture algébrique valuée $\mathfrak{K}_i$ de k_i, on a $|f_i^*(\alpha_i)| =$ $= |f_i^*(\alpha_i) - f_i(\alpha_i)| = |\sum_{q=o}^{n(f)} (a_i^*{}_{,q} - a_{i,q})\, \alpha_i^q| \leqslant$ Max $(|a_i^*{}_{,q} - a_{i,q}|$ $|\alpha_i|^q) \leqslant$ Max $(|a_{i,q}|\, \rho_i\, |\alpha_i|^q) = \rho_i$ Max $(|a_{i,q}\, \alpha^q|)$. Or, puisque $f_i(x)$

est irréductible dans k_i, qui est complet, on a $|a_{i,q}\,\alpha^q| \leqslant |a_{i,0}| = |c(f_i)| = |c(f)|$, d'où $|\mathrm{R}_x(f_i(x), f_i^*(x))| = |f_i^*(\alpha_i)|^{n(f)} \leqslant |c(f)|^{n(f)}\,\rho_i^{n(f)}$.

Ainsi, si $\rho_i |c(f)| < |\mathrm{D}_{f_i}^{1:n(f_i)}|\, r_{f_i} = |\mathrm{D}_f^{1;n(f)}|\, r_f$, autrement dit si

$$\rho_i < \left| \left(\frac{\mathrm{D}_f}{c(f)^{n(f)-1}} \right)^{1:n(f)} \right| \frac{r_f}{|c(f)|^{1:n(f)}},$$

il existe, en vertu de $\mathrm{R}_x(f_i(x), f_i^*(x)) = \pm \prod_{f_i^*(\beta_i^*)=0} f_i(\beta_i^*)$, un zéro β_i^* de $f_i^*(x)$ tel que

$$|f_i(\beta_i^*)| < |\delta_{f_i}|\, r_{f_i},$$

ce qui entraîne que $k_i(\beta_i^*)/k_i$ est, à l'isomorphie près, une surextension de l'extension K_i/k_i définie par $f_i(x)$. Par suite $(k_i(\beta_i^*) : k_i) \geqslant (\mathrm{K}_i : k_i) = n(f)$, ce qui démontre que $f_i^*(x)$ est irréductible et $k_i(\beta_i^*)/k_i \simeq \mathrm{K}_i/k_i$. Ainsi, si i_f^* est le plus petit indice $\geqslant i_0$ et tel que $\rho_i < \left| \left(\frac{\mathrm{D}_f}{c(f)^{n(f)-1}} \right)^{1:n(f)} \right| \frac{r_f}{|c(f)|^{1:n(f)}}$, la conclusion du théorème est vraie pour $i \geqslant i_f^*$.

Si K/k est l'extension définie par $f(x)$, K_i/k_i définie, pour $i \geqslant i_f^*$, par le i-ième terme $f_i(x)$ de toute suite canoniquement approximante de $f(x)$ sera dite l'*image f-canonique de* K/k *sur* k_i. Cette extension est définie à l'isomorphie (par rapport à k_i) près. Comme on va voir plus loin, elle est, dans une certaine mesure, indépendante du polynôme $f(x)$ définissant K/k. K_i/k_i est séparable.

Théorème : Si $f_i(x) \to f(x)$, *où* $f(x)$ *est un polynôme irréductible et séparable* $\in k[x]$, $f_i(x)$ *définit, à partir d'un certain rang (mais qui dépend de la suite approximante choisie), l'image f-canonique de* K/k.

Démonstration : Soit $f_i^*(x)$ une suite de polynômes, qui converge canoniquement vers $f(x)$. Alors, si $i \geqslant i_f^*$, $f_i^*(x)$ définit l'image f-canonique K_i/k_i de K/k sur k_i. Puisque on a asymptotiquement $n(f_i^*) = n(f_i) = n(f)$ et puisque $f_i(x) \to f(x)$ et $f_i^*(x) \to f(x)$, on a $\mathrm{R}_x(f_i(x), f_i^*(x)) \to \mathrm{R}_x(f(x), f(x)) = 0$. Par suite, il existe un rang $\tilde{\imath}$ tel que, pour a $\tilde{\imath} \geqslant \hat{\imath}$, on dit $d(f_i, f_i^*) < |\mathrm{D}_f^{1:n(f)2}|\; r_f^{1:n(f)}$, ce qui entraîne l'existence d'un zéro α_i^* de $f_i^*(x)$ tel que $|f_i(\alpha_i^*)| < |\delta_{f_i}|\, r_{f_i}$. Il en résulte que $f_i^*(x)$ est irréductible et définit la même extension (à l'isomorphie près) K_i/k_i que $f_i(x)$.

Lemme. Si l'on considère les polynômes unitaires irréductibles définissant une extension séparable K/k *de degré* n *et tels que* $e_f > c > 0$, $\left|\frac{D_f}{c(f)^{n-1}}\right|$ *et* $\frac{r_f}{|c(f)|^{1:n}}$ *ont une borne inférieure positive.*

Démonstration. En effet, soit $g(x)$ un polynôme fixe $\in S_k$ définissant K/k et soit $f(x)$ un polynôme arbitraire $\in S_k$, définissant la même extension et tel que $e_f > c$. Soient α, β des zéros de $f(x)$, $g(x)$ dans K. On a $\beta^i = \Sigma a_{i,j}\,\alpha^j$ $(i,j = 0, 1, \ldots, n-1;\ a_{i,j} \in k)$, et $D_g = \pm \det{}^2(a_{i,j})\, D_f$, d'où résulte

$$\left|\frac{D_g}{c(g)^{n-1}}\right| = \frac{|\det(a_{i,j})|^2\,|D_f|}{|\beta|^{n(n-1)}} = |\det(a_{i,j})|^2 \left|\frac{\alpha}{\beta}\right|^{n(n-1)} \frac{|D_f|}{|c(f)^{n(n-1)}|}$$

Or, on a $\frac{|\beta^i|}{\mathrm{Max}_j(|a_{i,j}\,\alpha^j|)} \geqslant e_f$, d'où, pour tout j, on a $|a_{i,j}|\ |\alpha|^j \leqslant |\beta|^i e_f^{-1}$ et $|a_{i,j}| \leqslant \frac{|\beta|^i}{|\alpha|^j} e_f^{-1}$.

Par suite, si $i \to j(i)$ est une permutation arbitraire des indices $0, 1, \ldots, n-1$, on a

$$|\pm a_{0,j(0)}\, a_{1,j(1)} \ldots a_{n-1,j(n-1)}| \leqslant \frac{|\beta|^{0+1+\ldots+(n-1)}}{|\alpha|^{j(0)+j(1)+\ldots+j(n-1)}} e_f^{-n}$$

$$= \left|\frac{\beta}{\alpha}\right|^{\frac{n(n-1)}{2}} e_f^{-n}$$

et

$$|\det(a_{i,j})|^2 \leqslant \left|\frac{\beta}{\alpha}\right|^{n(n-1)} e_f^{-2n},$$

d'où résulte

$$\left|\frac{D_g}{c(g)^{n-1}}\right| \leqslant \left|\frac{D_f}{c(f)^{n-1}}\right| e_f^{-2n}$$

et

$$\left|\frac{D_f}{c(f)^{n-1}}\right| \geqslant \left|\frac{D_g}{c(g)^{n-1}}\right| e_f^{2n} \geqslant \left|\frac{D_g}{c(g)^{n-1}}\right| c^{2n} > 0$$

D'autre part, puisque

$$|\delta_f| \leqslant r_f |\alpha|^{n-2} = r_f\, |c(f)|^{(n-2):n},$$

on a

$$\frac{r_f}{|c(f)|^{1:n}} = \frac{r_f}{|\alpha|} \geqslant \frac{|\delta_f|}{|\alpha|^{n-1}} = \left|\frac{D_f}{c(f)^{n-1}}\right|^{1:n} \geqslant \left|\frac{D_g}{c(g)^{n-1}}\right|^{1:n} c^2 > 0\,.$$

Théorème : Si K/k *est une extension séparable de degré fini, et si* $f(x)$ *parcourt les polynômes définissant* K/k *et tels que* $e_f > c > 0_i$ *à partir d'un certain rang, l'image f-canonique* K_i/k_i *de* K/k *sur* k*, ne dépend pas de* $f(x)$*, mais seulement de* K/k.

Démonstration : Soient $f(x)$ et $g(x)$ deux polynômes définissant K/k et tels que $e_f > c$ et $e_g > c$, dont $f(x)$ fixé et $g(x)$ arbitraire. Si α et β sont des zéros respectivement de $f(x)$ et de $g(x)$ dans K, il existe un polynôme $\varphi(x) \in k[x]$ de degré $< n = (K: k)$ tel que $\beta = \varphi(\alpha)$. Soient $f_i(x)$, $g_i(x)$ et $\varphi_i(x)$ des suites canoniquement approximantes des $f(x)$, $g(x)$, $\varphi(x)$ respectivement, où $f_i(x)$ et $g_i(x)$ sont unitaires. Si $i \geqslant \text{Max}\,(i_f^*, i_g^*)$, $f_i(x)$ et $g_i(x)$ définissent les extensions K_i/k_i et $\tilde{K}_i/k_i$ qui sont les images f-canonique et g-canonique de K/k sur k_i. Il est à remarquer que si l'on remplace $\varphi(x)$ par $\lambda\varphi(x)$, où $\lambda \in k$ n'est pas nul, $g(x)$ se remplace par $g(\lambda^{-1} x)$ et, si $\lambda_i \to \lambda$ canoniquement, $g_i(\lambda_i^{-1} x)$ approxime canoniquement $g(\lambda^{-1} x)$ et définit encore $\tilde{K}_i/k_i$. Ainsi, pour prouver $\tilde{K}/k_i \simeq K_i/k_i$, il suffit d'opérer avec les $\varphi(x)$ à coefficients bornés supérieurement. D'autre part i_f^* et i_g^* sont des plus petits indices,

$\geqslant i_0$ tels que $\rho_i < \left|\dfrac{D_f}{c(f)^{n-1}}\right|^{1:n} \dfrac{r_f}{|c(f)|^{1:n}}$ respectivement $< \left|\dfrac{D_g}{c(g)^{n-1}}\right|^{1:n} \dfrac{r_g}{|c(g)|^{1:n}}$. En vertu du lemme précédent, ces deux expressions sont inférieurement bornées par une constante $L(K/k, c)$ ne dépendant que de K/k et de c. Ainsi, si i_c^* est le plus petit indice $\geqslant i_0$ tel que $\rho_i < L(K/k, c)$, on est sûr que $i_c^* \geqslant \text{Max}\,(i_f^*, i_g^*)$ pour tout couple de polynômes $f(x)$, $g(x)$ de la forme considérée. Supposons qu'on va se borner (ce qui est permis en vertu de ce qui précède) aux $g_x = R_y(x - \varphi(y), f(y))$ où $\varphi(x) = \sum_{q=0}^{n-1} \varphi_q x^q$ est tel que $\text{Max}_q |\varphi_q| = 1$. Alors, $h_\alpha(\beta) = h_\alpha(\varphi(\alpha)) = \text{Max}_q(|\varphi_q|\,|\alpha|^q) \geqslant \text{Min}\,[1, |\alpha|^n] = \text{Min}\,[1, c(f)]$, d'où $|\beta| \geqslant e_f$ $\text{Min}\,[1, c(f)]$, ce qui implique $|\delta_g| r_g = |c(g)| \left|\dfrac{\delta_g}{c(g)^{(n-1):n}}\right| \dfrac{r_g}{|c(g)|^{1:n}} \geqslant$ $\geqslant |c(g)|\, L(K/k, c) \geqslant (e_f\, \text{Min}\,[1, c(f)])^{n(f)}\, L(K/k, c)$. On voit que pour les $g(x)$ de la forme considérée, $|\delta_g| r_g$ a une borne inférieure uniforme, qui est > 0.

Ceci posé, on a $R_y(x - \varphi(y), f(y)) = g(x)$. Posons $f(x) = = x^n + \sum_{q=0}^{n-1} a_q x^q$, $f_i(x) = x^n + \sum_{q=0}^{n-1} a_{i,q} x_q$, $g(x) = x^n + \sum_{q=0}^{n-1} b_q x^q$, $g_i(x) = x^n + \sum_{q=0}^{n-1} b_{i,q} x^q$, $\varphi(x) = \sum_{q=0}^{n-1} \varphi_q x^q$, $\varphi_i(x) = \sum_{q=0}^{n-1} \varphi_{i,q} x^q$. Soit

$$R_y(x - \sum_{q=0}^{n-1} z_q y^q,\ y^n + \sum_{q=0}^{n-1} t_q y^q) = x^n + \sum_{j=0}^{n-1} A_j(z_0, z_1, \ldots, z_{n-1}, t_0, t_1, \ldots, t_{n-1})\, x^j$$

le résultant par rapport à y de $x - Z(y)$ et de $T(y)$, où $Z(y)$ est le polynôme général de degré $n - 1$ en y et $T(y)$ est le polynôme unitaire général de degré n en y. Alors, on a, pour tout j, $A_j(a_0, a_1, \ldots, a_{n-1}, \varphi_0, \varphi_1, \ldots, \varphi_{n-1}) = C_j$ et $R_y(x - \varphi_i(y), f_i(y)) = = R_i(x) = x^n + \sum_{j=0}^{n=1} A_j(a_{i,0}, a_{i,1}, \ldots, a_{i,n-1}, \varphi_{i,0}, \varphi_{i,1}, \ldots, \varphi_{i,n-1})\, x^i$.

Or, en vertu du lemme du § 8, on a, si l'on pose $r_1 = |a_0|$, $r_2 = |a_1|, \ldots, r_n = |a_{n-1}|$, $r_{n+q} = 1$ $(q = 1, 2, \ldots, n)$,

$|A_j(a_{i,0}, a_{i,1}, \ldots, a_{i,n-1}, \varphi_{i,0}, \varphi_{i,1}, \ldots, \varphi_{i,n-1}) - b_{i,j}| \leqslant B''_{A_j, r_1, r_2, \ldots r_{2n}} \rho_i$

Donc, si β_i est un zéro de $g_i(x)$ on a

$$|R_i(\beta_i)| = |R_i(\beta_i) - f_i(\beta_i)| = |\sum_{j=0}^{n-1} [A_j(a_{i,0}, \ldots, a_{i,n-1}, \varphi_{i,0}, \ldots, \varphi_{i,n-1}) - b_{i,j}]\, \beta_i^{\,j}| \leqslant \mathrm{Max}_j\, (B''_{A_j, r_1, r_2, \ldots, r_{2n}} |\beta_i|^j)\, \rho_i$$

Or, puisque $g_i(x) \to g(x)$, on a $|\beta_i| = |\beta| \leqslant h(\beta) \leqslant \mathrm{Max}\,[1, c(f)]$. Ainsi, si

$$B = \mathrm{Max}_j\, (B''_{A_j, r_1, r_2, \ldots, r_{2n}}\ \mathrm{Max}\,[1, c(f)]^j),$$

on a

$$|R_i(\beta_i)| \leqslant B \rho_i$$

Ainsi, si $\rho_i < B^{-1} e_f\, \mathrm{Min}\,[1, c(f)]\, L(K/k, c)$, on a $|R_x(R_i(x), g_i(x))| = |R_i(\beta_i)|^n < (|\delta_g| r_g)^n$. Or, comme $i \geqslant i_0$, on a $\rho_i < e_g^n$ et $|\delta_{g_i}| r_{g_i} = |\delta_g| r_g$. Ceci entraîne l'existence d'un zéro $\beta_i{}^*$ de $R_i(x)$ tel que $g_i(\beta_i{}^*) < |\delta_g| r_g$, ce qui prouve que $R_i(x)$ est irréductible et définit $\widetilde{K}_i/k_i$. Or, si α_i est un zéro de $f_i(x)$ dans K_i, $R_i(x)$ a un zéro $\beta_i = \varphi_i(\alpha_i) \in K_i$. Par suite, $R_i(x)$ définit aussi K_i/k_i et $K_i/k_i \simeq \widetilde{K}_i/k_i$.

Soit $a_i \in H_i = k_i/\pi_i$, et soit $\langle a_i \rangle$ l'ensemble de tous les $a \in k$ dont la composante dans H_i est a_i. Alors, $\eta_i = \{\langle a_i \rangle \to a_i\}$ est un isomorphisme résiduel de k sur k_i de norme ρ_i. Soient K/k une sous-extension de $\mathfrak{K}/k$, $f(x)$ un polynôme $\in S_k$, qui la définit, α un zéro de $f(x)$ dans K. Soient $i \geqslant i_f^*$ et $K_i/k_i \subseteq \mathfrak{K}_i/k_i$ une image

f-canonique de K/k sur k_i, ce qui exige, en particulier, $\rho_i < e_f^n$ (car $i \geqslant i_0$). Alors, si $f_i(x) \to f(x)$ canoniquement, $f_i(x)$ définit K_i/k_i. On a vu au § 9 que si l'on choisit un zéro α_i de $f_i(x)$ dans K_i, la correspondance $(f(x) \to f_i(x),\ \alpha \to \alpha_i)$ définit polynômialement un isomorphisme résiduel $\tilde{\eta}_i$ de K sur K_i de norme $\rho_i e_f^{-2}$, qui est un prolongement épaissi de η_i. Soit $f_i{}^*(x)$ une autre suite de polynômes convergeant canoniquement vers $f(x)$. Alors $f_i{}^*(x)$, pour $i \geqslant i_f^*$, définit la même extension K_i/k_i et, en plus, on a $\Delta\,(f_i, f_i^*) < r_f = r_{f_i} = r_{f_i^*}$. Par suite, $f_i{}^*(x)$ possède un et un seul zéro $\alpha_i{}^*$, qui est $\in C_{\alpha_i}$ et, en vertu du « principe fondamental », $\alpha_i{}^* \in k_i(\alpha_i) = K_i$. La correspondance $(f(x) \to f_i{}^*(x),\ \alpha_i \to \alpha_i{}^*)$ définit polynomialement un isomorphisme résiduel $\tilde{\eta}_i{}^*$ de K sur K_i de la même norme $\rho_i e_f^{-2}$, qui est aussi un prolongement épaissi de η. A-t-on $\tilde{\eta}_i{}^* = \tilde{\eta}_i$? Non, en général, mais si

$$\rho_i\, e_f^{-1} \left| \frac{\delta_f}{c\,(f)^{(n-1):n}} \right|^{-1} < 1,$$

$\tilde{\eta}_i$ et $\tilde{\eta}_i{}^*$ induisent un même isomorphisme résiduel de K de norme $\rho_i\, e_f^{-1}\,\mathrm{Max}\left[e_f^{-1}, \left|\frac{\delta_f}{c\,(f)^{(n-1):n}}\right|^{-1}\right]$. Cet isomorphisme résiduel sera dit un prolongement épaissi *canonique* de η, les autres prolongements canoniques s'obtenant en changeant le zéro α_i de $f_i(x)$, qui correspond à α. Il s'agit donc de montrer que pour toute classe c de la partition P du § 9, $\tilde{\eta}_i . c$ et $\tilde{\eta}_i{}^* . c$ sont contenus dans une même classe de diviseur multiplicatif $\pi_i{}^*$ de la norme $\rho_i\ e_f^{-1}\left|\frac{\delta_f}{c\,(f)^{(n-1):n}}\right|^{-1}$ de k_i quand $|\delta_f\, c\,(f)^{-(n-1):n}| < e_f$.
Or, les classes de la partition P (pour l'isomorphisme résiduel $\eta = \{<a_i> \to a_i\}$ considéré) sont des ensembles

$$c = c(<a_0>, <a_1>, \ldots, <a_{n-1}>) = <a_0> + <a_1>\alpha + \ldots$$
$$\ldots + <a_{n-1}>\alpha^{n-1}\ (a_q \in H_i = k_i/\pi_i)$$

et on a

$$\tilde{\eta}_i\ .\ c = c_i(\eta_i\ .\ <a_0>, \eta_i\ .\ <a_1>, \ldots, \eta_i\ .\ <a_{n-1}>) =$$
$$c_i(a_0, a_1, \ldots, a_{n-1}) = a_0 + a_1\,\alpha_i + \ldots + a_{n-1}\,\alpha_i{}^{n-1},$$
$$\tilde{\eta}_i{}^*\ .\ c = c_i{}^*\,(\eta_i\ .\ <a_0>, \eta_i\ .\ <a_1>, \ldots, \eta_i\ .\ <a_{n-1}>) =$$
$$= c_i{}^*\,(a_0, a_1, \ldots, a_{n-1}) = a_0 + a_1\,\alpha_i{}^* + \ldots + a_{n-1}\,\alpha_i{}^{*n-1}.$$

Comme, sous l'hypothèse faite $\left|\frac{\delta_f}{c(f)^{(n-1):n}}\right| < e_f$, chacun des $\tilde{\eta}_i \cdot c$ et $\tilde{\eta}_i{}^* \cdot c$ est contenu dans une classe (mod $\pi_i{}^*$), il faut et il suffit, pour qu'ils soient contenus dans une même classe (mod $\pi_i{}^*$) que, pour quelque $\lambda_0 \in a_0$, $\lambda_1 \in a_1, \ldots, \lambda_{n-1} \in a_{n-1}$,
$\lambda_0 + \lambda_1 \alpha_i + \ldots + \lambda_{n-1} \alpha_i{}^{n-1} \equiv \lambda_0 + \lambda_1 \alpha_i{}^* + \ldots + \lambda_{n-1} \alpha_i{}^{*n-1}$ (mod $\pi_i{}^*$)

Or, on a pour tout q, si $\omega_i = \lambda_0 + \lambda_1\alpha_i + \ldots + \lambda_{n-1}\alpha_i{}^{n-1}$, $|\lambda_q\alpha_i{}^q| \leqslant h(\omega_i) \leqslant e_{f_i}^{-1} |\omega_i| = e_f{}^{-1} |\omega_i|$ et $|\alpha_i| = |\alpha_i{}^*| = |\alpha| = |c(f)|^{1:n}$ Par suite, $|\lambda_q(\alpha_i^q - \alpha_i^{*q})| = |\alpha_i - \alpha_i{}^*| \, |\lambda_q| \, |\alpha_i^{q-1} + \alpha_i^{q-2}\alpha_i^* + \ldots + \alpha_i\alpha_i^{*q-1}| \leqslant |\alpha_i - \alpha^*| \, |\lambda_q| \, |\alpha_i^{q-1}| = \left|\frac{\alpha_i - \alpha_i{}^*}{\alpha_i}\right| |\lambda_q \alpha_i^q| \leqslant \left|\frac{\alpha_i - \alpha_i{}^*}{\alpha_i}\right| e_f^{-1}$ $|\omega_i|$, d'où, si $\omega_i{}^* = \lambda_0 + \lambda_1 \alpha_i{}^* + \ldots + \lambda_{n-1} \alpha_i{}^{*n-1}$, on a $|\omega_i - \omega_i{}^*| \leqslant \operatorname{Max}(|\lambda_q(\alpha_i^q - \alpha_i^{*q})|) \leqslant \left|\frac{\alpha_i - \alpha_i{}^*}{\alpha_i}\right| e_f^{-1} |\omega_i|$. Donc, pour prouver que $\omega_i \equiv \omega_i{}^*$ (mod $\pi_i{}^*$), il suffit de démontrer que

$$\left|\frac{\alpha_i - \alpha_i{}^*}{\alpha_i}\right| e_f^{-1} \leqslant \rho_i \, e_f^{-1} \left|\frac{\delta_f}{c(f)^{(n-1):n}}\right|^{-1}$$

ou ce qui revient au même

$$|\delta_f| \, |\alpha_i - \alpha_i{}^*| \leqslant \rho \, |c(f)|^{(n-1):n} |\alpha_i| = \rho \, |c(f)|^{(n-1):n} |c(f)|^{1:n} = |c(f)| \, \rho_i.$$

Or, puisque $|\alpha_i - \alpha_i{}^*| < r_f = r_{f_i}$ on a
$|\delta_f| \, |\alpha_i - \alpha_i{}^*| = |\delta_{f_i}| \, |\alpha_i - \alpha_i{}^*| = |f_i(\alpha_i{}^*)| = |f_i(\alpha_i{}^*) - f_i{}^*(\alpha_i{}^*)|$,

Mais, si $f_i(x) = x^n + \sum_{q=0}^{n-1} c_q x^q$ et $f_i{}^*(x) = x^n + \sum_{q=0}^{n-1} c_q^* x^q$,
on a

$$|f_i(\alpha_i{}^*) - f_i{}^*(\alpha_i{}^*)| = \left|\sum_{q=0}^{n-1} (c_q - c_q^*) \alpha_i{}^{*q}\right| \leqslant \operatorname{Max}(|c_q - c_q^*| \, |\alpha_i{}^{*q}|).$$

Mais puisque c_q et c_q^* appartiennent à une même classe modulo π_i, et puisque la norme de π_i est ρ_i, on a $|c_q - c_q^*| \leqslant \rho_i |c_q|$, d'où
$|f_i(\alpha_i{}^*) - f_i{}^*(\alpha_i{}^*) \leqslant \operatorname{Max}(\rho_i |c_q| \, |\alpha_i{}^{*q}|) = \rho_i \operatorname{Max} |c_q \alpha_i^q| \leqslant \rho_i |c_0| = \rho \, |c(f_i)| = \rho_i |c(f)|$
car, en vertu de l'irréductibilité de $f_i(x)$, on a, pour tout q, $|c_q \alpha_i^q| \leqslant |c_0|$. D'ailleurs, la démonstration de $\omega_i \equiv \omega_i^*$ (mod π_i^*) qu'on vient de faire n'emploie pas l'hypothèse $\left|\frac{\delta_f}{c(f)^{(n-1):n}}\right| < e_f$, et si cette inégalité n'est pas vèrifiée, (mais $i \geqslant i_0$), il en résulte

que $\omega_i \equiv \omega_i^*$ (mod Π_i), où $|\Pi_i| = \rho_i e_f^{-2}$. Et tout est, ainsi, démontré.

Considérons maintenant un isomorphisme résiduel arbitraire η_i de K de norme $\rho_i e_f^{-2}$ sur un sous-corps $\hat{K}_i \supseteq k_i$ de $\mathfrak{K}_i$, qui soit un prolongement épaissi de η_i

Soient Π et $\hat{\Pi}$ les diviseurs multiplicatifs de K et de $\hat{K}$ de norme $\rho_i e_f^{-2}$. Si $f(x) = x^n + \sum_{q=0}^{n-1} c_q x_q$ ($c_q \in k$), et si $\bar{\alpha}$ et $\bar{c}_q$ désignent les classes de α et de c_q (mod Π), $\bar{\alpha}^n + \sum_{q=0}^{n-1} \bar{c}_q \bar{\alpha}^q$ est un cercle de K de rayon $c(f)\, \rho_i e_f^{-2}$, car $|\alpha^n| = |c_0| = |c(f)|$ et, pour tout q, $|c_q \alpha^q| \leqslant |c_0|$. Donc, chaque terme de la somme est un cercle de rayon $\leqslant c(f)\, \rho_i e_f^{-2}$ et il y a des termes, pour lesquels a lieu l'égalité. Donc la somme est un tel cercle. C'est un cercle de centre 0, car $0 = f(\alpha) = \alpha^n + \sum_{q=0}^{n-1} c_q \alpha^q$ y appartient. L'image de ce cercle par $\hat{\eta}$ est aussi un cercle de centre 0 et de même rayon dans $\hat{K}$. Soit $f_i(x) = x^n + \sum_{q=0}^{n-1} c_{i,q} x^q \in k_i[x]$ un terme d'une suite de polynômes, qui tend canoniquement vers $f(x)$. Alors, on a $c_{i,q} \in \hat{\eta}_i . \bar{c}_q \cap k_i$, d'où résulte que si $\hat{\alpha}_i \in \hat{\eta}_i . \alpha$, on a $f_i(\hat{\alpha}_i) = \hat{\alpha}^n + \sum_{q=0}^{m-1} c_{i,q} \hat{\alpha}^q \in \hat{\eta} . [\bar{\alpha}^q + \sum_{q=0}^{m-1} \bar{c}_q \bar{\alpha}^q]$. Par suite, $|f_i(\hat{\alpha}_i)| \leqslant |c(f)|\ \rho_i\ e_f^{-2}$. Si $\rho_i < e_f^2 \left| \dfrac{\delta_f}{c(f)^{(n-1):n}} \right| \dfrac{r_f}{|c(f)|^{1:n}}$, la distance de $\hat{\alpha}$ au zéro le plus proche de $f_i(x)$ est $< r_f$, ce qui implique que $\hat{\alpha}_i$ définit une extension conjuguée de l'image f-canonique K_i/k_i de K/k sur k_i. Et alors, si l'on remplace $\hat{\alpha}_i$ par son conjugué qui appartient à K_i, et dont α_i choisi précédemment soit le zéro de $f_i(x)$ le plus proche, on a

$$|\hat{\alpha}_i - \alpha_i| \leqslant |c(f)|\ \rho_i e_f^{-2}\ |\delta_f|^{-1} = |\alpha_i|\ \rho_i e_f^{-2} \left| \frac{\delta_f}{c(f)^{(n-1):n}} \right|^{-1}.$$

Il en résulte facilement que $\hat{\eta}_i$ et $\tilde{\eta}_i$ induisent un même isomorphisme résiduel de K de norme $\rho_i e_f^{-3} \left| \dfrac{\delta_f}{|c(f)^{(n-1):n}} \right|^{-1}$.

Comme $\rho_i e_f^{-3} \left| \dfrac{\delta_f}{c(f)^{(n-1):n}} \right| \to 0^+$ quand $\rho_i \to 0^+$, et, même cette convergence, en vertu du lemme de ce §, est uniforme pour les $f(x)$ tels que $e_f > c > 0$, on voit que *la convergence des k_i vers k*

définit, pour une extension K/k *algébrique, finie et séparable, une convergence un peu moins rapide des images canoniques* K_i/k_i *de* K/k *vers* $K : K_i \to K$. Cette définition, comme celle des images canoniques, n'est canonique qu'aux isomorphismes près des K_i/k_i dans les $\mathfrak{K}_i/k_i$ correspondants.

Fixons maintenant une suite de polynômes $f_i(x) \in k_i[x]$, qui converge canoniquement vers un $f(x) \in S_k$ séparable et, ayant fixé un zéro α de $f(x)$ dans $\mathfrak{K}$, fixons, également, pour tout i, le zéro α_i de $f_i(x)$ dans $\mathfrak{K}_i$, qui va correspondre à α. Alors, si $K = k(\alpha)$ et si $K_i = k_i(\alpha_i)$, K_i/k_i est, si $i \geqslant i_f^*$, une image f-canonique de K/k sur k_i et la correspondance $(f(x) \to f_i(x); \alpha \to \alpha_i)$ définit polynomialement un isomorphisme résiduel $\tilde{\eta}_i$ de K sur K_i de norme $\rho_i e_f^{-2}$, qui est un prolongement épaissi de η. Soit L/K une sous-extension de K/k et soient $g(x)$ un polynôme, qui la définit et β un zéro de $g(x)$ dans L. Soit $g_i(x)$ une suite de polynômes, qui converge canoniquement vers $g(x)$. Si l'on choisit un zéro β_i de $g_i(x)$ dans $\mathfrak{K}_i$, la correspondance $(g(x) \to g_i(x); \beta \to \beta_i)$ définit polynomialement un isomorphisme résiduel $\tilde{\zeta}_i$ de L sur $L_i = k_i(\beta_i) \subseteq$ $\subseteq \mathfrak{K}_i$ de norme $\rho_i e_g^{-2}$, qui est aussi un prolongement épaissi de η.

Théorème : β_i *peut être choisi de manière qu'à partir d'un rang, qui ne dépend que des* $f(x)$ *et* $g(x)$, L_i *soit* $\subseteq K_i$ *et* $\tilde{\zeta}_i$ *et* $\tilde{\eta}_i$ *possèdent un prolongement épaissi commun, dont la norme ne dépasse pas* $B\rho_i$, *où* B *est une constante ne dépendant que des* $f(x)$ *et* $g(x)$. *Par contre, pour tout autre choix de* β_i, *les prolongements épaissis communs des* $\tilde{\zeta}_i$ *et* $\tilde{\eta}_i$ *doivent, à partir d'un certain rang, avoir la norme*

$$\geqslant \frac{r_g}{|c(g)|^{1:n(g)}}.$$

Démonstration : Il existe un polynôme $\varphi(x) \in k[x]$ de degré $< n = (K : k)$ tel que $\beta = \varphi(\alpha)$. Donc, si l'on pose $R(x) =$ $= R_y(x - \varphi(y), f(y))$, on a $R(x) = g(x)^{(K:L)}$ et $R_x(R(x), g(x)) = 0$. Soit $\varphi_i(x)$ une suite de polynômes tendant canoniquement vers $\varphi(x)$, et soient $R_i(x) = R_y(x - \varphi_i(y), f_i(y))$ et $\mathfrak{R}_i = R_x(R_i(x), g_i(x))$. Si $\mathfrak{R}_i(u_0, u_1, \ldots, u_{n-1}, v_0, v_1, \ldots, v_{n(g)-1}, w_0, w_1, \ldots, w_{n-1}) =$ $= R_x(R_y(x - \sum_{q=0}^{n-1} w_q y^q, y^n + \sum_{q=0}^{n-1} u_q y^q), x^{n(g)} + \sum_{q=0}^{n(g)-1} v_q x^q)$, on a, si l'on pose $f(x) = x^n + \sum_{q=0}^{n-1} a_q x^q$, $g(x) = x^{n(g)} + \sum_{q=0}^{n(g)-1} b_q x^q$, $\varphi(x) = \sum_{q=0}^{n-1} \varphi_q x^q$,

$$f_i(x) = x^n + \sum_{q=0}^{n-1} a_{i,q}x^q, \quad g_i(x) = x^{n(g)} + \sum_{q=0}^{n(g)-1} b_{i,q}x^q, \quad \varphi_i(x) = \sum_{q=0}^{n-1} \varphi_{i,q}x^q,$$

$$\mathfrak{R}_i = \mathfrak{R}(a_{i,0}, a_{i,1}, \ldots, a_{i,n-1}, b_{i,0}, b_{i,1}, \ldots, b_{i,n(g)-1}, \varphi_{i,0}, \varphi_{i,1}, \ldots, \varphi_{i,n-1})$$

$$0 = \mathfrak{R}(a_0, a_1, \ldots, a_{n-1}, b_0, b_1, \ldots, b_{n(g)-1}, \varphi_0, \varphi_1, \ldots, \varphi_{n-1}).$$

Comme $|a_{i,0}| = |a_0|, |a_{i,1}| = |a_1|, \ldots, |\varphi_{i,n-1}| = |\varphi_{n-1}|$, on a, pour $r_1, r_2, \ldots, r_{2n+n(g)}$ convenables, en vertu du lemme du § 8. $|\mathfrak{R}_i| \leqslant B''_{\mathfrak{R},r_1,r_2,\ldots,r_{2n+n(g)}} \rho_i \leqslant B\rho_i$, où $B = B_{\mathfrak{R},r_1,r_2,\ldots,r_{2n+n(g)}}$ et, à partir d'un certain rang, qui ne dépend visiblement que de $f(x)$ et de $g(x)$, on a

$$|\mathfrak{R}_i| < (|\delta_g| r_g)^n = (|\delta_{g_i}| r_{g_i})^n$$

Il en résulte que $R_i(x)$ a un zéro β_i^* tel que $g_i(\beta_i^*) < |\delta g_i| r_{g_i}$, ce qui implique que $g_i(x)$ a un zéro β'_i, dont la distance à β_i^* est $< r_{g_i}$ et que $\beta'_i \in k_i(\beta_i^*)$. Or, les zéros de $R_i(x)$ sont de la forme $\varphi_i(\alpha_i^*)$, où α_i^* est quelque conjugué de α_i. Ainsi, si σ est un automorphisme de $\mathfrak{K}/k$ qui transforme α_i^* en α_i, on a $\sigma.\beta_i^* = \varphi_i(\alpha_i) \in K_i$ et $\beta_i = \sigma.\beta'_i$ est un zéro de $g_i(x)$ tel que $\beta_i \in k_i(\sigma.\beta_i^*) \in K_i$ et que $d(\beta_i, \varphi_i(\alpha_i)) = \Delta(R_i(x), g_i(x)) < r_{g_i}$. D'une manière plus précise, on a

$$d(\beta_i, \varphi_i(\alpha_i)) \leqslant B|\delta_g|^{-1} \rho_i$$

Posons $L_i = k_i(\beta_i)$. On a $L_i \subseteq K_i$ et, si $i \geqslant i_g^*$, L_i/k_i est un image g-canonique de L/k sur k_i. $\tilde{\zeta}_i$ est un isomorphisme résiduel de L sur L_i de norme $\rho_i e_g^{-2}$. Considérons l'isomorphisme résiduel $\tilde{\eta}_{i,\rho}$ ($\rho \geqslant \rho_i e_f^{-2}$) induit sur K par $\tilde{\eta}_i$. Si $\Pi_{i,\rho}$ et Π_ρ sont les diviseurs multiplicatifs de norme ρ dans K_i et dans K et si $\overline{\Pi}_{i,\rho}$, $\overline{\Pi}_\rho$ sont de tels diviseurs multiplicatifs dans L_i et dans L, l'intersection $C \cap L$ d'une classe C (mod Π_ρ) dans K avec L est ou bien vide, ou bien une classe (mod $\overline{\Pi}_\rho$) dans K et, de même, si C_i est une classe (mod $\Pi_{i,\rho}$) dans K_i, $C_i \cap L = \varnothing$ ou $C_i \cap L$ est une classe (mod $\overline{\Pi}_{i,\rho}$) dans L_i. Ceci posé, définissons comme suit une application partielle $\tilde{\eta}_{i,\rho,L}$ de $L/\overline{\Pi}_\rho$ dans $L_i/\overline{\Pi}_{i,\rho}$. Soit $c \in L/\overline{\Pi}_\rho$ et soit C la classe (qui est bien déterminée) (mod Π_ρ) dans K telle que $C \cap L = c$. Alors $\tilde{\eta}_{i,\rho,L}.c$ est définie si, et seulement si $\tilde{\eta}_{i,\rho}.C \cap L_i \neq \varnothing$ et, dans ce cas, est égale à cette classe (mod $\overline{\Pi}_{i,\rho}$) dans L_i. Il est clair que, pour tout $\rho \geqslant \rho_i e_f^{-2}$, $\tilde{\eta}_{i,\rho,L}.c$ est définie quand $c \cap k \neq \varnothing$ et $\tilde{\eta}_{i\rho,L}'c \supseteq \supseteq \eta_i.(c \cap k)$, d'où résulte, si $\tilde{\zeta}_{i,\rho}$ est, pour $\rho \geqslant \rho_i e_g^{-2}$, l'isomorphisme résiduel de norme ρ induit par $\tilde{\zeta}_i$, que, pour de tels c, on a $\tilde{\eta}_{i,\rho'L}.c = \tilde{\zeta}_{i,\rho}.c$. Soit $(\beta)_\rho$ la classe de β (mod $\overline{\Pi}_\rho$). Montrons que si $\tilde{\eta}_{i,\rho,L}.(\beta)_\rho$ est définie, $\tilde{\eta}_{i,\rho e_g^{-1},L}$ est définie sur $L/\Pi_{\rho e_g^{-1}}$ tout entier et est un isomorphisme résiduel de norme ρe_g^{-1} de L si $\tilde{\eta}_{i,\rho e_g^{-1},L} \cdot (L/\Pi_{\rho e_g^{-1}}) = L_i/\Pi_{i,\rho e_g^{-1}}$, et que la valeur de $\tilde{\eta}_{i,\rho e_g^{-1},L} \cdot c$ est complètement déterminée pour tout $c \in L/\Pi_\rho$ par la valeur de $\tilde{\eta}_{i,\rho,L} \cdot (\beta)_\rho$, si l'on sait déjà que $\tilde{\eta}_{i,\rho,L} \cdot c \supseteq \eta_i (c \cap k)$.

Montrons, d'abord, que si, pour un ρ, $\tilde{\eta}_{i,\rho,L}$ est définie partout sur L/Π_ρ et est une application de L/Π_ρ sur $L_i/\Pi_{i,\rho}$, $\tilde{\eta}_{i,\rho,L}$ est un isomorphisme de l'hypercorps valué L/Π_ρ sur l'hypercorps valué $L_i/\Pi_{i,\rho}$. En effet, soient $c, c^* \in L/\Pi_\rho$, $c_i = \tilde{\eta}_{i,\rho,L} \cdot c$, $c_i^* = \tilde{\eta}_{i,\rho,L} \cdot c^*$ [donc $c_i, c_i^* \in L_i/\Pi_{,\rho}$]. Si C, C* sont les classes (mod Π_ρ) dans K_i telles que $c \subseteq C$ et $c^* \subseteq C^*$, et si C_i, C_i^* sont les classes (mod $\Pi_{i,\rho}$) dans K_i telles que $c_i \subseteq C_i$ et $c_i^* \subseteq C_i^*$, on a $C_i = \tilde{\eta}_{i,\rho} \cdot C$ et $C_i^* = \tilde{\eta}_{i,\rho} \cdot C^*$. On a donc, premièrement, $|c_i| = |C_i| = |C| = |c|$, et, puisque $-C$, C^{-1}, CC^*, $-C_i$, C_i^{-1}, $C_iC_i^*$ sont des classes uniques modulo les diviseurs Π_ρ, $\Pi_{i,\rho}$ correspondants, on a $-c \subseteq -C$, $c^{-1} \subseteq C^{-1}$, $cc^* \subseteq CC^*$, $-c_i = (-C_i) \cap L_i$, $c_i^{-1} = C_i^{-1} \cap L_i$, $c_ic_i^* = C_iC_i^* \cap L_i$, d'où, puisque $\tilde{\eta}_{i,\rho}$ est un isomorphisme de K/Π_ρ sur $K_i/\Pi_{i,\rho}$, résulte $-[\tilde{\eta}_{i,\rho,L} \cdot c] = -c_i = (-C_i) \cap L_i = \tilde{\eta}_{i,\rho}(-C) \cap L_i = \tilde{\eta}_{i,\rho,L}(-c)$, $(\tilde{\eta}_{i,\rho,L} \cdot c)^{-1} = c_i^{-1} = C_i^{-1} \cap L_i = \tilde{\eta}_{i,\rho} \cdot C^{-1} \cap L_i = \tilde{\eta}_{i,\rho,L} \cdot c^{-1}$, $[\tilde{\eta}_{i,\rho,L} \cdot c][\tilde{\eta}_{i,\rho,L} \cdot c^*] = c_i c_i^* = C_i C_i^* \cap L_i = \tilde{\eta}_{i,\rho} \cdot C C^* \cap L_i = \tilde{\eta}_{i,\rho,L} \cdot cc^*$. Enfin, $c \dotplus c^*$ et $C \dotplus C^*$ sont des cercles d'un même rayon $\rho \operatorname{Max}(|c|, |c^*|) = \rho \operatorname{Max}(|C|, |C^*|)$ dans L/Π_ρ et dans K/Π_ρ respectivement, d'où résulte que $c + c^*$ et $C + C^*$ sont des cercles de ce même rayon dans les corps respectifs L et $K \supseteq L$, ce qui implique, en vertu de $c + c^* \subseteq C + C^*$, $c + c^* = (C + C^*) \cap L$. On a, de même, $c_i + c_i^* = (C_i + C_i^*) \cap L_i$. Il en résulte, premièrement, que, si $c' \in c \dotplus c^*$ et si $C' \in K/\Pi_\rho$ contient c', $\tilde{\eta}_{i,\rho,L} \cdot c' = \tilde{\eta}_{i,\rho} \cdot C' \cap L_i$ est contenu [en vertu de $\tilde{\eta}_{i,\rho} \cdot C \dotplus C^* = C_i \dotplus C_i^*$] dans $(C_i \cap C_i^*) \cap L_i = c_i + c_i^*$, d'où $\tilde{\eta}_{i,\rho,L} \cdot c' \in c_i \dotplus c_i^*$ et $\tilde{\eta}_{i,\rho,L} \cdot c \dotplus c^* \subseteq c_i \dotplus c_i^* = \tilde{\eta}_{i,\rho,L} \cdot c \dotplus \tilde{\eta}_{i,\rho,L} \cdot c^*$. Supposons qu'inversement $c'_i \in c_i \dotplus c_i^*$, et soient C'_i la classe (mod $\Pi_{i,\rho}$) dans K_i contenant c'_i et c' un élément de L/Π_ρ tel que $c'_i = \tilde{\eta}_{i,\rho,L} \cdot c'$. Alors, si C' est la classe (mod Π_ρ) dans K contenant c', on a $\tilde{\eta}_{i,\rho} \cdot C' = C'_i$, ce qui entraîne, en vertu de la biunivocité de $\tilde{\eta}_{i,\rho}$ et de $C'_i \subseteq C_i + C_i^*$ [donc $C'_i \in C_i \dotplus C^*_i$], $C' \in \tilde{\eta}_{i,\rho}^{-1} \cdot (C_i \dotplus C^*_i) = C \dotplus C^*$, d'où $C' \subseteq C + C^*$, $c' \subseteq (C + C^*) \cap L = c + c^*$ et $c' \in c \dotplus c^*$. Par suite, on a $\tilde{\eta}_{i,\rho,L} \cdot c \dotplus c^* = \tilde{\eta}_{i,\rho,L} \cdot c \dotplus \tilde{\eta}_{i,\rho,L} \cdot c^*$, ce qui achève de prouver que $\widetilde{\eta}_{i,\rho,L}$ est un isomorphisme de l'hypercorps valué $L/\overline{\Pi}_\rho$ sur l'hypercorps valué $L_i/\overline{\Pi}_{i,\rho}$.

Supposons que $\widetilde{\eta}_{i,\rho,L} \cdot (\beta)_\rho$ [où $\rho \geqslant \rho_i e_f^{-2}$] est défini. Soit c un élément arbitraire de $L/\overline{\Pi}_{\rho e_g^{-1}}$. C'est donc un cercle de rayon $\rho e_g^{-1} |c|$ dans L. Soient C la classe (mod $\Pi_{\rho e_g^{-1}}$) dans K, qui le contient, et $C_i = \widetilde{\eta}_{i,\rho,e_g^{-1}} \cdot C$. Donc C_i est la réunion des $\widetilde{\eta}_{i,\rho,L} \cdot z$, où z parcourt les cercles $\subseteq$ C de rayon $\rho_i \leqslant \rho \leqslant \rho e_g^{-1}$. Montrons que $C_i \cap L_i$ n'est pas vide, autrement dit que $\widetilde{\eta}_{i,\rho,L} \cdot c$ est défini. En effet, soit $\omega \in c$. Comme $\omega \in L$, il peut se mettre sous la forme

$$\omega = \lambda_0 + \lambda_1\beta + \dots \quad + \lambda_{n(g)-1}\, \beta^{n(g)-1} \quad [\lambda_0, \lambda_1, \dots, \lambda_{n(g)-1} \in k]$$

Soient $((\lambda_q))_\rho$, $(\beta))_\rho$ les classes de λ_q respectivement β (mod Π_ρ) dans K, et soit $l_q = ((\lambda_q))_\rho \cap L$ celui de λ_q (mod $\overline{\Pi}_\rho$) dans L.

$$C(\omega) = ((\lambda_0))_\rho + ((\lambda_1))_\rho\, ((\beta))_\rho + \dots \quad + ((\lambda_{n(g)-1}))_\rho\, (\beta)_\rho^{n(g)-1}$$

est alors un cercle dans K de rayon $\rho\, \mathrm{Max}_q\, (|((\lambda_q))_\rho|\, |((\beta))_\rho|^q) = \mathrm{Max}_q (|\lambda_q \beta^q|) = \rho\, h(\omega) \leqslant \rho\, |\omega|\, e_g^{-1} = \rho e_g^{-1}\, |c|$. Comme le rayon de C, égal à celui de c, est $\rho e_g^{-1} |c|$, et comme $C \cap C(\omega) \supseteq c \cap C(\omega) \supseteq \{\omega\} \neq \varnothing$, on a $C(\omega) \subseteq C$. Or, si l'on prolonge $\widetilde{\eta}_i$ par additivité d'ensembles de K, $\widetilde{\eta}_i \cdot C(\omega)$ a un sens, car $C(\omega)$ est une réunion de classes (mod Π_ρ) et, à fortiori, (mod Π_{ρ_i}), et on a

$$\widetilde{\eta}_i \cdot C(\omega) = [\widetilde{\eta}_{i,\rho} \cdot ((\lambda_0))_\rho] + [\widetilde{\eta}_{,\rho} \cdot ((\lambda_1))_\rho]\, [\widetilde{\eta}_{,\rho} \cdot ((\beta))_\rho] + \dots$$
$$\dots + [\widetilde{\eta}_{i,\rho} \cdot ((\lambda_{n(g)-1}))_\rho]\, [\widetilde{\eta}_{i,\rho} \cdot ((\beta))_\rho]^{n(g)-1}$$

On a, évidemment, d'une part,

$$C_i = \widetilde{\eta}_{i,\rho e_g^{-1}} \cdot C \supseteq \widetilde{\eta}_i \cdot C(\omega),$$

et, d'autre part,

$$\widetilde{\eta}_i \cdot C(\omega) \cap L_i \supseteq [\widetilde{\eta}_{i,\rho} \cdot ((\lambda_0))_\rho \cap L_i] + [\widetilde{\eta}_{,\rho} \cdot ((\lambda_1))_\rho \cap L_i]$$
$$[\widetilde{\eta}_{i,\rho} \cdot ((\beta))_\rho \cap L_i] + \dots [\widetilde{\eta}_{i,\rho} \cdot ((\lambda_{n(g)-1}))_\rho \cap L_i]\, [\widetilde{\eta}_{i,\rho} \cdot ((\beta))_\rho \cap L_i]^{n(g)-1} =$$
$$= [\widetilde{\eta}_{i,\rho,L} \cdot l_0] + [\widetilde{\eta}_{i,\rho,L} \cdot l_1]\, [\widetilde{\eta}_{i,\rho,L} \cdot (\beta)_\rho] + \dots$$
$$+ [\widetilde{\eta}_{i,\rho,L} \cdot l_{n(g)-1}]\, [\widetilde{\eta}_{i,\rho,L} \cdot (\beta)_\rho]^{n(g)-1},$$

et, par suite, $C_i \cap L_i$ n'est pas vide.

Ainsi, $C_i \cap L_i$ n'est pas vide et contient un sous-ensemble de L_i complètement défini par les $\widetilde{\eta}_{i,\rho,L} \cdot l_q$ ($q = 0, 1, \dots, n(g) - 1$) [lesquels sont définis, pour les l_q donnés, par la condition

$\tilde{\eta}_{i,\rho,L} \cdot l_q \cap k_i \supseteq \eta_i(l_q \cap k)]$ et par $\tilde{\eta}_{i,\rho,L} \cdot (\beta)_\rho$. Par suite, si $\eta_{i,\rho,L} \cdot (\beta)_\rho$ est définie, $\eta_{i,\rho e_g^{-1},L} \cdot c = C_i \cap L_i$ l'est pour tout $c \in L/\Pi_{\rho e_g^{-1}}$ et, quand η_i et L_i sont donnés, est une fonction de c complètement déterminée par la donnée de $\tilde{\eta}_{i,\rho,L} \cdot (\beta)_\rho$

En plus, si $\tilde{\eta}_{i,\rho,L} \cdot (\beta)_\rho$ contient un $\gamma \in L_i$, qui engendre L_i/k_i, $\eta_{i,\rho e_g^{-1},L}$ applique $L/\Pi_{\rho e_g^{-1}}$ sur $L_i/\Pi_{i,\rho e_g^{-1}}$. En effet, si $c_i \in L_i/\Pi_{i,\rho e_g^{-1}}$, tout $\omega_i \in c_i$ peut se mettre sous la forme

$$\omega_i = \lambda_{i,0} + \lambda_{i,1}\gamma + \ldots \quad + \lambda_{i,n(g)-1}\gamma^{n(g)-1} \quad (\lambda_{i,0}, \lambda_{i,1}, \ldots, \lambda_{i'n(g)-1} \in k_i).$$

Soit $l_{i,q}$ la classe de $\lambda_{i,q}$ (mod $\Pi_{i,\rho}$) dans L_i. Alors, c_i n'est pas disjoint avec $\bar{C}(\omega_i) = l_{i,0} + l_{i+1}[\tilde{\eta}_{\cdot,\rho,L} \cdot (\beta)_\rho] + \ldots \quad + l_{i,n(g)-1}[\tilde{\eta}_{i,\rho,L} \cdot (\beta)_\rho]^{n(g)-1}$. Or, il existe des $l_q \in L/\Pi_\sigma$ tels que $l_{i,q} = \tilde{\eta}_{,\rho,L} \cdot l_q$ et un $c \in L/\Pi_{\rho e_g^{-1}}$ contenant

$$l_0 + l_1(\beta)_\rho + \ldots \quad + l_{n(g)-1}(\beta)_\rho^{n(g)-1}.$$

Par suite $\eta_{i,\rho e_g^{-1},L} \cdot c$ contient $\bar{C}(\omega_i)$, donc n'est pas disjoint avec c_i, et, comme ces ensembles sont tous les deux des classes (mod $\Pi_{i,\rho e_g^{-1}}$) dans L_i, on a

$$c_i = \eta_{i,\rho e_g^{-1},L} \cdot c \in \eta_{i,\rho e_g^{-1},L} \cdot (L/\Pi_{\rho e_g^{-1}})$$

Supposons maintenant qu'en plus $\tilde{\eta}_{i,\rho,L} \cdot (\beta)_\rho = \tilde{\zeta}_{i,\rho} \cdot (\beta)_\rho \ni \beta_i$. Alors, on a $\tilde{\eta}_{i,\rho e_g^{-1},L} = \tilde{\zeta}_{i,\rho e_g^{-1},L}$ donc il existe un prolongement épaissi commun de $\tilde{\zeta}_i$ et de $\tilde{\eta}_i$. Or, si $\pi^{(i)}$ et π_i sont les diviseurs multiplicatifs de norme ρ_i dans k et dans k_i, et si $\bar{a}$ désigne la classe d'un $a \in k$ (mod $\pi^{(i)}$), on a

$$\beta = \varphi(\alpha) = \sum_{q=0}^{n-1} \varphi_q \alpha^q \in \sum_{q=0}^{n-1} \bar{\varphi}_q \alpha^q,$$

et on a vu au § 9 qu'une application plus fine induisant $\tilde{\eta}_i$ applique ce dernier ensemble (contenu dans une seule classe modulo $\Pi_{\rho_i e_f^{-2}}$) sur

$$\sum_{q=0}^{n-1} (\eta_i \cdot \bar{\varphi}_q)\, \alpha_i^q \ni \sum_{q=0}^{n-1} \varphi_{i,q}\, \alpha_i^q = \varphi_i(\alpha_i)$$

Ainsi, quelque soit $\rho \geqslant \rho_i e_f^{-2}$, $\tilde{\eta}_{i,\rho} \cdot ((\beta))_\rho$ est la classe (mod $\Pi_{i,\rho}$)

contenant $\varphi_i(\alpha_i)$, autrement dit le cercle de centre $\varphi_i(\alpha_i)$ et de rayon $|\varphi_i(\alpha_i)|\rho = |\beta_i|\rho = |\beta|\rho = |c(g)|^{1:n(g)}\rho$ dans K_i. $\tilde{\zeta}_{i,\rho}.(\beta)_\rho$ est le cercle de centre β_i et de même rayon dans L_i. Ainsi, pour que $\tilde{\eta}_{i,\rho,L}.(\beta)_\rho = \tilde{\zeta}_{i,\rho}.(\beta)_\rho$, il faut et il suffit que $\beta_i \in \tilde{\eta}_{i,\rho}.((\beta))_\rho$, autrement dit que

$$d(\beta_i, \varphi_i(\alpha_i)) \leqslant |c(g)|^{1:n(g)}\rho$$

ce qui a sûrement lieu si

$$B\,|\delta_g|^{-1}\rho_i \leqslant |c(g)|^{1:n(g)}\rho$$

ou

$$\rho \geqslant B\,|\delta_g|^{-1}\,|c(g)|^{-1:n(g)}\rho_i$$

Par suite, on peut prendre $\tilde{\eta}_{i,\rho,L} = \tilde{\zeta}_{i,\rho}$ si

$$\rho \geqslant e_g^{-1}\,\mathrm{Max}\,[B\,|\delta_g|^{-1}\,|c(g)|^{-1:n(g)}, e_f^{-2}]\,\rho_i = C\rho_i,$$

où C est une constante ne dépendant que de $f(x)$ **et de** $g(x)$. **En** particulier, si

$$\rho_i < \frac{1}{C}\,\frac{r_g}{|c(g)|^{1:n(g)}},\ \text{on peut prendre}\ \rho < \frac{r_g}{|c(g)|^{1:n(g)}}$$

Considérons maintenant l'isomorphisme résiduel $\tilde{\zeta}'_i$ de L sur L_i défini polynomialement par la correspondance $(g(x) \to g_i(x), \beta \to \beta'_i)$, où β'_i est un zéro de $g_i(z)$ autre que β_i. On a $d(\varphi_i(\alpha_i), \beta'_i) \geqslant$ $\geqslant r_g$. Comme précédemment, pour tout $\rho \geqslant \rho_i e_f^{-2}$, $\tilde{\eta}_{i,\rho}.((\beta))_\rho$ est le cercle de centre $\varphi_i(\alpha_i)$ et de rayon $|c(g)|^{1:n(g)}\rho$ dans K_i. Mais $\tilde{\zeta}'_{i,\rho}.(\beta)_\rho$ est le cercle de centre β'_i et de même rayon dans L_i. Pour que $\tilde{\eta}_{i,\rho,L} = \tilde{\zeta}'_{i,\rho}$ soit un prolongement épaissi commun des $\tilde{\eta}_i$ et $\tilde{\zeta}'_i$, il est nécessaire que $\beta'_i \in \tilde{\eta}_{i,\rho}.((\beta))_\rho$, autrement dit que

$$d(\varphi_i(\alpha_i), \beta'_i) \leqslant |c(g)|^{1:n(g)}\rho$$

ce qui implique

$$r_g \leqslant |c(g)|^{1:n(g)}\rho$$

et

$$\rho \geqslant \frac{r_g}{|c(g)|^{1:n(g)}}$$

Ainsi, à partir d'un certain rang, ne dépendant que des $f(x)$ et $g(x)$ (et, même, seulement de K/k et L/k si l'on limite inférieurement e_f et e_g), on peut, pour toute sous-extension $L/k = k(\beta)/k =$ $= k(\varphi(\alpha))/k$ de $K/k = k(\alpha)/k$, où K/k est supposée séparable, déterminer canoniquement une sous-extension L_i/k_i de $K_i/k_i =$ $k_i(\alpha_i)/k_i$, pourvu qu'on choisisse, pour tout i, un zéro α_i **de** $f_i(x) \to f(x)$ canoniquement.

Il est clair que si L_i/k_i et M_i/k_i correspondent ainsi à L/k et M/k, à partir d'un certain rang $L \subseteq M$ et $L_i \subseteq M_i$ s'impliquent mutuellement, et $L_i \cap M_i/k_i$ et $L_i \cup M_i/k_i$ correspondent aux $L \cap M/k$, $L \cup M/k$.

§ 13 — Approximation des corps valués et théorie de Galois

Soit $k, k_2, \ldots, k_n, \ldots$ une suite de corps valués complets, organisée en suite convergente par des isomorphismes résiduels ε_i de norme $\rho_i \to 0^+$, et soient K/k une extension algébrique finie et séparable de k et, à partir d'un certain rang, K_i/k_i l'image f-canonique de K/k, où $f(x)$ définit K/k. Soit $f_i(x)$ une suite de polynômes convergeant canoniquement vers $f(x)$. On choisira, pour chaque i, un zéro α_i de $f_i(x)$ dans $\mathfrak{K}_i$ et on prolongera, avec épaississement, les isomorphismes résiduels ε_i ainsi que les isomorphismes résiduels de k sur k_i qu'ils induisent, à l'aide de ces choix. Comme on a vu, dans ce cas, à toute sous-extension L/k de K/k correspondra à partir d'un certain rang, d'une manière canonique, une sous-extension L_i/k_i, la suite des L_i, organisée par ces isomorphismes résiduels prolongés, tendant vers L.

Théorème : K/k *est galoisienne si, et seulement si* K_n/k_n *l'est à partir d'un certain rang. S'il en est ainsi, on peut établir, à partir de ce rang, un isomorphisme canonique entre les groupes de Galois* $g_{K/k}$ *et* g_{K_n/k_n} *de* K/k *et de* K_n/k_n *respectivement.*

Démonstration. Soit $\varphi(x) = \sum_{q=0}^{n-1} \varphi_q x^q$ un polynôme $\in k[x]$ de degré $\leqslant n-1$, où $n = (K : k) = n(f)$. Posons nous le problème : quelle est le condition nécessaire et suffisante pour que $\alpha \to \varphi(\alpha)$ définisse un automorphisme de K/k. Ceci a lieu si et seulement si $\varphi(\alpha)$ est un zéro de $f(x) = x^n + \sum_{q=0}^{n-1} a_q x^q$, autrement dit, puisque $f(x)$ est irréductible, si, et seulement si $R(x) = R_y(x - \varphi(y), f(y)) = f(x)$. Or, cette égalité équivaut, en vertu de l'irréductibilité de $f(x)$ et de ce que le degré de $R(x)$ est n, à $R = R_x(R(x), f(x)) = 0$. En comparant ceci à la démonstration de l'existence du sous-corps L_i de K_i au § 12, on voit que $R_x(R(x), f(x))$ coïncide avec $R_x(R(x), g(x))$, dont il y était question, à condition de poser $g(x) = f(x)$ et $n(g) = n$. Ainsi, on a

$R = R_x(R(x), f(x)) =$

$$= \mathfrak{R}(a_0, a_1, \ldots, a_{n-1}, a_0, a_1, \ldots, a_{n-1}, \varphi_0, \varphi_1, \ldots, \varphi_{n-1}) =$$

$$= \mathfrak{R}^*(a_0, a_1, \ldots, a_{n-1}, \varphi_0, \varphi_1, \ldots, \varphi_{n-1})$$

et, de même, si l'on pose $R_i(x) = R_y(x - \varphi_i(x), f_i(x))$, $R_i = R_x(R_i(x), f_i(x))$, où $f_i(x) = x^n + \sum_{q=0}^{n-1} a_{i,q}\, x^q$ et $\varphi_i(x) = \sum_{q=0}^{n-1} \varphi_{i,q}\, x^q$, on a

$R_i = R_x(R_i(x), f_i(x)) = \mathfrak{R}^*(a_{i,0}, a_{i,1}, \ldots, a_{i,n-1}, \varphi_{i,0}, \varphi_{i,1}, \ldots, \varphi_{i,n-1})$

$\varphi(\alpha)$ ne peut être conjugué de α que si $|\varphi(\alpha)| = |\alpha|$, donc $h_\alpha(\varphi(\alpha)) \leqslant |\alpha|\, e_f^{-1}$, et on a l'inégalité analogue pour $\varphi_i(\alpha_i)$. Ainsi on peut se borner, quand $f(x)$ est donné, à la considération de seuls $\varphi(x)$ et $\varphi_i(x)$ à coefficients convenablement bornés en valuation. Soient $|a_0| = |a_{i,0}| = r_1$, $|a_1| = |a_{i,1}| = r_2, \ldots, |a_{n-1}| = |a_{i,n-1}| = r_n$ et, p. ex. $|a_0|^{(n-q):n}\, e_f^{-1} = r_{n+q}$. Alors, on a, si $\varphi_i(x) \rightarrow \varphi(x)$ et quelque soit i, pourvu que $|\varphi_q| \leqslant r_{n+q}$,

$$|R - R_i^*| \leqslant B''_{\mathfrak{R}^*, r_1, r_2, \ldots, r_{2n}}\, \rho_i$$

et

$$|R_i - R^{*(i)}| \leqslant B''_{\mathfrak{R}, r_1, r_2, \ldots, r_{2n}}\, \rho_i$$

où, $\pi^{(i)}$ et π_i étant les diviseurs multiplicatifs de norme ρ_i dans k et dans k_i, et η_i étant l'isomorphisme canonique de $k/\pi^{(i)}$ sur k_i/π_i induit par les ε_i, $R^{*(i)}$ est un élément quelconque de l'image par η_i de la classe de R (mod $\pi^{(i)}$) et R_i^* est un élément quelconque de l'image par η_i^{-1} de la classe de R_i (mod π_i).

Soit i^{**} le plus petit indice i tel que $B''_{\mathfrak{R}^*, r_1, \ldots, r_{2n}}\, \rho_i < |D_f|\, r_f^n = |D_{f_i}|\, r_{f_i}^n$, et soit $i \geqslant i^{**}$. Supposons que $\varphi(\alpha)$ est un conjugué de α par rapport à k. Alors $R = 0$ et on peut prendre $R^{*(i)} = 0$, ce qui donne

$$|R_i| = |R_x(R_i(x), f_i(x))| < |D_{f_i}|\, r_{f_i}^n .$$

Il existe donc un zéro α_i^* de $R_i(x)$ tel que

$$|f_i(\alpha_i^*)| < |\delta_{f_i}|\, r_{f_i} .$$

Par suite, il existe un zéro α''_i de $f_i(x_i)$ tel que $d(\alpha^*_i, \alpha''_i) < r_{f_i}$, ce qui entraîne $\alpha''_i \in k_i(\alpha^*_i)$. Mais tout zéro de $R_i(x) = R_y(x - \varphi_i(y), f_i(y))$ est de la forme $\alpha^*_i = \varphi_i(\tilde{\alpha}_i)$, où $\tilde{\alpha}_i$ est quelque zéro de $f_i(x)$. Si σ est un automorphisme de $\mathfrak{K}_i/k$ qui transforme $\tilde{\alpha}_i$ en α_i, on a $\sigma.\alpha^*_i = \varphi_i(\alpha_i)$ et $\sigma.\alpha''_i$ est un autre zéro α'_i de $f_i(x)$. Et on a

$\alpha'_i \in k_i(\sigma.\ \alpha_i^*) = k_i(\varphi_i(\alpha_i)) \subseteq k_i(\alpha_i) = \mathrm{K}_i$ et $d(\alpha'_i, \varphi_i(\alpha_i)) < r_{f_i}$. Il existe donc un et un seul conjugué $\alpha'_i = \psi_i(\alpha_i)$ de α_i dans K/k tel que $d(\alpha'_i, \varphi_i(\alpha_i)) = |\psi_i(\alpha_i) - \varphi_i(\alpha_i)| < r_{f_i}$. On dira que $\alpha'_i = \psi_i(\alpha_i)$ *correspond* à $\alpha' = \varphi_i(\alpha)$. On démontre de la même manière, vu les rôles parfaitement symétriques joués dans ce raisonnement par K/k et K_i/k_i, que si $\alpha'_i = \varphi_i(\alpha_i)$ est un conjugué de α_i par rapport à k_i, il existe un et un seul conjugué $\alpha' = \psi(\alpha) \in \mathrm{K}$ de α dans K/k, tel que $d(\alpha', \varphi(\alpha)) = |\psi(\alpha) - \varphi(\alpha)| < r_f$. Ainsi, si $i \geqslant i^{**}$ le nombre des conjugués distincts $\alpha' \in \mathrm{K}$ de α par rapport à k est égal à celui des conjugués distincts $\alpha'_i \in \mathrm{K}_i$ de α_i par apport à k_i. Ces nombres sont en même temps égaux ou inégaux à $n = (\mathrm{K} : k) = (\mathrm{K}_i : k_i)$. Ainsi, si $i \geqslant i^{**}$, K/k et K_i/k_i sont ou ne sont pas galoisiennes en même temps.

Supposons que K/k est galoisienne. Alors si σ est un automorphisme de K/k, on a $\sigma.\alpha = \varphi_\sigma(\alpha)$, où $\varphi_\sigma(x) \in k[x]$ est degré $\leqslant n - 1$. Si $\varphi_{\sigma,i}(x) \to \varphi_\sigma(x)$, il existe, si $i \geqslant i^{**}$, un et un seul automorphisme σ_i de K_i/k_i tel que $d(\sigma_i.\ \alpha_i, \varphi_{\sigma,i}(\alpha_i)) < r_f$. Montrons que l'application $\sigma \to \sigma_i$ est un isomorphisme (évidemment canonique) de groupe de Galois $g_{\mathrm{K}/k}$ de K/k sur celui g_{K_i/k_i} de K_i/k_i.

On a, si $\sigma_i.\alpha_i = \psi_{\sigma_i}(\alpha_i)$, où $\psi_{\sigma_i}(x) \in k_i[x]$ est de degré $\leqslant n - 1$, $|\psi_{\sigma_i}(\alpha_i) - \varphi_{\sigma,i}(\alpha_i)| \leqslant \mathrm{C}_\sigma\ \rho_i^{1:n}$, où $\mathrm{C}_\sigma = \mathrm{B}''^{1:n}_{\mathfrak{R}^*, r_1 \ldots, r_{2n}} |\delta_f|^{-1}$. Il en résulte, si $\psi_{\sigma_i}(x) - \varphi_{\sigma,i}(x) = \sum_{q=0}^{r-1} \lambda^{(i)}_{\sigma,q} x^q$, $|\lambda^{(i)}_{\sigma,q}|\, |\alpha_i|^q \leqslant e_f^{-1}\, \mathrm{C}_\sigma \rho_i^{1:n}$ et $|\lambda^{(i)}_{\sigma,q}| \leqslant |c(f)|^{-q:n} e_f^{-1}\, \mathrm{C}_\sigma\ \rho_i^{1:n} \leqslant \mathrm{D}\ \rho_i^{1:n}$, où D ne dépend que de $f(x)$. Il en résulte que $\psi_{\sigma_i}(x) \to \varphi_\sigma(x)$ d'où résulte $\psi_{\sigma_i}(\psi_{\tau_i}(x)) \underset{a}{\to} \varphi_\sigma(\varphi_\tau(x))$. Or on a aussi $\varphi_{\sigma,i}(\varphi_{\tau,i}(x)) \underset{a}{\to} \varphi_\sigma(\varphi_\tau(x))$ d'où $\psi_{\sigma i}(\psi_{\tau i}(x)) - \varphi_{\sigma,i}(\varphi_{\tau,i}(x)) \underset{a}{\to} 0$ et $|\sigma_i\tau_i.\alpha_i - \varphi_{\sigma,i}(\varphi_{\tau,i}(\alpha_i))| = |\sigma_i.(\tau_i.\alpha_i) - \varphi_{\sigma,i}(\varphi_{\tau,i}(\alpha_i))| = |\psi_{\sigma,i}(\psi_{\tau,i}(\alpha_i)) - \varphi_{\sigma,i}(\varphi_{\tau,i}(\alpha_i))| \to 0$. Ainsi, à partir d'un certain rang, on a

$$d(\sigma_i\tau_i.\alpha_i, \varphi_{\sigma,i}(\varphi_{\tau,i}(\alpha_i))) < r_{f_i}.$$

D'autre part, on a

$$|\varphi_{\sigma,i}(\varphi_{\tau,i}(\alpha_i)) - \varphi_{\sigma\tau,i}(\alpha_i)| = |\mathrm{R}_x(\varphi_{\sigma,i}(\varphi_{\tau,i}(x)) - \varphi_{\sigma\tau,i}(x), f_i(x))|^{1:n}$$

et en vertu du lemme du § 8, et vu que

$\varphi_{\sigma,i}(x) \to \varphi_\sigma(x)$, $\varphi_{\tau,i}(x) \to \varphi_\tau(x)$, $\varphi_{\sigma\tau,i}(x) \to \varphi_{\sigma\tau}(x)$, $f_i(x) \to f(x)$ et $|\mathrm{R}_x(\varphi_\sigma(\varphi_\tau(x)) - \varphi_{\sigma\tau}(x), f(x))| = |\varphi_\sigma(\varphi_\tau(\alpha)) - \varphi_{\sigma\tau}(\alpha)|^n = |\sigma.(\tau.\alpha) - \sigma\tau.\alpha|^n = 0$, il existe une constante B^* telle que

$$|\mathrm{R}_x(\varphi_{\sigma,i}(\varphi_{\tau,i}(x)) - \varphi_{\sigma\tau,i}(x), f_i(x))| \leqslant \mathrm{B}^*\ \rho_i$$

Par suite, à partir d'un certain rang, on a aussi

$$d(\varphi_{\sigma,i}(\varphi_{\tau,i}(\alpha_i), \varphi_{\sigma\tau,i}(\alpha_i)) < r_{f_i}.$$

Mais, alors, à partir du rang, où les deux inégalités sont satisfaites, on a

$$d(\sigma_i \tau_i . \alpha_i, \varphi_{\sigma\tau,i}(\alpha_i)) < r_{f_i},$$

ce qui entraîne

$$(\sigma\tau)_i = \sigma_i \tau_i$$

et $\sigma \to \sigma_i$ est bien un isomorphisme canonique de $G_{K/k}$ sur G_{K_i/k_i}.

En plus, on a $|\sigma_i . \alpha_i - \alpha_i| = |\varphi_{\sigma,i}(\alpha_i) - \alpha_i|$ car, si $\sigma \neq 1_K$ (où 1_K est la permutation identique de K), on a $|\sigma_i . \alpha_i - \alpha_i| \geqslant r_{f_i} > |\sigma_i \alpha_i - \varphi_{\sigma,i}(\alpha_i)|$. Or, puisque $\varphi_{\rho,i}(x) - x \underset{a}{\to} \varphi_\sigma(x) - x$ en conservant son degré, on a $N_{K_i/k_i}(\varphi_{\sigma,i}(\alpha_i) - \alpha_i) = R_x(\varphi_{\sigma,i}(x) - x, f_i(x)) \underset{a}{\to} R_x(\varphi_\sigma(x) - x, f(x)) = N_{K/k}(\varphi_\sigma(\alpha) - \alpha)$ et $|\varphi_{\sigma,i}(\alpha_i) - \alpha_i|$ devient égal, à partir d'un certain rang, à $|\varphi_\sigma(\alpha) - \alpha|$, d'où $|\sigma_i \alpha_i - \alpha_i| = |\sigma . \alpha - \alpha|$. $\sigma \to \sigma_i$ préserve donc les objets de la théorie de la ramification.

Il est à peu près clair que tous les rangs, dont il est question au cours de cette démonstration, ne dépendent que de $f(x)$ et non du choix des $f_i(x) \to f(x)$ canoniquement.

Supposons que K/k est galoisienne, et soit L/k une sous-extension de K/k. Le choix précédent des α_i détermine, à partir d'un certain rang, la sous-extension L_i/k_i, de K_i/k_i, qui correspond à L/k au sens du § précédent. Rappelons que si L/k est définie par un $g(x) \in S_k$ et si $\beta = \varphi(\alpha)$ est un zéro de $g(x)$ dans K, les L_i/k_i peuvent se définir comme suit : si $g_i(x) \to g(x)$ canoniquement et si, de même, $\varphi_i(x)$ tend canoniquement vers $\varphi(x)$, on a, à partir d'un certain rang, $K_i = k_i(\beta_i)$, où β_i est l'unique zéro de $g_i(x)$ tel que $d(\beta_i, \varphi_i(\alpha_i)) < r_g$. On a, d'ailleurs, $d(\beta_i, \varphi_i(\alpha_i)) \leqslant B\rho_i$, où B est une constante ne dépendant que des $f(x)$ et $g(x)$.

Théorème. A partir d'un certain rang (ne dépendant que de $f(x)$) on a $\sigma \in g_{K/L}$ si, *et seulement si* $\sigma_i \in g_{K_i/L_i}$; *autrement dit, on a* $g_{K_i/L_i} = (g_{K/L})_i$.

Démonstration. Soit $\sigma . \alpha = \psi_\sigma(\alpha)$ et $\sigma_i . \alpha_i = \psi_{\sigma_i}(\alpha_i)$, ou $\psi_\sigma(x)$, $\psi_{\sigma_i}(x)$ sont des polynômes de degré $\leqslant n - 1$ dans k respectivement dans k_i. On a vu que $\psi_{\sigma_i}(x) \to \psi_\sigma(x)$. Par suite, puisque $\varphi_i(x) \to \varphi(x)$ on a $\varphi_i(\psi_{\sigma_i}(x)) - \varphi_i(x) \underset{a}{\to} \varphi(\psi_\sigma(x)) - \varphi(x)$, et d'autre part, les degrés de ces deux polynômes sont égaux. Ainsi, on a $R_x(\varphi_i(\psi_{\sigma_i}(x)) -$

$-\varphi_i(x), f_i(x)) \underset{a}{\rightarrow} R_x(\varphi(\psi_\sigma(x)) - \varphi(x), f(x))$ et on a $\varphi_i(\psi_{\sigma_i}(\alpha_i)) - \varphi_i(\alpha_i) \underset{a}{\rightarrow} 0$ si, et seulement si $\varphi(\psi_\sigma(\alpha)) - \varphi(\alpha) = 0$. Or, $\varphi(\psi_\sigma(\alpha)) - \varphi(\alpha) = \varphi(\sigma.\alpha) - \varphi(\alpha) = \sigma.\beta - \beta$ est $= 0$ si, et seulement si $\sigma.\beta = \beta$, donc $\sigma \in G_{K/L}$. Et si $\varphi_i(\psi_{\sigma i}(\alpha_i)) - \varphi_i(\alpha_i) = \varphi_i(\sigma_i.\alpha_i) - \varphi_i(\alpha_i) \underset{a}{\rightarrow} 0$, on a, à partir d'un certain rang, $d(\varphi_i(\sigma_i.\alpha_i), \varphi_i(\alpha_i)) < r_{g_i} = r_g$. Mais on a aussi $d(\beta_i, \varphi_i(\alpha_i)) < r_{g_i}$ et, en vertu de l'isométricité de σ_i, on a $d(\sigma_i.\beta_i, \varphi_i(\sigma_i.\alpha_i)) = d(\beta_i, \varphi_i(\alpha_i)) < r_g$. Par suite, on a $d(\sigma_i.\beta_i, \beta_i) < r_g$, ce qui entraîne $\sigma_i.\beta_i = \beta_i$ et $\sigma_i \in g_{K_i/L_i}$. Inversement, puisque $d(\varphi_i(\alpha_i), \beta_i) \underset{a}{\rightarrow} 0$, on a si $\sigma_i \in g_{K_i/L_i}$ $d(\varphi_i(\psi_{\sigma_i}(\alpha_i)), \beta_i) = d(\varphi_i(\sigma_i.\alpha_i), \sigma_i.\beta_i) = d(\varphi_i(\alpha_i), \beta_i) \underset{a}{\rightarrow} 0$, d'où $|\varphi_i(\psi_{\sigma_i}(\alpha_i)) - \varphi_i(\alpha_i)| = d(\varphi_i(\psi_{\sigma_i}(\alpha_i)), \varphi_i(\alpha_i)) \underset{a}{\rightarrow} 0$. Ainsi, $\sigma \in g_{K/L}$ et $\sigma_i \in g_{K_i/L_i}$ ont lieu en même temps.

Il résulte de ce théorème et de l'isomorphisme $(\sigma\tau)_i = \sigma_i\tau_i$ que l'isomorphisme σ_i de L_i/k_i dans K_i induit par σ_i ne dépend que de celui $\bar{\sigma}$ de L/k dans K, induit par σ et sera aussi noté $(\bar{\sigma})_i$. Ainsi $\bar{\sigma} \rightarrow (\bar{\sigma})_i$ est une application biunivoque de l'ensemble $g_{L/k}$ des isomorphismes de L/k dans $\mathfrak{K}$ sur celui g_{L_i/k_i} de tels isomorphismes de L_i/k_i. Si $\sigma \in g_{K/k}$, considérons σ comme un opérateur sur $g_{L/k}$ en posant, pour tout $\tau \in g_{K/k}$, $\sigma.\bar{\tau} = \overline{\sigma\tau}$. Alors, on a $\sigma_i.(\bar{\tau})_i = \sigma_i.\bar{\tau}_i = \overline{\sigma_i\tau_i} = (\overline{\sigma\tau})_i = (\sigma.\bar{\tau})_i$. Les $\sigma \in g_{K/k}$ ainsi envisagés forment un groupe de permutations $g_{L/k}$ de l'ensemble $g_{L/k}$ des isomorphismes de L/k dans K, et ce groupe de permutations s'appelle le *Groupe de galois* (non-galoisien) de L/k. On voit que le couple d'applications $\sigma \rightarrow \sigma_i$, $\bar{\tau} \rightarrow (\bar{\tau})_i$ constitue une similitude du groupe de Galois $G_{L/k}$ de L/k sur celui G_{L_i/k_i} de L_i/k_i (du moins, à partir d'un certain rang).

Comme $\varphi_i(\sigma_i.\alpha_i) - \varphi_i(\alpha_i) \underset{a}{\rightarrow} \varphi(\sigma.\alpha) - \varphi(\alpha) = \sigma.\beta - \beta$ et comme, à partir d'un certain rang, $|\sigma_i.\beta_i - \varphi_i(\sigma_i.\alpha_i)| = |\beta_i - \varphi_i(\alpha_i)| < r_{g_i} = r_g$, on a, si $\sigma.\beta \neq \beta$, donc $|\sigma.\beta - \beta| \geqslant r_g$, $|\sigma_i.\beta_i - \beta_i| = |\sigma.\beta - \beta|$. Ainsi, la théorie de la ramification non-galoisienne est aussi préservée à partir d'un certain rang. Ceci a lieu, d'ailleurs, aussi bien quand on s'y sert du groupe de Galois non galoisien que quand on emploie l'hypergroupe de Galois.

Nous avons défini d'une manière indépendante, à partir d'un certain rang, la sous-extension L_i/k_i de K_i/k_i, qui correspond à une sous-extension donnée L/k de K/k, et un sous-groupe g_i du groupe de Galois g_{K_i/k_i} de l'extension K/k, qui correspond à un sous-groupe donné g de $g_{K/k}$. Malgré cela, ces deux correspondances préservent la correspondance de Galois : $g_{K_i/L_i} = (g_{K/L})_i$. Ceci montre, en particulier, qu'à partir d'un certain rang, K_i/k_i n'a pas d'autres sous-extensions que celles, qui correspondent aux sous-extensions de K/k. On peut dire qu'une extension algébrique, finie et séparable K de la limite k des corps valués complets k_i et les extensions correspondantes K_i des corps approximants k_i ont asymptotiquement une même structure algébrico-métrique.

§ 14 — Autres aspects de la théorie

Bien d'autres invariants des extensions des k_i que ceux, qui ont été considérés ici, sont asymptotiquement les mêmes que ceux de l'extension correspondante de k. Tels sont, en particulier, tous ceux, qui interviennent dans la théorie locale des corps de classes et dans ses généralisations non-abéliennes. La théorie de l'approximation des corps valués complets permet, d'ailleurs, de ramener la théorie locale des corps de classes pour le corps de caractéristique non-nulle à celle des corps de caractéristique nulle.

Du point de vue d'applications particulières, on peut en envisager deux types : 1) l'étude de la limite à partir des corps approximants; 2) étude des corps approximants assez proches de la limite à partir de cette limite. Ce sont les applications de ce second type, qui semblent les plus intéressantes. Au cours de ces travail, j'ai bien effleuré quelques applications de ce genre (p. ex. l'égalité asymptotique de g_{K_i/k_i} à $g_{K/k}$), mais d'une manière assez superficielle. J'ai pu aborder ce problème d'une manière plus précise dans le cas de limite localement compacte de caractéristique $p \neq 0$, mais, pour ne pas allonger ce travail, j'ai renoncé d'en parler ici.

Je compte revenir sur ces questions, et, également, sur la question de la prolongabilité des isomorphismes résiduels (qui n'a été qu'à peine touchée au § 9) et de la possibilité d'approximer tout corps valué complet de caractéristique $p \neq 0$ par ceux de caractéristique 0, dans des publications ultérieures.

Structures graduées

Note de Luc Bélair

Les travaux de Krasner sur des structures graduées d'une certaine généralité tirent leur origine dans ses travaux sur les corps valués [54]. Il cherche les structures abstraites qui généralisent adéquatement certains traits particuliers des corps valués. On peut regrouper ses travaux sur les structures graduées (hors corps valués) ainsi : [124], [110], [111], [114], [115], [116], [117]. On peut aussi inclure [30], auquel une partie de [110] est consacrée. Les notes [114], [115], [116] donnent les définitions des notions qui sont développées dans [117] [55].

Nous avons choisi de reproduire l'article [111], qui est un condensé du long article [110] [56]. L'article [111] débute par un singulier historique sur la notion de graduation qu'il trace depuis les savants de l'ancienne

54. Voir P. Ribenboim, Il mondo Krasneriano, (en anglais), Elefteria, n° 3, 1985, pp. 116–204 (voir p. 119) ; et M. Chadeyras, Sur les anneaux gradués généraux, ibid., pp. 62–73.

55. L'article [117] indique les coquilles suivantes sur la première page de [115] : dans (I) on doit lire $H^2 \subseteq H$ au lieu de $H \subseteq H$, et dans (2°) on doit lire $A \subseteq g$ au lieu de $A \subseteq y$.

56. L'article [110] fait 100 pages. En voici un sommaire : Introduction (pp. 209–218) ; §.1 Groupes gradués, homogroupoïdes (pp. 218–231) ; §.2 Anneaux et corps gradués, annéides et corpoïdes, moduloïdes (pp. 232–260) ; §.3 Corpoïdes commutatifs sans torsion et leurs applications à la théorie de la ramification (pp. 261–282) ; §.4 Homomorphismes quasi-homomorphismes. Agglutinations (pp. 283–296) ; §.5 Anneaux gradués (et annéides) commutatifs (pp. 296–303) ; §.6 Anneaux gradués (et annéides) non-commutatifs réguliers (pp. 303–306) ; Bibliographie (pp. 307–308).

Égypte jusqu'aux topologues algébristes des années 1940, pour en venir ensuite à des notions de groupe, anneau et corps gradués, dans un sens plus général que la notion de Bourbaki.

La notion principale est celle d'*annéide*, qui consiste en une axiomatisation de la partie homogène d'un anneau gradué. Un des points de vue de Krasner est qu'une grande partie des propriétés des anneaux gradués se déduisent de propriétés de l'annéide correspondant. Le principal phénomène nouveau d'intérêt est *l'agglutination*. Un cas particulier d'agglutination est le suivant [57] : pour des éléments homogènes a, b, c d'un anneau gradué au sens de Krasner, il peut arriver que b et c soient de grades différents, mais que $ab + ac$ soit homogène ; on dit alors que a *agglutine* b et c.

L'historique couvre les paragraphes §.1-§.4 de l'article (pp. 443–452). Le paragraphe §.5 (pp. 452–459) porte sur les *corpoïdes*, qu'il avait introduits dans sa Note de 1944 [30] [58]. Il expose leur rôle dans la théorie de la ramification et reprend en gros un exposé qu'il a déjà fait dans son séminaire ([127], voir aussi [109]). Un corpoïde est un annéide dont l'ensemble des éléments non nuls forment un groupe multiplicatif. Dans le paragraphe §.6 (pp. 460–472) il définit précisément la notion d'annéide, donne leurs propriétés de base, et explique ses raisons pour introduire une notion plus générale que celle de Bourbaki (voir p. 462). Finalement, il conclut en parlant des résultats de ses étudiants Chadeyras [59] et Halberstadt [60]. Le livre en préparation avec Chadeyras et Halberstadt sur les anneaux gradués généraux mentionné à la toute fin de la bibliographie semble n'avoir jamais paru.

---

57. Voir M. Chadeyras, Essai d'une théorie noethérienne homogène pour les anneaux commutatifs dont la graduation est aussi générale que possible, Bull. Soc. Math. France – Mémoires, n° 22, 1970, 143 pages ; chap. II.

58. Mentionnons l'image qu'il utilise pour décrire un corpoïde dans [110], p. 243 : « On peut donner une idée intuitive suivante (sic) de la structure de corpoïde, d'ailleurs très approximative : un corpoïde est une sorte d'éventail, dont les plaques n'ont en commun que leur « axe » 0. ». Il élabore un peu la métaphore ensuite.

59. M. Chadeyras, Essai d'une théorie noethérienne ..., ibid., qui fait entre autre l'analyse critique de la notions d'anneau gradué de Bourbaki et met bien en évidence l'analogie avec les valuations dans les corps valués.

60. E. Halberstadt, Le radical d'un annéide régulier, C. R. Acad. Sci. Paris, Sér. A-B, 270 (1970) A361–A363 ; Structure des annéides réguliers artiniens et semisimples, ibid., pp. A435–A437.

[111] Revue roumaine de mathématiques ... 27 (1982) 443–472

Hommage au Professeur
CAIUS JACOB
à l'occasion de son 70e anniversaire

LE VIEUX QUI EST NEUF

PAR

MARC KRASNER

Dédié à mon vieil ami Caïus Jacob

1. Cela commence il y a très longtemps. Les Egyptiens et les Sumeriens se sont déjà aperçu, en calculant l'aire de leurs champs ou les volumes des édifices à construire, que si l'on mesure les longueurs, les aires et les volumes à l'aide des unités correspondantes (aire du carré et volume du cube, dont le côté a l'unité adoptée de longueur), la mesure de l'aire d'un rectangle et le volume d'un parallélépipède rectangulaire sont produits des mesures des longueurs de leurs côtés. Les anciens Grecs, probablement dès le début de l'école pythagoricienne, ont fait un pas de plus : ils ont jeté dehors les unités de mesure. Ils ont inventé le « calcul des segments », en posant l'aire d'un retangle et le volume d'un parallélépipède (rectangulaire) égal « par définition » au produit des longueurs de leurs côtés orthogonaux, et, d'une manière moins explicite, ils considéraient probablement que le chemin parcouru par un mobile est le produit du temps de son déplacement par sa vitesse (constante, car pour les anciens Grecs seul le mouvement uniforme était « intelligible »)[1].

Ainsi, les valeurs de certaines grandeurs (et pas seulement leurs mesures) pouvaient se multiplier, et, bien entendu, les valeurs d'une même grandeur pouvaient s'additionner et, éventuellement, se soustraire (mais il n'était pas permis d'ajouter les valeurs des grandeurs différentes, p.ex. celle de longueur et celle d'aire). Dès le début de l'école pythagoricienne (et, selon la légende, par Pythagore lui-même) ont été envisagés les rapports des valeurs d'une même grandeur qu'on croyait au début toujours rationnels, et qu'on identifiait avec les fractions rationnelles. La découverte des rapports irrationnels et certains événements, qui se sont produits en philosophie grecque (Parménide, Eléates, Platon) ont

---

[1] Nous adoptons la terminologie suivante : on parlera de *grandeurs* comme longueur, aire, temps, poids, etc...., de leurs *valeurs* comme longueur d'un certain bâton, l'aire d'un certain champ, temps d'une certaine réunion, poids d'un certain pain (on parlera aussi quelquefois d'*une* longueur, d'*une* aire, etc....), etc..., et des *mesures* de ces valeurs (qui sont des nombres) en certaines unités comme respectivement 1,5 (en mètres), 5000 (en m^2), 3 (en heures), 2 (en kg). Les anciens Grecs parlaient à la place d'*espèces de grandeurs*, de *grandeurs* μεγετεσ et (tardivement) de *rapports de grandeurs d'une même espèce*.

REV. ROUM. MATH. PURES ET APPL., TOME X XVII, N° 4, P. 443–472, BUCAREST, 1982 complètement bouleversé les idées des mathématiciens grecs[2]. Finalement[3], pour faire face à cette situation, Eudoxe a créé la théorie générale des rapports, qui englobait les rapports irrationnels. Mais, pour des raisons philosophiques Eudoxe ne considérait pas ces rapports comme objets, mais uniquement comme relations des valeurs d'une même grandeur, ce qui interdisait de les identifier, quand ils étaient rationnels, aux fractions rationnelles (dont Platon avait, d'ailleurs, interdit, pour des raisons également philosophiques, l'emploi en mathématiques en tant que science théorique, sauf s'il s'agissait d'entiers positifs). Et les idées admises, à partir de cette époque, par les mathématiciens et philosophes grecs, leur interdisaient de considérer les infinités (et, en particulier, les infinités de rapports) d'une manière ensembliste, comme collections « achevées ». En particulier, Eudoxe ne pouvait pas envisager la totalité des rapports possibles. Ainsi, bien que du point de vue technique et à complétude près (car, en mathématique grecque, il est impossible même de poser la quéstion de complétude), la théorie d'Eudoxe définit quelque chose comme la partie positive de notre corps réel, elle ne le fait, et à double titre, qu'« en pointillé ». C'est seulement chez les mathématiciens arabes (au sens large, car certains venaient de Perse ou d'Asie Centrale), vers l'an 1000 (Omar Hayam) que les rapports sont devenus vraiment des objets et qu'on a pu avoir (du moins implicitement) une vue globale de leur totalité.

Et que s'est-il passé avec le « calcul des segments »? Eh bien, Platon l'a aussi interdit (du moins en tant que méthode de démonstration), et Aristote l'a suivi. Cette interdiction a été observée (ainsi que celle de l'emploi des fractions) à peu près 150 ans. On ne trouve que de faibles traces de ce calcul dans les « Eléments » d'Euclide, et ses résultats sont toujours formulés en termes de rapports. Mais un peu plus tard, Archimède et Appolonius n'observent plus les interdits de Platon : ils emploient à tour de bras les fractions rationnelles (mais pas les rapports quelconques) comme multiplicateurs des valeurs des grandeurs, et leurs démonstrations géométriques sont faites presque exclusivement à l'aide du « calcul des segments ».

2. Transportons-nous presque vingt siècles plus tard, à la fin du XVIe siècle et au début du XVIIe. Introduite d'abord par Diophante et les premiers mathématiciens du monde arabe comme une sorte de sténographie pour formuler commodément les énoncés et les pas de solution des problèmes de l'arithmétique élémentaire, ce que nous appelons algèbre élémentaire est devenu graduellement, entre les mains des mathématiciens arabes et des mathématiciens européens de la fin du Moyen Age et de la Renaissance, un calcul — calcul des polynômes et théorie des équations rationnelles simples. Ce procéssus a été couronné par la parution de deux traités d'algèbre : celui de Viète (1591) et celui de Descartes (1649). L'algèbre de Descartes était, au fond, celle du corps réel (et des polynômes sur ce corps). C'est pourquoi elle a été vite comprise et a servi de base pour le développement des mathématiques (en

[2] Ceux qui s'intéressent à ce côté de la question peuvent lire mon article [21].

[3] Après l'échec relatif d'une autre théorie, dite antiphaïrétique, attribuée à Théétète.

particulier, de la géométrie analytique, de l'analyse et de la géométrie différentielle) pendant les siècles, qui ont suivi. L'algèbre de Viète était, par contre, comme celle des anciens Grecs, une algèbre des grandeurs (dont, bien entendu, les nombres réels, valeurs de la grandeur « nombre »). Avec une notable différence toutefois : les anciens Grecs ne considéraient, en fait, que quelques grandeurs bien déterminées, qui avaient un sens concret dans leur réalité quotidienne, et, par suite, seulement un petit nombre de multiplications de grandeurs (p.ex., ils ne multipliaient, au plus, que trois longueurs car, autrement, on sortait de l'espace de dimension 3). Par contre, Viète (bien que ne connaissait pas, non plus, toutes les grandeurs introduites depuis lors) permettait de multiplier et de diviser inconditionnellement celles de son système. Ainsi, le système des grandeurs de Viète était fermé par rapport à la multiplication et la division. D'autre part, tandis que les Anciens n'admettaient que les valeurs strictement positives des rapports des valeurs d'une même grandeur, chez Viète, qui connaissait les nombres négatifs (et zéro) et les admettait, ils pouvaient être, en principe, réels quelconques.

Les mathématiciens, surtout après la parution de la « Géométrie » de Descartes (qui contenait son algèbre), n'ont pas compris la signification de l'algèbre de Viète. D'ailleurs, disaient-ils (avec raison), les grandeurs autres que les nombres c'est de la géométrie ou de la physique, pas de l'algèbre. Cette algèbre des grandeurs leur paraissait un archaïsme dépassé, dû à trop d'attachement de Viète à la tradition antique. Ainsi, l'algèbre de Viète a été pratiquement oubliée (sauf par quelques historiens de mathématiques) pendant presque cinq siècles : le courant de mathématique a passé ailleurs. Mais, comme je vais montrer, Viète a été un précurseur, sous certains rapports plus moderne que Descartes. Bien entendu, son système n'est pas de l'algèbre, mais comme on verra, c'est un exemple particulier le plus ancien connu d'une structure (découverte un peu après 1940), qui appartient à l'algèbre et est plus générale, et peut-être aussi fondamentale, que celle de corps (du moins telle est mon opinion).

3. Transportons-nous au XVIIIe siècle (mais sans perdre de vue certains événements de la fin du XVIIe, et aussi ceux des siècles suivants).

Bien qu'oublié en algèbre, le système de Viète a continué à se développer, et en quelque sorte se matérialiser, en mécanique et en physique. Avec Galilée, et surtout après la création de la mécanique de Newton (1687), de nouvelles grandeurs sont venues s'adjoindre à celles connues dans l'Antiquité : accélération, masse, force (dans sa généralité), quantité de mouvement, moment d'une force par rapport à un point, force vive, moment d'inertie, coefficient de frottement, viscosité d'un liquide, etc.... A la fin du XVIIIe siècle, avec Coulomb, sont apparues les charges électriques et magnétiques, suivies, au cours de XIXe siècle, par d'autres grandeurs électromagnétiques : différence des potentiels, capacité, intensité de courant, constante diélectrique, perméabilité magnétique, intensité des champs et, surtout à partir de Faraday et Maxwell, les champs électrique et magnétique, la self-induction, l'intensité du courant alternatif, l'impédance, etc. ... Il faut y ajouter les grandeurs thermiques (température, quantité de chaleur, capacité et conductivité thermiques, entropie, etc....), optiques, acoustiques. Les mesures avec une unité des valeurs de presque toutes ces grandeurs étaient des nombres réels parfois, seulement non négatifs, mais pour certaines (p. ex. différences des températures ou des potentiels, charges électriques et magnétiques) réels quelconques ; pour ces dernières, les valeurs de grandeur ne satisfaisaient pas aux axiomes μεγετεσ d'Euclid, mais il suffisait de modifier légèrement ces axiomes pour qu'elles y satisfassent). Mair pour certaines (p. ex., l'intensité du courant alternatif, l'impédance), ces mesures pouvaient être des nombres complexes, auquel cas leurs valeurs ne pouvaient pas satisfaire aux axiomes de groupe additif archimédien totalement ordonné, car il n'y a aucun moyen naturel même de définir seulement un ordre total des valeurs d'une telle grandeur indépendant du choix d'une unité de mesure (à proportionnalité réelle positive près). Les physiciens ont cherché à organiser ce chaos de grandeurs en un système maniable, plus précisément à les identifier toutes aux grandeurs mécaniques. Ils ont défini, dans un certain nombre de cas concrets, la multiplication et la division des valeurs de ces grandeurs : 1) soit en considérant un certain type de situations physiques, où sont présentes certaines valeurs a, b de deux grandeurs *A*, *B*, on définit le produit *ab* des *a,b* comme la valeur de la grandeur « produit » *AB* dans la même situation ; 2) soit, en se servant de certaines lois physiques, c'est-à-dire des relations expérimentalement constatées liant les valeurs de certaines grandeurs dans certaines situations (la place me manque pour en dire davantage). D'ailleurs, en se servant de différentes lois, on pouvait faire (et on a fait) de différentes réductions des grandeurs physiques aux grandeurs mécaniques. Ainsi, en utilisant la loi d'Ampère sur le champ magnétique d'un courant électrique et la loi électrostatique de Coulomb, on a obtenu le système de grandeurs dit « électrostatique », et en utilisant la loi d'Ampère et la loi de Coulomb magnétique, on a obtenu le système dit « électromagnétique ». Dans ces deux systèmes, une même grandeur électromagnétique (p.ex., quantité d'électricité) était représentée par deux grandeurs mécaniques différentes ; bien entendu, les mesures de la valeur de cette grandeur dans une même situation étaient proportionnelles, mais le coefficient de proportionnalité n'était pas une constante numérique, mais, en général, une valeur constante d'une certaine grandeur mécanique : ainsi, la grandeur mécanique représentant la quantité d'électricité dans le système électrostatique diffère de celle représentant la même quantité d'électricité dans le système électromagnétique par un facteur, qui est une certaine vitesse constante. Il ne faut pas penser que cette réduction (ou ces réductions) des grandeurs physiques aux grandeurs mécaniques (et la multiplication de ces dernières) a été quelque chose de trivial réalisé par démarches évidentes : il y a beaucoup de situations comportant une force f, une longueur l, mais on n'y trouve un travail $t = lf$ que dans certains cas seulement, p.ex. si f agit sur un mobile lors de son déplacement rectiligne de longueur l parallèle à f et de même sens. Il y a beaucoup de situations, où il y a une charge électrique e, une longueur l et une force f, mais on n'a $e = lf^{-1/2}$ que si deux charges égales à e se trouvent à la distance l, et f est la force, avec laquelle elles se repoussent. Souvent, de telles réductions amorçaient la découverte de lois fondamentales de physique ou en étaient des conséquences : ainsi, la réduction de la quantité de chaleur à la force vive par Joule et R.

Meyer a suggéré la notion d'énergie et la loi de sa conservation, et a provoqué d'autres identifications à la même grandeur (p.ex., du flux du vecteur de Poynting). Il résultait de la théorie de Maxwell que la vitesse constante mentionnée plus haut est celle de propagation des champs électromagnétiques (en particulier, de la lumière, qui en était un selon l'hypothèse faite par Maxwell) dans le vide. La confirmation expérimentale de cette prédiction (et, par suite, de cette hypothèse) a été le plus grand triomphe de cette théroie et la raison majeure de son adoption par les physiciens.

On a abouti ainsi à un système des grandeurs (ou plutôt à deux : électrostatique et électromagnétique) que je vais appeler, pour simplicité, *le système des grandeurs scalaires de la physique classique*, et qui est du même type que le système de Viète. A chaque grandeur, on a fait correspondre un symbole, qui la désignait (et que certains ont appelé sa « dimension », qui est L pour longueur, T pour le temps, M pour la masse, et pour toute autre grandeur un symbole de la forme $L^\lambda\, T^\tau\, M^\mu$, où λ, τ, μ étaient des éléments du groupe additif $Z/2$ des fractions rationnelles de dénominateur 2, en faisant correspondre à une grandeur produit de deux autres le produit de leurs symboles, considérés comme des monômes de L, T, M avec des exposants $\in Z/2$. Ainsi, l'accélération était désignée LT^{-2}, la force $LT^{-2}M^1$, le travail $L^2T^{-2}M^1$, la quantité d'électricité (système électrostatique) $L^1T^{-1}\, M^{1/2}$, etc. .... Bien entendu, les multiplications et les divisions des valeurs des grandeurs devaient être définies de telle manière que si, par deux chaînes différentes de telles opérations, on obtenait, à partir des valeurs $a_1, a_2, \ldots, a_s$ des grandeurs $A_1, A_2, \ldots, A_s$, les valeurs d'une grandeur B, ces valeurs devaient être les mêmes — cette condition était effectivement satisfaite. Pour les valeurs d'une même grandeur, l'addition (et, éventuellement, la soustraction) était définie, par rapport auxquelles la multiplication des grandeurs était toujours distributive. Les rapports possibles des valeurs d'une grandeur à une valeur fixée quelconque de la même grandeur formaient, selon les cas, ou bien l'ensemble des nombres réels non négatifs, ou des nombres réels quelconques, ou, dans quelques cas, celui des nombres complexes. C'était les valeurs de la grandeur « nombre » de symbole $1 = L^0T^0M^0$. Dans tous les cas, l'ensemble de ces valeurs était une partie P d'un corps K, qui était soit le corps réel R, soit le corps complexe C. En fait, les théoriciens de la physique traitaient tout ce corps K comme ensemble des rapports imaginables des valeurs de cette grandeur, dont seulement ceux de la partie P sont physiquement réalisables. D'autre part, ils n'ont défini effectivement qu'un ensemble fini de grandeurs $L^\lambda\, T^\tau\, M^\mu$ (λ, τ, $\mu \in Z/2$) et de leurs multiplications (c'est-à-dire des multiplications de leurs valeurs arbitraires), car c'étaient les seules dont ils avaient besoin, mais il était entendu que si le besoin s'en présente, il serait toujours possible, à l'aide d'une situation physique convenable, de définir toute nouvelle grandeur de cette forme ou n'importe laquelle multiplication de telles grandeurs. Nous allons donc considérer un tel système « potentiel » des grandeurs physiques (ou, plutôt, une de ces réalisations, car il peut en avoir plusieurs selon le choix des situations physiques en vue de définition des grandeurs) que nous allons appeler un ***système des grandeurs scalaires de la physique classique.*** Un tel système se présente ainsi :

I. Les grandeurs peuvent se multiplier et forment un groupe abélien libre Γ de rang 3.

II. Sur l'ensemble des valeurs de toutes les grandeurs est aussi (et partout) définie une multiplication telle que le produit ab d'une valeur a d'une grandeur A par une valeur b d'une grandeur B est une valeur de AB. On considère la valeur 0 comme commune à toutes les grandeurs, et leurs valeurs non nulles forment aussi un groupe commutatif $\mathfrak{N}$ par rapport à cette multiplication. Donc, $\delta : x - X$, où x est une valeur non nulle quelconque de la grandeur X, est un homomorphisme de $\mathfrak{N}$ sur Γ, dont le noyau K^* est l'ensemble des valeurs non nulles de la grandeur « nombre » $= 1 = L^0T^0M^0$ (qui est donc aussi un groupe multiplicatif).

III. Les valeurs a, b des grandeurs A,B (0 est considéré comme valeur de n'importe quelle grandeur) peuvent s'additionner et se soustraire si, et seulement si $A = B$, et les valeurs d'une grandeur fixée forment un groupe abélien par rapport à cette addition (dont 0 est l'élément neutre). La multiplication des valeurs des grandeurs est distributive par raports à cette addition : si a', a'' sont deux valeurs d'une grandeur A et b en est une d'une grandeur B, on a $(a' + a'')b = a'b + a''b$ ($a'b$ et $a''b$ peuvent s'additionner, car ils sont des valeurs de AB). Il en résulte que l'ensemble $K = K^* \cup \{0\}$ des valeurs de la grandeur neutre « nombre » est un corps. Puisque, pour toute grandeur X, on a $1X = X$ et $X^{-1}X = 1$, on voit que si l'on considère la multiplication des valeurs x de la grandeur X par les « nombres » a K comme une composition externe l'ensemble des valeurs de X devient un K-espace vectoriel de dimension 1.

Les physiciens, appellent *système des unités* le choix, pour chaque grandeur, X, d'un représentant $e(X) \neq 0$, qui en est une valeur. Si x est une valeur de X, sa mesure dans ce système des unités est, précisément, le rapport $x : e(X)$. Ils appellent le système des unités $E : X \to e(X)$ *absolu* si E et un isomorphisme de Γ dans $\mathfrak{N}$ (il suffit, d'ailleurs de demander que ce soit un homomorphisme). Comme Γ est un groupe abélien libre (donc sans torsion) ayant $\{L^{1/2}, T^{1/2}, M^{1/2}\}$ comme ensemble des générateurs libre, et comme $\mathfrak{N}$ est aussi sans torsion, de tels systèmes d'unités existent et sont déterminés par $(e(L), e(T)\ e(M))$ (à savoir, $e(L^\lambda T^\tau M^\mu) = e(L)^\lambda\ e(T)^\tau\ e(M)^\mu$). En particulier, le système CGS, qui est le plus employé en physique théorique, est celui, où $e(L) = 1$ cm, $e(T) = 1$sec, $e(M) = 1$gr.

Déjà pendant le XVIIIe, mais surtout au cours du XIXe siècle, sont apparues des entités, à qui il est difficile de refuser le nom de grandeur, mais qui ne rentrent pas dans le schéma précédent. Ce sont des grandeurs vectorielles, tensorielles et (en géométrie, avec Grassman) les aires, les volumes, etc..... orientés, qui sont des éléments des différentes dimensions de l'algèbre extérieure engendrée par les longueurs orientées (ces grandeurs ont été d'abord définies en physique pour les dimensions $\leqslant 3$, et ensuite, avec la théorie de relativité, aussi pour la dimension 4). Les valeurs de ces grandeurs, quand il s'agit d'une grandeur fixée, peuvent s'additionner et forment un groupe abélien par rapport à cette addition, mais ils ne forment pas un ensemble totalement ordonné par rapport à un ordre que l'addition (avec une valeur fixée) préserve. Mais il en est déjà de même pour les grandeurs scalaires dont les mesures peuvent être complexes – ce n'est donc pas une raison pour ne pas les considérer comme grandeurs. On ne peut pas les mesurer par un rapport avec une « unité » choisie – en pratique, on les écrit comme un ensemble paramétrisé de « composantes », qui sont des grandeurs scalaires, et on mesure ces composantes. Seulement, une telle représentation (et la mesure correspondante) n'est pas intrinsèque : elle dépend du choix d'un repère. Par contre, on a défini les multiplications (et, même, plusieurs sortes de multiplications) des valeurs de certaines paires de ces grandeurs, qui ne sont pas toujours commutatives, mais sont toujours distributives par rapport à l'addition des valeurs de ces grandeurs. D'autres complications sont apparues au XXe siècle avec les théories quantiques. Je reviendrai plus loin à la question de l'inclusion de ces entités dans un (ou plusieurs) système de grandeurs.

4. Au même XVIIIe siècle, Euler, qui est celui des mathématiciens de ce siècle, à qui la mécanique (sous toutes ses formes) doit le plus, mais qui fut d'au moins autant mathématicien pur qu'appliqué, a introduit les notions de polynômes homogènes et des fonctions (réelles, d'un nombre fini de variables réelles) homogènes. Un polynôme $f(X_1, X_2, \ldots, X_n)$ (sur le corps réel $k = R$ chez Euler, mais on peut supposer que k est un corps arbitraire) est dit *homogène* quand tous ses monômes (non nuls) ont un même degré total par rapport à l'ensemble des variables $\{X_1, X_2, \ldots, X_n\}$, lequel est bien déterminé quand $f \neq 0$, est alors appelé le *degré de* f et est noté $d(f)$ (0 peut être considéré comme ayant le degré arbitraire). La somme de deux polynômes homogènes l'est encore si, et seulement s'ils sont d'un même degré, qui est alors le degré (ou un des degrés) de cette somme. Et le produit fg de tels polynômes f,g est toujours homogène et, s'il est $\neq 0$, on a $d(fg) = d(f) + d(g)$. Et, bien entendu, on a toujours $f(g + h) = fg + fh$. On voit que les polynômes homogènes se comportent d'une manière assez analogue aux valeurs des grandeurs (scalaires), le degré jouant le rôle du symbole de la grandeur. Il y a, toutefois, quelques différences : 1) tandis que les symboles des grandeurs se multiplient quand les grandeurs le font, les grades s'additionnent ; cette différence n'est qu'apparente : pour la supprimer, il suffit de remplacer $d(f)$ par le degré multiplicatif $\delta(f) = e^{d(f)}$; 2) tandis que toute valeur de la grandeur AB est un produit d'une valeur de A par une valeur de B, un polynôme homogène de degré $m + n$ est seulement une somme de produits de tels polynômes de degré m par de tels polynômes de degré n ; 3) tandis que les symboles des grandeurs forment un groupe abélien (libre), les grades ne forment qu'un semi-groupe commutatif unitaire (celui N des entiers $\geqslant 0$). Mais ces différences disparaissent si on remplace les polynômes homogènes par les fractions rationnelles homogènes $f = g/h$, où g et $h \neq 0$ sont des polynômes homogènes, autrement arbitraires, sur k, et si l'on pose, quand $f \neq 0$, $d(f) = d(g) - d(h)$. Ainsi, l'ensemble des fractions rationnelles homogènes des $X_1, X_2, \ldots, X_n$ sur k satisfait à toutes les conditions I, II, III de l'alinéa 3 (du moins, si on remplace le degré par le degré multiplicatif), sauf que le rang du groupe des degrés est 1 et pas 3 ; 4) les polynômes homogènes en $X_1, X_2, \ldots X_n$ sont inclus naturellement

dans l'anneau $k[X_1, X_2,\ldots X_n]$ de tous les polynômes en $X_1, X_2,\ldots X_n$ sur k, chacun de ces polynômes étant représenté, et d'une seule manière, comme somme de polynômes homogènes de différents degrés (et il en est de même pour l'ensemble des fractions rationnelles homogènes en $X_1, X_2, \ldots, X_n$ sur k si on l'inclue dans le sous-anneau, coïncidant avec le sous-groupe additif, qu'il engendre), tandis que l'idée ne serait jamais venue à un physicien de considérer des entités aussi bizarres que les sommes de valeurs des grandeurs de symboles différents, p.ex. la somme d'une accélération et d'une quantité d'électricité (bien que rien ne s'y oppose du point de vue mathématique). Il faut dire, toutefois, qu'il y a deux manières de considérer les polynômes homogènes : α) la manière (ou le point de vue) *non homogène*, où on s'intéresse à tous les polynômes, en employant les polynômes homogènes comme un des moyens de leur étude ; β) le point de vue *homogène*, où l'on s'intéresse aux polynômes et autres objets (sous-anneaux, idéaux) homogènes de $k[X_1, X_2,\ldots,X_n]$. Il se trouve qu'alors il est plus rationnel de considérer, comme structure additivo-multiplicative, uniquement l'ensemble des polynômes homogènes $\in k[X_1, X_2,\ldots,X_n]$, malgré ce que l'addition n'y est que partielle.

Euler a défini aussi la notion de fonction homogène (réelle) $f(X_1, X_2,\ldots,X_n)$ de degré r (qui peut être un nombre réel arbitraire) de variables réelles $X_1, X_2,\ldots X_n$; ce sont des fonctions telles que, pour tout h réel positif, on a $f(hX_1, hX_2,\ldots,hX_n) = h^r f(X_1, X_2,\ldots, X_n)$ (on peut, d'ailleurs, considérer cette condition de deux manières : ou bien en supposant que si $f(x_1, x_2,\ldots,x_n)$ est définie, $f(hx_1, hx_2,\ldots, hx_n)$ l'est aussi, ou bien en ne le supposant pas et en supposant la condition remplie si, et seulement si $f(x_1, x_2,\ldots,x_n)$ et $f(hx_1, hx_2,\ldots,hx_n)$ sont définis tous les deux). Il est clair que les fonctions homogènes définies sur un $A \subseteq R^n$ fixé satisfont aussi aux conditions I, II, III de l'alinéa 3 (mais le groupe de grade est ici le groupe multiplicatif des nombres réels non nuls et f^{-1} n'existe que si f ne s'annule nulle part sur A). Si A est ouvert et f y est continument dérivable par rapport à tout X_i, on a, comme Euler a prouvé,

$$\sum_i X_i \frac{\partial f}{\partial X_i} = rf,$$

qui caractérise, d'ailleurs, de telles fonctions pour certains domaines (il suffit, p.ex., qe toute droite de R^n passant par l'origine coupe l'ouvert A selon un seul intervalle).

Au cours du XVIIIe et du XIXe siècles, on a introduit certaines généralisations des polynômes homogènes et de leurs ensembles. Tels sont, p.ex., les polynômes isobares : on attribuait, à chaque variable X_i, un poids p_i (qui était un nombre réel, le plus souvent positif). On posait le poids $p(M)$ d'un monôme $M = X_1^{i_1} X_2^{i_2}\ldots X_n^{i_n}$ égal à $i_1p_1 + i_2p_2 + \ldots + i_np_n$. Un polynôme f était dit *isobare* si tous ses monômes non nuls avaient un même poids, qui (si $f \neq 0$) était noté $p(f)$ et s'appelait *poids* de f. On introduisait, d'une manière évidente, les fractions rationnelles isobares et leur poids. Les polynômes et les fractions rationnelles isobares se comportent exactement comme les polynômes et les fractions rationnelles homogènes, le poids jouant le rôle de degré. Les poids des fractions rationnelles isobares (pour les $p_i = p(X_i)$ fixés) forment un groupe abélien (additif) de rang fini (à savoir, celui engendré par les p_i), et ceux des polynômes isobares en forment un sous-semi-groupe (engendré par les mêmes éléments). On peut aussi définir les fonctions isobares de poids p par la condition

$$f(h_1^{p_1} X_1, h_2^{p_2} X_2, \ldots, h_n^{p_n} X_n) = h^p f(X_1, X_2, \ldots, X_n),$$

qui satisfont, sous les mêmes conditions que les fonctions homogènes, à

$$\sum_i p_i X_i \frac{\partial f}{\partial X_i} = pf.$$

Une autre sorte de polynôme analogue aux polynômes est celui des polynômes homogènes aux grades vectoriels. Soit $\pi = \{\chi_1, \ldots, \chi_s, \psi\}$ une partition de $\chi = \{X_1, X_2, \ldots, X_n\}$. Si $M \in k[X_1, X_2, \ldots, X_n]$ est un monôme, on notera $d_j(M)$ le degré total de M par rapport aux $X_i \in \chi_j$, et le vecteur $d_\pi(M) = (d_1(M), \ldots, d_s(M))$ sera dit son degré π-vectoriel. Un polynôme f sera dit π-homogène si tous ses monômes non nuls ont un même degré π-vectoriel, qui sera, si $f \neq 0$, noté $d_\pi(f)$ et appelé le *degré π-vectoriel* (ou *π-degré*) de f. Le comportement de ces polynômes est encore le même que celui des polynômes homogènes habituels, en particulier, si $fg \neq 0$, on a $d_\pi(fg) = d_\pi(f) + d_\pi(g)$. D'ailleurs, le même ensemble de polynômes peut s'obtenir comme celui des polynômes isobares, en donnant à tous les $X_i \in \chi_j$ un même poids $p_i = p^{(j)}$ tel que tous les $p^{(j)}$ soient distincts et linéairement indépendants sur le corps rationnel Q, et en donnant le poids 0 à tous les $X_i \in \psi$.

D'autre part, à la fin du XIXe et au début du XXe siècle, H. Poincaré, Betti, P. Alexandrov, H. Hopf ont fondé la topologie algébrique (dite à l'époque « combinatoire ») et, tout particulièrement, la théorie d'homologie des complexes simpliciaux. Etant donné un tel complexe X, ces mathématiciens ont défini, pour chaque $n \in N$, un groupe additif abélien $H_n(X)$, dit le *n^{ième} groupe de cohomologie de X*, et aussi une certaine multiplication (commutative) des éléments de $H_m(X)$ par ceux de $H_n(X)$ appliquant $H_m(X)$ $H_n(X)$ dans $H_{m+n}(X)$ et distributive par rapport à l'addition. Les éléments de $H = \cup_n H_n(X)$ se comportent aussi à la manière des polynômes homogènes. L'entier n s'appelle la *dimension* du groupe de cohomologie $H_n(X)$. Plus tard, on a considéré les sommes « non homogènes » d'éléments des $H_n(X)$ différents, qui, en prolongeant par distributivité la multiplication de leurs composantes, forment un anneau $H(X)$, dit *l'anneau de cohomologie de X*. Mais c'est une construction factice et artificielle, comme les fausses fenêtres de certaines architectures. En fait, les topologues s'intéressent seulement aux éléments « homogènes » $h \in H_n(X)$. C'est pourquoi, certains d'entre eux ont abandonné $H(X)$ et sont retournés à l'ancien système des $H_n(X)$ (voir les livres [8] de Godement et [24] de Mac Lane].

On voit que le degré, le degré vectoriel, le poids, la dimension jouent des rôles analogues. C'est pourquoi on peut les considérer comme cas particuliers d'une même notion : *grade*. Les structures correspondantes sont les ensembles des éléments homogènes de différents grades, où est définie une multiplication associative (d'ailleurs commutative dans tous les exemples précédents), qui induit une composition des grades, et une addition partielle, telle que seuls les éléments d'un même grade soient addibles. Les grades, dans la plupart des cas considérés, forment un groupe abélien libre de rang fini ou un sous-semi-groupe d'un tel groupe, mais parfois le groupe en question est un sous-groupe additif du corps réel R pouvant être ce corps lui-même. En considérant les sommes « non homogènes » des éléments homogènes, et en prolongeant par distributivité la multiplication à ces sommes, on obtient un anneau, qui, dans certains cas, a été donné d'avance, et dans d'autres reconstruit à partir des éléments homogènes.Ces anneaux sont dits des *anneaux gradués* (pour la graduation considérée).

Il est à remarquer que les algèbres extérieures sont des structures de cette sorte, mais où la multiplication n'est plus toujours comutative. Seuls leurs éléments homogènes semblent exciter l'intérêt des mathématiciens.

J'ai esquissé l'apparition et le développement de la théorie des anneaux gradués (et de leurs parties homogènes) jusqu'à 1940 environ. On va parler plus loin de la suite de ce développement.

5. L'acte suivant, dû à l'auteur, date du début des années quarante de ce siècle et vient de la théorie des corps valués. Rappelons quelques définitions. Une application $|\ldots| : k \to R_+$ d'un corps k dans l'ensemble R_+ des nombres réels $\geqslant 0$ est dite une *valuation de k* si elle satisfait aux axiomes : 1°) $|x| = 0 \Leftrightarrow x = 0$; 2°) $|x + y| \leqslant \mathrm{Max}\ (|x|, |y|)$; 3°) $|xy| = |x|\ |y|$, et k est dit un *corps valué* s'il est muni d'une valuation $|\ldots|$. On montre qu'alors $|-x| = |x|$, d'où résulte que $d(x,y) = |x-y|$ est une distance, qui satisfait aux axiomes : I. $d(x,y) = 0 \Leftrightarrow x = y$; II. $d(x,y) = d(x,y)$; III. $d(x,z) \leqslant \mathrm{Max}\ d(x,y), d(y,z)$ (axiome *ultramétrique*, qui implique l'axiome triangulaire habituel $d(x,z) \leqslant d(x,y) + d(y,z)$, et signifie que la distance $d(x,z)$ de deux points quelconques x,z de l'espace considéré ne dépasse pas le maximum de leurs distances à tout autre point y de l'espace. Les espaces métriques satisfaisant à l'axiome III sont dits *ultramétriques*. Ils se caractérisent, parmi les espaces métriques, par la condition que leurs triangles sont tous isocèles et à base ne dépassant pas les côtés latéraux. Un corps valué est dit *complet* s'il l'est en tant qu'espace ultramétrique. Si E est un espace ultramétrique, $d(x,y)$ sa distance, $a \in E$ et $r \in R_+$, $C(a,r^-) = \{x \in E ; d(a,x) < r\}$ et $C(a, r) = \{x \in E ; d(a,x) \leqslant r\}$ sont appelés les *disques non circonférencié* resp. circonférencié de centre a et de rayon r (ou encore de rayon semi-réel r^- resp. r). Les symboles r^- resp. r, où $r \in R$, s'appellent *nombres semi-réels*. On les ordonne totalement par la règle : $r < r' \Rightarrow r^- < r < r'^- < r'$, et si $s \in R_+$, on définit le produit (commutatif) sr^- par $0r^- = 0$ et, si $s > 0$, $sr^- = (sr)^-$. Les disques d'un espace ultramétrique ont des propriétés étranges : chaque point d'un disque en est un centre ; si deux disques ne sont pas disjoints, un de deux contient l'autre ; en particulier, les disques d'un même rayon semi-réel coïncident ou sont disjoints, donc forment une partition de E, et de telles partitions s'appellent *diviseurs de E*. Un point en dehors d'un disque est à la même distance de tous les points du disque (en particulier, si E

est un corps valué k, dont C est un disque, et si $0 \notin C$, tous les $x \in C$ ont une même valuation $|x| = d(0, x)$, qui est aussi notée $|C|$ et dite la *valuation de* C). En revenant au corps valué k, $i(k) = C(0,1) = \{x \in k ; |x| \leqslant 1\}$ est un anneau, dit l'anneau *d'intégrité* ou de *valuation* de k. Tous les disques $C(0, \rho)$ de centre 0 sont des $i(k)$-modules (d'ailleurs, les seuls dans k), dont $C(0,0^-) = \emptyset$ et $C(0,0) = \{0\}$, et $C(a, \rho) = a + C(0, \rho)$ donc les diviseurs de k coïncident avec les partitions modulo les $i(k)$-modules. En particulier, $C(0, \rho)$ est un idéal de $i(k)$ si, et seulement si $\rho \leqslant 1$, et ce sont ses seuls idéaux. En particulier, $m(k) = C(0,1^-) = \{x \in k ; |x| < 1)$ est l'idéal maximal de $i(k)$. Le corps valué k a deux invariants : 1) l'ensemble $\Gamma(k)$ des valeurs $|x|$ des $x \in k$ non nuls : c'est un sous-groupe du groupe multiplicatif R^* des nombres réels >0, dit le *groupe de valuation* de k ; 2) l'anneau quotient $\bar{k} = i(k)/m(k)$, qui est un corps, dit *corps résiduel* de k. Si deux disques $C = C(a, \rho)$ et $C' = C(a', \rho)$ sont additionnés ou multipliés en tant que sous-ensembles de k, on voit facilement que $C + C' = C(a + a'$, Max $(\rho, \rho'))$ et, si $0 \notin C \cap C'$, $CC' = C(ab$, Max $(|a'|\rho, |a|\rho'))$. Une extension K/k de corps valués est dite une *extension valuée* si la valuation de k est la restriction à k de celle de K. Alors, $\Gamma(k)$ est un sous-groupe de $\Gamma(K)$, et $\bar{k}$ s'identifie canoniquement avec un sous-corps de $\bar{K}$. L'extension $\bar{K}/\bar{k}$ est dite *l'extension résiduelle* de K/k, et son degré $f = [\bar{K} : \bar{k}]$ est dit le *degré résiduel* de K/k. L'indice $e = (\Gamma(K) : \Gamma(k))$ de $\Gamma(k)$ dans $\Gamma(K)$ est dit *l'ordre de ramification de* K/k.

On peut définir dans k une autre distance ultramétrique, dite *multiplicative* (car elle est préservée par les multiplications par les $a \in k$ non nuls comme $d(x,y)$ l'est par les additions avec les $a \in k$) $d_m(x,y) = |x-y|/$ Max $(|x|, |y|)$ sauf si $x = y = 0$, et égale à 0 dans ce dernier cas. En vertu de l'axiome 2°, on a toujours $d_m(x,y) \leqslant 1$. Si $\rho(= r^-$ ou r, $r \in R_+)$ est $\geqslant 0$ et < 1, le disque multiplicatif $C_m(a, \rho^m) = \{x \in k,\ d_m(a,x) \leqslant \rho\}$ est la classe de a modulo le groupe multiplicatif $C_m(1, \rho) = C(1, \rho) = 1 + C(0, \rho)$ (car, si $|x| \leqslant 1$, on a $d_m(1,x) = |1 - x|$), qui est $\bar{a}_\rho = aC(1, \rho) = C(a, |a|\rho)$ (en particulier, si $a \neq 0$, on a $C_m(a, 1^-) = C(a, |a|^-)$, donc est le plus grand disque de centre a ne contenant pas 0, et $C_m(0, 1^-) = C(0,0) = \{0\}$). Donc, si $\rho < 1$, $a \equiv b$ (mod $C_m(1, \rho)$ implique $|a| = |b|$, et, sous cette hypothèse, équivaut à $(b/a) \equiv 1$ (mod $C(0, \rho)$). Comme tout $\bar{a}_\rho \neq \{0\}$ ne contient pas 0, $|\bar{a}_\rho|$ est définie et $= |a|$. On voit immédiatement que $\bar{a}_\rho \bar{b}_\rho = C(a, |a|\rho)\ C(b, |b|\rho) = C(ab, |ab|\rho) = \overline{ab}_\rho$, et que, pour cette multiplication $\bar{0}_\rho$ est un élément absorbant, donc joue le rôle de zéro, tandis que les autres $\bar{a}_\rho$ forment un groupe (commutatif). Mais peut-on définir convenablement une addition des $\bar{a}_\rho$? Considérons la somme $\alpha + \beta$ de $\alpha = \bar{a}_\rho$ et de $\beta = \bar{b}_\rho$ en tant que sous-ensembles de k. Remarquons que $\alpha = \bar{a}_\rho$ quel que soit $a \in \alpha$. Soit $c \in \alpha + \beta$. Alors, il existe $a \in \alpha$ et $b \in \beta$, tels que $c = a + b$, et on a $\alpha + \beta = C(c$, Max $(|a|\rho, |b|\rho) = C(c$, Max $(|a|, |b|)\rho) \supseteq C(c, |c|\rho) = \bar{c}_\rho$, car $|c| \leqslant$ Max $(|a|, |b|)$. Et on a $\alpha + \beta = \bar{c}_\rho$ si, et seulement si $|c| =$ Max $(|a|, |b|)$. Ainsi, $\alpha + \beta$ contient la classe $\bar{c}_\rho$ de tout son élément c, donc est une réunion de classes (mod $C_m(1, \rho)$), mais se réduit à une seule classe si, et seulement, si tous les $c \in \alpha + \beta$ ont la valuation $=$ Max $(|\alpha|, |\beta|)$. En particulier si $\rho = 1^-$, il existe des $c \in \alpha + \beta$, tels que $|c| <$ Max $(|\alpha|,$

$|\beta|$) si, et seulement si $|\alpha| = |\beta|$ et $|c| = |a + b| < |\alpha|$. Or, comme $|a + b| = d(b, -a)$, cela signifie que $b \in (\overline{-a})_{1^-}$, donc $\bar{b}_{1^-} = (\overline{-a})_{1^-}$, c'est-à-dire $\beta = -\alpha$ (auquel cas $0 \in \alpha + \beta$).

Il existe, pour tout $\rho<1$, une manière pour ainsi dire grossière de mettre une addition sur $\bar{k}_\rho = k/C_m(1, \rho)$: on prend comme la somme des α et β dans $\bar{k}_\rho$ l'ensemble des $\bar{c}_\rho$ contenus dans $\alpha + \beta \subseteq k$. Alors, $\bar{k}_\rho$ devient un hypergroupe[4] d'un type spécial par rapport à l'addition, et la structure correspondante (incluant aussi la multiplication), qui est utile dans certains cas, peut être axiomatisée et is'appelle *hypercorps*. Mais, pour $\rho = 1^-$, il existe une autre solution, qu organise $k/(1 + m(k))$ (qui, muni de sa multiplication naturelle et de cette addition, sera noté $s(k)$ et appelé le *squelette* de k) en une structure aditivo-multiplicative, mais avec une addition partielle du même type que celle des valeurs des grandeurs physiques ou des fractions rationnelles homogènes. Cette solution est la suivante :

Les éléments $\alpha = \bar{a}_{1^-}$ et $\beta = \bar{b}_{1^-}$ de $s(k)$ peuvent s'additionner (auquel cas on dit qu'ils sont *addibles* et on écrit $\alpha \# \beta$) si, et seulement si $|\alpha| = |\beta|$ ou un au moins des α,β est $0 = \bar{0}_{1^-}$. Leur somme dans $s(k)$ coïncide avec leur somme en tant que sous-ensembles de k si $\beta \neq -\alpha$. Et la somme de α et de $-\alpha$ dans $s(k)$ est $0 = \bar{0}_{1^-}$.

On voit immédiatement que le rôle des symboles des grandeurs et des grades est joué ici par les éléments du groupe $\Gamma(k)$, et que la partie de grade 1 de $s(k)$ (on considère $0 = \bar{0}_{1^-}$ comme ayant tous les grades) est un corps isomorphe à $\bar{k}$. Ainsi, le squelette est une synthèse (mais qui n'est pas toujours triviale) des invariants $\Gamma(k)$ et $\bar{k}$ de k. On axiomatise ce genre de structure que j'appelle *corpoïde* comme suit : une structure $(q\,;\, x+y,\, xy)$ avec une addition partielle (on écrit $x \# y$ et on dit que x,y sont addibles si $x + y$ est défini) et une multiplication partout définie s'appelle *corpoïde* si :

I. q est un presque-groupe (c'est-à-dire un semi-groupe, qui est la réunion d'un groupe q^*, dont l'élément neutre est noté 1, et d'un singleton $\{0\}$, où 0 est un élément biabsorbant de q, dit son zéro) par rapport à sa multiplication.

II : 1° $1 \# 0$; 2° $1 \# 1$; 3° si $x \# 1$ et $1 \# y$, on a $x \# y$.

III. L'addition de q induit sur $r(q) = \{x \in q\,;\, 1 \# x\}$ une addition partout définie, par rapport à laquelle $r(q)$ est un groupe abélien.

IV. Si $x \# y$ et z est quelconque, on a $xz \# yz$, $zx \# zy$, $(x + y)z = xz + yz$ et $z(x + y) = zx + zy$.

Conséquences : l'addibilité est symétrique ; en effet, d'abord, c'est trivialement vrai si $x = y$; ensuite, en vertu des II, 1° et 2°, on a $0 \in r(q)$ et $1 \in r(q)$, donc, en vertu de III, on a $0 \# 1$, d'où résulte, par IV, $x = x1 \# 01 = 0$ et $0 = 01 \# x1 = x$; enfin, si $x \neq 0$ et $x \# y$, on a $1 = x^{-1}x \# x^{-1}y$, donc $x^{-1}y \in r(q)$; comme $1 \in r(q)$, on a $x^{-1}y \# 1$, donc $y = x(x^{-1}y) \# x1 = x$. Ensuite $r(q)$ est non seulement un groupe

[4] On appelle une *hypercomposition* définie sur un ensemble E noté application $E \times E \to P(E)$ du carré cartésien de E dans l'ensemble $P(E)$ des parties de E. L'hypercomposé des $x,y \in E$ sera écrit xy. Comme d'habitude X, Y sont $\subseteq E$, on posera $XY = (\cup\, xy\,;\, (x,y) \in X \times Y)$. Un ensemble H sera dit un *hypergroupe* par rapport à xy si : 1°$(xy)z = x(yz)$; 2° $xR =$

abélien additif, mais un corps. En effet, si x, y sont $\in r(q)$, on a $1 \# x$ et $1 \# y$; si $x = 0$, on $xy = 0 \in r(q)$; et si $x \neq 0$, on a $x^{-1} = = x^{-1} 1 \# x^{-1}x = 1$, donc, en vertu de II 3°, $x^{-1} \# y$ et $1 = xx^{-1} \# xy$, donc $xy \in r(q)$. Comme, en vertu de IV, la multiplication de $r(q)$ est distributive par rapport à son addition, $r(q)$ est un anneau. Mais si $x \in r(q)$, on a $1 \# x$, donc $x \# 1$, et, si $x \neq 0$, $1 = x^{-1}$, donc $x^{-1} \in r(q)$. Donc $r(q)$ est un corps (d'où résulte, en particulier, que 0 est l'élément neutre de son groupe additif). Si $x \# y$, $y \# z$ et $y \neq 0$, on a $y^{-1}x \# y^{-1}y = = 1$ et $1 = y^{-1}y \# y^{-1}z$, donc $y^{-1}x \# y^{-1}z$ et $x \# z$ (la « presque-transitivité » de l'addibilité). Si $1 \# x$ et si $a \neq 0$, on a $1 = a^{-1}a \# a^{-1}xa$, et $a^{-1}xa \in r(q)$ quand $x \in r(q)$: ainsi, le groupe multiplicatif r^* de $r(q)$ est un sous-groupe invariant de celui q^* de q. Le groupe quotient $\Delta(q) = q^*/r^*$ s'appelle le *groupe de q* (ou le *groupe des grades* de q, car ses éléments jouent le rôle des grades, et seront effectivement appelés grades). Si $a \neq 0$, on a $a \# x$ si $x \in ar(q) = r(q)a$, car $a \# x$ équivaut à $1 \# a^{-1}x$ (et aussi à $1 \# xa^{-1}$). L'ensemble de ces éléments x est donc un $r(q)$-espace vectoriel bilatère de dimension 1. Si l'on appelle le grade de $x \neq 0$ la classe $d(x) = xr(q^*) \in \Delta(q)$ de x (mod $r(q^*)$), (en attribuant à 0 tous les grades), on voit que q_a est l'ensemble des $x \in q$ de grade $d(a)$. Un corpoïde q est dit *commuatif* si sa multiplication l'est, et il est dit *sans torsion* si son groupe $\Delta(q)$ est sans torsion. Les squelettes $s(k)$ des corps valués k sont de tels corpoïdes, car le groupe $\Gamma(k) \subseteq R^*_+$ est sans torsion. On peut, d'ailleurs, définir les squelettes des corps valuées plus généraux, commutatifs ou pas, dont le groupe de valuation est un groupe totalement ordonné arbitraire. Comme ce groupe est sans torsion, ces corpoïdes sont sans torsion.

En regardant en arrière, on voit que le système des grandeurs scalaires de la physique classique (qu'on va appeler désormais « corpoïde des physiciens ») et sa protoversion — algèbre de Viète — sont aussi de tels corpoïdes, mais il est possible qu'il faille renoncer qu'il soit sans torsion si on veut y inclure certaines grandeurs scalaires introduites par les théories quantiques. Il en est de même pour les ensembles des fractions rationnelles homogènes ou isobares. La partie positive du corps rationnel Q fut connue aux anciens Grecs avant les autres parties de l'imaginaire « corpoïde des grandeurs à mesures rationnelles », auquel on croyait avant la découverte des irrationnels. Par contre, certaines parties du corpoïde des grandeurs à mesures réelles ont été connues aux anciens Grecs avant la partie positive R^*_+ du corps réel R, laquelle a été construite « en pointillé » par Eudoxe, comme celle du corps de ce corpoïde, à partir d'autres grandeurs. Diophant connaissait déjà les rapports négatifs, mais les mathématiciens ont mis 14 siècles à assimiler complètement le résultat de ces constructions comme un système d'objets opérables. Quant à l'inclusion, dans le système des grandeurs, des grandeurs non scalaires, elle exige l'emploi des structures plus générales, qui sont dans le même rapport aux corpoïdes que les anneaux aux corps, et qui s'appelent *annéides*. Il en sera question plus loin.

Regardons en avant. Un sous-ensemble q d'un corpoïde Q en est dit un *sous-corpoïde* s'il est un corpoïde par rapport à la multiplication, l'addition et l'addibilité induites par celles de Q, ce qui a lieu si : a) $x, y \in q \Rightarrow xy \in q$; b) $x \in q$ et $x \neq 0 \Rightarrow x^{-1} \in q$; c) (x, $y \in q$ et $x \# y$ dans

Q) impliquent $x + y \in q$. Ceci implique que $r(q) = r(Q) \cap q$ et est un sous-corps de $r(Q)$, et $\Delta(q)$ s'identifie, d'une manière évidente, à un sous-groupe de $\Delta(Q)$. On appelle $r(Q)/r(q)$ et le couple $(\Delta(Q), \Delta(q))$ les extensions *corpique* et *groupique* de l'extension corpoïdale Q/q. Le degré $f_{Q/q} = [r(Q) : r(q)]$ s'appelle le *degré corpique* de Q/q (si q n'est pas dans le centre de Q, il y en a, en fait, deux : le degré droit et le degré gauche) et l'indice $e_{Q/q} = (\Delta(Q) : \Delta(q))$ s'appelle son *degré groupique*. Si $e_{Q/q} = 1$, Q/q est dite *complètement étalée* et si $f_{Q/q} = 1$, elle est dite *complètement étagée*. Il existe dans Q/q un corpoïde intermédiaire remarquable $Q_T = r(Q)q = qr(Q)$, dit *corpoïde d'étalement* de Q/q, dont le corps est $r(Q)$ et le groupe $\Delta(q)$. Donc, $f_{Q_T/q} = f_{Q/q}$, $e_{Q_T/q} = 1$, $f_{Q/Q_T} = 1$ et $e_{Q/Q_T} = e_{Q/q}$. Ainsi, $Q_{T/q}$ est complètement étalée et Q/Q_T est complètement étagée.

Un ensemble V, muni d'une composition partielle commutative, est appelé un *homogroupoïde* (commutatif) si : I) 1°. $\exists\, 0 \in V$ tel que, pour tout $x \in V$, on ait $x \# 0$ et $x + 0 = x$; 2°. $x \# x$; 3°. ($x \# y, y \# z$ et $y \neq 0$) impliquent $x \# z$. II). Si $a \neq 0$, l'addition partielle $x + y$ de V induit sur $V(a) = \{x \in V ; a \# x\}$ une addition partout définie, par rapport à laquelle $V(a)$ est un groupe abélien (il en résulte que $x \# y \Rightarrow$ $\Rightarrow y \# x$; c'est évident si $x = 0$; sinon, $x \# y \Rightarrow y \in V(x)$ et, en vertu de I 2°,$x \in V(x)$, donc $y \# x$). En particulier, un corpoïde est un homogroupoïde additif. Si x,y ne sont pas nuls, ou bien $V(x) = V(y)$, ou bien $V(x) \cap V(y) = \{0\}$. Donc, un $x \neq 0$ appartient à un seul $V(a)$, $a \in V^* = V \ldots \{0\}$[5], qui sera noté $d(x)$ et appelé le *grade de x*. Les grades des $x \in V^*$ forment un ensemble $D(V)$, qui n'est muni d'aucune opération. Un homogroupoïde commutatif V (écrit additivement) est dit un *q-espace vectoriel* (où q est un corpoïde) si est, en plus, donnée une composition externe $(\alpha, x) \to \alpha x$ de $q \times V$ dans V satisfaisant aux axiomes : 1°$\alpha(\beta x) = (\alpha\beta)x$; 2°. Si $x \# y$, $\alpha x \# \alpha y$ et $\alpha(x + y) = \alpha x + \alpha y$; 3°. Si $\alpha \# \beta$, on a $\alpha x \# \beta x$ et $(\alpha + \beta)x = \alpha x + \beta x$; 4°. $1x = x$. Si $\alpha \neq 0$, on a aussi $\alpha x \# \alpha y \Rightarrow x = \alpha^{-1}(\alpha x) \# \alpha^{-1}(\alpha y) = y$. Mais on n'a pas forcément 3°' Si $x \neq 0$, $\alpha x \# \beta x$ implique $\alpha \# \beta$. Si 3°' est vérifié, on dit que le q-espace vectoriel considéré est *régulier*. Comme $\alpha x = 0$ ($\alpha \in q$, $x \in V$) implique $\alpha = 0$ ou $x = 0$, si $\alpha \neq 0$ et $x \neq 0$, le grade $d(\alpha x)$ existe et, en vertu des 2° et 3°, ne dépend que des $d(\alpha)$ et $d(x)$. On le notera $d(\alpha)d(x)$, ce qui définit une composition externe $(\Delta(q), D(V)) \to D(V)$. Puisque $\Delta(q)$ est un groupe, les $\Delta(q)d$, où $d \in D(V)$, forment une partition de $D(V)$, et si θ est une classe de cette partition, $V(\theta) = \{x \in V ; d(x) \in \theta\} \cup \{0\}$ est un sous-espace vectoriel de V (définition évidente), les différents $V(\theta)$ n'ayant en commun que 0 et V étant la réunion des $V(\theta)$. Si V est régulier, l'application $\delta \to \delta d (\delta \in \Delta(q))$ est, pour tout $d \in D(V)$, une bijection de $\Delta(q)$ sur $\Delta(q)d$. Si $A \subseteq V$, on appelle une *combinaison linéaire* de A sur q toute somme finie $\Sigma \lambda_i a_i$ ($\lambda_i \in q$, $a_i \in A$), dont les termes sont addiables deux à deux. Si V est régulier et $a_i = a_j$, ceci entraîne $\lambda_i \# \lambda_j$ et permet de réunir en un seul terme, en sommant leurs coefficients, les termes avec un même a_i sans changer la somme de la combinaison, donc de se limiter aux sommes avec les a_i distincts.

[5] On notera $A \ldots B$ la différence ensembliste $\{x \in A ; x \notin B\}$ des ensembles A,B ; si $B \subseteq A$, on écrira parfois $A \ldots B$ au lieu de $A \cdots B$.

Grâce à cela, toute la théorie habituelle de la dépendance linéaire se transporte telle quelle aux q-espaces vectoriels réguliers V, et leur dimension $[V : q]$ peut être définie. Cette dimension est égale à la somme $\Sigma [V(\theta) : q]$ des dimensions des $V(\theta)$.

Si Q/q est une extension corpoïdale, Q est un q-espace vectoriel aussi bien à droite qu'à gauche si l'on prend comme composition externe la multiplication (dans Q) du même côté par les éléments de q. On a $D(Q) = \Delta(Q)$, et les θ sont les classes du côté correspondant (mod $\Delta(q)$) des $d \in \Delta(Q)$, leur nombre est $(\Delta(Q) : \Delta(q)) = e_{Q/q}$. On montre que, pour tous ces θ, $[Q(\theta) : q] = [r(Q) : r(q)] = f_{Q/q}$, les degrés étant pris d'un même côté. Ainsi, le degré $[Q : q]$ de Q/q est le produit de ses degrés corpique et groupique.

q étant un corpoïde commutatif sans torsion (et comme, dans la suite, on ne parlera que de tels corpoïdes, on les nommera simplement corpoïdes), et χ étant un ensemble de variables, on appellera *graduation* de χ toute application $\pi : X \to d(X)$ $(X \in \chi)$ de χ dans quelque surgroupe commutatif et sans torsion Δ de $\Delta(q)$. Cette application définit le grade de tout monôme

$$M = a\, X_1^{i_1} X_2^{i_2} \dots X_s^{i_s} \qquad (a \in q\,;\, X_1, X_2, \dots, X_s \in \chi),$$

$$d(M) = d(a)\; d(X_1)^{i_1}\, d(X_2)^{i_2} \dots d(X_s)^{i_s}.$$

Une somme f de tels monômes sera dite un *polynôme de graduation* π (ou un π-*polynôme*) sur q si tous ces monômes sont addiables deux à deux, donc ont un même grade quand ils ne sont pas nuls, et ce grade sera, par définition, celui de f si $f \neq 0$. Le produit de π-polynômes en est encore un, et la somme de deux π-polynômes non nuls l'est si ces polynômes ont un même grade. Mais l'ensemble $q_\pi[\chi]$ de ces polynômes n'est pas un corpoïde, mais un *intégroïde*, la structure, qui est dans le même rapport à celle de corpoïde que celle d'anneau intègre à celle de corps. Mais l'ensemble $q_\pi(\chi)$ des quotients des π-polynômes (on les appelle π-*fractions rationnelles*), avec la multiplication, l'addibilité $\left(\frac{a}{b} \# \frac{c}{d} \Leftrightarrow ad \# bc\right)$ et l'addition définies d'une manière évidente, est bien un corpoïde.

On démontre que, dans l'intégroïde $q_\pi[X]$ des polynômes d'une variable X, où $\pi : X \to d(X)$ (on note aussi, par abus d'écriture, le grade $d(X) \in \Delta'$ de X), a lieu la division avec reste, et, par suite, l'argorithme d'Euclide, d'où résulte que l'intégroïde des π-polynômes $q_\pi[\chi]$ est factoriel pour tout ensemble χ de variables. Si $f \in q_\pi[\chi]$ et Q est un surcorpoïde commutatif et sans torsion de q tel que $\Delta(Q) \leqslant \Delta'$, un système de valeurs $x : \chi \to Q$ est dit *admissible* pour f (en tant que π-polynôme), si, pour tout $X \in \chi$, on a ou bien $x(X) = 0$ ou bien $x(X) \neq 0$ et $d(x(X)) = \pi(X)$. Alors, tous les monômes de $f(x)$ sont $\in Q$ et addibles deux à deux, et leur somme est un élément de Q, qui est considéré comme la valeur de $f(x)$. En particulier, un tel x est dit un *point nul* de f si $f(x) = 0$ (et si $\chi = \{X\}$, $x(X)$ est dit alors un *zéro* de f). Si Q/q est une extension corpoïdale, un $\alpha \in Q$ est dit *algébrique* sur q s'il existe un $f(X) \in q_{d(\alpha)}[X]$ non nul tel que $f(\alpha) = 0$. Sinon, il est dit *transcendant* sur q. Les propriétés indiquées des $q_\pi[X]$ permettent de construire une théorie des extensions des corpoïdes commutatifs sans torsion très semblable à la théorie de Steinitz pour les extensions des corps commutatifs, mais plus riche (p.ex., les $q_\pi(\chi)$ sont, à l'isomorphie près, les seules extensions transcendantes pures de q comme, pour un corps k, les $k(\chi)$; mais, tandis que $k(\chi)$ ne dépend, à l'isomorphie près, que de card χ, $q_\pi(\chi)$ dépend aussi de π). On definit exactement comme pour les corps les notions telles que : algébricité d'une extension Q/q, son degré de transcendance (en y ajoutant le « type de transcendance »), la clôture algébrique, la caractéristique p de q (qui aussi celle de $r(q)$), la séparabilité et l'inséparabilité pure de Q/q, la normalité, les isomorphismes et les automorphismes, le groupe de Galois $G(Q/q)$ d'une extension normale, etc... A remarquer qu'un automorphisme ou un isomorphisme $\sigma: Q \to Q'$ d'un corpoïde Q dans un corpoïde Q' est défini comme une injection préservant pas seulement l'addition et la multiplication, mais aussi l'addibilité. D'ailleurs, certaines de ces propriétés peuvent être caractérisées à partir des mêmes propriétés de $r(q)$ et de $\Delta(q)$. Par exemple : la caractéristique p de q est celle de $r(q)$; Q/q est algébrique si $r(Q)/r(q)$ l'est et $\Delta(Q)/\Delta(q)$ est périodique ; q est algébriquement clos si $r(q)$ l'est et $\Delta(q)$ est indéfiniment divisible ; Q/q est séparable resp. purement inséparable si $r(Q)/r(q)$ l'est et $\Delta(Q)/\Delta(q)$ a sa composante p-primaire triviale resp. est p-primaire, etc.....On démontre, comme pour les corps, la 1re partie du théorème de Galois : Inv $G(Q/q)$ est le noyau inséparable (c'est-à-dire la plus grande sous-extension purement inséprable) de Q/q, d'où résulte que les invariants des sous-groupes de $G(Q/q)$ coïncident avec les corpoïdes intermédiaires U de Q/q qui sont parfaits dans Q, c'est-à-dire tels que $a \in Q$ et $a^p \in U$ impliquent $a \in U$. Mais le théorème d'élément primitif n'est pas vrai pour les extensions corpoïdales séparables de degré fini. Pourtant, la 2e partie du théorème de Galois (tout sous-groupe g du groupe de Galois $G(Q/q)$ d'une extension corpoïdale normale de degré fini Q/q est de la forme $G(Q/U)$, où U est un corpoïde intermédiaire de Q/q) est encore vraie. Mais sa démonstration est basée, en plus du théorème analogue pour les corps, sur la dualité dans les groupes abéliens finie et sur le théorème que la première cohomologie galoisienne d'une extension normale de corps est triviale.

C'est dans la théorie de la ramification, qui est un chapitre très important de la théorie des corps valués[6], que les corpoïdes (plus précisément, les squelettes) ont leurs applications principales, qui ont été a raison de leur découverte. Soient K/k une extension valuée algébrique

[6] Cette théorie, qui étudie les relations entre les propriétés valuatives des extensions (valuées et leur propriétés galoisiennes, a été fondée par D. Hilbert (1894, [10]) pour le cas des extensions normales des corps de nombres algébriques (qui, coïncide practiquement avec le cas p-adique analogie), et étendue partiellement aux extensions normales des corps valués quelconques par W. Krull (1930, [23]) et M. Deuring (1931, [4]). La théorie analogue pour les extensions non normales a été construite par l'auteur (cas des nombres algébriques : 1935, [11], et 1937, [12] ; cas p-adique, 1937, [13], [14] ; cas des corps valués quelconques, 1944—5, [16], [17]).

et normale et $|\ldots|$ la valuation de K. Alors, les $\sigma \in G(K/k)$, qui préservent la valuation (c'est-à-dire tels que, pour tout a K, on ait $|\sigma.a| = |a|$; ceci a lieu pour tout $\sigma \in G(K/k)$ si k est complet) forment un sous-groupe $Z(K/k)$ de $G(K/k)$, dit le ***groupe de décomposition*** de K/k. Les $\sigma \in Z(K/k)$ tels que, pour tout $a \in K$, $|a| \leqslant 1$ implique $|\sigma.a - a| < 1$, forment un sous-groupe normal $T(K/k)$ de $Z(K/k)$ dit le ***groupe d'inertie*** de K/k; et, aussi, les $\sigma \in Z(K/k)$ tels que, pour tout $a \in K$ non nul, on ait $|\sigma.a - a| < |a|$, en forment un autre $V(K/k) \subseteq T(K/k)$, dit le ***groupe de ramification*** de K/k. On introduit encore d'autres sous-groupes de $Z(K/k)$, appelés groupes de ramifications supérieures, dont on ne va pas parler ici. On prouve que tous ces groupes sont galoisiens, c'est-à-dire de la forme $G(K/L)$, où L est un corps intermédiaire de K/k (c'est évident si le degré de K/k est fini, mais pas pour les extensions de degré infini). Une théorie analogue a été construite (par l'auteur pour les extensions non normales : l'ensemble $G(K/k)$ des isomorphismes de K/k (p.ex. dans une clôture algébrique fixée $\aleph$ de K) est organisé par une hypercomposition convenable en un hypergroupe, dit ***hypergroupe de Galois*** de K/k, ses sous-hypergroupes[7] jouant le rôle des sous-groupes dans un groupe. Si l'on munit $\aleph$ d'une valuation prolongeant celle de K (ce qui ne peut se faire que d'une seule manière quand k est complet), on peut définir comme précédemment les ensembles $Z(K/k)$ ($G = (K/k)$ si k est complet), $T(K/k)$ et $V(K/k)$ (et aussi les analogues des groupes des ramifications supérieures). Il se trouve encore que, si k est complet, ces ensembles sont des sous-hypergroupes galoisiens de $G(K/k)$. Dans le cas normal, à cause de l'invariance de $T(K/k)$ et de $V(K/k)$ dans $Z(K/k)$, les quotients $Z(K/k)/T(K/k)$, $T(K/k)/V(K/k)$ et $Z(K/k)/V(K/k)$ existent, et, si k est complet, il en est de même dans le cas des K/k non normales (car, pour les hypergroupes de type considéré, le quotient H/h de H par un sous-hypergroupe h existe sans aucune condition pour h, et est un hypergroupe du même type). Avant l'introduction des squelettes, on avait prouvé, dans le cas normal, que $Z(K/k)/T(K/k) \simeq G(\bar{K}/\bar{k})$ et que $T(K/k)/$ $/V(K/k)$ est isomorphe au groupe $X(\Gamma(K)/\Gamma(k); p)$ des caractères, d'ordre premier à la caractéristique résiduelle p de k, du groupe abélien périodique $\Gamma(K)/\Gamma(k)$. Dans le cas non normal, quand k est complet, on a encore $Z(K/k)/T(K/k) \simeq G(K/\bar{k})$ (mais c'est maintenant un hypergroupe !) et $T(K/k)/V(K/k)$ est isomorphe à $X(\Gamma(K)/\Gamma(k); p)$, cet ensemble étant, toutefois, muni d'une certaine hypercomposition, qui ne coïncide pas, en général, avec la multiplication des caractères, mais le devient quand K/k est normale.

La théorie des corpoïdes permet de montrer que, dans tous les cas considérés, on a $Z(K/k)/V(K/k) \simeq G(S/s)$. Dans la théorie de la ramification non normale, elle rend encore d'autres services pour l'étude des ramifications supérieures. Les squelettes sont, d'ailleurs, utiles même en dehors de la théorie de la ramification.

---

[7] Je rappelle que les hypergroupes sont les ensembles H munis d'une hypercomposition $(x,y) \to xy \subseteq H$ telle que : 1° $(xy)z = x(yz)$; 2° $xH = Hx = H$. Unde partie h de H en est dite un *sous-hypergroupe* si la restriction à h de l'hypercomposition de h en est une de H, par rapport à laquelle h est un hypergroupe, ce qui équivaut à la condition que, pour tout $x \in h$, on ait $xh = hx = h$.

6. Jusqu'au milieu des années 60, la théorie des anneaux gradués et celle des structures généralisant la structure de corpoïde (les annéïdes déjà mentionnés) se sont développées indépendemment et ignorant l'une l'autre, bien que quelques objets identiques pouvaient être aperçus dans les deux théories. De nouveaux exemples d'anneaux gradués, en général avec les graduations de type Z (ou N) ou, plus rarement, Z^n (ou N^n) ont été introduits, dont le plus intéressant est le *gradué* d'un anneau local : un *anneau local* est un anneau unitaire A ayant un seul idéal maximal m, leqquel est tel ue (on le suppose généralement) $\cap_{n\in N} m^n = \{0\}$. Alors, les $A_n = m^n/m^{n+1}$ sont des groupes additifs abéliens. Et si $\bar{x}_n = x + m^{n+1}$, où $x \in m^n$, est un élément de A_n et, de même, $\bar{x}'_{n'} = x' + m^{n'+1}$, où $x' \in m^{n'}$ en est un de $A_{n'}$ $(n, n' \in N)$, leur produit en tant que sous-ensembles de A est contenu dans un et un seul élément de $A_{n+n'}$, à savoir $\overline{xx'}_{nn'} = xx' + m^{n+n'+1}$. En effet, $(x + m^{n+1})(x' + m^{n'+1}) \subseteq xx' + xm^{n'+1} + m^{n+1}x' + m^{n+n'+2}$, et $xm^{n'+1}$ et $m^{n+1}x'$ sont $\in m^{n+n'+1} = m^n m^{n'+1} = m^{n+1}m^{n'}$. L'anneau gr A s'obtient en prenant la somme directe $\oplus_n A_n$ des A_n $(n \in N)$, les $\bar{x}_n \in A_n$ étant considérés comme éléments homogènes, dont le grade $d(\bar{x}_n)$ est posé égal à n. Bien entendu, dans cette construction, les zéros $\bar{0}_n = m^{n+1}$ doivent être (et sont) tous identifiés, et la manière naturelle de le faire est de les identifier avec 0 (car $\{0\} = \cap_n m^{n+1} (n \in N)$. Alors, la somme de deux éléments homogènes $\bar{x}_n$, $\bar{y}_n$ d'un même grade n sera leur somme en tant que sous-ensembles de A s'ils ne sont pas opposés, et 0 dans ce dernier cas, exactement comme pour les éléments addibles du squelette $s(k)$ d'un corps valué k. On définit la multiplication des éléments homogènes par la formule naturelle $\bar{x}_n \bar{x}'_{n'} = (\overline{xx'})_{nn'}$ et on étend cette multiplication par distributivité à tous les éléments de gr A. Si k est un corps discrètement valué, il est clair que son anneau d'intégrité $i(k)$ est un anneau local, et que la partie homogène de gr $i(k)$ coïncide, au nom des grades près, avec la partie correspondante du squellette s(k) de k, à savoir l'ensemble de ses éléments de grade $\leqslant 1$.

Les sous-groupes additifs d'un anneau gradué (en particulier, ses sous-anneaux, idéaux, etc....) sont dits ***homogènes*** quand ils sont engendrés par leurs éléments homogènes. On appelle ***théorie homogène*** de ces anneaux la théorie, qui a comme but uniquement l'étude des éléments et des groupes additifs homogènes des anneaux gradués (les autres éléments et sous-ensembles de l'anneau n'intervenant que d'une manière auxiliaire et uniquement en vue de l'étude des objets homogènes). En particulier, un anneau gradué (quelle que soit la généralité de cette notion) est dit *artinien* resp. *noetherien dans l'homogène* (ou *au sens homogène*) si ses idéaux homogènes satisfont à la condition minimale resp. maximale.

A plusieurs reprises, les algébristes ont essayé, au-delà de l'étude des anneaux gradués particuliers, d'en construire une théorie plus ou moins générale, la généralité dépendant de celle des graduations admises (et aussi un peu de celle de anneaux abstraits sous-jacents). Il faut, d'ailleurs, faire la distinction entre la généralité de la notion adoptée et celle des structures effectivement et non trivialement étudiées. Ainsi, P. Samuel et O. Zariski dans [28] ont fait une théorie, surtout noetherienne, des anneaux commutatifs Z-gradués, aussi bien homogène que non homogène, en employant, pour cette dernière, l'ordre naturel de Z.

C. Chevalley, a envisagé le cas, où les grades appartiennent à un groupe. Enfin, N. Bourbaki a donné, dans [2], une définition des anneaux gradués qu'il croyait la plus générale parmi les définitions raisonnables. Son idée était bonne, mais Bourbaki, qui vole à la manière d'un ballon captif, l'a accompagnée de restrictions inutiles, et même aberrantes (cette définition sera discutée un peu plus loin). D'ailleurs, malgré cette définition, Bourbaki n'étudie vraiment que les anneaux Z^n-gradués.

Comme j'ai déjà dit, la généralisation que j'ai faite de la notion de corpoïde est celle d'annéide, dont le cas particulier, étudié dans [19], est l'intégroïde (qui y est appelé annéide) $q_\pi[\chi]$ des δ-polynômes de χ sur un corpoïde commutatif sans torsion q. Voici les axiomes de cette structure.

Une structure $(A : x + y, xy)$ avec une addition partielle $x + y$ et la multiplication xy partout définie s'appelle un *annéide* si :

I. A est un demigroupe multiplicatif possédant un biabsorbant 0 (zéro).

II. 1° $x \# 0$; 2° $x \# x$; 3° si $x \# y$, $y \# z$ et $y \neq 0$, on a $x \# z$.

III. Pour tout $a \neq 0$, l'addition de A induit sur $A(a) = \{x \in A ; a \# x\}$ une addition partout définie, par rapport à laquelle $A(a)$ est un groupe abélien.

IV. $x \# y \Rightarrow zx \# zy$, $xz \# yz$, $z(x + y) = zx + zy$, $(x + y)z = = xz + yz$.

Les corpoïdes sont des homogroupoïdes additifs, car, si $a \neq 0$, on a $0 \in A(a)$ et $0 = 0(0 + 0) = 00 + 00 = 0 + 0$, donc 0 est un élément neutre du groupe additif $A(a)$, donc aussi de $A = \cup A(a)$, où a parcourt A.

Les corpoïdes sont un cas particulier des annéides, à savoir ceux, qui sont les presque-groupes multiplicatifs (les axiomes II 2° et 3° ont été formulés dans leur définition seulement pour $x = 1$, et l'axiome III seulement pour $a = 1$; mais quand A est un presque-groupe multiplicatif, ils se déduisent de ces cas particuliers à l'aide de l'axiome IV). Un annéide est dit *régulier à droite* (resp. à *gauche*) quand $xz \neq 0$, $yz \neq 0$ et $xz \# yz$ (resp. $zx \neq 0$ $zy \neq 0$ et $zx \# zy$) impliquent $x \# y$, et il est dit *régulier* tout court s'il l'est de deux côtés. Il est dit *commutatif* si sa multiplication l'est. Un annéide commutatif et régulier est dit un *intégroïde* s'il n'a pas de diviseurs de zéro (tel est le cas de $q_\pi[\chi]$).

La notion d'annéïde m'était connue déjà en 1953 (j'ai donné, d'ailleurs, à $q_\pi[\chi]$ dans [19] le nom d'annéïde des π-polynômes). Mais je n'ai commencé à m'y intéresser vraiment en dehors des cas, où cette notion servait pour les corpoïdes, que vers 1960, et c'est à partir de cette époque que j'ai commencé d'en parler dans mon séminaire et de suggérer l'étude des annéïdes comme sujet de recherche. Mais, jusqu'à 1964, aucune recherche non triviale n'a été publiée, ni même entreprise, à leur sujet. Mais, depuis, ont été faites deux études remarquable de ces objets, le travail [3] de M. Chadeyras (commencé justement en 1964) sur la théorie des annéïdes commutatifs quelconques, et celui [9] d'E. Halberstadt sur la théorie des annéides non commutatifs réguliers.

Donnons maintenant la définition des anneaux gradués par Bourbaki, et analysons-la. Il y a, d'abord à la base de cette définition, une notion (qui, à ma connaissance, est due à cet auteur), qui est parfaitement bonne, mais que Bourbaki n'a pas suffisamment analysée : celle de *groupe commutatif gradué*. Un groupe commutatif G (qu'on écrira additivement) est dit *gradué* quand il est muni d'une décomposition $G = \oplus_{\delta\in\Delta} G_\delta$ en somme directe de ses sous-groupes G_δ. La partie $H = \cup_{\delta\in\Delta} G_\delta$ est dite la *partie homogène* du groupe gradué G, et les $x \in H$ sont dits ses *éléments homogènes*. Les $\delta \in \Delta$ sont dits *grades*. Comme les G_δ avec les δ différents n'ont en commun que 0, tout $x \neq 0$ homogène appartient á un seul G_δ, et ce δ est dit le *grade de* x et noté $\delta(x)$. Si $G_\delta = \{0\}$, δ est dit un *grade vide*. Si aucun $\delta \in \Delta$ n'est vide, la graduation est dite *stricte*. Quelquefois, afin que tout $x \subset H$ ait un grade, on considère des Δ ayant un seul grade vide noté 0, et on pose $\delta(0) = 0$, auquel cas on dit que la graduation est *propre*. Un sous-groupe g de G est dit *homogène* quand il est engendré par $g \cap H$.

Analysons cette notion. D'abord, la donnée de H permet de reconstruire, aux noms des grades près, la graduation stricte (ou propre) : en effet, la somme des $x, y \in H$ est homogène si x et y appartiennent à un même G_δ. Donc, si $a \in G_\delta$ et $a \neq 0$, on a $G_\delta = \{x \in H\,;\ a + x \in H\}$. On peut donc définir les groupes gradués (aux noms des grades près) par le couple $(G, H \subseteq G)$, où G est le groupe abstrait sous-jacent. Mais quels sont ces couples, c'est-à-dire quels sont, pour un groupe abstrait donné G, les $H \subseteq G$, qui sont les parties homogènes de G pour une de ses structres de groupe gradué ?

Réponse : *$H \subseteq G$ est la partie homogène de G* (supposé abélien) *pour une de ses graduations si :*

1° $0 \in H$; 2° $x \in H \Rightarrow -x \in H$; 3° $x,y,z,x+y,\ y+z \in H$ *et* $y \neq 0$ *impliquent* $x + z \in H$; 4° H *engendre* G ; 5° *Pour tout* $n \geqslant 2$ *et pour tous* $x_1, x_2, \ldots, x_n \in H$, *les conditions* $x_i + x_j \in H$ $(i, j = 1,2,..,n\,;$ $i \neq j)$ *impliquent* $x_1 + x_2 + \ldots + x_n \neq 0$.

Démonstration. La nécessité de ces conditions est évidente. Supposons que H y satisfait. Soit $a \in H$, $a \neq 0$, et soit $G(a) = \{x \in H\,;$ $a + x \in H\}$. En vertu de 1°, $0 \in H$, et, puisque $a + 0 = a \in H$, on a $0 \in G(a)$ (donc aussi $-0 = 0 \in G(a)$). Si $x \in G(a)$, $x \neq 0$, on a, en vertu de 2°, $-x \in H$, et, puisque $a + x \in H$ et $x + (-x) = 0 \in H$, on a, en vertu de 3°, $a + (-x) \in H$, donc $-x \in G(a)$. En particulier, $a + (-a) = 0 \in H$, donc $-a \in G(a)$ et $a = -(-a) \in G(a)$. Si $b \neq 0$ et $b \in G(a)$, on a, si $x \in G(b)$, $a + b \in H$ et $b + x \in H$, d'où $a + x \in H$, donc $x \in G(a)$ et $G(b) \subseteq G(a)$. Mais $b \in G(a) \Rightarrow -b \in G(a) \Rightarrow a - b \in H \Rightarrow b - a \in H \Rightarrow a \in G(b) \Rightarrow G(a) \subseteq G(b)$, donc $G(b) = G(a)$. Ainsi, si $a \neq 0$ et $b \neq 0$, ou bien $G(a) = G(b)$, ou bien $G(a) \cap G(b) = \{0\}$ (car, si $c \neq 0$ est $\in G(a) \cap G(b)$, on a $G(a) = G(c) = G(b)$). En particulier, $G(-a) = G(a)$. Si x, y sont $\in G(a)$ $(a \neq 0)$, on a $x + a = a + x \in H$ et $a + y \in H$, donc $x + y \in H$; si, en plus, $x = 0$, on a $x + y = y \in G(a)$, et si $x \neq 0$, donc $-x \neq 0$, on a, puisque $-x \in G(a)$, $a - x \in H$ et $(-x) + (x + y) = y \in H$, donc $a + (x + y) \in H$ et $x + y \in G(a)$. Ainsi, $G(a)$ est bien un groupe abélien par rapport à l'addition. La réunion $H = \cup_{aH, a\neq 0} G(a)$, en vertu de 4°, engendre le groupe G, qui est, ainsi, la somme des $G(a)$ $(a \in H,\ a \neq 0)$, et, en vertu de 5°, cette somme est directe.

Remarque. L'hypothèse que G est commutatif n'est pas essentielle. On peut définir, d'une manière analogue, les graduations d'un groupe G

quelconque (dont la composition sera écrite multiplicativement). Les conditions nécessaires et suffisantes pour qu'un $H \subseteq G$ soit la partie homogène de G pour une de ces graduations s'obtiennent en écrivant multiplicativement les conditions 1° — 5° et en y ajoutant 6°. *Si* x,y sont $\in H$ *et* $xy \notin H$, *on a* $xy = yx$.

La composition de G induit sur H une composition partielle : si x,y sont $\in H$, $x + y$ est défini sur H ssi leur somme dans G est $\in H$, auquel cas, par définition, elle est la même dans H que dans G. On dit alors que x et y sont *composables* (en particulier, *addibles* si la composition s'appelle l'addition), et on écrit $x \# y$. Donc, si x,y sont $\in H$, on a $x \# y$ ssi x et y appartiennent à un même G_δ, et si $a \in H$, $a \neq 0$, on a $G(a) = \{x \in H\ ;\ a \# x\}$. Comme G est la somme directe des $G(a)$ distincts quand a parcourt l'ensemble H^* des éléments $\neq 0$ de H, on voit que la donnée de H, muni de sa composition partielle, définit, à H-isomorphie et aux noms de gradés près, le groupe gradué (G,H) dit le *linéarisé* de la structure $(H\ ;\ x + y)$ (ou, si la confusion n'est pas à craindre, de H, auquel cas il est noté $\bar{H}$).

De lors l'idée vient de définir les groupes gradués (en particulier, abéliens) comme linéarisés de leur partie homogène avec la composition partielle induite. Mais pour le faire, il faut caractériser de telles parties homogènes parmi les structures $(H\ ;\ x + y)$ (dans le cas abélien) resp. $(H\ ;\ xy)$ (dans le cas général), où $x + y$ resp. xy est une composition partielle abélienne resp. quelconque sur H, par ailleurs arbitraire. Or, il se trouve que les parties homogènes $(H\ ;\ x+y)$ des groupes abéliens gradués coïncident avec les homogroupoïdes abéliens déjà rencontrés, autrement dit sont les structures satisfaisant aux axiomes :

I. 1°. $\exists\ 0 \in H$ tel que, pour tout $x \in H$, on a $x \# 0$ et $x + 0 = x$; 2°. $x \# x$; 3°. $x \# y$, $y \# z$ et $y \neq 0$ impliquent $x \# z$.

II. Si $a \in H$ et $a \neq 0$, $x + y$ est partout définie sur $H(a) = \{x \in H\ ;\ a \# x\}$ et $H(a)$ est un groupe abélien par rapport à $x + y$. (Les parties homogènes de groupes gradués quelconques, qui s'appellent *homogroupoïdes*, se caractérisent par les mêmes axiomes I, 1° — 3° écrits multiplicativement et par l'axiome obtenu de II en enlevant le mot « abélien »).

En effet, les axiomes I, 1°—3° sont les transcriptions des axiomes coorespondants pour les parties homogènes H des groupes gradués G écrits en termes de la composabilité, et II a été prouvée pour de tels H. Supposons ces axiomes satisfaits. Soient $a,b \in H$, $a \neq 0$, $b \neq 0$, $b \in H(a)$ et $x \in H(b)$, autrement dit $a \# b$ et $b \# x$. Alors, en vertu de I, 3°, on a $a \# x$, donc $x \in H(a)$ et $H(b) \subseteq H(a)$. Mais, en vertu de I, 2°, on a $a \in H(a)$, donc, en vertu de II, $b \# a$ et $a \in H(b)$. Ainsi, si $a \neq 0$, $b \neq 0$ et $b \in H(a)$, on a $H(a) = H(b)$. En vertu de *I*, 1°, quel que soit $a \neq 0$, 0 appartient à $H(a)$ et en est l'élément neutre. Ainsi, si $H(a) \neq H(b)$, on a $H(a) \cap H(b) = \{0\}$. De lors, la somme directe G des $H(a)$, $a \in H^*$, peut être définie, et il est évident que H est la partie homogène de ce groupe ainsi gradué, et que la composition $x + y$ de H est induite par celle de G. La démonstration s'applique au cas non abélien en remplaçant $x + y$ par xy.

On peut donc étudier un groupe abélien gradué (et cela est vrai aussi pour les groupes gradués quelconques) de trois points de vue : 1) point de vue *non homogène,* où on le considère comme un groupe abstrait G muni d'une décomposition directe $\oplus_{\delta\in\Delta} G_\delta$; 2) point de vue *semi-homogène* où on considère le couple $(G, H \subseteq G)$, où H satisfait aux axiomes I, 1°—5° ; 3) point de vue *homogène,* où G est considéré comme le linéarisé d'un homogroupoïde abélien $(H\,;\, x + y)$. La structure de groupe gradué suffit pour définir la notion de *sous-groupe homogène;* ce sont des sous-groupes g d'un tel groupe G, qui sont engendrés par $h = g \cap H$, où H est la partie homogène de G. Visiblement, $g \mapsto h = g \cap H$ est une injection, et de tels h peuvent se caractériser, du point de vue homogène, comme des *sous-homogroupoïdes* de H, c'est-à-dire les parties de H telles que : $x \in h \Rightarrow -x \in h$ et que, si x,y sont $\in H$ et $x \# y$ dans H, on a $x + y \in h$.

Si A est un anneau (que Bourbaki suppose unitaire), et $A = \oplus_{\delta\in\Delta} A_\delta$ est une graduation de son groupe additif, Bourbaki appelle cette graduation une *graduation d'anneau* de A s'il existe sur Δ une composition $\xi\eta$, par rapport à laquelle Δ est un demi-groupe commutatif unitaire, telle que, pour tous les $\xi,\ \eta \in \Delta$, on ait $A_\xi A_\eta \subseteq A_{\xi\eta}$. Bien qu'à première vue cette définition semble raisonnable (et, d'ailleurs, constitue un progrès indéniable par rapport à ce qui l'a précédé), on peut se poser, tout de suite, deux questions : 1) pourquoi se limiter aux anneaux associatifs et unitaires? 2) pourquoi supposer la composition de Δ commutative si on ne le suppose pas pour celle de A? Mais l'analyse plus approfondie met en évidence d'autres imperfections. La condition $A_\xi A_\eta \subseteq A_{\xi\eta}$ signifie, en fait, que le produit d'éléments homogènes l'est encore et que $A_\xi A_\eta$ est contenu dans quelque A_ζ. Si $A_\xi A_\eta \neq \{0\}$, ce ζ est unique (en vertu de $A_\zeta \cap A_{\zeta'} = \{0\}$ si $\zeta \neq \zeta'$) et $\xi\eta$ est précisement ce ζ. Donc, la composition $(\xi,\eta) \to \xi\eta$ est définie, pour de tels ξ,η, par la structure d'anneau de A et par sa graduation additive, et il n'y a aucun besoin de l'imposer ni de la soumettre à quelque condition. Et si $A_\xi A_\eta = \{0\}$, n'importe lequel ζ satisfait à $A_\xi A_\eta \subseteq A_\zeta$, donc la « condition » de Bourbaki n'est pas une condition et il n'y a aucune raison, du point de vue de la structure d'anneau de A et de sa graduation additive $\oplus_{\delta\in\Delta} A_\delta$, de distinguer un des $\zeta \in \Delta$ comme $\xi\eta$. Ainsi, on adopte la définition suivante des *anneaux gradués généraux.*

Un anneau (associatif ou pas), muni d'une graduation $\oplus_{\delta\in\Delta} A_\delta$ de son groupe additif, est dit un *anneau gradué général* si, pour tous ξ, $\eta \in \Delta$, existe un $\zeta \in \Delta$ tel que $A_\xi A_\eta \subseteq A_\zeta$ (cette condition est triviale si $A_\xi A_\eta = \{0\}$). L'ensemble Δ, muni d'une composition (partielle ou partout définie), est dit une *graduation* de cet anneau gradué si $\xi\eta$ est toujours défini quand $A_\xi A_\eta \neq \{0\}$, et est alors tel que $A_\xi A_\eta \subseteq A_{\xi\eta}$. En particulier, la graduation considérée est dit *stricte* (resp. *propre*) si elle l'est en tant que graduation du groupe additif de A et $\xi\eta$ est défini seulement si $A_\xi A_\eta \neq \{0\}$ (resp. $\xi\eta$ est partout définie sur Δ et $\xi\eta = 0$ quand $A_\xi A_\eta = \{0\}$) ($\xi = 0$ ou $\eta = 0$). Ceci est la définition des anneaux gradués généraux du point de vue non homogène.

La condition multiplicative précédente peut se formuler aussi comme suit : a) le produit de deux éléments homogènes est homogène, autrement dit $H^2 \subseteq H$; b) si $x,y \in H$ sont tels que $xy \neq 0$, $\delta(xy)$ ne dépend que des

$\delta(x)$ et $\delta(y)$. Or, il se trouve que b) est une conséquence de a). En effet, d'abord si x, x', y sont $\in H$ et si $x + x' \in H$, on a $xy + x'y =$ $= (x + x')y \in H^2 \subseteq H$ et $yx + yx' = y(x + y') \in H^2 \subseteq H$. Donc, si $xy \neq$ $\neq 0$ $x'y \neq 0$ (resp. $yx \neq 0$, $yx' \neq 0$), $\delta(x) = \delta(x')$ implique $\delta(yx) = \delta(yx')$ (resp. $\delta(xy) = \delta(x'y)$). Supposons maintenant $xy \neq 0$, $x'y' \neq 0$, $\delta(x) = \delta(x')$, $\delta(y) = \delta(y')$. Alors, si $xy' \neq 0$, on a $\delta(xy) = \delta(xy') = \delta(x'y')$, et il en est de même si $x'y \neq 0$. Et si $xy' = x'y = 0$, on a $xy + x'y' = (x+x')$ $(y + y') \in H^2 \subseteq H$, et encore $\delta(xy) = \delta(x'y')$. Ainsi, on à la définition semi-homogène suivante des anneaux gradués généraux : Un couple (A, H), où A est un anneau et $H \subseteq A$, est (aux noms des grades près) un anneau gradué général si H satisfait aux axiomes 1°—5° et, en plus, à l'axiome 6°. $H^2 \subseteq H$.

Visiblement, A est, du point de vue additif, le linéarisé de l'homogroupoïde abélien H. Mais, en vertu de sa distributivité, la multiplication de A est définie par sa restriction à H :

$$\left(\sum_{\delta\in\Delta} x_\delta\right)\left(\sum_{\delta'\in\Delta} y_{\delta'}\right) = \sum_{(\delta,\delta')\in\Delta\times\Delta} x_\delta\, y_{\delta'}, \text{(où } x_\delta \in A, \; y_{\delta'} \in A_{\delta'},$$

et les sommes écrites sont finies, autrement dit, presque tous les x_δ, $y_{\delta'}$ sont $= 0$). On peut donc, du point de vue homogène, chercher à caractériser par un système d'axiomes convenable, les structures $(H\,;\, x + y, xy)$ avec une addition partielle $x + y$ et une multiplication partout définie xy, qui sont les parties homogènes des anneaux gradués généraux (avec les opérations induites par celles de l'anneau), et de définir ces derniers comme linéarisés $A = \overline{H}$ de telles structures. Or, il se trouve que ce système d'axiomes est précisement celui de la structure d'*annéide*. En effet, la nécessité de ce système I—IV est évident. Et si $(H\,;\, x+y, xy)$ est un annéide, il est un homogroupoïde abélien par rapport à l'addition, donc $A = \overline{H}$ est un groupe abélien additif, dont H est la partie homogène par rapport à une de ses graduations. En définissant la multiplication sur A prolongeant celle de H par la formule $xy = \sum_{\delta\in\Delta}(\sum_{\delta'\delta''=\delta} x_{\delta'}, y_{\delta''})$, où $x = \sum_{\delta\in\Delta} x_\delta$ et $y = \sum_{\delta\in\Delta} y_\delta$ $(x_\delta, y_\delta \in H_\delta)$ sont $\in A$, on vérifie aisément que A devient un anneau, et, puisque, en vertu de I, H est fermé par rapport à cette multiplication, la graduation considérée du groupe additif de A en est une de sa structure d'anneau.

Quand l'annéide H est un corpoïde, son linéarisé $A = \overline{H}$ est dit un *corps gradué*. Les corps gradués sont des analogues homogènes des corps. Bien que dans le cas commutatif, c'est un cas particulier de sa notion d'anneau gradué, Bourbaki, mathématicien borgne, n'a jamais remarqué cette notion malgré (comme on a vu dans l'alinea 5) son importance, surtout dans le cas sans torsion. Ses œuillères l'ont même empêché d'apercevoir la notion, au fond équivalente, de corpoïde, bien qu'elle ait existé dans la littérature (et ses applications ont été au moins énoncées) depuis 1944—5.

C'est évidemment la notion d'annéïde, qui pourrait éventuellement servir pour étendre le système des valeurs des grandeurs physiques au-delà des grandeurs scalaires. D'ailleurs, puisqu'il existe, pour de telles grandeurs, plusieurs multiplications possibles (p. ex., les multiplications interne et extérieure des vecteurs), il se peut que plusieurs annéïdes soient nécessaires ou qu'il faille considérer une structure à plusieurs multiplications distributives par rapport à l'addition. C'est aux physiciens qu'il appartient de voir si la notion d'annéide (ou de structures apparentées) peut leur être utile et comment.

Pour terminer, je vais indiquer quelques résultats le plus saillants obtenus en théorie des anneaux gradués généraux (désormais, on dira simplement « anneaux gradués »; d'ailleurs, ce qui revient au même, on parlera surtout d'annéides), en commençant par définir certaines notions. Etant donné un anneau gradué A et un groupe (abélien) additif gradué M, qui est, en même temps, un A-module, et H, N étant les parties homogènes des A, M, on dit que M est un *A-module gradué* si $HN \subseteq N$. En particulier, A considéré comme A-module (à droite ou à gauche) est un module gradué, noté respectivement A_A ou ${}_AA$. Comme pour les anneaux, on démontre que si $ax \neq 0$ ($a \in H$, $x \in N$) le grade de ax ne dépend que de ceux de a et de x, et sera, par définition, leur produit. Ceci définit la multiplication externe, en général partielle, $(\delta, d) \to \delta d$ des ensembles des grades Δ, D des A, M. Du point de vue homogène le couple (H,N) (ou donc H est un annéide et N un homogroupoïde commutatif) est une structure, appelée *H-moduloïde* (à gauche), définie par les axiomes : il existe une multiplication externe $(a,x) \to ax$ de N par H telle que 1°, $(ab)x = a(bx)$ $(a,b \in H$, $x \in N)$, 2°, $a \# b$ implique $ax \# bx$ et $(a + b)x = ax + bx$, 3°, $x \# y$ implique $ax \# ay$ et $a(x + y) = ax + ay$. Si, en plus, H est unitaire, on dit que le H-moduloïde N l'est si $1x = x$. On montre facilement que les modules gradués coïncident avec les linéarisés des moduloïdes, la multiplication externe de N étant étendue à celle de $M = \overline{N}$ par $A = \overline{H}$ par distributivité :

$$(\textstyle\sum_{\delta\in\Delta} a_\delta)(\sum_{d\in D} x_d) = \sum_{d\in D}(\sum_{\delta t = d} a_\delta x_t).$$

Visiblement, les q-espaces vectoriels, où q est un corpoïde, ne sont pas autre chose que les q-moduloïdes unitaires. Le H-moduloïde N (et le module correspondant) est dit *strict* si $ax \neq 0$ et $ax \# ay$ impliquent : $x \# y$ (un espace vectoriel est toujours strict), et il est dit *régulier* si $ax \neq 0$, $bx \neq 0$ et $ax \# bx$ impliquement $a \# b$. Du point de vue de la graduation struicte des modules gradués (autrement dit, telle que les graduations de A et de M sont strictes et δd ($\delta \in \Delta$, $d \in D$) n'est défini que si $H_\delta N_d \neq \{0\}$), le module gradué est strict quand $\delta d' = \delta d'' \Rightarrow d' = d''$, et est régulier quand $\delta d' = \delta d'' \Rightarrow \delta' = \delta''$. Les sous-structures des modules graduée sont leurs sous-modules homogènes $\overline{\overline{M}}$, et les $\overline{N} = \overline{\overline{M}} \cap N$ corresondants, qui s'appelent les *sous-moduloïdes* de N, se caractérisent comme les sous-homogroupoïdes additifs de N stables pour H (autrement dit, tels que $H\overline{N} \subseteq \overline{N}$). Si A est un anneau gradué, les idéaux homogènes (à gauche) j de A coïncident visiblement avec les sous-modules gradués de ${}_AA$, et les $j \cap H$ correspondants sont les sous-moduloïdes du H-moduloïdes ${}_HH$, qui seront appelés les *idéaux* (ou *idéaloïdes*) à gauche *de* l'annéide H. On définit, d'une manière analogue, les idéaux à droite et bilatères de H. Un annéide H est dit *artinien* resp. *noetherien* à gauche (et son linéarisé $A = \overline{H}$ l'est dit « en homogène » si toute suite décroissante resp. croissante d'idéaux à gauche distincts de H est finie.

Soient, H, H' deux homogroupoïdes commutatifs (bien que cette condition est, en fait, superflue) et $G = \bar{H}$, $G' = \bar{H}'$ leurs linéarisés. Une application $\varphi : H \to H'$ est dite un *quasi-homomorphisme* de H dans H' si, pour tous les $x,y \in H$, $x \# y \Rightarrow \varphi.x \# \varphi.y$ et $\varphi.(x + y) = \varphi.x + \varphi.y$. Elle est dite un *homomorphisme* si, en plus, $\varphi.x \neq 0$ et $\varphi.x \# \varphi.y$ impliquant $x \# y$. Il est clair que φ se prolonge, et d'une seule manière, en un homomorphisme $\bar{\varphi} : G \to G'$ de G dans G', et de tels φ seront dite homomorphismes *quasi-homogènes* resp. homogènes quand φ est un quasi-homomorphisme resp. homomorphisme. Si Δ et Δ' sont les graduations propres de H et H', et si : $\varphi : H \to H'$ est un quasi-homomorphisme, $\delta(\varphi.x)$ (où $x \in H$) ne dépend, quand $\varphi.x \neq 0$, que de $\delta(x)$, et sera noté $(\varphi).\delta(x)$. De lors, φ définit une application $(\varphi) : \Delta \to \Delta'$, où $(\varphi).\delta$ a le sens précédent s'il existe un x de grade δ tel que $\varphi.x \neq 0$, et $(\varphi).\delta$ est 0 si $\delta(x) = \delta$ implique $\varphi.x = 0$. Si H est un annéide, resp. un U-moduloïde (où U est un annéide, φ est dit un quasi-homomorphisme (et, éventuellement, un homomorphisme) des annéides resp. des U-moduloïdes si, en plus, on a $\varphi.xy = (\varphi.x)(\varphi.y)$ $(x,y \in H)$ resp. $\varphi.ux = u(\varphi.x)$ $(u \in U,\ x \in H)$.

Tout quasi-homomorphisme produit un phénomène très important d'*agglutination*. Si $\bar{\varphi} : \bar{H} \to \bar{H}'$ est l'homomorphisme quasi homogène du linéarisé $\bar{H}$ de H dans celui $\bar{H}'$ de H' induit par φ, soit $H^{(\varphi)}$ l'image inverse $\bar{\varphi}^{-1}.H'$ de H' par $\bar{\varphi}$. On définit sur $H^{(\varphi)}$ une composabilité (addibilité si H et H' sont des U-moduloïdes ou des annéides) $\#^{(\varphi)}$ telle que $\bar{x} \#^{(\varphi)} \bar{y} (\bar{x}, \bar{y} \in H^{(\varphi)})$ équivaille à $\bar{\varphi}.x \# \bar{\varphi}.y$. Quant au composé (somme, s'il s'agit d'un U-moduloïde ou d'un annéide) des $\bar{x},\bar{y} \in H^{(\varphi)}$ composables, il sera le même que dans $\bar{H}$, et il en est de même pour leur produit (s'il s'agit d'annéide) ou du produit externe d'un $\bar{x} \in H^{(\varphi)}$ par un $u \in U$ (s'il s'agit d'un U-moduloïde). La structure $H^{(\varphi)}$ ainsi définie s'appelle *l'agglutiné* de H par φ. Ce n'est pas, en général, un homogroupoïde commutatif (resp. U-moduloïde, annéide), mais une structure de type plus général, appelée *groupel* (commutatif) (resp.' *U-monel, anel*). Si e' (resp. 0) est l'élément neutre de H', $C(H^{(\varphi)}) = \bar{\varphi}^{-1}.e$. (resp. $= \bar{\varphi}^{-1}.0$) est l'ensemble des éléments de $H^{(\varphi)}$ composables (resp, addibles) avec tout $\bar{x} \in H^{(\varphi)}$, et qu'on appelle le cœur de $H^{(\varphi)}$. Si $\bar{y} \in H^{(\varphi)}$, mais $\notin C(H)^{(\varphi)}$, $\bar{x} \#^{(\varphi)} \bar{y}$ et $\bar{y} \#^{(\varphi)} \bar{z}$ impliquement $\bar{x} \#^{(\varphi)} \bar{z}$. Si $\bar{a} \in H^{(\varphi)}$ mais $\bar{a} \notin C(H^{(\varphi)})$, $H^{(\varphi)}(\bar{a}) = \{\bar{x} \in H^{(\varphi)} ;\ \bar{a} \#^{(\varphi)} \bar{x}\}$ est un groupe abélien par rapport à la composition (resp. addition) de $H^{(\varphi)}$ (qui y est partout définie), d'où il résulte que pour les $\bar{x},\bar{y} \in H^{(\varphi)}$, mais $\notin C(H^{(\varphi)})$, $H^{(\varphi)}(\bar{x}) = H^{(\varphi)}(\bar{y})$ ou $H^{(\varphi)}(\bar{x}) \cap H^{(\varphi)}(\bar{y}) = C(H^{(\varphi)})$. Visiblement, $H^{(\varphi)}$ est un homogroupoïde (resp. U-moduloïde, annéide) si $\bar{\varphi}^{-1}.e' = e$, où e est l'élément neutre de H (resp. $\bar{\varphi}^{-1}.0 = 0$), auquel cas on dit que $H^{(\varphi)}$ est un agglutiné de *strict* de H. On appelle *agglutination des grades* produite par φ la relation d'équivalence $\equiv^{(\varphi)}$ telle que $\xi \equiv^{(\varphi)} \eta \Leftrightarrow (\varphi).\xi = (\varphi).\eta$.

En particulier, si H est un annéide, et si l'on le considère comme un H-moduloïde, p.ex. à gauche, la multiplication à gauche $\varphi(a) : x \to ax$ par un $a \in H$ est un quasi-homomorphisme de ce moduloïde. Il produit une agglutination, et l'agglutiné $H^{(\varphi(a))}$ et l'agglutination des grades $\equiv^{(\varphi(a))}$ seront dits l'agglutiné et l'agglutination des grades *gauche par a*. L'intersection $\varepsilon(\delta)$ des $\equiv^{(\varphi(a))}$, où a parcourt tous les éléments de H de grade δ, sera appelée l'*agglutination gauche des grades par* δ. Il est clair que $\xi \equiv \eta \pmod{\varepsilon(\delta)}$ équivaut à $\delta\xi = \delta\eta$ (dans la graduation propre). Si θ, $\delta \in \Delta$, visiblement $\varepsilon(\theta\delta)$ est moins fine (au sens large) que $\varepsilon(\delta)$. Ainsi, si $\delta \in \Delta$, $\varepsilon(\delta)$, $\varepsilon(\delta^2),\ldots,\varepsilon(\delta^i),\ldots$ est une suite d'équivalences sur Δ de finesse décroissante (au sens large). Le grade δ est dit *semi-régulier* (à gauche) si cette suite devient stationnaire, c'est-à-dire s'il existe un $i(\delta)$ (pouvant dépendre de δ) tel que $i \geqslant i(\delta)$ implique $\varepsilon(\delta^i) = \varepsilon(\delta^{i(\delta)})$. Un annéide est dit *fort* (d'un certain côté si tous ses grades sont semi-réguliers (du même côté). Les annéides réguliers et les annéides dont les grades sont « d'ordre fini » (c'est-à-dire tels que, parmi les puissances $\delta, \delta^2,\ldots,\delta^i,\ldots$ du grade δ, il n'y ait qu'un nombre fini de distincts) sont, évidemment, forts, mais il y en a d'autres. M. Chadeyras a montré que les propriétés « fort » et « noetherien » des annéides commutatifs sont indépendantes, et probablement sans aucune liaison.

Maintenant, je suis en état de résumer les résultats les plus spectaculaires des thèse de M. Chadeyras (consacrée aux anneaux gradués commutatifs) et d'E. Halberstadt (consacrée aux anneaux gradués non commutatifs réguliers).

Thèse de Chadeyras. I. Soit A un anneau gradué et ξ, η, ζ des grades. Si $A_\xi A_\eta A_\zeta \neq \{0\}$, il est clair que $(\xi\eta)\zeta = \xi(\eta\zeta)$, car $(\xi\eta)\zeta$ et $\xi(\eta\zeta)$ sont tous les deux égaux au grade d'un $a \in A_\xi A_\eta A_\zeta$ tel que $a \neq 0$. Mais si $A_\xi A_\eta A_\zeta = \{0\}$, toutes les possibilités imaginables peuvent se produire : en graduation stricte, il peut arrive qu'aucun des $(\xi\eta)\zeta$ et $\xi(\eta\zeta)$ ne soit défini, ou qu'un seul le soit, ou qu'ils soient définis tous les deux et soient inégaux, ou, enfin, qu'ils soient définis et égaux. Cela montre à quel point il est restrictif d'imposer l'associativité (pour A associatif) à la composition de Δ. Chadeyras a montré que si Δ est un ensemble fini quelconque muni d'une composition commutative arbitraire partout définie, il existe un anneau, gradué associatif et commutatif, dont Δ, muni de sa composition, est l'ensemble des grades. Il a donné l'exemple d'un k-algèbre graduée (ou k est un corps arbitraire) de dimension 15, où on a déjà, en graduation stricte, la non-associativité des grades. II. Soient A un anneau gradué, H sa partie homogène (donc un annéide), Δ l'ensemble de ses grades propres, Δ' un surensemble de Δ muni d'une composition prolongeant celle de Δ et telle que l'absorbant 0 de Δ en soit un de Δ', et autrement arbitraire. Soit χ un ensemble quelconque d'indéterminées, et soit $\delta : \chi \to \Delta'$ une application de χ dans Δ', satisfaisant, à la seule condition que les $\delta(X)$, pour les $X \in \chi$, commutent entre aux et avec tous les éléments de Δ. Il est tentant de donner à $A[\chi]$ une graduation (propre) telle que tous les $X \in \chi$ soient homogènes et de grade correspondant $\delta(X)$, et que sa partie homogène $H_\delta[\chi]$ (convenablement définie) soit un annéide (qui serait alors appelé « annéide des δ-polynômes de χ sur H »). Mais ce n'est pas toujours possible ; p.ex. ; si, pour un $X \in \chi$, $\delta(X) \in \Delta'$ est nilpotent, soit $\delta(X)^n = 0$, on doit avoir $\delta(X^n) = \delta(X)^n = 0$, ce qui entraîne la conséquence absurde $X^n = 0$. Mais Chadeyras a, quand même, défini une telle structure $H_\delta[\chi]$ (et cette définition s'applique même si H est un anel), et a montré que cette structure est, un général, pas un annéide, mais un anel. Ainsi, la notion d'anel, introduite à propos de l'agglutination, a trouvé une application inattendue. III. Soint A un anneau gradué commutatif. S'il est noetherien, il est évidemment noetherien dans l'homogène, mais l'inverse est faux (sauf dans quelques cas simples). Autrement dit, si le linéarisé d'un annéide H est noetherien, H l'est aussi, mais pas reciproquement. D'une manière plus générale, si un agglutiné H' de H est noetherien (cette notion est facilement définissable pour les anels), H l'est aussi mais l'inverse n'a pas lieu. IV. Dans ces conditions, on peut se demander : si un anneau gradué commutatif A est noetherien dans l'homogène, ses idéaux homogènes satisfont-ils aux résultats de la théorie classique des anneaux noetheriens (autrement dit, la théorie noetherienne est-elle valable pour les annéides noetheriens?)? Je rappelle les résultats essentiels de cette théorie : a) tout idéal q se décompose en une intersection finie $q = \cap_i q_i$ d'idéaux q_i indécomposables, autrement dit tels qu'il n'existe, pour aucun q_i, d'idéaux q_i', q_i'' distincts de q_i tels que $q_i = q_i' \cap q_i''$ b) tout idéal q indécomposable est primaire, c'est-à-dire tel que $xy \in q$ implique l'existence d'un entier positif i tel que $x^i \in q$ ou $y^i \in q$ (un idéal homogène q est dit *primaire dans l'homogène* si la condition précédente est satisfaite pour les x, y homogènes seulement). On peut citer deux théorèmes moins fondamentaux : c) si A est noetherien, $A[X]$ l'est aussi (Hilbert) d) si q est un idéal de A, on a certaines conditions, $\cap_{1 \leq n < +\infty} q^n = \{0\}$ (Krull). Il se trouve que a) reste vrai dans l'homogène (presque sans changement de démonstration). Par contre, b) est en général faux, mais est vrai dans les anneaux gradués (et annéïdes) forts. En ce qui concerne c) et d), ils ne se généralisent que sous des conditions assez restrictives.

Thèse de Halberstadt. I. Soit A un annéide régulier. On peut refaire, en considérant uniquement les A-moduloïdes réguliers, toute la théorie du chap. I de la « Structure of rings » de N. Jacobson : définir les moduloïdes irréductibles, les annéides primitifs (et simples), le radical de Jacobson $R(A)$ (qui est ici encore l'intersection des idéaux maximaux de A), etc.... Si Δ est l'ensemble des grades propres de A, et si $\delta \in \Delta$ est idempotent ($\delta^2 = \delta \neq 0$), A_δ est un anneau, dont soit R_δ le radical. Alors, on démontre que $R(A)$ est l'ensemble des $x \in A$ tels que, pour tout $\delta \in \Delta$ idempotent, $xA \cap A_\delta \subseteq R_\delta$. A est dit semi-simple si $R(A) = \{0\}$ et, comme pour les anneaux, $A/R(A)$ est semi-simple ; II. La décomposition directe $A = \oplus_i A_i$ de A en somme de ses idéaux A_i se définit pour les anneaux gradués comme pour les anneaux abstraits, mais les A_i étant supposés des idéaux homogènes (cette définition se traduit facilement en langage des annéides). Si A est artinien en homogène et semi-simple, on démontre assez facilement qu'il existe la décomposition directe la plus fine de A en somme de ses idéaux homogènes A_i, et que les A_i sont simples dans l'homogène, c'est-à-dire n'ont aucun idéal bilatère homogène autre que soi-même ou $\{0\}$. Mais, contrairement aux anneaux artiniens abstraits, A ne possède pas toujours une unité homogène. III. Le problème essentiel est donc la détermination de tous les types possibles des anneaux gradués réguliers, artiniens et simples dans l'homogène, partie de l'étude de tels anneaux primitifs dans l'homogène — l'étude, dont les résultats se formulent mieux en langage des annéides. Résumons la théorie classique : A étant un anneau (abstrait) un A-module M est dit *irréductible* s'il ne possède aucun sous-module autre que lui-même et $\{0\}$ et si $AM \neq \{0\}$. L'anneau A est dit *primitif* s'il existe un A-module irréductible M tel que la représentation correspondante de A soit fidèle. Tel est le cas si A est simple, c'est-à-dire $\neq R(A)$ et ne possède pas d'autre idéaux bilatères que A et $\{0\}$. Si A est artinien, vice versa tout idéal primitif est simple. Si M est irréductible, $Z = \mathrm{End}_A\,(M)$ est un corps, dit le *centralisateur* de M, et M peut s'identifier à un Z-espace vectoriel, qui est d'une dimension finie n si A est artinien. Et on prouve (le théorème de densité de Jacobson) que A est isomorphe à un sous-anneau de $\mathrm{End}_Z(M)$, qui est dense par rapport à sa topologie finie. En particulier, si A est artinien et simple, il est isomorphe à $\mathrm{End}_Z\,(M)$, c'est-à-dire à l'anneau $M_n(Z)$ des matrices de degré n sur Z. Si l'on remplace les anneaux et les modules par les annéides et les moduloïdes réguliers en maintenant les mêmes définitions, il se trouve que, si un A-moduloïde régulier M est irréductile, $Z = \mathrm{End}_A M$ (convenablement défini) est un corpoïde, et M peut être identifié à un Z-espace vectoriel régulier, qui est de dimension finie (notée n) quand A est artinien. Mais $\mathrm{End}_Z\, M$ n'est pas, en général, un annéide. L'image de A dans M est un sous-ensemble de $\mathrm{End}_Z\, M$, qui en est un, et il en est de même pour sa clôture par rapport à la topologie finie (avec laquelle il coïncide quand la dimension $(M:Z)$ de M sur Z est finie). Mais, contrairement au cas des anneaux, cette clôture (pour Z et M fixés) n'est pas unique (et $\neq \mathrm{End}_Z\, M$ en général), mais peut dependre du choix de A, et la famille de toutes ces clôtures possibles se caractérise comme suit :

M étant un Z-espace vectoriel régulier, où Z est un corpoïde, il existe, d'abord, le plus petit annéide de la famille considérée, noté $P_Z(M)$, dont voici la description : si Δ, D sont les ensembles des grades (stricts) des Z, M et $D = \cup\, \theta$ étant la partition de D en classes $\theta = \Delta d$, $d \in D$, modulo Δ(on notera ψ l'ensemble des classes de cette partition), comme on a vu M est la réunion « presque disjointe » (c'est-à-dire telle que deux ensembles quelconques de cette réunion n'ont en commun que 0) $\cup\, M_\theta$, où $M_\theta = \{x \in M\,;\; d(x) \in \theta\} \cup \{0\}$. Si $(\theta', \theta) \in \psi \times \psi$, soit $P_{\theta',\theta}$ l'ensemble des Z-homomorphisme $f: M \rightarrow M$ tels que $f.M_\theta \leqslant M_{\theta'}$, et $f.x = 0$ si $x \notin M_\theta$. Posons $P_Z(M) = \cup_{(\theta',\theta)\in\psi\times\psi} P_{\theta',\theta}$. Si $f, g \in P_Z(M)$, on posera $f \# g$ si, et seulement si, pour tout $x \in M$, on a $f(x) \# g(x)$ et $f + g \in P_Z(M)$ [8]. On constate que $P_Z(M)$ est un homogroupoïde commutatif par rapport à ces addition et addibilité. Son ensemble des grades propres est $\psi \times \psi \times \Delta \cup \{0\}$ et si l'on prend comme multiplication la composition naturelle des autoapplications de M, on voit que c'est une annéide, et que la composition de ses grades propres est $(\theta_1', \theta_1, \delta_1)\,(\theta_2', \theta_2, \delta_2) = (\theta_1', \theta_2, \delta_1\,\delta_2)$ ou 0 selon que $\theta_1 =$ ou $\neq \theta_2'$ et $(\theta', \theta, \delta)0 = 0(\theta', \theta, \delta) = 00 = 0$. Cet annéide est primitif, M en est un moduloïde régulier et Z est le centralisateur de ce moduloïde (qui est irréductible et donne une représentation fidèle de $P_Z(M)$) si l'on identifie tout $z \in Z$ avec l'autoapplication $x \rightarrow zx$ de M. Halberstadt à démontré que la famille cherchée des annéides est celle des agglutinés stricts de $P_Z(M)$ autrement dit qu'un « sous-annéide » A de $\mathrm{End}_Z\,(M)$ (qui lui-même n'est pas, en général, un annéide), dont M est un moduloïde de représentation régulier irréductible (et forcément fidèle) ayant Z comme centralizateur est un sous-annéide de quelque agglutiné strict de $P_Z\,(M)$, qui y est dense par rapport à sa topologie finie, et vice

[8] Où $f + g$ est défini par $(f + g)\,(x) = f(x) + g(x)$ pour tout $x \in M$.

versa. En particulier, si $(M:Z)$ est fini, ceci a lieu si A est un de ces agglutinés, et, à l'isomorphie près, on obtint tous les annéides réguliers artiniens simples en prenant comme Z un corpoïde arbitraire, comme M un Z-espace vectoriel arbitraire de dimension finie, et comme A un agglutiné strict arbitraire de $P_Z(M)$.

Malgré la force de résultats obtenus, il reste encore beaucoup de problèmes non résolus aussi bien dans la théorie commutative que non commutative des anneaux gradués associatifs (dans la théorie non commutative, le cas non régulier pratiquement n'a pas été abordé), et même en théorie des corpoïdes. Les graduations générales des anneaux non associatifs (en paticulier, des algèbres de Lie) sont un domaine totalement inexploré. Par ailleurs, les quelques généralisations des structures graduées comme les groupels, les anels, les monels (que la théorie même de ces structures a suggérées) ne sont qu'une petite partie des généralisations naturellement envisageables, qui sont les structures « extragraduées » (dont je ne parlerai pas ici), champ encore plus vaste de recherches. Comme on voit, le vieux est toujours neuf !

Reçu le 1 mai 1981

Université de Paris VI
Mathématiques 4, place Jussieu
75230 Paris CEDEX 05
France

BIBLIOGRAPHIE

1. Archimedes, *Works* (trasl. by J. L. Heat), the Cambridge Univ. Press, 1897.
2. N. Bourbaki, *Algèbre*, Chap. I, Hermann et Cie, Paris, 2e edit. 3e edit.
3. M. Chadeyras, *Essai d'une théorie noetherienne homogène pour les anneaux commutatifs dont la graduation est aussi générale que possible*. Suppl. Bull. Soc. Math. Math. France, Mémoire, **22** (1970), 1—43.
4. M. Deuring, *Verzweigundstheorie bewerteter Körper*. Math. Ann., **105** (1931), 2èè—305.
5. R. Descartes, *La géométrie*. Imp. Ian. Maire, Leyde, 1637.
6. Euclid, *Elements* (transl. by J. L. Heath), 2 edit., Dover Publ., New York, 1956.
7. L. Euler, *Arithmétique universelle*. Saint Pétersbourg, 1768—1769.
8. R. Godement, *Topologie algébrique et théorie des faisceaux*, Hermann, Paris, 1958.
9. E. Halberstadt, *Théorie artinienne homogène des anneaux gradués non commutatifs à grades réguliers* (thèse de doctorat, Paris, 1971, miméographiée).
10. D. Hilbert, *Bericht über die Theorie der algebraischen Zahlen*, Jahres ber. deutsch. Math-Ver., **4** (1984—5), 175—546.
11. M. Krasner, *Sur la théorie de la ramification des idéaux*. Comptes Rendus, **200** (1935), 1813—1815.
12. M. Krasner, *Théorie de la ramification des idéaux des corps non galoisiens de nombres algébriques*, Mem. (in 4°) Acad. R. Belgique (Cl. Sc.), **11** (1937), 1—110.
13. M. Krasner, *Sur la primitivité des corps p-adiques*. Mathematica (Cluj) **13** (1937), 72—191.
14. M. Krasner, *La loi de Jordan-Hölder dans les hypergroupes et les suites génératrices des corps de nombres p-adiques, II*. Duke Math., J., **7** (1940), 121—135.
15. M. Krasner, *Une généralisation de la notion de corps — corpoïde. Un corpoïde remarquable de la théorie des corps valués*. Comptes Rendus, **219** (1944), 345—347.
16. *Théorie de la ramification dans les extensions finies des corps valués*. Comptes Rendus : **I**, *219* (1944), 539—541 ; **II**, *220* (1945), 28—30 ; **III**, *220* (1945), 761—763 ; **IV**, *211* (1945), 737—739.
17. M. Krasner, *Quelques méthodes nouvelles dans la théorie des corps valués complets. Algèbre et théorie des nombres*. Coll. Int. du CNRS 24, Paris 1949, Ed. du CNRS, Paris, 1950, p. 29—39.
18. M. Krasner, *Congruences multiplicatives, Sequelettes et corpoïdes, Séminaire Krasner* (théorie des corps valués), exp. 4, 1953—1954, vol. 1, Sécr. Math. Fac. Sc. Paris, 1954.

19. M. Krasner, *Théorie élémentaire des corpoïdes commutatifs sans torsion*. Séminaire Krasner (théorie des corps valués), exp. 5, 1953—1954, vol. 2, Secr. Math. Fac. Sc. Paris, 1956.

20. M. Krasner, *Théorie de Galois des corpoïdes commutatifs sans torsion et ses applications à la théorie de la ramification des extensions algébrique des corps valués*. Preprint de l'Univ. de Parois, VI, 1978.

21. M. Krasner, *La pluralité et l'infini dans la philosphie et la mathematique grecques*. Eleftheria, 2 (1981), 93—132.

22. M. Krasner, *Anneaux gradués généraux*. Colloque d'Algèbre Rennes, juin 1980.

23. W. Krull, *Galoissche Theorie bewerteter Körper*. Sitz. Ber. Bayr. Acad., (1930), 225—238.

24. S. Mac Lane, *Homology*, Spinger-Verlag, Berlin, 1963.

25. F. Viète, *In artem analyticem Isagoge*. Turonis, 1591.

26. B. L. van der Waerden, *Ontwakende wetenschap*, P. Noordhoff, Groningen, 1950.

27. A. Youchkévith, *Histoire des mathématiques* (sous la direction de ; en russe), Naouka, Moscou, I. 1970 ; II, 1970 ; III, 1972.

28. O. Zariski et P. Samuel, *Commutative algebra*, Litton Ed. Publ., 1958.

29. M. Chadeyras, E. Halberstadt, M. Krasner, *General graded rings* (en préparation pour les "Queen's Papers in Pure and Appl. Mathematics", Kingston, Canada.

Autres

Note de Luc Bélair et Bruno Poizat

Nous reproduisons ici un extrait de l'article sur les groupes de permutations [101], ainsi que les deux notes [7] et [53].

La note CRAS [7], *Sur une propriété des polynômes de la division du cercle*, répond à une question qu'avait posée Paul Lévy dans un exposé au séminaire Hadamard. Le résultat est maintenant cité dans la littérature de théorie des langages formels en rapport avec la factorisation des langages, en particulier une conjecture de Schutzenberger [61]. On apprend dans les souvenirs de Lévy [62] et dans la correspondance Lévy-Fréchet [63] que la coauteure de Krasner, Mlle Britt Ranulac, est un canular couvert par Hadamard [64].

---

61. Voir, par exemple, M. Anselmo et al., On some factorization problems, in : *Journées Montoises (Mons, 1994)*, Bull. Belg. Math. Soc. - Simon Stevin 4 (1997) n° 1, 25–43.

62. P. Lévy, *Quelques aspects de la pensée d'un mathématicien*, Paris, Librairie Albert Blanchard, 1970, p. 115.

63. *Cinquante ans de correspondance mathématique. Paul Lévy - Maurice Fréchet*, édité par M. Barbut et al., Paris, Hermann, 2004. Voir la Lettre 35, p. 169, note 141.

64. Krasner raconte aussi l'anecdote dans la 2e lettre à Ribenboim (ce volume, début de la lettre, p. 31) : derrière Mlle Ranulac, Krasner mentionne Marty et « deux alors jeunes Belges » Ballieu et Gillis : il s'agit de Frédéric Marty (1911–1940), et sans doute de Robert F. Ballieu (1914–1980) et Paul P. Gillis (1912–2001), tous contemporains de Krasner.

Autres

La note [53] est une communication présentée au Congrès de 1945 de L'Association française pour l'avancement des sciences. Krasner répond par la négative à la question suivante que lui avait posée M. Brelot [65] : une partie ouverte de l'espace euclidien de dimension supérieure à 1 est-elle toujours une intersection dénombrable d'ouverts connexes ? Il donne ensuite une condition nécessaire et suffisante pour la propriété demandée.

L'article [101] est lié à la théorie de Galois des extensions non-normales. Les manuels d'algèbre ne traitent habituellement de la Théorie de Galois que dans le cadre d'une extension de corps K/k normale (et séparable), en établissant la correspondance de Galois entre les sous-groupes du groupe de Galois $G(K/k)$ et les corps L intermédiaires entre K et k. Cette insupportable absence de généralité ne pouvait qu'offusquer Krasner, qui voyait deux façons de se passer de la normalité.

La première est de considérer des groupes de permutations marqués. Soit K/k une extension séparable de degré fini, engendrée par un élément primitif α. On considère l'ensemble M des conjugués de α, et le groupe G des permutations de M induites par les k-automorphismes de la clôture algébrique de K. Dans ce groupe (G, M) de permutations, on pointe l'élément α. On donne à cette construction un aspect plus intrinsèque en assimilant M à l'ensemble des k-plongements de K dans sa clôture algébrique, la marque devenant $Id(K)$. Rappelons qu'un bloc (Krasner dit un « ensemble conservatif ») est une partie non vide B de M disjointe de ses translatées (pour l'action régulière de G sur lui-même, les blocs sont les cossettes modulo les sous-groupes de G). Les corps intermédiaires L, compris entre K et k, correspondent bijectivement aux blocs de (G, M) qui contiennent la marque. De plus, si B est le bloc de L (formé des L-conjugués de α), le groupe de Galois de K/L est la restriction à B de son stabilisateur, tandis que celui de L/k correspond à l'action de G sur les translatés de B.

La deuxième façon est d'introduire l'hypergroupe de Galois $H(K/k)$, en hypercomposant les k-plongements de K dans sa clôture algébrique : $\sigma \circ \tau$ est par définition l'ensemble θ des $\sigma' \circ \tau$, où σ' est un prolongement de σ. Un corps intermédiaire L correspond alors bijectivement à un sous-hypergroupe de $H(K/L)$, tandis que $H(L/k)$ s'identifie au quotient de $H(K/k)$ par $H(K/L)$.

65. Sans doute le mathématicien français Marcel Brelot (1903–1987).

Tout cela a conduit Krasner à écrire ce long article [101] développant en toute généralité la théorie des groupes de permutations, et parallèlement celle des hypergroupes, allant jusqu'à un théorème de Jordan-Hölder. Il nous a paru intéressant d'inclure dans ses œuvres un extrait (l'introduction et les deux dernières pages) de cet exemple typique d'écriture krasnérienne, d'autant plus qu'il est paru dans un journal peu facile d'accès. On notera ses aspects polémiques, en particulier ce qui est dit d'André Weil (et de Bourbaki !) dans l'avant-dernière page. Malheureusement, cet article ne contient que le Chapitre I, et pas les deux autres annoncés dans son introduction : ni le Chapitre II sur la Théorie de Galois[66], ni le Chapitre III consacré aux produits en couronne (Krasner dit « produit d'entrelacement »), l'appel aux groupes de permutations permettant, selon Krasner, de clarifier considérablement un énoncé de son article [63, 64, 65] écrit avec Kaloujnine. Nous n'avons pas trouvé de traces d'une publication des chapitres II et III, et nous ne savons même pas s'ils ont été effectivement écrits[67].

---

66. Vraisemblablement, les applications du produit en couronne à la théorie de Galois auxquelles Krasner fait allusion dans l'introduction (p. 233), sont exposées en partie dans les trois notes [58], [59], [60] de 1949–1950.

67. Note de B. Poizat : je ne suis pas l'un des deux étudiants dont il est question page 233, car c'est en 1967–1968 que mon camarade Pierre Barral et moi-même avons écrit un mémoire de DEA consacré au Cours de Théorie de Galois donné par Krasner cette année-là ; il n'y abordait d'ailleurs pas les groupes de permutations, mais seulement les hypergroupes ; par contre, la Théorie de Galois Abstraite y était enseignée pour la première fois. Il semble donc que le polycopié du cours de 1965–1966 soit perdu.

[7] C. R. Acad. Sci. Paris 204 (1937) 397–399

ALGÈBRE. — *Sur une propriété des polynomes de la division du cercle.* Note de M. **Marc Krasner** et de Mlle **Britt Ranulac**, présentée par M. Jacques Hadamard.

M. Paul Lévy nous a posé la question suivante suggérée par des recherches sur le calcul des probabilités : le polynome

$$P(x) = \frac{x^{k\lambda}-1}{x^{\lambda}-1} = \sum_{u=0}^{u=k-1} x^{\lambda u}$$

est-il décomposable en un produit $Q(x)R(x)$ de deux polynomes à coefficients *réels non négatifs*, termes constants normés à 1, d'une autre manière que la suivante : *k étant non premier*, $k, k', k'', \ldots, k^{(N-1)}, k^{(N)}$, 1 une de ses chaînes de diviseurs, on répartit en deux groupes les facteurs de l'identité évidente

$$(1) \qquad P(x) \equiv \frac{x^{k\lambda}-1}{x^{k'\lambda}-1}\,\frac{x^{k'\lambda}-1}{x^{k''\lambda}-1}\cdots\frac{x^{k^{(N-1)}\lambda}-1}{x^{k^{(N)}\lambda}-1}\,\frac{x^{k^{(N)}}-1}{x^{\lambda}-1}.$$

La réponse est négative. En effet Q ou R est produit d'un polynome à coefficients positifs par $(x^{h\lambda}-1)/(x^{\lambda}-1)$, *h* diviseur de *k*.

1° Lemme. — *Tout coefficient de* Q *ou* R *est* o *ou* 1.

Toute racine ζ de P (donc de Q ou R) est racine de l'unité : $\bar{\zeta}\zeta = 1$. Q, étant à coefficients réels, admet $\bar{\zeta}$ pour racine avec ζ, donc est réciproque, donc est symétrique direct puisque sans coefficient négatif. De même R. Posons :

$$(2_a)\qquad Q = 1 + a_1 x + \ldots + a_i x^i + \ldots + x^{m_1},$$

$$(2_b)\qquad R = 1 + b_1 x + \ldots + b_i x_i + \ldots + x^{m_2},$$

$$(3)\qquad m_1 + m_2 = (k-1)\lambda,\quad a_i \geqq 0,\quad b_j \geqq 0,\quad a_i = a_{m_1 - i},\quad b_j = b_{m_2 - j}.$$

Identifions terme à terme QR et P. Si on avait $m_1 = m_2$, le coefficient de x^{m_1} serait au moins 2. Supposons donc $m_1 > m_2$; on a entre autres

$$(4_i)\qquad a_i + a_{i-1} b_1 + a_{i-2} b_2 + \ldots + a_1 b_{i-1} + b_i = 1 \text{ ou } 0 \qquad (i \leqq m_2 - 1),$$

$$(5)\qquad a_{m_2} + a_{m_2-1} b_1 + a_{m_2-2} b_2 + \ldots + a_1 b_{m_2-1} + 1 = [1 \text{ ou } 0, \text{ donc}]\ 1,$$

$$(6_i)\qquad a_i + a_{i-1} b_1 + a_{i-2} b_2 + \ldots + a_{i-m_2+1} b_{m_2-1} + a_{i-m_2} = 1 \text{ ou } 0 \qquad (m_2 \leqq i \leqq m_1).$$

Tous les termes écrits sont non négatifs. Donc (5) entraîne

$$(7_i)\qquad a_i b_i = a_{m_2-i} b_i = 0 \qquad (i < m_2),$$

(4_1) et (7_1) entraînent successivement

$$a_1 + b_1 = 1 \text{ ou } 0,\qquad a_1 b_1 = 0,\qquad a_1 = 1 \text{ ou } 0,\qquad b_1 = 1 \text{ ou } 0.$$

Par récurrence, si a_i et b_j sont 1 ou 0 pour i et j inférieurs à t, il en est de même de a_t et b_t. Pour t inférieur à m_2, on compare (7_t) et la forme suivante de (4_t) :

$$a_t + b_t + \text{entier non négatif} = 1 \text{ ou } 0.$$

(5) montre a_{m_2} nul. Pour $t > m_2$, (6_t) permet la récurrence par

$$a_t + \text{entier non négatif} = 1 \text{ ou } 0.$$

2° Soient alors $\{q_i\}$ et $\{r_j\}$ les suites, à construire, des degrés des termes non nuls de Q et R. Chaque somme $q_i + r_j$ est exposant de terme non nul de P. Donc chaque $u\lambda$ admet une décomposition unique

$$(9_u)\qquad u\lambda = q_i^{(u)} + r_j^{(u)} \qquad (0 \leqq u \leqq k),$$

(9_0) montre que 0 est commun aux deux suites. Un élément non nul ne peut leur être commun, il s'ajouterait à 0 de deux manières. $q_i = 0$ dans (9_u) montre que tout r_j est multiple de λ; de même tout q_i. (9_1) n'est donc soluble que si l'une des suites, $\{q_i\}$ par exemple, contient λ; soit alors $h\lambda$

le plus petit multiple de λ qui n'est pas un $q_i (h > 1)$; dans (9_h) le q_i sera donc nul : $h\lambda$ est un r_j, le plus petit r_j non nul.

Les q_i se groupent en séries de multiples consécutifs de λ, séparées par des intervalles. Elles ont toutes même nombre h de termes que la première, car, s'il y en a une plus longue, en ajoutant o puis $h\lambda$ à ses q_i certains $u\lambda$ paraîtront deux fois; et s'il y en a de plus courtes, prenons celle de plus petit premier terme $h_2\lambda$; il existe donc un exposant $(h_2 + h_3)\lambda$ avec $h_3 < h$ qui n'est pas un q_i. Dans sa décomposition, $r_j \neq 0$; donc $r_j^{(h_2+h_3)} \geqq h\lambda$; par suite $q_i^{(h_2+h_3)}$ est inférieur à $(h_2 + h_3 - h + 1)\lambda$, donc à $h_2\lambda$, donc appartient à une série de longueur h; par addition de $r_j^{h_2+h_3}$ aux q_i de cette série on obtient h termes consécutifs dont $h_2 + h_3$, donc entre autres soit $h_2\lambda$, soit $(h_2 + h)\lambda$. Mais ceux-ci sont déjà décomposables avec $h_2\lambda$ pour q_i et o ou $h\lambda$ pour r_j. Il y contradiction.

Soient q'_i les premiers termes de ces séries de q_i. On a visiblement

$$\text{(10)} \qquad Q = \left(\frac{x^{h\lambda} - 1}{x^{\lambda} - 1}\right) \Sigma x^{q'_i}.$$

En faisant $x = 1$ dans (10) et dans $P = QR$, on obtient :

$$(\text{nombre des } q_i) = h\,(\text{nombre des } q'_i),$$
$$k = (\text{nombre des } q_i)\,(\text{nombre des } r_j),$$

h est donc diviseur de k; les résultats annoncés sont ainsi tous obtenus.

Observations sur la Note précédente par M. **Jacques Hadamard**.

La Note qui précède répond à une question qui avait été posée par M. Paul Lévy au cours d'une conférence faite le 12 janvier au Collège de France; il avait, par lettre du 7 janvier, posé la même question à M. Khintchine.

La solution de M. Krasner nous est parvenue le 15 janvier. M. Paul Lévy a reçu depuis une lettre de M. A Liénard, datée du 23 janvier, lui exposant, pour le cas où p est premier, une solution identique à celle qui est exposée ci-dessus, et une lettre de M. Khintchine, écrite à Moscou, le 18 janvier, lui indiquant, sans donner d'indication sur la méthode, que M. Raikoff a de son côté résolu le même problème.

L'indépendance de ces trois solutions ne peut pas être mise en doute.

[53] *Actes du congrès de 1945 ...*, Ass. Fr. Av. Sci., 1947, pp. 100–102

CERTAINES PROPRIETES DES ENSEMBLES OUVERTS NON CONNEXES

par M. Marc KRASNER (Paris)
Maître de Recherches.

M. Brelot m'a posé en 1943 la question suivante, qui est à l'origine de l'objet de cette communication : étant donné un ensemble ouvert U d'un espace euclidien E_n de $n > 1$ dimensions, est-il toujours possible de le mettre sous la forme d'une intersection d'une famille dénombrable d'ensembles ouverts connexes de cet espace ? J'ai pu trouver un exemple qui montre que la réponse à cette question est négative et trouver la condition nécessaire et suffisante pour qu'un ensemble ouvert puisse être représenté sous la forme indiquée, la condition qui est, d'ailleurs, valable dans les espaces beaucoup plus généraux que les E_n. Cette condition met en évidence certains invariants topologiques, par rapport à l'espace entier, des ensembles ouverts non-connexes.

Exemple. : Considérons dans le plan Oxy le carré de sommets (0,0), (0,1), (1,0), (1,1). Subdivisons le en 9 carrés par 2 parallèles $y = \frac{1}{3}$ et $y = \frac{2}{3}$ à l'axe des x et par deux parallèles $x = \frac{1}{3}$ et $x = \frac{2}{3}$ à l'axe des y. Laissons intact le carré central $\left(\frac{1}{3}, \frac{1}{3}\right)$, $\left(\frac{1}{3}, \frac{2}{3}\right)$, $\left(\frac{2}{3}, \frac{1}{3}\right)$, $\left(\frac{2}{3}, \frac{2}{3}\right)$, mais subdivisons de la même manière chacun des autres 8 carrés. Laissons intacts les 8 carrés centraux de second ordre, mais subdivisons de la même manière 64 autres carrés de second ordre, et ainsi à l'infini. Soit U la réunion des carrés centraux de tous les ordres. La frontière F de U est, évidemment, la fermeture de la réunion de tous les segments de parallèles aux axes Ox et Oy (y compris les côtés du carré primitif) qui font la subdivision du carré. Les composantes de U sont les carrés centraux des différents ordres. Il en résulte que quel que soit le point P de F et le voisinage V de P, il existe une infinité de composantes de U entièrement contenues dans V.

Or, si U' est un surensemble connexe de U, $U' \frown V$ doit contenir au moins un point de la frontière F, car autrement U' serait contenu dans la réunion de l'extérieur U^* de U, du complémentaire CV de V et de $U \frown V$, qui, visiblement, n'est pas connexe. Ceci posé, supposons qu'il existe une famille dénombrable U_1, U_2, ..., U_n, ... d'ensembles ouverts connexes de E_2 telle que $\frown U_n = U$. Soit $P \varepsilon F$, et soit V un voisinage de P ; il existe un $P_1 \varepsilon U_1 \frown V \frown F$. U_1 étant ouvert, il existe un voisinage V_1 de P_1 dont la fermeture $\overline{V}_1$ est $\subseteq U_1 \frown V$. Puisque $P_1 \varepsilon F$, et puisque U_2 est connexe, il existe un $P_2 \varepsilon U_2 \frown V_1 \frown F_1$ et, puisque U_2 est ouvert, un voisinage V_2 de P_2 tel que $\overline{V}_2 \subseteq U_2 \frown V_1$.

En général, une fois formé un voisinage $V_n \subseteq U_n$ d'un $P_n \in F$, en vertu du même principe, il existe un $P_{n+1} \in U_{n+1} \frown V_n \frown F$ et un voisinage V_{n+1} de P_{n+1} dont la fermeture $\overline{V}_{n+1}$ est $\subseteq V_n \frown U_{n+1}$. Ainsi, il existe une chaîne $V \supseteq V_1 \supseteq V_2 \supseteq \ldots \supseteq V_n$ d'ensembles ouverts, la fermeture de chacun étant contenue dans le précédent, tels que $V_n \subseteq U_n$ et qu'il existe un point $P_n \in V_n \frown U_n \frown F$. Tous les P_n appartenant à un ensemble borné V, leur suite possède au moins un point d'accumulation P. Visiblement, $P \in \frown \overline{V}_n = \frown V_n \subseteq \frown U_n$ et, puisque tous les $P_n \in F$, on a $P \in F$, donc P non $\in U$, contre l'hypothèse.

Maintenant je passe au critère de la représentabilité d'un ensemble ouvert U d'un espace E sous la forme de $\frown U_n$, les U_n étant ouverts et connexes. Soient M l'ensemble des composantes de U et U^* son extérieur. Soit Γ une relation d'équivalence dans M (c'est-à-dire une subdivision de M en classes ; une équivalence sera dite *discrète* si chaque classe a un seul élément, et elle sera dite *amorphe* s'il n'y a qu'une seule classe). On appellera Γ — *composantes* de U les réunions des composantes appartenant à une même classe suivant Γ. Un point P de la frontière F de U sera dit un *point de préconcentration suivant* Γ si tout voisinage V de P contient (entièrement) une infinité de Γ — composantes de U. Une composante C^* de U^* est dite Γ — *unitaire* s'il existe une Γ — composante C de U à laquelle C^* sera dite *appartenir*, telle que tous les points-frontière de C^* soient ou bien des points de préconcentration suivant Γ, ou bien des points-frontière de la seule Γ — composante C de U, cette seconde circonstance se présentant effectivement pour certain d'entre eux. On appellera *élargissement* d'une Γ — composante C de U la réunion $\widehat{C}$ de C et de toutes les composantes Γ — unitaires C^* de U^* qui lui appartiennent. Un $P \in F$ sera dit un *point de concentration* suivant Γ si tout son voisinage V contient (entièrement) les élargissements d'une infinité de Γ — composantes de U. Je possède l'exemple d'un ensemble ouvert U de E_2 dont tous les points sont des points de préconcentration (pour l'équivalence discrète de Γ_0 dans M), et dont aucun n'est point de concentration.

F (Γ) étant l'ensemble des $P \in F$ qui ne sont pas des points de concentration suivant Γ, soit $U' = U \smile U^* \smile F(\Gamma)$. Toute composante C de U est contenue dans une certaine composante C' de U'. Soit Γ' l'équivalence la plus fine dans M, telle que, pour tous $C_1, C_2 \in M$, l'inclusion des C_1, C_2 dans une même composante C' de U' ou leur équivalence suivant Γ entraînent leur équivalence suivant Γ'. Γ' s'appelle l'*équivalence dérivée* de Γ, et Γ est dite *stable* si Γ'=Γ. U est dit *réductible* si la seule équivalence stable dans M est l'équivalence amorphe.

Alors, la condition pour que U soit représentable sous la forme de l'intersection d'une famille dénombrable d'ensembles ouverts connexes de E, qui est nécessaire et suffisante sous les hypothèses sur E dont l'énoncé suit, est que U *soit réductible*. Cette condition est *nécessaire* si E est *régulier* et *compact* au sens de M. Fréchet. M. Dieudonné a remarqué que ceci est encore vrai si E est *métrique* et *complet*. Cette condition est *suffisante* si, en plus, E est *connexe* et *possède une base dénombrable* B (donc E est *compact* au sens de Bourbaki), dont les voisinages V ont les propriétés suivantes : α) ils sont tous *connexes* (donc E est *localement connexe*) et *à frontière connexe, qui le reste* si l'on en enlève un ensemble *fini* quelconque de ses points ; β) quel que soit le sous-ensemble *fini* T d'un quelconque $V \in$ **B**, il existe un sous-ensemble *fermé connexe* Φ de V contenant T et tel que son complément V — T dans V soit *connexe*. Toutes les *variétés* (et, en particulier les espaces euclidiens, riemanniens et ceux des groupes de Lie) dont la dimension est partout > 1 possèdent ces propriétés.

Parmi les équivalences stables dans M il en existe une la plus fine, et qu'on forme comme suit : faisons correspondre à tout ordinal α une équivalence Γ_α dans M, formée par la récurrence transfinie suivante : Γ_0 est l'équivalence discrète dans M ; $\Gamma_{\alpha+1}$ est l'équivalence dérivée Γ'_α de Γ_α; si α est de seconde espèce, Γ_α est telle que $C_1 \equiv C_2\ (\Gamma_\alpha)$ équivaut à l'existence d'un ordinal $\beta < \alpha$ tel que $C_1 \equiv C_2\ (\Gamma_\beta)$. On peut montrer que l'équivalence cherchée est Γ_{α_0}, où α_0 est le plus petit ordinal α tel que $\Gamma_{\alpha+1} = \Gamma_\alpha$, d'où résulte aussi $\Gamma_\beta = \Gamma_{\alpha_0}$ pour tout $\beta \geqq \alpha_0$. Un tel α_0 existe, car, si la puissance p_α d'un ordinal α dépasse celle d'une base *B* de E, on a sûrement $\Gamma_{\alpha+1} = \Gamma_\alpha$. α_0 est un invariant topogique de *U* par rapport à E. Dans les E_π, α_0 est, visiblement, un ordinal dénombrable (et il existe des ensembles U pour lesquels il prend une valeur quelconque).

MATHEMATICA BALKANICA [101] extrait
3 (1973) 229—280

KRASNER, MARC (Paris, France)

UNE NOUVELLE PRÉSENTATION DE LA THÉORIE DES GROUPES DE PERMUTATIONS ET SES APPLICATIONS À LA THÉORIE DE GALOIS ET DE PRODUIT D'ENTRELACEMENT («WREATH PRODUCT») DE GROUPES

0. Introduction

0.0. Soit Γ un groupe de permutations d'un ensemble M. Depuis GALOIS, la tendance générale a été de centrer l'attention sur ce qui se passe dans Γ, considéré comme un groupe abstrait, et à faire jouer au support M un rôle purement passif: Γ opère et M subit. On étudiait surtout les particularités de la structure du groupe abstrait Γ qu'entraîne le fait que Γ est un groupe de permutations de telle ou telle forme d'un support M d'une certaine cardinalité et on considérait comme de peu d'intérêt ce qui se passait sur le support. Or, dans le cas où Γ est un groupe régulier, on peut le considérer comme un groupe abstrait et identifier Γ avec M (de plusieurs manières, d'ailleurs, mais qui dépendent uniquement du choix de $m \in M$ qu'on identifie avec l'unité e de Γ) et, une fois cette identification faite, on peut dire grosso modo (et au sens, qui sera précisé) que ce qui se passe dans le groupe Γ peut être aussi considéré comme se passant sur son support M. Et au lieu de le décrire en termes du groupe abstrait Γ tout seul, on peut faire cette description en termes de M et de Γ, en tant que groupe opérant sur M, ces deux descriptions étaient analogues, par exemple, à la description des idéaux d'un anneau A en termes de sa structure de A-module. Ainsi, les sous-ensembles $\overline{M}$ de M, qui correspondent, par identification précédente, aux sous-groupes $\overline{\Gamma}$ de Γ, peuvent, également, être caractérisés par deux propriétés suivantes*):

$$1)\ m \in \overline{M}; \qquad 2)\ \text{pour tout } \gamma \in \Gamma, \quad \gamma \cdot \overline{M} \cap \overline{M} \neq \varnothing \ \Rightarrow \ \gamma \cdot \overline{M} = \overline{M}.$$

La seule propriété 2) caractérise les sous-ensembles de M, qui correspondent aux classes à droite ou à gauche modulo quelque sous-groupe $\overline{\Gamma}$ de Γ (si l'on ne fixe pas $\overline{\Gamma}$, les deux notions coïncident, car la classe à droite $\gamma\overline{\Gamma}$ d'un $\gamma \in \Gamma$ modulo un sous-groupe $\overline{\Gamma}$ de Γ est aussi la classe à gauche $(\gamma\Gamma\gamma^{-1})\gamma$ du même γ modulo le sous-groupe $\gamma\overline{\Gamma}\gamma^{-1}$ de Γ). On voit d'ailleurs, que la famille des images de ces classes ne dépend pas du choix de l'identification $\Gamma \rightarrow M$ de type

*) Si ξ est une application et x est un élément de son départ, on notera $\xi \cdot x$ l'image de x par ξ, et ce sera l'unique emploi du point dans les formules.

précédent, car elle est caractérisée par la seule condition 2) où l'élément m n'intervient pas: c'est donc une structure déterminée d'une manière intrinsèque, sur M par le groupe d'opérateurs Γ, assez analogue, par exemple, à la famille des sous-modules d'un A-module que détermine, sur le groupe additif de ce module, l'anneau d'opérateurs A. On peut, d'ailleurs, définir certains aspects plus fins de la structure des sous-ensembles $\overline{M}$ de M satisfaisant à la condition 2) [de tels sous-ensembles de M sont appelés ses sous-ensembles *conservatifs* ou *blocs* (terminologies de WIELANDT)]: ainsi, deux sous-ensembles $\overline{M}_1$ et $\overline{M}_2$ de M, qui sont de cette forme, correspondent aux classes à droite modulo un même sous-groupe $\overline{\Gamma}$ de Γ si, et seulement s'il existe un $\xi\in\Gamma$ tel que $\overline{M}_2=\xi\cdot\overline{M}_1$; et ils correspondent aux classes à gauche modulo un même sous-groupe $\overline{\Gamma}$ de Γ si, et seulement si, pour tout $\gamma\in\Gamma$, on a $\xi\cdot\overline{M}_1=\overline{M}_1 \Leftrightarrow \xi\cdot\overline{M}_2=\overline{M}_2$.

0.1. Or, il est possible, pour tout groupe de permutations, de définir en utilisant la même notion de sous-ensemble conservatif, une famille analogue de sous-ensembles de M avec des relations analogues, qui imite sur le support, du moins dans le cas transitif, les classes à droite modulo les sous-groupes $\overline{\Gamma}$ de Γ contenant le groupe de stabilité $\Gamma_m=\{\xi\in\Gamma;\ \xi\cdot m=m\}$ de quelque $m\in M$, la famille des classes à droite modulo quelque $m\in M$ (et on trouve, également, les analogues des classes à gauche). Cette structure n'était pas en réalité, totalement inconnue, surtout quand on s'occupait des groupes de permutations en vue de la théorie de GALOIS. En effet, on considérait les partitions de M appelées *systèmes d'imprimitivité*, qui, dans le cas transitif, n'étaient autre chose que les partitions de M en ensembles conservatifs analogues aux classes à droite modulo un même sous-groupe $\overline{\Gamma}\supseteq\Gamma_m$ (où m est quelque élément de M) de Γ. Mais on ne considérait et ne comparait ces partitions que du point de vue de leur plus ou moins grande finesse, et on ne considérait jamais les classes de ces partitions isolément, ou groupés d'une autre façon.

Cette manière de faire en laissait échapper les propriétés les plus intéressantes. Qu'on s'imagine à quel point aurait été paralysée la théorie des groupes abstraits si l'on ne se permettait à considérer les classes modulo leurs sous--groupes (et, en particulier, ces sous-groupes eux-mêmes) que réunies d'une manière rigide en systèmes des classes à droite modulo un même sous-groupe et en s'interdisant de parler des classes à gauche!.

0.2. Le but du présent travail est de développer et de préciser, dans la théorie des groupes de permutations (et, tout particulièrement, dans le cas transitif, bien qu'une grande partie de la théorie ne dépend pas de cette présupposition), le point de vue, où le centre d'intérêt ne serait pas ce qui se passe sur Γ, envisagé surtout comme un groupe abstrait, mais ce qui se passe sur le support M, où Γ opère, pour ainsi dire, extérieurement. On peut ainsi, entre autres choses, bien dégager la notion de morphisme dans la catégorie des groupes de permutations. D'ailleurs, ce point de vue n'est pas introduit pour supprimer ou concurrencer le point de vue habituel, mais pour le compléter, exactement comme la théorie des modules ne supprime aucunement celle de structure des anneaux, mais, tout en étant un domaine dont l'intérêt propre n'est plus à prouver, fournit, en même temps, à la théorie des anneaux un de ses outils les plus puissants: les modules de représentation. En plus, ce point de vue a deux applications, qui me semblent importantes: a) Soit K/k une extension (de corps) algébrique finie et séparable, mais pas forcément normale, dont soit α un élément générateur, et soit K^*/k

une surextension normale de K/k. Tout élément σ^* du groupe de GALOIS $G_{K^*/k}$ de K^*/k induit une permutation $p_\alpha(\sigma^*)$ des zéros du polynôme minimal $f(X)=f_{\alpha/k}(X)$ de α par rapport à k, et l'ensemble de ces permutations (quand σ^* parcourt $G_{K^*/k}$) est un groupe $\mathcal{G}_f$ qu'on appelle le *groupe de* GALOIS de $f(X)$**), et qui est isomorphe au groupe de GALOIS $G_{K^\circ/k}$, où K°/k est la sous-extension minimale de K^*/k, qui est encore une surextension normale de K/k (un tel K° est dit le *corps de* GALOIS de K/k,et tous les corps de GALOIS de K/k sont K-isomorphes). On peut, d'ailleurs, donner à $\mathcal{G}_f$***), à similitude près, une forme indépendante du choix de générateur α de K/k, à savoir celle d'un groupe transitif $\mathcal{G}_{K/k}$ de permutations de l'ensemble $G_{K/k}^{(K^*)}$ des k-isomorphismes de K dans K^*, la similitude en question appliquant α sur l'isomorphisme identique 1_K de K (ce groupe s' appelle le *groupe de* GALOIS *non-galoisien* de K/k. Dans le cas où K/k est normal, c'est tout simplement la représentation régulière du groupe de GALOIS habituel $G_{K/k}$ de K/k). Cette notion se généralise facilement au cas de K/k algébrique ou même de K/k arbitraire (dans ce dernier cas, il faut prendre comme K^*/k une surextension algébriquement close de K/k; $\mathcal{G}_{K/k}^{(K^*)}$ ainsi que le groupe $\mathcal{G}_{K/k}$ peuvent dépendre d'une manière essentielle du degré de transcendance $<K^*:K>$ de K^*/k). Dans la formulation habituelle du théorème fondamental de la théorie de GALOIS, on fait correspondre, comme son dual, à un corps intermédiaire L de K/k ($k\subseteq L\subseteq K$), l'image par $\sigma^*\to p(\sigma^*)$ de $\mathcal{G}_{K^*/L}$, et l'ensemble de ces duaux, quand L parcourt tous les corps intermédiaires de K/k, est caractérisé (du moins dans le cas considéré, où K/k est algébrique fini) comme celui des sous-groupes G de $\mathcal{G}_f$ (ou de $G_{K/k}$) contenant le groupe de stabilité $(\mathcal{G}_f)_\alpha$ [resp. $(G_{K/k})_{1_k}$] de α (resp. 1_K). Il est plus naturel et plus intrinsèque d'associer à L comme dual l'ensemble $g_{K/L}^{(K^*)}$ des L' isomorphismes de K dans K^*. Or, notre point de vue permet de caractériser ces ensembles: ce sont des sous-ensembles conservatifs $\overline{M}$ du support $M=G_{K/k}^{(K^*)}$ de $\mathcal{G}_{K/k}$ (ou du support $Z(f)$ de $\mathcal{G}_f$, où $Z(f)$ est l'ensemble des zéros de f) tels que $1_K\in\overline{M}$ (respectivement $\alpha\in\overline{M}$). On voit d'ailleurs, que $(K/k, K^*)\to G_{K/k}^{(K^*)}$ est un foncteur contravariant si l'on définit, d'une manière appropriée, les morphismes de la catégorie des $(K/k, K^*)$ [où K^*/k est une extension: a) algébrique normale ou b) algébriquement close, de K/k].

b) L. KALOUJNINE a introduit en 1945***) la notion de *produit d'entrelacemant* appelé à l'époque *produit complet*) d'une suite finie de groupes abstraits, qui a été généralisée, dans notre travail commun****), au cas des groupes de permutations.(*****)

Si Γ_i est un groupe de permutations d'un support M_i ($i=1, 2, \ldots, s$), le produit d'entrelacement $\mathcal{G}=\Gamma_1\circ\Gamma_2\circ\cdots\circ\Gamma_s$ est un certain groupe de permutations du $\mathcal{M}=M_1\times M_2\times\cdots\times M_s$ (qui est transitif si, et seulement si tous les Γ_i le sont), complètement défini à partir des $\Gamma_1, \Gamma_2, \ldots, \Gamma_s$ donnés dans cet ordre, et dont la définition sera donnée plus loin, dans le chap. II du présent travail. Nous avons prouvé un théoréme général sur ce produit, dont le cas particulier, relatif aux groupes abstraits, fit apparaître ce produit d'entrelacement (en le considérant selon

**) Ce groupe, à similitude près préservant α ne dépend pas du choix de K^*.

***) *Sur les p-groupes de* SYLOW *du groupe symétrique du degré* p^m, C. R. Paris, **221** (1945), p. 222—224.

****) *Produit complet des groupes de permutations et problème d'extensions des groupes.* Acta Sci. Math., Szeged, I — 13 (1950), 208—230; II — 14 (1951), 39—66; III — 14 (1951), 69—82.

*****) Toutefois, dans le cas de deux groupes, cette notion a été déjà définie par G. POLYÁ.

l'ancien point de vue, c'est-à-dire surtout sa structure de groupe abstrait) comme le groupe universel pour les groupes G possédant une chaîne normale******)

$$G=G_0\supset G_1\supset\cdots\supset G_s$$

telle que $F_i=G_{i-1}/G_i\simeq\Gamma_i$ ($i=1, 2, \ldots s$) et que G_s soit anti-invariant dans G (autrement dit, ne possède aucun sous-groupe autre que le groupe unité, qui soit invariant dans G). Cela veut dire que $\mathcal{G}$ lui-même et tous ses sous-groupes transitifs $\bar{\mathcal{G}}$ possèdent une telle chaîne normale (définie, d'alleurs, canoniquement à partir du groupe $\bar{G}$ et de la structure du groupe $\mathcal{G}$ en tant que groupe de permutations de $\mathcal{M}$), et tout groupe de cette forme est isomorphe (et, même, d'une certaine manière spéciale) à un sous-groupe transitif convenable de $\mathcal{G}$. Quant au résultat général, sa formulation est assez compliquée si l'on adopte le point de vue habituel. Ce travail a été loué par certains collègues pour sa «clarté». En réalité, il ne s'agissait que d'une clarté apparente de détails, mais dans le cadre d'une conception inadéquate, comme c'est le cas pour beaucoup de publications mathématiques, où l'élégance d'une présentation artificielle masque souvent le fond des choses. La forme proposée de la théorie des groupes de permutations permet de considérer, pour un groupe transitif Γ de permutations de M, les *chaînes* dites *conservatives*

$$M=M_0\supset M_1\supset\cdots\supset M_s=\{m\}\quad (\text{où } m\in M)$$

de sous-ensembles M_i ($i=1, 2, \ldots, s$) telles que tout M_i ($i=1, 2, \ldots, s$) soit conservatif, et de lui attacher comme facteurs F_i, qui soient des groupes de permutations (également transitifs) des ensembles correspondants M_{i-1}/M_i des classes (mod M_i) (c'est-à-dire les classes du système d'imprimitivité correspondant) en lesquels M_{i-1} se décompose. Avec cette notion de facteur, on peut caractériser (quand les Γ_i sont transitifs) le produit d'entrelacement $\mathcal{G}=\Gamma_1\circ\Gamma_2\circ\circ\cdots\circ\Gamma_s$ des $\Gamma_1, \Gamma_2, \ldots, \Gamma_s$, considéré comme un groupe de permutations de $\mathcal{M}=M_1\times M_2\times\cdots\times M_s$, comme un groupe universel pour les groupes de permutations Γ, dont le support M possède une suite conservative $M=M_0\supset M_1\supset\supset\cdots\supset M_s=\{m\}$ (où $m\in M$), dont les facteurs succéssifs $F_1, F_2, \ldots, F_s$ sont semblables aux groupes $\Gamma_1, \Gamma_2, \ldots, \Gamma_s$ de même indice. D'autre part, avec le point de vue habituel, non seulement les énoncés étaient beaucoup trop compliqués, mais, en général, quand il s'agissait de prouver quelque chose à propos d'un groupe de permutations, on était obligé de faire deux démonstrations parallèles: une pour le support et l'autre pour le groupe lui-même en tant que groupe abstrait. Avec le nouveau point de vue, l'énoncé pour les groupes devient une sonséquence triviale de l'énoncé correspondant pour les supports, dont la démonstration, en général, se simplifie et se clarifie.

0.3. Le présent travail débute (chap. I) par la présentation de la théorie des groupes de permutations basée sur la notion d'ensemble conservatif. Cette partie du travail est surtout une «mise au point», car la plupart de ses résultats peuvent être énoncés, bien que d'une manière compliquée, dans le cadre de la théorie habituelle et en sont soit des résultats connus, soit des conséquences assez immédiates de tels résultats. La seule exception est une certaine notion de normalité d'ensembles conservatifs et un théorème de JORDAN-HÖLDER (avec sa traduction en langage des groupes abstraits), auquel cette notion conduit. Ensuite

******) Une chaîne de groupes $G_0\supseteq G_1\supseteq\cdots\supseteq G_s$ est dite *normale* si tout G_i ($i=1, 2, \ldots, s$) est invariant dans son prédécesseur G_{i-1}. Elle est dite *principale* si tout G_i est invariant dans G_0.

(chap. II), je définis le groupe de GALOIS non-galoisien et exprime le théorème fondamental de la théorie de GALOIS pour les extensions non supposées normales en termes de sous-ensembles conservatifs du support de ce groupe.

Le travail se termine (chap. III) par une esquisse de la théorie du produit d'entrelacement basée sur la présentation considérée de la théorie des groupes de permutations, avec quelques applications des résultats ainsi formulés, en particulier à la théorie de GALOIS.

0.4. C'est d'ailleurs, par les réflexions sur la théorie de GALOIS pour les extensions non-normales et sur la manière de présenter et de démontrer les résultats de la théorie du produit d'entrelacement que j'ai été amené (si je ne me trompe pas, vers 1952) à envisager la forme proposée de la théorie des groupes de permutations. Mais comme cette théorie en est surtout une de mise au point bien qu'elle contient un certain nombre de résultats essentiellement nouveaux j'ai tardé à la publier, ayant été occupé par d'autres choses. Mais j'en ai parlé assez fréquement dans mon Séminaire sur la théorie des corps valués (Paris, 1953—1964), mes cours (Clermont-Ferrand, cours de la théorie des groupes 1962—1963; Paris, cours de la théorie de GALOIS classique et abstraite, de 1965—1966 à 1969—1970) faits en France et dans mes cours et conférences faits à l'étranger (en particulier, dans un cours de la théorie des groupes, fait à Notre-Dame University en 1952 et dans une conférence faite au California Institute of Technology à Pasadena, en 1963, où j'ai eu, parmi mes auditeurs, M. MARSHAL HALL et Mme OLGA TAUSSKY-TODD). Pour cette raison, cette théorie n'a été exposée jusqu'à présent (et encore pas entièrement) que dans le polycopié de mon cours mentionné de la théorie de GALOIS, Paris, 1965—1966, dont la partie en question a été rédigée (d'une manière assez imparfaite) par deux étudiants, qui l'ont suivi. Comme cette théorie me semble utile aux théoriciens de groupes et à certains autres mathématicens, il était déplorable qu'elle n'ait pas été publiée sous une forme plus complète et accessible. Ceci d'autant plus que cela bloquait la publication de certains travaux de mes élèves, tels ceux de mon élève clermontois Y. SUREAU sur les généralisations possibles de la notion d'ensemble conservatif aux hypergroupes de multitransformations. C'est pourquoi je me suis décidé à publier ce travail.

0.5. Pour finir cette introduction, quelques mots au sujet des notations. En général, ce seront celles de N. BOURBAKI, mais avec quelques exceptions. Ainsi, le signe $\subset$ sera employé toujours pour désigner l'inclusion *stricte*, l'inclusion *large* étant notée $\subseteq$. Le complément $\{x\in A;\ x\notin B\}$ de B (qu'on ne supposera pas être un sous-ensemble de A) dans A sera note $A\,.\,.\,B$ (raison: les notations $A-B$ $B\backslash A$ peuvent avoir des interférences avec l'algèbre: la notation de BOURBAKI, qui serait $C_A(A\cap B)$, est trop lourde; la notation $A\,.\,.\,B$ s'obtient à partir de $A-B$ en supprimant la partie centrale de — et en en laissant juste les extrémités). Si $\varphi: A\to B$ est une application de A dans B, l'image de $a\in A$ par φ sera notée $\varphi\cdot a$ (et pas φa ni, sauf dans des cas exceptionnels, $\varphi(a)$) et ce sera *l'unique* emploi du point $\cdot$ dans les formules. Si E est un ensemble muni d'une loi de composition (binaire et interne), le composé des $x, y\in E$ sera noté, en général, xy et jamais $x\cdot y$. Ceci s'applique en particulier, au cas, où, x, y sont des autoapplications d'un ensemble A, et, même, quand elles sont des applications composables $x: Y\to X,\ y: Z\to Y$. Cela ne signifie nullement que nous proposons de bannir la notation $\xi\circ\eta$ de BOURBAKI, qui est utile dans certains cas, à savoir quand

$\xi : Y \to X$, $\eta : Y \to Y$ et, en plus, sur $X \cup Y$ est déjà définie une loi de composition partout définie notée ab, car, dans ce cas, il est souvent indiqué de noter $\xi\eta$ l'application de Y dans $Y \cup X$ telle que $\xi\eta \cdot y = (\xi \cdot y)\,(\eta \cdot y)$ et pas l'application de Y dans X telle que $\xi\eta \cdot y = \xi \cdot (\eta \cdot y)$. Nous proposons seulement da la limiter à ces cas, qui ne se présentent pas dans ce travail.

($i=1, 2, \ldots, s$). D'autre part, si H est une telle solution, il existe des groupes de permutation Γ de support H tels que $H=H_e(\Gamma)$, et on a alors

$$F_i^*=H_{\overline{M}_i}(\Gamma;\ \overline{M}_{i-1}/\overline{M}_i)).$$

Il est intéressant de voir comment s'exprime, en termes de groupes de permutations, l'équivalence gauche $H_m(\Gamma) \swarrow \{m\}$, dont les classes sont les éléments du C-hypergroupe $H_m(c)(\Gamma)$, qui correspond au D-hypergroupe $H_m(\Gamma)$. Ces classes sont des ensembles $mx=\{\sigma \cdot x;\ \Gamma \cdot m=m\}=\Gamma_m \cdot x$. On peut aussi les caractériser comme des ensembles minimaux $A \subseteq M$ tels que, pour tout $\sigma \in \Gamma_m$, on ait $\sigma \cdot A=A$.

5.31. Ici, il faut dire quelques mots d'une certaine controverse. M. André Weil, qui (dans la mesure, où on peut juger de mathématiciens de leur vivant) est un des plus forts mathématiciens de notre temps, mais dont les jugements au sujet de la mathématique en général n'ont pas toujours la qualité de ses travaux[36], a une haine mortelle de la notion d'hypergroupe. Il a été à l'origine de la guerre que, depuis 35 ans, fait (soit directement, soit par omission) à cette notion et aux théories, qui l'emploient, un groupe très influent de mathématiciens. M. Weil semble considérer comme évident (cela ne l'est pas pour moi) que les hypergroupes, qui ne sont pas les images des groupes par des homomorphismes réguliers, sont et seront sûrement sans intérêt. Ainsi, la controverse concerne, en fait, les hypergroupes G/L, où L est une équivalence régulière d'un groupe G, et, tout particulièrement, les hypergroupes $G \nearrow g$ et $G_{\swarrow}\nearrow g$, (où g est un sous-groupe de G), qui sont employés en théorie de Galois et en théorie de la ramification pour les extensions non-normales. M. Weil reproche aux hypergroupes G/L de masquer la structure du groupe de départ, ce que, selon lui, l'algèbre marquée $k(G/L)$ fait aussi peu que possible. L'argument de M. Weil est, en général, valable, mais pas les conséquences extrêmes qu'il en tire. En effet, d'une part, si G/L est, en général, moins riche et moins »régulier« que $k(G/L)$, cette structure a l'avantage d'être plus simple. Mais, surtout, même en adoptant $k(G/L)$ comme structure de base, la connaissance de G/L fournit des renseignements non--negligeables au sujet de cette structure, à savoir la nullité ou non-nullité des $c_{\xi,\eta,\zeta}$ pour tous les $\xi, \eta, \zeta \in G/L$. Les hypergroupes G/L constituent un formalisme cohérent pour l'étude de ce problème, et je ne vois aucun motif rationnel pour le vouer à un ostracisme, même si l'on ne l'adopte pas comme un formalisme de base.

Mais, en ce qui concerne les hypergroupes $G \nearrow g$ (ou $G \swarrow g$), l'argument de *M.* Weil est faux,car, comme on a vu, $G \nearrow g$ et $k_a^{\cdot}(G \nearrow g)$ sont des structures équivalentes, se déduisant chacune de l'autre, du moins si l'on connait $n=\omega(g)$. Ainsi est-il assez comique quand, dans une note de pied d'un de ces mémoires (d'ailleurs célèbre[37]), *M.* Weil dit peremptoirement que la théorie de la ramification pour les extensions non-normales des corps values, basée sur l'emploi des D-hypergroupes $G \nearrow g$, n'est

[36] C'était déjà le cas pour Henri Poincaré.

[37] A. Weil, *Sur les courbes algébriques et les variétés qui s'en déduisent*, Act. Sc.et Ind., 1041, Edit. Hermann et C!,, Paris 1948. Il s'agit de la Note (4) au bas de la page 76.

pas adéquate (ou, du moins, ne l'est pas tout-à-fait), tout en y préconisant de la fonder sur l'emploi des algèbres marquées $Q\,(G_{\swarrow}\!\!\nearrow g)$[38], qui sont des structures plus faibles.

5.32. L'objet le plus fin qu'on peut employer pour fonder cette théorie est le quotient permutationnel G/g, mais sa structure est beaucoup plus compliquée, en général, que celle de $G \nearrow g$ ou de $G_{\swarrow}\!\!\nearrow g$. D'ailleurs, un emploi raisonnable de ce quotient n'a été rendu possible que grâce à la théorie du produit d'entrelacement des groupes de permutations (due à moi-même et à L. KALOUJNINE), qui date pratiquement de 1950. D'autres raisons, qu'il n'est pas lieu d'exposer ici, rendent (du moins dans le cas hensélien) les théories de la ramification dans les extensions non-normales basées sur l'emploi de ces divers objets mathématiques G/g, $G \nearrow g$, $G_{\swarrow}\!\!\nearrow g$, $k\,(G \nearrow g)$, $k\,(G_{\swarrow}\!\!\nearrow g)$, du moins en ce qui concerne leur partie actuellement connue, pratiquement équivalentes (on ne sait pas quelles sont les mérites respectives de ces diverses théories pour aller plus loin, mais j'ai l'impression que celle basée sur l'emploi de G/g est, peut-être, la plus prometteuse).

[38] Cela est préconisé dans la même Note de pied, mais d'une manière indirecte et en se plaçant dans le cadre de la géométrie algébrique. Pour comprendre les indications de M. WEIL, il est nécéssaire de lire l'alinéa 24 (pp. 74—75).

SCIENCES PURES
AUX ÉDITIONS L'HARMATTAN

Dernières parutions

THE ANISOTROPY OF SPACE
The necessary revision of certain postulates of contemporary theories
Maurice Allais
English translation by Thomas J. Goodey, René Verreault, Arjen Dijksman
Maurice Allais' passion for physics is older than his passion for economics. He declared having devoted a quarter of his time to physics. The results of his work and his experience in this field are entirely original. This work is based on new experimental data in four fields considered a priori as very different, although in close relation with each other: - observations on the paraconical pendulum with anisotropic support and with isotropic support; - observations on the optical deviations of sightings at marks and at collimators; - the regularities characterizing the optical observations of Esclangon and not perceived by him; - the regularities characterizing the interferometric observations of Dayton C. Miller and not perceived by him. The questioning of modern theories, both of classical theories and of the theory of relativity, has provoked, as could be suspected, fierce opposition. But in physics as in economics, Maurice Allais has an absolute principle: «All real progress in our knowledge can only be based upon data from experiment».
(720 p., 60 euros)
ISBN : 978-2-343-16870-8, EAN EBOOK : 9782140121999

L'HOMÉOPATHIE DE SAMUEL HAHNEMANN À LUC MONTAGNIER
Mémoire de l'eau, placebo et molécules virtuelles
Jean-Jacques Aulas
Les produits homéopathiques sont classés par une unité CH correspondant à une dilution centésimale d'une solution mère. Pour corroborer une biochimie avec des molécules virtuelles, Benveniste fera des « expériences ». Les résultats de ces expériences seront fortement contestés par l'ensemble de la communauté scientifique pour manque de rigueur. C'est dans cette perspective que les auteurs ont passé au crible les travaux expérimentaux de Benveniste et Montagnier et sont arrivés à l'hypothèse que les artefacts observés sur une supposée mémoire de l'eau sont, en fait, liés à la présence d'oxygène dans les solutions étudiées.
(224 p., 20 euros)
ISBN : 978-2-343-16517-2, EAN EBOOK : 9782140121357

ETHOLOGIE DE LA CAMPAGNE PRESIDENTIELLE 2017
Dominique Godard
La perspective évolutionniste proposée par l'éthologie humaine permet de concevoir, une base neurophysiologique qui engage davantage que le discours des porte-paroles d'un groupe social. Les comportements spontanés et furtifs, sont saisis par l'image, ils sont perçus, compris, interprétés, par celui qui les observe. Chacun possède une grille de décodage, qui nous permet d'exister au quotidien parmi nos contemporains. La campagne 2017 sur le pan éthologique présente une particularité : la prime à l'agressivité comportementale, qui semble s'estomper au profit d'une concorde mieux appréciée.
(Coll. Questions contemporaines, 118 p., 14 euros)
ISBN : 978-2-343-17245-3, EAN EBOOK : 9782140119651

DE LA PROSPECTION AU MARTEAU À LA MÉTALLOGRAPHIE PRATIQUE

Lokoho René Okitaudji

Destiné à tous les géologues, cet ouvrage vise à les aider dans l'organisation de leur travail de lever géologique sur le terrain. Il peut également faciliter une organisation du travail liée à la préparation des échantillons et à leur analyse. Enfin, il peut s'avérer utile pour une interprétation plus globale et permettre au géologue d'envisager ou d'élaborer des théories ou des modélisations qui pourraient s'intégrer dans les visions de la congruence (concordance) ou de l'incongruence (non concordance) des corps minéralisés et des corps non minéralisés.

(212 p., 21,5 euros)

ISBN : 978-2-343-16275-1, EAN EBOOK : 9782140119309

THE POLLUTION PERIL OF THE NIGER RIVER

Sidy Ba

This book examined the different types of pollution of the Niger River, as well as their consequences, known and visible, subtler and more unsuspected, but all as perilous. This book on the pollution peril brings scientific clarifications on the mechanisms of contamination of various types of pollutants and their impact on animal and plant species. The author proposes some possible solutions to prevent, limit and reduce the growing pollution of the Niger River.

(Coll. Études africaines, 162 p., 15,5 euros)

ISBN : 978-2-343-17144-9, EAN EBOOK : 9782140116636

DE L'ANTARCTIQUE AUX ESPACES INTERSTELLAIRES

Les bactéries du froid

Yvon Michel-Briand

L'exploration de l'Arctique et de l'Antarctique fascine encore l'homme avide de découvrir des territoires toujours vierges. Des bactéries de l'extrême ont été isolées de sol à -10°C datant de 500.000 ans. Ces bactéries ont un rôle important dans l'effet de serre. Les enzymes de ces cellules ont acquis une certaine souplesse pour rester actives. La découverte de ces bactéries installées dans des conditions de vie glaçantes a rendu plus crédible la recherche d'une vie en dehors de la Terre.

(204 p., 21,5 euros)

ISBN : 978-2-343-15820-4, EAN EBOOK : 9782140107740

LES MAÎTRES DE L'EAU

Francesco Masala

Traduit de l'italien (Sardaigne) par Claude Schmitt

Comme la nature ne l'a pas répartie équitablement, l'eau a toujours été un enjeu de pouvoir. Ce bien, qui devrait être commun, qui devrait être une eau libre, a de tout temps constitué une occasion de conflits entre les hommes. L'exemple de la Sardaigne nous montre que depuis la nuit des temps des hommes se sont déclarés les « maîtres » de cette eau, qu'ils l'aient sacralisée ou tout simplement privatisée. Ce n'est que par une gestion rationnelle et démocratique qu'elle pourra servir à étancher la soif des hommes et des champs.

(80 p., 11,5 euros)

ISBN : 978-2-343-16065-8, EAN EBOOK : 9782140107085

CHANGEMENTS CLIMATIQUES ET SAVOIRS LOCAUX

Paix, résilience et développement intégré au Mandé (Mali)

Bakary Toumanion, Sergio Giani

Préface de Mandjou Yattara

Dans ce 2e numéro des « Cahiers de FESCAURI » sont publiées les contributions des différents experts qui ont participé à la conférence-débat : Savoir local, paix et développement. Bakary Toumanion a exposé ses réflexions sur la transition écologique et la dynamique sociale au Mandé. Sergio Giani et Rokia Sanogo ont analysé les relations entre dérégulation du climat, la santé de la communauté et les ressources de la médecine traditionnelle. Souleymane Dolo a souligné la place de la femme dans la société du Mandé et le savoir local qu'elle a su développer...

(Coll. Harmattan Mali, 218 p., 22,5 euros)

ISBN : 978-2-343-16239-3, EAN EBOOK : 9782140105654

ARCHÉOLOGIE ET ARCHITECTURE TRADITIONNELLE EN AFRIQUE DE L'OUEST

Le cas des revêtements de sols au Togo

Une étude comparée

Dola Angèle Aguigah

Préface de Jean-Baptiste Kiethega

Ce livre porte sur l'organisation de l'espace dans l'architecture traditionnelle en Afrique. Il étudie, d'un point de vue scientifique, les pavements et terres damées dans les régions du golfe du Bénin. Il s'agit d'un travail de terrain de longue haleine, confronté aux découvertes des chercheurs durant les quatre dernières décennies. Cet ouvrage étudie les revêtements de sol dans l'espace habité, depuis l'Afrique centrale autour du lac Tchad, jusqu'en Afrique de l'Ouest dans le golfe de Guinée. La période concernée s'étend du VIè au XXIè siècle.

(Coll. Histoire Africaine, 286 p., 31 euros)

ISBN : 978-2-343-15637-8, EAN EBOOK : 9782140105920

MATHÉMATIQUES, PHYSIQUE, MÉTAPHYSIQUE

Les voies du réel

André Thayse

L'énigme essentielle à propos de l'Univers a été énoncée au dix-huitième siècle par le philosophe et mathématicien Gottfried Leibniz : Pourquoi y a-t-il quelque chose plutôt que rien ? Question à laquelle la Modernité a ajouté : Qu'est-ce qui fait gravir à ce quelque chose les échelons de complexité ? En Europe occidentale les deux traditions qui se sont penchées sur cette question sont celles de la Sagesse - religieuse et laïque - et des sciences exactes.

Academia (Coll. Sciences et enjeux, 212 p., 21 euros)

ISBN : 978-2-8061-0422-9, EAN EBOOK : 9782806109828

RÉFLEXIONS SUR LA SCIENCE ET QUELQUES FLÂNERIES

Abécédaire

Francis Bailly

Cet abécédaire rassemble des réflexions inspirées par une vie de chercheur scientifique et de penseur. Ces dossiers sont classés par l'auteur en trois parties : « Homme, détermination et liberté » ; « Significations » ; « Science, vérité, rationalité ». Les deux premières traitent de constantes de la nature humaine, psychologiques, sociales, éthiques, voire, dans certains cas, politiques, qui gouvernent souvent les comportements mais peuvent être infléchies par la volonté individuelle. La troisième partie relève de la philosophie des sciences et de l'épistémologie : elle examine des concepts de la science occidentale communément admis et utilisés comme autant d'évidences universelles.

(228 p., 23,5 euros)

ISBN : 978-2-343-15358-2, EAN EBOOK : 9782140099410

MISE EN VALEUR DES AMÉNAGEMENTS HYDRO-AGRICOLES DU BASSIN DE L'ANAMBÉ

Aliou Baldé

La péjoration climatique qui sévit dans la région soudano-sahélienne a remis en cause l'efficacité des méthodes culturales traditionnelles entraînant un important exode rural. Dès lors, l'irrigation s'avère indispensable pour limiter les effets de la sécheresse. C'est dans contexte qu'elle a été introduite dans le bassin de l'Anambé. Après 40 ans d'expérience et malgré les énormes potentialités agro-économiques du bassin et les gros investissements réalisés par l'Etat, les résultats sont décevants. Cet ouvrage cherche à expliquer ce paradoxe et à proposer des solutions efficaces et durables.

(Coll. Harmattan Sénégal, 436 p., 40 euros)

ISBN : 978-2-343-14400-9, EAN EBOOK : 9782140097836

MÉTHODE CYCLIQUE À SPIRALE, UNICITÉ DU SUJET ET DE L'OBJET EN SCIENCE

Comment espérer retrouver tout ce qui est recherché en science

Wendoudi Appolinaire Beyi

L'approche cyclique, semi-cyclique et spirale explore les objets scientifiques en identifiant des évènements signifiants jusqu'à l'exhaustivité et en justifiant les trajectoires d'emprunts de(s) chaine(s) de causalité(s) centrée(s), diffuse(s) ou évolutive(s) dans le temps et dans l'espace. Ne cherchez pas de méthode scientifique dans la démarche, elle récuse les normes prédéfinies.

(Coll. Harmattan Burkina Faso, 72 p., 11,5 euros)

ISBN : 978-2-343-15484-8, EAN EBOOK : 9782140096884

FLORE ET FAUNE DU NIGER ET DES PAYS VOISINS

Ibrahim Najada

Cet ouvrage présente plus de 370 espèces d'animaux et de plantes, qui permettent de mieux comprendre la faune et la flore du Niger et des pays limitrophes. Comblant un vide dans plusieurs disciplines, les chercheurs y trouveront des réponses appropriées aux multiples interrogations qui touchent l'environnement dans un contexte sahélien (nombreuses photos couleur).

(284 p., 45 euros)

ISBN : 978-2-343-14189-3, EAN EBOOK : 9782140095818

FEMMES DE SCIENCES

Quelles conquêtes ? Quelle reconnaissance ?

Rencontres de Mix-Cité 2017 - Textes réunis par Dominique Bréchemier et Nicole Laval-Turpin

Cette nouvelle session des rencontres Mix-Cité ouvre une nouvelle perspective, thématique et diachronique, autour des femmes de sciences un immense continent dont n'émergent que quelques noms emblématiques, Émilie du Châtelet au temps des Lumières ou Marie Curie au XXe siècle. Il y eut pourtant de remarquables chercheuses dans des domaines aussi divers que les mathématiques, la paléontologie, la médecine ou l'ethnologie. Trop souvent dans l'ombre d'un mari ou de collègues prompts à récupérer le fruit de leurs travaux, elles n'ont guère bénéficié de la moindre renommée. Au-delà d'une approche biographique, il s'agit de présenter leurs découvertes, leur originalité, et les chemins étroits d'une émancipation laborieuse : la Recherche ne s'est pas toujours montrée prompte à ouvrir aux femmes les portes de la Science.

(212 p., 21,5 euros)

ISBN : 978-2-343-15105-2, EAN EBOOK : 9782140095481

NAISSANCE DE LA CHIMIE

Jean-Paul Walch

Pour Bachelard, l'alchimie est un tissu de vésanies. Selon Jung, l'Adepte dialogue avec son inconscient. Pour les chercheurs contemporains, l'alchimie a jeté les bases de la chimie moderne. Celle-ci est tout cela à la fois. C'est ce que montre Jean-Paul Walch en analysant les textes de ses précurseurs. Avec Bacon, il nous donne le secret de la Pierre philosophale. Il nous montre ce qu'était la philosophie de Paracelse et que le succès des Rose-Croix est dû à la cohérence de leur doctrine. Cette naissance de la chimie se lit comme un roman policier.

(Coll. Acteurs de la Science, 250 p., 26 euros)

ISBN : 978-2-343-14333-0, EAN EBOOK : 9782140094347

COMMENT NAISSENT LES ESPÈCES

Les spéciations

Georges Pétavy

Les extinctions d'espèces ne cessent de susciter l'intérêt. Mais l'émergence de nouvelles espèces est moins évoquée. L'auteur décrit comment les espèces actuelles se sont individualisées par divers processus de spéciation. En fin d'ouvrage, il montre également comment la domestication a abouti à l'émergence de nouvelles espèces. Enfin, il s'interroge sur les conditions qui permettraient l'émergence d'une nouvelle espèce humaine.

(Coll. Biologie, écologie, agronomie, 294 p., 30 euros)

ISBN : 978-2-343-15024-6, EAN EBOOK : 9782140093951

Structures éditoriales du groupe L'Harmattan

L'Harmattan Italie
Via degli Artisti, 15
10124 Torino
harmattan.italia@gmail.com

L'Harmattan Hongrie
Kossuth l. u. 14-16.
1053 Budapest
harmattan@harmattan.hu

L'Harmattan Sénégal
10 VDN en face Mermoz
BP 45034 Dakar-Fann
senharmattan@gmail.com

L'Harmattan Cameroun
TSINGA/FECAFOOT
BP 11486 Yaoundé
inkoukam@gmail.com

L'Harmattan Burkina Faso
Achille Somé – tengnule@hotmail.fr

L'Harmattan Guinée
Almamya, rue KA 028 OKB Agency
BP 3470 Conakry
harmattanguinee@yahoo.fr

L'Harmattan RDC
185, avenue Nyangwe
Commune de Lingwala – Kinshasa
matangilamusadila@yahoo.fr

L'Harmattan Congo
67, boulevard Denis-Sassou-N'Guesso
BP 2874 Brazzaville
harmattan.congo@yahoo.fr

L'Harmattan Mali
Sirakoro-Meguetana V31
Bamako
syllaka@yahoo.fr

L'Harmattan Togo
Djidjole – Lomé
Maison Amela
face EPP BATOME
ddamela@aol.com

L'Harmattan Côte d'Ivoire
Résidence Karl – Cité des Arts
Abidjan-Cocody
03 BP 1588 Abidjan
espace_harmattan.ci@hotmail.fr

L'Harmattan Algérie
22, rue Moulay-Mohamed
31000 Oran
info2@harmattan-algerie.com

L'Harmattan Maroc
5, rue Ferrane-Kouicha, Talaâ-Elkbira
Chrableyine, Fès-Médine
30000 Fès
harmattan.maroc@gmail.com

Nos librairies en France

Librairie internationale
16, rue des Écoles – 75005 Paris
librairie.internationale@harmattan.fr
01 40 46 79 11
www.librairieharmattan.com

Lib. sciences humaines & histoire
21, rue des Écoles – 75005 Paris
librairie.sh@harmattan.fr
01 46 34 13 71
www.librairieharmattansh.com

Librairie l'Espace Harmattan
21 bis, rue des Écoles – 75005 Paris
librairie.espace@harmattan.fr
01 43 29 49 42

Lib. Méditerranée & Moyen-Orient
7, rue des Carmes – 75005 Paris
librairie.mediterranee@harmattan.fr
01 43 29 71 15

Librairie Le Lucernaire
53, rue Notre-Dame-des-Champs – 75006 Paris
librairie@lucernaire.fr
01 42 22 67 13

www.ingramcontent.com/pod-product-compliance
Lightning Source LLC
LaVergne TN
LVHW011224061026
849535LV00001BA/174
* 9 7 8 2 3 4 3 1 6 5 7 3 8 *